합격선언

건축계획

합격선언

건축계획

초판 발행　　2022년 1월 7일
개정판 발행　　2023년 2월 17일

편 저 자 | 주한종
발 행 처 | ㈜서원각
등록번호 | 1999-1A-107호
주　　소 | 경기도 고양시 일산서구 덕산로 88-45(가좌동)
대표번호 | 031-923-2051
팩　　스 | 031-923-3815
교재문의 | 카카오톡 플러스 친구[서원각]
영상문의 | 070-4233-2505
홈페이지 | www.goseowon.com

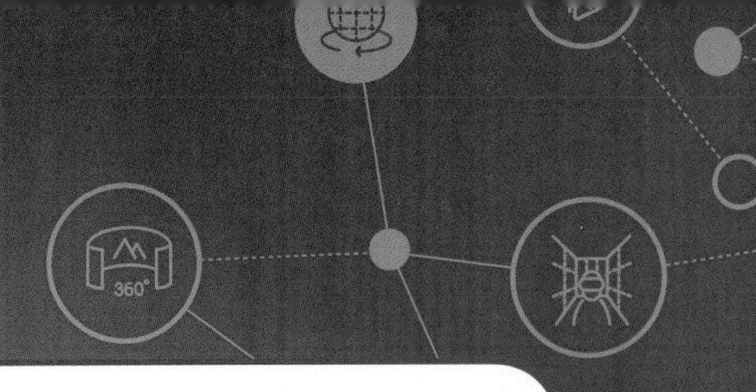

PREFACE

'정보사회', '제3의 물결'이라는 단어가 낯설지 않은 오늘날, 과학기술의 중요성이 날로 증대되고 있음은 더 이상 말할 것도 없습니다. 이러한 사회적 분위기는 기업뿐만 아니라 정부에서도 나타났습니다.

기술직공무원의 수요가 점점 늘어나고 그들의 활동영역이 확대되면서 기술직에 대한 관심이 높아져 기술직공무원 임용시험은 일반직 못지않게 높은 경쟁률을 보이고 있습니다.

기술직공무원 합격선언 시리즈는 기술직공무원 임용시험에 도전하려는 수험생들에게 도움이 되고자 발행되었습니다.

본서는 방대한 양의 이론 중 필수적으로 알아야 할 핵심이론을 정리하고, 출제가 예상되는 문제만을 엄선하여 수록하였습니다. 또한 최신 출제경향을 파악할 수 있도록 최근기출문제를 수록하였습니다.

신념을 가지고 도전하는 사람은 반드시 그 꿈을 이룰 수 있습니다. 서원각이 수험생 여러분의 꿈을 응원합니다.

STRUCTURE

상세한 삽화와 관련사항들을 일목요연하게 정리하였습니다.

• 소로 : 공포를 구성하는 됫박 모양의 네모난 나무쪽으로, 첨차·살미·장혀 등의 밑에 틈틈이 받쳐 괸 부재로, 주두와 비슷하게 생겼으나 크기가 작다. 모양에 따라 접시소로·팔모접시소로·육모소로 등으로 나뉜다.

• 살미 : 주심(중심기둥)에서 보 밑을 받치거나, 좌우 기둥 중간에 도리, 장혀에 직교하여 받쳐 괸 쇠서(牛舌, 소의 혀) 모양의 공포 부재이다. 소의 혀 모양으로 만들어진 살미를 제공(齊工)이라 하고, 마구리(살미의 끝부분)가 새 날개 모양인 살미는 익공(翼工)이라 하며, 구름 모양은 운공(雲工)이라고 한다.

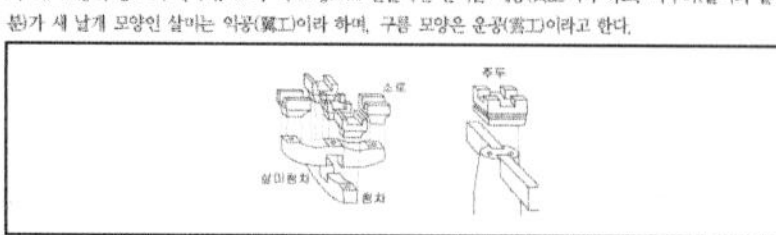

㉡ 공포의 형식과 특징

• 주심포식 : 기둥 위 주두에만 공포가 있음

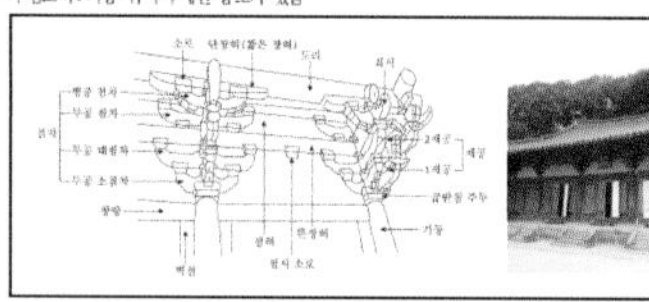

- 고려 남송에서 전래
- 공포의 출목은 2출목 이하
- 대부분 맞배지붕, 연등천장
- 단장혀 사용
- 배흘림이 강함
- 봉정사 극락전 – 부석사 무량수전 – 수덕사 대웅전 순으로 건립되었다.

• 다포식 : 기둥 및 기둥 사이에도 공포가 있음

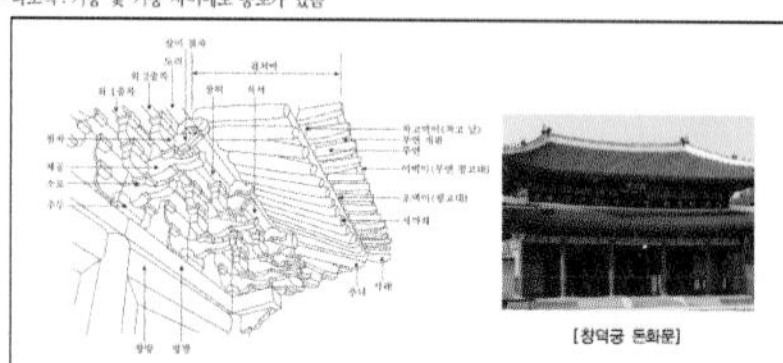

[창덕궁 돈화문]

- 고려말 원나라에서 전래
- 중요건물(궁궐의 정전이나 사찰의 대웅전)에 사용됨
- 창방 위에 평방을 두었음
- 배흘림이 약함
- 공포의 출목은 2출목 이상, 외부로 1출목 또는 무출목
- 대부분 우물천장
- 익공식 : 공포가 매우 간결한 형식, 2익공에 재주두 있음
- 조선 초기 형성, 중기 이후 사용
- 기원은 주심포, 의장은 다포형식을 따름
- 창덕궁 돈화문, 창경궁 명정전, 서울 동대문

구조	주심포식	다포식
전래	고려 중기 남송에서 전래	고려말 원나라에서 전래
공포배치	기둥 위에 주두를 놓고 배치	기둥 위에 창방과 평방을 놓고 그 위에 공포배치
공포의 출목	2출목 이하	2출목 이상
첨차의 형태	하단의 곡선이 S자형으로 길게하여 둘을 이어서 연결한 것 같은 형태	밋밋한 원호 곡선으로 조각
소로 배치	비교적 자유스럽게 배치	상, 하로 동일 수직선상에 위치를 고정
내부 천장구조	가구재의 개개 형태에 대한 장식화와 더불어 전체 구성에 미적인 효과를 추구(연등천장)	가구재가 눈에 띄지 않으며 구조상의 필요만 충족(우물천장)
보의 단면형태	위가 넓고 아래가 좁은 4각형을 접은 단면	춤이 높은 4각형으로 아랫모를 접은 단면
기타	우미량 사용	

최근 비중이 눈에 띄게 늘어난 한국건축사를 확실하게 다루었습니다.

TIP

김중업과 김수근 … 르 꼬르뷔지에 사무실에서 근무했던 김중업은 주한 프랑스 대사관을 설계하였고, 일본에서 공부한 김수근은 자유센터와 같은 건물을 대표적으로 남겼다. 이들은 1960년대까지 활동하면서 한국 현대건축의 대표적인 건축물들을 세워 나갔다. 김중업과 김수근 모두 한국 전통 건축의 특성을 근대적인 언어로 표현하고자 했었으나 그 표현의 방식은 서로 달랐는데, 오히려 서로 다른 표현의 방식이 한국 현대 건축이 보다 다양하고 풍부해질 수 있는 밑거름이 되었다고 볼 수 있다.

check point

(1) 건축물의 건축양식

① 르네상스양식 : 총독부청사, 한국은행, 러시아공관, 서울역, 덕수궁
② 고딕양식 : 명동성당, 약현성당
③ 로마네스크양식 : 성공회성당

[마인츠 대성당]

[성공회성당]

(2) 한국의 근현대 건축가와 주요작품

① 김중업 : 제주대학교 본관, 명보극장, 프랑스대사관, 삼일빌딩, 올림픽상징조형물, UN묘지 정문
② 김수근 : 자유센터, 세운상가, 남산타워, 국립부여박물관, 경동교회, 국립과학관
③ 박길룡 : 조선생명사옥, 종로백화점, 화신백화점, 한청빌딩
④ 박동진 : 고려대학교 본관 및 도서관, 구 조선일보사
⑤ 배기형 : 유네스코회관, 조흥은행 남대문지점
⑥ 이광노 : 어린이회관, 중국대사관
⑦ 유걸 : 서울시청 신청사, DMC타워, 강변교회
⑧ 승효상 : 수졸당, 수백당, 웰콤시티, 퇴촌주택, 현암
⑨ 이희태 : 절두산성당, 혜화동성당, 메트로호텔, 공주박물관
⑩ 박춘명 : 국립 광주박물관
⑪ 엄덕문 : 세종문화회관
⑫ 강봉진 : 국립중앙박물관

기출예제 11 2019 서울시

다음 중 〈보기〉에 해당하는 인물은?

〈보기〉
- 1919년 경성고등공업학교 졸업 후 13년간 조선총독부에서 근무
- 1932년 건축사무소 설립
- 적극적인 사회 활동과 참여, 한글 건축 월간지 발간
- 조선 생명 사옥(1930), 종로 백화점(1931), 화신 백화점(1935) 설계

① 박길룡 ② 박동진
③ 김순하 ④ 박인준

보기에 제시된 사항은 건축가 박길룡에 관한 사항들이다.

답 ①

check point

■ **덕수궁 석조전**

르네상스 양식의 석조건축물로서 1910년에 완공되었다. 지층을 포함한 3층 석조 건물로서 지층은 거실, 1층은 접견실 및 홀, 2층은 황제와 황후의 침실·거실·서재 등으로 사용되었다. 기둥 윗부분은 이오니아식으로 되어 있으며 실내는 로코코풍으로 장식이 되어 있다.

■ **명동성당**

건물은 고딕식 평면 형식인 라틴 십자형을 하고 있으며 북서쪽에 주 출입구를 내었고 남동쪽에 앱스를 두었다. 내부에는 중앙부(nave, 신도석)와 양측부(aisle, 통로부), 십자돌출부(transept), 성단(聖壇, chancel), 앱스를 두었으며 앱스 주위에는 머리회랑(ambulatory)을 두고 이 밑으로는 지하성당을 갖추고 있다. 총 길이 68.25m, 폭 29.02m, 건물 높이 23.43m, 십자가를 제외한 종탑 높이 46.70m에 이른다.

최근 신설되거나 개정된 건축관련법규를 꼼꼼하게 검토하고 반영하였습니다.

(6) 주차장 추락방지시설의 조건

① 2층 이상의 건축물의 주차장은 다음의 기준들을 만족하는 추락방지 안전시설을 필히 설치해야 한다.

- 추락방지시설은 주차공간 및 경사로의 외벽면 등 차량의 오작동으로 인한 추락사고를 효과적으로 방지할 수 있는 곳에 설치하여야 한다.
- 추락방지시설의 설계 시에는 건축물의 구조기준 등에 관한 규칙을 준용하여 구조기준 및 구조계산에 따라 그 구조의 안전을 확인하여야 한다.
- 차량 충돌로 인한 추락방지시설의 변형으로 외벽 마무리재가 파손되어 낙하되지 않도록 추락방지시설을 설치할 경우에는 외벽 마무리재와의 간격을 적절히 확보하는 등 2차 피해 방지를 위한 조치를 취하여야 한다.
- 범용안전시설은 다음 각 호의 충돌조건에 견딜 수 있는 구조로 설계되어야 하며, 부재의 소성변형 등을 생각하여 충격력을 충분히 흡수할 수 있도록 하여야 한다.

> ※ **충돌조건**
> 1. 충격력 : 250kN 이상
> 2. 충돌위치 : 바닥면으로부터 높이 60cm 이상
> 3. 충격력의 분포 폭 : 자동차의 범퍼 폭 160cm 이상

- 방호울타리를 건축물식 주차장에 추락방지시설로 설치할 경우 바닥면과의 체결부 등 변경이 필요한 부분에 대해서는 해당 건축물의 여건을 감안하여 위에 제시된 충돌조건에 견딜 수 있도록 별도의 설계를 거쳐 시공하여야 한다.
- 추락방지시설을 설치할 때에는 용접 혹은 볼트 체결 등의 방법을 이용하여 주차장 건물을 지탱하는 기둥 및 보 등과 단단히 고정시켜야 한다.
- 추락방지시설의 재질은 한국공업규격(KS)에서 정하는 SS400 이상(인장강도 400MPa 이상, 항복강도 245MPa 이상)의 재질을 사용하여야 한다.
- 추락방지시설은 2t 차량이 시속 20km의 주행속도로 정면충돌하는 경우 견딜 수 있는 구조물로 설치되어야 한다.

② 기타 안전시설의 설치기준은 다음을 따른다.

구분	내용
기둥정착형	• 추락방지 부재를 주차장의 양쪽 기둥을 이용하여 설치하는 경우로서 설치가 용이하고 추락방지 성능도 우수하다. • 추락방지시설의 중간 부분에 2.5m 이하의 간격으로 보조지지대를 설치한다. • 사각강재 2개로 구성된 추락방지 부재를 서로 용접하고 주차장의 양쪽 기둥에 단단히 고정시킨다. • 추락방지 부재는 1m간격으로 용접하고 추락방지 부재와 철재 기둥은 용접한다. • 추락방지 부재와 보조지지대는 M18 이상의 볼트를 이용하여 추락방지 부재 1개당 최소 4군데 이상 체결한다.
바닥정착형	• 추락방지 부재를 주차장의 철재 보에 용접하여 설치한 여러 개의 지지대에 체결한 경우로서 추락방지 성능이 우수하다. • 바닥보에 1.8m 이하의 간격으로 지지대를 설치하고 지지대는 철재 보에 용접하여 단단히 고정시킨다. • 추락방지 부재과 바닥 보에 설치한 지지대 사이는 M18 이상의 볼트를 이용하여 추락방지 부재 1개당 최소 4군데 이상 체결한다. • 추락방지시설의 부재는 지지대와 지지대 사이에서 1m 이상의 길이로 용접한다.
독립형	• 위의 2가지 형식의 안전시설을 적용하기 곤란한 경우에 한하여 제한적으로 설치할 수 있는 형식이다. • 추락방지시설을 각각의 주차구획마다 개별적으로 설치하는 경우로서 바닥과의 체결이 견고하지 않으면 추락방지 성능이 저하될 수 있으므로 바닥에 단단히 고정해야한다. • 추락방지시설 설치 시 주차장의 바닥면과 직접적으로 체결하지 아니하고 건물을 지탱하는 철재 보에 체결하여 견고하게 고정시킨다. • 추락방지시설 제작 시 양쪽 모서리 곡면부분은 용접하여 연결하지 않고 해당 부재를 구부려서 제작하여야 한다.

	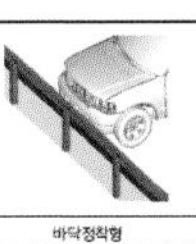	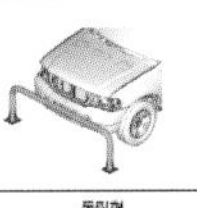
기둥정착형	바닥정착형	독립형

언론에서 주요하게 다루는 방재와 관련된 법규들도 상세히 다루었습니다.

TIP
위의 ( ) 안 숫자는 방화구획부분에 대하여 스프링클러 또는 이와 유사한 자동식 소화설비를 설치하는 경우의 구획면적이다. 즉, 스프링클러를 사용하게 되면 3배까지 규정을 완화시키는 것이다.

(9) 배연설비 – 배연설비의 설치대상

건축물의 용도	규모	설치장소
• 문화 및 집회시설, 종교시설, 판매시설, 운수시설, 의료시설 • 업무시설, 숙박시설, 위락시설, 관광휴게시설, 고시원 및 장례식장 • 교육시설 중 연구소, 아동관련시설 및 노인복지시설, 유스호스텔	6층 이상인 건축물	거실

(10) 건축물의 피난층

① 피난층이란 지상으로 직접 통할 수 있는 층이다.

② 피난층은 지형 상 조건에 따라 하나의 건축물에 2개 이상이 있을 수 있다.

③ 피난층외의 층에서 피난층 또는 지상으로 통하는 직통계단에 이르는 보행거리는 30m 이하가 되도록 설치하여야 한다.(단, 주요 구조부가 내화구조 또는 불연재료로 된 건축물의 경우 50m 이하이며 이 중 16층 이상 공동주택인 경우는 40m 이하이다.)

④ 초고층 건축물에는 지상층으로부터 최대 30개 층마다 직통계단과 직접 연결되는 피난안전구역을 설치해야 한다.

⑤ 피난계단, 특별피난계단을 추가로 설치하기 위해서는 5층 이상이어야 한다.

check point

피난안전구역의 설치기준

① 영 제34조 제3항 및 제4항에 따라 설치하는 피난안전구역은 해당 건축물의 1개층을 대피공간으로 하며, 대피에 장애가 되지 아니하는 범위에서 기계실, 보일러실, 전기실 등 건축설비를 설치하기 위한 공간과 같은 층에 설치할 수 있다. 이 경우 피난안전구역은 건축설비가 설치되는 공간과 내화구조로 구획하여야 한다.

② 피난안전구역에 연결되는 특별피난계단은 피난안전구역을 거쳐서 상·하층으로 갈 수 있는 구조로 설치하여야 한다.

③ 피난안전구역의 구조 및 설비는 다음 각 호의 기준에 적합하여야 한다.

1. 피난안전구역의 바로 아래층 및 윗층은 「건축물의 설비기준 등에 관한 규칙」 제21조 제1항 제1호에 적합한 단열재를 설치할 것. 이 경우 아래층은 최상층에 있는 거실의 반자 또는 지붕 기준을 준용하고, 윗층은 최하층에 있는 거실의 바닥 기준을 준용할 것
2. 피난안전구역의 내부마감재료는 불연재료로 설치할 것
3. 건축물의 내부에서 피난안전구역으로 통하는 계단은 특별피난계단의 구조로 설치할 것
4. 비상용 승강기는 피난안전구역에서 승하차 할 수 있는 구조로 설치할 것
5. 피난안전구역에는 식수공급을 위한 급수전을 1개소 이상 설치하고 예비전원에 의한 조명설비를 설치할 것

TIP
위의 ( ) 안 숫자는 방화구획부분에 대하여 스프링클러 또는 이와 유사한 자동식 소화설비를 설치하는 경우의 구획면적이다. 즉, 스프링클러를 사용하게 되면 3배까지 규정을 완화시키는 것이다.

(9) 배연설비 – 배연설비의 설치대상

건축물의 용도	규모	설치장소
• 문화 및 집회시설, 종교시설, 판매시설, 운수시설, 의료시설 • 업무시설, 숙박시설, 위락시설, 관광휴게시설, 고시원 및 장례식장 • 교육시설 중 연구소, 아동관련시설 및 노인복지시설, 유스호스텔	6층 이상인 건축물	거실

(10) 건축물의 피난층

① 피난층이란 지상으로 직접 통할 수 있는 층이다.

② 피난층은 지형 상 조건에 따라 하나의 건축물에 2개 이상이 있을 수 있다.

③ 피난층외의 층에서 피난층 또는 지상으로 통하는 직통계단에 이르는 보행거리는 30m 이하가 되도록 설치하여야 한다.(단, 주요 구조부가 내화구조 또는 불연재료로 된 건축물의 경우 50m 이하이며 이 중 16층 이상 공동주택인 경우는 40m 이하이다.)

④ 초고층 건축물에는 지상층으로부터 최대 30개 층마다 직통계단과 직접 연결되는 피난안전구역을 설치해야 한다.

⑤ 피난계단, 특별피난계단을 추가로 설치하기 위해서는 5층 이상이어야 한다.

check point

피난안전구역의 설치기준

① 영 제34조 제3항 및 제4항에 따라 설치하는 피난안전구역은 해당 건축물의 1개층을 대피공간으로 하며, 대피에 장애가 되지 아니하는 범위에서 기계실, 보일러실, 전기실 등 건축설비를 설치하기 위한 공간과 같은 층에 설치할 수 있다. 이 경우 피난안전구역은 건축설비가 설치되는 공간과 내화구조로 구획하여야 한다.

② 피난안전구역에 연결되는 특별피난계단은 피난안전구역을 거쳐서 상·하층으로 갈 수 있는 구조로 설치하여야 한다.

③ 피난안전구역의 구조 및 설비는 다음 각 호의 기준에 적합하여야 한다.

1. 피난안전구역의 바로 아래층 및 윗층은 「건축물의 설비기준 등에 관한 규칙」 제21조 제1항 제1호에 적합한 단열재를 설치할 것. 이 경우 아래층은 최상층에 있는 거실의 반자 또는 지붕 기준을 준용하고, 윗층은 최하층에 있는 거실의 바닥 기준을 준용할 것
2. 피난안전구역의 내부마감재료는 불연재료로 설치할 것
3. 건축물의 내부에서 피난안전구역으로 통하는 계단은 특별피난계단의 구조로 설치할 것
4. 비상용 승강기는 피난안전구역에서 승하차 할 수 있는 구조로 설치할 것
5. 피난안전구역에는 식수공급을 위한 급수전을 1개소 이상 설치하고 예비전원에 의한 조명설비를 설치할 것

지엽적인 내용들도 체계적으로 암기할 수 있도록 짜임새있게 표 형식으로 구성하였습니다.

(14) 노인복지

종류	시설	목적
노인주거 복지시설	양로시설	노인을 입소시켜 급식과 그 밖에 일상생활에 필요한 편의를 제공하는 시설현황 파악
	노인공동 생활가정	노인들에게 가정과 같은 주거여건과 급식, 그 밖에 일상생활에 필요한 편의를 제공하는 시설현황 파악
	노인복지주택	노인에게 주거시설을 분양 또는 임대하여 주거의 편의·생활지도·상담 및 안전관리 등 일상생활에 필요한 편의를 제공하는 시설현황 파악
노인의료 복지시설	노인요양시설	치매·중풍 등 노인성 질환 등으로 심신에 상당한 장애가 발생하여 도움을 필요로 하는 노인을 입소시켜 급식·요양과 그 밖에 일상생활에 필요한 편의를 제공하는 시설현황
	노인요양 공동생활가정	치매·중풍 등 노인성 질환 등으로 심신에 상당한 장애가 발생하여 도움을 필요로 하는 노인에게 가정과 같은 주거여건과 급식·요양, 그 밖에 일상생활에 필요한 편의를 제공하는 시설현황 파악
노인여가 복지시설	노인복지관	노인의 교양·취미생활 및 사회참여활동 등에 대한 각종 정보와 서비스를 제공하고, 건강증진 및 질병예방과 소득보장·재가복지, 그 밖에 노인의 복지증진에 필요한 서비스를 제공하는 시설현황 파악
	경로당	지역노인들이 자율적으로 친목도모· 취미활동·공동작업장 운영 및 각종 정보교환과 기타 여가활동을 할 수 있도록 하는 장소를 제공하는 시설현황 파악
	노인교실	노인들에 대하여 사회활동 참여욕구를 충족시키기 위하여 건전한 취미생활·노인건강유지·소득보장 기타 일상생활과 관련한 학습프로그램을 제공하는 시설현황 파악
재가노인 복지시설	방문요양서비스	가정에서 일상생활을 영위하고 있는 노인으로서 신체적·정신적 장애로 어려움을 겪고 있는 노인에게 필요한 각종 편의를 제공하여 지역사회 안에서 건전하고 안정된 노후를 영위하도록 하는 서비스를 제공하는 시설현황 파악
	주야간보호서비스	부득이한 사유로 가족의 보호를 받을 수 없는 심신이 허약한 노인과 장애노인을 주간 또는 야간 동안 보호시설에 입소시켜 필요한 각종 편의를 제공하여 이들의 생활안정과 심신기능의 유지·향상을 도모하고, 그 가족의 신체적·정신적 부담을 덜어주기 위한 서비스를 제공하는 시설현황 파악
	단기보호서비스	부득이한 사유로 가족의 보호를 받을 수 없어 일시적으로 보호가 필요한 심신이 허약한 노인과 장애노인을 보호시설에 단기간 입소시켜 보호함으로써 노인 및 노인가정의 복지증진을 도모하기 위한 서비스를 제공하는 시설현황 파악
	방문목욕서비스	목욕장비를 갖추고 재가노인을 방문하여 목욕을 제공하는 서비스 현황 파악
	재가노인지원서비스	그 밖에 재가노인에게 제공하는 서비스로서 상담·교육 및 각종 서비스 현황 파악
노인보호 전문기관	노인보호 전문기관	시도지사가 노인보호전문기관을 지정·운영, 노인학대 신고, 상담, 보호, 예방 및 홍보, 24시간 신고·상담용 긴급전화(1577-1389) 운영하는 현황 파악
노인일자리 지원기관	노인일자리 지원기관	지역사회 등에서 노인일자리의 개발·지원, 창업·육성 및 노인에 의한 재화의 생산·판매 등을 직접 담당하는 노인일자리전담기관 운영하는 현황 파악

① 노인주거복지시설 기준

㉠ 시설의 규모 : 노인주거복지시설은 다음 각 호의 구분에 따른 인원이 입소할 수 있는 시설을 갖추어야 한다.

- 양로시설 : 입소정원 10명 이상(입소정원 1명당 연면적 15.9m² 이상의 공간을 확보하여야 한다)
- 노인공동생활가정 : 입소정원 5명 이상 9명 이하(입소정원 1명당 연면적 15.9m² 이상의 공간을 확보하여야 한다)
- 노인복지주택 : 30세대 이상

㉡ 노인주거복지시설의 설비기준

- 양로시설

구분	내용
침실	• 독신용·합숙용·동거용 침실을 둘 수 있다. • 남녀공용인 시설의 경우에는 합숙용 침실을 남실 및 여실로 각각 구분하여야 한다. • 입소자 1명당 침실면적은 5.0m² 이상이어야 한다. • 합숙용침실 1실의 정원은 4명 이하이어야 한다. • 합숙용침실에는 입소자의 생활용품을 각자 별도로 보관할 수 있는 보관시설을 설치하여야 한다. • 채광·조명 및 방습설비를 갖추어야 한다.
식당 및 조리실	• 조리실바닥은 내수재료로서 세정 및 배수에 편리한 구조로 하여야 한다.
세면장 및 샤워실 (목욕실)	• 바닥은 미끄럽지 아니하여야 한다. • 욕조를 설치하는 경우에는 욕조에 노인의 전신이 잠기지 아니하는 깊이로 하고 욕조의 출입이 자유롭도록 최소한 1개 이상의 보조봉과 수직의 손잡이 기둥을 설치하여야 한다. • 급탕을 자동온도조절장치로 하는 경우에는 물의 최고 온도는 섭씨 40도 이상이 되지 아니하도록 하여야 한다.
프로그램실	• 자유로이 이용할 수 있는 적당한 문화시설과 오락기구를 갖추어 두어야 한다.
체력단련실	• 입소 노인들이 기본적인 체력을 유지할 수 있는데 필요한 적절한 운동기구를 갖추어야 한다.
의료 및 간호사실	• 진료 및 간호에 필요한 상용의약품·위생재료 또는 의료기구를 갖추어야 한다.
경사로	• 침실이 2층 이상인 경우 경사로를 설치하여야 한다. 다만, 「승강기시설 안전관리법」에 따른 승객용 엘리베이터를 설치한 경우에는 경사로를 설치하지 아니할 수 있다.
그 밖의 시설	• 복도·화장실 그 밖의 필요한 곳에 야간 상용등을 설치하여야 한다. • 계단의 경사는 완만하여야 하며, 난간을 설치하여야 한다. • 바닥은 부드럽고 미끄럽지 아니한 바닥재를 사용하여야 한다.

화재예방과 소방에 관하여 건축전공자라면 필히 알아야 할 내용들을 수록하였습니다.

㉥ 미립자의 분류 : 미립자는 가스나 증기처럼 크기가 매우 작은 입자들을 말하며 다음과 같이 분류된다.

구분	성상	입자의 크기
흄	고체상태의 물질이 액체화된 다음 증기화되고 증기화된 물질의 응축 및 산화로 인하여 생기는 고체상의 미립자(금속 또는 중금속 등)	0.01~1μm
스모크	유기물의 불완전 연소에 의해 생긴 작은 입자	0.01~1μm
미스트	공기 중에 분산된 액체의 작은 입자(기름, 도료, 액상화학물질 등)	0.1~100μm
분진	공기 중에 분산된 고체의 작은 입자(연마, 파쇄, 폭발 등에 의해 발생된 광물, 곡물, 목재 등)로서 유해성 물질 중 입자의 크기가 가장 큼	0.01~500μm
가스	상온상압 상태에서 기체인 물질	분자상
증기	상온상압 상태에서 액체로부터 증발되는 기체	분자상

② 인화점, 연소점, 발화점

㉠ 인화점[Flash Point] : 가연성기체와 공기가 혼합된 상태에서 외부의 직접적인 점화원에 의해 불이 붙을 수 있는 가장 낮은 온도이다. 인화점은 연소범위 하한계에 도달되는 온도로서 액체가연물의 화재위험성 척도이며 이것이 낮을수록 위험하다.

㉡ 연소점[Fire Point] : 연소상태에서 점화원을 제거하여도 자발적으로 연소가 지속되는 온도이다. 한번 발화된 후 연소를 지속시킬 수 있는 충분한 증기를 발생시킬 수 있는 최소온도이다. 즉, 자력에 의해 연소를 지속할 수 있는 최저온도이며 인화점보다 높다.

㉢ 발화점(착화점)[Ignition Point] : 점화원을 가하지 않아도 스스로 착화될 수 있는 최저온도로, 외부에서 가해지는 열에너지에 의해 스스로 타기 시작하는 온도이다.

㉣ 온도가 높은 순서 : 발화점 > 연소점 > 인화점

③ 화재 및 위험물 분류

㉠ 화재분류 : 화재는 다음 표와 같이 크게 5가지로 분류된다.

구분	화재종류	원형표식	적용대상물	소화기구
A급	일반화재	백색	종이, 섬유, 목재	포말소화기, 분말(ABC급)소화기, 물 소화기, 강화액 소화기, 산알칼리소화기
B급	유류화재	황색	제4류위험물, 유지	포말소화기, 분말(ABC급)소화기, 강화액소화기, 이산화탄소소화기, 할론소화기
C급	전기화재	청색	발전기, 변압기	분말(ABC급)소화기, 강화액(분무)소화기, 이산화탄소소화기, 할론소화기
D급	금속화재	무색	금속분, 박	팽창질석, 팽창진주암, 건조사
E급	가스화재	황색	LPG, LNG	분말소화기, 이산화탄소화기, 할론소화기

㉡ 위험물의 분류 : 위험물은 다음 표와 같이 크게 6가지로 분류된다.

구분	내용
제1류 위험물 (산화성 고체)	• 고체로서 산화력의 잠재적인 위험성 또는 충격에 대한 민감성을 판단하기 위하여 소방청장이 정하여 고시하는 시험에서 고시로 정하는 성질과 상태를 나타내는 것 • 대부분 무색결정이나 백색분말상이며 비중이 1보다 크고 물에 잘 녹는다. • 반응성이 풍부하여 열, 마찰, 분해를 촉진하는 약품과 접촉하여 산소를 발생한다. • 대부분 조해성을 가지므로 습기에 유의해야 한다.
제2류 위험물 (가연성 고체)	• 고체로서 화염에 의한 발화의 위험성 또는 인화의 위험성을 판단하기 위하여 고시로 정하는 시험에서 고시로 정하는 성질과 상태를 나타내는 것 • 비교적 낮은 온도에서 착화되기 쉬운 가연성물질이며 연소시 유독가스를 발생시키는 것도 있다. • 철분, 마그네슘, 금속분류 등은 물과 산의 접촉으로 발열하고 마찰 등으로 인해 착화가 되면 급격히 연소한다.
제3류 위험물 (자연발화성 물질 및 금수성물질)	• 고체 또는 액체로서 공기중에서 발화의 위험성이 있거나 물과 접촉하여 발화하거나 가연성 가스를 발생하는 위험성이 있는 것 • 대부분 무기물의 고체이며 물과 접촉하면 발열발화한다.
제4류 위험물 (인화성 액체)	• 액체로서 인화의 위험성이 있는 것 • 상온에서 액체이며 대부분 물보다 가볍고 물에 녹지 않는다. • 증기는 공기보다 무거우며 비교적 낮은 착화점을 가지고 있다. • 수인화물, 제1석유류, 제2석유류, 제3석유류, 제4석유류, 알코올류, 동식물류
제5류 위험물 (자기반응성 물질)	• 고체 또는 액체로서 폭발의 위험성 또는 가열분해의 격렬함을 판단하기 위해 고시로 정하는 시험에서 고시로 정하는 성질과 상태를 나타낸 것 • 가연성이면서 분자 내에 산소를 함유하고 있는 자기연소성 물질 • 연소속도가 매우 빠르며 공기 중에서 자연발화하기도 한다.
제6류 위험물 (산화성 액체)	• 액체로서 산화력의 잠재적인 위험성을 판단하기 위하여 고시로 정하는 시험에서 고시로 정하는 성질과 상태를 나타내는 것 • 산화성 액체로 비중이 1보다 크며 물에 잘 녹는다. • 불연성이지만 분자 내 산소를 많이 함유하고 있어 다른 물질의 연소를 돕는 조연성 물질이다. • 부식성이 매우 강하고 증기는 매우 독성이 강하며 가연물 및 분해를 촉진하는 약품과 접촉 시 분해폭발한다.

④ 화재 현상

㉠ 플래시오버(flash over) : 어느 계(용기, 방, 차내 등) 중의 가연물의 대부분이 거의 동시에 착화온도에 도달하는 현상이다. 피난허용시간의 중요기준점으로서, 구획 내의 일부화재에서 전실화재로 전이가 된 단계이자 화재의 성장기에서 최성기로 전환되는 기준점이다.

㉡ 백드래프트(back draft) : 연소에 필요한 산소가 부족하여 훈소상태에 있는 실내에 산소가 갑자기 다량 공급될 때 연소가스가 순간적으로 발화하는 현상이다. 지하실이나 폐쇄된 공간에서 화재가 발생한 경우에는 산소가 부족해지면서 불꽃이 보이지 않고 타들어 가는 훈소상태에 접어들며, 일산화탄소와 탄화된 입자, 연기 및 부유물을 포함한 가스가공간에 축적된다. 이러한 조건에서 건물 내부로 진입하기 위해 문을 열거나 창문을 부수게 되면 산소가 갑자기 공급되고 백드래프트 현상이 발생한다.

㉢ 역화현상(Backfire) : 연료가 연소 시 연료의 분출속도가 연소속도보다 느릴 때 불꽃이 염공 속으로 빨려 들어가 혼합관 속에서 연소하는 현상이다.

한 눈에 전체적인 맥락을 파악할 수 있도록 체계적으로 구성하였습니다.

㉣ 주요 작품으로는 (구두를 만드는)파구스 공장, 바우하우스 건물, 하버드대학의 그래듀에이트 센터 등이 있다.

② **프랭크로이드 라이트**(Frank Lloyd Wright)

㉠ 루이스 설리번의 후계자로서 시카고파를 지도하면서 미국 건축의 절충양식을 타파하는 데에 공헌하였다.

㉡ 동양과 서양의 건축을 융합시켰을 뿐만 아니라, 유럽의 카피에 불과했던 미국의 건축이 독자적인 양식을 갖추고 이후 현대건축으로 나아가는 길을 보여주었다.

㉢ 1911년 위스콘신에 자택 〈탈리어센 이스트〉과 1938년에는 애리조나에 〈탈리어센 웨스트〉을 세워 이 두 곳에서 제자와 기거를 함께 하면서 새 건축가의 양성에 힘썼다.

㉣ 건축에서는 미국의 풍토와 자연에 근거한 자연과 건물의 조화를 추구하였으며 유기적 건축을 특징으로 한다.

TIP

유기적 건축

- 당시 미국의 건축은 보자르 양식(유럽풍의 고전적 구성방식)이 만연하게 퍼져 있었는데, 라이트는 이러한 형식을 거부하고 유기적건축(Organic Architecture), 대초원 양식(Prairie Style)을 창조하였다. 이는 그의 작품 중 낙수장과 로비하우스에서 잘 드러난다.
- 일본을 여행하면서 일본의 건축에 심취하였고 그에 영향을 받아 여러 작품들에 이를 반영하였다.
- 주요작품으로는 로비주택, 카우프만 주택의 낙수장, 유니티교회, 구겐하임미술관, 미드웨이가든 등이 있다.

③ **미스 반 데어 로에**

㉠ 독일에서는 바우하우스 학장으로, 미국에서는 일리노이 공과대학 학장으로 재직하면서 많은 업적을 남긴 모더니즘 건축의 대가이다.

㉡ 합리주의적이고 기계주의적이며 "더 적은 것이 더 많은 것이다."라는 말로 모더니즘의 특성을 압축하여 표현하였다.

㉢ 콘크리트, 강철, 유리를 주 건축재료로 사용하여 고층빌딩을 설계하였으며 콘크리트와 철은 건물의 뼈이고 유리는 뼈를 감싸는 외피의 기능을 하였다.

㉣ **유니버설 스페이스** : 다양한 목적을 추구하고 다양한 기능을 갖춘 공간을 말한다. 개방형 평면을 추구하며 내부는 최대한 비어있는 공간을 두고 내부공간의 구획 역시 투명유리를 끼워서 건축적 조형요소를 최소화하고자 하였다.

㉤ 주요 작품으로는 투겐트하트저택, 바르셀로나 파빌리온, 시그램빌딩, 크라운홀, 슈투트가르트의 바이젠호프 주택단지, 유리 마천루 계획안 등이 있다.

④ **르코르뷔지에**

㉠ 근대건축의 원형을 결정하고 그 철학적 방향을 제시하였다는 평가를 받는 건축가이다.

㉡ 모더니즘 건축의 거장으로서 형태는 기능을 따른다는 기능주의에 충실하였으며 입체주의, 순수주의를 추구한 건축을 하였다.

㉢ 도미노 계획안과 모듈러의 개념을 건축에 도입하여 합리주의적인 건축을 추구하였으며 건축적 비례의 척도로 황금비를 주로 사용하였다.

㉣ 근대건축 5원칙의 개념을 제시하였으며 주요 작품으로는 사보아저택, 마르세유집합주택, 스타인저택, 롱샹교회, 마르세유 집합주거 등이 있다.

TIP

도미노(Domino)

㉠ 르 코르뷔지에의 근대건축 5원칙의 기본적인 구조 개념으로서 기존의 건축에서는 시도할 수 없었던 벽체 없는 질스판의 공간을 대중화시키는 개념안이었다.

㉡ 기둥에 2장의 슬라브를 올려 이를 계단으로 연결하는 단순한 건축체계이지만 이것이 바로 현대건축의 가장 기본이 되는 개념이었던 것이었다.

㉢ 근대 건축의 5원칙

ⓐ 필로티 ⓑ 자유로운 입면 ⓒ 수평띠창 ⓓ 자유로운 평면 ⓔ 옥상정원

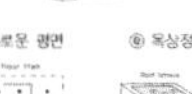
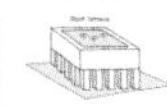

ⓐ 철근 콘크리트 기둥인 필로티(pilotis)로 무게를 지탱하며 건축 구조의 대부분을 땅에서 들어 올려 지표면을 자유롭게 한다.

ⓑ 건축가가 원하는 대로 설계할 수 있는 구조 기능을 갖지 않는 벽체로 이뤄진 '자유로운 입면(facade)'이다.

ⓒ 훨씬 채광효과가 좋은 길고 낮은 '띠 유리창'이다.

ⓓ 지지벽이 필요 없이 바닥 공간이 방들로 자유롭게 배열된 '자유로운 평면'이다.

ⓔ 건물이 서기 전에 있던 녹지를 대체하는 옥상 위의 '옥상정원'이다.

| 기출예제 03 | 2013 국가직

르 꼬르뷔제(Le Corbusier)의 근대건축 설계 5원칙에 대한 설명으로 옳지 않은 것은?

① 옥상정원 – 지붕을 평지붕으로 계획하여 대지 위 정원과 같은 공간을 조성한다.
② 기능적인 평면 – 내부공간이 합리적이고 기능적으로 구성되도록 계획한다.
③ 필로티(pilotis) – 건물을 대지에서 들어 올려 지상층에 기둥으로 이루어진 개방공간을 조성한다.
④ 자유로운 입면 – 구조방식의 발전으로 인하여 가능하게 된 비내력벽 입면을 자유롭게 구성한다.

르 꼬르뷔지에의 근대건축 설계 5원칙에 기능적인 평면은 해당되지 않는다.

답 ②

건축계획 이론과 관련된 삽화들을 충분히 수록하여 명확히 개념을 숙지할 수 있도록 구성하였습니다.

(2) **파노라마 전시(Panorama)**

연속적인 주제를 선적으로 관계성 깊게 표현하기 위해 전경으로 펼쳐지도록 연출하는 기법이다.

① 벽면의 전시와 입체물이 병행된다.

② 넓은 시야로 실제 경치를 보고 있는 듯한 느낌의 전시가 된다.

[파노라마 전시]

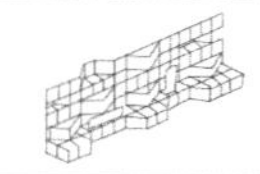

(3) **디오라마 전시(Diorama)**

① 현장감에 충실하여 연출한다.

② 하나의 주제를 시간적 상황을 고정시켜서 실제 현장에 임한 듯한 느낌을 연출한다.

③ **필요한 것**…스피커, 프로젝트, 만곡배면, 반사형, 입체전시물, 유리 스크린, 스포트 라이트, 이동바퀴(잠금장치), 케이블선 등이 필요하다.

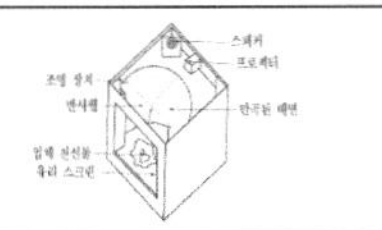

(4) **아일랜드 전시**

① 벽, 천장을 직접 이용하지 않고 전시물이나 전시장치에 배치한다.

② 대형 혹은 소형전시물에 유리하다.

③ 평면전시, 입체전시가 가능하다.

④ 관람자의 시거리를 짧게 할 수 있고 동선을 자유롭게 변화시킬 수 있어 전시공간의 활용도가 높아진다.

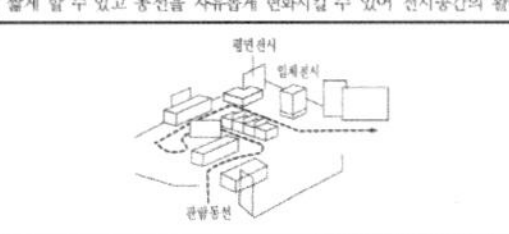

(5) **영상전시**

오브제 전시한계를 극복하기 위해 사용되는 것으로 현물을 직접 전시할 수 없는 경우에 사용하는 방식이다.

[아일랜드 전시] [파노라마 전시]

[모형전시] [영상전시]

CONTENTS

PART **01** 총론

PART **02** 주거건축

PART **03** 업무시설

PART **04** 상업시설

PART **05** 숙박 및 병원, 실버타운 건축

PART **06** 교육시설

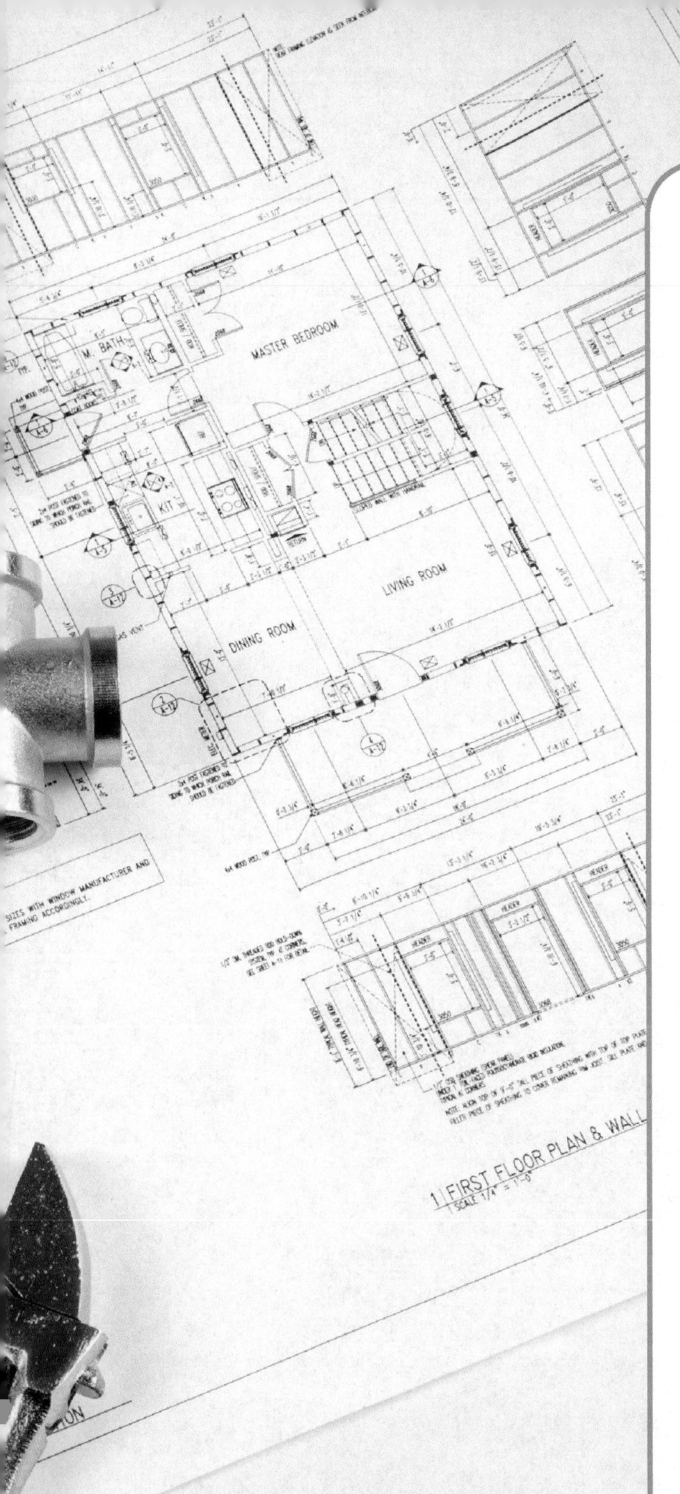
MASTER BEDROOM
M. BATH
KIT
LIVING ROOM
DINING ROOM
1 FIRST FLOOR PLAN & WALL

CONTENTS

제1편 총론

01 건축개론 및 구성원리

01 건축개론

1 건축과정

프로그래밍(Programming) → 개념설계(Concept Design) → 계획설계(Schematic Design) → 기본설계(Design Development) → 실시설계(Construction Documentation) → 시공(Construction) → 거주 후 평가(Post-occupancy Evaluation)

건축계획의 조사분석 순서
문제제기 → 조사 및 설계 → 대상(표본)선정 → 자료수집 및 분석 → 보고서 작성

기출예제 01 2010 지방직

건축계획의 조사분석 순서로 옳은 것은?

① 문제제기 → 조사설계 → 자료수집 및 분석 → 대상(표본)선정 → 보고서작성
② 조사설계 → 문제제기 → 대상(표본)선정 → 자료수집 및 분석 → 보고서작성
③ 문제제기 → 조사설계 → 대상(표본)선정 → 자료수집 및 분석 → 보고서작성
④ 대상(표본)선정 → 문제제기 → 조사설계 → 자료수집 및 분석 → 보고서작성

*
건축계획의 조사분석 순서
문제제기 → 조사설계 → 대상(표본)선정 → 자료수집 및 분석 → 보고서작성

답 ③

(1) 기획하기

일반적으로 건축주(공사의 발주자를 말한다)가 직접 시행하는 것으로써 건설 목적, 의도, 방향설정, 운영방식, 공사의 예산, 설계의 요구사항 등 건설의 전 과정을 예견하는 것이다.

총론

01 건축개론 및 구성원리

(2) 조건 파악하기

설계에 들어가기 전의 대지의 현황, 즉 일조, 일사, 도로의 위치 등과 같은 조건을 파악하는 것이다.

TIP

환경조건 파악
㉠ 사회적 조건 : 도시 속의 환경을 설계적인 측면에서 검토한다.(예 상 · 하수도, 인구, 교통)
㉡ 자연적 조건 : 건축물을 짓기 위해 관련된 법규를 검토한다.(예 대지 및 주변환경)

(3) 설계하기

① **설계하기의 개요** … 기본설계와 실시설계로 나뉘어지는데 이는 건축가를 중심으로 이루어진다.

② **기본설계**
㉠ 개념 : 계획, 설계의 목표와 방향을 제시해주는 설계의 기본적인 뼈대를 만드는 단계이다.
㉡ 배치도, 평면도, 입면도 등 기본설계도가 구성된다.
㉢ 구조방식, 설비개요 등의 설계설명도가 구성된다.

TIP

Architecture(건축)의 어원 … Arch는 으뜸을, Tecture는 학문과 기술을 의미한다. 즉, 건축이란 가장 큰 기술, 으뜸가는 기술을 의미하는 총체적 개념이었다.

③ **실시설계**
㉠ 개념 : 구체적이며 세부적으로 도면을 나타내어 실제 건축시공을 가능하도록 하는 도면을 만드는 실행단계이다.
㉡ 배치도, 평면도, 입면도와 더불어 각종 상세도, 구조, 설비, 전기, 조경 등의 상세설계도가 구성된다.
㉢ 설계도면에 표시가 안 되는 전기 · 건축의 각종 기계나 기타 사항 등을 시공자에게 지시하기 위한 시방서가 구성된다.

TIP

교보타워빌딩 … 마리오보타의 교보타워빌딩은 최종적인 건축계획안이 확정되기까지 상당한 시간과 인력이 투입되었다고 한다.
하나의 제대로 된 대형 건축물을 디자인하는 과정에서는 검토해야 할 사항들이 상당히 많으며 반복되는 검토과정을 거치게 된다.

(4) 시공하기

위의 조건과 설계를 가지고 시공자에 의해서 실제로 건물이 만들어지는 과정이다.

(5) 거주 후 평가(POE : Post Occupancy Evaluation)

① **개념** … 건물이 완공된 후 사용 중인 건축물의 기능이 제대로 수행되고 있는지를 평가

② **평가의 유형**
- ㉠ **기술적 평가** : 인간이 사용함에 있어서 기술적으로 편의를 도모했는지 등에 대한 평가
- ㉡ **기능적 평가** : 각각의 구조물이 기능을 잘 발산하는지에 대한 평가
- ㉢ **형태적 평가** : 구성된 구조물들이 인간이 행동함에 있어서 편한 형태인지 등에 대한 평가

③ **평가의 요소**
- ㉠ 사용자의 의견
- ㉡ 환경적인 요소
- ㉢ 디자인

(6) 환류(Feedback)

건축물을 사용해 본 후 본래 설계와 맞지 않거나 불편한 곳이 있을 경우 건축가에게 설계환류를 할 수 있다.

[건축과정]

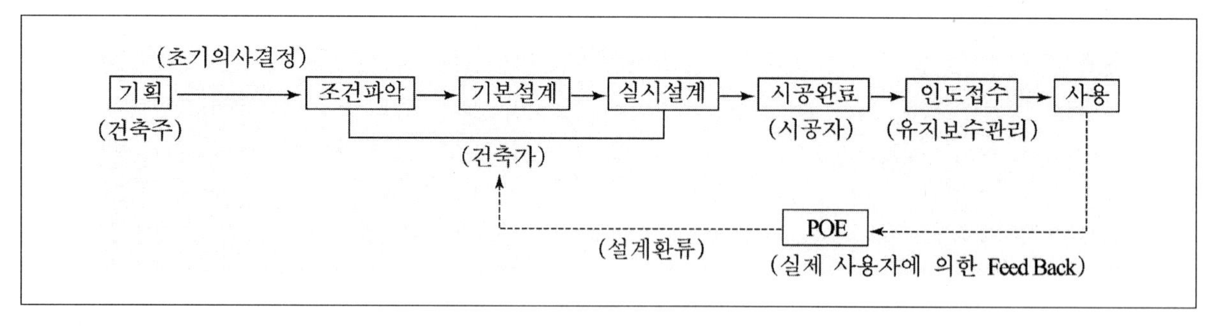

❷ 건축계획의 결정

(1) 건축계획의 개념

하나의 건축을 이루기 위해서 여러 분야의 기술을 바탕으로 모순 등을 해결하고 조정하여 종합하는 기술이다.

(2) 건축계획 결정과정

① **목표설정** … 기획단계에서 가장 먼저 이루어져야할 사항이다.

② **정보 · 자료수집** … 여러 전문 분야기술과 대지 및 지역적 특성 등을 조사하고 수집하여 분석한다.

③ **조건설정** … 건물의 구체적인 기능, 규모, 성능, 의장과 같은 조건 등을 설정한다.

④ **모델화** … 1차적으로 설정된 목표에 대해서 정보와 자료, 조건 등을 부합하여 모델을 구성하는 것이다.

⑤ **평가** … 목표와 조건에 어느 정도 만족하는지 평가하는 것이다.

⑥ **계획결정** … 앞의 조건들이 만족된 경우에 최종 계획안을 결정한다.

[건축계획 결정과정]

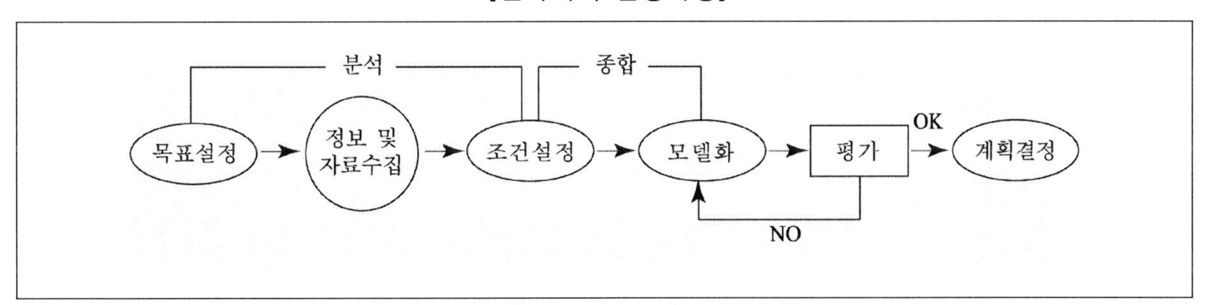

TIP

건축계획의 조사방법

㉠ 의미분별법(SD : Semantic Differential)
- 언어에 의한 척도를 실험하고 그에 따른 분석을 통해서 어떠한 공간을 체험한 결과 발생되는 심리적 반응을 측정하여 사용한다.
- 형용사를 많이 수집한다[예 아름답다(+5), 추하다(−5)].

㉡ 요인분석법(FA : Factor Analysis)
- 여러 변인군의 상호관계 속에서 공통으로 변화되는 것을 찾아내서 몇 개의 기본 변인군을 만들어내는 조사방법이다.
- 기본 변인군을 추출한다.

㉢ 거주 후 평가(POE : Post Occupancy Evaluation)
- 거주 후에 건물을 평가하여 설계에 환류하는 것이다.
- POE를 통해서 유사한 건축의 계획에 환류를 함으로써 기초 데이터의 역할을 한다.

㉣ 이미지 지도(Image Map)
- 한 지역, 한 나라의 상징적 이미지를 부여하는 자연환경이나 건축물 등의 특성이나 지리적인 조건에 대한 계획의 내용을 이미지 지도에 개념적으로 나타낸다.
- 조사하는 공간의 현황을 파악하여 이것을 계획에 사용하기 위한 기초적인 데이터로 이용한다.

㉤ 관찰법 : 시간을 두고 진행하고 있는 모습을 관찰하여 계획에 반영시킨다.

㉥ 설문지법 : 설문지를 통해 통계적으로 분석하여 계획에 반영한다.

㉦ 면담법 : 그 공간의 시민들과 직접 면담을 하여 계획에 반영한다.

02 구성원리

❶ 건축의 3대 요소(기능, 구조, 미)

(1) 기능

① 입지의 조건 … 경제성, 타당성

② 배치의 조건 … 주변 환경과의 관계, 토지의 활용도, 접근의 용이성

③ 평면의 조건 … 배치에 의한 동선의 관계, 면적

④ 입면 … 창호물, 즉 개구부의 위치 및 방향, 벽면의 형태

⑤ 단면 … 안전성, 층고, 단면의 치수, 설비적인 공간

(2) 구조

① 안전성을 확보해야 한다.

② 안전성을 기초로 하여 기능과 미가 균형과 조화를 이루어야 한다.

③ 구조의 분류 … 조적, 막, 가구, 일체

(3) 미

① 디자인의 요소(Factor)
- ㉠ 점(Point)
- ㉡ 선(Line)
- ㉢ 형(Shape)
- ㉣ 크기(Size)
- ㉤ 명암(Value)
- ㉥ 질감(Texture)

② 디자인의 원리(Principle)
- ㉠ 조화(Harmony) : 부분과 부분 및 부분과 전체 사이에 안정된 관련성을 주며 상호 간에 공감을 불러일으키는 효과이다. 유사조화와 대비조화가 있다.
- ㉡ 대비(Contrast) : 서로 대조되는 요소를 대치시켜 상호 간의 특징을 더욱 뚜렷하게 하는 효과이다.
- ㉢ 비례(Proportion) : 선, 면, 공간 사이의 상호 간의 양적인 관계이다.

㉣ **균형**(Balance) : 부분과 부분, 부분과 전체 사이의 시각적인 힘의 균형이 잡히게 되면 쾌적한 느낌을 주게 되는 효과이다. (대칭균형과 비대칭균형, 정적균형과 동적균형이 있다.)

㉤ **반복**(Repetition) : 색채, 문양, 질감, 형태 등이 구조적으로 되풀이 되는 원리이다.

㉥ **통일**(Unity) : 화면 안에서 일정한 형식과 질서를 갖는 것으로서 하나의 '규칙'에 해당되며, 다양한 디자인 요소들을 하나로 묶어준다.

㉦ **율동**(Rhythm)

- 반복 : 주기적인 규칙이나 질서를 주었을 때 생기는 느낌으로, 대상의 의미나 내용을 강조하는 수단으로도 사용된다.
- 교차 : 두 개 이상의 요소를 서로 교체하는 것으로, 파워풀한 느낌을 주고 에너지를 느낄 수 있다.
- 방사 : 중심으로 방사되는 형태로, 율동감을 느낄 수 있다.
- 점이 : 두개 이상의 요소 사이에 형태나 색의 단계적인 변화를 주었을 때 나타나는 현상을 말한다.

㉧ **균제**(Symmetry) : 대칭이라고도 하며 균형 중에 가장 단순한 형태로 나타나는 것으로 정지, 안정, 엄숙, 정적인 느낌을 준다.

- 선대칭 : 대칭축을 중심으로 좌우나 상하가 같은 형태로 되는 것으로 두 형이 서로 겹치면 포개진다.
- 방사대칭 : 도형을 한 점 위에서 일정한 각도로 회전시켰을 때 생기는 방사상의 도형이다.
- 이동대칭 : 도형이 일정한 규칙에 따라 평행으로 이동했을 때 생기는 형태이다.
- 확대대칭 : 도형이 일정한 비율과 크기로 확대되는 형태이다.

㉨ **변화**(Variety) : 화면 안의 구성 요소들을 서로 다르게 구성하는 것으로서, 통일성에서 오는 지루함을 크기변화, 형태변화 등으로 없앨 수 있는 원리를 말한다.

| 기출예제 02 2008 국가직 (7급)

균형(balance)에 대한 설명으로 옳지 않은 것은?

① 시각적인 균형은 모양, 명도, 질감, 색채의 균형으로 구분해 볼 수 있고, 모양의 균형은 대칭과 비대칭의 두 가지 형태로 구별된다.

② 균형은 상대적 힘의 평형상태로 나타난다.

③ 시각구성에서는 대칭의 기법을 통하여 균형의 상태를 만드는 것이 구성적으로 역동적인 경우가 많다.

④ 대칭에 의한 안정감은 원시, 고전, 중세에서 중요시되어 왔으며, 정적인 안정감과 위엄성 등이 풍부하여 기념건축이나 종교건축 등에 많이 사용되고 있다.

✱

시각구성에서는 비대칭의 기법을 통하여 균형의 상태를 만드는 것이 구성적으로 역동적인 경우가 많다.

답 ③

TIP

동선과 색의 3요소

㉠ 동선의 3요소
- 하중(Load) :구조물에 작용하는 외력
- 빈도(Frequncy) : 다시 일어날 수 있는 횟수
- 속도(Velocity) : 움직이는 속도

㉡ 동선의 주체자
- 사용자
- 물체(건축물, 주변환경 등)
- 자료 및 정보

㉢ 색의 3요소
- 색상(Hue) : 색의 성질
- 명도(Value) : 색의 밝기
- 채도(Chroma) : 색의 선명도

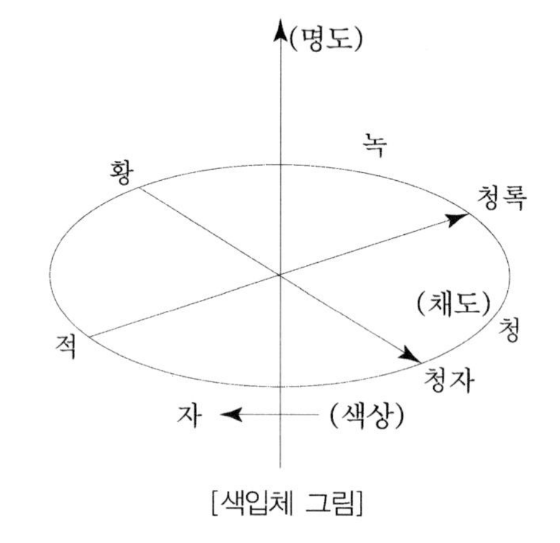

[색입체 그림]

2 게슈탈트 심리학

(1) 게슈탈트 심리학의 개념

① 형태의 지각심리에 관한 것으로서, 인간은 자신이 본 것을 조직화하려는 기본 성향을 가지고 있으며, 전체는 부분의 합 이상이라는 점을 강조하는 심리학이다. (즉, "전체는 그것을 이루는 부분들의 합과는 다르다."는 것이다. 전체적인 형태에 대한 지각은 유사성, 접근성, 연속성, 폐쇄성, 도형과 바탕이라는 범주에서 비교와 통합에 의해 이루어진다.)

② 게슈탈트(gestalt)는 독일어 'gestalten(구성하다, 형성하다, 창조하다, 개발하다, 조직하다 등의 뜻을 지닌 동사)'의 명사형으로 전체, 형태, 모습이라는 의미가 있다.

③ 인간의 지각은 형태를 여러 각도로 다르게 받아들일 수 있는데 예를 들어 백지에 그려진 원은 배고픈 이에겐 빵이고, 아이에겐 공일 수 있을 것이다.

④ '미적인' 혹은 '정서적인' 성질(유쾌함, 우아함, 엄숙함 등)은 우리가 대상을 향해 투시하는 것이 아니라 대상을 통해 직접 지각하는 것이라고 설명한다.

⑤ 인간은 또한 어떤 사물을 시각적으로 인지할 때, 그 관점이 우세한 것과 열세한 것으로 나누어 지각하려는 본능을 가진다. 우세하게 보이는 부분을 '도형(figure)'이라 하고 열세하게 보이는 부분을 '배경(Ground)'이라고 한다. 인간이 보고 싶어 하는 부분은 도형이 되는 것이고 그 외의 것은 배경으로 인식된다는 것이다.

(2) 게슈탈트 심리학의 지각원리

① **접근성** … 서로 근접한 것끼리는 그룹을 지어 묶여있는 것처럼 통일성 있게 보이고 서로 멀리 떨어져 있는 사물은 묶여있지 않는 것으로 보이는 착시현상이다. (근접의 원리)

② **유사성** … 유사한 배열이나 연속적인 것은 하나의 그룹으로 인식된다. 영화의 필름을 연속적으로 인식하는 것이 그 예이다. 형태, 규모, 색, 질감 등에 있어서 유사한 시각적 요소들이 서로 연관되어 보이는 착시현상으로서 접근성보다 지각의 그루핑(grouping)이 강하게 나타난다. (유동/유사의 원리)

③ **폐쇄성** … 시각적 요소들이 무언가를 형성하는 것을 허용하는 성질로서 폐쇄된 원형이 묶이는 것을 의미한다. (폐쇄의 원리)

④ **연속성** … 유사한 배열이 하나의 묶음으로 시각적 이미지의 연속장면처럼 보이는 착시현상이다. (공동운명의 원리)

⑤ **공통성** … 서로 비슷한 움직임과 방향을 갖는 것은 하나의 그룹으로 지각되는 현상이다. (연속방향의 원리)

⑥ **착시** … 도형이나 색채를 본래의 것과 달리 잘못 지각하는 현상이다. '루빈의 술잔'은 술잔으로 인식되기도 하지만 두 사람이 마주보는 장면으로 인식되기도 한다.

⑦ **지각의 항상성** … 사람은 지각에 대한 고정관념이나 편견을 가지고 있는데 본인이 알고 있는 형태에 대해서는 망막에서 일어나게 되는 물리적 변화와는 상관없이 고정된 생각이 지각에 영향을 미치는 것이다. (거리의 멀고 가까움, 보이는 각도, 주위의 밝고 어두움 등에 관계없이 본래 알고 있는 크기로 물체가 느껴지는 현상이다.)

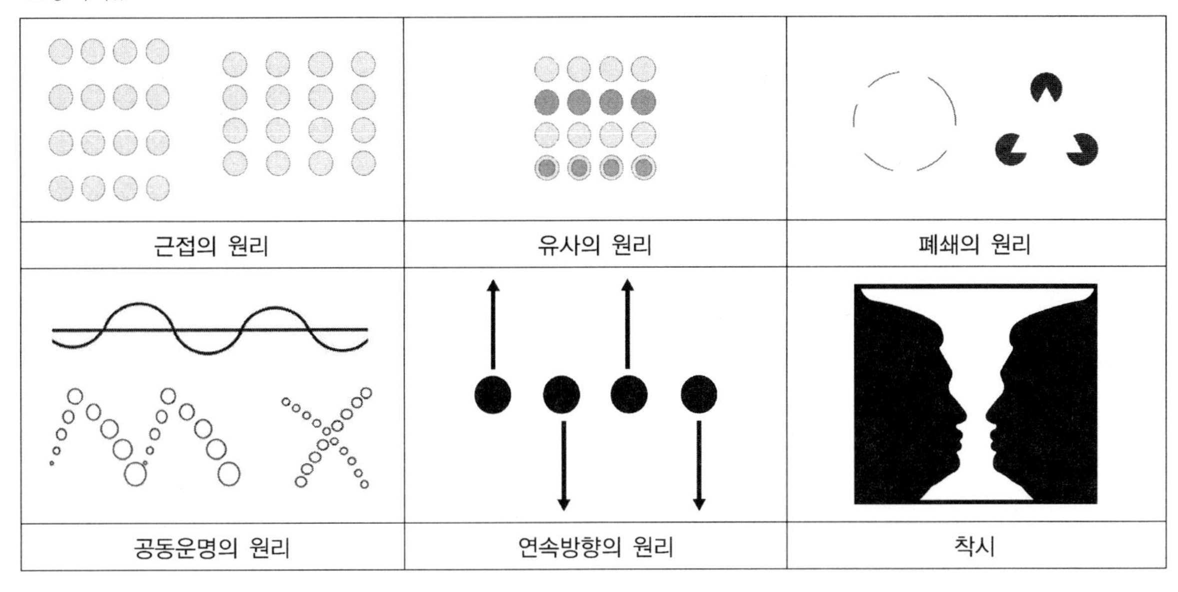

(3) 사회적공간 및 근접학

① 사회원심적공간과 사회구심적공간

㉠ 사회원심적공간(sociofugal space) : 열차 대합실 같이 사람을 서로 분리시키는 공간으로서 대개 이사회적 공간은 격자형태(grid like)를 갖는다.

㉡ 사회구심적공간(sociopetal space) : 노천카페 테이블처럼 사람들이 모이기 쉬운 공간으로서 대개 방사형태(radial)를 갖고 있다.

② 프럭시믹스(proxemics, 근접학)

㉠ 고정 공간과 반고정 공간 : 교실 구조 등 움직일 수 없이 고정된 공간과 의자 · 가구 등 필요한 경우 움직일 수 있는 반고정 공간은 대화 참여자 간의 관계 설정이나 심리적인 면에 큰 영향을 주었다.

㉡ 비고정공간(비형식적공간) : 적절한 대인거리에 대해 관계에 따라 자신이 편하게 느끼는 공간이 침범당했다고 느낄 때 심리적 불편함을 경험하게 된다.

㉢ 에드워드 홀의 '숨겨진차원'에서 나온 언어로서 특정 문화의 사회구조와 우주관이 그 문화의 형성환경과 같은 공간적 요소들에 의해 어떻게 반영이 되었는지, 그와 반대로 공간적 요소가 해당 문화에 어떤 영향을 행사하는지에 대해 연구함

㉣ 감각은 문화에 의해 형성되고 패턴화되며 서로 다른 문화에서 자란 사람들은 서로 다른 감각세계에서 살고 있다는 것에 착안하여 서로 다른 감각세계가 공간을 구조화하고 사용하는 방식을 프로세믹스라고 명명하였다.

㉤ 에드워드 홀이 고안한 프로세믹스는 독특한 문화의 건축물에 대해 인간의 공간 사용법을 이론화하고 상호 간의 연관성을 관찰하기 위해 필요한 용어이다.

③ Edward Hall의 근접학이론

㉠ 특정 문화에 있는 사람들은 특별한 방법으로 그들의 공간을 구조화시켰는데 Hall은 이러한 공간의 기본적 유형을 다음의 세 가지로 정의하였다.

㉡ 고정공간 : 초기에 확정되면 변형시키기 어려운 공간으로 공간의 배치, 크기, 위치 등을 통해 지속적인 의미를 전달하며 개인 또는 집단의 활동을 조직하는 데 가장 기본적인 방법의 하나로 물질적 표현과 숨겨진 내면의 의도를 포함하고 있다.

㉢ 반고정공간 : 환경 안에서 움직일 수 있는 사물에 의해 구성되며 사람들이 다른 사람과의 결속을 강화하거나 또는 둔화시킬 수 있고 서로의 관계를 조절할 수 있는 공간으로 개인의 선호와 의지에 따라 변할 수 있는 요소로써 장식적인 성격이 강한 시설물의 시각적 특징을 나타낸다.

㉣ 비고정공간(비형식적공간) : 비구조적이고 비정형화된 공간으로 익숙함을 거부하고 그 공간을 경험하는 경험자들로 하여금 새로움을 경험하게 할 수 있으며 일상에서 수시로 변할 수 있는 요소로서 행사, 축제 등 용도에 따라 각기 기능적 특징을 나타낸다.

④ Edward Hall의 4가지 거리유형

㉠ 애드워드 홀(Edward T. Hall)은 인간관계의 거리를 '친밀한 거리(intimacy distance)', '개인적 거리(personal distance)', '사회적 거리(social distance)', '공적 거리(public distance)'의 4가지 유형으로 분류하였다.

㉡ **친밀한 거리** : 0~50cm의 거리로서 이 정도 거리에서 이루어지는 대화는 가족이나 연인처럼 친밀한 유대관계가 전제되어야 한다.

㉢ **개인적 거리** : 50~120cm의 거리로서 이 정도 거리에서 이루어지는 대화는 어느 정도의 친밀함과 함께 격식이 전제되어야 한다.

㉣ **사회적 거리** : 1.2~3.5m의 거리로서 이 정도 거리에서 이루어지는 대화는 별다른 제약없이 제3자의 개입을 허용한다. 따라서 대화 도중에 대화의 참여 및 이탈이 자유롭다.

㉤ **공적 거리** : 3.5m 이상의 거리로서 이 정도 거리에서 이루어지는 대화는 연설이나 강의와 같은 특수한 경우에 한정된다.

⑤ Edward Hall의 개인공간이론

㉠ 사람은 누구나 자기 주변의 일정한 공간을 자기의 것이라고 생각하는 무의식적인 경계선을 가지고 있다는 이론으로서 타인이 일정한 거리 이내로 접근해 오면 긴장감과 거부감, 심지어 생존의 위협감을 느끼게 된다.

㉡ 이러한 개인공간은 눈에 보이지 않는, 추상적이고 모호하며 동적인 경계와 특성을 가진다. (모든 인간은 타인의 침입을 거부하는 개인의 사적 영역을 필요로 한다.)

(4) 유니버설 디자인

① **유니버설 디자인** … 장애인, 노인, 어린이, 임산부, 외국인 등 모두를 대상으로 최대한 이용하기 편리하게 디자인하는 것으로 특정 사용자층을 위해 문제해결을 도모하는 베리어프리 디자인과 구별된다. (장애물 없는 생활환경 인증제도 즉, 배리어프리인증제도가 유니버설디자인을 실천하기 위한 제도적 장치이다. 장애인에 대한 신체적 기능을 보완하기 위한 베리어프리 디자인에서 노인, 여성, 외국인 등 다양한 자료를 배려하고 인간의 전체 생애주기까지 수용하는 것을 의미한다.)

② **유니버설 디자인의 4원리** … 접근성, 지원성, 융통성, 안전성

③ 유니버설 디자인의 7대 원칙

㉠ 공평한 사용
㉡ 사용상의 융통성
㉢ 간단하고 직관적인 사용
㉣ 정보이용의 용이
㉤ 오류에 대한 포용력
㉥ 적은 물리적 노력
㉦ 접근과 사용을 위한 충분한 공간

TIP

베리어프리 디자인 … 장애인 등이 일상생활에 부딪히는 장애물(Barrier)을 없애기 위해 특별한 디자인을 내놓는 것(유니버설 디자인은 장애인만이 아니라 모두가 사용할 수 있는 보편적 디자인을 제시)

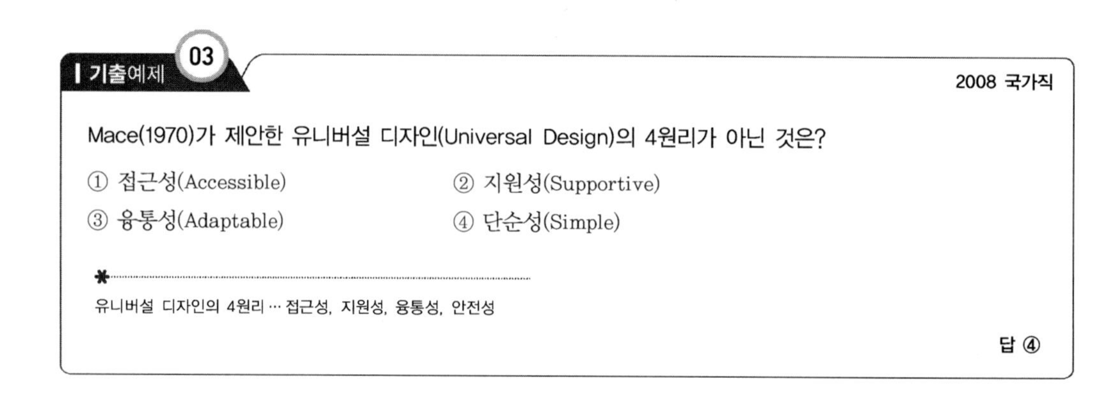

기출예제 03 2008 국가직

Mace(1970)가 제안한 유니버설 디자인(Universal Design)의 4원리가 아닌 것은?

① 접근성(Accessible) ② 지원성(Supportive)
③ 융통성(Adaptable) ④ 단순성(Simple)

유니버설 디자인의 4원리 … 접근성, 지원성, 융통성, 안전성

답 ④

③ 공간과 인체의 치수관계

(1) 인체치수

① 인체치수→가구치수→수용공간치수

② 인체치수→동작치수→동작공간→복합동작공간

TIP

동작공간 … 인체의 치수 또는 동작치수 + 물건치수 + 여유치수

③ 인간의 크기에 관한 통계적 치수

㉠ H : 신장
㉡ 0.9H : 눈 높이
㉢ 0.8H : 어깨 높이
㉣ 0.4H : 손끝점
㉤ 0.25H : 어깨폭
㉥ 0.25H : 의자 높이
㉦ 0.4H : 책상면 높이
㉧ 0.55H : 앉은 키 높이
㉨ 1.2H : 상체 올림 높이

④ 인체치수는 성별, 연령, 나라, 자세, 활동유형에 따라서도 차이가 발생한다.

(2) 건축공간의 스케일

① **물리적 스케일** … 인간이나 물체에 의해서 출입구 등의 크기가 결정된다.

② **생리적 스케일** … 생리적인 감각기관에 의해서 실공간의 크기가 결정된다.

③ **심리적 스케일** … 압박감과 같은 심리적인 느낌에 의해서 공간의 크기가 결정된다.

④ **황금비례**(1 : 1.618) … 미술가들은 어떤 비례가 가장 이상적인 아름다움을 전달할 수 있는지를 수학적으로 탐구하였으며 그 중 대표적인 것이 바로 가장 이상적인 비례라는 황금비율이다. 황금비율은 그리스인들이 발견해 신전이나 예술품을 제작할 때 적용했던 비례로 1 : 1.618의 비율이다.

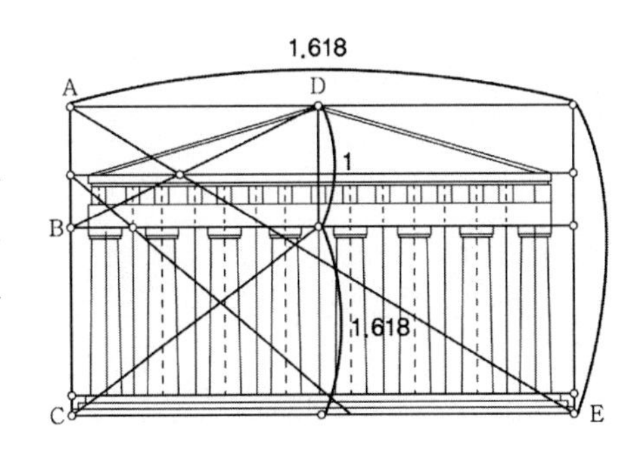

기출예제 04 2013 국가직 (7급)

건축공간의 치수와 모듈에 대한 설명으로 옳지 않은 것은?

① 실내 창문크기가 필요 환기량에 의해 결정되는 경우 이는 생리적 스케일이라 할 수 있다.
② 건축공간의 치수는 인간을 기준으로 물리적 스케일, 기능적 스케일, 생리적 스케일로 구분할 수 있다.
③ 르 꼬르뷔지에의 모듈러는 인체의 치수를 기본으로 하여 황금비를 적용하고 여기에 등차적인 배수를 더한 경우이다.
④ 모듈이란 그리스에서 열주의 지름을 1m라 했을 때 다른 부분(높이, 간격, 실폭, 길이 등)들을 비례적으로 지칭하던 기본 단위이다.

*

생물심, 즉 생리적, 물리적, 심리적 스케일로 구분할 수 있다.

답 ②

(3) 피보나치수열

첫째 및 둘째 항이 1이며 그 뒤의 모든 항은 바로 앞 두 항의 합인 수열이다. 처음 여섯 항은 각각 1, 1, 2, 3, 5, 8이다. 편의상 0번째 항을 0으로 두기도 한다.

(4) 동적균제론

① 햄브리지(Hambridge)가 제창한 이론으로서 형태의 윤곽이 길이 사이에 1차원적인 정수비가 성립하는 경우보다도 2차원적인 면적 사이에서 정수비가 성립하는 경우 윤곽의 길이의 비가 형태조화의 기본이 된다는 이론이다.

② 길이의 대비보다도 넓이의 대비를 우선적으로 지각하게 되므로 길이의 정수비가 성립된 경우보다 면적의 정수비가 성립된 경우가 건축계획에서 더 중요시된다.

③ 다음 그림에서처럼 서로 대응하는 변이 $1 : \sqrt{n}$ 의 비율을 갖게 될 때 조화를 이루게 된다.

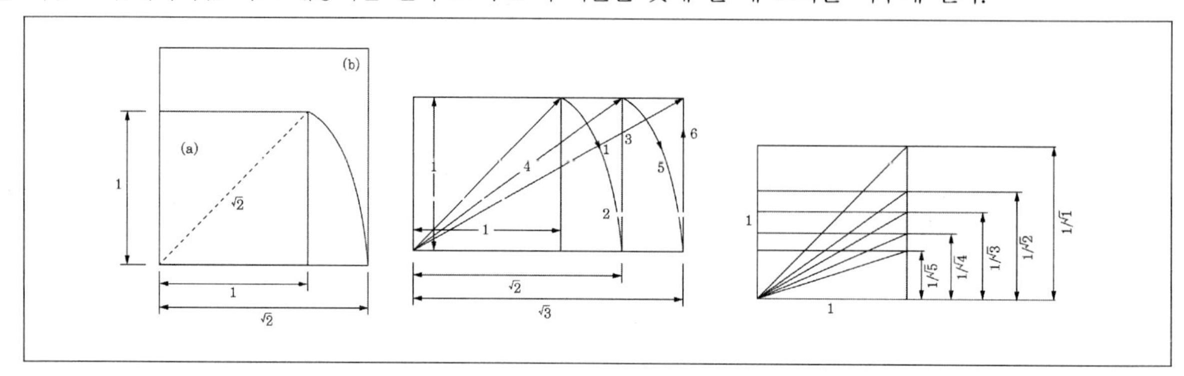

| 기출예제 05 2008 국가직 (7급)

건축공간의 치수와 비례에 대한 설명 중 옳은 것은?

① 피보나치수열은 자연현상의 관찰을 바탕으로 상관적인 비례를 산정한 결과로, 1, 2, 3, 5, 8, 13, … 처럼 직전 두 수의 합이 다음 수가 되는 식으로 증가한다.
② 르 꼬르뷔지에의 모듈러는 건축 부재의 규격을 기준으로 한다.
③ 건축공간의 치수는 물리적 치수, 생리적 치수, 심리적 치수로 분류될 수 있으며, 심리적 치수는 환기, 채광 여건이 주요 요인이 된다.
④ 황금비례는 고대 로마에서 사용한 가장 아름다운 비례로 대략 1 : 1.618 또는 1 : 0.618의 비례관계를 이룬다.

✱

② 르 꼬르뷔지에의 모듈러는 인간의 신체를 척도로 한다.
③ 건축공간의 치수는 물리적 치수, 생리적 치수, 심리적 치수로 분류될 수 있으며, 생리적 치수는 환기, 채광 여건이 주요 요인이 된다.
- 물리적 스케일 : 출입구의 크기가 인간이나 물체의 물리적 크기에 의해 결정되는 치수
- 생리적 스케일 : 실내의 창문 크기가 필요 환기량으로 결정되는 경우와 같은 치수
- 심리적 스케일 : 압박감을 느끼지 않을 정도에서 천장의 높이가 결정되는 경우와 같은 치수

④ 황금비례는 고대 그리스에서부터 사용하기 시작한 가장 아름다운 비례로 대략 1 : 1.618 또는 1 : 0.618의 비례관계를 이룬다.

답 ①

❹ 모듈(Module)

(1) 모듈의 의미

기준치수 또는 척도를 말하는 것으로서 건축의 생산적인 면에서 기준치수를 집성해 놓은 것을 말한다.

(2) 모듈설계의 개념

① 기본개념은 척도조정(Modular Coordination)에 의한 설계이다.

② 종류

㉠ **모듈 부품에 의한 설계** : 카달로그 등에서 직접 선택한다.

㉡ **모듈 격자에 의한 설계** : 설계계획에서부터 주요 구성재, 상세부 등을 모두 모듈 격자에 맞추는 것이다.

(3) 모듈의 종류

① **기본모듈** … 1M = 10cm로 하고 모든 치수의 기준으로 한다.

② **복합모듈** … 기본모듈에 배수를 적용한다.

㉠ 2M : 건물의 높이방향의 기준(20cm, 40cm, 60cm)

㉡ 3M : 건물의 수평방향 길이의 기준(30cm, 60cm, 90cm)

③ **공칭치수 = 제품치수 + 줄눈두께 = 중심선간의 치수**

④ **제품치수 = 공칭치수 − 줄눈두께**

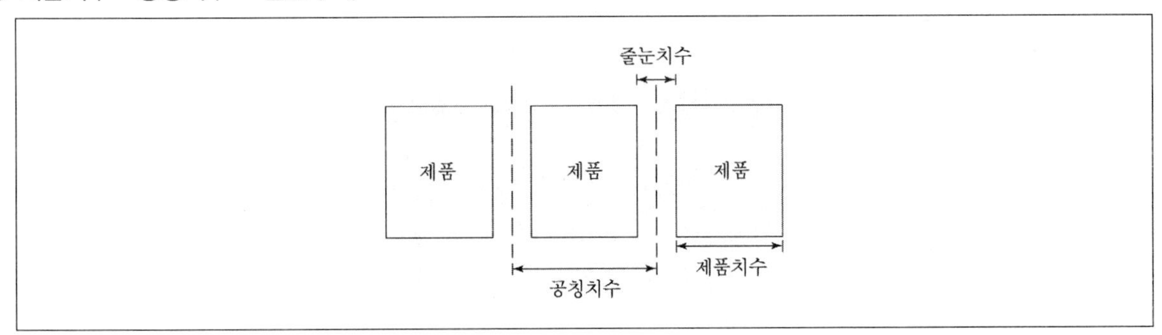

TIP

모듈상의 모든 치수는 공칭치수(줄눈중심간의 길이)를 말하므로 순수한 제품치수를 구하기 위해서는 공칭치수에서 줄눈두께를 빼야 한다.

⑤ **창호치수** … 창호치수는 줄눈 중심 간 치수로 한다.

TIP

모듈의 사용방법

㉠ 도서관의 경우에는 대체적으로 모듈러 시스템의 필요성이 크다.

㉡ 라멘조 건물 : 기둥 중심간 거리, 층 높이를 모듈로 사용한다.

㉢ 조립식 건물 : 각부 조립재, 줄눈 중심간 거리를 모듈로 사용한다.

TIP

주택건설기준 등에 관한 규칙 제3조(치수 및 기준척도)

1. 치수 및 기준척도는 안목치수를 원칙으로 할 것. 다만, 한국산업규격이 정하는 모듈정합의 원칙에 의한 모듈격자 및 기준면의 설정방법 등에 따라 필요한 경우에는 중심선치수로 할 수 있다.
2. 거실 및 침실의 평면 각 변의 길이는 5센티미터를 단위로 한 것을 기준척도로 할 것
3. 부엌 · 식당 · 욕실 · 화장실 · 복도 · 계단 및 계단참 등의 평면 각 변의 길이 또는 너비는 5센티미터를 단위로 한 것을 기준척도로 할 것. 다만, 한국산업규격에서 정하는 주택용 조립식 욕실을 사용하는 경우에는 한국산업규격에서 정하는 표준모듈호칭치수에 따른다.
4. 거실 및 침실의 반자높이(반자를 설치하는 경우만 해당한다)는 2.2미터 이상으로 하고 층높이는 2.4미터 이상으로 하되, 각각 5센티미터를 단위로 한 것을 기준척도로 할 것
5. 창호설치용 개구부의 치수는 한국산업규격이 정하는 창호개구부 및 창호부품의 표준모듈호칭치수에 의할 것. 다만, 한국산업규격이 정하지 아니한 사항에 대하여는 국토교통부장관이 정하여 공고하는 건축표준상세도에 의한다.
6. 제1호 내지 제5호에서 규정한 사항외의 구체적인 사항은 국토교통부장관이 정하여 고시하는 기준에 적합할 것

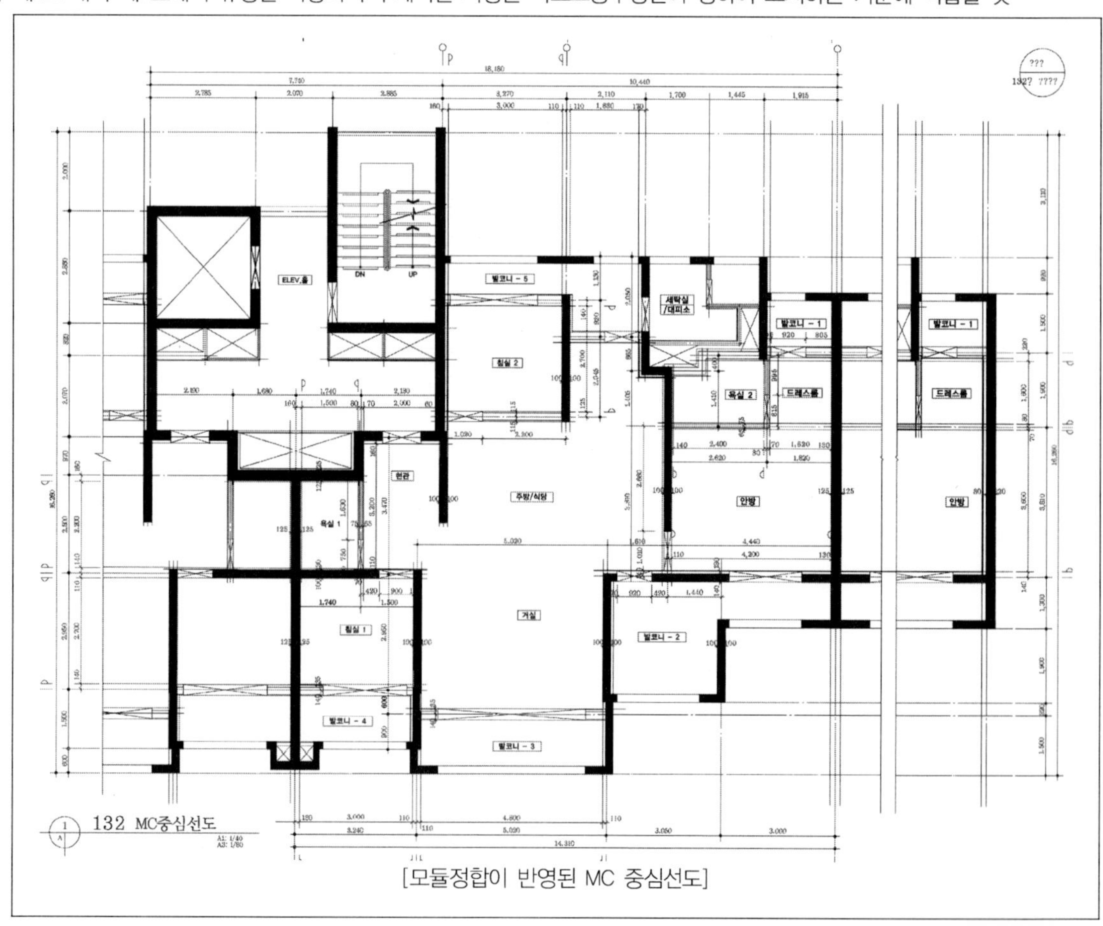

[모듈정합이 반영된 MC 중심선도]

| 기출예제 06

2009 국가직 (7급)

건축 모듈계획에 관한 설명 중 옳지 않은 것은?

① 국내에서는 일반적으로 10cm를 최소기준 모듈로 사용한다.
② 국내에서는 현재 모든 공동주택에 원칙적으로 중심선치수를 사용하도록 주택건설기준 등에 관한 규칙에서 규정하고 있다.
③ 인치나 피트법을 사용하는 나라는 MC에 의거하여 기본모듈 4인치를 일반적으로 사용한다.
④ 르 꼬르뷔지에(Le Corbusier)는 인체척도를 기준으로 하는 르 모듈러(Le Modular)를 설계에 적용하였다.

✱

국내에서는 안목치수를 원칙으로 한다.

답 ③

(4) 르 코르뷔지에의 모듈러

① 르 꼬르뷔제의 모듈러의 척도체계는 인체치수(183cm)를 기준으로 대수개념을 의미한다.

② 황금비를 참조한 것으로써 일반적으로 사용되는 모듈과는 구분되어야 한다.

③ 경제적인 공업생산을 목적으로 하였다.

④ 르 코르뷔지에가 제창한 이론으로서 모듈러(Moduler)는 건축에 쓰이는 수치를 작은 것에서 큰 것에 이르기까지 수치의 수열을 정하여 건축 각부의 치수를 이것에 맞추는 것을 의미한다. 이는 건축의 공업화에는 극히 효과적이므로 건축생산의 근대화에 지대한 역할을 하였다.

⑤ 선분을 양분하여 작은 부분과 큰 부분의 길이의 비가 큰 부분과 전체의 비와 같아지는 황금분할을 기초로 하여 모듈러이론을 제창하였다.

⑥ 6피트(183cm)의 배꼽높이인 113cm를 기준으로 하여 이것을 2배로 하고(한 손을 위로 높이 들었을 때의 높이) 이것을 5로 곱하거나 나눔으로써 일련의 수법계열이 구성된다.

TIP

르코르뷔지(Le Corbusier, 1887~1965)

㉠ "집은 살기위한 기계"라는 합리주의, 기능주의적인 건축을 추구한 모더니즘 건축가로서 현대의 공동주택시스템인 아파트의 전형을 제시하였다.
㉡ 프랑스 마르세유에 위치한 위니테다비타시옹(337가구가 거주할 수 있는 12층짜리 건물이었다.)은 최초의 현대식 아파트로서 세계문화유산이기도 하다.
㉢ 모듈러는 황금비와 피보나치 수열을 이용하여 건축설계에 적용하기 위해 고안해 낸 그의 인체비례학 개념이다. (시각적 조화는 물론 공간 또는 부재의 기능성까지도 향상시킨다는 비례 원칙을 고안하였다.)

TIP

모듈러

㉠ 황금비와 피보나치수열을 이용하여 건축설계에 적용하기 위해 고안해 낸 건축가 르 코르뷔지에의 인체비례론이다.

㉡ 성인이 한 손을 위로 쭉 뻗은 의 높이가 226cm이고, 배꼽까지의 높이가 그것의 절반인 113cm이다.

㉢ 황금비와 피보나치수열을 적용한 적색과 청색 시리즈 치수가 옆에 제시되어 있다.

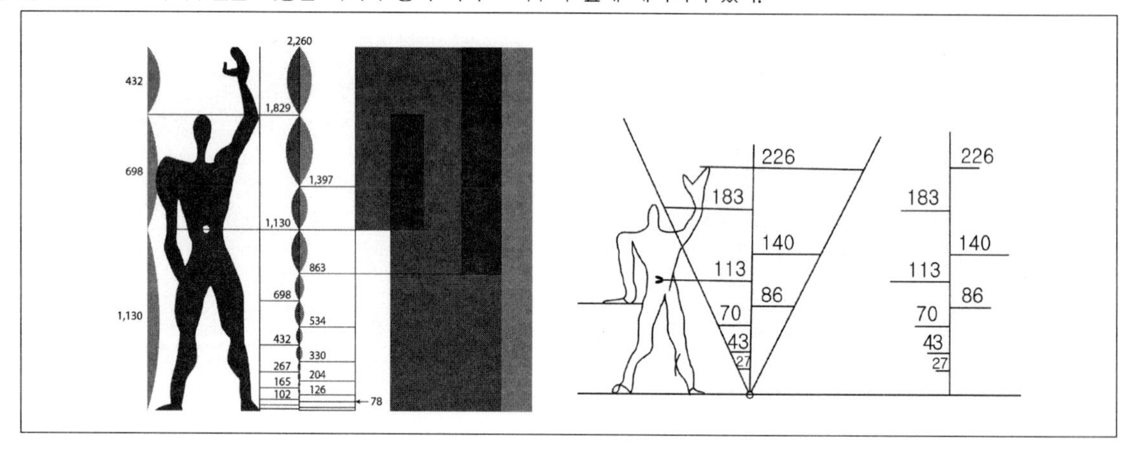

(5) M.C(Modular Coordination, 건축척도의 조정, 모듈정합)

① 모듈을 사용하여 건축 전반에 사용되는 재료를 규격화시키는 것을 말한다.

② 설계의 치수조정을 통해 부품화를 이루고 합리적인 건축생산을 하는 것이다.

③ 설계뿐만 아니라 시공에도 적용하게 되며 주로 건식공법에 매우 효율적이다.

④ 건축전반에 사용되는 재료의 규격화, 표준화를 목적으로 한다.

⑤ 특징

㉠ 장점

- 품질이 양호해진다.
- 표준화, 건식화, 조립화로 공정이 짧아진다.
- 대량화, 공장화로 원가가 낮아진다.

㉡ 단점

- 디자인상의 제약을 받는다.
- 인간성 및 창조성을 상실할 우려가 있다.
- 단순화됨으로 인해서 배색에 신중을 기해야 한다.

(6) 규모와 수용인원의 산정

① 규모의 산정

㉠ 매크로 어프로치 : 전체의 규모에서 필요한 각 기능들로 면적을 분할하여 적정치를 산정하는 방식이다.

㉡ 마이크로 어프로치 : 필요한 각 부분들을 세분하여 적정규모를 산정한 후 전체의 규모를 산정하는 방식이다.

② 수용인원 산정법

㉠ 동시 사용자 수의 일상적인 최댓값이 일정하고 이것을 초과하는 일이 없는 경우에는 해당시설의 예상 수용인원은 일상적인 최댓값이 된다. (예 학교의 교실, 호텔의 객실)

㉡ 다수의 사람들이 일시에 사용하기도 하나 전혀 사용되지 않는 경우도 흔할 경우, 시설 예상수량의 평균값을 설정하여 다수의 사람들이 모여서 혼잡할 시에는 과잉에 따른 약간의 불편정도는 감수할 수 있는 정도로 수용인원을 설정한다. (예 지하철역 화장실)

(7) 공업화건축(Prefabrication)

① 개념 … 건축 각각의 부분을 공장제품으로 대량화하여 현장에서 바로 조립을 하는 시공방법을 통해 공기를 단축시킴으로써 건축물을 대량생산시키는 데 목적이 있다.

② 특징

㉠ 품질 향상

㉡ 단가 저렴

㉢ 공기 단축

TIP

공업화건축과 모듈러 주택

㉠ 공업화건축

- 건설기술이 발달하면서 건축시스템은 점차 건식화 · 공업화의 추세로 가고 있다.
- 공업화란 공장에서 생산한 부재 또는 자재를 현장에서 조립하거나 설치 · 시공하는 개념을 말하는데, 주로 벽체나 바닥, 지붕 등에 사용되어 왔다. 최근에는 이러한 공업화 방식이 조립식 건축생산시스템인 모듈러(modular) 건축시스템으로 발전해가고 있다.

㉡ 모듈러 주택 : 공장에서 기본 골조와 전기배선 · 현관문 등 전체 공정 중 70~90%을 모듈단위로 제작한 뒤 현장에서 마감공사만 하면 모든 공정이 완료되는 조립식 주택이다.

(8) 건축설계의 수법

① Expansibility(확장성) 수법

㉠ 분할형

- 전체계획을 분할하여서 1차, 2차 공사로 나누어 공사하는 방식으로서 증축 시에 발생할 수 있는 문제점을 최소화시킨다.
- 마스터플랜에 의한 계획이 필요하며 설비공동시설을 집중화하려면 선투자가 이루어져야 한다.

TIP

마스터플랜 … 종합계획이라고도 하며, 가장 기본이 되는 계획이다. 프로젝트(project)의 실시를 위해, 프로젝트의 목적이나 목표에 따라 개요를 설정한 전체적인 기본계획이다. (쉽게 말해서 '큰 그림'으로 이해하면 된다) 마스터플랜을 여러 개로 나누고 세분화시킨 다음 여기에 각 부분별 구체적인 방안이나 지침 등이 수립되는 것이다.

- 설비 공동시설을 집중화해야 하므로 선투자가 필요하다.

㉡ 연결형

- 필요에 의해서 새로운 독립시설을 연결해 나가는 방식이다.
- 구조적인 문제는 적으나 관리운영상 기능분산 문제가 야기될 수 있으므로 복잡한 기능의 건축물에는 부적당하다.

㉢ Free end형

- 준공 이후 증축이 예정되어 있거나 예상되는 경우에 적용되는 방식이다.
- 증축되는 부분의 슬래브나 보를 증축에 적합한 형상으로 계획해야 한다.
- 증축 후에도 평면의 동선 등 시스템에 지장이 없어야 한다.

㉣ Modular plan : 그리드플랜을 발전시킨 개념으로서 단위모듈을 정하고 그에 맞도록 조명, 스프링클러, 전화 등의 설비를 배치하는 방법이다.

㉤ Core System : 건물을 가변부분, 고정부분, 설비부분 등으로 나누어 변화가 일어나는 부분과 변화가 일어나지 않는 부분을 나누어 각 변화의 성질에 맞도록 대응방법을 체계화한 것이다.

② Flexibility(융통성) 수법

㉠ 내부변경

- 사전에 예측된 변경은 내부의 변경을 전제로 하는 방식이다.
- 당초부터 넓은 면적을 고려하도록 한다.

㉡ Universal space

- One room system으로써 자유로운 공간분할이 가능한 방식이다.
- 가족간의 프라이버시 유지는 어려우나 다목적 이용을 가능하게 하는 무한적인 공간이 될 수 있다.

㉢ Grid plan : Grid pattern으로 인해서 공간이 균질화 될 수 있다.

㉣ Modular plan : Grid plan을 철저하게 계획하여 조명, 스프링클러, 전화 등의 설비를 균등하게 배치하는 방법이다.

㉤ Core system : 사무소 건물을 코어부분과 사무실 부분으로 나누어 사용하는 것처럼 변화하지 않는 부분과 변화하는 부분을 나누어 변화성질에 대응하여 System화하는 방법이다.

ⓑ Interstitial space

• 설비에 Flexibility를 부여하기 위한 방법이다.
• 평면적으로 자유도가 높은 장 Span구조의 이점을 이용한다.

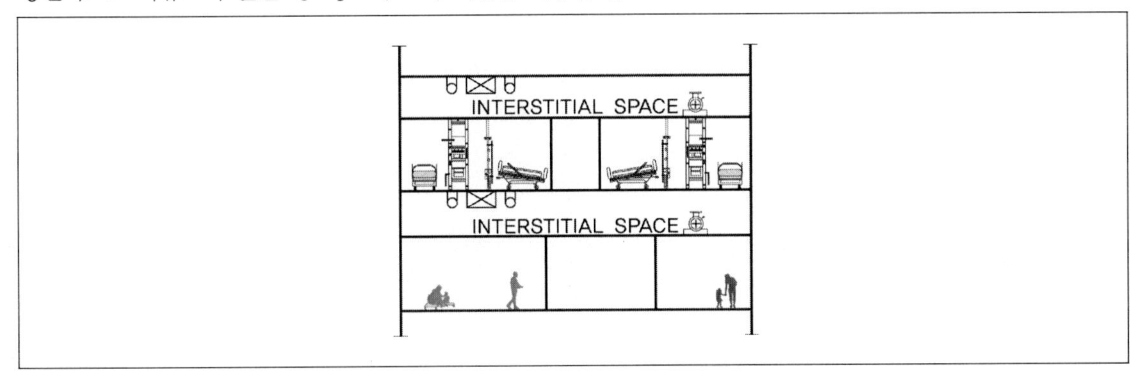

TIP

CAD System

㉠ CAD(Computer Aided System)은 "컴퓨터에 의한 설계 지원 시스템"으로서 컴퓨터 기술을 이용하여 도면을 신속하고 정확하게 작성할 수 있는 시스템이다.

㉡ 기존의 수작업에 의한 설계에 소요되는 시간과 비용, 유지관리 문제 등을 현격하게 줄였으며 데이터 공유를 통해 협업을 할 수 있는 시스템을 갖추었다.

㉢ 3차원 디자인도 가능하며 CAD도면은 다양한 포맷으로의 활용이 가능하다.

(9) B.I.M(Building Information Modeling)

① **B.I.M의 정의**··· 기존의 2D(2차원)중심이었던 도면작업을 3D기반에서 이루어지도록 하는 시스템이며 건물설계, 분석, 시공 및 관리의 효율성 극대화를 위해 설계의 건설요소별 객체정보를 담아낸 모델링 기법이다.

② **B.I.M의 특징**

㉠ 다양한 설계 분야의 조기 협업이 용이해지며 설계 단계에서 설계 오류와 시공 오차를 최소화할 수 있다.

㉡ 설계 진행 단계에서 공사비 견적 산출이 가능하다.

㉢ 설계도의 3차원화에 따라 프로젝트 단계에서의 작업량의 최고점이 설계 작업의 초반기에 나타나게 된다.

㉣ IFC(International Foundation Class)는 서로 상이한 BIM 소프트웨어간의 상호호환성을 위한 공통포맷이다.

㉤ 3D를 기반으로 하여 객체마다 고유의 정보를 부여할 수 있으며, 여기에 시간정보까지 입력이 가능하다.

㉥ 하나의 건축물이 지어지는 과정을 처음부터 끝까지 연속적으로 살펴볼 수 있다.

㉦ 특수한 3D 모델링이 가능하도록 하는 플러그인들이 있으며, 구조분석, 환경분석 등 다양한 검토가 가능하다.

㉧ 현재 시중에는 다양한 BIM 소프트웨어가 판매되고 있으며 대규모의 건설프로젝트(예 : 동대문디자인플라자)에 주로 사용되고 있다.

ⓩ 기존의 3D CAD에 시간정보를 부여한 4D CAD, 4D CAD에 원가정보를 부여한 5D CAD의 운용이 가능하다.

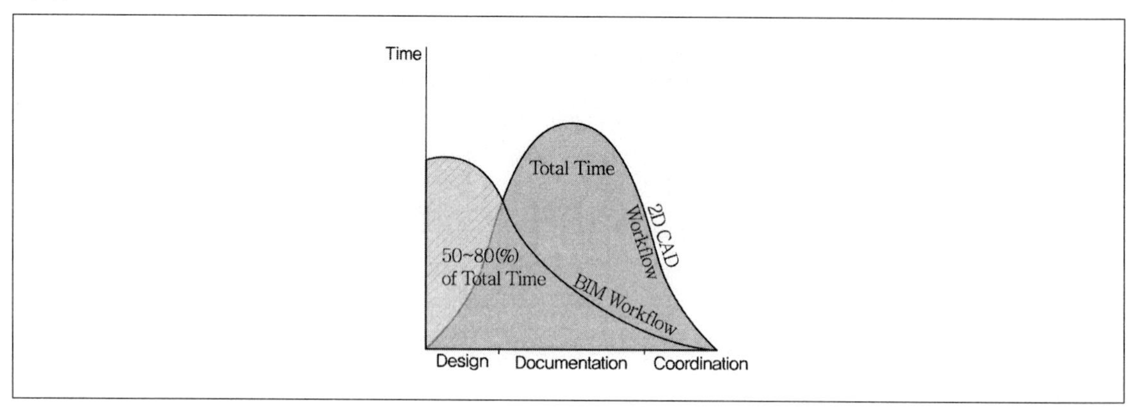

③ BIM의 적용효과

㉠ **시각화** : 3차원 표현으로 현실감 있는 공간의 검토가 이루어질 수 있으며 실무자와 발주자간의 의사소통이 용이해진다.

㉡ **자동화** : 3D모델로부터 2D도면을 자동으로 생성할 수 있고 다양한 설정이 가능하다.

㉢ **공종간 간섭 최소화** : 시공 전 여러 공종간의 간섭구간을 체크할 수 있어 효율적인 공사가 이루어질 수 있다.

㉣ **협업** : 여러 설계자가 웹망을 통해 데이터를 공유하면서 동시에 설계를 할 수 있다.

㉤ **물량산출** : 건축물 공사에 투입되는 물량의 산출이 손쉬워지며 여러 항목으로 분류하고 필요한 물량만을 손쉽게 산출할 수 있다.

㉥ **공정관리** : 공정관리 프로그램과 연동하여 공정관리를 할 수 있으며 착공단계부터 준공단계에 이르기까지의 일련의 시공절차를 한 누에 살펴볼 수도 있다.

㉦ **유지관리** : 각 객체마다 고유의 속성데이터를 가지고 있으며 이 데이터에 의해 유지관리가 용이해진다.

프로젝트의 기획단계에서부터 설계 · 시공 · 유지관리까지 건축물의 생애주기 전 단계에 걸쳐 3D모델 기반의 BIM설계를 통하여, 설계 및 시공과정에서 발생하는 문제점을 미리 예측하고, 공기단축, 효율적인 공사관리, 공사비 산출 및 유지관리를 위한 기초자료 등에 활용하며 이를 통해 건축물의 생애주기비용을 절감할 수 있다.

기출예제 07 2014 국가직 (7급)

BIM(Building Information Modeling) 도입으로 설계 단계에서 얻을 수 있는 장점이 아닌 것은?

① 설계 자동화로 인해 설계에 투입되는 인력과 제반 비용의 절감에 유리하다.
② 다양한 설계 분야의 조기 협업이 용이하다.
③ 설계 진행 단계에서 공사비 견적 산출이 가능하다.
④ 설계 단계에서 설계 오류와 시공 오차를 최소화할 수 있다.

*

BIM은 건물에 관한 정보를 모델링하고, 프로젝트와 관련된 정보들을 전산화시킴으로서 관리가 용이해지고 효율이 증가하기는 하지만 이것이 설계의 자동화를 의미하는 것은 아니다.

답 ①

checkpoint

■ **가상현실(Virtual Reality)**

- 컴퓨터로 만들어 놓은 가상의 세계에서 사람이 실제와 같은 체험을 할 수 있도록 하는 최첨단 기술을 말한다. 상용화가 된 기술이며 각종 시뮬레이션, 박물관, 전시관, 게임 등에 적용되고 있다.
- 현재는 시각과 청각에 주로 비중을 두지만 촉각정보 전달에 대한 연구가 활발히 진행되고 있다.

■ **증강현실(Augmented Reality)**

- 현실의 이미지나 배경에 3차원 가상 이미지를 겹쳐서 하나의 영상으로 보여주는 기술이다.
- 가상현실(Virtual Reality)이 이미지, 주변 배경, 객체 모두를 가상의 이미지로 만들어 보여 주는 반면, 증강 현실은 추가되는 정보만 가상으로 만들어 보여주는 차이가 있다.

■ **유비쿼터스(Ubiquitous)**

- 유비쿼터스는 '언제 어디에나 존재한다.'는 뜻의 라틴어로, 사용자가 컴퓨터나 네트워크를 의식하지 않고 장소에 상관없이 자유롭게 네트워크에 접속할 수 있는 환경을 말한다.
- 유비쿼터스 홈네트워킹을 통해 집안의 정보 가전들은 홈 게이트웨이로부터 유선 및 무선 네트워크를 통해 연결됨으로써 정보 가전들끼리의 내부통신과 외부 네트워크 통신을 통해 건물의 설비들을 외부에서 원격제어 할 수 있으며 이미 상용화가 되어 있다.

■ **사물인터넷(IoT)**

- 사물인터넷(Internet of Things)은 단어의 뜻 그대로 '사물들(things)'이 '서로 연결된(Internet)' 것 혹은 '사물들로 구성된 인터넷'을 말한다.
- 세상에 존재하는 유형 혹은 무형의 객체들이 다양한 방식으로 서로 연결되어 기존에는 개별 객체들이 제공하지 못했던 통합정보와 서비스들을 제공하는 시스템이다. (예를 들어 우천으로 인해 출근길이 막히게 되는 경우 실내의 커피포트와 조리기구가 이 정보를 받아들이고 사용자가 조금 더 일찍 출근할 수 있는 환경을 조성하는 시스템이 구현되는 것이다.)

■ **아두이노(Arduino)**

- 다양한 센서나 부품을 연결할 수 있고 입출력, 중앙처리장치가 포함되어 있는 기판이다.
- 수많은 종류의 다기능 센서와 부품 등으로 구현하고자 하는 다양한 기능들을 컴퓨터를 통해 만든 프로그램의 설정에 따라 운용시킬 수 있다.
- 이는 유비쿼터스 홈네트워킹과 사물인터넷에 있어 핵심적인 역할을 하는 모듈이다.

■ LURIS(Land Use Regulation Information System, 토지이용규제정보시스템)

• 토지이용규제에 대한 서비스의 질을 향상시키기 위한 방안으로 복잡하고 다양한 토지이용 관련 규제내용과 절차를 체계적으로 유형화하여 데이터베이스로 구축한 시스템이다.
• 이를 활용하여 공무원 및 민원인이 손쉽고 편리하게 토지이용규제정보를 활용할 수 있는 정보시스템이다.

■ 세움터 시스템

• 건축행정업무의 전산화 시스템으로서, 건축, 주택, 건축물대장, 사업자 업무 등을 전산화하여 민원인이 관공서를 방문하지 않고, 행정업무를 볼 수 있도록 제공하며 2008년 6월 이후 전국 공공기관에서 시행되고 있다.
• 민원인은 표준화된 프로그램으로 신청서를 작성하여 허가관청으로 전송하고, 적게는 수십 장에서 많게는 수천 장에 이르는 설계 도면을 CD 한 장으로 대체할 수 있게 되어 민원편의가 대폭 개선이 되었다. 인허가 서류를 전산으로 처리하게 됨으로써 그동안 설계도서와 첨부서류의 보관을 위해 필요했던 문서고가 사라졌으며, 건축물 대장 및 통계 생성이 자동화 되는 등 행정업무의 효율성 향상되었다.

■ 생태건축물

• 자연환경과 조화되어 자원과 에너지를 생태학적 관점에서 하나의 건축물이 신축되는 과정에서 부터 수명을 다하여 폐기될 때까지의 전 과정에 걸쳐 환경에 대하 부담을 최소화 할 수 있는 건축물이다. 생태건축을 하기 위해서는 자연에너지를 활용하고 폐열 이용 및 각종 효율개선 기술을 활용, 환경 부하의 억제 기술 등을 이용해야 한다.
• 생태건축은 자연생태계와 건축을 상호 의존하는 관계로 인식하고 건축물의 기획부터 철거까지의 과정을 자연 속에 순환하는 시스템으로 접근한다.
• 배치계획 시 지역의 기후 특성을 고려한 자연적 입지를 고려한다.
• 건축물의 외피는 일사유입, 열손실 및 열획득 등 에너지 보존의 측면에서 중요한 역할을 하지만 외관형태를 결정한다.
• 아트리움은 건축물 중앙홀 등을 상부층까지 관통시켜 내부에 채광을 유입하지만 실내 기후 기능을 조절한다.

■ 옥상녹화

건축물의 단열성이나 경관의 향상 등을 목적으로 지붕이나 옥상에 식물을 심는 것을 말하며 다음과 같은 효과가 있다.
• 에너지비용절감 : 건축물의 단열효과가 증진되어 냉난방을 위한 에너지비용을 절감시킬 수 있다.
• 건축물보호효과 : 산성비, 자외선 등에 의한 방수층과 벽면열화현상 경감, 온도변화에 따른 손상을 예방한다.
• 건축물 임대료 수입의 증대 : 옥상녹화로 인한 쾌적한 환경조성으로 건물의 가치가 증대된다.
• 지상의무 조경면적 대체 : 도심부에서 지상조경면적을 확보하는 데 비용이 많이 소요되고, 일부지역에서는 확보가 거의 불가능한데 이러한 경우 지상의무 조경면적을 대체함으로써 경제적인 효과를 달성할 수 있다.

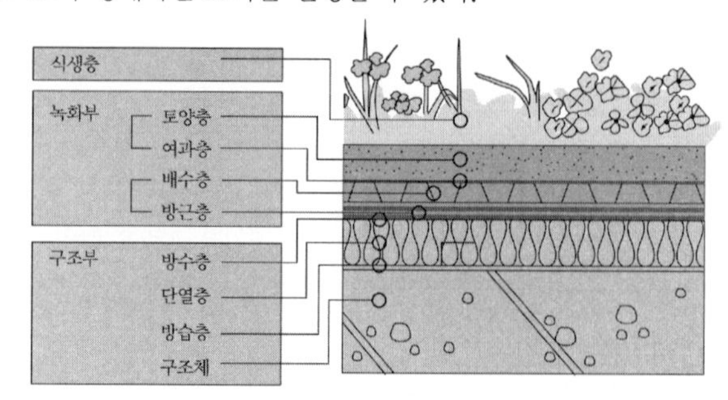

⑽ 디지털 건축

① **디지털 건축의 정의** … 디지털디자인, 디지털 아키텍처, 디지털시티, 디지털건축, U-Citry, BIM 등 디지털 기술을 기반으로 하여 건축에 도움을 줄 수 있는 일련의 도구들, 또는 그러한 도구를 활용하여 건축을 하는 행위이다.

㉠ **파라매트릭 디자인** : 각각의 파라미터(데이터)들이 서로의 관계에 의해 상호작용을 하면서 이루어지는 디자인이다. 제품 또는 그 부분에 대하여 형상을 유형화하고, 색상이나 치수, 용도 등 다양한 파라미터를 부여하고 이러한 파라미터의 값을 변경시킴에 따라 다양한 형상들을 간단히 만들 수 있는 디자인 방법이다.

㉠ **클라우드컴퓨팅** : 인터넷 상의 서버를 통하여 IT 관련 서비스를 한 번에 사용할 수 있는 컴퓨팅 환경을 말한다. 정보가 인터넷상의 서버에 영구적으로 저장되고, 데스크톱 · 태블릿컴퓨터 · 노트북 · 넷북 · 스마트폰 등의 IT 기기 등과 같은 클라이언트에는 일시적으로 보관되는 컴퓨터 환경을 뜻한다.

② **디지털 모델링** … 3차원 모델링은 형상표현 기법에 따라 선처리(Wireframe) 방식, 면처리(Surface) 방식, 구체처리(Solid) 방식으로 분류된다.

㉠ **선처리(Wireframe) 방식** : 점을 연속적으로 연결하여 만든 선분으로 표현하는 방식으로서 표면정보와 솔리드 내부 정보가 없어 곡면형상표현과 분석이 불가능하다.

㉡ **면처리(Surface) 방식** : 선을 연속적으로 연결하여 만든 면으로 표현하는 방식으로 박벽 구조물이나 쉘 구조물, 지붕 구조물의 표현이 가능하다.

㉢ **구체처리(Solid) 방식** : 면을 연속적으로 연결하여 구체를 만들어 표현하는 방법으로 부피, 질량, 무게중심 등의 정보를 가지므로 형태 · 속성에 대한 분석이 가능하다.

③ **모델링 관련 주요개념**

㉠ **프랙털(fractal)** : 작은 구조가 전체 구조와 비슷한 형태로 끝없이 되풀이 되는 구조이다. 부분과 전체가 똑같은 모양을 하고 있다는 자기 유사성 개념을 기하학적으로 푼 구조를 말한다. 울퉁불퉁한 해안선, 구름, 우주의 모습 등 자연 현상에는 무질서하게 보이는 것들이 많다. 그러나 이런 무질서한 모양도 잘 살펴보면 일정한 기하학적 구조로 되어 있다. 즉, 부분과 전체가 똑같은 모양을 하고 있다. 이런 구조를 '프랙털'이라고 부른다. 눈의 결정은 전형적인 프랙털 구조이다.

㉡ **리좀(Rhyzome)** : 줄기가 뿌리와 비슷하게 땅속으로 뻗어 나가는 땅속줄기 식물을 가리키는 식물학에서 온 개념이다. 최근 디지털 건축에서 자주 등장하는 용어이다. 뿌리줄기 등으로 번역되는데, 줄기가 마치 뿌리처럼 땅 속으로 파고들어 난맥(亂脈)을 이룬 것으로, 뿌리와 줄기의 구별이 사실상 모호해진 상태를 의미한다.

TIP

프랙탈(Fractal) 구조 … 작은 구조가 전체구조와 비슷한 형태로 끝없이 되풀이가 되는 구조를 말하는데 이는 자연에서도 쉽게 발견할 수 있으며 인공적으로도 만들 수 있다. (이 단어의 어원은 조각났다는 뜻의 라틴어 형용사 'fractus'이다.)

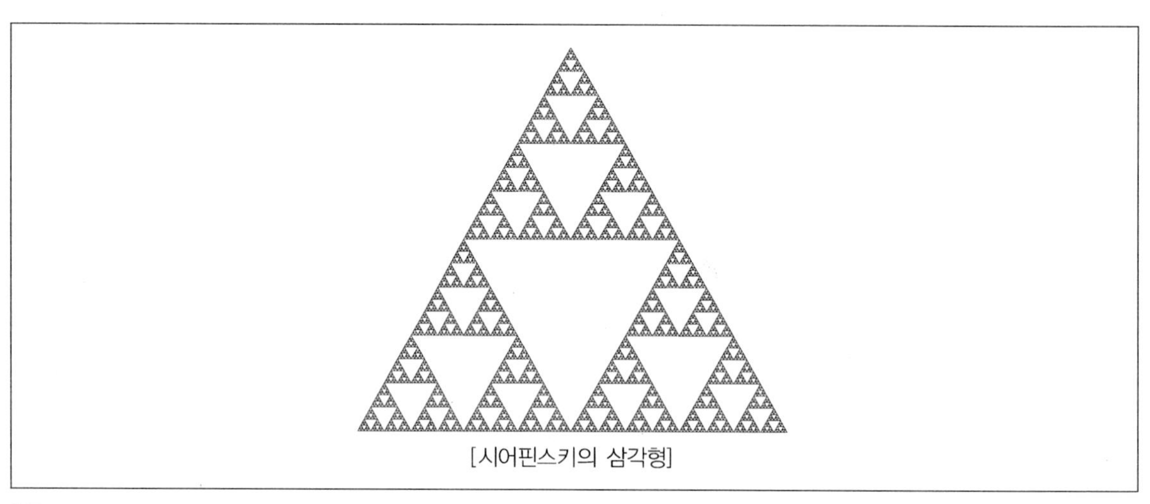
[시어핀스키의 삼각형]

TIP

건축과 토목

㉠ 건축과 토목의 차이

- 건축은 인간의 거주공간을 만드는 행위에서 시작하였으나 토목은 하천의 범람으로부터 집과 마을을 보호하기 위한 치수공사에서 시작이 되었다.
- 리가 종종 보는 건축물들을 건축하는 것이 건축이라면, 그러한 건축이 가능하도록 대지를 조성하고 건축물이 주거공간으로서의 기능이 가능하도록 하기 위한 기반시설(댐과 저수지, 상하수도를 공급배관 등)을 건설하는 것이 토목인 것이다.
- 도로나 교량, 항만, 공항, 철도 역시 건축과 건축을 이어주는 매개의 역할을 하는 것으로서 대지의 조건을 조성하는 토목행위인 것이다.
- 건축은 토목이 만들어 놓은 기반 위에서 생활하는 사람들이 거주하는 공간을 만드는 것이라고 볼 수 있다. 즉, 토목이 대지를 계획하는 행위라면 건축은 그 대지 위의 공간을 계획하는 것이라고 볼 수 있다.
- 한 예로, 잠실롯데월드타워 건설프로젝트를 살펴보면, 잠실역 인근에 건설되고 있는 제2롯데월드를 만드는 것은 인간이 거주하고 생활할 수 있는 공간인 사무실과 오피스텔 건물을 만드는 것이므로 건축이라고 할 수 있으며 이러한 제2롯데월드를 방문하는 사람들이 거쳐 가야만 하는 도로와 교량, 그리고 잠실지하철역과 터널, 이를 지나는 지하철의 이동통로, 제2롯데월드와 연결된 상하수도, 통신, 전기 등의 배관 시설의 설치는 모두 토목이라고 할 수 있다.

㉡ 토목을 Civil Engineering이라 부르게 된 이유 : 토목을 영어로 Civil Engineering이라고 부르는 그 유래는 로마시대에서부터 시작된다. 당시에는 건축과 토목이 서로 다른 개념이 아닌 하나의 통합된 건설로 보았으며 황제의 권위를 위한 대형구조물들이 건설이 진행되고 있었는데, 로마의 시민권을 획득하기 위한 여러 가지 방법 중에는 군대에 복무하는 것이 있었다. 이 군인들은 정복지마다 새로운 도로를 만들고 도시에는 목욕탕과 극장 등 대규모의 시설들을 건립하였다. 그 후 로마가 멸망한 후 세월이 흘러 르네상스시대가 도래했을 때 도시에는 군대가 아닌 시민들을 위한 시설을 만드는 기술이 필요하였고 고전주의 부흥이라는 시대의 트렌드에 따라 로마군대의 건설기술들을 연구하기 시작하였다. 이때 군대의 기술과 구분하는 용어로 "민간기술(Civil Engineering)"이라고 부르기 시작한 것이다.

기출예제 08 2014 국가직 (7급)

많은 건축가들이 건물의 형태 도출에 적용하는 다음 설명에 해당하는 이론은?

〈보기〉

자체유사성(Self similarity)을 뜻하며, 크기의 위계가 달라져도 같은 형태적 모티브가 반복적으로 나타나는 현상을 설명할 때 쓰이는 수학적 이론으로, 1967년 만델브로트(B. Mandelbrot)가 이 용어를 정착시켰다.

① 비유클리드 기하학(Non-Euclid geometry)
② 혼돈이론(Chaos theory)
③ 위상 기하학(Topology)
④ 프랙탈 기하학(Fractal geometry)

프랙탈 기하학 … 자체유사성(Self similarity)을 뜻하며, 크기의 위계가 달라져도 같은 형태적 모티브가 반복적으로 나타나는 현상을 설명할 때 쓰이는 수학적 이론으로, 1967년 만델브로트(B. Mandelbrot)가 이 용어를 정착시켰다.

답 ④

최근 기출문제 분석

2010 지방직 (7급)

1 건축물의 형태구성원리에 대한 설명으로 옳지 않은 것은?

① 균형을 얻는 가장 손쉬운 방법은 대칭을 통한 것이지만, 시각 구성에서는 대칭보다는 비대칭의 기법을 통하여 균형의 상태를 만드는 것이 구성적으로 더 역동적인 경우가 많다.

② 질감은 색채와 명암을 동시에 고려했을 때 더욱 큰 효과가 있으며, 특히 광선에 따른 질감의 효과는 매우 중요하다.

③ 일반적으로 물건을 고를 때 80%가 형상을, 20%가 색채를 보고 선택하는 경향이 있으므로 형상을 색채보다 중요하게 인지한다.

④ 건축물의 각 부분과 부분 간에서 뿐만 아니라, 부분과 전체와의 시각적 연관성을 만들어내는 비례체계는 건물에 질서 감각을 주게 된다.

TIP 일반적으로 물건을 고를 때, 심리학자들은 사람이 물건을 고를 때 80%가 색채를 선택하고 20%가 형상이나 선을 본다고 한다. 이와 같이 색채는 환경에 매우 큰 영향력을 미치고 있으며, 특히 설계과정에서 색채에 대한 주의를 기울일 필요가 있다.

2010 지방직 (7급)

2 배리어 프리 디자인(barrier free design)을 위한 계획방법으로 옳지 않은 것은?

① 가로수는 지면에서 2.1m까지 가지치기를 한다.

② 옥외경사로의 난간은 80cm 높이에 손잡이를 설치하고, 경사로의 최소폭은 120cm 이상으로 한다.

③ 건축물 주출입구의 0.3m 전면에는 점형블록을 설치하거나 시각장애인이 감지할 수 있도록 바닥재의 질감 등을 달리 하여야 한다.

④ 건물 내 경사로 참의 길이는 최소 1.2m 이상을 확보한다.

TIP 베리어프리 디자인과 관련하여 건물 내 경사로 참의 길이는 최소 1.5m 이상 확보한다.

Answer 1.③ 2.④

2014 국가직

3 **유니버설 디자인(Universal Design)의 7원칙이 아닌 것은?**

① 사용상의 융통성(Flexibility in Use)

② 혼합적이며 주관적 이용(Mixed and Subjective Use)

③ 오류에 대한 포용력(Tolerance for Error)

④ 접근과 사용을 위한 크기와 공간(Size and Space for Approach and Use)

TIP 유니버설 디자인의 7대원칙

㉠ 공평한 사용
㉡ 사용상의 융통성
㉢ 간단하고 직관적인 사용
㉣ 정보이용의 용이
㉤ 오류에 대한 포용력
㉥ 적은 물리적 노력
㉦ 접근과 사용을 위한 충분한 공간

2014 서울시 (7급)

4 **건축 프로젝트의 수행에 있어서 BIM(Building Infromation Modeling) 도입을 통해 달성할 수 있는 역할 및 가능성으로 옳은 것은?**

① 설계도의 3차원화에 따라 프로젝트 단계에서의 작업량 최고점이 설계작업의 후반기에 나타나게 된다.

② 프로젝트 수행에 있어 설계 및 시공 등 모든 과정에서 작업량이 감소한다.

③ 세밀한 부분까지 건축주와 설계자 간 의사소통이 가능하여 설계변경의 기회가 확대되고 횟수가 증가한다.

④ 건축, 구조, 설비 등 분야별 간섭체크가 가능하여 도면의 정확도가 높아지고 공기단축을 기대할 수 있다.

⑤ BIM 데이터베이스의 완성 단계에 이르러 수량 적산이 가능하다.

TIP ① 설계도의 3차원화에 따라 프로젝트 단계에서의 작업량의 최고점이 설계작업의 초반기에 나타나게 된다. BIM은 설계작업 초반기에 2차원 CAD도면과 같은 요소들을 3차원화시키는 작업이 수반되며 설계단계에서 객체들에 대한 정보가 필히 입력되어야 하기 때문이다.
② 프로젝트 수행에 있어 설계 및 시공 등 모든 과정에서 기존의 문서위주의 방식에 비교할 경우 복잡한 문서작성의 빈도는 줄어들 수 있지만 설계단계에서 공정 전체를 시각화시키는 작업이 포함되므로 작업량은 더욱 늘어날 수 있다.
③ 세밀한 부분까지 건축주, 설계자, 시공자간의 의사소통이 가능하게 되며 이에 따라 설계변경에 대한 아이디어의 제기가 증가할 수 있겠지만 설계변경의 횟수가 증가한다고 보기에는 무리가 있다.
⑤ BIM 데이터베이스의 완성 단계에 이르기 전에도 수량 적산이 가능하다.

Answer 3.② 4.④

2021 지방직

5 **다음에서 설명하는 디자인의 원리는?**

> 양 지점으로부터 같은 거리인 점에서 평형이 이루어진다는 것을 의미
> 두 부분의 중앙을 지나는 가상의 선을 축으로 양쪽 면을 접어 일치되는 상태

① 강조

② 점이

③ 대칭

④ 대비

TIP 주어진 보기의 내용은 디자인의 원리 중 대칭에 관한 사항들이다.

2017 서울시 2차

6 **모듈(module)계획에 관한 설명으로 가장 옳지 않은 것은?**

① 현장조립가공이 주 업무가 되므로 시공기술에 따른 공사의 질적 저하와 격차가 커진다.

② 건축구성재의 대량 생산이 용이해지고, 생산비용이 낮아질 수 있다.

③ 설계작업과 현장작업이 단순화되어 공사 기간이 단축될 수 있다.

④ 동일 형태가 집단으로 이루어지므로 시각적 단조로움이 생길 수 있다.

TIP 모듈(module)계획은 공장제작방식을 기본으로 하므로 표준화, 규격화가 이루어져 시공기술의 질적저하 및 격차가 줄어들게 된다.

Answer 5.③ 6.①

2020 지방직

7 **건물정보모델링(BIM : building information modeling) 기술을 도입하여 설계단계에서 얻을 수 있는 장점들만을 모두 고르면?**

> ㉠ 설계안에 대한 검토를 통해 설계 요구조건 등에 대한 만족 여부를 확인할 수 있다.
> ㉡ 정확한 물량 산출을 하여 공사비 견적에 활용할 수 있다.
> ㉢ 각 작업단위에서 필요한 자재 정보를 연동하여 공정계획 및 관리 효율을 향상시킬 수 있다.
> ㉣ 발주자에게 건물 모델 및 정보를 건물 운영 관리 시스템에 사용될 수 있도록 넘겨줄 수 있다.

① ㉠, ㉡ ② ㉠, ㉢
③ ㉡, ㉣ ④ ㉢, ㉣

TIP ㉢ BIM기술의 도입을 통해 설계 이후의 시공단계에서 각 작업단위에서 필요한 자재 정보를 연동하여 공정계획 및 관리 효율을 향상시킬 수 있다.
㉣ BIM기술을 활용하여 건축물이 완공된 후 유지관리단계에서 발주자에게 건물 모델 및 정보를 건물 운영 관리 시스템에 사용될 수 있도록 넘겨줄 수 있다.

2020 국가직

8 **개인적 공간(personal space)에 대한 설명으로 옳지 않은 것은?**

① 개인 상호간의 접촉을 조절하고 바람직한 수준의 프라이버시를 이루는 보이지 않는 심리적 영역이다.
② 개인이 사용하는 공간으로서, 외부에 대하여 방어하는 한정되고 움직이지 않는 고정된 공간이다.
③ 개인의 신체를 둘러싸고 있는 기포와 같은 형태이다.
④ 홀(Edward T. Hall)은 대인간의 거리를 친밀한 거리(intimate distance), 개인적 거리(personal distance), 사회적 거리(social distance), 공적 거리(public distance)로 구분하였다.

TIP 개인적 공간(personal space) … 개개인의 신체 주변에 다른 사람이 들어올 수 없는 프라이버시 공간의 형태를 말하며 이는 상황에 따라 변화되는 유동적인 공간이다.

Answer 7.① 8.②

출제 예상 문제

1 **건축계획에서 치수조정(Modular Coordination)의 장점으로 옳지 않은 것은?**

① 설계 작업이 단순화되어 간편하다.
② 현장작업이 단순해지고 공기가 단축된다.
③ 대량생산이 용이하고 생산원가가 낮아진다.
④ 동일한 형태가 집단을 이루므로 건축배색이 용이해진다.

TIP M.C는 동일한 형태가 집단을 이루어 단순화된 형태를 이루게 되므로 건축배색에 신중을 기해야 한다.

2 **M.C 즉, 건축의 척도조정에 관한 설명으로 옳지 않은 것은?**

① 현장작업이 조립화되어 단순해진다.
② 공기가 길어진다.
③ 대량생산이 용이해진다.
④ 품질이 양호해진다.

TIP 건축전반에 사용되는 재료를 규격화시켜 대량화하고 단순화함으로써 공사기간을 줄일 수 있다.

3 **다음 중 동선계획을 함에 있어서 주체자가 될 수 없는 것은?**

① 물체 ② 정보
③ 사용자 ④ 하중

TIP 동선의 주체자는 사용자, 물체(물질), 정보이다.
④ 하중은 동선의 3요소(속도, 빈도, 하중) 중 하나이다.

Answer 1.④ 2.② 3.④

4 건축설계의 수법은 Expansibility 수법과 Flexibility 수법이 있다. 이 중 Flexibility 수법이 아닌 것은?

① 그리드플랜(Grid plan)
② 모듈러플랜(Modular plan)
③ 내부변경
④ 프리엔드형(Free end)

TIP 건축설계의 수법
㉠ Expansibility 수법 : 분할형, 연결형, 프리엔드형, 증축형
㉡ Flexibility 수법 : 그리드플랜, 모듈러플랜, 내부변경, 유니버셜스페이스

5 다음 중 POE(Post Occupancy Evaluation)에 대한 설명으로 옳은 것은?

① 사용자가 자기기호에 맞는 건축물을 찾는 것이다.
② 건축물을 사용해 본 후 평가하는 것이다.
③ 건축물을 사용해 보기 전에 평가하는 것이다.
④ 건축물의 사용을 염두해 두고 계획하는 것이다.

TIP 거주 후 평가(POE : Post Occupancy Evaluation) … 건물이 완공된 후 사용 중인 건축물의 기능이 제대로 수행되고 있는지를 평가하는 것이다.

6 인간의 크기에 관한 통계적 치수 중 눈높이를 나타내는 치수는? (단, H는 신장이다.)

① H
② 0.4H
③ 0.9H
④ 1.2H

TIP 인간의 크기에 관한 통계적 치수
- 1.0H : 신장
- 0.9H : 눈높이
- 0.8H : 어깨 높이
- 0.4H : 손끝점
- 0.25H : 어깨폭
- 0.25H : 의자 높이
- 0.4H : 책상면 높이
- 0.55H : 앉은키 높이
- 1.2H : 상체 올림 높이

Answer 4.④ 5.② 6.③

7 **건축의 3대 요소는 기능, 구조, 미이다. 이 중 미의 디자인 원리에 포함되지 않는 것은?**

① 질감　　② 통일
③ 조화　　④ 비례

TIP 질감은 디자인의 요소에 해당한다.
※ 디자인의 원리(Principle) … 조화(Harmony), 대리(Contrast), 비례(Proportion), 균형(Balance), 반복(Repetition), 통일(Unity), 율동(Rhythm), 균제(Symmetry)

8 **다음은 건축과정을 나타낸 것이다. ( ) 안에 알맞게 넣은 것은?**

기획(㉠) → 조건파악 → 기본설계 → 실시설계 → 시공완료(㉢) → 인도접수 → 사용(㉣)
조건파악 ~ 실시설계: (㉡)

① 건축가, 시공자, 사용자, 건축주
② 시공자, 건축가, 건축주, 사용자
③ 건축주, 건축가, 시공자, 사용자
④ 건축주, 시공자, 건축가, 사용자

TIP

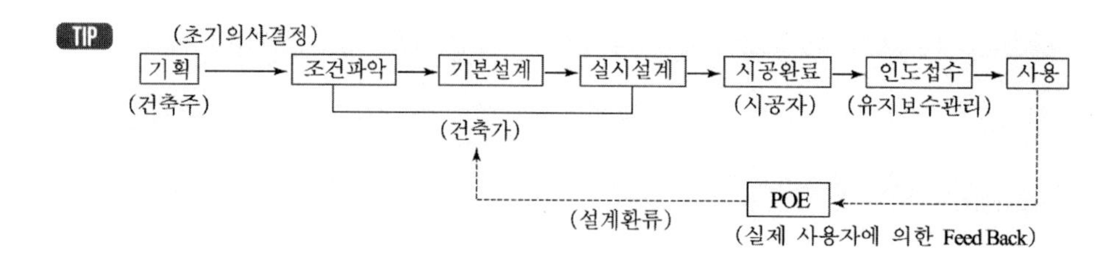

9 **다음 중 치수의 척도조정의 특징으로 옳지 않은 것은?**

① 생산비가 감소한다.
② 대량생산이 용이하다.
③ 창의적인 아이디어를 촉진한다.
④ 품질이 양호해진다.

TIP M.C(치수의 척도조정)은 개성적이고 창의적인 아이디어를 제한하는 단점이 있다.

Answer 7.① 8.③ 9.③

10 다음은 규격화된 창호이다. 괄호 안에 들어갈 알맞은 것은?

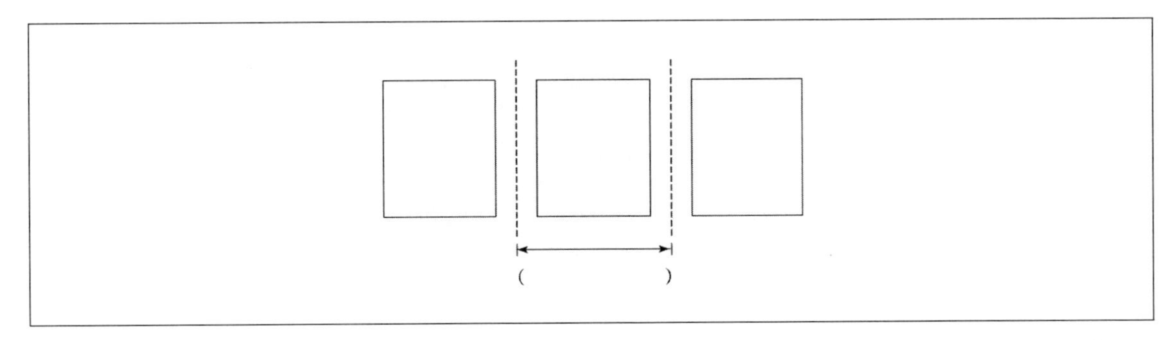

① 제품치수　　② 줄눈치수
③ 공칭치수　　④ 창호치수

TIP ① 공칭치수 − 줄눈치수
② 줄눈의 치수
③ 제품치수 + 줄눈치수
④ 창호 줄눈 중심간 치수

11 다음 모듈의 설명 중 옳은 것은?

① 기본모듈은 0.5M이다.
② 건물의 수평방향 길이의 기준은 3M이다.
③ 건물의 높이방향의 기준은 1M이다.
④ 기본모듈은 1M가 10cm이지만, 모든 치수에 기준이 되지는 않는다.

TIP ①④ 기본모듈 1M = 10cm로 모든 치수의 기준이 된다.
③ 건물의 높이방향의 기준은 2M이다.

Answer 10.③ 11.②

12 다음은 건축계획의 결정과정을 표로 나타낸 것이다. 다음 괄호에 들어갈 내용을 순서대로 바르게 나열한 것은?

목표설정→(　　)→조건설정→(　　)→평가→계획 · 결정

① 정보와 자료수집, 분석

② 발상, 정보와 자료수집

③ 정보와 자료수집, 모델화

④ 모델화, 분석

TIP

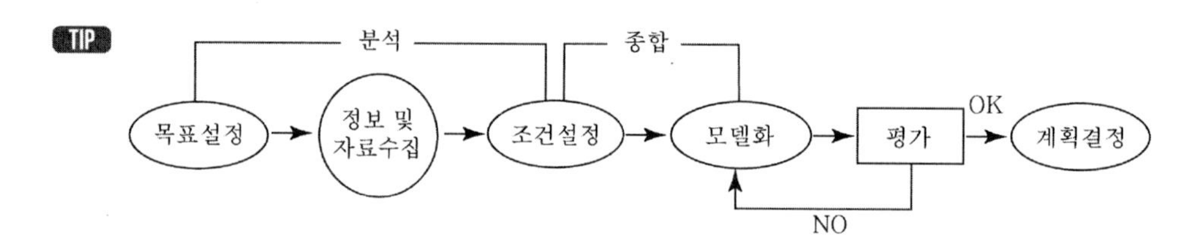

13 다음은 건축계획 조사방법에 대한 설명이다. 이 중 옳지 않은 것은?

① 시간을 두고 진행되고 있는 모습을 계획에 반영시키는 것을 관찰법이라 한다.

② POE는 건물을 사용하기 전에 평가하여 설계에 반영하는 방법이다.

③ 한 지역 · 나라의 상징되는 의미를 부여할 수 있는 건축물, 지리적인 조건에 대한 계획의 내용을 반영하는 것은 이미지 지도방법이다.

④ 형용사를 많이 수집하는 것은 의미분별법이다.

TIP 거주 후 평가(POE : Post Occupancy Evaluation) … 건축물이 완공된 후 사용 중인 건축물의 기능이 제대로 수행되는지 평가하여 설계에 환류하는 것으로 유사한 건축계획에 기초데이터의 역할을 한다.

Answer 12.③ 13.②

14 황금비례의 수치로 옳은 것은?

① 1 : 1.618
② 1 : 0.618
③ 0.618 : 1.618
④ 0.618 : 1

TIP 황금비례(1 : 1.618) … 어떤 양을 두 부분으로 나누었을 때 각 부분의 비가 가장 균형 있고 아름답게 느껴지는 비를 뜻한다.

15 다음은 게슈탈트 심리학의 개념에 관한 사항들이다. 이 중 바르지 않은 것은?

① 형태의 지각심리에 관한 것으로서, 인간은 자신이 본 것을 조직화하려는 기본 성향을 가지고 있으며, 전체는 부분의 합 이상이라는 점을 강조하는 심리학이다.
② 서로 근접한 것끼리는 그룹을 지어 묶여있는 것처럼 통일성 있게 보이고 서로 멀리 떨어져 있는 사물은 묶여있지 않는 것으로 보인다.
③ 유사한 배열이 하나의 묶음으로 시각적 이미지의 연속장면처럼 보인다.
④ 접근성은 유사성보다 지각의 그루핑(Grouping)이 강하게 나타난다.

TIP 유사성은 접근성보다 지각의 그루핑(Grouping)이 강하게 나타난다.

16 다음은 사회적공간 및 근접학에 관한 사항들이다. 이 중 바르지 않은 것은?

① 사회구심적 공간은 노천카페 테이블처럼 사람들이 모이기 쉬운 공간을 의미한다.
② 반고정공간은 가구와 같이 움직일 수 있는 장애물이 배열되는 것을 의미한다.
③ 고정공간은 한 사람이 움직일 때 신체 주변의 개인적인 영역이다.
④ 비형식적 공간은 적절한 대인거리에 대해 관계에 따라 자신이 편하게 느끼는 공간이 침범당했다고 느낄 때 심리적 불편함을 경험하게 되는 공간이다.

TIP 고정공간은 우리 주변에서 움직일 수 없는 구조적인 배열로 구성이 된다. 한 사람이 움직일 때 신체 주변의 개인적인 영역은 비형식적 공간이다.

Answer 14.① 15.④ 16.③

17 다음은 유니버셜 디자인, 베리어프리 디자인에 관한 사항들이다. 이 중 바르지 않은 것은?

① 유니버셜 디자인의 4원리에는 접근성, 지원성, 융통성, 안전성이 있다.

② 베리어프리 디자인은 장애인, 노인, 어린이, 임산부, 외국인 등 모두를 대상으로 최대한 이용하기 편리하게 디자인하는 것을 말한다.

③ 공평한사용, 사용상의 융통성, 정보이용의 용이성은 유니버셜 디자인 7대 원칙에 속한다.

④ 유니버셜 디자인 7대원칙에는 간단하고 직관적인 사용, 오류에 대한 포용력, 적은 물리적 노력, 접근과 사용을 위한 충분한 공간이 포함된다.

TIP 유니버셜 디자인 … 장애인, 노인, 어린이, 임산부, 외국인 등 모두를 대상으로 최대한 이용하기 편리하게 디자인하는 것으로 특정 사용자층을 위해 문제해결을 도모하는 베리어프리 디자인과 구별된다. (장애물 없는 생활환경 인증제도 즉, 배리어프리 인증제도가 유니버설 디자인을 실천하기 위한 제도적 장치이다. 장애인에 대한 신체적 기능을 보완하기 위한 베리어프리 디자인에서 노인, 여성, 외국인 등 다양한 자료를 배려하고 인간의 전체 생애주기까지 수용하는 것을 의미한다.)

18 다음 중 건물정보모델링(Building Information Modeling)에 대한 설명으로 바르지 않은 것은?

① 다양한 설계 분야의 조기 협업이 용이해지며 설계 단계에서 설계 오류와 시공 오차를 최소화할 수 있다.

② 설계 진행 단계에서 공사비 견적 산출이 가능하다.

③ 설계도의 3차원화에 따라 프로젝트 단계에서의 작업량의 최고점이 설계 작업의 후반기에 나타나게 된다.

④ 특수한 3D 모델링이 가능하도록 하는 플러그인들이 있으며, 구조분석, 환경분석 등 다양한 검토가 가능하다.

TIP 설계도의 3차원화에 따라 프로젝트 단계에서의 작업량의 최고점이 설계 작업의 초반기에 나타나게 된다.

Answer 17.② 18.③

19 다음 보기는 디지털건축에 관한 주요 개념들을 설명하고 있다. 빈칸에 들어갈 말로 알맞은 것을 순서대로 나열한 것은?

> • (가) : 작은 구조가 전체 구조와 비슷한 형태로 끝없이 되풀이 되는 구조이다. 부분과 전체가 똑같은 모양을 하고 있다는 자기 유사성 개념을 기하학적으로 푼 구조를 말한다.
> • (나) : 줄기가 뿌리와 비슷하게 땅속으로 뻗어 나가는 땅속줄기 식물을 가리키는 식물학에서 온 개념으로서 뿌리와 줄기의 구별이 사실상 모호해진 상태를 의미한다.
> • (다) : 현실의 이미지나 배경에 3차원 가상 이미지를 겹쳐서 하나의 영상으로 보여주는 기술이다.

	(가)	(나)	(다)
①	리좀	넙스	가상현실
②	넙스	프랙털	증강현실
③	프랙털	리좀	증강현실
④	리좀	유비쿼터스	가상현실

TIP (가) 프랙털(fractal) : 작은 구조가 전체 구조와 비슷한 형태로 끝없이 되풀이 되는 구조이다. 부분과 전체가 똑같은 모양을 하고 있다는 자기 유사성 개념을 기하학적으로 푼 구조를 말한다.
(나) 리좀(Rhyzome) : 줄기가 뿌리와 비슷하게 땅속으로 뻗어 나가는 땅속줄기 식물을 가리키는 식물학에서 온 개념으로서 뿌리와 줄기의 구별이 사실상 모호해진 상태를 의미한다.
(다) 증강현실(Augmented Reality) : 현실의 이미지나 배경에 3차원 가상 이미지를 겹쳐서 하나의 영상으로 보여주는 기술이다.

Answer 19.③

주거건축

제2편 주거건축

01 주택의 일반 및 단독주택

01 개요 및 기본계획

1 주택의 개요

(1) 현대주택의 특징

① 산업화, 정보화, 규격화, 개인주의 확산에 따라 핵가족 위주의 기능적인 평면구성과 침식의 분리, 사생활 존중, 좌식과 입식의 혼용, 각종 설비의 이용과 같이 오늘날의 주택은 현대생활의 특성에 맞도록 변화되었으며, 철재 · 유리 · 콘크리트 · 플라스틱 외에 각종 신소재를 활용하여 건립되어 기술적인 면에서 큰 발전을 이루었다.

② 대도시에서 토지의 효율적인 활용과 도시다운 주거환경을 조성하기 위해 고밀도의 집합주택형식의 대규모 아파트 단지가 많이 건설되었으며 초고층 주상복합주택들이 건립되고 있다.

③ 정보통신과 교통물류, 4차산업 등의 기술적 발전에 따라 현대의 주택은 의식주를 위한 기능 외에도 다양한 기능(편의제공, 문화생활, 학습, 공동작업실, 레져 등)들을 통합적으로 제공할 수 있어야 한다.

(2) 현대건축의 요구조건

① 1차적인 요구조건 … 식사, 생산, 휴식, 배설 등의 육체적 요구

② 2차적인 요구조건 … 오락, 사교, 교육 등의 정신적 요구

(3) 현대건축의 설계방향

① 쾌적성 … 내부 · 외부 환경이 균등함을 이룰때 쾌적성을 느낄 수 있다.

② 가족본위 … 가장중심에서 주부중심으로 변화되면서 주부의 가사노동 경감을 위해 주부동선을 굵고 짧게 하도록 한다.

③ 주거를 단순화한다.

④ 좌식과 입식을 혼용한다.

(4) 주택의 분류

① 형식에 의한 분류

㉠ **독립주택** : 1호의 주택이 평면, 입면적으로 독립된 건물을 갖는 것

㉡ **공동주택** : 2호 이상의 주택

- 연립주택 : 단층이나 중층으로 각각의 주호가 수평적으로 2호 이상 결합된 건물
- 아파트 : 단층이나 복층으로 구성된 주호가 복도, 계단, 홀 등을 공용의 통로로 하여 수평, 수직으로 결합된 건물

㉢ **단독주택** : 단독택지 위에 단일가구를 위해 건축하는 형식

*check*point

도시형 생활주택

(1) 도시형 생활주택의 개념

서민과 1~2인 가구의 주거 안정을 위하여 2009년 5월부터 시행된 주거 형태로서 단지형 연립주택, 단지형 다세대주택, 원룸형 3종류가 있으며, 국민주택 규모의 300세대 미만으로 구성된다.

① 도시형 생활주택이란 도시지역에 건설하는 300세대 미만의 국민주택규모에 해당하는 주택을 말한다.

② 원룸형 주택은 경우에 따라 세대별로 독립된 주거가 가능하도록 욕실과 부엌을 설치해야 한다.

③ 공동주택(아파트 · 연립주택 · 다세대주택)에 해당하지만, 「주택법」에서 규정한 감리 대상에서 제외되고 분양가상한제도 적용받지 않으며, 어린이놀이터와 관리사무소 등 부대시설 및 복리시설, 외부소음과 배치, 조경 등의 건설기준도 적용받지 않는다.

(2) 도시형 생활주택의 분류

① 단지형 다세대주택 : 세대당 주거전용면적 85m^2 이하의 다세대 주택(주거층 4층 이하, 연면적 660m^2 이하) → 건축위원회 심의를 거쳐 1개층 추가 가능

② 단지형 연립주택 : 세대당 주거전용면적 85m^2 이하의 연립주택에 해당하는 것(주거층 4개층 이하, 연면적 660m^2 초과) → 건축위원회 심의를 거쳐 1개층 추가 가능

③ 원룸형 : 세대당 주거전용면적이 14m^2 이상 50m^2 이하로서, 세대별 독립된 주거가 가능하도록 욕실과 부엌을 설치하고, 욕실과 보일러실을 제외하고는 하나의 공간으로 구성(단, 전용면적 30m^2 이상은 두 개의 공간으로 구성 가능), 각 세대는 지하층에 설치 불가

(3) 도시형 생활주택 중 원룸형 주택의 요건

① 원룸형 주택의 세대별 주거전용면적은 14m^2 이상 5m^2 이하이다.

② 원룸형 주택의 경우 각 세대는 지하층에 설치할 수 없다.

③ 욕실 및 보일러실을 제외한 부분을 하나의 공간으로 구성해야 한다. (단, 주거전용 면적이 30m^2 이상인 경우 2개의 공간으로 구성할 수 있다.)

④ 층간 바닥충격음 규정을 공동주택과 동일하게 적용한다.

② 기능 · 목적에 의한 분류

㉠ **전용주택** : 주거를 전용으로 하는 주택

㉡ **병용주택** : 주택과 다른 용도가 병용된 주택(상업병용, 농업병용, 공장병용)

③ 지역에 의한 분류

㉠ **도시주택** : 도시에 입지한 주택

㉡ **농 · 어촌 주택** : 농촌, 어촌에 입지한 주택

TIP

지역에 의한 분류는 구조, 평면의 차이가 아니라 어디에 위치했느냐에 따라서 구분된다.

④ 법적 분류

분류	세분류	주택으로 쓰이는 1개동 연면적	주택의 층수
단독주택	단독	–	–
	다중	330m² 이하	3개층 이하
	다가구	660m² 이하(지하층면적 제외)	3개층 이하(필로티층수제외)
	공관	–	–
공동주택	다세대	660m² 이하(지하층면적 제외)	4개층 이하(필로티층수제외)
	연립	660m² 초과(지하층면적 제외)	4개층 이하(필로티층수제외)
	아파트	–	5개층 이상(필로티층수제외)
	기숙사	–	–

⑤ 평면에 의한 분류

㉠ **편복도형** : 주택이 복도와 한쪽으로 면한 방식

㉡ **중복도형** : 복도의 양쪽에 주택이 면한 방식

㉢ **회랑복도형** : 여러 실의 외측에 복도를 두루 배치하는 방식

㉣ **중앙홀형** : 복도가 아닌 홀을 이용하여 각 실에 접속하는 방식

㉤ **코어형** : 계단, 설비시설 등을 집중시켜 배치하고 주호는 코어를 통해 접속하는 방식

TIP

코어형의 종류

- 설비적 코어형 : 설비부분을 건물의 일부에 집약시켜서 설비공사비를 감소시키는 방식
- 평면적 코어형 : 홀, 계단 등을 건물의 중심적 위치에 두고 그 밖의 것들의 유효면적을 증대시키는 방식
- 구조적 코어형 : 건물의 일부에 내진벽을 집약하여서 건물의 전체 강도를 높이는 방식

㉥ **일실형** : 주택구성에서 필요로 하는 각 실을 하나의 공간으로 처리하는 방식

㉦ **분리형** : 주생활의 행동에 따라서 공간을 분리하는 방식

㉧ **중정형** : 건물의 내부에 중정을 두는 방식

[주택의 평면형]

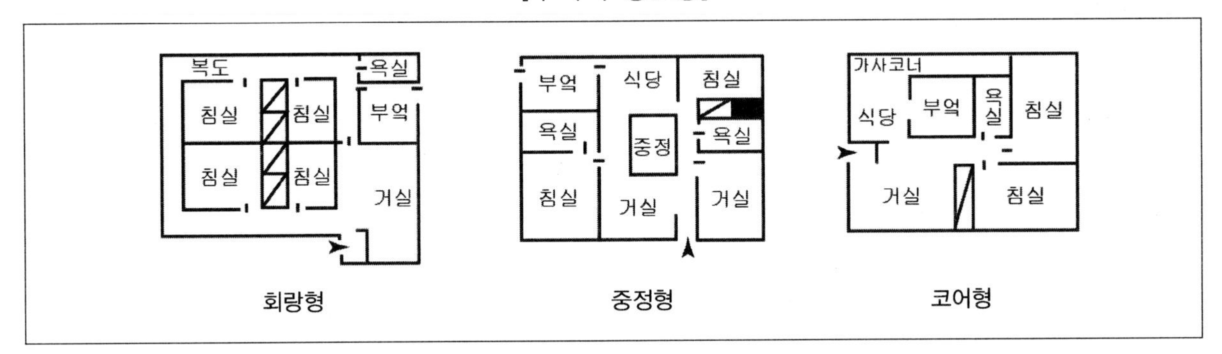

⑥ 입면에 의한 분류

㉠ **단층형** : 1층 건물이다.

㉡ **중층형** : 2층 이상의 건물이다.

㉢ **스킵플로어형**(Skip floor type) : 대지가 경사지인 경우 실의 바닥 높이가 단면상 계단참 정도로 되어 계단실과 마주하는 실의 단면층고에 차이가 나도록 하여 전면은 중층, 후면은 단층이 되는 형식이다.

㉣ **취발형**

- 한 건물 안에서 일부는 단층, 일부는 중층이 되는 형식이다.
- 보통 거실의 층고를 높이기 위해서 2개 층을 관통하여 사용한다.

㉤ **필로티형**

- 1층은 기둥만으로 지지하여 개방적 공간을 구성하고, 2층이상을 실로 사용하는 방식이다.
- 1층을 주차장으로 사용하기 위해 현재 많이 사용된다.

[주택의 입면형]

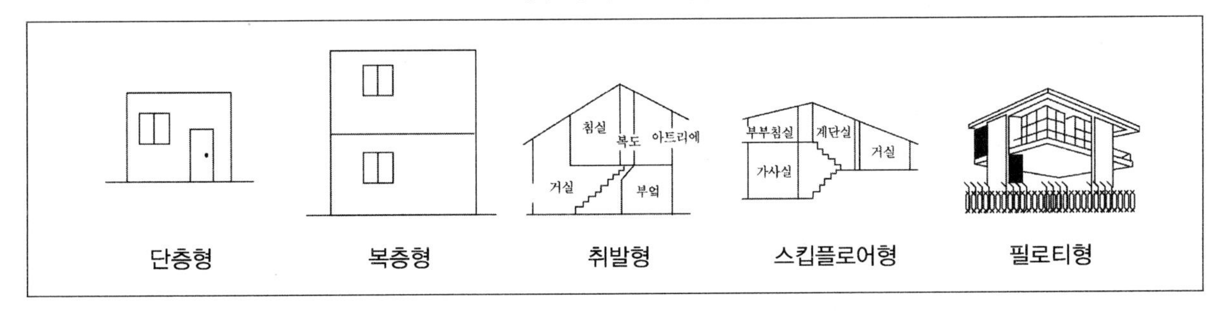

⑦ 전통한식주택과 전통양식주택

분류	전통한식주택	전통양식주택
평면의 차이	• 실의 조합(은폐적) • 위치별 실의 구분 • 실의 다용도	• 실의 분화(개방적) • 기능별 실의 분화 • 실의 단일용도
구조의 차이	• 목조가구식 위주이다. • 바닥이 높고 개구부가 크다.	• 벽돌조적식 위주이다. • 바닥이 낮고 개구부가 작다.
습관의 차이	• 좌식(온돌)	• 입식(의자)
용도의 차이	• 방의 혼용용도(사용 목적에 따라 달라진다.)	• 방의 단일용도(침실, 공부방)
가구의 차이	• 부차적존재(가구에 상관없이 각 소요실의 크기, 설비가 결정된다.)	• 중요한 내용물(가구의 종류와 형태에 따라 실의 크기와 폭이 결정된다.)

checkpoint

전통한옥의 주거 각실

- 일반주택 내의 실로는 안방, 건넌방, 마루방, 부엌, 사랑방 등을 볼 수 있으며, 규모가 큰 중류 이상의 주택에서는 이 밖에도 행랑방, 청지기방, 창방 및 각종 광이 있고 주택과는 별채로 된 별당과 사당이 있는 경우도 있다.
- 안방 : 주부의 거처로서 외인 남자의 출입이 금지되며 주택 내 가장 폐쇄적인 주공간이자 가정생활의 중심으로서 주부 생활의 대부분이 행해진다.
- 사랑방 : 안방, 건넌방 등과는 격리된 공간으로서 주인의 거실이다. 접객공간으로 활용되어 주공간 중 가장 개방적인 곳이다.
- 건넌방 : 마루방을 사이에 두고 안방의 건너편에 위치한 방으로서 자녀나 노부모가 거처하는 경우가 많다.
- 마루방 : 안방과 건넌방 사이에 위치하며 바닥이 널마루로 되어 있는 실로서 각 방으로 통하는 통로 역할과 여름철 거실로서의 성격을 갖는다.
- 부엌 : 가정의 취사활동이 행해지는 곳이다.
- 행랑방 : 남녀노비 및 사역인들의 거처로 대문과 연결되고 담에 붙어 방들이 설치된다.
- 별당 : 주택 내 여러 건물들과 격리시켜 노주인이 여생을 즐기는 곳이다.

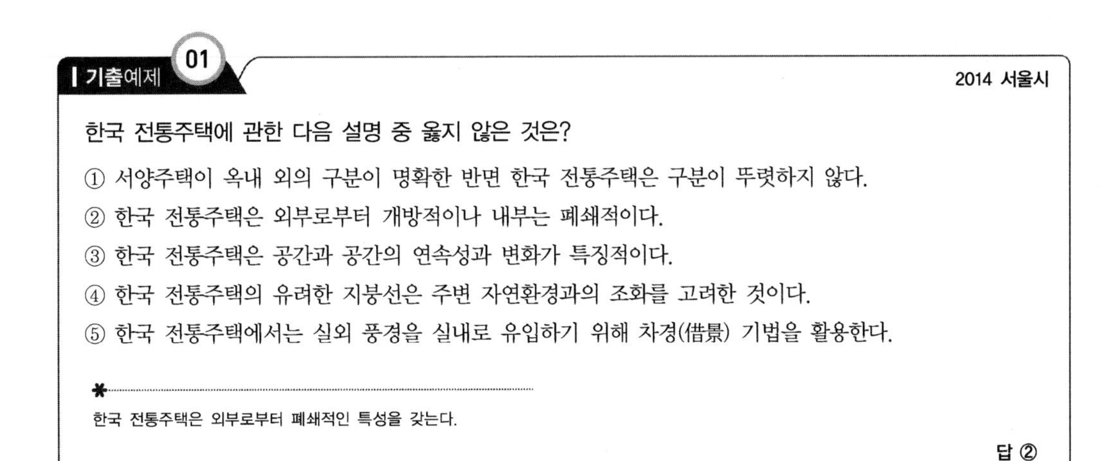

| 기출예제 01 2014 서울시

한국 전통주택에 관한 다음 설명 중 옳지 않은 것은?

① 서양주택이 옥내 외의 구분이 명확한 반면 한국 전통주택은 구분이 뚜렷하지 않다.
② 한국 전통주택은 외부로부터 개방적이나 내부는 폐쇄적이다.
③ 한국 전통주택은 공간과 공간의 연속성과 변화가 특징적이다.
④ 한국 전통주택의 유려한 지붕선은 주변 자연환경과의 조화를 고려한 것이다.
⑤ 한국 전통주택에서는 실외 풍경을 실내로 유입하기 위해 차경(借景) 기법을 활용한다.

*

한국 전통주택은 외부로부터 폐쇄적인 특성을 갖는다.

답 ②

⑧ 전통 주거양식에 의한 분류

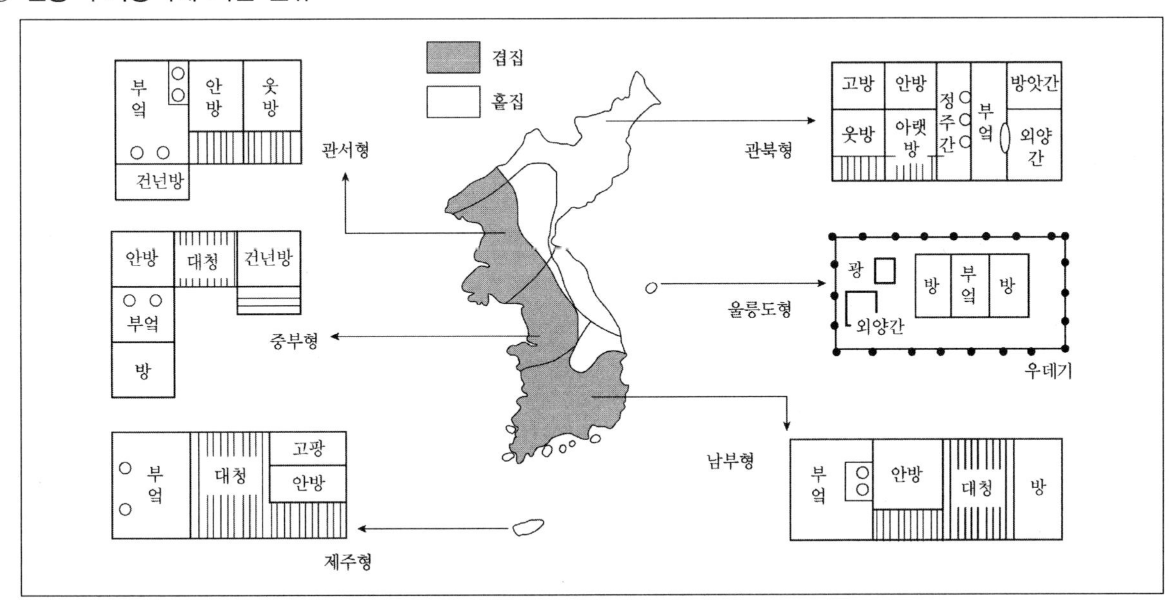

㉠ **서울형** : 대지 주변을 따라 안채와 대문채를 연결한 하나의 건물로 만드는 것이 일반적이며 건물 전체 평면형태는 그 규모에 따라 ㄱ, ㄴ, ㅁ자형을 이룬다.

㉡ **북부형**(함경도) : 평면형태는 주로 田자형을 이루며 부엌쪽으로 개방된 장지가 있는 것이 특징인데 보통 식당이나 거실의 역할을 하며 간단한 실내작업이 행해진다. 마루방은 없고 방 앞에 좁은 툇마루가 있는 정도이다.

㉢ **서부형**(평안도, 황해도) : 마루방이 없으며 방 앞에 좁은 툇마루를 설치하며 사랑방은 사랑채로 독립시켜 설치한다.

㉣ **중부형**(황해도, 경기도, 강원도, 충청도) : 서울형과 비슷하나 부엌의 위치가 다르다. 사랑채는 안채와 독립된 건물로 설치되며 대문채와 연결하여 설치한다.

㉤ **남부형**(전라도, 경상도) : 부엌, 안방, 마루방, 건넌방이 일렬로 배치된 일자형이 일반적이고 방 앞에 툇마루를 설치한다.

㉥ **제주도형** : 남부형과 비슷한 형태를 취하나 방 뒤에 폭이 좁은 광을 설치하는 것이 특징이다. 마루가 매우 넓으며 마루방이 없는 소규모일 경우 田자형이 되어 북부형과 유사한 형이 되지만 마루가 차지하는 면적은 크다.

(4) 주거기준(1인당 주거면적)

① **주생활수준 기준** … 주택 연면적에서 공용부분 면적을 제한 주거면적으로 나타낸다.

② **주거와 공용의 면적비** … 5 : 5 ~ 6 : 4

③ **1인당 점유 바닥(주거)면적** … 최소 $10m^2$/인, 표준 $16.5m^2$/인

④ **숑바르 드 로브의 기준**

㉠ **병리** : $8m^2$/인

㉡ **최소** : $10m^2$/인

㉢ **한계** : $14m^2$/인

㉣ **표준** : $16m^2$/인

⑤ **국제주거회의 기준** : $15m^2$/인

⑥ **코르노 기준** : $16m^2$/인

| 기출예제 02

2016 지방직

주택 건축 계획에 대한 설명으로 옳지 않은 것은?

① 숑바르 드 로브(Chombard de Lawve)는 심리적 압박이나 폭력 등의 병리적 현상이 일어날 수 있는 규모를 '$16m^2$/인'으로 규정하였다.

② 동선 계획에 있어서 개인, 사회, 가사노동권의 3개 동선은 서로 분리되어 간섭이 없는 것이 좋다.

③ 식당의 위치는 기본적으로 부엌과 근접 배치시키고 부엌이 직접 보이지 않도록 시선을 차단시키는 것이 좋다.

④ 주방 계획은 '재료준비→세척→조리→가열→배선→식사'의 작업 순서를 고려해야 한다.

✱

숑바르 드 로브(Chombard de Lawve)는 심리적 압박이나 폭력 등의 병리적 현상이 일어날 수 있는 규모를 '$8m^2$/인'으로 규정하였다.

답 ①

② 주택의 기본계획

(1) 대지의 선정 및 입지조건

① 자연적 조건

㉠ 일조, 전망, 통풍이 양호한 곳

㉡ 소음이 적고 공기가 청정한 곳

㉢ 구배가 심하지 않은 곳(1/10이 넘지 않는 곳)

[경사진 부지에서의 배치]

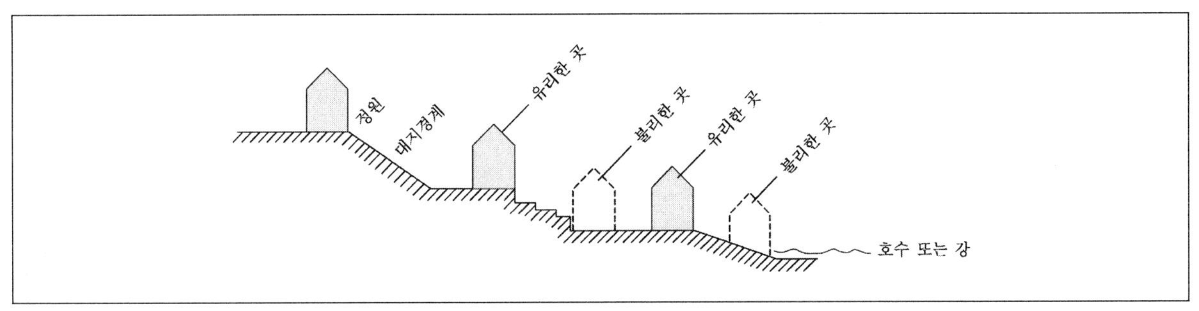

㉣ 배수가 잘 되고 지반이 견고한 곳

㉤ 대지의 형태가 정형, 구형인 곳

㉥ 대지면적이 건축면적의 3～5배가 되는 곳

② 사회적 조건

㉠ 교통이 편리한 곳

㉡ 공공시설, 편의시설, 제반시설의 이용이 편리한 곳

㉢ 법규적 조건이 맞는 곳

(2) 배치계획

① 배치계획의 조건

㉠ 건물의 연소방지 시설이 배치되어야 한다.

㉡ 거실의 채광, 일조, 통풍, 소음방지가 되어야 한다.

② 주동 배치계획(인동간격 준수)

㉠ 법적기준

- 법적으로 규정되어 있는 인동거리를 유지해야 한다.
- 공동주택의 경우 일조가 가장 열악한 동지를 기준으로 연속 일조 4시간 이상을 규정한다.

㉡ 계획적인 면

- 주요 개구부의 인동간격은 높이의 2배를 이격시킨다.
- 측벽간의 이격은 주동길이의 1/5만큼 이격시키는 것이 적당하다.

㉢ **채광** : 채광방향을 이격시킨다.

㉣ **통풍** : 측면을 이격시킨다.

㉤ 방화 및 연소의 방지를 고려한다.

㉥ **방위각 고려** : 방향을 기준으로 하여 동쪽 18° 이내, 서쪽 16° 이내가 양호하다.

㉦ 주접근로, 현관, 차고와의 관계를 고려한다.

㉧ 옥외, 옥내 가사작업 공간과의 관계를 고려한다.

③ 인동간격

㉠ **개념** : 주택을 배치할 때에 주변 주택건물과의 사이를 뜻한다.

㉡ 인동간격의 결정적 요소

- 남북 간의 인동간격(D)
  - 기준 : 겨울철 동지 때
  - 각 지방의 위도
  - 일조시간 : 최소 4시간
  - 태양의 고도
  - 앞 건물의 높이
  - 대지의 지형
- 동서 간의 인동간격(d_x) : 건물의 동서 간의 길이

[인동간격]

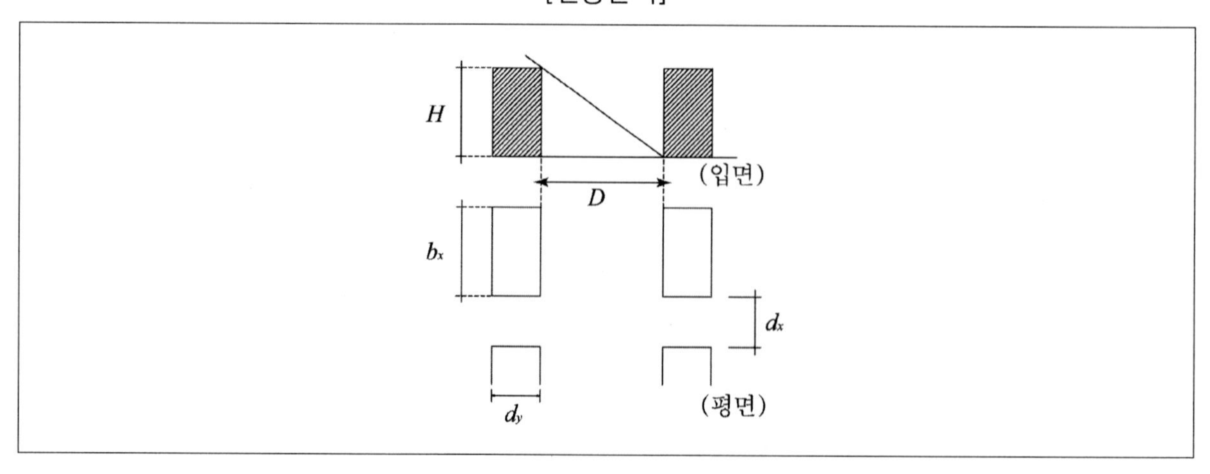

02 평면계획 · 세부계획

1 평면계획

(1) 조닝(Zoning)의 개념

공간을 몇 개의 구역별로 나누는 것을 말한다.

(2) 조닝방법

① 생활공간에 의한 분류
  ㉠ 개인권 : 침실 등 개인적으로 독립이 필요한 공간
  ㉡ 사회권 : 거실 등 단란한 생활을 필요로 하는 공간
  ㉢ 가사노동권 : 주방, 세탁 등 주부 작업공간

[생활공간의 분류]

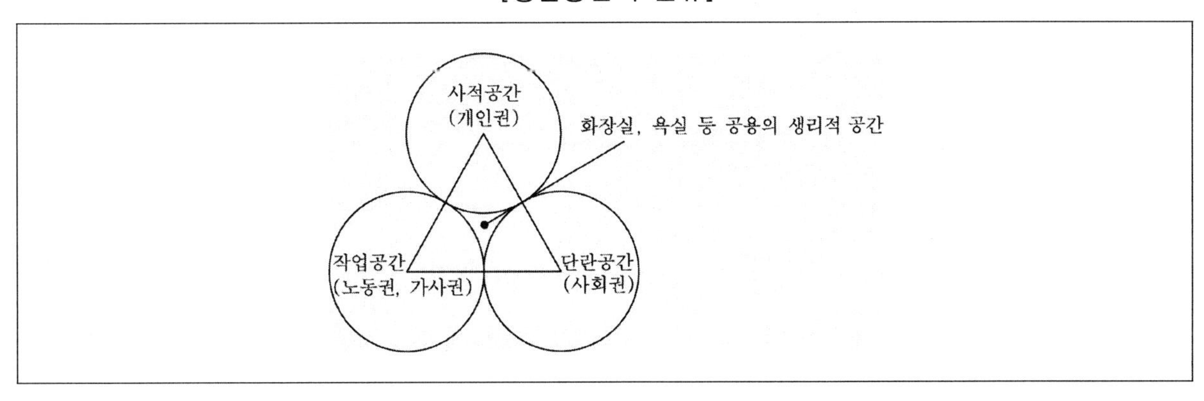

② 사용시간대에 의한 분류
  ㉠ 낮 + 밤에 사용하는 공간
  ㉡ 밤에 사용하는 공간
  ㉢ 낮에 사용하는 공간

③ 주요 인물에 의한 분류
  ㉠ 주부에 의한 공간
  ㉡ 아동에 의한 공간
  ㉢ 주인에 의한 공간

(3) 동선계획

① **동선의 3요소** … 하중, 빈도, 속도

② 단순, 명쾌해야 한다.

③ 중요도 순으로 고려해야 한다.

④ 다른 동선과의 교차, 분리를 피하도록 한다.

⑤ 사용목적 및 시간이 유사한 실은 가까운 곳에 배치한다.

⑥ 이질공간은 될수록 이격하여 배치한다.

⑦ 공간을 두어야 한다.

(4) 방위별 실계획

① **동쪽** … 아침의 햇살은 실내에 깊이 들어오나 오후에는 춥다.

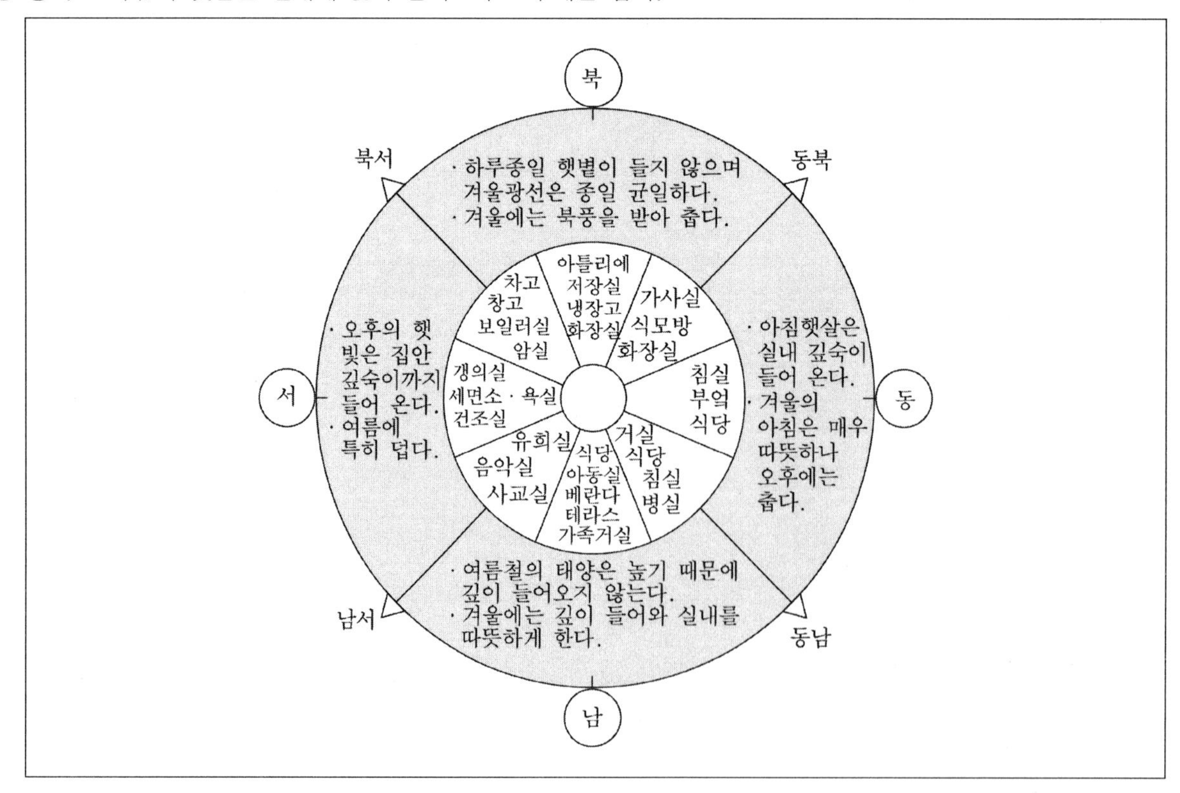

② 서쪽

㉠ 오후에 햇살이 깊이 들어와 오후에는 무덥다.

㉡ 여름철에는 무척 더우므로 욕실, 화장실 같은 중요도가 낮은 실을 배치하도록 한다.

㉢ 음식물의 부패방지를 위해 음식물 저장창고 등의 사용을 피해야 한다.

③ 남쪽 … 태양의 고도가 여름은 높고 겨울은 낮으므로 침실 등에 유리하다

④ 북쪽 … 하루내내 태양이 비치지 않고, 겨울에는 북풍을 받아 추우므로 침실 등은 부적합하다.

2 각 실 세부계획

(1) 현관(Entrance)

① 연면적의 7% 정도로 한다.

② 크기는 폭 1.2m×깊이 0.9m 이상으로 한다.

③ 도로의 위치에 크게 영향을 받는다.

④ 경사도, 대지의 형태에 따라서 영향을 받는다.

⑤ 방위와는 무관하다.

(2) 식당(Dining room)

① 식당 크기의 결정이 되는 기준

㉠ 식사의 인원수

㉡ 식탁의 크기와 의자의 배치상태

㉢ 식탁 1인당 폭 0.6m, 깊이 0.5m

㉣ 주변통로 여유공간

② 분리형 식당 : 거실, 식사실, 부엌이 따로 분리되는 형식

③ 개방형 식당

㉠ 다이닝 키친(Dining kitchen) : 부엌의 일부에 식탁을 놓은 형식

㉡ 다이닝 앨코브(Dining alcove) : 거실의 일부에 식탁을 놓은 형식

㉢ 리빙 키친(LDK : Living Dining kitchen) : 거실, 식사실, 부엌을 한 공간에 꾸며 놓은 형식

㉣ 다이닝 포치(Dining porch), 다이닝 테라스(Dining terrace) : 좋은 날씨나 여름철에 포치나 테라스에서 식사를 하도록 한 형식

(3) 부엌(Kitchen)

① **위치** … 남쪽이나 동쪽 모퉁이에 위치하는 것이 좋으며 서쪽은 피하도록 한다.

② **크기**

㉠ 연면적의 10%(8 ~ 12%) 정도로 한다.

㉡ 건물의 규모, 연면적이 클수록 부엌의 크기는 작아질 수 있다. 즉, 100m^2 이상 규모일 때는 7% 이하도 가능하다.

㉢ **크기결정요인** : 가족수, 연면적, 평균작업인수, 생활수준 등

③ **작업순서**

준비 – 개수대(싱크) – 조리대 – 가열대 – 배선대 – 해치 – 식당

TIP

작업삼각형 … 냉장고, 개수대, 조리대를 연결하는 삼각형으로 길이는 3.6 ~ 6.6m로 하는 것이 능률적이며, 가장 짧은 변은 개수대와 조리대이다.

※ 작업삼각형은 세 변의 길이가 짧을수록 효과적이다.

[부엌의 작업삼각형]

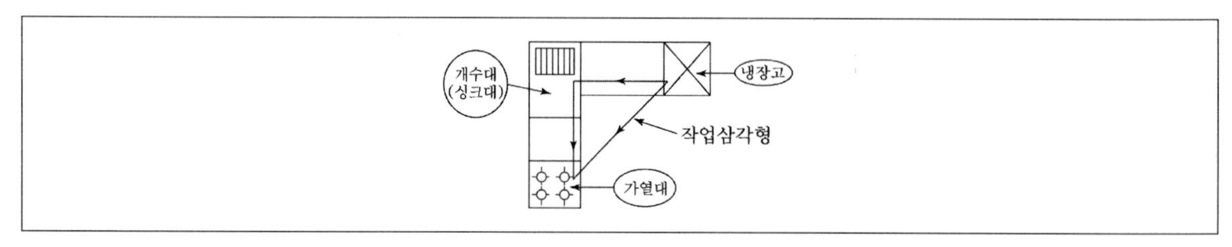

④ **부엌의 유형**

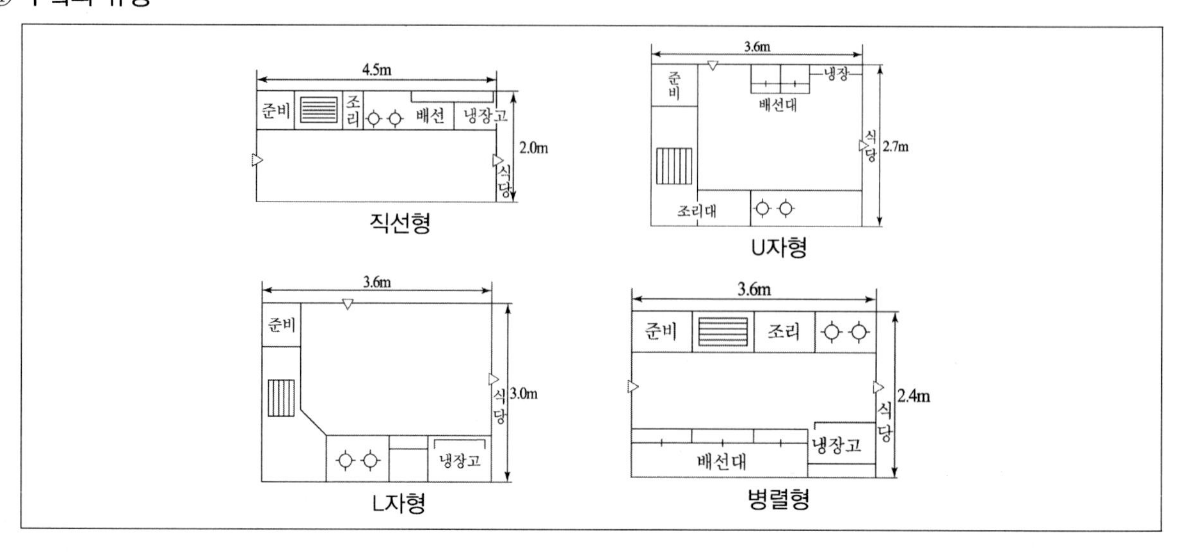

㉠ **직선형** : 동선이 길어지는 一자형으로 좁은 부엌에 알맞고, 동선의 혼란은 없으나 움직임이 많다.

㉡ **U자형** : 이용에 편리한 형으로 양측 벽면이 이용될 수 있으므로 수납공간을 넓게 잡을 수 있어서 편리하다.

㉢ **L자형** : 모서리 부분의 이용도가 낮은 형으로 정방향 부엌에 알맞고, 비교적 넓은 부엌에서 능률이 좋다.

㉣ **병렬형**

- 직선형에 비해서는 작업동선이 줄어들지만 작업을 할 경우에는 몸을 앞뒤로 바꿔주어야 하므로 불편하다.
- 식당과 부엌이 개방되지 않고 외부로 통하는 출입구가 필요한 때에 쓰인다.

⑤ **싱크대의 크기** … 폭 0.5 ~ 0.6m, 높이 0.73 ~ 0.83m 정도로 한다.

⑥ **부속공간**

㉠ **팬트리**(Pantry) : 배선실로 규모가 큰 주택의 경우에 부엌과 식당 사이에 식품이나 식기를 저장하기 위해 설치한 실이다.

㉡ **유틸리티**(Utility) : 가사실로 주부의 세탁, 다림질 등의 작업을 하는 공간을 말한다.

㉢ **옥외작업장**(Service yard) : 장독대, 세탁 · 건조장 등 옥외작업에 관계되는 시설을 말한다.

㉣ **다용도실**(Multipurpose room) : 주방과 서비스 발코니 사이의 공간으로 잡품창고, 세탁을 겸한 실을 말한다.

⑦ **설비적 Core system** … 욕실, 식당, 부엌, 화장실 등의 설비적 배관이 필요한 실을 한 곳에 집중하도록 하여 설비비를 절약시키는 시스템으로 주택의 규모가 큰 경우 더 유리하다.

(4) 거실(Living room)

① **크기**

㉠ 연면적의 30% 정도

㉡ 1인당 최소 4 ~ 6m^2 정도

㉢ 거실천장의 높이 2.1m 이상

② **기능**

㉠ 가족의 휴식 및 단란

㉡ 가족생활의 중심공간

㉢ 주부의 작업공간

③ **위치**

㉠ 다른 실의 중심적 위치로 다른 실과의 접속에 유리한 곳

㉡ 침실과는 항상 대칭으로 배치

㉢ 남향이 가장 적당하며, 통풍이 잘 되고 햇빛이 잘 들어오는 곳

㉣ 통로로 인해서 분할되지 않는 곳

④ 가구와의 관계

㉠ 스테레오 청취 최적 각도 : 60°

㉡ 텔레비전 시청 최적 거리 : 6m×브라운관 폭

[거실의 가구배치 및 스테레오 감상의 최적 거리]

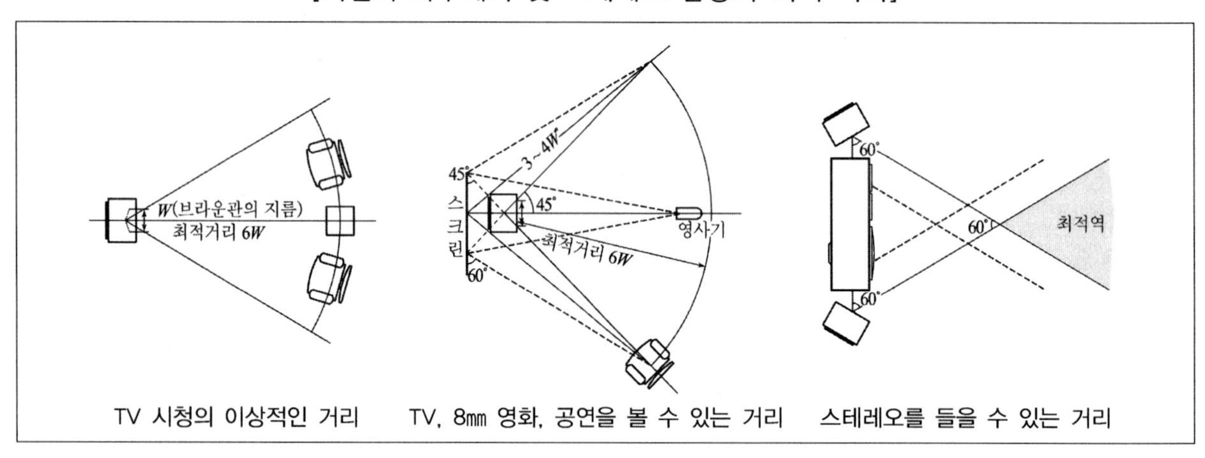

⑤ 평면계획상 고려할 점

㉠ 주택의 중심부에 위치하도록 한다.

㉡ 각 방에서의 출입이 자유롭도록 한다.

㉢ 정원테라스와 연결하도록 한다.

㉣ 직접 출입할 수 있도록 한다.

checkpoint

L·D·K

㉠ L(거실), D(식당), K(부엌), 개실 = 침실, LDK앞 에 오는 숫자는 침실의 수를 의미한다.

㉡ D·K는 주방과 식당이 1실로 되어 있음을 나타내고 D + K는 각 실이 독립되어 있음을 뜻한다.

실의 유형	공간의 형태	생활상의 특징
D·K	침·L / D·L 7~9	• 소규모 주택형의 각실을 분리하면 너무 협소하기 때문에 일반적으로 주방 겸 식당실(D·K)과 거실 겸 침실은 개방적으로 연결한다.
L·D·K	L·D·K	• L·D·K가 일체가 되므로 안정된 거실은 확립이 되지 않는다. • L·D·K의 면적이 크면 간단한 칸막이로 K와 D를 분리할 수 있다.
L·D + K	L·D 13~15 / K 5~6	• 식사실을 중심으로 단란한 생활형에 적합하다.
L + D·K	L 12~13 / D·K 9~10	• D·K는 가사의 편리함과 주방일을 하면서 단란하게 모이므로 생활에 편리하다.
L + D + K	L 12~13 / D 7~8 / K 5~6	• L·D·K를 각각 용도에 따라 분리하였다. • 불충분한 규모로 형식적인 분리를 하는 경우 오히려 생활에 불편을 가져온다.
S	S / (L·D·K)	• L·D·K의 공간 이외의 특별한 용도와 공간을 만든다. • 접객용, 서재, 플레이룸, 기타 취미에 다른 용도로 한다.

(5) 욕실(Bath room), 화장실(Toilet)

① 위치

㉠ 설비상 부엌과 인접한 곳

㉡ 북쪽에 면한 곳

② 크기

㉠ 욕실

- 최소 : 0.9 ~ 1.8m×1.8m
- 보통 : 1.6 ~ 1.8m×2.4 ~ 2.7m
- 천장
  - 높이 2.1m 이상으로 한다.
  - 천장은 습기가 많이 생기므로 적당한 경사를 유지해야 한다.

㉡ 화장실

- 최소 : 0.9m×0.9m
- 소변기를 설치할 경우 : 0.8m×0.9m
- 양변기를 설치할 경우 : 0.8m×1.2m
- 욕조, 세면기, 양변기를 설치할 경우 : 최소 1.7m×2.1m

[화장실의 크기]

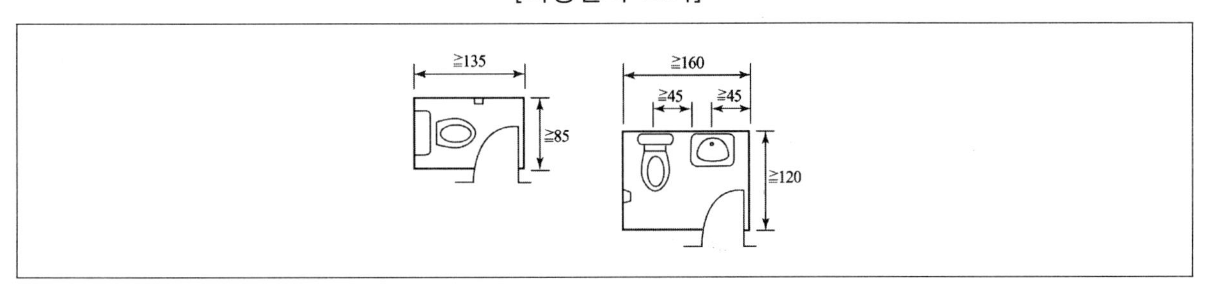

(6) 복도(Corridor)

① 크기

㉠ 연면적의 10% 정도로 한다.

㉡ 최소 폭은 90cm 이상이며 일반적으로 110 ~ 120cm 정도가 적당하다.

② 기능

㉠ 동선의 이동공간으로 내부통로 역할

㉡ 선룸(Sun room : 일광욕실)의 역할

㉢ 어린이 놀이터, 응접실의 역할(1.5m 이상)

③ 소규모 주택에서는 비경제적이므로 사용하지 않는 것이 좋다.

(7) 계단(Stair)

① 계단의 폭은 100 ~ 120cm 정도가 적당하다.

② 경사는 29 ~ 35° 이내가 적당하며 보통 30° 정도로 한다.

③ 법적으로 단 높이는 23cm 이하, 너비는 15cm 이상이다.

[계단의 치수]

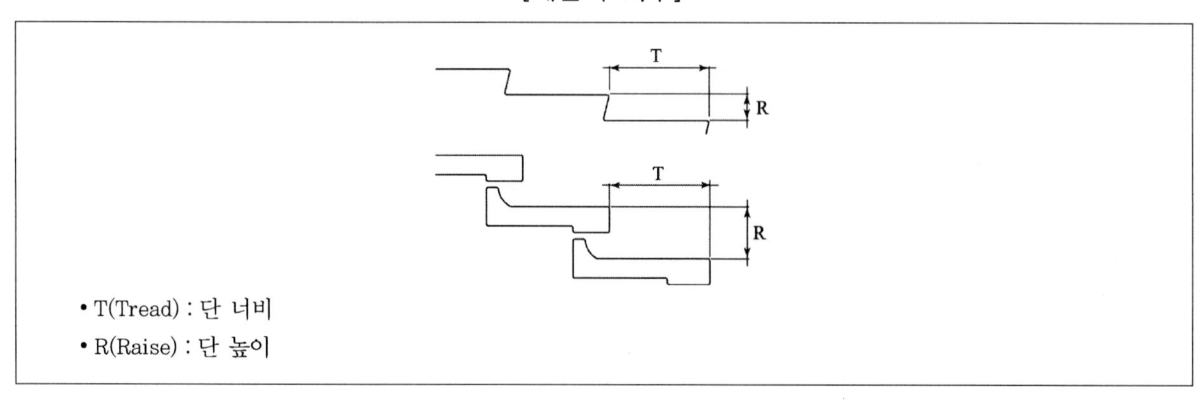

- T(Tread) : 단 너비
- R(Raise) : 단 높이

(8) 침실(Bed room)

① 크기 … 사용인원수, 가구의 점유율, 심리 소요기적 등에 따라 달라진다.

② 소요기적

㉠ 1인당 필요로 하는 신선한 공기요구량

- 성인 : $50m^3/hr$
- 아동 : $25m^3/hr$

㉡ 보통 실내 자연 환기횟수는 2회/hr를 기준으로 한다.

예 2인 성인이 한 방에 살 경우 방의 최소 면적은? (단, 1시간에 2번 환기하며 방 높이는 2.5m이다)

㉠ 성인 1인이 1시간동안 필요로 하는 신선한 공기량 : $50m^3$

㉡ 성인 2인이 1시간동안 필요로 하는 신선한 공기량 : $100m^3$

㉢ 1시간 동안에 $100m^3$의 신선한 공기가 공급되어야 하며, 2번 환기(신선한 공기 공급)를 하므로 1번 환기할 때마다 $50m^3$의 신선한 공기가 유입되어야 한다. 유입된 신선한 공기는 방 전체에 균일하게 분포하므로 신선한 공기량은 방의 체적과 같다.

㉣ 즉 신선한 공기량=방의 체적=방의 면적×높이이므로, 50=방의 면적×2.5, 따라서 방의 최소필요면적은 $25m^2$이 된다.

㉢ 환기량이 많을수록 방은 좁아도 된다.

③ 침대의 크기

㉠ 싱글 : 폭 0.9 ~ 1.0m×길이 1.95 ~ 2.0m

㉡ 더블 : 폭 1.4m×1.95 ~ 2.0m

④ 침대의 배치방법

㉠ **침대상부** : 머리 쪽은 외벽에 몸은 내벽에 면하도록 한다.

[침대배치]

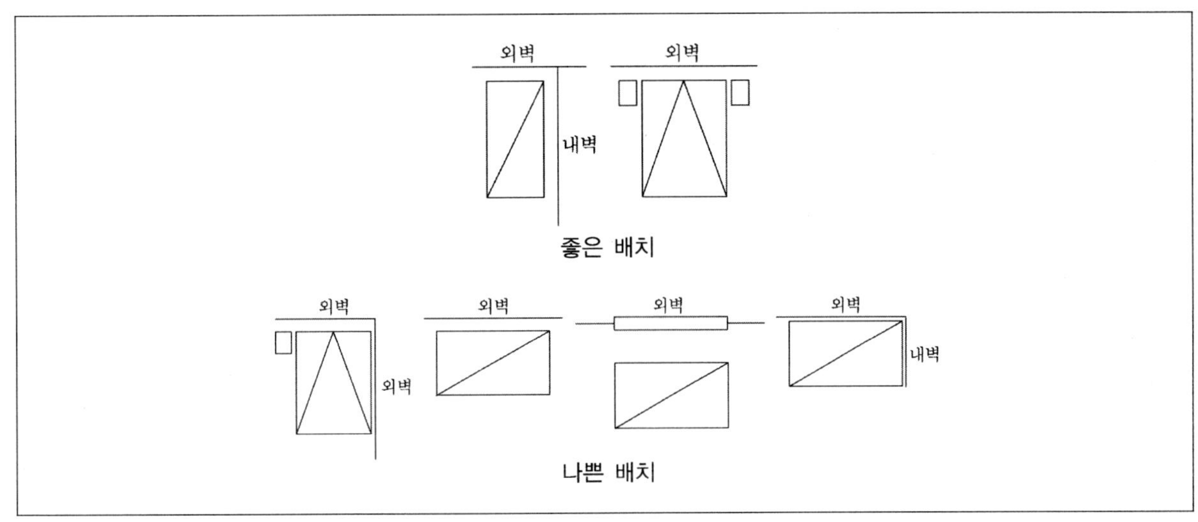

㉡ 누운 상태에서 출입문이 보이도록 하며 안여닫이로 한다.

㉢ 적정 이격거리

- 벽 : 0.75m 이상
- 발쪽 : 0.9m 이상
- 주요 통로쪽 : 0.9m 이상

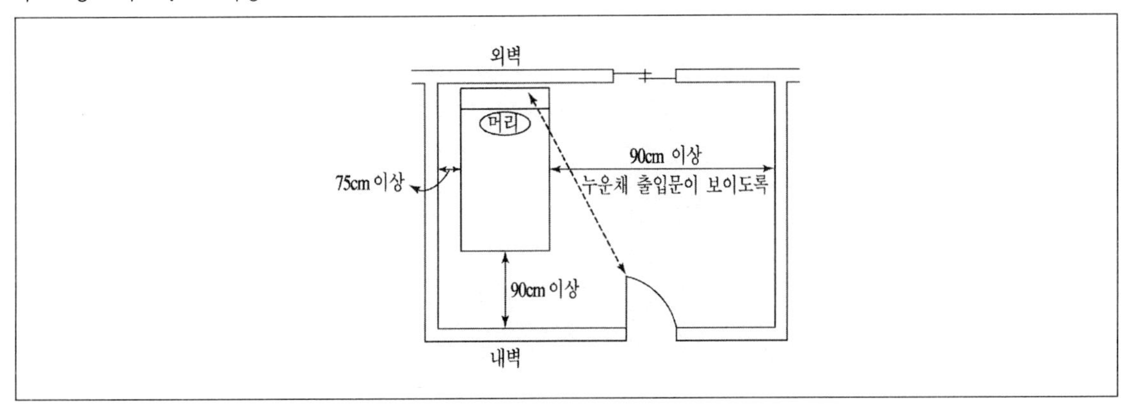

(9) 차고(Garage)

① 주택 전용 차고의 크기는 일반적으로 3.0m × 5.5m를 취한다.

② 차고의 벽이나 천장 등을 방화구조로 하고 출입구나 개구부에 갑종방화문을 설치한다.

③ 바닥은 내수재료를 사용해야 하며 경사도는 1/50 이하로 한다.

④ 벽은 백색타일을 3.2m까지 붙이는 것이 이상적이며, 1.5m 정도 높이에는 국부조명을 설치하여 작업에 편리하도록 한다.

⑤ 도로로부터 직접 진입할 수 있는 위치로 부지경계선에서 1m 이상 후퇴시킨다.

❸ 현대화된 농 · 어촌 주택

(1) 농 · 어촌주택의 문제점과 개선방향

① 보건 위생적인 측면

㉠ 변소나 축사, 우물의 위생처리시설의 부족은 수질 오염의 원인이 되므로 분뇨종말 처리시설 등을 설치해 수원의 오염을 막고 연료 이용률을 높여야 한다.

㉡ 침실은 채광, 통풍, 방한이 불량하여 쾌적한 실내환경의 유지가 어렵고 목욕시설이 완비가 되지 못한 상태이므로 각 주거공간을 작업공간 및 부속사와 분리하여 쾌적한 환경을 유지하도록 계획하며 목욕시설 등 설비시설을 고려한다.

② 작업 기능적인 측면

㉠ 생활공간과 작업공간이 무질서하게 혼용되는 경우가 잦으므로 이 두 공간의 뚜렷한 기능분화가 요구된다.

㉡ 각종 기구가 무질서하게 배치되어 있으므로 농기구 보관장소는 작업장에 인접하여 둔다.

③ 주거 수준면

㉠ 실의 기능이 분화되어 있지 않아 프라이버시 확보가 어려우므로 침실분리 등을 통하여 프라이버시를 유지해야 한다.

㉡ 도시에 비해 문명의 이기 활용 면에서 후진성을 나타내므로 주택 개선을 통하여 최소 주거면적 이상을 확보해야 한다.

(2) 배치계획 시 고려해야 할 사항

① 주택과 작업장 및 생산시설과의 연결을 고려하여 계획한다.

② 도로의 동선은 작업용과 주거용이 교차되지 않도록 하며 주거동선이 작업장을 횡단해서는 안 된다.

③ 주거공간과 작업공간을 명확히 분리해야 한다.

④ 작업장의 먼지와 냄새가 침입하지 않도록 풍향을 고려한다.

⑤ 방풍림을 설치해야 한다.

(3) 평면계획 시 고려해야 할 사항

① 도시형과 같은 거실 중심형으로 가족본위의 형태를 추구한다.

② 재래 전통적인 형태의 일자형, ㄱ자형을 방위 및 일조를 고려하여 분화배치하도록 한다.

③ 각 실의 프라이버시를 보장하도록 한다.

④ 부엌에서 되도록 2실 이상의 난방이 이루어질 수 있도록 한다.

⑤ 부엌을 작업공간과 밀접한 공간에 두고 옥외작업장을 설치하도록 한다.

⑥ 부엌에 연료창고와 식품창고를 부속시키거나 인접시킨다.

⑦ 부엌에는 배수설비를 하는 것을 전제로 작업을 일체화하여 실내 출입의 동선을 단축시킨다.

⑧ 주거 전면에 툇마루를 설치하여 출입의 편의를 도모해야 한다.

⑨ 가능한 한 현관을 두고 여기에 변소 및 욕실을 연결하도록 한다.

⑩ 욕실 및 변소는 거주공간 내에 설치하는 것을 원칙으로 하되 추후라도 설치할 수 있도록 계획에 반영해 놓고 우선은 옥외에 설치를 할 수도 있다.

⑪ 옥내작업실은 부속사에 연결된 사랑방과 겸용할 수 있도록 하는 것과 협업농이 가능한 곳에서는 공동작업실을 이용하게 한다.

⑫ 가족의 증가에 따른 공간확장의 필요성을 고려하여 장래 증축이 가능한 평면을 계획 초기부터 다루도록 함이 좋다.

⑬ 주택형은 가능한 한 일자형으로 하는 것이 좋다.

최근 기출문제 분석

2018 국가직

1 한식주택과 양식주택의 특징에 대한 설명으로 가장 옳지 않은 것은?

① 한식주택은 실의 조합으로 되어 있고, 양식주택은 실의분화로 되어 있다.

② 한식주택의 가구는 주요한 내용물이며, 양식주택의 가구는 부차적 존재이다.

③ 한식주택은 혼용도(混用途)이며, 양식주택은 단일용도(單一用途)이다.

④ 한식주택은 좌식생활이며, 양식주택은 입식(의자식)생활이다.

TIP 한식주택의 경우 가구는 부차적 존재이나 양식주택의 경우 가구는 중요한 내용물이다.

2014 국가직

2 우리나라 전통가옥의 지역별 특징에 대한 설명으로 옳지 않은 것은?

① 남부지방형은 '부엌－안방－대청－방'이 일반형이며, 대청은 생활공간 및 제청(祭廳)의 역할을 하였다.

② 함경도지방형은 겹집구조(田자형집)를 이루고 있으며, 정주간은 부엌과 거실의 절충공간으로서 취사 등의 공간이다.

③ 중부지방형은 ㄱ자형의 평면을 보이는 것이 특징이며, '부엌－안방'의 배열축과 '대청－건넌방'의 배열축이 직교되는 형태가 일반적이다.

④ 평안도지방형은 중앙에 대청인 상방을 두고, 좌우에 작은 구들과 큰 구들을 두며, 북쪽에 고팡을 두어 물품을 보관하였다.

TIP 평안도지방형은 대부분 일(一)자형으로 부엌과 방을 일렬로 배치하였으며 대청마루가 없었다.
중앙에 대청인 상방을 두고, 좌우에 작은 구들과 큰 구들을 두며, 북쪽에 고팡[고방(庫房)의 제주어로서 물건을 보관하는 일종의 수장고이다.]을 두어 물품을 보관한 것은 제주도형이다.

Answer 1.② 2.④

출제 예상 문제

1 다음 중 주택설계 시의 고려사항으로 옳지 않은 것은?

① 식당 크기는 식사의 인원수, 식탁의 크기와 의자의 배치상태에 따라서 결정되어진다.
② 현관은 연면적의 7% 정도로 계획한다.
③ 내부를 화려하게 꾸민다.
④ 주택의 남쪽에는 태양의 고도가 여름은 높고 겨울은 낮으므로 침실 등에 유리하다.

TIP ③ 주택의 내부는 사용하는 사람의 취향 및 기호에 따라 꾸미도록 하며 무조건 화려하게 꾸미는 것은 좋지 못하다.

2 다음 중 주택설계의 방향에 관한 설명으로 옳지 않은 것은?

① 입식으로 해야 한다.
② 생활의 쾌적성이 높도록 한다.
③ 가족본위의 생활을 추구한다.
④ 가사 작업량이 감소되도록 한다.

TIP ① 현대주택의 설계에서는 입식과 좌식을 혼용하도록 한다.

3 다음 중 국제 주거회에서 결정한 1인당 최소 평균 주거면적은?

① $10m^2$
② $15m^2$
③ $16m^2$
④ $21m^2$

TIP 주거면적의 기준
㉠ 1인당 최소 주거면적 : $10m^2$/인
㉡ 1인당 표준 주거면적 : $16.5m^2$/인
㉢ 국제 주거회 기준 주거면적 : $15m^2$/인
㉣ 코르노 기준 주거면적 : $16m^2$/인

Answer 1.③ 2.① 3.②

4 **다음 중 스케일(Scale) 개념에 대한 설명으로 옳지 않은 것은?**

① 머릿 속의 이미지와 실물이 갖는 이미지
② 구성재에 관한 적정치수와 설계되는 공간과의 개념
③ 주위환경과 잘 맞는 크기의 개념
④ 구성자재의 크기의 비

TIP 스케일이란 가상적인 면이 아닌 건축물 또는 구성재의 크기나 치수의 개념을 말한다.

5 **다음 중 양식주택의 구조도에 관한 설명으로 옳지 않은 것은?**

① 가구가 중요하다.
② 기능에 따라 분화된다.
③ 실이 독립성을 가진다.
④ 기능을 혼용한다.

TIP 양식주택은 실이 분화하여 단일용도로 사용한다.
④ 한식주택의 특징이다.

6 **다음 중 한식주거의 특징을 설명한 것으로 옳지 않은 것은?**

① 좌식 생활습관을 가진다.
② 실은 분화형태의 평면형 구조이다.
③ 주택의 바닥이 높다.
④ 가구식 구조이고 개구부가 많다

TIP 한식주택의 실의 조합은 은폐적이다.

7 **주택의 구역부분(Zoning)의 분석에 대한 설명으로 옳지 않은 것은?**

① 주 · 야간사용에 의한 조닝
② 주행동에 의한 조닝
③ 가족전체 및 개인에 의한 조닝
④ 코어플랜(Core plan)에 의한 조닝

TIP 조닝에 의한 분류
㉠ 생활공간에 의한 분류
㉡ 사용시간대에 의한 분류
㉢ 주요 인물에 의한 분류

Answer 4.① 5.④ 6.② 7.④

8 **한식주택과 양식주택에 대한 비교설명으로 옳지 않은 것은?**

① 한식주택의 공간은 은폐적이고 양식주택은 개방적이다.
② 한식주택에서 가구는 실의 기능을 부여하는 주요 내용물이고, 양식주택에서는 장식의 기능물이다.
③ 한식주택은 좌식생활 구조이고, 양식주택은 입식생활 구조이다.
④ 한식주택의 실은 다목적용이고, 양식주택의 실은 단일용도이다.

TIP ② 한식주택에서 가구는 부차적인 존재로 가구배치는 덜 중요시하고, 양식주택에서의 가구는 주요 내용물로 중요시 된다.

9 **다음 중 주택의 각 실 계획에 관한 설명으로 옳지 않은 것은?**

① 차고에는 처마 밑에 환기구를 둔다.
② 부엌에서는 대문, 현관, 어린이 놀이터가 바로 보이도록 한다.
③ 거실은 채광과 통풍을 고려하고, 주택 내 중심에 위치하도록 한다.
④ 현관은 주택 외부에서 내부로 통하는 주출입구로 외부에서 쉽게 알아 볼 수 있는 위치에 있어야 한다.

TIP ① 차고에서 배기구는 바닥에서 30cm 높이에 설치하고 환기구는 천장 상부에 설치하도록 한다.

10 **다음 중 주택의 평면계획에 관한 설명으로 옳지 않은 것은?**

① 노인과 어린이실은 상호인접시킨다.
② 현관의 위치는 방위와 상관없다.
③ 거실은 일반적으로 동서로 긴 것이 좋다.
④ 침대배치는 창가에 머리쪽이 오도록 두는 것이 좋다.

TIP 침대의 배치방법
㉠ 침대 상부 머리쪽은 외벽에 몸은 내벽에 면하도록 한다.
㉡ 누운 상태에서 출입문이 보이도록 하고 안여닫이로 한다.
㉢ 적정 이격거리
- 벽 : 0.75m 이상
- 발쪽 : 0.9m 이상
- 안쪽 통로 : 0.9m 이상

Answer 8.② 9.① 10.④

11 다음 중 다용도실에 관한 설명으로 옳지 않은 것은?

① 유틸리티 또는 가사실이라고도 한다.
② 배치는 부엌에서 가장 먼 곳에 한다.
③ 전기, 수도, 보일러 등의 설비도 설치된다.
④ 세탁, 세탁물 건조, 다림질 등의 작업을 할 수 있는 곳이다.

TIP 다용도실은 주방과 발코니 사이의 공간으로 잡품의 보관, 세탁을 겸하는 실로서 되도록 부엌에 가까이 배치해야 한다.

12 다음 중 주택의 침실계획에 관한 설명으로 옳지 않은 것은?

① 소규모 주택에서는 손님 침실은 고려하지 않고 소파 등을 이용한다.
② 아동 침실은 정신적, 육체적인 발육에 지장을 주지 않는 안정성이 있는 곳에 둔다.
③ 침실은 소음이 차단되고 안정성 있는 곳에 둔다.
④ 노인실은 가족들에게 소외감을 느끼지 않도록 주택의 중심위치에 둔다.

TIP 노인실
㉠ 아동실에 가깝도록 하고 주거의 중심부에서 조금 떨어진 위치가 좋다.
㉡ 세면실, 화장실을 근접시키도록 하며 정원 등을 내다볼 수 있으면 좋다.
㉢ 바닥은 노인이 이동시 걸림이 없도록 높낮이가 없어야 한다.

13 다음 중 주택의 설계계획에 관한 설명으로 옳지 않은 것은?

① 대지는 건축면적의 3배로 한다.
② 1인당 주거면적은 적어도 $10m^2$/인이어야 한다.
③ 계단의 단 높이는 27cm 이하로 한다.
④ 부엌의 면적은 연면적의 8 ~10% 정도이다.

TIP 계단의 계획
㉠ 계단의 폭은 100 ~ 120cm 정도가 적당하다.
㉡ 경사는 29 ~ 35° 이내가 적당하나 보통 30° 정도로 한다.
㉢ 법적으로 단 높이는 23cm 이하, 너비는 15cm 이상이다.

Answer 11.② 12.④ 13.③

14 바닥면적의 얼마 이상이 되어야 거실에서 환기에 필요한 유효 개구부의 면적이 되는가?

① 1/5 이상
② 1/10 이상
③ 1/15 이상
④ 1/20 이상

TIP 거실환기에 필요한 유효 개구부의 면적은 바닥면적의 1/20 이상이다.

15 부부침실 계획시의 유의사항으로 옳지 않은 것은?

① 갱의실, 욕실을 침실공간에 확보하는 것이 합리적이다.
② 주부와 가장으로서의 독립성이 확보될 수 있도록 한다.
③ 취침과 사실로써의 기능을 다하도록 조용한 곳을 택한다.
④ 가족의 생활권과 이격시켜 독립성을 유지하도록 한다.

TIP 부부침실은 독립성은 유지하되 가족의 생활 중심권에 위치하도록 하며 취침, 목욕, 갱의, 화장, 의류수납 등의 기능을 동시에 수행할 수 있도록 계획하는 것이 좋다.

16 주택의 각 실과 조합 중 가장 불합리한 것은?

① 아틀리에 – 북향
② 거실 – 동향
③ 가족실 – 남향
④ 식당 – 동남향

TIP 거실은 겨울에는 햇볕이 깊이 들어와 실내를 따뜻하게 하고, 여름에는 태양이 높아 깊이 들어오지 않는 남향이나 동남향에 위치하는 것이 좋다.

17 다음 중 필요한 환기량을 결정하는 조건으로 옳지 않은 것은?

① 재실자의 수
② 실의 종류
③ 외기의 조건
④ 실의 위치

TIP ④ 환기량과 실의 위치는 관계가 없다.

Answer 14.④ 15.④ 16.② 17.④

18 주택설계시 5인 가족일 때 표준 주거면적의 합계로 옳은 것은?

① $40m^2$
② $50m^2$
③ $75m^2$
④ $82.5m^2$

TIP 표준 주거면적이므로 $16.5 \times 5 = 82.5m^2$
※ 1인당 주거의 점유 바닥면적
㉠ 최소 : $10m^2$/인
㉡ 표준 : $16.5m^2$/인

19 다음 중 침실의 크기를 결정하는 기준으로서 옳지 않은 것은?

① 창문의 크기
② 사용인원수
③ 가구의 점유 면적
④ 침대의 종류

TIP 침대크기의 결정요소
㉠ 사용인원의 수(1인용, 2인용)
㉡ 가구의 점유면적(싱글, 더블)

20 다음 중 주택에서 코어시스템을 사용하는 가장 큰 이유로 옳은 것은?

① 외관의 미적인 면에 대해 고려하기 위해
② 설비적 배관비용을 절약하기 위해
③ 일조권 확보를 위해
④ 통로의 최소 면적을 위해서

TIP 부엌, 변소, 주방을 집중배치하여 설비비를 절약시킨다.

21 다음 중 주택공간 Zoning의 방법으로 옳지 않은 것은?

① 융통성에 의한 구역구분
② 가족 및 개인에 의한 구역구분
③ 사용시간대에 의한 구역구분
④ 주 행동에 의한 구역구분

TIP ① 조닝은 공간을 조건에 따라 몇 개의 구역별로 나누는 것으로 융통성과는 정반대의 의미이다.

Answer 18.④ 19.① 20.② 21.①

22 다음 중 침대배치에 대한 방법으로 옳지 않은 것은?

① 침대 상부 머리쪽은 외벽에 면하도록 한다.
② 침대에 누우면 출입문 쪽이 보이지 않아야 한다.
③ 침대의 발쪽 통로는 90cm 이상으로 한다.
④ 프라이버시를 위해 출입문은 안여닫이로 한다.

TIP ② 침대에 누웠을 때 출입문이 보이도록 해야 한다.

23 주택의 대지선정의 자연적 조건으로 옳지 않은 것은?

① 대지면적이 건축면적의 3 ~ 5배가 되는 곳
② 지반이 견고한 곳
③ 구배가 1/15이 넘지 않는 곳
④ 일조, 전망, 통풍이 양호한 곳

TIP 대지의 구배는 1/10이 넘지 않는 곳으로 선정한다.

24 경사지에서의 주택 평면계획으로 바닥의 높이차를 이용해서 공간을 효율적으로 사용할 수 있는 주택형식은?

① 중층형
② 스킵플로어형
③ 필로티형
④ 취발형

TIP 주택의 입면에 의한 분류

㉠ 단층형: 1층 건물이다.
㉡ 중층형: 2층 이상의 건물이다.
㉢ 스킵플로어형: 대지가 경사지인 경우 실의 바닥 높이가 단면상 계단참 정도로 되어 계단실과 마주하는 실의 단면층고에 차이가 나도록 하여 전면은 중층, 후면은 단층이 되는 형식이다.
㉣ 취발형
- 한 건물 안에서 일부는 단층, 일부는 중층이 되는 형식이다.
- 보통 거실의 층고를 높이기 위해서 2개 층을 관통하여 사용한다.

㉤ 필로티형
- 1층은 기둥만으로 지지하여 개방적 공간을 구성하고, 2층 이상을 실로 사용하는 방식이다.
- 1층은 주차장으로 사용하기 위해 현재 많이 사용된다.

Answer 22.② 23.③ 24.②

25 다음과 같은 경사지에서 주택배치가 가장 불리한 곳은?

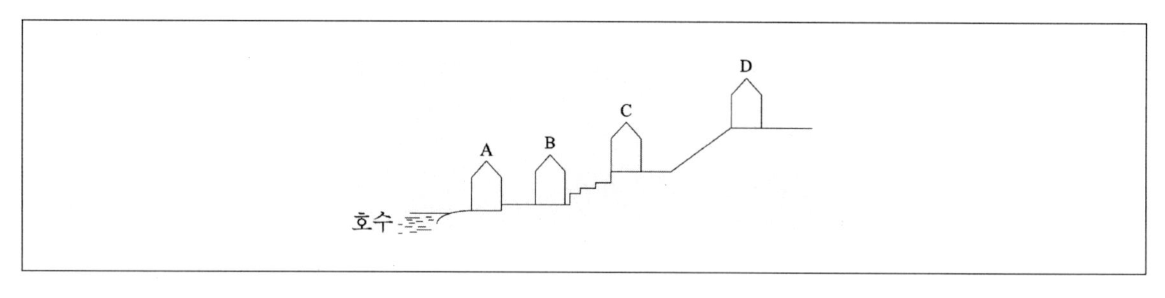

① A
② B
③ C
④ D

TIP 경사진 부지에서의 배치

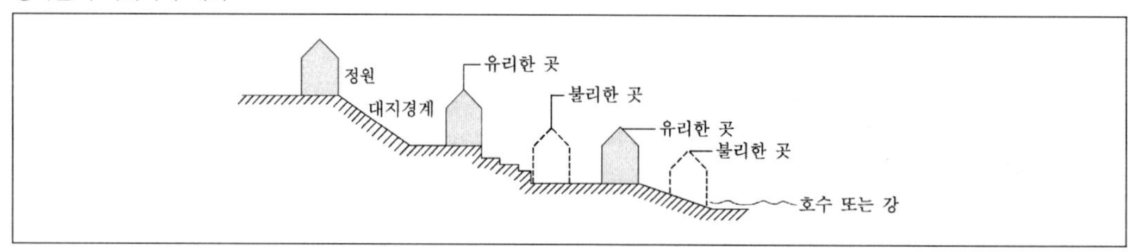

26 다음 중 주택의 거실계획에 관한 설명으로 옳지 않은 것은?

① 거실의 크기는 연면적의 45% 정도로 한다.
② 주택 중심부에 위치하도록 한다.
③ 다른 실과의 접속에 유리한 곳에 계획한다.
④ 남향이 가장 적당하다.

TIP ① 거실의 크기는 연면적 30% 정도로 한다.

27 다음 중 주택을 설계할 때 가장 큰 비중을 두어야 할 것은?

① 실의 크기
② 주부의 동선
③ 실의 방향
④ 부엌의 위치

TIP 주택을 설계할 때 방향, 위치, 크기, 동선 등을 모두 종합하여야 하지만 가장 큰 비중을 두어야 할 것은 주부의 동선이다.

Answer 25.② 26.① 27.②

28 다음 중 주택의 평면계획에 관한 설명으로 옳지 않은 것은?

① 거실은 주택의 중심부에 위치하도록 한다.
② 욕실은 설비상 부엌, 변소와 인접한 곳으로 한다.
③ 부엌은 서쪽에 위치함이 가장 이상적이다.
④ 거실이나 아동실은 남측으로 배치하여 겨울에 충분한 일조를 받도록 한다.

TIP ③ 서쪽은 햇살이 깊이 들어와 오후에도 덥고 여름철에도 매우 덥다. 따라서 음식이 상할 수도 있으므로 부엌은 서쪽에 위치하지 않도록 한다.

29 다음 중 주택의 동선계획에 있어서 옳지 않은 것은?

① 이질동선은 가능한 복합적으로 계획한다.
② 동선은 직선이어야 한다.
③ 다른 동선과의 교차는 피하도록 한다.
④ 동선의 길이는 될수록 짧게 한다.

TIP ① 이질동선은 될수록 이격하여 배치하고 다른 동선과의 교차는 피하도록 계획하여야 한다.

30 다음 중 주택의 대지조건으로 옳지 않은 것은?

① 방화, 통풍상 건물과 건물의 동서간격은 최소 6m 이상이 되는 대지이어야 한다.
② 일상생활을 함에 있어서 편리한 곳에 위치하여야 한다.
③ 대지는 가능하면 도로보다 낮은 것이 좋다.
④ 대지면적은 건축면적의 3 ~ 5배가 이상적이다.

TIP ③ 대지는 가능하면 도로보다 높은 것이 좋다.

Answer 28.③ 29.① 30.③

31 환기량에 의한 실의 면적을 구할 때 성인 3인용 침실의 천정 높이가 3m일 때 소요되는 실면적은? (단, 자연환기 횟수는 2회이다)

① $15m^2$　② $20m^2$
③ $25m^2$　④ $30m^2$

TIP 성인 1인당 공기 소요량은 $50m^3/hr$이므로
$3명 \times 50m^3/hr \div 2회 = 75m^3$
$75m^3 \div 3m = 25m^2$
∴ 환기량에 의한 실의 면적은 $25m^2$이다.

32 연면적 $90m^2$의 양식주택에서 복도의 면적은?

① $6m^2$　② $9m^2$
③ $15m^2$　④ $19m^2$

TIP 복도의 면적은 연면적의 10%이므로
$90m^2 \div 10 = 9m^2$

33 다음 중 차고계획의 설명으로 옳지 않은 것은?

① 차고의 최소폭은 주차 시 차량과 운전석 부분 60cm, 보조석 60cm로 이격시킨다.
② 배기구는 바닥에서 30cm 높이에 설치한다.
③ 벽의 1.5m 높이에는 국부조명을 사용한다.
④ 벽과 천장은 방화구조로 하도록 한다.

TIP 차고의 크기 … 최소 자동차의 폭과 길이보다 1.2m 더 크게 하도록 하는데 주차 시 차량과 운전석 부분은 90cm, 보조석은 30cm, 전·후면 벽과는 60cm 정도 이격시켜 최소 면적을 계획하도록 한다.

Answer 31.③ 32.② 33.①

34 다음 중 부엌의 크기를 결정하는 요소가 아닌 것은?

① 가족 구성원
② 연료의 종류 및 공급방법
③ 경제적 수준
④ 대지의 면적

TIP 부엌의 크기는 가족의 수, 경제적 수준, 대지면적, 연료의 종류와 공급방법 등에 의해 결정된다.

35 부엌 작업대의 순서가 알맞은 것은?

① 준비대 → 조리대 → 개수대 → 가열대 → 배선대 → 식당
② 준비대 → 개수대 → 조리대 → 가열대 → 배선대 → 식당
③ 개수대 → 준비대 → 배선대 → 개수대 → 조리대 → 식당
④ 개수대 → 준비대 → 조리대 → 배선대 → 가열대 → 식당

TIP 부엌에서의 작업순서는 준비대 → 개수대(싱크) → 조리대 → 가열대 → 배선대 → 해치 → 식당 순으로 한다.

36 다음 중 거실의 일부에다 식탁을 꾸미는 것으로서 보통 6 ~ 9m^2 정도의 크기로 만드는 것은?

① Living kitchen형
② Dining alcove형
③ Dining kitchen형
④ Dining porch형

TIP 개방형 식당
㉠ 다이닝 키친 : 부엌의 일부에 식탁을 놓은 형식
㉡ 다이닝 앨코브 : 거실의 일부에 식탁을 놓은 형식
㉢ 리빙 키친 : 거실, 식사실, 부엌을 한 공간에 꾸며 놓은 형식
㉣ 다이닝 포치, 다이닝 테라스 : 좋은 날씨나 여름철에 포치나 테라스에서 식사를 하도록 한 형식

37 다음 중 동선의 이동공간으로 내부통로의 역할을 하는 것은?

① 계단
② 복도
③ 거실
④ 화장실

TIP 복도는 동선의 이동공간으로 내부통로, 어린이 놀이터, 응접실의 역할을 할 수 있는 곳이다.

Answer 34.① 35.② 36.② 37.②

38 부엌의 공간에서 팬트리(Pantry : 배선실)는 무슨 용도로 쓰이는가?

① 식품, 식기 등을 저장하는 공간
② 옥외작업공간
③ 다림질, 세탁을 하는 공간
④ 잡품창고와 세탁을 겸한 공간

TIP 부엌의 부속공간
㉠ 팬트리 : 배선실로 규모가 큰 주택의 경우에 부엌과 식당 사이에 식품이나 식기를 저장하기 위해 설치한 실이다.
㉡ 유틸리티 : 가사실로 주부의 세탁이나 다림질 등의 작업을 하는 공간을 말한다.
㉢ 옥외작업장 : 장독대, 세탁 · 건조장 등 옥외작업에 관계되는 시설을 말한다.
㉣ 다용도실 : 주방과 서비스 발코니 사이의 공간으로 잡품창고와 세탁을 겸한 실을 말한다.

39 다음은 침대의 배치를 그려 놓은 것이다. 가장 적당한 배치방법은?

① 외벽 / 내벽
② 외벽 / 내벽
③ 외벽
④ 외벽 / 내벽

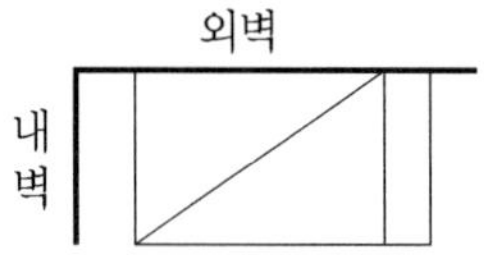

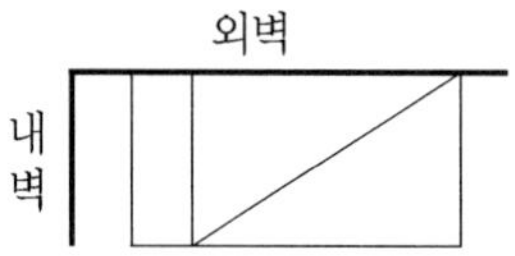

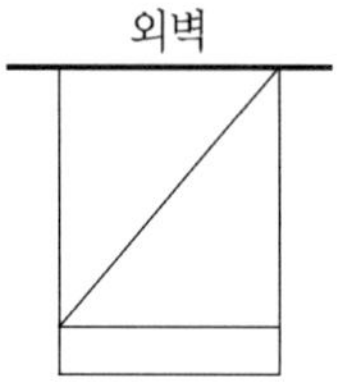

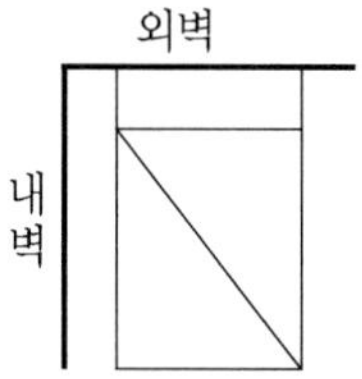

TIP 침대의 배치방법
㉠ 침대의 머리부분은 외벽에 면하도록 한다.
㉡ 누웠을 때 출입문이 보이도록 하고 안여닫이로 한다.
㉢ 침대 양쪽에 통로를 두도록 하며 한쪽은 75cm 이상, 주요 통로쪽은 90cm 이상 띄운다.
㉣ 발쪽 부분도 90cm 이상 띄운다.

Answer 38.① 39.④

제2편 주거건축

02 공동주택

01 공동주택의 개요 및 종류

1 공동주택의 개요

(1) 공동주택의 장 · 단점

① 장점

㉠ 공기조화, 정화조 등의 설비를 집중화할 수 있다.

㉡ 어린이 놀이터 등의 공공용지 확보가 용이하다.

㉢ 1가구당 대지의 점유면적이 절감된다.

㉣ 동일면적에 대비해서 독립주택에 비해 유지관리비가 절감된다.

② 단점

㉠ 단독주택보다 건축을 계획함에 있어 융통성이 적다.

㉡ 단위면적당 건축비는 증가한다.

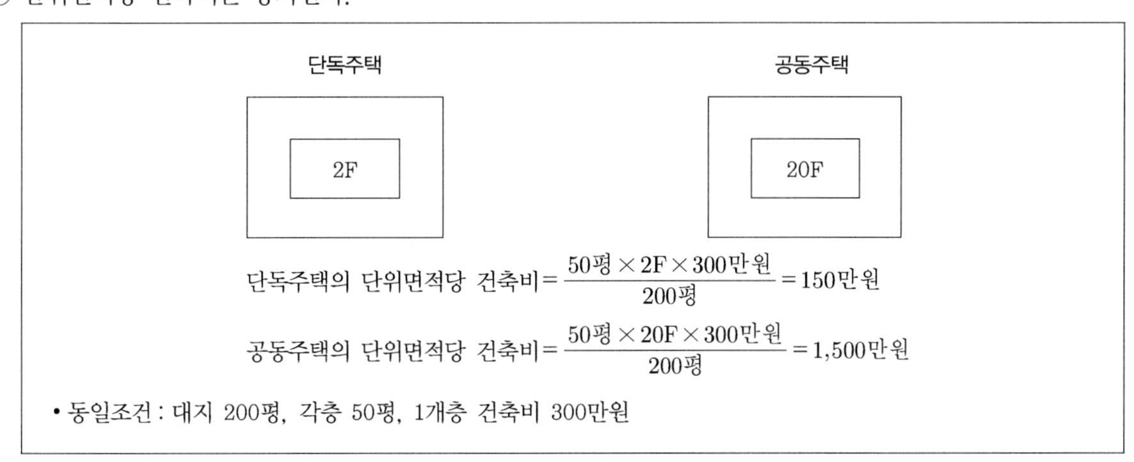

단독주택의 단위면적당 건축비 $= \dfrac{50\text{평} \times 2\text{F} \times 300\text{만원}}{200\text{평}} = 150\text{만원}$

공동주택의 단위면적당 건축비 $= \dfrac{50\text{평} \times 20\text{F} \times 300\text{만원}}{200\text{평}} = 1{,}500\text{만원}$

• 동일조건 : 대지 200평, 각층 50평, 1개층 건축비 300만원

㉢ 각 가구가 옥외에 접하지 못하므로 전원생활이 자유롭지 못하다.

㉣ 프라이버시 유지의 어려움이 있다.

(2) 연립주택의 장 · 단점

① 장점

㉠ 지형에 따른 소규모 택지 및 경사지도 이용 가능하다.

㉡ 풍요로운 옥외공간을 조성할 수 있다.

㉢ 형식마다 차이가 있기는 하나 각 세대마다 전용의 뜰을 가질 수 있다.

㉣ 토지의 이용률을 높일 수가 있다.

② 단점

㉠ 일조, 통풍, 채광면에서 벽체의 공유로 인해 불리하다.

㉡ 프라이버시 유지에 불리하다.

㉢ 평면계획상 제약을 받는다.

㉣ 불성실한 계획의 경우 단조로운 공간과 외관이 형성될 수 있다.

(3) 아파트의 장 · 단점

① 장점

㉠ 건축비, 대지비, 유지관리비가 절약된다.

㉡ 공동설비 및 주위환경 이용의 혜택이 증가된다.

② 단점

㉠ 도시에 인구밀도가 증가된다.

㉡ 도심지 생활자의 이동성이 발생한다.

㉢ 세대 구성원의 인원이 감소된다.

2 공동주택의 종류

(1) 법적 공동주택의 분류

① 다세대주택 … 4층 이하로서 동당 건축 연면적이 660m^2 이하인 주택

② 연립주택 … 4층 이하로서 동당 건축 연면적이 660m^{2}를 초과하는 주택

③ 아파트 … 5층 이상의 주택

[용도별 공동주택의 분류]

유형	개념
아파트	주택으로 쓰이는 층수가 5개층 이상인 주택
연립주택	주택으로 쓰이는 1개 동의 연면적이(지하주차장 면적 제외) 660m^{2}를 초과하고, 층수가 4개층 이하인 주택
다세대주택	주택으로 쓰이는 1개 동의 연면적이(지하주차장 면적 제외) 660m^{2}를 이하이고, 층수가 4개층 이하인 주택
기숙사	학교 또는 공장 등의 학생 또는 종업원 등에 사용되는 것으로서 공동취사용 구조이면서 독립된 주거형식을 갖추지 아니한 것

[다양한 면적의 개념]

면적	개념
전용면적	각 세대가 독립적으로 사용하는 전용공간으로 거실, 주방, 욕실, 화장실, 침실 등으로 구분되는 공간
주거공용면적	계단, 복도, 통로 등의 면적
공급면적	전용면적과 주거공용면적을 합친 면적(아파트에서는 분양면적이라고 함)
기타공용면적	실외면적 부분인 주차장, 관리실, 노인정 등 공용시설이 차지하는 면적
계약면적	공급면적과 기타공용면적을 합한 면적
서비스면적	발코니가 차지하는 면적
전용률	분양면적에 대해 전용면적이 차지하는 비중

TIP

국민주택

㉠ 정부에서 서민들을 위해 공급하기 위해 만들어졌던 정책인 만큼 다양한 혜택을 받을 수 있도록 한 제도이다.

㉡ 국민주택기금으로부터 자금을 지원받아 건설되거나 개량되는 주택으로서 주거전용면적이 국민주택규모 이하인 주택을 말한다.

㉢ 수도권과 도시지역에서는 주거전용면적이 85m^2(25.7평) 이하이며 수도권을 제외한 도시지역이 아닌 읍 또는 면 지역은 주거전용면적이 100m^2 이하인 경우이다.

㉣ 국민주택기금 : 정부가 주택종합계획을 효율적으로 실시하고 주택을 원활히 공급하기 위하여 정부의 출연금 또는 예탁금, 국민주택채권 발행으로 조성된 자금 등을 재원으로 조성한 기금이다.

(2) 연립주택의 분류

① 테라스 하우스(Terrace house)

㉠ 경사지에서 적당하게 절토를 하여 그대로의 자연지형에 따라서 건물을 테라스형으로 축조한 것이다.

㉡ 각 호마다에 전용의 뜰을 가질 수 있다.

TIP

상향식 및 하향식 테라스하우스

상향식 : 상층이 침실 등의 수면을 위한 공간이고 하층이 거실 등의 활동공간이다.

하향식 : 상층이 거실 등의 활동공간이고 하층이 침실 등의 수면공간이다.

② 중정형 하우스(Patio house) … 건물의 내부에 중정을 갖는 연립주택

㉠ 중앙에 중정을 두고 이를 거주용 건물이 둘러싼 형식이다.

㉡ 격자형의 단조로움을 피하기 위해 돌출, 후퇴시킬 수 있다. 입구의 연속적인 효과를 위해 도로나 공공 보도에 면해 중정을 배치시켜 중정이 입구가 되게 한다.

㉢ 높이, 휴식, 수영장 등 커뮤니티시설이나 오픈스페이스를 확보하기 위해 한 세대를 제거할 수 있다.

㉣ 다양하고 풍부한 외부공간을 구성하기에 유리하다.

㉤ 일조를 위한 방위조절이 어렵고, 고밀도의 유지도 어렵고 개성 있는 설계나 변형된 평면구성이 어렵다.

㉥ 일정한 대지에 몇 개의 주거군 건립을 중정을 중심으로 하게 되는데 본인이 이해하는 것처럼 남향 이외의 층이 나올 수밖에 없는 필연적 이유이다.

㉦ 중정형의 경우 대부분 고층 아파트 형식 보다는 연립주택 유형으로 분류되어 이해하는 것에 따른 고층, 고밀의 한계, 대지를 벗어나지 못하고 그 범주에서 설계하게 되므로 평면구성의 한계가 있을 수밖에 없다.

[중정형 하우스]

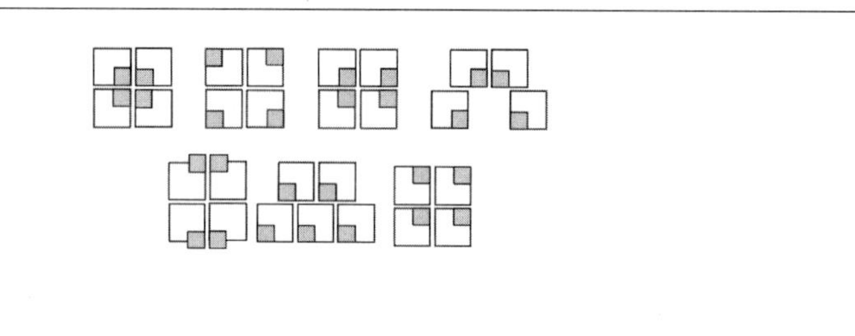

• □ : 주호 건물
• ■ : 중정

③ 타운 하우스(Town house)

㉠ 단독주택의 이점을 최대한으로 살린 형식의 주택이다.

㉡ 인접 가구와의 사이에 경계벽을 두어 주택을 각각으로 구분하여 프라이버시를 확보한 연립주택이다.

㉢ 공간의 구성

• 1층 : 생활공간(거실, 식당, 부엌 등)
• 2층 : 휴식 및 수면공간(침실, 서재 등)

㉣ 특징

• 침실은 발코니를 수반한다.
• 프라이버시 확보를 위한 적정거리는 25m 정도이다.
• 일조 확보를 위한 주동배치는 남향이나 남동향으로 한다.
• 각 호별 주차가 용이하다.
• 주호를 진출 · 후퇴하여 배치함으로 해서 배치가 다양해진다.
• 층의 다양화를 위해서 단지외곽 또는 양 끝세대 동을 1층으로, 중앙부는 3층으로 하는 등의 기법을 사용한다.

④ **로우 하우스**(Row house)

㉠ 토지를 효율적으로 이용한다.

㉡ 공사비를 절감할 수 있다.

㉢ 단독주택에 비해 높은 밀도를 유지하며 공동시설도 배치할 수 있다.

㉣ 도시형 주택의 이상형 주택이다.

㉤ 주거 출입이 홀을 거치지 않고 지면에서 직접 가능하다.

㉥ 2동 이상의 단위주거가 계벽을 공유한다.

㉦ 밀도를 높일 수 있는 저층 주거로 3층 이하로 하나 보통 2층이 일반적이다.

㉧ 경사지의 이용이 가능하다.

㉨ 벽체의 공유로 일조, 채광, 통풍이 단독주택보다 불리하다.

(3) 형태상 분류

① **단층형**(Plat) … 각 호가 한 개층으로 구성된 것이다.

㉠ **장점** : 작은 면적에서도 설계가 가능하여 평면구성의 제약이 적다

㉡ **단점** : 프라이버시의 유지가 어렵고, 각 호의 규모가 커지면 호당 공용부분 면적이 커진다.

② **복층형**(Maisonnette : Duplex : Triplex)

㉠ 각 호가 2개층으로 구성(메조네트, 듀플렉스)되거나, 3개층으로 구성(트리플렉스)된다.

㉡ **징점**

- 엘리베이터의 정지층수가 적어지므로 경제적이다.
- 통로면적이 감소되므로 유효면적이 증대된다.
- 복도가 없는 층은 남·북면의 외기가 원활하여 평면구성이 좋아진다.
- 독립성이 좋아 프라이버시 확보가 좋다.

㉢ **단점**

- 주택 전용면적이 작은 곳은 비경제적이다.
- 복도가 없는 층은 피난에 불리하다.

③ **스킵플로어형**(Skip floor)

㉠ 경사지에서 경사에 따라 단을 지어 층을 구분(반층 높이 차이)하는 형식이다.

㉡ **장점**

- 단위주거의 프라이버시가 확보된다.
- 양면에 개구부를 설치한다.

㉢ **단점** : 각 단위주거에 도달할 때 엘리베이터에서 복도를 거쳐 계단을 통해야 하므로 동선이 길어진다.

[형태상의 분류]

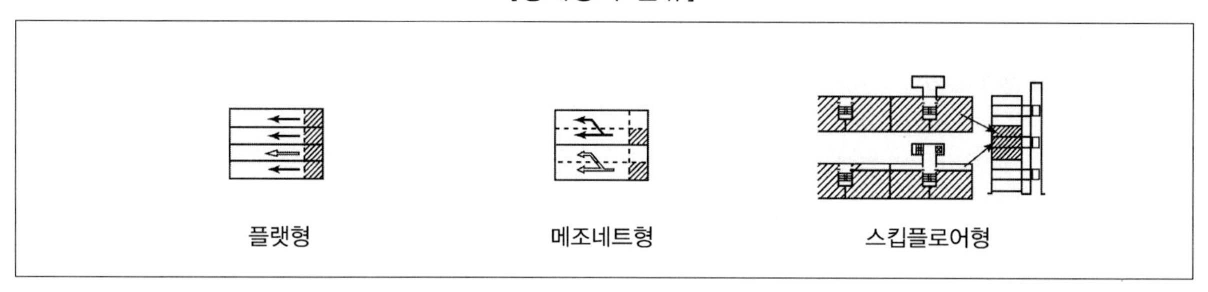

기출예제 01 2012 국가직 (7급)

공동주택의 단면형식 중 메조넷형(maisonett type)에 대한 설명으로 옳은 것은?

① 통로가 없는 층의 평면은 프라이버시가 좋아진다.

② 하나의 주거단위가 같은 층에만 한정되는 형식이다.

③ 프라이버시의 확보, 통로면적이나 피난 계단 등을 설치하기 위한 공간이 필요 없으므로 규모에 제약받지 않는다.

④ 주거단위의 단면을 단층과 복층형의 동일층을 택하지 않고 반층씩 어긋나게 배치하는 형식이다.

*

하나의 주거단위가 같은 층에만 한정되는 형식은 플랫타입이다. 메조넷형은 통로나 피난 계단등을 위한 공간이 필요하다. 반층씩 어긋나게 하면 메조넷이 아니라 스킵형태이다.

② 하나의 주거단위가 같은 층에만 한정되는 형식은 플랫타입이다.

③ 메조넷형은 통로나 피난 계단등을 위한 공간이 필요하다.

④ 반층씩 어긋나게 하면 메조넷이 아니라 스킵형태이다.

답 ①

(4) 주동 형식에 의한 분류

① 탑상형 … 건축 외관의 사면성을 강조한다.

㉠ 장점

- 단지의 설계상 랜드마크(Landmark) 역할을 한다.
- 조망, 경관의 계획이 유리하다.
- 외부공간의 음영부분이 적어서 정원 등의 관리상 이점이 있다.
- 방범, 출입통제 등의 관리상 이점이 있다.

㉡ 단점

- 단위주거의 실내조건이 불균등하다.

② **판상형** … 각 주호의 방향의 균일성이 확보된다.

㉠ **장점**

- 각 단위주거의 균등한 조건으로 조정이 용이하다.
- 건물의 시공이 쉽다.

㉡ **단점**

- 건물의 그림자가 크게 된다.
- 대지의 조망 차단이 우려된다.
- 인동간격에 의해서 배치계획상의 제약을 받는다.

③ **복합형** … 여러가지 형태를 복합한 것으로 H, L형 등 복잡한 형태를 이룬다.

기출예제 02 2009 지방직 (7급)

판상형 아파트와 타워형 아파트 계획에 대한 설명으로 옳지 않은 것은?

① 타워형 아파트는 ㅇ자형, ㅁ자형, ㅅ자형 등 다양한 형태가 가능하며 2개 이상의 면에 발코니를 설치할 수 있는 개방형 설계가 용이하다.
② 판상형 아파트는 거실이 양면으로 개방되어 넓은 조망 및 일조권을 확보할 수 있고 대지 이용률이 높다.
③ 타워형 아파트는 각 가구를 일렬로 길게 배열한 판상형 아파트와는 달리 한 개 층에 서너 가구 정도를 조합하는 방식이다.
④ 타워형 아파트는 판상형 아파트에 비해 부지 활용도 측면에서 유리하고 단지 내의 공간 확보가 쉬운 이점이 있으나 공사비가 많이 들어 분양가가 비싸질 수 있다.

*

판상형 아파트는 거실이 한 면으로 개방되어 있어 단위 주거에 균등한 조건을 줄 수 있다.

답 ②

(5) 코어의 평면상 분류

① **홀형**(계단실형 : Direct access hall system)

㉠ 독립성이 좋아 프라이버시가 양호하다.
㉡ 통행부의 면적이 작으므로 건물의 이용도가 높다.
㉢ 출입이 편하다.
㉣ 채광, 통풍이 좋다.
㉤ 고층아파트일 경우 각 계단실마다 엘리베이터를 설치해야 하므로 설비시설 비용이 많이든다.

② **편복도형**(Side corridor system)

㉠ 프라이버시는 좋지 않지만 고층아파트에 적합한 형식이다.
㉡ 통풍, 채광이 비교적 양호하다.

③ **중복도형**(Middle corridor system)

㉠ 부지의 이용률이 높다.

㉡ 프라이버시, 소음, 채광, 통풍이 취약하다.

④ **집중형**(Core system) … 계단을 중앙에 배치하고 그 주위에 주호를 연계하는 방식이다.

㉠ 대지의 이용률이 높다.

㉡ 많은 주호를 집중시킬 수 있다.

㉢ 복도의 환기를 위해 고도의 설비 시스템이 필요하다.

㉣ 프라이버시가 좋지 않다.

㉤ 통풍, 채광, 환기에 매우 불리하다.

㉥ 고층이 될 경우 구조, 공사비 면은 유리하다.

TIP

스플릿타입(Split Type) … 가위형이라고도 불리우며 한쪽에 침실이 있으면 반대쪽 위쪽에는 거실을 배치한 형식으로 프라이버시상의 문제점을 보완한 방식이다.

[코어의 평면상 분류]

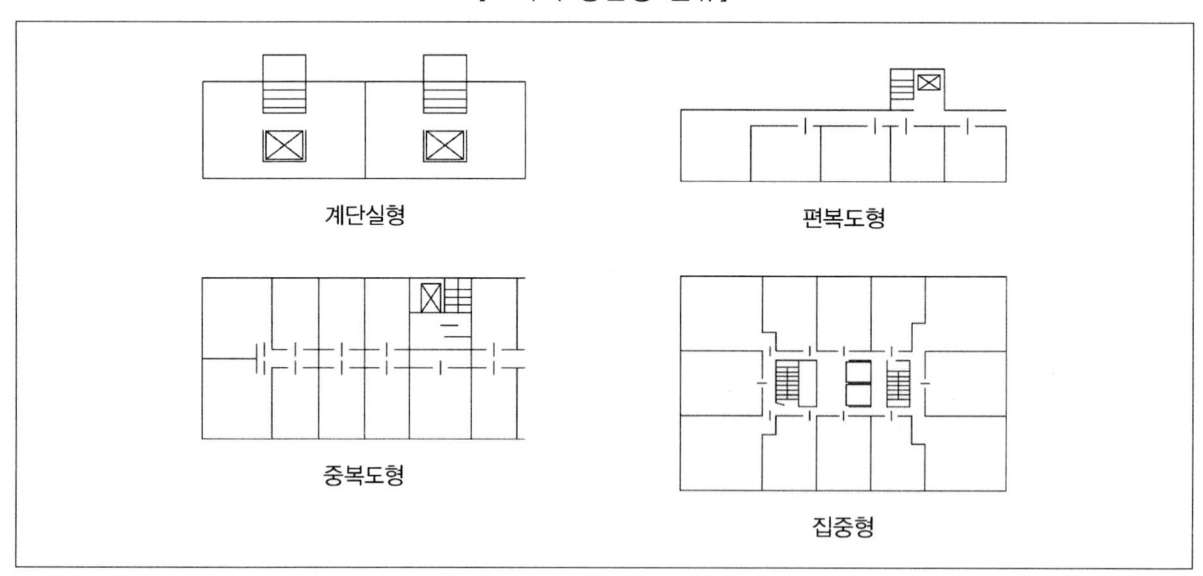

⑤ 평면상 분류에 따른 환경

구분	홀형	편복도형	중복도형	코어형
일조	○	△	×	△
환기	○	△	×	△
경제성	×	△	○	

TIP

가족구성에 따른 적합한 주택유형
㉠ 독신자 : 중복도형, 집중형
㉡ 가족단위
• 저층 : 계단실형
• 고층 : 편복도형

(6) 독신자 아파트

① 호텔에 가까운 아파트의 형식으로서 독신자들을 위한 공동주택이다.

② 일반적으로 중복도식을 적용하여 계획하며 건축주가 적은 비용으로 큰 수익을 얻을 수 있는 고밀도계획을 한다.

③ 단위플랜(각 독신자 전용공간)의 면적은 절약하고 공용의 사교적 부분이 충분히 확보되도록 계획하나 전용공간의 면적에 더 비중을 두기도 한다.

④ 식사는 공용의 식당에서 행해지기도 하나 1인 가구의 증가 추세에 따라 각 실별 취사가 가능한 경우도 많다.

⑤ 욕실은 공동으로 사용하나 개별로 두는 경우도 많다.

(7) 실버타운

① 사회생활에서 은퇴한 고령자들이 집단적 또는 단독적으로 거주가 가능하도록 노인들에게 필요한 주거 및 휴양 · 여가시설, 노인용 병원, 커뮤니티센터 등 서비스 기능을 갖춘 노인주거단지를 말한다.

② 실버타운의 종류는 입지유형에 따라 도시형, 도시근교형, 휴양지형 등으로 구분되며, 주거유형 기준으로 단독주거형, 공동주거형으로도 구분된다.

③ 도시형 실버타운은 도시의 각종 기반시설 이용이 용이하며 도시 내에 거주하는 가족들과 쉽게 교류할 수 있으나 높은 지가 때문에 신규 대지를 확보하기 어렵다.

④ 휴양지형 실버타운은 낮은 지가 때문에 넓은 면적의 대지를 확보할 수 있다.

checkpoint

S.I(Skeleton-Infill) 주택
㉠ 공공성이 강한 구조체(Skeleton)와 개별성이 강한 내장(Infill)을 분리하여 공급하는 방식을 말한다.
㉡ 공동주택에서 수요자의 개별적 요구에 대응하여 개별 주호의 가변성을 확보하기 위한 방법이다.
㉢ 하브라켄(N. J. Habraken) 등이 참여한 단체인 SAR의 지지체(support)와 개별내장(detachable unit) 분리공급 방식의 제안을 기반으로 하고 있다.
㉣ 구조체를 제외한 다른 부분들을 거주자가 원하는 대로 다양하게 계획하고 연출할 수 있는 방식이다.

(8) 쉐어하우스

① 같은 집에서 방은 각자 따로 쓰면서 주방, 거실, 세면실, 화장실 등을 공동으로 사용하는 주거형태를 말한다.

② 임대료 상승에 부담을 느낀 젊은 층들이 다른 사람들과 어울려 살면서 생활비 절약과 정보를 교류하려는 수요가 급증하면서 주목을 받고 있다.

③ 임대료와 생활비를 절약할 수 있고 공동으로 식재료를 구입하거나 공동으로 식사를 만들어 먹을 수 있고 다양한 물품들을 공유할 수 있는 장점이 있는 반면 공동생활의 특성상 프라이버시가 확보되지 못하며 좁은 공간을 공동으로 사용하므로 여러모로 불편하며 서로 다른 활동을 하면서 상호 간섭이 일어나 인간관계에서 불편을 초래할 수 있다.

④ 운영형태에 따라 개인형, 기업형, 공공형, 조합형, 세대융합형 등이 있다

02 공동주택의 계획

❶ 일반계획

(1) 배치계획

① 사회적, 자연적 환경분석

② 소음 및 프라이버시 고려

③ 건물의 연소방지시설 고려

④ 통풍, 일조, 채광에 따른 인동간격 고려

(2) 평면계획

① 블록플랜(Block plan)

㉠ 각 단위플랜이 2면 이상 외기에 접해야 한다(창문이 2면 이상 뚫려야 한다).
㉡ 현관은 계단에서 6m 이내로 멀지 않게 한다.
㉢ 모든 실들의 환경이 균등하게 배치한다.
㉣ 중요한 거실이 모퉁이에 배치되지 않도록 한다.
㉤ 모퉁이에서 다른 가구가 들여다보지 않도록 주의한다.

② 단위플랜(Unit plan)

㉠ 동선이 혼란되지 않도록 단순하게 계획한다.

㉡ 거실에 직접 출입이 가능하도록 한다.

㉢ 침실에는 직접 출입이 가능하도록 한다.

㉣ 각 실에 출입할 때 타 실을 경유하지 않도록 한다.

㉤ 부엌, 식사실은 직결하도록 하고 외부에서 출입할 수 있도록 한다.(안 되는 경우는 인공적으로 만들어 주는 경우도 있다)

㉥ 1인당 4 ~ 6m^2의 규모를 갖도록 한다.

③ 측면(동서간)의 인동간격 결정조건

㉠ 통풍 · 방화(연소방지상)를 위한 거리 확보

㉡ 동지 때 연속 일조 4 ~ 6시간 일조기준(가장 중요 요소이다)

㉢ 소음방지를 위한 적정거리 50m 이상

㉣ 시각 간섭을 피하기 위한 거리 48m 정도(저층에서 시각 간섭이 더 발생할 수 있다)

㉤ 법규적 제한에 의한 것

TIP

건물의 인동간격

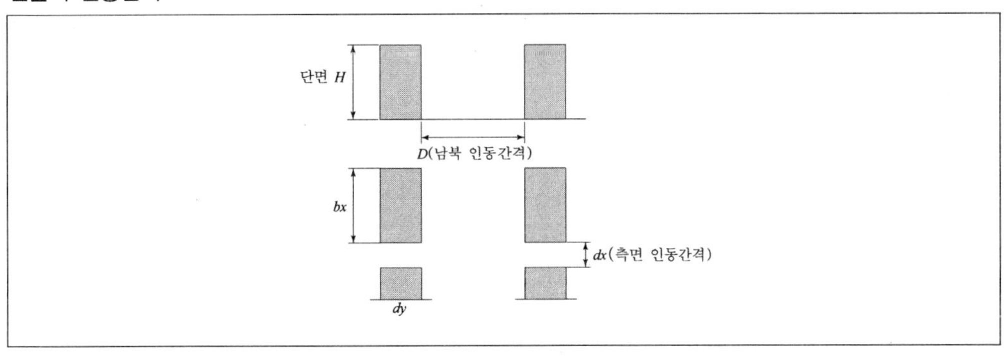

㉠ 1세대 건물 : dx = bx(여기서, dx : 측면 인동간격, bx = 건물길이)

예 1호 10m

1호 $\pm dx = \frac{10}{1} = 10m$

㉡ 2세대 건물 : $dx = 1/2bx$

예 2호 20m

2호 $\pm dx = \frac{20}{2} = 10m$

㉢ 다세대건물 : $dx = 1/5bx$

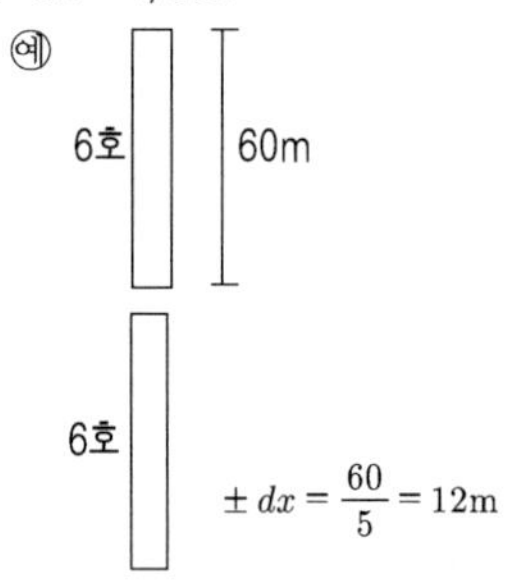

④ 층고의 계획

㉠ 최상층은 열차단을 위해서 10 ~ 20cm 층고를 높이도록 한다.

㉡ 최상층일 경우에 천장 내의 열이 외부에 배출될 수 있도록 고려하여 천장부분에 환기구를 설치한다.

㉢ 거실반자 높이는 최소로 유지한다.

2 각 실의 세부계획

(1) 현관

① 프라이버시상 출입문은 안여닫이로 해야하지만 홀이 좁아지는 것과 피난방향을 생각해서 바깥여닫이로 한다.

② 방화상 철제로 문짝을 설치하도록 한다.

③ 가구 및 짐의 이동, 운반을 고려하여 현관의 유효폭은 85cm 이상으로 한다.

(2) 발코니 · 베란다 · 테라스 · 포치

① **발코니**(Balcony) … 2층 이상의 건물에 거실을 연장시키기 위해 내어 단 공간으로서 거실공간을 연장시키는 개념으로 건축물의 외부로 돌출되게 한 부분이다.

② **베란다**(Veranda) … 건축물의 일부로 1층과 2층의 전용면적 차이로 1층이 2층면적보다 넓어 1층 지붕의 남는 면적을 일광욕 또는 휴식 공간으로 활용하는 곳이다.

③ **테라스**(Terrace) … 정원에 지붕이 없고 건물보다 낮게 만든 대지로서 거실이나 식당으로 바로 연결되는 공간이다. 테이블을 놓거나 어린이들의 놀이터, 일광욕 등을 할 수 있는 장소로 쓰이고, 건물의 안정감이나 정원과의 조화를 위해 만들기도 한다. 일반적으로 지붕이 없고 실내 바닥보다 20cm 정도 낮게 하여 타일이나 벽돌 · 콘크리트 블록 등으로 조성한다.

④ **포치**(Porch) … 건물의 현관이나 출입구의 바깥쪽에 지붕으로 덮여있는 공간으로 비바람을 피해 건물 내부로 들어가거나 방문객이 주인이 나올 때까지 기다리는 목적으로 활용된다.

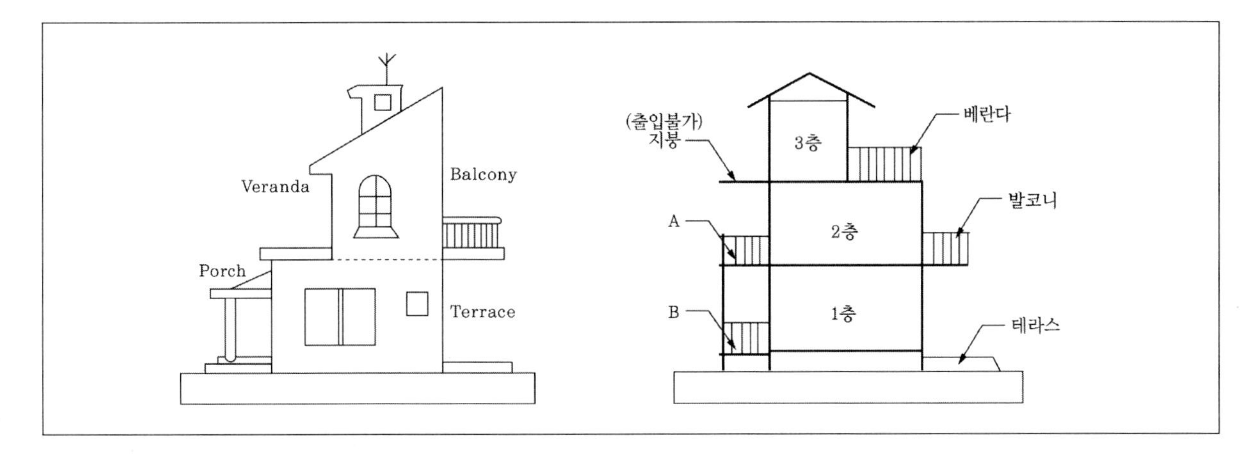

| 기출예제 03 2014 국가직 (7급)

다음 용어는 우리나라에서 흔히 혼용하여 사용하고 있는 외부 공간에 대한 설명이다. 각 용어 본래의 의미에 대한 설명으로 옳지 않은 것은?

① 발코니(Balcony)는 건축물 2층 이상의 외벽 창으로부터 돌출되어 난간으로 둘러싸인 독립적으로 조성된 공간이다.

② 포치(Porch)는 현관문 바로 앞에 사람이나 차가 와서 닿는 곳으로 대개의 경우 건축물과는 별도의 지붕을 갖는 공간으로 필요에 따라 베란다와 연결되어 사용되기도 한다.

③ 테라스(Terrace)는 아래층 건축물의 평지붕이 위층 건축물의 외부공간이 되는 것으로서 다양한 옥외활동 용도로 사용된다.

④ 베란다(Veranda)는 건축물 상부에서 옥외로 돌출되어 실내외가 연결되는 완충공간으로 별도의 지붕은 설치되지 않는다.

*

베란다는 아래층의 바닥면적보다 위층의 바닥면적이 작아서 아래층의 지붕위에 생긴 여유공간을 활용하는 공간이다. 이 공간은 위층의 건축물 바닥면적에서 제외된 공간이므로 이곳에 벽이나 지붕을 설치하여 거실이나 주거 공간으로 활용 하는 것은 불법이다.

답 ④

(3) 거실, 식당, 부엌

① 다이닝키친, 리빙키친 형식이 대개 사용된다.

② 부엌에 면해서 베란다를 설치하도록 한다.

③ 거실 천장의 높이는 2.4m 이상, 최상층은 일반층보다 10 ~ 20cm 정도 높이도록 한다.

(4) 화장실, 욕실

① 화장실은 거실에서 직접 들어가는 것은 피하고 복도나 수세실을 지나 들어가도록 한다.

② 원칙적으로는 욕실과 화장실은 분리시켜야 한다.

③ 욕조의 크기는 폭 80 ~ 90cm, 길이 120 ~ 180cm 정도로 한다.

④ 세대마다의 화장실의 설치가 어려울 경우에는 공동화장실을 설치해야 한다.

(5) 가구수납의 설치

① 외벽에 설치하면 결로로 인해서 가구가 상하므로 내벽에 설치하도록 한다.

② 수납용 침대

㉠ **도어베드**(Door bed)

- 침대에 붙여서 작은 방(보통 화장실)을 설치하고 양 실의 사이를 축으로 해서 180° 회전되는 문을 달아준다.
- 이 문의 배후에는 접는 침대를 달아 낮에는 침대를 접어 문을 180° 회전시키면 작은 방 속으로 들어가도록 하는 것이다.

㉡ **레세스베드**(Recess bed) : 침대를 들어올리면 그대로 벽장 속에 들어가는 것이다.

㉢ **롤러베드**(Roller bed) : 접어서 침대를 세우면 밑에 롤러가 달려 있어 벽장 속에 밀어 넣을 수 있는 것이다.

(6) 복도

① 출입구의 높이는 1.8m 이상으로 한다.

② 기준층의 폭은 1.8 ~ 2.1m 정도로 한다.

③ 피난거리는 내화구조에서는 50m, 비내화구조는 30m로 계획한다.

TIP

복도의 너비

㉠ 복도의 유효너비

구분	양 옆에 거실이 있는 복도	기타의 복도
유치원, 초, 중, 고등학교	2.4m 이상	1.8m 이상
공동주택, 오피스텔	1.8m 이상	1.2m 이상
당해 층 거실의 바닥면적 합계가 200m² 이상인 경우	1.5m 이상(의료시설의 복도는 1.8m)	1.8m 이상

㉡ 공연장, 집회장 등의 관람석 또는 집회실의 복도 너비

- 당해층의 바닥면적의 합계가 500m² 이상 : 1.5m 이상
- 당해층의 바닥면적의 합계가 500m² 이상 1000m² 미만 : 1.8m 이상
- 당해층의 바닥면적의 합계가 1000m² 이상 : 2.4m 이상

(7) 계단

① 단 높이는 18cm, 단 너비는 27 ~ 30cm, 물매는 30° 이하, 계단폭은 1.8 ~ 2.1m로 한다.(법규상 단 높이는 20cm 이하, 단 너비는 24cm 이상이다)

② 계단참은 3m 이상의 높이인 경우에 3m 이내마다 1개소씩 설치하도록 한다.

③ 1층에 주거를 만들 때에는 입구의 높이를 보통 0.5m 이상으로 한다.

TIP

주택건설기준 등에 관한 규정

계단의 종류	유효폭	단 높이	단 너비
공동으로 사용하는 계단	1.8m 이상	18cm 이하	26cm 이상
건축물의 옥외계단	0.9m 이상	20cm 이하	24cm 이상

(8) 엘리베이터

① 6층 이상(고층)일 때 설치한다.

② 배치는 홀형일 경우 홀에 배치하고 복도형일 경우에는 단위플랜에서 30 ~ 40m 이내에 설치하도록 한다.

③ 엘리베이터의 조정방식으로는 수동식, 자동식, 신호식이 있다.

④ 엘리베이터의 수 산출조건

㉠ 2층 이상 거주자의 30%를 15분간 한방향 수송이 가능해야 한다.

㉡ 1인이 승강기 탑승에 필요로 하는 시간은 문의 개폐시간을 포함해서 6초로 본다.

㉢ 평균 대기시간을 10초로 본다.

㉣ 전속도의 80%를 실제 주행속도로 한다.

㉤ 정원의 80%를 수용인원으로 한다.

㉥ 엘리베이터 1대당 50 ~ 100호가 적당하다.

㉦ 10인승 정도의 소규모가 적당하다.

㉧ 엘리베이터의 속도는 경제적인 면에서는 저속(50m/min)으로 하나 능률적인 면에서는 중속(70 ~ 100m/min)으로 한다.

㉨ 엘리베이터의 박스는 세로 길이를 깊게 해서 화물이 들어가기 쉽도록 한다.(피아노를 똑바로 세울 수 있을 정도)

(9) 더스트슈트(Dust chute)

① 복도, 계단창 등에 설치하고 북쪽방향으로 한다.

② 크기

㉠ 2 ~ 3층 : 40cm×40cm
㉡ 4 ~ 6층 : 50cm×50cm
㉢ 7 ~ 9층 : 60cm×60cm

(10) 채광 및 기타 설비

① **채광** … 채광을 위한 개구부의 크기는 거실 바닥면적의 1/10이상이다.

② 급배수

㉠ **급수량** : 1일 1인 100l량 표준(50 ~ 200l)
㉡ **배수량** : 1인 1시간 165l/hr

③ 난방

㉠ **저층** : 85 ~ 90℃의 보통온수난방
㉡ **고층** : 100 ~ 150℃의 고온수난방

④ **환기** … 환기를 위한 유효면적은 그 거실의 바닥면적에 대해서 $\frac{1}{20}$ 이상이 좋다.

⑤ 파이프 샤프트

㉠ 급배수, 냉 · 난방, 급탕가스 등 배관과 전기, 전화선은 별도로 해야 한다.
㉡ 만약 같은 곳에 두게 될 경우에는 30cm 이상 간격을 띄어야 한다.

⑥ **리프트**(Lift) … 저층에서 고층으로 잡화 · 식료품 등을 운반하는 시설로 적재량 110kg까지만 허용한다.

㉠ **전동식** : 3층 이상
㉡ **수동식** : 3층 이하

❸ 단지계획

(1) 개요

① 기후, 구조물, 생활권 등의 세부적인 조직체계를 이루도록 하는 것이다.

② 인간이 생활하는데 있어서 불편함이 없도록 모든 환경과 물리적으로 연계시키는 것이다.

③ 건축에서부터 조경, 토목에 이르기까지 경제영역에 속한다.

④ 대형건축물, 즉 쇼핑센터, 극장, 공공시설 등과 같은 건물을 지을 때 항상 요구되는 조건이다.

(2) 단지계획론

① 전원도시이론

㉠ 전원도시(가든시티, Garden City)의 등장

- 1898년에 영국의 에버니저 하워드 경이 제창한 도시 계획 방안으로서 "전원 속에 건설된 도시"라는 뜻이다. 영국 산업혁명의 결과로 도시들이 걷잡을 수 없이 팽창했으며 슬럼이 생겨나고 생활환경이 매우 조악해졌다. 사회일각에서 이를 우려하여 도시관리 및 계획에 대해 새롭게 생각하기 시작했다. 이에 에버네저 하워드는 그의 여러 저서를 통해 새로운 도시개념을 피력하였고 이를 전원도시(가든시티)라고 칭하였다.
- 그는 전원(농경지)로 둘러싸이고 산업체가 있으며 철도 등 교통시설이 설치되고 독립적인 행정기관과 교육시설, 문화시설을 두어 대도시에 의존하지 않아도 생존이 가능한 곳을 만들고자 하였다.
- 이러한 전원도시는 자급자족 기능을 갖춘 계획도시로써, 주변에는 그린 벨트로 둘러싸여 있고 주거, 산업, 농업 기능이 균형을 갖추도록 하였다.
- 영국 레치워스, 웰린 등에 가든시티가 건설되었으나 본래 의도대로 완전 자급자족을 하는데는 성공하지 못하고 런던에 의존해야만 하는 한계를 드러내었다.
- 이 개념은 그 당시 매우 큰 반향을 일으켜 영국 근교의 신도시나 위성도시들을 낳게 하였으며 독일 등의 유럽국가 뿐만 아니라 미국, 호주, 뉴질랜드까지 널리 전파가 되었다. (실질적으로 20세기의 도시개발 개념을 지배하였고 오늘날의 녹색도시, 생태도시 등의 개념으로 이어져오고 있다.)
- 이 개념은 하워드 이전에도 존재했으나 하워드는 개념 도출에서 머물지 않고 새로운 도시 유형을 구체적인 형상으로 창출하였다.

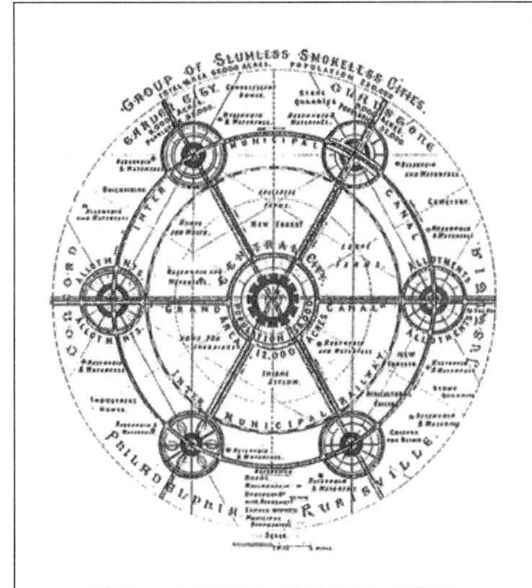

하워드가 창안한 전원주택 계획안

- 작은 전원도시 6개를 원형으로 둘러싸는 형태로 배치하여 인구팽창을 방지하고자 하였다.
- 도시의 물리적 확장을 제한하고자 외곽에 농업용토지를 배치하였다.
- 중심부에는 중앙공원을 배치하고 이 공원에서 방사선으로 뻗은 도로와 도넛형태의 가로수길을 따라서 주택과 정원이 들어서 있다.

㉡ 전원도시의 핵심원칙

• 인구는 3~5만명 정도이며 시가지에 32,000명으로 인구를 제한하고 이를 초과할 경우 별도의 전원도시를 조성하는 방식이다. (규모가 커지게 되면 도시의 건강도 공동체의 맥락도 유지할 수 없다고 보았기 때문이다.)
• 공공단체에 의한 토지의 위탁관리로 토지의 사유제한(토지를 공유함)이 이루어진다.
• 중심에 400ha의 시가지와 주변에 2,000ha의 영구농지를 두어 도시와 농촌이 결합하고 도시가 규모이상으로 확산되는 것을 방지하였다.
• 시청, 미술관, 병원 등을 중심부에 배치하고 동심원상으로 상업지, 주택지, 공업지 등을 배치하여 자족성을 유지하였다.
• 개발이익의 사회환원(정해진 성장한계에 달할 때까지 도시의 번영과 성장으로 생기는 불로소득을 커뮤니티를 위해 유보)이 이루어진다.
• 고밀도심 형태와 교외지역에 분산된 저원도시계획은 오늘날 세계각국에서 볼 수 있는 대도시권역의 모습이다.

② 근린주구이론

㉠ 근린주구는 1929년 페리에 의해 제시된 개념으로서 적절한 도시 계획에 의하여 거주자의 문화적인 일상생활과 사회적 생활을 확보할 수 있는 이상적 주택지의 단위를 말한다. 근대적 근린주구의 개념은 C. A. Perry(1929)에 의해 확립되었으며, 이후 L. Mumford, Le Corbusier, C. Stein, F. L. Wright 등에 의해 보편화되었다. 페리(C.A.Perry)는 근린주구단위의 설계에 있어 다음과 같은 여섯 가지 원칙을 제시하였다.

• 규모는 초등학교 하나를 유치할 수 있는 정도가 되어야 하며 초등학교를 중심으로 하여 점포, 녹지 등의 시설을 갖추고 있다.
• 간선도로가 경계가 되며 통과교통은 근린주구 안으로 들어오지 못하고 우회한다.
• 오픈스페이스는 전체 면적의 10% 정도를 차지한다.
• 학교와 기타 공공시설은 근린주구단위의 중앙에 위치한다.
• 상점은 근린주구의 주변부나 상업기회가 가장 큰 간선도로의 교차점에 위치하는 것이 좋다.
• 내부의 가로체계는 교통량의 비중에 맞는 다양한 위계를 갖고 있어야 한다.

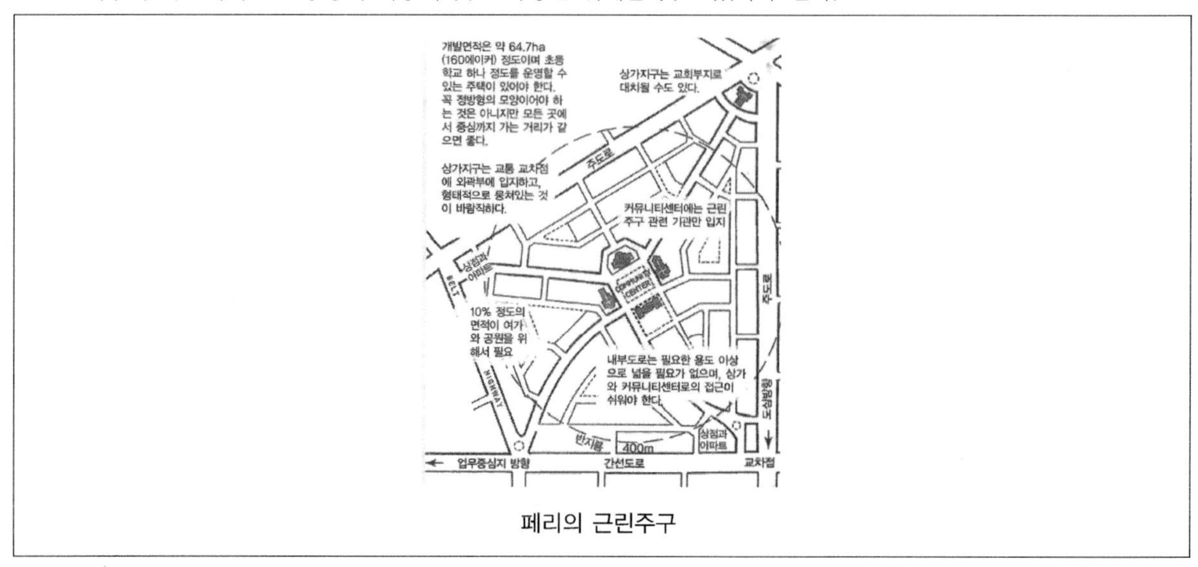

페리의 근린주구

TIP

페리는 평범한 사회학자였다가 계획가로 성공한 독특한 인물이었다. 뉴욕에 본부를 둔 러셀재단에서 25년가량을 지역사회 계획가로 활동을 하다가 1차 집단의 친밀감이 사회적 공동체의 형성에 매우 중요하다는 사실을 인식하고, 근린주구이론을 제안하였다.

TIP

부동산 용어사전에 의하면 근린주구는 주민생활에 필요한 공공시설의 기준을 마련하고자 초등학교 도보권을 기준으로 설정된 단위주거구역이다.

ⓛ 근린주구의 특성

- 근접성 : 근접이란 개인간, 집단간의 물리적거리로서 이웃집단의 규모를 결정할 수 있다. 근린주구는 사무실, 교회, 가정, 학교, 병원, 도로, 인도, 차고, 공원, 공중전화박스, 놀이터, 조깅코스, 옥외카페 등의 공간들로 구성되어 있는데, 거주인들은 이러한 공간을 자주 이용하게 되고 이와 같은 이웃공간들은 사용자들의 접근성을 적극 유도하게 한다.
- 장소성 : 주거지역에서 장소의 정립은 주거지역 내부의 어떤 물리적 환경과 특정한 집단간의 적정한 수용성을 통해 반복적으로 사용된 사회적 의미를 내포한 유효한 환경으로 인식된다. 즉 환경의 질은 사회적 행위의 반복적으로 강화되며 장소로써 인식된다.
- 영역성 : 이웃 집단에 대한 영역적분류는 근본적으로 거주지와 거주인들에게 주안점이 있으며, 이는 공간적 형태에 따른 거주자의 사회적 행위의 차이에 의한 것이다.
- 방어성 : 장소성이 성립된 주거지역에서는 구성원들간의 사회적 행위가 외부인에 대해서 배타적이며, 감시의 범위를 증가시키고 명확한 경계를 두기 위해 담장세우기, 표시판 등을 세워 조절한다.

TIP

근린주구의 비판

무엇보다 페리가 제시한 근린주구의 골자는 물적계획 측면에서 보행자의 안전과 환경의 보전, 사회계획적 측면에서 커뮤니티에 의한 사회적 교류 도모에 있다. 그러나 페리의 근린주구론에 대하여 논란이 없는 것은 아니다. 근린생활권의 적정규모에 대한 의혹, 자족 생활권에 대한 불가론과 비판, 학교라는 근린생활권의 구심점에 대한 부정적 견해, 근린주구가 오히려 계층간,인종간 분리를 유도한다는 비판, 유기체적인 도시성장의 관점에서 신축성의 결여, 도시적 특성이나 문화적 차이, 다양한 사회활동의 무시 등 다양하다.

③ 래드번(Radburn) 계획

㉠ 근린주구개념을 가장 잘 이용한 대표적 사례로서 뉴저지에 개발된 래드번 주택단지를 들 수 있다.

ⓛ 래드번은 H.Wright(라이트)와 C.Stein(스타인)에 의해 제시된 시스템이었는데, 12~20ha의 대가구(super-block)를 채택하여 격자형 도로가 가지는 도로율 증가, 통과교통 및 단조로운 외부공간형성을 방지하였다.

㉢ Radburn 계획에서 제시한 기본원리는 다음과 같다.

- 자동차 통과도로의 배제를 위한 대가구(super-block)의 구성
- 기능에 따른 4가지 종류의 도로 구분
- 보행자 도로체계의 형성 및 입체적 보차분리

- 쿨데삭(cul-de-sac)형의 세가로망 구성
- 주택단지 어디로나 통할 수 있는 공동의 오픈 스페이스 조성
- 단지 중앙에 대공원 조성
- 초등학교 800m, 중학교 1,600m 반경권

㉣ Radburn계획은 일반적인 주거지 계획안에서 볼 수 있는 골목길을 보행자를 위한 녹지체계로 바꾸었으며, 주거로의 접근기능과 서비스기능이 혼재되어 있는 당시의 도로체계를 단일기능의 도로체계로 바꾸는 등 혁신적인 내용을 포함하고 있어 후대의 계획가들에게 상당한 영향을 미쳤다.

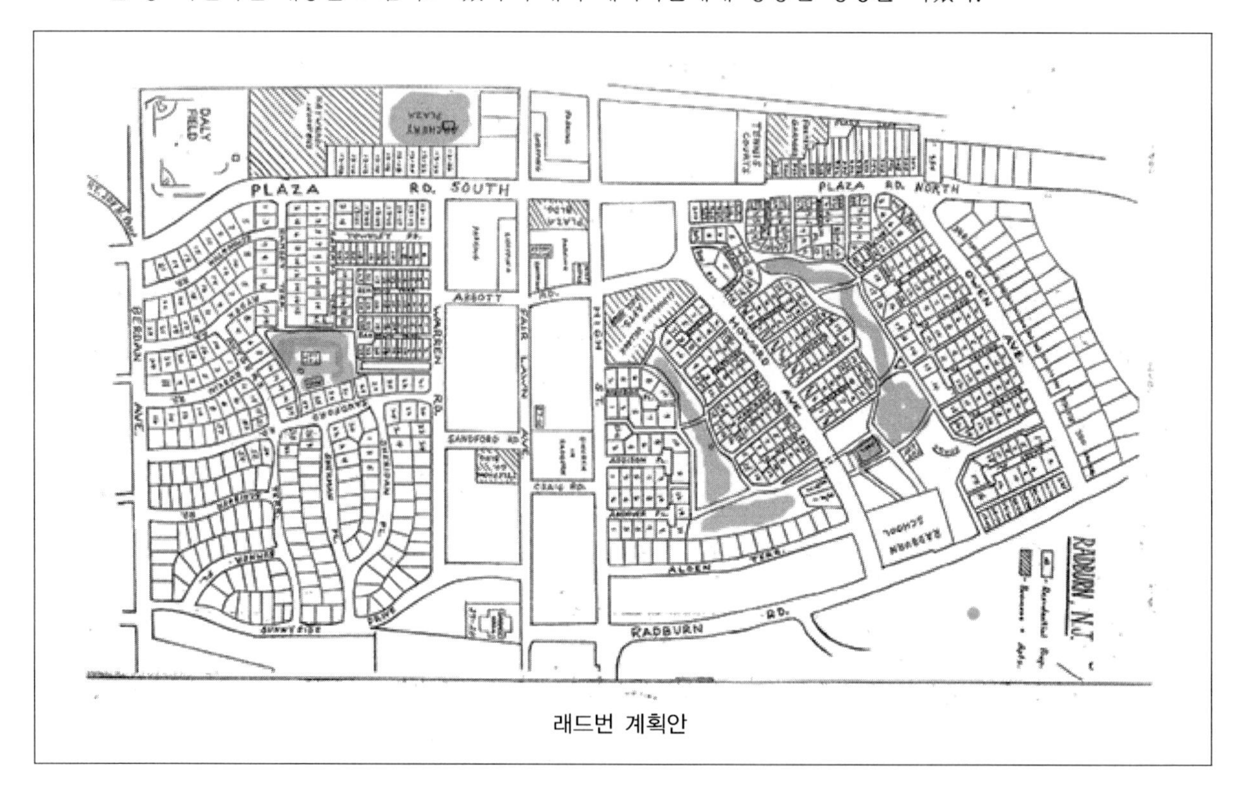

래드번 계획안

TIP

쿨데삭(Cul-de-Sac)

- 래드번 계획에서 시도된 것으로 주택 단지 내에 설계되는 도로의 한 유형으로서 막다른 길로 하여금 끝에서 자동차가 회차할 수 있는 공간을 준 형식의 도로이다.
- 통과교통 및 외부의 차단, 보차분리, 자유로운 보행로 배치 등의 효과가 있으며 부정형 대지에 적용이 용이하다.

④ 근린주구론에 대한 비판

㉠ 도시인의 기본동기인 새로운 접촉, 경제적 기회, 익명성 무시

㉡ 근린주구 규모는 자족적 주거단지를 형성하기에는 너무 작음.

㉢ 시대에 다소 뒤떨어지는 개념
㉣ 계층 간, 인종 간 분리를 조장
㉤ 초등학교를 중심으로 계획기준이 설정되어 있어 상호복합적인 활동이 이루어지기에는 부적합
㉥ 다소 농가적인 생활을 배경으로 하고 있다.
㉦ Open Community이론은 근린주구이론을 비판한 이론이다.

⑤ 뉴어바니즘

㉠ **정의** : 무분별한 도시의 팽창, 난개발 등에 문제의식을 가진 미국 건축가들이 시작한 도시개발운동으로, '신도심주의'로 번역된다. 이는 1980년대 미국에서 무분별한 도시 확산으로 인한 문제점들을 해결하기 위한 대안적 도시개발 방법으로 대두된 것이다. 이후 1993년 10월 미국 버지니아 주 알렉산드리아 시에서 건축가, 도시계획 전문가, 부동산 개발업자 등 170여 명이 모여 도심황폐화 문제를 논의한 뒤 뉴어바니즘협회를 출범시켰다.

㉡ **뉴어바니즘의 등장 배경** : 근린주구는 다음과 같은 몇 가지 문제점을 안고 있었고 이러한 문제점에 대한 비판으로 근린주구에 대한 새로운 접근을 요구하게 되었고, 1980년대부터 뉴어바니즘 운동과 같은 새로운 접근이 이루어지게 되었다.

- 근린주구 단위는 교통량이 많은 간선도로에 의해 구획됨으로써 도시 안의 섬이 되었고, 이로써 가정의 욕구는 만족되었지만 고용의 기회가 줄어들게 되었다.
- 사회적 활동의 중심은 상점이 위치한 간선도로의 교차점이나 주변부가 될 가능성이 높지만 넓은 가로로 단절되어 중심기능역할을 하기가 어려웠으며 연령구조의 변화로 초등학교가 폐교가 될 수도 있는 한계가 있었다.
- 근린주구계획은 초등학교에 초점을 맞추는데, 학교는 사회작업 단위로 지나치게 큰 규격을 가질 수 있고, 다른 것들은 상대적으로 너무 작은 크기를 가지게 될 수도 있었다. 대부분의 사회적 상호작용이 어린 학생으로부터 유발된 친근감을 통하여 시작된다는 점도 명확하지가 않았다.
- 미국에서 발달한 근린주구계획은 커뮤니티형성을 위하여 비슷한 계층을 집합시키는 계획이 이루어짐으로써 인종적 분리, 소득계층의 분리를 가져와 지역사회 형성에 오히려 방해가 되기도 하였다.
- 대량공급시대에 채택된 근린주구이론이 보편화 또는 표준화됨으로써 지역적 특수성을 고려하지 못하여 주택단지에 일반적으로 적용됨으로써 획일적 공간을 만들었다.
- 근린주구가 추구하는 근린기능의 강화와 이로 인한 커뮤니티형성은 다양한 사회적 변화에 제대로 적응하기 어려운 상황에 이르게 되어버렸다.

㉢ **뉴어바니즘의 특징**

- 기존의 어바니즘이 제2차 세계대전 이후의 도시문화(교외화라는 패러다임)가 현대 도시문제의 시작이라는 관점이다.
- 이들의 대안은 제2차 세계대전 이전의 전통근린주구를 기초로 하고 이에 따라 도시중심을 복원하고 확산하는 교외를 재구성하여 도시의 커뮤니티, 경제, 환경을 통합적으로 고려하고 계획하고자 하였다.
- 계획기법으로는 전통적 근린개발과 대중교통중심적 개발 등이 있으며 페더, 아담스, 루이스, 독시아디스, 르코르뷔지에 등 수많은 도시건축계획가들에게 영향을 미쳤다.

	기존 개발 방식	뉴어바니즘
도로/가로망	• 자동차 위주의 도로망 • 보도가 없음 • 쿨데삭 • 왕복 4차선 • 노상주차금지	• 격자형 도로망 • 보행동선으로 모두 연결 • 복도가 넓고 차도가 좁음 • 잔디공원은 주택의 이면 • 노상주차
대중교통	• 저밀로 인한 대중교통수요 미미 • 노선선정곤란(쿨데삭)	• 대중교통 이용편리 • 정류장 접근성 좋음
주택	• 대부분의 주택이 동일 • 건축선 후퇴, 잔디정원소유 • 큰 주차건물이 파사드 결정	• 주거형태, 가격, 소유 다양 • 주택이 도로전면에 인접 • 좁은 통로로 우면배치
쇼핑/근린생활	• 주거지역 내 타용도 배제 • 대규모 쇼핑센터 이용	• 중심가로에서 생활 • 주택에서 도보거리 내 편의시설위치
공공영역	• 광역적 중심에 대규모 • 뒤뜰이 커뮤니티 교류장 • 익명성	• 중심건물 존재 • 주택정문과 학교, 공원, 놀이터연결 • 이웃간의 친밀성

ⓡ **전통적 근린개발 방식**(Traditional Neighborhood Development)

- 20세기 초의 커뮤니티에 근거한 새로운 개발방식으로, 주택군과 업무지역, 쇼핑센터를 격자형 내부도로를 통해 연결하였다. 또한 건물의 크기와 건축적설계에 의해 군집을 형성하면서 동시에 다양한 연령, 사회경력, 기능을 수용할 수 있도록 하였다. 커뮤니티는 보행으로 쉽게 다닐 수 있는 면적으로 규모를 제한하였다. TND의 설계적 특징을 살펴보면 다음과 같다.
- 근린주구는 자치제로 운영되며 근린주구에는 광장. 공원 또는 사람이 많이 모이거나 장소성이 있는 교차로 등의 중심이 있어야 하며 (정류장은 이 곳에 위치해 있다.) 대부분의 주거지는 중심에서 도보로 5분 이내에 있다. 평균거리는 400m 정도이다. 또한 근린주구의 경계부에는 상점과 오피스가 있다.
- 근린주구 내 주거형태는 젊은이와 노인, 독신자와 가족, 저소득층과 고소득층 모두가 함께 살 수 있도록 단독주택, 저층주택, 아파트 등 다양해야 하며 각 주택의 뒷마당에는 작은 보조건물의 건축을 허용한다.
- 통학거리가 1.6km를 넘지않는 범위 내에서 어린이들이 초등학교까지 도보로 통학할 수 있어야 하며 거주지에서 가까운 거리에 작은 운동장이 있어야 하고, 이 거리는 200m를 넘어서는 안 된다.
- 근린주구 내 도로는 격자형으로 연계되어 교통혼잡을 분산시키되 도로의 폭은 비교적 좁고, 도로변에 나무가 그늘지어져 차량의 속도를 줄이고, 보행과 자전거이용에 편한 환경을 조성해야 한다. 또한 주차는 소로를 통해 건물의 뒷면으로 한다.
- 근린주구의 중심건물은 장소성을 증진시키기 위하여 도로에 인접해 있으며 장소성이 있는 공간은 주민의 공공용도로 활용해야 하고, 건물은 도로의 끝 부분에 위치하거나 근린주구의 중심에 위치해야 한다.

㉤ **대중교통중심적 개발**(Transit Oriented Development)

- TOD는 PP(Pedestrian Pocket)라고도 하며, TND에 비하면 광역적 차원의 계획이다. 경전철, 버스와 같은 대중교통수단의 결절점을 중심으로 근린주구간 광역교통계획을 제시한다.
- 공지를 개발하거나 기존의 건물을 재건축함으로써 교외지역을 균형있게 개발한다.
- 이러한 개발방식은 다양한 주거형태를 제공하고, 보행, 자전거, 대중교통의 이용기회를 제공함으로써 자동차 통행을 줄이는 것을 목적으로 한다. TOD는 자족성, 새로운 커뮤니티 건설을 통한 근린의 확장에서 하워드의 전원도시론과 공통점이 있다.

㉥ **도시계획가 이론**

- 페더 : 일(day)중심, 주(week) 중심, 월(month) 중심의 단계별 일상생활권의 개념을 확립하였으며 단계적인 일상생활권을 바탕으로 자급자족적 소도시를 구상하였다. 새로운 도시론에서 독일의 여러 도시의 상세한 통계적 분석과 2만명의 인구를 갖는 자급자족적 소도시를 구상하였다.
- 아담스 : 소주택의 근린지 제안 및 중심시설은 공공시설과 상업시설이 위치한다고 하며 중심시설은 공민관과 상업시설이다.
- 루이스 : 현대도시계획안을 제시하였고 어린이의 최대 통학거리를 1km로 산정하였다.
- 독시아디스 : 인간정주에 관한 사회이론을 제시하였으며 인간, 사회, 기능, 자연, 덮개를 주요하게 다루었다.
- 르 꼬르뷔제 : 아테네 헌장에서의 도시 4대 기능(여가, 주거, 근로, 교통)을 중심으로 도시계획에 관한 이론을 제시하였다.

기출예제 04 2019 국가직

근린주구 이론에 대한 설명으로 옳지 않은 것은?

① 페리(Clarence Perry)는 뉴욕 및 그 주변지역계획에서 일조문제와 인동간격의 이론적 고찰을 통해 근린주구이론을 정리하였다.
② 라이트(Henry Wright)와 스타인(Clarence Stein)은 보행자와 자동차 교통의 분리를 특징으로 하는 래드번(Radburn)을 설계하였다.
③ 아담스(Thomas Adams)는 새로운 도시를 발표하여 단계적인 생활권을 바탕으로 도시를 조직적으로 구성하고자 하였다.
④ 하워드(Ebenezer Howard)는 도시와 농촌의 장점을 결합한 전원도시 계획안을 발표하고, 내일의 전원도시 를 출간하였다.

✱

〈새로운 도시〉를 발표한 인물은 페더(G. Feder)이다. 〈새로운 도시〉는 독일 여러 도시의 상세한 통계적 분석과 인구 20,000명을 갖는 자급자족적인 소도시를 지구단계 구성에 의해 만들어내는 연구논문(소도시론)이다.

답 ③

⑥ **도시 이미지** … 케빈린치의 도시 이미지를 구성하는 5가지의 물리적인 요소는 다음과 같다.

㉠ PATH(통로) : 관찰자가 다니거나 다닐 가능성이 있는 도로, 철도, 운하 등의 통로를 말하며 Image ability에 미치는 영향은 연속성과 방향성을 제시한다.

㉡ Edges(연변) : 한 지역을 다른 부분으로부터 분리시키고 있는 장벽 또는 하천이나 바다의 파도가 닿는 곳 등 주 지역을 서로 관련시키는 이음매와 같은 곳을 말한다.

㉢ District(지역, 지구) : 2차원적인 비교적 큰 넓이를 갖는 도시지역으로 어느 공통된 용도나 특징이 다른 지역과 명확하게 구별되어야 한다.

㉣ Nodes(결절점) : 시가지 내의 중요한 지점이나 통로의 접합점들과 같이 특징 있는 공간구성요소들이 집중되는 초점이다.

㉤ Landmark(랜드마크) : 주위의 경관 속에서 눈에 띄는 특수성을 갖는 곳을 말한다.

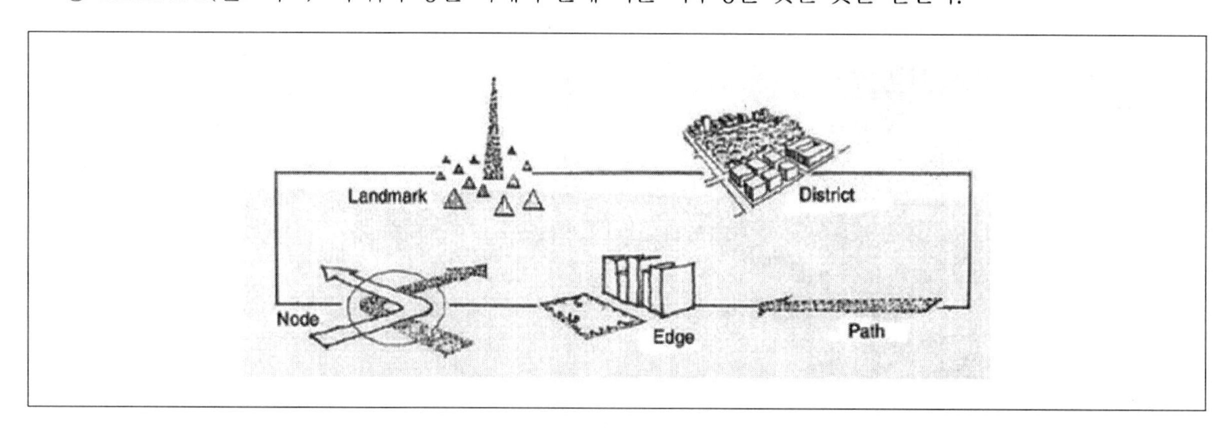

TIP

메세츄세츠공과대학(MIT)의 도시계획 전공교수인 케빈린취는 1966년 '도시의 이미지(The Image of City)'라는 독특한 도시론을 발표한 것으로 유명하다. 그는 도시란 사람들의 마음에 그려지는 이미지라고 말하고, 마음에 그려 넣는 능력을 이미지능력(Image abillity)라고 이름지으면서 이것을 높이는 일이야 말로 아름답고 즐거운 환경을 위한 요건이라고 말했다. 또한 도시적 스케일을 갖는 시각적 형태를 해석해서 도시설계에 설득력있는 원칙을 만들어 적용하고자 하였다.

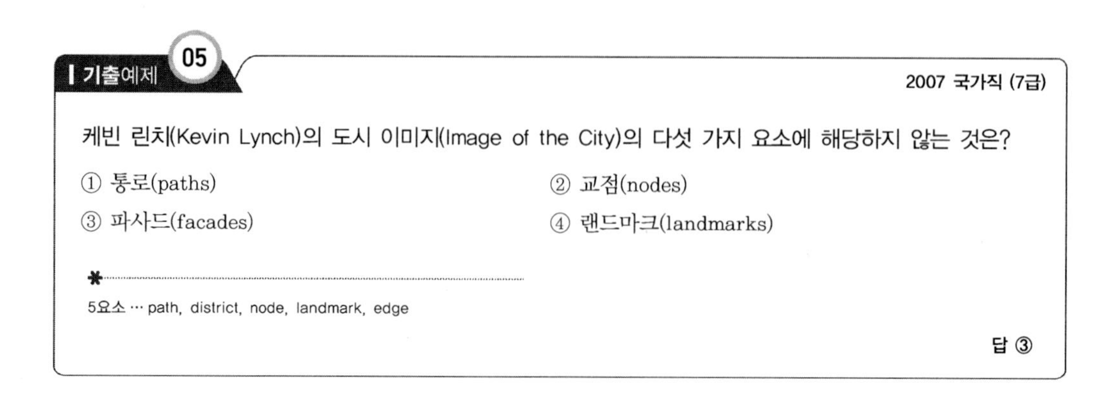

기출예제 05 2007 국가직 (7급)

케빈 린치(Kevin Lynch)의 도시 이미지(Image of the City)의 다섯 가지 요소에 해당하지 않는 것은?

① 통로(paths) ② 교점(nodes)

③ 파사드(facades) ④ 랜드마크(landmarks)

✱

5요소 … path, district, node, landmark, edge

답 ③

(3) 인보구, 근린분구, 근린주구, 근린지구

① **인보구** … 이웃에 살기 때문이라는 이유만으로 가까운 친분관계를 유지하는 공간적 범위이며 반경 100m정도를 기준으로 하는 가장 작은 생활권 단위로서 어린이 놀이터, 구멍가게 등이 있다.

② **근린분구** … 주민간에 면식이 가능한 최소 단위의 생활권이라 할 수 있고, 진입로, 오픈 스페이스 등을 공유하고 보행권의 설정 기준이 된다.

③ **근린주구** … 보행으로 중심부와 연결이 가능하며 초등학교, 상가 등의 공동서비스시설을 공유하는 규모로서 주민 간의 동질성이 강조된다.

구분	인보구	근린분구	근린주구	근린지구
규모	0.5~2.5ha (최대 6ha)	15~25ha	100ha	400ha
반경	100m전후	150~250m	400~500m	1000m
가구수	20~40호	400~500호	1600~2000호	20000호
인구	100~200명	2000~2500명	8000~10000명	100000명
중심시설	유아놀이터, 어린이놀이터, 구멍가게, 공동세탁장 등	유치원, 어린이공원, 근린상점(잡화, 음식점, 쌀가게 등), 미용소, 진료소, 노인정, 독서실, 파출소, 버스정거장 등	초등학교, 도서관, 동사무소, 우체국, 소방서, 병원, 근린상가, 운동장 등	도시생활의 대부분의 시설
상호관계	친분유지의 최소단위	주민 간 면식이 가능한 최소생활권	보행으로 중심부와 연결이 가능한 범위이자 도시계획종합계획에 따른 최소단위	

인보구

근린분구

500m
분구중심
근린주구 중심
1000m

근린주구

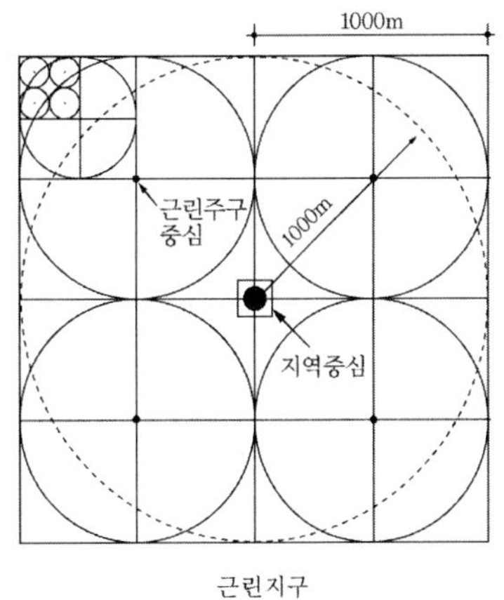

근린지구

| 기출예제 06

2010 국가직

근린주구 및 집합주거단지계획에 관한 설명으로 가장 옳지 않은 것은?

① 단지 내 전 면적에 대한 인구밀도를 총 밀도라고 하며, 단지 내 주택건축용지에 관한 인구밀도를 호수밀도라 한다.

② 페리(C.A.Perry)의 근린주구이론은 일반적으로 초등학교 한 곳을 필요로 하는 인구가 적당하며, 지역의 반지름이 약 400미터인 단위를 잡고 있다.

③ 근린주구 생활권의 주택지의 단위로는 인보구(隣保區), 근린분구(近隣分區), 근린주구(近隣住區)가 있다.

④ 공동주택의 16층 이상 또는 지하 3층 이하의 층으로부터 피난층 또는 지상으로 통하는 직통계단은 특별피난계단으로 한다.

✱

총밀도는 모든 용도의 토지를 합산한 단지 내 전 면적을 대상으로 한 밀도이며 순밀도는 주택건설에 사용되는 주택건설용지만을 대상으로 선정한 밀도이다.

답 ①

④ 도시주택의 배치

배치 방법상 분류	인구밀도	규모
중심부	500인/ha	• 철근 콘크리트조 고층건물 • 상업지구의 고층아파트 • 고층부 : 공동주택 • 저층부 : 상점, 사무실
중심부의 외주부	300~400인/ha	• 중층 정도의 철근콘크리트조 • 콘크리트블록조인 집단지주택
외주부	200인/ha	• 저층아파트, 연립주택
교외	50~100인/ha	• 단독주택(목조, 벽돌조, 블록조)

TIP

슬럼지

㉠ 600인/ha 이상 밀집된 곳

㉡ 불량지역으로 변화되는 곳

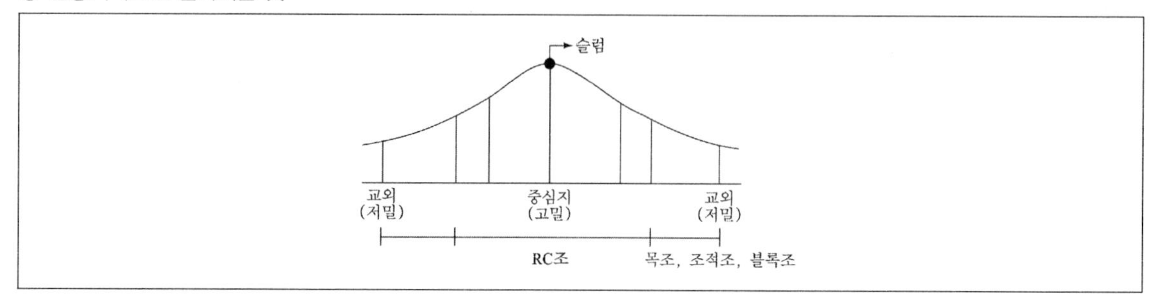

| 기출예제 07 2007 국가직 (7급)

집합주거단지의 계획에 관한 설명으로 가장 옳지 않은 것은?

① 대규모 단지계획에서는 획일성을 피할 수 있도록 주거형식을 혼합하도록 한다.

② 아파트의 경우 200세대마다 단지를 관통하는 통과도로를 두어 교통소통이 원활하게 한다.

③ 래드번(Radburn) 주택단지 계획은 아동들이 큰 도로를 횡단하지 않고 학교에 갈 수 있도록 배려한 것이 특징으로서, 이후에 건설된 각 나라의 뉴타운(new town) 계획에 큰 영향을 미쳤다.

④ 주거단지 계획의 단위로는 인보구, 근린분구, 근린주구가 있으며, 근린생활시설은 각 단위의 중심에 배치한다.

*

단지 내 통과도로를 둘 경우 소음 등의 문제가 발생할 수 있다.

답 ②

⑤ 주거밀도

㉠ 개념

- 토지의 경제적이며 쾌적한 환경을 조성하기 위한 지표로써, 토지와 건물, 토지와 인구와의 수량적인 관계를 나타낸다.
- 단위면적당 인구밀도, 인구량, 건물량 등으로 나타낸다.

㉡ 주거밀도를 나타내는 방법

- 인구밀도 : 토지와 인구와의 관계를 말한다.

$$\text{인구밀도} = \frac{\text{주거인구}}{\text{토지면적}} = \text{호수밀도} \times \text{세대당 평균인원수}$$

- 총밀도 : 총 대지면적이나 단지 총면적에 대한 밀도를 말한다.

$$\text{총밀도} = \text{순밀도} \times \text{주택건축 용지율}$$

- 순밀도 : 녹지, 교통용지를 제외하고 남은 주거 전용면적에 대한 밀도를 말한다.
- 호수밀도(호/ha) : 토지와 건축물량과의 관계를 말한다.

$$\text{호수밀도} = \frac{\text{주택호수}}{\text{단위토지면적}}$$

기출예제 08 2011 국가직 (7급)

공동주택의 계획 시 고려해야 할 주거밀도에 관한 설명으로 옳지 않은 것은?

① 토지이용률은 대지 전체면적에 대한 각 시설의 용도별 면적의 비율(%)을 나타낸 것이다.
② 용적률은 대지면적에 대한 건축물 연면적의 비율로 대지의 평면적 구성과 토지이용상태를 표시한다.
③ 호수밀도는 단위토지면적당 주호수(호/ha)로 인구밀도를 산정하는 기초가 된다.
④ 인구밀도는 단위토지면적당 거주인구수(인/ha)로 총밀도와 순밀도로 표시한다.

*
용적률은 대지의 평면적 구성이나 토지이용상태를 나타낼 수 없다.

답 ②

⑥ 주택의 단지 및 도로조건
㉠ 가로구획을 폭 25m, 길이 80 ~ 160m(약 100m)로 한다.
㉡ 도로면적은 전체 면적의 13 ~ 17% 정도로 한다.
㉢ 도로의 폭은 소방도로 8m, 가구로 6m, 주택로 4m 정도로 한다.
㉣ 도로의 간격은 300m 정도로 설치한다.

(4) 커뮤니티(Community)

① 개념
㉠ 도시의 개발과 발전으로 주택지와 인간생활에 편의성은 증진되었으나 질서, 유대감이 저하되고 이질성도 심화되었다.
㉡ 주택지의 균형적인 발전을 이룩하기 위해서 주택지를 지역적으로 통합하여 발전시키려는 근린주구의 개념을 도입하였다.
㉢ 커뮤니티 센터를 중심으로 하여 공동체의 장을 마련하려는 것이다.

② 커뮤니티 센터(Community center) … 공동생활에 필요한 시설이 형성되는 군을 뜻하며 인간의 유대관계, 정신적인 결합을 하기 위한 공동시설의 체계이다.

③ 공동시설
㉠ 1차 공동시설
• 기본적 주거시설를 말한다.
• 종류 : 급 · 배수, 급탕, 난방, 환기, 전화설비, 통로, 엘리베이터, 각종 슈트, 소각로, 구급 설비 등
㉡ 2차 공동시설
• 거주행위의 일부를 공유한다.
• 종류 : 세탁장, 작업시설, 어린이 놀이터, 창고설비, 응접실 등

㉢ 3차 공동시설
- 편의적 시설을 말한다.
- 종류 : 관리시설, 물품판매, 집회실, 체육시설, 의료시설, 보육시설, 채원, 정원 등

㉣ 4차 공동시설
- 공공적 시설을 말한다.
- 종류 : 우체국, 학교, 경찰서, 파출소, 소방서, 교통기관 등

[커뮤니티와 공동시설]

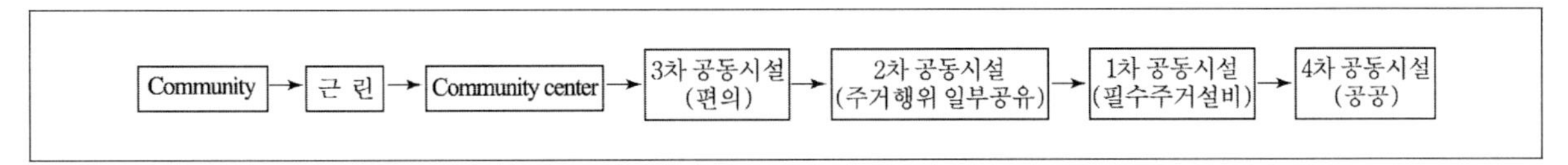

(5) 주거단지의 계획

① 주거환경요소

㉠ 자연적인 요소 : 경사도, 식생 등과 같은 지형, 기후, 향, 일조, 조망, 물 등

㉡ 인위적인 요소
- 교통 : 역, 도로, 보행로, 전용도로
- 시설 : 각종 공급시설 및 공공시설
- 입지 : 시설간의 위치 및 관계
- 문화적인 요인에 따른 유산물
- 서비스
- 건축물

② 환경계획요소

㉠ 개인 비밀을 위한 프라이버시 및 독자성

㉡ 삶의 쾌적성

㉢ 공동시설의 편이 및 접근성

㉣ 건강을 위한 보건과 안전성

㉤ 방향과 영역성

③ 공동시설의 배치계획

㉠ 시설의 이용도가 높은 건물은 이용거리를 짧게 배치한다.

㉡ 이용자가 편리하게 이용하고 접근하기 쉽게 하여 시설들 간의 인접성을 유지시키도록 해야한다.

㉢ 전체 토지의 이용에 대한 효율성에 따라서 시설을 배치시킨다.

㉣ 확장, 증설을 감안하여 용지를 확보해둔다.

㉤ 주거단지의 중심을 형성할 수 있는 곳에 설치한다.

㉥ 공원과 녹지, 학교시설과 관련하여 배치하도록 한다.

④ 보행로의 계획

㉠ 보행자의 공간계획

• 통행인의 목적동선은 최단거리가 되게 한다.
• 보행로에 흥미를 부여하여 질감, 밀도, 조경, 스케일에 변화를 준다.
• 활동 결절점은 커뮤니티의 어느 곳에서나 10분 정도의 보행거리 내에 위치하도록 하고 또한 Open space로 한다.

㉡ 보행자의 동선계획

• 목적동선은 오르내림이 없도록 유의하여 최단거리로 만들어준다.
• 대지 주변부와 보행자 전용로를 연결하도록 한다.
• 보행자의 동선은 회유동선과 목적동선으로 분류시킨다.
• 공원, 놀이터 등은 오픈된 공간으로 하고 보행자 통로에 연결되도록 한다.
• 생활의 편의시설을 집중배치하도록 하며 반대쪽은 학교시설을 배치한다.

㉢ 보행자 도로

• 도로의 폭은 3인이 부딪히지 않고 통과할 수 있을 정도인 최소 2.4m 이상으로 한다.
• 도로의 폭이 10m 이상일 때에는 보도를 설치해야 한다.
• 대형건물의 입구가 직접적으로 연결되지 않아야 한다.
• 자전거 전용도로와의 접근부는 가드레일을 설치하도록 한다.
• 보도는 블록 내에서 연속되어야 한다.
• 다른 시설로부터의 방해요소가 없어야 한다.
• 보도폭은 주간선도로 3m, 보조간선도로 및 샛길은 2m, 통학로는 4m로 한다.

㉣ 보행자와 차량과의 관계

• 보차혼용방식
  - 보행차로와 차로가 동일 공간을 사용하는 방식
  - 우리나라의 10m 이하의 주거지역 내의 도로에 적용
• 보차병행방식
  - 도로측면에 보도를 분리하는 방식
  - 주로 폭이 12m 이상의 국지도로, 보조간선도로에 적용, 차량교통이 많은 주거지역
• 보차분리방식
  - 보행차로와 차로 체계를 완전분리(평면분리 · 입체분리 · 시간분리 · 면적분리)
  - 도로 폭이 12m 이상인 도로
• 보차공존방식
  - 보행차로와 차로를 동일한 공간에 배치하되 차량통행억제의 다양한 기법 사용
  - 보행자 위주의 안전확보, 주거환경개선, 차량통행은 부수적
  - 네덜란드의 본엘프(Woonerf)도로(생활의 터), 일본의 커뮤니티도로(보행환경개선 · 일방통행)
  - 독일의 보차공존구간(30~40m 간격으로 주행속도 억제시설 설치)

TIP

보차분리유형

㉠ 보차혼용 : 보행자와 차량 동선이 분리되지 않고 동일 공간을 사용하는 방식
㉡ 보차병행 : 보행자가 도로의 측면을 이용하도록 차도와 보도를 분리
㉢ 보차분리 : 보행자도로체계와 도로체계를 서로 완전히 분리
㉣ 보차공존 : 보행자도로와 차도를 동일공간에 설치하되 보행자를 보호하기 위해 차량통행을 억제하는 방식

- 평면분리 : 보차동선을 동일 평면에서 선적으로 분리하는 가장 기본적인 방법이다.(쿨데삭, 루프, T자형 보도)
- 면적분리 : 보도와 차도를 면적으로 분리하는 방법이다. (보행자 안전참, 차량통행금지 안전말뚝 등)
- 시간분리 : 차로의 일정구간을 특정한 시간대에 보행자도로로 활용하는 방법이다. (평일 통학로로 사용되는 등하교로, 신호등이 있는 횡단보도)
- 입체분리 : 보차의 평면교차부분을 입체화시키는 점적분리법(오버브리지, 언더패스 등), 점적분리의 선적인 연장에 의해 도시시설과 연결시키는 선적분리법(페데스트리언데크, 지하도 등)이 있다.

2011 지방직 (7급)

단지계획에서 동선체계에 대한 설명으로 옳은 것은?

① 소규모광장, 공연장, 휴식공간 등이 보행자 전용도로와 연접된 경우에는 이들 공간과 보행자 전용도로를 분리시켜 보행자들로부터 독립된 공간이 조성되도록 한다.
② 보차혼용도로는 보행자통행이 위주이고 차량통행이 부수적인 역할을 하는 도로로서, 네덜란드 델프트시의 본엘프(Woonerf)가 대표적이다.
③ 자전거는 차량밀도가 높은 도로와 만나거나 횡단하는 곳에서 위협을 받게 되므로 차량보다는 오히려 보행교통과 연관시켜야 한다.
④ 도로율은 전체면적에 대한 도로면적의 비율로 도로율 계산시 도로면적에서 보도면적은 제외된다.

*

① 소규모광장, 공연장, 휴식공간 등이 보행자 전용도로와 연접된 경우에는 이들 공간과 보행자 전용도로를 연계시켜 유기적 공간이 조성되도록 한다.
② 보차공존도로는 보행자통행이 위주이고 차량통행이 부수적인 역할을 하는 도로로서, 네덜란드 델프트시의 본엘프(Woonerf)가 대표적이다. (보차공존도로와 보차혼용도로는 서로 다른 개념이다. 보차공존도로는 보행자통행이 위주이고 차량통행이 부수적이라는 점에서 일반적 구획도로인 보차혼용도로와 명확하게 구분된다. 보차공존도로는 보행이 활발한 주거지역 및 상업지역의 구획도로와 국지도로와 같이 위계가 낮은 도로에 보행자의 안전을 보장하기 위하여 차량을 제한적으로 허용하는 도로형태이다.)
④ 도로율은 전체면적에 대한 도로면적의 비율로 도로율 계산시 도로면적에서 보도면적도 포함된다.

답 ③

⑤ 교통계획

㉠ 교통계획의 중요사항

- 고속도로와 근린주구 단위는 분리시키도록 한다.
- 근린주구 내부에 자동차의 진입을 극소화시킨다.
- 쿨데삭(막힌 골목길 및 보차분리)을 이루게 한다.
- 차도와 보도의 입구는 명백한 특징으로 차이를 만들어준다.
- 통과도로를 다른 도로보다 중요하게 취급하도록 한다.

㉡ 차량의 교통계획

- 주거단지와 간선도로를 계획함에 있어서 지형, 기존 도로와의 연결 가능성, 쾌적한 환경 및 시설 등이 결정요소가 된다.
- 공동주택의 차량동선은 9m(버스), 6m(소로), 4m(주거용 진입도로)의 3단계로 구분한다.
- 간선도로계획

– 횡단보도는 최소 300m마다 설치, 교차지점간격은 400m 이상, 교차각 60도 이상이어야 한다.
– 지선로에 의해서 자주 단속되어서는 안 된다.
– 공공시설물의 배치는 인접하는 둘 이상의 간선도로에서 보행거리 이내에 설치를 하도록 한다.

⑥ 도로

㉠ 사용 및 형태별 구분

- 일반도로 : 폭 4m 이상의 도로로서 통상의 교통소통을 위하여 설치되는 도로
- 자동차전용도로 : 특별시 · 광역시 · 특별자치시 · 특별자치도 · 시 또는 군 내 주요지역 간이나 시 · 군 상호 간에 발생하는 대량교통량을 처리하기 위한 도로로서 자동차만 통행할 수 있도록 하기 위하여 설치하는 도로
- 보행자전용도로 : 폭 1.5m 이상의 도로로서 보행자의 안전하고 편리한 통행을 위하여 설치하는 도로
- 보행자우선도로 : 폭 10m 미만의 도로로서 보행자와 차량이 혼합하여 이용하되 보행자의 안전과 편의를 우선적으로 고려하여 설치하는 도로
- 자전거전용도로 : 하나의 차로를 기준으로 폭 1.5m(불가피한 경우는 1.2m) 이상의 도로로서 자전거의 통행을 위하여 설치하는 도로
- 고가도로(高架道路) : 특별시 · 광역시 · 특별자치시 · 특별자치도 · 시 또는 군내 주요지역을 연결하거나 특별시 · 광역시 · 특별자치시 · 특별자치도 · 시 또는 군 상호 간을 연결하는 도로로서 지상교통의 원활한 소통을 위하여 공중에 설치하는 도로
- 지하도로 : 특별시 · 광역시 · 특별자치시 · 특별자치도 · 시 또는 군 내 주요지역을 연결하거나 특별시 · 광역시 · 특별자치시 · 특별자치도 · 시 또는 군 상호 간을 연결하는 도로로서 지상교통의 원활한 소통을 위하여 지하에 설치하는 도로(지하공공보도시설 포함). (다만, 입체교차를 목적으로 지하에 도로를 설치하는 경우는 제외한다.)

㉡ 규모별 구분

- 광로 : 1류(폭 70m 이상), 2류(폭 50m 이상 70m 미만), 3류(폭 40m 이상 50m 미만)
- 대로 : 1류(폭 35m 이상 40m 미만), 2류(폭 30m 이상 35m 미만), 3류(폭 25m 이상 30m 미만)
- 중로 : 1류(폭 20m 이상 25m 미만), 2류(폭 15m 이상 20m 미만), 3류(폭 12m 이상 15m 미만)
- 소로 : 1류(폭 10m 이상 12m 미만), 2류(폭 8m 이상 10m 미만), 3류(폭 8m 미만)

구분	기능 / 용도	배치간격
도시고속도로	• 도시 내의 주요지역 또는 도시 간을 연결하는 도로 • 대량교통 및 고속교통의 처리를 목적으로 함 • 자동차 전용으로 이용하는 도로	–
주간선도로	• 도시 내 주요지역 간, 도시 간 또는 주요 지방 간을 연결하는 도로 • 대량 통과교통의 처리가 목적 • 도시의 골격을 형성하는 도로	1000m
보조간선도로	• 주간선도로를 집산도로 또는 주요 교통발생원과 연결하는 도로 • 도시교통의 집산기능을 도모하는 도로 • 근린생활권의 외곽을 형성	500m
집산도로	• 근린생활권의 교통을 보조간선도로에 연결하는 도로 • 근린생활권내 교통의 집산기능을 담당하는 도로 • 근린생활권의 골격을 형성	250m
국지도로	• 가구를 확정하고 대지와의 접근을 목적으로 하는 도로 • 소형기구를 외곽을 형성하고 그 규모 및 형태를 규정하며 일상생활에 필요한 집 앞 공간을 확보하는 도로	장변 : 90~150m 단변 : 30~60m
특수도로	• 자동차 외에 교통에 전용되는 도로 • 보행차 전용도로, 자전거 전용도로	보행로 : 폭 1.5m 이상 자전거도로 : 1.1m 이상

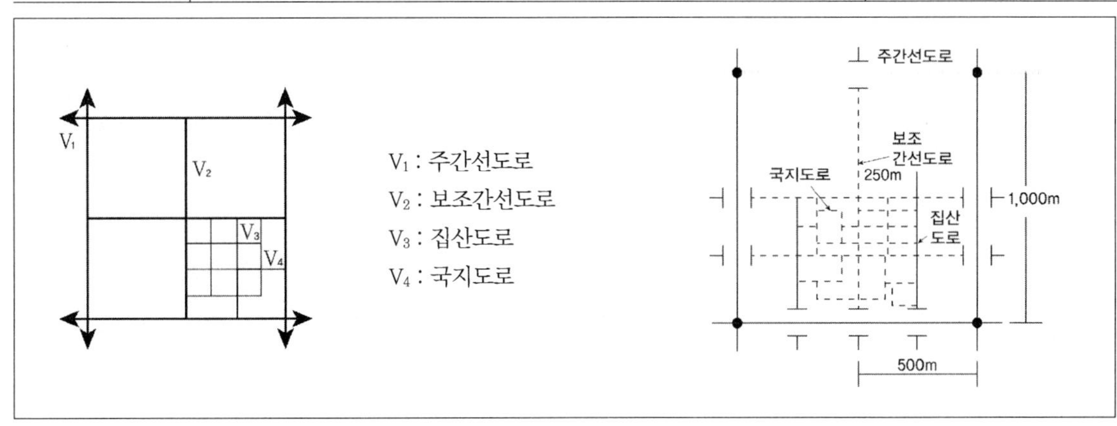

참고) 건교부, 도시계획시설 기준에 관한규칙(2000)

[간선도로의 요소]

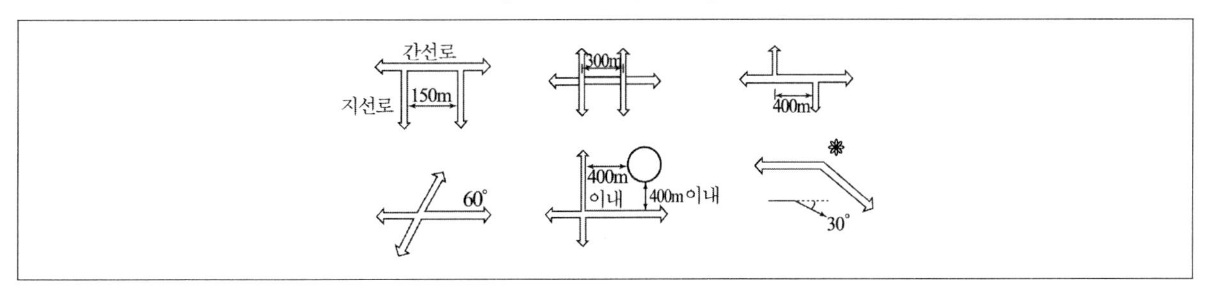

• 단지 내 지선로 계획
- 단지 내에서 차량속도를 저하시키기 위해 2개의 간선로를 곡선형으로 연결하도록 한다.
- 주로는 지선로에 연결하도록 한다.
- 지선로에 건물이 직접 면하지 않도록 배치한다.

• 주구 내 집산로
- 운전자의 집중과 차량감속을 유도하기 위해 불규칙 커브형태를 계획한다.
- 가시거리 확보를 위해서 수목을 제거하거나 수목재배치를 계획한다.
- 주위환경을 개선하기 위해 보도의 시설에 대해서 접근성을 확충한다.

• 주동 접근로
- 차량과 주동 간의 적당한 완충공간을 확보한다.
- 환경적으로 가장 나쁜 곳에 주동의 접근로가 위치하도록 한다.
- 주동의 배열, 오픈공간을 결정한 후에 접근로를 시행하도록 한다.

• 도로의 형식

[도로망의 형식]	
	격자형 Grid-iron system으로서 지형이 평탄한 도시에 적합한 형식으로 고대 그리스에서 채택되었고 미국의 도시 대부분이 채택되었다.
	환상방사선형 Loop system with radials로서 적어도 인구 100만 이상의 대도시 계획에 적합하며 횡적인 연락은 환상선으로, 종적인 연락은 방사선으로 하며 도시미관상으로도 훌륭한 계획이 된다.
	집중형 Concentration type으로서 간선도로가 방사선으로 도심을 향하여 집중되며 중심광장으로 교통이 모여들므로 자동차 교통이 발달한 오늘날은 적합하지 않은 도로망이며 중세도시에서 있을 수 있는 형식이다.
	지형형 Contour type으로서 지형에 따라, 등고선을 따라 도로를 계획하는 것으로 도시 전반에 대한 교통계획보다는 주택지구에 적합한 도로망형식이다.

[주간선도로 및 보조간선도로의 패턴]	
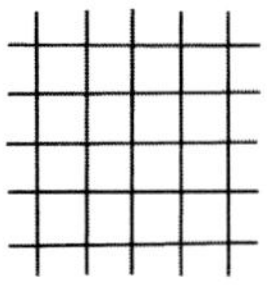	격자형 • 계획적으로 개발된 도시에서 자주 등장한다. • 도시의 규모가 크면 교차점이 증가한다. • 가구의 형태가 정사각형으로서 적용하기 편리하다.
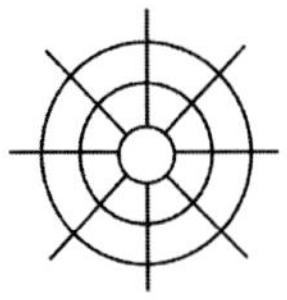	방사환상형 • 도시의 중심적 통일성을 물리적으로 강조한 형식이다. • 중심부의 기능을 강화한 형태이다. • 차량이 많은 경우는 적합하지 않다.
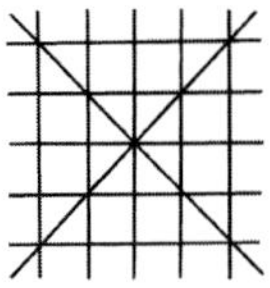	격자방사형 • 도시의 중심성을 강조하기 위해 격자형에 방사상 사선도로를 삽입한 형식이다. • 삼각형의 블록이 만들어지게 된다.
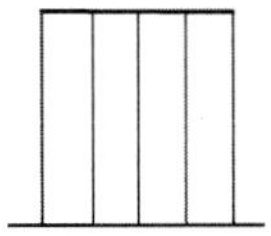	사다리형 • 격자형의 변형된 형태로 좁고 긴 선상의 해안도시 및 공업도시의 가로망 형태로 적합하다.

[집산도로의 패턴]	
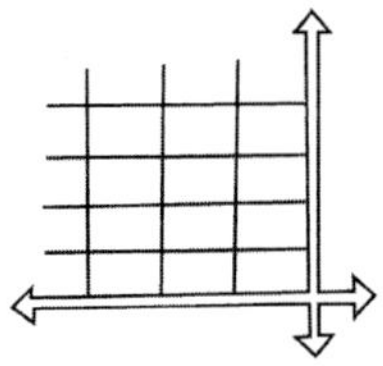	개방형 • 간선도로 및 국지도로와의 접속에 제한이 없다. • 통행거리가 짧으며 목적지에 쉽게 접근할 수 있다. • 교차점이 많이 생겨서 차량속도가 저하된다.
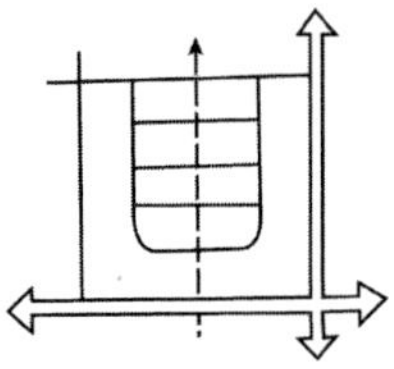	폐쇄형 • 국지도로 및 간선도로와 직접적인 접촉이 제한되며 통행거리가 길어진다. • 단지 내부도로와 외부도로의 접촉이 배제되어 양호한 주거환경이 조성된다.
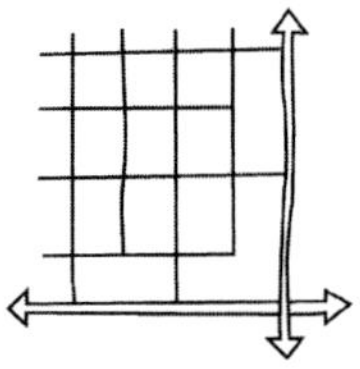	간선분리형 • 개방형과 폐쇄형의 절충형으로서 개방형을 기본으로 하면서 간선도로를 따라 Block의 장변방향을 배치한다. • 단지내 도로형태가 단순하며 간선도로 교통흐름이 저해되는 것을 완화한다.

[국지도로의 패턴]	
	격자형 • 가로망의 형태가 단순명료하며 가구 및 획지구획상 택지의 이용효율이 높다. • 계획적으로 조성된 시가지에 가장 많이 적용되며 자동차의 교통이 편리하다.
	T자형 • 도로 교차방식이 주로 T자형으로 발생한다. • 격자형이 갖는 택지의 효율성이 강조되며 지구내 통과교통을 배제시키고 주행속도를 감소시킨다. • 통행거리가 증가하게 되므로 보행전용도로와 결합해서 사용하면 좋다.
	Cul-de-Sac형 • 통과교통이 없으며 주거환경의 쾌적성 및 안전성 확보가 용이하다. • 각 기구와 관계없는 차량의 진입이 배제된다. • 우회도로가 없어 방재나 방범상 불리하며 주택 배면에 보행자 전용도로가 함께 설치되어야 효과적이다. • Cul-de-Sac의 최대길이는 150m 이하로 계획한다.
	Loop형 • 불필요한 차량의 진입을 배제할 수 있으며 우회로가 없는 Cul-de-Sac의 결점을 보완할 수 있다. • Cul-de-Sac과 같이 통과교통이 없으므로 주거환경이 양호하며 안전성이 확보된다.

TIP

데크식 주차장

㉠ 주로 아파트 단지에 설치되는 주차장으로서 단지 전체를 떠받치고 있는 구조체 사이의 공간을 주차장으로 활용한 형식이다.

㉡ 단지 내 지형의 고저차가 심한 곳에 거대한 데크를 설치하여 계단식으로 공간을 구성한다. 이는 경사지의 이점을 활용한 방식으로서 주차장으로 활용하여 공사비를 절감시킬 수 있고 동선을 단축시킬 수 있으며 환기와 채광이 유리하다.

㉢ 현재 건축되는 대부분의 아파트 단지에는 데크식 주차장이 설치되어 있다. (대지의 높이차를 이용한 데크식 설계를 하면 지상 1층을 주차장으로 할 수 있고, 그 위로 아파트 단지가 들어서 지상에 차가 없는 보행자 중심의 단지를 설계할 수 있다.)

(6) CPTED (환경설계를 통한 범죄예방)

① **CPTED(Crime Prevention Through Environmental Design)의 정의**⋯ 건물이나 공원, 가로 등 도시의 환경 설계를 통해 사전에 범죄를 예방하는 것을 말한다. 범죄란 물리적인 환경에 따라 발생빈도가 달라진다는 개념에서 출발한다. 즉, 적절한 설계 및 건축환경을 통해 범죄를 감소시키는데 목적이 있다. 이에 특정한 공간에서 범죄를 예방하는 방법으로는 담장, CCTV, 놀이터 등 시설물 뿐 아니라 도시설계 및 건축계획 등 기초 디자인 단계에서부터 셉테드 개념이 적용되고 있다. 현대 범죄예방 환경설계 이론의 시초로는 제인 제이콥스(Jane Jacobs)를 꼽는다. 이후 레이 제프리(C. Ray. Jeffery)의 1971년 저서 'Crime Prevention Through Environmental Design'(환경 설계를 통한 범죄 예방)과 오스카 뉴먼(Oscar Newman)의 1972년 저서 'Defensible Space'(방어 공간) 등에서 환경설계와 범죄와의 상관관계 연구가 본격적으로 발전했다.

TIP

여기서 방어공간이란 범죄심리를 위축시키는 공간을 의미하며, 위계 및 프라이버시의 확보가 중시되는 공간이다.

② CPTED의 지향방향

㉠ **자연적 감시** : 자연적 감시는 건물 · 시설물의 배치에 있어 일반인들에 의한 가시권을 최대화하는 전략이다.

㉡ **자연적 접근 통제** : 자연적 접근 통제는 보호되어야 할 공간에 대한 출입을 제어하여 범죄 목표에 대한 접근을 어렵게 하고 범죄 행위의 노출(발각) 가능성을 높이는 설계 원리를 말한다.

㉢ 영역성

- 영역성은 주민에게 거시적인 영역의 소속감을 제공하여 범죄에 대한 관심을 높이고 잠재적 범죄자에게 그러한 영역성을 인식시키는 것이다.
- 사회적 측면에서 거주지역의 방어를 목적으로 거주자들 간의 공동책임의식을 고찰하기 위한 공간계획임과 동시에 특정 공간의 접근을 원활하게, 또는 어렵게 만들기 위한 공간계획이다. 이는 개인의 특성보다는 사회특성에 중점을 두는 개념으로서 제2차 세계대전 이후 미국의 급격한 도시변화와 밀접한 관련이 있다.

TIP

방어공간의 영역성

인간이 물리적 경계를 정해 자기영역을 확보하고 유지하는 행동을 의미하며 어떤 물건 또는 장소를 개인화, 상징화하여 자신과 다른 사람을 구분하는 심리학적 경계이다. 동물과 사람 모두에게 적용되며 범죄예방을 위한 공간설계에 적용될 수 있는 개념이다.

㉣ **활동의 활성화** : 활동의 활성화는 주민들이 함께 어울릴 수 있는 환경을 조성하여 자연적인 감시 활동을 강화하는 것이다.

㉤ **유지 및 관리** : 유지 및 관리의 원리는 시설물을 깨끗하고 정상적으로 유지하여 범죄를 예방하는 것으로 깨진 창문 이론과 그 맥락을 같이 한다.

③ 오스카 뉴먼의 방어공간

㉠ 환경디자인을 통한 범죄예방이론은 1972년 뉴먼의 방어적공간이론에서 출발하여 다양한 연구로 발전하였다.

㉡ **방어공간의 4요소** : 영역성, 자연적감시(거리의 눈), 이미지, 환경

㉢ 방어공간은 범죄심리를 위칙시키는 공간을 의미하며, 위계 및 프라이버시의 확보도 중시함

㉣ 사회적 측면에서 거주지역의 방어를 목적으로 거주자들 간의 공동책임의식을 고찰하기 위한 공간계획을 의미함

㉤ 특정 공간의 접근을 원활하게, 또는 어렵게 만들기 위한 공간계획임

㉥ 제2차 세계대전 이후 미국의 급격한 도시변화와 밀접한 관련이 있음.

㉦ 개인의 특성보다는 사회특성에 중점을 두는 개념임

TIP

단지계획에서의 방어적 공간개념 적용

- 주동 출입구 주변에는 자연적 감시를 제공하는 공용시설을 배치하도록 하는 것
- 보행로는 전방에 대한 시야가 확보되어야 하며 방향전환이 일어나지 않도록 하고 사각지대가 생기지 않도록 계획하는 것
- 가로등은 차량보다는 보행자위주로 계획을 하고 높은 조도의 조명을 적게 설치하는 것보다 낮은 조도의 조명을 여러 개 설치하여 야간에도 시야가 확보될 수 있도록 하는 것

| 기출예제 10 2008 국가직 (7급)

오스카 뉴만(O. Newman)의 방어적 공간(defensible space)의 개념에 대한 기술 중 가장 적절하지 않은 것은?

① 사회적 측면에서 거주지역의 방어를 목적으로, 거주자들 간의 공동책임의식을 고양하기 위한 공간계획이다.
② 영역의 위계나 프라이버시의 확보가 아니라 감시가 가능한 다목적용 공간을 강조한다.
③ 거리의 눈(Neighborhood Watch)의 개념은 방어적 공간의 요소 중 하나이다.
④ 특정공간의 접근을 원활하게, 또는 어렵게 만들기 위한 공간 계획이다.

✱

방어적공간은 범죄심리를 위축시키는 공간을 말하며 프라이버시의 확보도 중시한다.

답 ②

checkpoint

복합용도개발

㉠ 혼합적 토지이용의 개념에 근거하여 주거와 업무, 상업, 문화 등 상호보완이 가능한 용도를 서로 밀접한 관계를 가질 수 있도록 연계·개발하는 것을 말한다.
㉡ 도심 내 상업용도 건물의 과도한 증가 현상을 억제하고, 야간의 도심의 공동화 현상을 방지하는 도심 주거 기능의 확충, 직주근접에 따른 교통난 해소를 도모할 수 있다는 장점이 있다.
㉢ 일본 동경의 록본기 힐즈, 프랑스 파리의 라데팡스 등이 복합용도개발의 대표적 예이다.
㉣ 복합용도개발은 다음과 같은 장단점이 있다.

구분	내용
장점	• 도심 내 상업용도 건물의 과도한 증가 현상을 억제한다. • 야간의 도심의 공동화 현상을 방지하며 도심의 주거기능을 확충할 수 있다. • 직주근접에 따른 교통난 해소를 도모할 수 있다 • 건축비가 주상분리된 경우보다 적게 들며 도시의 미관이 좋아지게 된다. • 도심지주변에 주상복합건물을 건설할 경우 이 지역이 도소매업, 광고업, 인쇄업 등 서비스기능 위주의 전이지역으로 변화하는 것을 방지할 수 있다. • 도심지 내 주생활에 필요한 근린생활시설 및 각종 생활편익시설의 설치가 가능하게 되어 도심지가 생동감이 넘치고 다양한 삶의 장소로 전환될 수 있다. • 기존 시가지 내 공공시설을 활용함으로써 신시가지 또는 신도시의 도시기반시설과 공공서비스시설 등에 소요되는 공공재정이나 민간자본의 절감할 수 있다. • 주차장 이용에 있어서 주거, 상업, 업무 등 기능별로 주차자의 집중이용시간대가 분산되므로 한정된 주차공간을 효율적으로 이용할 수 있다.
단점	• 사업계획이 복잡하고 사업기간이 길며, 다양한 기능 혼합으로 이용자 동선의 혼란과 불필요한 동선이 발생할 우려가 있다. • 이용시간대가 다른 복합용도건물의 경우에는 건물의 유지 관리가 어렵다. • 주거시설과 혼합 혹은 복합 개발을 할 경우 주거환경의 침해가 발생할 수밖에 없다.

최근 기출문제 분석

2019 서울시

1 **대중교통 중심 개발(TOD)에 대한 설명으로 가장 옳지 않은 것은?**

① 무분별한 교외 지역 확산을 막고 중심적인 고밀 개발을 위하여 제시되었다.

② 경전철, 버스와 같은 대중교통 수단의 결절점을 중심으로 근린주구를 개발한다.

③ 주 도로를 따라 소매 상점과 시민센터 등이 배치되고 저층이면서 중간 밀도 정도의 주거가 계획된다.

④ 영국의 찰스 황태자에 의해 전개된 운동으로, 과거의 인간적이고 아름다운 경관을 지닌 주거환경을 구성한다.

TIP TOD(Transit Oriented Development)는 미국 캘리포니아 출신의 건축가 피터 칼소프(Peter Calthorpe)가 제시한 이론이다.

2010 국가직 (7급)

2 **뉴어바니즘(New Urbanism)에 대한 설명으로 옳은 것은?**

① 슈퍼블록의 내부에 자동차의 통과를 배제함으로써 격자형 도로에서의 불필요한 도로율 증가와 단조로운 외부공간의 형성을 방지하고자 하는 기법을 이용한다.

② 유비쿼터스 기술이 접목된 공간과 도시구성 요소가 상호 전자 공간으로 연결되어 언제, 어디서나 다양한 정보를 제공 받을 수 있는 도시이다.

③ 계획기법으로는 전통적 근린개발(TND : Traditional Neighborhood Development)과 대중교통중심적 개발(TOD : Transit Oriented Development)을 들 수 있다.

④ 영국 런던 교외의 레치워스(Letchworth)와 웰윈(Welwyn)은 뉴어바니즘이 적용되어 건설된 신도시지역이다.

TIP ① 슈퍼블록의 내부에 자동차의 통과를 배제함으로써 격자형 도로에서의 불필요한 도로율 증가와 단조로운 외부공간의 형성을 방지하고자 하는 기법은 쿨데삭이다.
② 유비쿼터스 기술이 접목된 공간과 도시구성 요소가 상호 전자 공간으로 연결되어 언제, 어디서나 다양한 정보를 제공 받을 수 있는 도시는 U-City이다.
④ 영국 런던 교외의 레치워스(Letchworth)와 웰윈(Welwyn)은 뉴어바니즘이 적용되어 건설된 신도시지역은 레치워스이다.

Answer 1.④ 2.③

2011 국가직 (7급)

3 **공동주택 계획 시 고려해야 할 주거밀도에 대한 용어의 설명으로 옳지 않은 것은?**

① 건폐율은 대지면적에 대한 건축면적의 비율을 나타낸 것이다.

② 용적률은 대지면적에 대한 건축물의 전체 바닥면적의 비율을 나타낸 것이다.

③ 호수밀도는 대지면적에 대한 주택호수의 비율을 나타낸 것이다.

④ 인구밀도는 대지면적에 대한 거주인구의 비율을 나타낸 것이다.

TIP 용적률은 대지면적에 대한 연면적비로서 지하층 바닥면적, 주차장면적, 주민공동시설 면적 등이 제외된 면적이다.

2014 국가직 (7급)

4 **근린주구에 대한 설명으로 옳지 않은 것은?**

① 페더(G. Feder)는 일조문제와 인동간격의 이론적 고찰을 통해 최초의 근린주구이론을 확립하였다. 그의 이론은 초등학교 1개교를 수용하는 약 5,000명 정도의 인구규모가 적당하며 보행권 중심의 생활권을 제안하고 있다.

② 라이트(H. Wright)와 스타인(C.S. Stein)이 제안한 미국 뉴저지의 래드번단지 계획은 10~20ha 크기의 블록을 단위로 하며, 보차(步車) 분리, 도로체계의 위계, 충분한 공지 확보, 인도를 통한 가구안의 시설물 접근 등이 특징이다.

③ 루이스(H.M. Lewis)는 현대도시의 계획 에서 근린주구의 규모를 제약하는 요소는 근린시설에 대한 적당한 보행거리로서 어린이의 최대 통학거리는 800~1,200m, 점포지구에 이르는 최대거리는 800m 이하로 규정하였다.

④ 하워드(E. Howard)는 도시인구의 과밀현상을 해소하기 위해 내일의 전원도시를 제안하였으며, 이는 웰윈(Welwyn) 가든시티를 통해 실현되었다. 그의 이론은 자급자족성 중시, 인구규모의 제한, 토지의 사유화 제한, 개발이익의 사회 환원 등에 초점을 두고 있다.

TIP 최초로 근린의 정의를 설정하고 근린주구이론을 제시한 인물은 페리이다. 페더는 '새로운 도시이론'을 제시한 인물이다.

Answer 3.② 4.①

2017 국가직

5 **공동주택의 주동 계획에 대한 내용으로 옳지 않은 것은?**

① 탑상형은 단지의 랜드마크 역할을 할 수 있다.

② 탑상형은 각 세대의 거주 환경이 불균등하다.

③ 판상형은 탑상형에 비해 다른 주동에 미치는 일조 영향이 크다.

④ 판상형은 탑상형에 비해 각 세대의 조망권 확보가 유리하다.

TIP 판상형은 탑상형에 비해 각 세대의 조망권 확보가 불리하다.

2020 국가직

6 **다음 설명에 해당하는 공동주택의 단위주거 단면형식은?**

- 단위주거의 평면구성 제약이 적고 소규모도 설계가 용이하다.
- 복도가 있는 경우 단위주거의 규모가 크면 복도가 길어져 공용 면적이 증가하며, 프라이버시에 있어 타 형식보다 불리하다.
- 단위주거가 한 개의 층에만 한정된 형식이다.

① 메조넷형

② 스킵 메조넷형

③ 트리플랙스형

④ 플랫형

TIP 제시된 특성들은 플랫형(단층형)에 관한 것이다.

Answer 5.④ 6.④

2018 서울시 1차

7 집합주택의 단면 형식에 의한 분류 중 그 내용으로 가장 적합하지 않은 것은?

① 스킵플로어형(Skip Floor Type) : 주택 전용면적비가 높아지며 피난 시 불리하다.

② 트리플렉스형(Triplex Type) : 프라이버시 확보에 유리하며 공용면적이 적다.

③ 메조네트형(Maisonette Type) : 주호의 프라이버시와 독립성 확보에 불리하며 속복도일 경우 소음 처리도 불리하다.

④ 플랫형(Flat Type) : 프라이버시 확보에 불리하며 규모가 클 경우 복도가 길어져 공용면적이 증가한다.

TIP 메조네트형(Maisonette Type)은 주호의 프라이버시와 독립성 확보 및 통풍, 채광에 유리하다. (속복도형은 중복도형을 의미한다.)

202년 국가직

8 다음에서 설명하는 도시계획가는?

- 도시와 농촌의 관계에서 서로의 장점을 결합한 도시를 주장하였다.
- 그의 이론은 런던 교외 신도시지역인 레치워스(Letchworth)와 웰윈(Welwyn) 지역 등에서 실현되었다.
- 『내일의 전원도시(Garden Cities of Tomorrow)』를 출간하였다.

① 하워드(E. Howard)

② 페리(C. A. Perry)

③ 페더(G. Feder)

④ 가르니에(T. Garnier)

TIP 보기의 사항들은 하워드(E. Howard)에 대한 설명들이다.

Answer 7.③ 8.①

출제 예상 문제

1 **공동주택의 상가설계 시의 고려사항으로 옳지 않은 것은?**

① 시설의 이용거리를 짧게 배치한다.

② 이용자가 편리하게 이용하고 접근하기 쉽게 한다

③ 주거단지의 중심을 형성할 수 있는 곳에 설치한다.

④ 내부를 화려하게 꾸민다.

TIP 공동주택의 상가의 내부는 단조롭고 이용자의 편리를 도모할 수 있도록 해야 한다.

2 **다음 중 공동주택의 형식에 관련되는 사항으로 옳지 않은 것은?**

① 계단실형 – 각 주호의 독립성이 높지만 고층주택에는 적합하지 못하다.

② 복도형 – 설계의 자유도가 계단실형보다는 높지만 각 주호의 독립성은 좋지 못하다.

③ 메조네트형 – 각 주호의 독립은 높으나 큰 규모의 주호에는 적절하지 못하다.

④ 테라스 하우스형 – 전용의 뜰이 각 호에 있기 때문에 노인이나 어린이들이 있는 주호에 적절한 형이다.

TIP ③ 메조네트형은 복층형으로써 유효면적이 커지게 되므로 큰 규모의 주호에 적절하고 50m² 이하의 주호에는 비경제적이다.

Answer 1.④ 2.③

3 다음 중 페리(C. A. Perry)의 근린주구(Neighborhoad unit) 이론과 거리가 먼 것은?

① 주구 내에는 통과교통을 두지 않는다.
② 초등학교의 학구를 기본단위로 본다.
③ 중학교와 의료시설은 반드시 갖추어야 한다.
④ 커뮤니티 생활시설을 안전하게 배치한다.

TIP 근린주구이론(C. A. Perry) … 초등학교를 중심으로 하여 초등학교 1개를 수용할 수 있는 인구규모가 적당하다.

4 아파트 계획에서 복층형(Duplex)에 관한 설명으로 옳지 않은 것은?

① 소규모 주거형식에는 비경제적이다.
② 엘리베이터의 정지횟수가 줄어든다.
③ 전용면적비가 감소된다.
④ 단층형에 비해 독립성을 유지하기가 좋다.

TIP 복층형(Duplex)의 특징
㉠ 장점
• 엘리베이터의 정지층수가 적어지므로 경제적이다.
• 통로면적이 감소되어 전용면적이 증대된다.
㉡ 단점
• 주택 전용면적이 작은 곳은 비경제적이다.
• 복도가 없는 층은 피난에 불리하다.

5 다음 중 아파트 형식에 관한 설명으로 옳지 않은 것은?

① 단층형(Flat type)의 편복도형은 공용부분의 면적이 많아지고 프라이버시 유지가 나쁘다.
② 중복도형 아파트는 일조, 통풍에 난점이 있다.
③ 계단실형 아파트는 4층 정도의 아파트에서 공용부분 면적이 가장 작게 든다.
④ 복층형(Maisonette type)은 1층 부분이 필로티로 구성되어 있는 것을 말한다.

TIP ④ 복층형은 각 호가 2개층 이상의 층을 구성하는 방식이다.
※ 필로티형 … 1층은 기둥만으로 지지하여 개방적 공간을 구성하고 2층 이상을 실제로 사용하는 방식이다.

Answer 3.③ 4.③ 5.④

6 다음 중 공동주택의 장점으로 옳지 않은 것은?

① 토지 이용률을 높일 수 있다.
② 견적비, 관리비를 절감할 수 있다.
③ 각종 생활시설의 이용이 편리하다.
④ 개별적 생활 요구공간을 만들 수 있다.

TIP 공동주택의 장점
㉠ 설비의 집중화로 시공비가 절감된다.
㉡ 동일면적을 대비해서 독립주택에 비해 유지관리비가 절감된다.
㉢ 1가구당 대지의 점유면적이 절감된다.
㉣ 주위환경의 이용혜택이 증가된다.

7 계단실형 아파트에 관한 설명으로 옳지 않은 것은?

① 다른 형식에 비해 계단이나 홀에 대한 프라이버시가 불리하다.
② 계단실 또는 엘리베이터 홀에서 직접 각 단위주거로 들어갈 수 없다.
③ 양쪽으로 개구부를 개방할 수 있어 채광, 통풍에 유리하다.
④ 출입에 필요한 통로부분의 면적이 절약된다.

TIP ① 계단실형(홀형)은 각 계단을 하나의 주호가 사용하므로 계단이나 홀에 대한 프라이버시는 양호하다.

8 다음 중 다세대 주택의 장점으로 옳지 않은 것은?

① 공사비가 절감된다.
② 출타시 도난방지에 유리하다.
③ 저소득층의 기호에 융합할 수 있다.
④ 주거환경의 질적 수준을 향상시킨다.

TIP 다세대 주택의 장점
㉠ 공기조화 등 설비적인 면을 집약할 수 있어 공사비가 절감된다.
㉡ 어린이 놀이터 등 공공용지의 확보가 유리하다.
㉢ 저소득층의 기호나 취향에 융합할 수 있다.
㉣ 도난방지에 유리하다.
㉤ 1가구당 대지의 점유면적이 절감된다.

Answer 6.④ 7.① 8.④

9 **다음 중 아파트 계획에 관한 설명 중 옳지 않은 것은?**

① 편복도형은 통풍 및 채광에 유리하다.
② 중복도형은 대지의 이용도가 높다.
③ 홀형은 각 호의 프라이버시 유지에 유리하다.
④ 집중형은 통풍 및 채광에 유리하다.

TIP 아파트의 코어 평면상의 분류 중 집중형은 프라이버시, 통풍, 채광, 환기에 불리하며 복도의 환기를 위해서는 고도의 설비 시스템을 필요로 한다.

10 **아파트의 외관형식을 탑상형과 비교할 때 판상형의 특징으로 옳은 것은?**

① 그림자가 적다.
② 계획과 시공이 쉽다.
③ 조망이 양호하다.
④ 단위주거의 환경이 불균등하다.

TIP 판상형의 장 · 단점
㉠ 장점
• 각 단위주거의 균등한 조건으로 조정이 용이하다.
• 건물의 시공이 쉽다.
㉡ 단점
• 건물의 그림자가 크다.
• 대지의 조망이 차단될 우려가 있다.
• 인동간격에 의해서 배치계획상의 제약을 받는다.

11 **집합주거의 배치개념으로서 고려하는 내용으로 옳지 않은 것은?**

① 동지시 4시간 일조확보를 위한 인동간격을 기준으로 판단한다.
② 교통은 가급적 일방통행으로 하고 보차를 분리한다.
③ 어린이 놀이터는 각 주호 영역으로부터 가능한 격리시킨다.
④ 쿨데삭(Cul－de－Sac) 방식은 자동차 교통이 막다른 골목형태로 배치된다.

TIP ③ 어린이 놀이터의 경우는 항시 눈에 띄는 장소에 위치해야 하므로 각 주호의 영역으로부터 가까운 곳에 위치시키도록 한다.

Answer 9.④ 10.② 11.③

12 1단지 주택계획을 인보구, 근린분구, 근린주구의 단위로 구분할 때 그 규모로 옳지 않은 것은?

① 인보구 – 20 ~ 40호

② 근린주구 – 1,600 ~ 2,000호

③ 근린분구 – 2,000 ~ 2,500호

④ 근린주구 – 8,000 ~ 10,000명

TIP 근린분구의 규모
㉠ 15 ~ 25ha
㉡ 400 ~ 500호
㉢ 2,000 ~ 2,500명

13 다음 중 집합주택계획에서 가장 중요한 것은?

① 통풍과 경관
② 일조와 통풍
③ 경관과 일조
④ 통풍과 독립성

TIP 집합주택을 계획함에 있어서 각 주호간의 프라이버시 및 독립성 정도를 어느 정도 확보했느냐와 통풍, 일조, 경관 등의 환경조건 등이 양호한가를 판단하는 것이 중요하다.

14 다음 중 공동주택의 성립요건으로 옳지 않은 것은?

① 재산증식 수단

② 환경조건 개선과 녹지공간 확보

③ 핵가족화의 세대별 인원감소

④ 도시 생활자들의 유동성

TIP 공동주택(아파트)의 성립요건
㉠ 도시에 인구밀도가 증가되나 세대 구성원의 인원은 감소한다.
㉡ 도심지 생활자들의 이동성이 발생한다.
㉢ 공동설비 및 주위환경(녹지공간)의 이용의 혜택이 증가된다.
㉣ 건축비, 대지비, 유지관리비가 절약된다.

Answer 12.③ 13.② 14.①

15 다음 중 공동주택을 배치할 경우 중요성이 가장 낮은 것은?

① 주동을 획일적이고 공통으로 위치시킨다.

② 방범문제 등을 고려하여 경비 사각지대가 생기지 않게 한다.

③ 비상 서비스 차량을 위하여 동선을 확보한다.

④ 일조와 통풍조건을 충분히 고려한다.

TIP 공동주택의 배치계획
㉠ 통풍, 일조, 채광에 따른 인동간격을 고려한다.
㉡ 건물의 연소방지시설 및 방범시설을 고려한다.
㉢ 사회적이나 자연적으로 환경을 분석한다.
㉣ 소음 및 프라이버시를 고려한다.
㉤ 차량, 보행자, 비상시의 동선을 구분하여 계획한다.

16 다음 중 아파트 건축의 평면형 시공에 관한 설명으로 옳지 않은 것은?

① 계단실형은 유지비용이 적고, 프라이버시가 좋다.

② 복층형은 공유 부분의 접촉 길이가 짧으므로 프라이버시가 좋다.

③ 중복도형은 도심지 독신자 아파트에서 많이 볼 수 있다.

④ 편복도형은 고층 고밀도 지역에서 많이 볼 수 있다.

TIP ① 계단실형, 즉 홀형은 독립성이 좋고 프라이버시 보호에 있어서는 양호하나 각 계단실마다 엘리베이터를 설치하고 사용하므로 설치비용 및 유지관리비가 많이 든다.

17 아파트 단지계획에서 중심시설에 어린이 놀이터가 들어가는 단위는?

① 근린분구 ② 근린주구
③ 인보구 ④ 주동(Block)

TIP 인보구
㉠ 0.5 ~ 2.5ha
㉡ 20 ~ 40호
㉢ 100 ~ 200명
㉣ 중심시설 : 유아 놀이터, 공동세탁장

Answer 15.① 16.① 17.③

18 다음 중 메조네트(Maisonnette)형 아파트의 특징과 거리가 먼 것은?

① 구조계획이나 배관계획에 유리하며 대규모 주택에 적당하다.

② 공용 통로면적을 절약할 수 있다.

③ 전망, 일조, 통풍이 좋다.

④ 엘리베이터의 정지층이 감소하게 되어 경제적이다.

TIP 복층형(Maisonnette)의 장 · 단점

㉠ 장점
- 엘리베이터의 정지층수가 적으므로 경제적이다.
- 통로면적이 감소되므로 유효면적이 증대된다.
- 복도가 없는 층은 남북면의 외기가 원활하여 평면구성이 좋다.
- 독립성 및 프라이버시 확보가 좋다.

㉡ 단점
- 주택의 전용면적이 작은 곳은 비경제적이다.
- 복도가 없는 층은 피난에 불리하며 구조나 배관상 불리하다.

19 다음 중 공동주택의 남북간 인동간격 결정요소를 나타낸 것으로 옳지 않은 것은?

① 태양고도
② 건물 동서간의 길이
③ 대지의 지형
④ 동짓날 정오를 중심으로 4시간 일조

TIP ㉠ 남북간의 인동간격 결정요소
- 겨울철 동지 때를 기준으로 최소 4시간 일조시간
- 각 지방의 위도
- 태양의 고도
- 앞 건물의 높이
- 대지의 지형

㉡ 동서간의 인동간격 결정요소
- 건물 동서간의 길이
- 통풍

Answer 18.① 19.②

20 공동주택의 남북간 인동간격을 결정하는 요소 중 일조의 기준으로 옳은 것은?

① 춘 · 추분때 1일 4시간 이하
② 춘 · 추분때 1일 4시간 이상
③ 동지때 1일 4시간 이하
④ 동지때 1일 4시간 이상

TIP 동지 때 1일 4시간 이상 일조가 되는 것이 공동주택의 남북간 인동간격을 결정할 수 있는 조건이 된다.

21 아파트 4 ~ 6층 계획에서 더스트슈트(Dust chute)의 크기는 어느 정도가 적당한가?

① 30cm×30cm
② 40cm×40cm
③ 50cm×50cm
④ 60cm×60cm
⑤ 70cm×70cm

TIP 더스트슈트의 크기

아파트 규모	크기(cm)
7 ~ 9층	60×60
4 ~ 6층	50×50
2 ~ 3층	40×40

22 아파트 코어의 평면상 분류 중 통행이 편리하고 독립성이 좋고 통행부의 면적이 감소하여 건물의 이용도가 높은 형식은?

① 홀형
② 편복도형
③ 중복도형
④ 집중형

TIP 홀형
㉠ 통행부의 면적이 작아지므로 건물의 이용도가 높다.
㉡ 독립성이 좋아 프라이버시가 양호하다.
㉢ 출입이 편하고 채광통풍도 좋다.

Answer 20.④ 21.③ 22.①

23 다음 중 연립주택의 분류에 속하지 않는 것은?

① 타운 하우스
② 로우 하우스
③ 플랫타입
④ 중정형 하우스

TIP 연립주택의 분류
㉠ 테라스 하우스
㉡ 중정형 하우스
㉢ 타운 하우스
㉣ 로우 하우스

24 다음 연립주택의 종류 중 경사지를 적당하게 이용하며 각 주호마다 정원을 갖을 수 있는 주택의 형식은?

① 테라스 하우스
② 중정형 하우스
③ 로우 하우스
④ 타운 하우스

TIP ② 건물 내부에 중정을 갖는다.
③ 도시형 주택의 이상형 주택이다.
④ 인접가구와의 사이에 경계벽을 두어 주택을 각각으로 구분화한다.

25 다음 중 근린분구의 시설이 아닌 것은?

① 파출소
② 도서관
③ 공중목욕탕
④ 술집

TIP ② 근린주구에 속한다.
※ 근린분구 시설
㉠ 소비시설 : 잡화상, 술집, 쌀가게 등
㉡ 후생시설 : 공중목욕탕, 약국, 이발관, 진료소, 조산소, 공중변소 등
㉢ 공공시설 : 공회당, 파출소, 공중전화, 우체통 등
㉣ 보육시설 : 유치원, 탁아소, 아동공원 등

Answer 23.③ 24.① 25.②

26 다음 중 아파트의 주동형식에 의한 종류가 아닌 것은?

① 타운 하우스　② 탑상형
③ 판상형　④ 복합형

TIP 주동형식에 의한 분류
㉠ 탑상형 : 건축 외관의 사면성을 강조한다.
㉡ 판상형 : 각 주호의 방향의 균일성이 확보된다.
㉢ 복합형 : 여러가지 형태를 복합한 것이다.

27 다음 중 엘리베이터의 산정조건으로 옳지 않은 것은?

① 한 층에서 승객이 기다리는 시간은 평균 10초로 한다.
② 정원의 80%가 타는 것으로 한다.
③ 실제 주행속도는 전속도의 90%로 한다.
④ 1인 승객이 승강에 필요한 시간은 문 개폐시간을 포함해서 6초로 한다.

TIP ③ 엘리베이터의 실제 운행속도는 전속의 80%로 한다.

28 집합주택이 300호인 집단에서 필요한 공공시설은?

① 유아 놀이터　② 파출소
③ 도서관　④ 병원

TIP 집합주택이 300호인 곳은 근린분구에 속하며 근린분구의 공공시설은 공회당, 파출소, 공중전화, 우체통 등이 있다.

Answer 26.① 27.③ 28.②

29 다음 아파트 평면형식 중 중복도형에 관한 설명으로 옳지 않은 것은?

① 불필요한 복도의 면적이 많다.
② 프라이버시 보호가 안 되고 시끄럽다.
③ 채광, 통풍에 유리하다.
④ 부지의 이용률이 높다.

TIP 중복도형은 부지의 이용률이 높은 반면에 채광, 통풍, 프라이버시, 소음에 취약하다.

30 다음은 독신자 아파트의 특징을 설명한 것이다. 옳지 않은 것은?

① 욕실은 공동으로 사용할 수 있도록 한다.
② 단위평면에 보통 부엌을 설치해 준다.
③ 보통 복도식을 사용한다.
④ 단위평면 자신의 면적이 극도로 절약되어 공용의 사교적 부분이 충분히 설치되도록 한다.

TIP ② 보통 부엌, 욕실은 공용공간으로 설치하고 독신자에게 충분히 제공되어야 한다.

31 다음 중 아파트의 블록플랜을 설명한 것으로 옳지 않은 것은?

① 현관은 계단에서 6m 이내로 한다.
② 각 단위평면이 외기에 3면 이상 접해야 한다.
③ 거실이 모퉁이에 배치되지 않도록 한다.
④ 모든 실이 균등하게 배치되어야 한다.

TIP 블록플랜(Block plan)
㉠ 각 단위플랜이 2면 이상 외기에 접해야 한다.
㉡ 현관은 계단에서 6m 이내로 멀지 않게 한다.
㉢ 모든 실들이 환경에 균등하게 배치되어야 한다.
㉣ 거실이 모퉁이에 배치되지 않도록 한다.
㉤ 모퉁이에서 다른 가구가 들여다보지 않도록 주의한다.

Answer 29.③ 30.② 31.②

32 다음 중 아파트의 성립요건으로 옳지 않은 것은?

① 공동설비 이용의 혜택이 증가된다.
② 도시의 랜드마크가 된다.
③ 핵가족화로 인해 세대인원이 감소된다.
④ 도시 근로자가 이동한다.

TIP 아파트 성립요건
㉠ 건축비, 대지비, 유지관리비가 절약된다.
㉡ 공동설비 및 주위환경의 혜택이 증가된다.
㉢ 도시에 인구밀도가 증가된다.
㉣ 도심지 생활자의 이동성이 발생한다.
㉤ 세대구성원의 인원이 감소된다.

33 아파트에서 엘리베이터의 정지층수를 적게 할 수 있는 형식은?

① 복층형 ② 홀형
③ 계단실형 ④ 단층형

TIP 복층형은 한 주호가 2개층에 사는 것으로 엘리베이터의 정지층수가 적어지고 경제적으로도 효율적이다.

34 다음 중 집합주택의 스킵플로어(Skip floor type)에 대한 설명으로 옳지 않은 것은?

① 엘리베이터의 효율이 좋아진다.
② 채광, 통풍, 프라이버시가 좋다.
③ 복도의 면적이 줄어든다.
④ 동선이 짧아진다.

TIP ④ 스킵플로어형은 엘리베이터에서 복도를 거쳐 계단을 통하여 각 주호에 도달해야 하므로 동선이 길어진다.

Answer 32.② 33.① 34.④

35 다음 그림에서 아파트의 인동간격으로 알맞은 것은? (단, D : 남북 인동간격, d_x : 측면 인동간격, b_x : 건물길이)

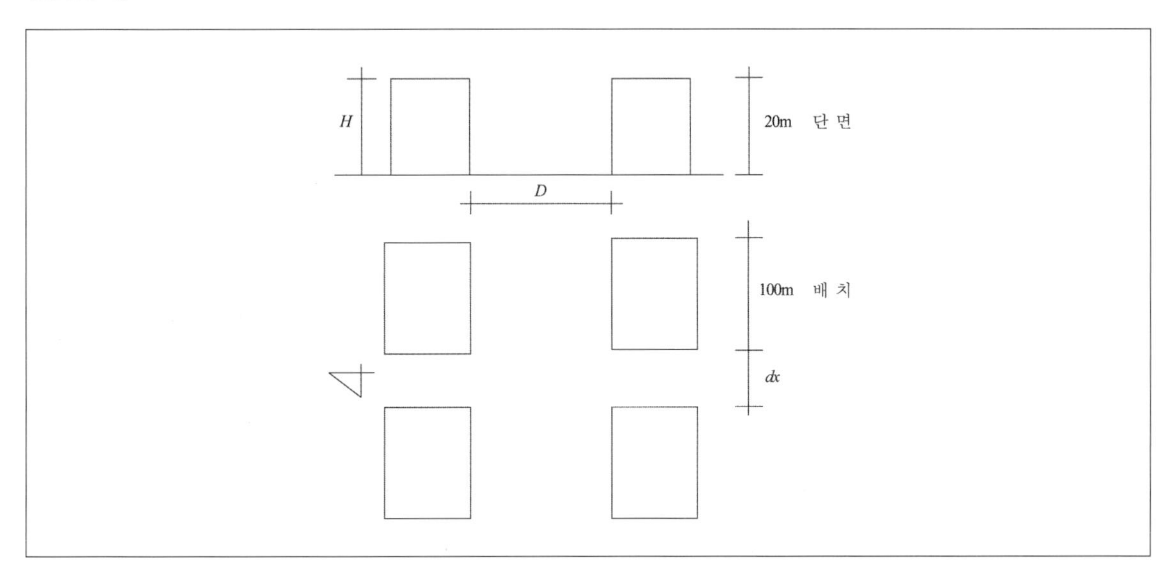

① $D = 10\text{m},\ dx = 10\text{m}$　② $D = 20\text{m},\ dx = 10\text{m}$

③ $D = 30\text{m},\ dx = 20\text{m}$　④ $D = 40\text{m},\ dx = 20\text{m}$

TIP 남북 인동간격 $D = 2H = 2 \times 20 = 40$(m)이며,

측면간 인동간격에서 아파트는 다세대 건물이므로 $dx = 1/5bx = \frac{100}{5} = 20$(m)이다.

※ 인동간격

㉠ 남북 인동간격 : $D = 2H$

㉡ 측면간 인동간격

- 1세대 건물 : $dx = 1bx$
- 2세대 건물 : $dx = 1/2bx$
- 다세대 건물 : $dx = 1/5bx$

Answer 35.④

03 PART 업무시설

01 사무소

01 사무소의 개요

❶ 사무소의 계획조건 및 분류

(1) 사무소 대지선정의 조건

① 도시의 상업 중심가 지역

TIP

전용사무소의 경우는 도심을 피하는 것이 좋다.

② 교통이 편리한 곳

③ 도로와 2면 이상 접한 곳이나 모퉁이 대지

④ 고층빌딩인 경우 전면도로 폭이 20m 이상인 곳

⑤ 대지의 형태가 직사각형에 가깝고 전면도로에 길게 접한 곳

(2) 배치계획시 조건

① 소음, 공해가 적고 채광조건이 양호할 것

② 건축법상 유리할 것

③ 주차면적이 충분한 곳

④ 도시의 크기, 경제상태, 성격에 따르는 사무소의 규모 고려

TIP

구획사무소

㉠ Open floor : 구획을 하지 않은 사무실

㉡ 구획된 사무소 크기와 특징

구분	경제불황	유지비	초기 투자비	신축성
큰 구획	불리	작음	작음	좋음
작은 구획	양호	·	큼	불리

(3) 사무소의 분류

① 관리상의 분류

㉠ **전용사무소** : 동사무소와 같이 완전히 전용으로 자기가 사용한다.

㉡ **준전용사무소** : 몇 개의 회사가 관리운영하고, 공동소유로 입지조건이 좋은 곳에 고층빌딩을 건축해서 이용한다.

㉢ **준대여사무소** : 건물의 주요부분은 자가전용으로 하고 나머지는 대여하는 사무소이다.

㉣ **대여사무소** : 건물의 전부 또는 대부분을 대여하는 사무소이다.

② 대여계획상의 분류

㉠ **개실별 임대** : 기둥간격 단위로 대여한다.

㉡ **블록별 임대** : 기준층을 몇 개의 블록으로 나누어 임대한다.

㉢ **층별 임대** : 층 단위로 임대한다.

㉣ **전층 임대** : 전층을 단일회사에 임대한다.

TIP

이용률

㉠ 부지의 이용률 : 건축으로서 실재로 사용되고 있는 부지면적을 부지면적으로 나눈 비율

㉡ 건물의 이용률 : 건물의 실제 사용하는 건평을 전체 연건평으로 나눈 비율

2 일반계획

(1) 대실면적의 수용인원

① 유효율(Rentable ratio)

$$유효율 = \frac{대실면적}{연면적} \times 100(\%)$$

㉠ 전체 건물 연면적에 대해서 70 ~ 75% 정도이다.

㉡ 기준층에서는 80% 정도이다.

② 사무실 수용인원수 및 면적

㉠ **대실면적** : $6m^2$/1인

㉡ **연면적** : $10m^2$/1인

㉢ **임대비율(임대면적/전체 연면적)** : 0.70 ~ 0.75

㉣ **1인당 소용 임대면적** : $10m^2 \times 0.7 = 7m^2$

㉤ **임대면적 분할** : 공용부분 20%, 개인업무전용 80%

㉥ 개인업무전용면적 : $7m^2 \times 0.8 = 5.6m^2$

③ 남 · 녀 비율 … 사무소의 규모, 성격에 따라 차이가 있다.

종류	남	여
일반 사무관계	65 ~ 75%	35 ~ 25%
은행	60 ~ 70%	40 ~ 30%
상점	50 ~ 60%	50 ~ 40%

(2) 사무실 모듈

① 책상, 캐비닛을 기준치수로 이용한다.

② 일방향으로 앉는 배치(Single layout)

㉠ 통로와 책상이 평행일 때 : 1.5m 모듈을 적용한다.

㉡ 통로와 직각일 경우 : 1.8m 모듈을 적용한다.

③ 마주 앉는 배치(Double module) … 1.5m 모듈을 적용한다.

④ 특수배치

㉠ 1.2m 모듈을 적용한다.

㉡ 일반적인 배치에는 조화를 이루지 못한다.

⑤ 우리나라에서는 일반적인 대면배치는 1.5m 모듈을 적용한다.

⑥ 우리나라의 일반적인 책상간격

㉠ 최저 3m

㉡ 보통 3.2m

(3) 책상의 배치

① 4조 직렬

㉠ 1인당 $4.15m^2$

㉡ 사무능률 및 1인에 대한 책상면적이 적합하다.

㉢ 책상배치의 표준이다.

② 3조 직렬

㉠ 1인당 $4.47m^2$

㉡ 4조 직렬보다 기둥간격이 좁은 사무실에 적용된다.

③ 2조 직렬

㉠ 1인당 $5.28m^2$

㉡ 특수한 경우에 적용한다.

[책상배치]

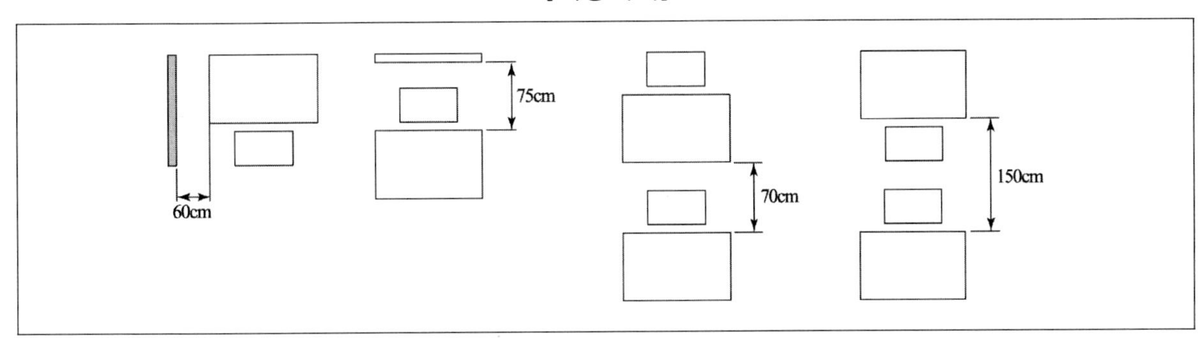

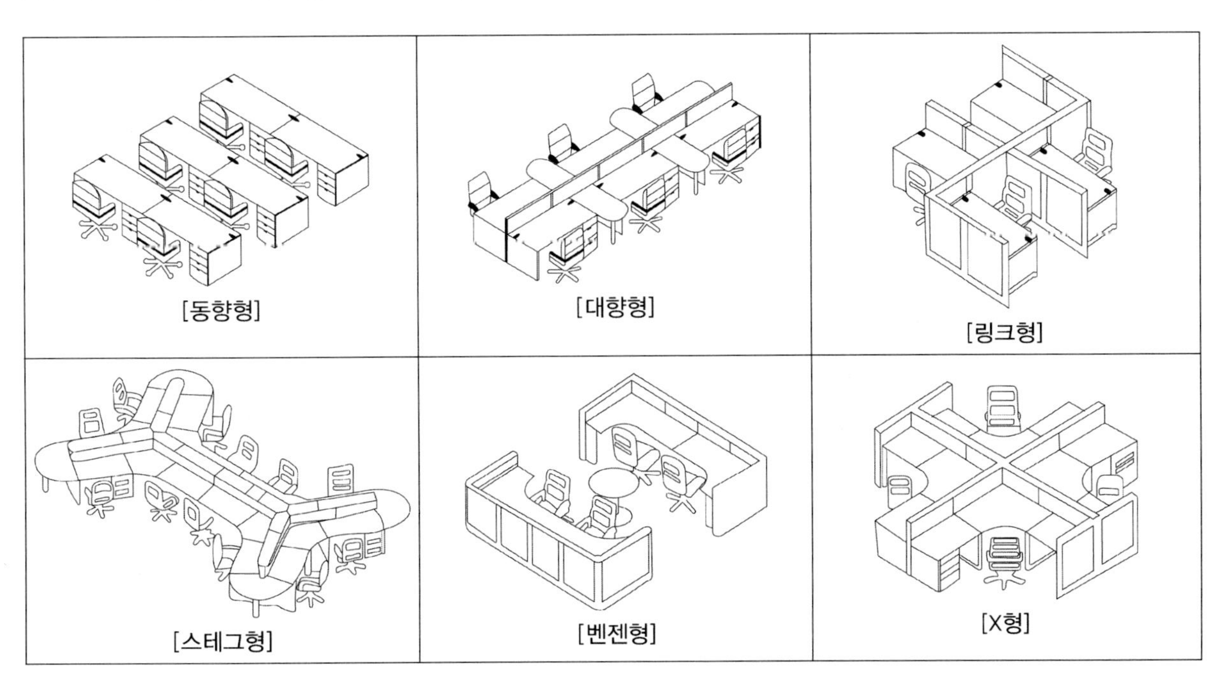

[모듈플랜에 따른 책상의 배치]

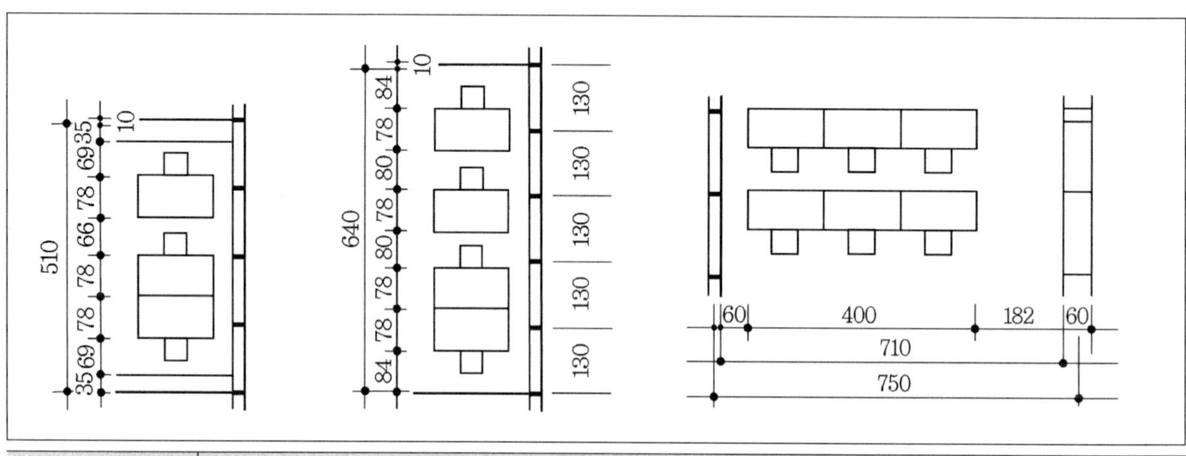

책상배치 형식	배치의 특징
대향식 배치	• 마주보고 업무하는, 작업 중시의 워크스테이션이다. • 최소의 스페이스에서 레이아웃이 가능하다. • 팀워크를 발휘하기 쉽고, 커뮤니케이션이 부드럽다.
배면식 배치	• 등을 맞대고 업무하는, 개인 간의 혹은 2인 3인의 공동간의 프라이버시를 중시하는 워크스테이션이다. • 파티션을 이용하여 독자적인 업무공간으로 구성한다. • 책상 사이에 테이블을 배치하여 팀 간 혹은 부서 간 회의 및 공동 업무 지원이 가능하다.
卍식 배치	• 업무의 관련성이 높은 4인의 배치에 적당한 워크스테이션이다. • 개인 간의 프라이버시를 가장 중시하는 형태이다. • 업무의 고도화 및 다양화에 대응하여 개발된 배치로, 연구 업무에 적당하다. • 4인 1조일 경우에만 채용할 수 있어 융통성이 낮아 채용률이 낮다.
병렬식 배치	• 전형적인 수직구조의 관료스타일로 직급이 높을수록 뒤쪽에 배치하는 워크스테이션이다. • 커뮤니케이션을 저해하지 않고, 다소의 프라이버시는 확보된다. • 대향식보다 스페이스가 많이 필요하여 적용하는 경우가 드물다.
격자식 배치	• 낮은 파티션을 격자형으로 뒤쪽에 배치하는 워크스테이션이다. • 통행하는 사람에게 방해받을 일이 없고 높은 프라이버시를 얻을 수 있어 창조적인 업무에 적당하다.

02 평면계획

1 평면형

(1) 실단위에 의한 분류

① 개실 System

㉠ 복도에 의해서 각 층, 각 실의 여러 부분으로 들어가는 형식이다.

㉡ 독립성, 쾌적성이 좋다.

㉢ 칸막이 등의 설치로 공사비용이 높다.

㉣ 방길이에는 변화를 줄 수 있으나 복도로 인해서 깊이에는 변화를 줄 수 없다.

㉤ 소규모의 사무실이므로 경기불황일때 임대하기가 용이하다.

② 개방식 System

㉠ 개방된 큰 방을 만들고 중역들을 위해서 작은 방을 따로 만드는 형식이다.

㉡ 칸막이 등이 없어 공사비용이 저렴하다.

㉢ 전체를 유효하게 이용할 수 있으므로 공간이 절약된다.

㉣ 방의 길이, 깊이에 변화를 줄 수 있다.

㉤ 중심부에는 자연채광, 인공조명이 필요하다.

㉥ 소음이 크며 독립성이 떨어진다.

③ 오피스 랜드스케이핑(Office landscaping)

㉠ 개념 : 서열, 계급에 대한 획일적이고 기하학적인 배치에서 탈피하여 사무작업, 흐름을 중요시하여 효율적인 사무환경의 향상을 위한 배치방법이다.

㉡ 장점

- 공간이 절약된다.
- 칸막이 공사비가 절감된다.
- 의사전달의 융통성이 생긴다.
- 작업변화에 유리하다.
- 업무활동이 쾌적해진다.

㉢ 단점

- 프라이버시가 결여된다.
- 소음이 발생된다.
- 대형가구, 사무기기의 소음으로 인해서 별도의 공간이 필요해진다.

TIP

오피스 랜드스케이핑의 계획원칙

㉠ 서열, 직위에 의한 배열이 아니라 작업의 흐름, 의사전달에 의해서 계획한다.
㉡ 작업의 흐름이 1개의 동선으로 될 수 있도록 배치한다.
㉢ 바닥은 소음방지를 위해 카펫을 깔도록 한다.
㉣ 자리에 앉은 사람은 통로나 출입구가 시야에서 벗어나게 유도한다.
㉤ 칸막이는 합리적으로 최소량이 되도록 배치한다.
㉥ 서로 다른 공간이나 동선의 방해를 주지 않게 유도한다.
㉦ 밀접한 관계의 공간을 인접하도록 한다.
㉧ 주통로는 최소 2m 이상, 부통로는 1m 이상, 책상 사이의 통로는 0.7m 이상, 책상간의 거리는 최소 0.7m를 유지하도록 한다.
㉨ 회의장소 등은 실작업장과 5～9m의 간격을 유지한다.
㉩ 휴식공간은 직원 누구나 휴게소까지 30m 내의 거리에 위치하도록 한다.

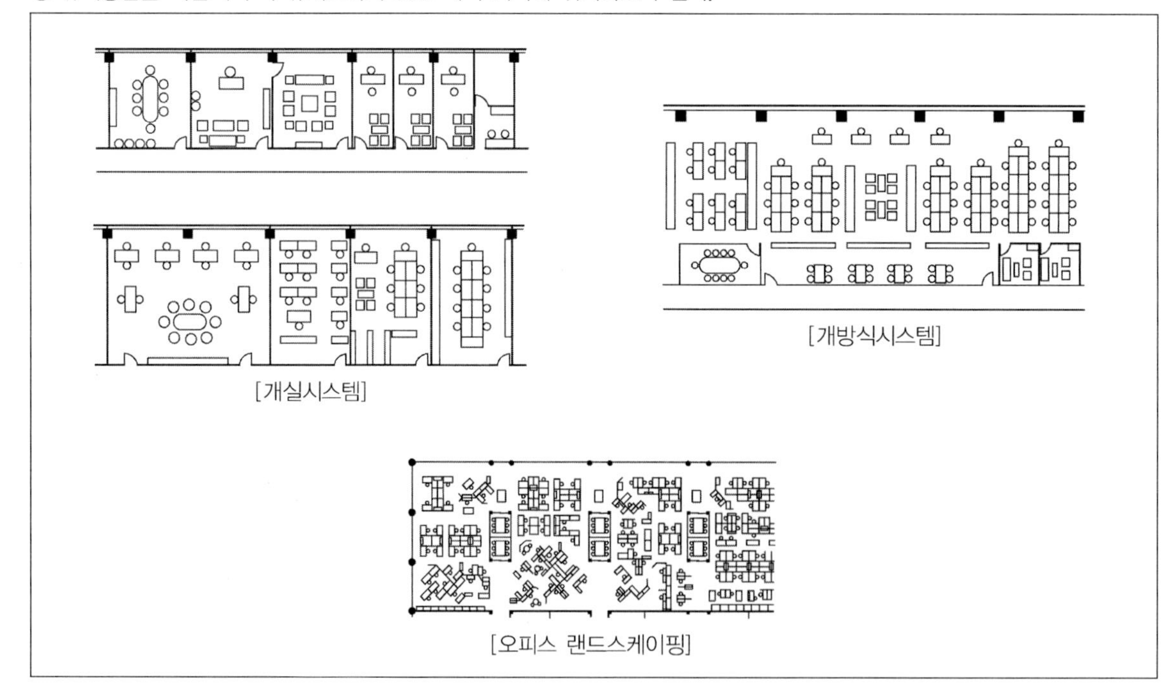
[개실시스템]
[개방식시스템]
[오피스 랜드스케이핑]

| 기출예제 01

2009 지방직 (7급)

오피스 랜드스케이프(Office Landscape)에 대한 설명으로 옳지 않은 것은?

① 배치패턴이 일정한 기하학적 패턴으로부터 벗어났다.
② 사무환경에서 발생하는 다양한 시청각 문제와 프라이버시 결여 문제를 해결하였다.
③ 배치는 직위보다는 커뮤니케이션과 작업흐름의 실제적 패턴에 기초하고 있다.
④ 새로운 사무환경 변화에 맞추어 신속한 변경이 가능하다.

✱ 오피스랜드스케이프는 프라이버시 유지상 문제가 있다.

답 ②

checkpoint

새로운 콘셉트의 오피스

㉠ **콤비(Combi) 콘셉트 오피스** : 집중적인 작업을 위해 작지만 모든 설비가 구비된 개실형의 사무공간을 가지며 중앙부에는 레스토랑, 회의실, 자료 등을 집합시킨 시설을 두어 업무지원의 편의성과 피고용인과 방문자와의 만남을 위한 장소를 제공하는 방식이다.
㉡ **팀(Team) 오피스** : 개실형 시스템과 개방형 시스템이 절충된 방식으로서 업무 위주의 유닛을 강조한 방식이다.
㉢ **린(Lean) 콘셉트 오피스** : 개인적인 사무공간이 거의 없는 방식으로 직원들은 자유롭게 공간을 다목적으로 이용하여 업무를 볼 수 있는 방식이다.

(2) 공용시설 상에 의한 분류

① **복도가 없는 형** … 소규모

② **중복도형** … 중 · 대규모

③ **편복도형** … 중규모

④ **편복도와 중복도의 결합형** … 중규모

⑤ **큰실블록을 편복도로 연결한 형** … 대규모

⑥ **중복도 방사선형** … 20층 이상 대규모

⑦ **공용시설을 채광정측에 택한 형**
㉠ **장점** : 부지를 경제적으로 사용할 수 있다.
㉡ **단점** : 위생상 좋지 않다.

[기준층의 배치방식]

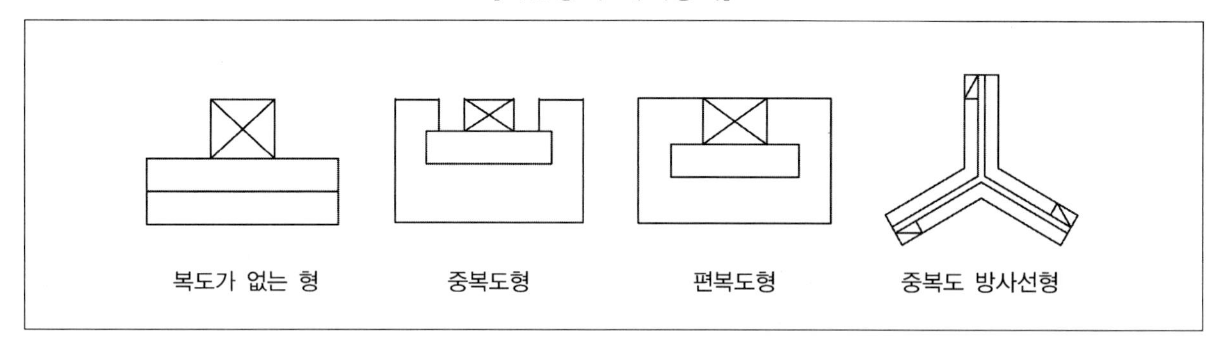

TIP

기준층계획

㉠ 기준층은 면적이 클수록 임대율이 올라간다. 그러나 경제적인 설계를 하기 위해서는 기둥간격을 적절히 해야 하고 기준층에서의 동선을 엘리베이터를 중심으로 공용부분과 유기적이면서도 복잡해지지 않도록 복도는 단순하고 짧게 계획한다.

㉡ 대사무실의 기획과 설계에서는 대상 거주자의 규모와 수를 설정하며 엘리베이터 계획에서의 출근집중률, 관내인구, 주차장 이용률, 기타 여러 추정, 예측을 근거로 하여 기준층을 결정한다.

㉢ 현행 법규상의 기준층계획에 관계되는 방화구획, 배연계획, 피난거리 등의 문제를 고려해야 한다.

㉣ 스프링클러와 설비요소, 책상의 배치, 칸막이벽의 설치, 지하주차장의 주차 등을 위하여 모듈에 따라 격자식 계획을 채용한다.

(3) 복도형에 의한 분류

① 단일지역배치

㉠ 편복도식으로서 복도의 한편에만 실들이 배치되는 형식으로 경제성은 적고 건강 분위기 등의 집무환경이 양호하다.

㉡ 자연 채광이 좋으며 통풍이 유리하다.

㉢ 경제성보다 건강, 분위기 등이 필요한 경우에 적당하며, 단위면적당 소요비용이 비교적 고가이다.

② 2중 지역배치

㉠ 중복도식으로서 중규모사무소에 적합하며 동서로 사무실을 면하게 할 수 있고 주계단과 부계단에서 각 실로 들어갈 수 있다.

㉡ 유틸리티 코어의 설계에 주의를 요한다.

③ 3중 지역배치

㉠ 고층에 주로 사용되며 교통시설, 위생설비는 건물내부 제3지역 또는 중심에 위치하는 방식이다. 코어에 설비를 집중시켜 실배치가 자유롭다.

㉡ 방사선 형태의 평면 형식으로 고층 전용 사무실에 주로 사용된다.

㉢ 교통시설, 위생설비는 건물 내부의 제3 또는 중심지역에 위치하며 사무실은 외벽을 따라서 배치한다.

㉣ 사무소 내부 지역에 인공조명, 기계 환기설비가 필요하다.

ⓜ 경제적이며 미적, 구조적 견지에서 많은 이점이 있다.

[사무소의 존]

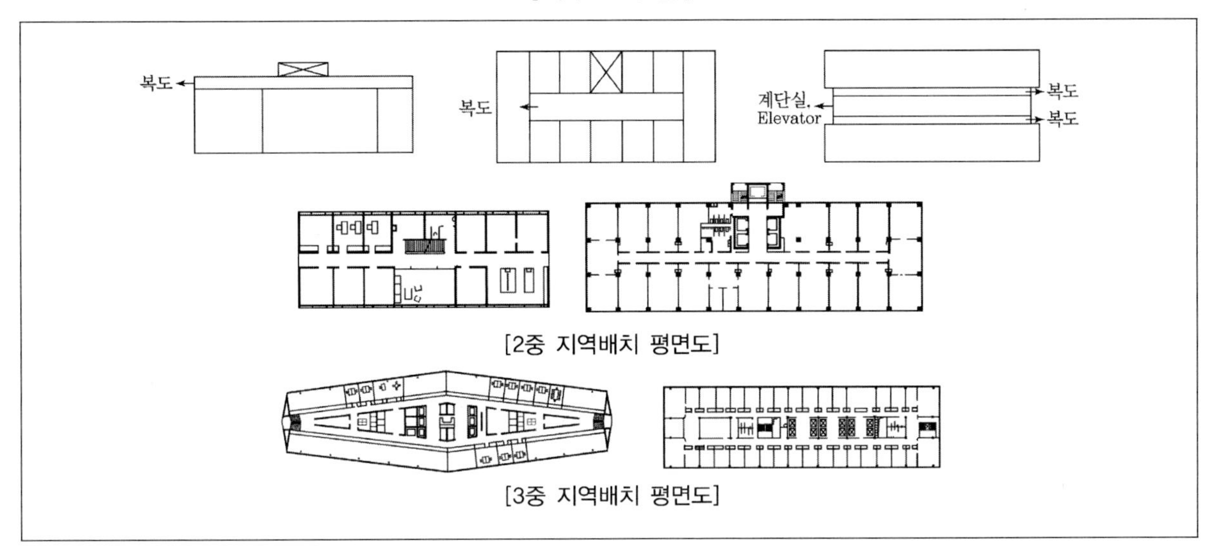

[2중 지역배치 평면도]

[3중 지역배치 평면도]

TIP

사무소 평면조닝

특징 \ 조닝	Sing zone layout	Double zone layout	Triple zone layout
임대비	비싸다	싸다	임대 부적당
경제성	낮다	높다	높다
채광성	좋다	부분 인공조명	대부분 인공조명 사용
규모	소규모	중규모	고층 전용사무실에 적합

④ **사무소 평면형태**

㉠ **셀룰러형** : 전체 사무공간 중 개인형 사무실을 도입한 것

㉡ **다중복도형** : 셀룰러형에서 발전한 하나의 형식으로 오피스에 의한 조직이 다중화될 필요성이 대두되어 개실로서의 역할로만 충족될 수 없는 상황에서 비서나 직원들을 주변에 배치시킬 필요에 따라 공간을 구획한 계획유형. 기업전체가 다중복도로 연결되기에 프라이버시가 좋지 못하다.

㉢ **풀형** : 사무작업의 복잡화와 전문화에 따라 숙련전문가와 비숙련 사무원의 구조로 구분되어 전문가는 개실형, 비숙련자는 공용실을 이용

㉣ **불펜형** : 대량의 작업처리와 같은 단순사무작업이 증가하면서 오피스 업무의 효율적 처리를 위해 업무책상이 라인으로 배치되어 한 눈에 감시가 가능한 오피스유형

㉤ **유닛형** : 독립된 작업공간과 휴식이나 커뮤니케이션을 위한 매개공간이 하나의 유닛으로 구성

❷ 코어계획(Core plan)

(1) 개념

사무소 건물에서의 코어는 평면, 구조, 설비 등의 관점에서 건물 일부분에 어떤 집약적인 형태로 있는 것을 말한다.

(2) 코어의 특징

① 설비적인 측면에서 비용이 절감된다.

② 화장실, 급탕실, 잡용실을 근접배치시킨다.

③ 수직인 공통된 위치를 갖는다.

④ 엘리베이터, 계단, 덕트를 집중화한다.

(3) 코어의 역할

① 평면적인 역할

㉠ 공용부분을 한 곳에 집약하므로 유효면적을 높임
㉡ 실간 계단과의 최단거리를 확보
㉢ 자유로운 사무소 공간확보

② 구조적인 역할

㉠ 코어골조가 주내력벽, 주내진벽의 역할을 하여 구조적으로 안정된 배치를 이루게 된다.
㉡ 구조계획 및 설계가 용이해지며 코어골조가 선행공사되므로 공기를 단축시킬 수 있다.

③ 설비적인 역할

㉠ 설비시설 집약화
㉡ 설비계통의 순환성 향상
㉢ 엘리베이터 등 설비시설의 집중화
㉣ 설비계통의 거리단축

TIP

코어로 인해서 피난동선이 복잡해질 수 있다.

(4) 코어의 종류

① 편심코어형(평단코어형)

㉠ 바닥면적이 작은 경우에 적합하다.
㉡ 고층일 경우 구조상 불리하므로 소규모에 적합하다.

ⓒ 바닥면적이 커지면 코어외 별도의 피난설비가 필요하다.(설비샤프트 등)

② **독립코어형**(외코어형)

㉠ 편심코어형에서 발전되어 코어가 외부로 독립되었지만 편심코어형과 거의 동일하다.

㉡ 코어와 상관없이 사무실 공간을 자유로이 계획할 수 있다.

㉢ 방재상 불리하다.

㉣ 내진구조에 불리하다.

㉤ 바닥면적이 커지면 피난시설을 포함한 부수적인 코어가 별도로 필요하다.(서브코어 등)

㉥ 외부독립된 코어에서 사무실까지 덕트, 배관을 이어오는데 불리하다.

③ **중심코어형**(중앙코어형)

㉠ 바닥면적이 큰 경우 적합하다.

㉡ 고층이나 초고층, 대규모 빌딩에 전형적이며 적합한 형식이다.

㉢ 내진구조로 적합하여 코어외주 구조벽을 내력벽으로 한다.

㉣ 내부공간과 외관이 일관되기 쉽다.

④ **양단코어형**(분리코어형)

㉠ 코어가 분리되어 있기에 2방향 피난에 이상적이다.

㉡ 방재상 유리하다.

㉢ 하나의 큰 공간을 필요로 하는 전용사무소에 적합하다.

㉣ 동일층을 분할해서 임대하게 되면 복도가 필요하게 되므로 유효율이 절감된다.

[코어의 종류]

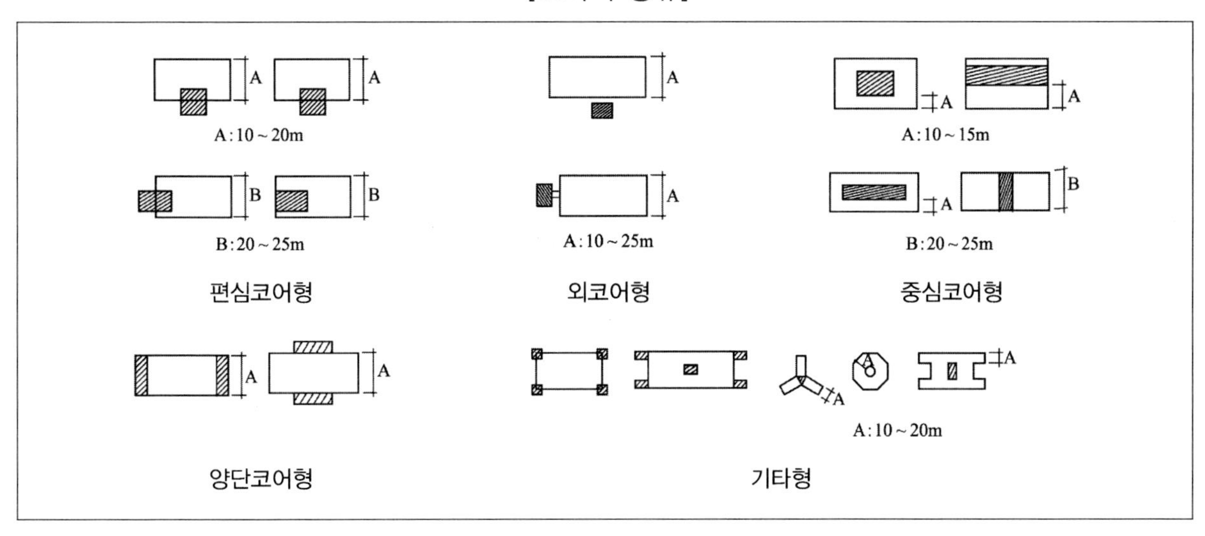

기출예제 02 2011 지방직 (7급)

사무소 건축에서 코어 구성에 대한 설명으로 옳은 것은?

① 양측코어는 대공간을 필요로 하는 사무실에 적합하며, 방재상 유리하다.
② 고층건물에서 편심코어는 자유로운 사무실 배치가 가능하며, 구조상 유리하다.
③ 코어는 사무실과 달리 수익성이 낮은 부분이므로 반드시 최소한의 규모로 계획한다.
④ 코어의 샤프트는 고정된 공간으로 여유면적을 특별히 고려하지 않아도 된다.

✱

② 고층건물에서 편심코어는 자유로운 사무실 배치가 어려우며, 구조상 불리하다.
③ 코어는 경제적인 이점을 살리기 위해 설치하는 부분이므로 적정한 규모로 계획한다.
④ 코어의 샤프트는 고정된 공간이지만 여유면적을 충분히 고려해야 한다.

답 ①

(5) 코어의 계획 시 고려사항

① 엘리베이터는 가급적 중앙에 집중설치한다(4대 이하 직선배치, 6대 이상 배면배치).

② 임대사무실과 코어의 동선은 간단해야 한다.

③ 계단, 엘리베이터, 화장실은 가능한 접근시킨다.

④ 코어 내 공간은 각 층마다 공통의 위치에 있어야 하며, 명확한 식별 및 인식이 용이해야 한다.

⑤ 출입구면에 엘리베이터홀이 근접해 있지 않도록 한다.

⑥ 사무소건축에서 코어는 크게 할수록 경제성이 떨어지며 동선이 간단해야 한다.

⑦ 샤프트나 공조실은 계단, 엘리베이터 및 설비실(utility closet)들 사이에 갇혀있지 않도록 한다.

⑧ 계단, 엘리베이터, 화장실 등은 근접배치하고 피난용 특별계단은 법적거리 한도 내에서 가능한 멀리 이격시킨다. (코어 부분과 피난용 계단이 가까이 있으면 서로 도망가려고 하다가 인명피해가 발생할 수 있다.)

⑨ 코어는 많은 인원이 한 군데 몰릴 수 있으므로 피난방지상으로 그다지 좋지 못하다.

TIP

코어계획

㉠ 코어계획시 접근시켜야 할 공간
- 계단, 엘리베이터, 화장실
- 잡용실, 급탕실, 더스트슈트
- 메일슈트와 엘리베이터홀

㉡ 코어계획시 반드시 분리시켜야 할 공간 : 엘리베이터홀과 사무실 출입구

(6) 코어 내의 각 공간(전체 코어가 차지하는 면적 25%)

① **통로** … 엘리베이터홀, 복도, 특별 피난계단

② **샤프트** … 엘리베이터, 파이프, 덕트, 메일슈트

③ **실** … 계단실, 변소, 세면실, 잡용실, 급탕실, 공조실

| 기출예제 03 2007 국가직

사무소건축의 코어(core)에 대한 설명 중 옳은 것은?

① 코어는 수직교통시설과 설비시설이 집중된 공용공간인 동시에 내력벽 구조체의 역할을 함께 수행한다.
② 코어 내의 각 공간에는 계단실, 엘리베이터 통로 및 홀, 로비, 전기실 및 기계실, 복도, 공조실, 화장실, 굴뚝 등이 포함된다.
③ 엘리베이터와 화장실은 가급적 분리시킨다.
④ 코어 내의 각 공간은 각 층마다 조금씩 다른 위치에 있도록 한다.

✱
② 일반적으로 기계실, 전기실, 공조실 등은 코어 내에 포함되지 않는다.
③ 일반적으로 엘리베이터와 화장실은 통합시켜서 계획한다.
④ 코어 내의 각 공간은 각층마다 동일한 위치에 있도록 해야 한다.

답 ①

03 실의 계획

❶ 단면계획

(1) 단면계획의 개요

① **지하층** … 창고, 전기실, 기계실 등

② **주층**(Main floor)
㉠ 접근성이 우수한 층
㉡ 출입구 부분 : 은행
㉢ 고소득 임대비 가능지역

③ **기계실** … 냉 · 난방, 전기실 등

④ 대실 임대비

㉠ Service 부분 : 30%

㉡ Rental 부분 : 70%

(2) 층고(Floor height)

① 결정요소

㉠ 층고와 깊이는 사용목적, 채광, 공사비에 따라 결정된다.

㉡ 사무실의 깊이는 채광량, 책상배치 등으로 결정되지만 층고에도 관계된다.

② 1층

㉠ 중층 여부, 입면의장, 용도별 등에 따라 층고를 배치한다.

㉡ 소규모 건물은 4m 내외의 높이로 한다.

㉢ 영업실, 은행 등의 넓은 상점은 4.5 ~ 5.0m 정도로 한다.

㉣ 고층건물의 1층은 중2층으로 할 경우 5.5 ~ 6.0m 정도로 한다.

③ 기준층

㉠ 여러 층으로 된 각 층의 평면이 거의 같을 때 표준형으로 기준이 되는 층을 말한다.

TIP

기준층의 계획(평면상)

㉠ 기준층 평면형의 형태 결정조건
- 동선 간의 거리
- 방화구획 상의 면적
- 구조 상 스팬의 한도
- 대피 상 최대 피난거리
- 덕트, 배선 등 설비시스템의 한계
- 자연광의 한계

㉡ 기준층은 면적이 클수록 임대율이 올라간다.

㉢ 동선은 엘리베이터를 중심으로 복잡하지 않으면서 공용부분을 유지시키며 복도는 단순하고 짧게 계획한다.

㉣ 법규상 피난거리, 배연, 방화구획 등을 고려한다.

㉡ 보통 3.3 ~ 4m 높이로 한다.

㉢ 설비방식, 바닥 배선방식에 따라 층고를 결정한다.

㉣ 난방설비, 덕트, 액세플로어 등의 배치상 30cm 정도 증가할 수 있다.

TIP

기준층 층고 좌우요소

㉠ 사무실의 사용목적과 깊이

㉡ 공기조화와 냉 · 난방설비

㉢ 공사비

㉣ 구조방식

㉤ 건물 높이제한과 층수제한

④ 지하층(주차장)

㉠ 용도, 주차 및 차로의 높이는 2.3m 이상으로 한다.

㉡ 주차부분의 높이는 2.1m 이상으로 한다.

㉢ 중요한 실을 두지 않는 경우에는 높이는 3.5 ~ 3.8m로 한다.

⑤ 기계, 전기실

㉠ 소규모 난방보일러실의 높이는 4 ~ 4.5m로 한다.

㉡ 냉난방 기계실을 가진 대규모실의 높이는 5 ~ 6.5m로 한다.

⑥ 최상층 … 2중 천장 등으로 기준층보다 30cm 높게 한다.

TIP

층고를 낮게 할 경우의 특징

㉠ 장점

- 층수와 실의 수가 많아지게 되어 임대수익이 증가한다.
- 단위토지당 건물면적이 증가하게 되어 토지를 효율적으로 이용할 수 있다.
- 공조효과가 향상되며 수직동선이 단축된다.

㉡ 단점 : 엘리베이터 정지 층수가 많아져서 엘리베이터 운용이 비효율적으로 되기 쉬우며 엘리베이터를 추가해야 하는 등 각종 설비부담이 증가된다.

(3) 기둥간격

① 결정요소

㉠ 책상의 배치

㉡ 채광상 층고에 따른 안쪽 깊이

㉢ 주차의 배치

② 내부기둥의 간격

㉠ 철근 콘크리트조 : 5.0 ~ 6.0m

㉡ 철골 · 철근 콘크리트조 : 6.0 ~ 7.0m

㉢ 철골조 : 7.0 ~ 9.0m

③ 창방향 기둥간격

㉠ 기준층 평면결정의 기본요소인 책상배열에 따라 결정한다.

㉡ 책상배열에 따라서 5.8m의 스팬이 가장 적당하다.

㉢ 지하주차장은 5.8 ~ 6.2m 정도로 보통 6.0m 전후로 한다.

❷ 각부계획

(1) 사무실 계획

① 출입구

㉠ 높이 : 1.8 ~ 2.1m

㉡ 폭

- 0.85m ~ 1.0m
- 외여닫이 : 0.75m 이상
- 쌍여닫이 : 1.5m 이상

㉢ 피난을 고려할 때 원칙상은 밖여닫이여야 하나 복도의 구조나 면적상 보통 안여닫이로 한다.

② 깊이

㉠ 외측에 면하는 $\frac{\text{실내의 길이}}{\text{층고비}}$는 2.0 ~ 2.4m 정도로 한다.

㉡ 채광정측에 면하는 실내의 $\frac{\text{길이}}{\text{층고비}}$는 1.5 ~ 2.0m 정도로 한다.

③ 채광

㉠ 자연채광

- 바닥면적의 $\frac{1}{10}$ 정도
- 창의 폭은 1 ~ 1.5m
- 창대의 높이는 0.75 ~ 0.8m, 고층인 경우 0.85 ~ 0.9m

㉡ 인공조명

- 조도를 충분히 높여야 한다.
- 균등하게 실내 조도를 유지해야 한다.
- 장시간 현휘가 없어야 하므로 광원의 휘도를 낮춰야 한다.

(2) 복도와 계단

① 복도

㉠ 편복도의 폭 : 2.0m 정도로 한다.

㉡ 중복도의 폭 : 2.0 ~ 2.5m 정도로 한다.

② 계단

㉠ 주요한 계단은 1층 주출입구 근처에 배치한다.

㉡ 엘리베이터홀에 근접시킨다.

㉢ 2개소 이상의 계단을 계획한다.

㉣ 계단폭은 소규모 사무실인 경우 1.2m이상이어야 한다.
㉤ 단의 높이는 15 ~ 20cm, 너비는 25 ~ 30cm로 한다.

(3) 화장실

① 위치
㉠ 각 사무실에서의 동선이 짧은 곳에 둘 것
㉡ 각 층의 공통적인 위치에 둘 것
㉢ 외기에 접하게 설치하거나 접하지 않을 경우 환기설비 철저
㉣ 계단, 엘리베이터홀에 근접하게 설치할 것

② 배치
㉠ 남녀를 분리한다.
㉡ 복도를 사이에 두고 사무실과 마주보지 않게 배치한다.
㉢ 수세실을 지나 화장실에 들어가도록 한다.

③ 대변기의 칸막이 치수
㉠ 안여닫이 : 1.4 ~ 1.6m
㉡ 밖여닫이 : 1.2 ~ 1.4m
㉢ 높이 : 1.8 ~ 2.0m

④ 소변기 간격
㉠ 75cm 이상으로 한다.
㉡ 격판으로 막을 경우는 안치수 70cm 폭으로 한다.
㉢ 화장실이 좁을 경우에는 65cm로 한다.
㉣ 소변기의 격판 높이는 1.4m, 깊이는 40 ~ 45cm로 한다.

[대 · 소변기의 간격]

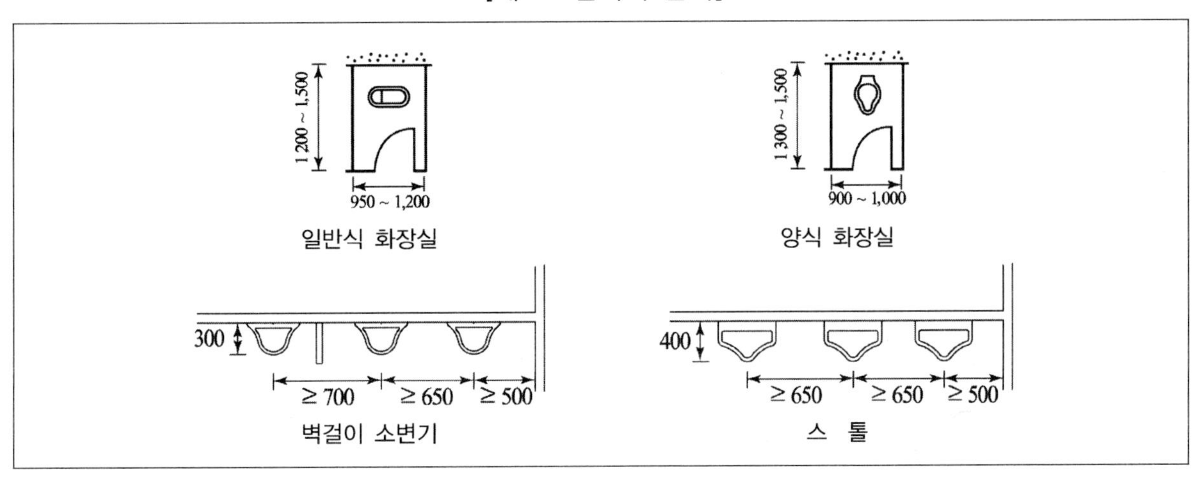

⑤ 변기수의 산정

㉠ 중규모 이하의 사무실

- 수용인원 : 15명
- 기준층 바닥면적 : 180m²
- 대실면적 : 120m²

㉡ 중규모 이상의 사무실

- 수용인원 : 17 ~ 24명
- 기준층 바닥면적 : 300m²
- 대실면적 : 200m²

(4) 주차장

① 주차장의 크기

㉠ 주차구획과 통로의 폭은 5.8 ~ 6.2m 정도로 고려한다.

㉡ 일반적인 지하주차장의 크기는 5.8 ~ 6.2m 정도로 한다.

[주차장과 기둥간격]

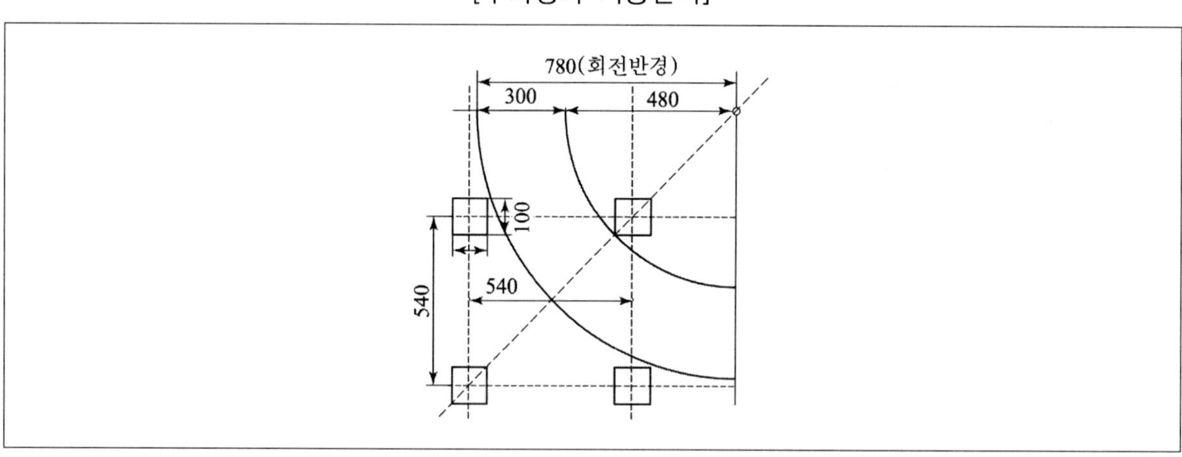

㉢ 특대형차는 차고 전체 크기가 6.35m이어야 하나 기둥간격이 5.8m이면 충분히 사용할 수 있고 최소 5.4m의 폭에서도 특대형차가 회전할 수 있다.

㉣ 경사로의 기울기는 1/7~1/8이하이기 때문에 경사로의 평면거리는 대개 Span 5~6m일 때이다.

② 주차장의 계획

㉠ 법적인 조건에 적절하도록 한다.

㉡ 기둥간격과 주차방식을 고려한다.

㉢ 주차구획의 크기를 고려한다.

- 직각주차 : 2.3×5.0m

• 평행주차 : 2.0×6.0m

㉣ 차로는 최소 3.5m 이상 ~ 보통 6m이다.

TIP

주차방식

㉠ 직각주차

• 1대당 27.2m²
• 가장 경제적인 주차방법
• 지하주차에 적당
• 주차대수가 가장 큼

㉡ 60°주차

• 1대당 29.8m²
• 직각주차상 통로의 폭이 좁을 때 쓰이는 형식

㉢ 45°주차

• 1대당 32.2m²
• 지하주차장에는 쓰지 않음
• 데드스페이스가 많아져 불리

㉣ 평행주차

• 1대당 43.1m²
• 주차장 폭이 좁을 때 쓰임
• 주차대수가 가장 작음

[주차방법]

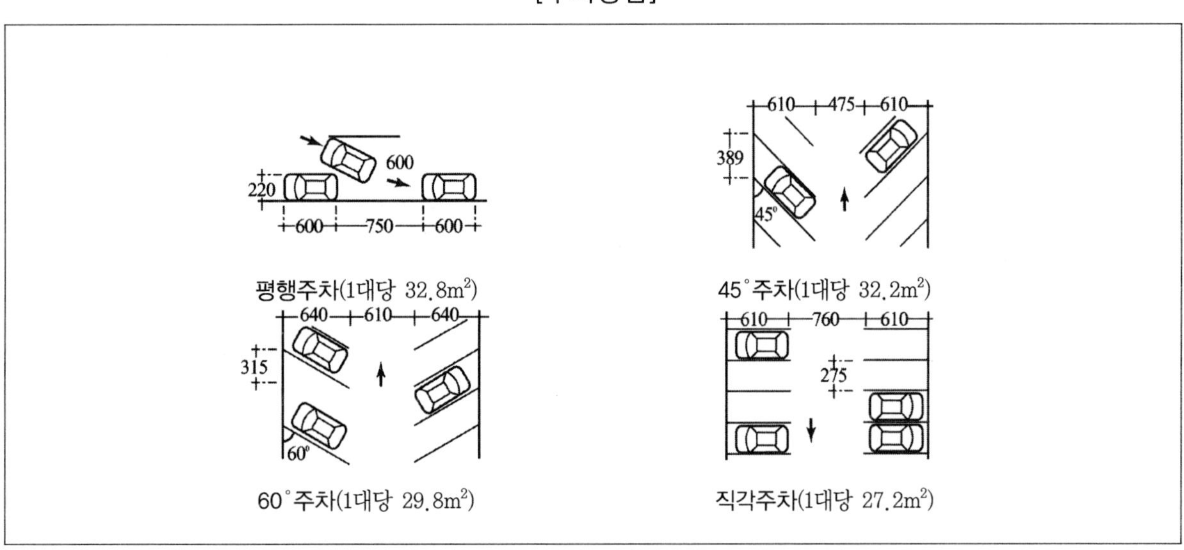

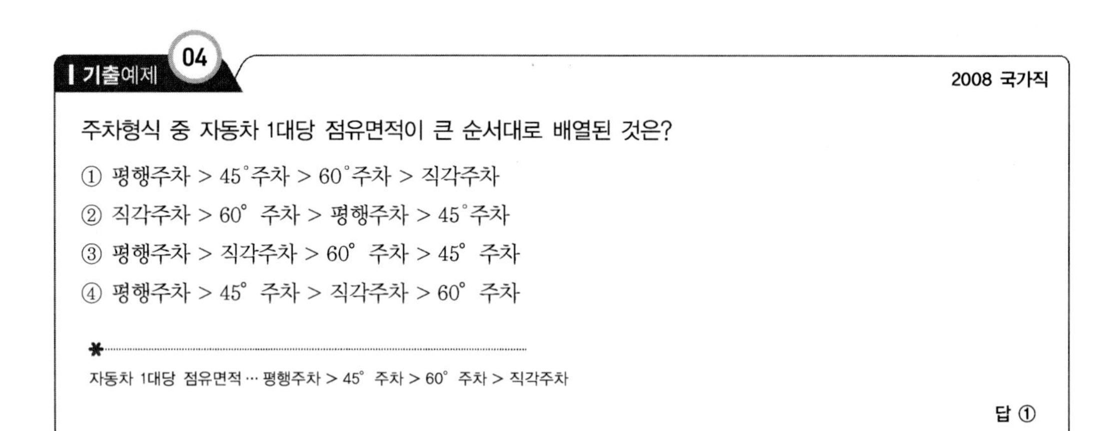

기출예제 04 2008 국가직

주차형식 중 자동차 1대당 점유면적이 큰 순서대로 배열된 것은?

① 평행주차 > 45°주차 > 60°주차 > 직각주차

② 직각주차 > 60° 주차 > 평행주차 > 45°주차

③ 평행주차 > 직각주차 > 60° 주차 > 45° 주차

④ 평행주차 > 45° 주차 > 직각주차 > 60° 주차

✱

자동차 1대당 점유면적 … 평행주차 > 45° 주차 > 60° 주차 > 직각주차

답 ①

(5) 엘리베이터(EV)

① 엘리베이터 배치 계획

㉠ 엘리베이터는 되도록 한 곳에 집중시켜 피난이 용이하도록 한다.

- 계단, 엘리베이터, 화장실은 최대한 가깝게 배치한다.
- 주요 출입구, 홀에 직접 면해서 설치하고, 방문객이 파악하기 쉬운 곳에 집중하여 배치하는 것이 좋다.

㉡ 동선은 짧고 간단하게 해야 한다.

㉢ 주요출입구 홀에 직면 배치하도록 한다.

㉣ 1인승 승강에 필요한 시간은 문의 개폐시간을 포함하여 6초로 한다.

㉤ 한 층에서 승객을 기다리는 시간은 평균 10초로 한다.

㉥ 실제 주행속도는 전속도의 80%로 하며 정원의 80%를 수송인원으로 본다.

㉦ 6대 이상의 엘리베이터가 한 곳에 집중 배치되어야 할 경우 복도를 사이에 두고 양측으로 배치해야 한다.

[엘리베이터 유형별 배치대수]

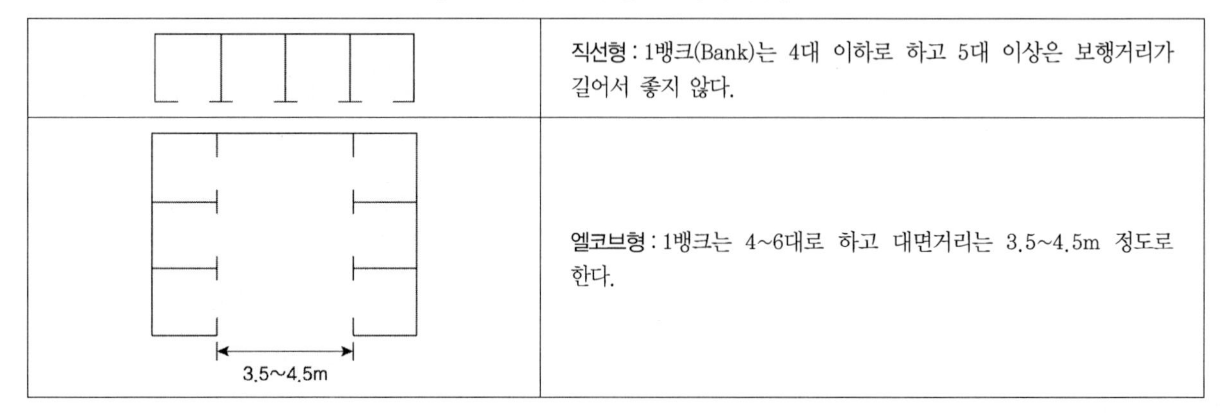

	직선형 : 1뱅크(Bank)는 4대 이하로 하고 5대 이상은 보행거리가 길어서 좋지 않다.
3.5~4.5m	엘코브형 : 1뱅크는 4~6대로 하고 대면거리는 3.5~4.5m 정도로 한다.

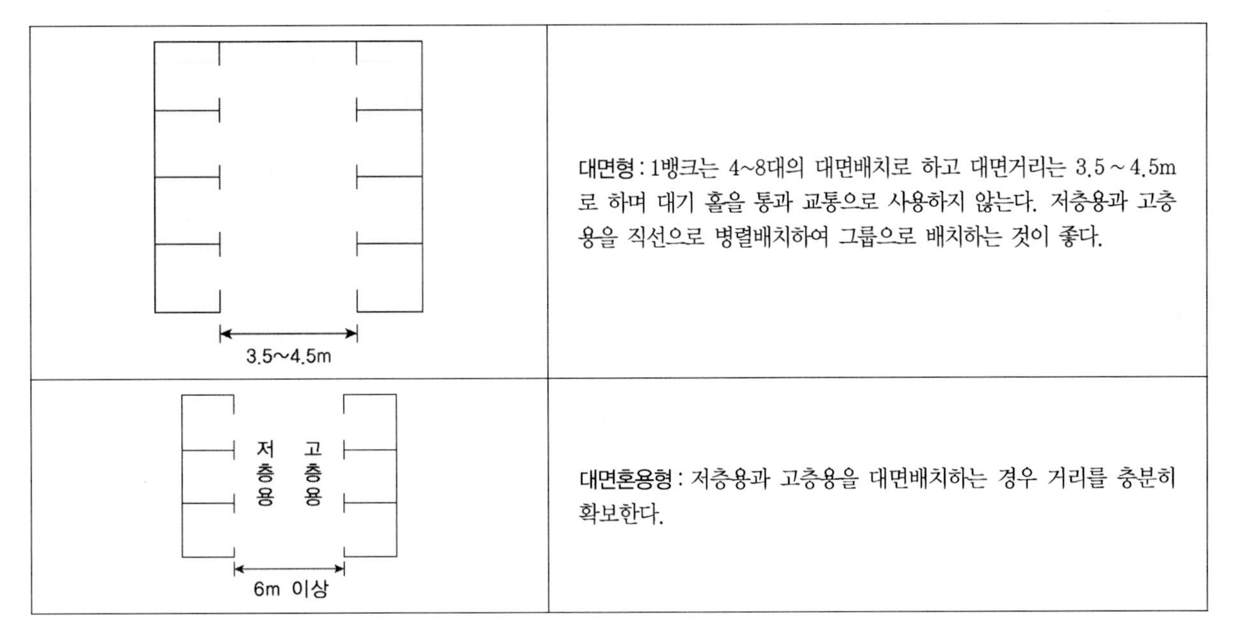

(그림) 3.5~4.5m	**대면형** : 1뱅크는 4~8대의 대면배치로 하고 대면거리는 3.5~4.5m로 하며 대기 홀을 통과 교통으로 사용하지 않는다. 저층용과 고층용을 직선으로 병렬배치하여 그룹으로 배치하는 것이 좋다.
(그림) 저층용 / 고층용, 6m 이상	**대면혼용형** : 저층용과 고층용을 대면배치하는 경우 거리를 충분히 확보한다.

② 엘리베이터 대수 결정조건

㉠ 대수산정의 기본 : 아침 출근시간 5분간의 사용자(전 사용자의 1/3 ~ 1/10)

㉡ 1일 사용자가 가장 많은 시간 : 오후 12시 ~ 1시

③ 엘리베이터 대수 약산식

㉠ 엘리베이터 대수 산정을 위한 약산방법으로 사무소 건물의 유효면적(대실면적)이 2,000m^2 늘어날 때마다 1대씩 추가한다.

㉡ 승강기설치대수 약산식 : (1/2,000m^2) × 대실면적, (1/3,000m^2) × 연면적

기출예제 05 2010 지방직 (7급)

업무시설인 사무소건축에서 엘리베이터 설치계획에 대한 설명으로 옳지 않은 것은?

① 높이 31m를 넘는 각층을 거실외의 용도로 쓰는 건축물은 비상용 승강기를 설치하지 않아도 된다.
② 엘리베이터 대수 산정을 위한 노크스의 계산식에서 1인이 승강하는데 필요한 시간은 문의 개폐시간을 포함해서 6초로 가정한다.
③ 엘리베이터 대수 산정을 위한 노크스의 계산식은 2층 이상의 거주자 전원의 30%를 15분간에 한쪽 방향으로 수송한다고 가정한다.
④ 엘리베이터 대수 산정을 위한 약산방법으로, 사무소 건물의 유효면적(대실면적)이 3,000m^{2}씩 늘어날 때마다 1대씩 늘어나는 것으로 계산한다.

*

엘리베이터 대수산정을 위한 약산방법으로 사무소 건물의 유효면적이 2,000m^{2}씩, 연면적이 3,000m^{2}씩 늘어날 때마다 1대씩 늘어나는 것으로 계산한다.

답 ④

④ 엘리베이터 대수 산정

$$S = \frac{60초 \times 5 \times n_0}{T}$$

$$N = \frac{5분간\ 운반해야\ 할\ 인원}{S}$$

- S : 5분간 1대가 운반해야 할 인원수
- n_0 : 정원
- T : 일주시간(초)
- N : 엘리베이터 대수

TIP

사무소 건축의 엘리베이터 대수산정 시 고려사항
㉠ 엘리베이터의 5분간의 이용자 최대인수
㉡ 엘리베이터 1대의 왕복시간
㉢ 엘리베이터 1대가 5분간에 운반할 수 있는 인원수
㉣ 엘리베이터 1대의 평균 수송인원

기출예제 06 2009 지방직

사무소건축의 엘리베이터 대수산정식에 사용되는 요소가 아닌 것은?

① 엘리베이터 정원
② 엘리베이터 일주(왕복)시간
③ 건물의 층고
④ 5분간에 1대가 운반하는 인원수

✱

사무소 건축의 엘리베이터 대수산정 시 고려사항
㉠ 엘리베이터의 5분간의 이용자 최대인수
㉡ 엘리베이터 1대의 왕복시간
㉢ 엘리베이터 1대가 5분간에 운반할 수 있는 인원수
㉣ 엘리베이터 1대의 평균 수송인원

답 ③

⑤ 엘리베이터의 크기
㉠ 승객 1인의 면적 : $0.186m^2$
㉡ 안내원의 면적 : $0.37m^2$

⑥ 엘리베이터의 속도
㉠ 저속 : 50m/min
㉡ 중속 : 50 ~ 105m/min(6 ~ 9층)
㉢ 고속 : 120 ~ 150m/min(10 ~ 14층)

⑦ 엘리베이터 Zoning

㉠ **개념** : 건물 전체를 몇 개의 그룹으로 나누어 서비스하는 방식

㉡ **목적** : 경제성, 유효면적의 증가, 수송시간의 단축

㉢ **방식**

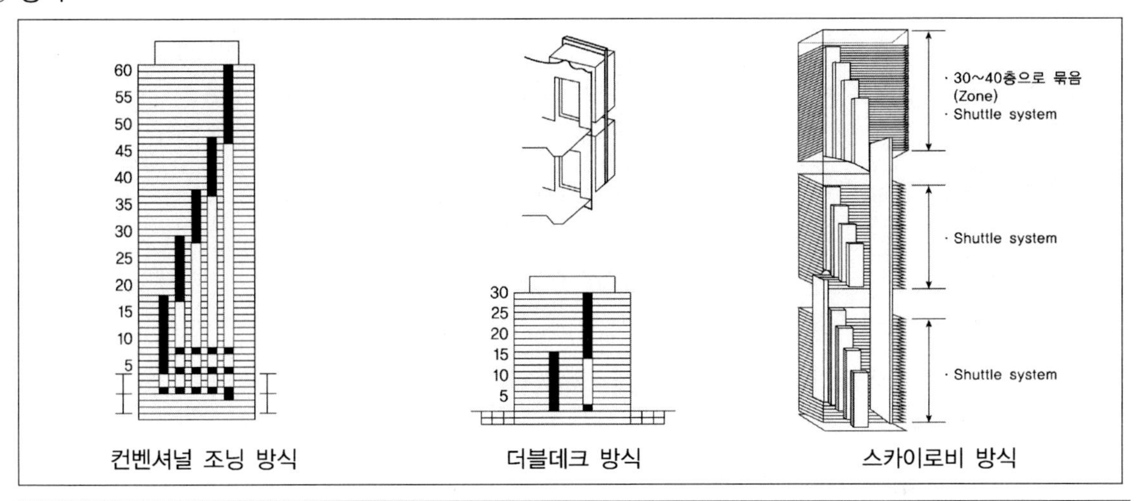

컨벤셔널 조닝 방식 더블데크 방식 스카이로비 방식

종류	내용
컨벤셔널 조닝 방식 (Conventional zoning system)	• 1Bank의 엘리베이터가 여러 개의 층으로 구성된 1존을 서비스한다. • 1존 서비스 층수는 8~14층 정도이다. • 각 존의 접점은 1~2층을 중복한다.
더블데크 방식 (Double deck system)	• 2층식 엘리베이터를 사용하므로 수송력을 높일 수 있으며, 일반층의 효율을 높인다. • 2대분의 수송력을 가진 승강기가 들어가므로 대수가 절약된다. • 시카고의 Time빌딩에서 최초로 채용되었다. • 2층식 엘리베이터를 사용하여 동시에 2대분의 수송력을 갖추어 러시아워를 해결하는 시스템이다. • 일반 엘리베이터와 달리, 우수, 기수 정지층에 따라 출발층의 처리와 이에 따른 복잡함이 문제가 된다.
스카이로비 방식 (Sky lobby system)	• 100층 정도의 초고층 사무소 건축에 채용하는 방식이다. • 초고층 사무소 건축에 채용되는 시스템으로 큰 존을 설정하여 그 속에 세분한 조닝 시스템을 채용하는 방식이다. • 스카이-로비의 출발 기준층과의 사이에 대용량이고 초고속인 엘리베이터를 운행하는 방식이다.

TIP

서울 잠실에 있는 롯데월드타워에서는 더블데크식 엘리베이터를 운용하고 있다.

㉣ 조닝의 특징

장점	단점
• 엘리베이터의 설비비를 절약할 수 있다. • 조닝수가 증가하면 승강로의 연면적이 줄어들게 된다. • 일주시간이 단축되어 수송능력이 향상된다. • 고층부의 고속 엘리베이터는 기계실 상부는 대실면적으로 이용이 가능하다. • 저층, 중층 엘리베이터 기계실 상부는 대실면적으로 이용이 가능하다. • 급행 부분의 엘리베이터 홀은 화장실, 금고 등으로 이용이 가능하다.	• 건물 이용상의 제약이 생긴다. • 임대사무실의 경우 하나의 임대자에게 서비스 층이 다른 층을 나누어 줄 수 없으므로 배치상 제약이 생긴다. • 조닝 수가 많을 경우 대실의 규모가 제약된다. • 건물 내 교통의 편리성이 적어진다. • 이용자가 혼란에 빠질 우려가 있다. • 부하가 많이 걸리는 존이 생기기 쉬우므로 각 존의 교통 수요예측을 분명히 한다.

(6) 스모크타워(Smoke tower)

① **개념** … 화재가 발생했을 때 넘어온 연기를 배기하기 위해서 비상계단의 전실에 설치한 샤프트를 말한다.

② 복도 → 스모크타워(전실) → 계단실의 경로를 갖도록 한다.

③ **스모크타워의 위치**

㉠ **배기위치** : 계단실보다 복도쪽에 가깝도록 배치한다.

㉡ **급기** : 계단실쪽에 가깝도록 배치한다.

[스모크타워]

④ 계단실이 굴뚝 역할을 하는 것을 방지하며, 가압시설과 흡입시설을 필요로 한다.

⑤ 전실의 천장은 가급적 높게 설치해야 하며 전실 내에 창이 있다고 하더라도 반드시 스모크타워는 설치해야 한다.

⑥ 계단실 쪽에는 신선한 공기가 급기되는 샤프트를 설치하고 복도 쪽에는 배연용 샤프트를 설치한다.

(7) 메일슈트

① 엘리베이터홀에 두도록 한다.

② 내부는 락카, 전면은 유리로 한다.

(8) 급탕실, 소제용 설비실

① 건물 중심 가까이나 엘리베이터홀, 계단, 화장실 등의 근처에 둔다.

② $6 \sim 9m^2$의 크기로 한다.

③ 급탕량은 1인 1일 $10l$ 정도이다.

(9) 더스트슈트

① 잡용실 내의 편리한 장소에 위치하도록 한다.

② 크기는 최소 단면적 75cm각으로 한다.

(10) 공기조화 설비

① 바닥면적은 연면적의 5 ~ 8% 정도로 한다.

② 공기조화 방식에 따라 위치가 다르다.

③ 냉각탑의 경우는 옥상에 설치하도록 한다.

④ 냉 · 난방 부하를 절감하기 위해서 천장 높이는 낮게 하는 것이 좋다.

⑤ 대형사무소인 경우 중앙공조방식을 적용하며 별도의 기계실을 둔다.

(11) 보일러실

① 크기

㉠ **공조장치에 의한 경우** : 연면적의 2.7 ~ 3.5%(기계실 포함)
㉡ **증기난방** : 연면적의 1.2%
㉢ **송풍난방** : 연면적의 3.0%

② 천장고

㉠ **증기난방** : 3 ~ 4m
㉡ **온기난방** : 4.2m

(12) 냉방기계실

① 연면적의 3.5 ~ 6%의 크기를 갖는다.

② 냉 · 난방 겸용 기계실의 경우는 5.5%의 크기를 갖는다.

③ 수십대의 실외기가 설치되므로 설치할 충분한 공간을 마련해야 한다.

(13) 전기실(변전실)

① 천장높이는 변압기, 배전반보다 1m 높게 한다(3.0 ~ 3.5m).

② 수배전반과 분전반 등이 설치되며 고압전류가 흐르므로 철저한 출입제한과 방재조치가 이루어져야 한다.

③ 대형사무소인 경우 대용량 비상용 발전기실이 마련되어야 한다.

04 고층건물과 정보화 빌딩

❶ 고층건물의 특징

(1) 고층건물의 장점

① 상층부분은 전망이 좋다.

② 맑은 공기를 얻을 수 있다.

③ 채광이 좋다.

④ 지상의 소음을 방지할 수 있다.

⑤ 업무의 능률이 향상된다.

⑥ 공원 등에 면해서 건축될 경우에 공지의 사용률이 크다.

⑦ 부지 내에 공원, 녹지를 충분히 둘 수 있고, 공공을 위해 개방할 수도 있다.

(2) 고층건물의 단점

① 인접된 건물의 일조, 통풍, 프라이버시, 채광 등에 악영향을 준다.

② 시가지 미관이 숨겨지거나 조잡해질 수도 있다.

③ 적절한 계획에 의해서 건축되지 않으면 건물의 유기성이 상실된다.

④ 공원 등에 면하여 건축을 할 때 계획이 잘 이루어지지 않으면 공지가 폐쇄적인 느낌을 받아서 나쁜 영향을 준다.

❷ 정보화 빌딩(Intelligent building)

(1) 개념

첨단화되고 다양한 기기에 의해서 네트워크화된 고도의 사무자동화 기능과 기타 보안, 에너지 절약, 빌딩관리시스템을 유기적으로 통합한 건축물을 뜻한다.

(2) 목적

① **쾌적성** … 사무실 사용자에게 쾌적한 업무환경을 제공한다.

② **효율성** … 작업을 편리하고 효율적으로 할 수 있도록 작업의 용이성을 제공한다.

③ **생산성** … 지적 업무활동으로 생산성을 향상한다.

(3) 기능

① OA(사무의 자동화 : Office Automation) … LAN에 의해서 다양한 OA기기들의 네트워크를 실현한다.

② BA(건물의 자동화 : Building Automation) … 빌딩관리, 안전, 에너지 절약 시스템 등을 자동 조절한다.

③ TC(정보통신 : Tele Communication) … 디지털 PBX(구내교환기), 광섬유 등을 이용한 고도의 통신기능을 지닌다.

[인텔리젠트 빌딩 구성]

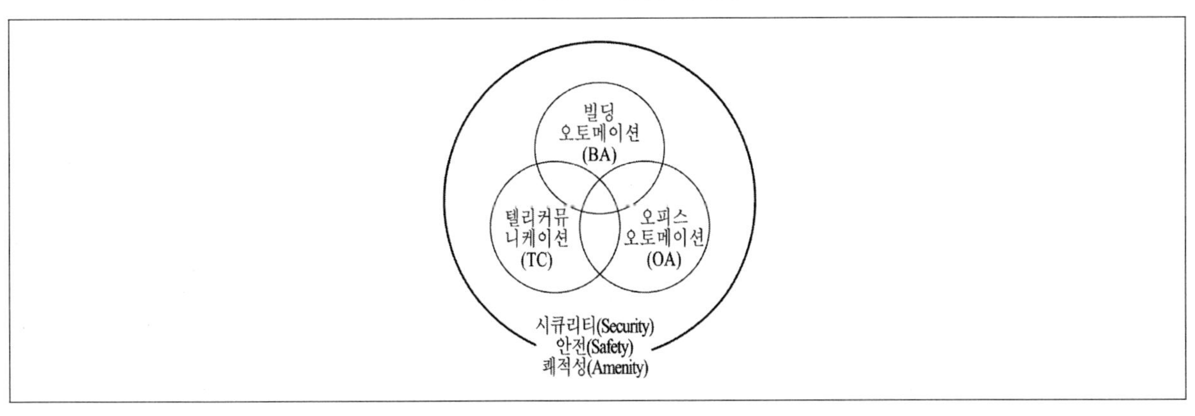

(4) 사회적인 효과

① 정보를 대중화 및 일반화시킨다.

② 관련산업을 발전시킨다.

③ 도시집중을 완화한다.

④ 교통체증을 감소시킨다.

⑤ 도시환경을 재정비한다.

TIP

건물관리시스템(BMS) … 접근 제어, 보안, 화재 경보, 조명, 지능적 엘리베이터, 공기조화기를 포함하여 모든 건물의 기술적 기능들을 통합하여 관리할 수 있는 시스템이다. 빌딩의 유지관리를 위해 소요되는 에너지량과 환기량, 냉난방공조상태, 사용되고 있는 전력량, 누수상태 등을 통합하여 관리할 수 있도록 구성되며 재난방지에 필수적이다.

(5) 계획

① 평면계획

㉠ 정보화, 통신기기 등의 설치나 변경에 지장이 없는 평면

㉡ 각종 변경을 고려한 기둥간격(10m 이상 정도)

② 공간분할

㉠ 창은 가능한 외기에 면하도록 한다.

㉡ 세장형, 다각형 등의 평면형상으로 하고 요철이 반복된 건물의 형태를 도입하도록 한다.

③ 실내환경

㉠ 쾌적한 환경을 위한 공조, 채광, 조명 등을 고려한다.

㉡ 소음기기들의 대책방안을 마련한다.

④ 공간계획

㉠ **빌딩 속 오아시스의 계획** : 광정, 아트리움 등

㉡ **24시간 업무 가동시의 부속시설** : 욕실, 부엌 등

㉢ **건강증진 향상 목적** : 헬스클럽 등

㉣ **해방감 및 안락감** : 로비, 홀 등

TIP

아트리움(Atrium) … 고대 로마건축에 있어서 중정이나 오픈 스페이스 주위에 집이 세워 지면서 마련된 중앙정원(courtyard). 최근에 지어지는 호텔, 오피스빌딩이나 기타 대형 건물에서 볼 수 있는 것처럼 실내공간을 유리지붕으로 씌우는 것을 일컫는 용어로 근래에는 쓰이고 있다.

㉠ 개념
- 일반인에게 공개되는 도심 속 휴식처의 역할
- 건물의 안에 뜰이나 중정을 마련함
- 실내에 옥외공간을 마련하여 자연환경을 실내에 유입시킴

㉡ 특성
- 실내기후 조절가능
- Open space
- 건물의 상징적인 의미부여

최근 기출문제 분석

2018 서울시 2차

1 **사무소 건축 코어(core)별 장점 중 내진구조의 성능에 유리한 유형과 방재 및 피난에 유리한 유형이 바르게 짝지어진 것은?**

① 편단 코어형 – 중심 코어형

② 중심 코어형 – 양단 코어형

③ 외 코어형 – 양단 코어형

④ 양단 코어형 – 편단 코어형

TIP 내진구조의 성능에 유리한 유형은 중심코어형이며 방재 및 피난에 유리한 유형은 양단코어형이다.

2017 서울시 2차

2 **오피스 랜드스케이프 계획의 장점으로 가장 옳지 않은 것은?**

① 의사전달의 융통성이 있고, 장애요인이 거의 없다.

② 개실형 배치형식보다는 공간을 절약할 수 있다.

③ 변화하는 작업의 패턴에 따라 조절이 가능하며 신속하고 경제적으로 대처할 수 있다.

④ 소음 발생이 적고 사생활보호가 쉽다.

TIP 오피스 랜드스케이프는 소음발생이 많으며 사생활 보호가 어려운 단점이 있다.

Answer 1.② 2.④

출제 예상 문제

1 **다음 중 사무실의 개방형 배치에 관한 설명으로 옳지 않은 것은?**

① 독립성이 좋다.
② 공사비용이 싸다.
③ 방의 길이, 깊이에 변화를 줄 수 있다.
④ 소음이 크다.

TIP ① 개방형은 칸막이 등이 없어서 공사비용은 적게 드나 소음이 크고 개인 프라이버시의 침해율이 높아 독립성이 좋지 못하다.

2 **Office landscaping에 관한 설명으로 옳지 않은 것은?**

① 공기조절 등 설비적인 면에서 좋은 방법이다.
② 설비비용이 적게든다.
③ 사무소 공간을 모듈에 의해서 일정한 크기로 할 수 있다.
④ 창이나 기둥의 방향에 관계없이 사무실을 구성할 수 있다.

TIP Office landscaping은 서열, 계급에 대한 획일적이고 기하학적인 배치에서 탈피하여 사무작업이나 흐름에 따라 효율적으로 배치하는 방식으로 칸막이를 막지 않는 개방식이다.

3 **다음 중 주로 하나의 큰 공간을 필요로 하는 전용 사무소 빌딩 등에 쓰이는 코어형은?**

① 중앙코어형　　② 양단코어형
③ 외코어형　　④ 편심코어형

TIP ① 바닥면적이 큰 경우 적합하며 고층이나 초고층, 대규모 빌딩에 전형적으로 사용되는 형식이다.
③ 코어가 외부로 독립되어 자유로이 사무실 공간을 계획할 수 있으나 코어에서 사무실까지 덕트, 배관을 이어오는 데 불리하다.
④ 바닥면적이 작을 경우에 적합하며 고층일 경우 구조상 불리하므로 소규모에 사용한다.

Answer 1.① 2.③ 3.②

4 **다음 중 오피스 랜드스케이핑의 장점으로 옳지 않은 것은?**

① 융통성이 있어 변경가능
② 최대 조경면적의 확보
③ 사무 능률의 향상
④ 시설비와 유지비의 절감

TIP 오피스 랜드스케이핑의 장 · 단점
㉠ 장점
• 공간의 절약
• 칸막이공사 절감
• 의사전달의 융통성
• 작업변화에 유리
• 업무활동의 쾌적
㉡ 단점
• 프라이버시 결여
• 소음의 발생
• 대형가구, 사무기기의 소음으로 별도의 공간이 필요해짐

5 **다음 중 사무실 건축에서 개방식 배치에 관한 설명으로 옳지 않은 것은?**

① 공사비용이 적게 들어 경제적이다.
② 소음이 적고 통기성이 양호하다.
③ 전면적을 유용하게 이용할 수 있다.
④ 실외 길이나 깊이에 변화를 줄 수 있다.

TIP 개방식 System은 개방된 큰방을 만들고 중역들은 따로 작은 방을 만들어 주는 형식으로 칸막이가 없어 공사비용이 저렴하고 공간이용이 효율적이다.
② 소음이 크고 독립성이 떨어진다.

Answer 4.② 5.②

6 다음 중 고층 사무소 건축의 Core system에 관한 설명으로 옳지 않은 것은?

① 설비부분이 집약되어 경제적이다.
② 건축물의 유효면적을 증가시킬 수 있다.
③ 구조적 이점과 정돈된 외관을 얻을 수 있다.
④ 독립성이 좋아진다.

TIP 코어 System의 장점
㉠ 설비부분의 집약으로 최단거리가 된다.
㉡ 서비스적인 부분을 한곳에 집중시킬 수 있다.
㉢ 사무소의 유효면적이 증대된다.
㉣ 코어의 벽을 내진벽으로 하여 구조적으로 유리하다.
㉤ 공간을 융통성 있고 균일하게 계획할 수 있다.

7 고층건축에서 가급적 인접시켜야 하는 공간이 아닌 것은?

① 기계실과 메일슈트 ② 잡용실과 더스트슈트
③ 계단과 엘리베이터 ④ 옥상과 냉각탑

TIP 코어계획시 접근시켜야 할 공간
㉠ 계단, 엘리베이터, 화장실
㉡ 잡용실, 급탕실, 더스트슈트
㉢ 메일슈트와 엘리베이터홀

8 다음 사무소 건축의 실단위계획 중 개방식 배치의 장점으로 옳지 않은 것은?

① 프라이버시가 양호하다.
② 공간이 절약된다.
③ 전체 면적을 유용하게 이용할 수 있다.
④ 칸막이 등이 없어 공사비가 저렴하다.

TIP ① 개방된 큰 방에서 모든 일이 이루어지기 때문에 독립성이 떨어지며 소음이 크다.

Answer 6.④ 7.① 8.①

9 **종업원수가 2,000명인 회사가 사무실을 건축할 때 적당한 연면적은?**

① $5,000m^2$ ② $10,000m^2$
③ $15,000m^2$ ④ $20,000m^2$

TIP 사무실 1인당 연면적이 $10m^2$이므로 $2,000 \times 10 = 20,000m^2$이다.

10 **다음 사무소의 종류 중 건물의 중요 부분은 자가전용으로 하고 나머지는 대여해주는 사무소는?**

① 전용사무소 ② 준전용사무소
③ 준대여사무소 ④ 대여사무소

TIP ① 자가전용으로 사용
② 몇 개의 회사가 관리운영하고, 공동소유로 입지조건이 좋은 곳에 고층빌딩을 건축해서 이용
④ 건물의 대부분 또는 전부를 대여

11 **사무소 설계에 있어서 사무실의 크기를 결정짓는 가장 큰 요소는?**

① 사무실의 위치 ② 방문객의 수
③ 사용자의 수 ④ 책상의 위치

TIP 사무실의 크기를 결정하는 요소는 사무실의 위치, 사무소의 내용, 책상의 위치 등 많은 것들이 있지만 가장 큰 요소가 되는 것은 사무소 실제 사용자들의 수이다.

12 **다음 중 인텔리젠트 빌딩의 기능으로 적절하지 않은 것은?**

① 건축기술의 시스템 ② 사무자동화시스템
③ 정보통신시스템 ④ 빌딩자동화시스템

TIP 인텔리젠트 빌딩의 기능
㉠ 사무자동화시스템(OA)
㉡ 빌딩 자동화시스템(BA)
㉢ 정보통신시스템(TC)

Answer 9.④ 10.③ 11.③ 12.①

13 다음 중 사무소 코어시스템 계획시 고려사항으로 옳지 않은 것은?

① 코어 내의 공간은 층마다 공통된 위치에 있어야 한다.

② 엘리베이터홀과 사무실의 출입구는 가까운 위치에 두도록 해야 한다.

③ 계단, 엘리베이터, 화장실은 서로 근접시키도록 한다.

④ 엘리베이터는 가급적 중앙에 집중시켜야 한다.

TIP 코어계획 시 반드시 분리시켜야 할 공간 … 엘리베이터홀과 사무실의 출입구

14 지상 15층인 사무소 건축물에서의 아침 출근시간 엘리베이터 이용자의 5분간 최대 인원수가 250인이고, 1대의 왕복시간(1회)을 2분이라고 할 때 정원 18인승 엘리베이터는 몇 대가 필요한가? (단, 정원은 18인승이나 평균 수송인원은 17인승으로 한다)

① 4대 ② 5대

③ 6대 ④ 7대

TIP 1대 운반인원 $S=\frac{60\times5\times P(\text{평균수송인원})}{T}$

$S=\frac{60\times5\times17}{2\times60}=42.5$

$N(\text{대수})=\frac{\text{5분간 최대 인원수}}{S}=\frac{250}{42.5}=5.8=6\text{대}$

15 주차장의 지하주차방식 중 1대당 27.2m²의 면적을 차지하고 가장 경제적인 주차방식은?

① 직각주차 ② 60°주차

③ 45°주차 ④ 평행주차

TIP 주차방식에 따른 주차면적

주차방식	1대당 면적(m²)
직각주차	27.2
60°주차	29.8
45°주차	32.2
평행주차	43.1

Answer 13.② 14.③ 15.①

16 다음 중 사무실 건축물의 층고에 대한 설명으로 옳지 않은 것은?

① 최상층을 계획할 때는 기준층보다 30cm 정도 낮추어 계획하도록 한다.
② 일반적인 지하층의 경우에는 별로 중요한 실을 설치하지 않으므로 3.5 ~ 3.8m 정도로 많이 한다.
③ 기준층의 경우는 3.3 ~ 4m가 적당하나 환기, 덕트 등을 가리게 하기 위해서 그 이상으로 하는 것이 좋다.
④ 소규모 사무소의 1층은 4m 정도가 좋으나 은행 등의 영업실을 갖출 경우에는 3.5 ~ 5m 정도가 요구된다.

TIP ① 최상층은 복사열 등이 들어오므로 2중 천장 등으로 하고 기준층보다 30cm 높게 하도록 한다.

17 다음 중 사무소 건축에 관한 설명으로 옳지 않은 것은?

① 고층사무소에서의 기준층 코어면적은 통상적인 기준층 면적의 20% 정도이다.
② 사무소의 임대면적은 70 ~ 75% 정도가 좋다.
③ 개방식은 전면적을 유용하게 사용할 수 있으나 소음이 심하고 독립성이 좋지 않다.
④ 개실시스템은 독립성이 뛰어나고 공사비도 절감된다.

TIP ④ 개실시스템은 복도에 의해서 각 실로 들어가는 형식으로 칸막이 설치로 공사비가 많이 든다.

18 다음 중 사무소 건축의 코어시스템에 관한 설명으로 옳지 않은 것은?

① 코어는 각 층마다 동일한 위치에 있어야 한다.
② 공용 공간이 줄어들어서 유효율이 높아진다.
③ 코어는 평면 내에서 분산하여 배치하도록 한다.
④ 지진이나 풍압 등에 대한 내력 구조체가 된다.

TIP ③ 코어는 한 곳에 집약하여 설치하도록 한다.

Answer 16.① 17.④ 18.③

19 다음 중 사무소 건축에서 기둥간격을 결정하는 요소가 아닌 것은?

① 주차의 단위 ② 책상의 배치
③ 근무자의 수 ④ 채광창 층고에 따른 안쪽 깊이

TIP 기둥간격의 결정요소
㉠ 책상의 배치
㉡ 채광창 층고에 따른 안쪽깊이
㉢ 주차의 단위

20 다음 중 인텔리젠트 빌딩의 목적이 아닌 것은?

① 쾌적성 ② 생산성
③ 효율성 ④ 분포성

TIP 인텔리젠트 빌딩(Intelligent building)의 목적
㉠ 쾌적성 : 사무실 사용자에게 쾌적한 환경을 제공
㉡ 효율성 : 작업의 용이성 제공
㉢ 생산성 : 생산성 향상

21 다음 중 화재가 발생했을 때 넘어온 연기를 배기하기 위해서 비상계단의 전실에 설치하는 샤프트는?

① 스모크타워 ② 메일슈트
③ 더스트슈트 ④ 클로크룸

TIP ② 우편물을 보관하는 장소로 엘리베이터홀에 두도록 한다.
③ 잡용실 내에 편리한 장소에 위치시킨다.
④ 귀중품 · 외투 등을 맡겨 놓는 곳이다.

Answer 19.③ 20.④ 21.①

02 은행

01 은행의 개요

1 기본계획

(1) 기본방향

① 업무의 능률성, 신속성, 신뢰감, 안정감, 친근감, 쾌적감 등을 부여한다.

② 사무자동화를 고려한다.

③ 종업원 후생복리를 고려한다.

④ 색채, 의장, 소음, 각종 설비와의 조화를 고려한다.

(2) 입지조건

① 부지의 형태
　㉠ 정사각형, 직사각형이 가장 이상적이다.
　㉡ 폭에 비해 깊이가 깊은 곳이 적합하다.
　㉢ 부정형은 피해야 한다.

② 부지의 방위 … 남쪽이나 동쪽, 동남의 가로 모퉁이가 가장 이상적이다.

③ 부지선정의 고려사항
　㉠ 교통이 편리한 곳
　㉡ 인구밀집지역
　㉢ 지역개발의 장래성이 보이는 곳
　㉣ 사람 눈에 잘 띄는 곳

TIP

본점과 지점의 고려사항
㉠ 본점: 중앙관청 고려, 접근성
㉡ 지점: 충분한 주차장, 확장대비, 번화가

❷ 평면계획

(1) 기본평면계획

① 고객대기실, 영업실의 중심 동선을 고려한다.

② 고객동선과 은행원의 동선은 교차하지 않도록 한다.

③ 전면도로에 통행하는 사람의 동선을 고려해서 주현관의 위치를 결정하도록 한다.

④ 기본평면의 종류

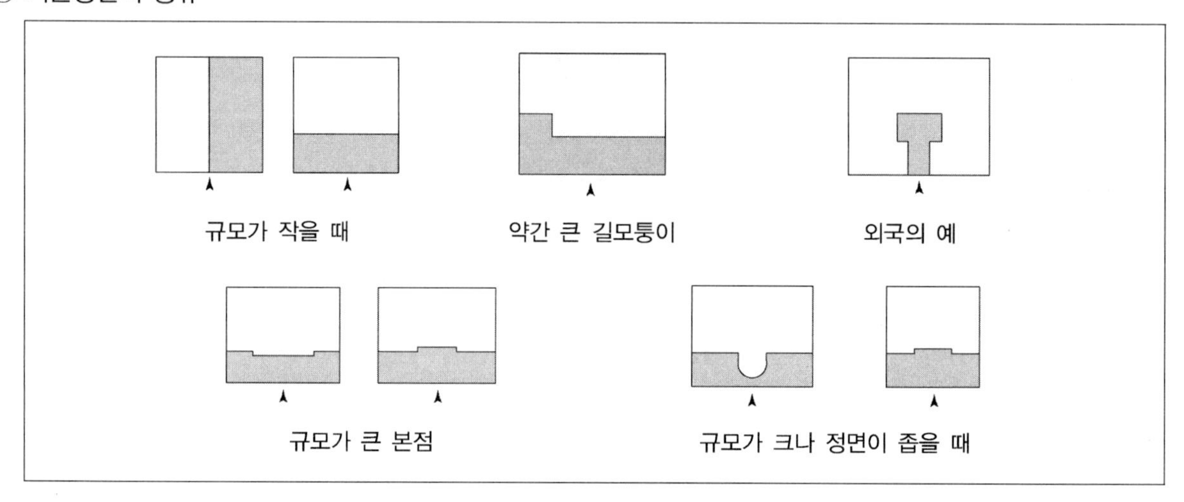

(2) 규모의 계획

① 규모의 결정요소

㉠ 부근 인구의 밀집도 : 내방고객의 수

㉡ 은행원의 수

㉢ 고객을 위한 서비스 시설의 규모

㉣ 장래 여비공간

② 일반적인 지점의 시설규모(연면적)

연면적 = 은행원의 수 $\times$ 16 ~ 26 m^2 = 은행실의 면적 $\times$ 1.5 ~ 3배

③ 은행실의 면적

㉠ 영업실의 면적=은행원수×10m²

㉡ 고객용 로비의 면적=1일 평균 고객수×0.13 ~ 0.2m²

㉢ 기계화 추진점포의 경우는 좀 더 큰 규모로 한다.

④ 고객용 로비와 영업실 면적의 비

㉠ 고객용 로비 : 영업실=1 : 0.8 ~ 1.5

㉡ 고객용 로비와 영업실의 면적비가 종래에는 일반적으로 30 : 70이었으나 최근에 들어서는 50 : 50으로 변화되고 있다.

(3) 동선의 계획

① 고객의 동선은 짧아야 한다.

② 직원과 고객의 출입구는 따로 설치한다.(영업시간에 관계없이 열어둔다)

③ 현금반송통로는 관계자외 출입을 금하도록 하고 감시가 용이하도록 한다.

④ 큰 건물의 경우에는 고객 출입구를 되도록 1개소로 하고 안여닫이로 한다.

⑤ 고객의 공간과 업무공간과의 사이는 원칙적으로 구분되지 않아야 한다.

⑥ 고객공간을 1층에 둘 수 없을 경우라도 홀에서 직접 통하는 특별계단, 엘리베이터를 이용할 수 없도록 해야 한다.

(4) 입면의 계획

① 채광창을 크게 설치하되 2중창이나 페어글라스, 글라스블록을 사용하도록 한다.

② 고정창을 기본으로 두나 개폐부분이 있을 경우에는 기밀식 창으로 하는 것이 좋다.

③ 채광창 외부에는 방음용 루버를 설치하도록 한다.

④ 고객용 주차 시설, 영업안내 간판 등을 설치한다.

02 세부계획

❶ 은행실(객장, 영업장)

(1) 현관(주출입구)

① 출입문의 종류

㉠ 도난방지상 안여닫이로 설치한다.

㉡ 전실을 만들어 둘 경우에는 외여닫이 또는 자재문을 사용한다.

② 전실을 두거나 방풍실을 설치한다.

> **TIP**
>
> 방풍실의 역할
>
> ㉠ 실내의 온도조절
>
> ㉡ 도난방지
>
> ㉢ 바람의 차단
>
> ㉣ 주출입구를 하나로 집약하여 경비 · 관리 능률 향상

(2) 고객대기실(객장)

① 최소폭은 3.2m 정도로 한다.

② 살롱같은 분위기를 조성한다.

③ 영업장 : 객장 = 3 : 2(1 : 0.8 ~ 1.5) 정도의 비율로 한다.

(3) 영업장

① 영업장의 넓이가 은행의 규모를 결정한다.

② 은행원 1인당 4 ~ 6m^2 기준(연면적당 16 ~ 26m^2 정도)으로 한다.

③ 천장 높이는 5 ~ 7m 정도로 한다.

④ 책상 위에서 300 ~ 400lux가 표준이 되도록 조도를 설치한다.

(4) 카운터(Tellers counter)

① 높이

㉠ 객장 : 100 ~ 110cm 정도이다.

㉡ 영업장 : 90 ~ 95cm 정도이다.

② 폭은 60 ~ 75cm 정도로 한다.

③ 길이는 150 ~ 180cm 정도로 한다.

[카운터]

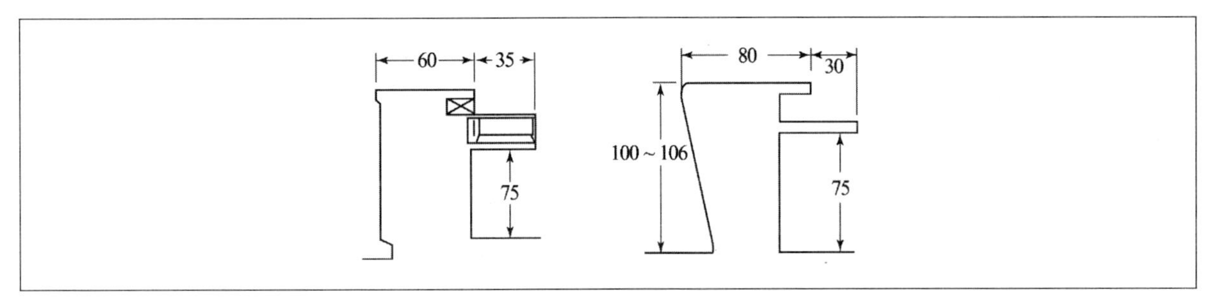

❷ 금고

(1) 종류

① 현금고, 증권고

㉠ 일반적으로 금고실이라고 한다.

㉡ 칸막이를 격자로 사용하여 현금고, 증권고를 구분해서 사용한다.

② **보호금고** … 보호예치업무를 위한 금고로 보관증서를 교부하고 고객으로부터 보관물품을 받아둔다.

③ 대여금고

㉠ 금고실 내에 대 · 중 · 소의 철제상자를 설치해 두고 고객에게 일정금액으로 대여해 주는 금고이다.

㉡ 전실, 비밀실, 대여금고실로 구성된다.

㉢ 전실에는 넓이 $3m^2$ 정도의 비밀실(Coupon booth)을 부수해서 설치한다.

④ 야간금고

㉠ 은행이 폐점한 후나 휴일에 고객이 금전을 보관할 수 있는 금고이다.

㉡ 주출입구 근처에 위치하도록 하고, 조명시설을 완비한다.

⑤ **서고**

㉠ 장부를 격납한다.

㉡ 법정보존기간 동안 서류를 보관한다.

⑥ **화재고**

㉠ 규모가 큰 은행에 설치하는 금고이다.

㉡ 철제선반을 금고 내에 두고 큰 귀중품을 보관한다.

(2) 구조

① **철근콘크리트 구조** … 벽, 바닥, 철장 모두 철근콘크리트 구조로 한다.

㉠ 두께는 30 ~ 45cm(대규모는 60cm 이상) 정도로 한다.

㉡ 지름 16 ~ 19㎜의 철근을 15cm 간격으로 이중배근한다.

② **금고문, 맨홀문** … 문틀 및 문짝면 사이에 기밀성을 유지하도록 한다.

기출예제 01 2011 국가직 (7급)

은행건축 계획에 대한 설명으로 옳지 않은 것은?

① 일반적으로 출입문은 도난방지상 안여닫이로 하는 것이 타당하다.

② 영업실의 조도는 감광률을 포함해서 책상 위에서 300~400lx를 표준으로 한다.

③ 금고실 구조체는 철근콘크리트구조로 하고 두께는 중소규모 은행에서는 최소 25cm 이상으로 한다.

④ 고객공간과 업무공간과의 사이에는 원칙적으로 구분이 없어야 한다.

중소규모의 두께는 30~45cm이며 큰 규모인 경우는 60cm 이상이다.

답 ③

3 Drive in Bank

(1) 개념

교통수단의 발달로 자동차를 탄 채 은행업무를 볼 수 있도록 한 것이다.

(2) 계획 시 주의사항

① 외부에 설치될때 비나 바람을 막는 차양시설이 필요하다.

② 자동차의 접근이 쉬워야 한다.

③ 창구는 운전석쪽으로 한다.

④ 드라이브 인 뱅크 입구에는 차단물이 설치되지 말아야 한다.

⑤ 자동차의 주차는 평행되거나 교차되어야 한다.

(3) 평면형

① **아일랜드형** … 주옥에서 별도로 출납 소옥을 만든 방식이다.

② **외측주변형** … 건물의 외부에 1변, 그 외의 벽면에 창구를 두는 방식이다.

③ **돌출형** … 기존 주옥에서 돌출 되거나 증축을 하지 않게 창구를 두는 방식이다.

[평면형의 종류]

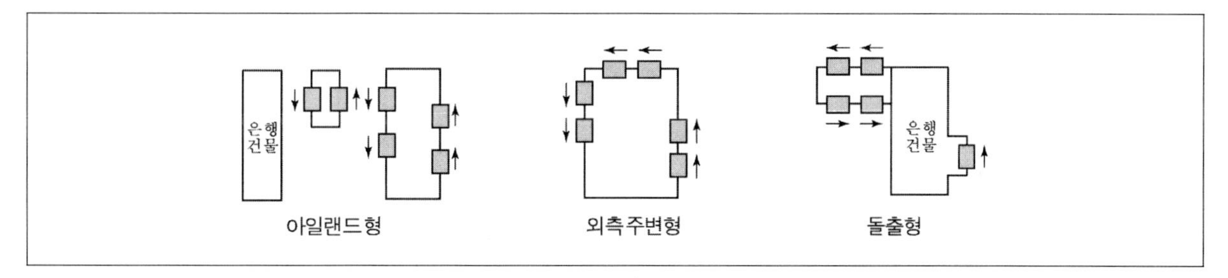

(4) 배치방법

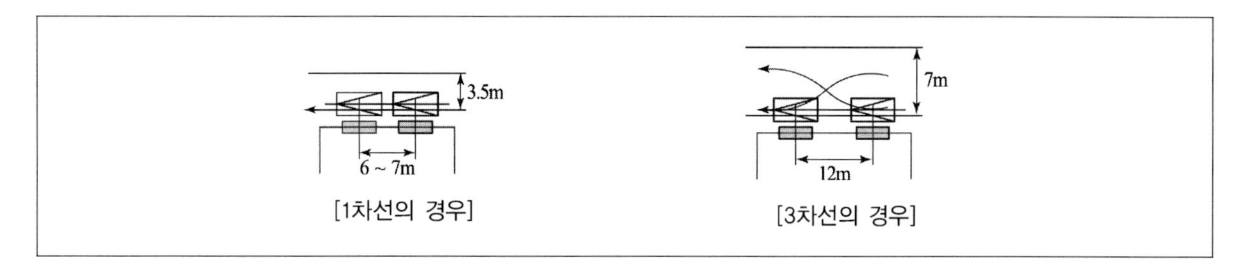

(5) 창구의 소요설비

① 쌍방통화설비를 갖추어야 한다.

② 자동 · 수동식을 겸용해서 서류를 처리할 수 있도록 한다.

③ 보온장치를 부착한다.

④ 방탄설비를 갖추도록 한다.

⑤ 모든 업무가 드라이브 인 창구 자체에서만 되는 것이 아니므로 영업장과 긴밀한 연락을 취할 수 있는 별도의 시설을 마련한다.

❹ 부속실

(1) 화장실

① 여자는 15명에 대변기 1대 정도를 설치한다.

② 남자는 15명에 대 · 소변기 각각 1대 정도를 설치한다.

(2) 갱의실, 식당, 부엌

① **갱의실**…1인당 폭 30cm, 깊이 45cm, 높이 2m 정도의 철제 캐비넷을 설치한다.

② 식당, 부엌은 은행원수의 $\frac{1}{2} \sim \frac{1}{3}$을 수용할 수 있을 정도의 크기로 한다.

(3) 지점장실

① 고객상담이 쉬운 위치에 설치한다.

② 집무상태를 감독할 수 있도록 한다.

③ 주위가 다 보이는 안쪽에 위치하도록 한다.

최근 기출문제 분석

2018 서울시 2차

1 **은행건축 규모계획에 대한 설명으로 가장 옳지 않은 것은?**

① 연면적은 행원수×$16m^2$~$26m^2$로 한다.

② 고객용 로비 면적은 1일 평균 내점 고객수×$0.13m^2$~$0.2m^2$로 한다.

③ 고객용 로비와 영업실 면적의 비율은 1 : 0.1~0.2로 한다.

④ 연면적은 은행실 면적×$1.5m^2$~$3m^2$로 한다.

TIP 고객용 로비와 영업실 면적의 비율은 1 : 0.8~1.5로 한다.

Answer 1.③

출제 예상 문제

1 드라이브 인 뱅크에 대한 설명으로 옳지 않은 것은?

① 창구는 운전석쪽으로 설치한다.
② 모든 업무가 드라이브 인 창구 자체로만 해결되는 것이 아니기 때문에 영업장과 긴밀한 연락을 취할 수 있도록 별도의 시설도 마련해야 한다.
③ 쌍방통화설비를 갖추어야 한다.
④ 시내의 혼잡지역의 대로에 설치한다.

TIP ④ 드라이브 인 뱅크는 차량의 접근이 쉬워야 하므로 시내의 혼잡지역은 피하도록 한다.

2 다음 중 은행 영업장에 설치하기 알맞은 조도는?

① 100 ~ 200lux ② 200 ~ 300lux
③ 300 ~ 400lux ④ 400 ~ 500lux

TIP 은행 영업장의 조도는 책상 위에서 300 ~ 400룩스(lux) 표준이 되도록 설치하는 것이 좋다.

3 다음 중 은행 객장의 창구 카운터에 대한 치수로 옳은 것은? (단위 cm, 높이 × 폭 × 길이)

① 110×75×160 ② 115×75×130
③ 85×60×120 ④ 90×65×150

TIP 카운터의 크기
㉠ 높이 : 100 ~ 110cm(영업장의 경우 90 ~ 95cm)
㉡ 폭 : 60 ~ 75cm
㉢ 길이 : 150 ~ 170cm

Answer 1.④ 2.③ 3.①

4 **다음 중 은행건축의 배치계획으로 옳지 않은 것은?**

① 부지의 형태로 부정형은 피하는 것이 좋다.
② 부지의 방향은 남측, 동측이 좋다.
③ 부지의 방향은 북서의 가로 모퉁이가 이상적이다.
④ 부지의 형태는 정사각형, 직사각형이 가장 이상적이다.

TIP ③ 부지의 방향은 남측, 동측, 동남의 가로 모퉁이가 가장 이상적이다.

5 **은행계획의 동선에 대한 설명으로 옳지 않은 것은?**

① 고객의 동선은 짧아야 한다.
② 고객공간과 업무공간 사이는 원칙적으로 구분되어야 한다.
③ 직원과 고객의 출입구는 따로 두도록 한다.
④ 주출입구는 안여닫이문으로 한다.

TIP ② 고객공간과 업무공간 사이는 서로간의 의사전달을 위해서 원칙적으로는 구분되지 않아야 한다.

6 **다음 중 드라이브 인 뱅크의 계획으로 옳지 않은 것은?**

① 드라이브인 뱅크의 입구에는 차단물이 설치되지 말아야 한다.
② 모든 업무를 드라이브 인 창구에서만 처리하도록 한다.
③ 자동차의 접근이 쉬워야 한다.
④ 창구에는 보온장치를 부착한다.

TIP ② 드라이브 인 뱅크는 교통의 발달로 인해서 자동차에 탄 채로 은행 업무를 볼 수 있도록 만든 것이나 모든 업무를 드라이브 인 창구에서 볼 수 없으므로, 영업장과 긴밀한 연락을 취할 수 있는 별도의 시설이 필요하다.

7 **은행 고객대기실의 최소폭은 얼마인가?**

① 3.0m 정도 ② 3.2m 정도
③ 3.4m 정도 ④ 3.6m 정도

TIP 고객대기실은 최소 3.2m 정도로 하고, 어느 정도의 여유가 있는 공간과 응접용 가구를 배치하여 살롱같은 분위기를 조성해준다.

Answer 4.③ 5.② 6.② 7.②

8 **다음 중 은행의 규모를 결정짓는 요소가 아닌 것은?**

① 은행원의 수　　② 장래의 여비공간

③ 고객의 수

TIP 은행규모의 결정요소
㉠ 내방고객의 수
㉡ 은행원의 수
㉢ 장래의 여비공간
㉣ 고객을 위한 서비스 시설의 규모

9 **다음의 그림에서 은행의 부지조건으로 가장 이상적인 곳은?**

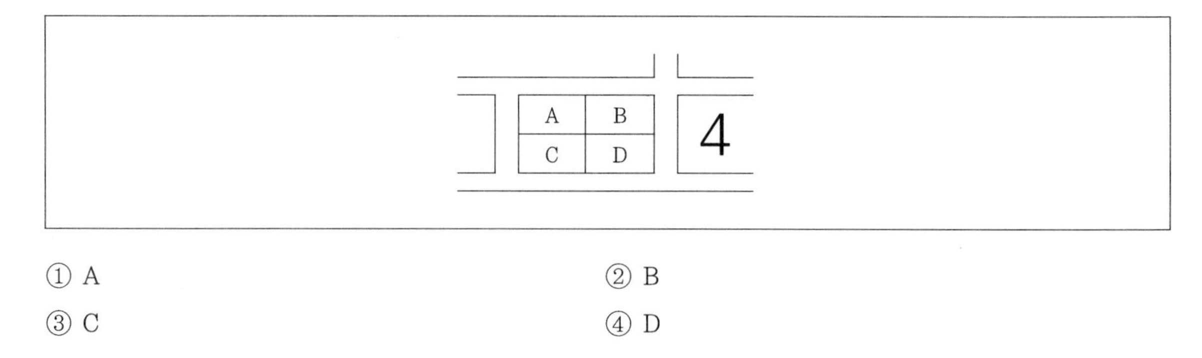

① A　　② B

③ C　　④ D

TIP 은행의 방향은 동쪽, 남쪽도 좋지만 동남쪽 모퉁이가 가장 이상적이다.

10 **다음 은행의 세부계획 중 옳지 않은 것은?**

① 영업장의 면적은 은행원 1인당 $4 \sim 6m^2$

② 영업실의 조도의 표준설치는 500lux

③ 갱의실 캐비넷은 1인당 폭 30cm, 깊이 45cm, 높이 2m 정도

④ 대규모 은행의 금고실 구조체 두께는 60cm 이상

TIP ② 영업장의 조도는 책상 위에서 300 ~ 400lux가 표준이 되도록 설치한다.

Answer　8.④　9.④　10.②

11 은행건축의 설계에 관한 설명으로 옳지 않은 것은?

① 고객의 대기실은 최소폭 3.2m 이상으로 하고 안락한 분위기를 만든다.

② 정문 출입문의 2중문 중 바깥쪽 문은 외여닫이로 한다.

③ 영업대의 높이는 고객대기실쪽에서 80 ~ 90cm가 적당하다.

④ 영업장의 면적은 은행원 1인당 4 ~ 6m^2를 기준으로 한다.

TIP ③ 영업대의 높이는 고객대기실에서 100 ~ 110cm가 적당하다.

12 다음 그림은 은행의 기본평면 종류이다. (A), (B)에 알맞은 것은?

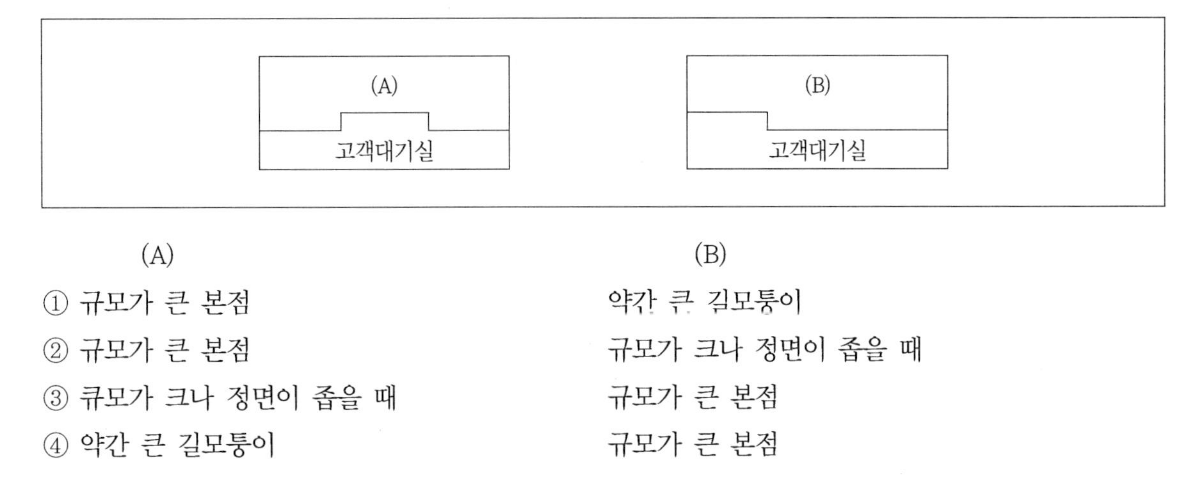

	(A)	(B)
①	규모가 큰 본점	약간 큰 길모퉁이
②	규모가 큰 본점	규모가 크나 정면이 좁을 때
③	큐모가 크나 정면이 좁을 때	규모가 큰 본점
④	약간 큰 길모퉁이	규모가 큰 본점

TIP (A)는 규모가 큰 본점의 경우이고, (B)는 약간 큰 길모퉁이가 적당하다.

13 다음 중 은행건축에 관한 설명으로 옳지 않은 것은?

① 부지의 형태는 정사각형, 직사각형이 이상적이고, 방위는 동쪽, 남쪽도 좋으나 동남쪽의 가로 모퉁이쪽이 이상적이다.

② 영업실의 면적은 은행원수에 따라서 결정되며, 1인당 4 ~ 6m^2 정도를 기준으로 한다.

③ 드라이브 인 뱅크를 계획할 때 창구는 조수석쪽으로 해야 한다.

④ 출입구의 안쪽문은 도난방지상 안여닫이로 한다.

TIP ③ 드라이브 인 뱅크(Drive in Bank)의 창구는 운전석쪽으로 한다.

Answer 11.③ 12.① 13.③

03 산업시설

01 공장

1 일반계획

(1) 대지의 입지조건

① 국토계획, 도시계획상으로 적합해야 한다.

② 교통이 편리해야 한다.

③ 노동력의 공급과 원료의 공급이 쉽고 풍부해야 한다.

④ 잔류물 및 폐수처리가 쉬워야 한다.

⑤ 유사공업의 집단지이고 관련 공장과의 편리한 점이 있어야 한다.

⑥ 지반이 양호하고 습윤하지 않아야 하며 배수가 편리해야 한다.

⑦ 평탄한 지형으로 정지비용이 적게 들어야 하고, 지가가 저렴해서 토지의 공급이 용이해야 한다.

⑧ 재료, 기후작업에 대해서 기후 풍토가 적합해야 한다.

(2) 작업장의 배치계획

① 부지 내의 종합계획을 하고 그 일부로서 현 계획을 하는 것이 이상적이다.

② 장래계획, 확장계획을 충분히 고려해서 배치계획한다.

③ 동력의 종류에 따라 배치하는 계통을 합리화시키고, 동력시설은 증축 시 지장을 주지 않는 위치를 고려하여 계획한다.

④ 각 건물의 배치는 공장의 작업내용을 충분히 검토한 후에 결정하는 것이 바람직하다.

⑤ 원료, 제품의 운반 및 작업동선을 고려하도록 한다.

⑥ 생산, 관리, 연구, 후생 등의 각 부분별 시설을 명쾌하게 나누거나 결합해야 한다.

⑦ 대공장에서 여러 종류의 작업이 포함되는 경우에 가장 중요한 작업에 대해서 가장 유리하도록 계획한다.

(3) 건축의 형식분류와 특징

① **집중식**(Block type)

㉠ 공간 효율성이 높다.
㉡ 일반 기계조립공장이나, 단층건물이 많으며, 평지붕의 무창공장에 적합하다.
㉢ 내부배치, 변경에 탄력성이 있다.
㉣ 건축비가 저렴하다.
㉤ 흐름이 단순하여 운반에 용이하다.

② **분관식**(Pavilion type)

㉠ 공장의 신설, 확장이 비교적 용이하다.
㉡ 통풍 및 채광이 양호하다.
㉢ 건축형식이나 구조를 각기 다르게 할 수 있다.
㉣ 공장건설을 병행할 수 있으므로 조기완성이 가능하다.
㉤ 화학공장, 일반 기계조립공장, 다층공장의 경우이다.

2 평면계획(Layout 계획)

(1) 레이아웃(Layout)

① 공장의 여러 부분(작업장 내의 기계설비, 작업자의 작업구역, 자제나 제품을 두는 곳 등)이 상호위치관계를 가리키는 것을 뜻한다.

② 장래 공장규모의 변화에 대응하여 융통성을 갖도록 한다.

③ 공장의 생산성이 미치고 영향이 크도록 공장의 배치계획, 평면계획시 레이아웃을 건축적으로 종합해야 한다.

(2) 레이아웃의 형식

① **제품중심의 레이아웃**(연속 작업식)

㉠ 생산에 필요한 모든 공정의 기계기구를 제품의 흐름에 따라 배치하는 방식을 말한다.
㉡ 석유, 시멘트 등의 장치공업, 가전제품의 조립공장 등이 있다.
㉢ 공정 간의 시간적, 수량적 균형을 이룰 수 있다.
㉣ 상품의 연속성을 유지한다.
㉤ 대량생산에 유리하고, 생산성이 높다.

② 공정중심의 레이아웃(기계설비의 중심)
  ㉠ 다종 소량생산의 경우에 채용한다.
  ㉡ 예상생산이 불가능한 경우, 표준화가 행해지기 어려운 경우에 채용한다.
  ㉢ 생산성이 낮으므로 주문생산공장에 적합하다.

③ 고정식 레이아웃
  ㉠ 주가 되는 재료나 조립부품은 고정되고 기계나 사람이 이동해 가면서 작업하는 방식을 말한다.
  ㉡ 선박, 건축 등과 같이 제품이 크고 수량이 적은 경우에 적합하다.

④ 혼성식 레이아웃 … 위의 방식들이 혼성된 형식을 말한다.

3 구조계획

(1) 공장의 형태

① **단층** … 기계, 조선, 주물공장 등 무거운 것을 취급하는 공장에 적합하다.

② **중층** … 방직, 제지, 제분공장 등 가벼운 것을 취급하는 공장에 적합하다.

③ **단층과 중층의 병용** … 양조, 방적공장 등에 적합하다.

④ **특수구조** … 제분, 시멘트공장에 적합하다.

[공장의 형태]

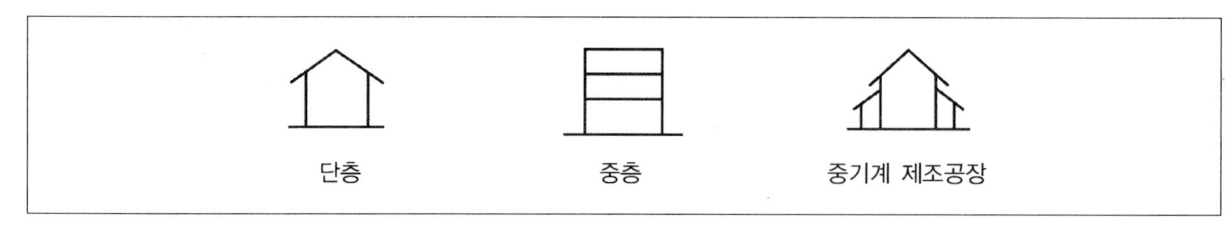

(2) 지붕의 형태

① **평지붕** … 중층식 건물의 최상층 부분이다.

② **뾰족지붕**
  ㉠ 동일면에 천창을 내는 방법이다.
  ㉡ 어느 정도 직사광선을 허용하는 결점을 가지고 있다.

③ **톱날지붕**
  ㉠ 공장 특유의 지붕형태이다.
  ㉡ 채광창이 북향으로 종일 변함 없는 조도를 가진 약한 광선을 받아들여 작업능률에 지장이 없도록 한다.

④ **솟을지붕** … 채광 및 환기에 적합한 지붕형태이다.

⑤ **샤렌지붕** … 기둥이 적게 소요된다.

[지붕의 형태]

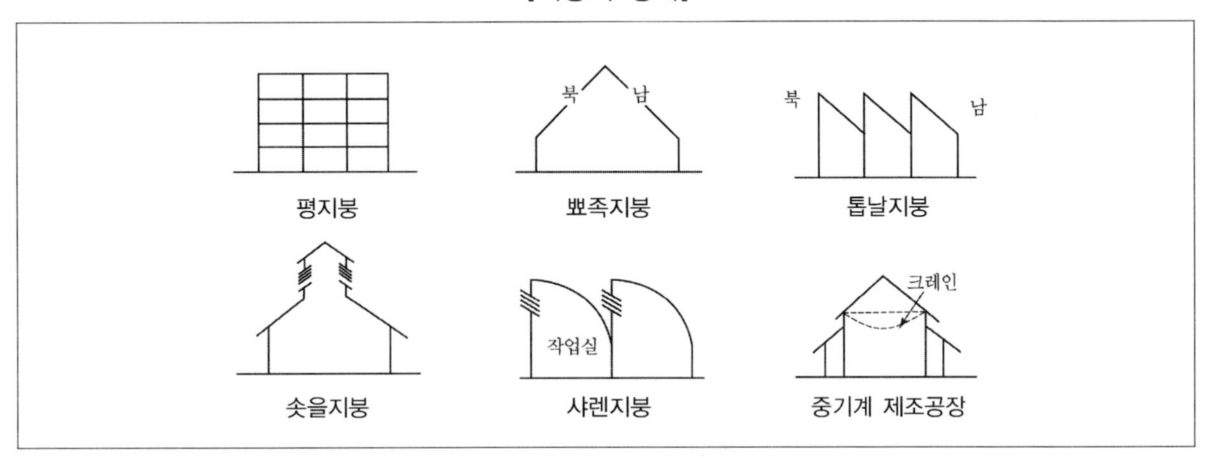

TIP

지붕에 관계되는 요소

㉠ Span의 크기

㉡ 외관

㉢ 환기

㉣ 채광

㉤ 구조형식 및 구조재

㉥ 필요한 유효 높이

기출예제 01 2008 국가직

공장의 지붕계획에 대한 설명으로 옳은 것은?

① 솟음지붕은 채광 및 환기에 불리하다.

② 뾰족지붕은 직사광선을 전혀 허용하지 않는다.

③ 톱날지붕은 북향으로 난 채광창에 의해 실내조도를 균일하게 할 수 있다.

④ 샤렌지붕은 기둥이 많이 소요된다.

공장건축 지붕형식

㉠ 톱날지붕 : 북향의 채광창으로 하루 종일 변함없는 조도를 유지할 수 있다.

㉡ 뾰족지붕 : 직사광선을 어느 정도 허용하는 결점이 있다.

㉢ 솟을지붕 : 채광, 환기에 가장 이상적이다.

㉣ 샤렌지붕 : 지붕 슬래브가 곡면으로 되어 있어 외력에 저항하도록 만들어진 지붕이므로 일반평지붕보다 기둥이 적게 소요된다.

답 ③

(3) 구조재료

① 목조구조

㉠ 소규모 단층공장에 사용된다.

㉡ 바닥면적 1,000m^2 이내 또는 철골을 사용했을 때 녹의 발생 우려가 있을 때 사용한다.

㉢ 내화, 내구성이 나쁘다.

㉣ 스팬 18m 이하, 천장 높이 6m 이내, 주행 크레인 2t 이하에 적합하다.

② RC조(Reinforced Concrete)

㉠ 단층에서는 스팬 10m 이내가 경제적이고 스팬이 6 ~ 8m로 균등하게 해야 한다.

㉡ 내풍, 내화, 내구적 구조이다.

㉢ 중층공장, 기밀형 공장에 적합하다.

③ SC조(Steel Concrete)

㉠ 큰 스팬이 가능하다.

㉡ 대규모의 단층공장, 처마 높이가 높은 것, 주행 크레인을 가진 것 등에는 많이 채용한다.

㉢ 경제적이다.

④ SRC조(Steel reinforced Concrete)

㉠ 철근콘크리트 구조보다 스팬, 층 높이를 크게 할 수 있다.

㉡ 고가이다.

⑤ 특수구조

㉠ 셸 구조 : 큰 스팬의 지붕이 가능하며, 증기 배출공장에서는 증기가 결로하는 대책으로 사용한다.

㉡ PS 콘크리트 구조 : 공기를 단축할 수 있으며, 스팬이 길다(15m).

(4) 바닥재료

① 목조

㉠ 내화성이 없다.

㉡ 보행시 소음, 먼지가 많다.

② 목재콘크리트

㉠ 먼지, 소음이 있다.

㉡ 콘크리트의 습기로 인한 나무의 부패가 우려된다.

③ 콘크리트 위 나무벽돌

㉠ 중량이 있는 차 등을 운반하는 데 편리하다.

㉡ 마멸될 경우 쉽게 바닥을 교체해야 한다.

④ 벽돌

㉠ 미끄러지지 않고, 열에 강하다.

㉡ 마멸 또는 훼손시 재시공이 용이하다.

⑤ 흙바닥

㉠ 위생상 다소 문제가 있다.

㉡ 주물공장에 사용된다.

⑥ 콘크리트

㉠ 먼지와 소음이 많다.

㉡ 한랭하다.

㉢ 파손되기 쉬운 물품을 생산하는 공장에는 부적당하다.

⑦ 아스팔트 타일바닥

㉠ 내수적이고 먼지가 생기지 않는다.

㉡ 탄력성이 있고 갈라지지 않으나 유류를 취급할 때는 주의가 필요하다.

4 환경 설비계획 및 기타

(1) 환기

① 환기계획의 주의사항

㉠ 공장의 제품생산과정에서 인체에 유해한 먼지가 생기게 되므로 환기를 충분히 고려해야 한다.

㉡ 배기는 호흡기 아래, 급기는 호흡기 약간 위에 설치한다.

㉢ 1시간에 6～7회를 환기의 표준으로 한다.

② 환기법

㉠ 전체 환기법

• 자연환기

－풍력에 의한 방법 : 측창, 천창, 환기통

－온도차에 의한 방법 : 솟을지붕, 환기통

•기계환기 : 송풍설비, 배풍설비를 이용한다.

㉡ 국소환기법

• 흡인식 : 먼지, 나쁜 가스의 배출

• 배출식(취입식) : 고온, 유해가스의 배출

[부분적 환기법]

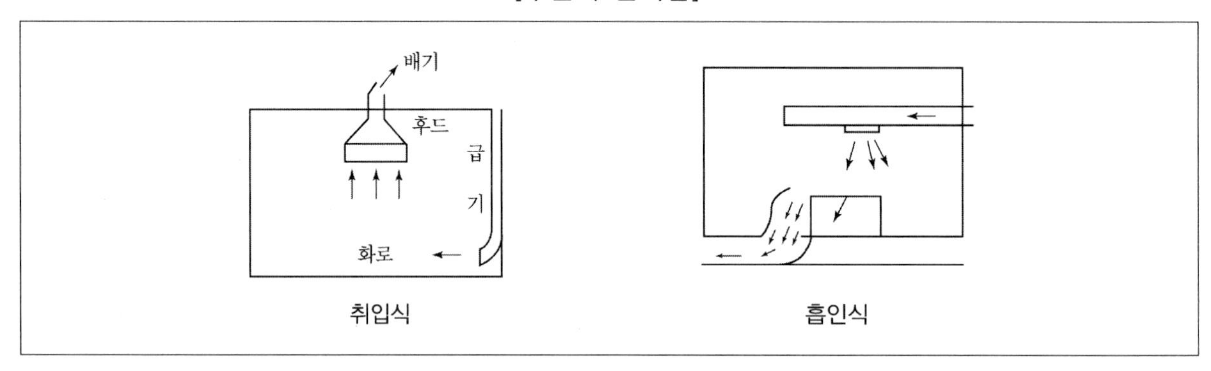

③ **클린룸**(Clean room)

㉠ **개념** : 부유분진, 유해가스, 미립자 등의 오염물질을 규제기준 이하로 제어한 청정공기를 온도, 습도, 기류, 풍압 등을 조절하여 완전한 인공환경으로 만든 공간을 뜻한다.

㉡ **종류**

- ICR(Industrial Clean Room) : 부유분진을 제어대상으로 하는 것으로 주로 반도체, 우주, 항공, 전자, 정밀산업 등에 해당된다.(공장)
- BCR(Biological Clean Room) : 세균이나 곰팡이 등 미생물을 제어대상으로 하는 것으로 주로 제약, 식품, 병원의 무균수술실, 동물 실험실 등에 해당된다.(병원)

(2) 소음

① 종업원의 능률향상과 정신적 면에서 소음을 방지해야 한다.

② **소음방지 방법**

㉠ 소음의 음원을 제거한다.

㉡ 소음원을 차음재, 흡음재로 둘러싸 소음을 차단한다.

㉢ 실내의 벽, 천장에 흡음력을 갖게 하여 소음을 저하시킨다.

(3) 색채

① 공장 전체를 대상으로 한다.

② 쉬운 표지색을 사용하여 공장 내의 위험물, 수송기기 등의 식별을 용이하게 하여 재해를 방지한다.

③ 작업의 의욕을 증진할 수 있도록 작업장에서 변화감 있는 색채 계획을 한다.

④ 피로감에 대해서 고려한다.

⑤ 단조로운 작업할 때를 고려해야 한다.

(4) 채광 · 조명

① 일반적으로 자연채광과 인공조명을 함께 사용하나 되도록 자연채광의 도입을 우선시한다. (인공조명은 자연채광에 비해 피로감을 많이 주므로 될 수 있는 대로 자연광을 받는 것이 좋다.)

㉠ 공정에 지장을 주지 않는 이상 개구부를 크게 하되 동일패턴의 창을 반복하는 것이 좋다.

㉡ 창의 유효면적을 넓히기 위해 주로 스틸새시를 사용하며, 창유리는 빛을 확산시켜줄 수 있는 것(프리즘유리, 젖빛유리 등)을 사용한다.

㉢ 톱날지붕의 채광방법을 사용하여 천창은 북향으로 항상 일정한 광선을 얻도록 한다.

㉣ 공장건축의 생산, 관리, 연구 등의 시설은 상호독립성을 유지해야 하므로 밀집시키지 않는다.

㉤ 최상층은 복사열방지를 위해 기준층보다 다소 높게 해야 한다.

㉥ 실의 바닥 중앙부는 높여서 구배를 만들어야 한다.

② 주간에는 자연광선이 보건 · 경제상 유리하다.

③ **인공조명**

㉠ **일반조명** : 실내를 균일하게 조명한다.

㉡ **국부조명**

- 기계, 특수한 부분만을 채광하는 것이다.
- 정밀한 작업에 꼭 필요하다.

㉢ **국부일반조명** : 실내의 각 소요부분을 균일하게 조명한다.

④ **지붕을 통한 채광형식**

㉠ 톱날지붕채광

㉡ 천창채광

㉢ 솟을지붕채광

㉣ 병용식(천창+솟을)

(5) 화장실

① **남자용**

㉠ **대변기** : 1대당 25 ~ 30인

㉡ **소변기** : 1대당 20 ~ 25인

② **여자용** ⋯ 대변기 1대당 10 ~ 15인

(6) 무창공장

① 방직공장, 정밀기계공장 등에 적합하다.

② 창이 설치되지 않으므로 건설비가 싸게 든다.

③ 인공조명을 이용해서 실내의 조도를 균일하게 할 수 있다.

④ 실내에서의 소음이 크다.

⑤ 공조시에 냉 · 난방 부하가 적게 걸리므로 비용이 적게 들며, 운전하기가 용이하다.

⑥ 외부로부터의 자극이 적어서 작업능률이 향상된다.

⑦ 무창공장이란 공장으로부터 외부로 나가는 소음을 방지하기 위하여 창을 없앤 공장을 말한다.

⑧ 공장 내에 항상 청결한 공기가 유지될 수 있도록 외부와 공장 내의 공기를 교환할 수 있는 장치가 요구된다.

02 창고

1 면적결정의 요인 및 천창의 높이

(1) 면적결정의 요인

① **화물의 성질** … 일반화물, 특수화물

② **화물의 대소** … 포장이 큰 것과 잡화종류와 같이 변화가 심한 것

③ **화물의 다소** … 대량화물이 일시에 들어오는 것과 소량씩 출입하는 것

④ **화물의 빈도** … 입 · 출고가 빈번한 것과 장기보관을 요하는 것

(2) 천장의 높이

① 주요 화물의 적하고에 하역작업에 필요한 여유 60 ~ 90cm를 더한다.

② 복사열을 방지하기 위해서 최상층은 기준층보다 0.3 ~ 0.6m 더 높게 한다.

③ 높이는 1층이 3.6 ~ 9m, 다층건물의 기준층은 3 ~ 7m 정도로 한다.

TIP

래크(Rack)식 창고

- 창고 내에 작은 층(선반)을 만들어 물품을 수직으로 쌓고 자동화된 크레인을 움직여 물품을 반출하는 시스템이다.
- 창고 내에 철골 구조로 된 선반을 최고 20층까지 만들어 공간 활용을 극대화했다. 선반을 쌓기 위해 일반 평면 창고보다 천장을 높인 것이 특징이다.
- 입체적인 수납이 가능한 래크식 창고의 수요는 점점 증가하고 있다. 물류 네트워크와 대규모 물류 창고의 중요성이 부각되고 있어서다.
- 천장이 높고 물류를 층층이 쌓아 놓기 때문에 화재감지기의 작동이 늦고 스프링클러가 작동해도 소화가 어려운 문제가 있다. 따라서 일반 창고에 비해 화재의 위험이 매우 높으므로 방화에 각별히 신경을 써야 한다.

② 분류

(1) 소재지에의 한 분류

① **지방창고** … 작은 소비도시에 위치

② **항만창고** … 부두에 가까운 곳에 위치

③ **시중창고** … 대도시 공업도시에 위치

④ **벽지창고** … 지방의 토산품을 보관할 수 있는 곳에 위치

(2) 자가용에 의한 분류

① **단체** … 농협협동조합, 상업조합 등의 창고

② **개인** … 주택, 공장, 사무소, 상점 등의 창고

(3) 영업용에 의한 창고

① **영업용** … 창고업자가 직접 경영하는 창고

② **준영업용** … 공공단체나 국가에서 운영하는 창고

④ 하역장

[하역장의 종류]

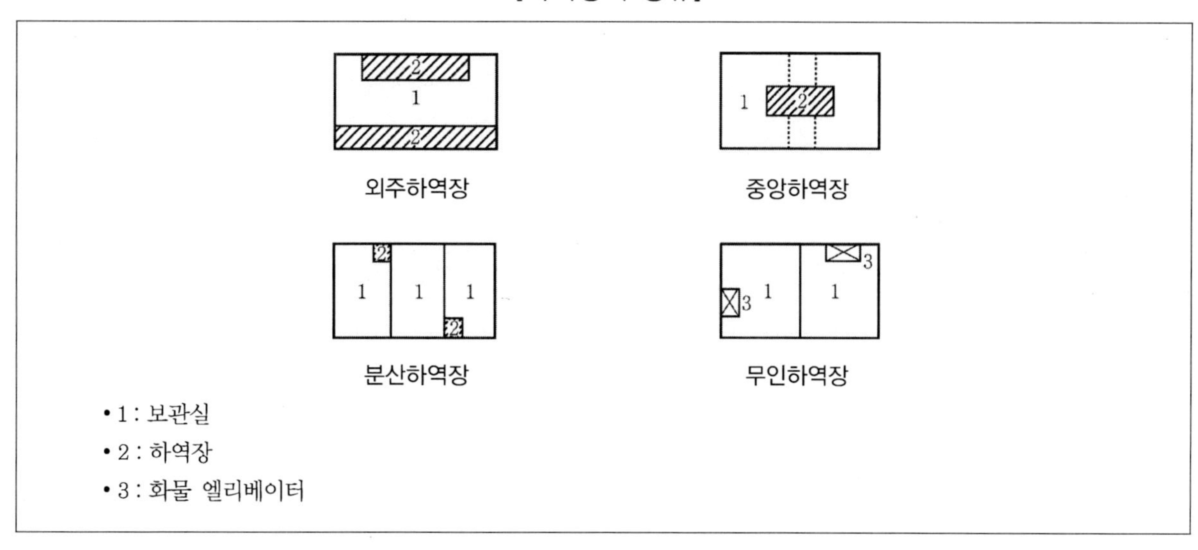

(1) 외주하역장

① 수 · 육운이 편리하다.

② 채광조건이 좋은 장소에서 포장을 고칠 수 있다.

③ 대규모 창고에 적당하다.(해안부두 등)

(2) 중앙하역장

① 각 창고의 하역장까지의 거리가 모두 평준화된다.

② 짐의 처리, 판매가 비교적 빠르다.

③ 채광상 문제는 불리하나 일기에 관계없이 하역할 수 있다.

(3) 분산하역장

소규모 창고에 채용한다.

(4) 무인하역장

① 수용면적이 가장 크다.

② 직접 화물을 창고 내에 반입할 때 기계의 수량도 비교적 많이 필요하다.

TIP

하역 관련 용어

㉠ 하역 : 짐을 싣고 내리는 일

㉡ 항만 : 선박이 안전하게 출입하고 정박할 수 있도록 자연적 · 인공적으로 보호되어 여객을 승 · 하선시키고 화물 · 우편물 등을 적양하는 장소

㉢ 부두 : 선박이 계류하여 여객을 승하선시키거나 화물을 싣고 내릴 수 있도록 만든 항만시설

㉣ 도크 : 선박을 건조 · 수리하기 위해서 조선소 · 항만 등에 세워진 시설

㉤ 상하치 : 짐을 운송수단에 싣는 것을 상치, 그 반대는 하치라고 한다.

인수도조건	해설	물류비용 항목 및 부담자	
		공급자(계약자)	인수자(수요기관)
납품장소도 (공사현장도)	납품장소에서 인수도 (공사현장에서 인수도)	인수도단계에서 비용부담(소량물자)	–
현장설치도	공사현장에서 설치후 인수도	발지상차비, 운반비 착지하차비, 설치비	–
납품장소차상도 (공사현장차상도) (창고문전차상도)	착지상차상태 인수도 (공사현장상차상태 인수도) (창고문전 상차 인수도)	발지상차비, 운반비	착지하차비
납품장소하차도 (공사현장하차도) (창고문전하차도) (설치장소하차도)	납품장소하차로써 인수도 (공사현장하차로써 인수도) (창고문전하차로써 인수도) (설치장소 하차로써 인수도)	발지상차비, 운반비 착지하차비	–
창고입고도	창고 입고상태로 인수도	발지상차비, 운반비 착지하차비, 입고비	–
생산공장도(상차제외)	생산공장에서 인수도	–	공장상차비, 운반비, 착지하차비
생산공장상차도	생산공장 상태로써 인수도	공장 상차비	운반비, 착지하차비
분공장도(상차제외)	분공장에서 인수도	–	분공장상차비, 운반비, 착지하차비
분공장상차도	분공장 상차로써 인수도	분공장상차비	운반비, 착지하차비
운반구상차도	인수도장소 운반구 상차로써 인수도	운반구 상차비	운반비, 착지하차비
레일도(하차제외)	레일선상 화차 위에서 인수도	역까지 운반비	회차 하차비부터 비용부담
생산공장 공장현장도	생산공장 현장에서 검수후 인수도	–	–
하치장도(상차제외)	하치장에서 인수도	–	하치장상차비, 운반비, 착지하차비
하치장상차도	하치장상차로써 인수도	하치장 상차비	운반비, 착지하차비
부두도	부두에서 인수도	부두까지 운반비	인수 후 비용
부두선상도	부두선박 위에서 인수도	–	선박하역비(또는 상선비) 이후 비용
차량주입도	차량주입으로써 인수도	주입비까지	–
수요기관 탱크주입도	탱크주입으로써 인수도	주입비까지	–
공판장, 특약점, 대리점도	공판장, 특약점, 대리점에서 인수도	인도이전 비용	인수이후 비용

최근 기출문제 분석

2018 서울시 2차

1 공장건축에서 제품중심 레이아웃형식의 특징에 대한 설명으로 가장 옳지 않은 것은?

① 대량생산에 유리하고, 생산성이 높다.

② 건축, 선박 등과 같이 제품이 큰 경우에 적합하다.

③ 장치공업(석유, 시멘트), 가전제품 조립공장 등에 유리하다.

④ 공정 간의 시간적, 수량적 균형을 이룰 수 있고, 상품의 연속성이 유지된다.

TIP 건축, 선박 등과 같이 제품이 큰 경우에 적합한 방식은 고정식 레이아웃방식이다.

2020 국가직

2 다음 설명에 해당하는 공장건축의 지붕 종류를 옳게 짝 지은 것은?

㉠ 채광, 환기에 적합한 형태로, 환기량은 상부창의 개폐에 의해 조절될 수 있다.
㉡ 채광창을 북향으로 하는 경우 온종일 일정한 조도를 가진다.
㉢ 기둥이 적게 소요되어 바닥면적의 효율성이 높다.

	㉠	㉡	㉢
①	솟을지붕	샤렌지붕	평지붕
②	솟을지붕	톱날지붕	샤렌지붕
③	평지붕	샤렌지붕	뾰족지붕
④	평지붕	톱날지붕	뾰족지붕

TIP 공장건축 지붕형식
- 톱날지붕 : 채광창을 북향으로 하는 경우 온종일 일정한 조도를 가진다.
- 뾰족지붕 : 직사광선을 어느 정도 허용하는 결점이 있다.
- 솟을지붕 : 채광, 환기에 적합한 형태로, 환기량은 상부창의 개폐에 의해 조절될 수 있다.
- 샤렌지붕 : 지붕 슬래브가 곡면으로 되어 있어 외력에 저항하도록 만들어진 지붕이므로 일반평지붕보다 기둥이 적게 소요된다.

Answer 1.② 2.②

출제 예상 문제

1 다음 중 공장계획 시 고려할 사항으로 옳지 않은 것은?

① 인공채광과 자연채광을 이용하여 눈의 피로를 최소화시킨다.
② 공장 내의 위험물, 수송기기 등의 식별을 용이하게 하기 위해 인식하기 쉬운 표지색을 사용하여 재해를 방지하도록 한다.
③ 공장의 환기는 1시간에 6 ~ 7회를 환기의 표준으로 한다.
④ 단층의 공장은 기계, 조선, 주물공장 등 무거운 것을 취급하는 공장에 적합하다.

TIP ① 자연채광과 인공채광은 분류하여 사용하도록 해야 한다. 자연채광은 주간시에만 사용하여 보건상의 문제를 해소할 수 있도록 하며, 인공채광은 국부조명 등을 이용하여 작업자의 피로감을 차감시켜주는 데 사용하도록 한다.

2 다음 중 공장건축에서 제품중심의 레이아웃에 관한 설명으로 옳지 않은 것은?

① 생산에 필요한 공정간 시간적, 수량적 균형을 이룰 수 있다.
② 생산에 필요한 공정, 기계종류를 작업의 흐름에 따라 배치한다.
③ 표준화가 행해지기 어려운 경우에 사용되며 주문생산품 공정에 적합하다.
④ 대량생산에 유리하고 생산성이 높다.

TIP 제품중심의 레이아웃
㉠ 생산에 필요한 모든 공정의 기계기구를 제품의 흐름에 따라서 배치하는 방식이다.
㉡ 석유, 시멘트 등의 장치공업, 가전제품의 조립공장 등이 있다.
㉢ 공정 간의 시간적, 수량적 균형을 이룰 수 있다.
㉣ 상품의 연속성을 유지한다.
㉤ 대량생산에 유리하고 생산성이 높다.

Answer 1.① 2.③

3 **다음 중 건축이나 선박사업 등에 적합한 레이아웃 방식은?**

① 특수식 레이아웃 ② 변경식 레이아웃
③ 고정식 레이아웃 ④ 공정중심의 레이아웃

TIP 고정식 Layout
㉠ 주가 되는 재료나 조립부품은 고정되고 기계나 사람이 이동해 가면서 작업하는 방식이다.
㉡ 선박, 건축 등과 같이 제품이 크고 수량이 적은 경우에 사용한다.

4 **공장의 부지를 선정하는 데 있어서의 조건으로 옳지 않은 것은?**

① 교통이 편리한 곳
② 노동력과 원료의 공급이 풍부한 곳
③ 지형에 상관 없이 지가가 저렴한 곳
④ 기후의 풍토가 적합한 곳

TIP 공장부지 지형…평탄한 곳이 좋으며 정지비용이 적게 들어야 하고 지가가 저렴해서 토지의 공급이 용이해야 한다.

5 **다음 중 공장계획에 관한 설명으로 옳지 않은 것은?**

① 공장 내의 수송기기나 위험물 등의 식별을 용이하게 하기 위해서 눈에 띄는 표지색을 사용하도록 하여 재해를 방지해야 한다.
② 동선을 계획함에 있어서 견학자의 동선도 고려하도록 한다.
③ 평면의 계획상 공간을 배분할 때는 생산공정의 순서 및 중요도에 일치해야 한다.
④ 공장에서는 대체적으로 작업환경 상에 적당한 습도공급이 필요하다.

TIP 공장은 지반이 양호하고 습윤하지 않으며 배수가 편리해야 한다. 또한 기계 등을 많이 사용하기에 습기가 많으면 불리하다.

Answer 3.③ 4.③ 5.④

6 **창고의 면적을 결정하는 데 있어서 요소가 될 수 없는 것은?**

① 화물의 빈도 ② 화물의 크기
③ 화물의 성질 ④ 화물의 성능

TIP 창고면적의 결정요소
㉠ 화물의 성질
㉡ 화물의 대소
㉢ 화물의 다소
㉣ 화물의 빈도

7 **다음은 공장 내의 환경계획에 관한 설명이다. 옳지 않은 것은?**

① 환기는 1시간에 10회를 표준으로 한다.
② 작업장의 색채는 작업자에게 피로감을 덜 주도록 고려해야 한다.
③ 주간에는 자연광선을 들여 보건상이나 경제상 유리하도록 한다.
④ 실내의 벽, 천장에는 흡음재를 설치하여 소음을 저하시킬 수 있도록 노력한다.

TIP 공장의 환기
㉠ 공장은 제품의 생산과정에서 인체에 해로운 미세먼지 등이 발생하게 되므로 환기를 충분히 고려하도록 한다.
㉡ 배기는 호흡기 아래쪽, 급기는 호흡기 약간 위에 설치한다.
㉢ 1시간에 6～7회의 환기를 표준으로 한다.

8 **여자 300명과 남자 600명을 수용하는 공장의 변소에서 대변기와 소변기의 총 개수는 몇 개인가?**

① 대변기 20개, 소변기 24개 ② 대변기 40개, 소변기 24개
③ 대변기 24개, 소변기 20개 ④ 대변기 24개, 소변기 40개

TIP 여자용 대변기는 1대당 10～15인이므로 300÷15＝20개, 남자용 대변기는 1대당 25～30인이므로 600÷30＝20개, 남자용 소변기는 1대당 20～25인이므로 600÷25＝24개
∴ 여자용 대변기 40개, 남자용 소변기 24개

Answer 6.④ 7.① 8.②

9 **다음 중 무창공장에 관한 설명으로 옳지 않은 것은?**

① 방직이나 정밀기계를 생산하는 데 적합하다.
② 실내에서의 소음이 작다.
③ 온도와 습도를 조정함에 있어서 창이 있는 공장보다 어렵다.
④ 창이 없으므로 건설비용이 싸다.

TIP 무창공장은 창이 없어 실내의 조도, 온도, 습도 등을 인공적으로 해야하므로 조정이 쉽다.

10 **공장의 지붕 중 채광 및 환기에 가장 적합한 지붕은?**

① 톱날지붕 ② 솟을지붕
③ 평지붕 ④ 뾰족지붕

TIP 공장지붕의 형태
㉠ 평지붕 : 중층식 건물의 최상층 부분
㉡ 뾰족지붕 : 동일면에 천창을 내는 방법
㉢ 톱날지붕 : 채광창이 북향으로 종일 변함없는 조도를 가진 약한 광선을 받아들여 작업능률에 지장이 없는 형식
㉣ 솟을지붕 : 채광과 환기에 적합한 형식
㉤ 샤렌지붕 : 기둥이 적게 소요되는 형식

11 **공장평면의 레이아웃을 계획함에 있어서 생산에 필요한 기계기구의 공정을 제품의 흐름에 따라 배치하는 방식은?**

① 제품중심의 레이아웃 ② 공정중심의 레이아웃
③ 고정식 레이아웃 ④ 혼성식 레이아웃

TIP 제품중심의 레이아웃
㉠ 연속 작업식이라고 한다.
㉡ 생산하는 데 있어서 모든 공정의 기계기구를 제품의 흐름에 따라 배치하는 방식이다.
㉢ 석유, 시멘트 등 장치공업, 가전제품의 조립공장 등에 쓰이는 형식이다.
㉣ 공정간의 시간적, 수량적 균형을 이룰 수 있다.
㉤ 상품의 연속성을 유지한다.
㉥ 대량생산에 유리하고 생산성이 높다.

Answer 9.③ 10.② 11.①

12 다음 중 공장의 Layout 계획에 관한 설명으로 옳지 않은 것은?

① 선박 · 건축 등과 같이 제품이 크고 고정되어 있으면 기계나 사람이 이동해 가면서 작업하는 방식을 고정식 레이아웃이라 한다.
② 석유, 시멘트 등의 장치공업이나 가전제품의 조립공장 등은 제품 중심의 레이아웃 형식이 적합하다.
③ 공정중심의 레이아웃은 표준화가 행해지기 어려운 경우에 채용하는 것이므로 생산성이 낮은 주문생산공장에 적합하다.
④ 예상생산이 가능할 경우에는 공정중심의 레이아웃을 채용하도록 한다.

TIP 공정중심의 레이아웃
㉠ 예상생산이 불가능한 경우
㉡ 표준화가 행해지기 어려운 경우
㉢ 다종 소량생산의 경우
㉣ 생산성이 낮으므로 주문생산공장에 적합

13 다음 중 작업장의 배치계획에 관한 설명으로 옳지 않은 것은?

① 대공장 작업장의 경우 여러 종류의 작업이 포함되었을 때는 가장 중요한 자업에 대해서 유리하도록 계획한다.
② 견학자의 동선도 고려한다.
③ 장래의 확장성을 고려하여 계획한다.
④ 생산, 관리, 연구, 후생 등의 공간은 절대적으로 분리해야 한다.

TIP ④ 생산, 관리, 연구, 후생 등의 공간은 각 부분별로 명쾌하게 나눌 수도 있고 합리적으로 결합하여 사용할 수도 있다.

Answer 12.④ 13.④

14 다음은 공장 작업장의 배치계획에 관한 설명이다. 이 중 옳지 않은 것은?

① 미래의 확장을 충분히 고려해서 배치계획을 세우도록 한다.
② 각 건물의 배치는 공장의 작업내용을 충분히 검토한 후에 알맞게 배치시키도록 한다.
③ 여러 작업이 포함되는 경우에는 가장 중요한 작업을 위주로 하여 유리하게 배치한다.
④ 견학자의 동선은 고려하지 않도록 한다.

TIP ④ 공장은 관리자 · 참견자 · 견학자 등의 관람 동선도 고려해야 한다.

15 다음 그림은 어느 공장 지붕인가?

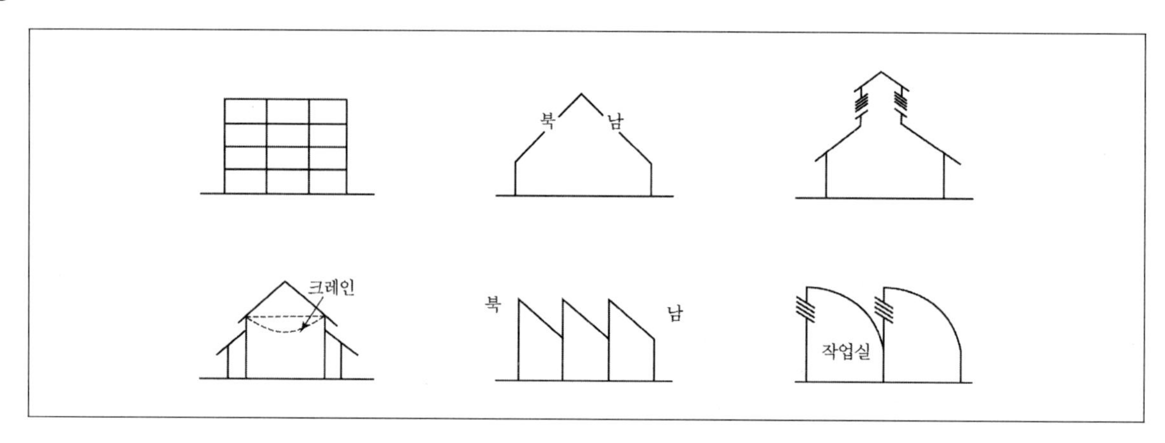

① 뾰족지붕
② 솟을지붕
③ 톱날지붕
④ 평지붕

TIP 톱날지붕
㉠ 공장 특유의 지붕형태이다.
㉡ 채광창이 북향으로 종일 변함없는 조도를 가진 약한 광선을 받아들여 작업능률에 지장이 없도록 한다.

Answer 14.④ 15.③

16 공장의 건축형식 중 집중식(Block type)에 관한 설명으로 옳은 것은?

① 공간의 효율성이 떨어진다.
② 무창공장에 적합하다.
③ 통풍 및 채광이 양호하다.
④ 건축비가 비싸다.

TIP 집중식(Block type)
㉠ 공간효율성이 높다.
㉡ 일반 기계조립공장 · 단층건물 · 평지붕의 무창공장에 적합하다.
㉢ 내부의 배치 및 변경에 탄력성이 있다.
㉣ 건축비가 저렴하다.
㉤ 흐름이 단순하여 운반에 용이하다.

17 다음 공장계획에서 옳지 않은 것은?

① 환기계획을 함에 있어서 배기는 호흡기 약간 위에 급기는 호흡기 아래 설치하도록 한다.
② 실내의 벽, 천장에 흡음력을 갖게 하고 소음의 음원을 제거하여 종업원의 능률을 높이도록 한다.
③ 주간에는 자연광선이 들어오도록 조명계획을 하여 보건상이나 경제상으로 유리하도록 한다.
④ 공장 내에 수송기기, 위험물 등은 식별이 용이하도록 색채계획을 한다.

TIP 공장의 환기계획
㉠ 제품생산과정에서 인체에 해로운 먼지가 생기게 되므로 환기를 충분히 고려한다.
㉡ 1시간에 6 ~ 7회를 환기의 표준으로 한다.
㉢ 배기는 호흡기 아래, 급기는 호흡기 약간 위에 설치한다.

Answer 16.② 17.①

PART

상업시설

01 상점

01 개요 및 평면계획

1 개요

(1) 대지의 선정

① 고객의 편의를 도모하기 위해 교통이 편리한 곳

② 사람의 통행이 많고 번화한 곳으로 눈에 잘 띄는 곳

③ 가급적 2면 이상 도로에 면한 곳

[부지와 도로]

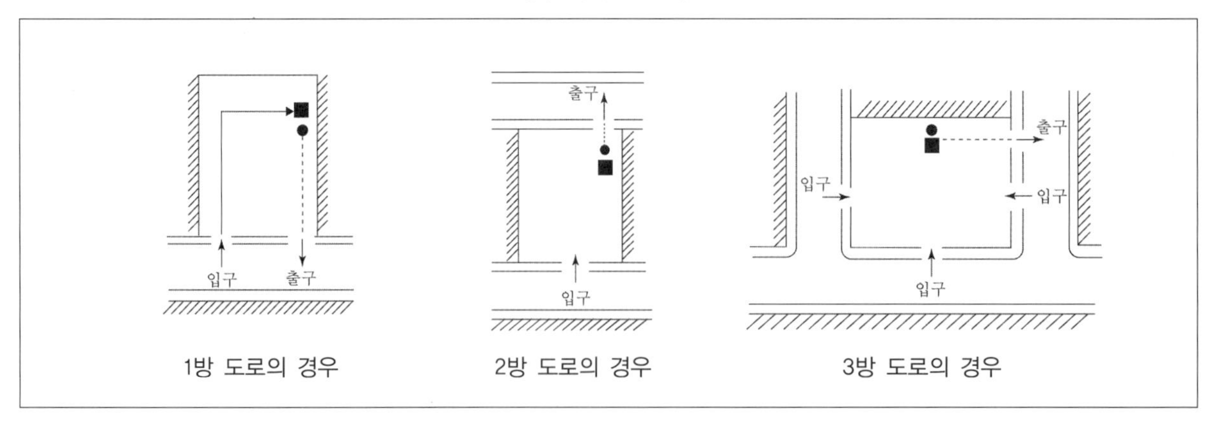

④ 전면도로의 폭이 너무 넓지 않은 곳(보통 8 ~ 12m)

⑤ 같은 종류의 상점이 모여 있는 곳

⑥ 부지의 형은 전면폭과 안깊이가 1 : 2인 것이 유리함

⑦ 대지가 불규칙적이고 구석진 장소는 피해야 함

⑧ 보통 일조, 통풍은 고려하지 않음

(2) 방위(도로와의 관계)

① **양복점, 가구점, 서점** … 일사에 의한 변색 · 퇴색방지를 위해 가급적 도로의 남쪽, 서쪽을 택하도록 한다.

② **부인용품점** … 오후에 그늘이 지지 않는 방향을 택한다.

③ **음식점** … 도로의 남측이나 좁은 길 옆으로 하는 것이 좋다.

④ **식료품점** … 석양에 의해 상품이 변질되는 것을 고려하여 서향은 피하도록 한다.

⑤ **여름용품** … 도로의 북측을 택해서 남측의 광선을 받도록 한다.(남향에 배치된 상점)

⑥ **겨울용품** … 도로의 남측을 택해서 북측의 광선을 받도록 한다.(북향에 배치된 상점)

⑦ **귀금속점** … 1일 중 태양광선이 직사하지 않는 방향을 택한다.

TIP

도로 및 방향에 따른 상점의 위치

㉠ 음식물 : 서향을 피해야 하므로 도로의 서쪽인 B에 위치시킨다.

㉡ 여름용품 : 덥다는 것을 느껴야하므로 도로의 북측인 C에 위치하도록 하여 남측광선을 유입한다.

㉢ 겨울용품 : 여름용품과 반대로 춥다는 것을 느껴야하므로 도로의 남측인 D에 위치하도록 하여 북측광선을 유입한다.

㉣ 가구, 서점, 양복점 : 일사에 의한 변색을 막기 위해 도로의 남쪽인 D에 위치시킨다.

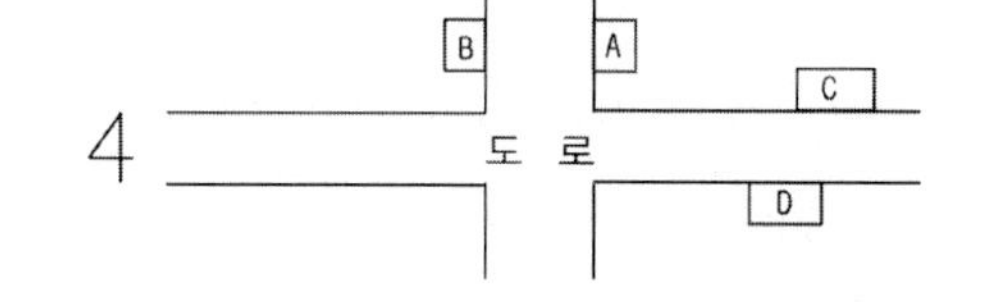

(3) 광고요소(구매욕구를 충족시키기 위한 것)

① A(주의 : Attention) … 주목시킬 수 있는 배려

② I(흥미 : Interest) … 공감을 주는 호소력

③ D(욕망 : Desire) … 욕구를 일으키는 연상

④ M(기억 : Memory) … 인상적인 변화

⑤ A(행동 : Action) … 들어가기 쉬운 구성

TIP

디자인은 광고의 요소에 속하지 않는다.

(4) 상점의 전면형태(Shop front)

① 개방형

㉠ 도로에 면한 곳이 전면적으로 개방된 구조이다.

㉡ 유리로 막은 곳과 가격이 높지 않은 물건을 파는 곳이나 시장 등과 같이 완전 개방된 곳이 있다.

㉢ 서점, 제과점, 철물점 등과 같이 손님 출입이 많은 곳이나 잠시 머무르는 상점에 적합하다.

② 폐쇄형

㉠ 출입구 외에는 벽 장식창 등을 이용하여 외계를 차단하는 형식이다.

㉡ 미용실, 보석상, 귀금속점 등 손님의 출입이 적고 점포 내에서 비교적 오래 머무르는 상점에 적합하다.

③ 혼용형

㉠ 개방형과 폐쇄형을 조합한 형식으로 일반적으로 가장 많이 이용된다.

㉡ 종류

- 개구부의 일부는 개방하고 다른 일부는 폐쇄한 혼합형
- 길쪽을 개방하고 안쪽을 폐쇄한 분리형

[Shop front]

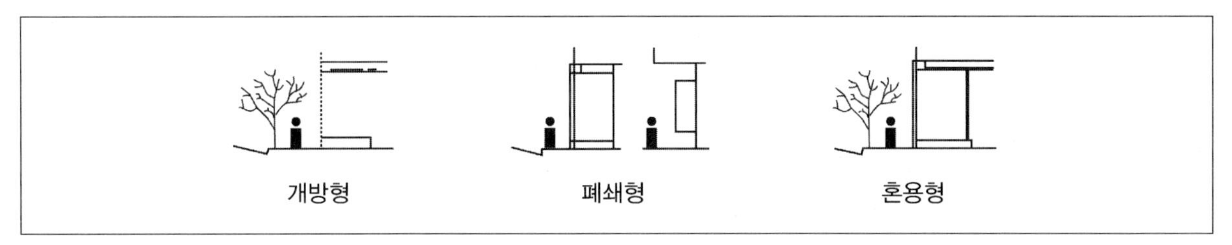

❷ 평면계획

(1) 상점의 구성

① 판매부분(매장)

㉠ 도입의 공간

㉡ 통로의 공간

㉢ 상품의 전시공간

㉣ 서비스 공간

② 부대부분

㉠ 판매를 위한 관리부분으로 직접적으로 영업목적달성을 위해 사용하는 부분

㉡ 부대부분의 구성

- 식품의 관리공간
- 점원의 후생공간
- 영업의 관리공간
- 시설의 관리공간
- 주차의 공간

(2) 동선의 계획

① 고객동선과 종업원, 물품의 동선이 교차되지 않도록 한다.

② 종업원의 동선은 최대한 짧게 하고 고객의 동선은 길게 유도한다.

③ 가구배치 계획 시에 상점 내의 동선을 길고 원활하도록 한다.

④ 직원과 고객의 동선이 만나는 곳에 카운터를 배치한다.

⑤ 상점 내의 동선을 원활하게 하는 것이 가장 중요하다.

(3) 진열장의 계획

① 진열장 형태에 의한 분류

㉠ 평형

- 가장 일반적인 형식(가구점, 자동차 진열장, 꽃집 등)이다.
- 점두 외면에 출입구를 낸 형식이다.
- 통행인이 많을 경우 전면에 경사를 주어서 처리하기도 한다.

㉡ 돌출형

- 특수소매상에 적용되는 것으로 요즘은 잘 사용하지 않는다.
- 점 내의 일부를 돌출시키는 형식이다.

㉢ 만입형

- 혼잡한 도로에서 마음놓고 진열상품을 볼 수 있게 한 형식이다.
- 점두의 일부를 만입시켜서 진열면적을 증대시킨다.
- 점 내에 들어가지 않아도 품목을 알 수 있다.

㉣ 홀형

- 만입부를 더욱 크게 하여 전면을 홀로 만든 형식이다.
- 만입부와 비슷한 특징을 가진다.

㉤ 다층형

- 2층 이상의 층을 연속하여 취급한 형식(가구점, 양복점)이다.
- 큰 도로, 광장에 접할 때 유리하다.

[진열장의 종류]

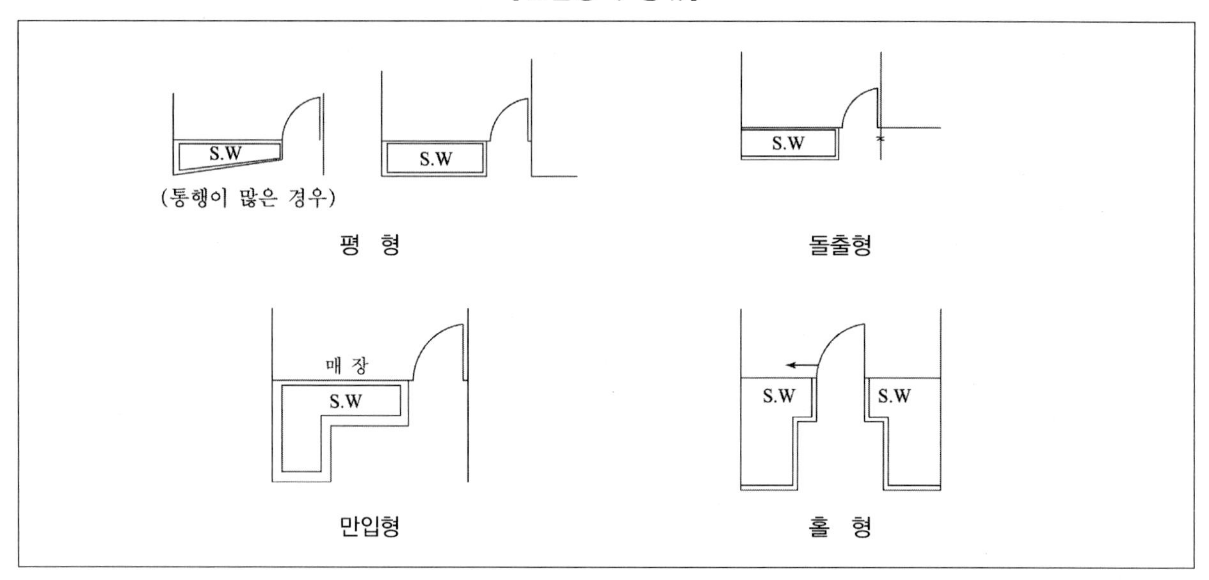

② 진열장 배치시 주의사항

㉠ 점두는 당초에서부터 개조가 가능하도록 계획하는 것이 효과적이다.

㉡ 들어오는 고객과 종업원의 시선은 마주치지 않도록 한다.

㉢ 고객쪽에서 상품을 효과적으로 볼 수 있도록 한다.

㉣ 고객을 감시하기 쉽게하나 고객이 감시당하고 있다는 것을 모르도록 한다.

㉤ 고객과 종업원의 동선이 원활하도록 한다.

㉥ 다수의 손님이 들어와도 소수의 종업원이 관리할 수 있도록 한다.

(4) 가구의 배치형식

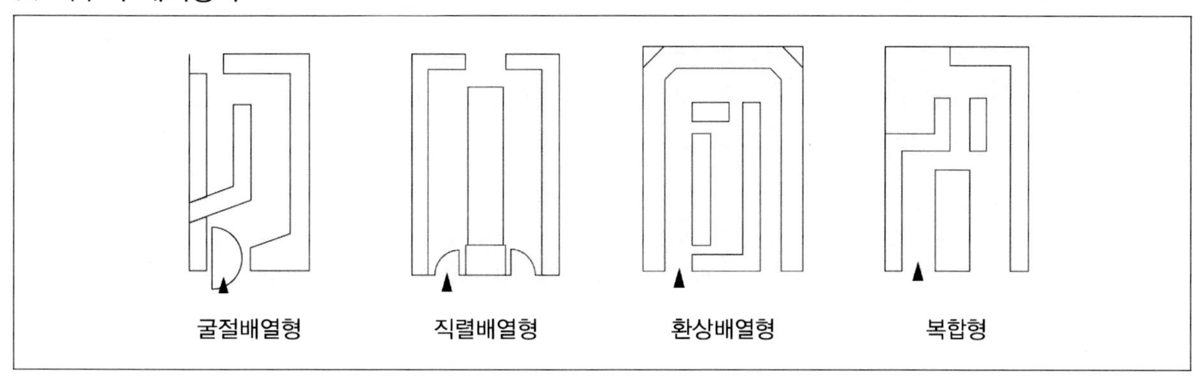

① 굴절배열형

㉠ 진열케이스의 배치와 고객의 동선이 곡선이나 굴절로 구성된 형식이다.

㉡ 대면판매과 측면판매의 조합으로 구성된다.

㉢ 종류 : 문방구점, 안경점, 양품점 등

② 직렬배열형

㉠ 가장 보편적으로 사용된다.

㉡ 통로가 직선이어서 고객의 흐름이 가장 빠르다.

㉢ 부분별로 상품진열이 용이하다.

㉣ 대량판매의 형식이 가능하다.

㉤ 종류 : 서점, 침구점, 식기점, 실용의복점, 가정 전기점 등

③ 환상배열형

㉠ 중앙에 케이스대 등을 직선이나 곡선의 환상부분으로 설치하여, 그 안에 포장대, 금전등록기 등을 놓는 형식이다.

㉡ 중앙환상의 판매부분에는 소형상품과 고액상품을 진열한다.

㉢ 벽면부분에는 대형상품 등을 진열한다.

㉣ 종류 : 민예품점, 수예품점 등

④ 복합형

㉠ 각 방식을 적절히 조합하여 배치시킨 형식이다.

㉡ 후반부는 대면판매나 카운터 접객부분이 된다.

㉢ 종류 : 서점, 부인점, 피혁제품점 등

(5) 판매의 형식

① 대면판매

㉠ 사용처 : 수예품점, 카메라점, 제과점, 화장품점, 시계 · 귀금속점 등

㉡ 장점

- 고객과 대면되는 곳에 위치하기 때문에 설명하기가 자유롭고 편리하다.
- 종업원의 정위치를 정하기가 용이하다.
- 포장대가 가려져 있을 수 있으며 포장하기도 편리하다.

㉢ 단점

- 판매원의 통로를 만들어야 하므로 진열면적이 감소한다.
- 진열장이 많아지게 되면 상점의 분위기가 딱딱해진다.

② 측면판매

㉠ 사용처 : 양복점, 양장점, 서점, 운동구점 등(진열상품을 같은 방향으로 보면서 판매하는 형식)

㉡ 장점

- 선택, 충동구매가 용이하다.
- 진열면적이 커진다.
- 상품에 대한 친근감이 생긴다.

㉢ 단점

- 판매원의 정위치를 정하기가 어렵고 불안정하다.
- 상품의 포장, 설명 등이 불편하다.

02 세부계획

1 진열창과 진열장

(1) 진열창(Show window)

① 위치의 결정요소

㉠ 상점의 위치와 형식

㉡ 출입구의 위치

㉢ 보도폭과 교통량

㉣ 상품의 종류, 크기, 정도

㉤ 진열방법

② 진열창의 크기

㉠ 결정요소

• 대지의 조건
• 전면의 길이
• 상점의 종류

㉡ 바닥높이 : 상품의 종류에 따라 달라진다.

[진열창의 바닥높이]

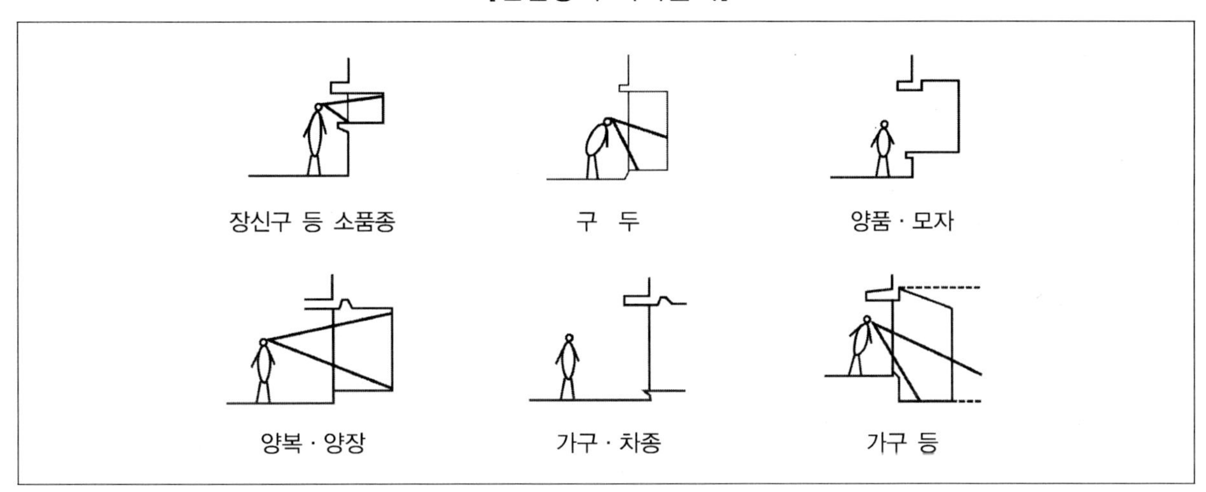

㉢ 창대높이

• 0.3 ~ 1.2m 범위 내에서 한다.
• 보통 0.6 ~ 0.9m 정도가 많이 사용된다.

㉣ 유리의 크기

• 2.0 ~ 2.5m 정도의 범위 내에서 한다.
• 2.5m 이상일 경우에는 진열효과가 없다.

㉤ 진열창의 길이

• 0.5 ~ 4.0m 범위에서 한다.
• 보통 0.9 ~ 2.0m 정도를 사용한다.

③ 진열창의 흐림방지

㉠ 진열창에 외기가 통하도록 한다.

㉡ 진열창의 윗벽이 없을 경우 : 창대 밑에 난방장치를 설치해서 내외의 온도차를 작게 해준다.

④ 진열창 반사방지

주간시	야간시
• 진열창의 내부의 조도를 외부보다 높게 하도록 한다.(천공, 인공조명 사용) • 유리면은 경사지게 하거나 곡면을 넣어 처리한다. • 차양을 달아서 외부가 그늘지도록 한다.(만입형이 유리) • 건너편의 건물이 반사되는 것을 가로수를 조정해서 방지한다.	• 광원을 감추도록 한다. • 눈에 입사하는 광속을 적게 하도록 한다.

⑤ 진열창의 내부조명

㉠ 전반조명(형광등)과 국부조명(스포트라이트)을 병용하여 사용한다.

㉡ 바닥면 상의 조도는 최저 150lux가 표준이며, 85cm 높이에서 300lux가 적당하다.

㉢ 주광색의 전구를 필요로 하는 상점 : 약국, 의료품점

(2) 진열장(Show case)

① 인간의 활동치수와 관계된다.

② 이동식 구조가 편리하다.

③ 폭 0.5 ~ 0.6m, 길이 1.5 ~ 1.8m, 높이 0.9 ~ 1.1m 정도로 한다.

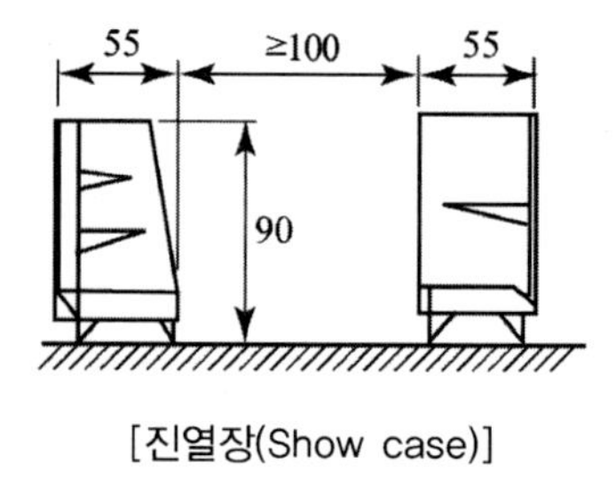

[진열장(Show case)]

2 출입구와 계단

(1) 출입구

① 위치 … 점두형식, 교통량의 방향, 인접상점과의 관계, 풍향, 방위에 따라 결정된다.

② 출입구가 한쪽일 때는 80 ~ 90cm 넓이로 한다.

③ 전면이 넓을 때는 2배로 하여 자재문을 설치한다.(1.5 ~ 2.0m)

(2) 계단

① 2층 이상의 판매장을 사용할 때는 계단의 위치, 경사도 등이 고객의 흡인력과 밀접한 관계가 있으므로 신중히 고려해야 하며, 장식적 효과로도 사용할 수 있다.

② 계단에 있어서 사람이 느끼기에 일반적으로 올라가는 것보다 내려가는 것을 좋아하기 때문에 올라간다고 느끼지 않도록 계획하는 것이 중요하다.

③ 계단주변의 개방부분의 크기는 설계의도, 상품판매 업종에 따라서 달라지게 됨으로 일정하지 않다.

④ 상점의 깊이가 깊을 때에는 측벽을 따라서 계단을 설치하도록 하고, 정방형에 가까운 평면일 때는 중앙에 설치하도록 하는 것이 좋다.

⑤ 계단의 경사는 매장면적과 관련이 깊으므로 규모에 맞는 경사를 계획하여야 한다.(소규모의 경우 경사도가 낮으면 매장면적이 감소한다)

[계단의 평면형식]

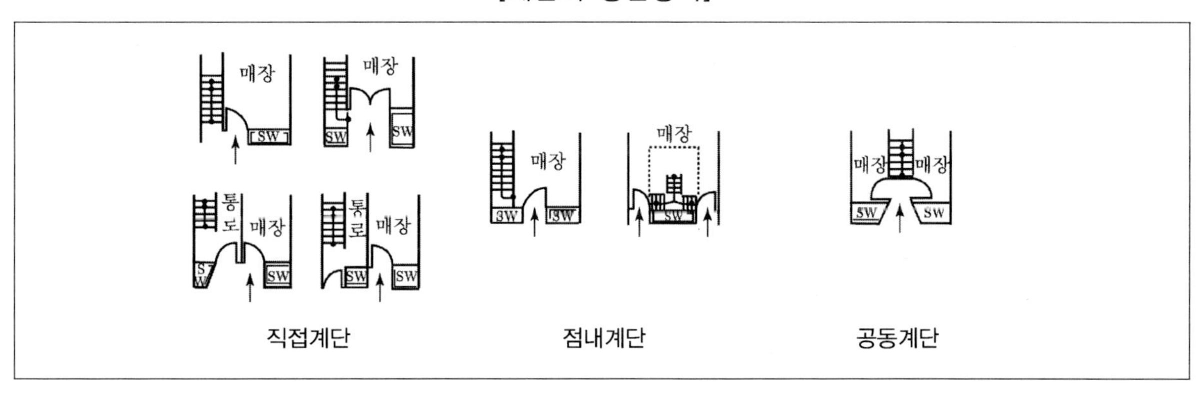

03 슈퍼마켓(슈퍼스토어)

❶ 개념 및 기본계획

(1) 개념

종합식료품을 셀프서비스(Self service)로 판매하는 상점을 말한다.

(2) 배치계획

① 상품 전체를 고객이 충분히 돌아 볼 수 있도록 배열하도록 한다.

② 고객이 많은 쪽을 입구로 하고 넓게 하며, 반대쪽을 출구로 하고 좁게 한다.

③ 매장의 바닥은 고저 차이를 두지 않고 평탄하게 하도록 한다.

④ 식료품과 비식료품일 경우에 입구 근처에는 식료품과 생활필수품을 진열하도록 하여 고객을 많이 끌어들이도록 한다.

(3) 동선계획

① 일방통행이어야 한다.

② 통로는 1.5m 이상으로 해야 한다.

③ 입구와 출구는 분리시키도록 한다.

④ 대면판매의 장소까지는 직선으로 하고, 도입한 후 그 위치에서 각 코너로 분산되도록 한다.

(4) 계획시 고려사항

① 진열장은 이동식으로 한다.

② 카운터는 피크시를 고려해서 대수를 결정한다.

③ 매장 벽면은 요철을 피하도록 한다.

④ 동선은 길게 할 필요가 없다.

❷ 시설물

(1) 체크아웃 카운터

① **슈퍼마켓** … 500 ~ 600인당 1대(시간단위)

② **슈퍼스토어** … 400 ~ 500인당 1대(시간단위)

(2) 바구니의 개수

① **개점시** … 총 입장 고객수의 10%의 3배(10%는 상점 앞, 20%는 매장에 보관)

② **개점 이후** … 총 입장 고객수의 10%

(3) 카트(Cart) 대수

약 $500m^2$ 면적의 매장에서 40대 정도 필요하다.

최근 기출문제 분석

2018 서울시 1회

1 상점건축에서 대면판매와 측면판매에 대한 설명으로 가장 옳지 않은 것은?

① 대면판매는 판매원이 설명하기 편하고 정위치를 정하기도 용이하다.

② 대면판매는 판매원 통로면적이 필요하므로 진열면적이 감소한다.

③ 측면판매는 대면판매에 비해 충동적 구매가 어려운 편이다.

④ 측면판매는 양복, 서적, 전기기구, 운동용구점 등에서 주로 쓰인다.

TIP 측면판매는 대면판매에 비해 충동적 구매가 쉽게 이루어진다.

2020 국가직

2 상점 건축계획에서 진열장 배치에 대한 설명으로 옳지 않은 것은?

① 직렬배열형은 통로가 직선이므로 고객의 흐름이 빠르며, 부분별 상품진열이 용이하고 대량 판매형식도 가능한 형태이다.

② 굴절배열형은 진열케이스의 배치와 고객동선이 굴절 또는 곡선으로 구성된 형태로 대면판매와 측면판매의 조합으로 이루어진다.

③ 복합형은 서로 다른 배치형태를 적절히 조합한 형태로 뒷부분은 대면판매 또는 카운터 접객부분으로 계획된다.

④ 환상배열형은 중앙에는 대형상품을 진열하고 벽면에는 소형상품을 진열하며 침구점, 의복점, 양품점 등에 적합하다.

TIP 환상배열형은 중앙에는 판매대 등을 설치하고 벽면에는 대형상품을 진열한 방식으로서 민속예술품점이나 수공예품점 등에 적합하다.

Answer 1.③ 2.④

출제 예상 문제

1 다음에서 설명하는 상점의 가구 진열방식은?

> 중앙에 케이스대 등을 설치하고 설치된 것에 의해 직선 또는 곡선의 환상부분을 형성하여 그 안에 포장대, 금전등록기 등을 놓는 형식으로 민예품점, 수예품점 등에 많이 사용된다.

① 굴절배열형 ② 직렬배열형
③ 환상배열형 ④ 복합형

TIP ① 진열케이스의 배치와 고객의 동선이 곡선이나 굴절로 구성된 것으로 문방구점, 안경점, 양품점 등에 사용되는 형식이다.
② 가장 보편적으로 이용되며, 서점, 침구점, 식기점, 실용의복점, 가정 전기점 등에 쓰여지는 형식이다.
④ 각 방식을 적절히 조합하여 배치시킨 형식으로 서점, 부인점, 피혁제품점 등에 사용된다

2 북반구 지역에서 수직버티컬을 사용해야 하는 방향은?

① 남쪽과 동쪽 ② 남쪽과 서쪽
③ 동쪽과 서쪽 ④ 동쪽과 남쪽

TIP 북반구 지역은 남측에서 들어오는 따뜻한 광선을 받는 것이 제일 유리하므로 동측과 서측에 버티칼을 설치하도록 한다.

Answer 1.③ 2.③

3 **다음 중 상점 진열창의 현휘를 방지하는 방법으로 옳지 않은 것은?**

① 특수한 경우 곡면 유리를 사용한다.

② 눈에 입사하는 광속을 크게 한다.

③ 유리면을 경사지게 한다.

④ 차양을 뽑아 외부를 그늘지게 한다.

TIP 진열창의 반사방지
㉠ 진열창의 내부조도를 외부보다 높게하도록 한다.
㉡ 유리면을 경사지게 한다(곡면유리).
㉢ 차양을 달아 외부를 그늘지게 한다.
㉣ 건너편 건물이 반사되는 것은 가로수를 조정해서 방지한다.
㉤ 광원을 감춘다.
㉥ 눈에 입사하는 광속을 적게 하도록 한다.

4 **점포 내의 진열케이스 배치계획시 가장 먼저 고려해야 할 것은?**

① 동선의 원활
② 상품의 다소
③ 조명의 명도
④ 천장높이

TIP 상점 내의 종업원과 고객의 동선을 원활하게 하는 것이 가장 중요하다.

5 **다음 중 상점의 출입구 위치를 결정할 때 고려하지 않아도 되는 것은?**

① 출입문의 색상
② 교통량의 방향
③ 점두형식
④ 인접한 상점과의 관계

TIP 상점 출입구 위치의 결정요소
㉠ 점두형식
㉡ 교통량의 방향
㉢ 인접한 상점과의 관계
㉣ 풍향 · 방위

Answer 3.② 4.① 5.①

6 다음 중 슈퍼마켓의 계획으로 옳지 않은 것은?

① 매장의 바닥은 고저 차이를 두지 않도록 한다.
② 입구는 넓게, 출구는 좁게 한다.
③ 고객이 구입하고자 하는 물건을 구입하고 나갈 수 있도록 최대한 동선을 단순하고 짧게 한다.
④ 되도록 일방통행이어야 한다.

TIP 상품 전체를 고객이 충분히 돌아보고 구매할 수 있도록 배열하며 대면판매의 장소까지는 직선으로 하고 도입한 후 그 위치에서 각 코너로 분산되게 한다.

7 다음 그림에서 A부분에 위치할 상점으로 알맞은 것은?

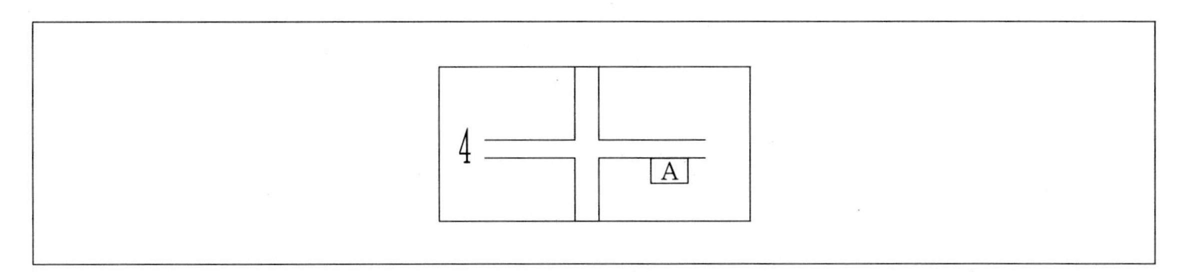

① 음식점
② 여름용품점
③ 겨울용품점
④ 가구점

TIP 겨울용품점은 고객이 상점에 들어와서 쇼핑을 할 때 춥다는 것을 느끼게 해야 하므로, 도로의 남측에 위치하도록 하여 북측광선의 유입을 유도하도록 한다.

8 다음 중 구매욕구를 충족시키기 위한 광고요소가 아닌 것은?

① Attention
② Desire
③ Memory
④ Money

TIP 광고요소
㉠ A(주의 : Attention)
㉡ I(흥미 : Interest)
㉢ D(욕망 : Desire)
㉣ M(기억 : Memory)
㉤ A(행동 : Action)

Answer 6.③ 7.③ 8.④

9 다음 그림에서 서점의 위치를 선정할 때 가장 적절한 곳은?

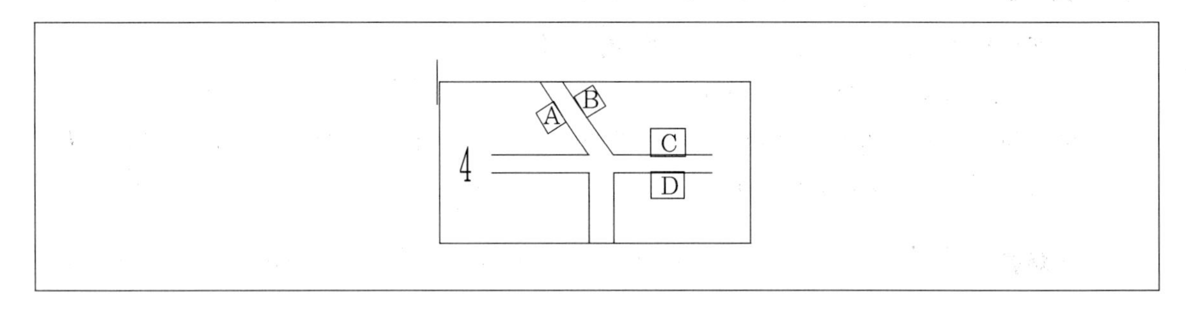

① A ② B
③ C ④ D

TIP 서점은 일사에 대한 변색을 막기 위해서 도로의 남쪽에 위치시키도록 해야한다.

10 상점의 전면형태 중 출입구 외에는 장식장 등으로 외계를 차단하는 형식은?

① 개방형 ② 폐쇄형
③ 반개방형 ④ 혼용형

TIP 상점의 전면형태
㉠ 개방형 : 도로에 면하는 곳이 전면적으로 개방된 구조로 유리로 막는 곳과 완전개방된 곳이 있다.
㉡ 폐쇄형 : 출입구 외에는 장식장 등으로 외계를 차단하는 형태이다.
㉢ 혼용형 : 개방형과 폐쇄형을 혼합한 형식이다.

11 상점의 대지선정에 있어서 옳지 않은 것은?

① 교통이 편리한 곳이어야 한다.
② 전면도로는 보통 8 ~ 12m 정도의 폭으로 너무 넓지 않은 곳으로 정하도록 한다.
③ 같은 종류의 상점은 경쟁상대가 되므로 같은 종류의 상점이 없는 곳을 정한다.
④ 부지의 형은 전면폭과 안깊이가 1 : 2인 것이 유리하다.

TIP ③ 상점의 위치를 선정할 때는 될 수 있으면 같은 종류의 상점이 모여 있는 곳을 선택하도록 해야 한다.

Answer 9.④ 10.② 11.③

12 다음은 상점의 Shop front의 설명이다. 이 중 옳지 않은 것은?

① 개방형은 가격이 높지 않은 물건을 파는 곳이나 시장 등에 적합하다.
② 폐쇄형은 손님의 출입이 적고 점포 내에서 오래 머무르는 상점에 적합하다.
③ 가장 일반적으로 많이 사용되는 형식은 개방형과 폐쇄형을 조합한 혼용형이다.
④ 개방형은 미용실 · 보석상, 폐쇄형은 서점 · 철물점 등에 적합한 형식이다.

TIP 개방형은 시장, 서점, 제과점, 철물점 등 손님 출입이 많고 잠시 머무르는 상점, 폐쇄형은 미용실 · 보석상 · 귀금속점 등 손님이 비교적 점포 내에 오래 머무르는 상점에 적합하다.

13 다음 중 상점의 진열장을 계획하는 데 있어서 다음 조건들을 만족시키는 형태는?

> ㉠ 사람 통행량이 많다.
> ㉡ 가게 외면에 출입구를 낼 것이다.
> ㉢ 가구점을 개업할 것이다.

① 평형
② 돌출형
③ 만입형
④ 홀형

TIP 평형 … 가장 일반적인 형식으로써 꽃집, 가구점, 자동차 진열장 등에 사용되며 점두 외면에 출입구를 내는 형식이고 통행인이 많을 경우 전면에 경사를 주어서 처리하기도 한다.

14 다음 중 가구의 배치형식과 상점이 잘못 짝지어진 것은?

① 굴절배열형 – 문방구점, 안경점
② 직렬배열형 – 서점, 침구점, 가정전기점
③ 환상배열형 – 수예품점, 민예품점
④ 복합형 – 실용의복점

TIP 복합형은 서점, 부인점, 피혁제품점 등에 알맞으며 실용의복점은 직렬배열형이다.

Answer 12.④ 13.① 14.④

15 측면판매의 장점이 아닌 것은?

① 물건의 선택이 용이하다.
② 상품에 대한 친근감이 생긴다.
③ 판매원의 정위치를 정하기가 용이하다.
④ 진열면적이 커진다.

TIP 측면판매의 단점
㉠ 판매원의 정위치를 정하기가 어렵고 불안정하다.
㉡ 상품의 포장, 설명 등이 불편하다.

16 Show window 위치를 결정하는 요소가 아닌 것은?

① 상점의 종류 및 형식
② 진열방법
③ 상품의 크기
④ 상품의 재질

TIP 진열창(Show window)의 위치결정요소
㉠ 상점의 위치와 형식
㉡ 출입구의 위치
㉢ 보도폭과 교통량
㉣ 상품의 크기 · 종류
㉤ 진열방법

17 진열창(Show window)에 관한 설명이다. 옳지 않은 것은?

① 진열창의 크기는 상점의 종류, 전면의 길이, 대지의 조건에 의해 결정되어 진다.
② 진열창의 창대 높이는 보통 0.6 ~ 0.9m 정도로 한다.
③ 유리의 크기가 크면 클수록 진열효과가 크다.
④ 진열창의 유리면에는 약간의 곡면을 넣거나 경사를 두어 반사를 방지하도록 한다.

TIP 진열창의 유리는 2.0 ~ 2.5m 정도 범위 내에서 하도록 하며 이 이상보다 클 경우에는 진열효과가 없다.

Answer 15.③ 16.④ 17.③

02 백화점

01 백화점의 개요 및 입지계획

❶ 개요

(1) 백화점 계획의 기본방향

① 백화점은 도심에 주로 위치하여 대규모 소매업으로 의식주에 관한 다양한 상품을 판매하는 것이 주목적이므로 기능의 파악 및 기능분화에 중점을 두어야 한다.

② 오늘날 백화점은 판매시설과 함께 각종 문화 · 위락 · 교육시설 등을 포함한 복합기능의 시설을 지향함으로써 고객으로 하여금 쇼핑을 겸한 일상 생활공간으로 느끼도록 그 기능이 다양화 · 복합화 되어가고 있다.

③ 고객, 종업원, 물품의 동선이 명확하게 구분되어야 하며 고객 동선은 가능한 한 길게 하고 종업원의 동선은 되도록 짧게 하되 고객동선과 교차되지 않도록 계획한다.

④ 대지의 장변이 주요도로에 면하고 나머지 1개 또는 2개의 변은 폭이 깊은 대지로서 2면 이상이 도로에 접한 곳이 이상적이다. 또한 대지의 형상은 정형의 형태로 정방형에 가까운 장방형이 좋다.

(2) 백화점의 종류

① 도심지 백화점
- ㉠ 대부분 도시의 시중 백화점을 말한다.
- ㉡ 대규모의 다양한 상품을 취급한다.

② 쇼핑센터(도시형, 교외형)
- ㉠ 교외 주택지의 교통 중심지에 설치되는 백화점을 말한다.
- ㉡ 2 ~ 3층의 저층의 대규모로 구성한다.
- ㉢ 넓은 주차장을 겸비한다.

③ 터미널 백화점
- ㉠ 대도시에 위치한 것으로 교외교통과 시내교통이 접속하는 중심에 자리잡은 상업지구의 백화점을 말한다.
- ㉡ 때로는 역사적인 건축물과 결합되는 경우도 있다.

④ 슈퍼마켓 · 슈퍼스토어

㉠ 단독경영형태이다.

㉡ 종합 식료품점으로 셀프서비스 방식을 채용한다.

⑤ 드러그스토어(Drug store) … 약, 잡화, 과자, 간이식사 등을 취급하고 있는 약국부분과 잡화부분이 병설된 형태이다.

(3) 기능 및 분류

① 판매를 구성하는 객, 종업원, 상품이 있어야 한다.

[구성도]

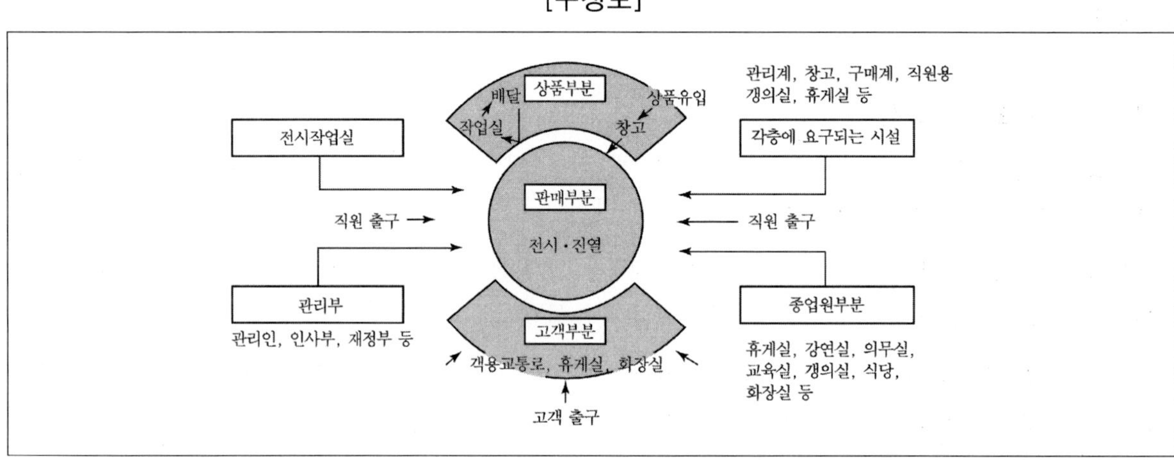

② 대규모, 다종류의 상품으로 다양한 층의 고객에 대응하도록 한다.

③ 주요 동선(분류에 대한 기능)

분류	기능
고객권	• 고객이 실질적으로 활동할 수 있는 공간 • 고객용 출입구, 식당, 통로, 휴게실 등의 시설부분 • 대부분이 판매권의 매장, 종업원권에 접함
판매권	• 백화점에서 가장 중요한 부분인 매장 • 상품을 전시하여 영업하는 장소
종업원권	• 종업원의 입구, 계단, 통로, 사무실, 식당부분 • 고객권과는 별개로 독립 • 매장 내에 접하고 있고 매장 외에 상품권과도 접함
상품권	• 상품의 반입, 보관, 배달을 행하게 되는 부분 • 판매권과는 접하되 고객권과는 절대 분리시킴
관리권	백화점의 경영부서, 관리, 인사 및 재정부로서 고객권과는 특히 명확하게 구분되어야 한다.

④ 동선의 주의사항

㉠ 고객권과 상품권은 절대적으로 분리시키도록 한다.

㉡ 고객 출입구와 종업원 출입구를 분리시키도록 한다.

㉢ 종업원권과 고객권은 별도의 계통으로 독립시킨다.

㉣ 종업원수는 연면적 $25m^2$ 당 1인 비율로 한다.

㉤ 종업원 남 · 녀의 비율은 4 : 6 정도로 한다.

㉥ 주요 도로에서 고객의 교통로와 상품의 반입 · 반송을 위한 교통로는 분리하도록 한다.

㉦ 상품, 종업원, 고객의 반출입이 어느 도로에서 각각의 교통로를 유도시키는가는 주위 도로의 교통량, 부근의 상황 등을 고려하여 결정하도록 한다.

[기능도]

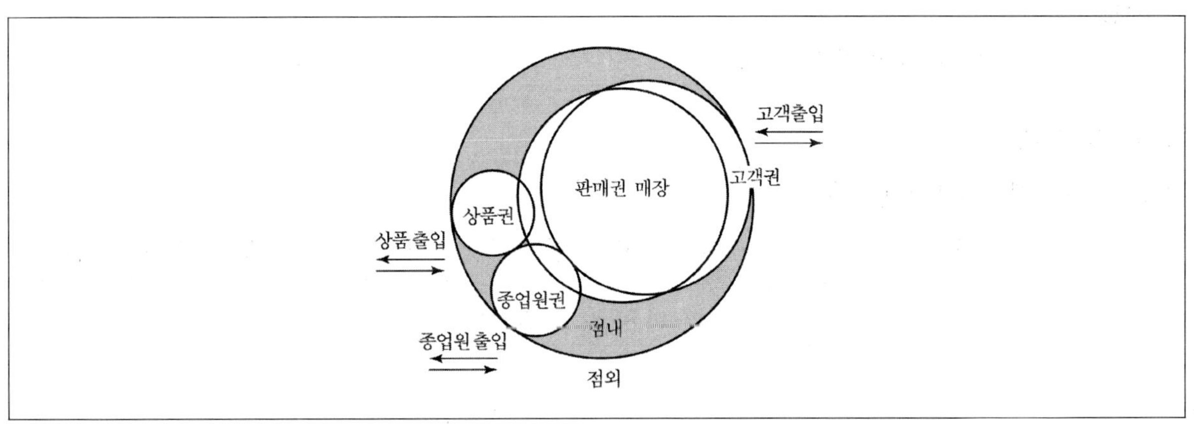

(4) 백화점의 특징

① 백화점은 보다 많은 고객을 받아들여 가능한 많은 상품을 판매하는 데 목적을 둔다.

② 외관은 멀리서 봐도 눈에 띄어야 하고 상업적인 가치를 부여해야 하므로 도로에서는 점내 전체가 밝고 개방적으로 계획하고 또한 그 모습이 신선함을 주며 화려한 모습을 과시할 필요가 있다.

③ 매장은 2 ~ 3년마다 디자인의 변화를 줄 수 있도록 한다.

④ 백화점의 매장, 접객시설은 많은 사람이 모이게 되므로 비상시에 피난 및 재해의 범위를 한정하도록 한다.

⑤ 접객의 부분은 편안하고 밝게 냉 · 난방설비, 방화설비를 갖추고 있어야 한다.

❷ 입지계획

(1) 고려사항

① 고객이 될 수 있는 주변 인구의 조사

② 주변 상업상태의 조사

③ 구매력에 대한 예상

④ 교통기관(버스, 택시 등)과 교통량에 대한 조사

⑤ 고객의 생활수준

TIP

백화점에서는 일조, 통풍을 고려하지 않는다.

(2) 대지의 형태

① 정방향에 가까운 장방향의 형태가 좋다.

② 긴변이 주요 도로에 면하는 곳으로 하고, 다른 1변, 2변이 상당한 폭원이 있는 도로에 면하는 것이 좋다.

[대지와 출입구 관계]

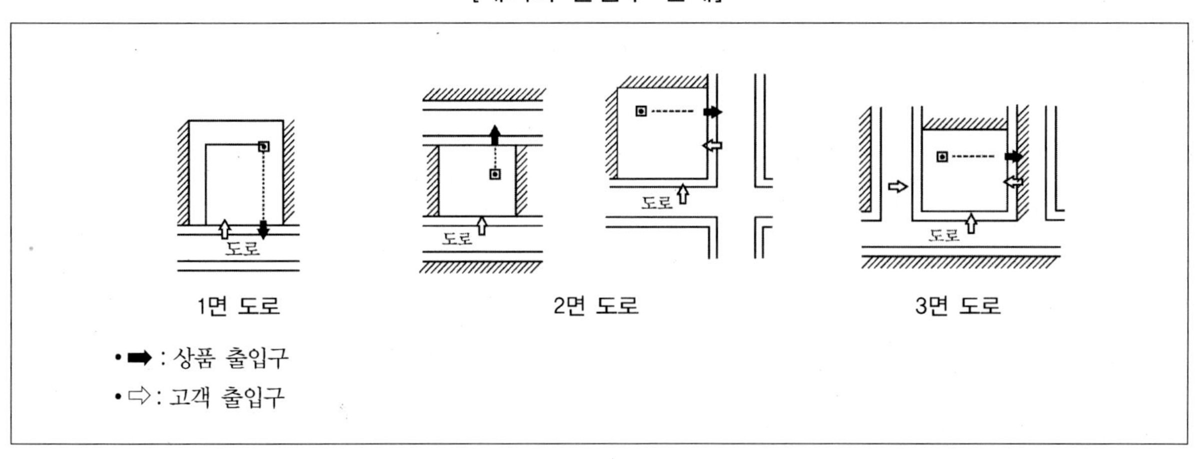

(3) 대지의 규모

① **대규모** … 4,000 ~ 10,000m^2 정도

② **중 · 소규모** … 1,000 ~ 4,000m^2 정도

③ **중규모** … 최소 3,000m^2 정도

TIP

대지면적

㉠ 중규모 백화점에서 매장의 면적을 15,000m^2로 한 경우
- 전체 연면적은 약 23,000 ~ 25,000m^2가 된다.
- 지상 8층, 지하 2층으로 계획하면 건축면적은 2,500m^2가 된다.

㉡ 실제로 백화점 입구의 전면공지, 현관 앞의 공지, 건물의 높이제한 등을 따지게 되면 대지면적은 최소한 3,000m^2 정도가 필요하다.

(4) 입지조건

① 1일 영업에 대해서 판매면적 100m^2 당 180 ~ 200명 이상의 고객이 있어야 순조로운 경영을 할 수 있다.

② 판매면적이 15,000m^2 정도의 백화점인 경우에는 하루 고객이 27,000 ~ 30,000명 정도가 되어야 한다.

02 평면계획 · 세부계획 · 환경설비계획

❶ 평면계획

(1) 동선

① 고객의 동선

② 종업원의 동선

③ 상품의 동선

(2) 면적의 구성

① 매장의 면적 … 연면적의 60 ~ 70%

② 순매장의 면적 … 연면적의 50%

③ 진열장 및 가구의 면적 … 매장면적의 50 ~ 70%

④ 순수한 통로의 면적 … 매장면적의 30 ~ 50%

⑤ 부대관리부의 면적 … 연면적의 30%

[백화점 면적부의 구성]

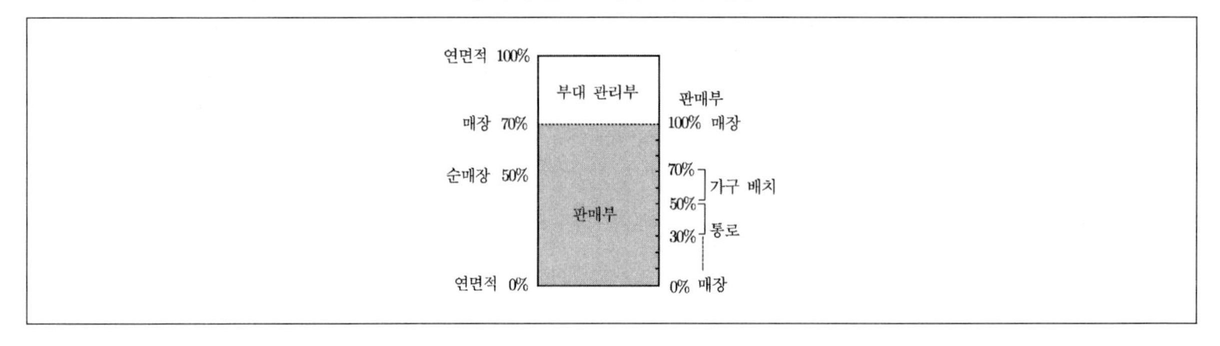

(3) 검토사항

① 비상시의 피난계획

② 인공조명, 환기의 계획

③ 진입도로, 인도, 차도의 분리계획

❷ 세부계획

(1) 기둥간격의 결정요소

① 진열장(Show case)과 가구배치

② 지하실의 주차단위

③ 에스컬레이터의 배치(거의 실의 중앙에 배치하도록 한다)

④ 매장 내의 통로의 크기

(2) 기둥간격

① 보통 6.0m×6.0m 정도를 사용한다.

② 이상적인 간격(9, 10, 11m)

㉠ 9.15m×9.15m(K. C. Urch의 안)

㉡ 10.6m×10.6m(L. Parnes의 안)

㉢ 5.7m×5.7m(미국)

TIP

사무실과 백화점의 기둥간격 결정요소

사무실	백화점
• 책상의 배치 • 채광의 유효 • 지하주차의 단위	• 가구의 배치 • 에스컬레이터의 배치 • 지하주차의 단위

(3) 층고

① 제한된 높이 가운데에서 매장별로 유효하게 분할되어야 한다.

② 최상층의 경우는 식당이나 연회장으로 사용되는 경우가 많으므로 층고를 높게 한다.

③ 적정층고

㉠ 지하층 : 3.4 ~ 5.0m

㉡ 1층 : 3.5 ~ 5.0m

㉢ 2층 이상 : 3.3 ~ 4.0m

(4) 출입구

① 출입구의 수

㉠ 도로에 면하여서 30m에 1개소씩 설치하도록 한다.

㉡ 엘리베이터홀, 계단의 통로, 주요한 진열창의 통로를 향하여 출입구를 설치하도록 한다.

② 길이

㉠ 진열창의 깊이와 일치되게 한다.

㉡ 2중문이나 개방식으로 한다.

③ 크기

㉠ 점포의 규모, 위치에 따라 다르다.

㉡ 기둥간격, 스팬에도 관계된다.

(5) 매장

① 매장의 종류

㉠ **일반매장** : 여러 층에 걸쳐 동일면적에 자유형식으로 설치하는 것이다.

㉡ **특별매장** : 일반매장 내에 설치하는 것이다.

② 통로

㉠ 주통로는 에스컬레이터 앞, 계단, 로비, 현관을 연결하는 통로로써 통로의 폭은 2.7 ~ 3.0m 정도로 한다.

㉡ 부통로는 2.4 ~ 2.6m 정도로 한다.

㉢ 고객의 통로의 폭은 진열장 앞에 사람이 서고 그 뒤로 두 사람 이상이 통행할 수 있도록 하여 최소 1.8m 이상으로 한다.

[고객통로의 폭]

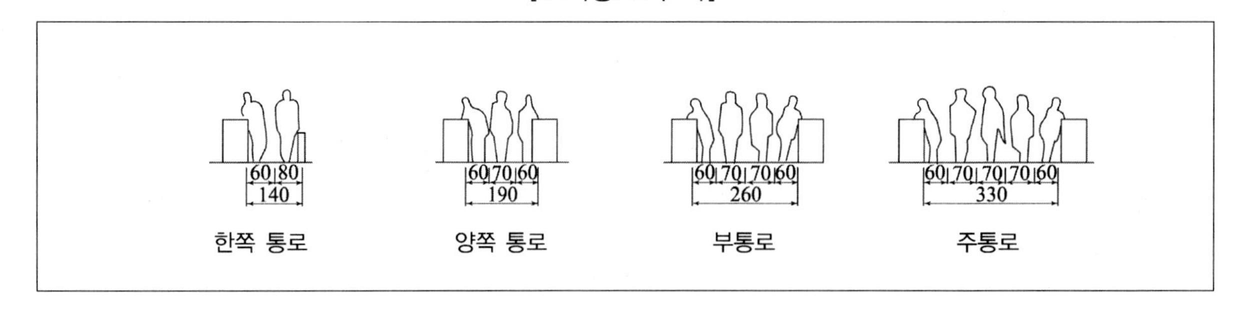

③ 매장의 층별배치

층수	판매물품의 특징	상점의 종류
지하	최종적으로 사는 상품류	식료품, 부엌용품 등
1층	상품선택시 시간이 걸리지 않는 소형 상품류	화장품, 구두, 핸드백, 약품 등
2～3층	매상이 최대가 되는 고가상품류	부인복, 신사복, 시계, 귀금속, 고급잡화 등
4～5층	잡화류	장난감, 문방구, 식기, 침구류, 운동구 등
6층 이상	넓은 면적을 차지하는 상품류	가구, 미술품, 악기 등

(6) 가구의 배치

① **통로의 폭** … 진열장 앞에 손님이 서 있을 때 45～60cm로 하고, 여기에 1인 통행마다 60～70cm를 가산하도록 한다.

② 진열장

㉠ 보통 180cm×60～75cm(폭)×100cm(높이)로 한다.

㉡ 카운터의 높이는 75cm로 한다.

③ 가구배치방식의 종류

㉠ 직각(직교)배치

- 가장 간단한 배치의 방법이다.
- 가구와 가구 사이를 직각으로 배치하여 통로가 직교하도록 하는 배치의 방법이다.
- 판매면적을 최대한 이용할 수 있어서 경제적이다.
- 단조로운 배치이다.
- 고객통행량에 따른 통로폭의 변화가 어려우므로 국부적인 혼란을 가져오기가 쉽다.

㉡ 사행(사교)배치

- 수직 동선의 접근이 쉽다.
- 매장의 구석까지 가기가 쉽다.
- 주통로는 직각배치하고 부통로를 주통로에 45° 경사지게 배치하는 방법으로 이형의 매대가 많이 필요하다.

㉢ 자유 유선(유동)배치

- 고객 유동의 방향에 따라서 자유로운 곡선으로 통로를 배치하도록 하는 방법이다.
- 판매장의 특수성을 살리고, 전시에 변화를 줄 수 있다.
- 매장을 변경하거나 이동하는 것이 곤란하다.
- 특수한 형태의 판매대나 유리케이스를 필요로 하기 때문에 설치비용이 비싸다.

㉣ **방사형 배치** : 판매장의 통로를 방사형이 되도록 배치하는 방법으로 일반적으로 적용하기가 어렵다.

[가구배치방식의 종류]

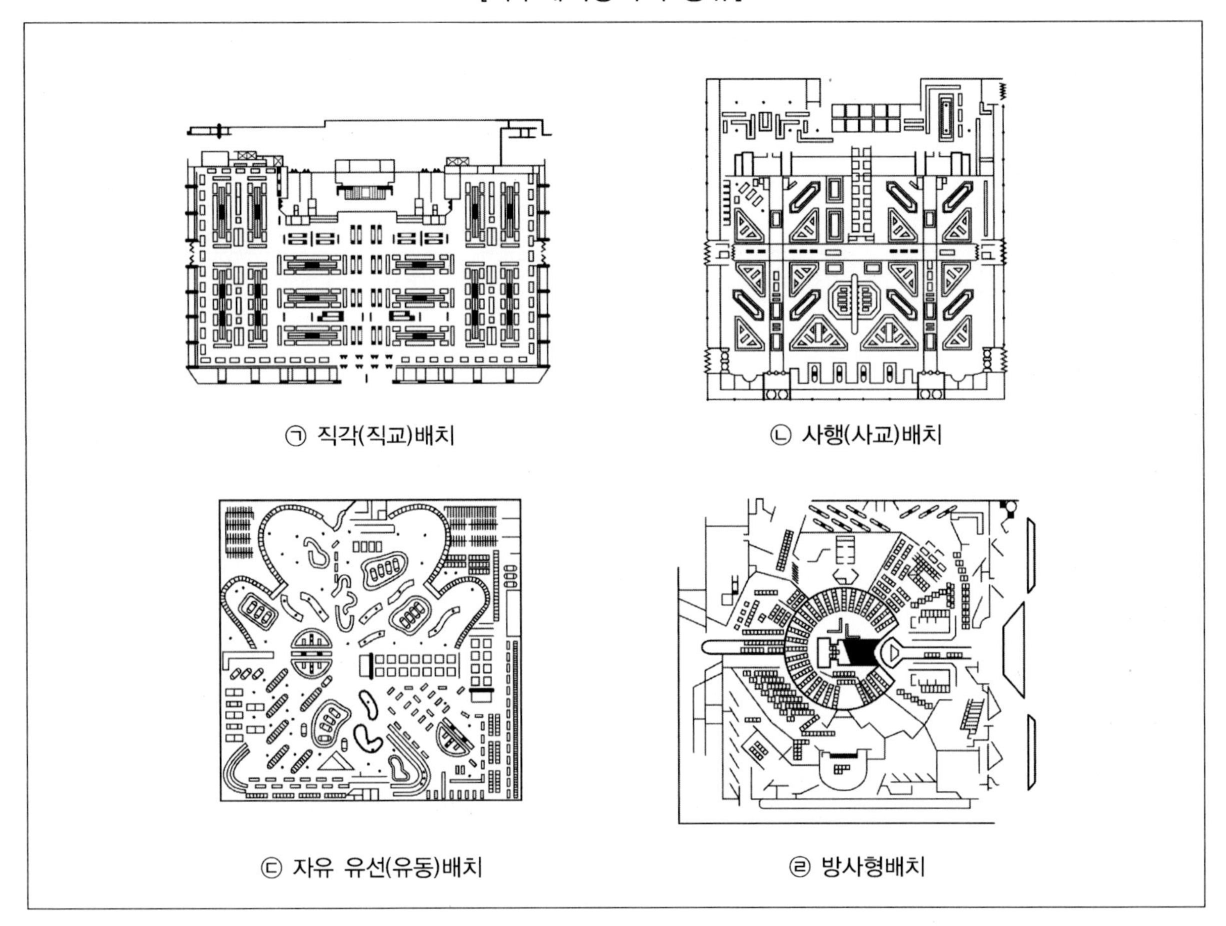

㉠ 직각(직교)배치

㉡ 사행(사교)배치

㉢ 자유 유선(유동)배치

㉣ 방사형배치

(7) 계단

① 백화점에서의 계단은 승강설비의 보조, 비상계단 등의 목적으로 계획된다.

② 계단까지의 보행거리는 30m 이하로 하며, 주요 구조부가 내화구조나 불연재료인 경우에는 50m 이하로 한다.

③ 계단 및 계단참의 폭은 1.4m 이상, 단 높이는 18cm 이하(보통 14~15cm 정도), 단 너비는 26cm 이상으로 한다.

④ 층고가 3m인 경우에는 3m마다 계단참을 설치한다.

⑤ 난간은 0.8~0.9m 정도의 높이로 설치한다.

(8) 백화점 동선계획 유형

① **스퀘어 타입**(Square Type) … 매장 배치를 출입구에 직각으로 배치한 것으로 손님이 목적하는 매장으로 바로 찾아가도록 목적 지향적인 배치이다.

② **인클로즈드 타입**(Enclosed Type) … 스퀘어 타입을 좀 더 복잡하게 한 방식이다.

③ **바이어스 타입**(Bias type) … 30도 또는 45도 구성, 분기점에 시선유도를 연출할 수 있는 방식이다.

④ **부스투부스 타입**(Booth to Booth Type) … 개별 점포를 하나의 부스타입으로 블록화를 함으로써 정체성을 확보할 수 있는 방식이다.

⑤ **라운드 타입**(Round Type) … 중앙의 에스컬레이터를 중심으로 회유성이 좋은 짧은 동선 처리를 한 방식이다.

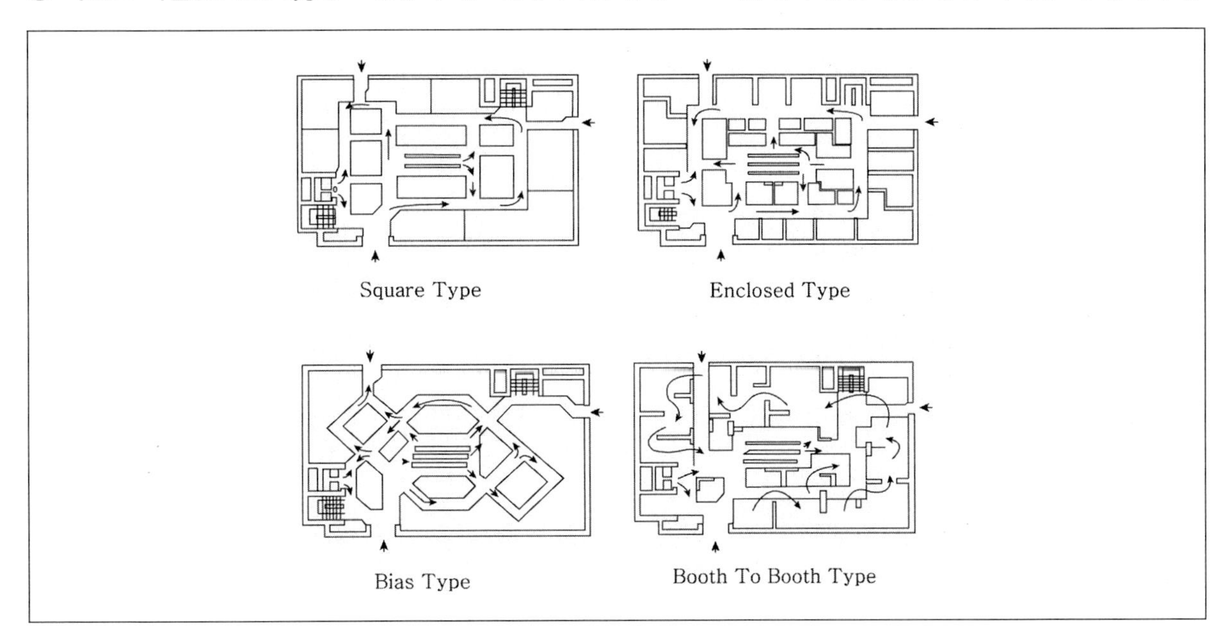

기출예제 01 2012 지방직

백화점 건축계획에 대한 설명으로 옳은 것은?

① 동선계획에서 스퀘어 타입(square type)은 매장의 직각배치에 적합한 동선계획이다.
② 평면계획의 기본은 기둥간격으로, 5m × 5m 또는 5.6m × 5.6m를 사용한다.
③ 동선계획 유형인 바이어스 타입(buyers type)은 30° 구성에 의해 상품진열이 배치된다.
④ 병렬 연속식 에스컬레이터의 배치는 협소한 면적공간에서 가장 효율적인 배치방법이다.

✱

기둥간격은 6m × 6m이어야 하며 바이어스 타입은 45도로 구성되며 교차식이 면적공간에서 가장 효율적이다.

답 ②

❸ 환경설비의 계획

(1) 승강설비

① 엘리베이터

㉠ 최상층 급행용 이외에는 에스컬레이터의 보조 수단으로만 이용된다.

㉡ 배치

- 가급적이면 집중적으로 배치한다.
- 6대 이상인 경우는 분산해서 배치한다.
- 고객용, 화물용, 사무용으로 구분하여 배치한다.
- 중소백화점의 경우에는 출입구 정면의 반대측에 설치하고, 대백화점에서는 중앙에 설치하도록 한다.

㉢ 속도

- 4 ~ 5층 정도의 저층 : 45 ~ 100m/min 정도
- 8층 정도의 중층 : 100m/min 정도

㉣ 대수 : 연면적 2,000 ~ 3,000m^2 정도에서 15 ~ 20인승 1대 정도로 한다.

② 에스컬레이터

㉠ 백화점에 있어서 가장 적합한 수송수단으로, 고객을 기다리게 하지 않으며 엘리베이터에 비해서 10배 이상의 용량을 가지고 있다.

㉡ 장점

- 수송량이 크다.
- 수송량에 비해 점유면적이 작다.
- 고객이 매장을 보면서 이동할 수 있다.(위, 아래로)
- 수송하는 데 있어서 종업원이 필요하지 않다.

㉢ 단점

- 점유면적이 크다.
- 설비비가 고가이다.
- 층고, 보의 간격(7 ~ 8m 이상) 등 구조적으로 고려가 필요하다.

㉣ 위치

- 매장 중앙의 가까운 곳에 설치하여 고객이 매장을 쉽게 볼 수 있도록 한다.
- 엘리베이터와 주출입구의 중간에 위치시키도록 한다.

ⓜ 배치의 형식

- 직렬식 배치
  - 승객의 시야가 가장 좋은 형식이다.
  - 승객의 시선이 한방향으로 고정되기 쉬우며 점유면적이 가장 크다.
- 병렬식 배치
  - 단속식 : 승객의 시야가 양호하며, 점유면적이 크다.
  - 연속식 : 승객의 시야는 일반적이며, 점유면적이 작다.
- 교차식 : 승객의 시야는 좋지 않지만 점유면적이 가장 작다.

[에스컬레이터의 배치형식]

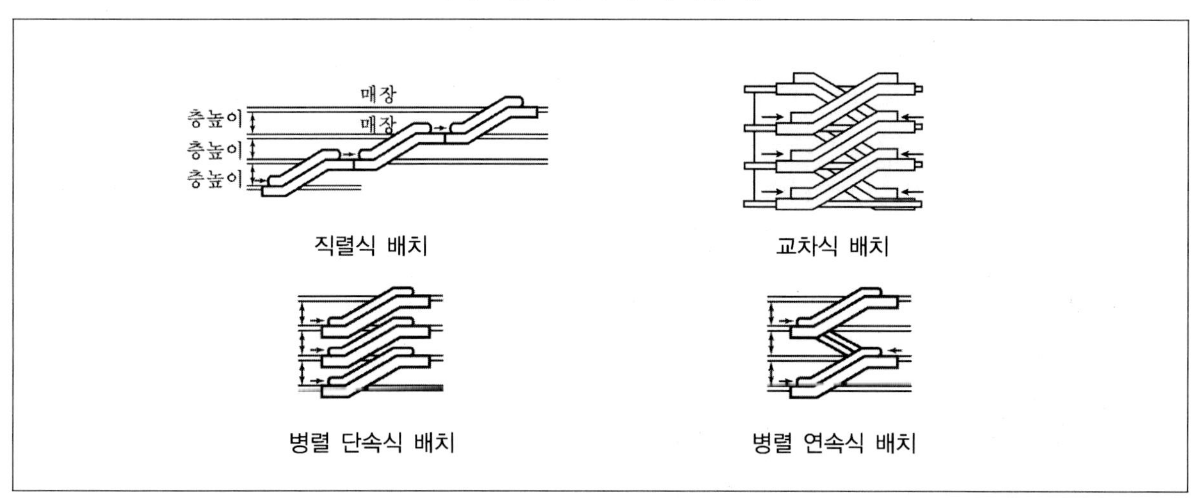

ⓑ 규격 및 수송의 능력

폭(cm)	수송인원(인/시)	특기사항
60	4,000	성인 1인
90	6,000	성인 1인, 아동 1인
120	8,000	성인 2인

(2) 기타설비

① 화장실

㉠ 위치

- 남녀별로 구별하여 화장실과 전실을 둔다.
- 각 층의 주계단, 엘리베이터 로비 부근에 배치하도록 한다.

㉡ 변기수의 산정

구분		종류	개수
고객용	남자용	대변기, 수세기	매장면적 1,000m^{2}에 대해서 1개
		소변기	매장면적 700m^{2}에 대해서 1개
	여자용	변기, 수세기	매장면적 500m^{2}에 대해서 1개
종업원용	남자용	대변기, 수세기	50명에 대해서 1개
		소변기	40명에 대해서 1개
	여자용	변기, 수세기	30명에 대해서 1개

② 종업원 시설

㉠ 종업원의 수 : 연면적 25m^{2}에 대해서 1인의 비율로 한다.

㉡ 남 : 여 = 4 : 6의 비로 종업원을 계획한다.

③ 고객의 서비스실

㉠ 휴게실 : 공중전화, 점내 방송실을 설치한다.

㉡ 옥상, 정원 : 고객의 휴식공간을 설치한다.

㉢ 미용실, 촬영실 등 : 특수 부속실을 설치한다.

④ 조명설비

㉠ 옥외조명 : 조명에 악센트를 주는 것으로써, 상품의 전시를 대상으로 하여 스포트라이트가 사용된다.

㉡ 옥내조명

- 현휘를 방지한다.
- 광원을 감추어야 한다.
- 빛을 유효하게 사용해야 한다.
- 열에 대해서 고려해야 한다.
- 배경으로부터의 반사를 피하도록 한다.
- 자연채광에 의한 조명은 되도록 피해야 한다.

TIP

옥내조명의 종류(상품의 종류, 진열창의 크기, 진열방법 등에 따라 다르다)

㉠ 직접조명
- 조명의 효율은 좋으나 조도가 높아서 불쾌감을 줄 수 있다.
- 초현대 감각을 주는 디자인에서는 직접조명이 다른 높은 차원에서 활용되기도 한다.

㉡ 국부조명
- 조명에 악센트를 주는 것이다.
- 상품 전시를 대상으로 스포트라이트가 사용된다.

㉢ 간접조명
- 조명으로서 부드럽고 그림자를 만들지 않아서 좋다.
- 상품을 강조할 수 없다.
- 강력한 국부조명과 병용해야 한다.

㉣ 반간접조명
- 가장 많이 사용된다.
- 루버(Louver)가 있는 형광등이 사용된다.
- 광선의 부드러운 감을 부여한다.

⑤ 공기조화설비

㉠ 천장 높이 4m 이상이어야 한다.

㉡ 전체 면적의 3 ~ 4% 정도 차지한다.

03 기타 상업건축

❶ 무창백화점

(1) 개념

백화점 실내의 진열면을 늘리거나 분위기 조성 등을 위해서 외벽에 창을 두지 않는 백화점을 말한다.

(2) 특징

① 장점
  ㉠ 매장 내의 균일한 조도를 맞출 수 있다.
  ㉡ 매장 내의 냉 · 난방 효율이 증가한다.
  ㉢ 외부벽면에 상품전시가 가능하다.
  ㉣ 매장의 배치시 유리하다.
  ㉤ 창의 역광으로 인한 내부의장의 불리요소를 제거한다.

② 단점 … 정전이나 화재 시 고객들이 큰 혼란을 겪게 된다.(피난에 불리하다)

❷ 터미널 데파트먼트 스토어(Terminal Department Store)

(1) 개념

철도를 이용하는 고객들을 대상으로 역사 본래의 업무에 지장이 없는 범위 내에서 역을 입체화하여 여러가지 상품, 음식 등을 판매하는 백화점이다.

(2) 계획 시 조건

① 백화점과 철도역의 고객이 백화점에서 역사로 또는 역사에서 백화점으로 직접 진입할 수 있는 전용 개찰구가 필요하다.

② 철도역과 백화점의 고객들의 동선이 교차하지 않도록 해야 하며 특히 수직동선인 에스컬레이터와 엘리베이터에 대한 통행에 유의하도록 한다.

③ 철도역의 공공성과 백화점의 상업성이 조화되도록 계획한다.

④ 고객의 유치는 1층 매장에서 가장 유리하므로 매장의 크기를 최대한 넓힐 수 있도록 계획한다.

⑤ 상품의 반입, 반출 시에 역광장이나 역사 안에서의 보행자, 자동차의 동선과 교차하지 않게 출입구를 선정하도록 한다.

⑥ 밤 늦은 시간에는 백화점의 출입이 폐쇄되므로 백화점과 철도역 사이에는 명확한 구획을 하도록 한다.

❸ 쇼핑센터

(1) 개념

구매고객에게 최대한 편의를 제공하고 상품판매 및 구매의 효율을 극대화시키기 위해 상점 및 관련시설들을 집단으로 계획한 복합건물을 말한다.

(2) 쇼핑센터의 종류

① 도시형 쇼핑센터

㉠ 불특정 다수의 고객들을 구매층으로 잡는다.
㉡ 지가가 높은 지역에 입지한다.
㉢ 면적효율상 고층이 되는 경우가 많다.
㉣ 주차공간도 집약된다.

② 교외형 쇼핑센터

㉠ 설정된 상권의 사람들을 구매층으로 잡는다.
㉡ 비교적 저층이다.
㉢ 대규모 주차장을 갖고 있다.
㉣ 백화점, 대형슈퍼마켓을 핵으로 한다.

③ 지역형 쇼핑센터(대규모 쇼핑센터)

㉠ 백화점, 종합슈퍼 등의 대형상점을 핵으로 한다.
㉡ 여러가지 서비스, 스포츠 시설을 갖추고 있다.

④ 커뮤니티형 쇼핑센터(중규모 쇼핑센터)

㉠ 슈퍼마켓, 소형백화점을 핵으로 한다.
㉡ 실용품 위주의 판매를 한다.

⑤ 근린형 쇼핑센터(소규모 쇼핑센터)

㉠ 보도권을 중심으로 한다.
㉡ 슈퍼마켓, 드러그스토어 정도를 핵으로 한다.
㉢ 일용품 위주로 판매한다.

TIP

상업시설의 구분

구분	매장면적	특징
백화점	3,000m² 이상	• 다양한 상품을 구매 가능 • 현대적 판매시설과 소비자 편익시설 설치
대형마트		• 식품, 가전 및 생활용품 중심 • 점원의 도움 없이 소비자에게 소매
전문점		의류, 가전 또는 가정용품 등 특정품목
쇼핑센터		다수의 대규모점포 또는 소매점포와 각종 편의시설이 일체적으로 설치
복합쇼핑몰		• 쇼핑, 오락, 업무기능 등이 한 곳에 집적 • 문화, 관광시설로서의 역할 • 1개의 업체가 개발, 관리 및 운영
기타		위의 규정에 해당하지 않는 점포의 집단

(3) 일반계획

① 몰(Mall)

㉠ 고객을 각각의 상점에 고르게 유도하며, 고객의 휴식처로서의 기능도 하는 쇼핑센터 내의 주요 보행동선이다.

㉡ 몰너비는 6 ~ 10m, 몰길이는 240m 이하로 하고, 몰길이 20 ~ 30m 마다 변화를 주어 단조로운 느낌을 피하도록 한다.

㉢ 자연광을 끌어들여서 외부공간과 같은 성격을 갖도록 한다.

㉣ 핵상점과 각 전문점으로 출입이 이루어지도록 한다.

㉤ 확실한 방향성과 식별성이 요구된다.

㉥ 고객에게 변화감, 다양함, 자극, 흥미를 주도록 한다.

㉦ 일반적으로 인클로즈드몰이 선호된다.

[코엑스몰 내부광장]

TIP

보행 몰의 계획

㉠ 유쾌한 쇼핑
㉡ 변화감 · 다채로움
㉢ 자극 · 변화 · 흥미
㉣ 휴식처
㉤ 주위 상황과의 조화

② 핵상점

㉠ 쇼핑센터의 중심으로서 고객을 끌어들이는 기능을 가지고 있다.

㉡ 백화점, 종합슈퍼마켓이 이에 해당된다.

기출예제 02 2014 국가직

백화점계획에 대한 설명으로 옳지 않은 것은?

① 계단은 엘리베이터나 에스컬레이터와 같은 승강설비의 보조용이며, 동시에 피난계단의 역할을 한다.
② 부지의 형태는 정사각형에 가까운 직사각형이 이상적이다.
③ 고객의 편리를 위하여 엘리베이터를 주 출입구에 가깝게 설치한다.
④ 판매장의 직각배치는 매장면적을 최대한 이용하는 배치방법이다.

✱

엘리베이터, 에스컬레이터 등을 출입구에 근접시키면 동선이 겹쳐지게 되어 정체현상이 발생된다. 이러한 이유로 백화점 계획 시 엘리베이터는 되도록 주출입구의 반대편에 설치하여야 한다.

답 ③

③ 전문점

㉠ 주로 단일종류의 상품을 전문적으로 취급하는 음식점, 상점 등의 서비스점으로 구성된다.

㉡ 쇼핑센터의 특색에 따라 전문점의 레이아웃과 구성이 결정된다.

[쇼핑센터의 공간구성의 실예]

[알라모아나 쇼핑센터]

④ 코트(Court)

㉠ 비교적 넓은 공간으로서 몰의 곳곳에 배치되어 고객이 머물 수 있는 휴식처가 된다.

㉡ 동시에 각종 행사의 장이 되기도 한다.

⑤ **주차장** … 승용차를 이용하는 고객을 위한 필수적인 장소이다.

[쇼핑센터의 구성요소]

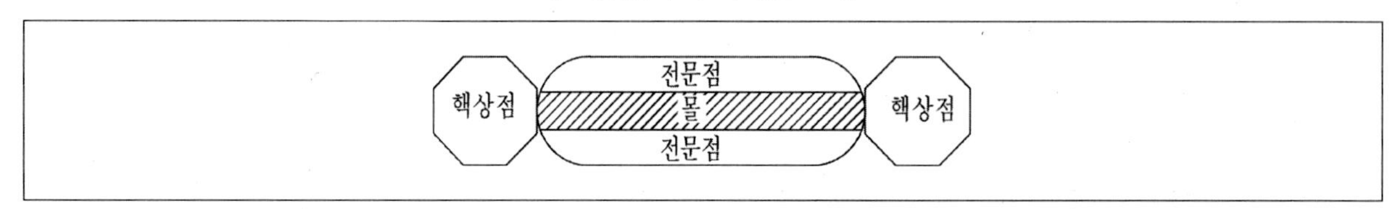

TIP

면적구성의 비

㉠ 핵상점 : 50% 정도
㉡ 전문점 : 25% 정도
㉢ 몰 · 코트 : 10% 정도
㉣ 기타 관리시설 등 : 15% 정도

[쇼핑센터의 공간구성의 실예]

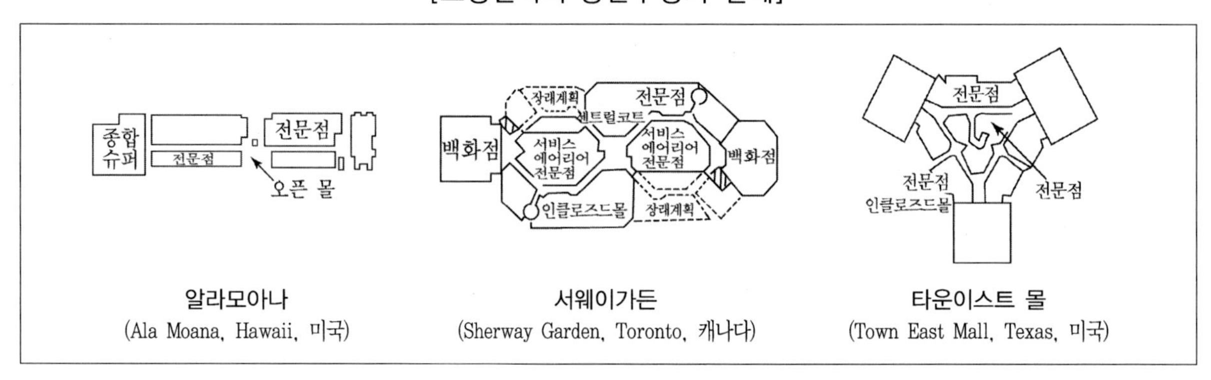

알라모아나
(Ala Moana, Hawaii, 미국)

서웨이가든
(Sherway Garden, Toronto, 캐나다)

타운이스트 몰
(Town East Mall, Texas, 미국)

최근 기출문제 분석

2019 서울시 1차

1 백화점의 매장계획에 대한 설명으로 가장 옳지 않은 것은?

① 백화점의 합리적인 평면계획은 매장 전체를 멀리서도 넓게 보이도록 하되 시야에 방해가 되는 것은 피하는 것이다.

② 매장 내의 통로 폭은 상품의 종류, 품질, 고객층, 고객 수 등에 따라 결정되며, 고객의 혼잡도가 고려되어야 한다.

③ 매대배치는 통로계획과 밀접한 관계를 가지며 직각배치 방법은 판매장의 면적을 최대로 활용할 수 있다.

④ 매장 구성에서 동일 층에서는 수평적으로 높이 차가 있을수록 좋다.

TIP 매장 구성에서 동일 층에서는 수평적으로 높이 차가 있으면 안전문제나 동선제약 등의 문제로 좋지 않다.

2020 국가직

2 백화점 건축계획에서 에스컬레이터에 대한 설명으로 옳은 것은?

① 엘리베이터에 비해 점유면적이 크고 승객 수송량이 적다.

② 직렬식 배치는 교차식 배치보다 점유면적이 크지만, 승객의 시야 확보에 좋다.

③ 교차식 배치는 단층식(단속식)과 연층식(연속식)이 있다.

④ 엘리베이터를 2대 이상 설치하거나 1,000 인/h 이상의 수송력을 필요로 하는 경우는 엘리베이터보다 에스컬레이터를 설치하는 것이 유리하다.

TIP ① 엘리베이터에 비해 점유면적이 크고 승객 수송량이 많다.
③ 단층식(단속식)과 연층식(연속식)이 있는 방식은 병렬식 배치이다.
④ 일반적으로 엘리베이터를 2대 정도만 설치해도 충분한 경우라면 고객의 수가 적다고 볼 수 있으며 에스컬레이터의 수송능력은 일반적으로 4,000~8,000/h로 대량수송에 효과적이다. 따라서 1,000인/h 이상인 경우 에스컬레이터를 운용하면 효율이 매우 좋지 않으므로 바람직하지 않다.

Answer 1.④ 2.②

출제 예상 문제

1 다음 중 백화점 계획 시 유의해야 할 것으로 옳지 않은 것은?

① 판매장 면적은 전체면적에 대하여 60% 이상이어야 한다.
② 교통이 편리한 곳에 위치시킨다.
③ 판매장의 에스컬레이터는 출입구 가까이에 설치하는 것이 바람직하다.
④ 대지는 2면 이상 도로에 면하는 것이 이상적이다.

TIP 에스컬레이터의 위치
㉠ 매장중앙의 가까운 곳에 설치하여 고객이 매장을 쉽게 볼 수 있도록 한다.
㉡ 엘리베이터와 주출입구 중간에 위치시키도록 한다.

2 백화점에 에스컬레이터를 배치할 때 고객의 시야가 가장 많이 차단되는 방식은?

① 직렬식 ② 교차식
③ 병렬 단속식 ④ 병렬 연속식

TIP 승객의 시야가 좋은 순서 … 직렬식 > 병렬 단속식 > 병렬 연속식 > 교차식

3 다음 중 백화점의 출입구에 대한 설명으로 옳지 않은 것은?

① 도로에 면하도록 하여 설치한다.
② 엘리베이터홀, 계단의 통로를 향하여 출입구를 설치하도록 한다.
③ 50m에 1개소씩 설치한다.
④ 이중문이나 개방식으로 한다.

TIP ③ 도로에 면하도록 하여서 30m에 1개소씩 설치하도록 한다.

Answer 1.③ 2.② 3.③

4 다음 중 백화점 건축의 기둥간격을 결정하는 요소가 아닌 것은?

① 에스컬레이터
② 진열장 배치
③ 주차장(지하)
④ 매장면적

TIP 기둥간격의 결정요소
㉠ 진열장, 가구배치
㉡ 지하실의 주차단위
㉢ 에스컬레이터의 배치
㉣ 매장 내의 통로 크기

5 백화점이 입지하는 데 있어서의 고려사항이 아닌 것은?

① 교통량
② 구매력에 대한 예상
③ 고객의 인구조사
④ 일조, 통풍

TIP 백화점에서는 일조, 통풍을 특별히 고려하지 않는다.

6 백화점의 판매장 바닥면적을 20,000m^2로 할 경우의 건축면적으로 옳은 것은?

① 20,000m^2
② 30,000m^2
③ 33,000m^2
④ 35,000m^2

TIP 판매장의 면적은 연면적의 60～70%이므로 평균 65%로 보고 계산한다.
∴ 20,000×1.65＝33,000m^2

7 매장의 면적 100m^2당 근무해야 하는 종업원의 수는?

① 2명
② 4명
③ 6명
④ 8명

TIP 면적 25m^2당 1인이 근무하는 것이므로 100÷25 ＝4명

Answer 4.④ 5.④ 6.③ 7.②

8 다음 중 백화점의 구성요소가 아닌 것은?

① 종업원 ② 고객
③ 매장 ④ 창고

TIP 백화점의 3대 구성요소에는 매장, 고객, 종업원이 있다.
※ 백화점의 4대 구성요소 … 매장, 고객, 종업원, 상품

9 쇼핑센터에서 몰(Mall)이 차지하는 면적은 몇 % 정도인가?

① 10% ② 15%
③ 25% ④ 50%

TIP 쇼핑센터의 면적 구성비
㉠ 핵상점 : 50% 정도
㉡ 전문점 : 25% 정도
㉢ 몰 · 코트 : 10%
㉣ 기타 관리시설 : 15%

10 다음 중 백화점 면적에 관한 것으로 옳지 않은 것은?

① 매장의 면적은 연면적의 60 ~ 70% 정도이다.
② 진열장 및 가구의 면적은 연면적의 50 ~ 70% 정도이다.
③ 순수통로의 면적은 매장면적의 30 ~ 50% 정도이다.
④ 순매장의 면적은 연면적의 50% 정도이다.

TIP ② 진열장 및 가구의 면적은 매장면적의 50 ~ 70% 정도이다.

11 가구배치방식 중 매장의 구석까지 가기가 쉬우며 수직동선의 접근이 쉬운 형식은?

① 직각배치 ② 사행배치
③ 방사형배치 ④ 자유유동배치

Answer 8.④ 9.① 10.② 11.②

TIP ① 가장 간단한 방법으로 가구와 가구 사이를 직교하여 배치함으로 인해서 통로가 직각으로 나오게 하는 배치의 방법이다.
③ 판매장의 통로를 방사형이 되도록 배치하는 방법이다.
④ 고객의 유동방향에 따라 자유로운 곡선으로 통로를 배치하도록 하는 방법이다.

12 백화점 계획에 관한 설명 중 옳지 않은 것은?

① 대지의 형태에 따라 기둥의 간격이 결정된다.
② 고객권과 상품권은 서로 떨어지도록 한다.
③ 엘리베이터가 6대 이상인 경우 분산해서 배치한다.
④ 에스컬레이터는 엘리베이터와 주출입구의 중간에 위치시키도록 한다.

TIP ① 기둥간격은 진열장이나 가구의 배치, 주차단위, 에스컬레이터의 배치, 매장 내의 통로크기 등에 의해 결정된다.

13 백화점 옥내의 조명에 관한 설명으로 옳은 것은?

① 열에 대해서는 고려하지 않아도 된다.
② 배경으로부터 반사를 유도해야 된다.
③ 현휘를 방지해야 한다.
④ 광원을 돌출하여 사용한다.

TIP 옥내조명의 조건
㉠ 현휘를 방지한다.
㉡ 광원을 감추도록 한다.
㉢ 빛을 유효하게 사용해야 한다.
㉣ 열에 대해서 신중히 고려해야 한다.
㉤ 배경으로부터 반사가 되지 않도록 한다.

14 백화점의 에스컬레이터를 설치하는 위치로 가장 적당한 곳은?

① 매장의 한쪽 벽면
② 매장의 가장 깊은 곳
③ 주출입구 근처
④ 주출입구와 엘리베이터와의 중간적 위치

TIP 에스컬레이터는 매장중앙과 가까운 곳에 설치하여 고객이 매장을 쉽게 볼 수 있도록 해야하므로, 주출입구와 엘리베이터의 중간에 설치하는 것이 가장 좋다.

Answer 12.① 13.③ 14.④

15 백화점의 에스컬레이터에 대한 설명으로 옳지 않은 것은?

① 수송량에 비해서 점유면적이 크다.
② 설비비가 고가이다.
③ 엘리베이터에 비해 10배의 수송능력을 갖는다.
④ 고객이 매장을 보면서 이동할 수 있다.

TIP 에스컬레이터 … 엘리베이터에 비해 10배의 수송능력을 가지고 있으며 시간당 4,000 ~ 8,000명의 수송능력에 비하면 점유면적은 적은 편이다.

16 다음 그림은 에스컬레이터의 배치방식 중 어느 것인가?

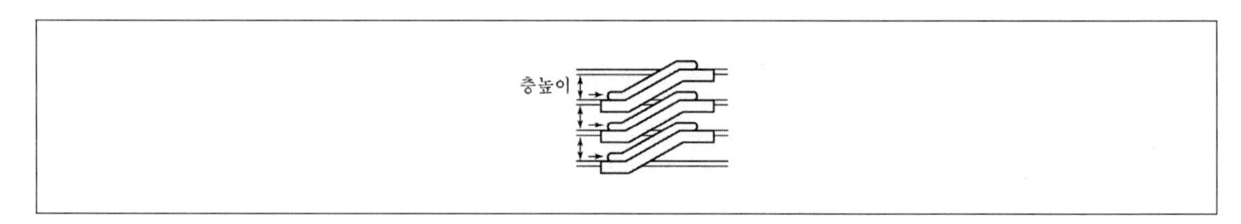

① 직렬식 배치
② 병렬 단속식 배치
③ 병렬 연속식 배치
④ 교차식 배치

TIP 그림은 병렬 단속식 배치의 에스컬레이터로 점유면적이 큰 편이며 승객의 시야도 양호한 구조이다.

17 다음 백화점의 계획내용 중 옳지 않은 것은?

① 수직동선의 설비인 엘리베이터와 에스컬레이터는 고객의 출입구에 근접시켜서 동선의 편의를 도모한다.
② 고객권과 상품권의 동선은 가능한 분리시켜야 한다.
③ 특수매장은 일반매장 내에 설치한다.
④ 출입구는 모퉁이를 피하도록 하고 도로면에 접하도록 한다.

TIP 수직동선의 위치
㉠ 엘리베이터의 위치 : 주출입구로부터 먼 곳
㉡ 에스컬레이터의 위치 : 주출입구와 엘리베이터의 중간

Answer 15.① 16.② 17.①

18 다음 중 백화점 내의 동선계획으로 옳지 않은 것은?

① 고객권과 상품권은 절대적으로 분리시킨다.

② 고객의 통로의 폭은 최소 1.5m 이상으로 한다.

③ 주통로는 3.3m 이상, 부통로는 2.6m 이상으로 한다.

④ 순수한 통로의 면적은 매장면적으로 30 ~ 50% 정도로 한다.

TIP ② 고객통로의 폭은 진열장 앞에 사람이 서고, 그 뒤로 두 사람 이상이 통행할 수 있도록 하여 최소 1.8m 이상으로 한다.

19 백화점 매장부분의 파사드를 무창으로 계획하는 이유 중 옳지 않은 것은?

① 매장 내의 냉·난방 효율이 증가된다.

② 인접건물 화재 시 연소방지 및 안전에 유리하다.

③ 창의 역광으로 인한 전시의 불리요소를 제거한다.

④ 외부벽면에 상품전시가 가능하므로 매장배치 상 유리하다.

TIP 무창 백화점 외부계획

㉠ 개념: 실내의 진열면을 늘리거나 분위기 조성을 위해 백화점의 외벽을 창이 없게 처리하는 방법

㉡ 장점

- 창의 역광으로 인한 내부의장의 불리요소를 제거한다.
- 매장 내의 냉난방 효율이 증가하고 외부벽면에 상품전시가 가능하다.
- 매장배치 상 유리하고 매장 내 조도가 균일하다.

㉢ 단점: 화재나 정전 시의 고객들에게 큰 동선상 혼란을 준다.

20 쇼핑센터의 공간을 구성하는데 있어서 고객을 각 상점에 유도하는 보행자 동선인 동시에 고객의 휴식처의 기능을 갖고 있는 곳은?

① 몰(Mall)　　② 핵상점

③ 전문점　　④ 코트

TIP ② 쇼핑센터의 중심으로 고객을 끌어들이는 기능을 갖는다.

③ 단일 종류의 상품을 전문적으로 취급하는 상점, 음식점 등이다.

④ 몰의 군데군데에 고객이 머물 수 있는 휴식처를 말한다.

Answer 18.② 19.② 20.①

21 다음 백화점 건축계획에 관한 사항 중 옳지 않은 것은?

① 출입구는 도로에 면하도록 하여 30m당 1개소를 설치하는 것이 좋으며 모퉁이는 피하도록 한다.

② 매장의 바닥은 고저차가 없도록 한다.

③ 특별매장과 일반매장은 층별로 각각 구분해서 배치하는 것이 이상적이다.

④ 고객권과 상품권은 서로 떨어지게 해야 한다.

TIP ③ 특별매장은 일반매장 내에 설치하도록 한다.

22 백화점의 매장계획에 관한 설명이다. 이 중 옳지 않은 것은?

① 매장 전체가 전망이 좋게 하며 내용을 알기 쉽도록 계획한다.

② 점내에 출입한 고객의 동선은 최대한 짧게 구성하여 편의를 도모한다.

③ 공간은 넓고 연속된 판매장을 구성하도록 계획한다.

④ 매장의 통로폭은 매장의 종류, 전시형식에 따라 결정되어야 한다.

TIP ② 백화점에서 고객은 지루하지 않게 최대한 길게 하여 쇼핑을 하고 구매할 수 있도록 유도해야 한다.

23 백화점, 호텔, 극장 등에서 공통적으로 가장 중요하게 고려해야 할 사항은?

① 일조, 채광
② 서비스 시설
③ 피난동선
④ 고객의 동선

TIP 불특정 다수의 사람들이 많이 모이는 장소는 화재 또는 재해가 발생할 경우에 대비해서 사람들이 안전하게 대피할 수 있도록 피난동선을 고려하는 것이 가장 중요한 요소이다.

24 다음 중 무창백화점의 장점이 아닌 것은?

① 냉 · 난방 설비의 효율이 좋아진다.
② 외부벽면에 상품을 전시할 수 있다.
③ 피난에 유리하다.
④ 조도가 균일하다.

TIP 정전이나 화제 시 창호가 없어서 자연채광도 없게 되므로 고객이 큰 혼란을 겪게 되어 피난이 불리하다.

Answer 21.③ 22.② 23.③ 24.③

25 백화점에서 에스컬레이터를 사용하는 이유로 옳지 않은 것은?

① 설치비가 저렴하다.
② 수송력에 비해 점유면적이 작다.
③ 종업원이 필요하지 않다.
④ 고객이 위 · 아래로 매장을 보면서 이동할 수 있다.

TIP 에스컬레이터는 수송력을 생각하지 않으면 점유면적이 크나 엘리베이터의 10배나 되는 수송력을 가지고 있기에 그에 비하면 점유면적은 작다. 그러나 에스컬레이터를 설치하는 비용이 고가이다.

26 백화점의 진열장 배치에 관한 설명 중 옳지 않은 것은?

① 직교배치는 매장면적을 최대한 이용할 수 있으며 가장 많이 사용되는 방식이다.
② 사행배치는 상하 교통로를 가깝게 연결할 수 있다.
③ 자유유동배치는 매대의 변경이나 이동이 자유롭고 손쉽다.
④ 방사배치는 판매장의 중심에서 방사형 통로를 두고 배치한다.

TIP 자유유동배치 형식은 유리케이스나 판매대가 특수형으로 제작되기 때문에 매장의 변경 및 이동이 곤란하다.

27 터미널 백화점계획에 있어 옳지 않은 사항은?

① 늦은 시간에는 백화점이 폐쇄되므로 역사 사이에 명확한 구획을 한다.
② 역 부근의 수직동선의 위치는 신중히 고려한다.
③ 역사 이용의 혼란을 방지하기 위해 2층부터 매장을 계획한다.
④ 역 승객의 흐름과 백화점 고객의 흐름이 교차되지 않도록 한다.

TIP ③ 터미널 백화점은 1층의 매장이 고객유치에 가장 유리하므로 가능한 한 면적을 넓게 잡는다.

Answer 25.① 26.③ 27.③

숙박 및 병원, 실버타운 건축

01 호텔

01 호텔의 종류 및 특징

1 시티 호텔(City hotel)

(1) 개념

일반 여행객의 단기체재나 도시의 사회적 집회, 연회 등의 장소로 이용할 수 있는 도시의 시가지에 위치한 호텔을 말한다.

(2) 대지의 선정조건

① 교통이 편리해야 한다.

② 환경이 양호하고 쾌적해야 하며 특별히 소음에 유의해야 한다.

③ 자동차의 접근이 양호하고 주차설비가 충분해야 한다.

④ 근처의 호텔과 경영상의 경쟁과 제휴를 고려해야 한다.

(3) 시티 호텔의 종류

① 아파트먼트 호텔(Apartment hotel)
  ㉠ 장기간 체재하는 데 적합한 호텔이다.
  ㉡ 부엌과 욕실, 셀프서비스 시설을 갖춘 것이 일반적이다.

② 커머셜 호텔(Commercial hotel)
  ㉠ 일반 여행자용 호텔이다.
  ㉡ 비즈니스를 주체로 한 것으로 편리와 능률이 중요한 요소가 된다.
  ㉢ 외래객에 개방(집회, 연회)되므로, 교통이 편리한 도시 중심지에 위치하도록 한다.
  ㉣ 부지는 제한되어 있어서 주로 고층으로 되어 있다.
  ㉤ 1층에 상점, 식당을 구비하여 경영한다.

TIP

커머셜 호텔의 수익증가방법

㉠ 서비스면적을 감소한다.
㉡ 숙박부분의 면적을 증가시킨다.
㉢ 요식부의 면적을 감소시킨다.

③ **레지던셜 호텔**(Residential hotel)

㉠ 상업상의 성격을 가지고 있으며 여행자, 관광객 등이 단기체재하는 여행자용 호텔이다.
㉡ 커머셜 호텔보다 규모가 작으나 설비는 고급이다.
㉢ 도심을 피해서 안정된 곳에 위치하도록 한다.
㉣ 연면적에 대해서 숙박면적이 크다.

TIP

커머셜 호텔과 레지던셜 호텔의 비교

내용	커머셜 호텔	레지던셜 호텔
이용대상	사업상	단기체재시
규모	대규모	중소규모
위치	도심	도심주변
설비	보통	고급
서비스	보통	고급

④ **터미널 호텔**(Terminal hotel)

㉠ 교통기관의 결절점에 위치한 호텔이다.
㉡ 철도역 호텔(Station hotel), 부두 호텔(Habor hotel), 공항 호텔(Airport hotel) 등이 있다.

❷ 리조트 호텔(Resort hotel)

(1) 개념

피서, 피한을 위주로 관광객과 휴양객이 많이 이용하는 숙박시설을 말한다.

(2) 대지선정의 조건

① 관광지를 충분히 이용할 수 있는 곳

② 조망이 좋은 곳

③ 수량이 풍부하고 수질이 좋은 곳

④ 식료품이나 린넨(Linen)류의 구입이 수월한 곳

⑤ 자연재해의 위험이 없는 곳

⑥ 계절풍에 대한 대비가 있는 곳

(3) 리조트 호텔의 종류

① 산장 호텔(Mountain hotel), 해변 호텔(Beach hotel), 스카이 호텔(Sky hotel), 온천 호텔(Hot spring hotel), 스키 호텔(Ski hotel), 스포츠 호텔(Sport hotel) 등이 있다.

② 클럽하우스(Club house) … 레저시설 및 스포츠를 위주로 이용되는 시설을 말한다.

[리조트호텔]

❸ 기타 호텔

(1) 모텔(Motel : Motorists hotel)

① 모터리스트의 호텔이라는 뜻으로 자동차 여행자들을 위한 숙박시설을 말한다.

② 주로 자동차 도로변, 도시근교에 많이 위치한다.

③ 각 실이 10 ~ 20실 정도 구비하고 있다.

④ 숙박실, 식당, 관리실 등 간단한 구조로 이루어진다.

(2) 유스호스텔(Youth hostel)

① **개념** … 청소년의 국제 활동을 위한 장소로서 서로 환경이 다른 청소년이 우호적 분위기에서 사용할 수 있도록 한 숙박시설을 말한다.

② **종류 및 특징**

종류		특징
여행호스텔		가장 일반적인 것으로 여행 중 이용할 수 있는 숙박시설이다.
휴가 호스텔	하계스포츠 휴스텔	• 야영생활에 적절한 설비가 되어 있어야 한다. • 부근에 하이킹, 해수욕, 산책 등을 할 수 있는 위치에 지어진다. • 스포츠 시설 등이 있다.
	동계스포츠 휴스텔	• 스키, 스케이트를 위한 체재를 할 수 있어야 한다. • 난방, 건조, 조리장, 스키를 두는 광 등이 있다.
	주말휴스텔	대도시 주변에 위치하며 레크리에이션, 회의, 이동교실 등으로 이용한다.
도시휴스텔		• 교통의 중심지에 설치되어 있으며 통과여행의 이용자가 많다. • 여행휴스텔보다 규모가 크고 수용력도 크다.

③ **건축의 기준**

㉠ 침실은 입구에서 남녀로 구분하도록 한다.

㉡ 주요 구조부는 불연재, 내화구조로 한다.

㉢ 4대 이상, 8대 이하의 침대를 준비하여 침실은 총 수의 반수 이상으로 하고 1실에 20대를 초과하지 않도록 한다.

㉣ 수용인원에 대한 로커를 설치하도록 한다.

㉤ 15인 이하를 기준으로 1개의 온수 샤워시설을 샤워실에 설치해야 한다.

㉥ 1인당 $0.5m^2$ 이상의 식당을 설치하도록 하고 자취를 할 수 있게 적당한 너비의 조리실을 설치하도록 한다.

㉦ 집회실을 만들되 $150m^2$를 초과하는 집회실은 2실로 구분할 수 있도록 한다.

02 평면계획 및 각 실의 계획

❶ 평면계획

(1) 기능별 소요실

[호텔의 기능도]

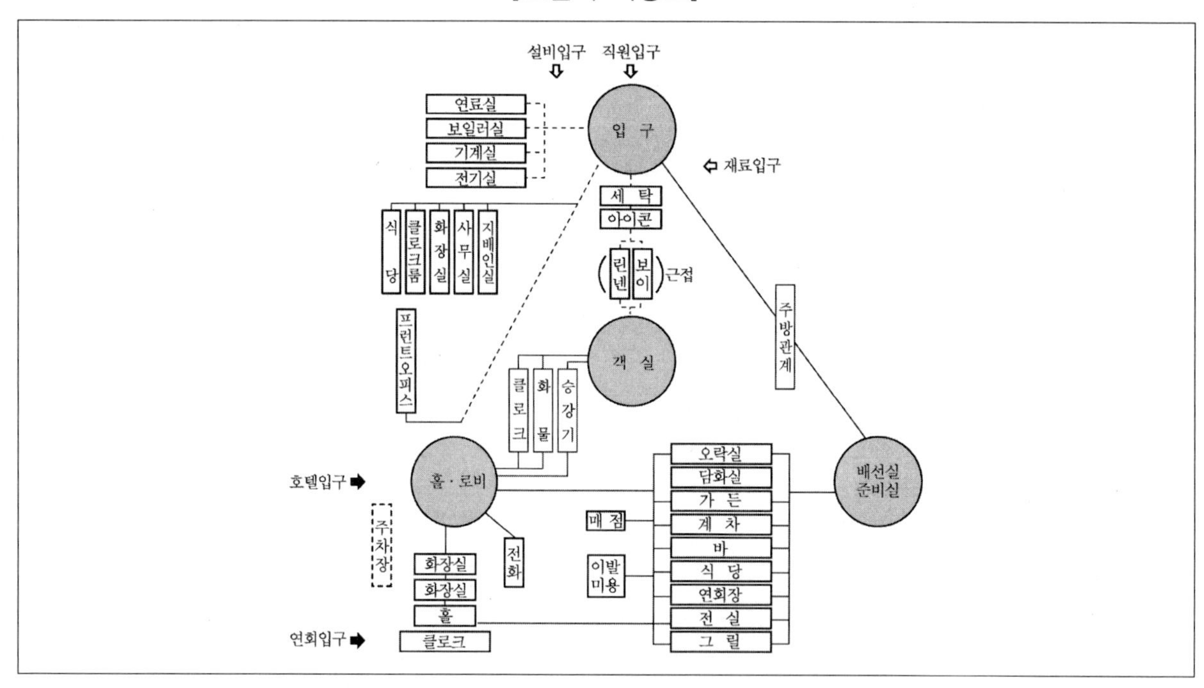

① 숙박부분(Lodging part)

㉠ 객실, 보이실, 메이트실, 린넨실(세탁물관계), 트렁크실, 복도, 계단 등이 속한다.

㉡ 호텔형에 따라 결정하도록 한다.

㉢ 객실은 쾌적함은 물론 개성을 필요로 한다.

② 공용부분(Public space)

㉠ 현관, 홀, 로비, 라운지, 식당, 연회장, 프런트 카운터(Front counter), 미용실, 이용실, 엘리베이터, 계단, 정원, 오락실, 매점, 나이트클럽, 바, 커피숍, 독서실, 흡연실(Smoke room) 등이 속한다.

㉡ 나이트클럽, 카지노, 바 등과 운동시설, 오락시설의 자유로운 방법으로 호텔의 성격과 특색을 나타낸다.

③ **관리부분**(Managing part)

㉠ 프런트 오피스(Front office), 클로크룸(Cloak room), 지배인실, 사무실, 공작실, 전화교환실, 창고, 복도 등이 속한다.

㉡ 호텔이라는 유기체에서 두뇌와 같은 역할을 하는 곳이다.

④ **요리관계 부분** … 주방, 식기실, 냉장고, 식료창고 등

⑤ **설비관계 부분** … 보일러실, 각종 기계실, 세탁실 등

⑥ **대실** … 상점, 창고, 대사무실, 클럽실(일정단체에 빌려주는 실) 등

TIP

이용객의 동선

㉠ **숙박객의 동선** : 숙박객 → 호텔입구 → 로비 → 프런트 오피스 → 승강기 → 객실

㉡ **연회장 이용객의 동선**(연회장은 외부에서도 직접 출입을 할 수 있어야 한다) : 연회이용객 → (홀) → 클로크룸(옷 맡기는 곳) → 연회실

기능	소요실명
관리부분	프런트 오피스, 클로크룸, 지배인실, 사무실, 공작실, 창고, 복도, 변소, 전화 교환실
숙박부분	객실, 보이실, 메이트실, 린넨실, 트렁크룸
공용부분	다방, 무도장, 그릴, 담화실, 독서실, 진열장, 이 · 미용실, 엘리베이터, 계단, 정원, 현관 · 홀, 로비, 라운지, 식당, 연회장, 오락실, 바
요리부분	배선실, 부엌, 식기실, 창고, 냉장고
설비부분	보일러실, 전기실, 기계실, 세탁실, 창고
대실	상점, 창고, 대사무소, 클럽실

(2) 각 실의 면적 및 배치

① 기준층 계획 시 고려사항

㉠ 기준평면의 규격과 구조적인 해결로서 호텔 전체의 통일을 고려한다.

㉡ 스팬을 정하는 방법으로는 2실을 연결한 것을 최소의 기둥간격으로 보면 구조나 시공상 어려움은 없다.

㉢ 기둥간격은 기준층의 기둥 간격은 실의 크기에 따라 달라질 수 있으나, 최소의 욕실폭, 각 실 입구통로폭과 반침폭을 합한 치수의 2배로 산정된다.

㉣ 객실의 크기와 종류는 건물의 단부와 층으로 달리 할 수 있고, 동일 기준층에 필요한 것으로 서비스실, 배선실, 엘리베이터, 계단실 등이 있다.

㉤ 기준층의 객실수는 기준층의 면적이나 기둥간격의 구조적인 문제에 영향을 받는다. (스팬 = (최소의 욕실폭 + 객실입구 통로폭 + 반침폭) × 2배)

㉥ 기준층의 평면형은 편복도와 중앙복도로 한쪽면 또는 양면으로 객실을 배치한다.

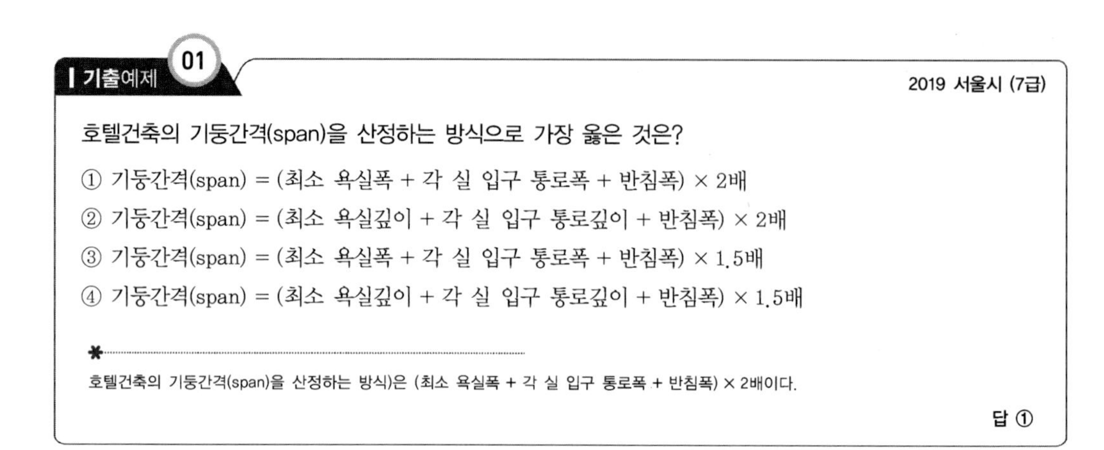

기출예제 01 2019 서울시 (7급)

호텔건축의 기둥간격(span)을 산정하는 방식으로 가장 옳은 것은?

① 기둥간격(span) = (최소 욕실폭 + 각 실 입구 통로폭 + 반침폭) × 2배

② 기둥간격(span) = (최소 욕실깊이 + 각 실 입구 통로깊이 + 반침폭) × 2배

③ 기둥간격(span) = (최소 욕실폭 + 각 실 입구 통로폭 + 반침폭) × 1.5배

④ 기둥간격(span) = (최소 욕실깊이 + 각 실 입구 통로깊이 + 반침폭) × 1.5배

✱

호텔건축의 기둥간격(span)을 산정하는 방식)은 (최소 욕실폭 + 각 실 입구 통로폭 + 반침폭) × 2배이다.

답 ①

② 기준층의 평면형식 및 배치

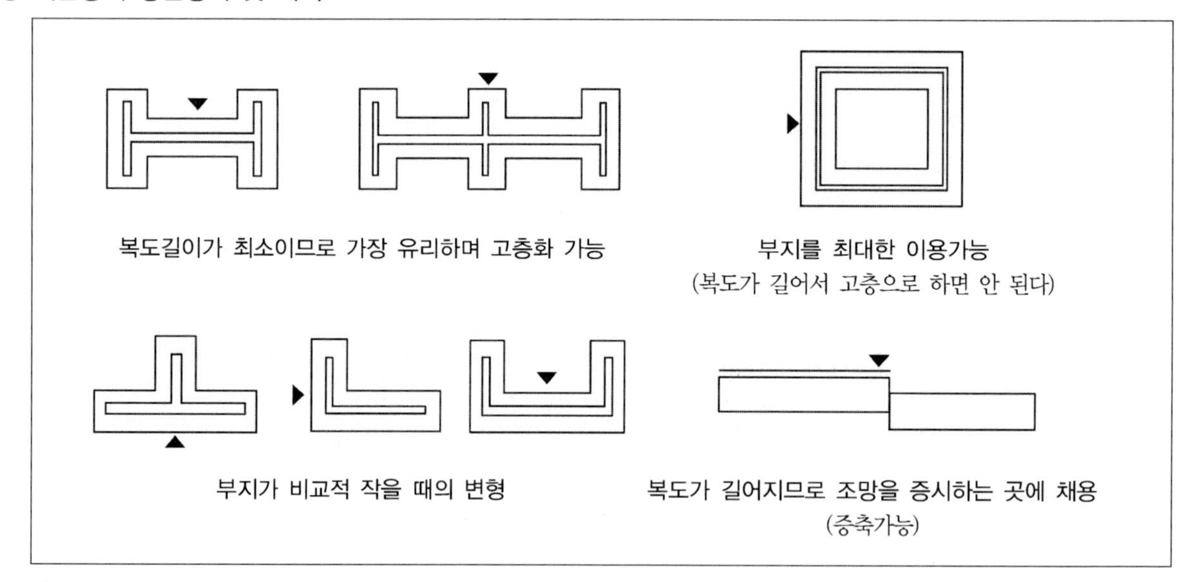

㉠ **H자형/ㅁ자형** : 거주성은 좋지 않지만 한정된 체적 속에서 외기에 접하는 면을 최대로 할 수 있다.

㉡ **T자형/Y자형/십자형** : 객실 층의 동선 상으로는 바람직하나, 면적 효율면이나 저층 계획 시에는 불리하다.

㉢ **일(—)자형** : 가장 많이 쓰이는 형식이다.

㉣ **사각형/삼각형/원형** : 형태의 제약 상 한 층당 객실 수에 한계가 있으나 4각이나 원과 같은 극히 단순한 형으로 증축이 불가능하다.

㉤ 중복도형

㉥ 복합형

③ 각 실의 면적 구성비

㉠ 연면적에 대한 서비스 부분의 면적비는 약 5.2%이다.

㉡ 숙박부분의 면적비가 가장 큰 호텔은 커머셜 호텔이며, 가장 작은 호텔은 아파트먼트 호텔이다.

[각 실의 면적 구성 비율]

분류 \ 종류	리조트 호텔	시티 호텔	아파트먼트 호텔
규모(객실 1에 대한 연면적)	40 ~ 91m^2	28 ~ 50m^2	70 ~ 100m^2
숙박부면적(연면적에 대한)	41 ~ 56%	49 ~ 73%	32 ~ 48%
퍼블릭 스페이스 면적비(연면적에 대한)	22 ~ 38%	11 ~ 30%	35 ~ 58%
로비면적(객실 1에 대한 면적)	3 ~ 6.2m^2	1.9 ~ 3.2m^2	5.3 ~ 8.5m^2
관리부 면적비(연면적에 대한)	6.5 ~ 9.3%		
설비부 면적비(연면적에 대한)	약 5.2%		

④ 조리실과의 관계 … 식당면적에 대해서 조리실의 면적은 25 ~ 35% 정도로 한다.

호텔 조리양/일	조리실 면적(m^2)
100명분	40 ~ 60
500명분	95 ~ 100
1,000명분	200 ~ 240

(3) 동선계획

① 동선계획상 요점

㉠ 고객동선과 서비스동선이 교차되지 않도록 출입구가 분리되어야 한다.

㉡ 숙박고객과 연회고객의 출입구를 분리한다.

㉢ 고객동선은 명료하고 유연한 흐름이 되도록 한다.

㉣ 숙박객이 프런트를 통하지 않고 직접 주차장으로 갈 수 있는 동선은 없도록 한다.

㉤ 종업원 출입구와 물품의 반출입구는 1개소로 하여 관리상의 효율을 도모한다.

㉥ 최상층에 레스토랑을 설치하는 방안은 엘리베이터 계획에도 영향을 주므로 기본계획 시 결정한다.

기출예제 02 2010 국가직 (7급)

호텔건축계획에 대한 설명으로 옳지 않은 것은?

① 연면적이 200m²를 초과하는 건물의 객실층은 각 당해층 거실의 바닥면적 합계가 200m²이상이고 중복도인 경우, 건축 법령상의 최소 복도폭은 1.5m이나 일반적으로 2.1m가 적정하다.
② 숙박고객이 프런트를 통하지 않고 직접 주차장으로 갈 수 있도록 동선을 계획하여야 한다.
③ 종업원의 출입구 및 물품의 반출입구는 각각 1개소로 함으로써 관리상의 효율화를 도모한다.
④ 최상층에 레스토랑을 설치하는 방안은 엘리베이터 계획에 영향을 미치므로 기본계획 시 결정되어야 한다.

*
숙박고객이 프런트를 거쳐서 주차장으로 갈 수 있도록 해야 한다.

답 ②

② 숙박객 동선
㉠ 주차장, 차고 → 입구, 프론트 → 객실과 공공부분의 2방향
㉡ 객이 프런트를 통하지 않고는 직접 외부로 통하지 않도록 한다.

③ 종업원 동선
㉠ 종업원용 입구와 갱의실을 거쳐 주방, 서비스 부분으로 간다.
㉡ 가능하면 객실 동선과 겹치지 않게 한다.

④ 물품 반입 동선 … 2개의 주요 경로가 필요하다. 호텔서비스용 반입 경로와 객의 수하물용 입구를 분리해야 한다.

TIP

호텔문의 개폐방향 … 우리나라에서는 각 실의 출입문 개폐방향이 안에서 밖으로 열리는 밖여닫이이지만 미국의 경우는 그와 반대로 주로 안여닫이로 되어 있다.

2 각 실의 계획

(1) 객실

① 객실이 차지하는 비율은 호텔의 전체면적의 65 ~ 85%이다.

② 크기

㉠ 1실의 크기

구분	실폭	실길이	층높이	출입문폭
1인용(m)	2 ~ 3.6	3 ~ 6	3.3 ~ 3.5	0.85 ~ 0.9
2인용(m)	4.5 ~ 6	5 ~ 6.5		

㉡ 실의 종류에 따른 평균면적

실의 종류	싱글	더블	트윈	스위트
1실의 평균면적(m^2)	18.55	22.414	30.43	45.89

③ 객실의 형

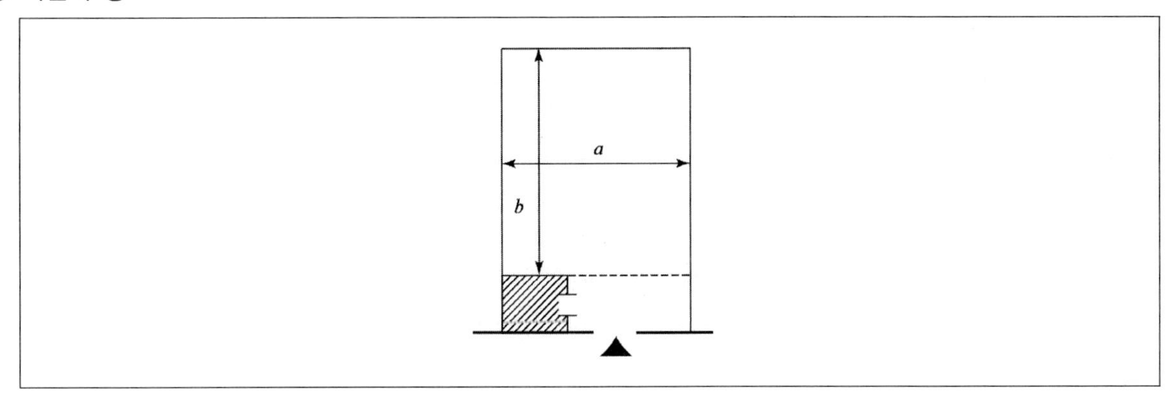

㉠ 단위폭 : 최소욕실폭+객실출입구+반침깊이 = 4.5m

㉡ 일반적인 형 : $\frac{b}{a}$ = 0.8 ~ 1.6 정도가 되도록 한다.

㉢ 평면형의 결정조건

- 침대의 위치
- 욕실의 위치
- 변소의 위치

④ 욕실의 크기

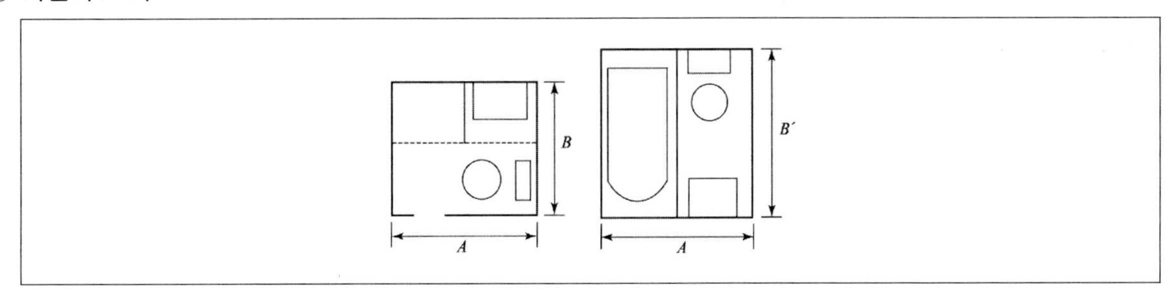

욕실 내 시설	A(최소)	B(최소)	A×B(최소)
세면기, 변기를 설치할 경우	125cm	75cm	$1.5m^2$
세면기, 변기, 샤워를 설치할 경우	150cm	120cm	$2.5m^2$
세면기, 변기, 욕조를 설치할 경우	114cm	190cm	$3m^2$

(2) 연회장

① **대연회장** … 1인당 $1.3m^2$의 면적

② **중 · 소 연회장** … 1인당 $1.5 \sim 2.5m^2$의 면적

③ **회의실** … 1인당 $1.8m^2$의 면적

(3) 식당 및 부엌

① 식당과 주방의 관계에서 식당이 차지하는 면적은 호텔의 종류와는 상관없이 70 ~ 80% 정도이다.

② 식당의 크기

㉠ 1석당 면적은 $1.1 \sim 1.5m^2$ 정도의 크기로 한다.

㉡ 1평당 수용인원은 2 ~ 2.5인을 기준으로 한다.

TIP

식당의 면적

㉠ **시티 호텔** : 0.6석/수용인원

㉡ **리조트 호텔** : 0.8석/수용인원

㉢ **주식당** : $1.1 \sim 1.5m^2$/1석

㉣ **연회장** : $0.8 \sim 0.9m^2$/1석

㉤ **런치룸** : $1.4 \sim 2.0m^2$/1석

㉥ **카페테리아** : $1.4 \sim 1.7m^2$/1석

㉦ **다방** : $1.5m^2$/1석

(4) 종업원 관계실

① 종업원의 수는 객실수의 2.5배 정도의 인원으로 한다.

② 종업원의 숙박시설은 종업원 전체수의 $\frac{1}{3}$ 정도의 규모로 한다.

③ **보이실**(Boy room), **룸서비스**(Room service)

㉠ 숙박시설이 있는 각 층의 코어부분에 인접하게 둔다.

㉡ 객실 150베드당 리프트 1개를 설치하도록 하며, 25 ~ 30실당 1대씩 추가적으로 설치한다.

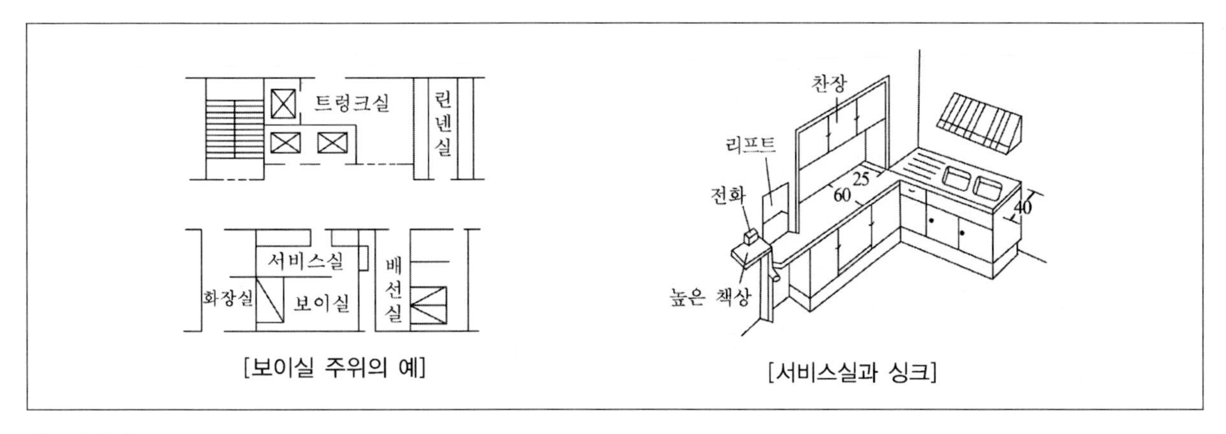

[보이실 주위의 예]　　[서비스실과 싱크]

④ **린넨실**(Linen room)

㉠ 숙박객의 세탁물을 보관한다.

㉡ 객실 내부에서 사용하는 물건들을 보관한다.

TIP

린넨실 … 호텔이나 병원에서 필요한 의류 등을 보관하는 곳이다. 린넨(Linen)이란 "섬유"를 의미하는 단어이다.

⑤ **트렁크룸**(Trunk room)

㉠ 숙박객의 짐을 보관하는 장소이다.

㉡ 화물용 엘리베이터가 필요하다.

(5) 복도, 계단, 화장실

① **법규상 복도의 폭**

㉠ **중복도** : 1.6m 이상

㉡ **편복도** : 1.2m 이상

② **계단**

㉠ 최소 140cm 이상, 높이 18cm 이하, 디딤바닥폭 26cm 이상으로 한다.

㉡ 높이가 3m 초과시 3m 이내마다 계단참을 설치하도록 한다.

③ **화장실**

㉠ 공용부분의 층에서는 60m 이내마다 설치하도록 한다.

㉡ 종업원과 고객의 화장실은 따로 설치한다.

㉢ 공동용 변기수는 25인당 1개의 비율로 한다.

(6) 현관부

① 현관

㉠ 호텔의 외래 접객장소이다.

㉡ 프런트 데스크와 접속이 원활해야 한다.

㉢ 기능적으로는 로비, 라운지와 연속되어야 한다.

② 로비

㉠ 공용공간의 중심이 되는 곳이다.

㉡ 휴게, 면담, 대기 등 다목적으로 사용된다.

㉢ 개방성 및 다른 실과의 연계성이 중요하다.

③ 라운지

㉠ 넓은 복도로 로비와 같은 목적으로 쓰인다.

㉡ 면적

- 중규모 이상 비즈니스 호텔 : 순수 라운지 0.8 ~ 1.0m^2/실 정도
- 로비와 라운지가 결합될 경우 : 0.9 ~ 1.5m^2/실 정도

(7) 프런트 오피스(Front office)

① 프런트 오피스의 업무

㉠ 안내계(Information) : 숙박객의 확인, 우편, 보도, 통신, 전신연락

㉡ 객실계(Roomclerk) : 접수, 실배정, 열쇠함, 분석

㉢ 회계계(Cashier) : 계산, 현금출납, 컴퓨터실, 전표정리

[프런트 오피스 평면]

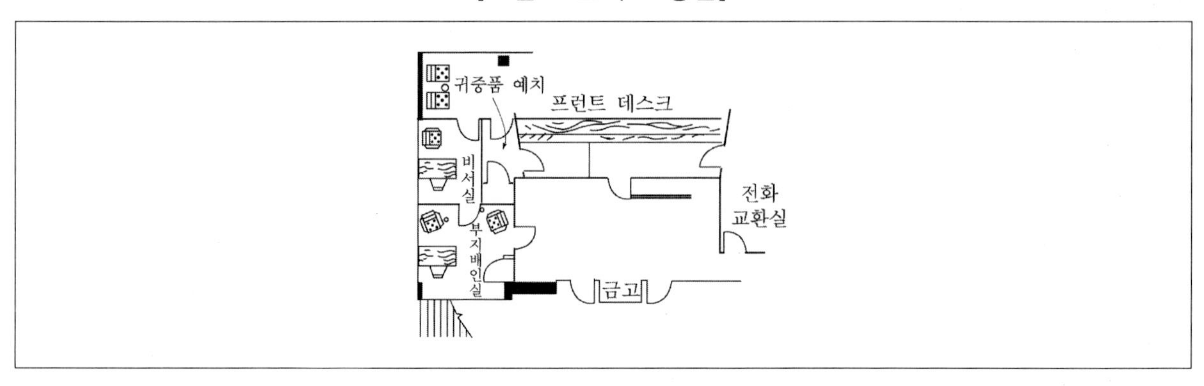

② 지배인실

㉠ 외래객이 알기 쉬운 곳에 위치해야 한다.

㉡ 자유롭게 출입할 수 있어야 하며 방해받지 않고 대화할 수 있어야 한다.

㉢ 후문으로도 통할 수 있어야 한다.

③ **클로크룸**(Cloak room)

㉠ 귀중품, 외투 등을 맡겨 보관하는 곳을 말한다.

㉡ 연회 등으로 인해 일시 혼잡을 예상하고 적절한 카운터 길이를 확보한다.

㉢ 예치용품의 선반 또한 혼잡을 대비해 상당한 여유를 두도록 한다.

㉣ 카운터의 길이

- 일반실 : 100명당 1m
- 혼잡한 회의실 : 100명당 3m
- 연회장 : 100명당 5m

[클로크룸]

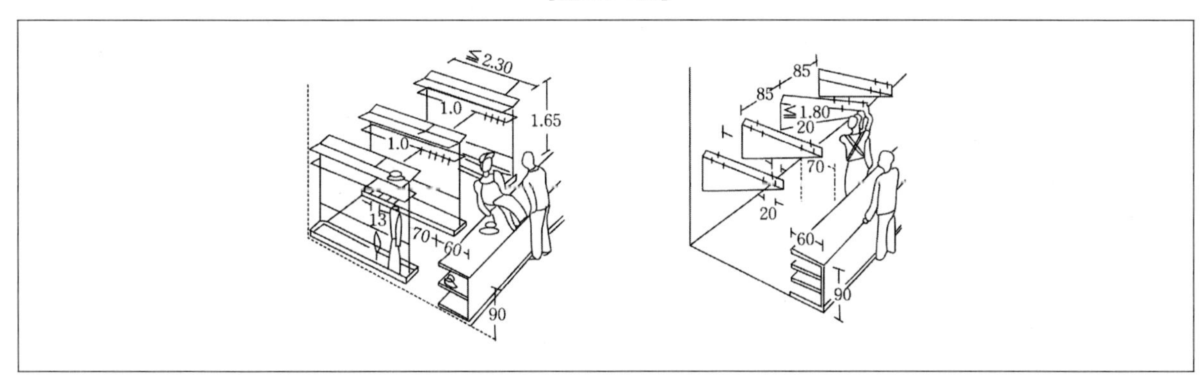

TIP

클로크(Cloak)란 "소매 없는 외투"를 의미하는 단어이다.

04 레스토랑

❶ 서비스 형식에 따른 종류

(1) 테이블서비스(Table service)

① 옛날부터 있던 형식으로 웨이터가 요리상을 방으로 옮기는 시스템이다.

② 실에서 서비스를 받을 수 있기에 조용하고 쾌적한 분위기가 되므로 이 방식을 좋아하는 손님이 많다.

③ 서비스는 신속하지 않으므로 정중하고 섬세하게 해야 한다.

④ 유지비, 인건비, 손님의 순환율이 다른 형식에 비해 비경제적이므로 가격도 높고 손님도 고급이다.

⑤ 주의사항

㉠ 손님, 종업원, 음식 등 각 동선의 혼란함이 없도록 하고, 손님이 흐르는 교차를 피한다.
㉡ 요리 식기를 내리는 곳과 출구를 따로 한다.
㉢ 서비스 루트에는 바닥의 고저가 없도록 해야 한다.

(2) 카운터서비스(Counter service)

① 의자와 카운터에 객석이 접해 있는 형식이다.

② 카운터를 경계로 조리인이 손님에게 신속한 서비스가 가능하다.

③ 시끄럽고 안정적이지 못하기에 가벼운 기분으로 식사할 수 있다.

④ 면적의 이용률이 높다.

⑤ 객의 순환율이 좋다.

⑥ 어떠한 대지에도 융통성 있게 배치할 수 있다.

⑦ 카운터의 길이는 손님 12명을 한도로 하고 의자는 바닥에 고정하거나 무겁게 하여 넘어지지 않게 하는 것이 좋다.

(3) 셀프서비스(Self service)

① 손님 스스로가 서비스를 하는 형식이다.

② 손님의 동선계획이 중요하다.

③ 식사선택이 자유롭고 값이 싸다.

④ 카페테리아 형식이 주로 이용된다.

❷ 종류별 특징

(1) 식사

① 레스토랑(Restaurant)
- ㉠ 광의적이고 정통적인 양식당이다.
- ㉡ 일정한 시간대를 정하여 정식의 식사를 제공한다.
- ㉢ Table service 형식이다.
- ㉣ Cloak room, Lunch room, Ball room 등을 제공한다.

② 런치룸(Lunch room)
- ㉠ 경식당이다.
- ㉡ 부엌 앞에 런치 카운터를 두고 식사하도록 한다.
- ㉢ 레스토랑을 실용화한 것이다.

③ 그릴(Grill)
- ㉠ 특징 있는 일품요리를 제공(불고기, 생선구이)한다.
- ㉡ 보통 Counter service 형식이다.

④ 카페테리아(Cafeteria)
- ㉠ Restaurant을 변형한 것으로 간단한 식사를 하려는 사람들의 요구에 의해 발달되었다.
- ㉡ Self service가 주된 형식이다.

⑤ 드라이브 인 레스토랑(Drive in Restaurant)
- ㉠ 자동차 이용자를 위한 식당이다.
- ㉡ 철야영업을 원칙으로 한다.
- ㉢ 다양한 음식 종류와 신속한 서비스, 간편한 식사가 제공된다.
- ㉣ 고급식사를 서비스하는 식당도 있다.

⑥ **스낵바**(Snack bar)

㉠ 카운터 또는 셀프서비스(Self service) 형식이다.

㉡ 간단한 식사를 제공한다.

⑦ **뷔페**(Buffet)

㉠ 취향에 따라 음식을 취사선택할 수 있다.

㉡ Self service 형식이다.

(2) 경음식

① **다방**(Tea room) … 다방, 다실

② **베이커리**(Bakery) … 빵집

③ **캔디스토어**(Candy store) … 과자점

④ **프루츠 파알러**(Fruit parlour) … 과일점

⑤ **드러그스토어**(Drug store)

㉠ 약국 부속 스낵점

㉡ 철야영업 원칙

(3) 기타

① **주류** … Bar, Beer hall, Stand 등이 있다.

② **사교** … 캬바레, Night club, Dance hall 등이 있다.

최근 기출문제 분석

2011 지방직 (7급)

1 호텔의 소요실에 대한 분류로 옳지 않은 것은?

① 숙박부분 : 객실, 보이실, 메이드실, 트렁크실

② 공공부분 : 현관, 홀, 로비, 식당

③ 관리부분 : 프런트오피스, 클로크 룸, 창고, 린넨실

④ 요리관계부분 : 배선실, 식기실, 주방, 식료품창고

TIP

기능	소요실명
관리부분	프런트 오피스, 클로크룸, 지배인실, 사무실, 공작실, 창고, 복도, 변소, 전화교환실
숙박부분	객실, 보이실, 메이트실, 린넨실, 트렁크룸
공용부분	다방, 무도장, 그릴, 담화실, 독서실, 진열장, 이 · 미용실, 엘리베이터, 계단, 정원, 현관 · 홀, 로비, 라운지, 식당, 연회장, 오락실, 바
요리부분	배선실, 부엌, 식기실, 창고, 냉장고
설비부분	보일러실, 전기실, 기계실, 세탁실, 창고
대실	상점, 창고, 대사무소, 클럽실

2013 지방직

2 호텔의 기준층 계획에 관한 설명으로 옳지 않은 것은?

① 기준층의 평면은 규격과 구조적인 해결을 통해 호텔 전체를 통일해야 한다.

② 객실의 크기와 종류는 건물의 단부와 층으로 달리 할 수 있고, 동일 기준층에 필요한 것으로 서비스실, 배선실, 엘리베이터, 계단실 등이 있다.

③ 기준층의 기둥 간격은 실의 크기에 따라 달라질 수 있으나, 최소의 욕실폭, 각 실 입구통로폭과 반침폭을 합한 치수의 1/2배로 산정된다.

④ H형 또는 ㅁ자형 평면은 호텔에서 자주 사용되었던 유형으로, 한정된 체적 속에 외기접면을 최대로 할 수 있다.

TIP 기준층의 기둥 간격은 실의 크기에 따라 달라질 수 있으나, 최소의 욕실폭, 각 실 입구통로폭과 반침폭을 합한 치수의 2배로 산정된다.

Answer 1.③ 2.③

출제 예상 문제

1 다음 중 시티 호텔의 객실에 대해 고려할 사항이 아닌 것은?

① 피난 ② 일조 · 채광
③ 환기 ④ 소음

TIP 시티 호텔은 도심지 중심부에 위치한 것으로서 일조 · 채광은 고려하지 않아도 된다.

2 다음 중 호텔건축에서 외관의 결정요인에 가장 큰 영향을 미치는 것은?

① 라운지 ② 프런트오피스, 종업원제실
③ 연회장 ④ 객실

TIP 호텔에서 가장 중요한 부분은 숙박부분이다. 따라서 외관의 형태를 결정하는 데 있어서 객실 수가 가장 크게 영향을 미친다.

3 다음 중 거주의 개념에 가까운 장기체류를 위한 호텔은?

① 터미널 호텔 ② 아파트먼트 호텔
③ 레지던셜 호텔 ④ 커머셜 호텔

TIP ① 교통기관의 결절점에 위치한 호텔이다.
③ 상업적인 성격을 가지며 단기체재하는 여행자용 호텔이다.
④ 일반여행자용 호텔이다.

Answer 1.② 2.④ 3.②

4 **다음 중 시티 호텔의 종류가 아닌 것은?**

① 아파트먼트 호텔(Apartment hotel)
② 클럽하우스(Club house)
③ 터미널 호텔(Terminal hotel)
④ 커머셜 호텔(Commercial hotel)

TIP ② Club house는 리조트호텔의 한 종류로써 레저시설 및 스포츠를 위주로 이용되는 시설을 말한다.
※ City Hotel의 종류
㉠ 아파트먼트 호텔(Apartment hotel)
㉡ 레지던셜 호텔(Residential hotel)
㉢ 커머셜 호텔(Commercial hotel)
㉣ 터미널 호텔(Terminal hotel)

5 **연면적에 대해서 공용공간의 면적이 가장 큰 비율로 계획되어 있는 호텔은?**

① 아파트먼트 호텔
② 커머셜 호텔
③ 터미널 호텔
④ 시티 호텔

TIP 공용공간(Public space)이 큰 순서 … 아파트먼트 호텔 > 리조트 호텔 > 시티 호텔

6 **시티 호텔의 경우 공공부분이 전체 연면적의 몇 %를 넘지 않아야 하는가?**

① 3.2%
② 9.3%
③ 30%
④ 52%

TIP 공공부분은 30%를 넘지 않아야 한다.
※ 시티 호텔의 면적
㉠ 숙박부 : 49 ~ 73%
㉡ 공용부 : 11 ~ 30%
㉢ 관리부 : 6.5 ~ 9.3%
㉣ 설비부 : 52%
㉤ 로비 : 1.9 ~ 3.2%

Answer 4.② 5.① 6.③

7 **다음 중 호텔건축에 관한 설명으로 옳지 않은 것은?**

① 유스호스텔은 국제 청소년 활동을 위해서 만들어진 시설이다.
② 시티 호텔은 복도의 면적을 증대시키더라도 조망과 환경을 쾌적하게 해야 한다.
③ 일반적으로 호텔의 형태는 숙박부분에 의해서 영향을 받는다.
④ 숙박부분은 상층, 공용부분은 저층(1층, 지하층)에 둔다.

TIP ② 시티 호텔(City hotel)은 도시의 시가지에 위치한 호텔로 전망은 필요하지 않다.

8 **숙박객의 세탁물이나 객실 내부에서 사용했던 물건을 보관하는 실은?**

① 클로크룸(Cloak room)
② 트렁크룸(Trunk room)
③ 린넨실(Linen room)
④ 팬트리(Pantry)

TIP ① 프론트 오피스 부분에 위치하여 외투나 귀중품 등을 보관하는 곳
② 숙박객의 짐을 보관하는 곳
④ 식료품을 보관하는 곳

9 **호텔 연면적에 대해서 숙박부분의 면적비가 가장 작은 호텔은?**

① 터미널 호텔(Terminal hotel)
② 리조트 호텔(Resort hotel)
③ 커머셜호텔(Commercial hotel)
④ 아파트먼트 호텔(Apartment hotel)

TIP 숙박부분의 면적크기 순서 … 시티 호텔(49 ~ 73%) > 리조트 호텔(41 ~ 56%) > 아파트먼트 호텔(32 ~ 48%)

10 **호텔의 세부실 중 보이실과 룸서비스에 대한 설명으로 옳지 않은 것은?**

① 숙박시설 부분의 2개층당 1개소를 설치한다.
② 각 층 코어에 인접하여 두도록 한다.
③ 보이실에는 휴식 및 숙직용 침대를 둔다.
④ 객실 150베드당 리프트를 1개 설치하며 25 ~ 30실당 1대씩 추가 설치한다.

TIP ① 숙박시설의 각 층 코어부분에 인접하여 두도록 한다.

Answer 7.② 8.③ 9.④ 10.①

11 다음 객실의 크기 중 1실의 평균면적이 옳지 않은 것은?

① 싱글룸의 1실 평균면적은 18.55m^2이다.
② 더블룸의 1실 평균면적은 28.14m^2이다.
③ 스위트룸의 1실 평균면적은 45.89m^2이다.
④ 트윈룸의 1실 평균면적은 30.43m^2이다.

TIP 객실의 크기

실의 종류	1실의 평균면적(m^2)
싱글	18.55
더블	22.414
트윈	30.43
스위트	45.89

12 다음 호텔의 종류 중 리조트 호텔이 아닌 것은?

① 스카이 호텔(Sky hotel)
② 해변 호텔(Beach hotel)
③ 터미널 호텔(Terminal hotel)
④ 산장 호텔(Mountain hotel)

TIP ③ 시티 호텔에 속한다.
※ Resort Hotel의 종류
㉠ 산장 호텔(Mountain hotel)
㉡ 해변 호텔(Beach hotel)
㉢ 스카이 호텔(Sky hotel)
㉣ 온천 호텔(Hot spring hotel)
㉤ 스키 호텔(Ski hotel)
㉥ 스포츠 호텔(Sport hotel)
㉦ 클럽하우스(Club house)

Answer 11.② 12.③

13 다음 호텔의 객실에 대한 설명으로 옳지 않은 것은?

① 린넨실은 숙박객의 시트, 베개 등 세탁물을 격납한다.
② 트렁크실은 숙박객의 짐을 보관하는 장소이다.
③ 프런트 오피스 중 지배인실은 외래객이 쉽게 접근할 수 없는 곳에 위치시킨다.
④ 팬트리는 식품, 조리기구, 식기를 보관하는 곳이다.

TIP 프런트 오피스의 지배인실은 외래객이 알기 쉬운 곳에 위치해야 하며, 자유롭게 출입할 수 있어야 하고 방해받지 않고 대화를 할 수 있어야 한다.

14 다음 중 호텔의 부지선정 시 고려사항이 아닌 것은?

① 도시휴스텔은 통과여행의 이용자가 많으므로 교통의 중심지에 설치하도록 한다.
② 리조트 호텔은 조망이 좋고 관광지를 충분히 이용할 수 있는 곳이어야 한다.
③ 레지던셜 호텔은 단기체재하는 여행자를 대상으로 한 것으로 도심 중심지에 위치하도록 한다.
④ 터미널 호텔은 교통기관의 지점에 위치하며 교통이 편리한 곳이 좋다.

TIP 레지던셜 호텔
㉠ 상업적인 성격을 가지고 있으며 여행자, 관광객들이 단기체재하는 호텔이다.
㉡ 도심을 피해서 안정된 곳에 위치하도록 한다.
㉢ 연면적에 대해서 숙박면적이 크다.
㉣ 커머셜 호텔보다 규모는 작으나 설비는 고급이다.

15 다음 중 유스호스텔에 관한 설명 중 옳지 않은 것은?

① 주요구조부는 내화, 불연재 구조를 하도록 한다.
② 수용인원에 대한 로커를 설치해야 한다.
③ 4대 이상 8대 이하의 침대를 설치한다.
④ 집회실을 만들되 $200m^2$를 초과하는 집회실은 2실로 구분한다.

TIP ④ 유스호스텔에서 면적이 $150m^2$를 초과하는 집회실은 2실로 구분하도록 해야 한다.

Answer 13.③ 14.③ 15.④

16 다음 중 리조트 호텔의 입지조건으로 옳지 않은 것은?

① 식료품 및 린넨류의 구입이 편리한 곳
② 자연재해에 위험이 없는 곳
③ 수질이 좋고 수량이 좋으며 조망이 좋은 곳
④ 관광지와 거리가 먼 곳

TIP Resort hotel은 피서 · 피한을 위주로 관광객과 휴양객이 많이 이용하는 숙박시설로서 관광지를 충분히 이용할 수 있는 곳이어야 한다.

17 다음 호텔건축에 관한 설명 중 옳지 않은 것은?

① 호텔의 프론트 오피스의 사무에는 객실계, 안내계, 회계계 등이 있다.
② 유스호스텔은 청소년의 국제활동을 위한 장소이다.
③ 스포츠 호텔은 시티 호텔의 일종이다.
④ 호텔의 평면계획에서 객의 동선 중심이 되는 부분은 로비이다.

TIP Resort hotel의 종류
㉠ 해변 호텔(Beach Hotel)
㉡ 산장 호텔(Mountain Hotel)
㉢ 스키 호텔(Ski Hotel)
㉣ 스카이 호텔(Sky Hotel)
㉤ 온천 호텔(Hot Spring Hotel)
㉥ 스포츠 호텔(Sport Hotel)
㉦ 클럽하우스(Club House)

Answer 16.④ 17.③

18 호텔계획에 관한 설명으로 옳지 않은 것은?

① 공용부분은 일반적으로 저층에 배치하도록 하여 이용성을 좋게 한다.
② 로비와 라운지는 각각의 공간으로 구별해야 한다.
③ 로비는 공용공간의 중심이 되도록 한다.
④ 호텔의 형태는 일반적으로 숙박부분 계획에 의해 영향을 받는다.

TIP 로비는 휴게, 면담, 대기 등 다목적으로 사용되는 곳으로 공용공간의 중심이 되도록 하며 라운지 또한 넓은 복도로서 로비와 같은 목적으로 쓰이므로 로비와 라운지는 용이하게 연속될 수 있게 계획하도록 한다.

19 다음은 연회장 이용객의 동선을 나타낸 것이다. ⓐ에 들어갈 것은?

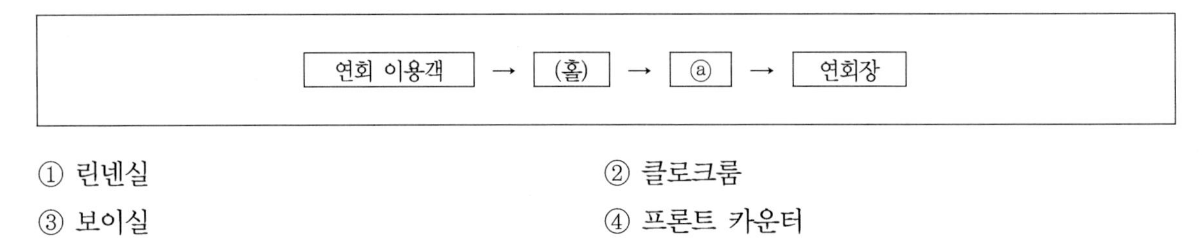

① 린넨실
② 클로크룸
③ 보이실
④ 프론트 카운터

TIP 클로크룸(Cloak room)은 귀중품, 외투 등을 맡겨 보관하는 곳으로 연회 등이 있을 경우 일시 혼잡을 예상해 적절한 카운터의 길이를 확보해 두도록 한다.

20 호텔의 세부계획의 설명 중 옳지 않은 것은?

① 계단의 높이가 3m 초과시 3m 이내마다 계단참을 설치한다.
② 화장실 공동용 변기수는 25인에 1대를 기준으로 한다.
③ 공용부분에서 화장실은 100m마다 1개소씩 설치한다.
④ 보이실은 숙박시설이 있는 각층의 코어부분에 근접하게 배치한다.

TIP ③ 공용부분(Public space)의 층에서 화장실은 60m마다 설치하도록 한다.

Answer 18.② 19.② 20.③

21 다음 중 호텔에 관한 설명으로 옳지 않은 것은?

① 모텔은 자동차 여행자를 위한 숙박시설로 도심지에 많다.
② 유스호스텔은 셀프서비스 방식으로 운영된다.
③ 아파트먼트 호텔은 장기체재를 할 수 있도록 부엌과 욕실을 갖춘 곳이다.
④ 커머셜 호텔은 도시 중심지에 위치하기에 부지가 제한되어 있어서 주로 고층으로 되어 있다.

TIP ① 모텔(Motel)은 자동차 여행자를 위한 숙박시설로 자동차 도로, 도시 근교에 많이 위치한다.

Answer 21.①

02 병원

01 개요 및 기본계획

1 개요

(1) 입지조건

① 지역 … 병원을 짓는 데 있어서 공업지역, 주거 전용지역에는 금지하도록 한다.

② 거리 … 환자가 도보로 1km 이내에 이용할 수 있는 정도이어야 한다.

③ 공공시설 … 충분한 수압, 양질의 급수량, 배수가 잘 되는 곳이어야 한다.

④ 위치(근린) … 소음, 진동, 매연 등의 공해가 적고 조용한 곳이어야 한다.

⑤ 방위 … 남향, 동향, 동 · 서향으로 약간 남쪽으로 경사지고 전망이나 풍경이 좋은 곳으로 한다.

⑥ 면적 … 환자 1인당 100 ~ 150평이 필요하고 100% 확장이 가능한 곳이어야 하고 주차장은 환자 2명당 자동차 1대의 주차면적을 갖도록 해야 한다.

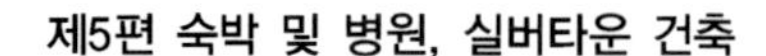

TIP

종합병원과 의원의 법적 구분 … '의원'과 '병원'은 병상 수를 기준으로 구분한다. 환자가 입원할 수 있는 병상 수가 30개 이하면 '의원', 30개 이상이면 '병원'이다. 종합병원은 100병상 이상, 필수 진료과목 7개 이상을 갖춰야 한다.

(2) 형식의 분류

① 집중식(Block type : 개형식, 집약식)

㉠ 배치형식 : 외래진료부, 중앙(부속)진료부, 병동부를 한 건물로 합치고, 병동부의 병동은 고층에 두어 환자를 운송하는 형식이다. 오늘날 어느 정도 규모가 있는 병원들은 주로 이방식을 적용한다.

㉡ 장점

- 관리하는 데 있어서 편리하다.
- 설비 등의 시설비가 적게 든다.

㉢ 단점 : 일조, 통풍 등이 불리해지고 각각의 병실환경이 균일하지 못하다.

② **분관식**(Pavilion type : 분동식)

㉠ **배치형식** : 평면적으로 볼 때 분산된 것으로 각각의 건물은 3층 이하의 저층건물로 외래 진료부, 중앙(부속)진료부, 병동부를 별동으로 분산시키고 복도를 연결하는 형식이다. 요양원과 같이 쾌적한 환경이 요구되는 곳에 주로 적용한다.

㉡ **장점**

- 각 병실을 남향으로 할 수 있어서 일조, 통풍이 좋아진다.
- 내부환자는 주로 경사로를 이용해서 보행하거나 들것으로 운반한다.
- 감염병 예방 및 치료에 효과적이다.

㉢ **단점**

- 넓은 대지가 필요하다.
- 설비부가 분산되고 또한 보행거리도 멀어진다.

③ **다익형** … 최근에 의료 수요의 변화와 진료기술의 발전, 설비의 진보에 따라 병원 각부에 증·개축이 필요하게 되어 출현하게 된 형식이다.

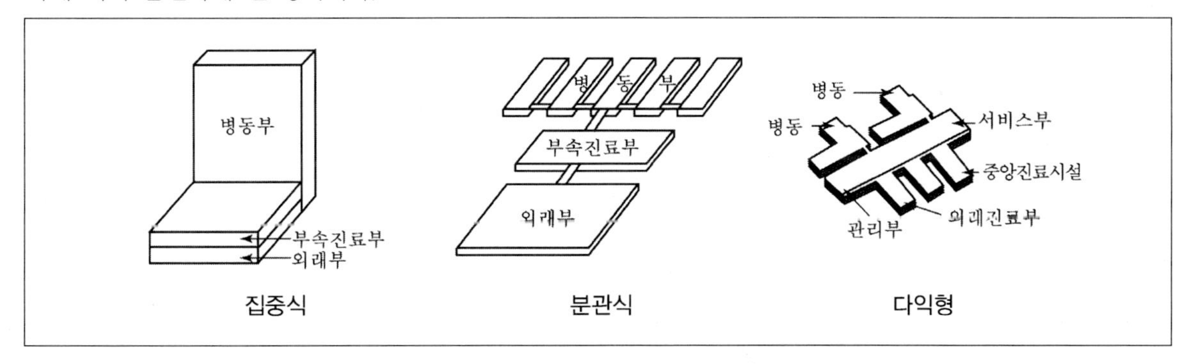

TIP

집중식과 분관식의 비교

내용	집중식	분관식
배치의 형식	고층, 집약식	저층, 평면 분산식
부지의 이용도	좁은 부지(경제적)	넓은 부지(비경제적)
환경조건	불균등하다	균등하다
설비시설	집중적이다	분산적이다
관리	편리하다	불편하다
보행거리	짧다	멀다
적용병원	도시의 대규모 현대병원	특수병원

| 기출예제 01 2011 국가직

병원 건축의 형식 중 분관식(pavilion type) 계획에 대한 설명으로 옳지 않은 것은?

① 보행거리는 길어지나 설비비는 감소한다.
② 상대적으로 넓은 부지가 필요하다.
③ 외래진료부, 중앙진료실, 병동부 등을 각각 별동으로 하여 분산시키고 복도로 연결하는 방식이다.
④ 각 동들은 저층 건물 위주로 계획한다.

✱

분관식은 병동을 각각 별동으로 하여 분산시키고 복도로 연결시키는 방법으로 넓은 부지가 필요하며 설비가 분산적이고 보행거리가 길어지므로 설비비가 증대된다.

답 ①

④ **하니스 시스템**(Harness System) … 1974년 더들리 병원부터 적용된 시스템이다. 동선의 연결, 덕트의 연결 등으로 기술적 진보에 대응한 방식으로서 무한한 성장 가능성을 갖는 표준부서를 구성하고, 이를 대량생산을 할 수 있도록 한 시스템이다 .

⑤ **뉴클리어스 시스템**(Nucleus System)

㉠ Harness System의 개념을 표준화하여 실현한 것으로서 서비스 부분을 제외하면 병원의 모든 기능을 하나의 통일된 형태 속에 일치시킨 후 건물의 높이를 3층으로 한정하고 중정을 이용한 자연채광, 환기 등을 적용하였다. 병원의 성장과 변화는 병원의 주 복도를 따라서 +자 형태를 추가하거나 기존형태 내의 기능들을 변화시키는 방식으로 이루어졌다. ("Nucleus"란 세포핵을 의미한다.)

㉡ 단계적인 병원의 건설방식으로서 병상당 면적을 축소시킬 수 있는 효과가 있다.

㉢ 이 방식은 넓은 대지가 필요하므로 도심지에는 적합하지 않으며 진료시스템이 표준화가 전제가 되어야만 적용할 수 있다.

㉣ 하니스 시스템은 개념적인 접근에서 나온 것이고, 뉴클리어스 시스템은 하니스 시스템에서 언급한 표준부서 단위를 실제 건축에서 반영한 것이다. 즉, 이론적 개념인 하니스 시스템을 실제 건설단계에 적용한 것이 뉴클리어스 시스템이다.

기출예제 02 2014 서울시 (7급)

다음은 의료기관 계획 시 고려사항에 대한 설명이다. 옳은 것을 모두 고르면?

〈보기〉

㉠ 종합병원은 입원환자 100명 이상을 수용할 수 있는 입원실을 계획한다.
㉡ 500병상 이상의 종합병원은 입원실 병상 수의 100분의 1 이상을 중환자실 병상으로 계획한다.
㉢ 입원실을 설치하는 의원의 경우에는 입원환자 30명 이상을 수용할 수 있는 입원실을 계획한다.
㉣ 입원실의 면적은 환자 1명을 수용하는 곳인 경우에는 6.3 제곱미터 이상이어야 하고, 환자 2명 이상을 수용하는 곳인 경우에는 환자 1명에 대하여 4.3제곱미터 이상으로 하여야 한다.

① ㉠, ㉡
② ㉡, ㉢
③ ㉢, ㉣
④ ㉠, ㉣
⑤ ㉠, ㉡, ㉣

*

㉡ 300병상이상의 종합병원은 입원실 병상수의 100분의 5이상을 중환자실병상으로 구비하여야 한다.
㉢ 입원실을 설치하는 의원의 경우에는 입원환자 29명 이하를 수용할 수 있는 입원실을 계획한다.

종합병원 병원 요양병원	치과 병원	한방 병원	의원	치과 의원	한의원	조산원
입원환자 100명 이상(병원 · 요양병원의 경우는 30명 이상)을 수용할 수 있는 입원실		입원환자 30명 이상을 수용할 수 있는 입원실	입원실을 두는 경우 입원환자 29명 이하를 수용할 수 있는 입원실	의원과 같음	의원과 같음	1 (분만실 겸용)

답 ④

❷ 기본계획

(1) 병원의 구성요소

① **외래진료부**(Out-patient department)
㉠ 각 과를 구성(내과, 외과, 안과, 이비인후과, 부인과, 치과 등)한다.
㉡ 매일 왕복 출입하는 환자를 취급한다.
㉢ 약국도 외래진료부에 위치한다.

② **중앙(부속)진료부**(Adjunct diagnostic treatment facilities)
㉠ X선과, 물리요법부, 검사부, 수술부, 산과부, 약국, 주사실 등으로 구성된다.
㉡ 입원환자와 외래환자를 다 같이 취급하는 곳이다.
㉢ 약국의 소속은 중앙진료부이다.

③ **병동부**(In-patient department) … 장기치료의 입원환자를 취급하는 곳이다.

[병원의 주요부 구성도]

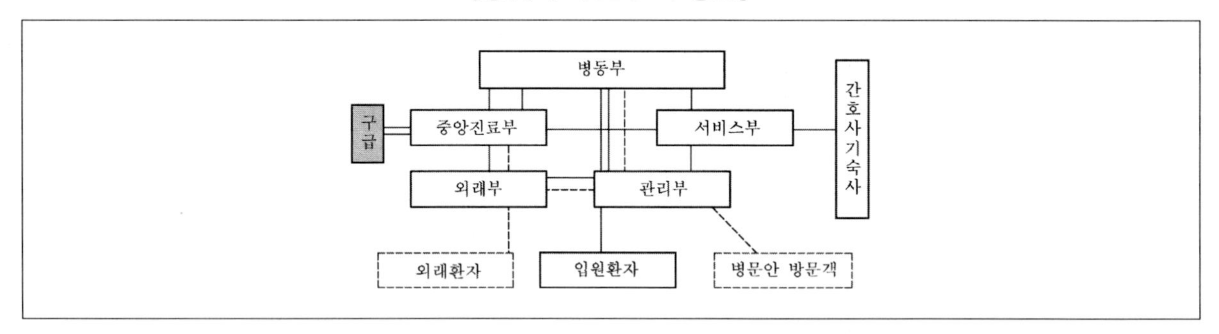

(2) 병원의 규모

① 병원의 규모는 병상수를 통해서 산정한다.

② 병상 1개에 대한 각 면적의 표준

㉠ **병실면적** : 10 ~ 13m^2/bed

㉡ **병동면적** : 20 ~ 27m^2/bed

㉢ **건축연면적** : 43 ~ 66m^2/bed(외래, 간호사 기숙사 포함)

③ 병상규모의 추정

㉠ 고려할 사항

- 주변 의료시설의 규모
- 출생률, 사망률, 질병 발생률
- 연령별, 남녀별, 수준별 인구량

㉡ 소요병상수(B)

$$B = \frac{A \times L}{365U}$$

- A : 연간 입원환자의 실제 인원수
- L : 평균 재원일수
- U : 병상 이용률

| 기출예제 03　　2009 국가직 (7급)

병원의 적절한 병상 규모를 추정하기 위한 산출식은?

〈보기〉

B : 소요병상수
L : 평균재원일수
A : 1년간 입원환자의 실제 인원수
U : 병상 이용률

① B = A ÷ L × U × 365　　② B = A ÷ L ÷ U × 365
③ B = A × L × U ÷ 365　　④ B = A × L ÷ U ÷ 365

✱

소요병상수 = (1년간 입원환자의 실제 인원수 × 평균재원일수) ÷ (병상 이용률 × 365)이므로 $B=\frac{A\times L}{365U}$

답 ④

④ 병원의 면적구성 비율

㉠ 병동부 : 30 ~ 40%
㉡ 중앙진료부 : 15 ~ 17%
㉢ 외래진료부 : 10 ~ 14%
㉣ 관리부 : 8 ~ 10%
㉤ 서비스부 : 20 ~ 25%
㉥ 응급부 : 10%

(3) 병원 설계 시 기본방침

① 환자에게 서비스는 극대화되면서 간호사의 노력이 절감될 수 있도록 간호업무가 능률적이어야 한다.

② 환자의 중심으로 휴양, 수면, 간호 서비스 등을 계획한다.

③ 각각의 동선이 편리해야 한다.

④ 근대적 의료시설을 갖추고 충분히 이용할 수 있도록 해야 한다.

⑤ 주민과 의료시설과의 균형을 유지하도록 한다.

⑥ 미래에 확장이나 변경을 고려하도록 한다.

(4) 동선계획

① 환자, 의사, 간호사, 방문객, 식료품의 반출입 등의 동선은 서로 간에 혼란이 오지 않도록 계획한다.

② 수술실 등은 통과교통을 피하도록 한다.

③ 환자와 물건은 교차를 방지해야 한다.

④ 약국의 경우에는 외래진료부, 현관과 연락이 좋은 위치를 선정한다.

⑤ 환자에 대한 세탁물, 식사의 공급, 폐기물 처리 등을 유의해서 계획한다.

⑥ 엘리베이터는 환자가 눕고 주변에 의사와 간호사가 서 있을 수 있는 넓이가 필요하다.

⑦ 복도는 들것, 휠체어 등 2대가 서로 교차하여 지나갈 수 있는 폭을 확보해야 한다.

⑧ 복도 경사로의 기울기는 $\frac{1}{20}$ 이하로 하는 것이 좋다.

⑨ 각 층마다 출입문을 설치해서 소음, 방화를 방지하도록 하며 각 출입구에는 등표시를 해야 한다.

02 각 부 계획

❶ 중앙진료부

(1) 중앙진료부의 계획상 요점

① 병동부와 외래진료부의 관계를 충분히 고려해서 위치를 정하도록 한다.

② 중앙진료부는 외래부와 병동부의 중간의 위치에 두는 것이 좋다.

③ 병원 전체에서 중앙 진료시설이 차지하는 면적은 15 ~ 20% 정도이다.

④ 환자의 동선은 이동하기 쉬운 저층에 설치해야 한다.

⑤ 수술실, 물리치료실, 분만실 등은 통과교통이 되지 않도록 한다.

⑥ 환자와 물건의 동선은 교차되지 않도록 한다.

⑦ 약국은 외래진료부, 현관과의 연락이 좋은 곳에 위치시킨다.

구성 부분	타 부분과의 관련	비고
검사부	병동, 외래진료부, 수술부, 해부실	규모가 작은 병원은 간단한 검사실 규모
방사선부	병동, 외래진료부	보급률이 가장 많은 부분으로서 큰 병원은 독립하여 계획한다.
재활치료부	병동, 외래진료부	대규모 병원, 재활병원, 노인병원
수술부	ICU, 외과계 병동, 응급실, 중앙재료실, 검사부, 수혈부	
분만부	산부인과 병동	
약국	병동, 외래진료부, 수술부, 분만부	
수혈부	수술부, 병동, 응급부, 분만부	
중앙재료실	병동, 외래진료부, 수술부, 분만부	큰 병원의 경우 수술용 청결 재료실을 수술부 내에 별도로 둔다.
혈액투석실		주로 중급 병원 이상 설치한다.
고압치료실		주로 큰 병원에 설치한다.

(2) 중앙진료부의 세부구성 및 계획

① 수술실(Operating room)

㉠ 위치

- 건물의 익단부로 격리된 곳
- 타부분의 통과교통이 없는 곳
- 병동 및 응급부에서 환자수송이 용이한 곳
- 중앙소독공급부와 수평, 수직으로 접근이 되는 곳

㉡ 규모

- 100병상당 2실(1실은 대수술실)
- 50병상 증가시 1실씩 증가
- 1실 1일 2회 사용시 100병상당 2실
- 1실 1일 3회 사용시 100병상당 1.5실

㉢ 실온 : 26.6℃ 이상

㉣ 습도 : 55% 이상

㉤ 공조설비 : 공기는 재순환시키지 않는다.

㉥ 벽체의 재료 : 적색(피)과 식별이 용이하도록 녹색계 타일을 사용한다.

㉦ 바닥의 재료 : 전기 도체성 타일을 사용한다(폭발성 마취약 사용의 대비, 전기기구는 스파크 방지용 사용).

㉧ 크기

- 대수술실 : 5.4m×7.2m(= 35 ~ 40m^2)
- 중수술실 : 4.5m×5.4m(= 25 ~ 30m^2)
- 소수술실 : 3.6m×3.6m(= 15 ~ 20m^2)

ⓩ 출입구
- 쌍여닫이
- 1.5m 전후의 폭
- 손잡이는 팔꿈치 조작식

ⓧ 천장 높이
- 보통 3.5m 정도
- 대수술실 : 4.5m
- 중수술실 : 3.6m
- 소수술실 : 3.0m

ⓚ 방위 : 방위는 전혀 무관하고 인공조명(무영등) 등을 이용해서 직사광선은 피하고 밝기를 일정하게 하도록 한다.

TIP

무영등 … 그림자가 생기지 않도록 한 조명등으로 병원의 수술실에서 사용한다.

ⓣ 안과수술실 : 암막장치를 필요로 한다.

[수술실]

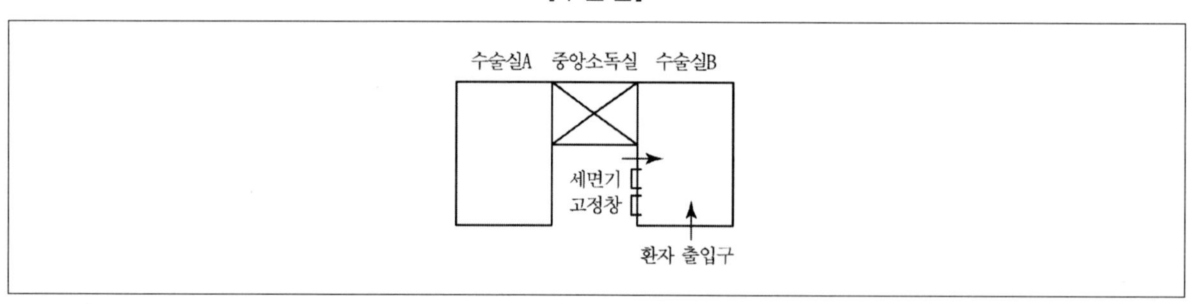

기출예제 04 2013 국가직 (7급)

병원의 건축계획에 대한 설명으로 옳지 않은 것은?

① 수술실의 실내온도는 26.6℃ 이하의 저온이어야 하고, 습도는 55% 이상이어야 한다.
② 집중간호는 밀도 높은 의료와 간호, 계속적인 관찰을 필요로 하는 중환자를 대상으로 한다.
③ 각 간호단위에는 간호사 대기소, 간호사 작업실, 처치실, 배선실, 일광욕실 등을 설치한다.
④ 중앙(부속)진료부는 방사선부, 물리치료부, 수술부, 분만부, 약제부 등으로 구성된다.

✱

26.6℃ 이상으로 유지하며 환자복만 입은 환자의 상태를 고려하여 상대적으로 높은 온도로 유지해야 한다.

답 ①

② **중앙소독재료부**(Supply center) … 의료제품, 각종 기구포장, 비품 등을 저장해 두었다가 요구시에 수술실로 공급해주는 실로 수술실 부근에 위치하도록 한다.

③ **약국**(Pharmacy) … 보통 외래환자들이 이용하기 쉬운 장소로 출입구 부근 등에 위치한다.

④ **분만부**(Delivery room) … 20병동 이하 산과의 병상수에 대해서 1실을 설치한다. (9m^2 이상의 크기로 한다).

⑤ **X-ray실**

㉠ 각 병동에 가깝게 두고 외래진료부나 구급부 등으로부터 편리한 위치에 계획한다.
㉡ 장비의 이동이 많은 것을 고려해야 한다.
㉢ CT 촬영실은 응급부와 인접시키도록 한다.
㉣ 500베드 이상이면 핵의학 검사부와 방사선 치료부를 갖추도록 한다.
㉤ 소요두께의 납판과 이와 동등한 콘크리트벽을 설치하고 유리는 납유리로 한다.

⑥ **물리요법부**(Physical therapy room) … 외래환자의 이용이 많으므로 외래이용이 편리한 곳에 위치하도록 한다.

⑦ **검사부**(연구부 : Laboratory)

㉠ 병동과 외래진료부로부터 가까운 곳으로 한다.
㉡ 북향으로 해야 하며, 서향은 피하도록 한다.
㉢ 오물소각로에 가깝게 두도록 한다.

⑧ **의료사업부** … 상담실이 필요하며 외래진료부의 일부에 두도록 한다.

⑨ **혈액은행** … 혈액을 보관하는 장소이다.

⑩ **구급(응급)부**(Emergency room)

㉠ 구급차가 출입할 수 있도록 병원 후면의 1층에 위치하도록 한다.
㉡ 플랫폼을 설치한다.

⑪ **육아부**(Nursery room) … 산과의 중앙에 배치하도록 하되 분만실과는 격리시켜야 한다.

2 외래진료부

(1) 진료방식

① **클로즈드 시스템**(Closed system)

㉠ 종합병원의 형식으로 대규모의 각종 과를 필요로 하고 환자가 매일 병원에 출입하는 형식이다.
㉡ 약국, 중앙주사실, 회계 등은 정면 출입구 근처에 둔다.

㉢ 외래진료, 간단한 처치, 소검사 등을 주로 하며, 특수시설을 요하는 의료시설, 검사시설과 같은 것은 원칙적으로 중앙진료부에 두도록 한다.

㉣ 환자가 이용하기 편리한 위치로 한 장소에 모으고 환자에게 친근감을 주도록 계획한다.

㉤ 동선을 체계화되도록 하고 대기공간을 통로공간과 분리해서 대기실을 독립적으로 배치하여 프라이버시를 확보하도록 한다.

㉥ 의료사업부의 경우 의료, 신병상담 등을 하는 곳으로 외래에 두는 것이 이상적이다.

㉦ 장래에 용도변경, 확장 등에 대응할 수 있는 방향으로 계획한다.

㉧ 외래규모의 산정시에 환자수는 보통 병상수의 2 ~ 3배의 환자를 1일 환자수로 예상하나 병원의 입지조건과도 깊은 관계가 있다.

㉨ 외래진료실은 1일 1실당 최대 30 ~ 35인 정도를 진료하는 것으로 본다.

㉩ 실의 깊이는 이비인후과, 치과 등은 4.5m 정도로 하고 나머지는 약 5.5m 정도로 한다.

㉪ 창대 높이는 0.75 ~ 0.9m 정도로 하고, 천장 높이는 2.7m 정도로 한다.

② **오픈 시스템**(Open system)

㉠ 종합병원 근처의 일반 개업의사가 종합병원에 등록을 해서 종합병원 내의 큰 시설을 이용할 수 있도록 한 시스템이다.

㉡ 자신의 환자를 종합병원에서 예약된 시간과 장소에 진료하거나 입원시킬 수 있다.

| 기출예제 05 2010 국가직

병원건축에서 클로즈드 시스템(closed system)의 외래진료부 계획요건으로 옳지 않은 것은?

① 환자의 이용이 편리하도록 1층 또는 2층 이하에 둔다.

② 부속 진료시설을 인접하게 한다.

③ 전체병원에 대한 외래부의 면적비율은 10~15퍼센트 정도로 한다.

④ 외래부 중앙주사실은 가급적 정면출입구에서 먼 곳에 배치한다.

✱

클로즈드 시스템에서 약국, 중앙주사실, 회계 등은 정면 출입구 근처에 둔다.

답 ④

(2) 각 과의 세부구성 및 계획

① 외과

㉠ 진찰실과 처치실로 구분한다.

㉡ 소수술실과 인접하여 설치하는 것이 좋다.

㉢ 외과계통의 각 과는 1실에서 여러 환자를 볼 수 있도록 대실로 계획한다.

② 정형외과

㉠ 지상에서 최하층에 둔다.

㉡ 미끄러질 염려가 있는 바닥과 경사로는 피한다.

③ 내과 … 진료검사의 시간이 다소 길게 걸리므로 소진료실을 다수 설치하도록 한다.

④ 산부인과

㉠ 내진실을 설치한다.

㉡ 외부에서 보이지 않도록 칸막이 벽, 커튼 등으로 차단한다.

㉢ 신생아실은 중앙에 배치하고, 분만실과는 격리시킨다.

㉣ 감염방지를 위해 방문객의 접근을 금하고 유리창을 통해 내부를 볼 수 있도록 한다.

㉤ 신생아실은 복도로 직접 통하는 출입구를 내지 않는다.

⑤ 소아과

㉠ 부모가 동반되므로 충분한 넓이의 공간이 필요하다.

㉡ 소아들은 면역성이 떨어지므로 전염 우려가 있는 환자를 위한 격리실을 인접하여 설치한다.

⑥ 이비인후과

㉠ 남쪽광선을 차단하고 북측채광으로 한다.

㉡ 소수술 후 휴양할 수 있는 침대를 구비해 놓는다.

㉢ 청력검사용 방음실을 둔다.

⑦ 치과

㉠ 진료실, 기공실, 휴게실을 설치한다.

㉡ 북쪽이 진료실의 위치로 적당하다.

㉢ 기공실은 별도의 배기설비를 해야 한다.

⑧ 안과

㉠ 진료, 처치, 검사, 암실을 설치한다.

㉡ 시력검사를 위해 5m 정도의 거리를 확보한다.

㉢ 안과수술실에는 암막장치가 반드시 구비되어 있어야 한다.

(3) 진료수 산정

각 진료 과목별로 연간 및 1일 평균환자수를 정확하게 추정하여 외래진료부의 계획을 하도록 한다.

[외래 1인당 전체 환자에 대한 과별 환자수]

과별	환자수(%)	과별	환자수(%)
내과	19 ~ 26	피부 · 비뇨기과	8 ~ 11
소아과	7 ~ 12	이비인후과	10 ~ 15
외과	7 ~ 25	안과	7 ~ 12
정형외과	9 ~ 12	치과	7 ~ 10
산부인과	8 ~ 13	정신과	2 ~ 4

TIP

외래환자가 많은 순서 … 소아과 < 산부인과 < 정형외과 < 이비인후과 < 내과

③ 병동부

(1) 구성

병실, 의원실, 간호사 대기실, 면회실 등으로 구성되어 있다.

(2) 병동부의 면적구성비

① **종합병원** … 연면적의 1/3

② **정신병원** … 연면적의 2/3 정도

③ **결핵병원** … 연면적의 1/2

(3) 설계 시 기본방침

① 병동부는 병원 전체면적의 약 40% 정도를 차지한다.

② 병동부는 평면적으로 넓히는 것을 피하고, 고층화하여 간호 및 서비스의 능률을 높이도록 한다.

③ 간호상 환자를 관찰하기는 쉽도록 해야 하지만, 환자의 프라이버시는 확보되어야 한다.

④ 외래 · 중앙진료부와 근접시켜서 환자의 동선을 줄이도록 한다.

(4) 간호의 단위(Nurse unit)

① 간호단위의 구성

㉠ 1간호단위는 1조(8명 ~ 10명)의 간호사가 간호하기에 적합한 병상수를 가지고 구성된다.

㉡ 25베드가 이상적이나 보통 30 ~ 40베드 정도를 담당하고 있다(결핵병동=40 ~ 50병상, 정신병동=30 ~ 50병상).

② 간호단위의 분류

㉠ 일반 간호단위(내과, 외과, 산과, 소아, 노인 등)

㉡ 특별 간호단위(결핵, 전염병, 정신병 등)

㉢ 총실(경환자), 개실(중환자)

㉣ 남녀별

③ 간호사 대기실(Nurses station)

㉠ 위치 : 층별, 동별, 각 간호단위별로 설치하며, 작업이 편리한 수직통로 가까운 곳으로 외부인의 출입 또한 감시할 수 있도록 한다.

㉡ 간호사의 보행거리는 24m 이내로 하여 환자를 돌보기 쉽도록 하고 병실군의 중앙에 위치하게 한다.

㉢ 부속시설

- 싱크, 주사기 등 소독 설비용 전열장치
- 간호사 호출벨, 인터폰 설비
- 환자 체온표, 전화, 시계, 에어슈트
- 카운터, 서랍
- 약품장, 자물쇠 장치가 된 마약장

2009 국가직

병원건축에서 병동부에 대한 설명 중 옳지 않은 것은?

① 간호대기소의 위치는 계단과 엘리베이터에 인접하여 보행거리가 30m 이내가 되도록 한다.
② 간호단위는 내 · 외과계 혼합의 경우 병상수 40~45개 정도로 한다.
③ 병동부 복도는 침대가 자유로이 통할 수 있는 넓은 폭이 필요하며, 보통 2.1~2.7m가 필요하다.
④ 병동부 간호단위는 가능한 한 진료과별, 남녀별 등으로 구분한다.

✱

간호대기소의 보행거리는 24m가 적합하다.

답 ①

(5) 병실

① 크기

㉠ **1인용** : 6.3m² 이상

㉡ **2인용** : 8.6m² 이상(1인당 4.3m² 이상)

㉢ **소아 전용실** : 성인의 2/3 이상

② 병실의 구분

㉠ 총실과 개실의 그룹별로 층구성을 한다.

㉡ 병상수의 비율은 4:1이나 3:1로 한다.

③ 병실계획 시 주의사항

㉠ 병실천장은 환자의 시선이 늘 머무는 곳으로 조도가 높고 반사율이 큰 마감재료는 피하도록 한다.

㉡ 출입문은 안여닫이로 하고 문지방은 두지 않는 것이 원칙이다.

㉢ 외여닫이문의 폭은 1.1m 이상으로 한다.

㉣ 조명으로 형광등이 반드시 좋은 것은 아니다.

㉤ 환자머리의 후면에 개별조명을 설치하고 직사광선을 피하게 하기 위해서 실 중앙에 전등을 달지 않도록 한다.

㉥ 창면적은 바닥면적의 1/3～1/4 정도로 한다.

㉦ 창대의 높이는 90cm 이하로 하여 외부전망을 볼 수 있도록 한다.

④ 총실(Cubicle system)

㉠ **개념** : 천장에 닿지 않는 가벼운 칸막이나 커튼으로 몇 개의 칸을 나누어 병상을 배치하는 방식이다.

㉡ **장점**

- 실이 넓게 보이며 개방감이 있다.
- 공간을 유효하게 사용할 수 있다.
- 간호나 급식서비스가 용이하다.
- 북향의 부분도 실의 환경이 균등하게 된다.

㉢ **단점**

- 프라이버시가 나쁘다.
- 실내공기의 오염이 우려된다.
- 소음이 크다.

TIP

큐비클(총실) 시스템은 종합병원에서 가장 흔하게 볼 수 있는 방식으로서 천장에 닿지 않는 가벼운 칸막이나 커튼으로 1개의 병실 내부를 여러 칸으로 나누어 병상을 배치하는 방식이다. 환자의 보행을 위한 충분한 공간을 확보해야 한다.

⑤ 특수 병실

㉠ I.C.U(Intensive Care Unit) : 중증환자를 수용해서 24시간 집중간호와 치료를 행하는 간호단위로 특별히 훈련된 간호사와 고도의 설비를 필요로 한다.

㉡ C.C.U(Coronary Care Unit) : 심근 협심증 환자를 대상으로 집중치료를 하는 간호단위이다.

㉢ I.C.U(Intermidate Care Unit) : 거동이 자유롭지 못한 환자를 간호하는 단위로 가장 많은 병상을 보유한다.

㉣ S.C.U(Self Care Unit) : 스스로 간호하는 단위를 말한다.

㉤ L.T.C.U(Long Term Care Unit) : 만성환자, 장기 입원환자, 정신병 환자를 간호하는 단위를 말한다.

(6) 복도

중복도인 경우에는 1.6m 이상으로 하고, 편복도인 경우에는 1.2m 이상으로 한다.

(7) 급식배선방식

① 병동배선방식

㉠ 개념 : 전기 난방장치가 된 식사 운반차에 여러 환자의 음식을 싣고 입원실 문전에서 환자에게 전달하는 방식

㉡ 장점

- 따뜻한 서비스가 가능하다.
- 결핵이나 전염병의 간호단위에 적합하다.
- 식기파손률이 적다.
- 환자의 병상을 간호사가 숙지하고 식사량 체크가 가능하다.

㉢ 단점

- 소독관리가 불확실하다.
- 배선작업을 위해서 간호사의 시간이 상당히 요구된다.
- 병동마다 배선소독설비가 필요하다.

② 중앙배선방식

㉠ 의미 : 환자 각 개인의 식사를 주방에서 준비하는 방식

㉡ 장점

- 배선의 소독관리가 용이하다.
- 급식작업에 있어서 간호사의 노동이 필요하지 않다.
- 병동에 배선실 및 소독실을 따로 둘 필요가 없다.
- 일손의 효율화를 기대할 수 있다.

㉢ **단점**

- 음식이 식기 쉽다.
- 대규모 병원의 경우 배선시간이 길어져 부적당하다.
- 식기파손률이 높다.
- 완전한 소독을 위해서 환자수의 2배의 식기가 필요하다.

03 실버타운

01 실버타운 설계의 방향

❶ 균일성 배제

① 노인의 특유의 인격형성으로 사회적 고립감과 노인행태를 분석하여 설계에 반영한다.

② 공간의 융통성과 노인들 상호협력을 위한 융통성과 가변성을 제공한다.

③ 대화공간 및 집단생활의 즐거움을 줄 수 있는 공용공간을 활용하여 노인들의 정서적 안정감을 주도록 실내 환경의 질을 높인다.

❷ 프라이버시 유지공간 제공

① 친밀한 교분을 높일 수 있도록 하는 대화공간의 개인의 사색공간을 분할하여 계획한다.

② Living공간에서도 노인별 침구와 사물함을 주어 노인특유의 사물에 대한 애착심 등을 위한 개별공간을 제공한다.

③ 공적공간과 구분될 수 있는 Semi-Public 공간을 조성한다.

④ 대화실 및 흡연실 등도 Public 공간과 격을 달리할 수 있도록 고려한다.

❸ Barrier Free 설계

① 시설설계 시 도구의 이동 레벨특성을 설계에 적용하며, 단위공간 레벨을 점검한다.

② 노약자 및 휠체어 이용 노인들을 위한 경사도(1:12) 등을 고려하여 편리하게 동선을 처리한다.

③ 노인의 행태적 안전설계

㉠ 노인의 신체적 제약을 고려하고, 욕실, 화장실에서 넘어지지 않도록 한다.

㉡ 안전난간을 설치하고, 층계는 가급적 최소화시키도록 하며 불필요한 돌출부, 예각부 등을 안전장치나 가급적 원형마감 등으로 보호한다.

㉢ 심신이 불편한 노인에게 안전감을 느낄 수 있도록 하고, 생리적 장애요인을 최소화해야 한다.

㉣ 공간이동 행태는 보행 불능자와 경보행 불능자 등으로 구분하여 동선처리 설계를 한다.

TIP

베리어프리디자인 … 장애인 및 고령자 등의 사회적 약자들의 사회 생활에 지장이 되는 물리적인 장애물이나 심리적인 장벽을 없애기 위한 디자인

02 실버타운 건축 설계

❶ 입지 유형

유형	건물형식	특징
도시형	고층 집약형	• 지가가 비싸 대지면적이 적은 도심지에 적합한 형식으로서 접지성이 낮으며 이용료가 고가이다. • 도시 내에 위치하고 있어 주변 편의, 문화시설에 대한 접근성이 높으며 도시 내 거주하는 가족들과 손쉽게 교류할 수 있다. • 실버타운으로서는 선호되지 않는 유형이다.
도시 근교형	저층 클러스터형	• 가장 일반적인 실버타운의 유형으로서 도심지에 비해 쾌적한 환경을 갖출 수 있고, 전원휴양지형에 비해 도심지와 가까운 곳에 위치하고 있어 접근성이 높다.
전원 휴양지형	중층 분산형	• 쾌적한 전원휴양지의 환경을 갖춘 형식으로서 동선이 길어지고, 관리운영상의 비용이 많이 들게 된다. • 사회교류의 기회가 적게 되어 고립감을 느끼기 쉽다.

❷ 노인복지시설의 주거부 거실동 배치계획 : 노인요양원의 평면형태

① **단복도형**(Single Corridor Unit) … 단순한 순환체계를 갖고 있으며 간호대기실에서 복도지역의 감독이 용이하다. 방틀의 일렬배열로 인하여 유니트당의 거실수는 20-25명으로 제한된다. 또한 단복도형은 거주자들의 걷기패턴에 있어서 다양성이 없다. 전체면적과 실면적의 비율에 있어서 다른 것보다 상대적으로 효율적이다.

② **이중복도형**(Double Corridor Unit) … 중증치료환경을 제공하는데 그 이유는 중앙에 N.S를 둠으로써 모든 병설과 만날 수 있고 이것이 병실들의 보조공간의 역할을 하기 때문이다. 또한 거주자들을 유니트 단위로 한정하면 복도공간이 순환적 걷기패턴이 가능한 형태로 수직으로 관통하는 두 개의 복도가 특별한 제한을 위한 분리된 지역을 형성한다.

③ **삼각형 복도형**(Trianglar Unit) … 거실을 외부에 변하게 하고 관리공간을 중앙에 두는 복도공간 배치의 삼각형 건물로 모든 관리지역이 집중되고 순환하는 걷기루트를 만들어 준다. 이 형은 유니트의 확장이 어려우며 거실 주변 지역의 보조를 위한 코어공간의 균형을 주의 깊게 고려해야 한다.

④ **십자형 복도형**(Cross Corridor) … 두개의 복도가 중앙기능인 간호실이나 안내실에서 교차한다. 복도공간의 특출한 감독기능과 개방향으로의 유니트 확장이 용이하다. 이것은 중심에서 상대적으로 짧은 복도공간을 만들기 위해 고려된 것이다.

⑤ **포드형**(Pod Design) … 요양실들을 포드형으로 묶는다. 이것은 매우 다양한데 어떤 것은 거주자 망과 거주자의 보조공간, 즉 목욕실 그 밖에 다론 보조지역으로 집중되어 있다. 각 포드형마다 활동실이 계획되어 있어 거주자방들과의 가까운 친밀감이 생기게 한다.

2 블록플랜 유형

유형	특징
콜로니형 (분산형)	• 넓은 대지에 주택 정도의 저층 주거동을 분산시켜 배치하는 방식으로서 건강한 노인의 커뮤니티 형태를 구성하는 방식이다. • 보행거리와 서비스 거리가 길어지므로 관리적인면에서는 불리하나 쾌적한 환경과 자연을 즐길 수 있는 장점이 있다.
저층분동형	• 일정 규모의 단위를 1동에 통합하는 분산배치방식으로서 넓은 대지가 요구된다. • 건물 동 사이에 충분한 공간이 생겨 정원이 조성될 수 있으며 자연스런 배치방식이 될 수 있다.
클러스터형	• 저층분동형을 통합시켜 한 개의 동으로 만든 형식이다. • 건강상태가 좋지 않은 노인들을 위한 거주시설에 적합한 형식으로서 접지면적이 넓고 피난에 유리하다. • 상당히 넓은 대지가 필요하며 각종 동선이 길어진다.
고층집약형	• 부지가 비싸 대지면적이 협소한 도심지 등에서 적용되는 형식으로서 접지성이 좋지 않으므로 옥외생활이 줄어들게 되며 노인의 정신적 영향에 좋지 않다. • 피난상에도 문제가 발생하며, 경제적 측면에서도 여러모로 불리하다.

③ 각 실별 설계

거실	• 외부에 발코니 등을 제공하여 실외의 접촉을 유도하며 발코니에는 화단 등 구조에 영향을 미치지 않는 범위 내 노인들의 정서적 안정감을 줄 수 있는 계획이 요구된다. • 거실은 4인 노인실과 2인 노인실 등으로 구분될 수 있다. 4인실일 경우 사용자의 행태에 따라 침실유형의 양식과 한식 등으로 구분하여 양식의 경우 침대를 제공하며, 한식의 경우 이불을 개인별로 제공하며 동시에 개인용도의 수납공간을 제공하여 다용도의 다락방 개념을 제공하여 준다. • 거실의 반자높이는 인체치수를 고려하여 2.6m 정도 계획한다. • 개인용 사물함 및 장을 제공하여 프라이버시를 위한 개인물품 보관함을 제공하여야 한다.
화장실	• 선진국형 거실기준은 거실 2실의 공용화장실을 제공하게 된다. • 공용화장실은 신체장애자용 양변기와 샤워세트를 제공한다.
공용목욕실	• 일반인의 기준보다 넓은 욕실과 욕조가 요구된다. • 바닥은 미끄럽지 않은 재료로 마감을 해야 하며 가능한 욕실 내부의 벽면에 난간을 설치하도록 한다. • 남녀구분을 원칙으로 하며 노인실의 총 개수를 나눈 중심에 제공하여 이동동선을 최소화시킨다.
집회실	• 노인교양강좌 및 노인대학 등의 교육프로그램과 노인들의 다목적 만남기능을 만족시킬 수 있도록 계획하여야 하며 영사기능 및 가변형 무대구조까지 고려하여 설계한다. • 수직동선에서 가까운 공용부와 연계시켜 출입시간 조정기능을 위한 전이공간과 공용공간의 다기능을 만족시키도록 의도적인 계획이 중요하다.
간호사실	• 노인주거기능 즉 노인실의 중앙기능 Zone에 집중배치하여 동선처리가 짧게 유도한다. 노인들의 치매성 환자등 응급환자발생에 효과적으로 대처할 수 있도록 하여야한다. • 수직동선 처리에도 신중하게 대처할 수 있는 기능적인 Zone에 위치하여야 한다. • 간호사실의 주된 기능은 간호사와 비상대기실의 기능 등을 포함시켜 가급적이면 긴급상황에도 효과적으로 대처하도록 계획한다.
사무실	• 안내 및 응접기능을 수반하여야 하며 안내할 때 대기홀의 기능과 결합시켜야 한다. • 사무직원의 수에 의해 사무실 면적은 결정될 수 있다. 사무실은 원장의 기능뿐만 아니라 협조가 원활하게 될 수 있도록 도울 수 있는 위치가 합리적이다.
원장실	• 양로원의 전반적인 관리책임자로서 권위와 내빈접견공간이 요구되는 응접실을 인접시켜 보조적 기능을 만들어야 한다.
대기홀, 로비, 공용화장실	• 공용부에서 요구되는 가장 중요한 기능으로 자녀와 부모간의 만남의 장소이기도 하며, 건물출입 시 가장 인상적으로 영향을 줄 수 있는 주출입 영역을 설계하도록 한다. • 대기 시 대기자들의 환담과 옥외 대기공간을 제공하여 풍부한 공간감을 경험하게 하는 것이 주요한 계획 적용 개념이다.
담화실	• 1층에 주로 배치하며 노인들의 통행이 많은 장소에 배치하여 접근성과 상호교류의 기회를 높여야 한다. • 간호사대기실, 식당과 되도록 근접시켜 배치하도록 한다.
기능회복실 및 물리치료실	• 장기간의 환자들을 위한 장기치료 목적의 기능들로서 의무실에 같이 결합시켜 다기능을 만족시킬 수 있도록 한다. • 외부노인들의 이용도 가능하도록 하며 단위주호와 의무실에 접근시키도록 한다.

의무실 (진찰실, 간호사실, 회복실)	• 간호사 대기실은 병상의 중앙에 배치하도록 해야 하며, 간호요구도가 높을수록 간호사대기실에 근접하여 배치시켜야 한다. • 환자의 진찰순서에 따라 배치하는 것이 중요한데 간호사의 접수에서 진찰실 그리고 장기환자의 기능회복실과 물리치료실 등의 기능을 결합시켜 일체화된 동선처리 순서가 원활하도록 계획한다.
요양실	• 전염병 확산을 방지하기 위해 일시적으로 노인을 격리시키거나 항상 보호가 필요한 노인들을 보호하는 곳이다. • 진료실, 간호사대기실과 인접시켜 배치해야 하며, 세면실과 화장실이 설치되어야 한다.
교육실	• 노인교양교육 및 건강증진, 예방 등의 건강교육 프로그램 등을 교육하기 위한 교육실이 필요하다. • 교육실은 다목적 용도의 기능을 동시에 만족시킬 수 있도록 가변형 벽체를 이용하여 이용률과 실용성을 높일 수 있는 방식이 적용되어야 한다.
식당, 주방	• 식당부분은 다목적 홀 기능을 포함하도록 계획함이 맞다. 주방부분에는 서비스기능을 요구하고 있어 자동차 서비스 등을 연계시켜야 한다. • 텃밭 등을 식당 등에 연계시켜 기초적인 채소류 등을 재배할 수 있도록 연계성을 강화시켜야 한다.

최근 기출문제 분석

2013 국가직

1 **종합병원 수술부 계획에 대한 설명으로 옳지 않은 것은?**

① 수술실의 공기조화설비 계획 시 공기 재순환을 시키지 않도록 별도의 공조시스템으로 계획하는 것이 바람직하다.

② 수술부는 병원의 모든 부분에서 누구나 쉽게 접근 및 이용할 수 있도록 계획해야 한다.

③ 수술실의 실내벽 재료는 피의 보색인 녹색 계통의 마감을 하여 적색의 식별이 용이하게 계획해야 한다.

④ 수술부는 청결동선과 오염동선을 철저히 구분하는 것이 바람직하다.

TIP 수술부의 위치는 병동 및 응급부에서 환자 수송이 용이한 곳이되 타부분의 통과교통이 없는 건물의 익단부로 격리된 위치가 적합하다.

2019 서울시 1차

2 **병원건축에 대한 설명으로 가장 옳은 것은?**

① 간호사 대기실은 간호작업에 편리한 수직통로 가까이에 배치하며 외부인의 출입도 감시할 수 있도록 한다.

② 병실 계획 시 조명은 조도가 높을수록 좋고 마감재는 반사율이 클수록 좋다.

③ 중앙 진료실은 외래부, 관리부 및 병동부에서 별도로 독립된 위치가 좋으며 수술부, 물리치료부, 분만부 등은 통과교통이 되지 않도록 한다.

④ 고층 밀집형 병원 건축은 각 실의 환경이 균일하고 관리가 편리하지만 설비 및 시설비가 많이 든다는 단점이 있다.

TIP ② 병실 계획 시 조명은 조도가 적당해야하며 마감재는 반사율이 적을수록 좋다.
③ 중앙 진료실은 외래부, 관리부 및 병동부에서 접근이 용이한 위치에 있어야 하며 수술부, 물리치료부, 분만부 등은 통과교통이 되지 않도록 한다.
④ 고층 밀집형 병원 건축은 각 실의 환경이 불균일하므로 이에 대한 관리가 요구된다.

Answer 1.② 2.①

2020 국가직

3 **병원의 건축계획에 대한 설명으로 옳은 것은?**

① 병원은 전용주거지역, 전용공업지역을 제외한 모든 용도지역에서 건축이 허용된다.

② 병동부의 간호단위 구성 시 간호사의 보행거리는 약 24m 이내가 되도록 한다.

③ 수술실은 26.6℃ 이상의 고온, 55% 이상의 높은 습도를 유지하고, 3종 환기방식을 사용한다.

④ COVID－19 감염병 환자의 병실은 일반 병실과 분리하고 2종 환기방식을 사용한다.

TIP ① 병원은 일반병원의 경우 전용주거지역, 전용공업지역, 유통상업지역, 자연환경보전지역에서 행위가 제한되며 격리병원은 모든 주거지역과 근린상업지역, 유통상업지역, 자연환경보전지역에서 행위가 제한된다.

③ 수술실은 26.6℃ 이상의 고온, 55% 이상의 높은 습도를 유지하고, 외부로부터의 세균 등의 유입을 최소화하기 위해 수술실 내부가 외부보다 높은 압력상태가 되어야 하므로 1종이나 2종 환기방식을 적용해야 한다.

④ COVID－19 감염병 환자의 병실은 일반 병실과 분리하고 병실내부의 바이러스가 외부로 나가지 못하도록 할 수 있는 음압격리병실과 같이 수술실 내부가 음압이 되는 3종환기방식으로 구성해야 한다.

※ 음압격리병실

㉠ 병실 내부의 병원체가 외부로 퍼지는 것을 차단하는 특수 격리병실이다. 국내에서는 음압병실(Negative pressure room), 국제적으로는 감염병격리병실(Airborne Infection Isolation Room)이라고 표현한다.

㉡ 이 시설은 병실내부의 공기압을 주변실보다 낮춰 공기의 흐름이 항상 외부에서 병실 안쪽으로 흐르도록 한다. 바이러스나 병균으로 오염된 공기가 외부로 배출되지 않도록 설계된 시설로 감염병 확산을 방지하기 위한 필수시설이다.

2017 서울시 2차

4 **노인복지시설의 주거부 기실동 배치계획에 대한 설명으로 가장 옳지 않은 것은?**

① 단복도형 – 전체면적과 실면적의 비율에 있어서 다른 유형보다 상대적으로 효율적이다.

② 이중복도형 – 복도 공간을 이용한 순환적 걷기 유형이 가능하다.

③ 삼각복도형 – 유닛확장이 어려우나 감시가 상대적으로 용이하다.

④ POD형 – 유사 필요성이 있는 거주자실들 간 친밀도를 높여준다.

TIP 삼각복도형은 양쪽으로 예각모서리가 생기게 되어 시야가 차단되어 감시의 사각지대가 생기게 되는 문제가 있다.

Answer 3.② 4.③

출제 예상 문제

1 **다음 중 병동부는 고층화하고, 중앙진료부는 집중화하여 장래의 확장에 대응하는 병원형식은?**

① 병동집중형 ② 병동분관형

③ 병동다익형 ④ 클로즈드 시스템

TIP 병원형식의 분류

㉠ 집중식(Block type): 외래진료부, 중앙(부속)진료부, 병동부를 한 건물로 집중시키고, 병동부의 병동은 고층에 두어 환자를 운송하는 형식

㉡ 분관식(Pavilion type): 평면적으로 볼 때 분산된 것으로 각각의 건물은 3층 이하의 저층 건물로 외래진료부, 중앙(부속)진료부, 병동부를 별동으로 분산시키고 복도를 연결하는 형식

㉢ 다익형: 최근에 의료 수요의 변화와 진료기술의 발전, 설비의 진보에 따라서 병원 각부에 증·개축이 필요하게 되어 출현하게 된 형식

2 **병동배치에서 집중식에 대한 설명으로 옳지 않은 것은?**

① 보행거리와 위생 난방길이가 짧아진다.

② 대지면적이 분관식(Pavilion type)보다 작아도 된다.

③ 병동은 고층호텔 형식으로 하여 환자를 엘리베이터로 운송한다.

④ 외래부, 부속진료부, 병동부를 각각 병동으로 하여 복도와 연결시킨다.

TIP ④ 외래부, 부속진료부, 병동부를 각각 별동으로 하여 복도와 연결시키는 것은 분관식이다.

※ 집중식 … 외래부, 부속진료부, 병동부를 한 건물로 합치고, 병동부의 병동은 고층에 두어 환자를 운송하는 형식이다.

Answer 1.① 2.④

3 **병동배치에서 분관식의 장점으로 옳은 것은?**

① 각 병실의 일조와 통풍이 유리하다.
② 난방, 급 · 배수의 길이가 짧다.
③ 관리상 편리하다.
④ 의사, 사무원의 보행거리가 단축된다.

TIP 분관식의 특징
㉠ 넓은 대지가 필요하다.
㉡ 설비부가 분산되고 보행거리도 멀어진다.
㉢ 각 병실을 남향으로 할 수 있어서 일조, 통풍이 좋아진다.
㉣ 내부의 환자는 주로 경사로를 이용해서 보행하거나 들것으로 운반한다.

4 **다음 중 종합병원의 부지선정에서 가장 중요한 것은?**

① 화재의 위험이 적은 곳
② 교통이 편리한 곳
③ 면적이 여유 있는 곳
④ 주위가 청결한 곳

TIP 병원의 대지를 선정하는 데 있어서 환자가 도보로 1km 이내에 이용할 수 있어야 하고, 생명을 다루는 곳이기에 가장 중요하게 고려할 것은 교통이다.

5 **다음 중 병원의 건축계획으로 옳지 않은 것은?**

① 병원은 미래의 증축을 대비하여 성장하기 쉽도록 계획해야 한다.
② 병동부는 전체면적의 30 ~ 40%를 차지하므로 병원형태에 미치는 영향이 크다.
③ 외래진료부는 앞으로 질병구조 변화로 그 중요성이 점점 줄어들고 있다.
④ 중앙진료부는 장래의 변화가 많이 예상되므로 내부공간의 융통성을 확보할 수 있도록 계획한다.

TIP ③ 외래진료부는 계속 늘어나는 질병들로 인해서 그 중요성은 점점 늘어난다.

Answer 3.① 4.② 5.③

6 병상의 수가 400베드(Bed)를 두는 종합병원에서의 연면적으로 가장 알맞은 것은?

① $6,000m^2$
② $8,000m^2$
③ $10,000m^2$
④ $17,000m^2$

TIP 병상 1개에 대한 건축연면적은 43 ~ $66m^2$이다.
∴ 400베드×43 ~ $66m^2$ = 17,200 ~ $26,400m^2$

7 병원의 건축계획에 대한 설명으로 옳지 않은 것은?

① 병동의 계획은 간호단위를 기준으로 계획하도록 한다.
② 수술실은 통과교통이 적은 곳에 위치해야 한다.
③ 약국은 외래진료부의 출입구 가까이에 위치하도록 한다.
④ 간호부의 보행거리는 30m 이내가 좋다.

TIP ④ 간호사의 보행거리는 24m 이내로 하여 환자를 돌보기 쉽도록 하고 병실군의 중앙에 위치하도록 계획한다.

8 다음은 종합병원의 수술실에 관한 설명이다. 옳지 않은 것은?

① 공조설비는 공기를 재순화시키지 않도록 해야 한다.
② 벽체의 색상은 피와의 식별이 용이하도록 파랑색 타일을 사용한다.
③ 실내의 온도는 26.6℃, 습도는 55% 이상이어야 한다.
④ 수술실에 있어서 방위는 무관하다.

TIP ② 벽체의 재료는 적색(피)을 식별하는 데 있어서 용이함을 주기 위해 녹색계의 타일을 사용해야 한다.

Answer 6.④ 7.④ 8.②

9 병원건축에서 1호의 간호단위가 담당해야 할 보통의 환자 Bed 수는?

① 10
② 20
③ 30
④ 50

TIP 1간호 단위는 25베드가 이상적이나 보통은 30 ~ 40베드 정도를 담당하고 있다.

10 병원건축의 기능을 분류할 때 이에 속하지 않는 것은?

① 외래진료부
② 약국
③ 중앙(부속)진료부
④ 병동부

TIP ② 약국은 중앙(부속)진료부에 속한다.
※ 병원건축의 기능분류
㉠ 외래진료부
㉡ 부속진료부
㉢ 병동부

11 다음은 종합병원의 병동부에 관한 설명이다. 옳지 않은 것은?

① 병동부의 면적은 연면적의 1/2이다.
② 간호사 대기실은 층별, 동별, 간호단위별로 설치한다.
③ 병동부는 고층화하여 간호 및 서비스의 효율을 넓히도록 한다.
④ 간호상 환자를 관찰하기 쉽도록 하나 환자의 프라이버시는 확보해야 한다.

TIP 병동부의 면적구성비
㉠ 종합병원 : 연면적의 1/3
㉡ 정신병원 : 연면적의 2/3
㉢ 결핵병원 : 연면적의 1/2

Answer 9.③ 10.② 11.①

12 **수술실 내부벽체의 색으로 사용하는 것은?**

① 백색 ② 녹색
③ 주황색 ④ 노랑색

TIP 벽체의 색상은 피의 색인 적색을 용이하게 식별해내기 위해서 보색인 녹색계열로 한다.

13 **병실설계 중 큐비클(Cubicle) 시스템에 대한 설명으로 옳지 않은 것은?**

① 각각의 독립성이 매우 뛰어나다.
② 공간의 이용률이 좋다.
③ 실이 넓게 보이며 개방감이 있다.
④ 실내공기가 오염될 수 있고 소음도 크다.

TIP 총실(Cubicle system)
㉠ 천장에 닿지 않는 가벼운 칸막이나 커튼으로 몇 개의 칸을 나누어 병상을 배치하는 방식이다.
㉡ 실이 넓게 보이며 공간을 유효하게 사용할 수 있으나 독립성이 떨어지고 실내공기의 오염이 우려되며 소음이 크다.

14 **다음 중 외래진료부의 각 과별 평면계획에 대한 설명으로 옳지 않은 것은?**

① 안과는 시력검사를 위해서 방의 길이가 3m 정도 되게 한다.
② 외과계통의 각 과는 1실에서 여러 환자를 볼 수 있도록 대실로 한다.
③ 정형외과는 미끄러질 염려가 있는 바닥과 경사도는 피하도록 한다.
④ 부인과는 외부에서 보이지 않도록 칸막이 벽 등으로 차단한다.

TIP ① 안과는 시력검사 등을 위해 5m 정도의 거리를 확보하도록 한다.

Answer 12.② 13.① 14.①

15 다음 중 종합병원의 건축계획에 있어서 옳지 않은 것은?

① 부속진료부의 위치는 외래진료부와 병동부 사이에 둔다.
② 외래진료부의 구성단위는 간호단위를 기준으로 한다.
③ 약국은 출입구 부근에 위치하도록 한다.
④ 수술실은 가능한 막다른 위치에 두고 다른 부분과 구분되도록 한다.

TIP ② 간호단위는 병동부를 구성하기 위한 단위이다.

16 병원의 공조설비의 계획 시에 가장 중요하게 고려해야 할 곳은?

① 약국
② 진료실
③ 대기실
④ 수술실

TIP 수술실은 공기를 재순환시키지 않는다.

17 다음 중 외래환자의 수가 가장 많은 진료과는?

① 소아과
② 산부인과
③ 이비인후과
④ 내과

TIP 외래 1인당 전체 환자에 대한 과별 환자수가 많은 순서 … 내과 > 이비인후과 > 정형외과 > 산부인과 > 소아과

18 다음 종합병원의 중앙진료부 중 의료제품, 비품, 각종 기구의 포장 등을 저장해 두었다가 요구시에 수술실로 공급해주는 실로 수술실 근처에 위치한 곳은?

① 물리요법부
② 혈액은행
③ 중앙소독재료부
④ 응급부

TIP ① 외래환자의 이용이 많은 곳으로 외래이용이 편리한 곳에 둔다.
② 혈액을 보관하는 곳이다.
④ 병원의 후면 1층에 위치하도록 하여 구급차가 출입할 수 있도록 플랫폼을 설치해야 한다.

Answer 15.② 16.④ 17.④ 18.③

19 **다음 중 병원의 동선계획에 관한 설명으로 옳지 않은 것은?**

① 수술실은 통과교통이 없는 곳으로 한다.
② 환자와 물건은 교차되지 않아야 한다.
③ 환자, 의사, 간호사, 방문객 등은 서로간의 동선이 혼란되지 않도록 한다.
④ 중앙진료부의 환자동선은 방해를 줄이기 위해 고층에 둔다.

TIP ④ 중앙진료부에서 환자의 동선은 이동을 쉽게 하기 위해 저층에 설치하도록 한다.

20 **다음은 병원의 병실에 관한 설명이다. 옳지 않은 것은?**

① 출입문은 안여닫이로 하고 폭은 1.1m 이상으로 한다.
② 창의 면적은 바닥면적의 $\frac{1}{3} \sim \frac{1}{4}$ 정도로 한다.
③ 병실 1인용 크기는 3.6m^2 이상이다.
④ 병실의 천장은 조도가 낮고 반사율이 적은 것이 좋다.

TIP 병실의 크기
㉠ 1인용 : 6.3m^2 이상
㉡ 2인용 : 8.6m^2 이상
㉢ 소아전용실 : 성인의 2/3 이상

21 **다음 중 수술실의 위치로 적당하지 않은 것은?**

① 건물의 익단부로 격리된 곳
② 타부분의 통과교통으로 사용되는 곳
③ 응급부나 병동부에서 환자의 수송이 용이한 곳
④ 중앙소독공급부와 접근이 되는 곳

TIP 수술실은 익단부로 격리되고 타부분의 통과교통으로 이용되지 않는 곳이어야 한다.

Answer 19.④ 20.③ 21.②

22 다음은 종합병원에 관한 설명으로 옳지 않은 것은?

① 병동부의 면적은 병원연면적의 $\frac{1}{3}$ 정도이다.

② 100bed당 2실의 수술실을 계획한다.

③ 병실의 1인용 바닥면적은 약 6.3m^2이다.

④ 병원의 외래진료부의 면적은 병원 전체면적의 약 30% 정도이다.

TIP 병원의 면적 구성 비율
㉠ 병동부 : 30 ~ 40%
㉡ 중앙진료부 : 15 ~ 17%
㉢ 외래부 : 10 ~ 14%
㉣ 관리부 : 8 ~ 10%
㉤ 서비스부 : 20 ~ 25%
㉥ 응급부 : 10%

23 다음 종합병원의 시설 중 중앙진료시설에 속하지 않는 것은?

① 검사부　② 구급부
③ 분만부　④ 외과

TIP 각 부의 구성
㉠ 중앙진료부 : 약국, 주사실, X선부, 분만부, 검사부, 구급부, 중앙소독재료부
㉡ 외래진료부 : 외과, 정형외과, 내과, 부인과, 소아과, 치과, 안과, 이비인후과
㉢ 병동부 : 일반병동, 중환자실

Answer 22.④ 23.④

교육시설

제6편 교육시설

01 학교

01 교사 · 교지의 계획

1 교지의 계획

(1) 교지의 선정

① 학생의 통학구역 내의 중심이 되는 곳

② 필요로 하는 일조와 여름의 통풍이 좋은 곳

③ 지형은 자연재해의 위험이 없고, 지반이나 표토의 조건이 좋은 곳

④ 의도하는 학교환경을 구성하기 위해 필요한 지형과 부지형

⑤ 간선도로나 번화가의 소음으로부터 격리된 곳

⑥ 미래의 확장면적을 고려한 곳

⑦ 도시의 서비스 시설을 이용할 수 있는 곳

⑧ 기타 법규의 제한을 받지 않는 곳

(2) 교지의 환경

① 교사 건축물에 의해 운동장이 그늘이 지지 않으며 일조권이 양호한 장소가 되도록 계획한다.

② 건물과 운동장의 높이는 기능적으로 계획하되 되도록 건물의 위치가 운동장보다 약간 높도록 하며 자연의 기복을 이용하도록 한다.

③ 장애인의 접근이 용이하게 계획한다. 이때 운동장은 평지를 유지하되 교사는 지형에 따라 배치하되 경사가 발생할 경우 장애자의 동선을 고려한 경사로 등의 시설편의성이 도모되어야 한다. (약간의 자연적인 지형 및 기복이 있어도 계획이 가능하다.)

④ 북풍을 방지할 수 있도록 교사, 스탠드, 운동장과 연관된 배치계획을 한다.

⑤ 운동장은 비가 온 후에도 사용할 수 있도록 약 500m^2 정도의 포장부분을 갖추도록 하고 옥외 화장실을 이용할 수 있게 배치한다.

⑥ 운동장에 식수대 설치가 가능하며 여름철의 경우 그늘의 조성이 가능한 장소에 설치하고 겨울에는 겨울바람을 막을 수 있는 곳에 설치한다.

⑦ 교통량이 많은 도로와 접할 경우 교사는 도로와 떨어진 곳에 배치하고 도로에 접한 부분에는 차음용 식수대나 식재 및 파골라 등을 설치한다.

TIP

교지 계획 시 참고사항

㉠ 건물과 운동장의 높이는 기능적으로 계획하되 장애인의 접근이 용이하게 계획한다. 이때 운동장은 평지를 유지하되 교사는 지형에 따라 배치하되 경사가 발생할 경우 장애자의 동선을 고려한 경사로 등의 시설편의성이 도모되어야 한다. (약간의 자연적인 지형 및 기복이 있어도 계획이 가능하다.)

㉡ 북풍을 방지할 수 있도록 교사, 스탠드, 운동장과 연관된 배치계획을 한다.

㉢ 교사 건축물에 의해 운동장이 그늘이 지지 않으며 일조권이 양호한 장소가 되도록 계획한다.

㉣ 운동장은 비가 온 후에도 사용할 수 있도록 하고 옥외 화장실을 이용할 수 있게 배치한다.

㉤ 운동장에 식수대 설치가 가능하며 여름철의 경우 그늘의 조성이 가능한 장소에 설치한다.

㉥ 교통량이 많은 도로와 접할 경우 교사는 도로와 떨어진 곳에 배치하고 도로에 접한 부분에는 차음용 식수대나 식재 및 파골라(pergola) 등을 설치한다.

㉦ 학교 부지의 형태는 정형에 가까운 직사각형으로 장변과 단변의 비가 4:3 정도가 좋다.

(3) 교지의 형태 및 면적

① 교지의 형태

㉠ 정형에 가까운 직사각형이 유리하다.

㉡ 장변과 단변의 비는 4 : 3 정도로 한다.

② 교지의 면적(학생 1인당 교지의 점유면적)

학교의 종류	규모, 학교시설	학생 1인당 점유면적(m^2)
초등학교	12학급 이하	20
	13학급 이상	15
중학교	학생수 480명 이하	30
	학생수 480명 이상	25
고등학교	보통과, 상업과, 가정에 관한 학과를 둔 학교	70
	농업, 수산, 공업에 관한 학과를 둔 학교	110(실습지 제외)
대학교		60

② 교사의 계획

(1) 교사의 면적

① 학생 1인당 교사의 소요면적

구분	1인당 소요면적(m^2)
초등학교	3.3 ~ 4.0
중학교	5.5 ~ 7.0
고등학교	7.0 ~ 8.0
대학교	16

② 교사면적의 기준

㉠ 교과운영방식에 따라 교실수가 달라진다.

㉡ 학생의 수보다 학급수를 단위로 하는 것이 좋다.

㉢ 중학교, 고등학교는 교과의 종류에 따라서 면적이 달라지게 된다.

(2) 교사의 방위

① 정남, 남남동, 남남서(채광, 환경, 기온 등 종합적 관점에서 유리한 순서)가 좋다.

② 방위는 상풍향을 고려해서 결정해야 한다.

③ 교실의 창은 여름의 주간에 상풍향 방향으로 열리는 창이 필요하다.

④ 한랭지방은 상풍향을 피해야 한다.

(3) 교사의 배치형

① 폐쇄형

㉠ **개념** : 운동장을 남쪽에 확보해 두고 부지의 북쪽에서 건축하기 시작해 ㄴ, ㅁ자형으로 완성하는 것으로 종래의 일반적인 형이다.

㉡ **장점** : 부지를 이용하는 데 있어서 효율적이다.

㉢ **단점**

- 화재나 비상시에 피난에 대해서 불리하다.
- 일조, 통풍 등 환경조건이 매우 불균등하다.
- 운동장으로부터 교실로의 소음이 크다.
- 교사주변을 활용하는 데 효율이 떨어진다.

② 분산병렬형

㉠ 개념 : 핑거플랜(Finger plan) 방식이다.

㉡ 장점

- 각각의 건물 사이에 정원 및 놀이터 등이 생겨서 환경이 좋아진다.
- 일조, 통풍 등의 환경이 균등하다.
- 구조계획이 간단해져서 규격형을 이용하는 것이 편리하다.

㉢ 단점

- 넓은 부지를 필요로 한다.
- 편복도로 지어질 경우 복도의 면적이 길어지게 되며, 단조로워져서 유기적인 구성을 취하기가 어렵다.

[교사의 배치]

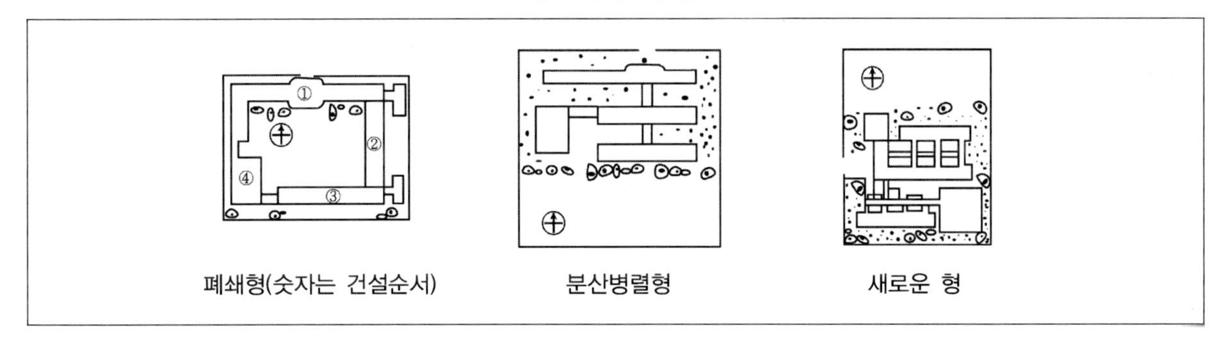

[폐쇄형과 분산병렬형의 비교]

구분	폐쇄형	분산병렬형
부지	효율적	넓은 부지를 필요로 함
교사주변 활용	나쁨	정원, 놀이터 등으로 이용
환경조건	불균등	균등
동선	짧음	길어짐
소음	큼	작음
피난계획	불리	유리
구조계획	복잡	간단

(4) 교사의 층수 계획

① 다층교사
㉠ 부지의 이용률이 높아진다.
㉡ 부대시설(전기 · 급배수 · 난방)이 집중되어 효율적이다.
㉢ 평면을 치밀하게 계획하여 집약시킬 수 있다.
㉣ 저학년은 1층, 고학년은 2층 이상에 배치하도록 한다.

② 단층교사
㉠ 채광 및 환기가 유리하다.
㉡ 실외로 학습활동을 연장할 수 있다.
㉢ 내진 · 내풍구조에 용이하다.
㉣ 교실에서 밖으로 출입할 수 있어서 복도가 혼잡하지 않다.
㉤ 화재나 재해 시 대피에 유리하다.
㉥ 화학약품이나 소음이 큰 작업 등의 격리가 가능하다.

③ 원칙적으로 초등학교의 교사는 고층화 시킬 수 없다. 만약 유치원 건물이 2층이나 그 이상이 된다면 바람직하지 못하다.

02 기본계획 · 세부계획

1 기본계획

(1) 학교의 운영방식

① 종합교실형[U(A)형]
㉠ 운영방식
- 교실수는 학급수와 일치한다.
- 각 학급은 자기의 교실에서 모든 교과를 학습한다.

㉡ 장점
- 학생의 이동이 전혀 없다.
- 학급마다 가정적이고 안정적인 분위기를 조성할 수 있다.

㉢ 단점

- 시설의 정도가 낮은 경우 가장 빈약한 예가 된다.
- 초등학교 고학년에는 무리가 있다.

㉣ 초등학교 저학년에 가장 적합한 형식이다.

㉤ 외국의 경우 교실 1개에 1 ~ 2개의 화장실을 가진다.

② 일반교실 + 특별교실형(U + V형)

㉠ 운영방식

- 일반교실은 각 학급에 하나씩 배당된다.
- 그 밖에는 특별교실을 갖는다.

㉡ 장점 : 전용 학급교실이 주어지기에 홈룸(Home room) 활동과 학생의 소지품 관리가 안정된다.

㉢ 단점

- 교실의 이용률이 낮아진다.
- 시설의 수준을 높일수록 비경제적이다.

㉣ 가장 일반적인 형이다.

㉤ 우리나라의 학교 형식의 70%를 차지한다.

③ 교과교실형(V형)

㉠ 운영방식

- 모든 교실이 특정교과를 위해 만들어진다.
- 일반교실은 없다.

㉡ 장점

- 각 학과에 순수율이 높은 교실이 주어진다.
- 시설의 수준과 이용률도 높아진다.

㉢ 단점

- 학생의 이동이 심하여 소음이 유발된다.
- 순수율을 100%로 하면 이용률은 반드시 높다고 할 수 없다.

㉣ 이동에 대비해서 소지품을 보관할 장소에 주의해야 한다.

㉤ 동선에도 주의해서 계획해야 한다.

④ E형(U · V형과 V형의 중간)

㉠ 운영방식

- 일반교실수는 학급수보다 적다.
- 특별교실의 순수율은 반드시 100%가 되지는 않는다.

㉡ 장점 : 이용률을 상당히 높일 수 있으므로 경제적이다.

㉢ 단점
- 학생의 이동이 비교적 많다.
- 학생이 생활하는 장소가 안정되지 않는다.
- 많은 경우에 혼란이 커진다.

⑤ 플래툰형(P형)

㉠ 운영방식 : 학급을 2분단으로 나누어서 한쪽이 일반교실을 사용할 때 다른 한쪽이 특별교실을 사용하도록 한다.

㉡ 장점
- E형 정도로 이용률을 높이면서 동시에 학생의 이동을 정리할 수 있다.
- 교과담임제와 학급담임제를 병용할 수 있다.

㉢ 단점
- 교사수와 시설이 적당하지 않으면 실시가 어렵다.
- 시간을 배당하는 데 있어서 상당한 노력이 든다.

㉣ 미국 초등학교에서 과밀해소를 위해 운영한다.

⑥ 달톤형(D형)

㉠ 운영방식 : 학급과 학년을 없애고 학생들 각자의 능력에 따라 교과를 선택하고 일정한 교과가 끝나면 졸업을 하도록 한다.

㉡ 특징
- 교육방법을 기본목적으로 하기에 시설면에서 장단점을 고려하기 힘들다.
- 하나의 교과에 출석하는 학생수가 일정하지 않기에 크고 작은 여러가지 교실을 설치해야 한다.
- 우리나라의 사설학원, 직업학원, 입시학원, 야간외국어학원 등이 속한다.

⑦ 개방학교(Open school)

㉠ 운영방식
- 종래의 학급단위로 하던 수업을 부정한다.
- 개인의 자질, 능력, 경우에 따라 무학년제로 하여 보다 다양한 학습활동을 할 수 있게 운영한다.
- 종래의 교실에 비해 넓고 변화 많은 공간으로 구성된다.

㉡ 장점
- 각자의 흥미, 자질, 능력 등에 의해 그룹핑되고 참여할 수 있다.
- 잘 적용될 경우 가장 좋은 방법이다.

㉢ 단점
- 변화가 심한 교과과정에 충분히 대응할 수 있는 교직원의 자질과 풍부한 교재, 티칭머신의 활동이 전제되어야 한다.
- 시설적으로 인공에 의한 환기와 조명이 필요하다.
- 비경제적이다.

㉣ 최근에 구미 일각에서 발달한 것이나 일반화시키기 어렵다.

ⓜ 저학년, 유치원에 적용시켜 보거나 전체학급 중 일부분을 이러한 방식으로 채용해 볼 만하다.

TIP

교실의 용도별 구분

구분		내용
보통교실	정의	학급으로 편성된 일반교실
	예시	일반교실(1–1, 6–1), 특수학급, 특별학급, 유치원
특별교실	정의	교육과정 운영을 위한 필수 일반교실
	예시	과학실, 기술(가사, 가정)실, 음악실, 미술실, 어학실, 컴퓨터실, 무용실, 예절실, 기타(피아노실, 발명공작실, 수리탐구실, 교통실, 국악실, 바둑실, 서예실, 실과실, 시청각실)
관리실	정의	학교 운영을 위한 교실
	예시	교장실, 교무실, 행정실, 법인실, 종교관련실, 역사관, 성적처리실, 학교운영위원실, 학생회실, 상담실, 진학지도실, 보건실, 보건교육실, 숙직실, 방송실, 정보실, 회의실, 기타(학년별 · 교과별 연구실, 교사회의실, 생활지도실)
기타교실	정의	보통교실, 특별교실, 관리실을 제외한 모든 교실로써 교실 부족 시 일반교실(보통교실, 특별교실)로 용도를 바꿔 사용이 가능한 교실
	예시	창고, 자료실, 탈의실, 휴게실, 체력단련실, 인쇄실, 다목적실, 도서실, Wee클래스, 교과전용교실, 모둠학습실, 특기재량실, 동아리실, 돌봄교실, 방과후교실, 미사용교실
보통교실 전환 가능실	정의	학급 수 증가 시 – 추가 예산 소요 없이 – 특별교실 · 기타교실 등을 보통교실로 전환했을 때 정규 수업에 문제가 안 되는 교실
	예시	(칠판이 설치된)방과후교실 · 동아리교실 · 예절실, (설비시설이 없는)겸용돌봄교실
유휴교실	정의	아무런 용도로 사용하고 있지 않은 일반교실

기출예제 01 2008 국가직 (7급)

학교건축의 계획방법에 관한 기술 중 옳지 않은 것은?

① 분산병렬형 배치는 각 건물사이에 놀이터, 정원이 생겨 생활환경이 좋아지는 반면, 상당히 넓은 부지를 필요로 한다.

② 최근 초등학교에서 시도되고 있는 오픈스쿨(open school)의 개념은 학교를 지역사회에 개방하여 근린생활권의 문화 및 정보중심으로 활용하자는 것이다.

③ 클러스터(cluster)형 배치는 팀티칭 시스템(team teaching system)에 유리한 배치형식으로, 중앙에 공용부분을 집약하고 외곽에 특별교실을 두어 동선을 원활하게 할 수 있다.

④ 학교운영방식 중 달톤형(dalton type)은 학생들이 학년과 학급 없이 각자의 능력에 맞게 교과를 선택하고, 일정한 교과가 끝나면 졸업하는 시스템이다.

✱

오픈스쿨은 1960년대 후반부터 영국과 미국을 중심으로 급속히 보급된 새로운 학교건축형태 및 거기서 전개되는 학교교육방식이다.

답 ②

(2) 이용률과 순수율

① 이용률

$$\text{이용률} = \frac{\text{교실이 사용되고 있는 시간}}{\text{1주간의 평균 수업시간}} \times 100$$

② 순수율

$$\text{순수율} = \frac{\text{일정한 교과를 위해 사용되는 시간}}{\text{그 교실이 사용되고 있는 시간}} \times 100$$

기출예제 02 2012 국가직 (7급)

어느 학교의 1주간 평균 수업시간은 40시간이다. 과학교실이 사용되는 시간은 20시간이며, 그 중 4시간이 다른 과목을 위해 사용될 경우, 과학교실의 이용률[%]과 순수율[%]은?

① 80, 90　② 60, 80
③ 50, 50　④ 50, 80

- 과학실험교실의 이용률 : $\frac{\text{교실이용시간}}{\text{주당수업시간}} \times 100 = \frac{20}{40} \times 100 = 50\%$
- 과학실험교실의 순수율 : $\frac{\text{교과수업시간}}{\text{교실이용시간}} \times 100 = \frac{16}{20} \times 100 = 80\%$

답 ④

(3) 블록플랜(Block plan)의 결정조건

① 교실의 배치

㉠ 일반교실과 특별교실을 분리하는 것이 좋으므로 일반교실 양끝 쪽에 특별교실을 붙이지 않도록 한다.
㉡ **특별교실군** … 교과내용의 보편성, 융통성, 학생이동 시 발생하는 소음방지 등의 문제를 검토하도록 한다.

TIP

특별교실군
㉠ 보통(일반)교실 : 교과내용에 대한 융통성, 보편성을 가진다.
㉡ 특별교실 : 교과내용에 대한 특수성을 가진다.
㉢ 특별교실군 : 특별교실이 집단화될 경우로 교과내용에 대한 융통성, 보편성이 일어나고 학생의 이동이 감소한다.

② 학년단위 정리

㉠ 초등학교 저학년

- 1층에 두고 교문에 근접하게 한다.
- 단층이 좋다.
- 배치형으로는 1열로 서 있는 것보다 중정을 중심으로 둘러싸인 형, 차폐되어 고립되는 것이 좋다.
- 첫 공동생활에 들어가므로 다른 접촉은 적게 하는 것이 좋다.
- 출입구는 따로 고려한다.
- 많은 급우들과의 접촉은 부담이 되므로 A(U)형이 이상적이며, 이 경우에 각각의 교실은 독립되고 다른 것과의 관계가 적다.

㉡ 초등학교 고학년 : U · V형 운영방식이 이상적이다.

③ 실내체육관의 배치

㉠ 학생이 이용하기 쉬운 곳에 배치한다.

㉡ 지역주민들의 이용도도 고려한다.

④ 관리실의 배치 … 전체의 중심위치로 학생의 동선을 차단하지 않도록 한다.

(4) 확장성 · 융통성

① 확장성

㉠ 인구의 자연증가, 집중으로 인한 장래의 학생수가 늘어나는 것을 대비한다.

㉡ 장래확장 : 최대 1,000명, 이상적으로 600 ~ 700명 정도가 좋다.

㉢ 교과내용의 변화와 확충에 대한 확장도 고려한다.

② 융통성

문제	원인	해결방법
구조상	확장에 대한 융통성	칸막이변경(건식구조, 방 사이 벽의 이동)
배치계획상	광범위한 교과내용이 변화하는데 대응할 수 있는 융통성	융통성 있는 교실배치(배치상 특별교실군에 일단배치)
평면계획상	학교 운영방식이 변화하는데 대응할 수 있는 융통성	공간의 다목적성(평면계획상 교과내용의 변화에 대응)

❷ 세부계획

(1) 교실의 배치방식

① 엘보액세스(Elbow access)

㉠ 개념 : 복도를 교실에서 떨어지게 배치하여 교실에 접근할 때 연결통로를 통하여 ㄱ자형으로 꺾어서 접근하는 방식이다.

㉡ 장점

- 소음방지에 유리하다.
- 학습의 순수율이 높다.
- 일조, 통풍이 양호하며 실내환경이 균일하다.
- 학년마다의 놀이터를 조성하는 데 있어서 유리하다.
- 지관별로 개성있는 계획을 할 수 있다.

㉢ 단점

- 복도의 면적이 늘어나고 복도에서의 소음이 크다.
- 각 과의 통합이 어렵다.
- 학생들의 배치가 명확하지 않다.
- 실의 개성을 살리는 것이 어렵다.

② 클러스터(Cluster)형

㉠ 개념 : 여러 개의 교실을 소단위별로 분할하여 배치하는 방식이다.

㉡ 장점

- 교실 간의 방해 및 소음이 적다.
- 각 교실들이 외부와 접하는 부분이 많아진다.
- 교실단위, 학급단위의 독립성이 크다.
- Master plan에 융통성이 커지기 때문에 시각적으로 보기가 좋아진다.

㉢ 단점

- 운영비가 많이 소요된다.
- 관리부와의 동선이 길어진다.
- 넓은 교지가 필요하다.

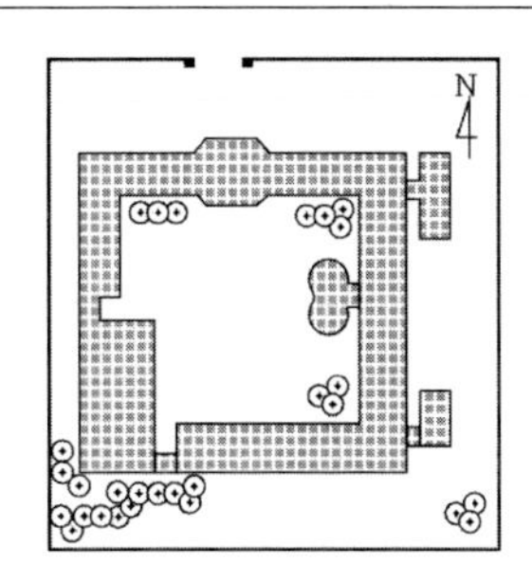

폐쇄형 교사 배치형식

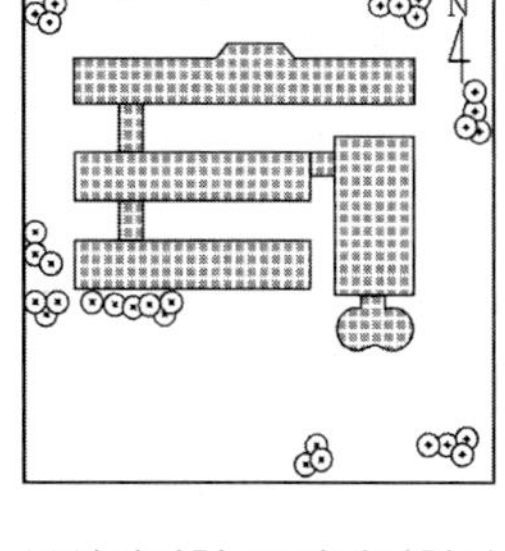

분산병렬형 교사배치형식

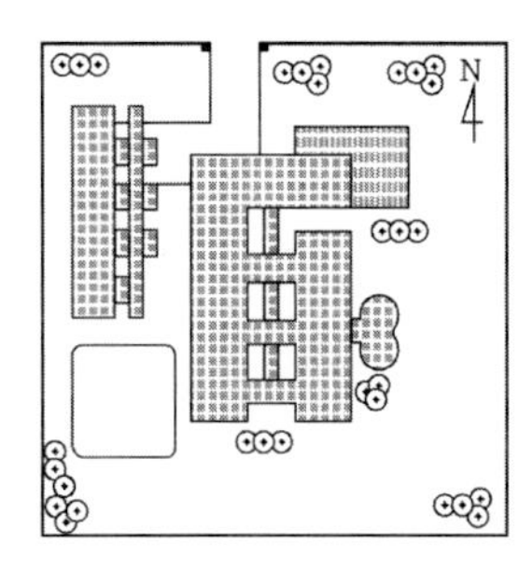

집합형 교사배치형식

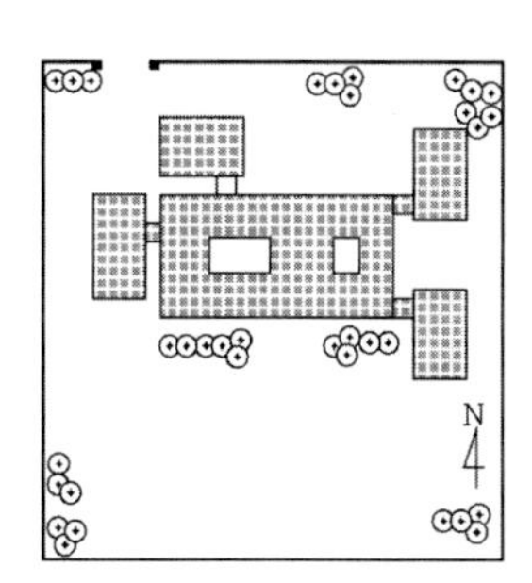

클러스터형 교사배치형식

기출예제 03

2010 국가직

교사(校舍)의 배치에 관한 설명으로 옳지 않은 것은?

① 폐쇄형은 부지를 효율적으로 활용하는 이점은 있으나 교실에 전달되는 운동장의 소음이 크고 교사주변에 활용되지 않는 부분이 많다.

② 핑거플랜(finger plan)형은 건물사이에 놀이터와 정원이 생겨 생활환경이 좋아지나 편복도로 할 경우 복도면적이 너무 크고 동선이 길어서 유기적인 구성이 어렵다.

③ 집합형은 지역인구의 변화추세를 가늠할 수 없는 경우에 적용하는 방식으로 교지의 한쪽 편에서 건축되어 점차 집합화됨에 따라 물리적 환경이 열악해 진다.

④ 클러스터(cluster)형은 중앙에 공용으로 사용하는 부분을 집약시키고 외곽에 특별교실, 학년별교실동을 두어 동선을 명확하게 분리시킬 수 있다.

✱

집합형은 교육구조에 따라 유기적인 구성이 가능하고 동선이 짧아 이동에 편리하다. 또한 지역사회에서 시설물을 이용하기가 유리하다. 그러나 물리적 환경은 좋아지나 자연적 환경은 열악해진다.

답 ③

③ 배치계획 시 주의사항

㉠ **교실의 크기** : 7m×9m(저학년의 경우 9m×9m) 정도가 적당하다.

㉡ **출입구** : 각각의 교실마다 2개소를 설치하도록 하며, 문의 여는 방향은 밖여닫이로 해야 한다.

㉢ **창대의 높이** : 초등학교는 80cm, 중학교는 85cm가 적당하나 교실이 단층일 경우에는 더 낮게 해도 된다.

㉣ **교실의 채광**

- 일조시간이 긴 방위를 택하도록 한다.
- 교실을 향해 좌측채광을 원칙으로 한다.
- 칠판의 현휘를 막기 위해서 정면의 벽에 접해 1m 정도의 측면벽을 남기도록 한다.
- 채광창의 유리면적은 실면적의 $\frac{1}{10}$ 이상으로 해야 한다.
- 조명은 실내에 음영이 생기지 않도록 칠판의 조도를 책상면의 조도보다 높게 한다.

[각 실의 조도]

명칭	최저(lx)	최장(lx)
복도, 계단, 변소	10	40
강당, 집회실, 식당	20	100
보통교실의 책상면 및 흑판면, 도서실, 공작실, 실험실, 체육관	50	120
정밀을 요하는 방(제도, 재봉)	100	200

㉤ **색채의 계획**

- 저학년은 난색계통으로 하며, 고학년이 되면 남녀의 색감이 차이는 나지만 대체적으로 사고력의 증진을 위해서 중성색이나 한색계통으로 하는 것이 좋다.
- 음악 · 미술교실 등은 창작적인 학습활동을 위해 난색계통으로 하는 것이 좋다.
- 반자는 교실 내의 음향이 조절될 수 있도록 설계되어야 한다.
- 교실 내 조도분포를 위해 80% 이상의 반사율을 확보하기 위해 백색에 가까운 색으로 마감하도록 한다.

TIP

반사율

㉠ **반자** : 80 ~ 85%

㉡ **벽** : 50 ~ 60%

㉢ **바닥** : 15 ~ 30%

[실내의 반사율]

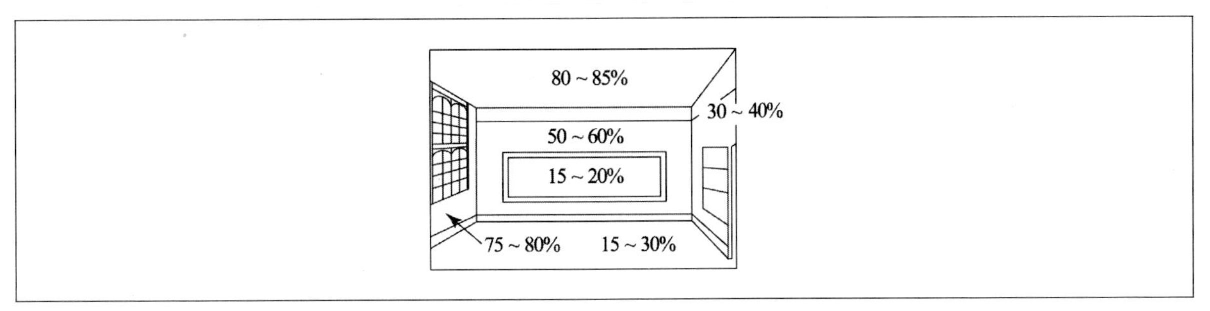

④ 특별교실

㉠ 지학교실 : 장기적으로 계속해서 기상관측을 하는 것을 고려하여 교정 가까이에 둔다.

㉡ 자연과학교실 : 실험에 따르는 유독가스 등을 막기 위해 드래프트 챔버(Draft chamber)를 설치한다.

㉢ 미술실 : 북측채광을 삽입하여 균일한 조도를 얻도록 한다.

㉣ 생물교실 : 남면의 1층에 둔다.

㉤ 음악교실 : 반사재와 흡음재를 적절하게 사용하여 적당한 잔향을 갖도록 한다.

㉥ 도서실 : 학교의 모든 곳으로부터 편리한 위치에 있도록 하며 개가식으로 계획한다.

⑤ 교실면적의 기준 … 학생 1인당 교실의 점유 바닥면적을 기준으로 한다.

[학생 1인당 교실 점유면적]

(단위 : m^2/인)

교실의 종류	점유 바닥면적	교실의 종류	점유 바닥면적
보통교실	1.4 이상	공작교실	2.5 이상
사회교실	1.6 이상	가사실	2.4 이상
자연교실	2.4 이상	재봉실	2.1 이상
음악교실	1.9 이상	도서관	1.8 이상
미술교실	1.9 이상	체육관	4.0 이상

TIP

점유바닥의 크기순서 … 보통교실 < 사회교실 < 도서관 < 음악교실, 미술교실 < 재봉실 < 가사실, 자연실 < 공작교실 < 체육관

(2) 급식실과 식당

① 급식실의 크기(단, 식당은 제외한다)

학생수(명)	급식실의 면적(m^2)
600	60
900	90
1,200	120
1,500	150

② 식당의 크기

㉠ 학생 1인당 $0.7 \sim 1.0m^2$ 정도의 면적이 필요하다.

㉡ 2 ~ 3회 교대로 사용한다.

(3) 도서실

① 전체 학생수의 10 ~ 15% 정도가 이용하는 것으로 보고 계획한다.

② 학교학습의 중심이 되고, 전교생이 쉽고 편리하게 이용할 수 있는 위치로 한다.

③ 독서를 위한 것이므로 소란한 장소(교통로, 강당, 체육관, 음악실)와는 분리하도록 한다.

(4) 강당 겸 체육관

① 초등학교, 중학교의 경우 체육관으로서의 사용빈도가 높은 것을 고려하여 계획한다.

② 벽, 천장, 바닥 등 마감재료가 양자의 목적에 가능하도록 계획한다.

③ 행사가 자주 있는 것이 아니므로 반드시 전원을 수용할 수 있는 크기를 결정할 필요가 없다.

④ **강당의 학생 1인당 소요면적**··· 강당 소요면적 산출 시 고정이든 이동식이든 의자의 면적 산정 시 동일한 기준에 의한다.

구분	1인당 소요면적
초등학교	$0.4m^2$/인
중학교	$0.5m^2$/인
고등학교	$0.6m^2$/인
대학교	$0.8m^2$/인

(5) 체육관

① 크기

㉠ **초등학교** : 리듬운동을 할 수 있는 넓이(8인 1조의 원직경 4m를 7 ~ 8개 만들 수 있는 크기)

㉡ **중학교** : 농구코트를 둘 수 있는 크기

- 최소 $400m^2$(16.5m×25.5m)
- 보통 $500m^2$(15.2m×28.6m)

② 구조

㉠ 천장 높이는 6m 이상으로 한다.

㉡ 장두리벽의 높이는 각종 운동기구를 설치할 수 있도록 2.5 ~ 2.7m 높이로 한다.

㉢ 바닥의 마감은 목재 2중 마루널깔기로 한다.

③ 배치

㉠ 장축을 동서로 하고 실의 긴쪽, 즉 남북으로부터 채광을 하도록 한다.

㉡ 동 · 서(단변)에 개구부를 둘 경우에는 농구나 배구 경기장의 눈부심을 고려하도록 한다.

㉢ 통풍에 의해서 자연환기를 하도록 고려한다.

㉣ 창은 실내측에 철망을 붙이고 천창을 두도록 한다.

㉤ 샤워장의 수는 체육학급 3~4개당 1개소를 기준으로 한다.

④ **체육실의 부속부분** … 남 · 녀 샤워실, 화장실, 갱의실, 운동기구실, 교사실을 두도록 한다.

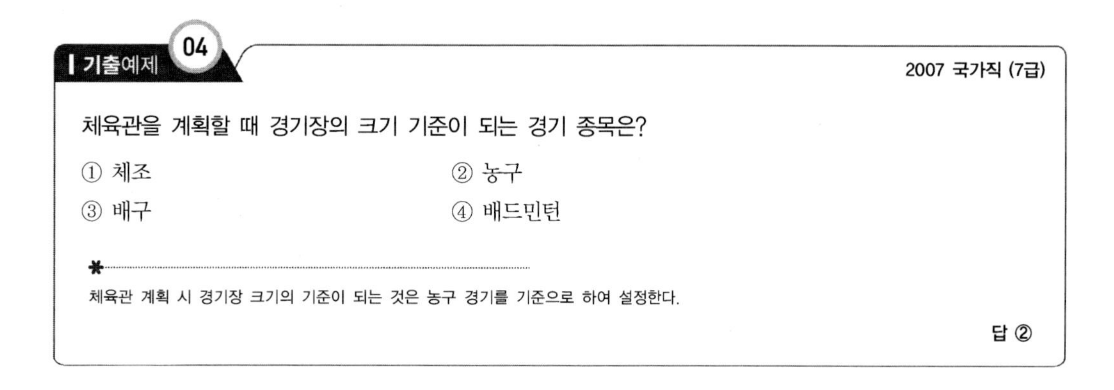
기출예제 04

2007 국가직 (7급)

체육관을 계획할 때 경기장의 크기 기준이 되는 경기 종목은?

① 체조 ② 농구

③ 배구 ④ 배드민턴

✱

체육관 계획 시 경기장 크기의 기준이 되는 것은 농구 경기를 기준으로 하여 설정한다.

답 ②

(6) 화장실 및 수세장

① 화장실

㉠ 수세식

- 제거식일 때 교실과 별도의 장소에 설치하도록 한다.
- 보통교실로부터 35m 이내, 그 외에는 50m 이내에 설치한다.

㉡ 소요변기수(학생 100명당)

구분	남자	여자
소변기	4	·
대변기	2	5

② 수세장

㉠ 4개의 학급당 1개 정도로 계획하고 분산하여 설치한다.

㉡ 급수전과 청소, 서도용, 회화용은 겸하도록 한다.

㉢ 식수용을 겸하지 않도록 한다.

③ 식수장 … 학생 75 ~ 100명당 수도꼭지 1개가 필요하다.

(7) 복도 및 계단

① 복도

㉠ 편복도 : 1.8m 이상으로 한다.

㉡ 중복도 : 2.4m 이상으로 한다.

② 계단

㉠ 위치

- 각 층의 학생들이 균일하게 이용할 수 있는 위치에 둔다.
- 각 층의 계단위치는 상하 동일한 위치에 둔다.
- 계단에 접하여 옥외작업장과 기타 공지에 출입하기가 쉬운 위치에 두도록 한다.

㉡ 보행거리

- 계단의 최대 유효 이용거리는 50m이다.
- 유사시 3분 이내에 사람 전부가 건물 밖으로 피난할 수 있어야 한다.
- 내화구조인 경우 50m 이내로 한다.
- 비내화구조인 경우 30m 이내로 한다.

(8) 보육원 · 유치원

① 배치계획의 조건

㉠ 교사의 층수계획

- 교사는 원칙적으로 단층건물로 해야 한다.
- 특별한 경우 2층으로 할 때는 화장실, 유희실, 교실은 1층에 두도록 한다.
- 교사가 내화구조로 경사로 등에 의해 피난설비가 완비되면 2층에 둘 수 있다.

㉡ 교사와 유원장은 같은 대지 내에 두도록 하며 교실은 되도록 남향이 되도록 배치한다.

㉢ 계획에 따라서 운동장이 남북으로 나눠질 경우 남쪽 운동장은 일사조건이 좋으므로 동적인 활동을 위주로 하고 북쪽은 정적으로 하여 정원 등을 계획한다.

② 규모산정

㉠ 학급수가 적을수록 좋지만 현실적으로 3 ~ 4학급 정도가 적당하다.(최적규모)

㉡ 1학급당 인원수는 15 ~ 20명 정도가 좋지만 보통 20 ~ 30명 정도를 계획의 기준단위로 한다.

㉢ 아동의 1인당 교육공간의 면적은 3 ~ 5m^2 정도로 하며 관리부분을 제외한 순수한 교실의 면적은 1.5 ~ 2.0m^2 정도로 한다.

㉣ 1인당 옥외공간은 아동 1인당 교육공간 면적의 약 2배 크기로 한다.

(9) 지역시설과의 복합화를 통한 커뮤니티 스쿨

① 학교는 건축되면서 그 기능이 학교 내부에만 한정되지 않고 외부의 지역사회까지 영향을 미치며, 도시의 주요건축물로서 위치하고, 상징적인 건축물로서 시각적으로 노출된다. (공공성과 관련된 건축요소로 도시이미지와 연계된 건축디자인, 주변과의 조화, 체육공간, 보행공간, 녹지공간, 휴게공간, 주차공간 등을 들 수 있다.)

② 지역의 커뮤니티 시설로서의 기능을 강조하고자 학교 부지에 학교건축에서 요구되는 교육공간 뿐만 아니라 문화, 복지, 스포츠 센터 등을 학교 기획 초기단계부터 계획하여 학생과 지역 주민이 함께 사용하는 복합화된 학교를 말한다.

③ 지역시설로서의 복합화 학교는 일반적으로 교육청이 제공한 부지에 지자체가 예산을 지원하여 주민도서관, 정보화교실, 공연문화시설, 체육시설, 수영장, 지하주차장 등을 건립하거나 학교가 인접한 체육시설, 문화시설, 공원 등을 학교와 연계하여 학생과 지역주민이 함께 이용하는 형태로서 일반학교의 커뮤니티 기능에서 진일보한 적극적 커뮤니티스쿨이라 할 수 있다.

TIP

학교시설의 복합화의 장점과 단점

㉠ 도심지 지가상승에 따라 학교 신축 시 협소한 운동장과 부족한 도서관, 체육관, 특별교실, 문화센터, 수영장 등을 확보하여 양질의 학습 공간을 제공할 수 있다.

㉡ 학교를 거점으로 한 생활권을 주민복지센터로서의 소생활권과 연계할 수 있으므로 지역 내 문화, 복지시설의 편중을 줄일 수 있다.

㉢ 주민들의 체육, 문화, 복지시설의 부족과 지역적 편중으로 인한 접근성 취약 및 학교의 열악한 교육환경으로 인한 지역주민들의 정주 환경을 개선하고 지역공동체 의식을 높일 수 있다.

㉣ 지자체는 문화, 복지시설을 위한 별도의 부지 매입이 필요 없으므로 재정적 부담을 줄일 수 있다.

㉤ 학교는 공원 내 운동장 또는 공원녹지를 체육시설로 활용하여 체육시설 면적이 포함되지 않은 학교건축이 가능하여 도심 학교 용지의 확보가 용이하다.

㉥ 학교의 학습권이 침해될 수 있다. 학습권 보호에 대한 세밀한 계획이 필요하다.

㉦ 시설의 관리, 운영의 주체가 불분명할 경우 유지, 관리에 어려움이 있다.

| 기출예제 05 2009 지방직 (7급)

학교건축의 계획기준에 대한 설명으로 옳지 않은 것을 모두 고른 것은?

〈보기〉

㉠ 일반교실은 충분한 일조를 고려하여 남향 또는 남동향으로 배치하는 방향 설정이 중요하다.
㉡ 일반교실의 채광면적은 바닥면적의 1/4 이상으로 계획한다.
㉢ 복도의 유효너비는 중복도의 경우 2.1m 이상으로 한다.
㉣ 초등학교 계단의 단높이는 19cm 이하로 한다.

① ㉠, ㉡ ② ㉡, ㉢
③ ㉢, ㉣ ④ ㉠, ㉢

✱

㉢ 복도의 유효너비는 중복도의 경우 2.4m 이상으로 한다.
㉣ 초등학교 계단의 단높이는 16cm 이하로 한다.

답 ③

최근 기출문제 분석

2019 서울시

1 **유치원의 일반적인 평면형식에 대한 설명으로 가장 옳지 않은 것은?**

① 일실형 – 관리실, 보육실, 유희실을 분산시키는 유형이다.

② 중정형 – 안뜰을 확보하여 주위에 관리실, 보육실, 유희실을 배치한다.

③ 십자형 – 유희실을 중앙에 두고 주위에 관리실과 보육실을 배치한다.

④ L형 – 관리실에서 보육실, 유희실을 바라볼 수 있는 장점이 있다.

TIP 일실형은 보육실, 유희실을 통합시킨 형태이다.

※ 유치원교사 평면형

㉠ 일실형 : 보육실, 유희실 등을 통합시킨 형으로서 기능적으로는 우수하나 독립성이 결여된 형태이다.

㉡ 일자형 : 각 교실의 채광조건이 좋으나 한 줄로 나열되어 단조로운 평면이 된다.

㉢ L자형 : 관리실에서 교실, 유희실을 바라볼 수 있는 장점이 있다.

㉣ 중정형 : 건물 자체에 변화를 주면 동시에 채광조건의 개선이 가능하다.

㉤ 독립형 : 각 실의 독립으로 자유롭고 여유 있는 플랜이다.

㉥ 십자형 : 불필요한 공간 없이 기능적이고 활동적이지만 정적인 분위기가 결여되어 있다.

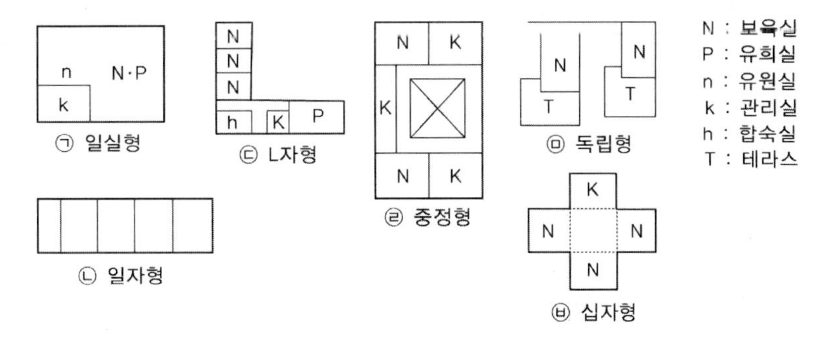

Answer 1.①

2019 서울시

2 교과교실형(V형, department system) 학교운영방식에 대한 설명으로 가장 옳은 것은?

① 교실의 수는 학급 수와 일치한다.

② 학생 개인물품 보관 장소와 이동 동선에 대한 고려가 필요하다.

③ 전 학급을 2분단으로 나누어 운영한다.

④ 학급별로 하나씩 일반교실을 두고, 별도의 특별교실을 갖춘다.

TIP ① 교과교실의 경우 교실의 수는 학급 수와 일치하지 않는 다.
③ 전 학급을 2분단으로 나누어 운영하는 방식은 플래툰방식이다.
④ 학급별로 하나씩 일반교실을 두고, 별도의 특별교실을 갖춘 형식은 종합교실형과 교과교실형의 혼용방식이다.
※ 교과교실형(V형, department system) 학교운영방식
- 각 교과별로 전용교실을 운영하고, 교실별로 해당 교과의 특색이 반영된 학습 환경을 조성하여 학생 맞춤형 교육과 참여형 활동수업을 활성화하는 학교운영 체제이다.
- 학생들은 매교시마다 각자 다른 전용교실을 찾아 이동해야하기 때문에 책이나 소지품들을 보관할 수 있는 사물함이 필요하며 쉴 새 없이 교실을 찾아 이동해야하기 때문에 휴식을 취할 수 있는 공간인 '홈베이스'라는 특별실이 설치된다.
- 홈베이스에는 학생들의 사물함 뿐만 아니라, 휴식을 취하거나, 같이 모여 공부를 할 수 있는 탁자와 의자도 구비가 되어 있다.

2017 서울시

3 주당 평균 50시간을 수업하는 어느 학교에서 과학실에서의 수업이 총 20시간이며, 이 중 4시간을 학급회의에 사용하고 1시간은 학부모회의에 사용하며, 나머지는 과학수업에 사용한다. 이 교실의 이용률과 순수율은?

① 이용률 10%, 순수율 25%

② 이용률 25%, 순수율 40%

③ 이용률 30%, 순수율 75%

④ 이용률 40%, 순수율 75%

TIP 다음의 식에 문제에서 주어진 조건을 대입하면 이용률 40%, 순수율 75%이 산출된다.

이용률 : $\frac{\text{교실이 사용되고 있는 시간}}{\text{1주간의 평균수업시간}} \times 100$

순수율 : $\frac{\text{일정한 교과를 위해 사용되는 시간}}{\text{교실이 사용되고 있는 시간}} \times 100$

Answer 2.② 3.④

출제 예상 문제

1 **다음에서 설명하는 학교운영방식은?**

> ㉠ 학급을 2분단으로 나누어 한쪽이 일반교실을 사용할 때 다른 한쪽이 특별교실을 사용한다.
> ㉡ 교과담임제와 학급담임제를 병용할 수 있다.
> ㉢ 교사수와 시설이 적당하지 않으면 실시가 어렵다.

① 달톤형 ② 플래툰형
③ 교과교실형 ④ 종합교실형

TIP 학교의 운영방식
㉠ 종합교실형(U(A)형) : 각 학급은 자기의 교실에서 모든 교과를 학습하는 형식
㉡ 일반교실+특별교실(U+V형) : 일반교실은 각 학급에 하나씩 배당하고 그 밖에는 특별교실을 갖는 형식
㉢ 교과교실형(V형) : 모든 교실이 특정교과를 위해 만들어지므로 일반교실은 없는 형식
㉣ E형(U · V과 V형의 중간) : 일반교실수가 학급수보다 적은 형식
㉤ 플래툰형(P형) : 학급을 2분단으로 나누어 한쪽이 일반교실을 사용하면 다른 한쪽이 특별교실을 사용하는 형식
㉥ 달톤형(D형) : 학급과 학년을 없애고 학생들 각자의 능력에 따라 교과를 선택하고 일정한 교과가 끝나면 졸업을 하도록 하는 형식
㉦ 개방학교(Open school) : 개인의 자질, 능력, 경우에 따라 무학년제로 하여 보다 다양한 학습활동을 할 수 있게 운영하는 형식

Answer 1.②

2 **다음 중 초등학교 고학년 교실의 가장 일반적인 운영방식으로 옳은 것은?**

① V형　　② U · V형
③ P형　　④ A(또는 U)형

TIP 초등학교의 고학년은 일반교실 + 특별교실형(U · V)이 유리하며, 저학년의 경우 종합교실형(A)이나 일반교실형(U)이 유리하다.

3 **학교의 운영방식 중 교과교실형(V형)에 대한 설명으로 옳지 않은 것은?**

① 학급수와 일반교실은 일치하지 않는다.
② 각 교과에 순수율이 높은 교실이 주어져 시설의 정도가 높게 된다.
③ 순수율 100%로 할 때 이용률은 반드시 높다고 할 수 없다.
④ 이동에 대한 동선에 주의해야 한다.

TIP ① 교과교실형(V형)은 모든 교실이 특정교과를 위해 만들어지는 것으로 일반교실은 없다.

4 **다음 중 학교 건축계획에 관한 설명으로 옳지 않은 것은?**

① 식당면적은 학생 1인당 0.7 ~ 1.0m^2/인을 필요로 한다.
② 실내 체육관의 천장 높이는 6m 이상이어야 한다.
③ 일반교실로부터 화장실 및 세면장은 35m 이내에 둔다.
④ 초등학교 강당의 1인당 소요면적은 0.6m^2/인이 적당하다.

TIP 강당의 소요면적
㉠ 초등학교 : 0.4m^2/인
㉡ 중학교 : 0.5m^2/인
㉢ 고등학교 : 0.6m^2/인
㉣ 대학교 : 0.8m^2/인

Answer 2.② 3.① 4.④

5 다음 중 Open school의 개념에 관한 설명으로 옳지 않은 것은?

① 종래의 학급단위로 하던 수업을 탈피하고 개인의 능력과 자질을 고려한 교육방식이다.
② 종래의 교실보다 면적과 운영비를 줄일 수 있어 경제적이다.
③ 자발적으로 흥미를 유발할 수 있는 경험 커리큘럼이 중시된다.
④ 공간구성이 개별지도 및 팀티칭이 가능하도록 다양하게 제시된다.

TIP Open school의 단점 … 변화가 심한 교육과정에 충분히 대응할 수 있는 교직원의 자질, 풍부한 교재, 티칭머신의 활동이 전제되어야 하고 시설적으로 인공에 의한 환기 · 조명이 필요하므로 비경제적이다.

6 다음 중 학년과 학급을 없애고 학생들이 각자 능력에 따라 교과를 선택하도록 하는 방식은?

① 일반교실, 특수교실형 – U · V형
② 달톤형 – D형
③ 플래툰형 – P형
④ 종합교실형 – U(A)형

TIP 달톤형(D형)
㉠ 운영방식 : 학급과 학년을 없애고 학생들 각자의 능력에 따라서 교과를 선택하고 일정한 교과가 끝나면 졸업을 하도록 한다.
㉡ 특징
- 교육방법을 기본목적으로 하기에 시설면에서 장단점을 고려하기가 힘들다
- 하나의 교과에 출석하는 학생수가 일정하지 않기 때문에 크고 작은 여러가지 교실을 설치해야 한다.
- 우리나라의 사설학원, 직업학원, 입시학원, 야간외국어학원 등이 속한다.

7 농업, 수산, 공업에 관한 학과를 둔 고등학교 학생 1인당 점유면적은 얼마인가? (단, 실습지는 제외)

① $20m^2$
② $25m^2$
③ $30m^2$
④ $110m^2$

TIP 농업, 수산, 공업에 관한 학과를 둔 고등학교의 학생 1인당 점유면적은 실습지를 제외하고 $110m^2$이며, 보통과, 상업과 등을 둔 고등학교의 학생 1인당 점유면적은 $70m^2$ 정도이다.

Answer 5.② 6.② 7.⑤

8 다음은 학교의 운영방식에 관한 설명이다. 옳지 않은 것은?

① 일반교실 + 특별교실형은 각 학급마다 일반교실을 하나씩 갖도록 하고 그외의 특별교실을 갖는 것이다.

② 플래툰형은 교사의 전체면적은 절감되지만 이용률은 낮아진다.

③ 종합교실형은 초등학교 저학년에 적당하다.

④ 교과교실형은 학생의 이동이 심하다.

TIP ② 플래툰형은 학급을 2분단으로 나누어서 한쪽이 일반교실을 사용할 때 다른 한쪽이 특별교실을 사용하는 것으로 이용률이 높아진다.

9 다음은 교사의 배치형의 비교를 나타낸 표이다. 옳지 않은 것은?

	구분	폐쇄형	분산병렬형
①	부지	부지이용이 효율적이다.	넓은 부지를 필요로 한다.
②	교사주변활용	정원 · 놀이터 등으로 이용한다.	비효율적이다.
③	환경조건	불균등	균등
④	동선	짧다.	길어진다.

TIP ② 폐쇄형은 교사주변을 활용하는 데 효율이 떨어진다.

10 다음은 Open school에 관한 설명이다. 옳지 않은 것은?

① 학급단위 방식을 부정한 방식이다.

② 인공에 의한 환기와 조명이 필요하다.

③ 경제적 방식이다.

④ 티칭머신의 활동이 전제되어야 한다.

TIP ③ Open school은 가장 비경제적인 방식이다.

Answer 8.② 9.② 10.③

11 다음 중 단층교사에 대한 설명으로 옳은 것은?

① 전기 · 급배수 · 난방 등의 부대시설이 집중되어 효율적이다.

② 부지의 이용률이 높다.

③ 실외학습활동을 하기에 부적절하다.

④ 화재나 재해 시 대피가 유리하다.

TIP 단층교사
㉠ 교실에서 밖으로 출입을 할 수가 있기 때문에 복도가 혼잡하지 않다.
㉡ 화재 · 재해 시 대피하는 데 있어서 유리하다.
㉢ 채광 · 환기가 유리하다.
㉣ 실외학습활동을 연장할 수 있다.
㉤ 내진 · 내풍구조에 용이하다.
㉥ 화약약품이나 소음이 큰 작업 등의 격리가 가능하다.

12 교실의 배치계획 중 옳지 않은 것은?

① 교실의 크기는 7×9m 정도가 적당하며 저학년의 경우 9×9m가 적당하다.

② 출입구는 각 교실마다 2개소를 설치하도록 한다.

③ 채광창의 유리면적은 실면적의 $\frac{1}{20}$ 이상으로 해야 한다.

④ 창대의 높이는 초등학교 80cm, 중학교 85cm가 적당하다.

TIP ③ 교실의 채광창 유리면적은 실면적의 $\frac{1}{10}$ 이상으로 해야 한다.

Answer 11.⑤ 12.③

13 **유치원 · 보육원의 계획에 대한 설명으로 옳지 않은 것은?**

① 1학급 당 15 ~ 20명 정도의 인원수가 좋지만 보통 20 ~ 30명 정도를 기준으로 계획한다.
② 1인당 옥외공간은 아동 1인당 교육공간 면적의 약 3배 크기로 한다.
③ 교실은 되도록 남향이 되도록 배치한다.
④ 교사는 원칙적으로 단층건물로 해야 한다.

TIP ② 1인당 옥외공간은 아동 1인당 교육공간 면적의 약 2배 크기로 한다.

14 **다음 중 학교계획에 관한 설명으로 옳지 않은 것은?**

① 학교 교지의 형태는 장변과 단변의 비는 4 : 3 정도로 하는 것이 좋다.
② 초등학교의 저학년은 1층에 위치하도록 하며 교문에 근접하게 위치시키도록 한다.
③ 음악교실은 다른 교실에 피해를 주지 않기 위해 잔향은 없애고 흡음재를 사용하여 음원을 감추도록 한다.
④ 도서실은 전체 학생수의 10 ~ 15% 정도가 이용하는 것으로 보고 고려한다.

TIP ③ 음악교실은 적당한 잔향을 갖도록 해야 하나 다른 교실에 피해를 줄이기 위해 적절하게 흡음재와 반사재를 사용하도록 한다.

Answer 13.② 14.③

제6편 교육시설

02 도서관

01 개요 및 기본계획

1 개요

(1) 도서관의 종류

① **공공도서관**(Public library) … 도서, 기록, 기타 필요한 자료를 수집 · 정리 · 보존해서 일반 공중의 정보이용 · 문화활동 및 평생교육을 증진하는 것을 목적으로 하는 도서관을 말한다.

② **대학도서관**(College or unirersity library)

㉠ 지적자원의 보존기능을 수행함과 동시에 학문의 존속적인 기구로서 대학의 중점적인 기능을 수행해야 한다.

㉡ 자료보존에 그치지 않고 효과적인 이용을 시도하고, 교수와 학생의 연구 및 교육을 지원할 중요한 목적을 가진다.

③ **전문도서관** … 관공서, 기업체 등에서 특정분야에 관한 전문적인 자료를 수집해 업무상 편의를 도모하는 도서관을 말한다.

④ **국회도서관** … 자료 수집을 해서 국회의원의 직무수행에 도움이 되도록 하고, 동시에 국민을 대상으로 행정 및 사법의 부문에 대한 봉사활동을 하는 도서관을 말한다.

⑤ **특수도서관** … 병영도서관, 맹인도서관, 병원도서관, 해양도서관 등과 같은 국가, 지방자치단체, 기타 법인과 단체가 도서자료를 수집, 정리, 보존하여 그 소속원의 학습 · 교양 · 조사 · 연구 및 문화활동을 위한 도서관 봉사를 제공하는 도서관을 말한다.

TIP

공립 공공도서관

㉠ 공립 공공도서관 중 작은 도서관은 건물면적 33m^2 이상, 열람석 6석 이상이어야 한다.

㉡ 공립 공공도서관에서 봉사대상 인구가 2만 명 미만인 시설은 건물면적 264m^2 이상, 열람석 60석 이상이어야 한다.

㉢ 공립 공공도서관에서 전체 열람석의 20% 이상은 어린이를 위한 열람석으로 하여야 한다.

㉣ 공립 공공도서관에서 전체 열람석의 10% 범위의 열람석에는 노인과 장애인의 열람을 위한 편의시설을 갖추어야 한다.

㉤ 장애인도서관에서 시각장애인의 이용을 주된 목적으로 하는 경우 건물면적 $66m^2$ 이상, 자료실 및 서고의 면적은 건물면적의 45% 이상이어야 한다.

(2) 도서관의 기능

① **관내의 열람** … 열람자가 필요로 하는 자료를 관내에 두어 직접 열람하도록 하는 방식이다.

② **관외의 열람** … 미리 등록되어 있는 사람들에 대해서 일정기간 동안 도서를 대출하고 관외에서도 열람할 수 있도록 하는 서비스이다.

③ **레퍼런스 서비스**(Reference service) … 관원이 이용자의 질문, 의문, 조사에 대해 적절한 자료를 제공하여 해결을 돕는 방식이다(참고실).

④ **관외활동**

㉠ 시간적이나 지리적으로 제약을 받아 도서관에 오기 힘든 사람들을 대상으로 지역사회의 중심에 Station 배본소, 등록단체 등을 만들어 그곳에서 도서를 대출하는 방식이다.

㉡ Book mobile 방식

- 도서관의 대외 활동시설의 자동차 문고이다.
- 수용도서 1,000권 이상의 도서를 수용한다.

㉢ 배본소 방식, 대출문고(단체대출) 등이 있다.

⑤ **시청각활동** … 영화, 레코드, 오디오 비주얼 등 시청각 자료를 사용하는 활동을 말한다.

⑥ **집회 및 PR활동** … 독서회, 연구회, 전시회, 강연회 등 관련적인 것들을 행하는 집회활동을 말한다.

⑦ 자료의 상호협력을 할 수 있다.

⑧ 복사서비스 등도 제공한다.

(3) 도서관의 설치

① 사립도서관은 인구 60만 도시에 연면적 $1,000m^2$ 이상이 필요하다.

② 인구가 10만 증가 할 때마다 $500m^2$씩 증가시켜서 설치해야 한다.

2 기본계획

(1) 대지선정(도서관의 입지조건)

① 지역사회의 중심적인 위치로서 이용이 편리한 곳

② 채광 · 통풍이 좋고 조용한 곳

③ 보통 1km 이내 거주자가 많이 이용할 수 있는 곳으로 교통이 편리한 곳

④ 아동부가 있을 경우 그 입구가 교통이 빈번한 장소가 아닌 곳

⑤ 장래의 확장을 고려한 충분한 공지를 확보할 수 있는 곳(도서관의 장서는 20년에 약 2배가 되므로 30 ~ 40년 장래에 대해서 충분한 여유대지를 가질 수 있는 곳이어야 한다)

⑥ 환경이 양호하며 각종 재해의 위험이 없는 곳

⑦ 주차면적의 확보가 가능한 곳

⑧ 연령별 도서관의 입지조건

㉠ 아동도서관

- 1층의 북쪽 및 동쪽에 큰창을 가진 길가에 면한 곳이 좋다.
- 다른 부분과 떨어진 전용의 출입구가 필요하다.
- 공공도서관의 일부를 점유하는 경우가 많다.

㉡ 초 · 중 · 고 도서관

- 1층이나 2층에 있어서 출입구에는 계단이 없는 것이 좋다.
- 독립건물이나 교사중심에서 조용한 환경에 위치한다.

㉢ 대학도서관 : 편리하고 조용한 곳에 위치하는 것이 좋다.

(2) 배치계획

① 도서관의 기능과 성격을 고려해서 결정한다.

② 50% 이상의 확장과 변화의 유연성을 고려해야 한다.

③ 서고의 증축 공간을 반드시 확보해야 한다.

④ 공중의 접근이 용이한 장소이어야 한다.

⑤ 동선은 기능별로 분리해야 한다.

⑥ 열람부분과 서고와의 관계가 중요하며 직원수에 따라 조절한다.

⑦ 융통성의 문제가 처음부터 고려되어야 하기 때문에 Modular plan으로 확장변화에 대응한다.

⑧ 이용자의 출입구와 직원 및 서적의 출입구는 나누도록 한다.

⑨ 지방도서관은 자전거, 오토바이 등을 보관할 수 있도록 현관에 공간을 확보하여 설치한다.

[도서관의 배치]

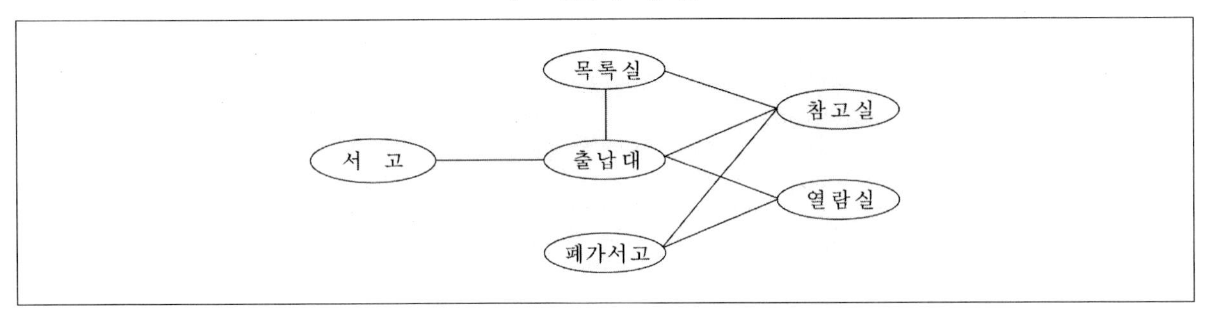

TIP

공간의 구성

㉠ 열람실, 참고실 : 50%

㉡ 서고 : 20%

㉢ 서비스, 기타공간, 복도, 계단 : 12%

㉣ 대출실 : 10%

㉤ 관장실, 사무실 : 8%

기출예제 01 2014 지방직

지역 공공도서관의 건축계획에 대한 설명으로 옳지 않은 것은?

① 지역의 문화와 정보를 중심으로 계획하며 도서관의 공공성에 대해서도 고려한다.

② 장서수 증가 등의 장래 성장에 따른 공간의 증축을 고려한다.

③ 디지털 장서 및 정보검색에 대응하는 디지털 도서관을 고려한다.

④ 중·소규모 도서관의 경우에는 가능하면 한 층당 면적을 적게 하여 고층화할 것을 고려한다.

✱

도서관의 경우 고층화를 하는 것은 여러모로 바람직하지 않다. 특히 지역의 중소규모 도서관의 경우 고층화를 할 정도의 규모로 지어질 필요성이 적다.

답 ④

02 세부계획 및 기타시설

❶ 세부계획

(1) 열람실

① 계획

㉠ 소음으로부터 격리되어야 한다.
㉡ 독서의 분위기 증진을 위해 열람실을 소단위로 분활하여 구획한다.
㉢ 가까운 곳에 복사서비스실을 설치한다.
㉣ 기둥은 서가, 열람석에 방해되지 않도록 모듈을 설정한다.
㉤ 흡음성이 높은 바닥, 천장 마감재를 사용하도록 한다.
㉥ 책상 위의 조도는 600lux 정도가 되도록 한다.
㉦ 직사광선이 실내에 유입되지 않도록 한다.
㉧ 공기조화설비를 한다.
㉨ 대규모보다는 중소규모의 열람실로 계획하여, 관련 서고 가까운 곳에 분산 배치하는 것이 바람직하다.

TIP

열람실의 분산배치

열람실을 남녀별, 연령별 등으로 구분하기 용이하도록 중소규모로 분배하면 시간대별로 몇 개의 열람실은 폐쇄하고 나머지 열람실을 사용할 수 있도록 하여 열람공간을 확보하고 설비부하를 최소화할 수 있다.

TIP

1인당 소요바닥면적

㉠ **성인** : 1.5 ~ 2.0m^2
㉡ **아동** : 1.1m^2 정도
㉢ **통로를 포함했을 때** : 2.2 ~ 2.8m^2(보통 2.5m^2)

② 열람실의 종류와 특징

㉠ 일반열람실

- 일반인과 학생들의 이용률은 7 : 3 정도로 한다.
- 일반인과 학생용 열람실을 분리하도록 한다.
- 크기

–성인 1인당 1.5 ~ 2.0m^2
–아동 1인당 1.1m^2 정도
–1석당 평균면적은 1.8m^2 전후

-실 전체로서 1석 평균 $2.0 \sim 2.5m^2$의 바닥면적이 필요

㉡ 아동열람실

- 실의 크기는 아동 1인당 $1.2 \sim 1.5m^2$를 기준으로 한다.
- 자유개가식의 열람방식으로 한다.
- 획일적인 책상배치를 피하여 자유롭게 열람할 수 있도록 가구를 배치한다.
- 성인과 구별하여 열람실을 설치한다.
- 현관 출입구는 되도록 분리하도록 한다.

㉢ 참고실(Reference room)

- 근래에 도서관의 기능면에서 중요한 역할을 한다.
- 실내에서는 참고서적을 두고 안내석을 배치한다.
- 일반열람실과 별도로 하여 목록실이나 출납실에 가까이 두도록 한다.

㉣ 신문, 잡지 열람실

- 출입이 편리한 현관, 로비, 1층 출입구 부근에 설치한다.
- 일반 열람실과는 떨어진 곳에 위치하도록 하는 것이 좋다.
- 크기는 $1.1 \sim 1.4m^2$/석 정도로 한다.

㉤ 캐럴(Carrel)

- 개인연구실로 이용된다.
- 서고 내에 설치하는 소연구실이다.
- 1인당 $1.4 \sim 4.0m^2$의 면적이 필요하다(보통 $2.7 \sim 3.7m^2$ 정도).

③ 열람실의 크기(A)

$$A = \left(\frac{a}{n} + \frac{b}{m}\right)\alpha$$

- a : 자료수
- b : 좌석수
- α : 여유도
- n : 단위면적당 자료수용능력
- m : 단위면적당 이용자수

④ 열람실의 채광조명

㉠ 눈부심을 피해야 한다.

㉡ 무영이어야 한다.

㉢ 기구를 조명화하도록 한다.

(2) 서고

① 계획

㉠ 서고는 모듈러 플랜(Modular plan)이 가능하다.

㉡ 서고는 도서의 보존 및 수장에 목적이 있으므로 방화 · 방습 · 유해가스 제거에 중점을 두고 공조설비를 갖추도록 한다.

㉢ 공간에 합리적으로 도서를 수장해서 출납의 관리가 편리하도록 한다.

㉣ 도서의 증가에 따른 장래의 확장성을 고려하도록 한다.

㉤ 서고의 높이는 2.3m 전후로 한다.

② 서고의 위치

㉠ 열람실의 내부 및 주변

㉡ 건물의 후부에 독립된 위치

㉢ 지하실 등

㉣ Modular system에 의한 이동이 가능한 곳

[서고의 위치]

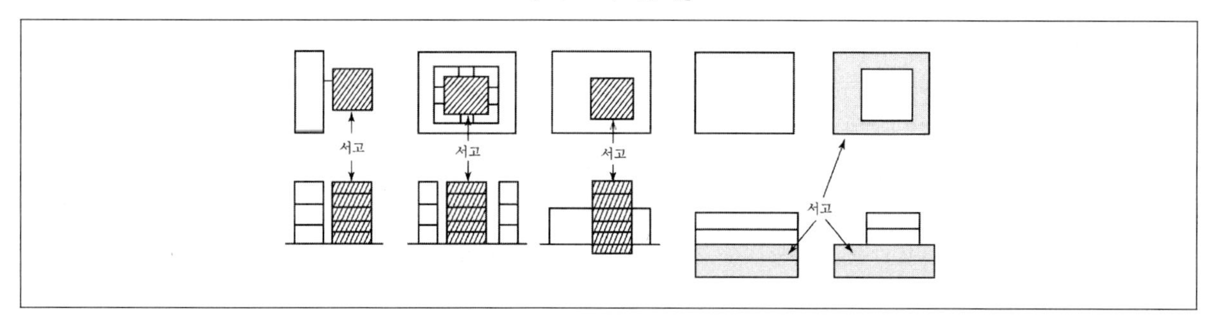

③ 서고의 크기

㉠ 책선반 1단 길이 : 20 ~ 30권/1m(보통 25권/1m)

㉡ 서고면적 : 150 ~ 250권/1m^2(평균 200권/m^2)

㉢ 서고공간 : 약 66권/1m^3

④ 서가의 배열

㉠ 서가의 배열은 보통 평행직선형으로 한다.

㉡ 불규칙한 배열은 손실이 많다.

㉢ 통로의 폭은 0.75 ~ 1.0m 정도로 한다.

㉣ 서가 사이를 열람자가 사용할 경우에는 1.4m 정도로 한다.

㉤ 서가의 높이는 2.1m 전후로 한다.

㉥ 서고는 분리시키지 않는다.

⑤ 서가의 수용능력(서가의 크기)

㉠ 길이 1m, 높이 7면 양단인 경우 1단에 약 30권씩 약 420권 수용하게 된다.

㉡ 간격을 1.5m로 하면 바닥면적 1m^{2}당 28권을 수용하게 된다.

[서가의 간격]

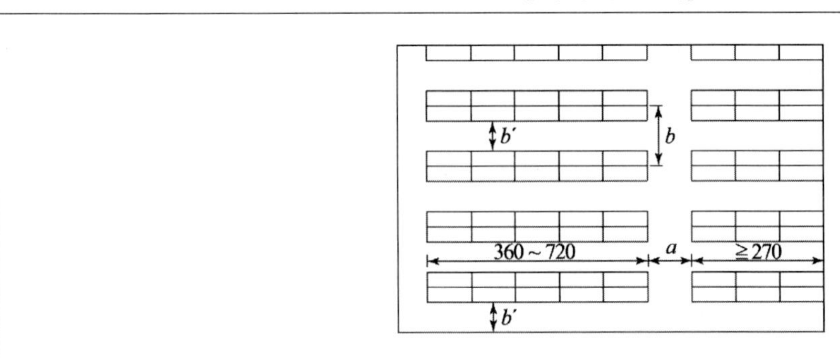

구분	a(cm)	b(cm)	b' (cm)
개가식	150 ~ 200	165 ~ 300	120 ~ 156
폐가식	95 ~ 150	125 ~150	80 ~ 105
주통로	180 ~ 200	180 ~ 200	155 ~ 175

⑥ 자료 · 서적의 보존상 고려조건

㉠ 온도 16℃, 습도 63% 이하로 유지한다.

㉡ 자료 자체가 내구적이어야 한다.

㉢ 내화, 내진 등을 고려한 건물과 서가가 재해에 대해서 안전해야 한다.

㉣ 철저한 관리와 점검이 이루어질 수 있어야 한다.

㉤ 도서의 보존을 위해서 어두운 편이 좋고 인공조명, 환기, 방습, 방온과 함께 세균의 침입을 막도록 한다.

TIP

자료 · 서적의 보존의 한계

㉠ 조도는 50 ~ 100lux 정도

㉡ 직접 복사열을 피해야 함

㉢ 온도가 -7℃ 이하일 때는 아교가 터짐

㉣ 습도가 80% 이상이면 곰팡이가 생김

㉥ 습도가 20% 이하면 책이 약해짐

⑦ 서고의 구조

㉠ 적층식

• 장서의 능률이 뛰어나다.

• 근대 서가에서 많이 채용한다.

- 내진, 내화에 대해서 고려해야 한다.
- 대단위의 서고처럼 건물의 한쪽을 최하층에서 최상층까지 차지할 수 있는 경우로 특수 구조로 할 수가 있다.

㉡ 단독식

- 건물 각층 바닥에 서가를 놓는 방식이다.
- 고정식이 아니므로 평면계획상 유연성이 있다.
- Modular plan을 할 경우 각 면적에 조화를 줄 수 있다.

㉢ 절충식

- 적층식과 단독식을 절충시킨 방법이다.
- 적층식 서가 3층에 열람실, 사무실 구조체 슬래브 2층을 조합시킨 것이다.
- 서고 구조체의 일부에 계획할 때 적합하다.

⑧ 출납형식의 종류 및 특징

㉠ 폐가식(Closed system)

- 개념 : 열람자가 책의 목록을 파악하여 선택하고 관원에게 대출의 기록을 제출한 후에 대출받는다.
- 서고와 열람실이 분리되어 있다.
- 장점
  - 도서의 유지 및 관리가 양호하다.
  - 감시가 필요하지 않다.
- 단점
  - 대출의 절차가 복잡하다.
  - 관원의 작업량이 많아진다.
  - 희망한 내용이 아닐 수도 있다.

㉡ 자유개가식(Free open system)

- 개념 : 열람자가 스스로 서가에서 책을 고르고 꺼내어 검열을 받지 않고 열람할 수 있다.
- 보통 1실형이며 10,000권 이하의 서적을 보관하고 열람하기에 적당하다.
- 장점
  - 책의 선택 및 파악이 자유롭고 용이하다.
  - 책의 목록이 없어서 간편하다.
  - 책의 선택시 대출기록의 절차가 없어 분위기가 좋다.
- 단점
  - 책의 마모 및 손실이 크다.
  - 서가가 정리가 안 되면 혼란스럽게 된다.

[출납형식의 종류]

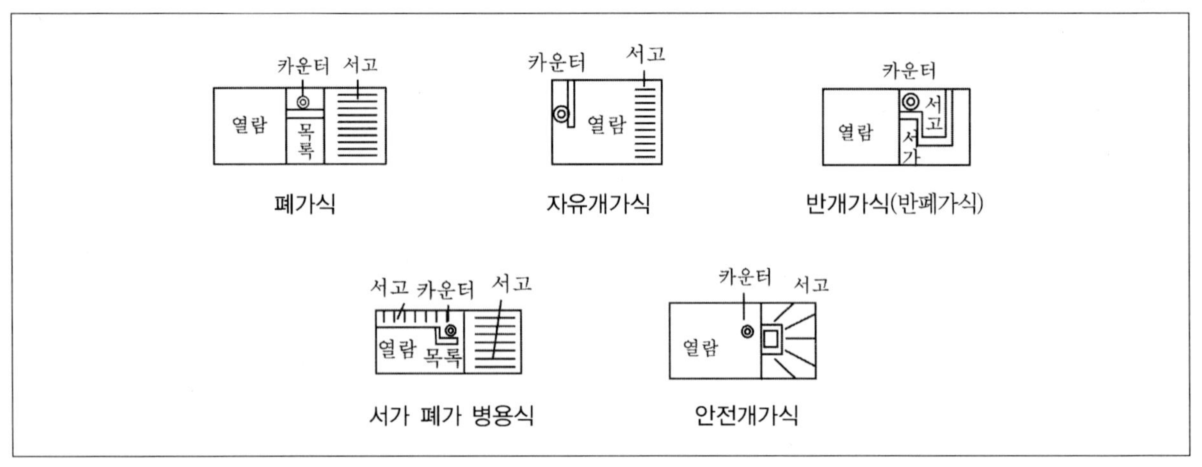

㉢ **반개가식**(반폐가식 : Semi open access)

• 개념 : 열람자가 직접 서가에 면하여 책의 표지나 체제 정도를 보고, 내용을 보기 위해서는 관원에 요구하여 대출기록을 남긴 후 열람하는 방법이다.

• 신간서적 안내에서 사용되며, 다량의 도서에는 부적당하다.

• 특징

– 출납의 시설이 필요하다.

– 서가의 열람이나 감시가 불필요하다.

㉣ **안전개가식**(Safe guarded open access)

• 개념 : 열람자는 책의 목록에 의해 책을 선택하여 관원에게 대출을 기록한 후 대출받는다.

• 서고와 열람실은 분리되어 있다.

• 특징

– 출납 시스템이 필요하지 않다.

– 혼잡하지 않다.

– 도서열람의 체크시설이 따로 필요하다.

– 감시가 필요하지 않다.

– 서가의 열람이 가능하여 직접 책을 고를 수 있다.

| 기출예제 02 2009 지방직

도서관의 출납시스템에 대한 설명 중 옳지 않은 것은?

① 안전 개가식은 이용자가 자유롭게 도서/자료를 꺼내볼 수 있으며, 도서열람의 체크시설이 필요치 않다.

② 반 개가식은 서가의 열람이나 감시가 필요치 않은 형식으로 주로 새로 출간된 신간서적 안내에 채용되는 형식이다.

③ 폐가식은 주로 대규모 도서관의 서고에 적합하며, 도서의 관리 및 유지가 양호하다.

④ 자유 개가식은 도서대출 기록의 제출이 필요 없는 관계로 책 열람 및 선택이 자유롭다.

*

안전개가식은 도서열람의 체크시설이 필요하다.

답 ①

2 기타 시설

(1) 소독실

장서 3,000권에 대해서 $10m^2$를 표준으로 한다.

(2) 시청각 자료실

① 마이크로 리더, 음악실, 영사실 등의 설비가 필요하다.

② 각각의 다른 분야의 방해방지를 위해 그룹핑을 고려하도록 한다.

(3) 목록실

① **소규모 도서관** … 중앙에 설치하지 않고 각 부분별로 서가에 배치하는 경우가 많다.

② **대규모 도서관** … 5 ~ 15개의 케이스의 조를 대위에 놓고 카운터 책상 근처에 설치하도록 한다.

(4) 고문서실

① 자료가 없어지는 것에 대해서 주의해야 한다.

② 실물의 열람을 위해 일반열람실과는 분리된 개실이나 전용공간을 설치해야 한다.

③ 내화, 방습의 주의가 특히 필요하다.

3 도서관의 종류별 시설 및 도서관 자료의 기준

(1) 공립 공공도서관

봉사대상 인구(명)	시설		도서관자료	
	건물면적(m^2)	열람석(좌석 수)	기본장서(권)	연간증서(권)
2만 미만	264 이상	60 이상	3,000 이상	300 이상
2만 이상 5만 미만	660 이상	150 이상	6,000 이상	600 이상
5만 이상 10만 미만	990 이상	200 이상	15,000 이상	1,500 이상
10만 이상 30만 미만	1,650 이상	350 이상	30,000 이상	3,000 이상
30만 이상 50만 미만	3,300 이상	800 이상	90,000 이상	9,000 이상
50만 이상	4,950 이상	1,200 이상	150,000 이상	15,000 이상

① "봉사대상 인구"란 도서관이 설치되는 해당 시[구가 설치된 시는 제외하며, 도농복합형태의 시는 동(洞)지역에만 해당한다] · 구(도농복합형태의 시는 동지역에만 해당한다) · 읍 · 면지역의 인구를 말한다.

② 봉사대상 인구가 2만 명 이상인 공립 공공도서관에는 열람실 외에 참고열람실 · 연속간행물실 · 시청각실 · 회의실 · 사무실 및 자료비치시설 등의 시설을 갖추어야 한다.

③ 전체 열람석의 20% 이상은 어린이를 위한 열람석으로 하여야 하고, 전체 열람석의 10퍼센트 범위의 열람석에는 노인과 장애인의 열람을 위한 편의시설을 갖추어야 한다.

④ 공립 공공도서관에는 기본장서 외에 다음 각 목에서 정하는 자료를 갖추어야 한다.

㉠ 봉사대상 인구 1천 명당 1종 이상의 연속간행물

㉡ 봉사대상 인구 1천 명당 10종 이상의 시청각자료를 갖추되, 해마다 봉사대상 인구 1천 명당 1종 이상의 시청각자료를 증대할 것

㉢ 그 밖의 향토자료 · 전자자료 및 행정자료

(2) 사립 공공도서관

공립 공공도서관의 시설 기준 중 봉사대상 인구가 2만 명 미만인 지역의 도서관이 갖추어야 하는 시설을 갖추어야 한다.

시설		도서관자료
건물면적	열람석	
$33m^2$ 이상	6석 이상	1,000권 이상

※ 건물면적에 현관 · 휴게실 · 복도 · 화장실 및 식당 등의 면적은 포함되지 아니한다.

(3) 장애인도서관(시각장애인의 이용을 주된 목적으로 하는 경우에만 해당한다)

시설		도서관자료	
건물면적	기계 · 기구	장서	녹음테이프
66m² 이상(이중 자료열람실 및 서고의 면적이 45% 이상일 것)	1. 점자제판기 1대 이상 2. 점자인쇄기 1대 이상 3. 점자타자기 1대 이상 4. 녹음기 4대 이상	1,500권 이상	500점 이상

※ 건물면적에 현관 · 휴게실 · 복도 · 화장실 및 식당 등의 면적은 포함되지 아니한다.

(4) 전문도서관(공중의 이용을 주된 목적으로 하는 경우에만 해당한다)

시설 및 도서관자료의 기준
열람실 면적이 165m², 전문 분야 자료가 3천권(시청각 자료인 경우에는 3천점) 이상이어야 한다.

최근 기출문제 분석

2012 국가직

1 도서관의 출납시스템에 대한 설명으로 옳지 않은 것은?

① 개가식은 열람자가 도서를 자유롭게 서고에서 꺼내서 열람할 수 있는 시스템이다.

② 안전개가식은 서고에서 도서를 자유롭게 찾아볼 수 있으나 열람 시에는 카운터에서 사서의 검열을 거친다.

③ 폐가식은 목록에서 원하는 책을 사서에게 신청하여 받은 다음 열람할 수 있는 시스템이다.

④ 반개가식은 시간대별로 개가식과 폐가식으로 시스템을 바꾸어 운영하는 절충형 시스템이다.

TIP 반개가식은 자유개가식과 안전개가식을 혼용한 시스템이다.

2010 국가직 (7급)

2 도서관 계획에 대한 설명으로 옳은 것은?

① 대규모보다는 중소규모의 열람실로 계획하여, 관련 서고 가까운 곳에 분산 배치하는 것이 바람직하다.

② 대지의 2면에 도로가 접하는 경우 주도로는 일반 방문객의 접근에 이용하고 다른 도로는 집회전용 접근로로 구분하는 것이 좋다.

③ 출납시스템의 종류에는 개가식, 반개가식, 폐가식, 전자출납식이 있다.

④ 최근에는 서고 내에 도서운반의 편리를 위하여 북모빌(book mobile)을 사용하는 경향이 있다.

TIP ② 도로가 대지의 일면에 접하는 경우는 전면도로를 향해서 건물을 배치하되 이용자와 관원, 자료의 동선이 교차하지 않도록 유의하여 계획되어야 한다. 도로가 대지의 양면에 접할 경우 도로와 면하게 건물을 배치하고 주도로는 이용자의 접근이, 다른 도로는 관리자의 접근이 쉽도록 한다.
③ 출납시스템의 종류에는 개가식, 반개가식, 폐가식, 안전개가식이 있다.
④ 북모빌(book mobile)은 일종의 이동도서관으로서 과소 지역 등에서의 도서관 이용을 위해 자동차에 도서 자료를 싣고 대출을 하는 이동도서관이다.

Answer 1.④ 2.①

출제 예상 문제

1 도서관 서고에 관한 설명으로 옳지 않은 것은?

① 자연조명과 인공조명을 이용하여 밝게 한다.
② 서고의 출납형식 중 자유개가식은 책의 마모 및 손실이 적은 편이다.
③ 서고의 온도는 16℃, 습도는 63% 이하로 유지시켜야 한다.
④ 서고공간 $1m^3$당 약 66권 정도의 책을 보관하도록 한다.

TIP ① 도서관의 조명은 인공조명을 위주로 계획해야 한다. 또한 도서관의 서고는 도서의 보존을 위해서 어두운 편이 좋고 인공조명, 환기, 방습, 방온과 함께 세균의 침입을 막아 손실을 줄여야 한다.

2 다음 중 도서관 계획에서 Carrel의 역할로 옳은 것은?

① 서가의 배열방식
② 대출방식
③ 책을 나르는 기구
④ 개인연구석 또는 실

TIP 캐럴(Carrel)
㉠ 개인연구실로 이용된다.
㉡ 서고 내에 설치한 소연구실이다.
㉢ 1인당 1.4 ~ 4.0m^2의 면적을 필요로 한다.(보통은 2.7 ~ 3.7m^2 정도로 한다)

Answer 1.① 2.④

3 **다음 중 도서관 건축계획에 관한 설명으로 옳지 않은 것은?**

① 열람실 부분은 서고보다 층고를 높게 한다.
② 아동열람실은 개가식이 유리하다.
③ 서고부분은 장차 확장할 수 있도록 고려되어야 한다.
④ 서고는 책의 식별을 위하여 되도록 밝아야 한다.

TIP 자료 및 서적의 보존상 조건
㉠ 온도 16℃, 습도 63% 이하로 유지한다.
㉡ 자료 자체가 내구적이어야 한다.
㉢ 내화 · 내진 등을 고려한 건물과 서가가 재해에 대해서 안전해야 한다.
㉣ 철저한 관리와 점검이 이루어져야 한다.
㉤ 도서의 보존을 위해서 어두운 편이 좋고 인공조명, 환기, 방습, 방온과 함께 세균의 침입을 막도록 해야 한다.

4 **도서관의 배치계획에 대한 설명이다. 이 중 옳은 것은?**

① 도서관의 계획 시 적어도 30% 이상의 확장에 순응할 수 있도록 고려해야 한다.
② 기능별로 동선을 분리하여 계획하도록 한다.
③ 이용자, 직원, 서고의 출입구는 굳이 분리하지 않아도 된다.
④ 서고의 자료 및 서적은 오래된 것을 폐기하기 때문에 적당한 크기의 공간만을 확보하도록 한다.

TIP 도서관의 배치
㉠ 도서관의 기능 및 성격을 고려해서 결정한다.
㉡ 도서관의 계획은 50% 이상의 확장변화의 유연성을 고려해야 한다.
㉢ 서고의 증축공간을 반드시 확보해야 한다.
㉣ 공중의 접근이 용이한 장소이어야 한다.

5 **도서관에 20만권의 책을 수장할 계획이다. 서고의 면적으로 적합한 것은? (단, 평균값으로 계산한다)**

① $500m^2$ ② $1,000m^2$
③ $1,500m^2$ ④ $2,000m^2$

TIP 서고의 면적은 $1m^2$당 평균 200권을 수장하므로 200,000÷200권 = $1,000m^2$

Answer 3.④ 4.② 5.②

6 **다음은 도서관의 서고에 대한 설명이다. 옳지 않은 것은?**

① 서고의 면적은 $1m^2$당 150 ~ 250권 정도로 보며, 평균 200권으로 산정한다.
② 인공조명을 생각하고 직사광선을 방지해야 한다.
③ 출납의 관리가 편리하도록 하며 반드시 도서 및 자료증가에 의한 증축이 용이하도록 한다.
④ 책선반 1단에는 길이 2m당 20 ~ 30권 정도이며 평균 25권으로 산정한다.

TIP ④ 책선반 1단에는 길이 1m당 20 ~ 30권 정도이며 평균 25권으로 산정한다.

7 **서고의 구조를 계획함에 있어서 장서의 능률이 뛰어나 근대 서가에서 많이 채용하는 방식은?**

① 적층식
② 단독식
③ 절충식
④ 통합식

TIP 서고구조의 종류
㉠ 적층식 : 장서의 능률이 뛰어나 근대 서가에서 많이 채용하는 방식이다.
㉡ 단독식 : 건물 각 층 바닥에 서가를 놓는 방식이다.
㉢ 절충식 : 적층식과 단독식을 절충시킨 방법이다.

8 **다음 중 도서관 열람실에 관한 설명으로 옳지 않은 것은?**

① 열람실에는 흡음성이 높은 바닥, 천장 마감재를 사용하도록 한다.
② 일반인과 학생의 실을 따로 분리하지 않아도 된다.
③ Reference room에는 참고서적을 두고 안내석을 배치한다.
④ 아동열람실은 자유개가식으로 하는 것이 좋다.

TIP ② 도서관 열람실의 일반인 : 학생의 비율은 7 : 3 정도로 보며, 각각 일반실과 학생실을 별도로 계획하도록 한다.

Answer 6.④ 7.① 8.②

9 **도서관의 아동열람실을 계획함에 있어서 옳지 않은 것은?**

① 자유개가식으로 계획한다.
② 성인과 구별하여 열람실을 설치한다.
③ 실의 크기는 아동 1인당 1.2 ~ 1.5m^2를 기준으로 한다.
④ 획일적인 책상배치를 하여 정돈된 분위기를 만든다.

TIP ④ 아동열람실은 획일적인 책상배치를 피하도록 하고 자유롭게 열람할 수 있도록 가구를 배치하도록 한다.

10 **다음은 도서관 계획에 대한 설명이다. 옳지 않은 것은?**

① 캐럴은 개인연구실을 말한다.
② 지방도서관의 경우에 자전거나 오토바이 등을 보관할 수 있는 공간을 현관에 설치하도록 한다.
③ 열람실의 가까운 곳에 복사실을 설치한다.
④ 적당한 직사광선을 유도하여 절전에 신경쓰도록 한다.

TIP ④ 도서관의 서고나 열람실 등에는 직사광선은 될 수 있는 한 피하도록 하고 인공조명, 환기, 방습, 방온을 철저히 하여 도서에 세균 등이 침입할 수 없도록 보존해야 한다.

11 **다음 중 도서관 출납시스템에 대한 설명으로 옳지 않은 것은?**

① 자유개가식은 책의 선택 및 파악이 자유롭고 편리하다.
② 폐가식은 도서의 유지관리가 양호하다.
③ 반개가식은 신간서적의 안내에서 사용되며 다량의 도서를 구비하는 곳에서 적합하다.
④ 안전개가식은 도서열람의 체크시설이 따로 필요하다.

TIP 반개가식
㉠ 열람자가 직접 서가에 면하여 책의 표지나 체제의 정보를 보고, 내용을 보기 위해서는 관원에게 요구하여 대출기록을 남기고 열람하는 방법이다.
㉡ 신간서적의 안내에서 사용된다.
㉢ 다량도서를 구비하는 곳은 부적합하다.

Answer 9.④ 10.④ 11.③

12 도서관의 대지를 선정하는 데 있어서 옳지 않은 것은?

① 교통이 편리한 곳
② 지역사회에 있어 약간 중심에서 벗어난 곳
③ 장래 확장을 대비해 충분한 공지가 확보되는 곳
④ 각종 재해방지에 유리한 곳

TIP ② 도서관은 지역사회에 있어서 중심적인 위치로 보통 1km 이내 거주자가 많이 이용할 것을 대비해서 교통이 편리한 곳으로 한다.

13 다음 도서관에서 성인 200명을 수용할 수 있는 바닥면적으로 알맞은 것은?

① 100 ~ 200m^2
② 200 ~ 300m^2
③ 300 ~ 400m^2
④ 400 ~ 500m^2

TIP 성인 1인당 열람실 바닥면적은 1.5 ~ 2m^2이므로 200명×1.5 ~ 2 = 300 ~ 400m^2

14 열람자가 책의 목록에 의해서 책을 선택하여 관원에게 대출을 기록한 후 대출을 받는 형식의 출납시스템은?

① 폐가식(Closed system)
② 자유개가식(Free open system)
③ 안전개가식(Safe guarded open access)
④ 반개가식(Semi open access)

TIP 안전개가식의 특징
㉠ 서고와 열람실은 분리되어 있다.
㉡ 출납시스템은 필요하지 않으나 도서열람의 체크시설이 따로 필요하다.
㉢ 혼잡하지 않다.
㉣ 감시가 따로 필요하지 않다.
㉤ 서가의 열람이 가능하여 직접 책을 고를 수 있다.

Answer 12.② 13.③ 14.③

15 다음 중 도서관 서고에 대한 설명으로 옳지 않은 것은?

① 서고는 건물 후부의 독립된 위치에 설치하도록 한다.

② 서고의 높이는 2.0m 전후로 한다.

③ 서가의 통로의 폭은 0.75 ~ 1.0m 정도이다.

④ 서가의 불규칙한 배열은 손실이 많으므로 모듈러 플랜을 계획하도록 한다.

TIP ② 서고의 높이는 2.3m 전후로 한다.

16 열람실의 채광조명에 대한 설명으로 옳은 것은?

① 무영을 적용한다.

② 적당한 밝기를 요하므로 400lux 이상으로 계획한다.

③ 기구를 별도로 보고 조명계획을 한다.

④ 자연채광의 유입을 유도하는 것이 좋다.

TIP 열람실 채광조명 계획

㉠ 눈부심을 피한다.(자연채광의 유입을 피한다)

㉡ 무영을 적용한다.

㉢ 200lux 이상의 적당한 밝기로 한다.

㉣ 기구를 조명화하도록 한다.

17 도서관의 공간구성에 있어서 서고는 전체면적의 몇 % 정도를 차지하는가?

① 8%　　② 10%

③ 20%　　④ 50%

TIP 도서관 공간구성

㉠ 열람실, 참고실 : 50%

㉡ 서고 : 20%

㉢ 서비스, 기타 공간, 복도, 계단 : 12%

㉣ 대출실 : 10%

㉤ 관장실, 사무실 : 8%

Answer 15.② 16.① 17.③

18 도서관의 건축계획으로 옳지 않은 것은?

① 캐럴(Carrel)은 서고 내부에 두어도 좋다.

② 서고는 $1m^2$당 150 ~ 250권이며 평균 200권으로 한다.

③ 서고는 자연채광의 유입을 막기 위해 무창으로 해도 좋다.

④ 열람실 성인 1인당 면적은 2.0 ~ $2.5m^2$이다.

TIP 일반 열람실의 크기
㉠ 성인 1인당 : 1.5 ~ $2.0m^2$
㉡ 아동 1인당 : 1.2 ~ $1.5m^2$

19 서고의 위치에 관한 설명으로 옳지 않은 것은?

① 열람실의 내부 또는 주위에 설치한다.

② 건물 내의 후면, 중앙, 지하실을 구획하여 배치한다.

③ 건물의 배면부분에 독립된 위치를 취한다.

④ 모듈러 시스템에 의해 서고의 위치를 고정한다.

TIP ④ 서고실의 계획 시 모듈러 플래닝이 가능하나 위치 선정 시 모듈러 시스템에 의해 위치를 고정하는 것은 장래의 확장 및 증축에 무리를 주므로 바람직하지 않다.

20 도서관의 세부계획으로 옳지 않은 것은?

① 입구를 좁게 하여 감시를 엄하게 한다.

② 열람실 면적산정 시 규모가 커짐에 따라 그에 대한 여유도가 커진다.

③ 캐럴이 인접하거나 마주 대면하고 있을 경우 스크린 등을 설치하여 프라이버시가 유지되도록 한다.

④ 소규모 도서관에는 목록실을 중앙에 설치하기 보다는 각 부분별로 설치한다.

TIP ② 열람실 면적은 자료실과 좌석수 및 서가의 간격이 주어지면 대략적인 산정이 가능하며, 여유도 α는 서가의 높이 및 간격, 열람대의 형상 등의 선택에 의해 결정되는데 열람실의 규모가 커짐에 따라 작아지는 것이 일반적이다.

Answer 18.④ 19.④ 20.②

문화시설

제7편 문화시설

01 공연시설

01 극장

1 기본계획

(1) 대지선정의 조건

① 주변이 번화한 장소일 것

② 교통이 편리한 곳

③ 주차시설이 완벽하고 많은 관객을 유치할 수 있는 곳

④ 기본계획에 있어서 초기에 반드시 도시계획적 조사를 하도록 할 것

⑤ 주차나 피난을 고려해 넓은 도로에 가능한 많이 접하도록 하고 2면 이상의 넓은 도로에 접하거나 개방된 공지가 있는 곳

(2) 대지면적 및 기타면적

① 대지면적

구분	면적
극장	0.9인/m^2
영화관	0.9 ~ 1.26인/m^2

② 현관 … 0.09m^2/객석당

③ 매표소

㉠ 당일 판매되는 1,250석당 1창구가 필요하다.

㉡ 예약석에 대해서도 1창구가 필요하다.

④ 객석수와 면적

구분	객석수/건축면적(m^2)	객석수/연면적(m^2)	관람석/연면적(m^2)
영화관	0.5 ~ 0.9	0.5 ~ 0.8	0.5
일반극장	0.3 ~ 0.45(식당 제외)	0.4 ~ 0.6	0.5
대극장	0.25 ~ 0.4	·	

구분			소요 크기
객석	1인당 점유폭		500 ~ 550mm
	전후 간격		900 ~ 1000mm
	의자	좌석 높이	350 ~ 430mm (바닥에서 의자 앞 끝까지의 높이)
통로	수평(횡적)	등받이 높이	1,000mm 이상
	수직(종적)		객석이 양측에 있는 경우 800mm 이상(1층 객석의 면적이 900m^2 이상이 효과적) 객석이 한쪽에만 있는 경우 600 ~ 1,000mm 이상
관객 1인당 점유 면적			0.7~0.8m^2 (통로포함)

| 기출예제 01

2008 국가직 (7급)

공연장(극장, 영화관, 음악당 등)의 관객석에 관한 내용으로 옳지 않은 것은?

① 일반적으로 극장의 경우, 발코니 하부는 깊이가 개구부 높이의 2배 이상으로 깊어지면 충분한 양의 음이 전달되지 못하므로 바람직하지 않다.

② 연극 등을 감상하는 경우, 배우의 세밀한 표정이나 몸의 동작을 볼 수 있는 한계는 대체로 15m 정도이고, 소규모 오페라와 발레 등의 감상에 적합한 거리는 22m 정도이다.

③ 일반적으로 인간이 색채를 식별할 수 있는 시계각(視界角)은 약 40도이며, 주시력(注視力)을 갖고 볼 수 있는 각도는 10~15도이다.

④ 공연시설에 따른 1인당 실용적(volume)의 적정치는 일반적으로 영화관이 음악당(concert hall)보다 크다.

✱

공연시설에 따른 1인당 실용적의 적정치는 일반적으로 음악당이 영화관보다 크다.

답 ④

⑤ 휴대품 보관소 … 객석 1,000석당 5명의 종업원이 필요하다.

⑥ 로비 및 라운지

구분	로비(1객석당)	라운지(1객석당)
대학극장	0.12m^2	·
영화관	0.09m^2	0.1m^2
일반극장	0.16m^2	0.5m^2
오페라하우스	0.15m^2	0.7m^2

❷ 관객석의 계획

(1) 평면형식

① 오픈 스테이지(Open stage)형

㉠ 개념 : 무대를 중심으로 객석이 동일공간에 있는 형을 말한다.

[오픈 스테이지형]

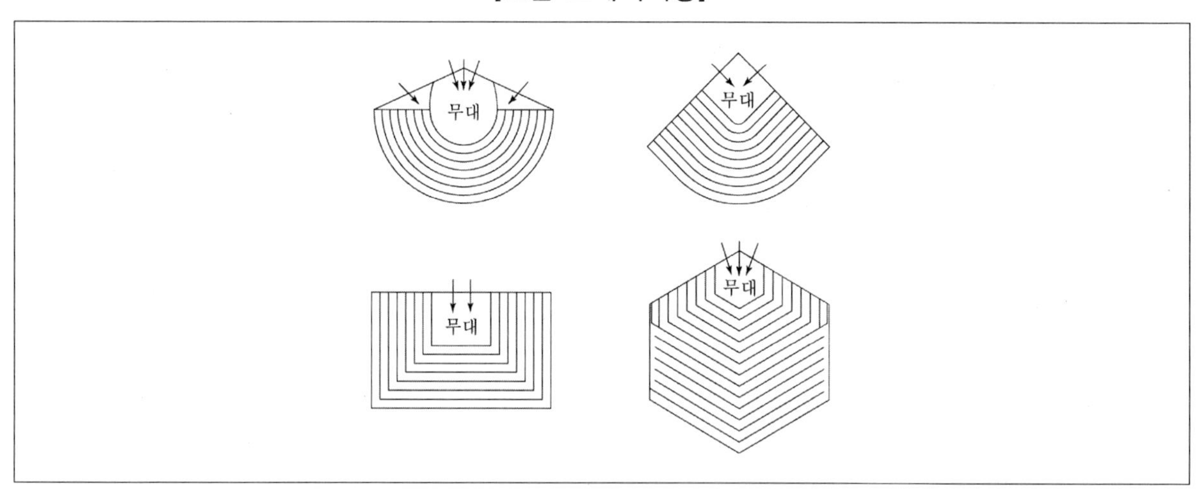

㉡ 특성

- 관객석에 의해서 무대의 대부분을 둘러싸고 많은 사람들은 시각거리 내에서 수용되도록 한다.
- 배우는 무대 아래나 관객석 사이로 출입하도록 한다.
- 관객과 연기자 사이의 친밀감을 높일 수 있다.

㉢ 종류

- 그리스 형식 : 객석이 210°로 둘러싼 형
- 로마 형식 : 객석이 180°로 둘러싼 형
- 부채꼴 형식 : 객석이 90°로 둘러싼 형

• 앤드 스테이지(End stage) : 각도가 없는 관객석을 가진 형

② 애리나 스테이지형(Arena stage, Center stage)

㉠ 개념 : 무대를 객석이 360° 둘러싼 형으로 연기자와 관객을 최대한 접근하도록 한다.

[애리나 스테이지형]

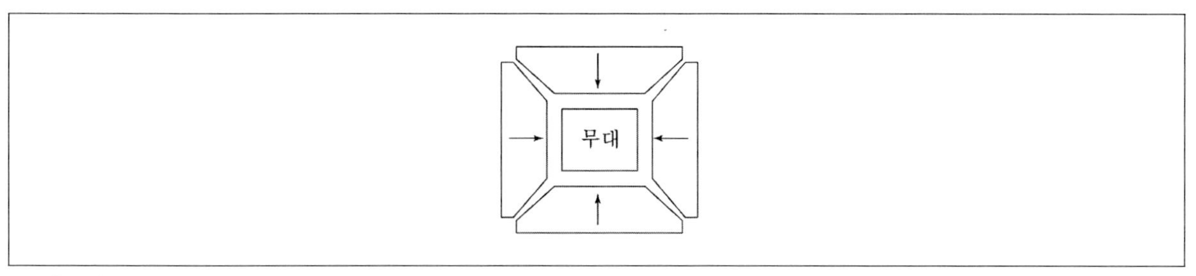

㉡ 장점
- 가까운 거리에서 관람할 수 있다.
- 가장 많은 관객을 수용할 수 있다.
- 무대배경은 낮은 가구로 구성되며 배경을 만들지 않으므로 경제적이다.
- 객석과 무대가 하나의 공간에 있어 긴장감 높은 연극공간을 형성한다.

㉢ 단점
- 관객의 시점이 위치에 따라 현저하게 다르다.
- 연기자가 전체적인 통일효과를 내는 것이 힘들다.

[애리나 스테이지형의 변형]

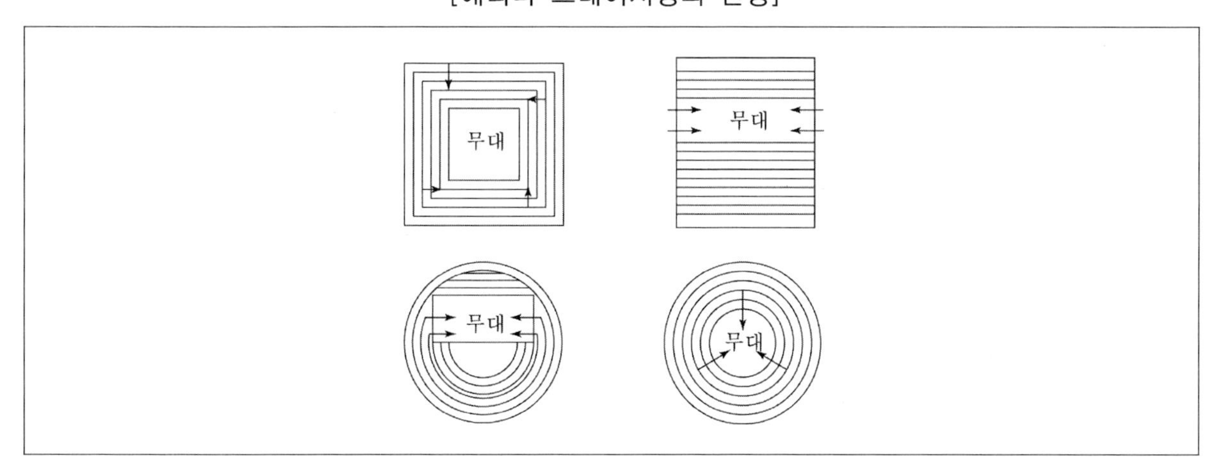

③ **프로시니엄 스테이지**(Proscenium stage : 픽쳐프레임 스테이지)**형**

㉠ **개념** : 프로시니엄(Proscenium)벽에 의해서 연기공간이 분리되어 관객이 프로시니엄 아치의 개구부를 통해서 무대를 보는 형식을 말한다.

[프로시니엄형]

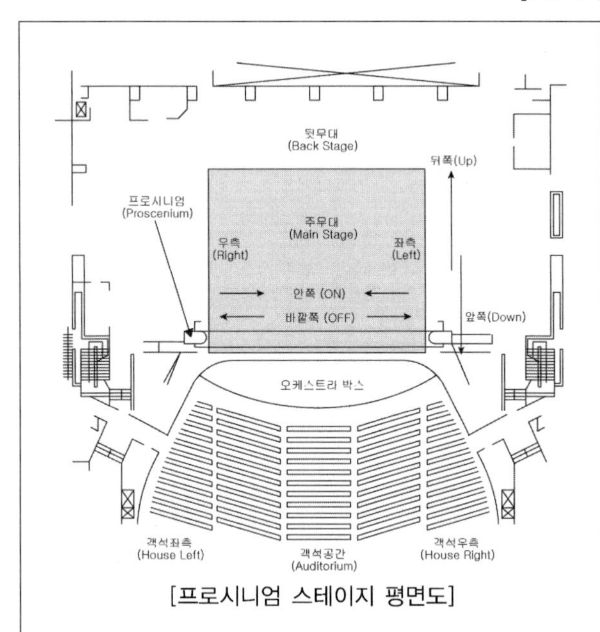

[프로시니엄 스테이지 평면도]

경희대학교 평화의전당 내부]

㉡ **특성**

- 투시도법을 무대공간에 응용함으로써 발생한 것으로 구성화된 느낌이다.
- 강연, 음악회, 연극공연에 좋으며 일반극장의 대부분이 이에 속한다.

㉢ **장점**

- 어떤 배경이라도 창출이 가능하다.
- 관객에게 광원, 장치를 보이지 않고도 여러 가지 장면을 연출할 수 있다.
- 배경은 한 폭의 그림과 같은 느낌을 준다.
- 무대 전면의 오케스트라 박스 등을 이용해서 에이프런 스테이지(Apron stage)로 사용할 수 있다.

㉣ **단점**

- 스테이지 가까이에 많은 관객을 둘 수 없다.
- 연기자는 제한된 한 방향으로만 관객을 대한다.

[액연무대, 에이프런 스테이지가 붙은 형]

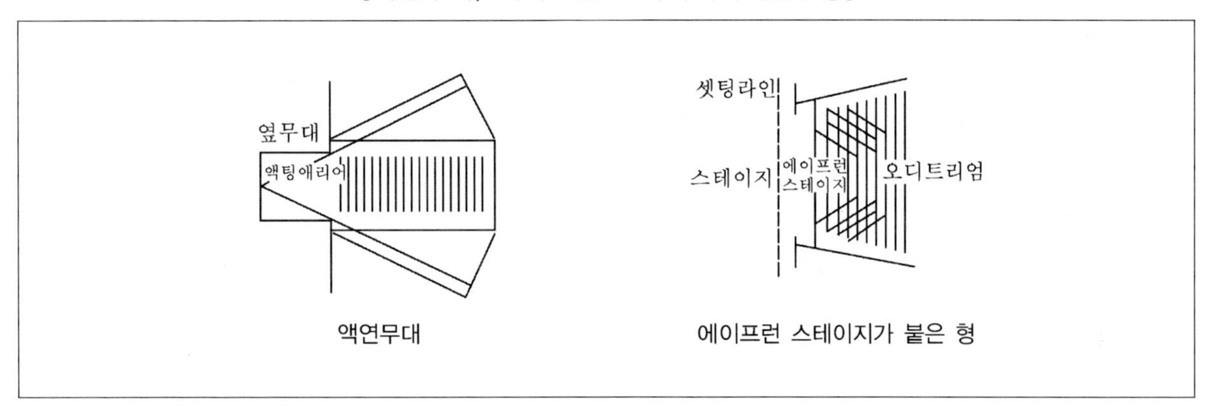

기출예제 02 2010 국가직

공연장 계획에 대한 설명으로 가장 옳지 않은 것은?

① 프로시니엄(Proscenium)은 그림의 액자와 같이 관객의 눈을 무대에 쏠리게 하는 시각적 효과를 갖게 하는 것으로, 일반적으로 정사각형의 형태가 가장 많다.

② 이상적인 공연장 무대 상부 공간의 높이는, 사이클로라마(Cyclorama) 상부에서 그리드아이언(Gridiron) 사이에 무대배경 등을 매달 공간이 필요하므로, 프로 시니엄(Proscenium) 높이의 4배 정도이다.

③ 영화관이 아닌 공연장 무대의 폭은 적어도 프로시니엄아치(Proscenium Arch) 폭의 2배, 깊이는 1배 이상의 크기가 필요하다.

④ 실제 극장의 경우 사이클로라마(Cyclorama)의 높이는 대략 프로시니엄(Proscenium) 높이의 3배 정도이다.

프로시니엄(Proscenum)은 그림의 액자와 같이 관객의 눈을 무대에 쏠리게 하는 시각적 효과를 갖게 하는 것으로, 일반적으로 부채꼴의 형태가 가장 많다.

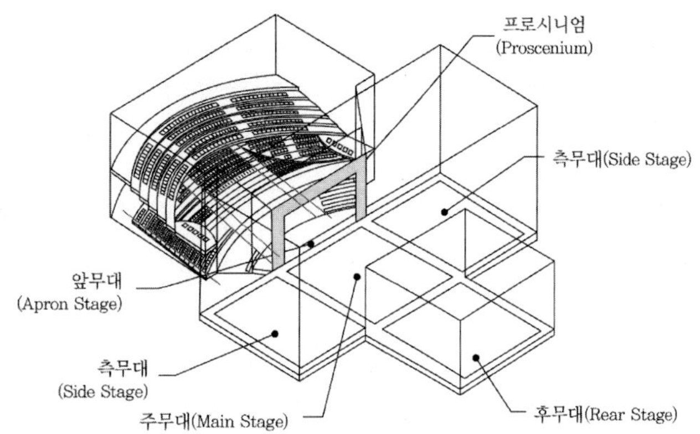

답 ①

④ 가변형 무대(Adaptable stage)

㉠ 개념

- 필요에 따라서 무대의 객석을 변화할 수 있는 형식이다.
- 하나의 극장 내에서 몇 개의 다른 형태의 무대를 만들 수 있게 구성된다.

㉡ 특성

- 최소한의 비용을 들여서 극장을 여러가지로 표현할 수 있다.
- 상연하는 작품성격, 출현방법 등에 따라 최적의 연출을 자아내는 공간을 구성할 수 있는 가능성이 있다.
- 필요에 따라서 무대와 객석의 크기, 모양, 배열, 상호관계 등을 변화시킬 수 있다.
- 실험적 요소가 있는 대학연구소 등의 공간에 많이 이용되어 진다.

[가변형 무대]

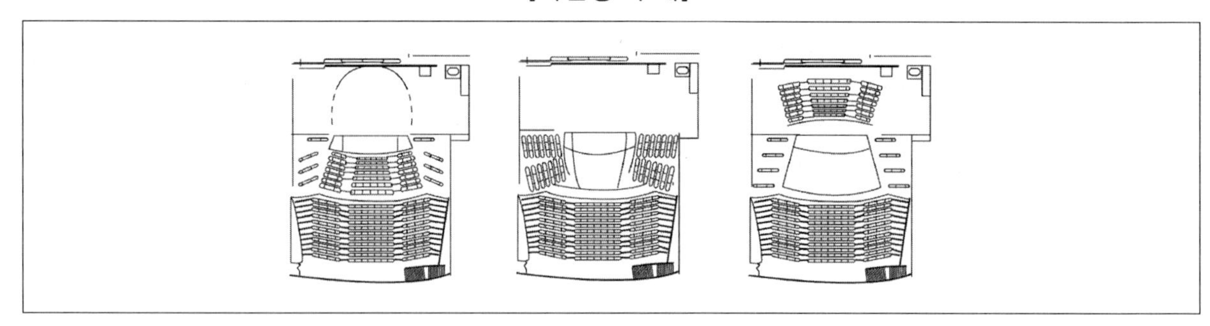

(2) 관객석의 세부계획

① 평면형의 선정

㉠ 관람석은 객석 어디에서나 연기자의 연기와 음성이 명확히 전달될 수 있도록 해야 한다.(시각 · 청각적인 요구 동시만족)

㉡ 시각적, 음향적으로 우수한 부채형, 우절형이 많이 사용된다.

[관람석의 각종 평면형]

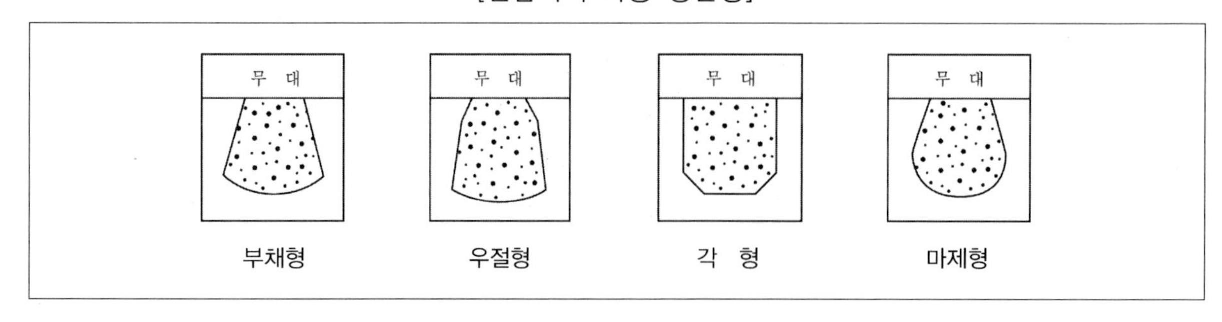

② 가시거리의 선정(가시거리의 한계)

㉠ A 구역

- 배우의 동작이나 표정을 상세히 감상할 수 있는 시선거리이다.
- 생리적 한도로 15m 정도 된다.
- 인형극이나 아동극을 관람하기에 적당하다.

㉡ B 구역

- 실제의 극장건축에서 될 수 있는 한 많은 인원을 수용하려는 생각에서 정한 허용한도이다.
- 22m까지를 1차 허용한도로 정한다.
- 국악, 신극, 실내악을 관람하기에 적당하다.

㉢ C 구역

- 배우의 일반적인 동작만 보이면 감상하는 데는 별 지장이 없는 공연 등을 감상할 때 허용되는 한도이다.
- 2차 허용한도라고 하고 35m까지 둘 수 있다.
- 연극, 뮤지컬, 오페라 등을 관람할 수 있다.

TIP

수평편각의 허용도 … 무대예술의 감상에 있어서 배우의 상호간, 배우와 배경과의 관계 등을 고려하여 중심선에서 60°의 범위 내에서 한다.

[관객석과 좌석의 한계(각도와 거리의 관계)]

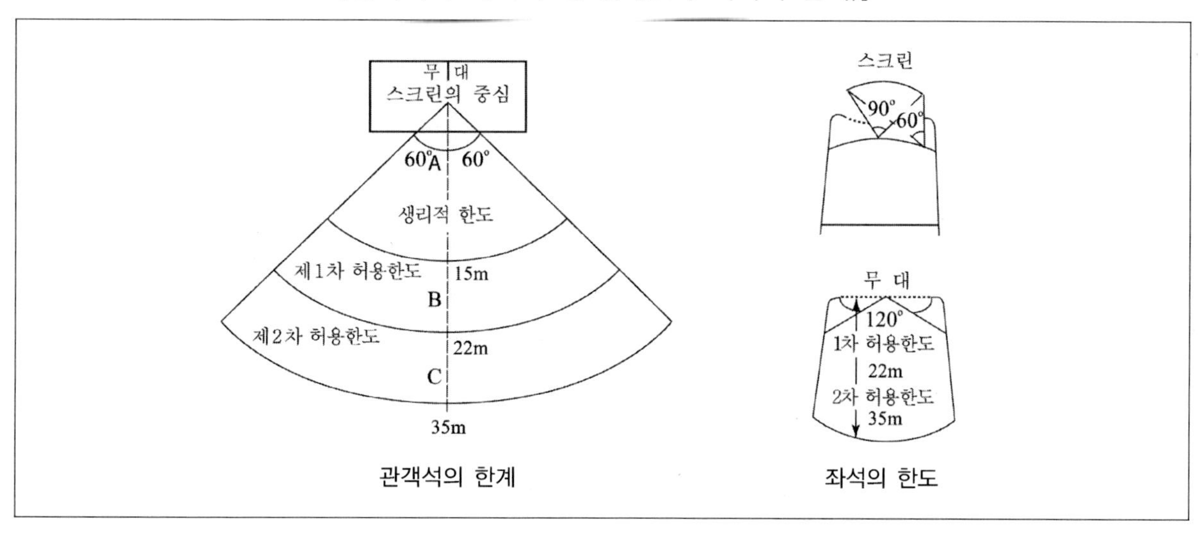

[극장과 영화관의 한계]

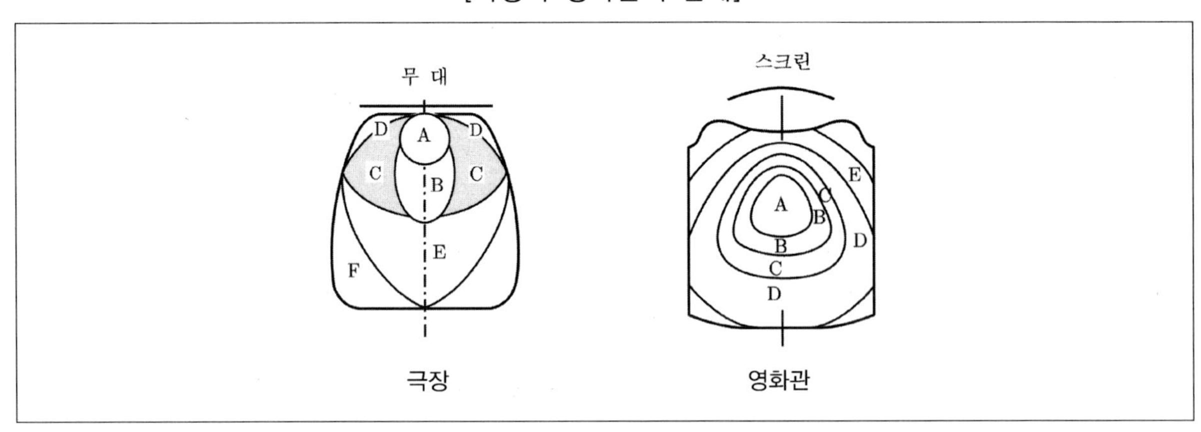

③ 좌석의 한도

㉠ 평면상 최전열 좌석이 스크린에 가까이 할 수 있는 한도 : A ≤ 90°, B ≤ 60°

㉡ 구조상 최전열 좌석이 스크린에 가까이 할 수 있는 한도 : C ≤ 30°, D ≤ 15°

㉢ 스크린과 객석의 거리

- 최소 : 스크린 폭의 1.2 ~ 1.5배
- 최대 : 스크린 폭의 4 ~ 6배(30m) 정도
- 보통 : 스크린 폭의 1.6 ~ 2.0배
- 뒷벽의 객석의 폭 : 스크린 폭의 2.5 ~ 3.5배

㉣ 관람석

- 연면적의 50% 정도
- 1인당 바닥면적 : 0.5 ~ 0.6m^2 정도

㉤ 스크린 크기

- W : 16 ~ 20m
- H : 6 ~ 8m

㉥ 프로시니엄 : 양단에서 무대 막면에 100°의 수평각을 넘는 범위에는 객석을 두지 않도록 한다.

④ 객석의 호감대 … 관객의 선택이 자유로울 경우에는 'A > B > C' 등의 순으로 호감도가 높다.

기출예제 03 2012 국가직 (7급)

공연장 설계에서 고려해야 할 사항들에 대한 설명으로 옳지 않은 것은?

① 발판(gridiron)은 무대막을 제작하기 위해 무대천장에 설치하는 구조물로, 작업자가 안전하게 활동할 수 있도록 발판부터 천장까지 최소 1.8m 정도의 높이가 확보되어야 한다.

② 발코니의 경우, 발코니 하부에서 발코니 깊이는 개구부 높이의 2배 이내로 하며, 2층 발코니 전면에는 음을 반사시켜 음의 혼화도를 높일 수 있도록 반사재를 설치한다.

③ 객석(auditorium)의 벽이나 천장에 일반적으로 사용되는 흡음재로는 코펜하겐리브, 텍스류, 칩보드, 플라스터 등이 있다.

④ 객석(auditorium) 내에서는 직접음과 1차 반사음의 경로차이가 17m 이내가 되도록 음향계획이 되어야 한다.

✱

발코니는 객석길이의 1/3 이내로 함. 발코니의 깊이나 구조는 시각 및 청각적 효과를 통해 종합적으로 검토. 발코니는 가급적 설치하지 않는 것이 좋으나 설치를 해야 한다면 깊이는 발코니 높이의 1.5배 이하, 발코니 후면 객석에서 홀의 천장부분의 면적이 반(1/2) 정도가 보이도록 계획 가능

답 ②

[평면 · 단면상 최전열 좌석의 한도]

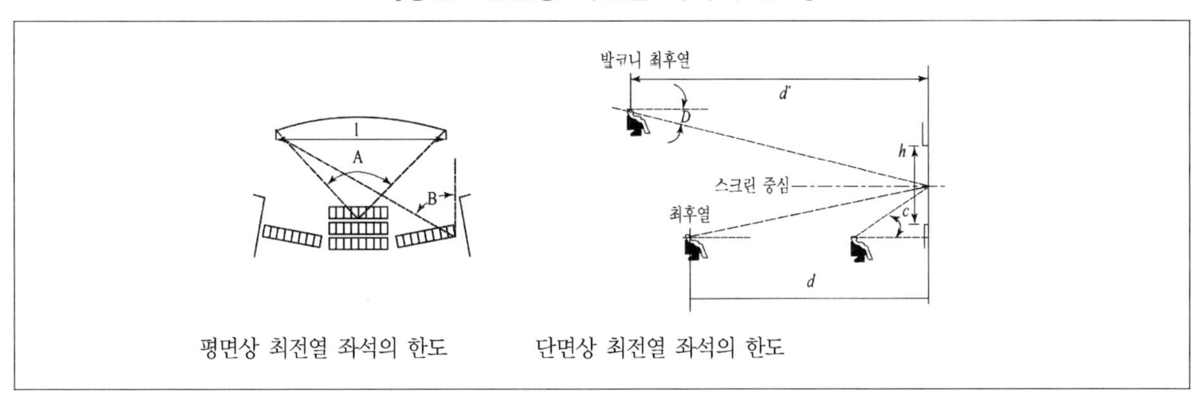

평면상 최전열 좌석의 한도 단면상 최전열 좌석의 한도

⑤ 객석의 음향계획

㉠ 음의 전달계획

- 직접음과 1차 반사음 사이의 경로차를 17m 이내로 한다.
- 잔향시간을 조절한다.
- 천장은 음을 객석에 고루 분산시키는 형이어야 한다.
- 발코니의 길이는 객석 길이의 1/3 이내로 한다.
- 발코니 저면 및 후면은 특히 흡음에 유의해야 한다.

TIP

음악당 객석은 음향계획에 있어 발코니는 설치하지 않는 것이 좋다. (발코니가 음의 불균일한 확산을 유발시키므로 데드포인트를 만들 수 있다.)

ⓛ 소음방지
- 객석 내의 소음은 30 ~ 35dB 이하로 한다.
- 창은 2중창, 문은 2중문을 설치하도록 한다.
- 출입구는 밀폐하고 도로면을 피하도록 한다.
- 영사실의 천장에 반드시 흡음재를 설치하도록 한다.
- 공기의 난류에 의한 소음방지를 위해 덕트를 유선화하도록 한다.

ⓒ 객석의 재료
- 바닥 : 카페트, 리놀륨, 타일, 모르타르
- 벽 · 천장
  - 반사재 : 대리석, 합판, 모자이크 타일, 철판
  - 흡음재 : 코펜하겐리브, 텍스류, 유공보드, 석면 플라스터

[음향계획의 재료사용]

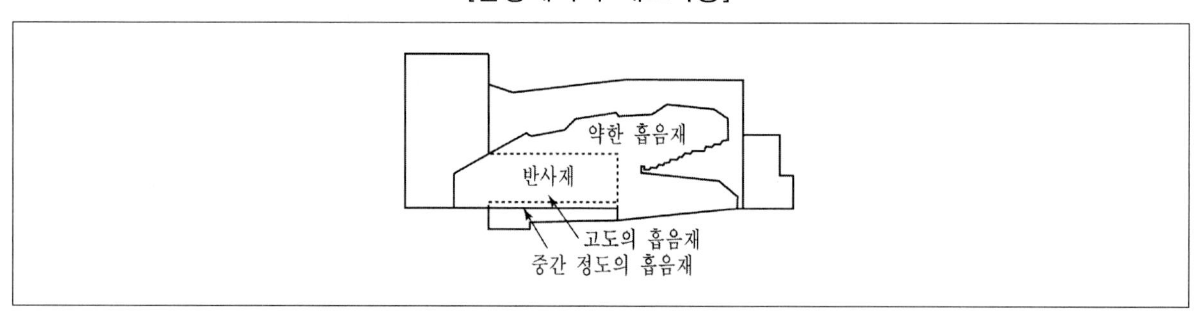

기출예제 04 2007 국가직

건축음향학상 음악당 객석(auditorium) 설계기법으로 옳지 않은 것은?

① 음향 계획에 있어서 발코니는 가능한 한 설치하는 것이 좋다.
② 장방형 실의 경우 실의 길이는 폭의 1.2~2배 이내가 바람직하다.
③ 객석은 실의 중심축으로부터 각각 60° 이내가 적당하다.
④ 객석 후방의 벽면을 흡음재로 구성하면 객석에 소리가 명료하게 들리는 데 도움이 된다.

✱ 음악당 객석의 음향계획에 있어 발코니는 되도록 설치하지 않는 것이 좋다.

답 ①

⑥ 좌석의 배열

㉠ 객석의자의 크기

- 폭은 45cm 이상으로 한다.
- 전후의 간격 : 횡렬 6석 이하는 80cm 이상으로 하며, 횡렬 7석 이상은 85cm 이상으로 한다.

[객석의 치수]

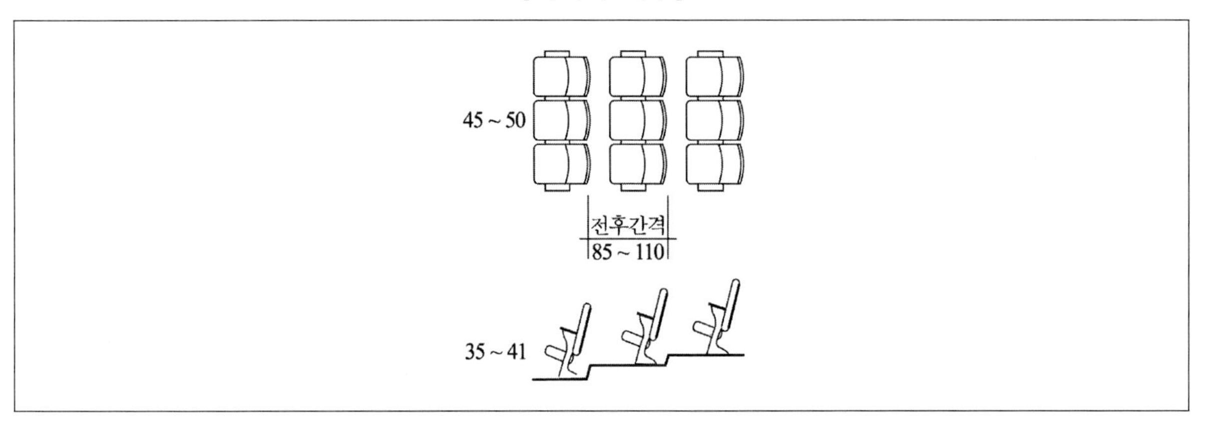

㉡ 통로의 폭

- 세로통로의 폭은 80cm 이상으로 하며 편측통로의 폭은 60 ~ 100cm 정도로 한다.
- 가로통로의 폭은 100cm 이상으로 한다.

[통로 설치기준]

통로 \ 객석		객석 상호 간의 객석수	
		의자 전후간격 90cm 이상	의자 전후간격 90cm 이하
세로통로	중앙부	12석 이내	8석 이내
	편측	6석 이내	4석 이내
가로통로		20석 이내	15석 이내

㉢ 구배 : 1/10(1/12) 정도로 한다.

⑦ 가시선의 계획

㉠ 가시선의 개념

- 앞에 앉은 관객의 머리로 인해서 무대나 스크린이 보이지 않으므로 뒤로 갈수록 바닥을 높여야 하는데 이때 바닥의 기울기를 말한다.
- 프로시니엄의 형태일 경우 전체 객석에서 무대의 Acting area를 볼 수 있도록 한다.

[사이트 라인]

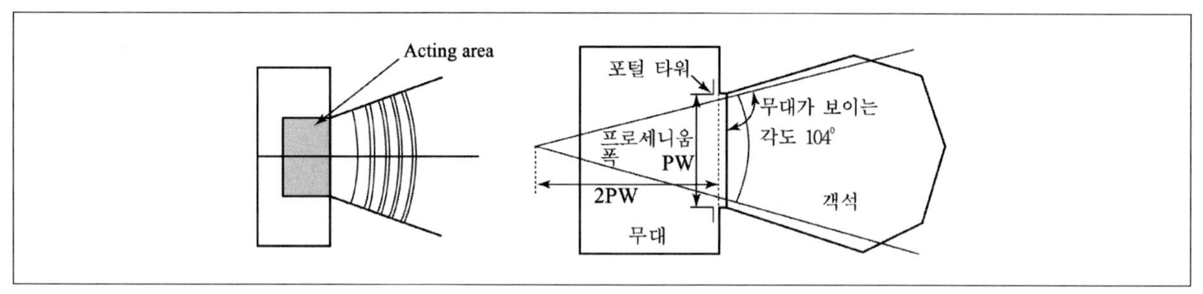

㉡ 가시선의 방법

- 무대의 중심선상에서 프로세니엄 단부와 최단부 좌석을 이은 선이 프로시니엄 폭의 2배의 점까지 보이는 각도를 104°로 계획한다.
- 전열 중앙은 90°, 측면 거리한계는 60°이다.

㉢ **스크린과 객석과의 거리** : 최소 스크린폭의 1.2 ~ 1.5배이며, 최대 4 ~ 6배(30cm)까지로 한다.

㉣ 단면은 1층 최후열 관객의 눈과 프로시니엄의 정점을 이은 선이 2층 발코니 선단에 겹치지 않도록 해야 한다.

㉤ 2층 좌석에서 최후열 관객의 눈이 프로시니엄 정점보다 아래에 있어야 이상적이다.

㉥ 바닥의 경사도는 5 ~ 25° 정도로 한다.

㉦ 스크린 중심과 영사기의 각도는 10° 이내로 한다.

[단면상의 가시선]

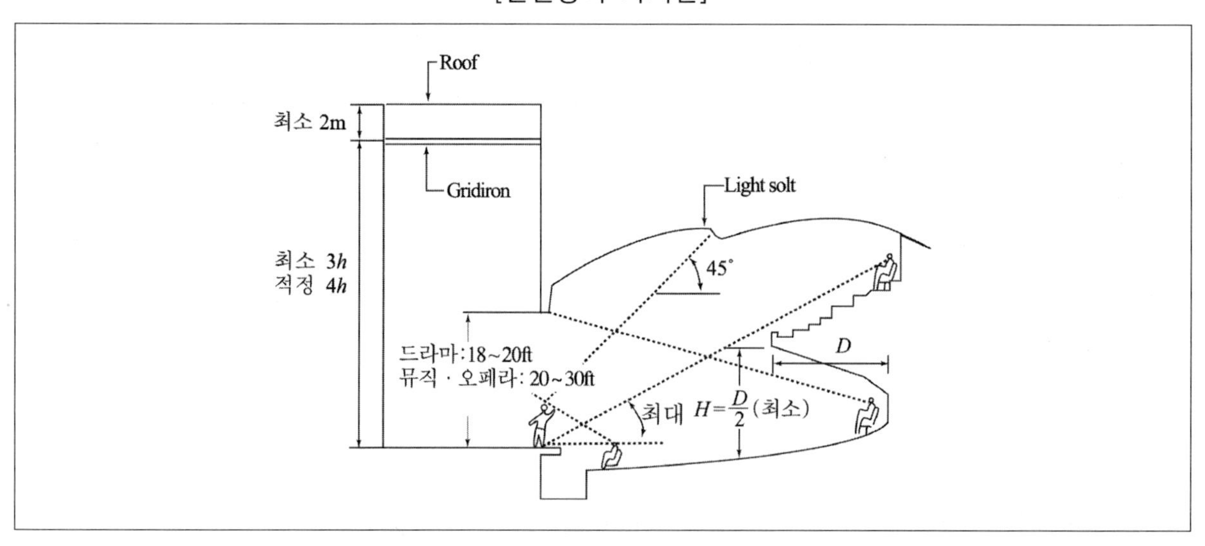

❸ 무대계획

(1) 무대의 평면

① 에이프런 스테이지(Apron stage) ··· 앞무대로 막을 경계로 하여 바깥부분, 객석쪽으로 나온 부분을 뜻한다.

[앞무대(Apron stage)의 예]

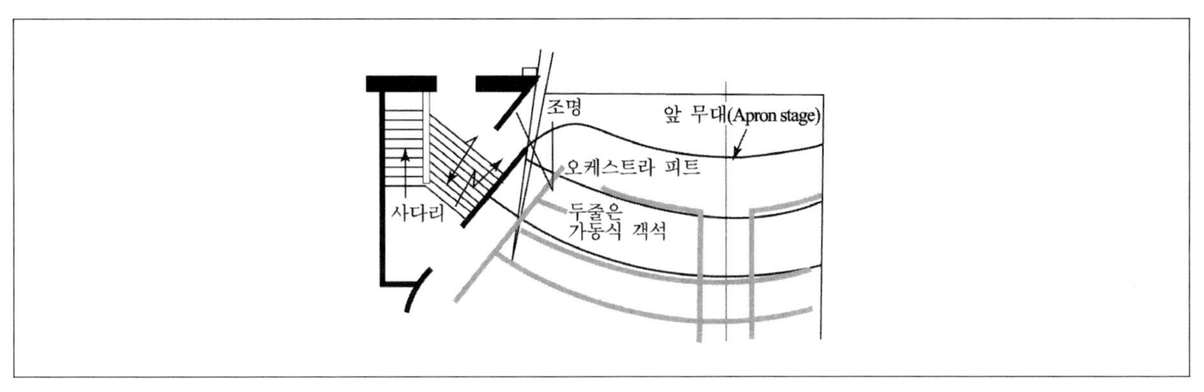

② 측면무대(Side stage) ··· 객석의 측면벽을 따라 돌출된 부분을 말한다.

[측면무대(Side stage)의 예]

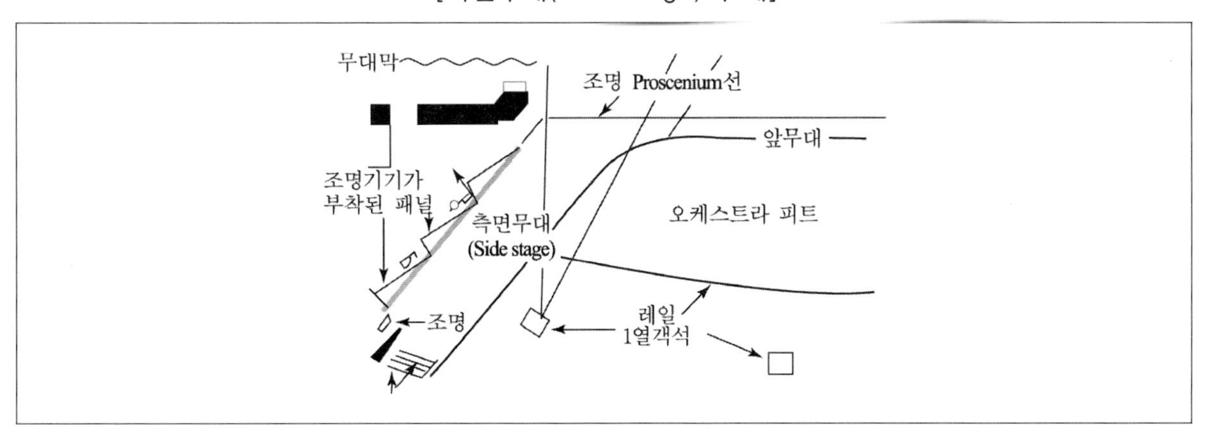

③ 연기부분의 무대(Acting area) ··· 앞무대에 대해서 커튼라인의 안쪽 무대를 뜻한다.

④ 무대의 폭 ··· 프로시니엄 아치폭의 2배 정도로 한다.

⑤ 무대의 깊이 ··· 프로시니엄 아치폭 정도 이상으로 한다.

⑥ 무대의 크기

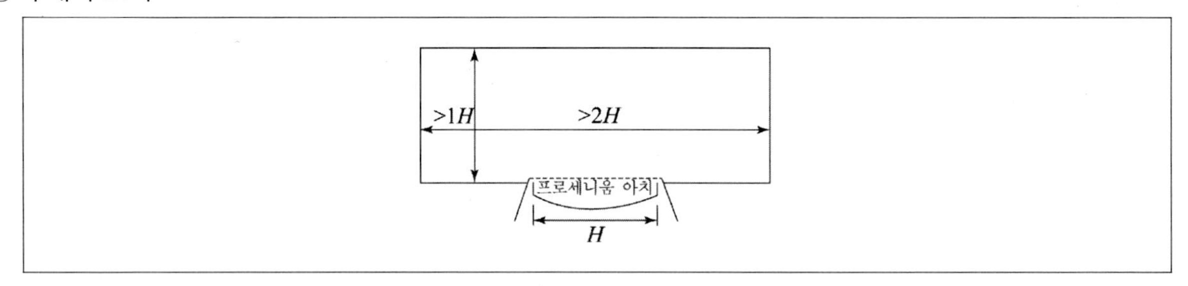

㉠ 연극
- 폭 : 10 ~ 17m
- 높이 : 6.5 ~ 9m

㉡ 뮤지컬
- 폭 : 13 ~ 14m
- 높이 : 8 ~ 9m

㉢ 오페라
- 폭 : 20m
- 높이 : 9 ~ 12m

⑦ **사이클로라마**(무대의 뒷배경 : Cyclorama horizont)
㉠ 무대 제일 뒤쪽에 설치하는 무대배경용 벽이다.
㉡ 곡면벽으로 여기에 광선 등을 투사하여 여러 영상을 연출할 수 있다.
㉢ 무대의 양옆, 뒤를 보이지 않게 하는 Masking의 역할을 한다.

[사이클로라마의 평면적 위치]

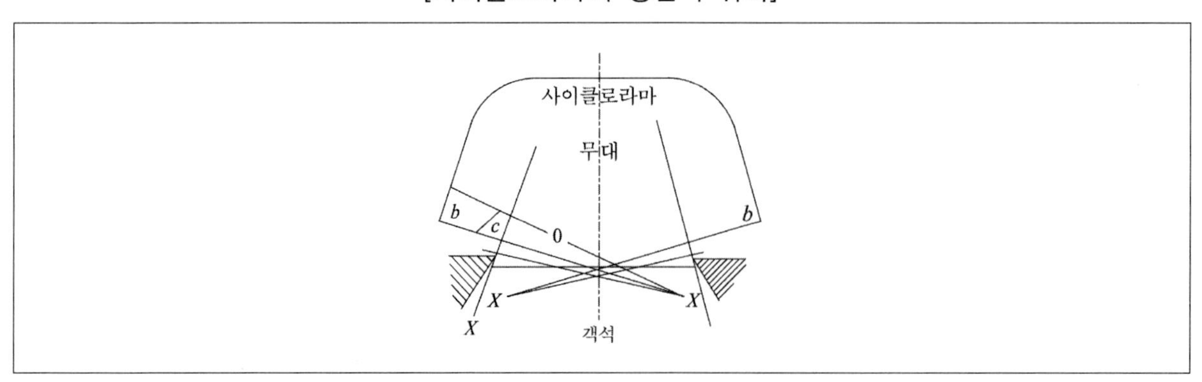

(2) 무대의 단면

① **플라이 로프트**(Fly loft) … 무대의 상부공간으로 프로시니엄 높이의 4배 정도가 이상적이고, 최소 3배 이상으로 한다.

② 플라이로프르 관련시설

㉠ 그리드 아이언(Grid iron)

- 무대의 천장 밑에 위치하는 곳에 철골로 촘촘히 깔아 바닥을 이루게 한 것이다.
- 배경, 조명기구, 연기자, 음향 반사판 등을 매어 달 수 있다.
- 무대천장 밑의 제일 낮은 보 밑에서 1.8m의 위치에 바닥이 위치하도록 한다.

㉡ 플라이 갤러리(Fly gallery)

- 그리드 아이언에 올라가는 계단과 연결되도록 무대 주위의 벽에 6 ~ 9m 정도의 높이, 1.2 ~ 2m 정도의 폭으로 설치되는 좁은 통로를 말한다.
- 조명이나 눈이 내리는 장면을 위해 사용된다.

㉢ 록레일(Lock rail) : 와이어 로프를 한 곳에 모아서 조정하는 장소를 말한다.

㉣ 로프트 블록(Loft block) : 그리드 아이언에 설치된 활차이다.

㉤ 파이프 배턴(Pipe battern) : 긴 철봉으로 배경 등을 단다.

㉥ 잔교(Light bridge)

- 프로시니엄 아치 뒤에 접하여 설치된 1m 정도의 발코니형 발판이다.
- 조명을 조작하거나 눈, 비가 내리는 장면을 연출하기 위해 필요한 시설이다.
- 플라이 로프트의 3면의 벽에 설치를 한다.

㉦ 티서(Teaser)

- 객석의 중앙부 단면(좌석의 눈 위치)에서 무대 윗부분을 가리기 위한 장치이다.
- 프로시니엄 아치의 높이이다.

㉧ 매스킹 보더

- 객석의 앞쪽에서(좌석의 눈 위치) 무대 상부를 가리기 위한 장치이다.
- 무대 중간부분에 설치한다.

기출예제 05 2019 국가직

극장무대와 관련된 용어의 설명으로 옳지 않은 것은?

① 플라이 갤러리(fly gallery)는 그리드아이언에 올라가는 계단과 연결되는 좁은 통로이다.

② 그리드아이언(gridiron)은 와이어로프를 한 곳에 모아서 조정하는 장소로 작업이 편리하고 다른 작업에 방해가 되지 않는 위치가 좋다.

③ 사이클로라마(cyclorama)는 무대의 제일 뒤에 설치되는 무대배경용 벽이다.

④ 프로시니엄(proscenium)은 무대와 관람석의 경계를 이루며, 관객은 프로시니엄의 개구부를 통해 극을 본다.

✱

- 그리드아이언(grid iron) : 격자 발판으로 무대 천장에 설치되어 무대의 배경이나 조명기구 또는 음향반사판 등을 매달 수 있게 장치된 것이다.
- 록 레일(lock rail) : 와이어 로프(wire rope)를 한곳에 모아서 조정하는 장소이며, 벽에 가이드레일을 설치해야 되기 때문에 무대의 좌우 한쪽 벽에 위치한다.

답 ②

[무대상부 기구 설명도]

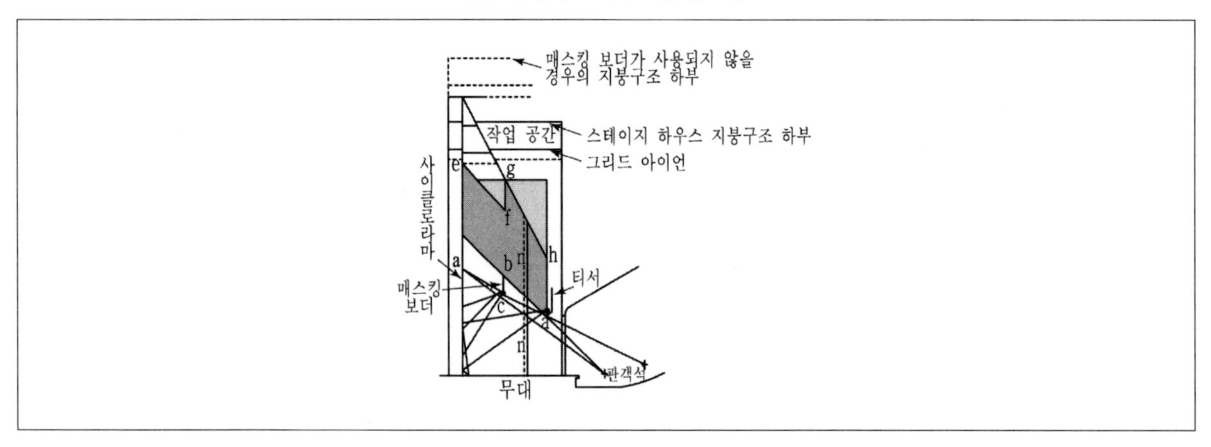

(3) 프로시니엄 아치(Proscenium arch)

① 개념 … 관람석과 무대 사이에 설치할 격벽의 개구부의 틀로 개구부를 통해 극을 관람하게 된다.

② 역할

㉠ 조명기구나 막으로 막아서 후면무대를 가리는 역할을 한다.

㉡ 그림에 있어서 액자와 같이 관객의 눈을 무대로 향하게 하는 시각적인 효과를 낸다.

(4) 오케스트라 박스(Orchestra box, Orchestra pit)

① 오페라, 연극 등의 경우 음악을 연주하는 곳이다.

② 객석의 최전방 무대의 선단에 두도록 한다.

③ 넓이는 적게는 10 ~ 40명, 많게는 100명 내외로 하고 점유면적은 1인당 $1m^2$ 정도로 한다.

(5) 프롬프터 박스(대사 박스 : Prompter box)

① 무대 중앙에 설치하여 프롬프터가 들어가는 박스이다.

② 객석쪽은 둘러싸고 무대측만을 개방하여 대사를 불러준다.

③ 기타 연기의 주의환기를 하는 곳이다.

(6) 그린룸(Green room)

① 출연자의 대기실이다.

② 무대와 가깝고 무대와 같은 층에 둔다.

③ 보통 $30m^2$ 이상 정도의 크기로 한다.

(7) 앤티룸

① 무대와 그린룸 가까이에 위치한다.

② 배우가 출연하기 직전에 기다리는 방이다.

(8) 의상실

① 1인당 최소 $5m^2$ 이상, 무대근처가 좋고 같은 층에 위치하는 것이 이상적이다.

② 그린룸과 반드시 같은 층에 있을 필요는 없다.

02 영화관

❶ 스크린의 위치 및 면적계획

(1) 스크린의 위치

① 최전열 객석에서 스크린폭의 최소 1.5배 이상으로 한다.

② 보통 최전열 객석으로부터 6m 이상으로 한다.

③ 뒷벽면과의 거리는 1.5m 이상으로 한다.

④ 높이는 무대 바닥면에서 50 ~ 100cm 정도로 한다.

(2) 면적계획

① 연면적

㉠ 영화관 : 1 ~ $1.4m^2$/1인

㉡ 일반영화관 : 1.4 ~ $2.0m^2$/1인

㉢ 공회당 : 2 ~ $3m^2$/1인

㉣ 오페라하우스 : 3.5 ~ $5m^2$/1인

② 객석의 바닥면적 … 1객석당 종·횡통로를 포함해서 $0.5m^2$ 정도로 한다.

③ 용적

㉠ 영화관 : 4 ~ $5m^2$/1객석

㉡ 음악홀 : 5 ~ $9m^2$/1객석

㉢ 공회당 다목적 홀 : 5 ~ $7m^2$/1객석

❷ 기타 시설계획

(1) 영사실의 계획

① 출입구의 폭은 70cm 이상, 높이는 175cm 이상으로 한다.

② 개폐방법은 외여닫이로 하고 차폐방화문을 단다.

③ 영사실과 스크린과의 관계는 영사각이 작을수록 이상적(0°가 최적)이나 최소평균 15° 이내로 한다.

④ 영사실의 최대거리는 40m이다.

⑤ 반드시 환기창을 설치해야 한다.

⑥ 반드시 천장에 흡음재를 설치해야 한다.

(2) 객석의 시선관계

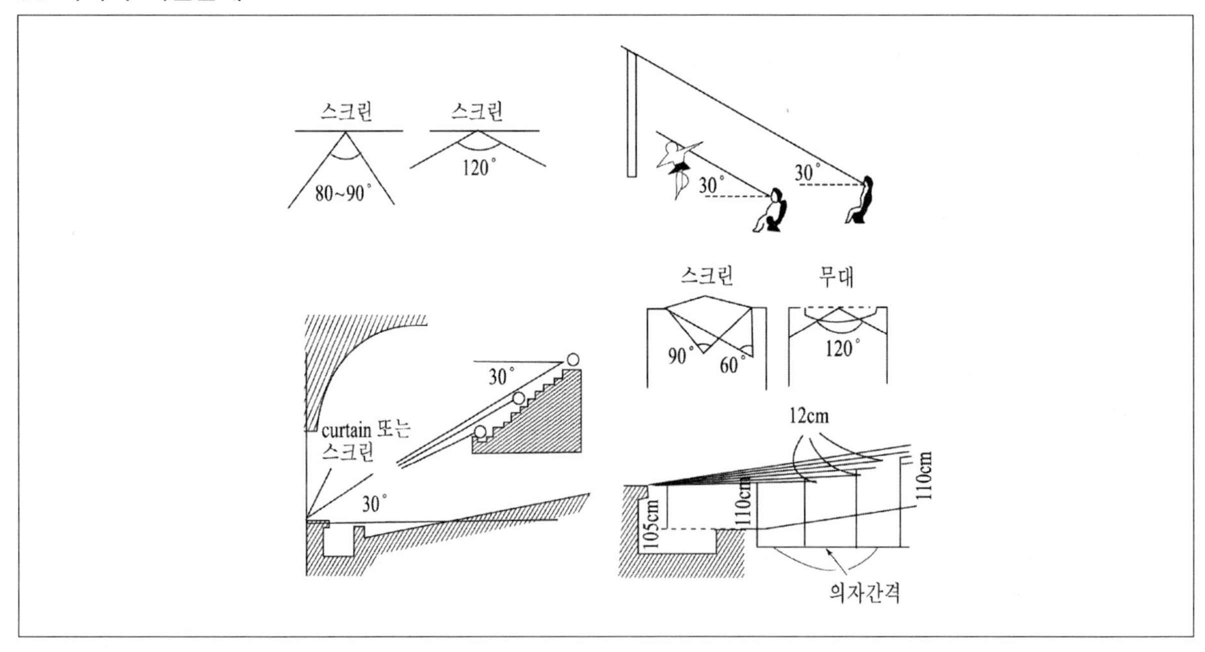

최근 기출문제 분석

2008 국가직 (7급)

1 극장 계획에 관한 각 용어의 설명이 옳지 않은 것은?

① 잔교(light bridge) – 오페라, 연극 등의 경우, 음악을 연주 하는 곳으로 객석의 최전방 무대의 선단에 두며, 관객의 가시선을 방해하지 않도록 바닥을 관람석보다 낮게 한다.

② 플로어트랩(floor trap) – 무대와 트랩룸 사이를 계단이나 사다리로 오르내릴 수 있도록 설치한 것이다.

③ 플라이갤러리(fly gallery) – 무대 주위의 벽에 6~9 m 높이로 설치되는 좁은 통로로서, 그리드 아이언(grid iron)에 올라가는 계단과 연결된다.

④ 호리전트(horizont) – 무대 뒤쪽에 설치된 벽으로, 여기에 조명기구를 사용하여 구름, 무지개 등의 자연현상을 나타나게 한다.

TIP 잔교(light bridge) … 프로시니엄 바로 뒤에 접하여 설치된 발판으로서 조명을 조작하거나 비나 눈이 내리는 장면을 연출할 때 필요하다. 오페라, 연극 등의 경우, 음악을 연주 하는 곳으로 객석의 최전방 무대의 선단에 두며, 관객의 가시선을 방해하지 않도록 바닥을 관람석보다 낮게 한 부분은 오케스트라 피트이다.

2008 국가직

2 공연장의 건축계획에 있어서 옳지 않은 것은 ?

① 플로어트랩(floor trap)은 일반적으로 무대에 여러 개 설치되는데, 그 중 무대 뒤쪽에 있는 것이 이용빈도가 높다.

② 그리드아이언(grid iron)은 무대천장 밑의 제일 낮은 보 밑에서 0.5m 높이에 바닥을 위치하면 된다.

③ 무대의 폭은 프로시니엄(proscenium) 아치 폭의 2배, 깊이는 동일하거나 그 이상의 깊이를 확보해야 한다.

④ 사이클로라마는 무대배경용 벽을 말하며 쿠펠 호리존트(kuppel horizont)라고도 한다.

TIP 그리드 아이언은 무대탑 상부에 설치된다. 무대 건축에서 그리드 아이언은 무대천장 밑에서 1.8m 아래에 위치하도록 설계하게 되는데 이유는 점검/작업공간이 확보되어야 하기 때문이다.

Answer 1.① 2.②

2012 국가직 (7급)

3 문화시설의 특징에 대한 설명으로 옳지 않은 것은?

① 공연장 무대는 어디에서도 보이도록 객석의 안길이를 가시거리 내로 계획해야 하며, 연극 등과 같이 연기자의 표정을 읽을 수 있는 가시한계는 15m 정도이다.

② 오페라하우스는 음원이 무대와 오케스트라피트 2개소에서 나오기 때문에 음향설계에 주의해야 하며, 천장계획은 천장에서 반사된 음을 객석으로 집중시키기 위해 돔형으로 하는 것이 바람직하다.

③ 영화관은 영사설비와 스크린을 구비하고, 객석의 가시선과 시각을 주의해서 계획해야 하며, 영사각은 평면적으로 객석 중심선에서 2° 이내로 하는 것이 바람직하다.

④ 지역의 시민회관이나 군민회관을 포함하는 다목적 홀은 지역 사회 커뮤니케이션의 핵이 되며, 복합적인 기능을 한 건축물에서 수행하기 때문에 발생하는 상호기능 간의 모순을 해결하는 것이 중요하다.

TIP 천장계획상 돔형은 음원의 위치 여하를 막론하고 천장에서 반사된 음이 한 곳에 집중하게 되므로 돔형의 천장은 피한다.

2019 서울시 2차

4 공연장 계획에 대한 설명으로 가장 옳지 않은 것은?

① 프로시니엄(Proscenium)은 그림의 액자와 같이 관객의 눈을 무대에 쏠리게 하는 시각적 효과를 갖게 하는 것으로, 일반적으로 정사각형의 형태가 가장 많다.

② 이상적인 공연장 무대 상부 공간의 높이는, 사이클로라마(Cyclorama) 상부에서 그리드아이언(Gridiron) 사이에 무대배경 등을 매달 공간이 필요하므로, 프로 시니엄(Proscenium) 높이의 4배 정도이다.

③ 영화관이 아닌 공연장 무대의 폭은 적어도 프로시니엄아치(Proscenium Arch) 폭의 2배, 깊이는 1배 이상의 크기가 필요하다.

④ 실제 극장의 경우 사이클로라마(Cyclorama)의 높이는 대략 프로시니엄(Proscenium) 높이의 3배 정도이다.

TIP 프로시니엄(Proscenium)은 그림의 액자와 같이 관객의 눈을 무대에 쏠리게 하는 시각적 효과를 갖게 하는 것으로, 일반적으로 부채꼴의 형태가 가장 많다.

Answer 3.② 4.①

출제 예상 문제

1 다음 중 프로시니엄 극장에 대한 설명으로 옳지 않은 것은?

① 다양한 배경의 창출이 가능하다.
② 강연, 음악, 연극공연에 좋으며 일반극장의 대부분이 이에 속한다.
③ 무대 가까이서 관람할 수 있다.
④ 광원, 장치 등을 관객에게 보이지 않고도 다양한 연출이 가능하다.

TIP ③ 연기자는 제한된 한 방향으로만 관객을 대하기 때문에 스테이지 가까이에 많은 관객을 둘 수 없다.

2 다음 극장의 평면형태 중에서 Open stage에 속하지 않는 것은?

① End stage
② Three-side stage
③ Prosconium stage
④ Arena stage

TIP ④ 무대를 객석이 360° 둘러싼 형식으로 Open stage에 속하지 않는다.
※ 오픈 스테이지(Open stage) … 무대를 중심으로 객석이 동일공간에 있는 형을 말한다.

Answer 1.③ 2.④

3 극장의 관객석으로부터 무대중심을 볼 수 있는 1차, 2차 허용한도는 각각 얼마인가?

① 15m, 22m
② 22m, 35m
③ 15m, 35m
④ 22m, 45m

TIP 가시거리의 한계
㉠ 생리적 한도 : 15m 이하
㉡ 1차 허용한도 : 22m까지
㉢ 2차 허용한도 : 35m까지

4 극장의 평면형식에서 Open stage 방식 중 각도가 없는 관객석을 가진 형태는?

① 그리스 형식
② 로마 형식
③ 부채꼴 형식
④ 앤드 스테이지 형식

TIP Open stage의 종류
㉠ 그리스 형식 : 관객이 210˚로 둘러싼 형
㉡ 로마 형식 : 관객이 180˚로 둘러싼 형
㉢ 부채꼴 형식 : 관객이 90˚로 둘러싼 형
㉣ 앤드 스테이지(End stage) 형식 : 각도가 없이 관객에게 둘러싸인 형

5 극장객석의 음향계획에 있어서 소음을 방지하기 위한 방법으로 옳지 않은 것은?

① 객석 내의 소음은 30 ~ 35dB 이하로 한다.
② 출입구를 밀폐하고 도로면은 피하도록 해야 한다.
③ 영사실 천장에는 반드시 반사재를 설치한다.
④ 창과 문은 2중으로 설치하도록 한다.

TIP 객석의 소음방지법
㉠ 객석 내의 소음은 30 ~ 50dB 이하로 한다.
㉡ 창은 2중창, 문은 2중문을 설치한다.
㉢ 출입구는 밀폐하고 도로면은 피하도록 한다.
㉣ 영사실의 천장에는 반드시 흡음재를 설치한다.
㉤ 공기의 난류에 의한 소음방지를 위해서 덕트를 유선화하도록 한다.

Answer 3.② 4.④ 5.③

6 **다음 중 극장의 좌석배열에 관한 설명으로 옳지 않은 것은?**

① 객석의 구배는 1/8 정도로 한다.
② 통로의 폭은 세로 80cm 이상, 가로 100cm 이상으로 한다.
③ 편측통로의 폭은 60 ~ 100cm로 한다.
④ 객석이 횡렬 7석 이상일 경우 전후간격은 85cm 이상으로 한다.

TIP ① 구배는 $\frac{1}{10}\left(\frac{1}{12}\right)$ 정도로 한다.

7 **다음 중 영화관 계획에 있어서 옳지 않은 것은?**

① 객석의 바닥면적은 종 · 횡을 포함하여 1인당 $0.5m^2$ 정도로 한다.
② 스크린은 무대바닥면에서 50 ~ 100cm의 높이에 설치하도록 한다.
③ 영사실에는 따로 환기창을 설치할 필요가 없다.
④ 스크린과 뒷벽과의 간격은 1.5m 이상으로 한다.

TIP 영사실의 계획
㉠ 영사기기의 열을 방출하기 위해서 반드시 환기창이 필요하다.
㉡ 출입구의 폭은 70cm 이상, 높이는 175cm 이상으로 한다.
㉢ 개폐방법은 외여닫이로 하며 자폐방화문을 닫도록 한다.
㉣ 영사실과 스크린과의 관계는 영사각이 0°가 되는 것이 최적이나 최소 15° 이내로 한다.
㉤ 영사실의 최대거리는 40m이다.

8 **극장의 오픈 스테이지(Open stage) 형식의 설명으로 옳지 않은 것은?**

① 다른 형식에 비해서 관객이 좀 더 근접하게 관람할 수 있다.
② 무대를 관객이 360° 둘러싼 형이다.
③ 연기자는 관객석의 사이나 무대의 아래로 출입하도록 한다.
④ 무대와 객석이 동일공간에 있는 형을 뜻한다.

TIP 오픈 스테이지는 객석과 무대가 동일공간에 있는 것으로 무대의 대부분을 관객이 둘러싸고 많은 사람들을 시각거리 내에서 수용되도록 하는 방식이다.
② 무대를 관객이 360°로 둘러싼 형식은 애리나 스테이지(Arena stage)이다.

Answer 6.① 7.③ 8.②

9 **극장의 각 부의 간단히 설명이 잘못 짝지어진 것은?**

① 플라이 갤러리(Fly gallery) – 무대의 상부

② 프롬프터 박스(Prompter box) – 대사 박스

③ 매스킹 보더(Masking border) – 좌석의 눈 위치에서 무대 상부를 가리는 곳

④ 그린룸(Green room) – 출연자 대기실

TIP ① 플라이 갤러리는 그리드 아이언에 올라가는 계단과 연결되게 무대 주위의 벽에 설치되는 좁은 통로이다.
※ 플라이 로프트(Fly loft) … 무대의 상부

10 **영화관의 수용인원이 1,000명인 경우에 객석을 의자식으로 하면 바닥면적은 얼마인가?**

① $300m^2$

② $500m^2$

③ $800m^2$

④ $1,000m^2$

TIP 영화관은 1객석당 $0.5m^2$ 정도(종 · 횡통로 포함)이므로 $1,000 \times 0.5 = 500m^2$

11 **영화관의 영사실에서 스크린까지 영사각은 최소평균 어느 정도 이내로 해야 하는가?**

① 0°

② 15°

③ 20°

④ 25°

TIP 영화관의 영사실과 스크린과의 관계는 영사각이 0°가 되는 것이 최적이나 최소평균 15° 이내로 한다.

Answer 9.① 10.② 11.②

12 극장에서 무대 제일 뒤쪽에 설치하는 무대의 배경을 무엇이라 하는가?

① 사이클로라마(Cyclorama horizont)
② 그린룸(Green room)
③ 오케스트라 박스(Orchestra box)
④ 프로시니엄 아치(Proscenium arch)

TIP 사이클로라마
㉠ 무대 제일 뒤쪽에 설치하는 무대의 배경을 말한다.
㉡ 곡면의 벽이다.
㉢ 사이클로라마에 광선, 투사, 무지개 등 영창을 연출하도록 하는 장치이다.
㉣ 무대의 양 옆과 뒤를 보이지 않게 하는 매스킹의 역할도 한다.

13 무대평면에서 앞 무대를 뜻하는 것으로서 막을 경계로 객석 쪽으로 나온 부분은?

① 측면무대(Side stage)
② 연기부분무대(Acting stage)
③ 사이클로라마(Cyclorama horizont)
④ 에이프런 스테이지(Apron stage)

TIP ① 객석의 측면벽을 따라 돌출된 부분
② 앞 무대에 대해서 커튼 라인의 안쪽 무대
③ 무대 제일 뒤쪽에 설치하는 무대의 배경

Answer 12.① 13.④

02 전시시설

01 기본계획

❶ 전시트렌드

(1) 전시의 기능이 사회적 교육활동으로 변화하면서 전시품과 관람객 사이의 관계가 더 밀접해졌다.

(2) 전시물뿐 아니라 공간의 동적 특성도 중요해지면서 장식적인 실내공간 구성이 강조되고 있다. (정체성이란 변화하지 않는 것인데, 최근 추세와 반대되는 것이다.)

(3) 정적인 전시를 벗어나 일러스트레이션, 모형, 영상, 음향효과 등 다양한 기법이 사용되어 이를 위한 설비가 필요해졌다.

(4) 현대미술관의 경우 현대미술의 특징인 연극적, 음악적, 체험적 작품행위를 포용할 수 있어야 한다.

❷ 박물관, 미술관의 설립

(1) 박물관의 분류

① 국립박물관 … 국가가 설립 · 운영 하는 박물관을 말한다.

② 공립박물관 … 지방자치단체가 설립 · 운영하는 박물관이다.

③ 사립박물관 … 민법, 상법, 그 밖의 특별법에 따라 설립된 법인, 단체 또는 개인이 설립 · 운영하는 박물관이다.

④ 대학박물관 … 고등교육법에 따라 설립된 학교나 다른 법률에 따라 설립된 대학 교육과 정의 교육기관이 설립 · 운영하는 박물관을 말한다.

⑤ 미술관 … 그 설립 · 운영 주체에 따라 국립 미술관, 공립미술관, 사립미술관, 대학미술관으로 구분 한다.

(2) 박물관, 미술관의 등록조건

박물관 또는 미술관의 자료, 학예사, 시설의 규모 등에 따라 제1종 박물관 또는 미술관 과 제2종 박물관 또는 미술관으로 구분하여 등록을 하게 된다. 등록요건으로는 공통요건과 개별요건이 있는데 공통요건으로는 소방시설을 설치하여야 하고 피난유도 및 안내정보를 부착 하여야 한다.

박물관의 종류	요구 조건
제1종 박물관	• 박물관자료는 각 분야별로 100점 이상이어야 하며 각 분야별 1명 이상 학예사를 두어야 한다. • 100m^2 이상의 전시실, 또는 2000m^2 이상의 야외전시장을 두어야 하며 수장고 ,작업실, 사무실, 도서실, 도난방지시설과 온습도 조절장치를 갖추어야 한다.
제2종 박물관	• 60점 이상의 자료, 1명 이상의 학예사, 82m^2 이상의 전시실
미술관	• 100점 이상의 자료와 학예사 1명 이상을 두어야 한다. • 100m^2 이상의 전시실 또는 2,000m^2 이상의 야외전시장을 두어야 한다. • 수장고, 사무실, 연구실, 자료실, 도서실 등을 두어야 한다.

2007 국가직

박물관 건축의 현대적 경향으로 볼 수 없는 것은?

① 과거에 비해 기획전시 비중이 감소하는 경향이 있다.

② 지역 주민의 참여와 활동을 유도하는 대중화 경향이 있다.

③ 다양한 장르를 전시하기 위하여 전시공간이 가변화되는 경향이 있다.

④ 권위적 상징 표현에서 인간적이고 친근감을 주는 조형적 표현으로 변화하고 있다.

*

최근에는 주제와 운영방식 등에서 특성화된 박물관들이 많아지고 있으며 이는 기획중심의 전시회의 비중이 커지고 있음을 나타낸다.

답 ①

3 입지조건과 규모

(1) 입지조건

① 도심 지구와 주거지역의 중간적 지역에 위치하도록 한다.

② 대중이 용이하게 갈 수 있는 위치로 한다.

③ 매연, 소음, 화재로부터 피해가 없어야 한다.

④ 일상생활과 밀접한 장소여야 한다.

(2) 규모

① 미술관의 경우 10,000명당 외면적이 650m^2 정도 필요하다.

② 전시실만의 면적은 총면적의 50% 정도가 된다.

❹ 유형

(1) 컬렉션형(Colletions)

① 테마가 명확하고 전시자료나 활동이 한정된다.

② 내용과 결부되어진 독자적인 공간을 갖을 수 있다.

③ 보존연구를 제1목적으로 한 소규모의 예가 많다.

(2) 프리젠테이션형(Presentation)

① 전시품이 한정되지 않으므로 자유도가 높은 전시공간을 필요로 한다.

② 공립미술관이 이에 속한다.

(3) 커뮤니케이션형(Communication)

① 아틀리에나 시민 갤러리, 이벤트를 위한 것, 건축공간에 개방시킨 것 등이 포함된다.

② 미술관도 단순히 보는 곳에서 직접 참가하는 장소로 변화되고 있다.

02 세부계획 및 특수 전시법

❶ 세부계획

(1) 동선의 계획

① 전시실의 주동선 방향이 정해지게 되면 각각의 전시실은 입구에서 출구까지 연속 동선으로 고려되어야 한다.

② 동선이 교차되거나 역순되는 것은 피해야 한다.

③ 관객의 순환방향

㉠ 관객은 일반적으로 좌측으로 순회한다.

㉡ 좌측으로 순회하면서 우측 벽을 바라보려고 한다.

④ 전시벽면과 동선과의 관계

㉠ **연속된 평면의 전시벽면** : 입구와 출구가 분리되어 명료하게 한정된 동선을 가진다.

㉡ **분리된 양면의 전시벽면** : 입구와 출구가 분리되어 명료하게 한정된 동선을 가진다.

㉢ **연속된 양면의 전시벽면** : 입구와 출구가 공통되어 더욱 명료하게 한정된 동선을 가진다.

㉣ **나선형상으로 배치된 양면의 전시벽면** : 입구와 출구가 공통되어 더욱 명료하게 한정된 동선을 가진다.

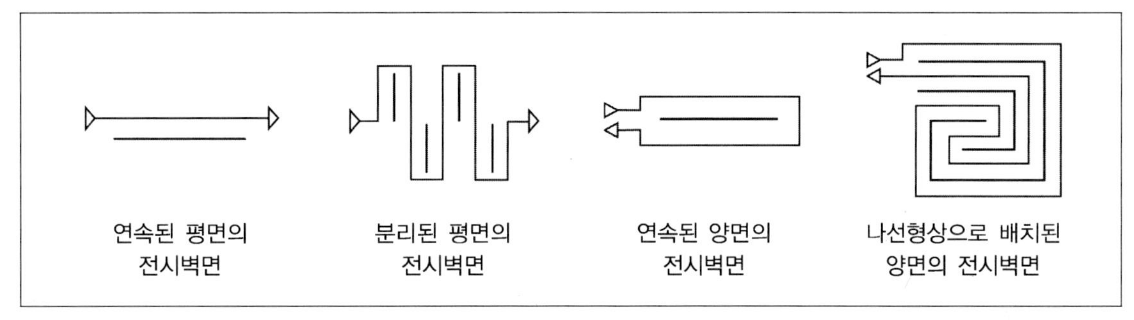

㉤ 분리된 양면의 전시벽면

- 입구와 출구가 공통되어 교차되는 동선을 가진다.
- 입구와 출구가 공통되어 분기되는 동선을 가진다.
- 입구와 출구가 공통되어 교차로 분기되는 동선을 가진다.

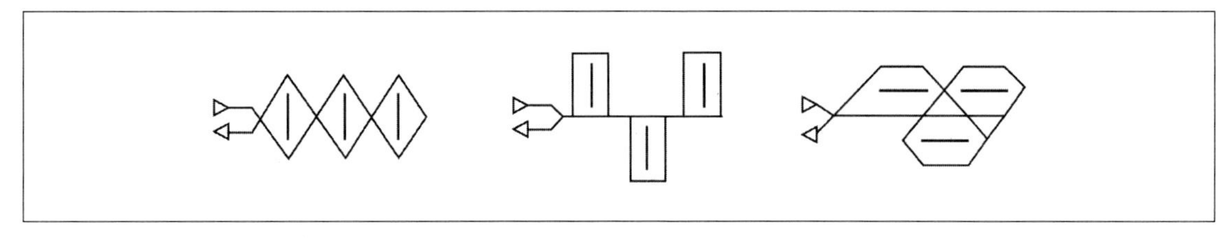

(2) 면적의 구성

① 전시공간은 미술관의 경우에 연면적의 50% 이상을 차지하며 박물관의 경우 30 ~ 50% 정도를 차지한다.

② 용도별 면적의 구성

구분	면적(%)
전시	40 ~ 50
교육 · 보급	4 ~ 8
수집 · 보관	10 ~ 15
조사 · 연구	3 ~ 8
관리	7 ~ 8
기타	30

(3) 전시실 순로형식별 특징

① 연속순로형식

㉠ 개념 : 다각형 또는 구형의 각 전시실을 연속적으로 연결한다.

㉡ 장점

- 단순하고 공간이 절약된다.
- 소규모 전시실에 적합하다.(작은 부지면적에서도 가능 · 편리)
- 전시하는 벽면을 많이 만들 수 있다.
- 단순한 것, 복잡한 것, 2 · 3층의 입체적 방식도 가능하다.

㉢ 단점 : 많은 실을 순서별로 통해야 하기 때문에 1실을 닫게 되었을 때 전체동선이 막히게 된다.

㉣ 독립기념관이 이에 속한다.

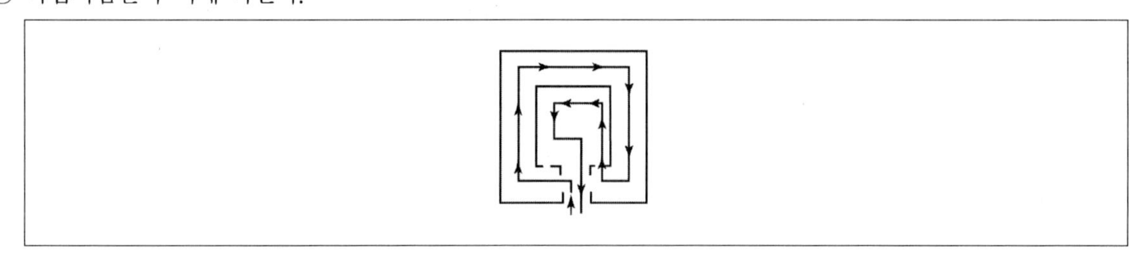

② 갤러리(Gallery) 및 코리도(Corridor) 형식

㉠ 개념 : 연속된 전시실의 한쪽 복도에 의해서 각 실을 배치하는 형식을 말한다.

㉡ 특성

- 각 실에 직접 들어갈 수 있다.
- 필요시에 따라 자유로이 독립적으로 폐쇄할 수가 있다.
- 복도 자체도 전시공간으로 이용이 가능하다.
- 복도가 안뜰을 포위해서 순로를 구성하는 경우도 많다.

• 과천의 현대미술관, 르 꼬르뷔제의 성장하는 미술관이 이에 속한다.

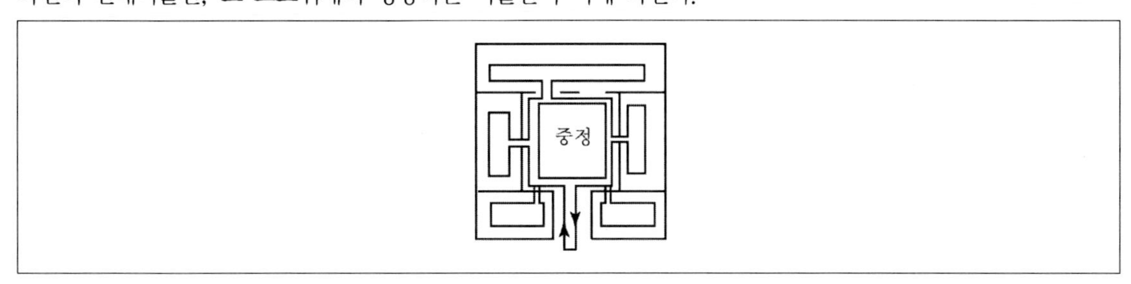

③ 중앙 홀형식

㉠ 개념 : 중앙부에 하나의 큰 홀을 두고서 그 주위에 각 전시실을 배치해서 자유로이 출입하도록 하는 형식을 말한다.

㉡ 특성

• 과거에 많이 사용한 평면이다.
• 중앙의 홀에 높은 천창을 설치하여 고창으로부터 채광을 하도록 하는 방식이 많았다.
• 부지의 이용률이 높은 지점에 건립할 수 있다.
• 중앙의 홀이 크게 되면 동선의 혼란은 없으나 장래의 수평적 확장에 곤란하다.
• 구겐하임 미술관, 아틀란타 미술관 등이 이에 속한다.

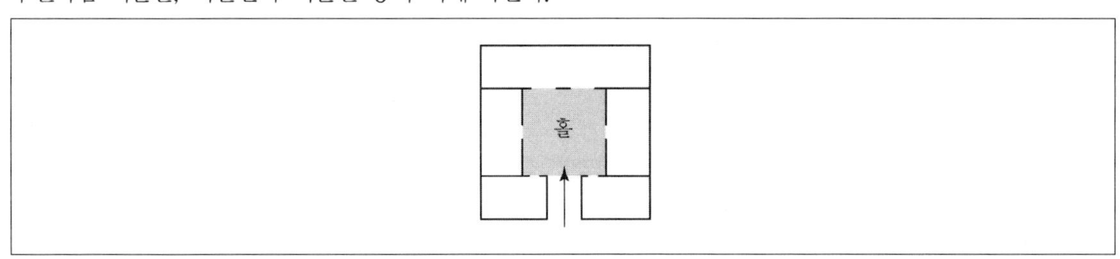

기출예제 02 2010 국가직

미술관 건축계획에 관한 설명으로 옳지 않은 것은?

① 측광창 형식은 소규모 전시실에 적합한 채광방식이다.
② 갤러리(gallery) 및 코리도(corridor) 형식은 각 실로 직접 들어갈 수 있다는 점이 유리하다.
③ 연속순로형식은 1실이 폐문되더라도 전체동선의 흐름이 원활하여 비교적 대규모전시실 계획에 사용된다.
④ 중앙홀 형식은 장래의 확장에 많은 무리가 따른다.

*
연속순로형식은 많은 실을 순서별로 통해야 하고 1실을 닫으면 전체동선이 막히게 된다.

답 ③

(4) 전시공간의 평면형태

① 부채꼴형

㉠ 관람자에게 많은 선택의 가능성을 제시하고 빠른 판단을 요구한다.

㉡ 많은 선택을 자유로이 할 수 있으나 관람자는 혼동을 일으켜 감상의욕을 저하시킨다.

㉢ 관람자에게 과중한 심리적 부담을 주지 않는 소규모 전시관에 적합하다.

② 직사각형 … 일반적으로 사용되는 형태로 공간형태가 단순하고 분명한 성격을 지니고 있기 때문에 지각이 쉽고 명쾌하며 변화 있는 전시계획이 시도될 수 있다.

③ 원형

㉠ 고정된 축이 없어 안정된 상태에서 지각하기 어렵다.

㉡ 배경이 동적 관람자의 주의를 집중하기 어렵고 위치파악도 어려워 방향감각을 잃어버리기 쉽다.

㉢ 중아에 핵이 되는 전시물을 중심으로 주변에 그와 관련되거나 유사한 성격의 전시물을 전시함으로써 공간이 주는 불확실성을 극복할 수 있다.

④ 자유로운 형

㉠ 형태가 복잡하여 한 누에 전체를 파악하기 힘들므로 규모가 큰 전시공간에는 부적당하고 전체적인 조망이 가능한 한정된 공간에 적합하다.

㉡ 모서리부분에 예각이 생기는 것을 가능한 피하고 너무 빈번히 벽면이 꺾이지 않도록 한다.

㉢ 작은 실의 조합

㉣ 관람자가 자유로이 둘러볼 수 있도록 공간의 형태에 의한 동선의 유도가 필요하며 한 전시실의 규모는 작품을 고려한 시선계획하에 결정되지 아니하면 자칫 동선이 흐트러지기 쉽다.

(5) 전시실의 크기

① 마그너스(Magnus)안

㉠ 천장의 높이는 전시실 폭의 $\frac{5}{7}$ 정도로 한다.

㉡ 벽면에 진열하는 범위는 바닥에서 1.25 ~ 4.7m까지로 한다.(실의 폭이 11m일 경우)

㉢ 천창의 폭은 전시실 폭의 $\frac{1}{3} \sim \frac{1}{2}$ 정도로 한다.

㉣ 벽면의 최고 조도위치는 천장에서 5.3m의 밑점까지로 한다.(실의 폭이 11m일 경우)

② 티드(Tiede)안

㉠ **회화전시면** : 회화높이의 중심에서 수평선, 실의 중심선, 교차점을 중심으로 원을 그렸을 때 바닥에서 0.95m의 벽면에서부터 회화전시면으로 한다.

㉡ 45°선과 교차점을 천장 높이와 천창으로 한다.

㉢ 자연채광의 경우 실의 길이와 폭은 창의 상단 높이와의 관계로 정해진다.

[Tiede안의 실폭과 천장 높이(단위 : m)]

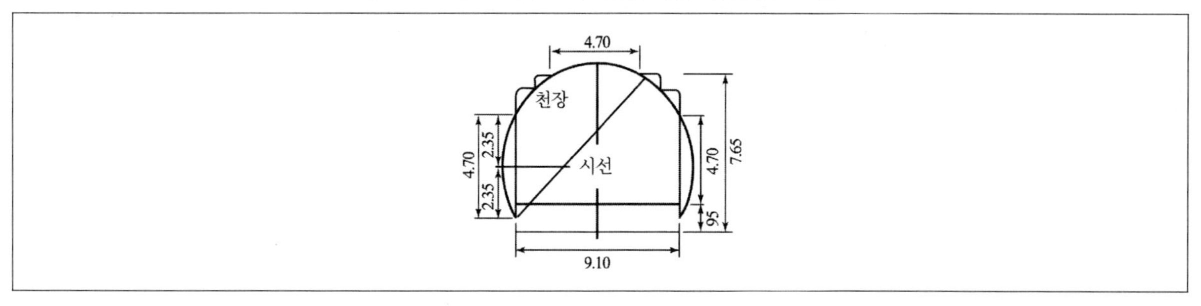

③ 가시벽면고와 최량시각

㉠ 실의 길이

- 폭의 1.5 ~ 2배 정도로 한다.
- 소형은 1.8m 이상, 대형은 6m 이상으로 한다.

㉡ 시각은 45° 이상 떨어져 관람하는 것이 보통이다.(최량시각은 27 ~ 30°)

㉢ 실폭은 최소 5.5m이고 큰 전시실에서는 최소 6m 이상, 평균 8m로 한다.

㉣ 다수의 관객이 통행할 경우에는 2m 이내의 통로 여유가 필요하다.

㉤ 벽면 전시물에 대한 광원 위치는 눈부심의 방지를 위해서 15 ~ 45°의 범위에 두도록 한다.

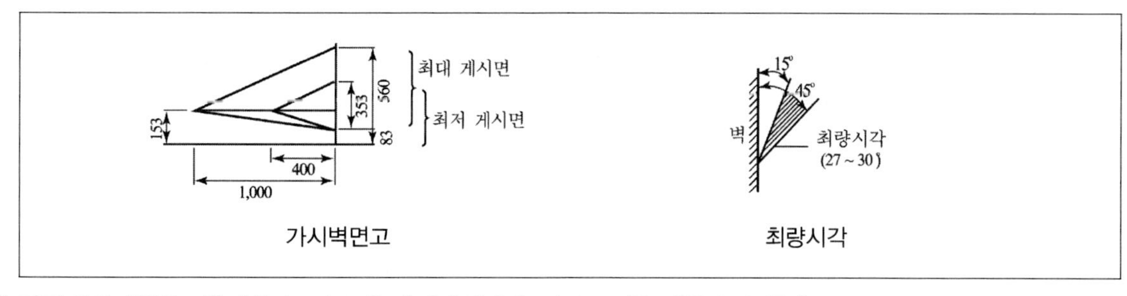

가시벽면고 최량시각

㉥ 관람객의 위치는 화면의 1 ~ 1.5배 거리에서 눈높이 1.5m를 기준으로 한다.

㉦ 습도는 60% 정도를 유지한다.

㉧ 천장고는 3.6 ~ 4.0m 정도로 한다.

TIP

전시공간의 평면유형

㉠ **부채꼴형** : 소규모에 가능하다.

㉡ **직사각형** : 가장 일반적으로 많이 사용한다.

㉢ **대칭형** : 고건축의 개조 등에서 많이 이용된다.

기출예제 03 2011 국가직 (7급)

미술관 계획에 대한 설명으로 옳지 않은 것은?

① 전시공간의 동선계획은 규모, 위치조건, 공간구성요소의 조건이나 배치에 따라 결정된다.
② 동선체계의 가장 일반적인 방법은 일방통행에 의한 일반관람이 이루어지게 하는 것이다.
③ 전시실 순회형식 중 연속순로형식은 비교적 소규모 전시실에 적합하다.
④ 평면적 전시물은 최량의 각도를 5~15° 범위 내에서 광원의 위치를 정하는 것이 바람직하다.

✱

평면적 전시물의 최량각도는 15~45도이며 주로 27~30도의 각도로 광원을 위치시킨다.

답 ④

(6) 채광의 계획

① 채광설계시 주의사항

㉠ 우선적인 고려사항
- 전시방식의 융통성
- 가변적인 조명
- 수직 · 수평면 확산의 가능성
- 에너지 절약

㉡ 다층건물시 직접 아래층까지 자연광을 유입한다.
㉢ 햇빛은 건물의 창문과 옆 건물과의 거리와 높이의 비가 적어도 2 : 1인 경우에 적합하다고 본다.
㉣ 반사벽은 전시품의 색과 실내온도에 영향을 주므로 주의해야 한다.

TIP

인공조명을 기본으로 하고 관람자의 기분을 고려한 자연광선을 혼합사용한다.

② 채광의 방식

㉠ 정광창 방식(Top light)
- 천장의 중앙에 천창을 설계하는 방식이다.
- 전시실의 중앙부는 가장 밝게 하여 전시벽면의 조도가 균등하도록 한다.
- 조각 등의 전시실에 적당한 방법이다.
- 유리케이스 내의 공예품 전시물에 대해서는 부적합하다.
- 천창부분을 2중으로 하거나 루버를 설치하여 천창의 직접광선을 막을 수 있도록 한다.

㉡ 측광창 방식(Side light)
- 측면의 창에서 광선을 받아들이는 방법이다
- 조도가 균일하지 못하다.

- 소규모 전시실 외에는 부적합하고 전시실 채광방식 중 가장 불리하다.
- 열절연 설비, 광선의 확산, 광량의 조절을 병용하는 것이 좋다.

㉢ **정측광창 방식**(Top side light monitor)

- 관람자가 서 있는 상부의 천창을 불투명하도록 하여 측벽에 가깝게 채광창을 설치한다.
- 광선이 약할 우려가 있다.
- 가장 이상적인 방법으로 관람자의 위치는 어둡고 전시벽면의 조도가 밝다.

㉣ **고측광창 방식**(Clerestory)

- 천장에 가까운 측면에서 채광하는 방식이다.
- 측창식, 정광창식의 절충형이다.
- 천장이 높지 않은 곳에는 설치가 어렵다.
- 관람자의 위치는 밝고 전시벽면의 조도는 어둡다

㉤ **특수채광 방식**

- 천창은 상부에서 경사방향으로 빛을 도입하여 벽면을 비치게 하는 방식이다.
- 주로 벽면전시물에 조명한다.

㉥ **완전폐쇄방식**

- 자연조명을 일체 배제하고 전부를 인공조명으로 하는 방식이다.
- 빛의 효과적 연출과 조정이 자유로우며 천창 높이를 낮출 수 있다.
- 밀실된 형태이므로 연색성이 좋지 않으며 다른 채광방식에 비해 관람자가 시각적 피로감을 느낄 수 있다.

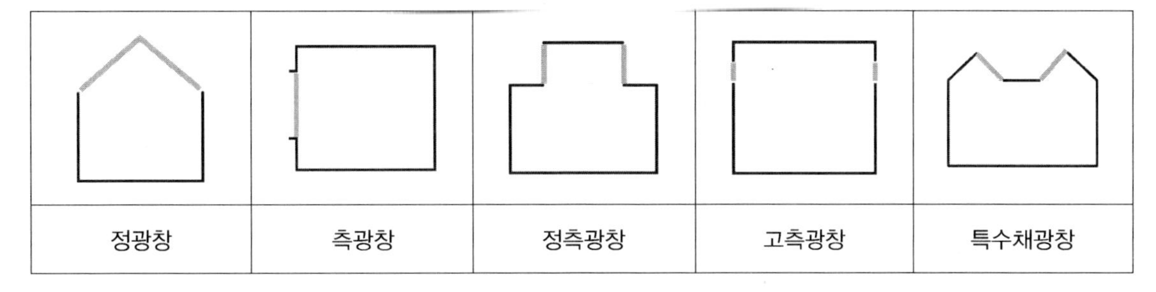

기출예제 04

2019 서울시 (7급)

박물관 전시실에서 일부 자연채광 형식을 활용할 경우 가장 옳은 것은?

① 정광창 형식은 유리쇼케이스 내의 전시실에 적합하다.
② 측광창 형식은 측면에서 광선이 사입되기에 조도분포를 고르게 할 수 있어 채광형식 중 가장 좋은 방법이다.
③ 정측광창 형식은 관람자가 서있는 위치나 중앙부는 어둡고 전시벽면은 조도가 충분하므로 이상적인 채광법이다.
④ 특수채광 형식은 천장 상부에서 경사방향으로 자연광이 유입되기에 벽면 전시물을 조명하는 데는 불리하다.

✱

① 정광창 형식은 유리쇼케이스 내의 전시실에 부적당한 방식하다.
② 측광창 형식은 측면에서 광선이 사입되기에 조도분포가 불균일하게 되며 박물관의 조명으로서는 좋지 않은 방법이다.
④ 특수채광 형식은 채광의 입사방향이 벽면 전시물을 조명하므로 벽면 전시에 매우 유리한 방식이다.

답 ③

(7) 조명계획

① 광원에 의한 현휘를 방지해야 하고, 반사를 일으키지 않도록 실내조명은 확산광이 되도록 한다.

② 광색이 적당해야 하며 변화가 없어야 한다.

③ 관람자의 그림자가 전시물 위에 생기지 않아야 한다.

④ 실내의 휘도 · 조도의 분포가 적당해야 한다.

⑤ 화면, 케이스 유리면 등에 다른 영상이 반사되어 나타나지 않도록 해야 하며 이를 위해 케이스 내 휘도를 높게 하거나 케이스 내부조명으로 해결한다.

⑥ 전시물은 항상 적당한 조도로 균일해야 한다.

⑦ 대상에 따라 필요한 점광원을 고려하도록 한다.

⑧ 인공조명 사용 시 관객에게 광원을 감추어 보이지 않고, 눈부심을 없애는 방향으로 투사하는 것이 원칙이다.

⑨ 수직적인 시야는 위아래로 각각 27도로 잡도록 한다.

[광원의 위치]

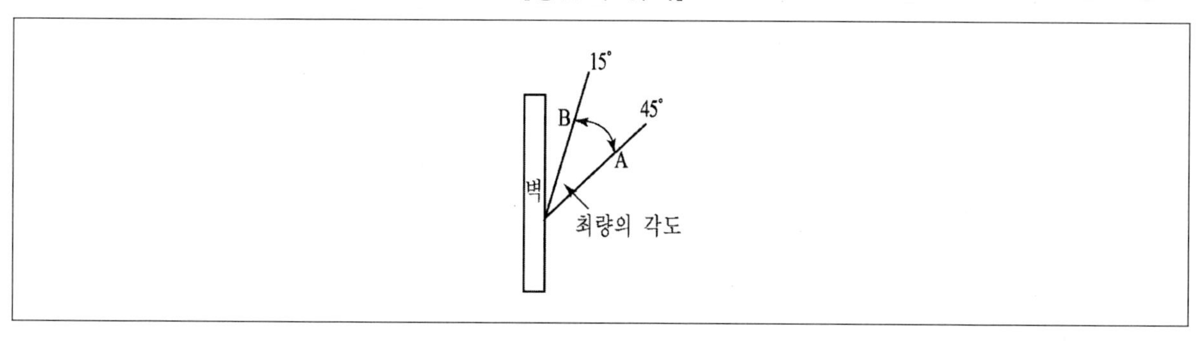

TIP

최량시각은 벽면의 전시물은 관람자의 눈이 부시지 않도록 확산광을 이용하며 '최량(最良)'이란 '가장 좋은'을 의미한다.

❷ 특수 전시기법

(1) 하모니카 전시(Harmonica)

① 전시의 평면이 하모니카 흡입구처럼 동일공간에 연속적으로 배치되는 방법

② 동일한 종류의 전시물을 반복하여 전시할 경우에 적합하다.

[하모니카 전시]

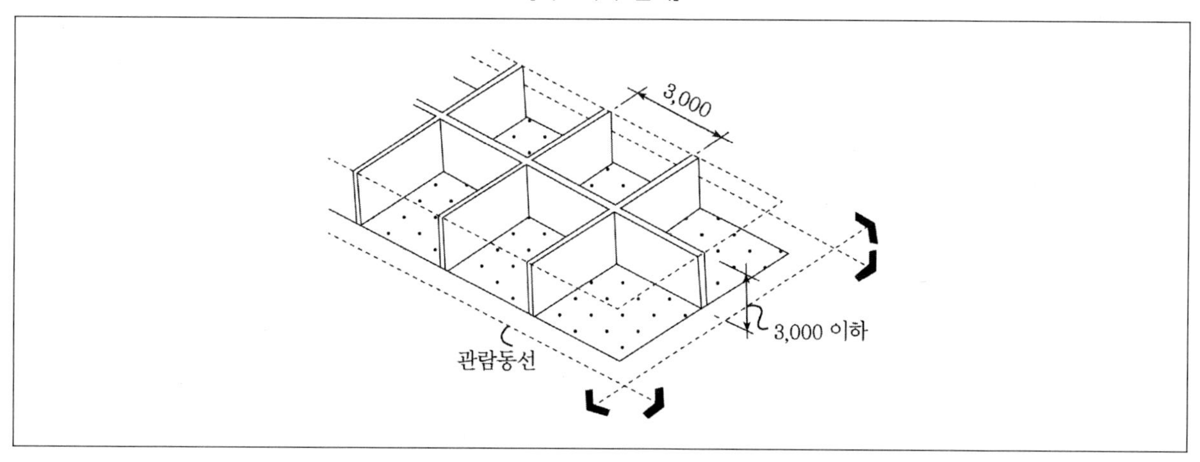

(2) 파노라마 전시(Panorama)

연속적인 주제를 선적으로 관계성 깊게 표현하기 위해 전경으로 펼쳐지도록 연출하는 기법이다.

① 벽면의 전시와 입체물이 병행된다.

② 넓은 시야로 실제 경치를 보고 있는 듯한 느낌의 전시가 된다.

[파노라마 전시]

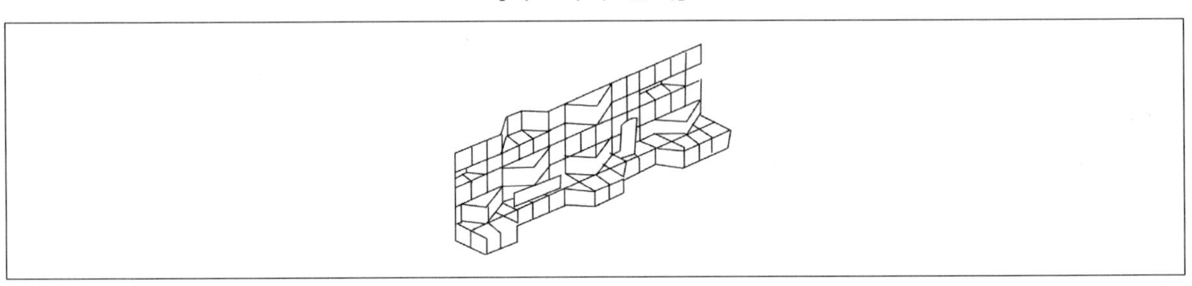

(3) 디오라마 전시(Diorama)

① 현장감에 충실하여 연출한다.

② 하나의 주제를 시간적 상황을 고정시켜서 실제 현장에 임한 듯한 느낌을 연출한다.

③ 필요한 것 … 스피커, 프로젝트, 만곡배면, 반사형, 입체전시물, 유리 스크린, 스포트 라이트, 이동바퀴(잠금 장치), 케이블선 등이 필요하다.

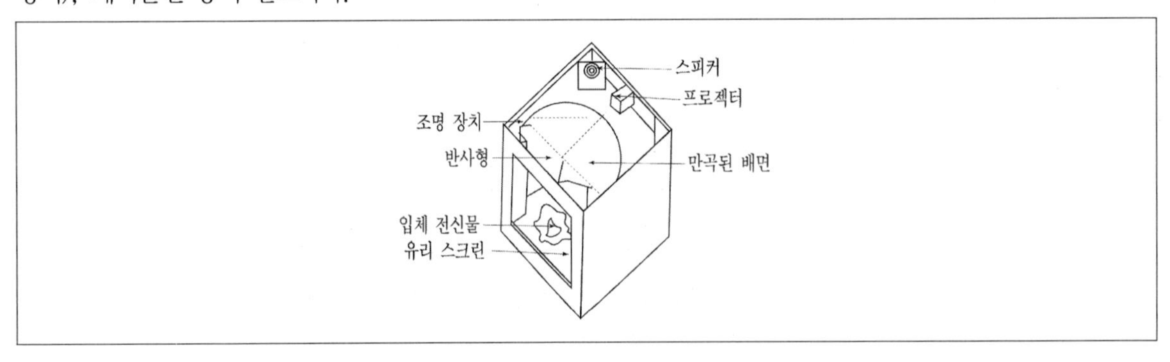

(4) 아일랜드 전시

① 벽, 천장을 직접 이용하지 않고 전시물이나 전시장치에 배치한다.

② 대형 혹은 소형전시물에 유리하다.

③ 평면전시, 입체전시가 가능하다.

④ 관람자의 시거리를 짧게 할 수 있고 동선을 자유롭게 변화시킬 수 있어 전시공간의 활용도가 높아진다.

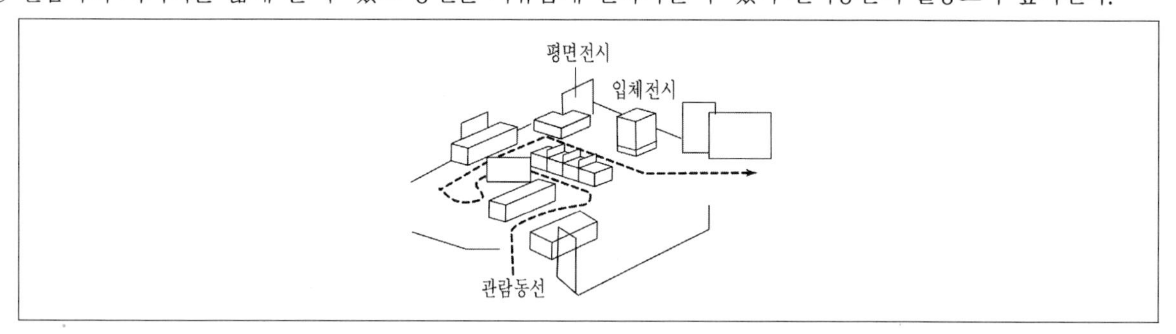

(5) 영상전시

오브제 전시한계를 극복하기 위해 사용되는 것으로 현물을 직접 전시할 수 없는 경우에 사용하는 방식이다.

[아일랜드 전시]

[파노라마 전시]

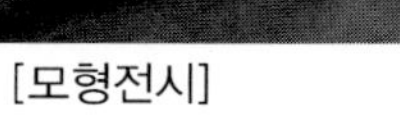

[모형전시]

[영상전시]

기출예제 05 2010 국가직 (7급)

미술관 건축계획에 대한 설명으로 옳은 것은?

① 전시실 전체의 주동선 방향이 정해지면 개개의 전시실은 입구에서 출구에 이르기까지 연속적인 동선으로 이루어져야 하며 교차와 역순을 피해야 한다.

② 개개의 전시실 앞 홀 부분에 전시내용을 암시하는 전시물을 전시하는 것은 바람직하지 않다.

③ '파노라마형식'은 통일된 전시내용이 규칙적으로나 반복적으로 나타날 때 쓸 수 있으며, 동선계획이 용이한 전시방법이다.

④ 전시실 순회형식 중 중앙홀 형식의 경우에는 중앙홀이 크면 동선의 혼란이 발생하고 장래의 확장에도 어려움이 많으므로 계획 시 유의하여야 한다.

*

② 개개의 전시실 앞 홀 부분에 전시내용을 암시하는 전시물을 전시하는 것은 전시물에 대한 흥미를 끌 수 있는 좋은 방법이 될 수 있다.
③ '하모니카형식'은 통일된 전시내용이 규칙적으로나 반복적으로 나타날 때 쓸 수 있으며, 동선계획이 용이한 전시방법이다.
④ 전시실 순회형식 중 중앙홀 형식의 경우에는 중앙홀이 크면 동선의 혼란이 없다. 그러나 장래의 확장에도 어려움이 많으므로 계획 시 유의하여야 한다.

답 ①

3 미술관 건축의 평면유형

(1) 중정형(CO형)

① 개별 전시실들이 중정을 중심으로 둘레를 에워싼 回자형 평면 형식이다. 중정이 단순히 외부공간으로서가 아닌 상징적 대공간의 역할을 겸하는 반개방적 외부공간으로 실내의 연장이 되는 유기적 평면구성을 가능케 하며, 자연채광을 도입하는데도 큰 역할을 한다.

② 인공적으로 만들어진 중성화된 특수공간을 보유하는 특징, 즉 건물 외곽은 폐쇄되어 있으나 중정으로 인하여 외부와의 접촉이 가능해지므로 건물 자체는 폐쇄적으로 보일지라도 다이내믹한 전시공간구성이 효과적이다.

(2) 집약형(IN)

① 단일 건물 내 대소전시 공간을 집약시킨 형식으로 대개는 대공간과 개별공간으로 구성된다.

② 대공간이란 그 전시장의 핵이 되는 주요공간으로 중심홀, 대홀(Hall) 혹은 대전시실을 의미하고, 개별전시공간이란 대공간을 둘러싸고 있는 중소전시실로서 대공간에서 보여준 전체적인 주제를 시간별, 국가별, 유형별, 요목별로 상세하게 보여주는 전시실을 의미한다.

TIP

집약형의 세부유형분류

㉠ 중심부에 대공간을 두고 둘레에 개별전시실이 에워싼 형으로, 이때 대공간을 강한 메이저 스페이스로 삼고 입구에 들어설 때부터 퇴관 할 때까지 몇 번이고 대공간을 접하게 되며 개별 전시공간의 전실 역할도 겸한다.
㉡ 대공간이 상층까지 개방(Open)되어 각층에서 내려다 볼 수 있는 형으로, 전관이 유리되지 않고 유기적 연결, 전체를 파악하고 부분을 보는 특성을 갖는다.
㉢ 대공간이 현관을 들어서면서 선큰(Sunken)된 형
㉣ 전층이 유기적으로 연결된 형
㉤ 수직기능 분리로 입구층과 전시층이 구분된 형
㉥ 순수공간과 서비스공간이 확연히 구분된 형

(3) 개방형(OP)

① 전시공간 전체가 구획됨이 없이 개방된 형식을 의미한다.

② 주로 미스 반 데어로에가 즐겨 쓰는 수법으로 필요에 따라 간이 칸막이로 구획하고 가변적인 공간의 이점을 잘만 살리면 효과적인 전시분위기를 연출할 수 있다.

③ 내외부 공간의 구분이 투명한 유리벽 위주로 되어 있어 내부와 외부공간의 구분이 모호해지는 효과를 얻을 수 있다.

(4) 분동형(PA)

① 몇 개의 단독 전시관들이 Pavilion 형식으로 건물군을 이루고 핵이 되는 중심광장(Communicore)이 있어서 많은 관객의 집합, 분산, 휴식, 선별관람이 용이하도록 도와주는 것이 보통이고 "순환동선고리"를 고려해야 한다.

② 중정형과 유사한 특성을 가지나 주로 규모가 큰 경우에 적용된다.

(5) 중 · 개축형(R&E)형

① 다른 용도로 사용되었던 건물을 기존 규모에서 외부적으로 확장한다던가, 변경 없이 실내공간을 재조정할 수 있는 형식이다.

② 중 · 개축의 형식은 매우 다양하지만 구조적인 골격은 별동형식, 접속형식, 성장형식 등이 적용된다.

TIP

중 · 개축형식의 골격

㉠ 별동형 : 기존건물의 구조적 원형을 유지하면서 독립적으로 존재하는 형
㉡ 접속형 : 특별한 영역의 자율적인 성장을 위해 초기단계에서 대비하는 방법의 접속형
㉢ 성장형 : 불확실한 장래변경에 대한 중성적이며, 균질한 공간의 틀(Grid)을 따르는 형식

| 기출예제 06

2013 지방직

전시관의 공간배치 구성형식에 따라 분류된 유형의 설명으로 옳지 않은 것은?

① 중정형은 중정이 중심이 되는 형식으로, 폐쇄적인 성격이 강하여 유기적인 평면구성이 불가능하다.

② 집약형은 단일 건축물 내 대·소 전시관을 모은 형식으로, 개별전시공간은 전체적인 주제를 시대별, 국가별, 유형별로 상세히 보여준다.

③ 개방형은 전시공간 전체가 구획됨이 없이 개방된 형식으로, 전시 내용에 따라 가동적인 특성이 있다.

④ 분동형은 몇 개의 전시공간들이 핵이 되는 광장을 중심으로 구성된 형식으로, 많은 관객의 집합과 분산이 용이하다.

✱

중정형은 유기적인 평면구성이 가능하다.

답 ①

최근 기출문제 분석

2011 지방직 (7급)

1 미술관 전시실 창의 자연채광형식에 대한 설명으로 옳지 않은 것은?

① 정광창 형식(top light) : 전시실 천장의 중앙에 천창을 계획 하는 방법으로, 전시실의 중앙부를 가장 밝게 하여 전시 벽면에 조도를 균등하게 한다.

② 측광창 형식(side light) : 전시실의 직접 측면창에서 광선을 사입하는 방법으로 광선이 강하게 투과할 때는 간접사입으로 조도분포가 좋아질 수 있게 하여야 한다.

③ 고측광창 형식(clerestory) : 천장에 가까운 측면에서 채광하는 방법으로 측광식과 정광식을 절충한 방법이다.

④ 정측광창 형식(top side light monitor) : 관람자가 서 있는 위치의 상부에 천장을 불투명하게 하여 측벽에 가깝게 채광창을 설치하는 방법이며, 천장의 높이가 낮아져 광선이 강해지는 것이 결점이다.

TIP 정측광창 형식은 천장의 높이가 높아져 광선이 약해지는 결점이 있다.

2020 지방직

2 미술관 출입구 계획에 대한 설명으로 옳지 않은 것은?

① 일반 관람객용과 서비스용 출입구를 분리한다.

② 상설전시장과 특별전시장은 입구를 같이 사용한다.

③ 오디토리움 전용 입구나 단체용 입구를 예비로 설치한다.

④ 각 출입구는 방재시설을 필요로 하며 셔터 등을 설치한다.

TIP 상설전시장과 특별전시장은 입구를 서로 분리해야 한다. 일반적으로 특별전시장은 상설전시장보다 높은 입장료를 받는 기획전시물들이 전시되는 공간이기도 하며 출입에 제한을 둘 필요가 있다.

Answer 1.④ 2.②

2018 서울시 2차

3 미술관건축에서 자연채광법에 대한 설명으로 가장 옳지 않은 것은?

① 정광창(top light) 형식은 유리 전시대 내의 공예품 전시실 등 채광량이 적게 요구되는 곳에 적합한 방법이다.

② 측광창(side light) 형식은 소규모의 전시실에 적합한 방법이다.

③ 고측광창(clerestory) 형식은 천장의 가까운 측면에서 채광하는 방법이다.

④ 정측광창(top side light monitor) 형식은 중앙부는 어둡고 전시벽면의 조도는 충분한 이상적 채광법이다.

TIP 정광창(top light) 형식은 전시실의 중앙부를 가장 밝게 하여 전시벽면에 조도를 균등하게 하는 방법이다. 따라서 채광량이 적게 요구되는 곳에 적합한 방법이 아니다.

Answer 3.①

출제 예상 문제

1 **다음 중 미술관의 계획에 관한 설명으로 옳지 않은 것은?**

① 남쪽의 창을 크게 해서 충분하게 자연채광을 받아 들이도록 한다.
② 소음이 적어야 하며 안정된 분위기에서 감상할 수 있도록 해야 한다.
③ 진열실의 크기는 전시의 목적, 내용, 종류에 따라서 달라진다.
④ 대중이 용이하게 이용할 수 있도록 한다.

TIP ① 미술관은 직사광선을 차단하여 작품의 변질이 없도록 하며, 조도의 변화가 없도록 균등하게 계획한다.

2 **다음 중 미술관의 계획에 대한 설명으로 옳지 않은 것은?**

① 전시실의 각각의 실이 독립되어 한 실의 전시만 집중해서 관람할 수 있도록 한다.
② 전시실의 크기는 전시의 종류에 따라서 달라진다.
③ 자연채광을 차단하고 인공조명을 계획한다.
④ 전시실에서 관람자가 전시물을 보기 위한 최량의 시각은 $27 \sim 30^{\circ}$이다.

TIP 전시실의 주동선 방향이 정해지게 되면 각각의 전시실은 입구에서 출구까지 연속동선으로 고려되어야 한다. 또한 동선에 있어서 교차되거나 역순이 되는 것을 방지해야 한다.

Answer 1.① 2.①

3 **미술관의 전시실 순로형식 중 연속순로형식에 관한 설명이다. 옳지 않은 것은?**

① 단순하고 공간이 절약된다.
② 대규모 전시실에 적합한 형식이다.
③ 다각형, 구형의 각 전시실을 연속적으로 연결하는 형식이다.
④ 전시하는 벽면을 많이 만들 수 있다.

TIP ② 연속순로형식은 소규모 전시실에 적합하며 작은 부지에서도 편리하게 이용하는 것이 가능하다.

4 **다음 중 전시실의 조명계획으로 옳지 않은 것은?**

① 광원에 의해서 발생하는 현휘를 방지하도록 한다.
② 전시물은 눈에 띄도록 하기 위해 다양한 조도로 변화를 준다.
③ 관람자의 그림자가 전시물 위에 생기지 않도록 한다.
④ 화면, 케이스, 유리면 등에 다른 영상이 반사되지 않도록 한다.

TIP ② 전시물은 항상 적당한 조도로 균일해야 하며 광색 또한 적당하게 해야 하며 변화가 없어야 한다.

5 **전시실의 특수기법 중 벽, 천장을 직접 이용하지 않고 전시물이나 전시장치에 배치하는 방법은?**

① 하모니카 전시기법
② 파노라마 전시기법
③ 디오라마 전시기법
④ 아일랜드 전시기법

TIP 특수 전시기법의 종류
㉠ 하모니카 전시기법 : 전시의 평면이 하모니카 흡입구처럼 동일공간에 연속적으로 배치되는 방법
㉡ 파노라마 전시기법 : 벽면의 전시와 입체물이 병행되는 방법
㉢ 디오라마 전시기법 : 하나의 주제나 시간적 상황을 고정시켜서 연출하는 방법
㉣ 아일랜드 전시기법 : 벽, 천장을 직접 이용하지 않고 전시물이나 전시장치에 배치하는 방법
㉤ 영상 전시기법 : 현물을 직접 전시할 수 없는 경우에 사용하는 방법

Answer 3.② 4.② 5.④

6 **전시실의 순로형식 중 과거에 많이 사용되었던 것으로 중앙부에 하나의 큰 홀을 두고 그 주위에 각 전시실을 배치해서 자유로이 출입할 수 있도록 하는 방식은?**

① 중앙홀 형식과 연속순로형식을 합친 형태

② 연속순로형식

③ 갤러리 및 코리도 형식

④ 중앙 홀형식

TIP ① 중앙부에 큰 홀 하나를 두고 주위에는 다각형, 구형의 전시실을 두어 연속적으로 연결하는 방식
② 다각형 · 구형의 각 전시실을 연속적으로 연결하는 방식
③ 연속되어지는 전시실의 한쪽 복도에 의해서 각 실을 배치하는 방식

7 **대규모 미술관의 평면을 계획할 때 전시실의 순회형식으로 옳지 않은 것은?**

① 중앙 홀형식 ② 갤러리 및 코리도 형식

③ 연속순로형식 ④ 혼합형식

TIP ③ 연속순로형식은 소규모 미술관, 전시실에 적합하다.

8 **다음은 미술관의 동선계획을 설명한 것이다. 이 중 옳지 않은 것은?**

① 전시실의 주동선 방향이 정해지면 전시실은 입구에서 출구까지 연속동선으로 고려되어야 한다.

② 동선에 있어서 역순이 되거나 교차가 되지 않도록 한다.

③ 연속순로의 형식은 벽면을 많이 만들 수 있다.

④ 관객은 일반적으로 우측으로 순회하면서 우측벽을 바라보려고 한다.

TIP ④ 미국의 조사에 따르면 관객은 일반적으로 좌측으로 순회하며 우측벽을 바라보려고 한다.

Answer 6.④ 7.③ 8.④

9 **미술관의 전시공간은 연면적의 몇 % 이상을 차지하는가?**

① 30% ② 40%
③ 50% ④ 60%

TIP 전시공간은 미술관의 경우에 연면적의 50% 이상을 차지하며, 박물관의 경우에는 30 ~ 50% 정도를 차지한다.

10 **다음은 전시실에 관한 설명이다. 이 중 옳지 않은 것은?**

① 습도는 60% 정도를 유지하도록 한다.
② 다수의 관객이 통행할 때에는 2m 이내의 여유로운 통로가 필요하다.
③ 시각은 45° 이상 떨어져 관람하는 것이 보통이나 최량시각은 30 ~ 40°이다.
④ 벽면의 전시물은 광원으로부터 눈부심을 방지하도록 한다.

TIP ③ 전시실에서 시각은 45° 이상 떨어져 관람하는 것이 보통이며 최량시각은 27 ~ 30°이다.

11 **다음 보기는 특수 전시기법 중 어느 기법을 설명한 것인가?**

㉠ 전시의 평면이 하모니카 흡입구처럼 동일한 공간을 연속적으로 배치한다.
㉡ 동일한 종류를 전시물을 반복하여 전시할 때 유리하다.

① 하모니카 전시기법 ② 아일랜드 전시기법
③ 파노라마 전시기법 ④ 디오라마 전시기법

TIP ② 대형 혹은 소형 전시물에 유리하며 벽·천장을 직접 이용하지 않고 전시물이나 전시장치에 배치하는 기법이다.
③ 벽면에 전시와 입체물이 병행되어 넓은 시야로 실제 경치를 보고 있는 듯한 느낌이 연출되어 지는 기법이다.
④ 하나의 주제를 시간적 상황을 고정시켜 연출되어지는 기법이다.

Answer 9.③ 10.③ 11.①

12 전시장에서 어쩔 수 없이 현물을 전시하지 못할 경우에 적용할 수 있는 적당한 전시기법은?

① 하모니카 전시기법
② 아일랜드 전시기법
③ 파노라마 전시기법
④ 영상 전시기법

TIP 영상 전시기법 … 전시장 현장에 전시물을 직접 전시할 수 없을 경우에 영상매체를 이용하여 전시할 수 있다.

13 미술관의 창에 의한 자연채광 형식에 대한 설명 중 옳지 않은 것은?

① 고측광창 형식 – 측광식, 정광식을 절충한 방법이다.
② 정광창 형식 – 천창의 직접 광선을 막기 위해 천창 부분에 루버를 설치하거나 2중으로 한다.
③ 측광창 형식 – 대규모의 전시실에 좋으며 가장 이상적인 방법이다.
④ 정측광창 형식 – 관람자의 위치는 어둡고 전시벽면은 조도가 밝아 효율적인 형태이다.

TIP 측광창 형식은 측면 창에 광선을 들이는 방식으로, 소규모 전시실 외에는 부적합하다.

Answer 12.④ 13.③

제7편 문화시설

03 체육시설

01 기본 계획

1 기본계획

(1) 옥외노출 운동장 계획

① 옥외노출 운동장의 장축은 남북방향이다.

② 오후의 서향일광을 고려하여 서쪽에 메인스타디움을 둔다.

③ 트랙의 길이는 400m가 일반적이다.

④ 필드는 트랙면보다 배수가 잘 되기 위해 5cm 높게 해야 한다.

⑤ 필드의 수평허용오차는 1/1000으로 한다.

⑥ 국제경기용은 최소 6코스를 필요로 한다.

⑦ 맨 앞 관람석의 바닥은 경기장 바닥보다 1m 높아야 하며 트랙에서는 4m 이상 거리를 확보해야 한다.

관람석	표준수치
1인당 요구면적	$0.4m^2$
관람석의 폭(열)	20m (25열)
통로 사이의 최대 좌석 수	24석
1인당 전후거리	80cm
1인당 폭	50cm
보행속도	1m/sec

⑧ 공인 경기장으로 지정되려면 거리 공차가 1/10,000 이하여야 한다.

⑨ 단심원형은 설계, 시공 등이 간단하고 계측이 용이하며 거리 공차가 적다.

⑩ 2심원형은 필드를 넓게 사용할 수 있는 이점이 있으나 소규모인 경우 트랙을 사용하기에 불편하다.

⑪ 3심원형은 필드를 넓게 사용할 수 있는 반면 계측하기가 어려우며, 주로 구미에서 비교적 많이 채택되고 있다.

⑫ **트랙의 크기** … 트랙의 크기는 400m 트랙이 일반적이며, 이 경우 19,800m^2정도이다. 이외에 350m, 300m, 250m, 200m 트랙이 있다. 거리는 트랙의 일주로서 거리 계측은 트랙 안쪽(필드와 경계선)에서 30cm 바깥쪽에 있는 선상에서 측정한다.

⑬ 달리는 방향은 왼손이 안쪽으로 오도록 한다.

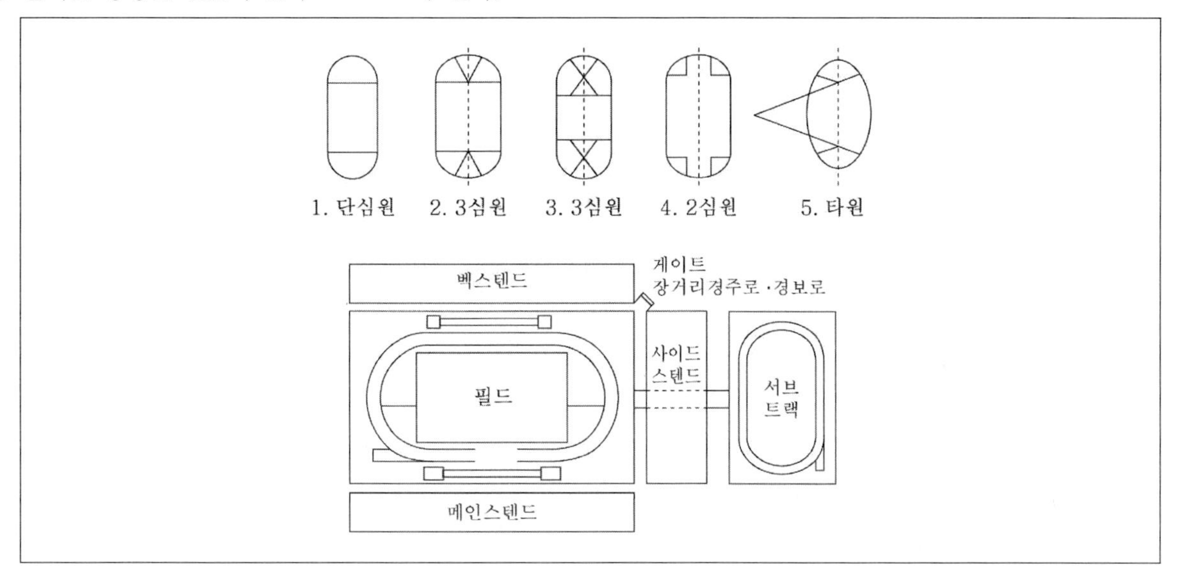

⑭ 야구장과 축구장의 규격은 다음을 따른다.

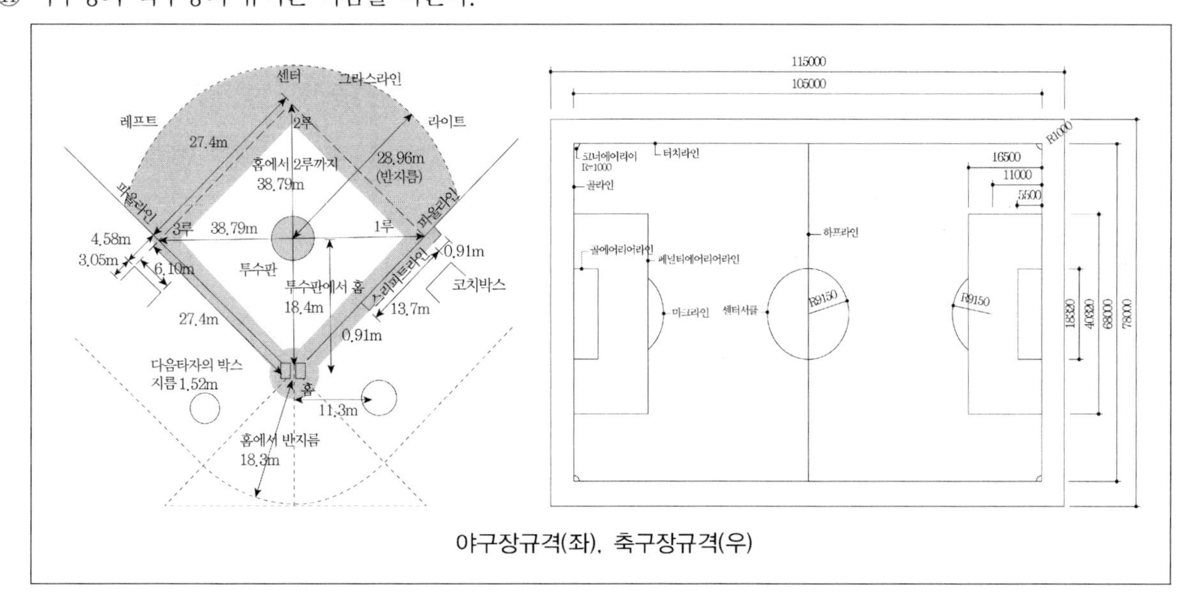

야구장규격(좌), 축구장규격(우)

(2) 골프장계획

① 통상적으로 총 18개의 홀(롱홀 4개, 미들홀 10개, 쇼트홀 4개)로 구성된다.

② 18개의 홀의 총 길이는 약 6,383m 정도이다.

③ 약 30만평의 면적이 요구된다.

(3) 체육관계획

① 코트 바깥 쪽에 3m 이상의 안전역을 확보해야 한다.

② 마룻바닥 하부는 제습, 보수, 진동음 방지 등을 위해 지면과 30 ~ 150cm의 간격을 두어야 한다.

③ 지층에 직접 코트 설치를 할 경우 75cm ~ 150cm의 공간을 두고 중층인 경우 층고를 낮추기 위해서는 30 ~ 60cm까지도 가능하나 이 경우 진동음을 방지하기 위해 다공철판을 바닥에 설치하도록 한다.

④ 벽은 높이 2.4m까지 돌기물이 없어야 한다.

⑤ 관람석, 경기장은 동선 상 연결되지 않도록 해야 한다.

⑥ 전, 후열 객석배치는 어긋나도록 해야 한다.

⑦ 기구창고는 경기장 면적의 15%가 적합하다.

종류	길이(m)	폭(m)	높이(m)
농구	26(±2)	14(±1)	7
배구	18	9	12.5
배드민턴	13.4	5.18	7.6
탁구	14	7	4

[경기 종목별 소요 천장높이]

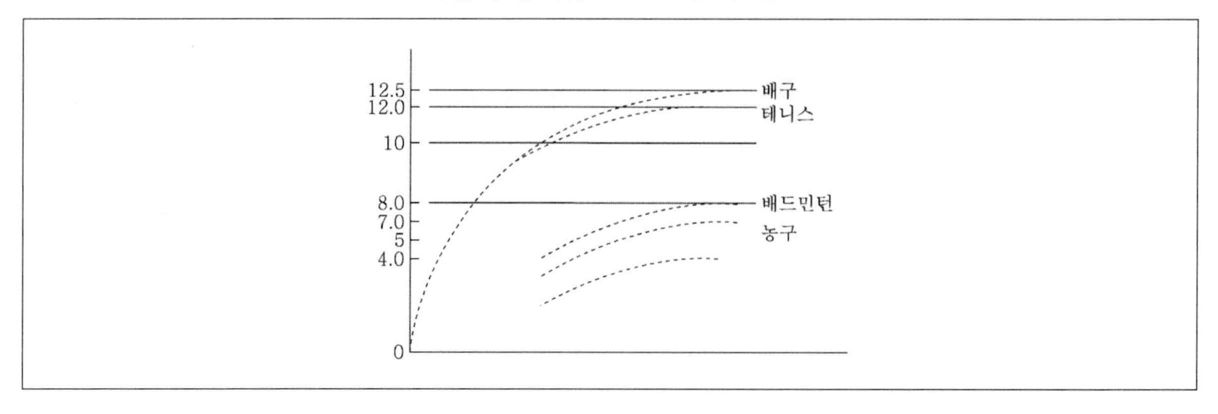

(4) 수영장계획

① **수영장규격**(경영) … 길이 50m, 폭 21m, 깊이 1.8m 이상이어야 한다.

② 1번 레인은 출발대로부터 풀을 향하여 가장 오른쪽에 위치한다.

③ 풀은 남북을 축으로 하여 배치한다.

④ 출발은 태양의 눈부심을 피하도록 하기 위해 남쪽에서 한다.

⑤ 남쪽으로 스타트를 한다.

⑥ 수온은 24℃ 이상이어야 한다.

⑦ 배수구는 수영장벽 4면에 설치해야 하며 세로벽 배수구는 수면 위 0.3m로 해야 한다.

⑧ 레인의 수는 8개이며 레인의 폭은 2.5m, 8번 레인 밖으로 50cm의 간격을 두어야 한다.

⑨ 출발대의 높이는 수면으로부터 0.5 ~ 0.7m이어야 한다.

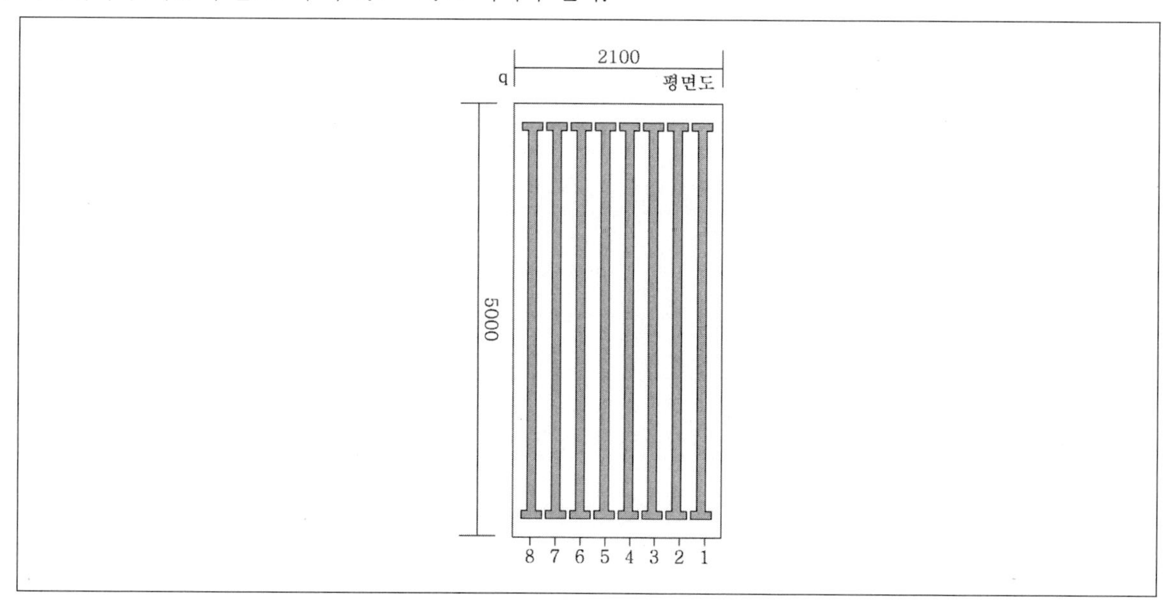

| 기출예제 01

2013 국가직

체육시설의 건축계획에 대한 설명으로 옳지 않은 것은?

① 국제수영연맹 규정에 의한 경영수영장의 규격은 18m × 50m이며, 레인 번호 표시 1번은 출발대로부터 풀을 향해 왼쪽이다.

② 스피드 스케이트 경기장은 원칙적으로 좌회전 활주방식으로 계획한다.

③ 골프 경기장은 통상적으로 18개의 홀로 구성되며 롱홀 4개, 미들홀 10개, 쇼트홀 4개의 비율로 이루어진다.

④ 야구장 그라운드의 형상은 센터라인을 축으로 한 좌우대칭을 기본으로 하며 왼쪽이 약간 넓은 경우도 있다.

✱

국제수영연맹 규정에 의한 경영수영장의 규격은 25m × 50m이며 레인번호 표시 1번은 출발대로부터 풀을 향해 오른쪽이다.

답 ①

(5) 다이빙

① 독립된 풀을 사용하는 것이 좋다.

② 뜀판 다이빙은 수면에서 뜀판까지의 높이에 의해 1m, 3m로 나뉜다.

③ 하이 다이빙은 수면에서 뜀판까지의 높이에 의해 5m, 10m로 나뉜다.

④ 수중발레의 크기는 최소 12m×12m×3m, 수중 스피커를 준비하고 물은 매우 투명하여 밑바닥을 볼 수 있어야 한다.

최근 기출문제 분석

2017 국가직

1 체육관의 공간구성에 대한 설명으로 옳지 않은 것은?

① 체육관의 공간은 경기영역, 관람영역, 관리영역으로 구분할 수 있다.

② 경기장과 운동기구 창고는 경기영역에 포함된다.

③ 관람석과 임원실은 관람영역에 포함된다.

④ 관장실과 기계실은 관리영역에 포함된다.

TIP 임원실은 관람영역에 포함되지 않으며 관리영역에 속한다고 볼 수 있다.

Answer 1.③

출제 예상 문제

1 옥외노출 운동장 계획에 대한 설명으로 옳지 않은 것은?

① 트랙의 길이는 400m가 일반적이다.
② 필드의 수평허용 오차는 1/1,000으로 한다.
③ 필드는 트랙 면보다 배수가 잘 되기 위해 5cm 높게 해야 한다.
④ 오후의 서향일광을 고려하여 동쪽에 주경기장을 둔다.

TIP ④ 오후의 서향일광을 고려하여 서쪽에 주경기장을 둔다.

2 다음 중 옥외노출 운동장 계획에서 표준수치가 잘못 연결된 것은?

① 1인당 요구면적 – $0.4m^2$
② 관람석의 폭 – 20m
③ 1인당 전후거리 – 90cm
④ 1인당 폭 – 50cm

TIP ③ 1인당 전후거리 – 80cm

Answer 1.④ 2.③

3 올림픽게임과 세계선수권을 위한 경영 수영장 규격으로 옳은 것은?

① 20 × 25
② 20 × 50
③ 25 × 25
④ 25 × 50

TIP 올림픽게임과 세계선수권을 위한 경영 수영장 규격은 폭 25m, 길이 50m이며 수심은 최소 2m이나 싱크로나이즈수영과 같은 다양한 경기 이용을 위해 수영장을 사용할 시 3m를 권고한다.

Answer 3.④

건축사

01 서양건축사

01 원시건축

(1) 시대적 특징

이 시기의 역사적으로 가장 중요한 사건은 신석기 혁명이라고 할 수 있는데 이는 그 동안의 야생식물을 하면서 채집을 해온 인류가 스스로 식량을 생산할 수 있는 기술을 터득하면서 정착생활을 할 수 있게 되었고 이것이 바로 본격적으로 건축행위를 하게 되는 시발점이었던 것이다.

(2) 건축의 특징

이 시기의 건축의 대략적인 특징을 살펴보면 동굴주거, 수혈주거, 점토주거, 수상주거, 석조주거 등 자연의 재료를 사용한 움집이 주를 이루었으며 스톤헨지, 고인돌과 같은 거석건축과 분묘건축도 행해지기 시작하였다.

TIP

움집은 비가 와서 구덩이가 물에 차는 것을 대비하여 주변에 도랑을 내었다. 움집은 시간이 지나면서 별도의 벽체 없이 땅 위로 지붕만 보였던 형태에서 수직벽체가 발달해 지붕이 땅에 닿지 않는 반움집의 형태가 되었다.

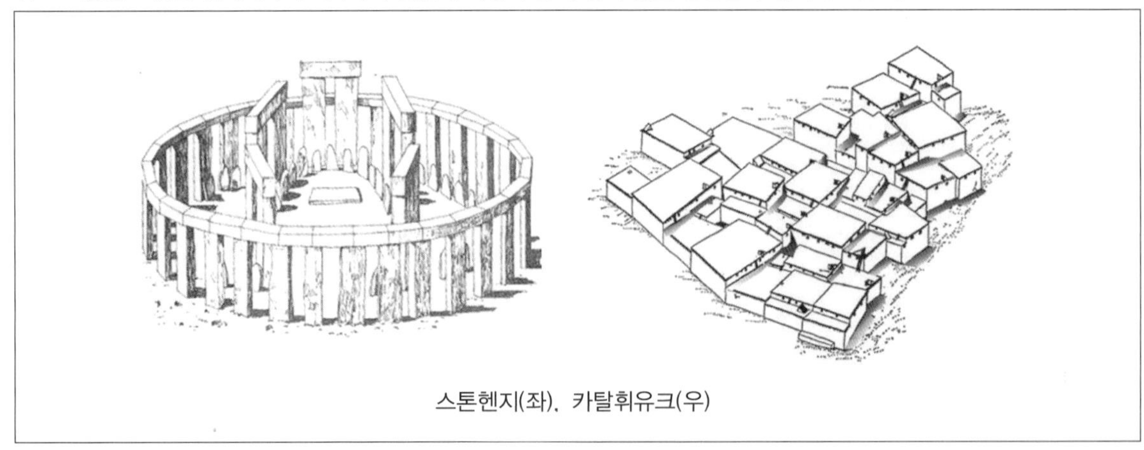

스톤헨지(좌), 카탈휘유크(우)

02 고대 건축

checkpoint

■ 건축양식의 발달순서

이집트→그리스→로마→초기기독교→사라센→비잔틴→로마네스크→고딕→르네상스→바로크→로코코→고전주의→낭만주의→절충주의→수공예운동→아르누보운동→시카고파→세제션→독일공작연맹→바우하우스, 입체파→유기적 건축→국제주의→포스트모더니즘→레이트 모더니즘

고대건축	이집트, 서아시아(바빌로니아)
고전건축	그리스, 로마
중세건축	초기기독교, 비잔틴, 사라센, 로마네스크, 고딕
근세건축	르네상스, 바로크, 로코코
근대건축	신고전주의, 낭만주의, 절충주의, 건축기술
	수공예운동, 아르누보운동, 시카고파, 세제션운동, 독일공작연맹
	바우하우스, 유기적건축, 국제주의, 거장시대
	팀텐, GEAM, 아키그램, 메타볼리즘, 슈퍼스튜디오, 형태주의, 브루탈리즘, 포스트모더니즘, 레이트모더니즘
현대건축	대중주의, 신합리주의, 지역주의, 구조주의, 신공업기술주의, 해체주의

1 이집트 건축

(1) 시기구분

① 이집트의 건축양식은 통일왕조가 세워진 B.C.3000년경부터 페르시아에 의해 정복된 B.C.530년경까지 나일강 유역에서 형성된 고대 이집트 문명을 배경으로 형성되었다.

② 사방이 산맥과 사막으로 둘러싸인 폐쇄적 지형으로 외적의 침입이 적어 장기간에 걸쳐 동일한 민족문화를 유지할 수 있었다.

③ 나일강 유역의 비옥한 토양은 이집트인들에게는 신의 축복과 같은 것이었으며 신전이나 분묘들 대다수가 나일강과 인접한 곳에 위치해 있었다.

④ 나일강은 자주 범람하여 농사를 망치게 되는 경우가 허다하여 이를 막기 위해 댐을 건설하였는데 이것은 이집트 문명의 시작점이라고 볼 수 있다.

⑤ 태양신을 유일신으로 섬기면서 영원함을 동경하였으며 인간은 죽어도 영혼은 육체에 스며들어 있다고 믿었다.

⑥ 석재를 주재료로 사용하여 웅장한 무덤과 신전 중심의 건축이 발달하였다. 하부는 넓고 상부는 좁은 형태의 건축물이 많은데 그 대표적인 것이 피라미드이다.

⑦ 이집트의 왕조는 다음과 같이 크게 3기로 대분된다.

시기	사회상	주요 건축물
고왕조 기원전 3,100년부터 기원전 2,200년까지	• 파라오(Pharaoh)의 절대왕권을 상징하는 건축이 주로 이루어졌다. • 신전은 거의 세워지지 못했고 주로 마스터바와 피라미드가 세워졌다. • 수도가 나일강을 따라 멤피스에서 테베로 옮겨졌다.	기자의 피라미드, 쿠푸왕의 피라미드
중왕조 기원전 2,050년부터 기원전 1,800년까지	• 고왕조 시대와 달리 파라오의 절대권력이 만행 약화되었으며 왕들이 테베 근처의 절벽에 구멍을 파고 무덤을 만들었다.	베니핫산의 암굴분묘
신왕조 기원전 1,550년부터 기원전 1,100년까지	• 파라오의 권력이 강화되었으며 서남아시아에서 아프리카에 이르는 거대한 제국을 건설하였다. • 이집트 문화의 절정기로서 수많은 신전이 세워지고 수도 주위에 왕가의 계곡과 왕비의 계곡 등이 세워졌다. • 자연환경에 순응하면서도 매우 인간적인 건축물이 건립되었다.	핫셉수트 여왕의 신전, 오벨리스크

TIP

이집트의 종교변화

고왕조 시대에서 신왕조시대 초기까지 이집트사회는 다신주의였으며, 바람의 신인 아몬(Ammon)과 태양의 신인 레(Re)를 결합시켜 하나의 신인 '아몬-레'라는 신을 만들기도 했었다. 그러나 신왕조 시대에 파라오 익크나톤(Ikhnaton)은 본래 다신주의의 사회였던 이집트에 유일신인 태양신 아톤(Aton)을 도입하였는데 이러한 유일신 정책은 사제들의 권력을 약화시키고, 국민들의 반감을 샀으며 결국 이집트 몰락의 주요한 원인이 되었다.

(2) 건축특색

① 건축재료

㉠ 기후가 매우 건조하여 목재가 귀했으므로 자연여건상 풍부한 흙과 돌에 의존할 수밖에 없었기에 채석기술과 석재 쌓는 기술이 발달하였다.

㉡ 초기에는 갈대, 파피루스, 점토 등의 천연재료를 주로 이용하였으나 점차 나일강 하류지역 강유역의 풍부한 점토로 제조한 흙벽돌을 햇빛에 말려 사용하였으며 후기에는 나일강 상류 산악지대의 석재를 채석, 가공한 후 나일강을 이용, 하류지역으로 운송하여 사용하였다.

② 건축구조

㉠ 이집트 건축은 조적식 구조와 가구식 구조를 주로 사용하였다.

㉡ **조적식 구조** : 흙벽돌이나 단위석재를 이용한 조적식으로, 조적식 벽체는 자체중량이 크므로 벽체의 상부는 좁고 하부는 넓게 쌓는 경사벽 구조로 하여 구조적 안전성을 확보하였다.

㉢ **가구식 구조** : 이집트에서는 석조가구식 구조가 발달하였다. 기둥은 석재, 보는 석재 또는 목재를 이용하였고, 석재 가공기술이 매우 발달하여 석조주두를 창안해 내었다.

③ 건축형태

㉠ 나일강 일대는 강우량이 적으므로 지붕은 평지붕 형태를 이루었으며 사막의 지평선을 배경으로 평지붕은 수평선, 열주의 수직선, 경사벽의 평탄한 벽면에 의해 구성된 단순 기하학적 형태였다.

㉡ 건축물의 외형은 단순한 기하학적 형태이지만 강렬한 직사광선에 의해 윤곽이 뚜렷해지고 시각적으로 강력하고 인상적인 형태로 표현하였다.

㉢ 장식은 단순하고 화려하지 않으나 강렬한 햇빛에 의한 장식효과가 두드러졌다.

④ 기둥형식

㉠ 이집트에서는 석조가구식 기법이 발달하여 다양한 장식을 부가한 독특한 형식의 석재기둥을 사용하였다.

㉡ 기하학주(각기둥) : 기둥단면이 4각, 8각, 16각 형태인 기둥으로서 주신에는 골줄(안으로 오목하게 들어간 곳)을 새겨 장식적 효과를 내었다.

㉢ 식물형주 : 기둥의 주두부를 식물의 형상을 본떠서 만든 것으로 로터스 기둥(주두가 연꽃모양), 파피루스 기둥(주두가 파피루스 모양), 종려 기둥(주두가 종려나무 모양) 등이 있었다.

㉣ 조각주 : 주두를 인물상 형태로 조각하거나 주신을 인체입상 형태로 조각한 것으로서 하도르신 기둥, 오시리스신 기둥 등이 있었다.

(3) 건축양식

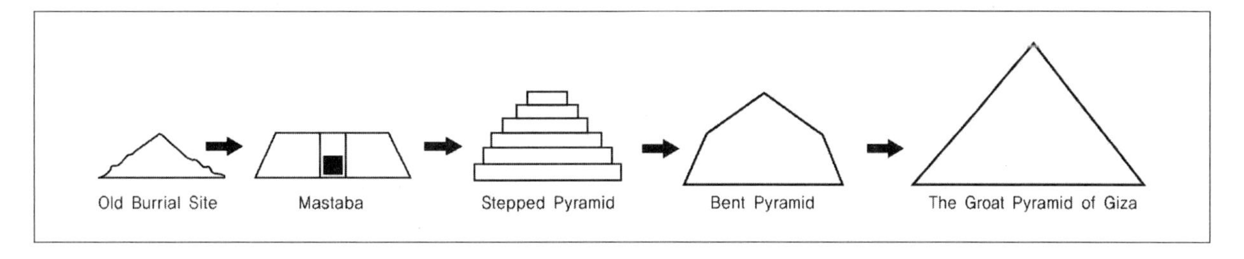

① 분묘건축

㉠ 분묘건축의 의미

- 현세는 일시적 주거이고 사후의 분묘가 영원한 주거라 믿었던 이집트인들의 독특한 종료관에 의해 분묘건축이 성행하였다.
- 영혼불멸사상, 육체복귀사상으로 사체를 방부처리 후 미이라 상태로 분묘에 보관하였다.
- 분묘건축양식은 크게 마스터바, 피라미드, 암굴분묘로 분류된다.

㉡ 마스터바

- 이집트 왕조 초기에 왕, 왕족, 귀족의 분묘로서 건설된 양식이다. (이 양식은 후에 피라미드로 발전된다.)
- 초기에는 주로 흙벽돌을 이용하여 건설하다가 점차로 석재를 이용하여 건설하였다.
- 형태는 평지붕과 경사벽으로 구성된 입방체의 단순 기하학적 형태를 이룬다.
- 내부는 의식공양실, 사자조상실, 사체보관실 등으로 구성된다.
- 사카라에 마스터바, 티의 마스터바, 아비도스의 마스터바 등이 있다.

ⓒ 피라미드

- 왕의 분묘로서 이집트 고대문명을 대표하고 상징하는 건축물이다.
- 신과 같이 절대적인 왕의 권력을 상징하고자 건설하였다.
- 내부에 왕의 사체와 사후생활에 필요한 물품을 보관하고 있었다.
- 내부는 석회석, 외부는 백색화강석을 이용하여 조적식 구조로 건설하였다.
- 주출입구, 상승 및 하강경사로, 회랑, 왕의 묘실, 여왕의 묘실, 부묘실, 환기구 등으로 구성된다.
- '마스터바 – 단형피라미드 – 굴절형 피라미드 – 일반형 피라미드' 순의 변천단계를 거쳤다.

TIP

쿠푸왕의 피라미드

㉠ 피라미드를 소개할 때 가장 많이 등장하는 피라미드로서 가장 큰 규모의 피라미드이다.

㉡ 최하층 사각형 평면의 한 변은 230m 정도이며, 높이는 150m 정도이다.

ⓔ 암굴분묘

- 대규모인 피라미드의 건설로 인해 국가적, 사회적, 경제적 문제점이 발생하자 이집트 왕조는 비교적 소규모이고 건설이 용이한 암굴분묘를 건설하였다.
- 마스타바, 피라미드는 비공간적인 밀적체임에 반해 암굴분묘는 내부에 공간을 형성하고 있었으며 암굴의 일체식 석조건축임에도 불구하고 석조가구식 기법을 적용하였다.

TIP

베니핫산의 암굴분묘

나일강 동쪽에 있으며 암반을 파고 만든 제11~12왕조시대의 남부 이집트 관리들의 무덤이다. 39개에 달하는 무덤의 일부에는 일상생활 및 피장자와 관계된 중요한 전기내용의 그림이 있다.

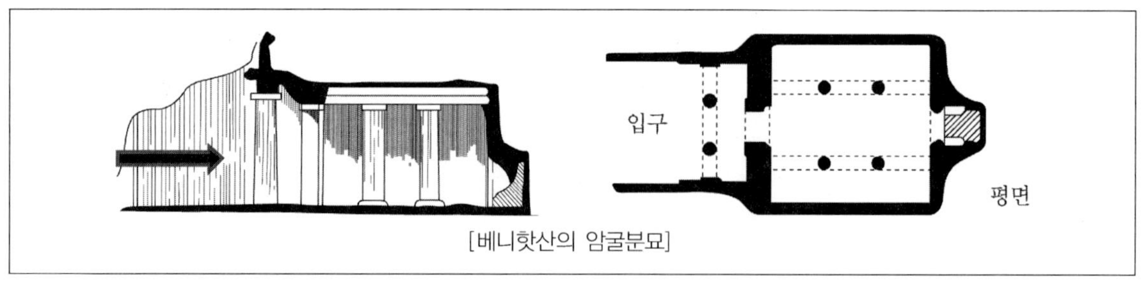

[베니핫산의 암굴분묘]

② 신전건축

㉠ 이집트의 독특한 종교관에 따라 현인신인 파라오(Pharaoh)와 태양신인 레(Re)와 아몬(Ammon)을 위한 신전을 전국각지에 다수 건설하였다.

㉡ 신전의 종류

- 분묘신전(장제신전) : 파라오를 위한 신전으로 피라미드적인 사체보관소의 개념과 암굴분묘적인 공간성을 결합시킨 신전으로서 핫셉수트 여왕의 신전이 대표적인 예이다. (장제신전은 시신을 놓아두는 신전이었다.)
- 예배신전 : 멤피스 지방의 태양신인 레(Re)와 테베지방의 태양신인 아몬(Ammon)을 위한 예배의 신전으로서 아몬-레(Ammon-Re) 신전이 대표적인 예이다.

[아몬 레(Ammon-Re) 신전의 구성]

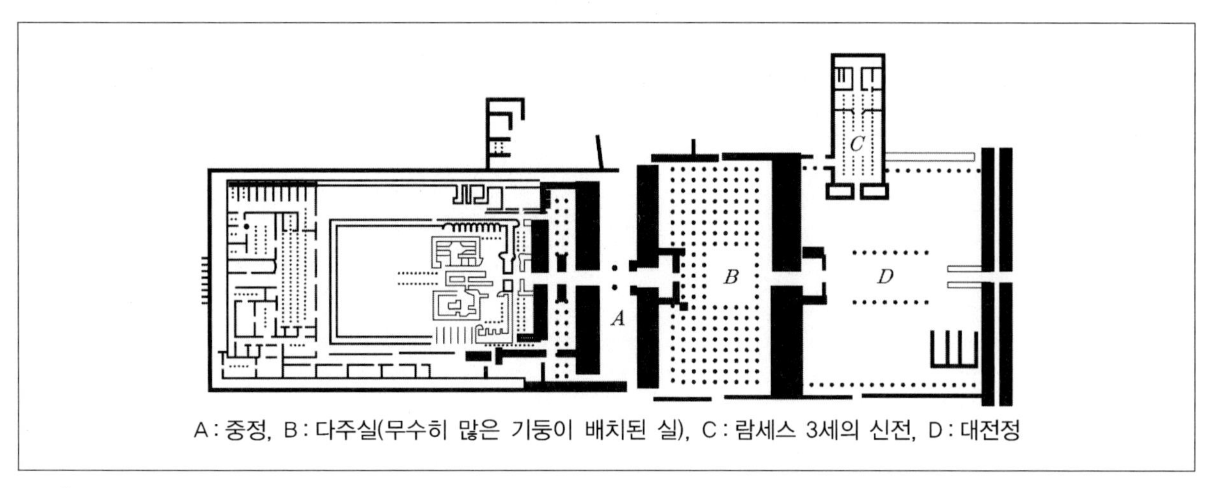

A : 중정, B : 다주실(무수히 많은 기둥이 배치된 실), C : 람세스 3세의 신전, D : 대전정

ⓒ 평면구성

- 크게 중정(Court), 다주실(Hypostyle hall), 성소(Sanctuary)의 세 부분으로 구성이 되었으며 중심에서 성소로 갈수록 바닥이 높아지고 천장은 낮아졌다.
- 정문에 탑문(Pylon), 그 앞쪽에는 기념비(Obelisk)가 있으며 평면은 주축선을 중심으로 좌우대칭형이다.
- 신전의 진입순서는 '스핑크스 – 오벨리스크 – 파일론 – 중정 – 다주실 – 성소' 순이었다.

ⓓ 건축적 특징

- 내부형태 : 중심부에서 성소로 들어갈수록 천장은 낮아지고 바닥은 높아진다.
- 외부형태 : 정면의 탑문은 높고, 뒤로 갈수록 단형으로 낮아진다.
- 구조형식은 석재의 가구식구조와 암굴의 일체식구조를 결합한 형식을 취하였으며 다주실에는 고측창(클리어스토리, Clerestory)을 설치하였다.

checkpoint

■ **핫셉수트 여왕의 분묘신전**

- 신왕조 시대에 건립된 신전으로서, 나일강 서안의 카르나크 신전의 맞은편에 위치해 있다.
- 고대의 건축가 세넨 무트에 의해 설계된 것으로 신성시된 여왕을 위한 종교의식에 적합한 환경을 제공하는 건축물이었다.
- 테라스와 그것을 떠받치고 있는 열주랑, 경사로, 가구식 구조로 구성된 벽 등으로 구성되었다.
- 테라스 가장자리의 긴 수평선, 기둥의 짧은 수직선, 기둥에 의한 명암의 반복 율동, 좌우 대칭, 건물 배경의 암석 등 자연과 조화를 이루는 건축이었다.
- 건축과 조각을 통합하였으며, 둥근 수직 부재와 사각의 수평 부재를 연결하였다.

■ **오벨리스크(Obelisk)**

- 긴 석재로 구성된 탑으로 왕권을 상징하기 위해 건립되었다.
- 탑신에 태양송가 · 왕권찬양 등을 음각으로 표현하였다.
- 정사각형의 기반 위에 4각추의 탑신을 두고 중앙부는 약간 볼록하게 하였다.

❷ 서아시아(메소포타미아) 건축

(1) 시기구분

① 바빌로니아시대 … B.C 4,000 ~ 1,290년

② 앗시리아시대 … B.C 1,290 ~ 626년

③ 신바빌로니아시대 … B.C 626 ~ 578년

④ 페르시아시대 … B.C 578 ~ 333년

(2) 시대적 특징

① 서아시아란 아시아의 서남부 지역으로, 아라비아반도를 포함한 동쪽의 아프가니스탄으로부터 서쪽의 터키까지의 지역을 이르는 말로서 강의 유역이 광활하고 개방적이어서 외부로부터의 공격에 항상 노출되어 있었다.

② 드넓은 아라비아 사막이 펼쳐져 있는 건조기후지역이며 지리적으로 동양과 서양의 사이에 있어 과거에 침략의 대상이었으며 역사가 매우 복잡하였다.

③ 메소포타미아 문명은 메소포타미아 지방을 중심으로 꽃피웠던 문명을 의미하며 당시의 관점에서 볼 때 매우 현실성이 강하였다. (개방적인 지리적 상황에 의해 현세적인 자연신을 숭배하였고 사후에 대한 관심은 거의 없었다.)

(3) 건축의 특징

① 건축구법

㉠ 석재를 구하기가 매우 어려운 지역이라서 흙을 주로 사용하였으며 건축 역시 진흙벽돌과 구운 벽돌을 건축재료로 주로 사용하여 조적조구법이 발달하였다.

㉡ 아치와 볼트구조를 사용하였으며 아치 중에서는 끝이 뾰족한 첨두아치가 주로 사용되었다. 고도의 건축기술로 다양한 건축물을 건립하였다.

㉢ 햇볕에 말린 흙벽돌을 주재료로 사용하였으며 신전과 궁전 중심의 건축이 발달하였다. 대표적인 건축물로는 초가잔빌 지구라트, 우르지구라트, 페르세폴리스 궁전 등이 있다.

㉣ 주변의 위협으로부터 도시를 보호하기 위해 도시는 성곽으로 둘러싸이게 되었으며 여러 개의 성문이 내외를 연결하였고 중앙부에는 신전을 중심으로 한 성소가 만들어졌다.

[아치의 발달]

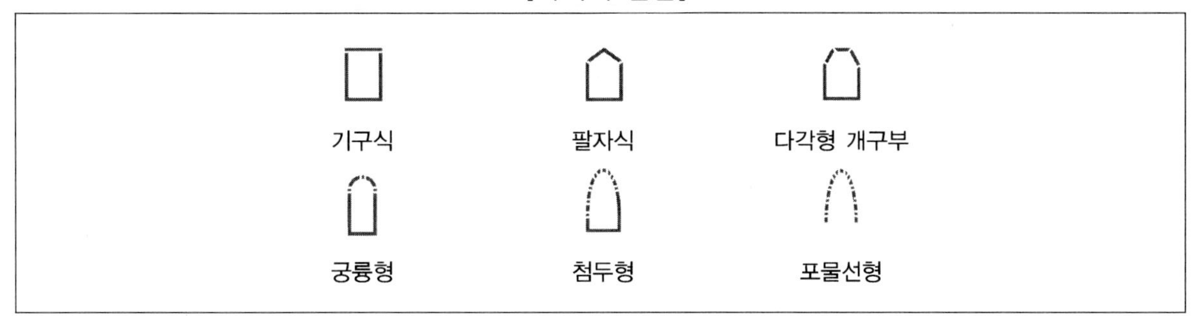

② **도성의 의장특성**

㉠ **개념** : 고단의 개념(지구라트)과 신의 주거라는 개념을 도입하였다.

㉡ **장식**

- 모든 장식의 중심은 도성 정문에 집중되도록 하였다.
- 정면아치에 박육조각, 색벽돌 등을 사용하여 여러 가지를 장식하였다.

㉢ **평면** : 평면으로 연장된 도성의 긴 벽면은 일정한 간격으로 버팀대를 두어 변화를 부여하였다.

㉣ **구성미** : 수평면으로 펼쳐져 있도록 한 공간에 수직으로 뻗은 지구라트가 공간의 구성미를 이루었다.

㉤ 지구라트, 다리우스 왕의 암굴분묘, 솔로몬 신전 등의 건축이 있다.

TIP

지구라트(Ziggurat)의 구조 및 특성

㉠ **재료**

- 햇빛에 말린 벽돌, 플라노 컨벡스를 사용
- 아스팔트 모르타르, 진흙을 접착제로 사용

㉡ **평면** : 정방형이나 장방형

㉢ **방위** : 모서리 각각이 동서남북을 가리키도록 배치

㉣ **내부**

- 비공간적인 밀적체
- 위로 갈수록 3단, 5단, 7단으로 구축
- 최상층에는 하늘에 닿는 사당구축(천체관측소)

㉤ **기타** : 최상층의 사당으로 가는 계단은 나선계단이나 좌우대칭인 T형 계단으로 축조

구분	피라미드	지구라트
재료	돌	흙벽돌
방향	면이 동서남북	모서리가 동서남북
내부	묘실	밀적체
기능	분묘	관측소의 제단

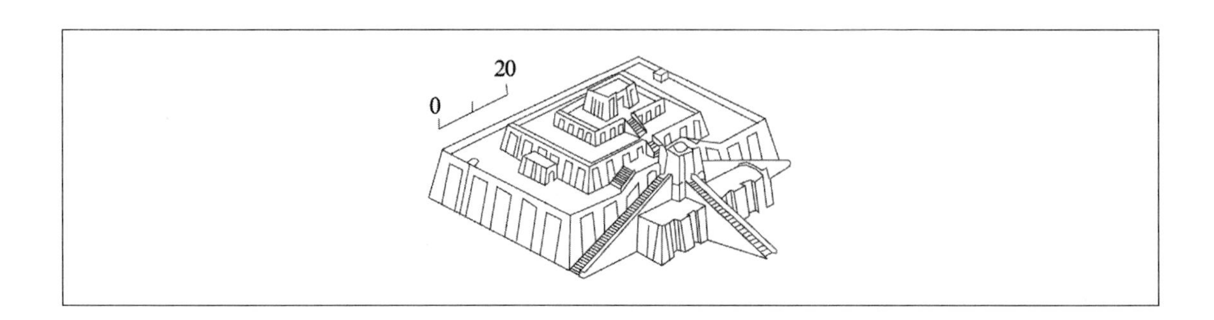

❸ 그리스 건축

(1) 시기구분

① 에게(Aegean)시대 … B.C 3,000 ~ 1,100년, 미노아, 미케네시기

② 프레헬레닉(Prehellenic)시대 … B.C 1,100 ~ 476년, 초기

③ 헬레닉(Hellenic)시대 … B.C 476 ~ 330년, 고전시대

④ 헬레니스틱(Hellenistic)시대 … B.C 330 ~ 30년, 후기

(2) 시대적 특징

① 깊은 굴곡이 지고 바위투성이인 해안선으로 형성되는 만이 많았으며 산맥들에 의해 수많은 작은 부분들로 분할이 되어 있었다.

② 지중해성 기후로 일 년 내내 날씨가 좋아 옥외공간을 주로 활용하였다.

③ 지중해 연안의 풍부한 석재를 주재료로 사용하여 우아하고 정교한 신전중심의 건축이 발달하였다. 대표적인 건축물로는 올림피아 제우스 신전, 포세이돈 신전, 파르테논 신전 등이 있다.

④ 지중해를 이용한 무역과 상업의 발달로 경제가 번성하였다.

⑤ 신은 위엄이 있고 이상적인 인간상이나 인간을 중심으로 한 인본주의 관념에 의해 신은 인간의 약점을 가지고 있는 존재로 여겼다.

⑥ 민주정치라는 단어가 탄생하게 된 곳으로 민주의식 형성에 의한 자유와 질서의 조화를 추구하였다.

(3) 건축특징

① **건축양식의 기원** … 목조건축의 해결책으로 발생한 석조건축

② **성행하던 건축양식**

㉠ 이집트와 페르시아의 영향을 받은 신전건축

㉡ 경기장, 극장 등 민중건축의 발달

③ **구법** … 포스트 린텔(Post-lintel) 즉, 가구식을 사용하였다.

④ **오더(Order)의 구성**

㉠ 서양의 건축용어로 우리나라 용어로는 주범양식이라고 한다. 고전건축에 있어서 기둥 및 도리부분 등의 형식과 장식 등으로 규정된 건축형식의 규범이다.

㉡ 그리스 양식으로는 도리스식, 이오니아식, 코린트식의 3종류가 있고 건물의 기본적인 성격을 형성한다.

㉢ 그러나 오더 각부의 형태와 비례는 결코 엄밀히 고정화한 것은 아니고 상세히 보면 극히 다양하고 건물마다 변화가 있다.

㉣ 로마 건축이나 그리스에서 주로 등장하는 3종(도리아양식, 이오니아양식, 코린티안양식)의 오더에 토스카나(터스칸)식과 콤포지트식(복합식)의 2종이 첨가되어 르네상스 시대 이후에도 고전건축에서는 일반으로 이 5종의 오더가 기본이 되어 다양한 변형을 시도해 왔다.

⑤ **기둥양식**

㉠ **도리아(Doric)식**

- 가장 오래된 양식이다.
- 남성적인 양식으로 단순함, 장중함을 가지고 있다.
- 주초가 없고 주신과 주두가 있다.
- 주신은 착시교정을 위해서 배흘림(=엔타시스, Entasis)으로 시공하였다.
- 수직성을 강조하기 위해 20줄의 골줄을 두었다.
- 대표적인 건축물로 파르테논 신전, 포세이돈 신전, 헤라이온 신전 등이 있다.

㉡ **이오니아(Ionic)식**

- 여성적인 양식으로 우아함, 경쾌함, 유연한 느낌을 가지고 있다.
- 주초, 주신, 주두가 있다.
- 배흘림이 덜 하다.
- 골줄은 표준 24줄로 되어있다.
- 대표적인 건축물로 에레크테이온 신전, 아르테스 신전, 니케아프로데스 신전 등이 있다.

㉢ **코린트(Corinthian)식**

- 주두부분에 아칸터스 나뭇잎 장식을 하여 화려하게 보인다.
- 대표적인 건축물로 올림피에온, 아테네, 풍탑 등이 있다.

[기둥양식]

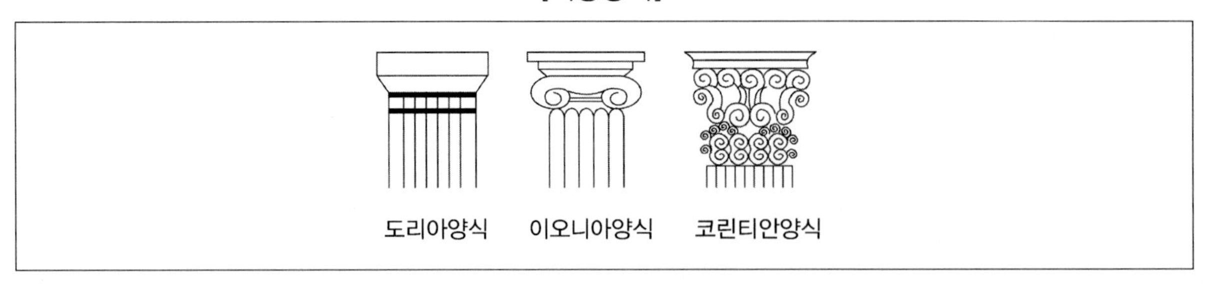

⑥ **장식** … 조각과 색깔을 많이 사용하고 특수한 아칸터스를 많이 사용하였다.

[도리아식 엔타블러처]

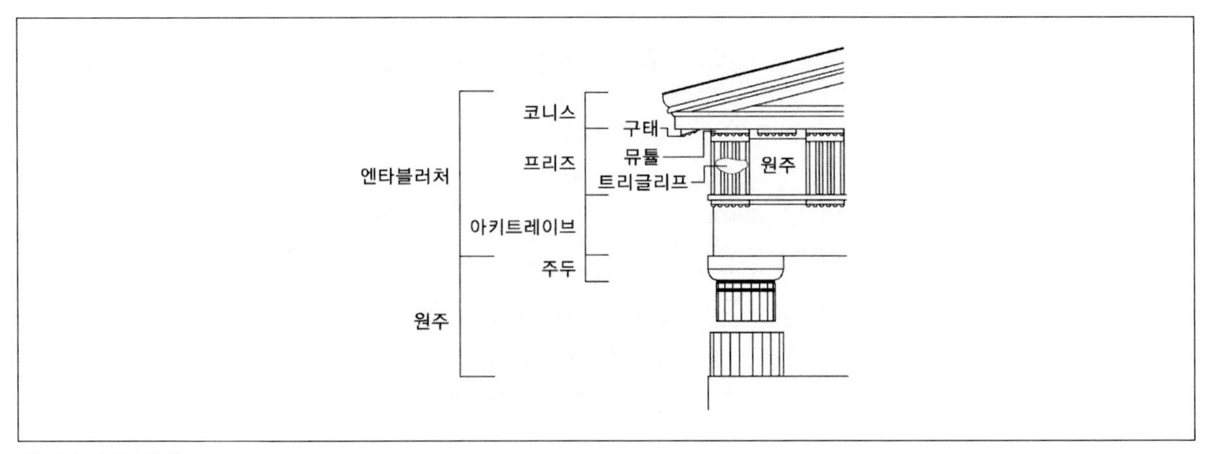

⑦ **구조적 특징**

㉠ 가구식 구조로 구성의 척도가 매우 명확하다.

㉡ 관념적인 비례(Proportion)에 의해 진보적인 추구를 하였다.

㉢ 이등변삼각형의 시스템을 도입하였다.

⑧ **시각의 교정**

㉠ **배흘림**(Entasis, 엔타시스기법) : 기둥의 중간부분이 오목하게 보이는 현상을 없애기 위해 기둥의 중앙부분의 직경을 기둥의 상하부 직경보다 약간 굵게 하는 기법

㉡ **라이즈**(Rise) : 수평선의 경우 중앙부가 처져 보이는 현상을 없애기 위해 기단, 엔타블러처(entablature)의 중앙부분을 약간 솟아오르게 하는 기법

㉢ **안쏠림** : 기둥상단이 약간 외측으로 벌어져 보이는 착시현상을 없애기 위해 양쪽 모서리기둥 윗부분을 약간 안쪽으로 기울이는 기법

㉣ **모서리기둥 직경 조정** : 양측 모서리기둥이 가늘어 보이는 착시현상을 없애고 안정감을 주기 위해 모서리기둥을 약간 굵게 조정

㉤ **중앙부 기둥 간격 조정** : 기둥 간격이 양측으로 갈수록 넓게 보이는 착시현상을 없애기 위해 중앙부 기둥의 간격을 약간 넓게 조정

⑨ 착시현상

㉠ **엔타시스** : 옆에서 볼 때 중앙부가 부풀어 오르도록 만드는 것이며 기둥은 위쪽으로 갈수록 가늘어지게 되어 중앙부가 가늘어 보이는 것을 방지하기 위해 약간 굵게 하였다.

㉡ **라이즈** : 아래쪽으로 처져 보이는 것을 방지하기 위해 수평선(스타일로베이트, 엔타블레이취)의 중앙부를 약간 위로 불룩하게 하였다.

㉢ **기둥간격** : 모서리 쪽의 기둥이 가늘어 보이는 것을 방지하기 위해 약간 굵게(3 ~ 5cm) 하였으며 건물의 안전감을 얻기 위해 모서리 부분의 기둥간격은 좁게 하였다.

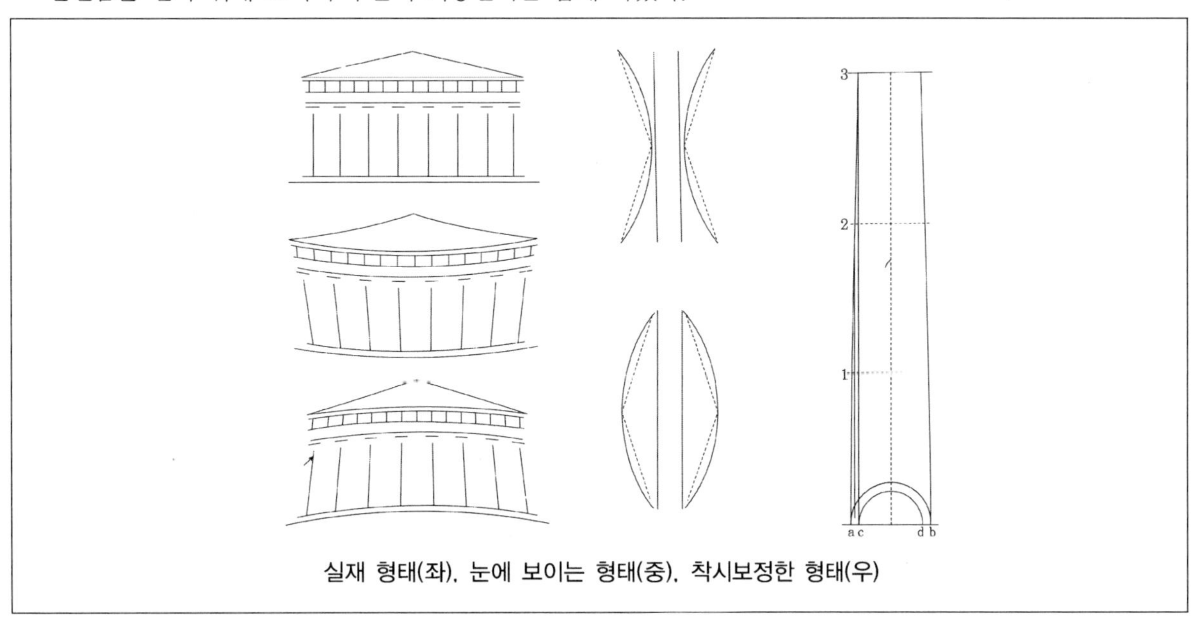

실재 형태(좌), 눈에 보이는 형태(중), 착시보정한 형태(우)

(4) 대표적인 건축물

① 극장

㉠ **에피다우로스 극장** : B.C 350년

㉡ **디오니소스 극장** : B.C 330년

② **경기장** … 아테네의 스타디움

③ **체육장** … 올림피아의 팔레스트라

④ **아고라**(Agora)

㉠ 주위에 정자, 도서관, 의회당, 국정청, 군무청 재판소, 풍탑, 신전 등을 배치하고 중앙은 광장으로 일상품을 거래하는 시장이자 시민들이 모여서 음악, 논쟁, 사색 등을 하는 장소이다.

㉡ 건물을 지칭하는 말이 아니고 점포와 열주로 둘러싸여 있는 여러 가지 업무를 위한 야외의 공간을 말한다.

㉢ 공공, 회합의 장소로 사회생활, 업무, 정치활동의 중심지이다.

㉣ 도서관, 의회당, 국정청, 군무청, 재판소, 풍탑, 신전 등을 주위에 배치하고 중앙을 광장으로 하여 일상품을 거래하는 시장이자 시민들이 모여서 음악, 논쟁, 사색 등을 하는 장소이다.

⑤ **스토아**(Stoa)

㉠ 벽체가 없이 지붕과 열주로만 이루어진 개방적인 야외열주회랑 형식의 건물이다.

㉡ 주민들의 토론, 집회를 위한 장소로서 야외생활의 중심적 역할을 하였다.

⑥ **파르테논 신전**(아테네 B.C 447 ~ 432년)

㉠ 전승의 처녀 신전으로 수호신 아테네(Athene)를 기념하기 위해 지어졌다.

㉡ 신의 주거개념(House of Gods)이다.

㉢ 전후 8주식인 열주식으로, 외부는(측면 17주) 도리아식, 내부는 이오니아식으로 하였다.

㉣ 수평으로 길게 된 기단부분의 중앙부를 약간 올라가게 하여 착시교정을 하였다.

㉤ 유동의 곡선과 명암을 강조하였다.

㉥ 환경과 조화를 이룬다.

㉦ 주초가 없고 주신이 바로 기단에 얹혀있다.

㉧ 주신에 배흘림을 주었다.

TIP

볼류트(volute) … '맴돌이, 소용돌이'라는 뜻으로서 이오니아식 오더의 특징적인 요소이다. 이오니아 식 오더의 주두에 쓰이는 회오리형의 장식. 코린트식 주두의 회오리 장식 부분을 말한다.

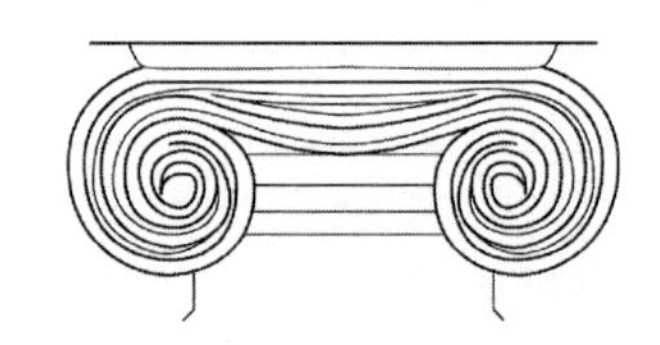

4 로마 건축

(1) 에트러스컨(Etruscan) 건축(B.C 753년)

① **건축특성** … 아치(Arch)와 배럴볼트를 사용하였다.

② 대표적인 건축물로 에트러스컨 신전, 로마의 클로아카 막시마, 페루기아의 아우구스트 개선문 등이 있다.

③ 이탈리아에서는 예부터 사비니, 에스루스카, 라티니의 세 민족이 살고 있었으며 에트러스칸이라는 국가를 형성하고 문화를 만들었다.

④ 일찍부터 발달한 아치공법, 볼트구조, 의장 등을 로마에 전한 흔적을 엿볼 수 있다.

(2) 로마 건축(B.C 300 ~ 356년)

① 시대적 특징

㉠ 로마는 카파돌리아 언덕 위의 작은 정착지로 시작하여 거대한 대제국으로 발전하였으며 서양 역사에서 초석이 다져지던 시기였다. (이것이 "모든 길은 로마로 통한다.", "로마는 하루아침에 만들어진 것이 아니다." 등의 격언이 자주 등장하는 이유이다.)

㉡ 거대한 제국을 유지하기 위해 효과적인 대규모 행정과 신속한 법률적 절차들이 발달하였으며 합리적인 도시계획과 건설공사 등이 행해지게 되었다.

㉢ 로마 황제의 권위를 상징하는 기념비적인 조형물들이 건립되었으며 아치 구조의 발달과 콘크리트의 발명으로 튼튼하고 거대한 건축물들이 지어졌으며, 실용적인 건축물들이 발달했었다. 대표적인 건축물로는 판테온신전, 콜로세움, 카라칼라 목욕탕 등이 있다.

② 건축특성

㉠ 재료

- 대리석, 응회암, 트래버틴 등의 석재를 주로 사용하였다.
- 콘크리트를 발명하였다.
- 콘크리트를 발명하여 거대한 건축물들을 건립하였다.

TIP

로마의 콘크리트 … 화산재를 사용한 콘크리트는 오늘날 혼화제를 사용한 특수콘크리트와 같은 것이었으므로 그 당시 강도가 대단히 강하였고 이는 수천 년이 지난 지금까지도 그 모습을 유지하게 할 수 있었다.

㉡ 구조

- 아치와 궁륭을 병용한 아케이드 아치와 기둥을 자유로이 조합하여 사용하였다.
- 벽돌로 리브를 만들거나, 볼트, 교차볼트, 돔 등을 사용하였다.
- 그리스 건축의 가구식 구조를 채용하였다.
- 아치, 볼트 및 돔을 장식적 기법으로 활용하였다.
- 에트러스컨 건축에서 인용하여 기둥, 보, 아치 등에 구조체로 활용하였다.

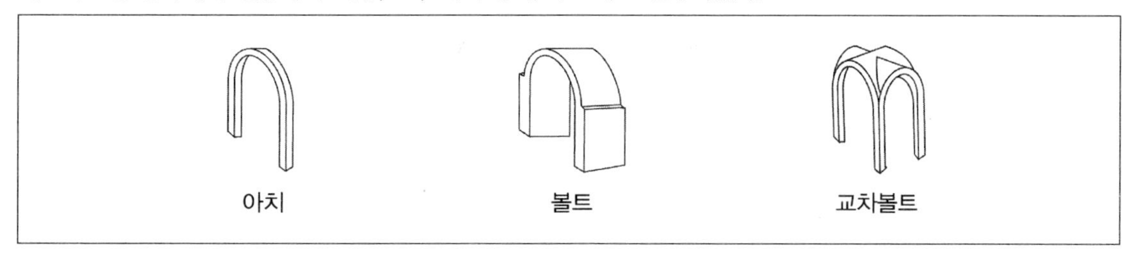

	그리스 건축	로마 건축
건물형태	신전	바실리카, 원형경기장, 목욕장
스타일	직사각형	원형, 타원형, 복합형
재료	대리석	콘크리트
구조	기둥과 보	궁형아치, 볼트, 돔
특징	기둥	아치
강조	외부의 조작적 형태	내부 공간, 효율성
천장	낮음	위로 솟음
실내	작고 비좁음	넓음
도시중심	스토아로 구획된 아고라	포럼
규모	인체 비례에 기초	거대함
정신	절제	과시

ⓒ 기둥양식

- 그리스 3주범(도리아식, 아오니아식, 코린트식)을 사용하였다.
- 터스칸식(Tuscan) : 도리아식의 단순화된 형태이다.
- 복합식(Composite) : 코린트식+이오니아식의 복합적 형태이다.
- 장식적인 의미로 기둥을 시공하였다.
- 로마시대에는 그리스의 주범양식을 그대로 사용하면서도 토스칸(Toscan), 컴포지트(Composite)와 같은 새로운 주범양식을 창안하여 사용하였다.

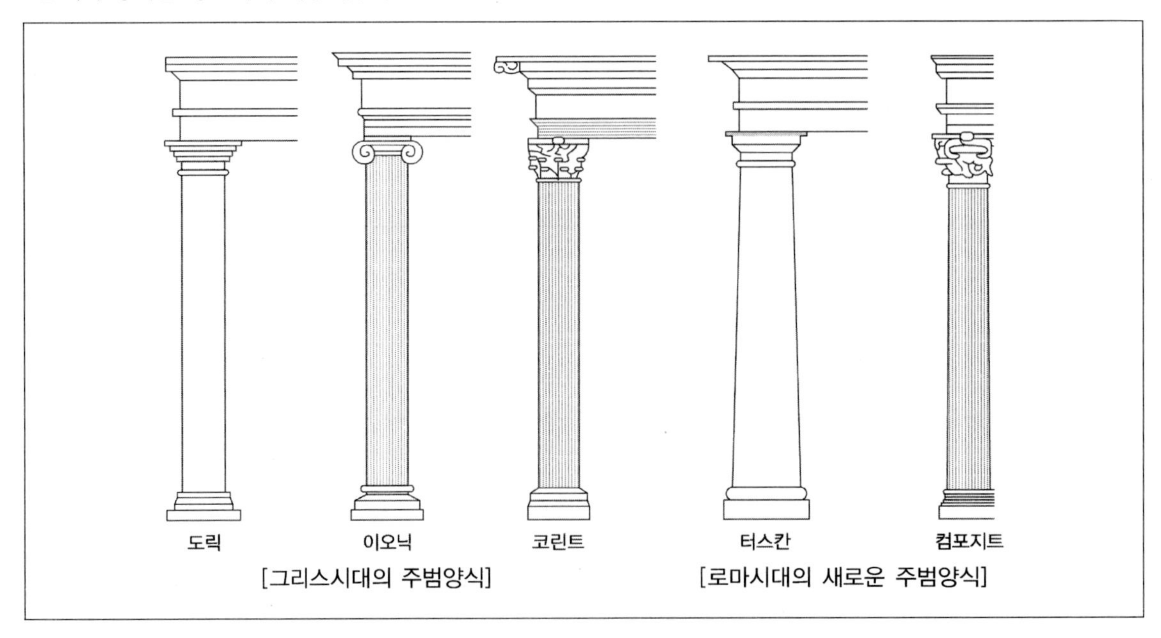

[그리스시대의 주범양식] [로마시대의 새로운 주범양식]

> **TIP**
>
> **터스칸 양식** … 로마가 에트루리아에서 들여온 투스카니아식 양식을 말한다. (이는 이탈리아어로는 토스카나 양식, 영어로는 터스칸 양식으로 칭한다.)

> **TIP**
>
> **로마의 콘크리트** … 콜로세움과 같은 거대한 건축물을 건축할 수 있었던 가장 큰 이유는 바로 로마의 콘크리트였다. 이 콘크리트는 일반적인 콘크리트가 아닌, 오늘날 혼화제라고 불리는 일종의 성능개선재인 화산재(Ash)를 함유하고 있었다. 화산재와 석회, 바닷물을 섞어서 회반죽인 모르타르를 만들고 여기에 골재를 넣어 고강도 콘크리트를 사용했었기에 수천 년이 지나도 그 형태를 유지하고 있는 것이다.

③ 대표적인 건축물

㉠ 원형 신전

- 판테온(Pantheon) 신전이 있다.
- A.D 118 ~ 128년경 지어졌다.
- 돔형 지붕의 정상에 지름 9m 천장이 유일한 채광이며, 지름 44m에 이르는 원통형 벽체와 돔형의 지붕이 있다.

㉡ 각형 신전 : 마르스 울토르(Mars Ultor) 신전, 콩코드(Concord) 신전 등이 있다.

㉢ 바실리카(Basilica) : 재판소이자 시장으로 활용되던 큰 홀로 큰 규모를 가졌던 건물이다.

- 주로 법정과 상업교역소의 역할을 하였다.
- 평면은 주랑(Nave), 측랑(Aisle), 후진(Apse)로 구성된다.
- 평면형태는 주로 십자가의 형상이다.
- 버트레스(Butress)가 있었다.
- 배럴볼트(Barrel Vault)와 크로스볼트(Cross Vault)로 구성된 그릭크로스(Greek Cross)의 평면이었다.
- 주랑이 높고 측랑이 낮아 그 차이 부분에 클리어스토리가 있었다.

㉣ 포럼(Forum) : 로마의 광장이다.

> **TIP**
>
> **포룸 로마눔**(Forum Romanum)
>
> - 로마제국의 정치와 경제의 중심지였던 곳으로서 이곳에서는 개선식, 공공연설, 선거 등 국가의 중대 행사들이 열렸다.
> - 팔라티노 언덕과 캄피돌리오 언덕 사이에 위치해 있으며, 현재는 몇몇 잔해들과 기둥들만이 남아있는 상태이며 현재도 지속적으로 발굴프로젝트가 진행 중인 곳이다.

㉤ **공중목욕탕** : 로마의 카라칼라(Caracalla) 욕장이 있다.

㉥ **원형투기장** : 로마의 콜로세움(Colosseum)이 대표적이다.

TIP

콜로세움(Colosseum 서기 83년 완공)

- 베스파시아누스 황제와 티투스 황제에 의해 준공이 되었으며 로마 중심부에 위치한 대형투기장이었다. (장축 190m, 단축 160m, 높이 50m 정도이다.)
- 수많은 통로를 가진 육중하고 정교한 구성체로서 하부구조는 방사상의 동심원 통로들로 콘크리트 터널 혹은 교차볼트로 좌석열을 지지하고 있었다.
- 외부기둥은 그리스 시대의 3개의 오더를 적용하였는데 1층은 도리안, 2층은 이오니안, 3층은 코린티안을 적용하였다.

㉦ **경마장** : 막센티우스(Maxentius) 경마장, 막시무스 경마장 등이 있다.

㉧ **개선문** : 콘스탄틴, 개선문(triumphal arch), 티투스 등이 있다.

TIP

개선문(Triumphal Arch) … 전쟁터에서 승리해 돌아오는 황제 또는 장군을 기리기 위하여 세운 문

㉨ **도무스와 인슐라** : 도무스는 귀족주택, 빌라는 별장, 인슐라는 서민 집합주택이다.

- 인슐라는 로마의 주택형식 중 하나었다. 로마 시민 중 상류층은 고급주거인 도무스에 거주하였고, 중산층과 하층민이 살던 주택인 집단주거주택이 인슐라였다.
- 인슐라는 주로 1층에 상가가 위치하고 있었으며, 2층부터 최상층까지는 서민들이 거주하였는데 집들이 모여 있다 보니 화재에 매우 취약하였기에 인슐라는 1층의 경우 목재가 아닌 벽돌과 같은 내화재료를 구조재로 사용하도록 하였다.

④ **비트루비우스**(Vitruvius)

㉠ 로마시대의 건축기술자로서 당시의 건축에 관한 모든 것을 집대성한 『건축십서』를 저술하였다.

㉡ 『건축십서』[정확한 명칭은 '건축술에 대하여(De Architectura)]는 총 10권으로 구성된 일종의 건축학 논문집이다.

㉢ 로마건축의 모든 것을 집대성한 서적으로서 도시계획과 건축일반론, 건축재료, 신전, 극장, 목욕탕 등 공공건물과 개인건물, 그리고 운하와 벽화, 시계 · 측량법 · 천문학, 토목도구 및 군사용 도구 등 건축기술과 관련된 거의 모든 것들을 다루고 있다.

㉣ 그리스 건축에서 상당한 영향을 받았는데 규칙적인 비례와 대칭구조, 고전적 형식미를 강조했다. 그에게 있어 건축은 새나 벌이 둥지를 짓는 것과 마찬가지로 자연의 모방이었으며, 따라서 건축의 재료는 자연에서 구한 것이고 인간에게 휴식처가 되어야한다고 생각하였다.

㉤ 건축구조는 세 가지 본질을 반드시 갖추어야 한다고 하였는데 그것은 견고함(firmitas)과 유용성(utilitas), 그리고 아름다움(venustas)이다.

㉥ 그리스 건축양식을 도리스, 이오니아, 코린토스 양식으로 분류한 인물이 바로 비트루비우스이다.

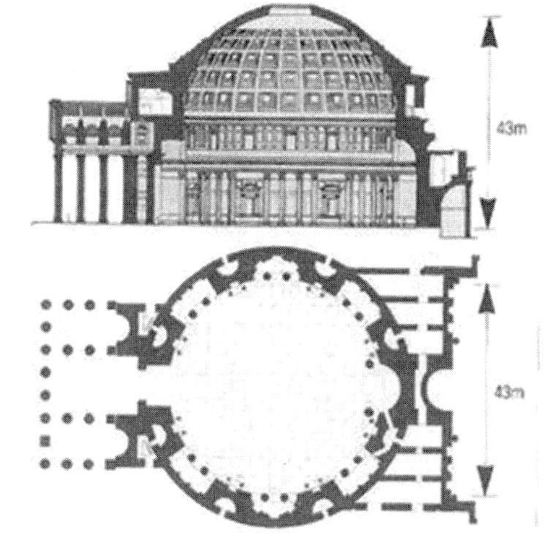

[판테온 단면]

[판테온 내부]

[콜로세움 내부]

[콜로세움 야경]

| 기출예제 01 2010 국가직 (7급)

로마시대 기둥(Roman Order)에 대한 설명으로 옳지 않은 것은?

① 로마시대 기둥에는 토스칸(Toscan), 도릭(Doric), 이오닉(Ionic), 코린티안(Corinthian), 컴포지트(Composite)가 있다.
② 일반적으로 이오닉 오더는 주로 건물의 하부에 사용하고, 도릭 오더는 주로 건물의 상부에 사용하였다.
③ 로마시대 기둥에 사용된 모듈은 기둥 단면의 반경으로, 원주율 PI(π)와 황금비 사이의 밀접한 관계가 이 모듈을 선택하게 된 계기가 된 것으로 추측한다.
④ 로마시대 기둥은 비트루비우스(Vitruvius)의 건축십서(建築十書)에 분류되어 있다.

*

로마시대의 주요 건축물 중 하나인 콜로세움을 살펴보면 최하단 부의 기둥은 도릭양식이었다.

답 ②

03 중세 건축

❶ 초기 기독교

(1) 시기구분

① 서기 313년~604년경으로 로마시대에 박해를 받아오던 기독교가 국가적으로 승인이 되면서 교회건축이 유행처럼 이곳저곳에서 이루어지기 시작하였다.

② 로마의 건축양식을 그대로 계승하였으며, 대부분 건축활동이 기독교에 집중되어 교회, 세례당 등의 기독교 건축물이 발달했었다. 대표적인 건축물로는 카타콤, 성 클레멘트 성당, 산타마리아 마조레 교회 등이 있다.

(2) 건축특징(=바실리카식 교회당)

① **구성** … 전문→아트리움→나르텍스(전실)→네이브(회중석)→아일(좌우의 측당)→앱스(성단)→배마(횡단부분의 후진)

② 본래 바실리카는 재판소이자 시장으로 쓰였던 공간이지만 이 바실리카를 개조하여 교회건축의 전형을 처음으로 이룬 것이 초기 기독교 양식에 해당된다. 바실리카에서 시작되었기 때문에 초기 기독교 양식을 바실리카 양식이라고 한다.

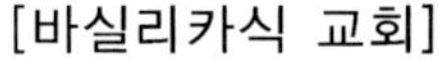
[바실리카식 교회]

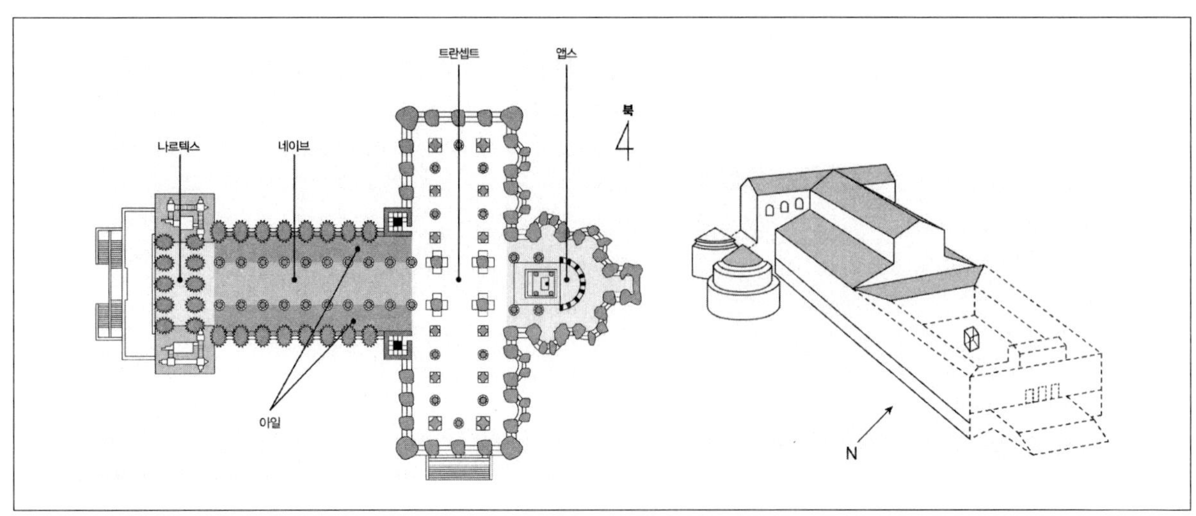

③ 평면형식

㉠ 동서를 주축으로 하고 서측의 현관을 통하여 아트리움(중정)으로 들어가도록 한다.

㉡ 중정에서 장방형의 회당으로 들어가도록 하는데 회당은 나르텍스(전실)와 회중석, 성단으로 되어있다.

㉢ 회중석은 중앙의 좌우에 주열이 있으며 천장이 높은 네이브(신랑)와 주열 밖의 천장이 낮은 아일[=측랑(Aisle)]이 3 ~ 5주간으로 구성되어 있다.

㉣ 바닥이 높은 성단은 반원형으로 돌출된 앱스(Apse : 성당)와 횡단부분인 베마(Bema : 후진)로 되어있다.

㉤ 버트레스(Butress, 부축벽)가 있었으며 배럴볼트(Barrel Vault)와 크로스볼트(Cross Vault)로 구성된 그릭크로스(Greek Cross)의 평면이었다.

㉥ 주랑이 높고 측랑이 낮아 그 차이 부분에 클리어스토리가 있었다.

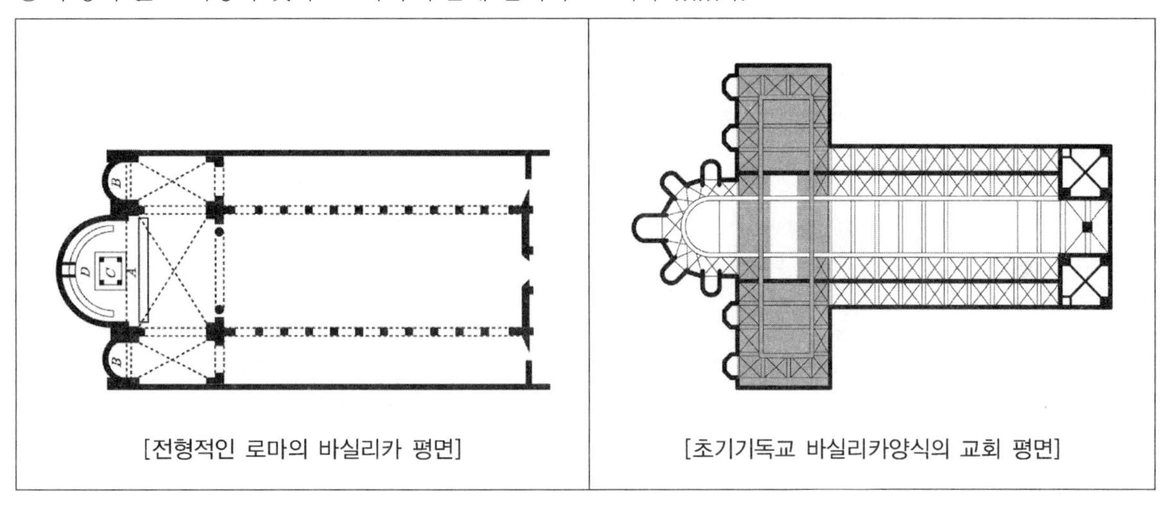

[전형적인 로마의 바실리카 평면]

[초기기독교 바실리카양식의 교회 평면]

④ 구조

㉠ **지붕** : 목조 트러스로 지붕을 만들었다.

㉡ **채광** : 신랑과 측랑의 높이 차에 클리어스토리(고측창 : Clearstory)를 설치하였다.

㉢ **측랑** : 2층으로 만들어 트리포리움(Triforium)을 설치하였다.

TIP

트리포리움(Triforium)

㉠ 교회의 신도석, 교회측벽의 홍예의 높은 창 사이의 부분

㉡ 교회당의 아일에 있는 2층의 부분

㉢ 바실리카식 교회당의 부인석

⑤ 의장

㉠ 실내에 긴 열주로 반복미와 투시효과를 노려 종교적 존엄성과 인상적인 분위기를 조성한다.

㉡ 신자의 마음을 영광의 문(Triumphal arch)이 있는 곳으로 유인되도록 고려하였다.

⑥ 대표적인 건축물

㉠ **성당건축** : 장방형 바실리카, 원형 바실리카가 있다.

㉡ **세례당**(Baptistery) : 로마의 콘스탄틴(Constantine) 세례당, 노세라(Nocera) 세례당, 라벤나(Ravenna) 세례당, 정교도(San Giovanniin Fonte) 세례당 등이 있다.

㉢ **분묘** : 로마의 성 콘스탄자(S. Constanza), 라벤나의 갈라 플라시디아(Galla Placidia), 라벤나의 테오도르(Theodoric) 왕의 분묘

㉣ **카타콤**(Catacomb) : 교도들이 박해를 피하기 위해 도성의 밖에 있는 분묘를 집합소, 피난처 등으로 사용한 곳을 말한다.

TIP

성 콘스탄자 성당

㉠ 본래 콘스탄틴 대제가 딸의 영묘로 건축한 것이지만 후에 교회당으로 개조되어 사용되었다.

㉡ 바실리카의 공간적 배치를 중심으로 중앙집중식의 건물에 적응시킨다는 혁신적 개념을 실체화하고 있다.

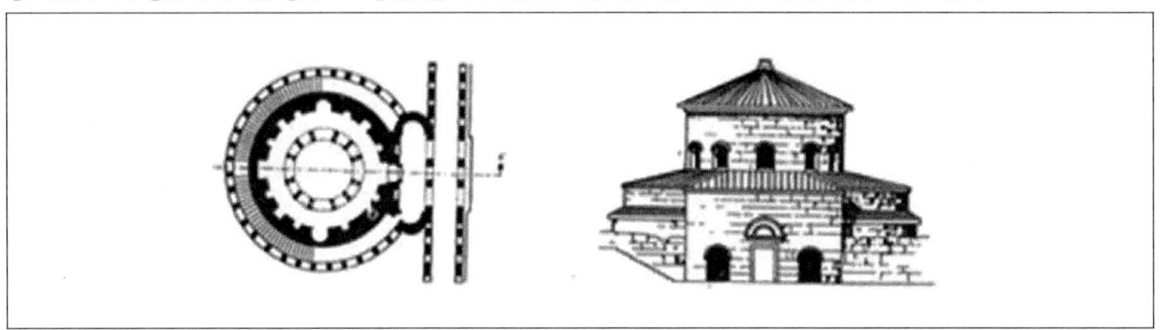

❷ 비잔틴 건축

(1) 시기구분

① 서기 330년부터 1453년까지로, 비잔틴 문화는 유럽과 아시아의 경계점을 이루는 위치(오늘날의 이스탄불, 당시에는 콘스탄티노플)에서 발생하였는데 이곳은 당시 무역에 의해 수많은 물자들이 오고가는 곳이었다.

② 이러한 지리적 특성에 따라, 비잔틴문화는 기본적으로 로마 문화를 바탕으로 하여 헬레니즘 문화를 받아들였고 동방과의 접촉으로 인한 사라센(이슬람) 문화와 동양적 문화요소를 가미하여 통합시켰다고 볼 수 있다.

(2) 건축특징

① 양식

㉠ 건축기술이 고도로 발달하여 콘크리트와 벽돌을 주재료로 사용한 거대한 돔과 펜던티브 등을 만들었으며 건물 내부는 모자이크 등으로 화려하게 장식을 했었다.

㉡ 사라센(이슬람) 문화의 영향을 받았으며 동서양의 건축양식을 통합한 양식으로 평가받고 있다.

㉢ 대표적인 건축물로는 성 소피아대성당, 산비탈레 성당 등이 있다.

- 펜던티브 : 정사각형평면 위의 외접하는 반구를 정사각형 4면에서 수직으로 절단한다. 반구는 사각형 4점의 꼭지점에 의해 지지된다. 다시 4개의 반원형 아치의 위쪽 정점을 연결하는 위치를 수평으로 절단하고 나면 결국 수평면상의 원과 수직면상의 4개의 아치에 의해 4개의 3각형 포물면이 형성되는데 이 삼각형 포물면의 부재를 펜덴티브라고 한다.
- 스퀸치 : 정방형의 평면위에 돔을 얹는 방법. 첨탑이나 돔과 같은 상부구조를 지지하기 위해 정방형의 각 모퉁이를 가로질러 만든 작은 아치나 까치발 등의 장치이다. 이 모서리를 가로지르는 작은 아치의 꼭대기에 돔의 원형 밑면이 세워지는데 각 스퀸치는 아래부붓보다 직경이 점점 더 커지며 돔의 발단부는 팔각형의 모양이 된다.

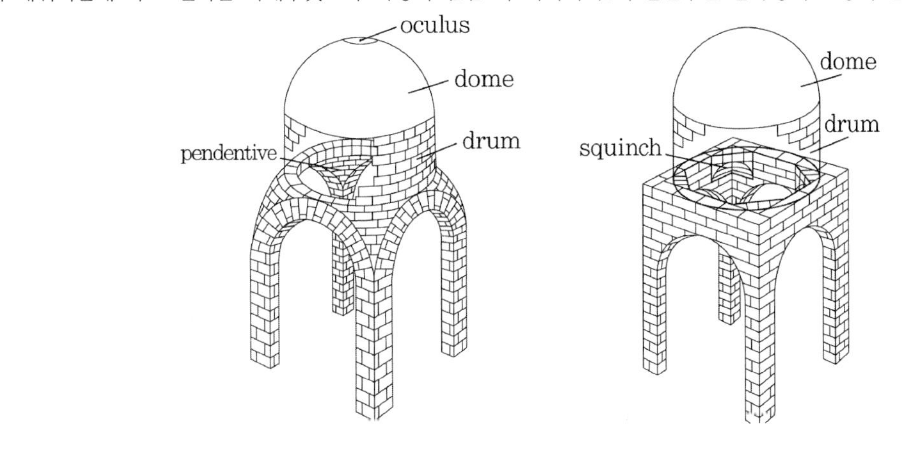

② 재료

㉠ 콘크리트와 벽돌로 구체를 형성하였다.

㉡ 표면은 대리석으로 포장하였다.

③ 평면형식

㉠ 각 부분을 정사각형으로 취급하였다.

㉡ 로마 카톨릭에서 그리스 정교로 분리되면서 라틴십자가형에서 그리스십자형을 많이 이용하게 되었다.

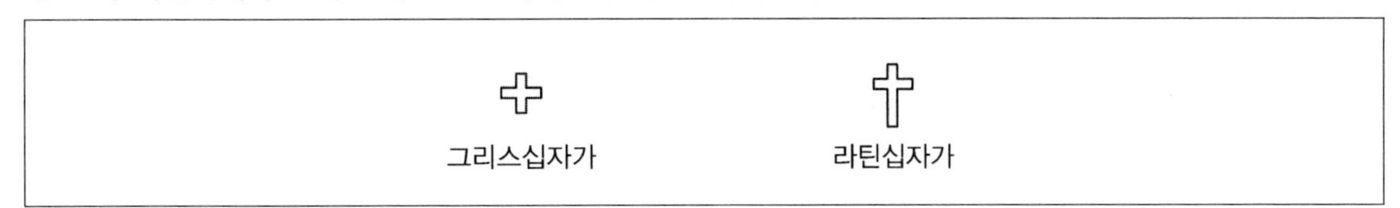

④ 외부형식 … 재료의 본질성을 강조하였으며 단조롭다.

⑤ 내부형식 … 조각 · 회화장식을 화려하게 표현하여 마감하였다.

⑥ 신주범의 창안

㉠ 주두를 경쾌하게 조각하였다.

㉡ 주신의 길이와 통의 비를 30 : 1로 가공하였다.

㉢ 주초(Base)는 사용하지 않았으며, 주두에 부주두(도서렛 : Dosseret)를 겹쳐 얹었다.

TIP

도서렛(Dosseret) … 부주두를 말하는 것으로서 주두가 이중으로 되어있는 비잔틴 건축기둥의 상부에 있는 것을 뜻한다.

㉣ 펜덴티브 돔(Pendentive dome)을 창안하였다.

TIP

펜덴티브 돔(Pendentive dome) … 정방형에 외접원을 그려서 정방형 변에 따라서 수직으로 깎아내면 아치와 아치 사이에 3각형이 만들어지는데 이것을 펜덴티브라 하며 이 위에 돔을 얹는 것을 말한다.

⑦ 대표적인 건축물

㉠ 콘스탄틴노플(현재의 이스탄불)의 성 소피아(S. Sophia) 성당

㉡ 콘스탄틴노플의 성 세르기우스와 바커스(S. Sergius and Bacchus) 성당

㉢ 라벤나의 성 비타레(S. Vitale) 성당

㉣ 베니스의 성 마르크(S. Mark) 성당

㉤ 성 이레네(S. Irene) 성당

TIP

성 소피아(S. Sopia) **성당**

㉠ 정사각형의 평면에 아트리움이 있다.

㉡ 모자이크와 대리석이 사용되었다.

㉢ 내부에 큰 돔의 주공간과 아프스의 부공간으로 화려하게 만들어졌다.

㉣ 안테미우스, 이시도로스에 의해 건립되었다.

[성 소피아 대성당(Hagia Sophia)

[성 소피아 대성당 내부]

❸ 로마네스크 건축

(1) 시기와 지역적 특성

① 시기적 특성

㉠ 로마네스크는 고딕미술에 앞서 중세유럽 전역에 발달하였던 예술양식을 말한다. (Romanesque는 로마풍의, 로마적인이라는 의미이다.)

㉡ 이 시기에는 교회의 권위가 상당하여 카노사의 굴욕과 같은 사건이 벌어지기도 하였으며 봉건제도가 확립되어 있었다.

TIP

카노사의 굴욕 … 교황 그레고리우스 7세와 다투어 파문당한 신성 로마 황제 하인리히 4세가 1077년 북이탈리아의 카노사 성의 문 앞에서 3일간이나 내내 서서 파문 해제를 간청했다는 사건이다.

② 지역적 특성

㉠ 로마네스크 건축양식은 유럽 전역에 퍼져있었으며 각 지역마다 지역적 특색을 반영한 형상을 하고 있었다.

㉡ 특히 북유럽과 남유럽은 경향의 차이가 두드러졌다.

(2) 건축특징

① 평면형식

㉠ 라틴십자가의 장축형과 종탑을 첨가하였다.

㉡ 초기기독교의 바실리카식 교회로부터 발전한 평면형식에서 아트리움(Atrium)을 없애고 현관을 도로에 접하게 하여 고탑을 올렸다.

㉢ 신자의 증가로 인하여 네이브(Nave)와 아일(Aisle)의 장 · 단축의 길이를 연장하였다.

㉣ 성직자 전용의 기도소를 측랑 끝에 두어 라틴십자가형의 평면형식을 완성하였다.

㉤ 신도석인 신랑, 측랑, 성단은 시각적으로 구별짓는 대아치(Triumphal arch) 즉, 영광의 문을 만들었다.

㉥ 서유럽과 광범위한 지역에 퍼져있었지만 남부유럽과 북부유럽 사이에 서로 다른 경향으로 표현되었다.

㉦ 바실리카식 교회의 전면 중정을 없애고 현관을 도로에 접하여 정면에 고탑을 두었다. 정문은 서향에 두었다.

㉧ 신도의 증가에 따라 넓은 공간의 필요성으로 신랑(Nave)와 측량(Aisle)의 장단축 길이를 연장하고 성직자 전용의 기도소를 끝에 두어 라틴십자형 평면형태를 완성하였다.

㉨ 교회당에는 종탑이 필히 설치되었으며 첨탑이 많이 부속되어 아름다운 구성이 완성되었다.

㉩ Bay System : Bay를 기본단위로 평면을 구성하며 4개 또는 6개의 기둥(Pier)이 지붕의 하중을 전달받는 구조로서 벽체 없이 기둥으로만 평면구성이 가능하였다.

② 구법

㉠ **스테인드글라스**(Stained Glass) : 버트레스로 벽체가 고정이 되어있고 그 곳에 창(고딕보다 작은)을 만들면서 스테인드글라스를 통해 들어오는 빛은 사람들로 하여금 신앙심을 충만하게 하였다.

㉡ **버팀벽**(버트레스, Butress) : 벽체를 밀어내는 볼트의 추력을 막기 위하여 벽체에 축대, 즉 버팀대를 쌓는 것이다.

㉢ **다발기둥**(클러스터피어, Cluster Pier) : 리브가 기둥상단에서 끝나는 것이 아니라 기둥을 감싸면서 마치 홈통과 같이 가는 기둥으로 주 기둥을 감싸고 있는 기둥이다.

㉣ 교차볼트에서 오는 하중을 리브(골조가 되는 아치)를 통해 피어로 전달하였다.

㉤ 고대 로마의 건축양식을 토대로 발달하였으며 천장과 창문, 입구 등에 반원 아치를 많이 사용하고 2개의 배럴볼트를 직각으로 교차시킨 교차볼트가 주로 사용되었으며 후기에는 리브볼트로 발전하게 된다.

③ 대표적인 건축물

㉠ 프랑스

- 북프랑스 : 아베이오홈(Abbey Aux-Hemmes), 성 데니스(S. Denis) 성당
- 남프랑스 : 성 프롱(S. Front) 성당, 성 세르닌(S. Serin's) 성당, 앙골렘(Angouleme) 성당, 르 푸이(Le Puy) 성당

㉡ 이탈리아

- 중부 이탈리아 : 피사(Pisa)의 성당, 세례당, 종탑, 성 미니아토(S. Miniato)
- 남부 이탈리아 : 몬리일 성당(Monrele)
- 북부 이탈리아 : 성 체노 마지오레(S. Zeo Maggiore) 성당, 성 미카엘(St. Michael) 성당, 성 암브로지오 성당(S. Ambrogio)

㉢ **영국** : 더램(Durham) 성당, 이리(Ely) 성당

㉣ **독일** : 브롬스 대성당, 마인쯔 대성당

4 고딕 건축

(1) 시기적 특성

① 12세기부터 16세기에 이르는 이 시기는 교회건축이 역사에서 정점에 이른 시기로서 신에 대한 찬양이 모든 예술의 기본사조라고 봐도 무리가 없을 정도였다.

② 당시의 시대상을 반영하듯 고딕양식의 고딕건축물들이 수백 년에 걸쳐 건립되기도 하였는데 이들은 하늘 높이 치솟은 뾰족한 탑, 뾰족 아치, 플라잉버트레스, 스테인드글라스장식 등을 공통적으로 가지고 있었다.

③ 대표적인 건축물로는 노트르담 대성당, 샤르트르 대성당, 랭스 대성당, 아미앵 대성당 등이 있다.

(2) 건축특징

① **첨두형 아치**(Pointed Arch)**와 볼트**(Vault)**의 발달**

㉠ 반경길이의 가감이 자유로워졌다.

㉡ 정점의 높이조절과 횡력작용의 수직으로의 변환이 가능해졌다.

② **첨탑**(Spire)**과 플라잉 버트레스**(Flying buttress)**의 발달**

㉠ 횡력을 합리적으로 처리할 수 있게 되었다.

㉡ 창호가 커졌다.

㉢ 수직하중은 피어에서 수평하중은 플라잉 버트레스에서 부담하게 되어 벽체는 자유롭게 개방할 수 있게 되었다.

㉣ 트레이서리(Tracery)에 착색유리(Stained glass), 원형장미창(Rose window)등을 사용하였다.

TIP

트레이서리(장식격자) … 고딕의 창문에서 전형적으로 볼 수 있는 장식적인 격자를 말한다. 석재, 목재, 금속재 등 다양한 재료가 사용되었다.

③ 석재를 많이 사용하였다.

④ 건축적 수단을 종합함으로써 로마네스크 건축보다 더욱 세련되고 화려하며 장엄한 건축물을 발전시켰다.

TIP

고딕건축 양식의 특징적 요소

㉠ 첨두아치 : 로마네스크 건축양식의 교차궁륭의 구조적 결점을 보완하는 것으로 그 반경 길이를 가감할 수 있고 정점을 동일 높이가 되도록 가감할 수 있어 횡력작용을 수직으로 변환시킬 수 있는 구조이다. 기둥간격에 관계없이 아치의 높이를 조절하였다.

㉡ 리브볼트 : 교차식 볼트에 첨두형 아치를 덧대어 구조적으로 보강한 것으로 정방향에 한정하지 않고 장방형도 가능하게 되었다.

㉢ 플라잉 버트레스 : 첨두형 아치로 지붕이 높아짐에 따라 기둥에 걸리는 지붕의 하중이 증가하고 따라서 횡하중도 증가하였다. 증가된 횡하중은 버트레스로 지지가 불가능하여 사람이 손을 뻗어 벽면을 지지하는 형상의 플라잉 버트레스가 등장하였다.

㉣ 트레이서리 : 첨두형 아치의 내부 창의 모습을 장식하였는데 특히 독특한 장식적 수법이 발휘된 곳이 트레이서리이다. 고딕건축양식의 버트레스는 로마네스크양식의 창문보다 더 큰 창문을 내고자 하는 목적도 있었다.

㉤ 멀리온 : 트리포리움의 첨두형 아치는 몇 개의 아치형상으로 분절되는데 그때 수직 기둥형상의 부재를 멀리온이라 한다.

㉥ 장미창 : 차륜창이라고도 하며 성당의 입구 위에 거대하고 아름다운 원형의 창을 가리킨다. 프랑스 고딕 성당의 특징이다. 대첨두형 아치 위에는 장미창을 두고 소첨두형 아치 위에는 작은 장미창을 두었다.

㉦ 창호의 크기 증대 : 수직하중은 피어에, 수평하중은 플라잉 버트레스에서 부담하므로 벽체는 자유로이 개방할 수 있어 개구부 면적이 증가하게 되었고, 개구부에 채색된 유리를 화려하게 장식하였다.

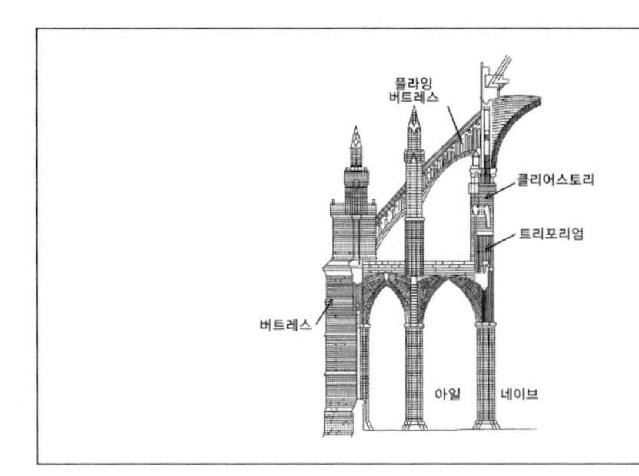

⑤ 대표적인 건축물

㉠ **프랑스** … 파리 노틀담(Notre bame) 사원, 론(Laon) 성당, 샤르트르(Chartres) 대성당, 람스(Rheims) 대성당, 아미앵(Amiens) 대성당, 성 데니스(S. Denis) 대성당

㉡ **영국** … 솔즈베리(Salisbury) 성당, 링컨(Lincoln) 성당, 웰즈(Wells) 성당, 웨스트민스터 애비(Westminster Abbey), 요크(York) 성당

㉢ **독일** … 퀼른의 대성당(Cologne Cathedral), 비인의 성 스테판(St. stephen) 대성당, 성 엘리자베드 대성당, 울름(Ulm) 대성당

㉣ **이탈리아** … 밀라노(Milan) 대성당, 플로렌스 대성당

[밀라노 대성당]

5 사라센 건축

(1) 사라센(이슬람) 문명

① 중동에서 발생한 문명으로서 이슬람교를 세계관의 중심으로 삼으면서도 학문에 상당한 관심을 기울인 결과 연금술, 의학이 발달하였고 아라비아 숫자를 탄생시켜 인류문명의 발전에 지대한 역할을 하였다.

TIP

이슬람의 지식탐구 … 이슬람 경전인 '쿠란'에서는 그러한 취지로 "지식이 있는 자와 없는 자가 같을 수 있느냐?"(39 : 9)라는 구절이 있으며, 예언자 무함마드도 자신의 언행록 '하디스(Hadith)'에서 "지식을 구하라. 중국에 가서라도", "지식을 추구하는 것은 모든 무슬림의 의무다", "학자의 잉크는 순교자의 피보다 값지다", "학자는 예언자들의 진정한 후계자"라며 지식탐구의 중요성을 설파했다.

② 이슬람제국은 서아시아, 북아프리카, 스페인 등을 정복하고 이슬람교도를 바탕으로 한 건축물을 세계 곳곳에 세우게 되었다. (이 중 스페인의 알람브라 궁전과 인도의 타지마할은 이슬람 건축의 정수라고 평가받는다.) 이처럼 7세기부터 17세기경까지 회교사원 모스크를 중심으로 전개된 회교 중심의 건축양식을 '사라센 건축'이라고 한다.

TIP

'사라센'이라는 단어는 1세기경 그리스와 로마에서 아라비아인을 지칭하던 '사라세니(Saraceni)'에서 유래하였다. 처음 이 단어가 사용될 때에는 특정 유목 민족을 일컫는 말이었으나 시간이 흘러 아랍족와 이슬람교도를 뜻하는 말로 변하였다.

(2) 사라센 건축의 특징

① 외부보다 내부가 화려하다.

② 우상숭배가 금지되므로 사람이나 동물에 대한 장식을 엄금하였다.

③ 피정복자의 건축수법을 주로 사용하였다.

④ **모스크**(Mosk) : 이슬람교의 예배당 역할을 하는 건물로서 점령지에 건축기술이 있으면 그것을 그대로 모스크에 적용하였다.

㉠ 모스크는 이슬람교의 예배 및 집회 장소이다. 특유의 둥근 지붕과 건물을 둘러싼 미너렛이라 불리는 첨탑이 특징적이다.

㉡ 연속 아케이드에 의한 다주실 형식의 대형 홀이 모스크의 주 공간이며 신도들의 예배공간인 대형홀에는 열주랑으로 둘러싸인 중정이 위치하고 있다.

㉢ 벽면은 불교의 탱화나 기독교의 성화, 스테인드글라스와 달리 쿠란의 구절이나 아라베스크 무늬로 장식하였다.

TIP

아라베스크

㉠ "아라비아풍"이라는 뜻으로서, 이슬람교 사원의 벽면장식이나 공예품의 장식에서 볼 수 있는 아라비아 무늬양식을 말한다.

㉡ 아랍인이 창안한 장식 무늬로, 식물의 줄기와 잎을 도안화하여, 당초무늬나 기하학 무늬로 배합시킨 것이다.

㉢ 이슬람교에서는 우상이 금지되었기 때문에 벽의 장식과 서책의 장정, 그리고 공예품 등에 아랍 문자가 도안화되고, 거기에 식물무늬를 배치하여 이슬람의 독특한 장식 미술을 만들었다.

㉣ 이스탄불의 블루모스크 내부 천장은 무수한 아라베스크로 장관을 이룬다.

㉤ 이 양식은 훗날 르네상스 이후 유럽에서도 유행할 정도로 아름다운 무늬를 특징으로 한다.

⑤ **건축재료** : 소성벽돌, 석재, 콘크리트 등이 구조체로서 주로 사용됨

⑥ **마감재료** : 유약타일, 석재판넬, 금속판, 테라코타 등이 모자이크 기법으로 사용됨

⑦ **건축구조** : 사라센인들은 그들의 독창적인 건축전통을 지니지 못하였다. 급속한 교세확장과 영토확장에 따라 정복지방의 건축양식을 수용하였고 지리적으로 비잔틴, 페르시아의 건축양식의 영향을 많이 받았으며 아치, 아케이드 구법(피정복자의 건축수법)이 발달했다.

⑧ **건축장식** : 우상숭배를 금지하는 회교교리에 의해 인간, 동물 등의 구상적인 주제에 의한 장식보다 식물문양, 문자문양, 기하학적 문양 등의 추상적인 주제에 의한 장식기법이 발달하였으며 아라비아 문자를 이용한 복잡한 곡선의 장식기법인 아라베스크 문양은 사라센 건축의 특징적 요소이다.

⑨ **모스크 건축** : 사라센 건축의 대표적 건축양식이다. 연속 아케이드에 의한 다주실 형식의 대형 홀이 모스크의 주 공간이며 신도들의 예배공간인 대형홀에는 열주랑으로 둘러싸인 중정이 위치하고 있다.

⑩ **미나렛** : 이슬람 신전에 부설된 높은 뾰족탑으로, 아랍어로 '등대'라는 뜻

⑪ 스페인의 알함브라궁전, 인도의 타지마할이 대표적이다.

[블루모스크의 모습]

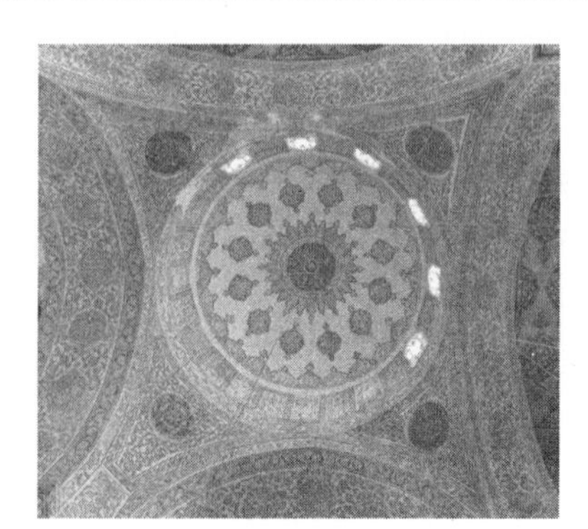
[내부 천장의 모습]

04 근세 건축

1 르네상스 건축

(1) 시기적 특성

① 15세기부터 17세기에 이르는 시기로서, 르네상스(Renaissance)는 학문 또는 예술의 재생 · 부활이라는 의미를 가지고 있는데 이는 인간을 중심으로 하였던 문화적 전통이 다시 살아났다는 것으로 중세시대의 신중심의 종교적, 사상적 틀로부터 벗어나게 된 문화혁명을 의미한다.

② 십자군 원정 시 실패하였고 봉건제도에 대한 도전이 계속되면서 이러한 움직임은 가속화되어 하나의 새로운, 고전주의와 인본주의의 부흥이라는 문화를 탄생시켰다.

③ 레오나르도 다빈치와 같은 재능 있는 예술가들의 활약이 두드러졌으며 나침반, 화약, 인쇄술 등이 발달하게 되어 사회를 크게 바꿔놓은 시기였다.

(2) 건축특징

① 양식

㉠ 르네상스 건축은 중세시대 신 중심의 사고관에서 벗어나 합리적, 과학적인 것을 중시했으며 고전주의 건축의 질서와 형식미를 건축의 기본요소로 삼아 조화와 질서, 균형과 통일을 중시했으며 교회건축에 집중되었던 중세와는 달리 공공건물, 궁전, 주택 등 다양한 건축물이 발달했었다.

㉡ 건축양식은 인본주의 영향을 받아 인간중심의 건축을 추구하였고 고전건축의 정적균형으로 수평선을 강조하였다.

㉢ 거대한 돔이 교회의 상부에 설치가 되기도 했으며 자본가들의 예술가들을 위한 후원에 의해 다양한 건축물(궁전 등)들이 건립될 수 있었다.

㉣ 이 시기 건축물들의 현관이나 창문의 의장을 살펴보면 고전양식(그리스, 로마의 신전)을 따르고 있었다.

② 평면구성

㉠ 미적대칭(Symmetry)과 비례(Propotion)를 중시하였다.

㉡ 교회당은 로마의 바실리카식에 의한 것으로, 그 구획을 크고 광활하게 하였다.

③ 구조

㉠ 복고양식에 새로운 구성양식을 도입하였다.

㉡ 그리스 3주범, 로마의 2주범은 구조적 독립기둥으로 취급하였다.

㉢ 로마시대의 배럴볼트, 대아치를 재활용하였다.

㉣ 새로운 구조기술을 도입하여 시공하였다.

④ 재질감 강조

㉠ 외벽이 중층일 때는 매층마다 코니스(Cornice : 돌림띠)로 수평성을 강조하였다.

㉡ 위층으로 향할수록 점차 강한 질감에서 유한 질감으로 변하도록 하였다.

㉢ 러스티케이션기법(건축에 쓰이는 장식 석공술의 일종이다. 석재의 가운데 부분을 거칠게 처리하거나 뚜렷이 튀어나오게 하여 가장자리를 평평하게 깎아내리는 방법)이 주로 사용되었다.

⑤ 창 형식

㉠ 삼각 박공형 창(Pediment type)

㉡ 중앙 기둥 2연창(Order type)

㉢ 연속 홍예형 창(arcade type)

⑥ 주범

㉠ 동일건축의 정면에도 2가지 이상 겸용하였고, 후면도 정면과 다르게 취급하였다.

㉡ 중층일 때는 각 층과 다른 주범을 겸용하였다.

⑦ 장식

㉠ 내부 : 아치와 궁륭을 주제로 아치와 궁륭을 그대로 노출시켜 구성미를 갖추었다.

㉡ 외부는 벽체로 내부는 벽면으로 취급하여 석고판(Stuccoipane)으로 천장과 같이 완성하는 수법을 취하였고 벽화와 천장화를 그렸다.

㉢ 조각 : 다양한 주제로 시민광장과 공공건축에 세워 일반시민들이 공유물로 사용하도록 하였다.

(3) 대표적인 건축물

[플로렌스 대성당의 돔]

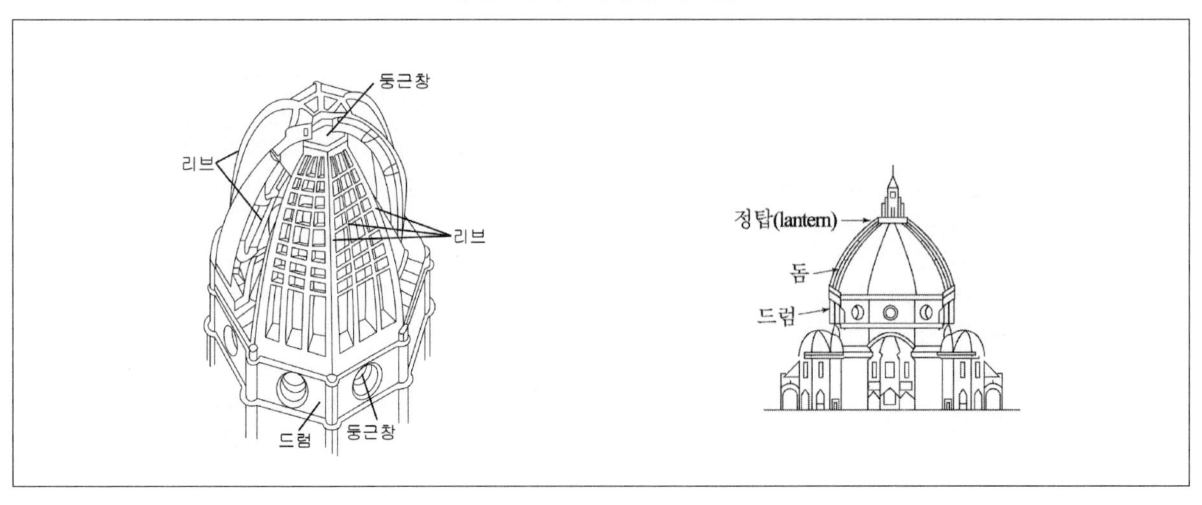

지역	건축가	건축물
플로렌스 (피렌체)	브루넬레스키	피렌체 대성당, 성스피리토 성당
	알베르티	루첼라이궁, 성 안드레아 성당
	미켈로쪼	리카르디궁, 스트로찌궁
로마	브라만테	템피에토, 칸셀레리아궁
	미켈란젤로	성베드로성당, 캐피톨
	라파엘	마다마 별장
베니스	피에트로 롬바르도	다지궁, 밴드라미니궁
	안드레아 팔라디오	빌라 로툰다, 카프라 별장
프랑스	–	베르사유궁전, 루브르궁전, 샹보르성

checkpoint

■ **피렌체 대성당**

- 르네상스 시대에 브루넬레스키가 설계하여 피렌체(르네상스 시대에는 플로렌스라고 함)에 건축한 것이다.
- 외벽이 중층일 경우에는 매 층마다 돌림띠(cornice)로 수평선을 강조하여 위층으로 갈수록 약하게 다루었다.
- 벽면은 음과 양을 표현하여 3차원의 벽체로 취급하였으며, 깊은 줄눈으로 외벽을 마무리한 러스티카(rustica, 러스티케이션이라고도 함) 방법으로 표현하였다.
- 시각적 효과 및 대칭적 평면구성 : 고대 로마의형태가 사용된 것은 주로 시각적 효과이며, 형식에 치우치지 않고 기능적으로 평면과 입면을 엄격히 대칭적으로 하고 각 실을 질서 있게 배치하여 비례, 조화 및 통일적으로 설계하였고 개방성과 쾌적성을 강조하였다.
- 구조의 복고와 신구성 양식 : 그리스 3주범, 로마의 2주범을 구조적 독립주로 취급하고 로마시대의 반원통형볼트를 재활용하면서 새로운 구조기술을 도입하여 시공하였다.

[피렌체 대성당]

[팔라초]

■ **팔라초(Palazzo)**

귀족의 대저택으로서 르네상스를 대표하는 유형의 건축이다. 코니스에 의해 수평성이 강조되어 수직성이 강조된 고딕과는 대조를 이룬다. 러스티케이션 기법이 적용되었다. 1층의 벽면은 표면을 거칠게 다듬은 돌을 쌓아 올라가는 러스티케이션 공법을 사용하고, 2층은 평면으로 다듬은 돌을 규칙적으로 쌓아 올라가며, 3층은 평면의 미장바름벽으로 완성하였다.

② 바로크 건축

(1) 시기적 특성

① 이 시기는 르네상스 이후 종교의 본질이 세속화된 시기로서 로마의 교황이 예술을 후원하기도 했으며 연극의 시대라고 불릴 만큼 연극이 유행처럼 행하여졌다.

② 17세기에서 18세기에 이르는 시기로, 르네상스 말기에 이탈리아에서 발전한 양식으로 로마 가톨릭교회의 기사회생이며 금욕주의적 예술 숙청 방침을 철회하면서 표현의 감각이 풍부해졌다.

③ 인간의 공적 생활을 위주로 발전하였으며 왕권강화를 위해 공공적 특성이 강조되었다. 이 시기의 예술은 절대주의양식이라고 할 만큼 황제의 권한이 매우 강하였으며 이를 반영하듯 웅장한 건축물들이 주로 건축되었다.

TIP

바로크는 "삐뚤어진 모양의 진주"라는 뜻인데 이는 균형과 조화, 전통을 중요시하던 사람들이 변화와 이상함, 기묘함을 추구하는 바로크 양식을 비꼬기 위해 지은 이름이었다. 이 시대에는 눈에 띄는 느낌을 좋아했기에 건물외부와 내부의 장식이 풍부하고 화려하였는데 시간이 흘러 이에 대한 반발이 일어나기도 하였으나 1880년대에 들어서야 경멸적인 의미가 사라졌다.

(2) 건축적 특징

① 이탈리아에서 발전된 것으로 공적생활 위주로 규모가 장대하고 강렬한 극적 효과를 추구하여 감각적이며 관찰자의 주관적 감흥을 중요시한다.

② 고전적 법칙을 무시하고 복잡한 굴곡과 곡선의 움직임이 풍부한 건축물과 장식이 발달하였으며 감각적, 역동적, 장식적 효과를 추구하였다.

③ 가장된 투시도적 효과의 수직 · 수평 요소 간의 상호관입을 하였다.

④ 건축구조 · 장식 · 표현 등 모든 것들이 전체적인 효과를 위해 사용되었다.

⑤ 공간과 매스, 빛과 음영, 돌출과 후퇴, 움직임과 정지, 큰 것과 작은 것 등의 대조적인 것들을 종합적으로 통합하여 교향악적인 특징을 보였다.

⑥ 기하학적으로 감지되지 않는 공간, 확산공간, 역동적인 공간, 풍요한 공간의 특징으로 구성되었다.

(3) 대표적인 건축물

① 이탈리아

㉠ 베르니니(Bernini) : 성 베드로 사원의 광장과 콜로나데, 스칼레지아, 성 앙드레아 교회

㉡ 마데르나(Maderna) : 성 수잔나 성당, 성 피터 사원 네이브 부분과 정면

② **프랑스** … 알도안 만사르(Jule Hardouin Mansart)의 알발리드 교회당, 베르사이유 궁전 확장 계획

③ **영국** … 크리스토퍼 렌(Christopher Wren)의 세인트 폴 대성당

㉠ 세인트 폴 대성당은 크리스토퍼 렌이 설계한 걸작으로서, 영국 성공회의 성당이자 런던 주교좌가 있는 곳이다.

㉡ 거대한 돔으로 유명하며 길이가 160m, 높이는 110m에 다다를 정도로 거대한 규모이다. (로마 성 베드로 성당에 이어 세계에서 두 번째로 커다란 돔이다.)

㉢ 현재는 바로크양식과 신고전주의양식이 반영된 건축물이지만 본래 이 건축물이 들어서기 전 이 자리에는 다른 성당이 있었으나 화재로 전소가 되었다.

㉣ 세인트 폴 대성당은 훗날 워싱턴 국회 의사당이나 파리의 판테온 건축에 영향을 미쳤다.

[세인트 폴 대성당]

TIP

바로크 양식 … 르네상스의 고전주의적이고 합리주의적인 경향을 탈피한 양식으로 형식과 규칙 같은 고전적인 법칙들을 무시하고 감각적이며 장식적인 면을 추구하는 성향으로서 건축물은 과시를 위해서 규모가 크고 웅장하면서 화려하게 지어졌다. 바로크 양식이 지배적인 시기에는 특유한 형상의 지붕(이는 건축가 망사르가 고안하여 망사르지붕이라고 한다.)이 유행을 하였다.

[루브르 박물관]

[베르사유궁전]

TIP

베르사유 궁전 … Vaux-le-Viconte(보르비콩트) 대저택을 모델로 삼아서 건립된 초호화 건축물로서 서양건축사에서 가장 화려한 건축으로 평가받는다. 본래 베르사유궁전은 르네상스시대부터 시작되었으나 바로크 시대에 들어서 더욱 웅장하게 변하여 오늘날의 모습을 하게 되었다. 이 건물은 르네상스와 함께 시작된 세속적 건물의 종결점이자 절정으로 평가받고 있다.
이 궁전은 초대형 정원에 있는 건축물이며 정원은 쭉 뻗은 광폭의 직선로가 주로 도입되었다. 이는 왕의 정복에 대한 의지를 표현하는 것이었으며 태양왕이라고 불리던 왕의 절대주의적 성향을 보여주는 것이었다. 또한 방사형의 길들이 궁전을 향해 수렴하며 중앙의 길은 궁전과 파리를 연결하는데 이 길들은 알현실 및 의전실로 겸용되는 왕의 침실에서 교차를 한다. (이로 볼 때 왕권이 매우 강력했음을 알 수 있다.)

3 로코코 건축

(1) 시기적 특징

① 17세기에서부터 18세기에 이르는 시기에 프랑스를 중심으로 발생한 양식으로서 개인 위주의 소규모 공간과 곡선, 곡면을 이용한 섬세하고 우아한 실내 장식을 추구하였다.

② 바로크 건축과 마찬가지로 국가를 위한 건축이 성행하였으며 대표적인 건축물로는 뮌헨 궁정 극장, 상수시 궁전 등이 있다.

(2) 건축특징

① 개인의 프라이버시를 중시하여 아담한 실내장식이 유행하였다.

② 구조적인 특징이 없고 장식적 측면의 양식이 발달하였다.

③ 바로크의 둔중한 인상에 비해서 세련되고 아름다운 곡선으로 표현하여 여성적인 인상을 주었다.

④ 부분적인 장식의 효과를 중시하였다.

⑤ 기능적 공간구성과 개인적인 쾌락주의 공간구성으로 주거건축에 큰 발전을 이룩하였다.

⑥ 벽, 천장은 일련의 곡선으로 연결하여 유동성 있는 공간을 만들고 수직선만 명확히 표현하였다.

(3) 대표적인 건축물

① **프랑스**

㉠ **제르망 보프란**(Gremain Boffrand) : 스버스 호텔의 공작부인 내실, 암로 호텔

㉡ **장 꾸르티엔스**(Jean Courtinne) : 드 마티뇽 호텔

② **영국** … 더비경 주택, 조지아식 주택, 베스(Bath)의 광장

05 근대 건축

1 과도기 건축

(1) 신고전주의(1760 ~ 1880)

① 특징

㉠ 고고학자들에 의한 그리스와 로마 건축의 발굴을 통해 고전주의 운동이 고취되었다.

㉡ 순수한 고전 건축의 복원이나 모사에 주력하였다.

㉢ 단순한 모사가 아닌 원리를 추구하여 결과적으로 로마 건축에 바탕을 두었다.

㉣ 프랑스는 로마양식, 영국은 그리스와 로마양식을 주로 사용하였다.

㉤ 구조적 고전주의와 18세기 말 개성적이고 독창적인 낭만적 고전주의 양식을 개척하였다.

㉥ 18C 중기에 바로크, 로코코 수법을 퇴폐적인 것으로 보고, 그 반동으로 엄정한 고전주의(그리스, 로마) 부흥을 모색하였다.

② 대표적인 건축가

㉠ 안드레아 팔라디오

- 이탈리아 출신의 건축가로서 처음에는 석공 · 조각가로 활약하기도 하였다.
- 고대 로마의 건축가 비트루비우스와 로마의 유적을 연구한 후, 고향에 돌아와 수많은 궁전과 저택을 설계하였다.
- '건축4서'를 저술하였으며 대표적인 건축작품으로는 '빌라 로툰다(villa rotonda)'가 있다.
- 그의 연구 및 작품활동은 18세기 영국의 신고전주의 건축에도 많은 영향을 끼쳤다.

㉡ 르두(Ledoux)

- 건물은 자신의 본질을 드러내야 한다고 주장하였으며 쇼(chaux)지역의 이상도시 계획안을 제시하였다.
- 중농주의와 루소의 자연사상에 기초한 농촌 개혁 운동을 건축적으로 구현하려고 하였다.
- 파리 성문 징수소, 제염공장과 같이 계획안 중에는 실제 지어진 건물들이 적지 않았다.

㉢ 불레(Boullee)

- 건축을 오더 중심의 상징체계로 보던 전통적인 고전주의를 거부하고 기하 중심의 인상론을 제시했다.
- 건축의 제1원리는 육면체, 구, 원통형, 피라미드 등의 순수기하학적인 대칭적 입체에서 발견된다고 주장하였다.
- 뉴튼기념관의 계획안을 제시하였으며 실제 지어진 건물은 거의 남기지 않는 대신 이론을 연구하고 그림을 그리는 페이퍼 건축가의 대가로 드로잉을 통해 혁명 사상을 건축으로 표현하였다.

③ **대표적인 건축물** … 스플로(Jacques Germain Soufflot) : 성 제네브에브(St. Genevieve) 성당, 파리의 판테옹, 개선문

㉠ **성 쥬느비에브(St. Genevieve) 교회** : 건축가 스플로가 이탈리아에서 고대 건축을 연구한 후 프랑스로 귀국하여 설계한 작품 중 고전주의 건축을 추구한 대표적인 작품이다. 일명 파리 판테옹(Pantheon)이라고도 하며 로마의 판테온을 모방하였다. 높이 솟은 돔 지붕의 '팡테옹 Pantheon'은 프랑스를 빛낸 위대한 인물들을 기리는 전당이다.

㉡ **개선문(Triumphal Arch, Arc de Triomphe)** : 프랑스 파리에 있는 개선문은 프랑스군의 승리와 영광을 기념하기 위해 황제 나폴레옹 1세의 명령으로 1836년에 건립되었다. 로마시대 티투스 황제의 개선문을 그대로 본떠서 설계를 하였다.

[에투왈 개선문]

㉢ **팔라디오의 빌라로톤다(빌라카프라)** : 이탈리아의 북동부에 자리한 베네토주의 비첸차 외곽에 위치한 빌라이다. 라 로톤다(La Rotonda), 빌라 로톤다(Villa Rotunda), 빌라 라 로톤다(Villa La Rotonda), 빌라 카프라(Villa Capra), 빌라 알메리코(Villa Almerico)라고도 불린다. 이탈리아의 건축가 안드레아 팔라디오(Andrea Palladio)가 1566년경부터 설계하고 시공하였다.

TIP

혁명기 건축

불레와 르두가 활동하던 시기의 건축을 혁명기 건축이라고 한다. 이 당시가 프랑스 대혁명 시기였기 때문이며 이들의 건축은 프랑스 건축에서 혁명의 내용을 건축에 적용시켜 새로운 실험을 시도하였다고 평가된다. 고전주의 규범을 중심으로 하여 여러 가지 혁명적인 건축계획안을 제시하였다.

[르두의 농장관리인 주택]

[불레의 박물관]

(2) 낭만주의(1830 ~ 1880)

① 특징

㉠ 중세 건축문화를 동경하고 양식 형태에 대한 애착으로 고딕 건축양식의 부흥 양상을 띠었다.

㉡ 냉정한 주지적 경향을 가진 고전주의 양식에 반발하여 정열적인 예술창조의 운동이 일어났다.

㉢ 당시 자기민족, 국가를 중심으로 그 특수성을 파악하여 그것을 이상화하였고 향토주의, 평민주의, 중세주의가 내포되었다.

② 대표적인 건축물

㉠ 프랑스

- 비올레르 둑(Viollet-le-Duc)
  - 구조합리주의사상
  - 파리의 노틀담 대성당 복구공사
- Pierrefonds 성의 폐허복원(고딕양식)
- 데니스 성당(고딕양식)

㉡ 영국

- 퓨진(Auqust Pugin) : 스타포드샤이어의 노팅검 성당, 람스티케이트의 성 어거스틴 성당
- 바리경(Sir Charles Barry) : 국회의사당(고딕양식)
- 존 나쉬(John Nash) : 브라이트 궁전

㉢ 독일 : 쉰켈(F. Schinkel)의 베를린 성당, 베르덴 교회당(고딕양식)

(3) 절충주의

① 특징

㉠ 과거 양식에 매이지 않고 자유롭게 예술가의 창조성을 우선하였다.

㉡ 그리스 · 로마 · 고딕양식 등의 모방을 중지하고 르네상스, 바로크, 로코코, 사라센 건축 등의 자유로운 건축양식의 선택으로 여러 종류의 건축양식이 발생하였다.

㉢ 신르네상스 운동과 신바로크 운동 등이 일어났다.

② 대표적인 건축물

㉠ 프랑스

- 앙리 라브루스테(Henri Labrouste) : 성 제네브에브 도서관, 국립 도서관(르네상스 양식, 주철주 사용)
- 찰스 가르니에(Charles Grnier) : 파리 오페라하우스(베네치아 바로크양식)

㉡ 영국

- 바리경(Sir C. Barry) : 런던의 여행자클럽(이탈리아 르네상스양식), 런던의 리폼클럽(르네상스 파르네제 궁전 모방)
- 콕 케럴(C. Cockerell) : 리버풀 영국은행 지점(이탈리아 르네상스양식)

㉢ 독일

- 가트너(Friderich von Grtner) : 뮌헨의 국립도서관(신르네상스양식)
- 쌤버(Karl Cottfried Semper) : 비인의 부르크 극장(신르네상스양식), 드레스덴의 국립 가극장(신르네상스양식)
- 슈미트(Friedrich von schmit) : 비인 시청사(독일 고딕양식)

(4) 재료의 발전

① 철

㉠ **공업화 이전** : 소량밖에 생산되지 않았기에 결속재로만 생산되었다.

㉡ **공업화 이후** : 높은 강도를 나타내어 넓은 스팬이라도 가느다란 부재로 축조가 가능하게 되어 광범위하게 사용할 수 있게 되었다.

㉢ 1887년 구스타프 에펠은 철골부재로만 높이 324m에 달하는 에펠탑을 성공적으로 건축하였는데 이는 건축사에 있어 혁신적인 사건이었다.

② 유리

㉠ 판유리로 제작되었으나 비싸서 일반화되지 못하였다.

㉡ 영국의 로버트 루카스 챈스가 유리 생산공정을 개선한 후 온실건축을 중심으로 많은 시도가 이루어지며 발전하였다.

㉢ 1838년 조셉 팩스톤의 수정궁(온실)은 유리의 가능성을 보여준 파격적인 건축물이었다.

㉣ 후에 미국의 시카고파는 완전 철골구조의 도입과 유리의 전면 이용을 통해 유리의 기능을 확장시켰다.

TIP

수정궁 … 1851년 런던의 하이드 파크에서 개최된 제1회 만국박람회의 회의장으로 사용된 건축물이었다. 엔지니어인 팩스턴이 설계. 철과 유리로 된 거대한 온실풍의 건축으로서 개최년도와 같은 1851피트(563m)의 길이로 세워졌다.

③ 철근콘크리트

㉠ 1824년 최초의 수경성 결합재료인 포틀랜드 시멘트가 제작되었다.

㉡ 토니 가르니에는 철근 콘크리트의 가능성을 최대한 활용하여 지주, 돌출처마, 평지붕, 연속창 등을 개발하였다.

㉢ 1849년 조경가 조셉 모니에르가 오렌지 나무를 심기 위해 콘크리트 속에 쇠그물을 넣어 화분을 제작한 것이 철근콘크리트의 효시가 되었다.

㉣ 토니 가르니에는 철근콘크리트의 가능성을 최대한 활용하여 연속창, 유리벽, 지주, 돌출처마, 옥상정원, 평지붕을 개발하였고 이는 훗날 르 코르뷔지에의 근대건축 5원칙에 지대한 영향을 미치게 된다.

TIP

프랑스 파리의 에펠타워는 프랑스의 상징적인 문화유산이자 근대건축기술의 발전에 있어 기념비적인 건축물이다.

❷ 여명기(= 근대적 건축운동)

(1) 수공예운동

① 특징

㉠ 미술공예운동이라고도 하며 1860년대에 영국에서 일어난 공예운동이다. 라파엘 전파의 영향을 받았던 윌리엄 모리스는 당시 산업사회에서 대량생산되던 조잡한 제품과 차별화되는 수공예의 정수가 되는 작품들을 만들려고 한 것이 그 시발점이었다.

㉡ 영국인 윌리엄 모리스(William Morris / 1834 ~ 1896)와 존 러스킨, 그의 동료들이 건축과 공예를 중심으로 전개했던 예술운동으로, 산업혁명의 물결 속에서 값이 싸고 저속한 기계생산 가구와 공예품 등을 반대하고, 기계 만능주의로 생활 속 미를 파괴하는 것을 막아내며, 수공예 생산 방식으로 복귀하는 것을 주장하였다.

㉢ 아름다움이란 진실됨과 자연, 그리고 독창성을 기반하는 것이라고 주장하며 자연의 모티브를 주로 사용하여 목가적이고 중세적 수공예 장식을 그 특징으로 한다.

㉣ 건축은 고딕 양식을 따르되, 기능적인 부분에 충실하여 장식을 최대한 배제한 것이 특징인데 미술공예운동의 중심지가 된 모리스상회의 거점인 RED HOUSE가 대표적이다.

㉤ 단순한 미적부흥운동이라기 보다는 사회적, 도덕적 개혁운동이며 최초의 근대적 미술운동으로서 대중의 미적가치의 향상과 삶의 질을 향상시키려는 현대디자인의 본질적 태도와 일치한다고 볼 수 있다. 또한, 이후에 아르누보, 데 스틸, 바우하우스 등에 영향을 주어 근대적인 디자인운동 전개에 시발점이 된 운동으로 평가받는다.

㉥ 디자인의 역사에 있어서도 미술공예운동은 수공 제작에 중점을 두고 기계생산을 배제한 까닭에 결과적으로 산업화 시대에 역행하는 모순을 보였다.

㉦ 올바른 재료와 공작으로 생활에 도움을 주는 좋은 품질의 제품을 만들어야 한다는 근대적 조형 이념을 보급한 점에서는 큰 평가를 받는다.

TIP

윌리엄모리스와 존러스킨

- 윌리엄모리스 : 화가이자 디자이너, 작가, 사회운동가였던 이로서 미술공예운동의 선구자이자 현대 생활디자인의 시초가 된 중요한 인물이며, 빅토리아 시대의 가장 중요한 문화인으로서 인정받고 있는 사람이다.
- 존 러스킨 : 영국의 건축평론가, 사회사상가로서 예술의 순수감성을 주장하고 예술의 기초는 민족 및 개인의 성실성과 도의에 있다고 하는 자신의 미술원리를 구축해 나갔다. 중세 고딕건축에 대한 향수를 그의 저서 베니스의 돌, 건축의 7가지 등불 등에 담았다.

② 대표적인 건축가와 건축물

㉠ 윌리암 모리스(William Morris) : 붉은집(Red House)(실내장식)

㉡ 발터 크레인(Walter Cran)

㉢ 리차드 노만 쇼우(Richard Norman Shaw)

㉣ **찰스 로버트 애쉬비**(Charles Robert Ashbee)
㉤ **필립 웨브**(Philip Speakman Webb) : 1859년 붉은집(Red House)(건축)

(2) 아르누보(Art Nouveau)

① 특징

㉠ 19세기말 건축에서 절충주의 및 아카데믹한 고전주의 경향에 대해서 개인주의적이고 낭만적으로 반작용한 신예술운동이다.
㉡ 영국의 수공예운동으로부터 자극과 영향을 받았다.
㉢ 역사주의를 거부하였다.
㉣ **장식수법** : 본질적인 장식적 경향으로서 곡선의 장식적 가치를 강조하였다.

TIP

장식수법의 종류

- 자유곡선은 자의적인 곡선으로 Victor Horta, Henry Van de Velde, Antonio Gaudi의 작품이 이에 속한다.
- 역학적 곡선은 기하학적인 선, 단순화된 곡선으로 Wagner, Mackintosh의 작품과 Glasgow파의 작품이 이에 속한다.

㉤ 곡선장식을 새로운 재료인 철을 사용하여 표현하였다.
㉥ 외관을 단순한 표면장식이 아니라 건물전체가 힘차게 조형처리되도록 개개의 구조부를 극적으로 강조하거나 전체 건물 매스를 조각적으로 조형하였다.
㉦ 19세기 말 벨기에에서 앙리 반 네 벨데(Velde, Henry van de)의 지도하에 구조와 형태가 건축의 참된 기반이라는 새로운 방향이 조형 예술가들 사이에서 주장되었다.
㉧ 프랑스어로 "새로운 예술"이란 뜻으로 1890년~1910년 사이에 전 유럽에 퍼진 낭만적이고 개성적이며 과거와 결별한 번역사적 양식을 제창한 건축운동이다.
㉨ 넓은 뜻으로는 영국의 모던스타일, 독일의 유겐트스틸, 오스트리아 빈의 세제션(secession) 스타일까지 포함된 당시 유럽의 전위예술을 의미한다.
㉩ 식물의 구조를 추상화하거나 식물이나 꽃에서 영감을 얻는 이 스타일은 기계를 모델로 하는 20세기 디자인의 구성과는 대립되는 면이 강하였다.
㉪ 예술에 있어서의 전통과 역사적 절충주의를 거부하고, 예술가 개인의 창의성에 의한 예술 양식을 추구하였으며, 철과 유리의 미학적 가능성을 제시하였다.

② 대표적인 건축가와 건축물

㉠ **앙리 반 데 벨데**(Henry Van de Velde) : 크뢸리뮐러 미술관
㉡ **빅터 오르타**(Victor Horta) : 브루셀 소재 타셀 주택, 살베이 주택, 인민의 집
㉢ **안토니오 가우디**(Antonio Gaudi)

- 스페인 카탈루냐(바르셀로나가 속한 지역)출신의 건축가로서 아르누보 건축의 대가이다.
- 고전주의적 건축에서 탈피하여 자연물에서 영감을 얻어 이를 건축디자인에 반영하였다.
- 건축작품에서는 공통적으로 아르누보 스타일의 자연적 곡선미가 돋보인다.

• 스페인 바르셀로나에 역사적인 작품들을 남겼으며 이는 바르셀로나의 세계적 문화유산이자 수많은 이들이 찾아오게 만드는 훌륭한 관광자원의 역할을 하고 있다.
• 주요 작품으로는 성가족성당(Sagrada Familia), 구엘 공원(Park Guell) 등이 있다.

성가족성당

구엘저택

구엘공원

㉣ 헥토르 기마르(Hector Guimard) : 파리 메트로 지하철 입구는 아르누보 양식을 추구한 건축가 헥토르 기마르에 의해 다지인되었다. 일반적인 도시의 지하철 입구와는 전혀 다른, 화려한 곡선과 자연에서 영감을 받은 장식물을 특징으로 한다. 메트로 입구의 형태는 역사적인 양식들을 부정하고 자연형태에서 모티프를 빌어 새로운 표현을 얻고자 했던 아르누보의 전형적인 결과물이었다.

㉤ 맥킨토시(C. R. Mackintosh) : 영국 글라스고우 미술학교

(3) 세제션(Secession) 운동

세제션(Secession)은 "분리"라는 의미를 가지는 단어로서 일체의 과거양식에서 벗어난 새로운 예술활동을 하기 위한 운동으로서 불필요한 장식을 최소화하고자 하였다.

① 특징

㉠ 과거 건축양식의 분리와 해방을 지향하였다.

㉡ 신기술과 신재료를 이용한 기능적이고 실용적이며 합리적인 건축을 추구하였다.

② 대표적인 건축가와 건축물

㉠ **오토 바그너**(O. Wagner) : 빈 우편 저금국

㉡ **아돌프 루스** : 스타이너 주택

㉢ **요셉 마리아 올브리히** : 빈 분리파 전시관

빈 분리파 전시관

TIP

빈 분리파 전시관은 세제션 맴버들의 단체전시장이 필요하여 올브리히가 설계한 것이다.

③ 오토 바그너(O. Wagner)의 근대 건축의 설계방침

㉠ 목적을 정밀하고 정확하게 파악하여 완전하게 충족시키도록 한다.

㉡ 건축형태가 자연스럽게 형성되도록 한다.

㉢ 간편하고 경제적인 구조가 되도록 한다.

㉣ 적당한 시공재료를 선택하도록 한다.

(4) 시카고(Chicago)파

① 특징

㉠ 1871년 시카고에서 대형화재가 발생한 이후 철골구조에 의한 방화구조가 개발되었다.

㉡ 근대적 고층사무소 건축을 발전시켰다.

㉢ 1873년 건설활동이 활발해지고 토지부족으로 인한 지가앙등에 따라 건물이 고층화되었다.

checkpoint

시카고대화재와 시카고파

- 1871년 10월 8일 토요일부터 10월 10일 화요일까지 미국 일리노이주 시카고에서 일어난 대화재이다. 이 화재로 300명 가까이 사망하고, 시카고의 9㎢에 달하는 지역이 불에 타고 10만 명 이상이 집을 잃고 이재민이 되었다.
- 이 화재는 19세기 미국에서 일어난 화재 사건 중 가장 큰 규모였으며, 시카고 도심 지역이 완전히 파괴되었지만 화재 이후 재건사업을 통해 시카고는 미국에서 가장 큰 경제 중심지의 하나가 되었으며 이 재건사업에 있어 시카고파는 각종 고층빌딩 계획안들을 구상하고 실재 건축물들로 구현하는 등의 주요한 역할을 맡았다.
- 시카고는 대화재 이후 강철골조와 석재마감, 다양한 유리의 개발, 엘리베이터의 등장, 통신기술의 발달 등에 의해 고층건축의 실험장이 되었다.
- 윌리엄 바론 제니가 설계한 홈인슈어런스 빌딩은 최초의 철골조 고층 건축물이었다. 이 건축물이 들어선 이후 리처드슨의 마샬필드 도매상점, 다니엘 번햄의 릴라이언스 빌딩 등 고층 건축물이 줄을 지어 들어서게 되었다.

② 대표적인 건축가와 건축물

㉠ **윌리암 바론 제니**(William Baron Jenney) : 홈 인슈어런스 빌딩

• 세계 최초의 철골 프레임 구조의 고층 건축 : 건축가 이전에 구조 기술자로 파리의 에콜 폴리테크닉과 에콜 센트럴에서 당시의 최고 기술적 교육을 수료했다. 그의 사무소에서 일한 시카고의 미래 건축가들은 학교에서 제공할 수 없었던 새로운 문제들에 대응하는 방법을 습득했다. 구조 기술자답게 건물의 하중을 지탱하는 구조체를 만들었다. 현재와는 달리 전통 건축에서 건물의 무게를 지탱할 수 있는 요소는 벽뿐이었다. 하지만 그는 내력벽 대신 세계 최초로 철과 강철을 사용한 골조가 지탱하는 건물을 만들어 냄으로써 마천루 발달에 있어 기술의 혁신을 불러일으켰다.

• 작품

–홈 인슈어런스(Home Insurance)빌딩 : 현재는 존재하지 않지만 최초의 근대적 양식의 미천루로 평가받고 있다.

–홈 인슈어런스(Home Insurance) 건설 시, 리차드슨은 마샬 필드 도매 상점과 그 창고 건물을 계획

–9층 건물인 인슈어런스 빌딩은 현재에는 존재하지 않지만 최초의 근대적 양식의 마천루로 평가 받고 있다.

㉡ **루이스 설리반**(Louis Henry Sullivan) : 게런티 빌딩(Guaranty Building)

㉢ **홀라비어드**(Holabird) : 타고마 빌딩(Tacoma Building)

㉣ **프랭크 로이드 라이트** : 낙수장, 도쿄 국제호텔, 존슨 빌딩, 구겐하임 미술관

(5) 독일공작연맹

① 특징

㉠ 아르누보의 영향을 받아 독일의 뮌헨에서 창설된 연맹으로서 즉물성에 조형원리를 두었으며 아르누보의 불필요한 장식성에는 반대하였다.

㉡ 기계생산에 의한 기술개선과 생산품질 향상으로 독일 공업제품의 질적 향상을 도모하였다.

㉢ 영국의 미술공예운동에 영향을 주었다.

㉣ 1907년 독일 뮌헨에서 무테시우스와 뜻을 같이 한 저명인사들이 결성한 연맹이다.

㉤ 공업제품의 질적 향상을 목표로 예술, 산업, 공예, 상업, 각계의 최고대표자를 선발하여 모든 노력을 경주하여 제품의 질적 향상을 도모하고 높은 품질의 생산품을 생산할 수 있는 능력을 가진 자와 생산하려고 하는 사람들 모두에게 집회의 장소를 만드는 것이었다.

㉥ 디자인을 담당하는 예술가와 디자인을 실현하고 구체화하는 산업가 사이의 공백을 메우려고 하였다.

㉦ 기술의 개선과 생산품질의 향상인데 예술가직공, 공업생산자 모두가 예술적으로 우량한 물건을 생산하는데 협력할 것을 촉구하는 조직이었다.

㉧ **선구자 및 관련건축가** : 무테시우스(장식은 죄악이라고 주장), 피터베렌스(AEG 터빈공장), 발터 그로피우스(파구스 재화공장) 등

② 대표적인 건축가와 건축물

㉠ 무테지우스(H. Muthesius, 설립자) : 장식은 죄악이라고 주장. 영국의 집

㉡ 월터 그로피우스(Walter Gropius) : 파구스 제화공장

㉢ 피터 베렌스(Peter Behrens) : AEG 터빈공장

AEG 터빈공장

파구스 제화공장

(6) 미래파

① 특징

㉠ 1909년 마리네티의 미래파 선언으로 시작된 급진적 운동으로서, 당시에 이탈리아에 전파된 여러 사조들에 의한 사회직혼란을 극복하고 이탈리아 미술을 다시 주류로 끌어올리려는 운동이었다.

㉡ 조형의 기본적 관심은 기계와 속도감이라고 본다.

㉢ 제도권 문명과 형식적인 것들을 부정하고 과학과 테크놀로지를 기계문명을 신봉하면서 동시에 새로운 가치추구와 미래지향적 도전의식을 가지고 있었다.

㉣ 과거를 부정하되 현실을 바탕으로 신세계 건설이나 기계문명을 예찬하며 미래의 유토피아를 꿈꾸었다.

㉤ 텐텐짜(La Tendenza)라고도 불리며, 구조와 미학의 기능적 진부성과 일상적 경험에 대하여 반기를 들고 건물형태를 위한 새로운 의미를 되찾으려고 노력했다.

㉥ 합리주의와 테크놀로지를 추구하였으며 다양한 실험적인 계획안을 제시하였다.

㉦ 기억, 역사의 단편, 실상과 허상 및 이미지와 현실세계 등에서 유추된 형태들을 유형학에 의해 건축물이 세워지는 곳의 물리적인 주변 환경뿐만 아니라 문화적 맥락 속에서 독자적인 형태언어의 창조보다 형태언어간의 조합이라는 형식적 질서를 추구하였다.

㉧ 이탈리아 건축가 Aldo Rossi에 의해 시작되었으며, 대표적인 건축가로는 Oswald Mathias Ungers, Mario Botta, Richard Meier 등이 있다.

TIP

텐덴짜(Tend nza)는 이탈리아어로 "경향, 추세, 성향, 조짐, 소질" 등의 뜻을 갖는 단어이다.

② 대표적인 건축가와 건축물

㉠ 안토니오 산텔리아(Antonio Sant' Elia) : 신도시 계획안

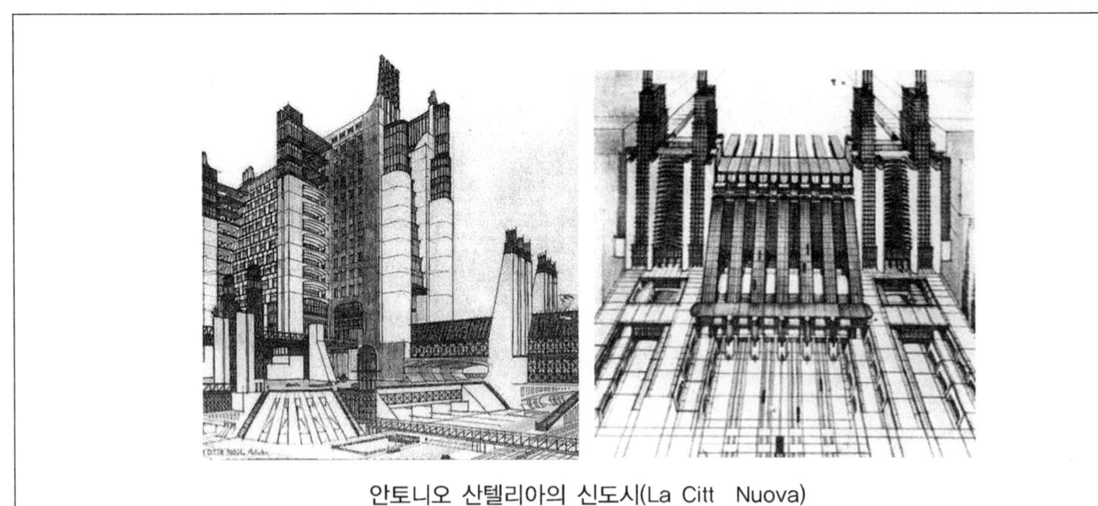

안토니오 산텔리아의 신도시(La Citt Nuova)

(7) 표현파

① 특징

㉠ 1901년부터 1925년까지 유럽, 특히 독일을 중심으로 발달하였다.

㉡ 환상적인 이상향이나 극단적인 색채, 조형을 추구한 개인적인 현대건축운동이다.

㉢ 리듬감이 있는 조형구조 및 동적인 표현이 특징이다.

② 대표적인 건축가와 건축물

㉠ 한스 펠찌히(Hans Poelzig) : 베를린 대극장

㉡ 에릭멘델존(Eric Mendelsohn) : 아인슈타인 탑

TIP

아인슈타인 탑

아인슈타인을 위해 설계한 작품으로서 내부에 천제관측설비와 연구를 위한 각종 시설이 마련되어 있다. 독일의 역사적인 기념물 역할도 하고 있다.

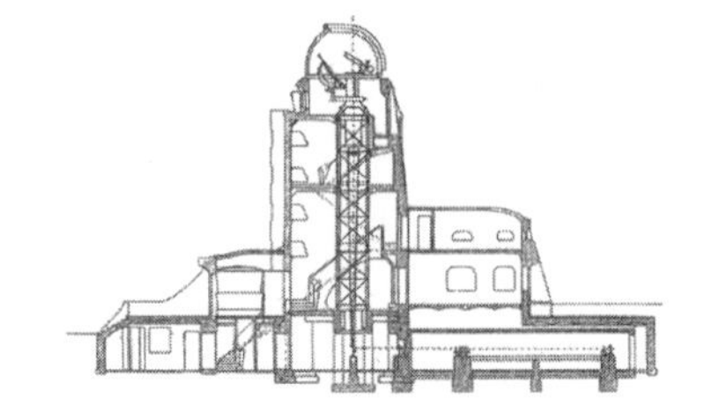

(8) 구성파

① 특징

㉠ 러시아의 추상예술운동이다

㉡ 기하학적이고 동적인 형태로 표현한 과학기술의 낙관주의적 운동이다.

② 대표적인 건축가와 건축물

㉠ 블라디미르 타틀린(1895~1956)의 제3인터네셔널 기념관

- 타틀린의 이상을 표현한 계획안으로 마르크스의 유물론에 충실한 추종자였던 타틀린이 러시아 혁명을 적극적으로 지지하며 이를 기계와 건축에 반영하고자 한 작품이다.
- 계획안을 살펴보면, 높이가 약 400m에 이르며 수많은 유리로 겉면이 둘러싸여 있으며 내부는 회합을 취한 장소가 주를 이룬다. 일정 주기로 구조물 전체가 회전을 하는 구조로 되어 있었다.

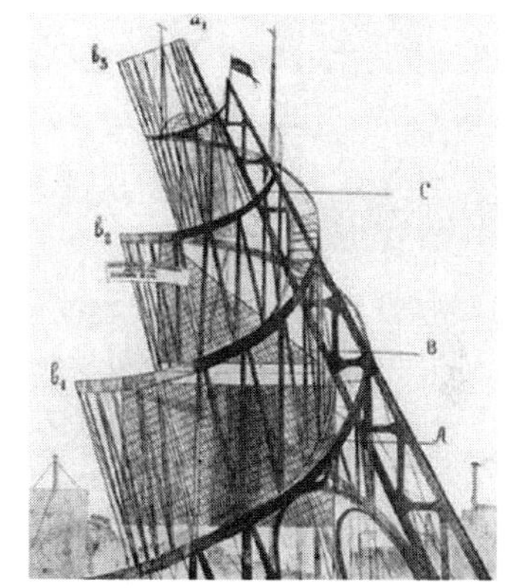
제3인터네셔널 기념탑

(9) 데 스틸 파(신조형주의)

① 시대적 특징

㉠ 데 스틸은 1917년 네덜란드에서 시작한 예술 운동이다. 좁은 의미에서 “De Stijl”이라는 단어는 1917년에서 1931년 네덜란드에서 만들어진 작품들의 모임을 가리킨다. 데 스틸(De Stijl)은 네덜란드어로서 Style(양식)을 의미한다.

㉡ 이 모임은 네덜란드의 화가와 디자이너, 작가, 비평가 테오 판 두스뷔르흐 등이 출판한 잡지의 이름이기도 하다. 판 두스뷔르흐 다음으로 이 모임의 주요 멤버는 화가인 피트 몬드리안(Piet Mondrian, 1872~1944), 빌모스 후사르(Vilmos Huszàr, 1884~1960), 바르트 판 데르 레크(Bart van der Leck) 등과 건축가인 헤리트 리트펠트(Gerrit Rietveld, 1888~1964), 로베르트 판트 호프(Robert van't Hoff, 1887~1979), 야코뷔스 아우트 (J.J.P. Oud, 1890~1963) 등이 있다.

② 특징

㉠ 신조형주의자들은 영적인 조화와 질서가 담긴 새로운 유토피아적 이상을 표현할 길을 찾았다.

㉡ 추상적인 형태의 언어를 사용하였고, 색상의 본질적 요소로 단순화되는 순수한 추상성과 보편성을 지지하였다.

㉢ 직교직선, 색채대비 등으로 시각적인 구성을 단순화하였고, 검정과 흰색과 원색만을 사용했으며 역동적으로 분해된 순수입방체 등을 특징으로 하였다.

③ 대표적인 건축가와 건축물

㉠ 게리 리트벨트(Gerrit Thomas Rietveld) : 슈뢰더 하우스

㉡ 테오 반 되스버그(Theo van Doesburg)

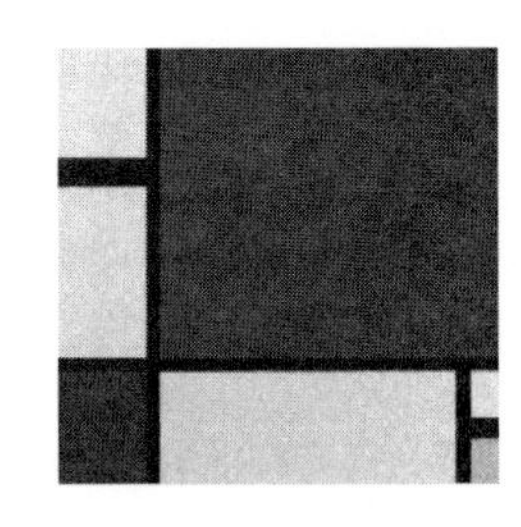

TIP

몬드리안의 점, 선, 면 … 이 작품은 3원색(빨강, 파랑, 노랑)과 수직선, 수평선이라는 가장 기본적인 조형요소만으로 사물의 본질을 표현한 작품이다. 몬드리안은 데 스틸을 대표하는 예술가로서 훗날 네덜란드 예술분야에 지대한 영향을 미쳤다.

⑽ 바우하우스

① 특징

㉠ 1919년 월트 그로피우스에 의해 독일에 세워진 응용미술 교육학교이다.

㉡ 수공예운동이나 앙리 반 데 벨데의 공예학교의 낭만적인 수공예 방식보다는 공업과의 협력을 통하여 조형예술을 종합화하였다.

㉢ 기계화 · 표준화를 통해 대량생산 방식을 도입하였다.

㉣ 이론교육과 실제교육을 병행하였다.

㉤ 모든 예술을 건축의 구성요소로 재통합하였다.

㉥ 교육과정

- 예비교육 : 직인(Apprentice)
- 이론연구 및 실습과정 : 도제(Journeyrnan)
- 최종과정 : 실제작업의 이해(Meister)

② 대표적인 건축가

㉠ 월터 그로피우스(Walter Gropius)

㉡ 한네스 마이어(Hannes Meyer)

㉢ 미스 반 데 로에(Mies van der Rohe)

❸ 정착기

(1) 국제주의 건축

① 특징

㉠ 월터 그로피우스(W. Gropius)가 제창한 것으로 기능주의에 입각하여 순수형태를 추구하였다.

㉡ 현대 건축의 기반을 형성하였다.

㉢ 강력한 국제주의적인 연대감정으로 육성되었다.

㉣ 실용적 기능을 중시하였다.

㉤ 구조 및 재료의 합리적 적용, 지역적 · 민족적 차이를 없애고 현대적인 정신에 기초를 두는 새로운 건축 양식을 수립하였다.

㉥ 조형적 특성

- 대칭성을 배제하였다.
- 조형을 정면에 국한하지 않고 평면계획에 의해 유동적으로 매스공간을 배치하였다.
- 곡선 · 곡면을 기피하였다.
- 단순한 수직 · 수평의 직선적 구성을 위주로 하였다.
- 백색, 엷은색을 많이 사용하였다.
- 재료의 특색을 그대로 표현하고자 하였다.

② 대표적인 건축가

㉠ 프랑스 : 르 꼬르뷔제(Le Corbusier)

㉡ 독일

- 월터 그로피우스(W. Gropius)
- 멘델존(E. Men-delson)
- 타우트(B. Taut)
- 미스 반 데 로에(Mies Van der Rohe)

㉢ 미국

- 프랭크 로이드 라이트(F. L. Wright)
- 쉰들러(R. N. Schindler)

(2) 근대 건축의 건축가

① **월터 그로피우스**(W. Gropius)

㉠ 독일 출신의 건축가로서 바우하우스를 설립하여 기능을 반영한 형태라는 근대적인 원칙과 노동자 계층을 위한 환경을 제공하기 위한 헌신적 활동을 하였다.

㉡ 건축의 표준화, 대량생산 시스템, 합리적 기능주의를 추구하였으며 국제주의 양식을 확립하였다.

㉢ 피터 베렌스의 지도를 받은 후 독립하여 다양한 건축활동을 하였다.

㉣ 주요 작품으로는 (구두를 만드는)파구스 공장, 바우하우스 건물, 하버드대학의 그레듀에이트 센터 등이 있다.

② 프랭크로이드 라이트(Frank Lloyd Wright)

㉠ 루이스 설리번의 후계자로서 시카고파를 지도하면서 미국 건축의 절충양식을 타파하는 데에 공헌하였다.

㉡ 동양과 서양의 건축을 융합시켰을 뿐만 아니라, 유럽의 카피에 불과했던 미국의 건축이 독자적인 양식을 갖추고 이후 현대건축으로 나아가는 길을 보여주었다.

㉢ 1911년 위스콘신에 자택 〈탈리어센 이스트〉과 1938년에는 애리조나에 〈탈리어센 웨스트〉을 세워 이 두 곳에서 제자와 기거를 함께 하면서 새 건축가의 양성에 힘썼다.

㉣ 건축에서는 미국의 풍토와 자연에 근거한 자연과 건물의 조화를 추구하였으며 유기적 건축을 특징으로 한다.

TIP

유기적 건축

- 당시 미국의 건축은 보자르 양식(유럽풍의 고전적 구성방식)이 만연하게 퍼져 있었는데, 라이트는 이러한 형식을 거부하고 유기적건축(Organic Architecture), 대초원 양식(Prairie Style)을 창조하였다. 이는 그의 작품 중 낙수장과 로비하우스에서 잘 드러난다.
- 일본을 여행하면서 일본의 건축에 심취하였고 그에 영향을 받아 여러 작품들에 이를 반영하였다.
- 주요작품으로는 로비주택, 카우프만 주택의 낙수장, 유니티교회, 구겐하임미술관, 미드웨이가든 등이 있다.

③ 미스 반 데어 로에

㉠ 독일에서는 바우하우스 학장으로, 미국에서는 일리노이 공과대학 학장으로 재직하면서 많은 업적을 남긴 모더니즘 건축의 대가이다.

㉡ 합리주의적이고 기계주의적이며 "더 적은 것이 더 많은 것이다."라는 말로 모더니즘의 특성을 압축하여 표현하였다.

㉢ 콘크리트, 강철, 유리를 주 건축재료로 사용하여 고층빌딩을 설계하였으며 콘크리트와 철은 건물의 뼈이고 유리는 뼈를 감싸는 외피의 기능을 하였다.

㉣ **유니버셜 스페이스**: 다양한 목적을 추구하고 다양한 기능을 갖춘 공간을 말한다. 개방형 평면을 추구하며 내부는 최대한 비어있는 공간을 두고 내부공간의 구획 역시 투명유리를 끼워서 건축적 조형요소를 최소화하고자 하였다.

㉤ 주요 작품으로는 투겐트하트저택, 바르셀로나 파빌리온, 시그램빌딩, 크라운홀, 슈투트가르트의 바이젠호프 주택단지, 유리 마천루 계획안 등이 있다.

④ 르코르뷔지에

㉠ 근대건축의 원형을 결정하고 그 철학적 방향을 제시하였다는 평가를 받는 건축가이다.

㉡ 모더니즘 건축의 거장으로서 형태는 기능을 따른다는 기능주의에 충실하였으며 입체주의, 순수주의를 추구한 건축을 하였다.

㉢ 도미노 계획안과 모듈러의 개념을 건축에 도입하여 합리주의적인 건축을 추구하였으며 건축적 비례의 척도로 황금비를 주로 사용하였다.

㉣ 근대건축 5원칙의 개념을 제시하였으며 주요 작품으로는 사보아저택, 마르세유집합주택, 스타인저택, 롱샹교회, 마르세유 집합주거 등이 있다.

TIP

도미노(Domino)

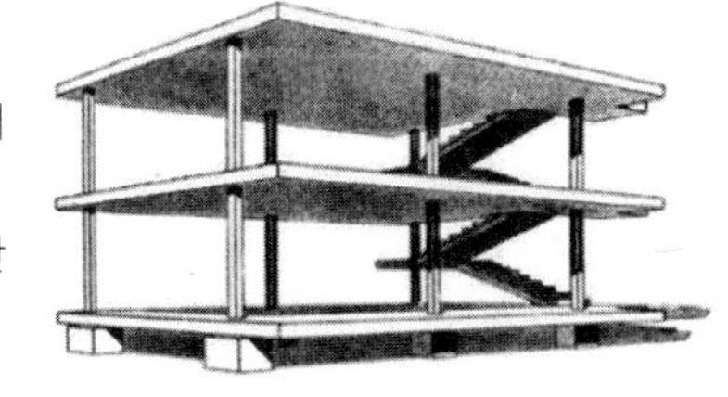

㉠ 르 코르뷔지에의 근대건축 5원칙의 기본적인 구조 개념으로서 기존의 건축에서는 시도할 수 없었던 벽체 없는 장스팬의 공간을 대중화시키는 개념안이었다.

㉡ 기둥에 2장의 슬라브를 올려 이를 계단으로 연결하는 단순한 건축체계이지만 이것이 바로 현대건축의 가장 기본이 되는 개념이었던 것이었다.

㉢ 근대 건축의 5원칙

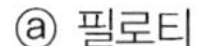  

ⓐ 필로티 ⓑ 자유로운 입면 ⓒ 수평띠창 ⓓ 자유로운 평면 ⓔ 옥상정원

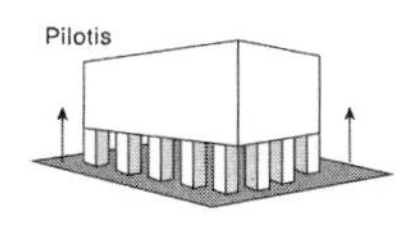

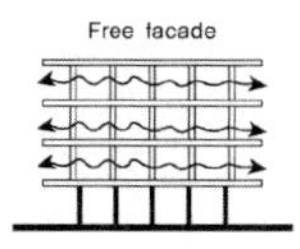

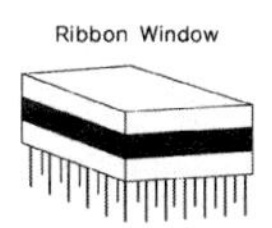

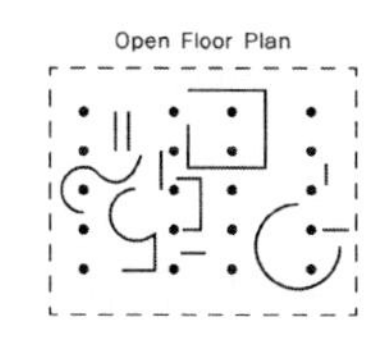

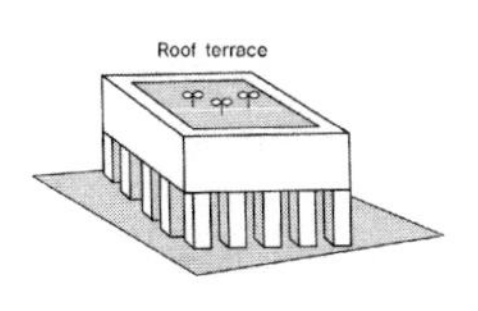

ⓐ 철근 콘크리트 기둥인 필로티(pilotis)로 무게를 지탱하며 건축 구조의 대부분을 땅에서 들어 올려 지표면을 자유롭게 한다.

ⓑ 건축가가 원하는 대로 설계할 수 있는 구조 기능을 갖지 않는 벽체로 이뤄진 '자유로운 입면'(facade)이다.

ⓒ 훨씬 채광효과가 좋은 길고 낮은 '띠 유리창'이다.

ⓓ 지지벽이 필요 없이 바닥 공간이 방들로 자유롭게 배열된 '자유로운 평면'이다.

ⓔ 건물이 서기 전에 있던 녹지를 대체하는 옥상 위의 '옥상정원'이다.

기출예제 03 2013 국가직

르 꼬르뷔제(Le Corbusier)의 근대건축 설계 5원칙에 대한 설명으로 옳지 않은 것은?

① 옥상정원 – 지붕을 평지붕으로 계획하여 대지 위 정원과 같은 공간을 조성한다.
② 기능적인 평면 – 내부공간이 합리적이고 기능적으로 구성되도록 계획한다.
③ 필로티(pilotis) – 건물을 대지에서 들어 올려 지상층에 기둥으로 이루어진 개방공간을 조성한다.
④ 자유로운 입면 – 구조방식의 발전으로 인하여 가능하게 된 비내력벽 입면을 자유롭게 구성한다.

✱ 르 꼬르뷔지에의 근대건축 설계 5원칙에 기능적인 평면은 해당되지 않는다.

답 ②

(3) CIAM(근대건축 국제회의)

① 특징

㉠ 1928년 스위스에서 그로피우스, 르코르뷔지에, 기디온에 의해 C.I.A.M.이 결성되었다.

㉡ 건축가들의 국제적 협력에 의해 근대건축의 발전을 도모하고자 발족하였으며 합리적 방법, 기능적 도시, 건축의 공업화, 저소득층을 위한 주택계획 등 근대건축의 이념을 제시하였다.

㉢ 2차 대전 후 C.I.A.M에서 활약한 많은 건축가들이 건축계의 주역으로 많은 작품을 남겼다.

㉣ 르 코르뷔지에 등에 의해 추진되었던 C.I.A.M.은 1956년 제10차 회의를 마지막으로 막을 내리게 되었다.

㉤ 현대건축 운동의 핵심적인 추진단체이다.

㉥ 각국의 건축가가 자유롭고 활발하게 교류할 수 있도록 한다.

㉦ 국제적인 성격이 강한 합리주의, 기능주의 건축을 보급하였다.

르코르뷔지에의 작품 중 하나인 마르세유집합주택(위니떼 다비따시옹, Unite d'Habitation)은 당시 문제였던 열악한 도시 주거환경의 위생 및 채광 문제를 해결하는 동시에, 수직적인 전원도시를 구현함으로써 이상적 공동주택을 만들고자 한 실험적 집합주택이다.

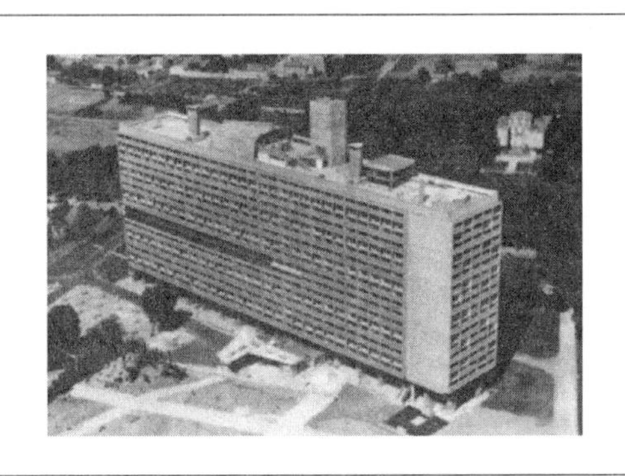

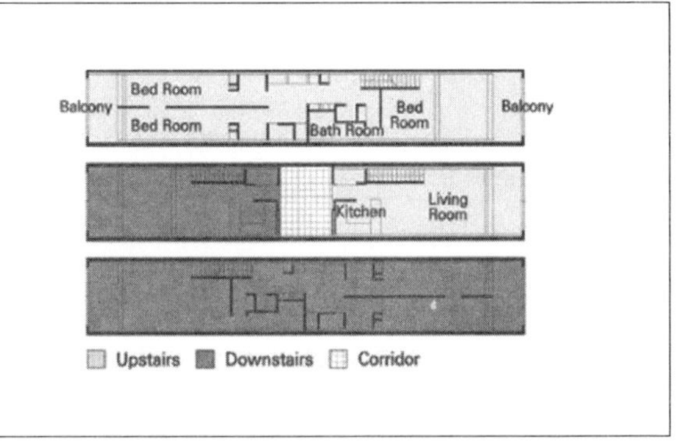

TIP

C.I.A.M.은 다음의 약자이다.

㉠ 프랑스어 : Congres Internationaux d Architecture Moderne

㉡ 영어 : International Congress for Modern Architecture

TIP

근대건축 4대 거장의 모습

르꼬르뷔지에

프랭크로이드 라이트

미스 반데어 로에

발터 그로피우스

② 목적

㉠ 자연환경과 인간활동이 서로 조화 · 육성한다.

㉡ 인간의 정신적, 물질적 요구를 만족시킨다.

㉢ 대화의 생활과 통일된 개성을 발달시킨다.

㉣ 도시와 건축의 계획에 있어서 윤리적, 과학적, 사회적, 미학적 개념과 일치하는 환경을 창조한다.

③ 주제

㉠ 도시와 인간

㉡ 저소득층을 위한 주택계획

㉢ 건축의 합리화와 규격화

㉣ 주택단지의 합리적인 배치

㉤ 커뮤니티의 생활과 통일된 개성의 발달

㉥ 대지계획의 합리적 방법 연구

checkpoint

프로이트 이고우(Pruitt-Igoe) 집합주거단지

- 1949년 미국 연방정부의 주택정책안이 발표되자 재정 부담이 덜 해진 세인트루이스 시는 다운타운 북서측에 있는 저소득층 슬럼지역을 밀어버리고 "프루이트 이고우"라는 대규모 아파트단지를 건설하였다. 이 아파트 단지는 일본계 미국인 미노루 야마사끼가 설계한 단지로서 11층의 판상형 아파트를 33개동을 짓는 대규모 주택단지였다.
- 이때 당시 유럽에서는 1952년 르 코르뷔지에의 마르세이유 유니테 다비타시옹이 완공, 입주를 시작하였고 이는 아파트의 대중화로 이어져 유럽의 주요 대도시에 수많은 아파트가 지어지기 시작하였다.
- 준공 후 약 3,000세대에 이르는 규모의 입주가 시작되었다. 초기의 입주자들은 저소득층이 대부분이었는데 이들에게 편리한 설비가 갖추어진 현대화된 공동주택단지는 일종의 파라다이스와 같은 공간이었다.
- 독특하게도 엘리베이터가 1, 4, 7, 10층에 서도록 하고 이들 각 층에는 세탁실, 공공집회실, 공용복도 등 공용시설을 배치하였다.
- 그러나 초기에 성공적으로 보였던 이 프로젝트는 시간이 지나면서 여러 가지 문제에 직면하게 되었다. 계속되는 도시 교외로의 인구이동과 그로 인한 일자리 부족과 시의 재정문제, 각종 규제의 시행에 따른 부작용 등으로 인하여 결국 이 곳은 빈민들만 남게 되었고 관리가 엉망이 되기 시작하였다.
- 유리창이 깨진 채 방치가 되고 겨울에는 수도관이 동파되며, 쓰레기 수거도 이루어지지 않고 벽에는 온통 낙서로 가득한 거대한 흉물단지로 변해갔다.
- 이에 문제의식을 가졌던 연방정부는 이곳의 환경을 개선하고자 했으나 나아지는 점이 없었고 결국 비상사태를 선포하고 주민들을 퇴거시킨 후 건물을 폭파시켜 버렸다. (이 폭파장면은 전 세계적으로 중계가 되었다.)
- 이 프로젝트는 모더니즘 건축의 한계점을 여실히 보여준 사례로 평가받고 있으며 찰스 젱크스는 "모더니즘의 종말"이라는 표현을 사용하기도 하였다.

※ 프로이트 이고우 단지에 대해서는 구글 검색 등을 통해서 한 번 자세히 살펴볼 것을 권한다. 고층으로 지어지는 아파트의 거주인구가 급격히 줄게 되면 어떤 문제들이 발생될 수 있는지에 대해 한 번 생각해 볼만하다.

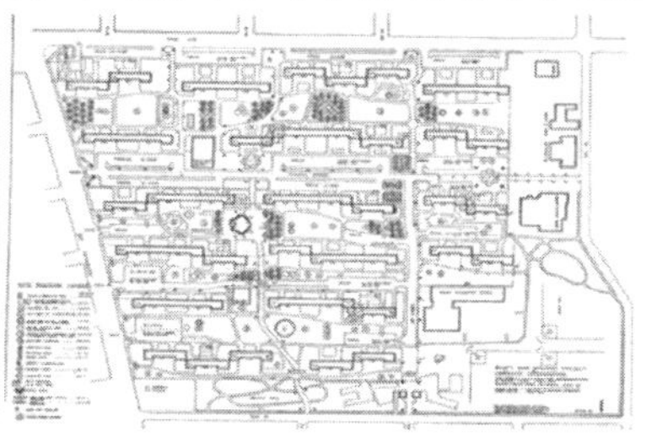

TIP

깨진 유리창의 법칙 … 하나를 방치해 두면 그 지점을 중심으로 범죄가 확산되기 시작한다는 이론으로, 사소한 무질서를 방치했다간 나중엔 지역 전체로 확산될 가능성이 높다는 의미를 담고 있으며 미국의 범죄학자인 제임스 윌슨(James Q. Wilson)과 조지 켈링(George L. Kelling)이 공동 발표한 「깨진 유리창(Broken Windows)」이라는 글에 처음으로 소개된 사회 무질서에 관한 이론이다.

기출예제 04 2008 국가직 (7급)

미노루 야마자끼가 세인트루이스에 설계한 주거단지로, 당시 AIA 상을 수상하였지만 슬럼화와 범죄발생으로 인해 폭파됨으로써, 포스트모더니즘을 주창했던 찰스 젱크스(Charles Jencks)가 근대 건축 종말의 상징으로 언급한 건축물은?

① 갈라라테세(Gallaratese) 집합주거단지
② 프루이트 이고우(Pruitt Igoe) 아파트
③ 레버 하우스(Lever House)
④ IBA 공공주택(IBA Social Housing)

✱ 프루이트 이고우(Pruitt Igoe) 아파트 … 미노루 야마자끼가 세인트루이스에 설계한 주거단지로, 당시 AIA 상을 수상하였지만 슬럼화와 범죄발생으로 인해 폭파됨으로써, 포스트모더니즘을 주창했던 찰스 젱크스(Charles Jencks)가 근대 건축 종말의 상징으로 언급한 건축물이다.

답 ②

4 근현대 건축운동

(1) 팀텐(Team X)

① 특징

㉠ CIAM이 추구해 왔던 근대건축 이념에 대해 문제의식을 가졌던 그룹으로서 도시와 건축에 대한 다양성을 추구하였다.

㉡ 팀텐의 멤버였던 스미손 부부는 르 코르뷔지에의 빛나는 도시에 대한 비판적 대안으로 주택, 가로, 지역, 그리고 도시라는 보다 현상학적 부류로 이루어진 Golden Lane 계획안을 제시하였다. (근린주구 등에 의한 커뮤니티로서 임의로 정한 고립에 대해 반대하였다.)

㉢ 기존의 C.I.A.M.(근대건축 국제회의)의 강령은 '합리화와 표준화'에 잘 부합되는 것이고 기계사회의 생산논리에 맞는 것이었다. 그러나 이는 결과적으로 가로, 광장, 중정, 블록 등으로 이루어지는 도시개념이 사라지고, 그 대신 획일적인 주거환경을 만들게 되었다.

㉣ 이러한 환경에서 발생하는 기능주의의 한계, 근린주구개념의 문제, 변화와 성장개념의 부재, 역사적 연속성의 부재, 기존 도시조직과의 부조화 등의 문제점들을 극복하기 위해 새로운 인식들이 다양하게 나타나게 되었다.

㉤ 이러한 문제점을 해결하기 위해 사회학적 및 실제적인 현상학적 연구를 기반으로 C.I.A.M.의 제10차 회의인 두보르닉 회의에서 mobility, 성장과 변화, cluster, 도시와 건축이라는 4가지의 주제를 발표함으로써 새로운 도시이념을 제시하였다.

② 대표적인 건축가

㉠ 카를로(Giancarlo de Carlo)

㉡ 칸딜리스(Georges Candilis)

㉢ 우즈(S. Woods)

㉣ 스미손(Smithson) 부부

㉤ 알도 반 아크(Aldo van Eyck)

㉥ 바케마(J. B. Bakema)

(2) 아키그램(Archigram)

① 특성

㉠ 1960년대에 영국에서 활동했던 혁신적인 건축디자인 그룹으로서 피터 쿡, 데니스 크롬턴, 데이비드 그린, 마이크 웹, 론 헤론, 워렌 초크 등 건축가 6명에 의해 설립되었다.

㉡ 1961년에 영구에서 결성된 그룹으로 영국 주류 건축계와 디자인계의 현실에 대해 문제의식을 갖고 혁신적인 계획안을 제시하였다.

㉢ 이들의 계획안은 미래지향적이면서 공상과학적이며 현실성이 결여된 것들이 다수이나 기존의 건축이 가진 제한된 틀에서 벗어나 다양한 실험을 해보고자 하는 참신한 발상은 건축사에 있어 중요한 의미를 가진다.

TIP

아키그램(Archigram)이라는 이름은 건축(architecture)과 전보(telegram)의 합성어이다.

② 대표적인 건축가 및 작품

㉠ 피터쿡의 주요 작품

- Plug-in City : 말 그대로 플러그를 꽂아 작동하는 도시를 뜻한다. 도시는 거대한 레일 위에 건축되며, 건물은 대개 이동하고 조립하기 편한 금속재로 만들어진다. 인간들은 건물을 이리저리 옮기기도 하고, 수명이 다하면 빼서 버릴 수 있다. 가령 욕조나 부엌은 3년 후 폐기되고, 도로와 격납고는 20년마다 새로 끼워진다. 여기서 '도시'는 뉴욕이나 런던 같은 메트로폴리스가 아니라, 3만명 정도가 사는 '마을'을 일컫는다.

• Instant City : 이름 그대로 건축물이 순간적으로 건립되고 순간적으로 해체되는 도시(도시 자체도 순간적으로 만들어지고 해체된다)이다. 빈민촌에 어느 날 갑자기 행사장 · 시장 · 극장 따위 기능을 가진 텐트들이 옮겨져 순식간에 하나의 도시가 형성된다.

㉡ 론 헤론의 주요 작품

• Walking City : 이름 그대로 걸어 다니는 도시로서 이 도시 내의 건물유닛들도 다리를 가지고 이동을 할 수 있다.

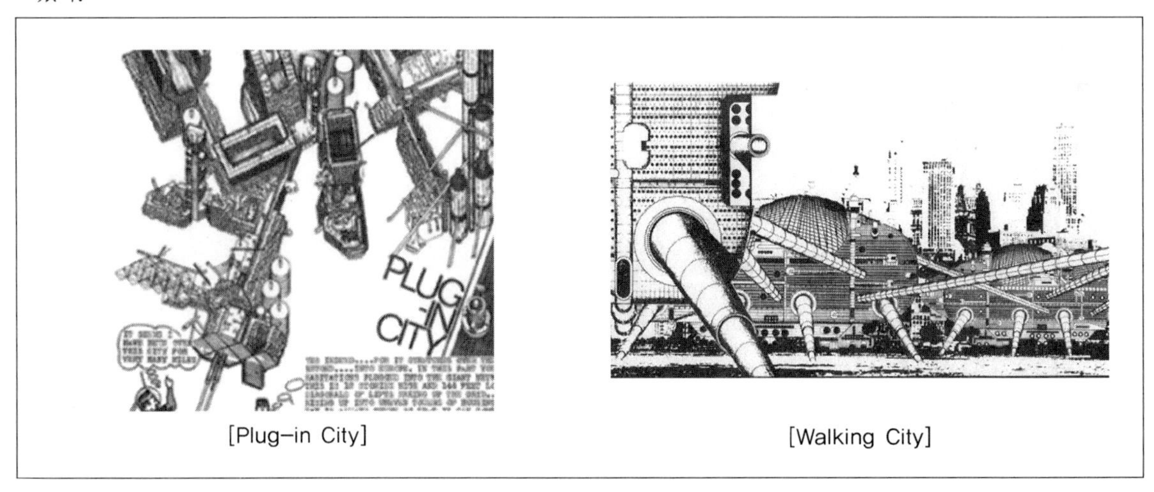

[Plug-in City] [Walking City]

(3) 형태주의 건축(Formalism)

① 특징

㉠ 기능주의 건축의 기계적 비인간성을 인간화시키려고 시도하였다.

㉡ 탈근대주의 건축의 선수적인 역할을 하였다.

㉢ 건축의 내용보다는 형태를 강조하고, 건축의 조형적, 표면적 특성을 강조하는 미학적 측면에 관심을 두었다.

㉣ 전통적이고 상징적인 양식을 도입하였다.

② 주요인물

㉠ 에로 사리넨(Eero Saarinen) : M.I.T 대학교 강당 및 예배당, 제너럴 모터스 기술연구소

㉡ 필립 존슨(Philip Johnson) : 유리주택, 시그램빌딩

㉢ 에드워드 듀렐 스톤(Edward D. Stone) : 인도의 미국대사관

㉣ 폴 루돌프 : 사라소타 고등학교, 그래픽 아트센터

(4) 브루탈리즘(Brutalism)

① 특징

㉠ 각 요소의 정체성, 연관성을 중시하여 전체를 각 기능별 요소로 분리하였다.

㉡ 설비와 서비스 공간을 솔직하게 노출시켰다.

㉢ 건물의 공간적, 구조적, 재료적 개념의 이미지와 형태를 정직하게 표현하였다.

② 주요인물

㉠ 르 꼬르뷔제(Le Corbusier) : 롱샹 성당

㉡ 스미손(Smithson) 부부 : 헌스텐톤 중고등학교, 이코노미스트 빌딩

㉢ 루이스칸(Louis I. Kahn) : 예일대학교 미술관 증축, 리차드 의학연구소, 킴벨미술관

㉣ 제임스 스터링(James Stirling) : 햄커먼 공동주택, 캠브리지 대학교 역사학부 건물

(5) 포스트 모던(Post-modernism)

탈근대주의 또는 포스트모더니즘(postmodernism)은 일반적으로 근대주의로부터 벗어난 서양의 사회, 문화, 예술의 총체적 운동을 일컫는다. 근대주의의 이성중심주의에 대해 근본적인 회의를 내포하고 있는 사상적 경향의 총칭이다.

① 특징

㉠ 건축을 의미전달의 체계로 간주하였다.

㉡ 상징적, 대중적 건축을 강조하였다.

㉢ 지역적, 전통적, 문화적 맥락을 중시하여 형식주의, 역사주의, 장식주의 : 전통적, 역사적, 토속적 요소와 장식을 도입하였다.

㉣ 건축을 관습적 기호로서 의사를 전달하는 사회적 예술로 간주하였다.

㉤ 현대건축의 합리적인 유클리드 기하학적 공간개념 탈피하려고 하였다.

㉥ 대립적 요소의 중첩, 혼합, 변형, 왜곡 등에 의해 그 경계가 분명치 않고 명확한 테두리 없이 상호 간작용, 융합되는 애매한 공간구성을 시도하였다.

㉦ 근대건축 사상을 거부하며, 새로운 건축방법을 모색하고자 하는 주의이다.

㉧ 건축은 서로 간에 소통하기 위한 사회적 예술로 파악되어야 한다고 주장하였다.

㉨ 건축가는 사용자의 커뮤니케이션을 증대시키기 위해 폭넓은 수단을 사용해야 한다고 주장한다.

㉩ 건축을 기술적 측면과 심미적 측면을 동시에 포함하는 것으로 보았다.

② 대표적인 건축가

㉠ 로버트 벤츄리(Robert Ventruri)

㉡ 찰스 무어(Charles Moore)

㉢ 마이클 그레이브스(Michael Graves)

㉣ 로버트 스턴(Robert A. M. Sterm)

TIP

뉴욕 5 건축가

뉴욕5란 1970년대 초 미국의 아이비리그 출신 건축가 다섯명(존 헤이덕, 피터 아이젠만, 찰스 과쓰메이, 리차드 마이어, 마이클 그레이브스)을 의미한다. 이들 다섯은 30대 후반에 Five Architects라는 책을 함께 출판하게 된다. 이후 그들은 뉴욕5라는 이름으로 불리게 되었고 한 시대를 대표하는 건축가들로 성장하게 된다. 이들은 초기에는 모두 비슷한 모던 건축의 색을 띠고 있었으나 나이가 들면서 서로 다른 색을 찾아 발전해 나아갔다.

TIP

포스트모던양식의 건축물

여러 시대의 다양한 양식들이 혼재되어있는 독특한 입면을 보여주고 있다.

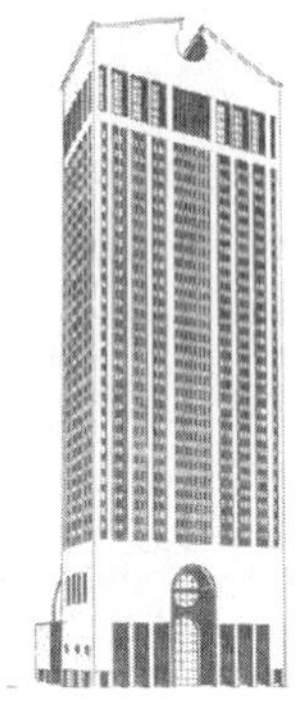

AT & T타워

벤츄리 하우스

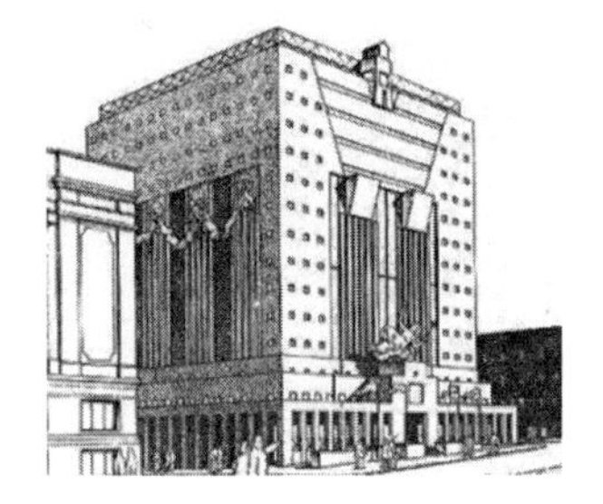

포틀랜드 시청사

기출예제 05 2009 국가직 (7급)

다음 건축사조를 표방하는 건축가는?

〈보기〉

로버트 벤츄리(Robert Venturi)는 그의 저서 '복합성과 대립성(Complexity and Contradiction in Architecture)'에서 과거의 건축적 의미를 다시 복원시켜야 한다고 주장하였다. 이러한 사상적 흐름을 타고 출현한 건축물들은 고전언어를 다시 상징적으로 수용하면서 대중성에 기인한 희화적 과장법을 사용하였다.

① 폴 루돌프(Paul Rudolph)
② 노먼 포스터(Norman Foster)
③ 마이클 그레이브스(Michael Graves)
④ 다니엘 리베스킨트(Daniel Libeskind)

*

보기의 내용은 포스트모더니즘에 관한 사항들이다. 마이클 그레이브스는 포스트모더니즘 건축가이다.

답 ③

(6) 레이트 모던(Late-modernism)

① 특징

㉠ 현대 건축의 구조, 기능, 기술 등의 합리적인 해결방식을 수용하여 현대의 기술로 발전시키려고 하였다.

㉡ 구조의 미학, 기계의 미학, 표피를 강조하였다.

㉢ 근대건축운동의 사상과 이론, 양식을 계승하고 발전시켜 나가자는 주의이다.

㉣ 미를 기술적인 완성의 결과물로서 생길 수 있는 것으로 보았다.

㉤ 지속적인 진보와 개선의 대상으로 건축을 대하였다.

② 대표적인 건축가

㉠ 유럽

- 노만 포스터(Norman Foster)
- 리차드 로저스(Richard Rogers)

㉡ 미국

- 시저 펠리(Cesar Pelli)
- 케빈 로쉬(Kevin Roche)

(7) 해체주의(Deconstrectivism)

① 특징

㉠ 시구사회를 지배해 온 이성주의, 합리수의에 대한 도전으로서 고정관념을 해체하고자 하는 경향을 의미한다.

㉡ 러시아 구성주의에서 형태면의 영향을 받았다.

② 대표적인 건축가

㉠ 버나드 츄미(Bernard Tschumi) : 라빌레트 공원

㉡ 피터 아이젠만(Peter Eisenmern) : 뉴욕 파이브의 구성원, 주택 시리즈

㉢ 프랭크 오언 게리(Frank Owen Gehry) : 해체주의적 건축양식을 추구하며 디지털건축설계 프로그램을 사용하여 비정형건축의 전형을 보여주는 건축가이다. 주요작품으로는 빌바오 구겐하임 미술관, 디즈니 콘서트홀 등이 있다.

㉣ 자하 하디드(Zaha Hadid) : 프리츠커상을 수상한 최초의 여성 건축가이다. 비트라소방서(vitra fire station), 동대문디자인플라자(D.D.P)를 설계하였다.

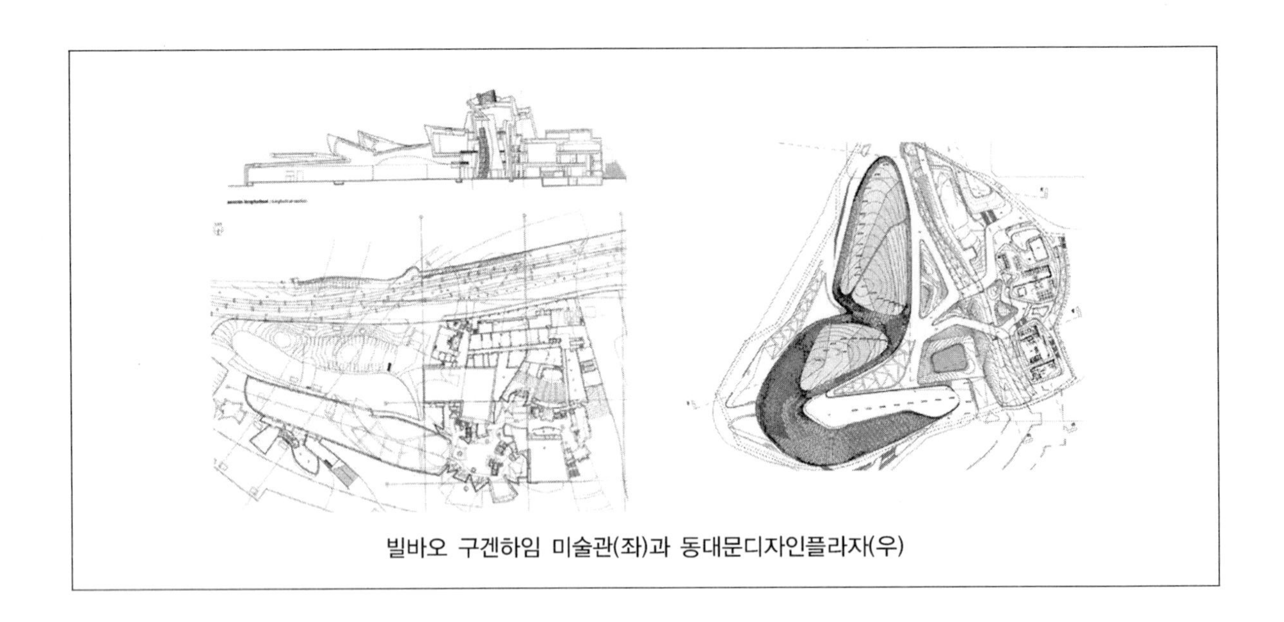

빌바오 구겐하임 미술관(좌)과 동대문디자인플라자(우)

| 기출예제 06 2010 국가직

스페인의 쇠락해 가던 빌바오시는 구겐하임 미술관을 신축함으로써 문화도시로 부흥하게 되는 계기를 마련하였다. 빌바오 구겐하임 미술관을 설계한 건축가는?

① 프랑크 게리(Frank Owen Gehry)
② 자하 하디드(Zaha Hadid)
③ 다니엘 리벤스킨드(Daniel Libenskind)
④ 피터 아이젠만(Peter Eisenman)

*
프랭크 게리의 작품 … 빌바오구 겐하임 미술관, MIT공대 스타타센터

답 ①

(8) 건축공학기술자

① **리처드 풀러**(Richard Buckminster Fuller) : 미국의 건축가이다. 공업생산을 예측한 메카닉한 주택을 설계하였다. 동적으로 최대한의 능률을 지니게 하는 설계라는 의미의 다이맥시온이라는 이름을 붙이기도 했다. 현대 공업사회에 입각한 지오데식 돔으로 유명하다.

② **마리오 살바도리**(Mario Salvadori) : 20세기의 가장 저명한 건축구조공학자 중 한명으로서 건축구조분야에서 괄목할만한 여러 가지 업적을 남겼으며 건축물을 인간의 신체에 비유하기도 하였다.

TIP

지오데식돔(geodesic dome) … 측지선(geodesic line)을 따라 서로 장력이 작용하는 경량의 직선구조재를 연결시켜 만든 돔형의 구조물이다. (측지선은 원의 한 점에서 다른 지점까지 가는 가장 짧은 거리이다.)

n단계 지오데식 구면

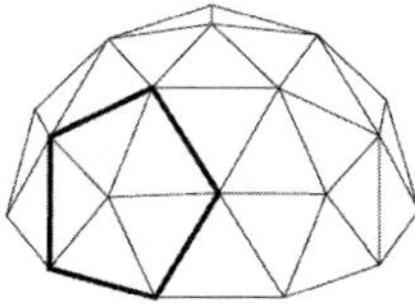
〈2단계 지오데식 구면〉

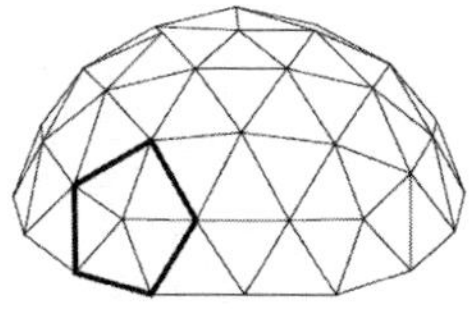
〈3단계 지오데식 구면〉

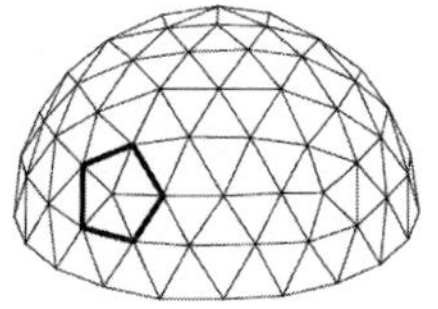
〈4단계 지오데식 구면〉

[각 사조별 주요 건축가]

르네상스	브루넬레스키, 알베르티, 미켈로쪼, 브라만테, 미켈란젤로, 안드레아 팔라디오
신고전주의	르두, 블레, 안드레아 팔라디오, 수플로, 존 내쉬, 쉉켈
낭만주의	비올레 르 뒥, 어거스트 퓨긴, 존 내쉬
절충주의	앙리 라브루스테, 찰스 가르니에, 가트너
수공예운동	존러스킨, 윌리엄 모리스, 필립 웨브, 발터 크레인
아르누보	앙리 반 데 벨데, 빅터 오르타, 안토니오 가우디, 헥토르 기마르, 맥킨토시
세제션	오토 바그너, 아돌프 루스, 요셉 마리아 올브리히
시카고파	윌리엄 바론 제니, 루이스 설리반, 홀리비어드, 프랭크 오언 게리
독일공작연맹	무테시우스, 발터 그로피우스, 피터 베렌스
바우하우스	발터 그로피우스, 미스 반데어로에, 한스 마이어
국제주의	르 꼬르뷔지에, 발터 그로피우스, 미스 반데어로에, 프랭크 로이드 라이트
Team X	카를로, 칸딜리스, 우즈, 스미손 부부, 알도 반 야크, 바케마
아키그램	피터쿡, 론 헤론
형태주의	에로 샤리넨, 필립 존슨, 에드워드 듀렐 스톤, 폴 루돌프
브루탈리즘	르 꼬르뷔지에, 스미손 부부, 루이스 칸, 제임스 스터링
포스트 모던	로버트 벤츄리, 찰스 무어, 마이클 그레이브스, 로버트 스턴
레이트 모던	노먼 포스터, 리차드 로저스, 시저 펠리, 케빈 로쉬
해체주의	베르나르 츄미, 피터 아이젠만, 프랭크 오언 게리, 자하 하디드, 다니엘 리베스킨트

[주요 건축가의 작품들]

건축가	주요 작품
I.M.페이	쑤저우 박물관, 그랑루브르, 내셔널갤러리 동관, 국립 대기연구 센터, 마이어슨 심포니 센터
고든 번샤프트	바이네케 희귀서적 및 원고도서관, 레버하우스, 매뉴팩처스 하노버 트러스트, 허시혼 미술관 및 조각공원, 내셔널 커머셜 뱅크
고트프리트 뵘	그리스도 부활 성당, 울름 중앙도서관, 네피게스 순례 교회
글렌 머컷	심프슨 리 하우스, 아서 앤드 이본 보이드 교육센터, 매그니 하우스, 보왈리 방문객 안내 센터
노먼 포스터	30세인트메리엑스, 허스트본부, 독일 새 국회의사당, 세인스베리 시각예술센터, 홍콩 상해 은행
단게 겐조	히로시마 평화기념관, 성모마리아 성당, 국립 도쿄 올림픽 실내 경기장, 도쿄시청, 쿠웨이트 국제공항터미널, 고트프리트 뵘, 네피게스 순례교회, 그리스도 부활교구 교회와 청년센터, 페크 & 클로펜부르크, 울름 공공도서관, 취블린 AG본부, 극장이 있는 시민회관
라파엘 모네오	국립 로마미술관, 오드리 존스 벡 빌딩, 쿠르사알 공회당과 회의장, 프라도 미술관 증축, 필라르 앤드 호안 미로 재단, 천사 성모 성당
라파엘 비뇰리	동경 국제 포럼, 종로타워
렌조 피아노	뉴욕 타임스 빌딩, IBM 순회전시관, 간사이 국제공항, 퐁피두 센터
렘 콜하스	맥코믹 트리뷴 캠퍼스 센터, 시애틀 중앙도서관, 프라다 소호, 네덜란드 무용극장, 보르도 하우스
로버트 벤추리	네셔널 갤러리 세인스베리 윙, 바나 벤투리 하우스, 카달로그 전시장, 시애틀미술관, 예일대학교 의과대학 앤리언 의학연구 및 교육센터
루이스 바라한	힐라르디 하우스(핑크), 틀랄판 예배당, 로스 클루베스, 로스 아르볼레다스, 바라간 하우스
루이스 칸	킴벨 미술관, 솔크 생물학 연구소, 리처드 의학 연구소
르 꼬르뷔지에	빌라 사부아, 마르세유 집합주택, 라투레트 수도원, 롱샹성당
리처드 로저스	퐁피두센터, 마드리스 바라하스 국제공항, 로이드빌딩, 레든홀빌딩, 웨일스 의사당, 밀레니엄돔
리처드 마이어	게티센터, 스미스하우스, 장식미술 박물관, 하이 미술관, 아라 파치스 박물관, 아테니윰
마리아 보타	라바 산 비탈레, 메디치 원형주택, 교보빌딩
마키 후미히코	나선, 힐사이드 테라스 콤플렉스, 국립 근대 미술관, 샘폭스 디자인 시각예술학교, 도쿄 메트로폴리탄 체육관, 시마네의 고대 이즈모 박물관
미스 반데어로에	바르셀로나 파빌리온, 판스워스주택, 시그램빌딩
발터 그로피우스	데사우 바우하우스교사, 아테네 미국대사관
베르나르 츄미	라 빌레뜨 공원,
세지마 가즈요	신현대미술관, 21세기현대미술관, 톨레도미술관, 롤렉스 교육센터, 촐페라인 경영-디자인학교
스베레 펜	헤드마르크 성당박물관, 외위크루스트 센터, 노르웨이 빙하박물관
안도 다다오	포트워스 근대미술관, 나오시마 현대미술관, 퓰리쳐 미술재단, 롯코 산 예배당, 빛의 교회
알도 로시	산 카탈도 공동 영묘, 본네판텐 박물관, 테아트로 델 몬도, 파냐노 올로나 초등학교, 갈라라테세 주택, 일 팔라초 호텔

알바 알토	MIT기숙사, 바이퓨리 시립도서관, 헬싱키 문화회관
알바로 시자	보아노바 찻집, 수영장, 세랄베스 현대미술관, 산타마리아 교회와 교구센터, 포르투 대학교 건축학부, 보르헤스 이르망 은행, 이베레카마르구재단
에두아르두 소투 드 모라	브라가 경기장, 부르구 타워, 파울라 레구 박물관
오스카 니에메르	성 프란체스코 성당, 라틴아메리카 기념관, 니테로이 현대미술관, 국회의사당, 이타마라티 궁전, 브라질리아 메트로폴리탄 성당
왕 슈	닝보 역사 박물관, 닝보 광역성 박물관, 세라믹 하우스
요른 웃존	시드니 오페라 하우스, 쿠웨이트 국회의사당, 칸펠리스
자크 에르조그 & 피에르 드 뫼롱	베이징 국가 경기장, 드 영 미술관, 테이트모던, 괴츠미술관
자하하디드	비트라 소방서, 로젠탈 기념 현대미술센터, 피에노 과학센터, 베르기젤 스키점프, BMW공장 중앙빌딩
장누벨	아그바 타워, 아랍연구소, 구스리극장, 케 브랑리 박물관, 카르티에 재단
제임스 스털링	슈투트가르트 청사, 노이에 슈타츠갈레리
케빈 로치	포드재단본부, 부이그 SA지주회사, 콜럼버스 기사단 본부, 메트로폴리탄 미술관, 캘리포니아 오클랜드 박물관, 뉴욕 세계박람회 IBM전시관
크리스티앙 드포잠박	시테 드 라 뮈지크, 파리오페라 발레 학교, 넥서스2, 크레디 리오네 타워, 룩셈부르크 필하모닉, 프랑스대사관
톰 메인	샌프란시스코 연방빌딩, 캘트런스 제7지구 본부, 다이아몬드 랜치고교, 웨인 모스 미국법원, 6번가 주택
파울루 멘데스 다 호샤	브라질 조각미술관, 포르마 가구 전시장, 파울리스타누 체육클럽, 엑스포70 브라질관, 국립 상파울루 박물관
페터 춤토르	팔스 온천탕(규암과 콘크리트로 구성), 퀼른 대교구 콜룸바 미술관, 성베네딕트 예배당, 클라우스 수사 야외 예배당(112개의 통나무로 구성), 브레겐츠 미술관, 스위스 사운드박스, 춤토르 스튜디오
프랭크 로이드 라이트	구겐하임 미술관, 낙수장, 로비하우스, 탈리아신
프랭크 오언게리	빌바오 구겐하임 미술관, 디즈니 음악홀
피터 아이젠만	웩스너 시각예술센터, IBA 집합주택
필립존슨	글라스하우스, 윌리엄스타워, AT&T본부(소니빌딩)
한스 홀라인	뵐카니아, 압타이베르크 박물관, 프랑크푸르트 근대미술관, 오스트리아 대사관, 게네랄리 미디어타워, 레티조명가게

최근 기출문제 분석

2010 지방직

1 포스트모던 건축에 관한 설명으로 옳지 않은 것은?

① 2중 코드화된 건축으로 일반 대중과 전문 건축가 모두에게 의사전달 시도

② 상징화, 대중화, 기호화의 특성

③ 초감각주의, 슬릭테크 등의 표현

④ 역사적 맥락 중시

TIP 초감각주의, 슬릭테크 등의 표현은 하이테크건축의 성향이다.

※ 포스트모던 건축 … 포스트모더니즘의 문제점을 지적하고 이를 극복하자는 사조이며 포스트모던 건축은 다음과 같은 특징을 갖는다.

㉠ 상징적, 대중적, 기호적 건축

㉡ 복고주의, 역사적 맥락주의를 추구

㉢ 일반 대중과 전문 건축가 모두에게 의사전달 시도

2018 국가직

2 근대건축과 관련된 설명에서 ㉠에 들어갈 용어로 옳은 것은?

(㉠)은/는 1917년에 결성되어 화가, 조각가, 가구 디자이너, 그리고 건축가들을 중심으로 추상과 직선을 강조하는 새로운 양식으로 전개되었다. 아울러 (㉠)은/는 신 조형주의 이론을 조형적, 미학적 기본원리로 하여 회화, 조각, 건축 등 조형예술 전반에 걸쳐 전개하였으며 입체파의 영향을 받아 20세기 초 기하학적 추상 예술의 성립에 결정적 역할을 하였고, 근대건축이 기능주의적인 디자인을 확립하는데 커다란 역할을 하였다.

① 예술공예운동(Arts and Crafts Movement)

② 데 스틸(De Stijl)

③ 세제션(Sezession)

④ 아르누보(Art Nouveau)

TIP 데 스틸(De Stijl)에 관한 설명이다.

Answer 1.③ 2.②

2020 국가직

3 르네상스건축에 대한 설명으로 옳지 않은 것은?

① 일반적으로 층의 구획이나 처마 부분에 코니스(cornice)를 둘렀다.

② 수평선을 의장의 주요소로 하여 휴머니티의 이념을 표현하였다.

③ 건축의 평면은 장축형과 타원형이 선호되었다.

④ 건축물로는 메디치 궁전(Palazzo Medici), 피티 궁전(Palazzo Pitti) 등이 있다.

TIP 르네상스 시대에는 수학적 비례체계가 건축물의 기본적 구성원리였으며 수평선을 디자인의 주요소로 하여 인간의 사회관과 그 횡적인 유대를 강조하였다.

2019 서울시 1차

4 상하수도, 직선가로망, 녹지 등의 도시기반시설을 설치하고, 가로변 주택, 기념비적 공공시설 등의 건축물을 조성하여 19세기 중반에서 20세기 초까지 프랑스 파리를 중세 도시에서 근대 도시로 개조하는 파리개조 사업을 주도했던 인물은?

① 토니 가르니에(Tony Garnier)

② 조르주 외젠 오스만(Georges Eugéne Haussmann)

③ 오귀스트 페레(Auguste Perret)

④ 르 꼬르뷔지에(Le Corbusier)

TIP 조르주 외젠 오스만(Georges Eugéne Haussmann) … 상하수도, 직선가로망, 녹지 등의 도시기반시설을 설치하고, 가로변 주택, 기념비적 공공시설 등의 건축물을 조성하여 19세기 중반에서 20세기 초까지 프랑스 파리를 중세 도시에서 근대 도시로 개조하는 파리개조 사업을 주도했던 인물이다.

Answer 3.③ 4.②

2019 서울시

5 **시대별 건축에 대한 설명으로 가장 옳지 않은 것은?**

① 초기의 고딕 건축은 나이브 벽의 다발 기둥이 정리되고 리브 그로인 볼트가 정착되면서 수직적으로 높아질 수 있었다.

② 낭만주의 건축은 독일을 중심으로 전개되었으며, 픽처레스크 개념으로 구성한 장식풍의 양식에 집중되었다.

③ 바로크 건축은 종교적 열정을 건축적으로 표현해 낸 양식이며, 역동적인 공간 또는 체험의 건축을 주요 가치로 등장시켰다.

④ 르네상스 건축은 이탈리아의 플로렌스가 발상지이며, 브루넬레스키의 플로렌스 성당 돔 증축에서 시작되었다.

TIP 낭만주의 건축

- 영국에서 19C에 들어와서 고전주의에 대한 반발로 중세 고딕건축을 채택하는 낭만주의 운동이 일어서 독일, 프랑스 등지에서 발전하였다.
- 고전주의는 먼 그리스, 로마의 고전을 모방했으나 낭만주의는 당시의 자기민족, 국가를 중심으로 특수성을 파악하고자 하였으며 그 중심은 고딕건축양식이었다.
- 낭만주의 건축은 영국을 중심으로 전개되었으며, 픽처레스크 개념으로 구성한 장식풍의 양식에 집중되었다.

2017 서울시

6 **다음 중 미스 반 데어 로에(Mies van der Rohe)의 건축 개념과 거리가 가장 먼 것은?**

① 적을수록 더 풍요롭다(Less is More)

② 건축적 산책(Architectural Promenade)

③ 보편적 공간(Universal Space)

④ 신은 디테일 안에 있다(God is in the details)

TIP 건축적 산책은 르 꼬르뷔지에의 대표적인 건축어휘의 하나로 그가 동방여행 중 파르테논신전과 이슬람 사원에서 공간을 이동하면서 보여지는 건축공간의 시퀀스들에서 착안한 것이다. 하나의 건축물에 건축가가 의도한 여러 가지 건축적 장치들을 따라 방문자의 동선을 건축가의 의도대로 진행시켜 다양한 건축공간을 보여주는 것이다.

Answer 5.② 6.②

출제 예상 문제

1 다음 중 그리스식 오더가 아닌 것은?

① 도리아식
② 이오니아식
③ 코린트식
④ 터스칸식

TIP ④ 로마식 기둥양식이다.
※ 기둥양식
㉠ 그리스식 : 이오니아식, 도리아식, 코린트식
㉡ 로마식 : 그리스식오더, 콤포지트, 터스칸식

2 플라잉 버트레스(Flying buttress)는 어느 시대의 건축양식에 나온 것인가?

① 고딕양식
② 로마 건축양식
③ 르네상스양식
④ 로마네스크양식

TIP 플라잉 버트레스(Flying buttress) … 신랑 상부의 리브볼트와 측랑의 부축벽을 연결하는 반아치 형태의 부재로 고딕양식의 대표적 특징 중의 하나이다.

3 서양건축의 시대별 순서로 옳은 것은?

① 로마네스크 – 고딕 – 르네상스 – 바로크
② 고딕 – 로마네스크 – 바로크 – 르네상스
③ 바로크 – 로마네스크 – 르네상스 – 고딕
④ 로마네스크 – 고딕 – 바로크 – 르네상스

TIP 시대별 순서 … 이집트 건축 → 그리스 건축 → 로마 건축 → 초기 기독교 건축 → 비잔틴 건축 → 로마네스크 건축 → 고딕 건축 → 르네상스 건축 → 바로크 건축 → 로코코 건축 → 근대 건축

Answer 1.④ 2.① 3.①

4 서양건축사에 대한 특징 중 옳지 않은 것은?

① 고딕 건축의 주요 특성은 장미창, 플라잉 버트레스, 첨두아치로 집약된다.
② 초기 기독교 건축형식은 기독교 공인 이후 바실리카를 교회건축으로 이용하면서 시작되었다.
③ 로코코 건축은 공공적인 건축물이 성행하여 바로크에 비해 웅장하고 기념비적인 광장으로 표현된다.
④ 로마네스크 건축은 유럽 전역에 지역적으로 퍼져 있었던 건축형식으로 스테인드 글라스, 버트레스 등이 특징이다.

TIP ③ 로코코 건축은 개인 위주의 프라이버시를 중시하여 아담한 실내장식이 특징이다. 구조적 특징 없이 장식적 측면이 발달했으며, 기능적 공간구성과 개인적인 쾌락주의 공간구성으로 주거 건축에 큰 발전을 이루었다.

5 수직성을 모방한 건축의 형식으로 옳은 것은?

① 르네상스 건축
② 낭만주의 건축
③ 신고전주의 건축
④ 절충주의 건축

TIP 낭만주의는 고전주의에 대한 발발로 수직성을 모방하는 중세 고딕 건축을 채택하였다.
① 그리스 3주범, 로마의 2주범을 구조적 독립주로 취급하고 로마시대의 배럴볼트, 대아치를 재활용하면서 새로운 구조기술을 도입하여 시공하였다.
③ 바로크, 로코코 수법을 퇴폐적인 것으로 보고 그 반동으로 로마 문화와 그리스 문화를 연구하여 고전 건축의 우수한 여러 면을 모방하였다.
④ 한 건축양식만 고집하지 않고 여러 건축양식에서 구하려는 경향이 발생하였다.

6 근대에서 현대로의 전환기에 다양하게 나타난 건축사조 중 대표적인 경향이 아닌 것은?

① 아르누보 건축
② 형태주의 건축
③ 유토피아적 건축
④ 브루탈리즘 건축

TIP 아르누보 건축 … 19세기말의 건축에서 절충주의, 고전주의 경향에 대하여 반작용한 운동으로 여명기에 발생한 근대적 건축운동에 해당한다.

Answer 4.③ 5.② 6.①

7 철과 유리라는 단순한 재료에 의해 다양한 형태를 구사하며 "적을수록 풍부하다(Less is more)"라는 이론을 주장한 건축가는?

① 르 꼬르뷔제 ② 그로피우스
③ 미스 반 데 로에 ④ 프랭크 로이드 라이트

TIP 미스 반 데 로에는 지지체와 비지지체를 분리(철골구조의 가능성 추구)하였다.
① 합리적 기능주의, 도미노 주택계획안, 근대 건축의 5원칙 등을 주장하였다.
② 독일공작연맹, 바우하우스를 통하여 국제주의 양식을 확립하고, 건축의 표준화, 대량생산 시스템과 합리적 기능주의를 추구하였다.
④ 미국의 풍토와 자연에 근거한 자연과 건물의 조화, 유기적 건축을 추구하였다.

8 근대 건축 국제회의(C.I.A.M)에서 활동한 내용이 아닌 것은?

① 도시와 인간 ② 주택단지의 합리적 배치
③ 고소득층을 위한 주택계획 ④ 건축의 규격화 및 합리화

TIP C.I.A.M의 활동 … 인간활동과 자연환경의 조화 · 육성 · 커뮤니티의 생활과 통일된 개성발달, 저소득층 주택 건설 계획, 대지계획의 합리적 방법, 기능적 도시, 도시와 인간 등

9 르 꼬르뷔제의 5대 원칙이 아닌 것은?

① 수직띠장을 이용한 자유설계 ② 자유로운 입면
③ 필로티 ④ 평지붕을 이용한 옥상정원

TIP 르 꼬르뷔제의 근대 건축의 5원칙 … 옥상정원, 필로티, 자유로운 평면, 자유로운 입면, 수평띠창

10 고딕양식의 특징이 아닌 것은?

① 버트레스 ② 첨두아치
③ 돔 ④ 스테인드 글라스

TIP ③ 비잔틴 건축양식의 대표적 특징이다.
※ 고딕양식의 주요 특징 … 첨두형 아치(Pointed Arch), 리브볼트(Ribbed Vault), 플라잉 버트레스(Flying Buttress), 장미창(Rose Window)

Answer 7.③ 8.③ 9.① 10.③

11 **프랑스의 고딕양식 건축물 중 가장 대표적인 사원은?**

① Amiens 사원
② Lincoln 사원
③ Angouleme 사원
④ Salisbary 사원

TIP ②④ 영국의 고딕양식 건축물
③ 프랑스의 로마네스크양식 건축물

12 **서양의 건축양식을 설명한 것으로 옳지 않은 것은?**

① 르네상스 돔에는 드럼(Drum)이 있다.
② 비잔틴 건축의 펜덴티브(Pendentive)는 모자이크를 장식하기 위한 장식부재이다.
③ 고딕건축에는 첨두아치(Pointed arch), 뜬버팀기둥(Flying buttress)이 있다.
④ 바실리카 교회당에는 네이브(Nave)와 아일(Aisle)이 있다.

TIP 펜덴티브(Pendentive) … 정방형에 외접원을 그려서 정방형 변에 따라서 수직으로 깎아내면 아치와 아치 사이에 3각형이 만들어지는 것을 뜻한다.

13 **바실리카형의 초기 크리스트 교회당이 출현하는 배경으로 가장 바른 것은?**

① 그리스 종교인의 권유가 있었기 때문이다.
② 예배를 볼 수 있는 넓은 공간이 필요하였기 때문이다.
③ 바실리카의 용도가 기독교적이기 때문이다.
④ 바실리카가 교회당에 어울리게 화려하고 위엄적이었기 때문이다.

TIP 교인의 증가로 예배를 볼 수 있는 넓은 공간이 필요했기 때문에 교회당이 만들어졌다.

Answer 11.① 12.② 13.②

14 르 꼬르뷔제(Le corbvsier)가 주장하는 현대건축의 5원칙으로 옳지 않은 것은?

① 자유로운 입면
② 뼈대와 벽의 기능적 독립
③ 재료의 공동화
④ 필로티(Pilotis)

TIP 르 꼬르뷔제의 5원칙
㉠ 필로티
㉡ 옥상정원
㉢ 자유로운 평면
㉣ 자유로운 입면
㉤ 수평띠창

15 건축양식의 연결이 바르게 짝지어진 것은?

① 로마네스크 건축 – 피사사원(Pisa cathedral)
② 그리스 양식 – 오벨리스크(Obelisk)
③ 비잔틴 건축 – 플라잉 버트레스(Flying buttress)
④ 고딕 건축 – 도릭오더(Doric order)

TIP ② 오벨리스크(Obelisk) – 이집트 건축
③ 플라잉 버트레스(Flying buttress) – 고딕 건축
④ 도릭오더(Doric Order) – 그리스 건축

16 포스트 모던(Post-Modern) 건축의 특성으로 옳지 않은 것은?

① 과거양식과 현대와의 결합
② 대중성 강조
③ 지역적 · 전통적
④ 기하학적 공간개념 탈피

TIP Post-Modern의 특징
㉠ 의미전달체계로서 건축
㉡ 대중성 강조
㉢ 지역적, 전통적, 문화적
㉣ 현대건축의 합리적인 유클리드 기하학적 공간개념 탈피

Answer 14.③ 15.① 16.①

17 건축물과 건축양식을 서로 연결한 것 중 옳지 않은 것은?

① 콘스탄티노플의 성 소피아 성당 – 바로크양식
② 로마의 성 피터 사원 – 르네상스양식
③ 파리의 노틀담 사원 – 고딕양식
④ 로마의 판테온 신전 – 로마양식

TIP 콘스탄티노플의 성 소피아 성당은 비잔틴 건축양식이며, 바로크 양식의 대표적인 건축물은 성 베드로 사원의 광장, 콜로나데, 스칼레자아, 성 앙드레아 성당, 성 수잔나 성당 등이다.

18 다음 건축물과 양식의 연결이 옳지 않은 것은?

① 노틀담 사원 – 로마네스크양식
② 판테온 신전 – 로마양식
③ 파르테논 신전 – 그리스양식
④ 성 바울 사원 – 바로크양식

TIP 노틀담 사원은 고딕양식이다.

19 첨탑(Spire)과 플라잉 버트레스(Flying buttress)는 어느 시대의 건축양식인가?

① 로마양식
② 로마네스크양식
③ 그리스양식
④ 고딕양식

TIP 고딕양식에서 첨탑(Spire)과 플라잉 버트레스(Flying buttress)의 발달로 횡력을 합리적으로 처리할 수 있게 되었다.

20 다음 중 비잔틴 건축의 대표적인 건축물은?

① 피사의 성당
② 성 소피아 성당
③ 판테온 신전
④ 성 바울 성당

TIP ① 로마네스크양식 ③ 로마양식 ④ 바로크양식

Answer 17.① 18.① 19.④ 20.②

21 긴 석재로 구성된 탑으로 왕권을 상징하기 위해 건립된 것으로 이집트 건축에 속하는 것은?

① 피라미드(Pyramid)
② 스핑크스(Sphinx)
③ 마스터바(Mastaba)
④ 오벨리스크(Obelisk)

TIP 오벨리스크(Obelisk)
㉠ 긴 석재로 구성된 탑으로 왕권을 상징하기 위해 건립되었다.
㉡ 탑신에 태양송가 왕권찬양 등을 음각으로 표현하였다.
㉢ 정사각형의 기반 위에 4각추의 탑신을 두고 중앙부는 약간 블록한 구조를 가진다.

22 건축양식과 구조형태가 잘못 짝지어진 것은?

① 로마 건축 – 볼트(Vault)
② 그리스 건축 – 오더(Order)
③ 고딕 건축 – 플라잉 버트레스(Flying Buttress)
④ 로마 건축 – 터스칸식(Tusscan)

TIP ① 볼트(Vault)는 고딕 건축양식이다.

23 다음 중 건축양식의 발전순서가 옳은 것은?

① 이집트 – 르네상스 – 고딕 – 초기 기독교 – 비잔틴
② 초기 기독교 – 비잔틴 – 로마네스크 – 고딕
③ 로마네스크 – 로마 – 그리스 – 비잔틴 – 고딕
④ 그리스 – 이집트 – 로마 – 르네상스 – 고딕

TIP 건축은 이집트 – 서아시아 – 그리스 – 로마 – 초기 기독교 – 비잔틴 – 로마네스크 – 고딕 – 르네상스 – 바로크 – 로코코 순으로 발전하였다.

Answer 21.④ 22.① 23.②

02 한국건축사

01 우리나라 건축의 특성

1 의장적 특성

(1) 친근감을 주는 척도

① 지나치게 장대하거나 위압감을 주지 않는 규모로 축조한다.

② 외관이 순박하며 친근감을 유발한다.

(2) 자연과의 조화

인위적인 기교를 절제하고 시공에서도 자연미를 그대로 살리도록 하였다.

(3) 조형의장

① 기둥의 배흘림(착시현상을 교정)

② 기둥의 안쏠림과 우주의 솟음(처마선의 조화)

③ 지붕처마의 곡선미

④ 정면성

㉠ 정면에서 보면 지붕, 기둥과 창호장식이 보인다.

㉡ 벽면은 측면과 배면에 두었다.

❷ 구조 · 공간적 특성

(1) 구조적 특성

① 기본형식은 목조 가구식 구조이다.

② 하중을 기둥에 합리적으로 전달하고 분배하였다.

③ 돌출된 처마를 지지하는 공포구조를 도입하였다.

> TIP
>
> **공포** … 보와 도리, 기둥을 구조적으로 결합시킴으로써 지붕의 하중을 효과적으로 기둥에 전달하고 분배하는 것으로 주두, 첨차, 살미, 소로 등의 부재로 구성된다.

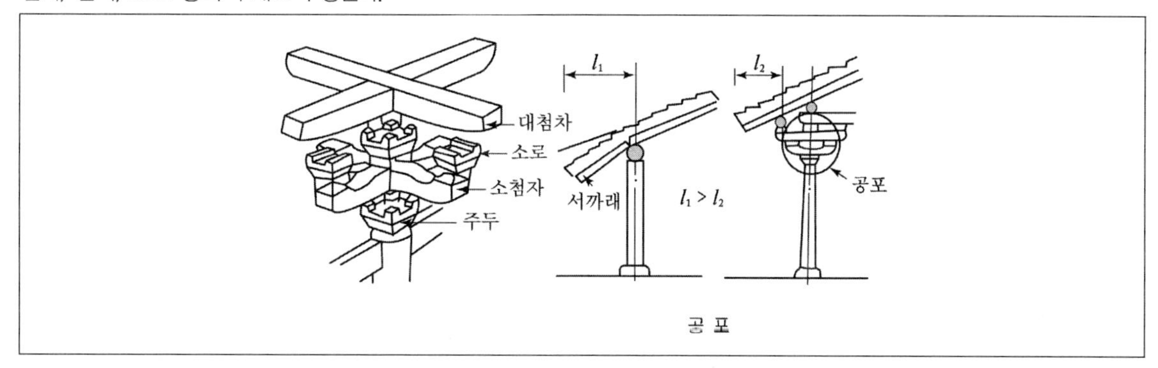

공 포

④ 중국의 영향으로 주심포식, 다포식이 사용되었다.

⑤ 조선시대에는 익공식을 개발해서 함께 사용하였다.

> TIP
>
> **익공식 건축**
>
> ㉠ 조선 건축에서는 중요한 큰 건축에 다포식을 채용하고, 2차적으로 중요한 건축에 주심포식을 쓰고 중요도가 낮은 건축에 익공식을 사용하였다.
>
> ㉡ **익공수에 따른 분류**
> - 초익공 : 창방위치에 직교되게 주두하에 익공을 놓게 되어서 그 높이가 창방과 같은 높이이므로 주두와 같이 짜이게 된다.
> - 2익공 : 초익공 상면에 익공을 하나 더 올려 놓고 그 위에 주심부에 소형 주두를 다시 놓아서 양을 받도록 만든 것이다.

(2) 공간적 특성

① **비대칭성** … 주요 건축물과 부속건물을 비대칭적으로 배치하여 비정형적이고 다양한 외부공간을 연출하였다.

② **위계성** … 내 · 외부공간들을 각 기능과 용도에 의한 위계성을 지니도록 하였다.

③ **연속성** … 주 · 부공간을 유기적으로 연결시키도록 하였다.

④ 채와 간의 분화로 공간이 구성되어 진다. 그러면서도 각 공간들이 마당이나 담, 대문으로 서로 연속되어 있다.

⑤ 한식주택은 실의 조합(은폐적)성을 갖고 있으며 평면상의 실은 다용도로 혼용용도이다. 양식주택은 상대적으로 실의 분화(개방적)성을 갖고 있으며 실은 단일용도이다.

⑥ 인간적인 척도와 단아함이 있다.

분류	한식 주택	양식 주택
평면 구성	실을 위치별로 구분한 은폐적 구조	실을 기능별로 분화시킨 개방적 구조
구조	목조가구식으로 바닥이 높고 개구부가 큼	벽돌조적식으로 바닥이 낮고 개구부가 작음
생활양식	좌식생활	입식생활
용도	하나의 실을 다양한 용도로 사용	하나의 실을 단일 용도로 사용
가구	부차적인 존재로서 각 소요실의 형태와 크기는 가구와 관계없이 결정됨	중요한 존재로서 실의 형태와 크기는 가구에 따라서 결정됨

(3) 한옥의 공간구성

① 한옥의 재료에 따른 분류

㉠ **귀틀집** : 통나무를 정자형으로 짜서 중첩하여 벽을 만들고 지붕을 덮은 것으로 나무 사이에 생기는 공간은 진흙을 발라 막은 집

㉡ **너와집** : 나무토막을 쪼개어 만든 널판자로 지붕을 이은 집

㉢ **굴피집** : 두꺼운 나무껍질로 지붕을 이은 집

㉣ **까치구멍집** : 토담집이나 귀틀집의 용마루 좌우 끝의 작은 합각머리에 구멍을 낸 집

㉤ **양통집** : 건축물의 평면에서 앞과 뒤에 여러 실이 맞붙어 배치된 집

② 한옥의 공간

㉠ **안채** : 여주인(마님)의 주생활 공간

㉡ **사랑채** : 바깥주인(가장)의 주생활 공간

㉢ **행랑채** : 노비 하인들이 기거하는 공간

㉣ **별당채** : 주인의 자식들이 기거하는 공간

㉤ **곳간채** : 주인의 동산(이동 가능한 재산(식량이나 금은보화)를 저장하던 곳

기출예제 01	2009 국가직 (7급)

우리나라 한옥의 건축계획 방법으로 옳지 않은 것은?

① 행랑채는 하인의 숙소나 창고로 사용되고 주택 내외부의 완충역할을 한다.

② 배치계획에 관련된 풍수지리 이론을 양택론이라 했다.

③ 조선시대 사랑채는 사랑방과 침방, 대청, 부엌으로 구성된다.

④ 한옥에서 길이의 대소에 관계없이 기둥과 기둥 사이를 칸(間)이라 한다.

*

사랑채는 집의 안채와 떨어져 있는, 바깥주인이 거처하며 손님을 접대하는 곳이다.

- 안채 : 여주인(마님)의 주생활 공간
- 사랑채 : 바깥주인(가장)의 주생활 공간
- 행랑채 : 노비 하인들이 기거하는 공간
- 별당채 : 주인의 자식들이 기거하는 공간
- 곳간채 : 주인의 동산(이동 가능한 재산(식량이나 금은보화)를 저장하던 곳

답 ③

③ 한옥의 평면 및 입면구성

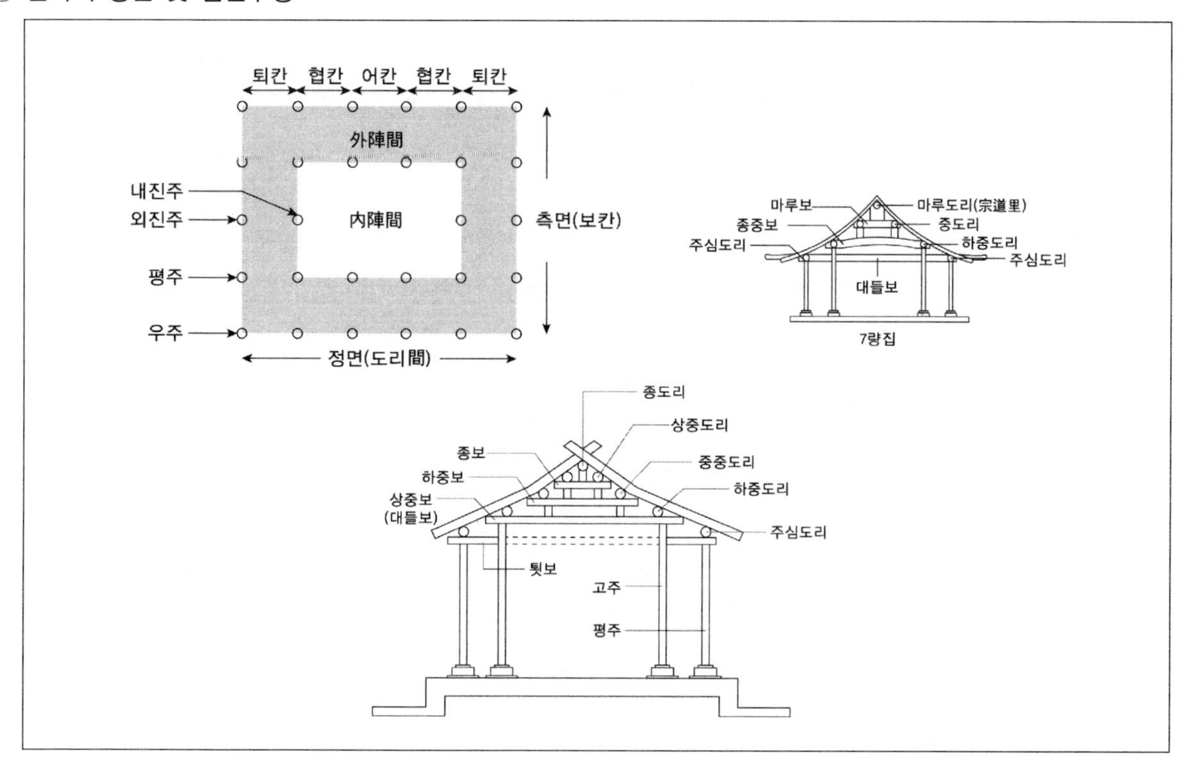

④ 한옥의 마루

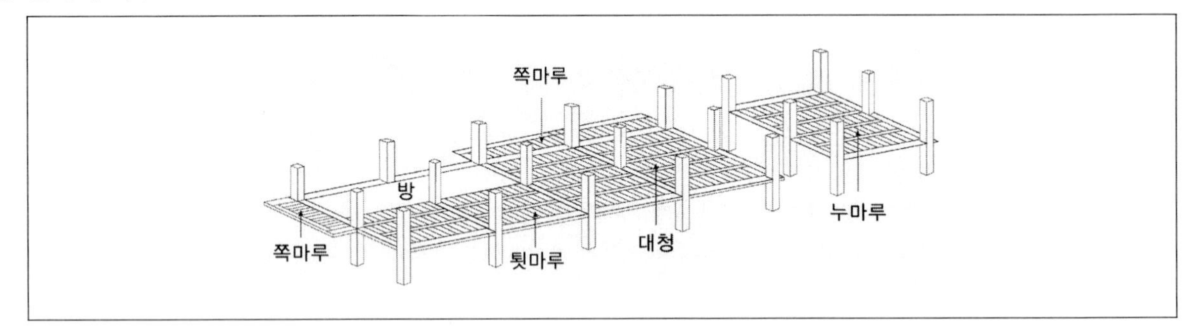

㉠ **툇마루** : 고주와 외진주 사이의 퇴칸에 만들어지는 마루이다. 건물 앞뒤 혹은 옆의 끝 칸, 즉 퇴칸에 마련된 마루로 보통 우물마루로 만들어진다. 툇마루는 건물의 내부와 외부 사이에 있는 완충 공간으로 방들과 대청 사이를 이동하는 통로의 역할을 하기도 한다.

㉡ **쪽마루** : 외진주 밖으로 덧달아낸 마루이다. 한두 조각의 널로 좁게 짠 마루로 건물 밖으로 덧달은 마루이다. 툇마루와 같은 기능을 가지나 툇기둥이 없이 동바리(마루 밑을 받치는 짧은 보조기둥)가 귀틀을 지탱한다. 쪽마루는 보통 건물의 옆이나 뒤의 보조 출입문 쪽에 달아 출입이 편리하도록 도모하며, 툇마루보다 폭이 좁고 장마루로 까는 것이 보통이다.

㉢ **누마루** : 지면으로부터 높이 띄워 지면의 습기를 피하고 통풍이 잘 되도록 한 누각형식의 마루이다. 다락처럼 높게 만들어 지면의 습기를 피하고 통풍이 잘 되도록 한 누각 형식의 마루이다.

㉣ **들마루** : 까치구멍집의 봉당과 같은 곳에 설치하는 것으로 이동이 가능한 마루를 말한다.

㉤ **대청마루** : 살림집의 안방과 건넌방 사이에 마련된 마루로 보통 4칸이며 큰 대청은 6칸도 있다.

㉥ **우물마루** : 기둥과 기둥사이에 장귀틀을 건너지른 다음 장귀틀 사이에 동귀틀을 건너지르고, 양쪽에 홈이 파여진 동귀틀 사이에 마루청판을 끼워 넣어 완성한 마루이다.

⑤ 한옥의 지붕

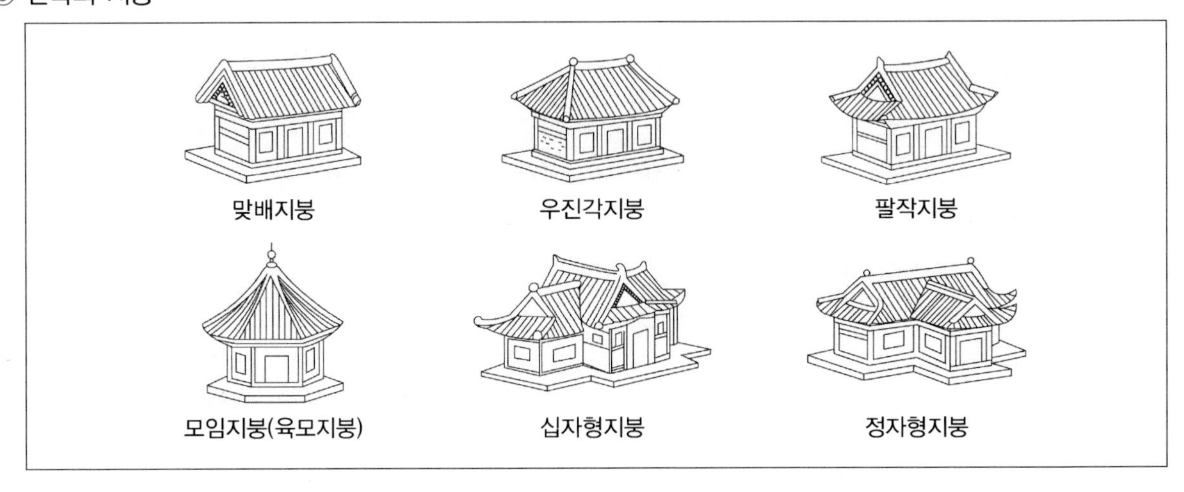

㉠ 맞배지붕

- 가장 간단한 구조이며 추녀와 활주가 없다.
- 건물의 앞 뒤에서만 지붕면이 보이고 용마루와 내림마루로만 구성된다.

㉡ 우진각지붕

- 4면에 모두 지붕면이 만들어지는 형태이다.
- 전 · 후면에서 볼 때는 사다리꼴 모양이고 양측면에서 볼 때는 삼각형의 지붕형태이다.

㉢ 팔작지붕

- 우직각지붕과 맞배지붕을 합쳐놓은 형상이다.
- 전 · 후면에서 보면 갓을 쓴 것과 같은 형태이고 측면에서 사다리꼴 위에 측면 박공을 올려놓은 것과 같은 형태이다.

㉣ 모임지붕

- 용마루 없이 하나의 꼭짓점에서 지붕골이 만나는 지붕형태이다.
- 평면의 형태에 따라 사모, 육모, 팔모지붕으로 나뉜다.

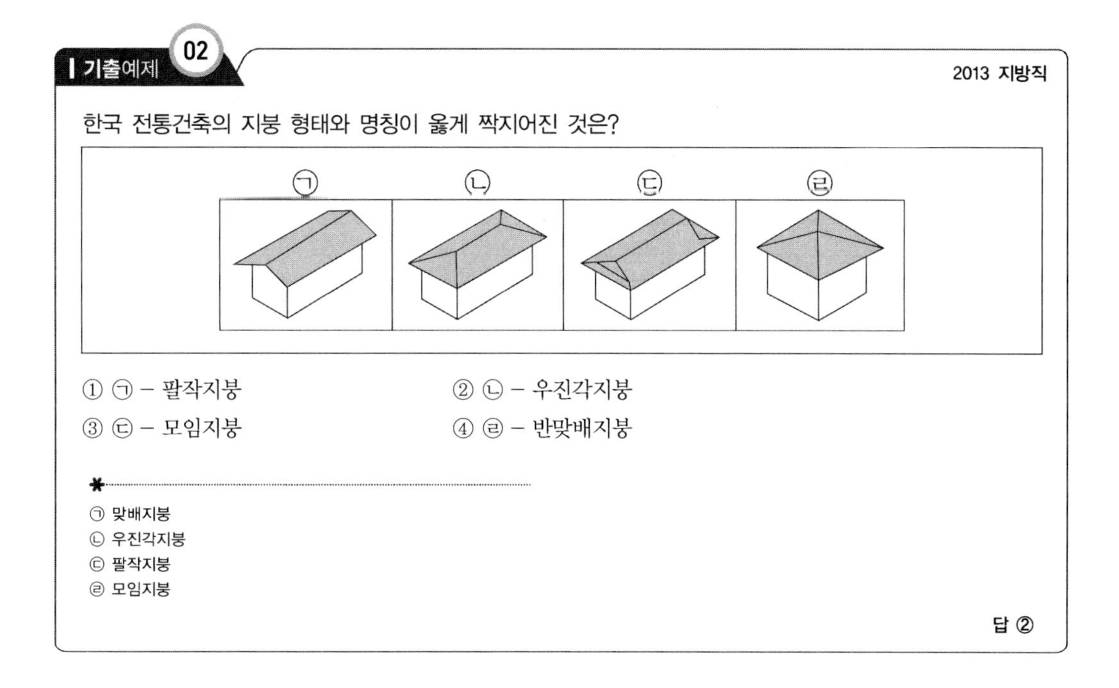

기출예제 02 2013 지방직

한국 전통건축의 지붕 형태와 명칭이 옳게 짝지어진 것은?

① ㉠ – 팔작지붕 ② ㉡ – 우진각지붕

③ ㉢ – 모임지붕 ④ ㉣ – 반맞배지붕

✱

㉠ 맞배지붕
㉡ 우진각지붕
㉢ 팔작지붕
㉣ 모임지붕

답 ②

⑥ 천장구조

㉠ 우물천장 : 우물 정자 모양의 천장이므로 붙여진 이름이다. (섬세한 가공이 필요하고 품이 많이 드는 일이기 때문에 부유층이 아니면 설치할 수 없었다.)

㉡ 연등천장 : 천장을 만들지 않아 서까래가 그대로 노출되어 보이는 천장이다. (현존하는 고려시대 건물인 봉정사 극락전, 수덕사 대웅전, 부석사 조사당 등은 모두 맞배지붕이며 연등천장인데, 팔작지붕인 부석사 무량수전도 연등천장이다.)

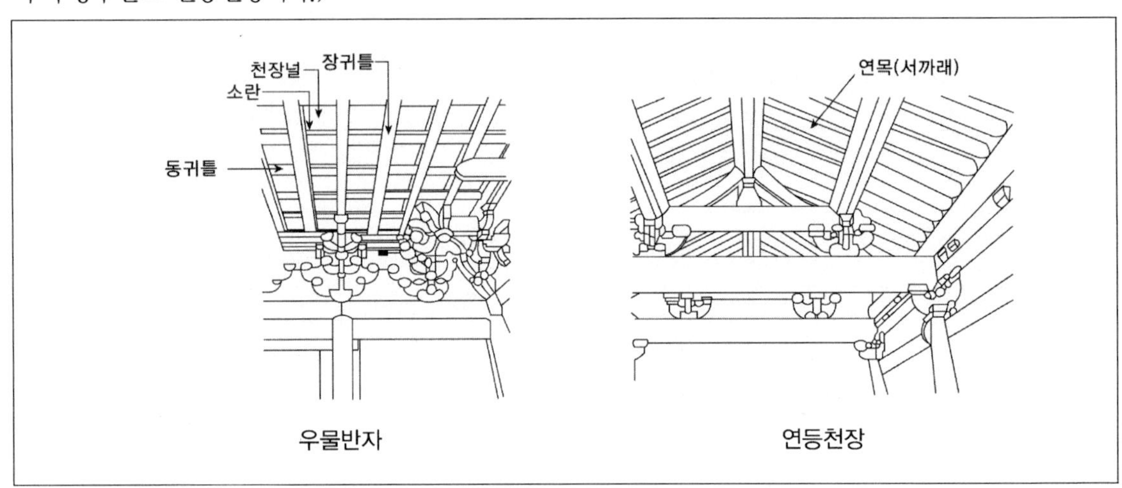

우물반자 연등천장

❸ 우리나라의 전통건축 기법

(1) 단청

① 단청기법

㉠ 한국의 단청

- 단청의 색조화는 주로 이색(異色)과 보색(補色)을 위주로 한다.
- 단청을 시공하기 위해서는 공사주가 우선 단청화원들 가운데서 편수(途彩匠)을 선출하여 시공과정을 지도하고 책임지게 하였다.
- 건축물이나 기물(器物) 등을 장기적으로 보호하고 재질의 조악성을 은폐하는 목적이 있다.
- 고려시대의 단청을 엿볼 수 있는 벽화는 경상남도 거창군 둔마리 고분에 남아있다.

기출예제 03 2012 지방직

한국의 단청에 대한 설명으로 옳지 않은 것은?

① 단청의 색조화는 주로 이색(異色)과 보색(補色)을 위주로 한다.
② 단청을 시공하기 위해서는 공사주가 우선 단청화원들 가운데서 도채장(途彩匠)을 선출하여 시공과정을 지도하고 책임지게 하였다.
③ 건축물이나 기물(器物) 등을 장기적으로 보호하고 재질의 조악성을 은폐하는 목적이 있다.
④ 고려시대의 단청을 엿볼 수 있는 벽화는 경상남도 거창군 둔마리 고분에 남아있다.

✱

단청을 하기 위해서는 건축주가 우선 단청화원들 가운데서 편수[공장(工匠)의 두목]를 결정한다.

답 ②

② 단청의 종류

㉠ **가칠단청** : 건축물에 선이나 문양 등을 전혀 그리지 않고 1~3가지 색으로 그냥 칠만하여 마무리 한 것이다. 이것은 단청을 곱게 채색하고 목조물의 풍화작용을 막는 역할을 한다.

㉡ **긋기단청** : 가칠단청한 위에 부재의 형태에 따라 먹선과 분선(백분으로 그린 하얀선)을 나란히 긋는 것을 말하여 간혹 간단한 문양을 넣는 경우도 있다.

㉢ **모로단청** : 머리단청이라고도 하며 부재의 끝머리에만 간단한 문양을 넣고 중간에는 긋기만을 하여 가칠 상태로 그냥 두는 것이다. 얼금단청 금모로단청이라고도 하며 머리초 문양을 모로단청보다 조금 복잡하게 한 것을 말한다.

㉣ **금단청** : 모든 부재에 여백이 없이 복잡하고 화려하게 채색하는 것으로 사찰의 법당이나 주요 전각에 사용된다.

㉤ **금모로단청** : 얼금단청이라고도 하며 머리초 문양을 모로단청보다 좀 더 복잡하게 초안하여 금단청과 거의 같게 한다. 중간 여백은 모로 단청과 같이 그냥 두거나 간단한 문양이나 단색으로 된 기하학적인 문양(금초)을 넣기도 한다.

㉥ **갖은금단청** : 금단청과 같으나 문양이 더욱 세밀하고 복잡하며 문양위에 겹쳐서 동식물 또는 비천상 등을 그려 넣는 경우도 있으며 고분법이라 하여 문양을 도드라지게 표현하거나 금박을 사용하여 장엄효과를 극대화시키기도 한다. 가장 많은 시간과 경비가 소요되는 방식으로 주로 사찰의 중심이 되는 법당에 사용된다.

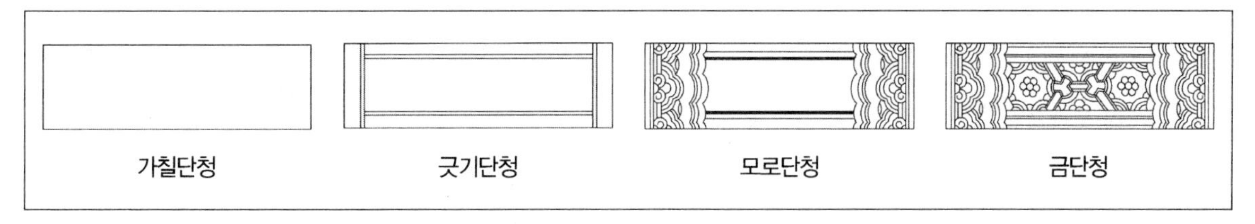

③ 단청기법

㉠ **출초**(出草) : 단청할 문양의 바탕이 되는 밑그림을 '초' 라고 하고 그러한 초를 그리는 작업을 출초 또는 초를 낸다고 한다. 또한 출초를 하는 종이를 초지라고 칭하며 초지는 한지를 두 겹 이상 세 겹 정도 배접하여 사용하거나 모면지나 분당지를 사용하기도 한다. 초지를 단청하고자 하는 부재의 모양과 크기가 같게 마름한 다음 그 부재에 맞게 출초를 하는 것이다.

㉡ 단청에 있어서 가장 중요한 작업이 바로 이 출초이며 이 출초에 따라 단청의 문양과 색조가 결정되는 것이다. 출초는 화원들 중에 가장 실력이 있는 도편수가 맡아 한다.

㉢ **천초** : 출초한 초지 밑에 융 또는 담요를 반듯하게 깔고 그려진 초의 윤곽과 선을 따라 바늘 같은 것으로 미세한 구멍을 뚫어 침공을 만드는 것을 천초 또는 초뚫기라 하고 초 구멍을 낸 것을 초지 본이라 한다.

㉣ **타초** : 가칠된 부재에 초지본을 건축물의 부재 모양에 맞게 밀착시켜 타분주머니(정분 또는 호분을 넣어서 만든 주머니로 주로 무명을 많이 사용)로 두드리면 뚫어진 침공으로 백분이 들어가 출초된 문양의 윤곽이 백분점선으로 부재에 나타나게 된다.

㉤ **채화** : 부재에 타초된 문양의 윤곽을 따라 지정된 채색을 차례대로 사용하여 문양을 완성시킨다.

checkpoint

■ **한옥의 장인**

한옥은 나무, 흙, 돌을 이용해서 정교하게 다듬어 집을 짓기 때문에 한옥의 시공에는 뛰어난 기술을 가진 여러 장인과 정교한 연장이 필요하다. 한옥에서 가장 중요한 장인은 목수이며, 목수는 대목수(大木手)와 소목수(小木手)로 구분된다. 목수 이외에도 기와공, 흙벽공, 단청장(丹靑匠), 석수(石手) 등의 다양한 장인이 필요하다.

- 대목수 : 대목장(大木匠) 혹은 도편수라고도 한다. 목재를 다듬어 한옥의 구조체에 해당하는 기둥, 보, 도리, 공포를 짜고 추녀내기, 서까래걸기 등 지붕의 모양을 결정하는 일을 한다. 건물의 설계부터 공사의 감리까지 책임을 지기 때문에 지금의 건축가와도 역할이 비슷하다.
- 소목수 : 소목수는 가구를 꾸미는 사람이며, 창, 창문살, 반자, 마루, 난간 등을 짠다.
- 기와공 : 기와공은 지붕 만들기 단계에서 기와 잇는 일을 수행한다.
- 흙벽공 : 흙벽공은 벽체를 채우는 일 및 기타 흙을 채우는 일을 담당한다.
- 단청장 : 단청장은 한옥에서 중요한 장식요소인 단청을 그리는 일을 맡는다.

④ 단청의 목적

㉠ 위풍과 장엄을 위한 것으로 궁전이나 법당 등 특수한 건축물을 장엄하여 엄숙한 권위를 나타내는 효과를 얻을 수 있다.

㉡ 건조물이나 기물을 장기간 보존하고자 할 때 즉, 비바람이나 기후의 변화에 대한 내구성과 방풍, 방부, 건습의 방지를 위한 목적이 있다.

㉢ 재질의 조악성을 은폐하기 위한 목적으로 표면에 나타난 흠집 등을 감출 수 있다.

㉣ 일반적인 사물과 구별되게 하여 특수기념물의 성격을 나타낼 수 있다. 원시사회에서부터 내려오는 주술적인 관념과 또는 고대 종교적 의식 관념에 의한 색채 이미지를 느끼게 할 수 있다. 단청을 시공하기 위해서는 공사주가 단청 화원들 중에서 편수(片手)를 선출한다. 단청 일에 종사하는 사람을 일컬어 단청장(丹靑匠), 화사(畵師), 화원(畵員), 화공(畵工), 가칠장(假漆匠), 도채장(塗彩匠) 등이라 하였으며 승려로서 단청 일을 하거나 단청에 능한 사람을 금어(金魚) 화승(畵僧)이라고 불렀다. 단청을 만드는 과정은 총 네 가지로 나뉘는데 이 과정에 들어가기에 앞서 먼저 단청 화원들 중에서 편수(片手)를 선출한다. 편수란 단청을 칠할 건물의 단청 형식을 선정하여 무늬를 선정하고 색을 배합하여 시공과정을 지도 감독하며 완성에 이르는 모든 것을 책임지는 사람을 말한다. 편수가 선출되었으면 출초, 천초, 타초, 채화를 순서대로 완성시켜 나간다.

(2) 공포

① 공포기법

㉠ 공포의 기본적 구성

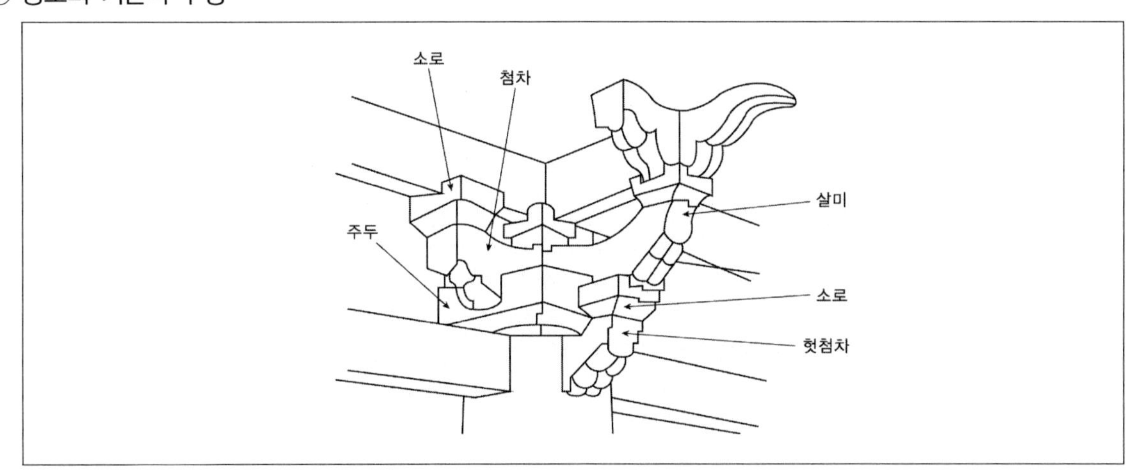

• 첨차 : 주두 또는 소로 위에 도리와 평행한 방향으로 얹힌 짤막한 공포 부재로, 끝부분 마구리를 수직이나 경사지게 자르고, 첨차 끝부분의 아랫면은 둥글게 굴려 깎아 만들거나(교두형), 연화두형(蓮花頭形)으로 깎아 만든다.

• 주두 : 기둥머리 위에서 살미, 첨차 등 공포 부재를 받는 됫박처럼 넓적하고 네모난 부재로, 상부의 하중을 균등하게 기둥에 전달하는 기능을 한다.

• 소로 : 공포를 구성하는 됫박 모양의 네모난 나무쪽으로, 첨차 · 살미 · 장혀 등의 밑에 튼튼이 받쳐 괸 부재로, 주두와 비슷하게 생겼으나 크기가 작다. 모양에 따라 접시소로 · 팔모접시소로 · 육모소로 등으로 나뉜다.
• 살미 : 주심(중심기둥)에서 보 밑을 받치거나, 좌우 기둥 중간에 도리, 장혀에 직교하여 받쳐 괸 쇠서(牛舌, 소의 혀) 모양의 공포 부재이다. 소의 혀 모양으로 만들어진 살미를 제공(齊工)이라 하고, 마구리(살미의 끝부분)가 새 날개 모양인 살미는 익공(翼工)이라 하며, 구름 모양은 운공(雲工)이라고 한다.

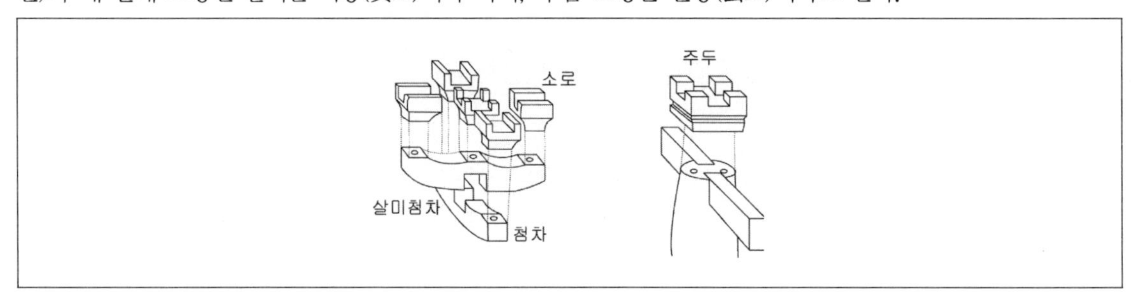

㉡ 공포의 형식과 특징

• 주심포식 : 기둥 위 주두에만 공포가 있음

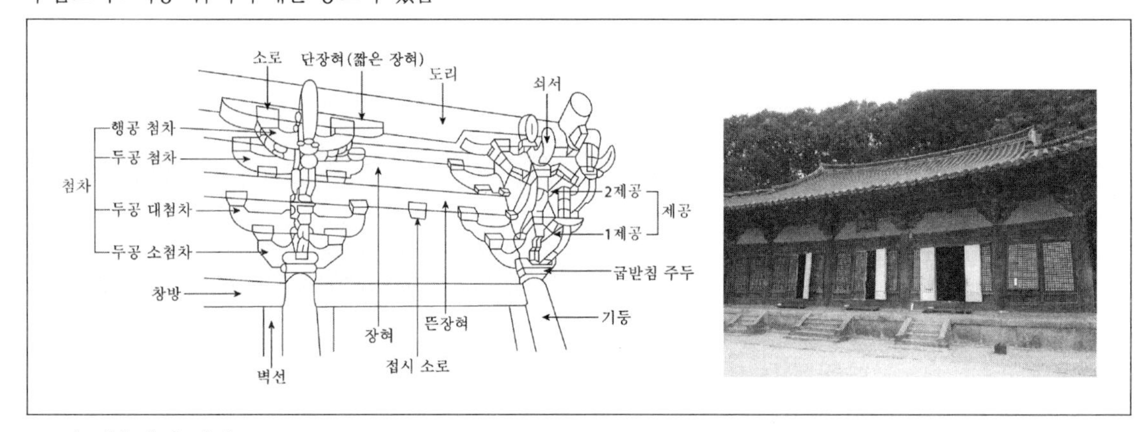

- 고려 남송에서 전래
- 공포의 출목은 2출목 이하
- 대부분 맞배지붕, 연등천장
- 단장혀 사용
- 배흘림이 강함
- 봉정사 극락전 – 부석사 무량수전 – 수덕사 대웅전 순으로 건립되었다.

• 다포식 : 기둥 및 기둥 사이에도 공포가 있음

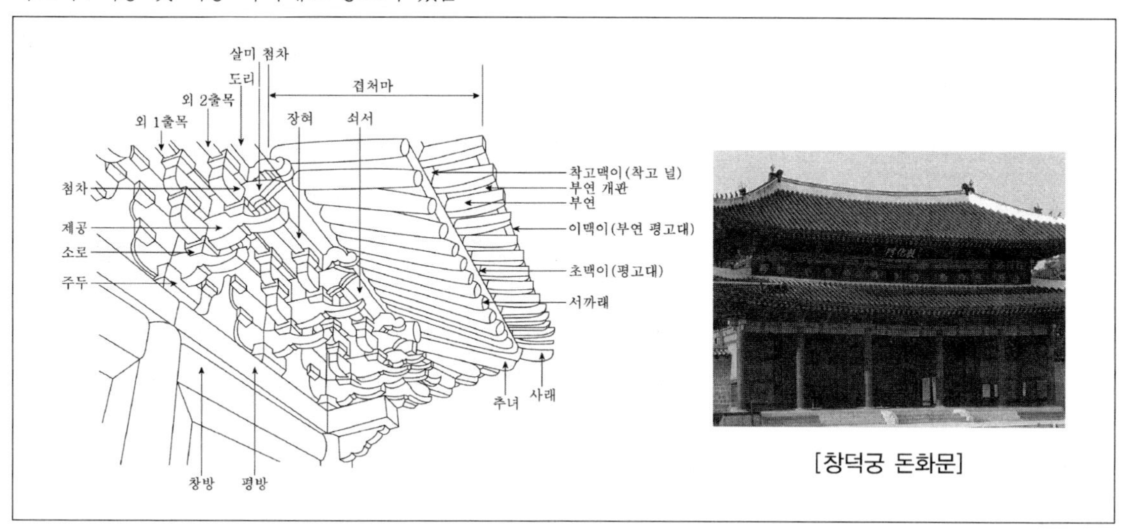

[창덕궁 돈화문]

- 고려말 원나라에서 전래
- 중요건물(궁궐의 정전이나 사찰의 대웅전)에 사용됨
- 창방 위에 평방을 두었음
- 배흘림이 약함
- 공포의 출목은 2출목 이상, 외부로 1출목 또는 무출목
- 대부분 우물천장
- 익공식 : 공포가 매우 간결한 형식, 2익공에 재주두 있음
- 조선 초기 형성, 중기 이후 사용
- 기원은 주심포, 의장은 다포형식을 따름
- 창덕궁 돈화문, 창경궁 명정전, 서울 동대문

구조	주심포식	다포식
전래	고려 중기 남송에서 전래	고려말 원나라에서 전래
공포배치	기둥 위에 주두를 놓고 배치	기둥 위에 창방과 평방을 놓고 그 위에 공포배치
공포의 출목	2출목 이하	2출목 이상
첨차의 형태	하단의 곡선이 S자형으로 길게하여 둘을 이어서 연결한 것 같은 형태	밋밋한 원호 곡선으로 조각
소로 배치	비교적 자유스럽게 배치	상, 하로 동일 수직선상에 위치를 고정
내부 천장구조	가구재의 개개 형태에 대한 장식화와 더불어 전체 구성에 미적인 효과를 추구(연등천장)	가구재가 눈에 띄지 않으며 구조상의 필요만 충족(우물천장)
보의 단면형태	위가 넓고 아래가 좁은 4각형을 접은 단면	춤이 높은 4각형으로 아랫모를 접은 단면
기타	우미량 사용	

• 익공식 : 소규모건축에 사용한 양식이다. 주두밑에 창방과 직교되게 첨자식으로 새의 날개모양을 조각한 익공이라 부르는 부재를 기워 넣은 것으로서 행랑, 법당, 사당, 향교에 주로 사용하였으며 우리나라 고유의 양식이다.

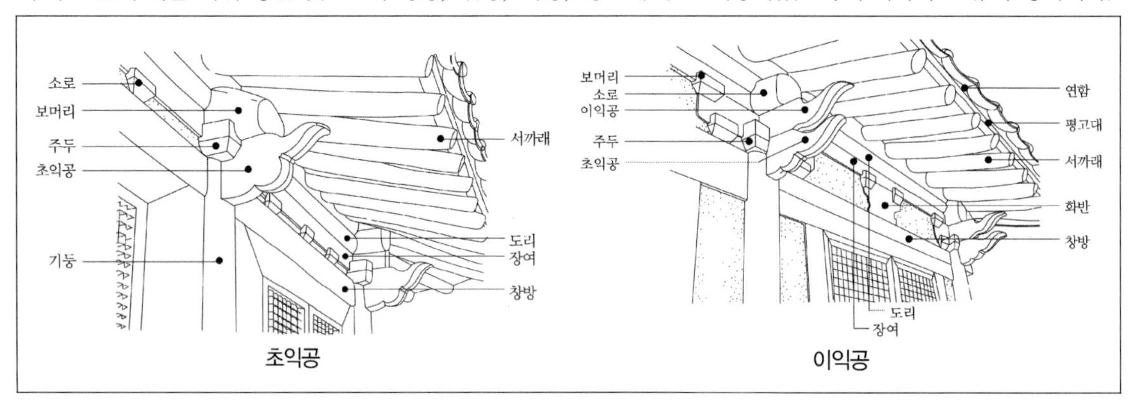

checkpoint

익공식

㉠ 우리나라 전통적인 목조건축물의 기둥 위에 새의 날개처럼 뻗어 나온 첨차식 부재로 장식적인 효과가 있는 전통건축양식이다.

㉡ 조선 초기에 형성되어 중기 이후에 주로 사용되었다.

㉢ 궁궐이나 사찰의 부속건물 및 소규모의 건축물에 사용되었다.

㉣ 기원은 주심포라고 할 수 있으나 의장은 다포형식을 따랐다.

㉤ 창방과 직교하여 보방향으로 새 날개 모양의 익공이라는 부재가 결구되어 만들어진 공포유형을 말하며 일반적으로 출목이 없다.

㉥ 사용된 익공의 숫자에 따라 세분하는데 익공이 하나만 쓰였을 때는 초익공(初翼工), 두 개 사용되었을 경우는 이익공(二翼工), 세 개인 경우 삼익공(三翼工)이라고 부른다.

㉦ 이익공에는 재주두가 있다.

기출예제 04 2010 국가직

우리나라 전통 목조 건축 양식 중 주심포계, 다포계 양식에 관한 설명으로 옳지 않은 것은?

① 주심포계 양식은 다포계 양식보다 기둥의 배흘림이 강조되어 있다.

② 주심포계 양식은 다포계 양식과 달리 공포가 기둥 사이사이에 배치되어 있다.

③ 숭례문은 다포계 양식에 속한다.

④ 조선 왕조의 다포계 양식은 주심포계 양식과의 절충이 많다.

✱

주심포는 기둥머리 위에만 공포가 올라가며 다포는 기둥뿐만 아니라 기둥사이에도 공포가 올라간다.

답 ②

[대표적 건축물]

		주심포식	다포식	익공식
고려		• 안동 봉정사 극락전 • 영주 부석사 무량수전 • 예산 수덕사 대웅전 • 강릉 객사문 • 평양 숭인전	• 경천사지 10층 석탑 • 연탄 심원사 보광전 • 석왕사 응진전 • 황해봉산 성불사 응진전	
조선	초기	• 강화 정수사 법당 • 송광사 극락전 • 무위사 극락전	• 개성 남대문 • 서울 남대문 • 안동 봉정사 대웅전 • 청양 장곡사 대웅전	• 합천 해인사 장경판고 • 강릉오죽헌
	중기	안동 봉정사 화엄강당	• 화엄사 각황전 • 범어사 대웅전 • 강화 전등사 대웅전 • 개성 창경궁 명정전 • 서울 창덕궁 돈화문	• 충무 세병관 • 서울 동묘 • 서울 문묘 명륜당 • 남원 광한루
	후기	전주 풍남문	• 경주 불국사 극락전 • 경주 불국사 대웅전 • 경복궁 근정전 • 창덕궁 인정전 • 수원 팔달문 • 서울 동대문	• 수원 화서문 • 제주 관덕정

㉢ 착시효과

- 후림 : 평면에서 처마의 안쪽으로 휘어 들어오는 것
- 조로 : 입면에서 처마의 양끝이 들려 올라가는 것
- 귀솟음(우주) : 건물의 귀기둥을 중간 평주(平柱)보다 높게 한 것
- 오금(안쏠림) : 귀기둥을 안쪽으로 기울어지게 한 것

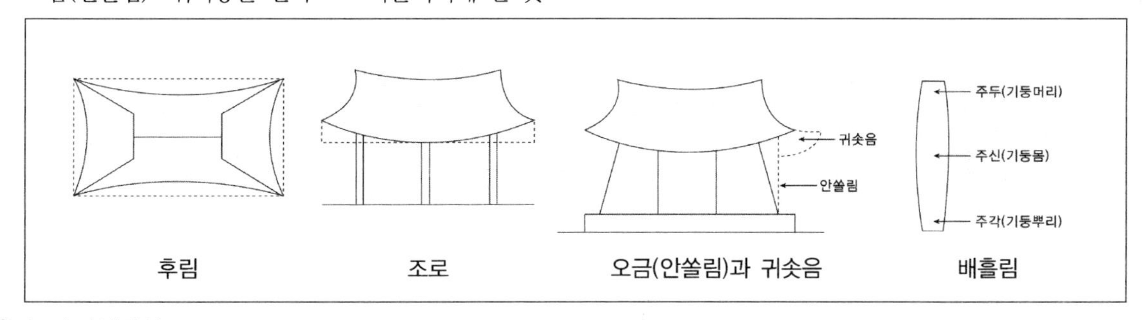

후림 조로 오금(안쏠림)과 귀솟음 배흘림

㉣ 누하진입방식

- 누각의 아래로 진입을 하는 방식을 말한다.
- 강당이나 누마루 아래를 통해 계단을 올라 본전의 정면을 바라보도록 한 것이다.
- 부석사(영주), 구룡사, 금산사, 봉정사 등 불교 건축물에서 많이 적용된 방식이다.

⑶ 기와지붕

① **한식기와지붕의 구성** … 지붕가구는 건물의 평면의 모양과 지붕형태 및 공포양식에 따라 가구 방법이 결정된다. 도리위에서 지붕기와를 얹기 전까지 추녀와 서까래, 평고대 등의 지붕골격을 형성하는 가구구조를 말한다. 또한 지붕가구는 중도리의 배치 수에 따라 3량 집에서부터 많게는 9량 집까지 있다. 지붕가구가 결정되면 지붕면이 전통 가옥에서는 기와집은 욱은 지붕의 모습으로 초가지붕은 부른 모습의 지붕의 모습을 갖는다. 그 종류로는 지붕의 합각면이 있는 팔작지붕, 좌우의 협칸이나 행랑채 지붕보다 한단 높게 된 지붕, 우진각, 맞배지붕이 있다. 그리고 이를 받치는 처마의 형태에 따라 홑처마, 겹처마로 나누고 처마와 서까래 사이를 마감하는 다양한 부재들이 지붕을 마무리하게 된다.

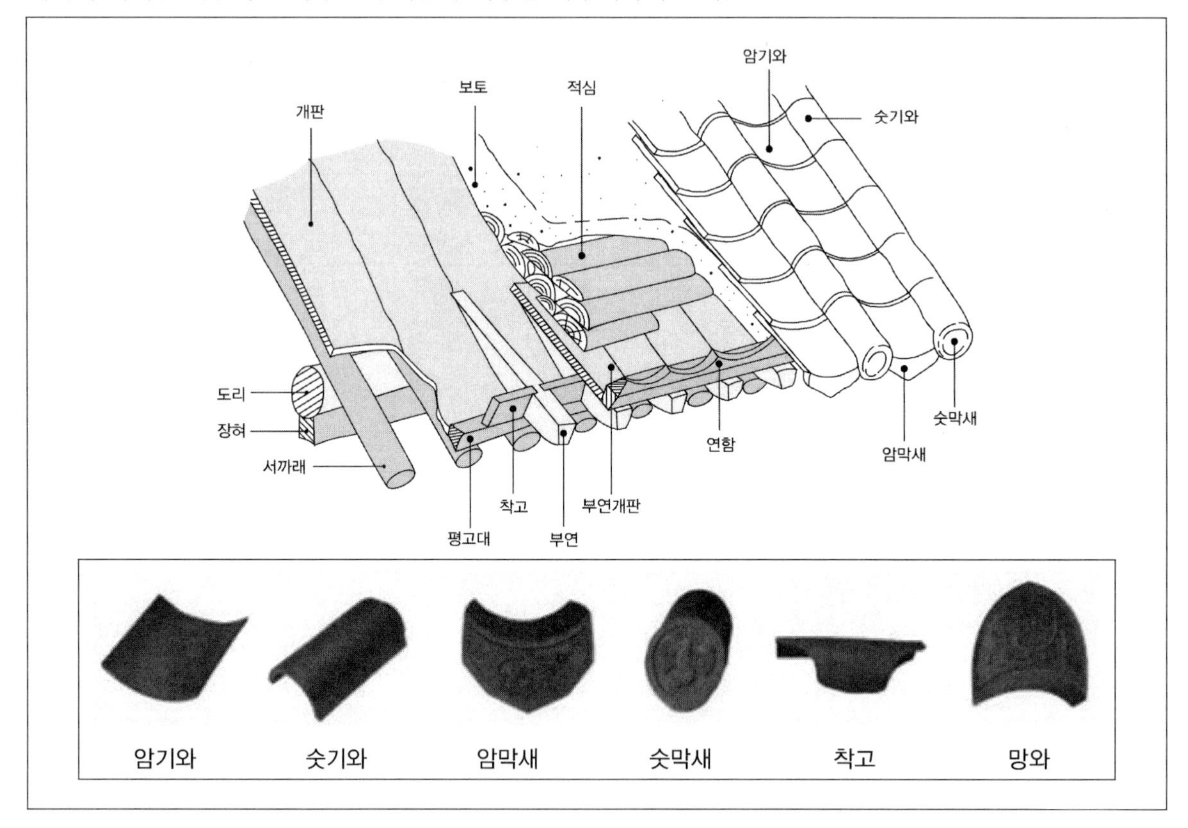

② 기와 관련 용어

㉠ **처마** : 지붕에서 벽 바깥쪽으로 내민 부분

㉡ **홑처마** : 부연을 달지 않고 처마 서까래만 걸어 꾸민 처마

㉢ **겹처마** : 처마 서까래위에 덧서까래(부연)를 달아 꾸민 처마

㉣ **추녀** : 합각, 모임지붕의 귀서까래를 받치는 대각선 방향으로 거는 경사진 부재

㉤ **골추녀** : 지붕골이 되는 좌우 지붕면의 서까래 (= 회첨추녀)

㉥ **붙임혀추녀** : 사래 옆에 붙이는 반쪽으로 된 서까래나 부연

ⓢ **추녀각** : 추녀 끝에 새김질 한 것, 눈각

ⓞ **사래** : 처마서까래에 부연을 달아 겹처마로 하였을 때의 부연의 추녀

ⓩ **평고대(초매기)** : 'ㄱ'자형 건물에서 지붕골의 좌우에 있는 처마가 합쳐지는 곳

ⓒ **착고** : 지붕마루 기와골 위 끝을 막아 대는 기와

ⓚ **착고판** : 구획된 좁은 간 사이를 막아댄 널. 당골판

ⓣ **개판** : 지붕이나 서까래 위를 덮는 널. 지붕널

ⓟ **부연개판** : 부연위에 까는 개판

ⓗ **연함** : 평고대 위에 골을 파서 처마 끝 암기와를 받는 재. 연암

ⓐ **박공** : 박풍. 팔작지붕이나 맞배지붕에서 양 옆면의 마구리 부분

ⓑ **삼량집** : 앞뒤 기둥에 주심도리를 얹고 보를 건너지른 다음에 보 중앙에 대공을 세워 종도리를 올리고 양쪽으로 서까래를 얹은 집

ⓒ **오량집** : 주심도리와 종도리 사이에 중도리가 하나 더 걸리는 구조

ⓓ **용마루** : 지붕의 중앙부에 가장 높이 있는 수평마루

ⓔ **내림마루** : 지붕면에 따라 경사져 내린 마루의 총칭

ⓕ **서까래** : 비탈진 지붕면을 만들려고 도리 위에 촘촘하게 설치하는 구조 요소. 연목

ⓖ **장연** : 중도리에서 처마 끝까지 내밀어 건 긴 서까래

ⓗ **단연** : 오량기둥에서 마룻대에 거는 짧은 서까래. 상연, 동연

ⓘ **평연** : 일반 처마면에 있는 서까래, 들연, 처마서까래

ⓙ **선자연** : 추녀 옆에서부터 면서까래까지 중도리의 교차점을 중심으로 부챗살처럼 방사형으로 배치한 서까래. 선자서까래

ⓚ **부연** : 처마서까래 끝에 덧얹어 처마를 길고 아름답게 처들어 주는 서까래

ⓛ **부연초** : 단청에서 부연(덧서까래)에 그린 문양

ⓜ **목기연** : 박공, 까치박공 등의 박공널에 직각되게 거는 서까래. 모끼연, 모끼서까래

TIP

기와지붕공사는 전문기와공에 의해서 이루어지게 되는데 기와를 촘촘히 쌓기 전에 철저한 기준선의 검토가 요구된다.

④ 우리나라의 주요 전통 건축물

(1) 궁궐건축

① 궁궐의 건축유형

㉠ 전묘후학(前廟後學) : 제향공간(사당)이 전면에 배치되고 강학공간이 후면으로 배치되는 형식을 말한다. 이는 도성의 성균관과 동일한 배치형식이다. 서원에서는 이와 같은 형식은 찾아볼 수 없고 평지에 위치한 몇 개의 향교에서만 이와 같은 배치형식을 취하고 있다.

㉡ 전학후묘(前學後廟) : 앞에 학교를 두고 뒤에 사당을 두는 것으로 그냥 두 공간을 평지에 두는 경우도 있지만 보통 사당은 비탈 위에 높은 장소에 두는 경우도 많다. 향교의 사당에는 공자의 위패, 유교를 공부하는 학생들이 가장 위대하게 여기는 인물을 높은 곳에 두어 위엄을 높이는 방식이다.

㉢ 전조후시(前朝後市) : 궁궐을 중심으로 행정부서에 해당하는 조정(朝廷)은 그 전면에, 상품생산과 교역활동이 이루어지는 시장은 그 후면에 각각 설치하는 것을 가리킨다.

㉣ 전조후침(前朝後寢) : 앞쪽에 조정을 두고 뒤쪽에 침전을 둔 방식이다.

㉤ 우묘좌학(右廟左學), 좌묘우학(左廟右學) : 전학후묘 배치 형식에서 파생된 것으로 볼 수 있다. 사당과 학교를 동서로 나란히 배치하는 형식이다. 아주 많은 형식은 아니지만 이런 모습을 한 향교도 존재한다. 여기서 좌란 동쪽을 의미하는 것으로 원래 동양 방위의 개념이 중심에서 남쪽을 바라보는 기준을 삼는 것이다.

② 조선의 5대궁

구분	경복궁	창덕궁	창경궁	경희궁	덕수궁
별칭	북궐	동궐	동궐	서궐	남궐(경운궁)
성격	정궁	이궁	이궁	이궁	행궁
창건	1394	1405	1483	1616	고종
향(정전)	남	남	동향	남	남
정문	광화문	돈화문	홍화문	흥화문	대한문
중문	근정문	인정문	명전문	승정문	중화문
정전	근정전	인정전	명전전	승정전	중화전
편전	사정전, 천추, 만춘	신정전	문정전	자정전	덕홍전
침전	강령전	대조전 (용마루 無)	동명전 (용마루 無)		함령전
내전	교태, 자경	회정당	경춘, 환경		준명당

다리	영제교	금천교	옥천교		금천교
		후원(비원)			
부속건물	경회루 향원정 집옥재	승문당 회정당 주합루 영화당 부용정 낙선제 연경당	양화당 경춘전		석어당 즉조당 석조전

※ 경복궁, 창경궁, 창덕궁, 덕수궁, 경희궁은 꼭 한 번 직접 가서 보고 도슨트(docent)의 설명을 들으면서 이해하기를 권한다. 이들 궁의 위치 및 주요 건물들에 대해서는 상식적으로 알고 있는 것이 좋다.

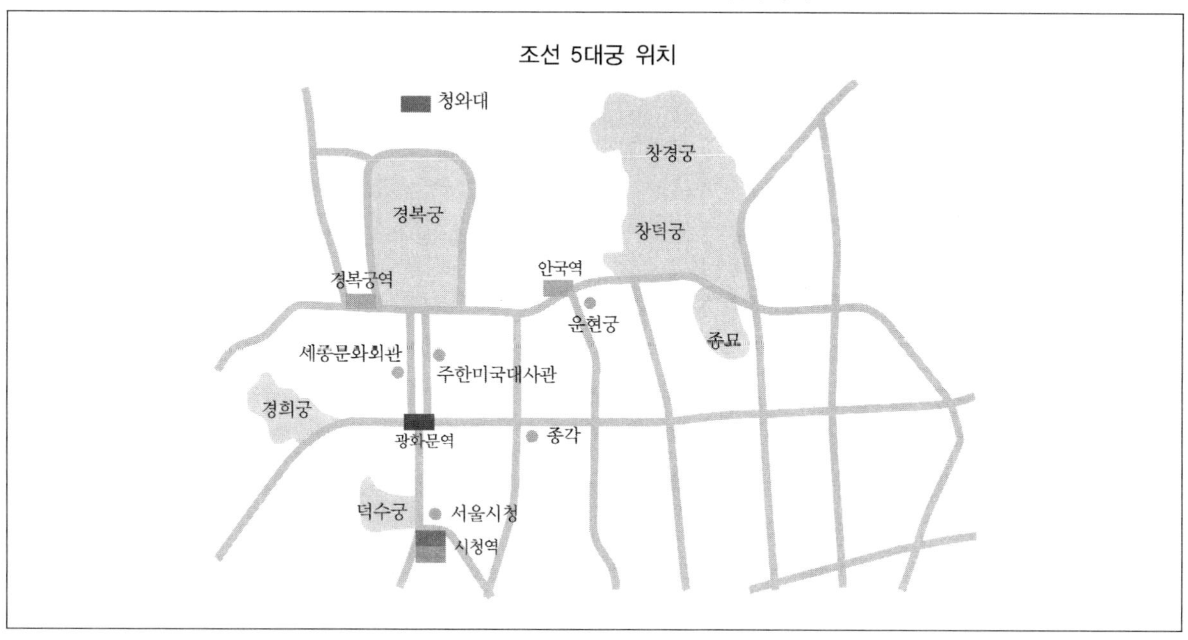

(2) 전각

① 전각의 구성 … 일주문 – 금강문 – 사천왕문 – 불이문(해탈문) – 루 – 탑 – 대웅전 – 칠성전, 산신각

② 일주문

㉠ 절 입구에 양쪽 하나씩의 기둥으로 세워진 건물

㉡ 일주문을 경계로 문 밖을 속계, 문 안을 진계라 부름

③ 천왕문

㉠ 부처님의 세계를 지키는 사천왕을 모신 문 : 일명 봉황문

㉡ 동쪽에 지국천왕 : 비파 가짐

㉢ **서쪽에 광목천왕** : 여의주, 새끼줄 가짐
㉣ **남쪽에 증장천왕** : 보검 가짐
㉤ **북쪽에 다문천왕** : 보탑을 가짐
㉥ **금강력사(인왕)** : 절의 어귀나 문 양쪽에 모신 수문장(반나체 모습)

④ **해탈문** … 모든 번뇌와 망상을 벗어나 깨달음을 얻는 문

⑤ **불이문** … 중생과 부처, 선과 악, 유와 무, 공과 색 상대적 개념에 의한 모든 대상이 둘이 아니라는 불교진리의 불이사상을 나타내는 문

TIP

대방, 법당, 승당
- 대방 : 승려들의 일상생활, 예불과 공양, 운력, 정진 등이 이루어지는 공간이다.
- 법당 : 불상을 안치하고 설법을 하는 승려들의 교육 및 집회공간이다.
- 승당 : 사찰에서 승려들이 정전하거나 거처하는 불교건축물이다.

(3) 수원 화성

① 세계문화유산으로 등재된 문화재로서 정조 18년에 축성이 시작되어 2년 뒤인 1796년에 완공이 되었다.

② 한국의 성곽은 전통적으로 평상 시에 거주하는 읍성과 전시에 피난처로 삼는 산성을 기능 상 분리했는데, 수원 화성 성곽은 피난처로서의 산성을 따로 두지 않고 평상 시에 거주하는 읍성의 방어력을 강화시켰다.

③ 화성의 도시계획상 특징은 상업 활동이 원활한 도시를 만들고자 한 데 있다.

④ 성곽 축조 과정에 벽돌이 크게 활용됨으로써 재래 성곽에는 없었던 새로운 형태의 구조물이 만들어졌다.

⑤ 공사과정에서 변화하는 경제 흐름을 반영하여 모든 작업은 임금지급을 원칙으로 하였다.

⑥ **공심돈** … 돈(墩)은 적이나 주위의 동정을 살피기 위하여 지은 망루와 같은 곳이다. 남한산성에도 설치가 되어 있지만 성제상으로 돈의 내부가 비어 있도록 설계된 것은 화성이 처음이다.

⑦ **장대** … 성곽 일대를 조망하면서 군사들을 지휘하던 일종의 지휘소 같은 곳이다. 화성에는 서장대(西將臺)와 동장대(東將臺) 두 곳이 있다.

⑧ **노대** … 성 가운데서 쇠뇌를 쏠 수 있도록 높이 지은 시설물이다. 접근하는 적을 공격할 수 있다. 화성에는 서노대(西弩臺)와 동북노대 두 곳이 있다.

⑨ **포루** … 군사들의 대기시설로서 휴식장소로도 사용되었으며 유사시에는 감시하고 공격하기 위한 누각이었다.

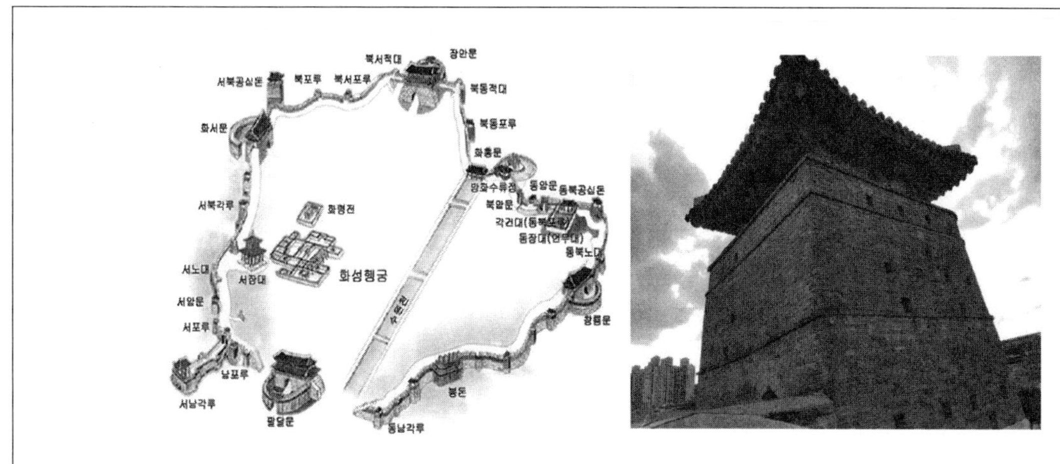

수원화성 배치도(좌) 및 공심돈(우)

| 기출예제 05

2010 국가직 (7급)

수원 화성에 대한 설명으로 옳지 않은 것은?

① 산성과 읍성을 두어 방어력을 강화했다.

② 화성의 도시계획상 특징은 상업 활동이 원활한 도시를 만들고자 한 데 있다.

③ 성곽 축조 과정에 벽돌이 크게 활용됨으로써 재래 성곽에는 없었던 새로운 형태의 구조물이 만들어졌다.

④ 공사과정에서 변화하는 경제 흐름을 반영하여 모든 작업은 임금지급을 원칙으로 하였다.

*

수원 화성 성곽은 피난처로서의 산성을 따로 두지 않고 평상시에 거주하는 읍성의 방어력을 강화시켰다.

답 ①

02 시대별 특성

❶ 선사시대

(1) 선사시대의 특징

① 시대적 특징

㉠ **구석기시대** : 사나운 짐승을 사냥하기 위해 구석기인들은 무리를 지어 생활하였으며 사냥감을 찾아 자주 옮겨 다녀야 했다. 따라서 수렵과 어로, 채집에 적합한 곳에 거처를 마련하였다. 불을 사용하기 시작하면서 활동영역을 확대하여 좀 더 추운지역까지 생활의 터전을 마련할 수 있게 되었다. 이 시기의 동굴유적은 주로 석회암 지대에서 많이 발견되고 있다. 중기 구석기를 지나면서 석장리 유적, 대전리 유적 등의 살림터와 같이 막집과 같은 형태를 이용한 것으로 보이는 유적이 나타났으며 주거 내에서 불을 이용한 흔적도 발견할 수 있다. 인공적인 구조물을 지으려면 재료를 다룰 수 있는 연장이 필요하나 당시 구석기인들이 사용하던 석기는 재료를 다듬을 수 있는 수준이 되지 못하였다. 따라서 건축적 개념을 적용하여 축조한 인공적인 주거가 보편화되지 못하였다.

㉡ **신석기시대** : 빙하기와 간빙기가 되풀이되는 구석기시대와 달리 빙하기가 끝난 이후의 시기로 한반도는 현재 인류가 살고 있는 것과 같은 기후조건으로 변하였으며 이에 따라 동물과 식물의 분포가 달라졌다. 구석기시대에는 대형동물이 주된 대상이었으나 신석기시대는 자연환경의 변화로 대형동물이 추운지방으로 이동하였고 사슴, 멧돼지와 같은 작고 빠른 동물들이 주로 사냥대상이었다. 작고 빠른 동물을 잡기 위해 원거리용 사냥도구를 발명하였으며 구석기시대보다 훨씬 세련되고 정교한 석기들이 만들어졌으며 이로 인해 인구가 급속히 증가하였다. 어로는 수렵과 함께 가장 중요한 식량획득 수단이었는데 이는 신석기시대의 대표적인 유적지에서 여러 가지 어로기구들이 발견됨을 통해 알 수 있다. 불을 사용하여 빗살무늬토기 등을 제작하기 시작하였으며 자유로운 형태의 창조가 가능해지자 예술적 감각을 불러일으키는 효과도 있었다. 현재까지도 원시신앙과 매장문화가 있었음을 짐작할 수 있는 유적들이 다수가 발견되고 있다. 주거유적은 주로 한강, 압록강, 대동강 등의 하안지역에서 집중적으로 발견된다. 구석기시대에 사용하던 동굴이나 바위그늘 같은 형식을 사용하기도 했으나 대표적인 주거형태는 움집이었다. 움집은 땅을 일정한 깊이로 파서 축조하고 기본적으로 추위를 막을 수 있는 간단한 가구방식을 도입한 것인데 이로서 인간이 건축을 하여 만들어낸 주거를 축조하기 시작하였다. 주거지는 평면이 원형 혹은 타원형으로 바닥을 모래와 자갈이 섞인 진흙을 깔고 다지기도 했으며 일부는 불을 이용하여 굳힌 것도 발견되었다.

TIP

점토의 가소성을 발견한 것은 건축사에 있어서는 불의 발견과 같은 것이었다.

② 건축적 특징

㉠ 고대 한국에 대한 가장 오래된 기록 중의 하나인 중국 역사책 "삼국지(三國志)"와 다른 역사적 기록들을 살펴보면 한반도에는 수혈주거(竪穴住居), 통나무 주거, 항상식(杭上式) 주거와 같은 3가지 형식의 원시 주거가 존재했던 것으로 기록되어 있다. 그러나 3가지 형식의 주거 중에서 수혈주거의 유적만이 발견되고 있다. 신석기시대의 수혈주거는 1m~2m 깊이와 5m~6m의 폭을 갖는 원형이나 타원형의 구덩이를 파서 만들어졌다. 일부의 주거 유적에서는 주거의 중앙 부분에서 화로가 발견된다.

TIP

수혈주거 … 움집을 한자로 풀면 '수혈주거(竪穴住居)'가 되는데 여기서 '竪(세울 수)', '穴(구멍 혈)'로부터 바닥에 구멍을 파고 나무를 세워 공간을 만들었다는 것을 의미한다.

㉡ 대부분의 초기 수혈주거는 구릉지대에 위치하고 있었다. 이러한 초기 수혈주거들이 점차 강가로 이동하면서 수혈주거의 구덩이는 좀 더 커졌고 형태는 사각형에 가까워졌다. 또한 서로 분리된 2개의 화로가 생겨나기도 하였다.

㉢ 통나무 주거는 통나무를 수평으로 교대로 쌓아 올려 만들어졌다. 통나무 사이의 갈라진 틈새는 진흙을 채워 바람이 들어오는 것을 막았다. 이러한 통나무 주거와 유사한 형태들이 강원도 지방과 같은 산악 지대에서 여전히 발견되고 있다. 남쪽지방에서 유래한 것으로 추정되는 항상식 주거는 처음에는 동물들로부터 곡식을 보호하고 곡식을 신선하게 보관하기 위한 저장 시설로 사용하기 위하여 세워진 것으로 추정된다. 이러한 항상식 주거의 형식은 교외지역의 수박밭이나 과수원 등에 세워진 2층 형식의 정자나 망루에서 여전히 사용되고 있는 형식이다. 원시시대의 주택 건설기술은 수혈주거로부터 통나무 주거로 발전하였고 마지막으로 항상식 주거로 발전해 온 것으로 볼 수 있다.

checkpoint

■ **선사시대 건축의 요약**

① 구석기시대

- 기원전 30,000년부터 기원전 4,000년까지의 시기에 해당되며 수렵과 어로 활동을 통해 식량을 채집하였다.
- 타제석기를 사용하였으며 토기는 아직 제작하지 못하였다.
- 구석기시대의 문화유적이 발굴되었지만 건축발생을 확실하게 단정할 수는 없으나 우리나라의 경우 동굴주거와 강유역의 주거지등이 발굴되었다.

② 신석기시대

- 기원전 4,000년부터 기원전 700년 사이의 시기에 해당되며 농경생활이 시작되고 집단적인 정착생활을 영위하였다.
- 마제석기를 사용하였으며 동물의 뼈나 뿔로 간단한 도구를 제작하여 사용하였다. 또한 토기를 만들기 시작하였으며 즐문토기를 사용하였다.
- 구석기시대의 주거양식인 동굴주거와 함께 수혈주거를 이용하였고 대부분 수혈주거를 이용하였으며 수혈주거는 진정한 의미의 건축으로서는 최초의 형식이었다. 수혈주거의 평면형태는 원형, 또는 원형에 가까운 방형이었으며 크기는 직경이 3.5m~6m 정도이고 바닥의 깊이는 지면으로부터 0.6m~1.2m 정도였다. 바닥은 진흙다짐이 대부분이며 바닥중앙에 취사를 위한 화덕을 설치하였는데 화덕부근에 식량저장과 작업도구 보관을 위한 저장공을 설치하였다. 지붕은 중앙에 기둥을 세우고 서까래를 방사형으로 걸친 원추형 형태였다.
- 대표적인 유적으로 서울 암사동 주거지, 황해도 봉선군 지탑리 주거지, 함북 웅기군 굴포리 주거지, 평북 증강군 토성리 주거지가 있다.

③ 원시시대의 기타 건축양식

- 원시시대의 주거건축과 고대가형토기의 형상의 고찰 문헌 기록을 통하여 원시시대의 건축형식을 추측된다.
- 토막식, 초옥토실식, 누목식, 고상식 등 네 가지의 건축형식을 이용했던 것으로 추정된다.

구분	특징
토막식	• 지면을 파서 수혈을 만들고 간단하게 목재로 구조체를 세워 그 위에 지붕을 덮은 수혈식 주거로서 가구방식이 점차 발달하게 되어 기둥과 주초를 사용하기도 하였다. • 생활방식이 다양해짐에 따라 내부에 칸막이를 설치하여 공간을 분리하고 일부에서는 온돌도 설치하였다.
초옥토실식	• 수혈로 된 토막식 주거가 발전하여 수혈의 깊이가 점점 낮아지고 벽체가 발생하여 벽면이 지상에 설치되는 지상주거이다.
누목식	• 통나무를 井자형으로 중첩해 쌓아올리고 통나무 사이는 진흙을 발라 마감하여 벽체를 형성한 방식으로 주로 산악지대에 분포하여 흔히 귀틀집이라고도 한다.
고상식	• 기둥을 세우고 그 위에 마루를 설치하고 상부에 맞배지붕을 형성하였으며 주거뿐만 아니라 후대에는 창고로도 사용되었을 것으로 추정된다.

(2) 청동기시대

① 시대적 특징

㉠ 신석기 혁명으로 신석기시대 말에 시작된 농경이 일반화되면서 인류의 정주생활은 본격화되었고 사회가 조직화되면서 계급이 발생하기 시작하였다.

㉡ 권력이 존재하게 됨을 알 수 있는 여러 유적들이 현재까지도 지속적으로 출토되고 있다.

㉢ 신석기시대에서는 볼 수 없었던 거대한 인공적인 구조물들(돌널무덤, 돌무지무덤, 물길, 제방 등)이 축조되면서 문명사회가 이루어졌음을 알 수 있다.

TIP

최근 국내 몇몇 취락 유적지에서 방어용 시설로 보이는 구조물을 발견하였고 부지조성을 위한 대규모 토목정지공사의 흔적도 발견이 되었다.

② 건축적 특징

㉠ 주거지는 수혈주거로 평면은 장방형이 대부분이었는데 바닥에 짚이나 풀을 깔았으며 벽면은 나무판자를 이용하여 마감을 하고 지붕은 나뭇가지를 엮어서 마무리하는 것이 일반적이었다.

㉡ 온돌의 흔적이 청동기시대의 유적에서 발견된다. 한반도의 북쪽 지역에서는 넓은 평석(平石)을 활용한 일종의 바닥 난방 시스템이 사용되었다. 이러한 바닥 난방시스템이 오늘날의 한국 주택에서도 사용되고 있는 온돌로 발전하여 왔다. 앞에서 이미 언급한 바와 같이 바닥을 난방 하는 초기의 온돌 시스템은 불을 피워 만들어진 뜨거운 연기가 바닥 아래의 연도를 통과하도록 만들어졌다.

㉢ 고인돌은 청동기시대의 사회상에 대하여 많은 것들을 내포하고 있는데 이 거대하고 무거운 돌덩어리들이 인간에 의해 가구식구조로서 건축적인 구성을 갖게 된 것은 계급사회가 존재했음을 보여준다.

TIP

고인돌의 분류

㉠ 탁자식 고인돌 : 탁자식 고인돌 또는 북방식 고인돌은 굄돌을 세우고 그 위에 편평한 돌덮개를 얹은 고인돌을 뜻하는 말이다. 주로 한강 이북에서 발견된다. 탁자식 고인돌이 나오는 지역은 고조선의 영토와 관련이 있다. 우리나라에는 강화도 고인돌이나 고창 고인돌 등이 있다. 다듬어진 판돌로 ㄷ자 또는 ㅁ자로 무덤방을 만들고 거대한 판석상의 덮개돌을 얹은 형태로, 한강 이북에 주로 분포하여 북방식이라고도 한다. 그러나 최근에는 전남 지방에도 존재가 확인되어 북방식이라는 명칭은 거의 쓰이지 않는다. 무덤방이 지상에 드러나 있는 특성상, 다른 형태의 고인돌에 비해 유물이 적은 편이다.

㉡ 기반식 고인돌(바둑판식 고인돌) : 판돌, 깬돌, 자연석 등으로 쌓은 무덤방을 지하에 만들고 받침돌을 놓은 뒤, 거대한 덮개돌을 덮은 형태로 주로 한강 이남에 분포하여 남방식 고인돌이라고도 한다. 이 역시 북쪽에서도 발견되고 있어 남방식이라는 명칭은 거의 쓰이지 않게 될 것이다.

㉢ 개석식 고인돌 : 지하에 무덤방을 만들고 바로 뚜껑을 덮은 형태로 뚜껑식, 대석개묘 등으로도 불린다. 전국적으로 고르게 분포하며, 요령 지방에도 다수 분포한다.

㉣ 위석식 고인돌 : 무덤방이 지상에 있고, 덮개돌이 여러 개의 판석으로 둘러싸여 있다. 제주도에만 있기 때문에 제주식이라고도 한다.

㉤ 탑파식 고인돌 : 무덤방 위에 두 개의 덮개돌이 겹쳐져 있는 형태이다.

㉥ 굴석식 고인돌 : 바위 안을 파내어 무덤방을 만들고 그 위에 덮개돌을 씌운 형태로, 주로 캅카스 지방에 많다.

㉦ 경사식 고인돌 : 무덤방을 덮는 덮개돌을 두 동강 내어 반쪽은 무덤방 위에 그대로 걸쳐놓고 나머지 반쪽은 무덤방 벽면에 기대어 놓거나 무덤방 옆으로 밀어놓은 형태이다.

㉧ 묘표식 고인돌 : 덮개돌 아래에 중앙무덤방이 있으며, 이 중앙무덤방을 중심으로 그 주변을 돌아가면서 4기의 무덤방이 '卍'자형으로 배열되어 하나의 덮개돌 아래에 모두 5기의 무덤방이 이루어진 형태이다.

| 기출예제 06 2019 서울시

원시사회의 석조조형인 고인돌에 대한 설명으로 가장 옳지 않은 것은?

① 청동기 사람들이 제사의식과 함께 특별히 중요하게 여겼다.
② 고인돌은 지석묘(支石墓)라고도 한다.
③ 탁자식, 기반식, 개석식으로 구분하기도 한다.
④ 기반식은 북한강 이북에 많이 분포하여 북방식이라고도 한다.

✱

기반식(바둑판식)은 판돌, 깬돌, 자연석 등으로 쌓은 무덤방을 지하에 만들고 받침돌을 놓은 뒤, 거대한 덮개돌을 덮은 형태로서 주로 한강 이남에 분포하여 남방식 고인돌이라고도 한다.

답 ④

(3) 철기시대

① 시대적 특징

㉠ 철의 발견과 사용으로 농경생산성이 급격히 증가하였고 이로 인해 인간사회가 체계를 본격적으로 갖추기 시작하였다.

㉡ 철을 사용하여 만든 무기가 등장하면서 정복전쟁이 일어나기 시작하였고 이는 급격한 사회변화를 불러왔다.

② 건축적 특징

㉠ 방어를 위한 시설인 목책이나 토성 등이 축조되었고 대규모의 집단취락이 이루어졌으며 지배계급과 피지배계급의 차이가 주거에서도 두드러졌다.

㉡ 주거양식은 청동기시대와 크게 다를 것은 없었으나 규모가 커지고 주거에 장식문양을 입히기도 한 흔적들로부터 문화적인 요소의 주거로 도입이 이루어졌음을 확인할 수 있으며 증가한 농업생산성에 의해 창고와 같은 저장공간 등을 만들었다. 지붕에 기와를 올리고 나무를 깎아 촉과 홈을 만든 발전된 건축기법을 사용한 건물들이 있었음을 보여주는 유물들이 다수 출토되었다.

TIP

청동기와 철기시대의 건축요약

㉠ 시대개관
- 기원전 700년부터 기원후 300년 사이의 시기에 해당한다.
- 무문토기를 사용하였다.
- 집단적인 취락생활을 하는 소부족 국가를 형성하였다.

㉡ 건축활동
- 수혈주거를 지속적으로 사용하였으나 건축형식을 발전시켜 사용하였다.

- 수혈주거는 평면형태가 타원형을 거쳐 장방형으로 변화하였으며 바닥은 풀이나 짚으로 덮어 사용하였고 화덕을 신석기 시대와는 달리 수혈중앙이 아니라 한쪽에 치우쳐 설치하였고 화덕을 두 개 설치하는 경우도 있었으며 저장공은 한쪽 벽 밖으로 돌출시켜 설치하였다. 지붕은 지둥, 보, 서까래에 의해 형성하는 맞배지붕 또는 우진각지붕 형식이었다.
- 신석기시대의 수혈주거에 비해 내부공간이 기능별로 점차 분화되었다.
- 대표적인 유적지는 충남 서산군 해미 유적지, 경기 파주 교하리 유적지, 광주 송암동 주거지, 함북무산군 호곡동 우적, 황해도 송림시 석탄리 유적지가 있다.

❷ 삼국시대

(1) 고구려의 건축

① 도성 및 궁궐건축

㉠ 도성계획

- 도읍을 졸본성, 국내성, 환도성, 평양성, 장안성 등으로 천도
- 국내성 : 만주 통구 지방
- 방형성으로 사방에 성문 설치
- 장안성 : 586년(평원왕 2년)
- 중국 수나라의 도성제를 참고하여 현재의 평양일대에 건설, 중국식 도성계획 기법인 방리제를 최초로 적용한 실례

㉡ 궁궐건축

- 중국의 궁궐건축형식과 유사
- 중국 사기 천관서에 있는 오성좌를 배치의 기본형식으로 함
- 안학궁 : 평양 대성산
- 약 12,000평의 성곽 내에 52동의 건물과 정원으로 구성된 대규모 궁궐
- 동궁, 서궁, 남궁, 북궁, 중궁 등 5개의 궁전을 오성좌에 의해 배치
- 정전인 남궁을 통과하는 남북축의 중심으로 좌우대칭으로 배치
- 기타 궁궐유적지 : 국내성의 궁궐지(만주 통구 지방), 청암리 유적지(평양 대성산 부근)

② 불사건축

㉠ 건축개요

- 375년(소수림왕 2년) 중국의 북위로부터 불교가 전래
- 375년 초문사와 이불란사를 최초로 창건하였다고 삼국사기에 기록
- 궁궐건축의 배치형식으로부터 영향을 받음
- 중국의 사기의 천관서에 있는 오성좌에 의한 배치형식을 가람배치의 기본형식으로 하였으며 일탑식 가람배치를 사용하였다.

㉡ 건축실례

- 청암리사지(평남 평양)가 대표적인 예이며 이는 오성좌에 의한 가람배치가 이루어졌다. 팔각형의 목탑지를 중심으로 동서남북에 각각 건물의 기단지가 위치하고 있다.
- 동, 서, 북쪽은 금당의 기단지로 남쪽은 중문의 기단지로 각각 추측되며 일탑삼금당의 가람배치로서 불탑 중심의 가람을 형성하고 있다.
- 기타 사찰 유적지 : 정릉사지, 상오리사지, 월오리사지, 모두 청암리사지와 유사한 가람배치로 추측

③ 기타건축

㉠ 주거건축

- 문헌 및 고분벽화를 통해 당시의 주거양식을 추측
- 왕궁, 관아, 사찰 귀족주택은 기와지붕이고 일반주택은 초가지붕
- 왕족과 상류계층은 침대, 탁자, 의자 등을 사용
- 장갱을 이용한 난방방식
- 바닥에 장갱을 설치하고 겨울에는 불을 때서 열을 이용하여 난방
- 일반서민이 이용한 난방방식으로 온돌의 시원적인 구조
- 고구려시대의 주거지인 토성리 유적에서 화도가 발견됨

㉡ 분묘건축

- 고구려 고분은 외형에 따라 석총과 토총으로 구분된다.
- 석묘총 : 장군총, 태왕릉 등이 대표적 실례
- 토총묘 : 묘실의 벽면에는 프레스코 기법으로 사신도를 그려 장식하였으며 묘실의 천장은 귀접이천장을 사용하였다.
- 대표적인 유적으로는 쌍영총, 무영총, 쌍용총, 우현리대총 등이 있다.

TIP

귀접이천장 … 일명 투팔천장 또는 말각조정 천창이라고도 하며 상부로 올라갈수록 천장을 좁혀 들기 위해 모서리에서 45도 방향으로 판석을 내밀어 모서리를 귀접이하며 층층이 쌓아 올린 천장양식

(2) 백제 건축의 유형별 정리

① 도성 및 궁궐건축

㉠ 도성계획

- 도읍을 위례성, 웅진, 사비 등으로 천도한 후 평지에 도성을 건설하고 부근의 산지에 산성을 독립적으로 건설하는 종래의 고성계획에서 탈피하는 모습을 보였다.
- 중국식 축성법인 시가지 포위식 축성법을 최초로 응용하였으며 우리나라의 산성식과 중국의 시가지 포위식 축성법을 혼합하였다.
- 도성 내에 부소산성을 만들고 시가지를 포함하여 축성하였다.
- 계곡을 포함하지 않고 산정을 중심으로 방형으로 축성. 고구려와 신라에는 유래가 없는 독특한 축성법을 고안하였다.

㉡ 궁궐건축

- 구체적으로 발굴자료는 없으나 고구려와 마찬가지로 장대하고 화려했을 것으로 추정된다.
- 사비궁, 망해궁, 황화궁, 태자궁 등의 궁궐이 사비성 내에 있었다.
- 발달된 궁궐건축과 조원의 기술들을 일본에 전래하였다.

② 불사건축

㉠ 건축개요

- 고구려의 가람배치형식을 계승 발전시켜 일탑식 가람배치을 형성하였다.
- 중문, 불탑, 금당, 강당의 순으로 일직선상에 배치하고 좌우대칭으로 회랑을 돌리는 일탑일금당식 가람이 대부분이었다. (예외적으로, 미륵사지는 삼탑삼금당식 가람)
- 신라와 일본의 가람배치에 영향을 주었다. (예 신라의 황룡사와 일본의 사천왕사)

㉡ 건축실례

- 대표적인 유적은 미륵사지와 정림사지가 있다.
- 미륵사지(전북 익산, 7세기 초 창건)로서 백제의 대표적인 가람배치 형식을 보여준다. 일탑식 가람배치가 3개 복합된 대규모 가람배치로 동양 최대 규모로 추측되며 3개의 탑 중 현존하는 석탑은 백제의 석탑 중 가장 대규모로 목조탑 형식을 취한 석조탑(가구식구조 기법과 공포기법을 사용)이다.
- 정림사지(충남 부여, 7세기 초 창건)로서 전형적인 백제의 일탑식 가람배치이며 5층 석탑은 부드럽고 세련된 외관으로 백제의 석탑양식을 대표한다.

③ 기타건축

㉠ 주거건축 : 삼국 중 주택 관련 자료가 가장 부족하나 고구려의 주거건축과 유사하였을 것으로 추측되며 말기에는 고구려의 영향으로 온돌을 사용했을 것으로 학계에서는 보고 있다.

㉡ 분묘건축

- 대표적인 유적으로는 송산리 6호분과 무녕왕릉이 있다.
- 송산리 6호분(충남공주)은 조적식 구조이며 장방형 평면의 묘실의 천장은 한국건축으로서는 드물게 볼트구조로 되어 있다. 벽면에는 프레스코 기법의 사신도가 그려져 있다.

㉢ 탑파건축

- 대표적인 유적으로는 미륵사지 석탑(전북 익산, 7세기 초)와 정림사지석탑(5층 석탑, 충남부여, 7세기 초)로서 발달된 건축술을 바탕으로 하여 7세기 초부터 삼국 중에서 선구적으로 축조되었다.
- 공포구조 등 목탑의 기법을 적용한 석탑으로서 목탑으로부터 석탑으로의 변화과정을 미리 보여준 탑이었다.
- 정림사지석탑은 초층 탑신에 '대당평백제국'라고 새겨져 백제멸망의 비운을 전해주는 탑으로 유명하다.

(3) 신라 건축의 특징

① 도성 및 궁궐계획

㉠ 도성계획

- 건국 당시 경주를 도읍으로 정한 이후 1,000년간 이도하지 않고 지속하였으며 기원전 37년 금성을 건설하고 101년 월성을 건설하여 도시를 확장하였다.
- 고구려의 장안성, 백제의 사비성과는 달리 도시전체 외곽을 둘러싸는 나성을 축성하지 않았으며 주위에 산성을 쌓아 나성의 역할을 대신하였다.

㉡ 궁궐건축

- 고구려, 백제 및 중국 당나라의 영향을 받았으며 건국 초부터 궁궐건축은 비교적 검소하였던 것으로 추측된다.
- 처음에는 금성에 궁궐을 건축하였으며 월성을 건설한 후 월성으로 이주하였다.

② 불사건축

㉠ 건축 개요 : 백제의 일탑식 가람배치로부터 영향을 받았으며 534년(법흥왕 21년) 흥륜사와 영흥사를 최초로 건축하였다. (황룡사는 신라의 가람배치를 대표하는 건축이다.)

㉡ 건축 실례

- 황룡사(경북 경주, 553년 창건)는 9층 목탑을 중심으로 한 일탑삼금당식 가람배치로 신라 사찰 중 최대 규모를 자랑한다.
- 분황사[경북 경주, 634년(선덕왕 3년) 창건]는 일탑식 가람배치로 추정되며 안산암을 전같이 가공하여 축조한 모전석탑이 유명하다.

③ 기타건축

㉠ 주거건축 : 신라와 통일신라의 주거건축은 상호유사하며 시대적 구분이 명확치 않다.

㉡ 분묘건축

- 외형은 모두 큰 봉분토이나 내부구조에 따라 적석목곽분과 석곽분으로 구분된다.
- 적석목곽분은 금관총, 금령총, 천마총 등이 유적으로 현존하고 있으며 석곽분은 경북 고령 고아동의 벽화고분이 유적으로 현존하고 있다.

㉢ 탑파건축

- 분황사 모전석탑(경북 경주, 634년)은 신라 최고의 석탑으로 안산암을 장방형의 벽돌 형태로 다듬어 축조하였다. 본래는 9층 석탑이었으나 현재는 3층만 현존하고 있다.
- 황룡사 9층 목탑(경북 경주)은 백제의 아비지가 축조한 한국 최대 규모의 목탑이다.

㉣ 첨성대(경북 경주) : 천문과 기후를 관측하는 동양최고의 천문대로서 건축형태는 부드러우면서도 단아한 곡선미를 표현하고 있다.

㉤ 석빙고(경북 경주) : 여름에 사용할 얼음을 보관하는 얼음 창고로서 화강석으로 쌓았으며 출입문은 내외 2중문, 상부는 볼트구조로 되어 있다.

③ 통일신라시대

(1) 시대적 특징

① 신라는 660년에 백제를 멸망시켰고 668년에 고구려를 멸망시켜 처음으로 한반도를 통일하여 통일신라시대(676~935)를 열었다. 백제와 고구려를 멸망시키고 통일을 이룩하는 데 있어서 불교의 사상적 뒷받침이 있었기 때문에 불교가 융성하였고 불교 건축 및 예술이 발전할 수 있었다.

② 초기에는 당, 후기에는 송의 영향을 많이 받았으며 불교예술이 중심을 이루었다.

③ 통일신라의 수도였던 경주에는 많은 건축물들이 지어졌던 것으로 알려져 있으나 당시의 모든 영광스러운 흔적들은 오늘날 거의 사라져 버리고 없다. 전성기 때 약 100만 명이 살았던 경주는 전략적으로 2개의 강과 3개의 산의 교차점에 위치하고 있었다.

④ 대표적인 건축물로는 불국사, 석굴암, 해인사, 범어사, 화엄사, 법주사, 석가탑, 다보탑, 사사자 삼층석탑 등이 있다.

TIP

석굴암의 내부구조 … 석굴암은 자연 동굴을 이용한 것이 아니라 토함산 중턱에 인공적으로 굴을 파고 흰색의 화강암으로 내부를 만든 인공 석굴이다. 석굴암의 내부는 사각형의 전실과 둥근 후실, 그리고 전실과 후실을 연결하는 통로인 비도로 되어 있다.

(2) 건축적 특징

① 도성계획

㉠ 신라시대 이래 경주를 지속적으로 도읍으로 하였으며 695년(효소왕 4년) 황룡사를 중심으로 도시를 확장한 이후 수차례 걸쳐 확장하였다.

㉡ 도시를 확장하는 과정에서 당시 중국의 수, 당에서 사용되던 방리제를 적용하였는데 초기에는 방리제를 적용하였지만 후기에는 자연지형에 따라 가로망을 확장하였다.

㉢ 중국의 기하학적이고 정형적인 도시형태와는 달리 경주는 도시형태가 자연지형에 따라 불규칙적으로 형성되었다.

② 궁궐건축

㉠ 통일신라 궁궐유적으로는 별궁인 동궁지와 포석정이 현존하고 있다.

㉡ 안압지(경북 경주)는 중국 당나라 장안성의 금원을 모방하여 조원한 궁궐의 정원으로서 귀족들이 여가를 즐기는 공간이었다.

㉢ 임해전은 군신들이 현회를 베풀고 외국사신을 영접하는 영빈관 건물이었다.

㉣ 포석정(경북 경주, 9세기경)은 석조수로로 이루어진 궁궐의 유원지였다.

③ 불사건축

㉠ 삼국시대의 일탑식 가람배치에서 이탑식 가람배치로 발전하였는데 금당이 가람의 중심이 되었으며 금당의 전면 양측에 2개의 탑을 세웠다.

㉡ 중기 이후 밀교, 선종의 성행으로 내적성찰을 중요시하게 되어 산지가람을 조영하였다.

TIP

불국사와 석굴암

㉠ 불국사

- 경북 경주에 위치하고 있으며 536년(법흥왕 27년) 창건되었다.
- 김대성에 의해 건축되었으며 다보탑과 석가탑을 중심으로 한 이탑식 가람배치를 이루고 있다.

㉡ 석굴암

- 경북 경주 토함산에 위치하고 있으며 8세기경에 건립되었다.
- 인도, 중국에서 4, 5세기경 유행했던 자연석굴을 사원을 모방한 인공적인 석굴사원으로 김대성에 의해 건축되었다.
- 사각형 평면의 전실과 원형 평면의 주실로 구성되며 불상이 있는 주실의 천장은 돔 구조를 이루고 있다.

④ 주거건축

㉠ 신라와 통일신라의 주거건축은 상호유사하며 시대적 구분이 명확지 않으나 삼국사기와 삼국유사에 당시의 주거양식에 관한 기록이 전래되고 있다.

㉡ 건축규제와 가사제한을 하였으며 골품제도에 의해 주거양식을 철저히 제한을 하였고 신분계급에 따라 대지의 규모, 주택의 규모와 사용재료 등을 제한하기도 하였다.

㉢ 기후조건으로 보아 마루구조를 사용하였을 것으로 추측되며 온돌의 사용여부는 불분명하다.

⑤ 탑파건축

㉠ 삼국통일 이후 석탑건축이 현저하게 발달되었다.

㉡ 대표적인 성탑은 감은사지 동서 3층 석탑(경북 월성, 682년)으로서 삼국통일을 계기로 이전의 탑파양식이 집약 정돈된 석탑으로 전형적인 한국석탑의 시원적인 양식의 석탑이다.

checkpoint

■ 각 시대별 가람배치의 형식

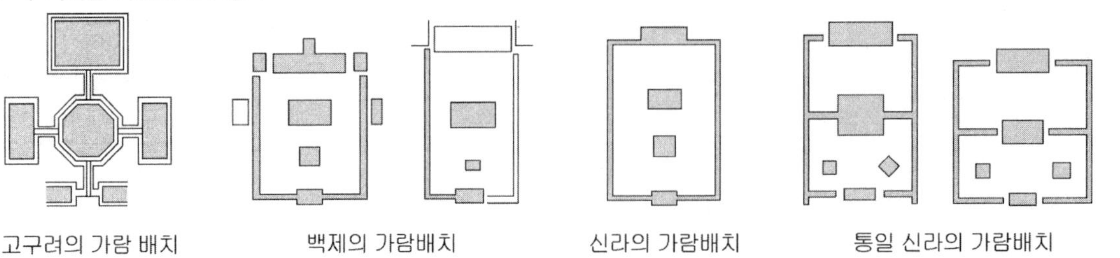

고구려의 가람 배치 / 백제의 가람배치 / 신라의 가람배치 / 통일 신라의 가람배치

TIP

1탑식, 2탑식, 무탑식

- 1탑식 : 1개의 탑을 중심으로 중문, 탑, 금당, 강당의 건물의 축선에 높이도록 좌우 대칭으로 배치를 하고 회랑을 둘리는 형식으로서 백제시대에 도입되어 일본에 전파되었다. (부여정림사지, 경주황룡사지, 부여 군수지리사지, 보은 법주사)
- 2탑식 : 통일신라시대부터 시작된 배치 방법으로서 금당을 중심으로 하고, 그 앞에 2개의 탑을 세우는 형식이다. 중문 동서 양탑, 금당, 강당, 회랑의 건물들이 중심축 좌우로 배치된다. (경주 사천황사지, 장흥 보림사, 난원 실상사)
- 무탑식 : 풍수지리설과 선종의 유행으로 형성된 배치법으로서 탑의 중요도가 거의 없어져 탑이 없어진 형식이다. (순천 송광사, 강화 전등사, 예천 용둔사, 영천 은하사)

4 고려시대

(1) 시대적 특징

① 고려 왕조의 문화는 불교를 포함하여 신라의 문화를 계승 · 발전시킨 것이었다. 고려의 예술과 건축은 중국의 송나라와 요(遼)나라 같은 동시대 문화와의 영향관계 속에서 발전되었다.

② 송도에 세워진 궁궐과 사찰은 송악산(松嶽山)의 측면을 따라 무리지어 세워졌다. 도시는 구불구불한 부정형의 성벽에 의해 둘러싸여 있었다. 고려시대 동안에는 마을의 위치를 선택하거나 건물의 대지를 선택하는데 있어서 풍수지리가 가장 중요한 원칙으로 적용되었다.

③ 풍수지리에 의하면 자연의 지형과 경관이 현재와 미래의 번영과 행복에 명백한 영향을 주는 것으로 해석되었다. 건축가들은 자연적 경관을 극복하려고 노력하지 않았다. 오히려 건축가들은 그들의 건물 계획에서나 마을 계획에서 기존의 물리적인 환경을 존중하였다.

(2) 건축적 특징

① 목조건축 양식

㉠ 초기에는 통일신라의 건축수법을 계승하였다.

㉡ 고려 중기에 주심포양식이, 고려후기에 다포양식이 각각 발생하였다.

㉢ 이 두 가지 공포양식은 이후 한국 목조건축양식의 주류를 형성하였다.

② 주심포양식

㉠ 고려시대 중기 중국 송나라로부터 전래된 양식으로 고려시대의 주류적인 공포양식이었다.

㉡ 고려시대 주심포양식은 주두와 소로의 굽면이 곡면이며 각각 굽받침을 지니고 있다. (봉정사 극락전은 고려시대의 주심포양식 건물오서는 예외적으로 주두와 소로가 굽받침을 지니지 않는다.)

③ 다포양식

㉠ 고려시대 말기 중국 원나라로부터 전래된 양식으로서 기둥상부에만 공포를 배치하는 주심포양식과는 달리 주간에도 공포를 배치하였다.

㉡ 주간에 공포를 배치하기 위해 창방 위에 다포양식 특유의 부재인 평방을 덧대어 구조적으로 보강하였다.

④ 도성계획

㉠ 개성은 풍수지리 사상의 영향을 받아 태조 2년인 919년에 수도가 되었는데 도성은 자연지형과 기능에 따라 비교적 자유스러운 형상으로 발전하였다.

㉡ 개경을 수도로 하고 동경(경주), 서경(평양), 남경(서울)의 삼경에 도성을 각각 축성하였다.

⑤ 궁궐건축

㉠ 만월대, 장락궁, 수창궁 등이 건설되었으나 만월대만이 유구로서 확인되고 있다.

㉡ 궁궐은 일반적으로 평지지형에 건설되나 만월대는 경사지형에 건설되었다.

㉢ 경사지형에 형성된 수개의 단지에 분절된 남북 축을 따라 건축물 등을 배치하였고, 정문인 승평문과 정전인 회경전을 비롯하여 장화전, 원덕전, 장경전 등의 건축물로 구성되었다.

⑥ 불사건축

㉠ 통일신라의 이탑식 가람배치를 계승하고 일탑식 가람배치도 겸용되고 있다.

㉡ 풍수지리 사상의 영향으로 산지가람이 성행하였다.

㉢ 도읍에서 멀리 떨어진 심산유곡의 경사지형에 건물을 자유스럽게 배치하였다.

㉣ 이전 시대의 대칭적이고 정형적인 가람배치가 붕괴되었다.

㉤ 지형적인 관계로 회랑이 없어지고 중문이 루의 형식의 건물로 바뀌었다.

⑦ 주거건축

㉠ 왕족과 상류계층은 중국식으로 의자, 탁자, 침상 등을 이용하였으며 온돌구조가 삼국시대와 같이 북부지역에만 한정되지 않고 서민주거에 전국적으로 널리 이용되었다.

㉡ 음양오행설에 의한 풍수지리 사상이 주택의 입지와 규모에 영향을 미쳤으며 전국토가 산지지형이므로 음양의 조화를 위해 단층의 주택을 지어야한다고 강조되었다.

㉢ 고려말기 부터는 유교의 영향으로 주택 내에 가묘, 즉 사당을 설치하기 시작하였다.

⑧ **탑파건축** … 초기에는 신라 및 백제의 탑파양식을 계승하고 중기에는 절충양식을 건설하고 후기에는 전형적인 고려 석탑형식을 완성하였다.

TIP

경천사지 10층 석탑 … 서울 경복궁 내 위치하고 있으며 1349년에 축조되었다. 탑신의 옥개석 하부에 목탑의 기법인 다포양식의 공포구조를 조각한 석탑이다.

5 조선시대

(1) 시대적 특징

① 조선시대는 고려시대와 달리 숭유억불정책으로 불교가 많이 위축된 반면 유교건축은 절정을 맞아 전국에 수많은 향교와 서원이 건립되었다.

TIP

향교, 서원, 문묘

㉠ 향교: 국가에서 건립한 관학으로서 유학을 가르치고 공자를 포함한 선현들에 대한 제례 의식을 거행하기 위하여 지방정부에서 설립한 교육기관이었다.

㉡ 서원: 유학자가 건립한 사학으로서 조선시대 전국각지에 건립되었다.

㉢ 문묘: 공자(孔子)의 위패와 함께 맹자(孟子)를 포함한 위대한 4명의 유학자들의 위패가 모셔져 있었고 다른 16명의 중요 유학자들의 위패도 함께 모셔져 있는 공간이다.

② 이전 시대와 비교했을 때, 상대적으로 많은 숫자의 조선시대 건축물들이 현존하고 있다. 그러나 현존하고 있는 대부분의 조선시대 건축물은 16세기 말에 있었던 임진왜란 이후에 지어진 것들이다.

③ 조선 왕조의 초기에 엄청나게 많은 건물이 지어지기 시작하였다. 새로운 수도인 한양은 한강변에 건설되었다. 한양을 둘러싸는 18km의 성벽은 8개의 문을 설치함으로써 마무리되었다. 한양의 도시계획은 아름다운 언덕과 산에 의해 둘러싸인 자연 지형과 조화를 이루도록 계획되었다. 도시의 기본적인 가로 구성을 위하여 일반적으로 격자형의 가로 체계가 적용되었으니 격자형 체계는 기존 지형과 많은 사생적인 곡선 도로, 우회로, 막다른 길에 의해 변형될 수밖에 없었다.

④ 한양의 남문인 남대문은 조선 시대에 지어진 많은 현존하는 문 중에서 가장 화려하고 위엄 있는 것이었다. 남대문은 1444년에 다시 지어졌고 그 이후에도 여러 차례 수리되고 보수되었으나 조선시대 초기에 지어졌던 원래의 남대문이 갖고 있었던 비례와 세부 표현을 지속적으로 간직하고 있다.

⑤ 조선시대에 지어졌던 대부분의 궁궐은 임진왜란 중에 파괴되었다. 서울에 현존하고 있는 대부분의 궁궐의 목조 건축물들은 조선시대 중기와 후기에 다시 지어진 것 들이다. 예를 들어 정전이나 남쪽 정문과 같은 궁궐 내의 중요한 건축물들은 대부분 다포 양식을 사용하여 지어졌다. 반면 익공 양식은 주택이나 정자와 같은 좀 더 일반적인 건물에서 사용되었다. 궁궐 건축에서 주심포 양식이 사용된 예는 거의 없었다.

⑥ 조선시대의 주택들은 16세기 이후에 그 전형적인 형식이 만들어졌다. 한국에서 주택 건축은 그 초기에 부엌이 별도의 건물로서 독립해 있었으나 인구가 줄어들고 경제적인 상황이 점차로 악화되면서 온돌을 통해 거주 영역을 난방 하는데 사용하는 아궁이와 부엌이 결합되었다.

⑦ 조선시대 상류층의 주택은 견고한 기초 위에 세워졌고 많은 장식적인 요소를 특징으로 하고 있었다. 상류층 주택의 평면 형태는 물리적 기능에 근거하여 결정되기보다는 가족과 사회생활의 전통적인 관습에 따라 결정되는 경우가 더 많았다. 따라서 주택의 형식을 결정하는데 있어서 가장 중요한 요인이 되었던 것은 사회문화적인 요인이었다. 물리적인 요인은 2차적이었다.

⑧ 주택 내에서의 활동 영역은 위계적인 인간관계와 성별의 차이에 의하여 명확하게 구분되도록 구성되어 있었다. 하류층의 주택은 일반적으로 통나무로 만들어졌고 목재로 만든 장식적인 처리가 적었다. 그리고 하류층의 주택은 대부분 초가지붕이었다.

⑨ 조선시대에는 불교가 도시로부터 강제로 추방되어 멀리 떨어진 산악지대로 옮겨가게 되었다. 조선시대 사찰 건물들의 배치는 지형과 자연적인 주변 환경에 의해 주로 결정되었다. 사찰의 중심 불전인 대웅전과 좌우의 요사 그리고 누각은 사찰경내의 중앙에 있는 안마당 주변에 건립되었고 다른 건물들은 대지의 기존 지형에 순응하는 위치에 세워졌다. 대부분의 불교 사찰들이 처음 지어진 것은 주로 통일신라시대와 고려시대 초기였다. 그 이후로 사찰의 일부 건물들이 다시 지어졌고 지속적으로 개축되고, 수리되었다. 이러한 사찰 건물들의 대다수가 조선 시대에 다시 지어진 것들이다. 현존하고 있는 사찰 건축들은 조선시대 동안의 사찰 건축의 역사적 발전 과정을 어떠하였는지를 생생하게 보여주고 있다.

(2) 건축적 특징

① **목조건축 양식** … 고려시대의 목조건축 수법을 계승 발전시켰으며 주심포양식과 다포양식을 지속적으로 사용하였고 이후 우리나라 독자적으로 익공양식을 개발하여 사용하였다.

㉠ 다포양식
- 가장 널리 사용된 공포양식으로서 궁궐의 정전이나 사찰의 주불전 등의 주요건물에 주로 사용되었다.
- 조선시대 후기로 갈수록 공포양식의 장식적이고 화려해지는 경향을 보인다.

기출예제 07 2017 지방직 추가

조선왕조의 정궁인 경복궁에 대한 설명으로 옳지 않은 것은?

① 경복궁 궁성 남쪽 중앙에 정문인 광화문을 내고, 남쪽 궁성 양 끝에 높은 대를 쌓고 누각을 올린 십자각을 세웠다.
② 경복궁에는 정전인 근정전과 편전인 사정전이 있다.
③ 경복궁의 내전으로는 왕과 왕비의 거처인 강녕전과 인정전이 있다.
④ 경복궁은 삼중의 문을 두고 정전과 침전이 놓인 전조후침(前朝後寢)의 구성을 하고 있다.

*

인정전은 창덕궁의 정전이다.

답 ③

㉡ 주심포양식
- 조선시대 초기에만 주로 사용되고 중기이후로는 널리 사용되지 못하였다.
- 고려시대 주심포양식과는 달리, 다포양식과 마찬가지로 주두와 소로의 굽면은 사면이며 굽받침 없다.

㉢ 익공식
- 조선시대 초 우리나라에서 독자적으로 개발되어 사용된 공포양식으로서 향교, 서원, 사당 등의 유교 건축물에 주로 사용되었다.

• 궁궐이나 사찰의 침전, 누각, 회랑 등 주요건물이 아닌 부차적 건물에도 주로 사용되었다.

기출예제 08 2008 국가직

한국 고건축의 목조건축형식 중 공포(栱包)에 대한 설명으로 옳은 것은?

① 안동 봉정사 극락전은 다포(多包)계 양식의 대표적인 건물이다.

② 주심포(柱心包)계 양식은 고려시대 중기부터 존재하였으나, 다포(多包)계 양식은 조선시대 초기가 되어서야 나타난 양식이다.

③ 다포(多包)계 양식은 창방과 주상단(柱上端)에 평방을 얹어놓고 그 위에 주심포작과 주간포작을 배치한 것이다.

④ 익공(翼工)계 양식은 장식적인 경향이 강하여 경복궁 근정전 등 매우 중요한 건물에 전반적으로 사용되었다.

✱

① 안동 봉정사 극락전은 주심포계 양식의 대표적인 건물이다.
② 다포(多包)계 양식은 고려시대 후기가 되어서 나타난 양식이다.
④ 경복궁 근정전 등 매우 중요한 건물에 전반적으로 사용된 양식은 다포양식이다.
※ 익공식은 조선 초기에 주심포 양식을 간략화 한 것으로 기둥위에 새 날개처럼 첨차식 장식을 장식효과와 주심도리(기둥 위에 놓인 도리)를 높이는 양식이다. 장식 부재가 하나인 초익공 또는 익공과 부재를 두 개 장식한 이익공이 있어 관아, 항묘, 서원, 지방의 상류 주택에 많이 사용되었다.

답 ③

② 궁궐건축

㉠ 조선시대 궁궐은 왕실의 존엄성과 권위를 상징하기 위해서 대규모로 화려하게 건축되었다.
㉡ 궁궐건축은 정무공간, 생활공간, 정원공간의 세 영역에 의해 구성되어 있었다.
㉢ 경복궁, 창경궁, 창덕궁, 덕수궁, 경희궁 등의 5대궁이 현존하고 있다.

checkpoint

■ **조선시대 5대궁**

(1) 경복궁

① 1395년(태조 3년) 창건, 1863~70년(고종 2~7년) 재건하였다.
② 한국의 궁궐 중 가장 대규모로서 한국의 궁궐건축을 대표하는 건축물이다.
③ 정전 등의 주요 건물은 남북축을 중심으로 좌우대칭으로 배치하고 부속건물과 정원은 비대칭적으로 자유스럽게 배치되어 있다.
④ 정문인 광화문과 정전인 근정전 등 주요한 건물과 회랑은 남북축을 중심으로 좌우대칭으로 배치되어 있다.
⑤ 정원공간으로 방지와 경회루, 향원지와 향원정 등이 있다.
⑥ **근정전** : 다포양식, 팔작지붕 형식의 중층건물로서 조선시대 궁궐의 정전 중 가장 대규모이며 조선후기의 대표적 건물이다.
⑦ **경회루** : 평면구조, 칸수, 기둥수, 부재길이 등을 주역의 이론에 의거하여 건축한 건축물로서 장비의 중앙에 위치한 익공양식의 2층 누각 건물이다.
⑧ **향원정** : 한국건축물로서는 예외적으로 평면이 6각형인 정자 건물이다.

⑨ 편전인 사정전과 만춘전, 침전인 강령전과 교태전, 내전인 자경전과 수정전 등이 있다.

(2) 창덕궁

① 태종 5년 창건, 광해군 초 재건되었으며 일반적으로 평지에 건설된 다른 궁궐과는 달리 경사지형에 건물들을 자유스럽게 비정형적으로 배치하였다.
② 창덕궁의 후원인 비원은 한국의 정원 중 가장 아름다운 정원으로 꼽힌다.
③ **인정전**(1804년) : 창덕궁의 정전으로서 다포양식의 중층 건물이며 건물양식은 경복궁 근정전과 유사하나 근정전에 비해 단정하고 고전적인 인상
④ **돈화문** : 창덕궁의 정문으로서 중층 우진각 지붕의 다포양식으로 구성되어 있다. (현재 서울우리소리박물관, 돈화문 국악예술당과 마주보고 있다.)
⑤ 편전인 선정전과 내전인 대조전, 희정전 등이 있다.

(3) 창경궁

① 1483년(성종 14년) 창건, 1616년(광해군 8년) 일부 재건을 하였으며 현존하는 궁궐중 시대적으로 가장 오래된 궁궐이다.
② 정전인 명정전을 비롯한 주요건물들이 일반적 궁궐과 달리 남향이 아닌 동향을 한 독특한 배치를 하였다.
③ **명정전** : 현존하는 궁궐의 정전 중 가장 오래된 건물로 단층 팔작지붕의 다포양식 건축물이다.
④ **통명전** : 내전 건물로서 지붕의 용마루가 없는 특이한 이익공 양식의 건물이다.
⑤ **홍화문** : 창경궁의 정문으로서 중층 우진각 지붕의 다포양식 건축물이다.

(4) 덕수궁

① 1908년 중건, 원래는 행궁이었다가 임진왜란 이후 정궁으로 사용되었다.
② 조선 말기에 많은 양식 건축물이 세워져 본래의 상태를 추정하기가 곤란하다.
③ **중화전** : 다포양식으로서 창건 당시에는 중층이었다가 재건 당시 단층으로 규모가 축소되었다.
④ **석어당** : 궁궐의 건물 중 정전 이외의 건물로는 드물게 2층 건물 형식을 취하고 있다.

(5) 경희궁

① 원래는 경덕궁이라 하였으며 일제 때 대부분의 전각들이 옮겨 건설되거나 헐리었다.
② 홍화문은 경희궁의 정문이며 승정전은 경희궁의 정전이다.

TIP

현존하고 있는 4대궁의 아픈 역사 … 현재 서울에 현존하고 있는 궁궐인 경복궁(景福宮), 창덕궁(昌德宮), 창경궁(昌慶宮), 덕수궁(德壽宮) 등은 모두 조선시대에 지어진 궁궐들이다. 조선 왕조를 대표하는 정궁(正宮)인 경복궁은 1395년에 지어졌다. 큰 복을 빈다는 의미를 가진 '경복(景福)'이라는 이름의 이 궁궐은 조선 왕조의 왕과 그 자손들 그리고 조선의 백성들의 영원한 행복과 번영을 찬양하는 의미로 지어졌다. 그러나 경복궁은 임진왜란(壬辰倭亂, 1592~1598) 중이었던 1592년 일본군의 방화에 의해 완전히 소실되어 버렸고 1865년 다시 지어질 때까지 폐허로 남아있었다.

③ 도성계획

㉠ 1394년(태조 3년) 한성에 정도한 이래 조선왕조 500년간 지속되었다.
㉡ 한성은 풍수지리 사상에 의해 명당의 입지에 위치하였으며 주변의 아름다운 자연환경을 배경으로 하여 궁궐을 중심으로 계획되었다.

㉢ 한성의 자연지형을 우선으로 하여 중국식 도성계획 기법을 부분적으로 적용하여 기하학적, 정형적인 중국의 도성계획과는 달리 한성의 도성계획은 자연지형에 따른 불규칙적 형태를 띤다.

㉣ 전체적인 가로망은 우회로와 불규칙한 곡선로로 구성되었다.

㉤ **좌조우사** : 궁궐인 경복궁과 창덕궁을 중심으로 좌측에 종묘, 우측에 사직단을 배치하였다.

㉥ **전조후시** : 궁궐 앞쪽에 6조의 관아를 배치, 방리제의 적용, 도성 중심부의 일부 가로망은 격자형을 기본으로 하였다.

④ 성곽계획

㉠ 도성의 경계에는 지세에 따라 단형으로 성곽을 축조하였으며 근교의 주요산에는 북한산성, 남한산성 등의 산성을 쌓아 외침에 대비하였다.

㉡ 주요지점에 도성의 출입구로서 사대문과 사소문을 설치하였다.

- 사대문 : 정동의 흥인문(동대문), 정서의 돈의문, 정남의 숭례문(남대문), 정북의 숙청문
- 사소문 : 동북쪽(홍화문), 동남쪽(광희문), 서북쪽(창의문)., 서남쪽(소덕문)

TIP

남대문 … 1448년 중건되었으며 중층구조로서 우진각 지붕으로 다포양식 목조건축물이다.

⑤ 읍성계획

㉠ 조선시대에는 행정상 중요한 지점에 읍성을 국방상 중요한 지점에 산성을 설치하였다.

㉡ 각도의 중요한 읍성에는 왕의 위패를 보관, 조정의 파견사신의 숙소로 사용되는 객사를 반드시 설치하였다.

㉢ 왕권을 상징하는 객사를 읍성의 가장 중심적 위치에 배정하고 객사의 전면에 광장을 형성하였고, 서쪽에 문관이 사용하는 본부향청을 배치하고 동쪽에 중영, 훈련원, 군기고 등을 배치하였다. 향교 및 문묘는 약간 떨어져 한적한 곳에 배치를 하였다.

㉣ 수원성[경기 수원, 1794~96년(정조 18~20년)]은 임진왜란의 경험과 실학사상을 바탕으로 서구식축성법을 참고, 동양에서 가장 발달된 형식으로 축성된 성으로서 실학사상에 따라 건축의 규격화 계획적인 시공, 근대화 공법 등을 시도한 업적인 건축이었다. 정약용 등의 당시 실학자들이 축성과정에 참여하였으며 "화성성역의궤(1796년)"를 통해 당시의 공사상황이 자세히 기록되어 있다. 성벽일부와 장안문, 팔달문, 화홍문, 화서문, 방화수류정 등의 건축물이 현존하고 있다.

⑥ 유교건축

㉠ **향교건축** : 조선시대에 들어서 숭유억불 정책으로 유교건축이 절정기를 맞이하였고, 한국의 유교 건축 중 가장 대표적인 건축형식으로는 향교 및 서원이 있다.

- 향교는 국가에서 건립한 관학이며 서원은 유학자가 건립한 사학이다.
- 조선시대 전국각지에 건립되었으며 전반적인 건축형식은 서로 유사하며 공포양식은 간단한 익공양식을 주로 사용하였다.

㉡ 서원건축

- 대표적인 건축물은 도산서원(경북 안동, 1557년)과 소수서원(경북 영주, 1542년)으로서 최초의 서원으로서 매우 자유스러운 배치를 취하였다.
- 도산서원은 퇴계 이황이 설립한 한국 최대규모의 서원이다.

TIP

향교 및 서원 … 유교의 교육과 제례의식의 거행을 주 기능으로 하는 교육기관이다.

㉢ 종묘 및 사직단

- 좌조우사의 법칙에 따라 궁궐인 경복궁을 중심으로 좌측에 종묘, 우측에 사직단을 각각 배치하였다.
- 종묘(서울, 1608년 중건)는 조선왕조의 역대 왕과 왕비의 신위를 모신 일종의 국가적 사당이다. 정전은 익공양식으로 한국건축물중 단일건축물로는 길이가 가장 긴 건물이며 영령전은 익공양식으로 형태와 기능이 정전과 유사하다.
- 사직단은 토지의 신인 '사'와 오곡의 신인 '직'에게 제사를 지내는 곳이었다.

기출예제 09 2017 생활안전분야

의례(儀禮)와 관련된 조선시대 건축에 대한 설명으로 옳지 않은 것은?

① 월대는 격이 높은 건물에 설치되며 행사용으로 사용되었다.
② 한성의 사직단에는 두 개의 네모난 단이 있고 각각 사단, 직단이라 불렸다.
③ 종묘 정전은 역대 왕의 신위를 모시기 위하여 태조의 한양천도 때 정면 19칸, 측면 3칸의 규모로 건립되었다.
④ 지방 고을의 객사 가운데에 있는 정청에는 전패를 모셨으며, 고을 수령은 이곳에서 전패에 하례를 드렸다.

✱

종묘는 태조 3년(1394)에 개성에서 한양으로 천도한 다음해인 1395년에 사직단(社稷壇), 궁궐(경복궁)과 함께 완공되었다. 종묘 정전은 현재 정면 19칸, 측면 3칸이고, 좌우 익실(翼室) 각 3칸이지만 본래에는 태실(太室) 7칸, 좌우 익실 각 2칸이었던 것을 여러 번 증축하였다

답 ③

⑦ 주거건축

㉠ 건축법규에 의한 건축규제가 엄격하였으며, 주택의 사치와 대규모화로 인해 신분계급에 따라 대지와 가사의 규모를 통제하기도 하였다. 경국대전, 이조실록 등의 서적에 당시의 건축규제 내용이 기록되어 전래되고 있다.

㉡ 풍수지리 사상의 영향(고려시대와 마찬가지로 음양오행설에 의한 풍수지리 사상이 영향)을 받아 주택의 입지, 배치, 규모 등을 정할 때 이를 고려하였다.

㉢ 유교사상의 영향을 받아 주택 내에 사당을 설치하였고 주택 내에서 남녀 또는 신분계급의 위계성에 따라 공간을 엄격하게 구분하였다.

TIP

상류층의 주택은 튼튼한 가구구조를 갖고 있었다. 비록 사찰이나 궁궐 건축에서 찾아볼 수 있는 화려한 단청(丹靑)의 사용은 엄격히 금지되었지만 많은 장식적인 요소들을 갖고 있었다. 상류 주택의 지붕은 우아한 곡선으로 처리되었고 약간 들어올린 처마에 의해 강조되었다. 지붕의 모서리 부분에는 처마를 따라 곡선의 막새기와가 장식적으로 사용되었다.

기출예제 10

조선시대 건축의 주요 특징으로 옳은 것은?

① 조선 초기 한양의 도시계획은 새로운 질서를 추구하기 위해 격자형 도로망을 사용한 전정형(田井形) 가로구성 체계를 엄격하게 사용하였다.
② 조선시대에는 신분제도에 따라 집터의 크기와 집의 규모, 장식 등을 규제하는 제한이 있었다.
③ 유교사상에 따라 주택의 공간은 사랑채, 안채, 별당 등으로 위계적으로 분화되고 전형적인 대칭형 배치를 이룬다.
④ 풍수사상이나 음양오행설이 건축원리에 영향을 주기 시작한 것은 조선 건국 이후이다.

*
① 한양의 도시계획은 전정형(바둑판식) 가로구성체계를 경복궁 정면에 부분적으로 사용했다.
③ 유교사상에 따라 주택의 공간은 비대칭형 배치를 이룬다.
④ 음양오행설과 풍수지리는 이미 통일신라 때 중국에서 들어와 정착이 시작되었지만 고려 개국 전후에 보편화되었다.

답 ③

⑧ 탑파건축
㉠ 고려시대의 석탑양식을 계승, 세부형식에만 부분적인 변화를 보인다.
㉡ 대표적인 석탑은 낙산사 7층 석탑(강원 양양, 1468년)과 신륵사 다층 석탑(경기 여주, 1472년)이 있다.
㉢ 대표적인 목탑은 법주사 팔상전(충북 보은, 17세기 전반)으로서 5층 목탑으로서 조선시대의 목탑으로는 유일하게 현존하고 있다.
㉣ 원각사지 10층 석탑(서울 파고다 공원 내, 1746년)은 탑파양식이 고려의 경천사지 10층 석탑과 유사하여 대리석으로 축조되었다.

⑨ 누각 및 정자건축
㉠ 조선시대에는 자연경관이 뛰어난 명승지에 누와 정을 건축하였다.
㉡ 이곳은 평소에는 유람상춘의 장소로서 이용하며 전시에는 장수들의 지휘소로서 이용되었다.

checkpoint

■ 조선시대의 가람배치

(1) 건축개요

① 고려시대의 가람배치 형식을 더욱 자유로운 형식으로 발전시켰다.
② 초기엔 평지가람도 조영되었으나 후기에는 숭유억불 정책, 풍수지리 사상의 영향으로 주로 산지가람을 조영하였다.
③ 형식에 구애됨이 없이 필요한 거물을 지형에 따라 적당한 곳에 자유스럽게 배치하였다.
④ 고려시대를 거쳐 조선시대에 이르러 한국 고유에 가람배치 형식이 완성되었다.

(2) 가람배치 실례

① 평지가람 실례
- 송광사, 전남 순천 : 삼보사찰 중 승보사찰로서 대웅전, 국사전, 하사당 등의 건물로 구성되어 있다.
- 통도사, 경남 양산 : 삼보사찰 중 불보사찰로서 대웅전 내부에 불상이 없고 대웅전 뒤쪽에 석가모니의 사리를 안치한 금강계단이 예불의 대상이 있다.
- 기타 : 전북 김제 금산사, 충북 보은 법주사, 충남 부여 무량사 등

② 산지가람의 실례
- 해인사, 경남 합천 : 삼보사찰 중 법보사찰로서 팔만대장경을 보관하고 있다.

(3) 주요 사찰건물

① 은해사 거조암 영산전(경북 영천, 15세기경)은 건립시기가 고려 말 또는 조선 초로 추정되는 주심포양식의 건축물이다.
② 무위사 극락보전(전남 강진, 15세기 중기)은 조선시대 초기 주심포양식의 전형적인 건물이다.
③ 봉정사 대웅전(경북 안동, 조선 초)은 조선 초의 다포양식 건물로 팔작지붕으로 구성되어 있다.
④ 통도사 대웅전(경남 양산, 1644년)는 다포양식의 건물로 정자형의 독특한 지붕을 지니고 있다.
⑤ 금산사 마륵전(전북 김제, 17세기 경)은 다포양식의 3층 팔작지붕으로 현존하는 국내 유일의 3층 목조불전이다.
⑥ 쌍봉사 대웅전(전남 화순, 1690년)은 본래 목탑이었지만 후에 대웅전 건물로 전용되다가 현재는 화재로 소실되었다.
⑦ 화엄사 각황전(전남 구례, 1703년)은 다포양식, 팔작지붕의 2층 건물로서 현존하는 불전 중 가장 규모가 크다.

❻ 근대시대

(1) 해방 이전의 건축적 특징

① 한국에서 전통적인 목조건축 형식과 구별되는 새로운 형식의 건축이 시작된 것은 1876년 개항(開港) 이후의 일이다. 19세기 말에서 20세기 초에 나타난 한국 건축에서는 많은 변화가 일어나기 시작하였다.

② 한국의 전통적인 목조건축 방식을 대신하는 조적조 건축방식의 도입과 다층건축물의 건립을 들 수 있다. 개항이후 도시를 중심으로 하는 상업 발전에 따른 도시화와 서양 건축의 도입으로 도심부의 중심 가로를 중심으로 조적조 건축물과 상업적인 용도의 2층 한옥상가 건축물이 지어지기 시작하였다. 또한 서양인 선교사와 외교관들이 한국 내에 거주하게 되면서 한옥이 그들의 생활 관습에 적합하도록 변형되기 시작하였고, 한국에서는 일반화되지 않았던 벽돌 사용이 확대되었다.

③ 한국에 온 서양인 신부나 기술자 또는 일본인에 의해 지어진 서양식 건축물의 등장으로 프랑스인 신부나 미국인 선교사들이 한국에 들어오면서, 대도시를 중심으로 지방에 지어졌던 한옥 성당과는 구분되는 명동성당, 정동교회 등의 건축물을 지어나갔다.

④ 대한제국(大韓帝國) 정부와 민간에서 지은 서양식 건축물로서 대한제국 정부는 근대국가 건설을 지향하며, 적극적으로 서양건축을 도입하려고 하였다. 이에 따라, 덕수궁을 중건하는 과정에서 서구건축을 적극 도입하였는데, 정관헌(靜觀軒)과 석조전(石造殿) 등이 대한제국 정부에서 지은 대표적인 서양식 궁궐 건축물이다.

⑤ 식민지배가 안정기에 접어든 1920년대 후반부터 한국건축에서 서양의 모더니즘 건축이 본격적으로 등장하기 시작하였다. 1930년대에 들어서는 이러한 건축경향이 철근콘크리트의 보급과 함께 모더니즘 경향의 건축물이 관공서는 물론 민간건축에서도 주류를 형성하게 되었다.

(2) 해방이후의 건축적 특징

① 한국전쟁이 끝난 1953년 이후 전후 복구 사업이 본격화되었고 이 과정에서 서구의 국제주의(國際主義) 건축양식이 직접적으로 한국에 소개되었다.

② 한국인 건축가들은 설계사무소와 학교 등을 중심으로 활동하면서 모더니즘 건축에 대한 추구와 함께 한국 전통 건축을 근대적인 언어로 재해석하는 실험적 시도를 시작하였다.

③ 1950년대와 1960년대에 지어진 건축물에는 당시 한국인 건축가들이 추구했던 다양한 실험적 시도들이 잘 드러나 있다. 이 시기의 건축물에는 건축기술이나 재료 등의 조건이 충분히 성숙되지 못한 1950년대와 1960년대 한국의 상황에서 모더니즘 건축을 실현시키고자 했던 한국인 건축가들의 강한 의지와 한국전통 건축에 대한 독자적인 해석이 묻어난다.

④ 이 시기에 활동했던 건축가 중에서 한국의 현대건축에 가장 많은 영향을 준 건축가는 김중업(金重業, 1922~1988)과 김수근(金壽根, 1931~1986)이다.

TIP

김중업과 김수근 … 르 꼬르뷔지에 사무실에서 근무했던 김중업은 주한 프랑스 대사관을 설계하였고, 일본에서 공부한 김수근은 자유센터와 같은 건물을 대표작으로 남겼다. 이들은 1980년대까지 활동하면서 한국 현대건축의 대표적인 건축물들을 세워 나갔다. 김중업과 김수근 모두 한국 전통 건축의 특성을 근대적인 언어로 표현하고자 했었으나 그 표현의 방식은 서로 달랐는데, 오히려 서로 다른 표현의 방식이 한국 현대 건축이 보다 다양하고 풍부해질 수 있는 밑거름이 되었다고 볼 수 있다.

checkpoint

(1) 건축물의 건축양식

① **르네상스양식 :** 총독부청사, 한국은행, 러시아공관, 서울역, 덕수궁
② **고딕양식 :** 명동성당, 약현성당
③ **로마네스크양식 :** 성공회성당

[마인츠 대성당]

[성공회성당]

(2) 한국의 근현대 건축가와 주요작품

① **김중업 :** 제주대학교 본관, 명보극장, 프랑스대사관, 삼일빌딩, 올림픽상징조형물, UN묘지 정문
② **김수근 :** 자유센터, 세운상가, 남산타워, 국립부여박물관, 경동교회, 국립과학관
③ **박길룡 :** 조선생명사옥, 종로백화점, 화신백화점, 한청빌딩
④ **박동진 :** 고려대학교 본관 및 도서관, 구 조선일보사
⑤ **배기형 :** 유네스코회관, 조흥은행 남대문지점
⑥ **이광노 :** 어린이회관, 중국대사관
⑦ **유걸 :** 서울시청 신청사, DMC타워, 강변교회
⑧ **승효상 :** 수졸당, 수백당, 웰콤시티, 퇴촌주택, 현암
⑨ **이희태 :** 절두산성당, 혜화동성당, 메트로호텔, 공주박물관
⑩ **박춘명 :** 국립 광주박물관
⑪ **염덕문 :** 세종문화회관
⑫ **강봉진 :** 국립중앙박물관

기출예제 11 2019 서울시

다음 중 〈보기〉에 해당하는 인물은?

〈보기〉

- 1919년 경성고등공업학교 졸업 후 13년간 조선총독부에서 근무
- 1932년 건축사무소 설립
- 적극적인 사회 활동과 참여, 한글 건축 월간지 발간
- 조선 생명 사옥(1930), 종로 백화점(1931), 화신 백화점(1935) 설계

① 박길룡 ② 박동진

③ 김순하 ④ 박인준

✱

보기에 제시된 사항은 건축가 박길룡에 관한 사항들이다.

답 ①

checkpoint

■ 덕수궁 석조전

르네상스 양식의 석조건축물로서 1910년에 완공되었다. 지층을 포함한 3층 석조 건물로서 지층은 서실, 1층은 접견실 및 홀, 2층은 황제와 황후의 침실·거실·서재 등으로 사용되었다. 기둥 윗부분은 이오니아식으로 되어 있으며 실내는 로코코풍으로 장식이 되어 있다.

■ 명동성당

건물은 고딕식 평면 형식인 라틴 십자형을 하고 있으며 북서쪽에 주 출입구를 내었고 남동쪽에 앱스를 두었다. 내부에는 중앙부(nave, 신도석)와 양측부(aisle, 통로부), 십자돌출부(transept), 성단(聖壇, chancel), 앱스를 두었으며 앱스 주위에는 머리회랑(ambulatory)을 두고 이 밑으로는 지하성당을 갖추고 있다. 총 길이 68.25m, 폭 29.02m, 건물 높이 23.43m, 십자가를 제외한 종탑 높이 46.70m에 이른다.

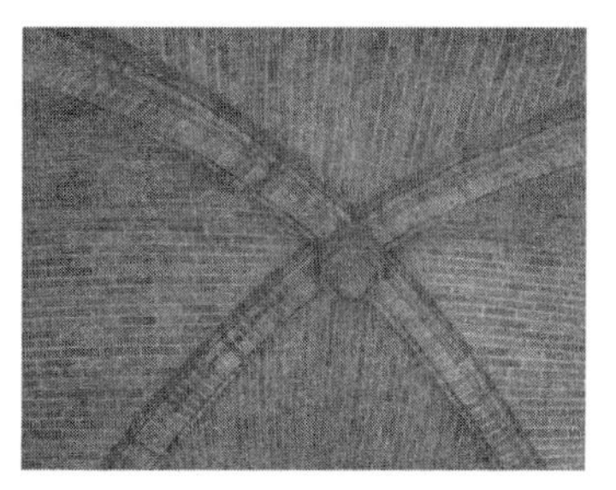

TIP

경동교회(김수근)

㉠ 외벽의 벽돌은 똑같이 규격화된 벽돌이 아니라 다양한 형태의 벽돌을 사용한 것으로 보이며, 다양한 기하학적인 형태가 반영되어 있다.

㉡ 교회건축의 경우 종탑(첨탑)이 있는 쪽에 출입문인 있는 경우가 대부분이지만, 불광동 성당과 함께 경동교회는 뒤쪽에 출입문이 있다. 그리고 김수근의 작품 특징 중 하나인 미로 같은 분위기의 출입통로가 잘 나타나있다.

㉢ 서로 다른 높이의 기둥이 모여 건물 형태를 띠고 있는데, 이는 기도하는 손 또는 횃불 등을 닮았다고 평가받는다.

㉣ 제단에만 자연광이 비치는 구조로 제단의 십자가가 경건하고 장엄한 분위기를 주도록 설계하였다. 본당 내부에는 창문을 거의 두지 않아서 어두운 분위기이며, 카타콤의 지하교회와 유사한 느낌을 준다.

7 현대 시대

(1) 현대 한국건축의 특징

① 컴퓨터, 통신 기술의 발달은 현 시대의 한국건축에도 막대한 영향을 미치고 있으며 건축설계와 공사 기술의 비약적인 발전과 변화를 지속적으로 촉진하고 있다.

② 동대문디자인플라자처럼 디지털 기술을 기반으로 한 비정형 건축이 가능해졌으며 건축물이 환경에 미치는 영향에 대한 사회적 관심이 촉구되어 건축물의 에너지절약 및 친환경성이 요구되고 있다.

③ 롯데월드타워를 비롯하여 초고층 주상복합 건물처럼 건축물의 고밀도화, 대규모화, 초고층화가 이루어지고 있다.

④ 한국 문화의 정체성이 담겨있는 한국전통한옥을 개량하여 한옥을 보존하고 한옥의 순기능을 최대한 살리려는 움직임이 일고 있다.

(2) 대표적인 현대 한국건축가

① 김인철

㉠ 전통에 바탕을 둔 공간의 해석인 '없음의 미학'을 화두로 작업하고 있으며, 익산 어린이의 집, 김옥길기념관, 행당동주민자치센터, 리플렉스 등으로 여러 건축상을 수상했다.

㉡ 웅진씽크빅으로 김수근문화상, 한국건축문화대상, 건축가협회상을 수상했고, 어반하이브로 건축가협회상과 서울시건축상, 오르는 집으로 경기도 건축상, 호수로 가는 집으로 건축가협회상을 수상했다.

② 김종성

㉠ 세계 모더니즘 건축의 선구자 루트비히 미스 반데어로에(1886~1969 · 이하 미스) 건축사무소 소속으로 캐나다 토론토 도미니언센터 프로젝트 등에 참여했다. (미스와는 그가 사망하기 전까지 8년 동안 같이 일했다.)

㉡ 1966~1978년 일리노이공과대학 건축대학 교수, 1972~1978년 일리노이 공과대학 건축대학 학장 서리를 역임했다.

㉢ 대표작으로는 서울힐튼호텔, SK그룹 본사건물, 올림픽 역도경기장, 부산 파라다이스비치호텔 구관, 경주 힐튼호텔, 경주 우양미술관(옛 선재미술관) 등이 있다.

③ 류춘수

㉠ 1975~1986년까지 김수근 선생의 공간(空間)에서 배우고, 1986년 10월에 이공건축을 창립, 현재에 이르렀다.

㉡ 월드컵경기장으로 서울시건축상 금상과 IOC/IAKS 건축상을 수상하였다.

㉢ 2000년 영국왕실의 The Duke Edimburgh fellowship과 2008년 미국 건축가협회 Hon,Fellow of AIA로 선정되었다.

㉣ 아시아와 영국의 Cambridge 등 여러 대학에서 초청 강의하였다.

㉤ 주요작품으로 서울월드컵경기장, 한계령 휴게소, 체조경기장, 리츠칼튼호텔, 부산국립국악원, 건국대예술관, 박경리기념관 등이 있다.

㉥ 해외에는 사라와크 체육관과 주경기장, 국제지명현상 당선작인 하이코우의 868 타워가 있다.

④ 승효상

㉠ 건축과 관련한 다양한 사회활동을 하는 건축가로서 주목할 만한 건축작품들을 남기고 있다.

㉡ 그의 작품에서는 기능적이거나 호화로운 면보다는 순박하고 순수함이 느껴진다. "빈자의 미학" 등 건축과 관련된 다양한 주제의 강연을 통해 건축에 대한 사회적인 관심을 이끌어 내었다는 평을 받고 있다.

㉢ 작품 중에는 약간의 불편함을 의도적으로 도입한 것들이 있는데 이는 편리함 속에 내재된 문제를 약간의 불편함으로 해결해보고자 하는 그의 건축철학이 반영된 것이다.

㉣ 주요 작품으로는 수졸당, 퇴촌주택, 대전대학교 30주년 기념관, 쇳대박물관 등이 있다.

⑤ 우규승

㉠ MIT 건축학부 및 하버드대학교 건축대학원에서 강의했으며, 현재 미국건축가협회 특별회원으로 활동하고 있다

㉡ 미국의 명문대학 주요건물들 다수를 설계하였고 보스턴에서 인정받는 건축가이다.

㉢ 주요작품으로는 환기미술관, 88올림픽 선수촌 아파트, 캔자스시 너만 현대미술관, 하버드대학교 대학원 기숙사 등 다수가 있으며 국립아시아문화전당을 설계하였다.

⑥ 유걸

㉠ 서울시청 신청사를 설계한 것으로 주목을 받았던 건축가로서 건축 사무소 아이아크의 공동대표로 활동하고 있다.

㉡ 대표작으로 서울시청 신청사, 강남 밀알학교, 강변교회, 배제대학교 기숙사, 인천세계도시축전 기념관 등이 있다.

⑦ 이은영

㉠ 독일 쾰른에서 활동하는 건축가로서 20년이 넘는 시간 동안 독일에서 건축만을 해왔던 건축가이다.

㉡ 독일 슈투트가르트 시내에 위치한 중앙도서관을 설계하였는데 이 도서관의 입면 상단부에는 "도서관"이라는 한글이 새겨져 있다.

⑧ 정기용

㉠ 건축에 관한 영화 "말하는 건축가"에서 이야기를 이끄는 주역할을 한 건축가로서 무엇보다 건축가의 역할에 대해 강조하며, 건물은 화려한 외관보다 건물을 사용하는 사람을 향한 철학을 강조하였다.

㉡ "건축가가 한 일은 본래 거기 있었던 사람들의 요구를 공간으로 번역한 것이지 그 땅에 없던 무엇인가를 창조한 것이 아니다"라는 말을 남겼다.

㉢ 대표작으로는 무주 프로젝트, 기적의 도서관, 박경리 문학의 집, 노무현 전 대통령 봉하마을 사저, 지평선 고등학교 등이 있다.

⑨ 조민석

㉠ 다수의 수상 경력을 가지고 있는 그는 신건축국제도시주거공모전에 당선됐고, 뉴욕 건축연맹에서 주관하는 미국 젊은건축가상(뉴욕건축가연맹)을 수상하였다.

㉡ 그의 작품 중 부티크 모나코는 세계 최우수 초고층 건축상 톱5 작품에 최종 선정이 되었고, 2010년엔 여의도에 위치한 에스트레뉴 타워로 다시 지명되었다. 현재 다수의 국제심포지엄 및 강의에 참여하고 있으며 서울시의 주요 건축사업의 설계를 맡고 있다.

㉢ 대표작으로는 에스트레뉴 타워, 상하이 엑스포 한국관, 부띠크 모나코 등이 있다.

⑩ 조성룡

㉠ 한국 최고의 현대건축 20에 가장 많은 작품이 뽑힌 건축가이기도 하다. 두 번의 건축문화대상 대통령상, 서울시문화상, 김수근건축상 등을 수상했다.

㉡ 한국의 모더니즘 건축을 이끈 인물로 평가받고 있으며 현재도 건축계에서 꾸준히 활동을 하고 있다.

㉢ 김종성과 함께 여러 프로젝트를 맡았으며 서울건축학교의 교장을 역임하였다.

㉣ 대표작으로는 선유도 공원, 소마미술관, 이응노의 집 등이 있다.

⑪ 최문규

㉠ 베니스 건축 비엔날레 한국관 큐레이터, 제9회 베니스 건축 비엔날레 국제관, 제7회 상파울루 건축 비엔날레, 심천-홍콩 Bi-City 비엔날레에 초청되었다.

㉡ 대표작으로는 정한숙 기념관, 쌈지길, 숭실대 학생회관, 연세대학교 진리관, H 뮤직라이브러리 등이 있다.

8 도시유산

(1) 한옥등록제의 개념

현재 한옥밀집지역 내 한옥을 소유한 사람 중에서 한옥 보전 및 진흥 사업 등에 찬성하여 한옥의 수선 및 신축 시 비용지원을 받을 수 있도록 한옥을 행정관청 등록하는 제도이다.

(2) 한옥등록제의 혜택

① 한옥의 부분수선의 경우, 공사비 일부를 지원받을 수 있다.

② 거주자 우선주차장을 우선으로 배정받을 수 있다.

③ 한옥의 전면수선 등의 경우, 공사비 일부를 지원받거나 융자받을 수 있다.

④ 비한옥을 한옥으로 신축하는 경우, 공사비 일부를 지원받거나 융자받을 수 있다.

TIP

한옥표준설계도서

- 전통 한옥의 멋과 품격을 유지하면서도 현대 생활에 편리하고 실용성을 갖추도록 미리 제작된 설계도서로서 국토교통부의 승인을 받은 것이다.
- 국민 누구나 쉽게 한옥을 지을 수 있도록 한 것으로서 현재 경북형 한옥표준설계도서(국토교통부 제2018-1237호)가 주로 사용된다.
- 일자형, ㄱ자형, ㄷ자형, ㅁ자형 등 다양한 한옥의 설계도서를 누구나 무료로 인터넷에서 구할 수 있다.

(3) 문화재

① **도시유산** … 원래의 것을 바탕으로 하는 '재생'에 초점을 두어 도시에 남아있는 흔적과 기억의 총체를 말한다. 제도적으로 보호받고 있는 문화재, 변화에 의해 곧 사라질 유산, 보호대상의 비문화재, 세간유산 등을 포함하는 개념이다. 제도로 보호받지 못하는 도시유산은 전반적으로 양식(style)을 갖추지 못하여 약하거나 볼품이 없어 현세대에 가치를 인정받지 못하고 있는 것이 대부분이며, 이에 따라 도시개발의 과정 속에서 해체되는 것이 당연한 것으로 여겨왔다. 그러나 시민들의 삶(생활과 생산)과 밀착되어 있거나 특별한 존재 이유를 가진 유산의 경우는 보호 대상이 되기도 한다.

② **지정문화재** … 「문화재보호법」 또는 시 · 도 문화재 보호조례에 의해서 보호되는 문화재 (국가지정문화재, 시 · 도 지정문화재)

③ **비지정문화재** … 법령에 의해 지정되지는 않았지만 문화재 중에서 지속적인 보호와 보존이 필요한 문화재 [매장문화재, 일반동산문화재 등 기타 지정되지 않은 문화재(예 : 향토유적, 유물)]

④ **등록문화재** … 지정문화재가 아닌 문화재 중 건설된 후 50년 이상이 지난 것으로서 보존과 활용을 위한 조치가 특별히 필요하여 등록한 문화재

⑤ **문화재 자료** … 시 · 도지사가 시 · 도 지정문화재로 지정하지 아니한 문화재 중 향토문화 보존상 필요하다고 인정하여 시 · 도 조례에 의하여 지정한 문화재

⑥ **국가지정문화재** … 문화재청장이 문화재보호법에 의하여 문화재위원회의 심의를 거쳐 지정한 중요문화재

최근 기출문제 분석

2019 서울시

1 고려시대 주심포 형식의 건물로 가장 옳지 않은 것은?

① 수덕사 대웅전
② 석왕사 응진전
③ 봉정사 극락전
④ 부석사 무량수전

TIP 석왕사 응진전은 고려시대 다포형식의 건축물이다.

2011 국가직

2 공포양식의 특징에 대한 설명으로 옳지 않은 것은?

① 주심포식은 기둥 위 주두에 공포를 배치하여 하중을 기둥으로 직접 전달하는 양식이다.
② 다포식은 기둥 사이에 공포를 배치하기 위해 창방 위에 평방을 덧대어 구조적 안정을 가지는 양식이다.
③ 익공식은 청나라 건축방식의 영향을 받아 조선후기 대규모 건축에서 사용한 양식이다.
④ 다포식 건물은 대체적으로 주심포식 건물에 비해 외관이 화려하게 보이는 특징을 가진다.

TIP 익공식은 소규모건축에 사용한 양식이다.

2012 국가직

3 전통적 조형성을 표현한 건축물과 작가의 연결이 옳지 않은 것은?

① 에밀레미술관 – 조자용
② 서울여자상업고등학교 교사 소석관 – 조승원
③ 국립민속박물관 – 강봉진
④ 국립광주박물관 – 김수근

TIP 국립광주박물관은 박춘명의 작품이며 부여박물관은 김수근의 작품이다.

Answer 1.② 2.③ 3.④

2014 국가직

4 **수원화성과 관련된 설명으로 가장 옳지 않은 것은**

① 화성은 평지형 읍성을 강화한 것이다.

② 화성의 방어시설은 조선시대 건축에서 드물게 벽돌을 구조재료로 사용한 대표적 사례이다.

③ 화성 건립에는 거중기라는 기계적 장치가 고안되어 사용되었다.

④ 대포를 장착하기 위한 포루로서 공심돈을 설치하였다.

TIP ④ 공심돈은 적의 동향을 살피기 위한 망루인 돈대이다.

2019 서울시

5 **한국근현대 건축가 중 다음 〈보기〉에 해당하는 인물은?**

〈보기〉

- 1919년 경성고등공업학교 졸업 후 13년간 조선총독부에서 근무
- 1932년 건축사무소 설립
- 적극적인 사회 활동과 참여, 한글 건축 월간지 발간
- 조선 생명 사옥(1930), 종로 백화점(1931), 화신 백화점(1935) 설계

① 박길룡 ② 박동진

③ 김순하 ④ 박인준

TIP 보기에 제시된 사항은 건축가 박길룡에 관한 사항들이다.

※ 한국의 근현대 건축가와 작품

- 박길룡 : 화신백화점, 한청빌딩
- 박동진 : 고려대학교 본관 및 도서관, 구 조선일보사
- 이광노 : 어린이회관, 주중대사관
- 김중업 : 프랑스대사관, 삼일로빌딩, 명보극장, 주불대사관
- 김수근 : 국립부여박물관, 자유센터, 국회의사당, 경동교회, 남산타워
- 강봉진 : 국립중앙박물관
- 배기형 : 유네스코회관, 조흥은행 남대문지점

Answer 4.④ 5.①

2018 서울시

6 **문화재시설 담당 공무원으로서 전통건축물 수리보수를 감독하고자 한다. 건축 문화재에 관한 용어 설명으로 가장 옳지 않은 것은?**

① 평방(平枋)은 다포형식의 건물에서 주간포를 받기 위해 창방 위에 얹는 부재를 말한다.

② 부연(附椽)은 처마 서까래의 끝에 덧얹어 처마를 위로 올린 모양이 나도록 만든 짤막한 서까래를 말한다.

③ 첨차(檐遮)는 건물 외부기둥의 윗몸 부분을 가로로 연결하고 그 위에 평방, 소로, 화반 등을 높이는 수평부재를 말한다.

④ 닫집은 궁궐의 용상, 사찰 · 사당 등의 불단이나 제단 위에 지붕모양으로 씌운 덮개를 말한다.

TIP 첨차(檐遮)는 주두, 소로 및 살미와 함께 공포를 구성하는 기본 부재로 살미와 반턱맞춤에 의해 직교하여 결구되는 도리 방향의 부재이다. 한식 목조건물의 기둥 위에 가로 건너질러 연결하고 평방 또는 화반, 소로 등을 받는 수평부재는 창방이다.

Answer 6.③

출제 예상 문제

1 다음 조선시대의 건축물 중 양식이 다른 건축물은?

① 서울 남대문
② 수원성 팔달문
③ 경복궁 궁정전
④ 강릉 오죽헌

TIP ①②③ 다포식 건축물이다.
※ 익공식…강릉 오죽헌, 서울 종묘 본전, 서울 동묘 본전, 해인사 장경판고, 충무 세병관, 남원 광한루, 경복궁 경회루, 청평사 회전문, 창덕궁 주합루

2 한국 주거 건축에 관한 설명 중 옳지 않은 것은?

① 웅장함, 화려함
② 가구식 구조
③ 자연과의 조화
④ 비대칭적 연속성

TIP 우리나라 건축의 특징…목조 가구식 구조, 공포 구조, 비대칭성, 위계성, 자연과의 조화, 연속성 등

3 한식 건축물에서 종보와 중도리를 받치고 있는 것은 다음 중 어느 것인가?

① 문설주
② 고주
③ 퇴주
④ 평주

TIP 높이가 다를 때 대개 내부의 기둥은 외곽기둥보다 크기 때문에 고주라 불리며 충방, 종보, 중도리, 대들보를 받치고 있는 기둥을 말한다.

Answer 1.④ 2.① 3.②

4 한국 건축의 공간적 특성 중 옳은 것은?

① 비대칭성 ② 인위성
③ 비연속성 ④ 비위계성

TIP 전통주거 구성수법의 특성 … 비대칭성이고 내적으로는 개방적이나 외적으로는 폐쇄성을 지닌다. 각 공간 사이에 강한 연속성을 가지고 있다.

5 다음 중 조선시대의 중요 건축물에 사용한 형식은?

① 다포식 ② 주심포식
③ 익공식 ④ 혼합식

TIP 다포식(조선시대)
㉠ 창방 위에 평방을 두고, 원주를 사용하는 방식으로 주심포식에 비해 외형이 정비되고 장중하다.
㉡ 성곽 건축 · 궁궐 · 문묘 · 불사 건축 등의 중요 건축물에 사용되었다.

6 조선시대 중요한 건축물에 일반적으로 가장 많이 사용된 공포형식은?

① 익공식 ② 다포식
③ 절충식 ④ 주심포식

TIP 조선시대에는 고려시대 건축에 비해서 규모가 웅대해지고 장식이 복잡해지는 경향이 돋보이게 되었으며 주심포, 다포 외에도 익공방식이 나타났으나 다른 방식들보다 다포식을 많이 사용하여 건축물을 건설하였다.

7 고려시대의 공포양식에 관한 설명으로 옳지 않은 것은?

① 주심포식은 다포식에 비해 권위적인 건물에 많이 사용하였다.
② 기둥 위에만 공포가 걸리는 양식을 주심포식이라 한다.
③ 가장 오래된 주심포식 건물은 봉정사 극락전이다.
④ 기둥과 기둥 사이에 창방 및 평방을 놓고 그 위에 공포를 올리는 방식을 다포식이라 한다.

TIP ① 고려시대의 다포식은 주심포식에 비해 권위적인 건물을 많이 사용하였다.

Answer 4.① 5.① 6.② 7.①

8 다음 중 우리나라 건축에서 공포의 배치에 따른 명칭의 설명으로 옳지 않은 것은?

① 익공식은 기둥 위에만 공포가 있는 형식이다.
② 다포식은 익공식에 비해 비교적 화려한 장식이다.
③ 대규모 건축물에는 익공식이 주로 사용된다.
④ 다포식은 기둥과 기둥 사이에도 여러 개의 공포를 배치한 형식이다.

TIP 우리나라 공포의 배치
㉠ 가장 중요하고 큰 건축: 다포식
㉡ 2차적으로 중요한 건축: 주심포식
㉢ 중요도가 낮은 건축: 익공식

9 다음 중 주심포식 건축물은?

① 전등사 대웅전
② 화엄사 각황전
③ 무위사 극락전
④ 창덕궁 인정전

TIP ①②④ 다포식 건축물

10 다음 건축물과 건축된 시대의 조합으로 옳지 않은 것은?

① 경주 첨성대 – 신라시대
② 불국사 다보탑 – 통일신라
③ 남대문 – 조선말기
④ 부석사 무량수전 – 고려중기

TIP ③ 남대문은 조선중기에 건축되었다.

Answer 8.③ 9.③ 10.③

11 한국 고유의 처마구조에 대한 설명으로 옳지 않은 것은?

① 평고대 위에 부연을 만든다.
② 서까래 위에 평고대를 놓는다.
③ 부연 끝에는 연암을 대고 그 위에 부연평고대를 댄다.
④ 기와잇기 바탕은 서까래 위에 산자를 엮어 대고 알매흙을 되게 이겨 바른다.

TIP ③ 부연 끝에는 부연평고대를 대고 그 위에 연암을 댄다.

12 다음 중 주심포식의 건축물이 아닌 것은?

① 봉정사 극락전
② 남대문
③ 부석사 무량수전
④ 수덕사 대웅전

TIP 남대문, 동대문 등은 다포식 건축물이다.

13 다음은 주심포식과 다포식의 특징을 비교한 것이다. 옳지 않은 것은?

	구분	주심포식	다포식
①	공포의 배치	기둥 위에 주두를 놓고 배치	기둥 위에 창방을 놓고 그 위에 배치
②	공포의 출목	2출목 이상	2출목 이하
③	보의 단면형태	(역사다리꼴 도형)	(모서리를 접은 직사각형 도형)
④	대표건축	봉정사 극락전	남대문

TIP ② 다포식의 공포는 2출목 이상으로 한다.

Answer 11.③ 12.② 13.②

14 다음 중 다포식 건축양식의 특징이 아닌 것은?

① 공포의 출목은 2출목 이하로 한다.
② 기둥 위에 창방을 놓고 그 위에 공포를 배치한다.
③ 춤이 높은 사각형으로 아랫모를 접은 단면의 보를 사용한다.
④ 우물천장을 사용한다.

TIP ① 다포식 건축은 출목수가 많으므로 보통 2～3출목 이상으로 한다.

15 목조 건축물로서 우리나라에서 가장 오래된 것은 어느 것인가?

① 부석사 조사당
② 부석사 무량수전
③ 수덕사 대웅전
④ 봉정사 극락전

TIP 한국의 최초 목조 건축물로 추정되는 것은 안동의 봉정사 극락전으로 고려시대 주심포 1형식 건축물이다.

16 우리나라 건축에서 눈의 여러가지 착시현상을 바로잡기 위한 방법으로 우리의 전통 건축에서만 볼 수 있는 것은?

① 배흘림
② 안쏠림
③ 귀솟음
④ 민흘림

TIP ① 기둥 부리 아래로부터 1/3 지점에서 직경이 가장 크고 위와 아래로 갈수록 직경을 줄여가면서 만든 기둥을 지칭한다. 큰 건물이나 정전에서 사용했으며 그리스나 로마 신전에서도 볼 수 있다.
② 기둥 상단을 수직면에서 미세한 각도로 안쪽으로 쏠리게 세우는 것으로 시각적으로 건물 전체에 안정감을 준다.
④ 주로 방주에서 많이 이용한 것으로 기둥머리보다 기둥뿌리의 직경이 더 크다.

Answer 14.① 15.④ 16.③

17 주심포계 건축양식의 일반적인 설명 중 옳지 않은 것은?

① 소슬 및 우미량을 사용하는 특징이 있다.

② 기둥 위에만 공포를 배치하며 2출목 이하이다.

③ 기둥 위에 창방과 평방을 놓고 그 위에 공포를 배치한다.

④ 조선시대에는 거의 쓰이지 않았다.

TIP ③ 다포양식의 특성이며 주심포계 양식엔 평방이 없다.

Answer 17.③

건축환경

01 건축환경

01 건축과 환경

1 기후

(1) 기상과 기후

① **기상** … 대기의 물리적인 현상으로 지표의 위에서 시시각각으로 변화한다.

② **기후** … 특정한 기간 내의 기상변화를 종합해서 통계적으로 구한 결과를 말한다.

㉠ 기후요소
- 기온과 습도
- 비와 바람
- 일조

㉡ **기후인자** : 기후요소의 지리적 분포를 말하는 것으로 해안, 평야, 고지, 경사지 등

㉢ **기후형** : 기후인자+기후요소

(2) 기온(대기의 온도)

① **옥외 관측점** … 잔디밭의 넓은 평지의 지상 1.2 ~ 1.5m 정도의 지점에서 백엽상 안에 설치하여 측정한다.

② 관측점의 높이는 인간의 호흡이나 일상의 생활과 관계된다.

③ 일교차

㉠ 최고기온(오후 1 ~ 2시경의 기온)과 최저기온(일출 전 오전 5 ~ 6시경의 기온)의 차를 말한다.

㉡ 지방의 지리적 조건에 따라서 영향을 받는다.

㉢ 위도가 낮을수록, 해안에서 내륙으로 갈수록 커진다.

㉣ 고산이나 고공에서는 작다.

㉤ 초지의 일교차는 작고, 사지의 일교차는 크다.

④ **연교차** … 1년 중 최한월(1 ~ 2월경)과 최난월(7 ~ 8월경)의 기온차를 말한다.

⑤ **온도의 변화** … 보통 100m 상승할 때마다 기온은 0.5 ~ 0.6℃씩 저하된다.

⑥ 기온의 역전 … 지표면 부근보다 고공의 기온이 높아질 때의 현상을 말한다.

⑦ 기온의 표시

㉠ 우리나라 : 섭씨

예 $C=\frac{5}{9}(F-32)$

㉡ 구미각국 : 화씨

예 $F=\frac{9}{5}C+32$

2 습도와 일사

(1) 습도

① 절대습도(AH : Absolute Humidity)

㉠ $1m^3$의 공기 중에 포함되어 있는 수증기의 무게(g/m^3)

$$AH=\frac{\text{그 공기 중의 건조공기 1kg과 공존하는 수증기량(kg)}}{\text{수증기를 포함하지 않는 건조공기 1kg}}$$

㉡ 포화절대습도 : 어떠한 온도에서 수용할 수 있는 수증기 최대의 양으로서 그 이상의 수증기량이 있으면 물로 변해버리는 극한의 값

② 상대습도(RH : Releative Humidity) … $1m^3$의 공기 중에 현재 포함되어 있는 수증기량과 이때의 온도에 포함할 수 있는 최대의 수증기

$$RH=\frac{\text{공기 중의 수증기압}}{\text{그 공기의 포화수증기압}}\times 100$$

TIP

습도의 단위와 정의

㉠ 습구온도(t') : 습구온도계에 나타나는 온도로써 습공기의 수증기분압과 동일한 분압을 갖는 포화습공기의 온도이며 ℃의 단위를 사용한다.

㉡ 절대습도(x) : 건공기 1kg 속에 포함하는 습공기 중의 수증기량이고 그 단위는 kg/kg'(DA)이다.

㉢ 상대습도(ϕ) : 수증기분압과 동일온도의 포화습공기의 수증기분압의 비이며 %의 단위를 사용한다.

㉣ 수증기분압(h 또는 p) : 습공기 중의 수증기분압이라고 하며 ㎜Hg이나 kg/cm^2의 단위를 사용한다.

(2) 일사(Solar radiation)

① **개념** … 태양광열 중 적외선에 의한 열효과로 지상의 물체가 따뜻해지는 현상을 말하며 단위는 $kcal/m^2 \cdot h$로 표기한다.

② **전자파** … 지표면에 도달하는 태양에너지의 약 1/2은 적외선이고 나머지는 가시광선과 자외선이다.

③ **자외선** … 비타민 D 생성, 살균작용 등을 한다.

④ **광택, 색채**

㉠ 담색 광택은 잘 뜨거워지지 않는다.

㉡ 색조에서는 백, 황, 적, 녹, 청, 갈, 흑의 순으로 많아진다.

⑤ **일사효과의 차이**

㉠ 일사의 세기량에 따른 차이

㉡ 받는 면의 성질 차이

㉢ 일사를 받는 면의 방향 차이

㉣ 주위 기온과 유동상태에 따른 차이

⑥ **일사의 분류**

㉠ **전천일사**(global solar radiation) : 수평면에 입사하는 직달일사 및 하늘(산란)복사를 말하며, 수평면일사라고도 한다.

㉡ **직달일사**(direct solar radiation) : 태양면 및 그 주위에 구름이 없고 일사의 대부분이 직사광일 때, 직사광선에 직각인 면에 입사하는 직사광과 산란광을 말한다.

㉢ **산란일사**(scattered radiation) : 전천일사 측정 시 수광부에 쬐이는 직사광선이다.

㉣ **반사일사**(Reflected radiation) : 전천일사계를 지상 1~2m 높이에 태양광에 대해 반대 방향(지면쪽)을 향하도록 설치하여 측정한다.

TIP

일사와 채광, 일조

㉠ 일사 : 태양광선 가운데 적외선에 의한 열 효과

㉡ 채광 : 태양광선 가운데 가시광선을 이용한 광 효과

㉢ 일조 : 태양광선 가운데 자외선에 의한 보건적 효과

(3) 일조

① **개념** … 태양으로부터 나오는 빛이 지상에 직사하는 것으로 자외선에 의한 보건적 효과가 있다.

② **일조율** … 가조시수에 대한 일조시수의 비율

$$일조율(\%) = \frac{그\ 지방의\ 일조시수}{가조시수} \times 100$$

③ **일조시수**

㉠ 태양이 안개나 구름에 차단되지 않고 지표에 내리쬐지는 시간이다.

㉡ 연, 월, 일의 총 시수로 표시한다.

④ **주간시수**(가조시수) … 일출에서 일몰까지의 시간수를 의미한다.

㉠ **주광** : 직사일광과 천공광을 합친 개념이다.

㉡ **주광률** = (실내조도 / 전천공수평면조도) × 100

㉢ **천공광** : 직사일광이 대기 중에서 공기분자 · 수증기 · 먼지 등에 의해 산란된 확산광을 말하며 하늘이 맑을 때의 청천공과 흐릴 때의 담천공으로 구분된다. (구름에 의한 확산반사 및 투과광, 지면으로부터의 반사광이 대기 중에서 재반사된 확산광도 포함된다.)

㉣ **전천공조도** : 직사 일광에 의한 조도를 제외한, 전천공으로부터의 천공광에 의한 조도

㉤ 주광을 높은 곳에서 사입시키기 위해 창문 높이를 실 깊이의 1/2이상이 되도록 한다.

㉥ 주광과 부근 벽면 간의 심한 대비현상을 막기 위해 2면 이상의 창으로부터 주광을 사입시킨다.

㉦ 천장 부근은 현휘를 감소시키기 위해 밝은 색이나 흰색으로 마감한다.

㉧ 면적이 같다면 1개의 큰 창보다는 넓게 분포된 여러 개의 창이 효과적이다.

⑤ **일조와 위생**

㉠ 태양의 복사선은 파장에 의해서 여러가지로 구분한다.

㉡ **태양복사선의 종류와 특징**

구분	파장	특징
자외선	3,800A° 이하	생물의 퇴색, 살균, 생육 등 기타 화학작용에 강해서 화학선이라고도 하며 위생적인 효과가 있다.
가시선	3,800 ~ 7,200A° 이상	낮의 밝음을 지배하는 요소로 눈으로 느낄 수 있는 빛을 말한다.
적외선	7,700A° 이상	열작용을 주로하며, 이것 때문에 열선이라고 하며 기후를 지배하는 요소라 한다.
도르노 (Dorno)	3,200A°	건강선, 자외선의 일종으로 세포의 발육을 촉진시킨다. 또한 혈핵 중에 백혈구, 혈액소, 칼슘, 인, 철분 등도 증가시킨다.

02 공기, 열, 빛, 음환경

❶ 공기환경

(1) 실내공기의 오염원인

① 유독가스 … 일산화탄소(CO) 가스 등

② 온도와 습도의 상승

③ 산소의 감소와 이산화탄소의 증가 … 연소, 재실자의 호흡작용, 산소의 결핍 등

④ 먼지

㉠ 먼지의 표시방법 : $1cm^2$(단위체적) 내의 먼지개수로 표시하는것과 m^3 내의 무게로 표시하는 mg/m^3가 있다.

㉡ 작업장 내 먼지의 허용도 : $10mg/m^3$

㉢ 지름 10cm 이하의 먼지를 대신 $5\mu m$ 이하의 것은 건물관리 기준에서 해롭다.

㉣ 먼지의 유해도

먼지량(mg/m^3)	유해정도
5 이하	중등
10 이하	허용
20 이하	불쾌
30 이하	위험

TIP

미세먼지

㉠ 지름 $10\mu m$(마이크로미터) 이하 먼지(PM10)를 말한다. 숨을 쉴 때 호흡기관을 통해 폐로 들어와 폐의 기능을 떨어뜨리고 면역력을 약화시킨다. 미세먼지의 직경이 작을수록 폐 깊숙이 도달될 수 있기 때문에 선진국의 경우 PM10 보다 직경이 더 작은 미세먼지를 중요시하고 있는 추세이다.

㉡ 초미세먼지는 지름이 $2.5\mu m$ 이하 물질(PM2.5)을 말한다.

㉢ 호흡기로 들어간 미세먼지는 알레르기 비염, 기관지염, 폐기종, 천식 등을 유발한다. 또 발암물질이 폐포와 혈관으로 들어갈 수 있어 치매나 동맥경화증도 유발할 수 있다.

㉣ 미세먼지 농도가 81~120$\mu g/m^3$(약간 나쁨)부터는 면역력이 약한 어린이와 노인, 환자는 장시간 실외 활동을 가급적 줄이는 게 좋다. 121~200$\mu g/m^3$(나쁨)일 때는 무리한 실외 활동을 자제해야 한다. 201~300$\mu g/m^3$(매우 나쁨)일 때는 일반인도 실외 활동을 가급적 자제해야 한다. 301$\mu g/m^3$(위험) 이상이 되면 모두가 실내 활동하는 것이 안전하다.

⑤ 공중이온 … 경이온이 공기오염에 직접 관계된다.

⑥ 취기 … 담배연기, 체취

(2) 건축법상의 실내공기 기준

① 일산화탄소(CO)는 10ppm 이하이어야 한다.

② 이산화탄소(CO_2)는 1,000ppm 이하이어야 한다.

③ 부유분진은 0.15mg/m^3 이하이며, 1인당 최소 20m^3/h의 환기량이 요구된다.

④ 환기를 위한 개구부의 면적을 바닥면적의 1/20 이상으로 건축법에서 규정하고 있다.

CO	10ppm 이하(0.001%)	미세먼지	200㎍/m^2 이하
CO_2	1,000ppm 이하(0.1%)	PM10	150㎍/m^2 이하
HCHO(포름알데히드)	100㎍/m^2 이하	총부유세균	800CFU/m^3 이하

(3) 환기

① 환기의 방식

㉠ 자연환기

- 일반적으로 주택, 아파트 등에서 사용하는 것으로 온도, 바람, 환기통, 후드에 의한 환기가 있다.
- 중력환기 : 실내 · 실외의 온도차에 의해서 발생하는 환기를 의미한다.
- 풍력환기(통풍환기) : 1.5m/sec 이상의 풍속에 의한 환기를 의미한다.

TIP

자연환기의 특성

㉠ 실외의 풍속이 클 때 환기량은 증가한다.
㉡ 실내에 바람이 없을 경우에는 실내외의 온도차가 클수록 환기량도 많아지게 된다.
㉢ 목조주택이 콘크리트조보다 환기량이 크다.
㉣ 통풍에 의한 환기시 통풍과 함께 환기가 풍부하게 일어나지만 중력환기는 통풍과는 무관하게 일어난다.

㉡ 기계환기

- 중앙식 : 특정한 장소에서 환기를 조작하여 실내 · 실외 공기의 일부를 덕트를 통해서 각각의 실에 보내 환기하는 것을 의미한다.
- 개별식 : 각 실에 설치되어 있는 개별적인 소형송풍기를 이용하여 환기하는 것을 말한다.

TIP

환기의 중요성

㉠ 실내의 공기는 양이 적고 잘 움직이지 않기 때문에 시간이 갈수록 점점 오염되어 간다. 따라서 집 안의 오염된 공기를 바깥의 신선한 공기와 바꾸어줘야 한다.
㉡ 창문 하나로도 환기가 이루어지지만 이는 실내와 실외의 온도차가 클 때에 한한 것이며 가로로 길거나 같은 쪽으로 나란히 있는 형태의 창문은 환기가 제대로 되지 않는다.

② 환기에 따른 실의 크기

㉠ 기준공기량

- 성인 1인당 $50m^3/h$
- 어린이 1인당 $25m^3/h$

㉡ $소요기적 = \frac{인원수 \times 1인당\ 공기량}{자연환기}$

㉢ 실의크기 = 소요기적 ÷ 반자높이

㉣ $환기횟수 = \frac{소요공기량(m^3)}{실용적(m^3)}$

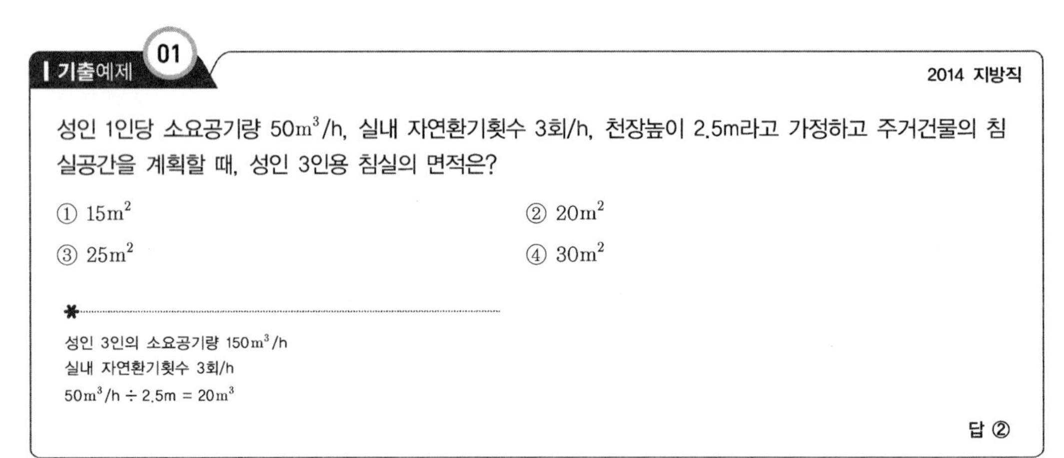

기출예제 01 2014 지방직

성인 1인당 소요공기량 $50m^3/h$, 실내 자연환기횟수 3회/h, 천장높이 2.5m라고 가정하고 주거건물의 침실공간을 계획할 때, 성인 3인용 침실의 면적은?

① $15m^2$ ② $20m^2$

③ $25m^2$ ④ $30m^2$

성인 3인의 소요공기량 $150m^3/h$
실내 자연환기횟수 3회/h
$50m^3/h \div 2.5m = 20m^3$

답 ②

[온도차에 의한 환기]

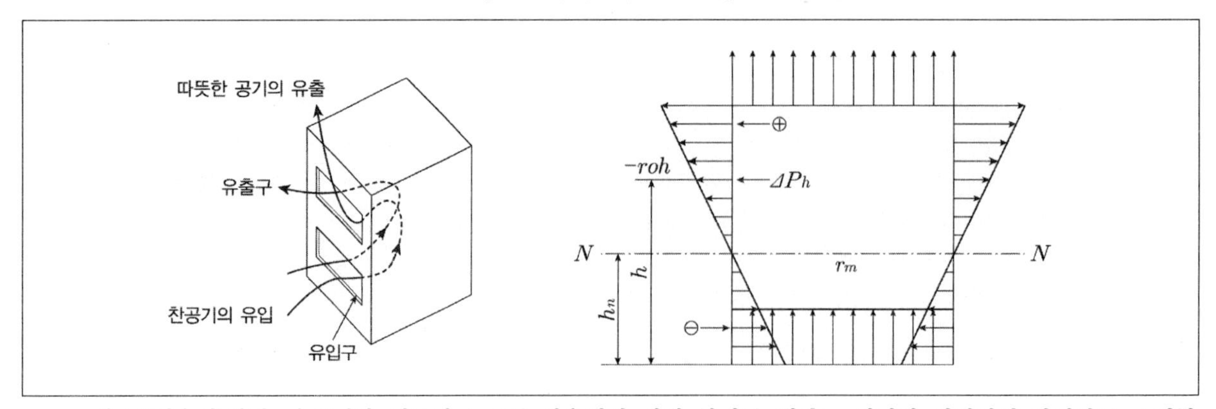

- 제1종(병용식)환기 : 송풍기와 배풍기 모두를 사용해서 실내 환기를 행하는 것이며 실내외의 압력차를 조정할 수 있고, 가장 우수한 환기를 행할 수 있다.

• 제2종(압입식)환기 : 송풍기에 의해서 일방적으로 실내로 송풍하고 배기는 배기구 및 틈새 등으로부터 배출된다. 따라서 송풍공기 이외의 외기라든가 기타 침입공기는 없지만 역으로 다른 실로 배기가 침입할 수 있으므로 주의해야만 한다. 반도체공장이나 병원무균실에 있어서 신선한 청정공기를 공급하는 경우에 많이 이용된다.

• 제3종(흡출식)환기 : 배풍기에 의해서 일방적으로 실내공기를 배기한다. 따라서 공기가 실내로 들어오는 장소를 설치해서 환기에 지장이 없도록 해야만 한다. 주방, 화장실 등 냄새 또는 유해가스, 증기발생이 있는 장소에 적합하다.

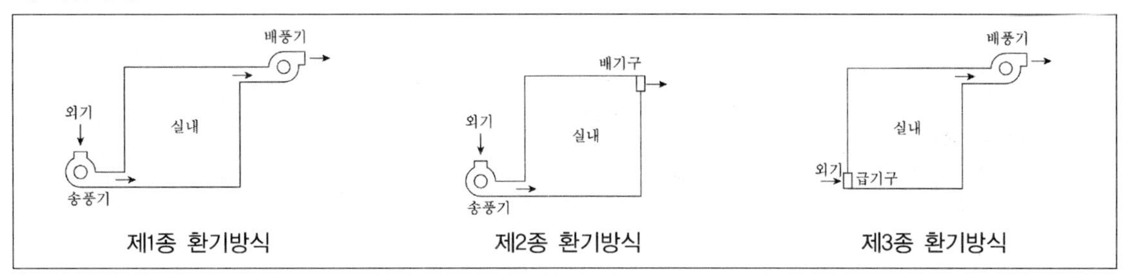

명칭	급기	배기	실내압	적용대상
제1종 환기	기계	기계	임의	병원 수술실
제2종 환기	기계	자연	정압	무균실, 반도체공장
제3종 환기	자연	기계	부압	화장실, 주방

유입구가 유출구보다 낮도록 해야 환기가 효율적으로 이루어진다. 또한 풍력환기는 외기풍속이 최소 1.5m/s가 돼야 한다.

(4) 습공기선도

① **습공기 선도의 구성요소들** … 건구온도, 습구온도, 노점온도, 절대습도, 상대습도, 수증기분압, 비체적, 엔탈피, 현열비 등이다.

② **건구온도** … 일반온도계로 측정한 온도이다.

③ **습구온도** … 온도계의 감온부를 젖은 헝겊으로 둘러싼 후 3m/sec이상의 바람이 불 때 측정한 온도이다.

④ **노점온도** … 습공기를 계속해서 냉각하여 이슬이 맺히기 시작하는 온도이다. (이때 습공기의 상대습도는 100% 포화상태이다.)

⑤ **절대습도** … 건공기 1kg을 포함하는 습공기 중의 수증기량(kg)이다.

⑥ **상대습도** … 어떤 온도의 포화수증기압에 대한 그 온도의 현재수증기압의 백분율이다.

⑦ **엔탈피** … 건공기와 수증기가 가지는 전열량(현열과 잠열의 합)kJ/kg

⑧ **현열비** … 전열에 대한 현열의 비. 즉, $\frac{\text{현열}}{\text{전열(현열}+\text{잠열)}}$

⑨ 습공기 선도를 구성하는 요소들 중 2가지만 알면 나머지 모든 요소를 알아낼 수 있다.

⑩ 공기를 냉각하거나 가열을 하여도 절대습도의 변화는 없다.

⑪ 습구온도는 건구온도보다 높을 수 없다.

[습공기선도]

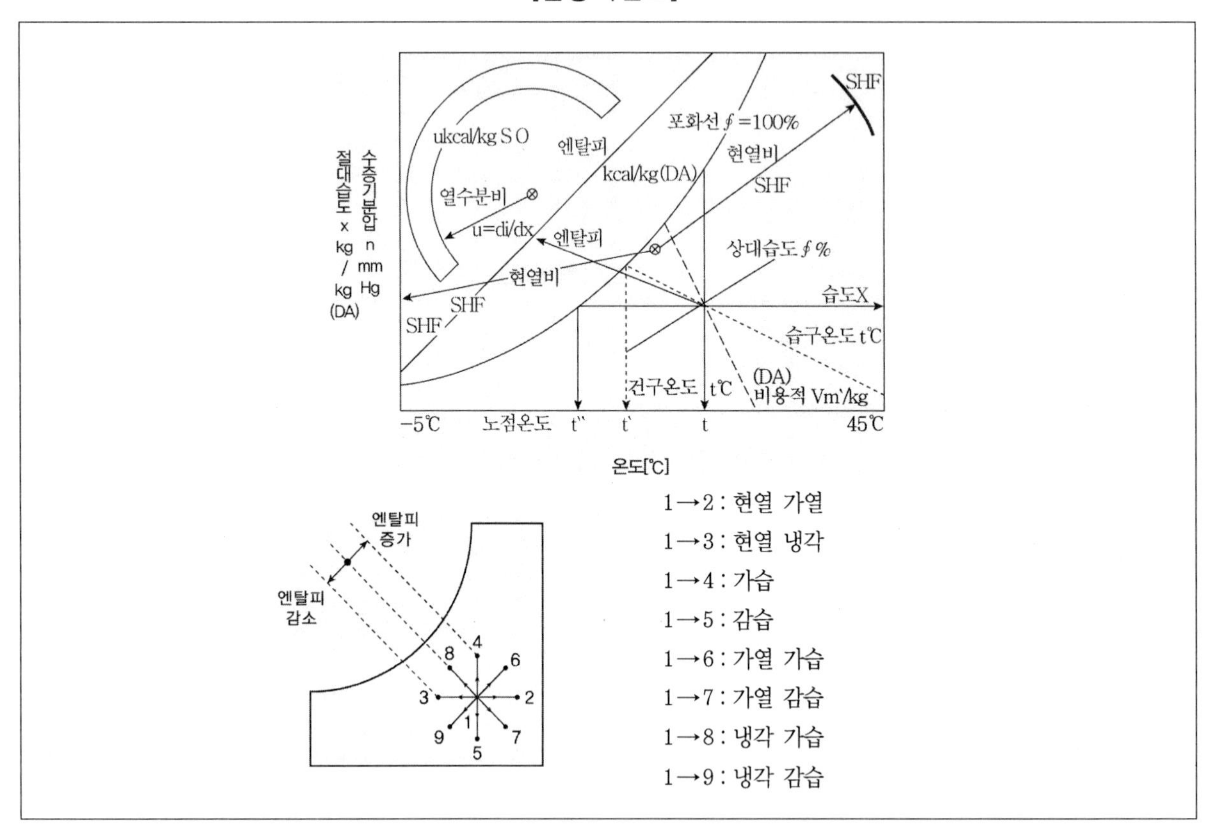

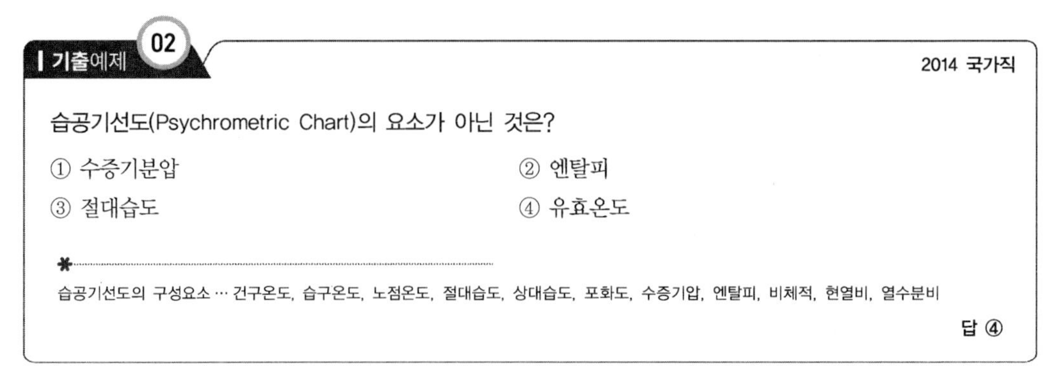

기출예제 02 2014 국가직

습공기선도(Psychrometric Chart)의 요소가 아닌 것은?

① 수증기분압 ② 엔탈피

③ 절대습도 ④ 유효온도

습공기선도의 구성요소 … 건구온도, 습구온도, 노점온도, 절대습도, 상대습도, 포화도, 수증기압, 엔탈피, 비체적, 현열비, 열수분비

답 ④

(5) 굴뚝효과

① 실내외 온도차에 의해 발생한다.

② 바람이 불지 않는 날에도 발생할 수 있다.

③ 환기경로의 수직높이가 클 경우(고층 빌딩일수록) 더 잘 발생한다.

④ 화재 시 고층건물 계단실에서 나타날 수 있다.

굴뚝효과는 베르누이 효과에 의한 것이 아니라 (베르누이 효과는 압력과 속도에 의한 것) 온도차에 의해 발생하는 효과이다.

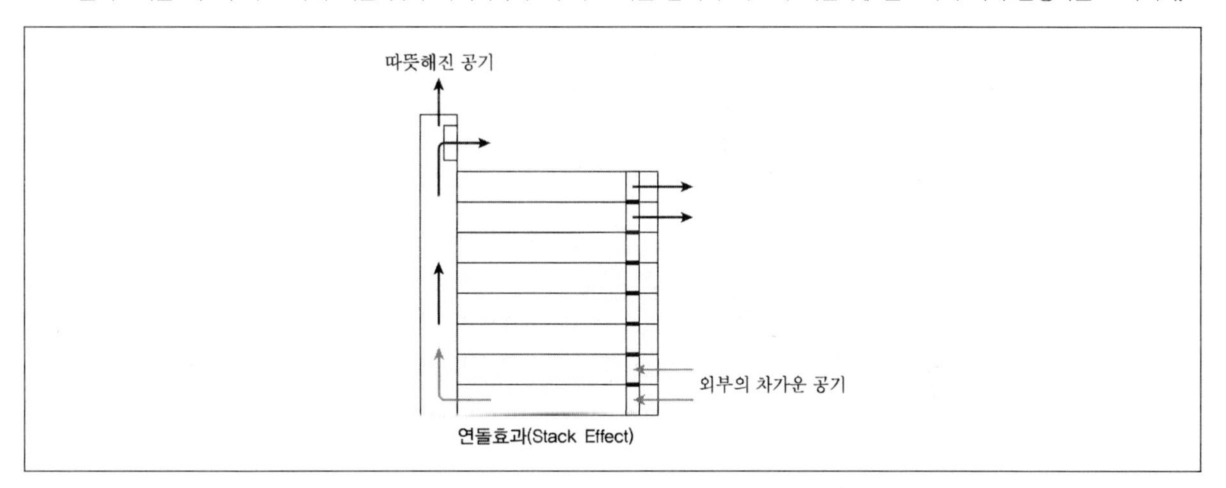

연돌효과(Stack Effect)

2 열환경

(1) 열쾌적요소

① 물리적 요소

㉠ 기온

- 열적 쾌적감에 가장 큰 영향을 미친다.
- 공기의 건구온도를 말하는 것으로 건구온도의 쾌적범위는 16 ~ 28℃이다.

㉡ 습도 : 상대습도를 말하는 것으로 너무 높거나 낮지 않는 한 쾌적온도나 생리적 조절범위 내에서 거의 영향을 미치지 않는다.

㉢ 기류

- 쾌적기류의 속도는 0.25 ~ 0.5m/s 정도이다.
- 기온이 일정할 경우에는 기류만으로 열적 효과가 발생한다.
- 대류에 의한 열 손실을 증가시킨다.

㉣ 복사열

- 기온 다음으로 열환경에 큰 영향을 미친다.
- 가장 쾌적한 상태는 실내 온도보다 복사열이 2℃ 정도가 높을 때이다.

② 주관적 요소

㉠ 의복의 단열 성능을 측정하는 무차원단위로 clo(Clothes)를 사용한다.

㉡ 1[clo]와 1[met]

- 1[clo] : 기온 21℃, 상대습도 50%, 기류속도 0.5m/s 이하의 실내에서 인체 표면으로부터의 방열량이 1[met]의 활동량일 때 피부표면으로부터 의복표면까지의 열저항값을 의미한다.
- 1[met] : 공복 시 쾌적한 환경에서 조용히 앉아있는 성인남자의 신체표면적 $1m^2$에서 발산되는 열량($58.2W/m^2$ = $50Kcal/m^2h$). 성인여자는 성인남자의 85% 정도이다. 주관적 온열요소 중 인체의 활동상태를 나타내는 단위이다.

(2) 온열환경

① **쾌적지표의 개념** … 실내의 쾌적한 환경에 영향을 미치는 온도, 습도, 기류, 복사열의 4가지 요소 중에서 몇 가지를 조합해서 하나의 지표로 표시하는 것을 말한다.

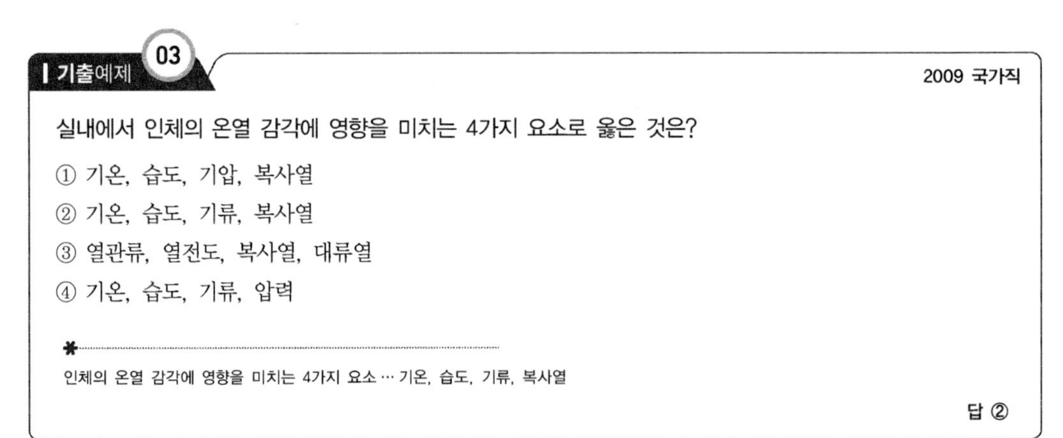

기출예제 03 2009 국가직

실내에서 인체의 온열 감각에 영향을 미치는 4가지 요소로 옳은 것은?

① 기온, 습도, 기압, 복사열
② 기온, 습도, 기류, 복사열
③ 열관류, 열전도, 복사열, 대류열
④ 기온, 습도, 기류, 압력

✱

인체의 온열 감각에 영향을 미치는 4가지 요소 … 기온, 습도, 기류, 복사열

답 ②

② 쾌적지표의 종류

㉠ 유효온도(ET* : Effective Temperature)

- 요소 : 온도, 습도, 기류의 3가지 요소를 조합한다.
- 체감을 표시하는 척도이다.
- 기준 : 상대습도(RH) 100%, 풍속(V) 0m/s일 때의 임의의 온도를 기준으로 정의한다.
- 단점 : 복사열이 고려되지 않으며, 낮은 온도에서 습도의 영향이 과장된다.
- 감각온도, 효과온도, 체감온도라고 불리어진다.

㉡ **수정유효온도**(CET : Corrected Effective Temperature)
• 조합요소 : 기온, 습도, 기류, 복사열의 영향을 동시에 고려한다.
• 건구온도 대신에 글로브 온도(GT)를 이용해서 복사열에 대한 영향을 고려했다.
• 무감지표라고도 불리어진다.

㉢ **신유효온도**(ET* : New Effetive Temperature) : 유효온도에서 상대습도에 대한 과다평가 100%를 50%로 낮춘 것이다.

[쾌적지표를 나타낸 표]

온도	기호	기온	습도	기류	복사열
유효온도	ET	O	O	O	
수정유효온도	CET	O	O	O	O
신유효온도	ET*	O	O	O	O
표준유효온도	SET	O	O	O	O
작용온도	OT	O		O	O
등가온도	E_qT	O		O	O
등온감각온도	$E_{qw}T$	O	O	O	O
합성온도	RT	O		O	O

TIP

불쾌지수
㉠ 날씨에 따라서 사람이 불쾌감을 느끼는 정도를 기온과 습도를 이용하여 나타내는 수치로 '불쾌지수 = 0.72(기온 + 습구온도) + 40.6'로 계산한다.
㉡ 불쾌지수가 70~75인 경우에는 약 10%, 75~80인 경우에는 약 50%, 80 이상인 경우에는 대부분의 사람이 불쾌감을 느낀다고 하지만 확립된 기준이 아니며 관련된 법규가 시행되고 있지는 않다.
㉢ 온도와 습도만으로 구하는 값임에 유의해야 한다.

(3) 결로

① 종류
㉠ **내부결로** : 벽체내부 각 층의 온도가 습한 공기의 노점보다 낮으면 수증기가 응결되는 것을 말한다.
㉡ **외부결로** : 재료의 표면이(벽 · 천장 · 유리창 등) 노점온도 이하가 되었을 때 재료의 표면에 수증기가 응결되는 것을 말한다.

② 결로의 발생원인
㉠ 건축물의 시공불량
㉡ 실내와 실외의 온도 차이
㉢ 건축재료의 열적 특성
㉣ 환기의 부족

③ 결로의 방지대책

㉠ 환기를 계획적으로 잘한다.

㉡ 실내에서 발생하는 수증기는 외부로 방출시킨다.

㉢ 벽체의 표면온도를 실내공기의 노점온도보다 크게 하도록 한다.

㉣ 방습층을 설치하도록 한다.

㉤ 난방에 의한 수증기를 만들지 않도록 한다.

기출예제 04 2007 국가직

건물의 결로(結露)에 대한 설명 중 가장 부적합한 것은?

① 다층구성재(多層構成材)의 외측(저온측)에 방습층이 있을 때 결로를 효과적으로 방지할 수 있다.

② 온도차에 의해 벽표면 온도가 실내공기의 노점온도보다 낮게 되면 결로가 발생하며, 이러한 현상은 벽체내부에서도 생긴다.

③ 구조체의 온도변화는 결로에 영향을 크게 미치는데, 중량구조는 경량구조보다 열적 반응이 늦다.

④ 내부결로가 발생되면 경량콘크리트처럼 내부에서 부풀어 오르는 현상이 생겨 철골부재와 같은 구조체에 손상을 준다.

*

다층구성재의 경우 내측(고온층)에 방습층이 있을 경우 결로현상을 방지할 수 있다.

답 ②

④ 단열방법과 결로

㉠ **내단열** : 실내측에 면한 단열은 낮은 열용량을 가지고 있으며 빠른 시간에 더워지므로 간헐난방을 하는 곳에 사용된다. 단열재 밖은 내부결로가 발생하기 쉽다. 외단열에 비해 실내온도의 변화 폭이 크며 타임랙이 짧다.

㉡ **중단열** : 내부벽체의 표면은 온도가 높기에 결로가 발생하지 않으나 밖은 발생하기 쉽다. 그러므로 고온측(내측)에 방습막을 설치하는 것이 좋다. 우리나라에서 가장 일반적이다.

㉢ **외단열** : 내부결로의 위험감소. 단열의 불연속부분이 없다. 구조체의 열적변화가 적어서 내구성이 크게 향상된다.

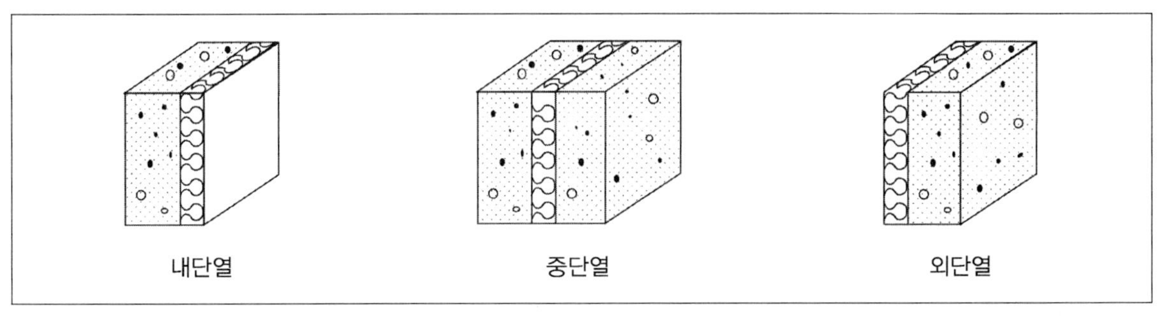

바닥단열재 설치

벽면단열재 설치

checkpoint

■ 드라이비트(Dryvit) 외단열의 개념

- 외단열 방식 중 가장 흔하게 볼 수 있는 것이 드라이비트식이다.
- 드라이비트는 미국 Dryvit사에서 개발한 외단열 공법과 관련된 상품이다.
- 영어 Dry와 불어 Vit(영어로 quick의 의미)의 합성어로서 "빨리 마르다."라는 뜻이다.
- 이 공법은 벽 외부에 직접 접착제를 바르고 단열재를 접착한 뒤 그 위에 마감재를 도포하여 보호막을 생성하는 방식이다.

■ 드라이비트(Dryvit)의 장점

- 기존의 단열시공에 비해 건축비가 크게 절감되고 시공이 용이하다.
- 외벽에 대한 리모델링도 손쉽게 할 수 있다. (실무자들 사이에서는 외장마감이라고 불리기도 한다.)
- 마감재의 색상과 질감이 아주 다양하기 때문에 무늬를 넣거나 화사한 색감의 외벽을 만들 수 있다.
- 외부가 손상되더라도 해당 부분만 다시 붙이면 될 정도로 사후 유지보수가 용이하다.
- 외단열이므로 내단열처럼 열손실이 구조체를 타고 발생하는 현상이 없어 에너지절약성능이 우수하다.

■ 드라이비트(Dryvit)의 단점

드라이비트는 화재에 매우 취약하며 화재 시 유해물질이 발생하며 화재발생 시 불이 급속도로 번지는 단점이 있으므로 화재방지를 철저히 해야 한다.

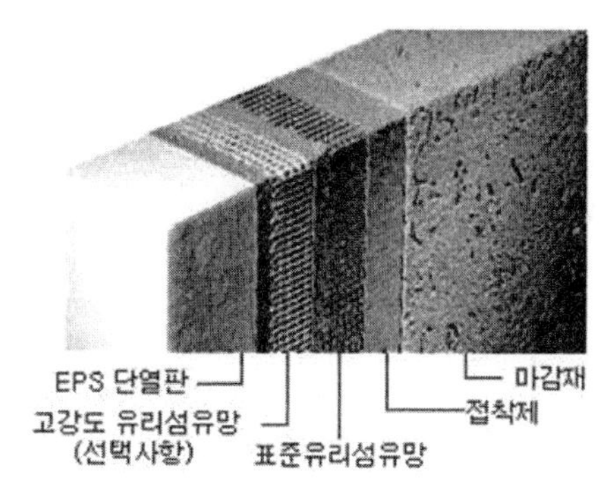

| 기출예제 05 2009 국가직

건물 내부의 결로방지를 위한 방법으로 옳지 않은 것은?

① 외부 벽체의 열관류 저항을 크게 한다.
② 실내의 외기 환기 횟수를 늘린다.
③ 외단열을 사용하여 벽체 내의 온도를 상대적으로 높게 유지한다.
④ 외부 벽체의 방습층을 실외 측에 가깝게 한다.

*

외부 벽체의 방습층을 실내 측에 가깝게 하는 것이 좋다.

답 ④

⑤ 단열의 원리

㉠ **저항형 단열** : 재료내부에 무수한 기공을 형성하여 이들 정체공기의 단열성능을 이용한 단열이다. (스티로폼)

㉡ **반사형 단열** : 복사의 형태로 전달되는 열을 반사하는 재료를 사용하여 단열을 하는 것이다. (알루미늄박판)

㉢ **용량형 단열** : 중량벽의 한 면에 열이 전달되면 처음의 층은 많은 열을 흡수하여 그 열을 다음 층으로 전달하는데 이것이 지연효과(타임랙)를 일으킨다. (콘크리트벽)

TIP

타임랙 … 열용량 0인 벽체 내에서 발생하는 열류의 피크에 대하여 주어진 구조체에서 일어나는 피크의 지연시간

(4) 기본용어

① **현열** … 물질의 온도변화과정에서 흡수되거나 방출된 열에너지

TIP

현열비 … 습한 공기의 온도와 습도가 함께 변화할 때, 엔탈피의 변화량에 대한 현열의 변화량의 비율로서

$\text{현열비} = \dfrac{\text{현열}}{\text{현열} + \text{잠열}}$ 로 산정한다.

| 기출예제 06 2007 국가직 (7급)

어느 건물의 취득열량이 현열 35,000kcal/hr, 잠열 15,000kcal/hr이었다. 실내온도를 26℃, 습도를 40%로 유지하고자 할 때 현열비는?

① 0.3
② 0.5
③ 0.7
④ 0.9

*

$\text{현열비} = \dfrac{\text{현열량}}{\text{현열량} + \text{잠열량}} = \dfrac{35{,}000}{35{,}000 + 15{,}000} = 0.7$

답 ③

② **잠열** … 물질의 상태변화 과정에서 온도의 변화없이 흡수되거나 방출된 열에너지

TIP

㉠ 현열부하만을 계산하는 부하: 실내기기부하, 조명부하, 벽이나 창을 통한 열관류부하, 창을 통한 일사열부하
㉡ 현열부하와 잠열부하를 모두 고려해야 하는 부하: 인체부하, 틈새바람에 의한 부하, 환기를 위한 외기도입 시의 부하

③ **열전달** … 고체 내부에서는 전도에 의해 열이 이동하지만 고체표면에서는 대류나 복사에 의하여 열이 이동된다. 따라서 벽 표면에서는 경계층 내의 공기의 열전도와 경계층 밖의 공기의 대류 및 복사에 의한 열이 전달된다.

④ **열전달률** … 벽 표면과 유체 간의 열의 이동정도를 표시하며 벽 표면적 $1m^2$, 벽과 공기의 온도차 1K일 때 단위시간 동안에 흐르는 열량 ($W/m^2 \cdot K$)

⑤ **열전도율** … 물체의 고유성질로서 전도에 의한 열의 이동정도를 표시하며 두께 1m의 재료 양쪽 온도차가 1K일 때 단위시간 동안에 흐르는 열량 (W/m · K)

⑥ **열전도** … 고체벽 내부의 고온측에서 저온측으로 열이 이동하는 현상

⑦ **열전도율** … 두께 1m의 균일재에 대하여 양측의 온도차가 1℃일 때 $1m^2$의 표면적을 통해 흐르는 열량. 단위는 kcal/m · h · ℃ 또는 W/mK

⑧ **열전도비저항** … 콘크리트나 동, 목재 등처럼 두께가 일정하지 않은 재료의 열전도저항을 표시할 수 없을 경우 두께가 정해지지 않았어도 균일한 재료에서는 단위두께의 열저항으로 표현하는데 이를 열전도비저항이라고 한다.

⑨ **열관류** … 고체로 격리된 공간(예를 들면 외벽)의 한쪽에서 다른 한쪽으로의 전열을 말하며 열통과라도 한다.

⑩ **열관류율** … 표면적 $1m^2$인 구조체를 사이에 두고 온도차가 1℃일 때 구조체를 통해 전달되는 열량. 단위는 $kcal/m^2 \cdot h \cdot ℃$ 또는 W/m^2K이며 이 값이 작을수록 열성능상 유리하다.

[용어와 단위]

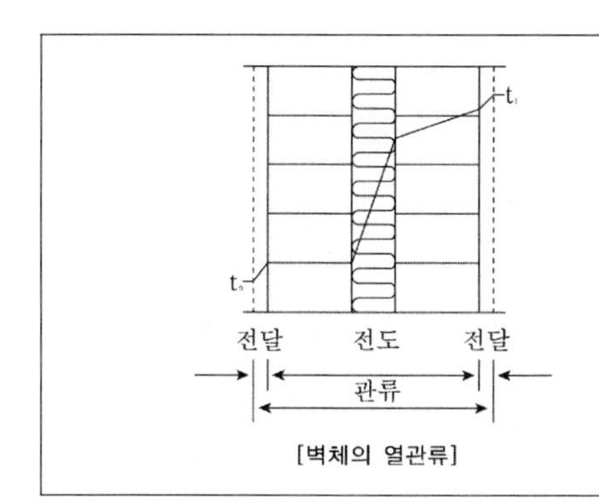

[벽체의 열관류]

- 열전도율(λ) : kcal/m · h · ℃ 또는 W/mK
- 열관류율(K) : $kcal/m^2 \cdot h \cdot ℃$ 또는 W/m^2K
- 열전달률(α) : $kcal/m^2 \cdot h \cdot ℃$ 또는 W/m^2K
- 비열 : kJ/kg · k
- 절대습도 : kg/kg' 또는 kg/kg(DA)
- 엔탈피 : kJ/kg
- 난방도일 : ℃/day

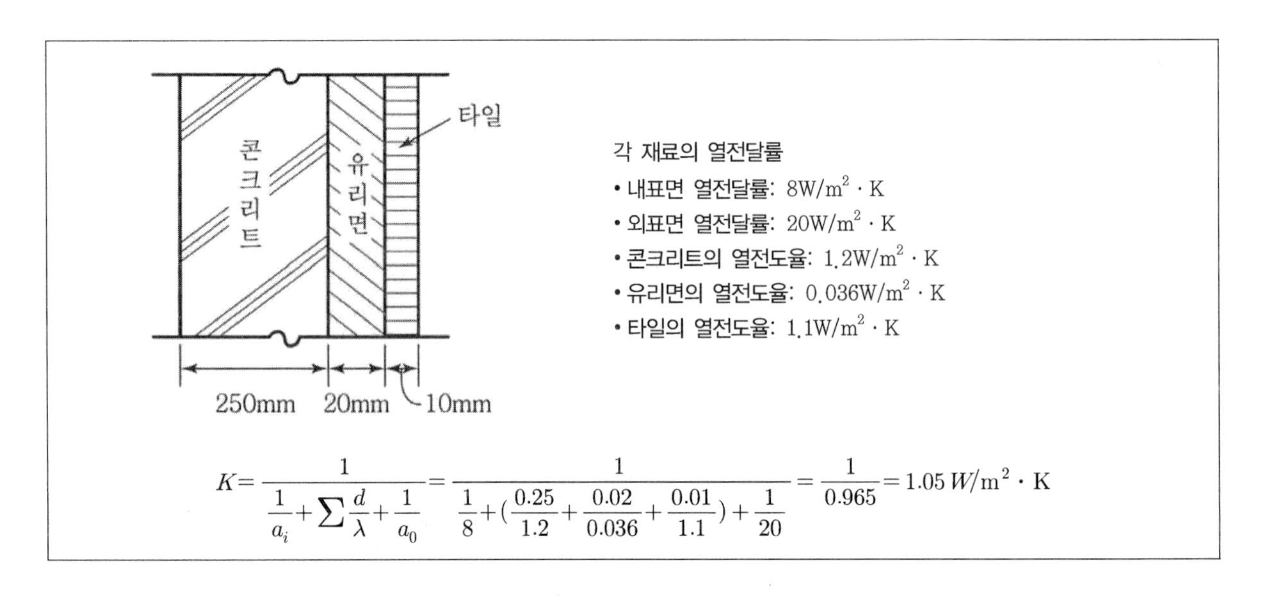

(5) 건물형태의 외피면적과 열에너지

① 건축물의 외피면적은 원통형이 동일체적에 대한 외피면적비가 가장 크다. (사각형인 건물들 중에서 정육면체가 동일한 체적에 대한 외피면적이 가장 큰 것은 아니다.)

② 건물 체적에 대한 외피면적비는 같은 체적이지만 형태가 다른 건물의 열환경을 비교하기 위해 사용될 수 있다.

③ 높고 좁은 건물은 상대적으로 건물 체적에 대한 외피면적비가 높다. (직관적으로 볼 때 같은 부피인 경우 높고 좁을수록 닿는 면적이 넓어진다.)

④ 건물 체적에 대한 외피면적비는 외피로 둘러싸인 공간이 재실자를 위하여 유용한 공간을 제공하는지를 평가하는 지표로 사용되는 것은 아니다. (관련성이 적다.)

⑤ 이글루형(반구형)은 외피면적이 작아서 열보존에 유리하다.

⑥ 일사에 의한 열적효과를 극대화하기 위해서는 1 : 1.5의 장방형으로 동서로 형태가 긴 것이 유리하다.

[건물형태와 난방요구량의 상호관계]

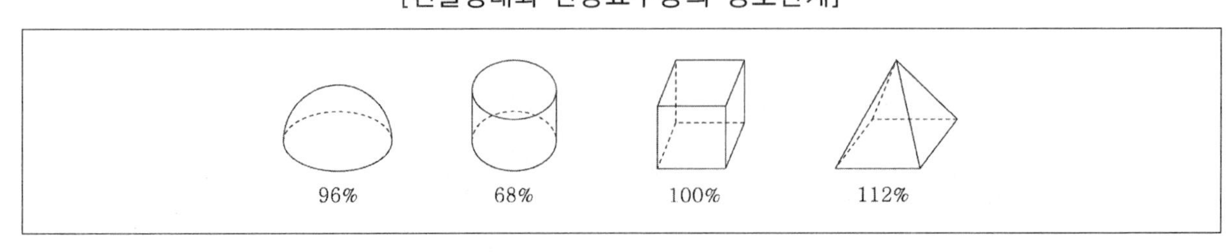

기출예제 07 2012 국가직 (7급)

건물의 열환경 계획에 영향을 미치는 건물형태의 외피면적과 체적의 관계에 대한 설명으로 옳은 것은?

① 사각형인 건물들 중에서 정육면체가 동일한 체적에 대한 외피면적이 가장 크다.

② 건물 체적에 대한 외피면적비는 같은 체적이지만 형태가 다른 건물의 열환경을 비교하기 위해 사용될 수 있다.

③ 높고 좁은 건물은 상대적으로 건물 체적에 대한 외피면적비가 낮다.

④ 건물 체적에 대한 외피면적비는 외피로 둘러싸인 공간이 재실자를 위하여 유용한 공간을 제공하는지를 평가하는 지표로 사용되고 있다.

✱ 사각형인 형태 중 정육면체는 체적에 대한 표면적의 값이 가장 작다. 높고 좁은 건물은 외피면적비가 커서 외부에 노출되는 표피면적이 크다. 외피면적비는 열적특성을 검토할 경우에 사용된다.

답 ②

[건물의 장단변비와 열손실률의 관계도]

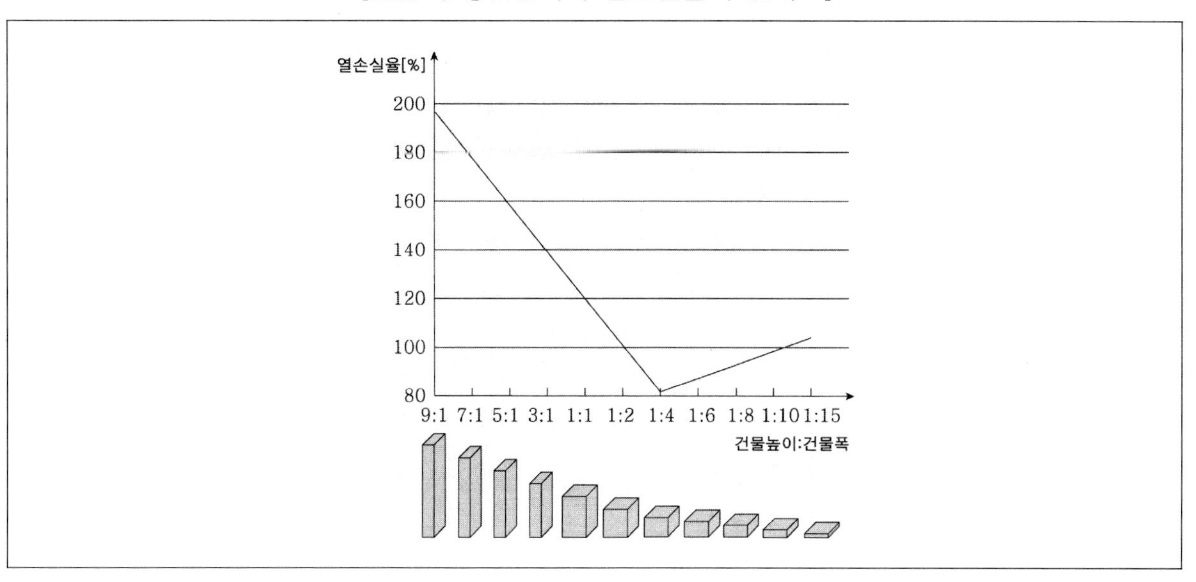

(6) 건물의 난방부하를 줄이기 위한 설계기법

① 외벽의 열관류율을 가능한 한 작게 한다.

② 건물의 창호는 가능한 한 작게 계획하고, 특히 북측의 창면적은 최소화한다.

③ 거실의 층고 및 반자 높이는 실의 용도와 기능에 지장을 주지 않는 범위 내에서 가능한 낮게 한다.

④ 가능한 외단열시공을 하는 것이 좋다.

(7) 지중건축물

① **지중건축물의 정의** … 땅속의 특수한 조건을 이용하여 건물을 지상이나 지하에 짓되 건물표면의 전부 또는 일부를 흙으로 덮는 형태의 건축물을 말한다. 지중 건축물은 창호의 크기와 형태에 따라 무창형, 중정형, 입면형, 관통형 등으로 구분할 수 있다.

무창형(chamber type)은 출입구와 환기구를 제외한 건물의 외피가 지상에 노출되지 않는 형태로 자연채광 및 자연환기는 어렵지만 건물의 노출표면이 최소가 되어 에너지절약면으로는 다른 형태보다 우수하다고 볼 수 있다.

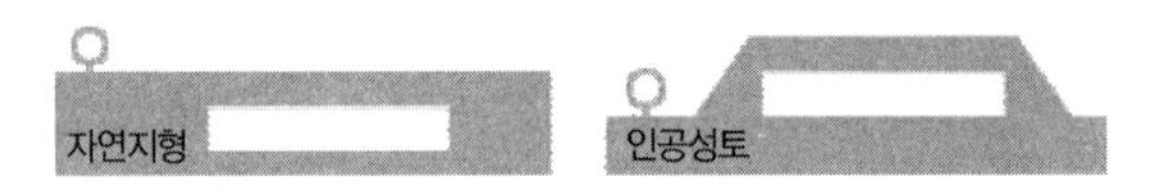

중정형(atrium or court yard type)은 평지에 적합한 형태로 중앙에 중정을 두고 그 주위에 실을 배치하여 각실의 창호를 면하게 하여 출입, 채광, 환기를 해결하는 방식이다.

입면형(elevation type)은 가장 일반적인 지중건축물의 형태. 한면은 외부에 노출하고 나머지면은 흙에 덮인 형태로 경사지에 적합하다. 채광, 환기, 출입의 기능을 노출면에, 나머지 실은 후면에 배치하여 에너지효율성을 높이도록 한다.

관통형(penetration type)은 입면형을 평지에 적합한 형태로 변형한 것으로 지중건축물의 장점을 일부 취하는 형태이다. 창호 및 평면배치가 상대적으로 자유롭다.

② **지중건축물의 특징**

㉠ **지중온도의 이용** : 지중온도의 변화는 지상온도의 변화보다 늦게 반영된다. 이러한 시간지연(time-lag) 효과로 지중온도변화는 심도가 높아질수록 큰 폭으로 감소하게 된다.

㉡ **단열효과** : 지중건축물의 외피를 감싸고 있는 흙이 단열재 역할을 하게 된다. 습윤상태의 흙은 건조상태의 흙보다 열전도율이 크게 증가한다는 점에 유의하여야 한다.

㉢ **축열효과** : 지중건축물의 열적 성능은 단열효과보다는 축열성능에 크게 좌우된다. 흙의 축열효과는 에너지절약 외에도 건물을 일정온도를 유지케 하여 구조물의 수축팽창을 줄여 주는 효과가 있다.

㉣ **기타** : 지중건축물의 두터운 외피는 태풍, 일사, 소음, 진동 등 외부의 재해로부터 건축물과 인간을 보호해 줄 수 있으며, 지표면 하의 공간을 활용함으로써 토지의 효율성을 높일 수 있다.

(8) 이중외피시스템(이중외피의 계절별 운영방법)

① 이중외피시스템은 50cm 이상의 중공층 내부의 부력을 이용하여 통풍이 원활히 이루어지도록 하는 시스템으로 실내공간을 최대로 활용할 수 있을 뿐 아니라 일사를 차단하고 자연환기를 도입함으로써 냉방에너지의 소비를 최소화할 수 있다.

② **봄 · 가을철** … 부분적으로 냉방부하 및 난방부하가 동시에 발생한다. 부하가 발생하지 않는 시간에는 창문을 개방하여 직접 외부로부터 외기를 최소한으로 도입한다.

③ **여름철** … 중공층 내에서 열정체현상이 발생하여 중공층의 기온이 외기온보다 높아질 수 있다. 이러한 현상은 상대적으로 냉방부하를 증가시키는 요인으로 작용할 수 있으며 이러한 문제점을 해결하기 위해 중공층의 온도가 외기온보다 높아지면 외기를 직접 실내로 유입한다.

④ **겨울철** … 일사의 영향으로 인해 중공층 내의 온도가 외기온에 비해 높을 것으로 예상된다. 따라서 중공층 내부의 공기를 직접 실내로 유입하여 자연환기를 수행하여 환기 및 난방효과를 극대화한다.

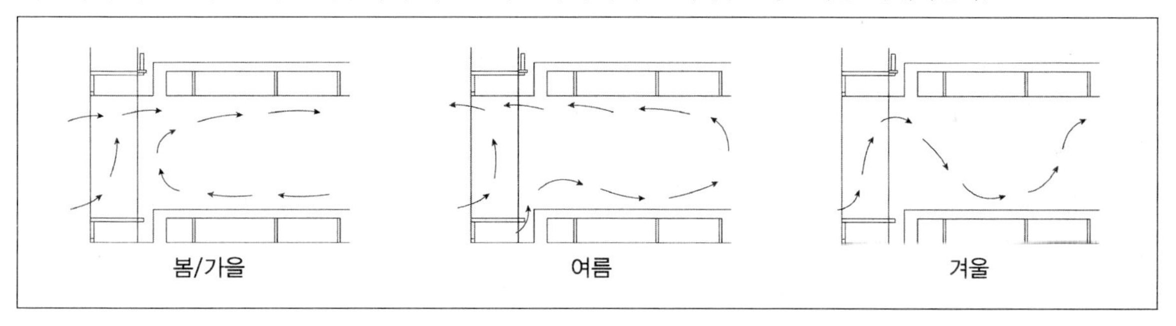

⑤ 두 개의 외피 즉, 유리로 구성된 이중 벽체 구조를 갖는 시스템으로서 실내와 실외 사이에 공간을 형성하게 되며 이 공간을 통해 효율적인 열성능과 환기성능을 유지하도록 한다. 이중외피시스템의 장점은 다음과 같다.

㉠ **자연환기**(natural ventilation) : 실내 측 외피(inner facade) 설치로 건물 사용자는 비나 강한 바람과 같은 다양한 외부 기후 조건에서도 내측 창을 열어 놓을 수 있다. 실외 측 외피(outer facade)는 건물 전체를 외부 영향으로부터 보호해 주며 실내 측 외피와 실외 측 외피 사이에 형성된 공간은 air corridor로 이용되어 자연환기(natural ventilation)가 가능하게 된다.

㉡ **차음 성능의 향상** : 이중외피를 이용함으로써 외부소음에 대하여 일반적인 단일 층 창문을 닫은 것과 같은 우수한 차음 효과를 얻을 수 있다.

㉢ **난방에너지 절감** : 이중 외피 사이 공간의 공기를 이용하여 단열효과를 향상시킴과 동시에 건물로 조사되는 외부 태양열을 저장함으로써 겨울철 난방에너지를 효과적으로 절감할 수 있다.

㉣ **냉방 에너지 절감** : 자연환기를 이용함으로써 야간의 비교적 서늘한 공기를 이용하는 night cooling을 가능하며 여름철 냉방 부하를 절감할 수 있다.

㉤ **태양에너지 이용** : 외피 사이 공기의 열저장뿐만 아니라 부가적인 병용 시스템으로 태양전지를 적용하여 태양에너지 이용을 극대화 할 수 있으며, 에너지 소비를 줄일 수 있다.

기출예제 08 2013 지방직

이중외피에 대한 설명으로 옳지 않은 것은?

① 중공층 내부에 루버와 같은 차양장치를 두어 태양복사의 양을 조절할 수 있다.

② 여름철의 경우, 중공층 내에서 열 정체 현상이 발생해서 중공층의 기온이 외기온도보다 높아질 수 있다.

③ 중공층 내부 공기의 부력을 이용하여 자연환기에 의한 통풍을 극대화하지만 냉방부하를 감소시키지는 못한다.

④ 이중외피 중 twinface facade, second skin facade는 굴뚝 효과에 의한 자연환기를 유도하는 방식이다.

✱

이중외피는 냉방부하를 감소시킨다.

답 ③

3 빛 환경

(1) 빛의 개요

① 빛의 개념

㉠ 적외선과 자외선 사이에 있는 약 380 ~ 780nm 파장범위의 가시광선이다.

㉡ 인간의 눈은 가시광선의 파장에 의해서 각각의 다른 색을 지각하게 된다.

TIP

파장의 단위 … 큰 파장의 단위는 m, cm, mm를 쓰며 작은 파장의 단위는 μm(마이크로미터), nm(나노미터), Å(아토미터) 등이 쓰인다.

checkpoint

- 광속(lm, 루멘) : 광원으로부터 나오는 가시광선의 총량
- 광도(cd, 칸델라) : 광원에서 특정방향으로 나오는 가시광선의 세기
- 조도(lux, 럭스) : 물체의 단위면적에 입사하는 가시광선의 양, 즉 단위면적당 광속의 양
- 휘도(nit, 니트) : 눈에 의해 감지되는 물체표면의 단위면적당 광도(면적은 정사영을 기준으로 함에 주의), 1nit는 1cd/m^2과 같다.

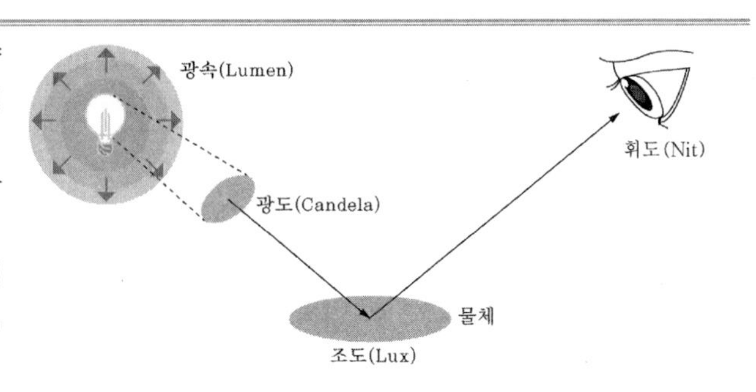

기출예제 09 2008 국가직 (7급)

건축물의 빛 환경에 대한 설명 중 옳지 않은 것은?

① 대형공간의 천창은 측창에 비하여 상대적으로 균일한 실내조도 분포를 확보할 수 있다.

② 색온도는 광원의 색을 나타내는 척도로서, 그 단위는 캘빈(K)을 사용한다.

③ 휘도란 광원 또는 조명된 면이 특정한 방향으로 빛을 방사하는 세기의 정도를 의미하며, 그 단위로는 루멘(Lumen)을 사용한다.

④ 실내의 평균조도를 계산하는 방법인 광속법은 실내 공간의 필요 조명기구의 개수를 계산하고자 할 때 사용할 수 있다.

*

휘도 … 일정한 넓이를 가진 광원 또는 빛의 반사체 표면의 밝기를 나타내는 양을 말하며 단위는 스틸브(sb), 또는 니트(nt)를 쓴다.

답 ③

② 빛의 현휘

㉠ 인간의 시야 내에서 눈이 순응하고 있는 휘도보다 휘도 대비가 크거나 현저하게 높은 휘도의 부분이 있을 때 발생하는 현상이다.

㉡ 보는 데 방해가 되고 눈부심 현상이 일어나 불쾌감을 느끼게 된다.

③ 빛의 단위

㉠ 광속(F)

- 단위시간당 흐르는 빛의 에너지량이다.
- 단위 : lumen(lm)
- 차원 : [lm]

$$F = K_m \int \Phi(\lambda) V(\lambda) d\lambda$$

- $\Phi(\lambda)$: 방사속
- $V(\lambda)$: 표준비, 시감도
- K_m : 최대 시감도(680lm/w)

㉡ 광속의 면적밀도

• 조도(E)

– 단위면적당 입사광속이다.

– 단위 : lux(lx)

– 차원 : [lm/m^2]

$$E = \frac{dF}{dS}$$

• S : 수조면의 면적

• 광속발산도(R)

– 단위면적당 발산광속이다.

– 단위 : radlux(rlx)

– 차원 : [lm/m^2]

$$R = \frac{dF}{dS}$$

• S : 발산면의 면적

㉢ 발산광속의 입체각 밀도(광도 : I)

• 점광원으로부터 단위입체각의 발산광속이다.

• 단위 : candela(cd)

• 차원 : [lm/sr](sr은 입체각의 단위이다)

$$I = \frac{dF}{dw}$$

• w : 입체각

㉣ 광도의 투명면적밀도(휘도 : B)

• 발산면의 단위투영면적당 단위입체각의 발산광속이다.

• 단위 : candela/m^2 · nit(cd/m^2 · nt)

• 차원 : [lm/(m^2 · sr)]

$$B = \frac{dI}{dS}$$

TIP

빛의 단위에서 각 측광량에 따른 단위와 단위 약호를 주의 깊게 보도록 한다.

(2) 주체조명방식

① **조명설계의 순서** … 설치해야하는 광원의 개수 $= \dfrac{\text{작업면의 평균조도} \times \text{방의 면적} \times \text{감광보상률}}{\text{사용광원 1개의 광속} \times \text{조명률}}$

㉠ 소요조도의 결정
㉡ 전등 종류의 결정
㉢ 조명방식과 조명기구의 선정
㉣ 조명기구의 배치계획
㉤ 조명계산
㉥ 소요전등의 결정

2012 국가직

옥내조명설계의 순서가 바르게 나열된 것은?

① 조명방식의 결정→광원의 선정→소요 조도의 결정→조명기구 필요수의 산출→조명기구 배치의 결정
② 소요 조도의 결정→조명방식의 결정→광원의 선정→조명기구 필요수의 산출→조명기구 배치의 결정
③ 광원의 선정→소요 조도의 결정→조명기구 배치의 결정→조명기구 필요수의 산출→조명방식의 결정
④ 광원의 선정→조명방식의 결정→소요 조도의 결정→조명기구 배치의 결정→조명기구 필요수의 산출

✱

소요 조도를 가장 먼저 결정한 후 조명방식을 결정하고 광원을 선정한다. 이후 조명기구 필요수를 산출하고 배치를 결정한다.

답 ②

② 조명방식의 분류

㉠ 조명방식은 조명기구의 배광, 배치, 의장 등에 따라서 분류될 수 있다.

㉡ 배광에 의한 조명방식(인공조명방식)

<table>
<tr><th>명칭</th><th>직접조명</th><th>반직접조명</th><th>전반확산조명</th><th>반간접조명</th><th>간접조명</th></tr>
<tr><td>기구</td><td></td><td></td><td></td><td></td><td></td></tr>
<tr><td>상향 광속</td><td>0 ~ 10%</td><td>10 ~ 40%</td><td>40 ~ 60%</td><td>60 ~ 90%</td><td>90 ~ 100%</td></tr>
<tr><td>하향 광속</td><td>90 ~ 100%</td><td>60 ~ 90%</td><td>40 ~ 60%</td><td>10 ~ 40%</td><td>0 ~ 10%</td></tr>
<tr><td>장점</td><td colspan="2">• 조명률이 좋다.
• 먼지에 의한 감광이 적다.
• 벽 · 천장의 반사율의 영향이 적다.
• 일반적으로 설비비가 싸다.
• 시계에 어둠 · 밝음의 차이가 적다.</td><td rowspan="2">직접조명과 간접조명의 중간형태이다.</td><td>• 조도가 균일하다.
• 음영이 적다.
• 연직물건에 대한 조도가 높다.</td><td>• 조도가 균일하다.
• 음영이 없다.
• 연직물건에 대한 조도가 높다.</td></tr>
<tr><td>단점</td><td colspan="2">• 글로브를 사용하지 않을 경우는 추한 조명으로 되기 쉽다.
• 기구의 선택을 잘못하면 눈부심을 준다.
• 소요전력이 크다.
• 음영이 있다.
• 효율이 좋다.</td><td>• 조명률이 낮다.
• 조명 효율이 나쁘다.
• 먼지에 의한 멸광이 많다.</td><td>• 천장면 마무리의 양부에 영향을준다.
• 물건에 입체감을 주지 않는다.
• 음침한 감을 주기 쉽다.</td></tr>
</table>

TIP

조명효율 … "단위전력 당 조도"를 의미하며 직접조명은 간접조명보다 조명효율이 높다.

TIP

LED조명

㉠ 발광 다이오드 (LED)를 이용한 조명기구로서 저전력 및 장수명 등의 특징을 가진다.

㉡ 정격 범위 내에서 사용하는 한 발광 소자 자체는 비교적 긴 수명을 가지나 열에 의한 열화가 수명을 결정하게 된다.

㉢ 수명과 전기효율이 백열램프보다 몇 배 높으며 대부분의 형광램프보다 훨씬 효율적이다.

③ 조명기구의 능률

㉠ **배광곡선** : 기구에 흡수되는 광량 및 나머지 광량의 비율을 나타내는 곡선으로서 조명기구가 어떠한 방향으로 어느 만큼의 광속을 내는가를 나타낸 곡선이다.

구분	직접	간접	전방확산	반간접	반직접
백열등	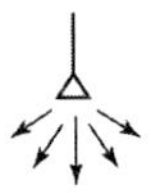		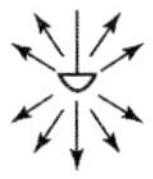		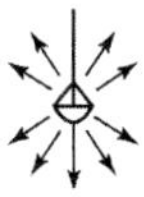
형광등	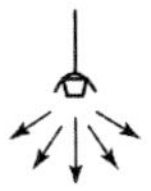		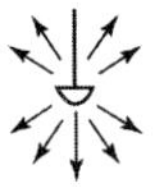		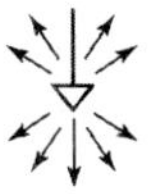
배광곡선		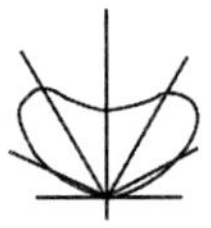			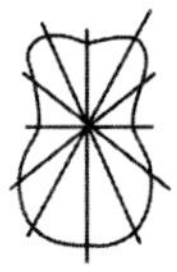

㉡ **기구능률** : 전구에서 나오는 광속 중에서 기구자체에 흡수되는 비율을 뜻하며 보통 60~80% 정도이다.

㉢ **유지율** : 전구가 쇠퇴해졌거나 기구가 더러워져 조명계산을 할 때 안전을 보는 비율을 뜻하며 직접조명은 약 80%, 간접조명은 50% 정도이다.

④ 건축화 조명

㉠ 개념

- 조명기구의 형태를 취하지 않고 건물 중에 일체로 하여 조합시키는 형식을 말한다.
- 기둥, 벽, 천장 등의 건축부분에 광원을 만들어 특별한 조명기구 없이 실내계획을 하는 조명방식이다.

㉡ 장점

- 발광면이 넓고 눈부심이 적다.
- 명랑한 느낌을 준다.
- 조명기구가 보이지 않으므로 현대적인 감각을 준다.

㉢ **단점** : 구조계획상 비용이 많이 든다.

㉣ 종류

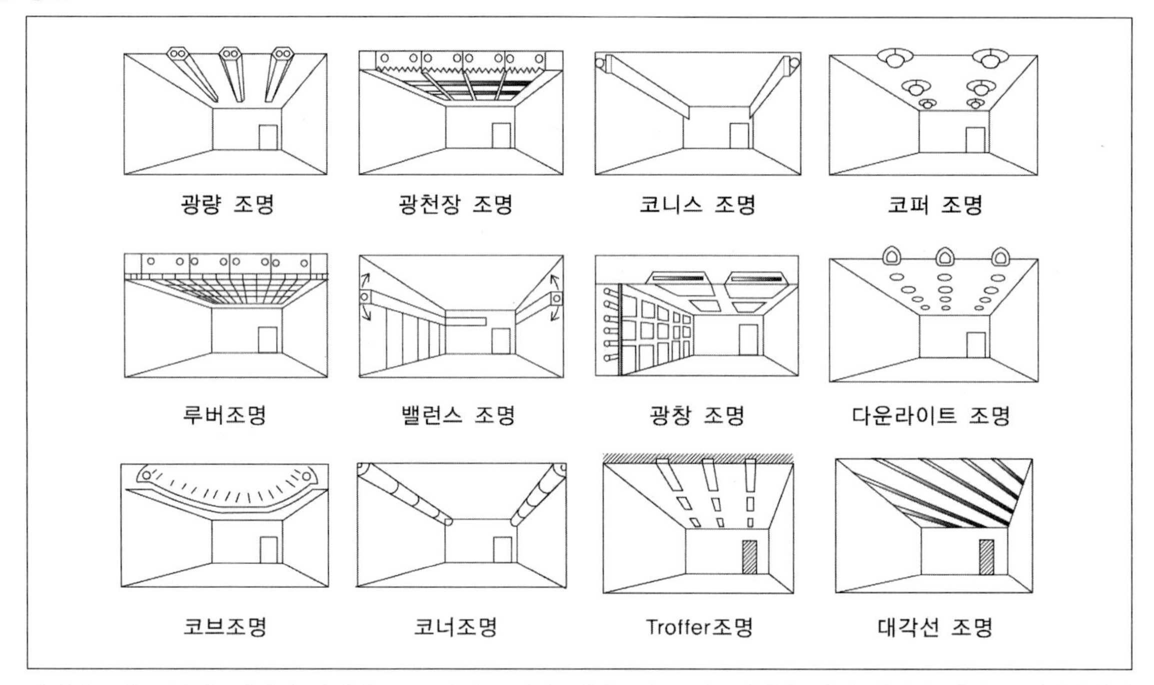

- 광천장조명 : 광원을 천장에 설치하고 그 밑에 루버나 확산투과 플라스틱판을 넓게 설치한 방식으로 천장전면을 낮은 휘도로 빛나게 하는 방법
- 코니스조명 : 광원을 벽면의 상부에 설치하여 빛이 아래로 비추도록 하는 조명방식
- 코퍼 조명 : 실내의 천장면을 사각, 동그라미 등 여러 형태로 오려내고 그 속에 다양한 형태의 광원을 매입하여 단조로움을 피하는 방식
- 루버 조명 : 천장면에 작은 구멍을 많이 뚫어 그 속에 여러 형태의 광원을 배치하여 빛을 아래로 투사하는 방식
- 밸런스 조명 : 광원을 벽면의 중간에 설치하여 빛이 상하로 비추도록 하는 조명방식
- 광창조명 : 광원을 벽에 설치하고 확산투과 플라스틱판이나 창호지 등으로 넓게 마감한 방식
- 다운 라이트 : 천장에 작은 구멍을 뚫어 그 속에 광원을 매입한 것
- 코브 조명 : 광원을 눈가림판 등으로 가리고 빛을 천장에 반사시켜 간접조명하는 방식
- 코너 조명 : 천장과 벽면의 경계구석에 등기구를 설치하여 조명하는 방식
- 트로퍼조명 : 연속열 등기구를 천장면에 매입하거나 들보에 설치하는 방식(트로퍼 : 공조설비의 공기흡입, 배출구와 조명기구를 일체형으로 제작한 기구)

㉤ 좋은 조명의 조건

- 눈부심이 없는 것
- 적당한 조도를 내는 것
- 색을 식별할 필요가 있을 때의 적절한 광원의 선택
- 벽, 기타 주위의 휘도, 작업장소의 휘도가 적당한 대비를 하는 것

TIP

실내상시보조인공조명(PALSI : Permanent Supplementary Artificial Lighting in Interior) … 자연조명만으로는 소요조도를 확보할 수 없거나 적합하지 않은 경우, 자연조명을 보조하기 위해 설치하는 인공조명을 말한다.

기출예제 11 2010 지방직

건축화조명에 관한 설명으로 옳지 않은 것은?

① 가급적 조명기구를 노출시키지 않고 벽, 천정, 기둥 등의 구조물을 이용한 조명이 되도록 한다.
② 직접조명보다는 조명 효율이 높은 편이다.
③ 발광하는 면적이 넓어져 확산되는 빛으로 인하여 실내가 부드럽다.
④ 주간과 야간에 따라 실내 분위기를 전혀 다르게 할 수 있다.

② 건축화조명은 직접조명보다는 효율이 낮다.

답 ②

(3) 기본용어정리

① **일사량** : 단위시간에 단위면적당 받는 열량으로 표현하며 단위는 W/m^2를 사용한다.

② **전천공일사** : 일사는 크게 직달일사와 천공일사로 나눌 수 있으며 양자를 합하여 전천공일사라고 한다. (천공광은 하늘이 맑을 때의 청천공과 흐릴 때의 담천공으로 구분된다.)

③ **직달일사** : 태양으로부터 방사되어 지구에 도달하는 빛 중 대기층을 투과하여 지표면에 직접 도달하는 빛

④ **천공일사(확산일사)** : 태양으로부터 복사되어 비교적 파장이 짧은 것은 공기분자 먼지 등에 의해 산란을 일으켜 천공전체로부터 방향성이 없이 지상에 도달하는 빛

⑤ **반사일사** : 직달일사와 천공일사가 지연으로부터 다시 반사되어 받는 일사이다.

⑥ **주광** : 직사일광과 천공광을 합친 것이다.

⑦ **주광률** : 주광에 대한 실내조도의 비율이다.

$$주광률 = \frac{실내\ 한\ 지점의\ 조도}{담천공으로부터의\ 전천공조도} \times 100$$

⑧ **가조시간** : 장애물이 없는 장소에서 청천 시에 일출부터 일몰까지의 시간

⑨ **일조시간** : 실제로 직사일광이 지표를 조사한 시간

⑩ **일조율** : 가조시간에 대한 일조시간의 백분율

⑪ **균제도** : 휘도 · 조도 · 주광률의 평균치에 대한 최소치의 비

⑫ **글레어(현휘)** : 시야 내에 눈이 순응하고 있는 휘도보다 현저하게 휘도가 높은 부분이 있거나 휘도대비가 큰 부분이 있어 잘 보이지 않거나 불쾌감을 느끼는 현상

⑬ **실루엣현상** : 밝은 창문을 배경으로 한 사람의 얼굴이 잘 보이지 않는 현상이다. 실내에서 창문 쪽으로 흐르는 빛의 양을 증대하여 얼굴면의 휘도와 창면의 휘도의 비가 0007을 초과하면 해소가 된다.

⑭ **창가모델링** : 창가에서 실외로부터 들어오는 빛이 너무 강하면 창쪽의 얼굴면은 너무 밝게 보이고 안쪽의 얼굴면은 너무 어둡게 보이는 현상이다. 창가 모델링도 실내에서 실외로 흐르는 빛을 늘려 창쪽의 조도와 실안쪽의 조도비가 10보다 작으면 해소된다.

(4) 일사의 조절

① 일사의 조절

㉠ 우리나라의 경우 일사 조건상 동서로 긴 남향 배치가 유리하다

㉡ 건물의 최적형태는 동서축의 건물(남향)로 장 · 단변비가 1 : 1.5 정도로 동서로 긴 형태가 좋다. (정사각형 건물은 최적의 형태로 볼 수 없다.)

㉢ 평지붕보다 경사(박공)지붕이 유리하다.

㉣ 남향의 급구배지붕이 가장 유리하며 동서향 급구배지붕은 불리하다.

② 차양에 의한 일사조절

㉠ 여름에 햇빛을 차단하고 겨울에 가능한 많은 빛을 받아들일 수 있도록 한다.

㉡ 주광에 의한 조명효과를 높이기 위해 돌출차양의 밑면은 밝은 색 계통으로 처리하는 것이 좋다.

㉢ 고정차양 장치의 깊이와 위치는 태양광이 연중 미리 정해 놓은 시기에만 통과할 수 있도록 설계한다.

㉣ 낙엽성 초목은 여름철 차양 형성에 유용하지만 잎이 떨어진 후에는 겨울철의 일사 획득을 감소시킬 수 있다.

㉤ 이동이 가능한 차양은 계절에 따라 펼치고 걷어 미적인 면과 기능적인 면을 모두 만족시킬 수 있는 대응책이다.

㉥ 비늘살의 고정차양은 햇빛을 차단하면서 통풍이 될 수 있는 창으로 시야가 좁아지는 단점이 있어 주로 서쪽창에 사용한다.

㉦ 외부 고정차양장치에서 남쪽창은 수평차양, 동쪽과 서쪽창은 수직차양을 설치하는 것이 빛의 차단에 효과적이다.

㉧ 외부 고정차양장치는 겨울바람을 막아주기 때문에 바람으로 인한 열손실과 침기현상을 줄일 수 있다.

㉨ 차양, 처마 또는 발코니와 같은 수직남면벽에 돌출한 수평차양 장치의 길이는 주로 수직음영각에 의해 결정된다.

㉩ 차양장치는 일사의 조절을 위하여 실내와 실외에서 차단시키는 방법이 있는데, 후자가 보다 효과적이다. (후자는 고정돌출 차양장치 방식이 주로 적용된다.)

| 기출예제 12 2007 국가직

일사조절 방법 중 고정 돌출차양 설치에 관한 설명으로 옳지 않은 것은?

① 여름에 햇빛을 차단하고 겨울에 가능한 한 많은 빛을 받아들일 수 있도록 계획한다.
② 남측창에는 수평차양을 설치한다.
③ 동서측창에는 수직차양을 설치한다.
④ 주광에 의한 조명효과를 높이기 위해 돌출차양의 밑면은 어두운 색으로 한다.

✱

고정돌출 차양설치에 있어 주광에 의한 조명효과를 높이기 위해서는 돌출차양의 밑면은 밝은색 계통으로 처리하는 것이 좋다.

답 ④

(5) 주광설계 지침사항

① 주광을 높은 곳에서 사입시키기 위해 창문 높이를 실 깊이의 1/2이상이 되도록 한다.

② 주광과 부근 벽면 간의 심한 대비현상을 막기 위해 2면 이상의 창으로부터 주광을 사입 시킨다.

③ 천장 부근은 현휘를 감소시키기 위해 밝은 색이나 흰색으로 마감한다.

④ 면적이 같다면 1개의 큰 창보다는 넓게 분포된 여러 개의 창이 효과적이다.

⑤ 천연광(자연채광)은 색온도가 높고 자외선 포함률이 높다.

⑥ 주요한 작업 면에는 가능한 한 반사광을 받도록 계획해야 한다.

⑦ 천장의 반사율을 벽보다 높게 한다.

⑧ 가능한 한 높은 곳에서 주광을 유입시킨다.

⑨ 천장 부근은 현휘를 감소시키기 위해 밝은 색으로 마감한다.

(6) 인공광원의 종류와 특성

① **백열등** … 휘도가 높으며 열방사가 많은 단점이 있으나 배광제어가 용이하고 점등에 이르는 시간이 짧다.

② **형광등** … 연색성(인공조명에 의한 물체의 색보기 비율을 말한다. 기준은 천연 주광이고 이것에 가까울수록 충실하게 보인다.)이 좋고 휘도가 낮으며 열방사가 적고 소비전력이 적으나 점등까지 시간이 걸린다. 수명이 백열등보다 10배 정도 길다.

③ H.I.D.(High intensity Discharge, 고압(고휘도)방전램프)

㉠ 대표적인 HID 램프로는 수은등, 고압나트륨등, 멀티 할로겐램프, 메탈 헬라이드 램프가 있다.
㉡ 형광램프에 비하여 발광관내에 첨가된 화합물의 내부압력(밀도)과 온도가 높기 때문에 다량의 가시광선이 발생하게 된다.

㉢ HID 램프를 점등시키려면 반드시 안정기가 필요하며, 보조전극을 이용하여 점등시키는 방식과 점등보조장치(이그나이터)를 이용하여 점등시키는 방식이 있다.

㉣ 형광램프는 방전 시 낮은 증기압으로 자외선이 대부분이지만, HID램프는 발광관내의 첨가물(금속할로겐화 화합물)의 종류에 따라 다양한 광색을 고효율로 발광시킬 수 있다.

[고압수은램프]

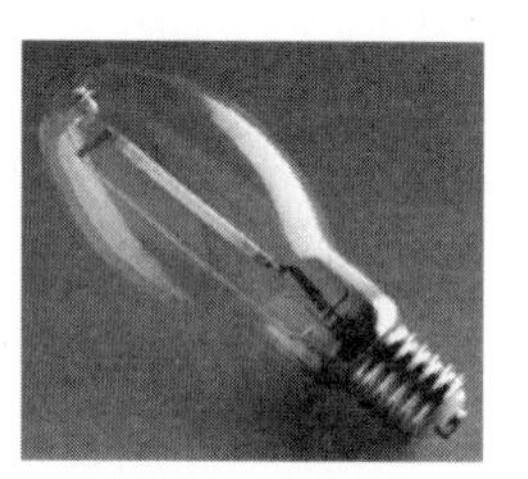
[고압나트륨램프]

[메탈할라이드]

TIP

수은 및 고압나트륨 램프는 발광관내에 단일의 화합물을 첨가하여 각각 특유의 광색을 발산한다. 메탈할라이드 램프는 수은, 나트륨, 토륨, 인듐, 스칸듐 등의 다양한 금속요소를 화합시킨 할로겐화합물을 발광관내에 봉입하여, 연색성이 우수한 백색광을 방출한다.

④ **수은등** … 연색성이 좋지 않고 점등에 10분 정도의 시간이 걸린다. 수명이 길며 실내 및 상점, 공장, 체육관, 도로조명 등 다양한 곳에 사용된다.

⑤ **메탈할라이드 램프** … 연색성이 좋으며 수명이 길고 실외 및 실내 광원으로도 사용된다.

⑥ **고압나트륨등** … 등황색의 빛을 발하며 실내조명에는 부적합하다. 도로 조명에 주로 사용된다.

⑦ **LED 조명** … LED는 전류를 빛으로 변환시키는 반도체소자(발광다이오드)를 의미하며 이를 사용한 조명으로서 다음과 같은 특성을 갖는다.

㉠ 에너지효율이 매우 높으며 유지비가 저렴하여 경제적이다.

㉡ 3원색(Red, Green, Blue)의 조합으로 Full컬러의 구현이 가능하며 작은 점과 같은 조명들을 모아 다양한 형태의 창의적인 조명디자인 구현이 가능하다.

㉢ 반도체소자를 사용하므로 응답속도(전류가 흘러서 빛을 발하기까지의 시간)가 매우 빨라 백열등의 10만분의 1수준으로 반응하며 디지털제어가 가능하고 밝기와 색온도 변환이 쉬워 센서와 통신 등 통합적인 시스템과 감성조명을 구현할 수 있다.

㉣ 에폭시몰딩처리가 되어 있어 충격에 강하며 초박형으로 제작이 가능하다.

㉤ 형광등과 달리 수은 등의 유해물질이 없으며 별도의 폐기비용이 발생하지 않는다. 또한 백열등 대비 이산화탄소 배출량도 매우 적다.

㉥ 초기 구입비용이 고가이며 직류전원을 사용하므로 정전기나 서지전류에 약해 전원공급장치의 정전류 다이오드와 같은 부품이 파괴될 수 있다.

㉦ 고출력인 경우 고온방열이 제대로 이루어지지 않으면 성능저하 및 수명이 현저하게 저하된다.

ⓞ 면적이 넓은 조명을 구현하려면 다량의 점광원을 배치할 수 있는 모듈설계가 요구되며 빛을 확신시킬 수 있는 확산장치가 요구된다.

(7) 연색성

① 연색성이란 '그 광원으로 물체를 비추었을 때 물체색의 보임'이란 의미로서 연색성이 좋다는 것은 그 물체의 본래의 색(태양광에 의해 비추어지는 자연색)에 가깝게 보인다는 의미이다.

② **연색평가수** … 광원에 의해 조명되는 물체색의 지각이 규정된 조건하에서 기준 광원으로 조명했을 때의 지각과 맞는 정도를 나타내는 수치이며 평균연색평가지수와 특수연색평가지수로 나뉜다. 이 수치가 높을수록 연색성이 우수하다고 본다.

㉠ **평균연색평가지수** : 8가지 시험색에 기준광원과 시료광원을 조사시켜 평균값을 특정한다.

㉡ **특수연색평가지수** : 한 가지 한 가지의 특수한 색을 얼마나 잘 보이게 하는가를 나타내는 지수(R9 : 적색, R10 : 노란색 등)

	백열전구	형광등	HID		
			(고압)수은등	메탈할라이드등	고압 나트륨등
크기[W]	30 ~ 2000	20 ~ 220	40 ~ 1000	125 ~ 2000	150 ~ 1000
효율[lm/W]	나쁨	양호	양호	좋음	매우 좋음
수명	짧음	긺	긺	긺	긺
연색	좋음	좋음	나쁨	좋음	나쁨
용도	조명전반, 각종 특수용도용으로 만들어지기도 함	조명전반, 각종 특수용도용으로 만들어지기도 함	천장 높은 옥내 · 옥외조명, 도로조명 · 상점 · 공장 · 체육관	천장 높은 옥내, 연색성이 요구되는 미술관, 상점, 사무실	천장 높은 옥내 · 옥외조명, 도로조명
기타	• 빛은 집광성 • 높은 휘도 • 높은 표면온도 • 높은 열 발생	• 빛은 확산성 • 낮은 휘도 • 온도에 따른 효율의 변화	점등 때 안정되기까지 10분 소요	점등 때 안정되기까지 10분 소요	• 빛은 확산성 • 높은 휘도 • 점등 때 안정되기까지 10분 소요

<table>
<tr><th>조 명</th><th>권장조도(lx)</th><th>작업의 종류</th></tr>
<tr><td rowspan="7">그다지 많이 사용하지 않는 장소나,
보이기만 하면 되는 장소의 전반조명</td><td>25</td><td rowspan="3">주변이 어두운 공공장소</td></tr>
<tr><td>30</td></tr>
<tr><td>50</td></tr>
<tr><td>75</td><td rowspan="3">짧은 시간의 출입을 위한 장소</td></tr>
<tr><td>100</td></tr>
<tr><td>150</td></tr>
<tr><td>200</td><td>수납공간, 입구, 홀</td></tr>
<tr><td rowspan="6">작업실내의 전반조명</td><td>300</td><td>간단한 작업이 이루어지는 작업실</td></tr>
<tr><td>500</td><td rowspan="2">집중을 요하지 않는 기계작업, 강의실</td></tr>
<tr><td>750</td></tr>
<tr><td>1000</td><td rowspan="2">보통의 기계작업, 사무실</td></tr>
<tr><td>1500</td></tr>
<tr><td>2000</td><td>조각, 직물공장의 검사</td></tr>
<tr><td rowspan="6">정밀한 시작업을 위해 추가하는 조명</td><td>3000</td><td>장시간에 걸친 정밀 시작업</td></tr>
<tr><td>5000</td><td rowspan="2">세밀한 전자부품이나 시계조립</td></tr>
<tr><td>7500</td></tr>
<tr><td>10000</td><td rowspan="2">극히 미세한 전자부품조립</td></tr>
<tr><td>15000</td></tr>
<tr><td>20000</td><td>외과수술</td></tr>
</table>

❹ 색채환경

(1) 색의 3속성

① 색상

㉠ **색상환의 분할**(먼셀의 색입체) : 우선 기본 5색상(적=R, 황=Y, 녹=G, 청=B, 자=P)의 각 색을 원주상에서 같은 간격으로 배치한다.

㉡ 각 색의 중간에 주황, 황록, 청록, 청자, 적자를 두어 10개의 색상으로 분할한다.

㉢ 삼원색은 여러 가지 색깔을 만들어낼 수 있는 기본색 세 가지를 말하며, 빛의 경우에는 빨간색, 초록색, 파란색 빛이고, 염료나 색소의 경우에는 자홍색(magenta), 노란색(yellow), 남색(cyan)이다.

② **명도** … 무채색을 축으로 이상적인 백색을 10, 이상적인 흑색을 0으로 정하고 그 사이를 9단계로 분할하여 모두 합계 11단계로 번호를 붙인 것을 말한다.

③ 채도

㉠ 무채색을 0으로 색상별 색의 순도가 증가함에 따라 1, 2, 3 ~ 10, 12 등으로 숫자를 높인다.

㉡ 숫자의 크기에 따라서 고채도, 중채도, 저채도라 한다.

(2) 먼셀 표색계

① **의미** … 색상, 명도, 채도에 해당하는 특성을 각각 휴(Hue), 벨류(Value), 크로마(Chroma)라 하여 이들을 원통좌표계에서 인접하는 색채가 등각도로 분할하여 표시한다.

[휴, 밸류, 크로마의 표시]

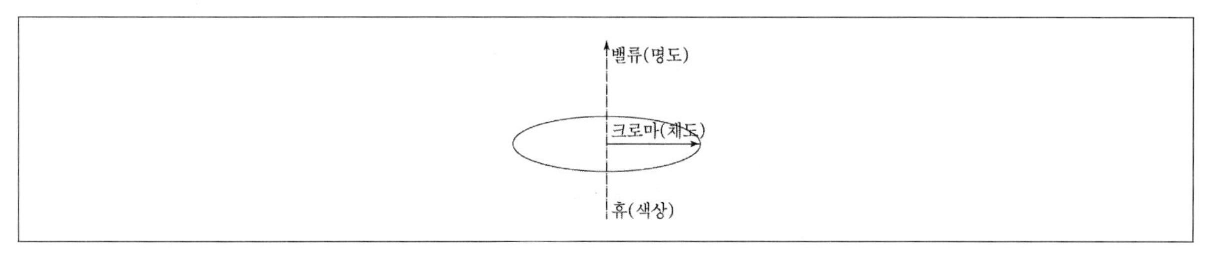

② 먼셀 색 표시법

㉠ **유채색** : 색상(H), 명도(V), 채도(C)로 표시한다.

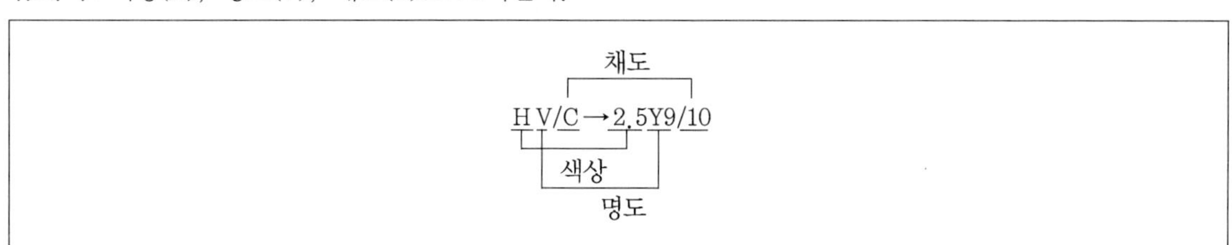

㉡ **무채색** : 채도, 색상이 없고 명도만을 표시한다.

5.5N ↑ └──── 무채색을 의미 명도

㉢ **기본색**(1차색)

- 색의 혼합을 통해 여러 가지 다른 색을 만들 수 있는 세 가지 색을 말한다.
- 가산혼합의 3원색은 빨강(Red), 초록(Green), 파랑(Blue)이다.
- 감산혼합의 3원색은 시안(Cyan), 마젠타(Magenta), 옐로(Yellow)이다.
- 시안과 마젠타의 색을 섞으면 파랑(Blue), 마젠타와 옐로를 섞으면 빨강(Red), 시안과 옐로를 섞으면 초록(Green)이 나타나며 시안, 마젠타, 옐로를 모두 섞으면 검정(Black)이 나타난다. 시안, 마젠타, 옐로의 3원색을 여러 가지 비율로 섞으면 모든 색상을 만들 수 있는데, 반대로 다른 색상을 섞어서는 이 3원색을 만들 수 없다.
- 이러한 3원색을 1차색이라고 하며, 이를 섞어서 만들 수 있는 색은 2차색이라고 한다. 색은 감산혼합으로 혼합하는 색의 수가 많을수록 명도가 낮아지는데, 이는 색을 혼합할수록 그만큼 빛의 양이 줄어서 어두워지기 때문이다. 반면에 빛은 가산혼합으로 겹치는 빛의 수가 많을수록 명도가 높아진다.

[먼셀계의 색분할]

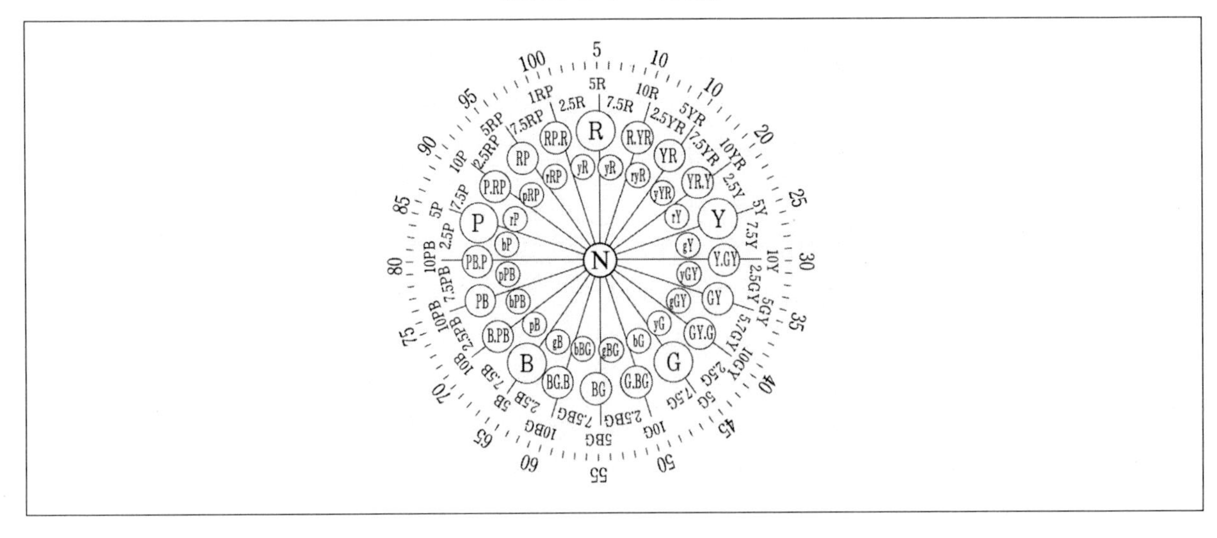

[먼셀 색입체]

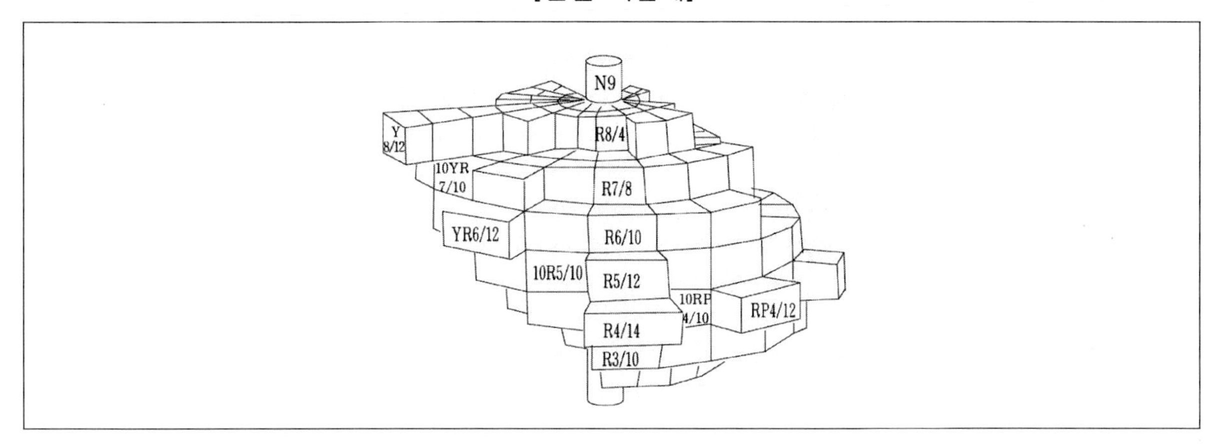

기출예제 15 2009 국가직

먼셀(Munsell)의 색채표기법에 대한 설명 중 옳지 않은 것은?

① 색상은 색상환에 의해 표기되며, 기준색인 적(R), 청(B), 황(Y), 녹(G), 자(P)색 등 5종의 주요색과 중간색으로 구성된다.
② 명도는 완전흑(0)에서 완전백(10)까지의 스케일에 따른 반사율 및 외관에 대한 명암의 주관적 척도이다.
③ 채도의 단계는 흑색과 가장 강한 색상 사이의 색상변화를 측정하는 단위이다.
④ 5R－4/10은 빨강의 색상5, 명도4, 채도10을 나타낸다.

✱

흰색과 검은색은 채도가 없기 때문에 무채색이라 불린다.

답 ③

(3) 색채이론 기본용어

① 기본 3원색

㉠ 빛의 삼원색은 빨강(red), 초록(green), 파랑(blue) 머리글자만 따서 RGB로 흔히 나타낸다. 기본이 되는 이 3가지 색의 빛을 1차색(primary color)이라 한다. 3가지 1차색을 모두 합치면 흰색이 된다. 빨강과 녹색을 혼합하면 노랑(yellow) 빛이 되고, 녹색과 파랑을 섞으면 청록(cyan), 빨강과 파랑을 혼합하면 자홍(magenta) 빛이 된다. 이런 식으로 두 가지 원색을 혼합하여 생기는 색을 2차색(secondary color)이라 한다.

㉡ 색의 3원색은 청록(cyan), 자홍(magenta), 노랑(yellow)이다. 색의 3원색은 빛의 2차색에 해당한다. 색의 3원색도 빛의 색처럼 1차색, 2차색, 보색이 있으며, 색의 3원색을 모두 혼합하면 검정색이 된다.

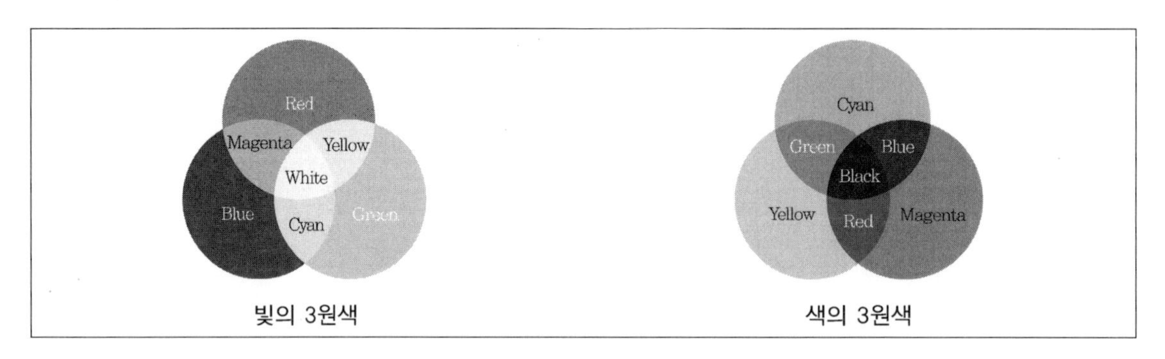

빛의 3원색　　　　색의 3원색

② 보색

㉠ 색상환상에서 서로 가장 멀리 떨어져 있는 관계인 한 쌍의 색, 즉 서로 마주보고 있는 색들의 관계를 말한다.

㉡ 보색관계를 이루는 두 가지 색상을 혼합하면 무채색(색깔이 없고 밝고 어두운 명도성만을 가진 색)이 된다.

㉢ 서로 반대되는 색이므로 두 색상의 대비가 강하게 느껴진다.

㉣ 보색은 물리보색과 심리보색이 있으며, 물리보색은 서로 합치면 무채색이 된다.

③ 심리보색

㉠ 유채색을 응시한 다음 흰 종이에 눈을 옮기면 그 색과 같은 형으로 반대색의 잔상이 나타나고 5~6초가 지나면 소실되는데 이 반대색이 보색이기 때문에 보색잔상 또는 심리보색, 심리반대색이라 한다.

㉡ 망막 상에서 남아 있는 잔상 이미지가 원래의 색과 반대의 색으로 나타나는 현상으로 물리보색과는 반대로 인간의 지각 심리와 관계가 있다.

㉢ 눈에서 뇌에 이르는 색채의 지각 과정을 보면 색채 지각 세포의 그룹 중에 빨강과 초록, 노랑과 파랑, 하양과 검정을 지각하는 각각의 세포들은 한 쌍을 이루고 있다. 예를 들어 빨강의 자극으로 인해 같이 연결되어 있던 초록이 빨강의 자극이 사라진 후에 밝은 초록의 어른거림으로 느끼게 된다.

④ 색상효과

㉠ **면적효과** : 면적의 크기에 따라 색이 달라 보이는 현상 (면적이 작은 색은 어둡게 보임)

㉡ **진출색** : 높은 명도, 따뜻한 색일수록 진출하고 팽창하는 느낌을 준다.

⑤ 색채의 특성

㉠ **색채의 비중** : 일반적으로 물건을 고를 때, 심리학자들은 사람이 물건을 고를 때 80%가 색채를 선택하고 20%가 형상이나 선을 본다고 한다. 이와 같이 색채는 환경에 매우 큰 영향력을 미치고 있으며, 특히 설계과정에서 색채에 대한 주의를 기울일 필요가 있다.

㉡ **유목성** : 주목성(注目性)이라고도 하며 사람들의 시선을 끄는 힘이 강한 정도. 색의 형태와 면적, 연상작용, 색의 삼속성 등에 따라 달라지는데, 특히 빨강, 주황, 노랑 등 고채도, 난색계의 색이 높다. 일반적으로 명시도가 높은 색은 주목성도 높고 무채색보다는 유채색이, 한색보다는 난색이, 저채도 보다는 고채도의 색이 주목성이 높지만 주목성이 강한 색도 배경색에 의해 달라 보일 수 있다.

㉢ **항상성** : 여러 가지 조건이 바뀌어도 친숙한 대상은 항상 같게 지각이 되는 현상 (밝기나 색의 조명의 물리적 변화에 의해 망막자극이 비례적으로 변화하지 않는다는 의미)

㉣ **시인성** : 명시도라고 하며 대상물의 존재 또는 모양이 원거리에서도 식별이 용이한 성질을 나타낸다.

⑥ 대비현상

㉠ **계시대비** : 두 개의 색 자극을 동시에 주지 않고 시간차를 두어 제시함으로써 일어나는 현상으로, 눈이 가지고 있는 잔상이라는 특수한 현상 때문에 생기는 색의 대비

㉡ **색상대비** : 색상이 다른 두 색이 서로의 영향으로 인하여 색상차가 크게 보이는 현상이다.

㉢ **명도대비** : 명도가 다른 두 색을 이웃하거나 배색했을 때 밝은 색은 더욱 밝게, 어두운 색은 더욱 어둡게 보이는 대비현상

㉣ **채도대비** : 채도가 다른 두 색을 인접시켰을 때 서로의 영향을 받아 채도가 높은 색은 더욱 높아 보이고 채도가 낮은 색은 더욱 낮아 보이는 대비현상

㉤ **보색대비** : 보색 관계에 있는 두 색을 같이 놓을 때, 서로의 영향으로 더 뚜렷하게 보이는 현상이다. 보색간의 관계에서 모든 색파장의 자극을 균형 있게 느낄 수 있도록 하여 서로의 색상에는 영향을 주지 않고 채도만 높여줄 수 있다. (보색: 두 색이 서로를 보조해주는 색으로서 이 두 색은 보통 색상환에서 서로 정 반대쪽에 위치한 색이다. 이들을 혼합하면 회색계통의 색이 된다.)

㉥ **한난대비** : 차가운 느낌을 주는 푸른색 계열과 따듯한 느낌을 주는 붉은 색 계열의 대비현상이다.

㉦ **동시대비(공간대비)** : 화면에 두 가지 이상의 색을 동시에 비교해 볼 때 색들이 실제의 색과 다르게 보이는 현상을 말한다.

㉧ **연변대비** : 인접한 경계면이 다른 부분보다 더 강한 색상, 명도, 채도를 나타내는 대비현상이다. 서로 다른 톤이 맞닿는 면뿐만 아니라 떨어져 있는 면도 서로 상호영향을 미치는 현상이다.

기출예제 16 2011 국가직 (7급)

색채에 대한 설명으로 옳지 않은 것은?

① 색료의 기본 3원색은 일반적으로 마젠타(magenta)와 노랑(yellow) 그리고 시안(cyan)을 말한다.
② 색료의 3원색을 전부 혼합하면 검정색(black)이 된다.
③ 보색은 물리보색과 심리보색이 있으며, 물리보색은 서로 합치면 무채색이 된다.
④ 색료의 기본색인 마젠타(magenta)와 노랑(yellow)을 혼합하면 색광의 기본색인 보라(violet)가 된다.

*

물감의 삼원색은 마젠타, 시안, 옐로우이다. 마젠타 + 노랑은 빨강, 마젠타 + 시안은 파랑, 노랑 + 시안은 녹색, 마젠타 + 시안 + 옐로우는 검정이다.

답 ④

(4) 건축색채계획의 기본원리

① 건축색채는 그 존재를 느끼지 않도록 하는 것이 현대건축의 일반적 원칙이다.

② 기능과 위치에 따라 자극적이고 화려한 배색이 필요한 경우도 있으나 건축색채의 기본은 '차분함' 또는 '포근함', '따듯함' 등의 느낌을 주도록 하는 것이다. 건축색채는 전경과 배경의 관계에서 사람이나 물건을 돋보이게 해야 하므로 배경이 되는 경우가 대부분이다.

③ 건축에 있어서 중요도의 선택순위는 형태, 재료, 색채 순서로 이루어지는 것이 원칙이다.

④ 건축색채는 건물자체만을 강조하기보다는 자연환경 및 주변건축물과 조화되어야 한다.

⑤ 외장색은 유리면이나 간판 등을 실내의 경우는 가구나 장식 등을 고려하여 주조색, 보조색, 악센트색으로 구분, 계획하도록 한다.

⑥ 건축물을 기능별, 구역별로 구분할 때는 이들 각 부분들은 상호유기적인 관계를 갖도록 색채계획에서도 조절되어야 한다.

⑦ 건축색채는 차분함이 기본이 되므로 저명도, 저채도, 난색계가 기본이 된다.

⑧ 색상표에 의해 실내계획을 할 경우 목표색상보다 약간 낮춘 색상을 선정해야 한다.

기출예제 17 2007 국가직 (7급)

색채계획의 내용으로 가장 옳지 않은 것은?

① 색은 동일 조건에서 면적이 클수록 명도가 높아 보인다.
② 색은 동일 조건에서 면적이 작을수록 채도가 낮아 보인다.
③ 색상표에 의해 실내계획을 할 때는 목표 색채보다 약간 높인 색상표를 선택하는 것이 좋다.
④ 먼셀의 색입체에서 동일 색상의 경우 위로 올라갈수록 명랑한 느낌을 주게 된다.

✱
색상표에 의해 실내계획을 할 경우 목표색상보다 약간 낮춘 색상표를 선정해야 한다.

답 ③

(5) 일반적인 실내의 색채계획

① 위에서부터 아래로 향하여 명도를 낮춘다.

② 밝은 곳과 어두운 부분에 인접하면 어두운 부분은 더욱 어둡게, 밝은 부분은 더욱 밝게 해준다.

③ 밝은 물건은 어두운 배경에, 어두운 물건은 밝은 배경에 진열배치를 한다.

④ 회색은 흰색배경에서는 더 어둡게 보이며 검정배경에서는 더 밝게 보인다.

⑤ 넓은 공간은 전체적으로 저채도로 하고 좁은공간은 고채도로 한다.

⑥ 문이나 창문, 커튼 등 움직인은 면은 눈에 잘 띄는 색이 좋다.

⑦ 한색(후퇴색)으로 칠한 방은 더 넓어보이고 난색(진출색)으로 칠한 방은 거리가 가깝게 느껴지고 좁아보인다. (큰 방이나 천장이 높은 방은 연한 난색으로 배색한다.)

(6) 공간별 채색계획

① 주거공간은 사용자의 기호나 취미가 우선적으로 반영되어야 한다.

② **거실** … 안정된 분위기가 나도록 난색계의 생삭을 살린다.

③ **침실** … 남향은 한색으로, 북향은 난색으로 배색한다.

④ **식당** … 식욕을 돋우는 난색계가 좋다(조명은 백열등이 적합하다.)

⑤ **부엌** … 청결이 중요하므로 밝은 것이 좋다.

⑥ **욕실** … 청결을 중요하므로 밝은 것이 좋다.

⑦ **일반 실내체육관** … 천장이나 벽은 고채도나 강한 색의 대비는 피한다.

⑧ **병원의 수술실** … 녹색으로 한다.

⑨ **소아과병원** … 밝은 원색(빨강, 노랑, 파랑)으로 한다.

⑩ **신생아실** … 부드럽고 따스한 무광색채를 사용한다.

⑪ **병실** … 명도를 낮추고 유채색을 사용히며 벽체는 흰색을 피하도록 한다.

⑫ **민박** … 따스한 난색이 효과적이다.

⑬ **항공기 실내** … 불안감을 제거하고 안전한 느낌을 줄 수 있는 한,난색계를 배합한 색채계획으로 하고 경쾌감을 줄 수 있도록 한다.

5 음환경

(1) 음(소리)의 구성과 종류

① 음(소리)의 구성요소

㉠ **음의 높이** : 진동수가 클수록 높은 소리가 난다.

㉡ **음의 세기** : 진폭이 클수록 큰 소리가 난다.

㉢ **음의 맵시** : 소리의 높이와 세기가 같아도 파형이 다르면 소리가 다르게 들린다.

㉣ **진폭**(振幅, amplitude) : 진동 중심에서 최대 변위의 크기 (A)

㉤ **파장**(波長, wavelength) : 같은 변위(위상)를 가진 서로 이웃한 두 점 사이의 거리 (λ)

㉥ **주기**(週期, period) : 매질의 한 점이 1회 진동하는데 걸린 시간 (T)

ⓢ **진동수(振動數, frequency)** : 파동 전파 시 매질의 한 점이 1초 동안 진동한 횟수 (f). 참고로 진동수는 주기의 역수이다. (f = 1/T)

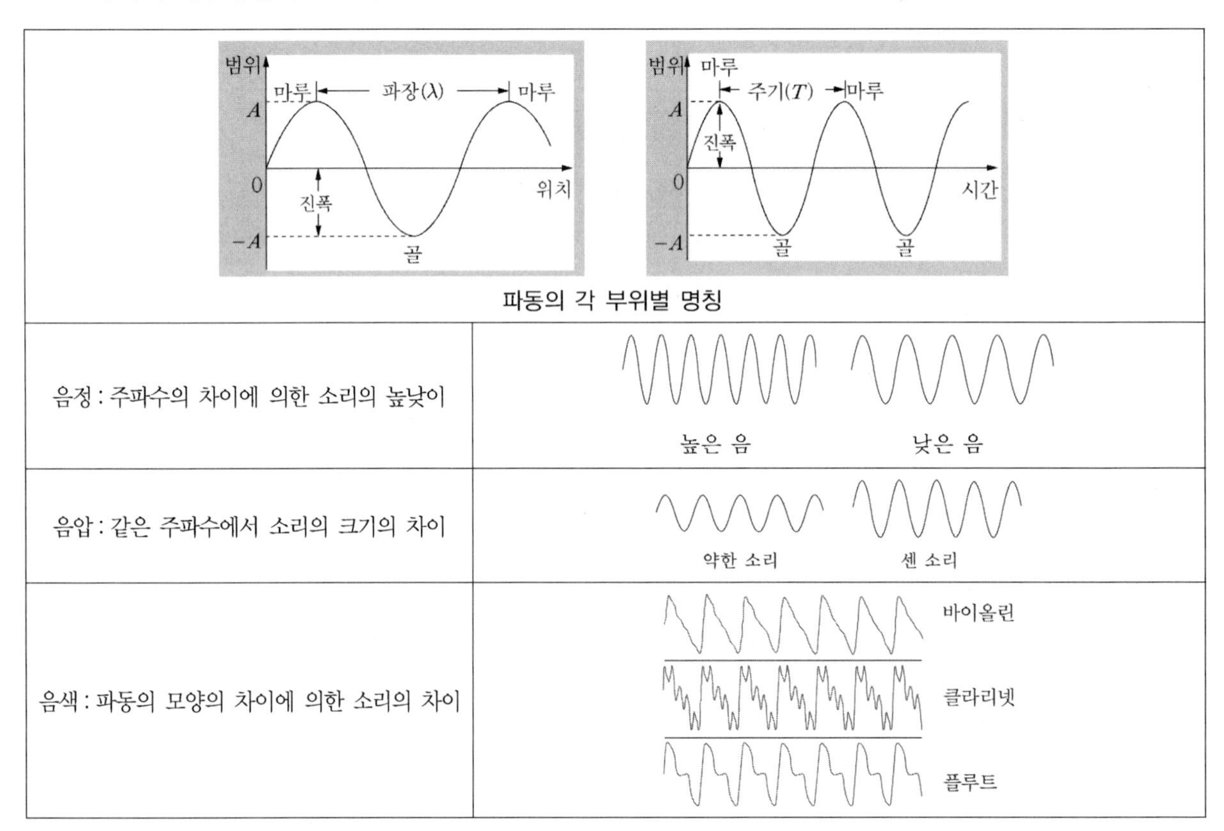

파동의 각 부위별 명칭

음정 : 주파수의 차이에 의한 소리의 높낮이	높은 음 / 낮은 음
음압 : 같은 주파수에서 소리의 크기의 차이	약한 소리 / 센 소리
음색 : 파동의 모양의 차이에 의한 소리의 차이	바이올린 / 클라리넷 / 플루트

② 음의 종류

㉠ **표준음**(Hz)

- 대표적인 음 : 63, 125, 500, 1,000, 2,000, 4,000Hz의 주파수를 갖는 순음
- 음의 고저

 −저음 : 진동수가 적은 음으로 125Hz

 −중음 : 실내나 재료 등의 음향적 성질표시시의 표준음으로 500Hz

 −고음 : 진동수가 많은 음으로 2,000Hz

- 1,000Hz : 청각을 고려하는 표준음

TIP

가청주파수는 사람의 귀가 소리로 느낄 수 있는 음파의 주파수 영역으로, 보통 16Hz~20kHz의 주파수 대역이다.

㉡ **악음** : 구성된 음파가 규칙적이고 주기성이 있어 그 진동수를 정확하게 측정할 수 있는 성질의 것을 뜻한다.

㉢ **진음** : 높이가 어느 범위 내를 급속하게 오르내리는 세기가 일정한 악음을 뜻한다.

㉣ **소음** : 사람이 듣기에 시끄럽고 듣기 싫은 음을 뜻한다.

TIP

실내 허용 소음레벨

스튜디오	25 ~ 30db	음악당, 소극장	30 ~ 35db
병원, 교실, 강당	35 ~ 40db	회의실, 소사무실	40 ~ 45db
레스토랑	50 ~ 55db	주택, 호텔	35 ~ 40db

(2) 음압레벨, 음의 세기레벨, 음의 크기레벨

① **음압** … 음파에 의해 공기진동으로 생기는 대기 중의 변동으로서 단위면적에 작용하는 힘

② **음의 세기** … 음파의 방향에 직각되는 단위면적을 통하여 1초간에 전파되는 음 에너지양

③ **음의 크기** … 청각의 감각량으로써 음의 감각적 크기를 보다 직접적으로 표시한 것

④ **음압레벨** … $2\times10^{-5}N/m^2$를 기준값으로 하여 어떤 음의 음압이 기준음압의 몇 배인가를 대수로서 표시한 것이다.

$$SPL = 20\log\frac{P}{P_o}(dB)$$

⑤ **음의 세기레벨** … $10-^{12}W/m^2$을 기준값으로 하여 어떤 음의 세기가 기준음의 몇 배인가를 나타낸 것이다.

$$IL = 10\log\frac{I}{I_o}(dB)$$

⑥ **음의 크기레벨** … 1손(sone)은 40폰(phone)에 해당하며 손(sone)값을 2배로 하면 10phone씩 증가하게 된다. (1손은 40폰이며 2손은 50폰이 되고 4손은 60폰이 된다.)

(3) 점음원과 선음원

① **점음원**

㉠ 측정거리에 비해 음원의 크기가 충분히 작으면 점음원으로 취급된다.

㉡ 자유음장에서 점음원의 음파는 구의 형태로서 모든 방향으로 일정하게 확산된다.

㉢ 음파가 점음원일 때는 거리가 2배 될 때마다 3dB씩 감소한다.

② **선음원**

㉠ 선음원은 점음원의 집합이라고 생각할 수 있고 그 음파는 원통형태로 확산된다.

㉡ 음파가 선음원일 때는 거리가 2배 될 때마다 3dB씩 감소한다.

(4) 잔향

① **잔향** … 발생한 음원이 정지가 된 후에도 음이 남는 현상을 말한다.

② **잔향시간**

㉠ 음원으로부터 소리의 발생이 끝난 후 음압 레벨이 60db 감소하는 데 걸리는 시간이다.

㉡ 실의 형태와는 관계가 없이 실의 흡음력과 용적에 따라 결정된다.

③ **에코**(Echo : 반향) … 음원으로부터의 직접음과 반사음이 도달하는 시간이 $\frac{1}{15} \sim \frac{1}{20}$초 이상의 차이가 있을 때 귀가 이 음을 분리하여 듣는 현상을 뜻한다.

④ **Sabine의 잔향시간식**

$$T = 0.162\frac{V}{A}$$

- V : 실의 용적(m^3)
- A : 실내의 총 흡음력(sa) = 실내의 표면적 × 흡음률

TIP

흡음력이 큰 실내에서는 오차가 발생할 수 있다.

⑤ **최적의 잔향시간**

㉠ 실내에 일정한 세기의 음을 발생 시킨 후 그 음이 중지된 때로부터 음의 세기 레벨이 60dB 감쇠하는데 소요된 시간을 잔향시간이라 한다.

㉡ Sabine의 잔향시간 T = 0.16V/A (V : 실의 체적, A : 바닥면적)이다.

㉢ 평면계획에서 타원이나 원형의 평면은 음의 집중이나 반향 등의 문제가 발생하기 쉬우므로 피한다.

㉣ 강연과 연극 등 언어를 주 사용목적으로 할 경우 음성명료도가 중요하므로 잔향시간이 짧아야 하고 오케스트라, 뮤지컬 등은 음악의 음질을 우선시 하므로 길어야 한다.

㉤ 다목적용 오디토리엄에서는 강연용과 음악용의 적정한 잔향시간이 서로 다르며, 강연용의 경우 짧은 잔향시간이 필요하다.

㉥ 직접음과 반사음의 거리를 되도록 짧게 하는 것이 좋다.

㉦ 스튜디오의 연습실은 인접되는 벽면을 확산처리해야 하며 어떠한 벽도 평행하지 않게 해야 한다. (플러터에코 현상을 방지하기 위함) 벽과 측벽은 객석 후면의 음을 보강하는 역할을 하며, 특히 확성장치가 없는 오디토리엄에서 유용하게 이용된다.

㉧ **잔향시간의 크기**

종교음악 > 일반음악 > 학교강당 > 실내악 > 영화관 > 강당

기출예제 13 2009 국가직

실내 음환경에서 잔향시간에 대한 설명 중 옳은 것은?

① 잔향시간은 음성전달을 목적으로 하는 공간이 음향청취를 목적으로 하는 공간보다 짧아야 한다.
② 잔향시간을 길게 하기 위해서는 실내공간의 용적이 작아야 한다.
③ 실의 흡음력이 클수록 잔향시간은 길어진다.
④ 잔향시간은 흡음재료의 사용 위치에 따라 달라진다.

✱

스튜디오 안에는 직접 귀에 들어오는 소리를 들을 수 있지만 점차 벽에 반사한 음이 합쳐져서 음의 크기가 일정치에 이르기까지 증대된다. 이 일정치가 음의 평형상태이다. 평형에 도달한 후 급히 음을 멈추면 반사파만이 남는데 이것이 이른바 잔향이다. 이 잔향의 크기가 평형 후의 음의 크기보다 60데시벨이 낮아질 때까지의 시간을 잔향시간이라고 한다. 이것은 스튜디오의 크기, 형태, 음의 종류에 따라 달라지는 것이며, 음의 청탁을 크게 좌우한다.

답 ①

(5) 음의 전파현상

① **회절**(Diffraction) … 파동이 진행하다가 장애물을 만나 장애물 뒤쪽까지 전파되는 현상이다. 즉, 음이 진행 중에 장애물이 있으면 파동은 직진하지 않고 회절되어 그 뒤쪽으로까지 전달되는 것이다.
㉠ 틈 간격이 좁을수록, 파장이 길수록 회절 현상이 잘 일어난다.
㉡ 소리는 빛보나 파장이 길어서 빛보다 회절이 잘 일어난다.

② **간섭**(interference) … 두 개 이상의 음원이 함께 발생했을 때 일어나는 합성현상이다. 두 개 이상의 음원이 함께 발생하고 있을 때 진폭이 큰 부분과 낮은 부분이 주기적으로 발생하게 된다.
㉠ 파장이 진행하면서 진폭이 큰 부분끼리 만나면 상호 간의 보강간섭으로 음량이 커지게 된다.
㉡ 진폭이 큰 부분과 낮은 부분이 만나거나 일치하지 않으면 상쇄간섭이 일어나 음량이 작아지게 된다.

③ **맥놀이**(beat) … 진동수가 조금 다른 두 개의 소리가 간섭을 일으켜 소리가 주기적으로 세어졌다 약해졌다 하는 현상이다.

④ **공명**(resonance) … 입사음의 진통수가 벽이나 천장 등의 고유진동수와 일치되어 같이 소리를 내는 현상이다.

⑤ **확산**(diffusion) … 음파가 요철표면에 부딪쳐 여러 개의 작은 파형으로 나뉘는 것으로 효과적인 확산은 울림(echo)를 방지하고 실내음압분포를 고르게 하여 음악홀 등의 음향조건이 좋아진다.

⑥ **반사**(refraction) … 파동이 진행하다가 장애물을 만나서 되돌아 나오는 현상이다.
㉠ 반사 법칙 : 소리가 반사할 때 입사각과 반사각의 크기는 항상 같다.
㉡ 파동이 반사되어도 진동수, 파장, 속력은 변하지 않는다.

⑦ **굴절** … 파동이 다른 매질을 만나 속력이 변하면서 진행 방향이 꺾이는 현상이다.
   ㉠ 소리는 기온의 분포에 따라 소리의 굴절 방향이 달라진다.
   ㉡ 파동이 굴절하면 진동수는 변하지 않지만, 파장과 속력은 달라진다.

⑧ **에코**(echo) … 반사 따위의 작용으로 충분한 진폭과 명확한 지연 시간을 갖고 되돌아온 파를 말한다.

TIP

같은 장소라도 밤과 낮에 따라 소리크기가 다르게 들리는데 이는 굴절의 차이 때문이다. 소리는 높은 온도에서 낮은 온도 쪽으로 굴절하는 특성이 있는데 밤과 낮의 굴절방향이 다른 것은 지표면과 상층부의 온도가 뒤바뀌기 때문이다. 낮에는 지표면이 덥고 상층부가 차가워 소리들이 온도가 낮은 위쪽으로 휘어지므로 지표면에서는 덜 들리는 것이다. 그러나 밤에는 지표면이 점차 식어 온도가 낮아지고 반대로 상층부는 온도가 높아지게 되어 소리는 차가운 지표면으로 휘어져서 사람들의 생활공간 주변에 머물기 때문에 밤에 소리가 더 크게 들리는 것이다.

(6) 음향 장애현상

① **에코**(echo) … 직접음이 들린 후에 뚜렷이 분리하여 반사음이 들리는 경우가 있는데 이것을 에코(반향)라고 한다. 이것은 일반적으로 직접음과 반사음과의 행정차가 17m 이상 즉 시간차가 1/20초 이상될 때 일어난다.

② **플러터 에코** (flutter echo) … 박수 소리나 발자국 소리가 천장과 바닥면 및 옆벽과 옆벽 사이에서 왕복 반사하여 독특한 음색으로 울리는 현상이다.

③ **속삭임의 회랑** … 음원으로부터 나온 음이 커다란 요철면을 따라 반사를 되풀이함으로써 속삭임과 같은 작은 소리라도 먼 곳까지 들리는 현상이다.

④ **음의 접점** … 음이 중첩되어 주변부보다 상대적으로 진폭이 커지게 되는 점이다.

⑤ **음의 사점** … 음이 중첩되어 주변부보다 상대적으로 진폭이 작아지게 되는 점이다.

(7) 음향 효과

① **마스킹 효과**(Masking effect) … 큰 소리와 작은 소리를 동시에 들을 때 큰 소리 위주로만 들리는 현상

② **바이노럴 효과**(Binaural effect) … '양이효과'라고도 한다. 사람은 귀에 의해 음의 세기의 차이, 도달시간의 차이를 포착하여 음원(音源)의 방향을 식별하는 능력이 있는데 이것을 말한다. [바이노럴(Binaural)은 "2개의 귀, 또는 (레코드 · 라디오 등에서) 스테레오"의 의미를 갖는다.]

③ **하스 효과**(Haas effect) … 음의 발생이 두 곳에서 이루어져도 두 곳 중 먼저 귀에 닿는 쪽의 음 위주로만 들리는 현상

④ **도플러 효과**(Doppler effect) … 소리를 내는 음원이 이동하면 그 이동방향과 속도에 따라 음의 주파수가 변화되는 현상

⑤ **칵테일 파티효과**(Cocktail effect) … 여러 음이 존재할 때 자신이 원하는 음을 선별하여 듣는 현상이다. (이는 감각기억이 있기 때문에 가능한 것이다.)

(8) 흡음재료

① 흡음률이 0.3이상이면 흡음재이다.

② 표면의 상태는 차음성과는 관계가 없고 흡음성과 관계가 있다.

③ 흡음률은 백분율이므로 완전 반사이면 흡음률이 0이 되고, 완전 흡음이면 1이 되며, 그 사이를 100으로 분할하여 주파수의 관계로 나타낸다. 흡음률이 0이란 100% 음이 반사되어 전혀 흡음이 되지 않는 상태를 말하며, 흡음률 1이란 100% 흡음되는 경우라 볼 수 있다. 흡음률이 1이 되는 경우를 Open Window Unit이라고 하며 이는 창이나 문을 완전히 열어놓아 반사가 전혀 되지 않는 상태이다.

기출예제 14 2012 국가직 (7급)

음환경에 대한 설명 중 가장 부적합한 것은?

① 간벽의 차음성능은 투과율과 투과손실 등에 의해 표시된다.
② 흡음률 값은 0~1.0 사이에서 변화하는데, 흡음률이 0이 되는 것은 모든 개구부를 완전히 열어 놓았을 때의 경우로서, 이를 오픈 윈도(open window) 단위라고 한다.
③ 측벽은 객석 후면의 음을 보강하는 역할을 하며, 특히 확성 장치를 하지 않은 오디토리움에 있어서는 유용하게 이용된다.
④ 다목적용 오디토리움에서는 강연용일 경우와 음악용일 경우에 적정한 잔향시간이 서로 다른데, 강연을 위해서는 짧은 잔향 시간이 필요하다.

② 흡음률이란 음파가 물체에 의하여 반사될 때 입사에너지에서 반사에너지를 뺀 것과 입사에너지와의 비(0은 모두 반사한 것이고 1은 모두 흡수한 것이다.)를 말한다. 그러므로 개구부를 완전히 열어놓은 경우 음의 벽면 등으로의 흡수정도와는 관련성이 적다.

답 ②

④ 다공질 흡음재는 특히 높은 주파수에서 높은 흡음률을 나타낸다. (저주파수의 흡음률을 증가시킬 수 있다. 표면이 다른 재료에 의하여 피복되어 통기성이 저해되면 중, 고주파수에서의 흡음률이 저하된다.)

⑤ 판진동 흡음재의 흡음판은 막진동하기 쉬운 얇은 것일수록 흡음효과가 크다. 또한 중량이 큰 것을 사용할수록 공명주파수 범위가 저음역으로 이동한다.

⑥ 공동(천공판)공명기는 음파가 입사할 때 구멍부분의 공기는 입사음과 일체가 되어 앞뒤로 진동하며 동시에 배후공기층의 공기가 스프링과 같이 압축과 팽창을 반복한다. (특히 공명주파수 부근에서는 공기의 진동이 커지고 공기의 마찰점성저항이 생겨 음에너지가 열에너지로 변하는 양이 증가하여 흡음률이 증가한다.) 배후 공기층의 두께를 증가시키면 최대 흡음률의 위치가 저음역으로 이동한다.

⑦ 가변흡음구조는 실의 용도에 따라 잔향시간을 조절할 수 있으므로 다목적용 오디토리엄, 방송스튜디오, 시청각실 등에 이용되고 있다.

⑧ 2중벽에서 중공층의 두께는 최소한 100mm 이상이 되어야 공기층에 의한 결합을 차단하고 공명주파수가 가청주파수 이하로 될 수 있다.

⑨ 2중창의 유리는 가능한 가벼운 것을 쓰며, 양쪽 유리의 두께를 같게 하여 일치효과의 주파수를 변화시키는 방법이 있다.

⑩ 바닥구조는 충격성 소음을 줄이기 위해 중간에 완충재를 삽입하고, 바닥표면 마무리는 카펫, 고무타일, 고무패드 등 유연한 탄성재를 사용하면 효과적이다.

⑪ 문은 가능한 무거운 재료(solid-core panel)를 사용하여 만들고, 개스킷(gasket) 처리 등으로 기밀화하는 방법이 있다.

⑫ **이중벽의 차음** … 단열벽의 투과손실은 벽두께를 2배로 하여도 최대 6dB 밖에 커지지 않는다.

⑬ **일치효과** … 벽체의 임계주파수에서 차음성능이 갑자기 떨어지는 현상으로 중공벽에서 많이 일어난다.

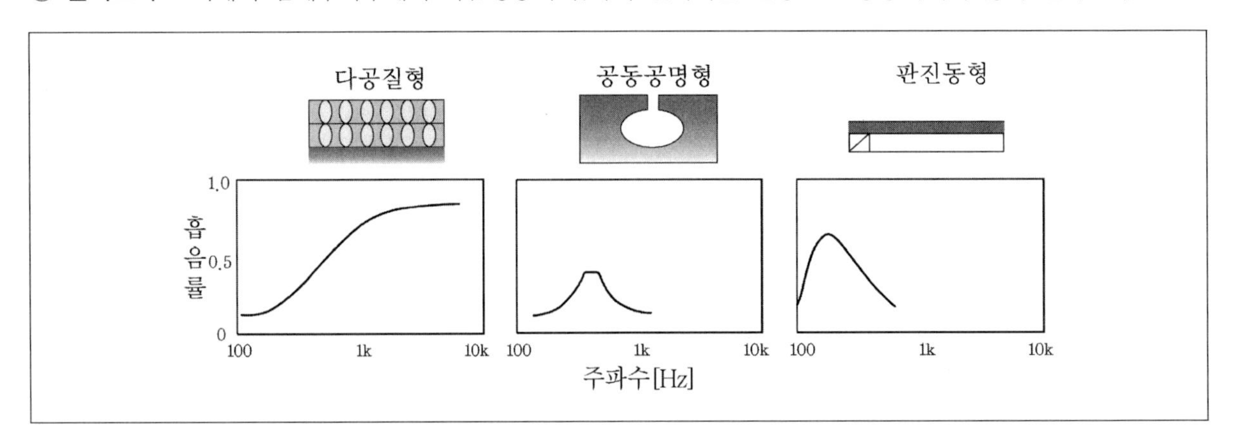

TIP

시중에는 다양한 소재와 형상의 흡음재가 판매되고 있으며 기술의 발전으로 우수한 흡음성능을 갖는 자재들이 개발되고 있다.

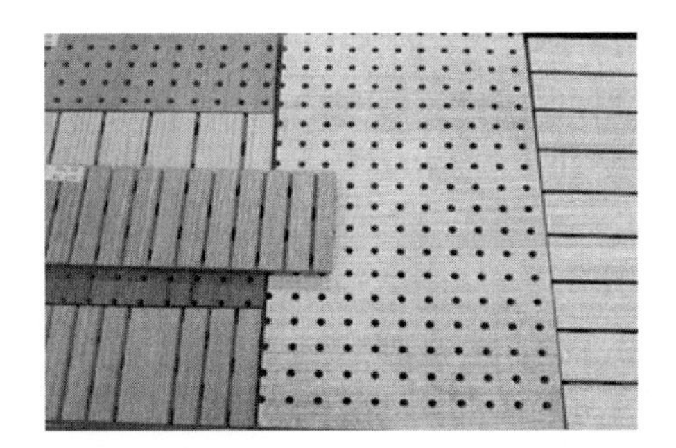

(9) 층간소음을 경감시키기 위한 방법

① 경량화를 위해 슬래브의 두께를 줄이거나 라멘구조를 적용한다.

② 표준바닥구조의 흡음재 두께를 증가시킨다.

③ 슬래브 위에 방통콘크리트 타설 시 바닥흡음재 및 바닥완충재, 측면 완충재를 시공한다.

④ 고체의 진동에 의해 전달되는 소음인 경우에는 별도의 방진설계를 검토한다.

⑤ 소음이 공기 중으로 직접 전달되는 경우에는 흡음재 등을 부착한다.

⑥ 건물 내에서 소음이 발생되는 공간은 소음이 곳곳에 퍼지는 것을 방지하기 위해 한 곳에 집중시켜 관리하는 것이 좋다.

⑦ 평면이 길고 좁거나 천장고가 높은 소규모 실에서는 흡음재를 벽체에 사용하고 천장이 낮고 큰 평면을 가진 대규모 실에서는 흡음재를 천장에 사용하는 것이 효과적이다.

TIP

「주택건설기준 등에 관한 규정」 제14조의2(바닥구조)

공동주택의 세대 내의 층간바닥(화장실의 바닥은 제외한다. 이하 이 조에서 같다)은 다음 각 호의 기준을 모두 충족하여야 한다〈개정 2017.1.17.〉.

1. 콘크리트 슬래브 두께는 210밀리미터[라멘구조(보와 기둥을 통해서 내력이 전달되는 구조를 말한다. 이하 이 조에서 같다)의 공동주택은 150밀리미터] 이상으로 할 것. 다만, 법 제51조제1항에 따라 인정받은 공업화주택의 층간바닥은 예외로 한다.
2. 각 층간 바닥충격음이 경량충격음(비교적 가볍고 딱딱한 충격에 의한 바닥충격음을 말한다)은 58데시벨 이하, 중량충격음(무겁고 부드러운 충격에 의한 바닥충격음을 말한다)은 50데시벨 이하의 구조가 되도록 할 것. 다만, 다음 각 목의 어느 하나에 해당하는 층간바닥은 예외로 한다.
   가. 라멘구조의 공동주택(법 제51조 제1항에 따라 인정받은 공업화주택은 제외한다)의 층간바닥
   나. 가목의 공동주택 외의 공동주택 중 발코니, 현관 등 국토교통부령으로 정하는 부분의 층간바닥

6 각종 인증제도

(1) 녹색건축 인증

① **근거법률** … 녹색건축물 조성 지원법 · 시행령 · 시행규칙, 녹색건축 인증에 관한 규칙, 녹색건물 인증기준

② **신청대상** … 건축법상 건축물

> 다음의 4가지 조건에 모두 해당되는 경우는 의무취득대상이 된다.
> ① 중앙행정기관, 지방자치단체, 공공기관, 지방공사 또는 지방공단, 국공립학교가 소유 또는 관리하는 건축물
> ② 신축, 별동 증축, 재축하는 건축물
> ③ 연면적의 합계가 3,000m^2 이상인 건축물
> ④ 에너지절약계획서 제출대상 건축물
> → 일반(그린 4등급) 이상, 공공업무시설의 경우 우수(그린 2등급) 이상

③ **인증등급** … 최우수(그린 1등급), 우수(그린 2등급), 우량(그린 3등급), 일반(그린 4등급)

④ 인증항목

에너지 및 환경오염	에너지 성능
	시험 · 조정 · 평가 및 커미셔닝 실시
	에너지 모니터링 및 관리지원 장치
	조명에너지 절약
	신 · 재생에너지 이용
	저탄소 에너지원 기술의 적용
	오존층 보호를 위한 특정물질의 사용 금지
	냉방에너지 절감을 위한 일사조절 계획 수립
재료 및 자원	환경성선언 제품(EPD)의 사용
	저탄소 자재의 사용
	자원순환 자재의 사용
	유해물질 저감 자재의 사용
	녹색건축자재의 적용 비율
	재활용가능자원의 보관시설 설치

TIP

환경호르몬 / 새집증후군 / 베이크아웃

㉠ 환경호르몬 : 자연환경에 존재하는 화학물질 중, 생물체 내에 흡수되어 호르몬이 관여하는 내분비계에 혼란을 일으키는 물질

㉡ 새집증후군 : 생활 터전인 집이나 사무실 같은 건물 환경으로 인한 여러 병적 증상

㉢ 베이크아웃 : 건물의 실내온도를 높여 유해물질을 제거하는 방법이다. 입주 전 필히 시행한다.

(2) 건축물 에너지효율등급 인증

① **근거법률** … 녹색건축물 조성 지원법 · 시행령 · 시행규칙, 건축물의 에너지효율등급 인증에 관한 규칙, 건축물 에너지효율등급 인증기준

② **신청대상** … 단독주택, 공동주택(기숙사 포함), 업무시설 / 냉방 또는 난방면적의 합계가 500m² 이상인 건축물

> 다음의 4가지 조건에 모두 해당되는 경우는 의무취득대상이 된다.
> ① 중앙행정기관, 지방자치단체, 공공기관, 지방공사 또는 지방공단, 국공립학교가 소유 또는 관리하는 건축물
> ② 신축, 별동 증축, 재축하는 건축물
> ③ 연면적이 3,000m² 이상인 건축물(동별 기준)
> ④ 에너지절약계획서 제출대상 건축물
> →1등급 이상, 공동주택(기숙사 제외)의 경우 2등급 이상

③ **인증등급** … 1+++등급, 1++등급, 1+등급, 1등급, 2등급, 3등급, 4등급, 5등급, 6등급, 7등급

④ **인증기준** … 냉방, 난방, 급탕, 조명 및 환기에 대한 연간 단위면적당 1차 에너지소요량

(3) 녹색건축 및 건축물 에너지효율등급 인증 관련 인센티브

구분		건축물 에너지효율등급 인증						
		1등급			2등급			3~7등급
		건축기준	취득세	재산세	건축기준	취득세	재산세	재산세
녹색건축인증	최우수(그린 1등급)	12% 이하	15%	15%	8% 이하	10%	10%	3%
	우수(그린 2등급)	8% 이하	10%	10%	4% 이하	5%	3%	-
건축물 에너지효율등급 인증 1등급 : 재산세 3% 경감								

checkpoint

■ 신 · 재생에너지

신에너지와 재생에너지를 합쳐 부르는 말로서 석탄, 석유, 원자력 및 천연가스 등의 화석연료를 대체할 수 있는 태양에너지, 바이오매스, 풍력, 소수력, 연료전지, 석탄의 액화, 가스화, 해양에너지, 폐기물에너지 및 기타로 구분되고 있고 이외에도 지열, 수소, 석탄에 의한 물질을 혼합한 유동성 연료까지도 의미한다. 「신재생에너지개발 및 이용 · 보급촉진법」에 의하면 다음과 같이 분류된다.

- 재생에너지 8개 분야 : 태양열에너지, 태양광발전에너지, 바이오매스 에너지, 풍력에너지, 소수력에너지, 지열에너지, 해양에너지, 폐기물에너지
- 신에너지 3개 분야 : 연료전지에너지, 석탄액화 · 가스화에너지, 수소에너지

2019년 현재 국가, 지자체 등의 공공기관이 신축하는 연면적 1,000m^2 이상의 건축물에 대하여 예상에너지사용량의 27% 이상을 신 · 재생에너지를 사용하도록 법적으로 규정하고 있다.

TIP

석탄액화 · 가스화에너지

㉠ 석탄을 천연가스화 하는 기술을 통해 생성된 친환경에너지를 말한다.
㉡ 높은 온도와 압력에서 석탄에 산소와 수소를 반응시켜 일산화탄소와 수소가 주성분인 합성가스가 생성되는 것이 기본 원리이다.
㉢ 석탄 가스화를 통해 얻은 합성가스는 천연가스와 매우 유사한 장점을 가지게 된다.

■ 제로에너지 빌딩

- 건물이 소비하는 에너지와 건물 내 신재생에너지 발전량의 차이를 최소화한 건축물이다.
- 에너지 효율성을 극대화하고 건물 자체에 신재생 에너지 설비를 갖춤으로써 외부로부터 추가적인 에너지 공급 없이 생활을 영위할 수 있는 공간이다.

■ 액티브 하우스/ 패시브 하우스/ 제로에너지 하우스/ 에코하우스

- 액티브 하우스 : 고단열 · 고효율 제품을 사용해 외부로 새어나가는 에너지를 차단하는 집으로 건축자재가 중요한 역할을 한다.

• 패시브 하우스 : 태양열이나 지열, 풍력 등 친환경적인 방법으로 스스로 에너지를 생산하는 집이다. 수동적(passive)인 집이라는 뜻으로 능동적(active)으로 에너지를 끌어 쓰는 액티브 하우스(active house)에 대응하는 개념으로서 액티브 하우스가 태양열 등 외부에너지를 적극적으로 활용하는 반면, 패시브 하우스는 집안의 열의 유출을 억제하여 에너지 사용량을 최소화하는 에너지 절감형 주택이다. 이를 위해 단열재 등을 충분히 활용하고 벽채도 두껍게 하며 창문도 삼중창을 사용하여 하는 등 단열효과를 극대화한다. 1991년 독일에서 처음 도입됐고 이후 오스트리아, 영국 등 유럽에 확산되고 있는 추세이다. 액티브 하우스는 태양광이나 지열, 태양열등 자연 에너지나 구체적인 설비를 사용해 에너지를 적극 활용하는 것이다.

TIP

열회수 환기시스템

㉠ 배출되는 공기의 폐열을 들어오는 공기와 열을 서로 기계 내에서 교환하는 열회수형 환기장치(폐열회수환기장치)이다.

㉡ 주택이 기밀해지면 에너지절감과 벽체 내 결로현상 감소라는 순기능이 있지만, 사람에게 필요한 환기량이 부족해질 수밖에 없는데, 이에 따라 기밀성을 고도화한 패시브하우스에서는 이 열회수 환기시스템을 사용하게 된다.

㉢ 외기의 온도를 실내의 공기온도에 가깝게 맞추어서 공급할 수 있는 장점이 있다. 즉 환기를 위해 창문을 열었을 경우에 버려지는 에너지 손실을 최소화한다.

• 제로에너지 하우스 : 소비하는 에너지와 자체적으로 발전하는 에너지를 합산하여 에너지 소비량이 최종적으로 '0(Net Zero)'이 되는 집을 의미한다. 이는 소비하는 에너지를 줄여주는 '패시브 하우스'와 에너지를 만들어내는 '액티브 하우스'가 합쳐져 가능한 개념이다.

TIP

3리터 하우스 … 독일에서 처음 시작된 에너지 주택모델로 보통 집은 건축물 바닥면적 1제곱미터당 연간 20리터 정도의 연료를 쓰는데 반해 3리터 하우스는 연간 3리터의 연료(가스나 등유)만 있으면 최적온도를 유지할 수 있다고 하여 붙여진 이름이다.

• 에코하우스 : 자연재료를 최대한 사용하여 환경오염을 최소화하고 거주자에게 쾌적한 생활여건을 제공하는 친환경 주택을 말한다.

최근 기출문제 분석

2009 국가직

1 **단열방식은 저항형 단열, 반사형 단열, 그리고 용량형 단열로 구분된다. 용량형 단열방식의 특성으로 옳은 것은?**

① 건축 재료의 열저항 값에 따른 전체 구조체의 열관류 성능을 계산하여 적정 단열 두께를 결정하는 방식이다.

② 여름철 지붕의 단열에 사용하면 높은 고도의 태양 복사열을 차단할 수 있는 방식이다.

③ 구조체의 축열성능에 의해 외부에서 내부로의 열전달을 지연시키는 타임-랙(time-lag)을 이용하는 방식이다.

④ 방사율이 낮은 재료를 사용하여 복사열을 반사하여 단열효과를 얻는 방식이다.

TIP 단열의 원리

㉠ 저항형단열 : 다공질 재료, 대류가 생기지 않는 것이 좋은 단열재, 기포단열재는 공기정지시킴

㉡ 반사형단열 : 복사의 형태로 열이동이 이루어지는 공기층에 유효(알루미늄박판)

㉢ 용량형단열 : 중량벽의 한 면에 열이 전달되면 처음의 층은 많은 열을 흡수하여 그 열을 다음층으로 전달하는데 이것이 지연효과를 일으킨다.

※ 타임랙 … 열용량 0인 벽체 내에서 발생하는 열류의 피크에 대하여 주어진 구조체에서 일어나는 피크의 지연시간

2019 국가직

2 **기계환기방식 중 송풍기에 의한 급기와 자연적인 배기로 클린룸과 수술실 등에 적용하는 환기방식은?**

① 제1종 환기　　② 제2종 환기

③ 제3종 환기　　④ 제4종 환기

TIP ① 제1종(병용식)환기 : 송풍기와 배풍기 모두를 사용해서 실내 환기를 행하는 것이며, 실내외의 압력차를 조정할 수 있고, 가장 우수한 환기를 행할 수 있다.

② 제2종(압입식)환기 : 기계환기방식 중 송풍기에 의한 급기와 자연적인 배기로 클린룸과 수술실 등에 적용하는 환기방식이다. 송풍공기 이외의 외기라든가 기타 침입공기는 없지만, 역으로 다른 실로 배기가 침입할 수 있으므로 주의해야만 한다.

③ 제3종(흡출식)환기 : 배풍기에 의해서 일방적으로 실내공기를 배기한다. 따라서, 공기가 실내로 들어오는 장소를 설치해서 환기에 지장이 없도록 해야만 한다. 주방, 화장실 등 냄새 또는 유해가스, 증기발생이 있는 장소에 적합하다.

Answer 1.③ 2.②

2019 지방직

3 재료의 열전도 특성을 파악할 수 있는 열전도율의 단위는?

① kcal/m · h · ℃

② kcal/m^3 · ℃

③ kcal/m^2 · h · ℃

④ kcal/m^2 · h

TIP
- 열전도율(λ) : kcal/m · h · ℃ 또는 W/mK
- 열관류율(K) : kcal/m^2 · h · ℃ 또는 W/m^2K
- 열전달률(α) : kcal/m^2 · h · ℃ 또는 W/m^2K
- 비열 : kJ/kg · k
- 절대습도 : kg/kg′ 또는 kg/kg(DA)
- 엔탈피 : kJ/kg
- 난방도일 : ℃/day

2005 건축기사 2회

4 건축 흡음구조 및 재료에 대한 설명으로 옳은 것은?

① 다공질 흡음재는 저 · 중주파수에서의 흡음률은 높지 고주파수에서는 흡음률이 급격히 저하된다.

② 다공질 재료의 표면이 다른 재료에 의해 피복되어 통기성 저하되면 저 · 중주파수에서의 흡음률이 저하된다.

③ 단일 공동공명기는 전 주파수 영역 범위에서 흡음률이 동일하다

④ 판진동형 흡음구조의 흡음판은 기밀하게 접착하는 것보다 못 등으로 고정하는 것이 흡음률을 높일 수 있다.

TIP ① 다공질 흡음재는 고주파에서 높은 흡음률을 나타낸다.
② 다공질 재료의 표면이 다른 재료에 의해 피복되어 통기성 저하되면 고 · 중주파수에서의 흡음률이 저하된다.
③ 단일 공동공명기는 주파수에 따라 흡음률이 변한다.

Answer 3.① 4.④

2019 국가직

5 **건축 열환경과 관련된 용어의 설명으로 옳지 않은 것은?**

① '현열'이란 물체의 상태변화 없이 물체 온도의 오르내림에 수반하여 출입하는 열이다.

② '잠열'이란 물체의 증발, 응결, 융해 등의 상태 변화에 따라서 출입하는 열이다.

③ '열관류율'이란 열관류에 의한 관류열량의 계수로서 전열의 정도를 나타내는 데 사용되며 단위는 kcal/mh℃이다.

④ '열교'란 벽이나 바닥, 지붕 등의 건물부위에 단열이 연속되지 않은 열적 취약부위를 통한 열의 이동을 말한다.

TIP 열관류율의 단위는 kcal/m²h℃이다.

2019 서울시

6 **소음 조절에 대한 설명으로 가장 옳지 않은 것은?**

① 실내에서 소음 레벨의 증가는 실표면으로부터 반복적인 음의 반사에 기인한다.

② 강당의 무대 뒷부분 등 음의 집중 현상 및 반향이 예견되는 표면에서는 반사재를 집중하여 사용한다.

③ 모터, 비행기 소음과 같은 점음원의 경우, 거리가 2배가 될 때 소리는 6데시벨(dB) 감소한다.

④ 평면이 길고 좁거나 천장고가 높은 소규모 실에서는 흡음재를 벽체에 사용하고, 천장이 낮고 큰 평면을 가진 대규모 실에서는 흡음재를 천장에 사용하는 것이 효과적이다.

TIP 강당의 무대 뒷부분 등 음의 집중 현상 및 반향이 예견되는 표면에서는 흡수재를 사용하여야 한다.

Answer 5.③ 6.②

2018 국가직

7 **먼셀표색계(Munsell System)에 대한 설명으로 옳지 않은 것은?**

① 빨강(R), 노랑(Y), 녹색(G), 파랑(B), 보라(P)의 5가지 주색상을 기본으로 총 100색상의 표색계를 구성하였다.

② 모든 색은 백색량, 흑색량, 순색량의 합을 100으로 하여 배합하였기 때문에 어떠한 색도 혼합량은 항상 100으로 일정하다.

③ 명도는 가장 어두운 단계인 순수한 검정색을 0으로, 가장 밝은 단계인 순수한 흰색을 10으로 하였다.

④ 색채기호 5R7/8은 색상이 빨강(5R)이고, 명도는 7, 채도는 8을 의미한다.

TIP 오스발트의 표색계: 모든 색은 백색량, 흑색량, 순색량의 합을 100으로 하여 배합하였기 때문에 어떠한 색도 혼합량은 항상 100으로 일정하다.

Answer 7.②

출제 예상 문제

1 먼지의 양이 몇 mg/m^3일 때 사람이 위험한가?

① 5 ② 10
③ 20 ④ 30

TIP 먼지의 유해도

먼지량(mg/m^3)	파장
5 이하	중등
10 이하	허용
20 이하	불쾌
30 이하	위험

2 다음 중 자연환기에 대한 설명으로 옳지 않은 것은?

① 실외의 풍속이 크면 그에 따라서 환기량도 증가한다.
② 환기횟수 = 소요공기량(m^3)/실용적(m^3)이다.
③ 콘크리트조의 환기량은 목조주택에 비해 작다.
④ 실내에 바람이 없을 때에는 실내와 실외의 온도차가 낮아야 환기량이 많아진다.

TIP 실내에 바람이 없을 때에는 실내와 실외의 온도차가 높아야 환기량이 많아진다.

3 실용적이 $2,000m^2$이고 정원이 400명인 대강당의 1시간당 필요한 환기횟수는 얼마인가? (단, 1인당 필요한 공기량은 $25m^2/h$)

① 2회 ② 3회
③ 4회 ④ 5회

TIP 환기횟수 $= \frac{소요공기량(m^3)}{실용적(m^3)} = \frac{25 \cdot 400}{2,000} = 5$회

Answer 1.④ 2.④ 3.④

4 **다음 중 1clo의 조건이 아닌 것은?**

① 실내의 기류가 0.1m/s일 때 착석한다.
② 실내 상대습도의 조건은 50% 정도이다.
③ 기온 21.2℃의 실내에서 착석한다.
④ 실온이 약 5.8℃ 내려갈 때 1clo의 의복을 걸쳐 입는다.

TIP 기온(21.2℃), 상대습도(50%), 기류(0.1m/s)의 실내에서 착석하여 휴식한 상태의 쾌적유지를 위한 의복의 열저항을 1clo라고 하며 실온이 약 6.8℃ 내려갈 때마다 1clo의 의복을 걸쳐 입는다.

5 **다음 중 결로의 발생원인이 아닌 것은?**

① 건축재료 자체의 열적인 특성
② 실내 · 외의 온도차
③ 잦은 환기
④ 건축물의 시공불량

TIP 적은 환기가 결로의 발생원인이 되는 것이지 잦은 환기는 결로의 발생과는 거리가 멀다. 또한 계획적으로 환기를 하여 실 · 내외의 온도차를 줄여서 결로를 방지하도록 해야 한다.

6 **우리나라의 연교차는 1년 중 어느 달의 평균온도차를 말하는가?**

① 최한월(1~2월경)과 최난월(5~6월경)
② 최한월(1~2월경)과 최난월(6~7월경)
③ 최한월(1~2월경)과 최난월(7~8월경)
④ 최한월(12~1월경)과 최난월(7~8월경)

TIP 연교차 … 1년 중 1~2월경(최한월)과 7~8월경(최난월)의 기온차를 말한다.

Answer 4.④ 5.③ 6.③

7 **다음 중 일교차에 관한 설명으로 옳지 않은 것은?**

① 지방의 지리적 조건 등에 의해서는 변화하지 않는다.
② 해안쪽에서 내륙쪽으로 갈수록 일교차는 커진다.
③ 최고기온은 오후 1~2시경의 기온을 말한다.
④ 최저기온은 일출 전 오전 5~6시경의 기온을 말한다.

TIP 일교차는 다음과 같은 특성을 갖는다.
㉠ 최고기온(오후 1~2시경의 기온)과 최저기온(일출 전 오전 5~6시경의 기온)의 차를 말한다.
㉡ 지방의 지리적 조건에 따라서 영향을 받는다.
㉢ 해안에서 내륙으로 갈수록 일교차는 커진다.
㉣ 위도가 낮을수록 일교차는 커진다.
㉤ 고산이나 고공에서는 작다.
㉥ 초지의 일교차는 작고 사지의 일교차는 크다.

8 **보일의 법칙으로 옳은 것은? (단, P : 압력, V : 체적, C : 상수)**

① PV = C
② PC = V
③ CV = P
④ P/V = C

TIP 보일의 법칙 … 동일한 온도에서 압력과 체적의 곱은 일정하다.

9 **건물의 결로에 대한 설명 중 가장 부적합한 것은?**

① 다층구성재의 외측(저온측)에 방습층이 있을 때 결로를 효과적으로 방지할 수 있다.
② 온도차에 의해 벽 표면 온도가 실내공기의 노점온도보다 낮게 되면 결로가 발생하며, 이러한 현상은 벽체내부에서도 생긴다.
③ 구조체의 온도변화는 결로에 영향을 크게 미치는데, 중량구조는 경량구조보다 열적 반응이 늦다.
④ 내부결로가 발생되면 경량콘크리트처럼 내부에서 부풀어 오르는 현상이 생겨 철골부재와 같은 구조체에 손상을 준다.

TIP 다층구성재의 경우 내측(고온층)에 방습층이 있을 경우 결로현상을 방지할 수 있다.

Answer 7.① 8.① 9.①

10 건물 내부의 결로방지를 위한 방법으로 옳지 않은 것은?

① 외부 벽체의 열관류 저항을 크게 한다.
② 실내의 외기 환기 횟수를 늘린다.
③ 외단열을 사용하여 벽체 내의 온도를 상대적으로 높게 유지한다.
④ 외부 벽체의 방습층을 실외 측에 가깝게 한다.

TIP 외부 벽체의 방습층을 실내 측에 가깝게 하는 것이 좋다.

11 굴뚝효과(stack effect)에 대한 설명으로 옳지 않은 것은?

① 온도차에 의한 효과에 의존한다.
② 바람이 불지 않는 날에는 굴뚝효과가 생기지 않는다.
③ 환기경로의 수직높이가 클 경우 더 잘 발생한다.
④ 화재 시 고층건물 계단실에서 나타날 수 있다.

TIP 굴뚝효과는 온도차에 의해 발생되는 것이므로 바람이 불지 않는 날이라도 발생할 수 있다.

12 다음 중 습공기선도에 관한 설명으로 바르지 않은 것은?

① 습공기 선도의 구성요소들 중 2가지를 알면 나머지 모든 요소를 알아낼 수 있다.
② 현열비는 항상 1보다 큰 값을 갖는다.
③ 엔탈피는 건공기와 수증기가 가지는 현열과 잠열의 합이다.
④ 습구온도는 온도계의 감온부를 젖은 헝겊으로 둘러싼 후 3m/sec 이상의 바람이 불 때 측정한 온도이다.

TIP 현열비는 현열을 현열과 잠열의 합으로 나눈 값으로 1 이하의 값을 갖는다.

Answer 10.④ 11.② 12.②

13 다음은 환기에 관한 설명들이다. 이 중 바르지 않은 것은?

① 환기횟수는 소요공기량을 실의 용적으로 나눈 값이다.
② 풍력환기는 1.5m/sec 이상의 풍속에 의한 환기를 의미한다.
③ 화장실과 주방 같은 공간은 주로 제3종 환기방식을 적용한다.
④ 제1종 환기방식은 압입식 환기로서 송풍기에 의해서 일방적으로 실내로 송풍하고 배기는 배기구 및 틈새 등으로부터 배출된다.

TIP 제2종 환기방식은 압입식 환기로서 송풍기에 의해서 일방적으로 실내로 송풍하고 배기는 배기구 및 틈새 등으로부터 배출된다. 제1종(병용식) 환기방식은 송풍기와 배풍기 모두를 사용해서 실내 환기를 행하는 것이며 실내외의 압력차를 조정할 수 있고, 가장 우수한 환기를 행할 수 있다.

14 열에 대한 설명으로 옳지 않은 것은?

① 열은 에너지의 일종으로 물체의 온도를 올리거나 내리게 하는 효과가 있다.
② 현열(sensible heat)은 온도계의 눈금으로 나타나지만 잠열(latent heat)은 나타나지 않는다.
③ 물 1kg을 14.5℃에서 15.5℃로 높이는데 필요한 열량을 1kcal라 한다.
④ 온도를 상승시키는 열을 잠열(latent heat)이라 하고 동일 온도에서 물체의 상태만을 변화시키는 열을 현열(sensible heat)이라 한다.

TIP 온도를 상승시키는 열은 현열이며 상태 변화만 일으키는 열은 잠열이다.

15 이중외피에 대한 설명으로 옳지 않은 것은?

① 자연환기를 적용함으로써 기존의 기계적인 환기로 인한 에너지 소비를 최소화할 수 있다.
② 외부환경과 실내환경 사이에 완충공간인 중공층(cavity)으로 인해 새로운 열획득 및 열손실 증가의 원인이 되므로 주의해야 한다.
③ 이중외피를 계획하는 가장 큰 이유는 자연환기를 도입하여 건물의 냉방부하를 감소시키기 위함이다.
④ Second-skin Facade는 태양열의 최적이용, 자연채광, 외부의 환경조건 변화에 순응하도록 디자인된 이중외피 구조이다.

TIP 중공층을 통해 열전도율을 낮출 수 있으므로 열획득이나 열손실이 감소하게 된다.

Answer 13.④ 14.④ 15.②

16 실내에서 인체의 온열 감각에 영향을 미치는 4가지 요소로 옳은 것은?

① 기온, 습도, 기압, 복사열
② 기온, 습도, 기류, 복사열
③ 열관류, 열전도, 복사열, 대류열
④ 기온, 습도, 기류, 압력

TIP 인체의 온열 감각에 영향을 미치는 4가지 요소 … 기온, 습도, 기류, 복사열

17 주택의 에너지 절약을 위한 방안으로 적절하지 않은 것은?

① 실내온도는 겨울에는 약간 저온으로, 여름에는 약간 고온으로 설정한다.
② 내부 공간의 배치에 있어 상주하는 거실, 방 등을 남향으로 위치할수록 효율적이다.
③ 대지 면적이 충분하지 못한 경우도 가능한 한 남쪽을 비워두어 일사를 확보한다.
④ 평면형은 정방형보다 요철이 많은 평면이 열손실이 적다.

TIP 평면에 요철이 많아질 경우 벽체 단면적이 증가하므로 열손실이 커지므로 정방형에 가까운 평면 형태로 구성하는 것이 좋다.

18 다음은 열환경에 관한 사항들이다. 이 중 바르지 않은 것은?

① 결로를 방지하기 위해서는 벽체의 표면온도를 실내공기의 노점온도보다 높도록 해야 한다.
② 내단열은 외단열보다 구조체의 열적변화가 적으며 단열의 불연속부분이 없어 간헐난방에 적합하다.
③ 용량형 단열방식은 일종의 타임랙(지연효과)현상을 이용한 단열방식이다.
④ 중단열을 할 경우 방습막은 내측에 설치하는 것이 좋다.

TIP 외단열은 내단열보다 구조체의 열적변화가 적고 단열의 불연속부분이 없으며 내부결로의 위험성이 매우 낮으므로 연속난방에 적합하다.

Answer 16.② 17.④ 18.②

19 **다음은 건물형태의 외피면적과 열에너지에 관한 사항들이다. 이 중 바르지 않은 것은?**

① 건축물의 외피면적은 정육면체 형상이 동일체적에 대한 외피면적비가 가장 큰 형상이다.
② 건물 체적에 대한 외피면적비는 같은 체적이지만 형태가 다른 건물의 열환경을 비교하기 위해 사용될 수 있다.
③ 일사에 의한 열적효과를 극대화하기 위해서는 1 : 1.5의 장방형으로 동서로 형태가 긴 것이 유리하다.
④ 높고 좁은 건물은 상대적으로 건물 체적에 대한 외피면적비가 높다.

TIP 건축물의 외피면적은 원통형이 동일체적에 대한 외피면적비가 가장 크다

20 **다음은 지중건축물에 관한 사항들이다. 이 중 바르지 않은 것은?**

① 지중온도의 변화는 지상온도의 변화보다 늦게 이루어진다.
② 지중온도의 변화는 심도가 깊어질수록 큰 폭으로 감소된다.
③ 지중건축물의 외피를 감싸고 있는 흙이 단열재의 역할을 한다.
④ 습윤상태의 흙은 건조상태의 흙보다 열전도율이 감소되어 지중건축물에 유리하다.

TIP 습윤상태의 흙은 건조상태의 흙보다 열전도율이 높아 지중건축물에 불리하다.

21 **다음 중 주간시수에 대한 설명으로 옳은 것은?**

① 주간시수는 $\frac{\text{그 지방의 일조시수}}{\text{가조시수}} \times 100$이다.
② 태양이 구름 등에 의해서 차단되지 않고 지표에 내리쬐지는 시간을 말한다.
③ 그 표시는 연, 월, 일의 총시수로 한다.
④ 일출에서 일몰까지의 시간수를 의미한다.

TIP ④ 주간시수는 일출에서 일몰까지의 시간수를 의미한다.
①②③은 일조시수에 관한 설명이다.

Answer 19.① 20.④ 21.④

22 다음 중 빛의 기호로 잘못 연결된 것은?

① 광속 – F
② 조도 – E
③ 광도 – I
④ 휘도 – C

TIP 휘도는 B이다.

23 다음 중 빛의 단위로 바르게 짝지어진 것은?

① 광속 – lx
② 조도 – rlx
③ 광속발산도 – cd
④ 휘도 – cd/m^2nt

TIP 빛의 단위
㉠ 광속(lumen) : lm
㉡ 조도(lux) : lx
㉢ 광속발산도(radlux) : rlx
㉣ 광도(candela) : cd
㉤ 휘도($candela/m^2nit$) : cd/m^2nt

24 일사조절 방법 중 고정 돌출차양 설치에 관한 설명으로 옳지 않은 것은?

① 여름에 햇빛을 차단하고 겨울에 가능한 한 많은 빛을 받아들일 수 있도록 계획한다.
② 남측창에는 수평차양을 설치한다.
③ 동서측창에는 수직차양을 설치한다.
④ 주광에 의한 조명효과를 높이기 위해 돌출차양의 밑면은 어두운 색으로 한다.

TIP 고정돌출 차양설치에 있어 주광에 의한 조명효과를 높이기 위해서는 돌출차양의 밑면은 밝은색 계통으로 처리하는 것이 좋다.

Answer 22.④ 23.④ 24.④

25 다음 중 건축화 조명의 장점으로 옳지 않은 것은?

① 조명기구가 보이지 않아서 현대적인 감각을 준다.
② 명랑한 느낌을 준다.
③ 눈부심이 적고 발광면이 넓다.
④ 비용이 적게 든다.

TIP 건축화 조명은 구조계획상 비용이 많이 든다.

26 실내상시보조인공조명(PSALI) 구역의 인공조명 조도수준을 계산하는 경험식은?

① E = 200DF [lux]
② E = 300DF [lux]
③ E = 400DF [lux]
④ E = 500DF [lux]

TIP 실내상시보조인공조명(PSALI) 구역의 인공조명 조도수준을 계산하는 경험식 : E = 50 DF [lux]

27 건축물의 빛 환경에 대한 설명 중 옳지 않은 것은?

① 대형공간의 천창은 측창에 비하여 상대적으로 균일한 실내조도 분포를 확보할 수 있다.
② 색온도는 광원의 색을 나타내는 척도로서, 그 단위는 캘빈(K)을 사용한다.
③ 휘도란 광원 또는 조명된 면이 특정한 방향으로 빛을 방사하는 세기의 정도를 의미하며, 그 단위로는 루멘(Lumen)을 사용한다.
④ 실내의 평균조도를 계산하는 방법인 광속법은 실내 공간의 필요 조명기구의 개수를 계산하고자 할 때 사용할 수 있다.

TIP 휘도 … 일정한 넓이를 가진 광원 또는 빛의 반사체 표면의 밝기를 나타내는 양을 말하며 단위는 스틸브(sb) 또는 니트(nt)를 쓴다.

Answer 25.④ 26.④ 27.③

28 주광율에 대한 설명으로 옳지 않은 것은?

① 실내 한 지점의 주광조도와 옥외 천공광(天空光) 조도의 비율을 뜻한다.
② 주광율은 채광계획을 위한 지표로 사용된다.
③ 돌출창은 실내의 주광율을 떨어뜨린다.
④ 수평창보다 수직창이 주광율 상승에 유리하다.

TIP 주광율은 외부조도에 대한 실내조도의 비이므로 돌출창의 경우 직접적으로 주광율을 떨어트리지는 못한다.

29 다음 중 조명에 관한 사항으로서 바르지 않은 것은?

① 조명효율은 단위면적당 조도를 의미한다.
② 직접조명은 간접조명보다 조명효율이 높다.
③ LED조명은 수명과 전기효율이 백열램프보다 우수하다.
④ 전반확산조명은 직접조명과 간접조명의 중간형태로 볼 수 있다.

TIP 조명효율은 단위전력당 조도를 의미한다.

30 청각을 고려하는 표준음은 몇 cycle인가?

① 63
② 125
③ 500
④ 1,000

TIP 표준음 … 63, 125, 500, 1,000, 2,000, 4,000의 사이클의 순음이 있으며 청각을 고려한 표준음은 1,000cycle이다.

Answer 28.③ 29.① 30.④

31 다음 중 각 실내의 허용 소음레벨을 나타낸 것으로 옳지 않은 것은?

① 소극장 : 30～35db
② 회의실 : 40～45db
③ 주택 : 35～40db
④ 스튜디오 : 35～40db

TIP 실내 허용 소음레벨
㉠ 스튜디오 : 25～30db
㉡ 음악당, 소극장 : 30～35db
㉢ 병원, 교실, 강당 : 35～40db
㉣ 회의실, 소사무실 : 40～45db
㉤ 레스토랑 : 50～55db
㉥ 주택, 호텔 : 35～40db

32 다음 중 잔향에 관한 설명으로 옳지 않은 것은?

① 잔향시간은 음원으로부터 소리의 발생이 끝난 후 음압레벨이 80db 감소하는 데 걸리는 시간을 말하는 것이다.
② 강의, 강연 등과 같이 청취를 목적으로 하는 경우에는 실내잔향이 1초 정도로 짧아야 좋다.
③ 잔음이라 함은 세기가 일정하고 높이가 어느 범위 내를 급속하게 오르내리는 악음을 말하는 것이다.
④ 같은 용도로 사용되는 실이라 하여도 용적이 큰 실일수록 잔향시간이 길다.

TIP 잔향시간은 음원으로부터 소리의 발생이 끝난 후 음압레벨이 60db 감소하는 데 걸리는 시간을 말하는 것이다.

33 강의, 강연 등의 연설을 할 때 잔향시간으로 적당한 것은?

① 0.1초
② 1초
③ 3초
④ 5초

TIP 강의, 강연 등과 같이 청취를 목적으로 하는 경우에는 실내잔향이 1초 정도로 짧아야 좋다.

Answer 31.④ 32.① 33.②

34 **다음 중 음환경에 대한 설명 중 가장 부적합한 것은?**

① 간벽의 차음성능은 투과율과 투과손실 등에 의해 표시된다.

② 흡음률 값은 0~1.0 사이에서 변화하는데, 흡음률이 0이 되는 것은 모든 개구부를 완전히 열어 놓았을 때의 경우로서, 이를 오픈 윈도(open window) 단위라고 한다.

③ 측벽은 객석 후면의 음을 보강하는 역할을 하며, 특히 확성 장치를 하지 않은 오디토리엄에 있어서는 유용하게 이용된다.

④ 다목적용 오디토리엄에서는 강연용일 경우와 음악용일 경우에 적정한 잔향시간이 서로 다른데 강연을 위해서는 짧은 잔향 시간이 필요하다.

TIP 흡음률 … 음파가 물체에 의하여 반사될 때 입사에너지에서 반사에너지를 뺀 것과 입사에너지와의 비(0은 모두 반사한 것이고 1은 모두 흡수한 것이다.) 그러므로 개구부를 완전히 열어놓은 경우 음의 벽면 등으로의 흡수정도와는 관련성이 적다.

35 **건축공간에서 음의 효과적인 확산은 반향을 방지하고 실내음압 분포를 고르게 하며, 음악이나 음성에 적당한 여운을 주어 자연성을 증가시킨다. 효과적인 음의 확산 방법 중 옳지 않은 것은?**

① 벽, 기둥, 창문, 보, 격자천장, 발코니, 조각, 장식재 등 불규칙한 표면을 형성하는 건축적 요소를 효과적으로 이용한다.

② 흡음재와 반사재를 적절하게 배치한다.

③ 평행되거나 대칭으로 된 벽을 사용한다.

④ 측벽에 의한 지연반사음이 예상되는 경우 불규칙한 표면처리나 흡음재를 부착한다.

TIP 건축공간에서 음의 효과적인 확산은 반향을 방지하고 실내음압 분포를 고르게 하기 위해서는 평행되거나 대칭인 벽을 피해야 한다.

36 **공연장 내부 음향실험에서 고음이 너무 많이 들리는 것으로 결과가 나와 이를 줄이고자 한다. 가장 적절한 흡음재의 재질은?**

① 합판재 ② 섬유재

③ 아스팔트 루핑재 ④ 금속패널재

TIP 유리섬유나 암면과 같은 다공성 흡음재료는 중 · 고주파수의 흡음률이 크다.

Answer 34.② 35.③ 36.②

37 잔향시간에 관한 설명으로 옳은 것은?

① 잔향시간이란 정상상태에서 80dB의 음이 감소하는데 소요되는 시간을 말한다.
② 잔향시간은 실의 체적에 비례한다.
③ 잔향시간은 재료의 평균 흡음율에 비례한다.
④ 음악을 연주하는 홀은 강연을 위한 실보다 짧은 잔향시간이 요구된다.

TIP ① 잔향시간이란 정상상태에서 60dB의 음이 감소하는데 소요되는 시간을 말한다.
③ 잔향시간은 재료의 평균 흡음율에 반비례한다.
④ 음악을 연주하는 홀은 강연을 위한 실보다 긴 잔향시간이 요구된다.

38 실내 음환경에서 잔향시간에 대한 설명 중 옳은 것은?

① 잔향시간은 음성전달을 목적으로 하는 공간이 음향청취를 목적으로 하는 공간보다 짧아야 한다.
② 잔향시간을 길게 하기 위해서는 실내공간의 용적이 작아야 한다.
③ 실의 흡음력이 클수록 잔향시간은 길어진다.
④ 잔향시간은 동일 용적의 공간인 경우 표면적이 작을수록 짧아진다.

TIP ② 잔향시간을 길게 하기 위해서는 실내공간의 용적이 커야 한다.
③ 실의 흡음력이 클수록 잔향시간은 짧아지게 된다.
④ 잔향시간은 동일 용적의 공간인 경우 표면적이 작을수록 더 길어지게 된다.
※ 잔향시간 … 스튜디오 안에는 직접 귀에 들어오는 소리를 들을 수 있지만 점차 벽에 반사한 음이 합쳐져서 음의 크기가 일정치에 이르기까지 증대된다. 이 일정치가 음의 평형상태이다. 평형에 도달한 후 급히 음을 멈추면 반사파만이 남는데 이것이 이른바 잔향이다. 이 잔향의 크기가 평형 후의 음의 크기보다 60데시벨이 낮아질 때까지의 시간을 잔향시간이라고 한다. 이것은 스튜디오의 크기, 형태, 음의 종류에 따라 달라지는 것이며 음의 청탁을 크게 좌우한다.

39 실내음향계획에 대한 설명으로 옳지 않은 것은?

① 실내에 일정한 세기의 음을 발생 시킨 후 그 음이 중지된 때로부터 음의 세기 레벨이 60 dB 감쇠하는데 소요된 시간을 잔향시간이라 한다.
② Sabine의 잔향시간(Rt)의 값은 '0.16 × 실의 용적 / 실내의 총 흡음력'으로 구한다.
③ 일반적으로 음원에 가까운 부분은 흡음성, 후면에는 반사성을 갖도록 계획한다.
④ 평면계획에서 타원이나 원형의 평면은 음의 집중이나 반향 등의 문제가 발생하기 쉬우므로 피한다.

TIP 프로시니엄 홀과 같이 음원과 청취자 쪽이 명확히 분리되어 있는 경우에는 무대 쪽을 반사성으로 하고 객석 뒷부분을 흡음성으로 하는 것이 원칙이다.

Answer 37.② 38.① 39.③

40 음환경에 대한 설명으로 옳지 않은 것은?

① 담장 뒤에 숨어 있어도 음이 들리는 것은 음이 담장을 돌아 나오기 때문이고, 이를 회절현상이라 하며 주파수가 높은 음일수록 회절현상을 일으키기 쉽다.
② 사람이 음을 지각할 수 있는 것은 음의 크기, 높이, 음색의 미묘한 조합의 차이를 판단하기 때문이고, 이 3가지 조건을 음의 3요소라 한다.
③ 진동수가 같다면 음의 크기는 진폭이 클수록 큰 음으로 지각된다.
④ 이상적인 선음원일 경우는 거리가 2배가 되면 음의 세기는 1/2배가 되고, 음압레벨은 3 dB 감소한다.

TIP 음의 회절현상은 음이 전달될 때 장애물 뒤쪽에도 음이 전파되는 현상으로 고주파는 멀리 전송할 수 있지만 회절이 작고, 저주파가 회절이 크다.

41 흡음재료 및 구조의 특성에 대한 설명으로 옳은 것은?

① 다공질 흡음재는 특히 저주파수에서 높은 흡음률을 나타낸다.
② 판진동 흡음재의 흡음판은 막진동하기 쉬운 얇은 것일수록 흡음효과가 적다.
③ 공동공명기는 배후 공기층의 두께를 증가시키면 최대 흡음률의 위치가 고음역으로 이동한다.
④ 가변흡음구조는 실의 용도에 따라 잔향시간을 조절할 수 있으므로 다목적용 오디토리엄, 방송스튜디오, 시청각실 등에 이용되고 있다.

TIP ① 다공질 흡음재: 중 · 고주파수의 흡음률이 높다.
② 판진동 흡음재: 저주파수의 흡음률이 높다.
③ 공동공명기의 흡음재: 모든 주파수의 영역을 균등하게 흡음한다.

42 색상을 기호로 표시할 때 5G8/1, 5G6/1의 차이는 무엇인가?

① 명도　　② 색상
③ 채도　　④ 하중

TIP 5는 색상, G8, G6은 명도, 1은 채도를 나타낸다.

Answer 40.① 41.④ 42.①

43 다음은 여러 가지 음향효과에 대한 설명이다. 빈칸에 들어갈 말로 알맞은 것을 순서대로 나열한 것은?

> • (가) : 큰 소리와 작은 소리를 동시에 들을 때 큰 소리 위주로만 들리는 현상이다.
> • (나) : 음의 세기의 차이, 도달시간의 차이를 포착하여 음원의 방향을 식별할 수 있는 현상이다.
> • (다) : 소리를 내는 음원이 이동하면 그 이동방향과 속도에 따라 음의 주파수가 변화되는 현상이다.

	(가)	(나)	(다)
①	하스 효과	칵테일파티 효과	마스킹 효과
②	바이노럴 효과	도플러 효과	마스킹 효과
③	마스킹 효과	바이노럴 효과	도플러 효과
④	도플러 효과	하스 효과	칵테일파티 효과

TIP (가) 마스킹 효과 : 큰 소리와 작은 소리를 동시에 들을 때 큰 소리 위주로만 들리는 현상이다.
(나) 바이노럴 효과 : 음의 세기의 차이, 도달시간의 차이를 포착하여 음원의 방향을 식별할 수 있는 현상이다.
(다) 도플러 효과 : 소리를 내는 음원이 이동하면 그 이동방향과 속도에 따라 음의 주파수가 변화되는 현상이다.

44 색채계획의 내용으로 가장 옳지 않은 것은?

① 색은 동일 조건에서 면적이 클수록 명도가 높아 보인다.
② 색은 동일 조건에서 면적이 작을수록 채도가 낮아 보인다.
③ 색상표에 의해 실내계획을 할 때는 목표 색채보다 약간 높인 색상표를 선택하는 것이 좋다.
④ 먼셀의 색입체에서 동일 색상의 경우 위로 올라갈수록 명랑한 느낌을 주게 된다.

TIP 색상표에 의해 실내계획을 할 경우 목표색상보다 약간 낮춘 색상표를 선정해야 한다.

Answer 43.③ 44.③

45 두 개의 색 자극을 동시에 주지 않고 시간차를 두어 제시함으로써 일어나는 현상으로 눈이 가지고 있는 잔상이라는 특수한 현상 때문에 생기는 색의 대비는?

① 보색대비　　② 채도대비

③ 계시대비　　④ 색의 동화

TIP 계시대비 … 두 개의 색 자극을 동시에 주지 않고 시간차를 두어 제시함으로써 일어나는 현상으로 눈이 가지고 있는 잔상이라는 특수한 현상 때문에 생기는 색의 대비

46 먼셀(Munsell)의 색채표기법에 대한 설명 중 옳지 않은 것은?

① 색상은 색상환에 의해 표기되며, 기준색인 적(R), 청(B), 황(Y), 녹(G), 자(P)색 등 5종의 주요색과 중간색으로 구성된다.

② 명도는 완전흑(0)에서 완전백(10)까지의 스케일에 따른 반사율 및 외관에 대한 명암의 주관적 척도이다.

③ 채도의 단계는 흑색과 가장 강한 색상 사이의 색상변화를 측정하는 단위이다.

④ 5R－4/10은 빨강의 색상5, 명도4, 채도10을 나타낸다.

TIP 흰색과 검은색은 채도가 없기 때문에 무채색이라 불린다.

47 먼셀 표색계 7.5Y 5/10이라는 색의 표시 중 3속성이 잘못 기술된 것은?

① 7.5Y는 황색 계열의 색상이다.

② 5/10은 색상 표시이다.

③ 10은 채도 표시이다.

④ 5는 명도 표시이다.

TIP 색상표시는 7.5Y이다.

Answer 45.③ 46.③ 47.②

48 다음은 색채에 의한 여러 가지 효과에 대한 사항들이다. 이 중 바르지 않은 것은?

① 심리보색은 망막 상에서 남아 있는 잔상 이미지가 원래의 색과 반대의 색으로 나타나는 현상을 말한다.

② 동일 색상도 면적의 크기에 따라 색이 달라 보일 수 있다.

③ 명도가 높고 차가운 색일수록 진출하고 팽창하는 느낌을 준다.

④ 시인성은 명시도라고도 하며 대상물의 존재 또는 모양이 원거리에서도 식별이 용이한 성질을 말한다.

TIP 명도가 높고 따스한 색일수록 진출하고 팽창하는 느낌을 준다.

Answer 48.③

건축설비

01 건축설비

01 건축설비의 종류

checkpoint

건축물은 수많은 종류의 건축설비로 구성되나 이를 크게 대분하면 다음과 같은 설비로 구성된다고 볼 수 있다.

급수설비	급탕설비	배수통기설비	오물정화설비
소화설비	가스설비	냉난방설비	공기조화설비
전기설비	기계설비	통신설비	태양열설비

이들 설비는 복합적으로 구성되며 서로 유기적인 관련이 있어 특정 부분의 문제가 전체의 문제로 확대될 수 있으므로 철저한 유지관리가 필요하다.

오늘날 첨단기술은 건축물이 보다 쾌적하고 다양한 거주환경을 조성하도록 하였으며 자동제어를 통한 건물설비의 통합관리가 이루어지고 있다.

1 급수설비

(1) 급수방식

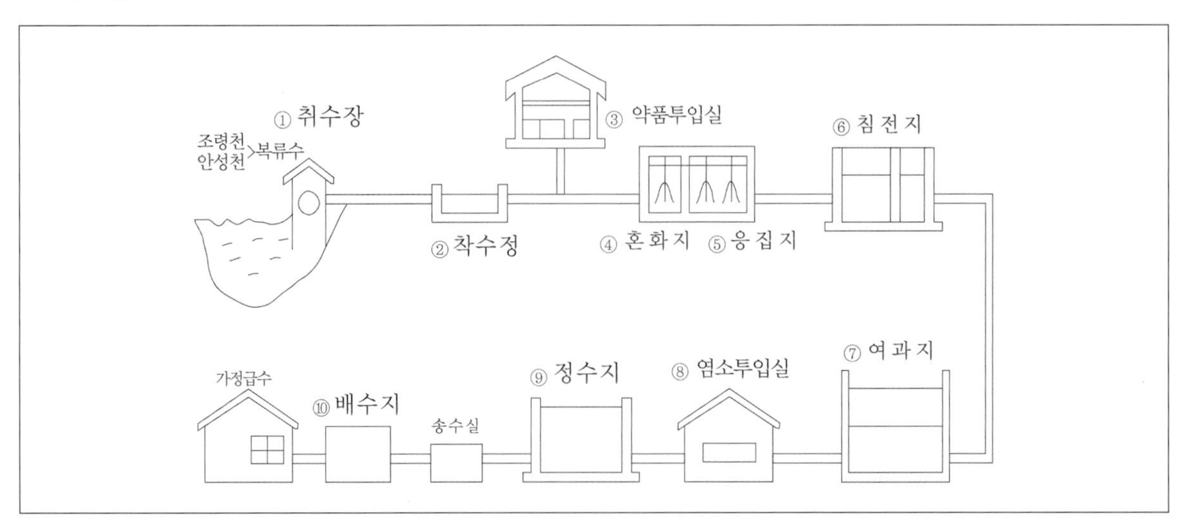

① **수도직결방식** … 수도본관에서 인입관을 따내어 급수하는 방식이다.
㉠ 정전 시에 급수가 가능하다.
㉡ 급수의 오염이 적다.
㉢ 소규모 건물에 주로 이용된다.
㉣ 설비비가 저렴하며 기계실이 필요없다.

② **고가(옥상)탱크방식** … 수도본관의 인입관으로부터 상수를 일단 저수조에 저수한 후, 펌프를 이용하여 옥상 등 높은 곳에 설치한 고가수조에 양수하여 중력에 의해 건물 내의 필요한 곳에 급수하는 방식이다.
㉠ 일정한 수압으로 급수할 수 있다.
㉡ 단수, 정전 시에도 급수가 가능하다.
㉢ 배관부속품의 파손이 적다.

TIP

수원
- 지표수 : 강, 저수지 등으로서 오염가능성이 높으나 수량이 풍부하여 급수원으로 가장 많이 이용된다.
- 복류수 : 지하수면이 하천수와 밀착되어 탁도가 낮고 수질이 양호하다.
- 지하수 : 수온의 변동이 적고 경도가 높으며 수량이 부족하다.

TIP

경도 … 물속에 녹아있는 칼슘, 마그네슘 이온의 양을 이에 대응하는 탄산칼슘농도(ppm, mg/L)로 환산하여 표시한 것이다. 90mg/L 이하이면 연수, 90～110mg/L이면 적정수(음용수), 그 이상이면 경수로 구분하며, 경수는 스케일이 발생하므로 보일러 용수로 부적합하다.

㉣ 저수량을 확보하여 일정 시간 동안 급수가 가능하다.
㉤ 대규모 급수설비에 가장 적합하다.
㉥ 저수조에서의 급수오염 가능성이 크다.
㉦ 저수시간이 길어지면 수질이 나빠지기 쉽다.
㉧ 옥상탱크의 자중 때문에 구조검토가 요구된다.
㉨ 설비비, 경상비가 높다.

③ **압력탱크방식** … 수조의 물을 펌프로 압력탱크에 보내고 이곳에서 공기를 압축, 가압하며 그 압력으로 건물 내에 급수하는 방식으로 탱크의 설치위치에 제한을 받지 않고 국부적으로 고압을 필요로 하는 곳에 적합하며 옥상에 탱크를 설치하지 않아 건축물의 구조를 강화할 필요가 없다. 그러나 급수압이 일정하지 않으며 펌프의 양정이 커서 시설비가 많이 들며 정전이나 단수 시 급수가 중단된다.
㉠ 옥상탱크가 필요 없으므로 건물의 구조를 강화할 필요가 없다.
㉡ 고가 시설 등이 불필요하므로 외관상 깨끗하다.
㉢ 국부적으로 고압을 필요로 하는 경우에 적합하다.
㉣ 탱크의 설치 위치에 제한을 받지 않는다.
㉤ 최고 · 최저압의 차가 커서 급수압이 일정하지 않다.

ⓗ 탱크는 압력에 견뎌야 하므로 제작비가 비싸다.
ⓢ 저수량이 적으므로 정전이나 펌프 고장 시 급수가 중단된다.
ⓞ 에어 컴프레서를 설치하여 때때로 공기를 공급해야한다.
ⓙ 취급이 곤란하며 다른 방식에 비해 고장이 많다.

TIP

압력탱크 급수방식이나 펌프직송방식의 경우 최상층에 고가탱크를 설치하지 않는 경우에는 중간탱크에서 압력탱크나 펌프직송방식으로 급수하는 방식이 채용된다.

④ **탱크가 없는 부스터방식** … 수도본관으로부터 물을 일단 저수조에 저수한 후 급수펌프 만으로 건물 내에 급수하는 방식으로 부스터 펌프 여러 대를 병렬로 연결하고 배관 내의 압력을 감지하여 펌프를 운전하는 방식이다.
ⓖ 옥상탱크가 필요 없다.
ⓝ 수질오염의 위험이 적다.
ⓓ 펌프의 대수제어운전과 회전수제어 운전이 가능하다.
ⓡ 펌프의 토출량과 토출압력조절이 가능하다.
ⓜ 최상층의 수압도 크게 할 수 있다.
ⓗ 펌프의 교호운전이 가능하다.
ⓢ 펌프의 단락이 잦으므로 최근에는 탱크가 있는 부스터 방식이 주로 사용된다.

조건과 급수방식	수도직결식	고가탱크식	압력탱크식	부스터방식
수질오염가능성	거의 없다	많다	보통이다	보통이다
급수압변화	수도본관의 압력에 따라 변화한다	거의 일정하다	수압변화가 크다	거의 일정하다
단수시 급수	급수가 안 된다	저수조와 고가탱크에 남아있는 수량을 이용할 수 있다	저수조에 남아있는 물을 이용할 수 있다	압력탱크식과 같다
정전 시 급수	관계없다	고가탱크에 남아있는 수량을 이용할 수 있다	발전기를 설치하면 가능하다	압력탱크식과 같다
설비비	싸다	조금 비싸다	보통이다	비싸다
유지관리비	싸다	보통이다	비싸다	조금 비싸다

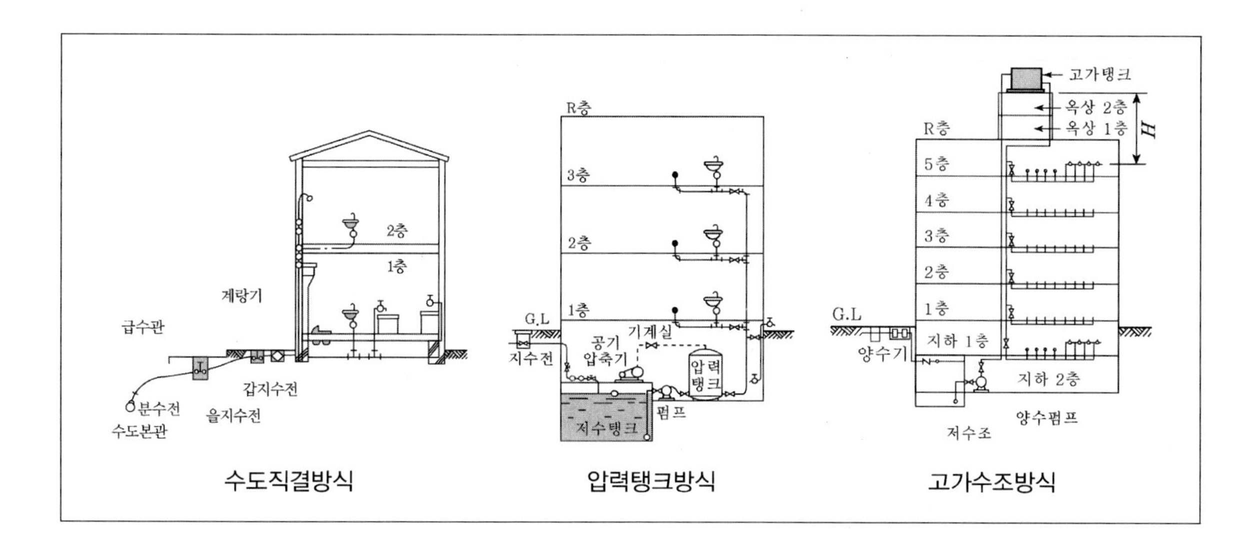

(2) 수격작용

① 정의 … 관 속으로 물이 흐를 때 밸브를 갑자기 막으면 순간적으로 유속은 0이 되고 이로 인해 압력 증가가 생기며 이는 관내를 일정한 전파속도로 왕복하면서 충격을 주는 압력파의 작용으로 큰 소음을 유발한다.

② 원인 … 좁은 관경, 과도한 수압과 유속, 밸브의 급조작으로 인한 유속의 급변

③ 방지대책

㉠ 기구류 가까이에 공기실(에어챔버)를 설치한다.

㉡ 관 지름을 크게 하여 수압과 유속을 줄이고 밸브는 서서히 조작한다.

㉢ 도피밸브나 서지탱크를 설치하여 축적된 에너지를 방출하거나 관내의 에너지를 흡수한다.

㉣ 급수배관의 횡주관에 굴곡부가 생기지 않도록 한다.

TIP

공동현상, 서징현상

㉠ 공동현상(캐비테이션) : 유수 중에 어느 부분의 정압이 그때 물의 온도에 해당하는 증기압 이하로 되어 물이 증발을 일으키고 수중에 녹아있던 용존산소가 낮은 압력으로 인하여 기포가 발생하는 현상이다.

㉡ 서징현상

- 밸브의 급작스런 개폐에 의한 수격작용을 완화하기 위해 압력수로와 압력관 사이에 자유수면(대기압을 접하는 수면)을 가진 조절수조를 설치하여 수로(수압관)를 일시적으로 폐쇄하면 흐르던 물이 서어지 탱크 내로 유입하여 수원과 탱크사이의 수면이 상승하는 현상이다.
- 펌프를 적은 유량 범위의 상태에서 가동시키면 송출유량과 송출압력의 주기적 변동이 반복되면서 소음과 진동이 심해지는 현상으로서 이것이 계속되면 시스템의 운전상태가 불안정하게 되며 심한 경우 기계장치나 배관의 파손이 발생할 수 있다.

(3) 크로스 커넥션(교차연결)

① 급수배관과 배수배관 등 서로 상이한 목적의 관들이 연결되어 수질이 저하되거나 급수계통에 오수가 유입되어 오염되도록 배관된 것을 말한다.

② 위생기구의 경우, 급수배관과 배수배관의 접점에 설치하는 경우가 많은데 이는 홍수 등에 의해 오수가 역류하여 상수를 오염시킬 우려가 있다.

③ 이를 방지하기 위해 것으로 서로 다른 계통의 배관에 색을 칠하여 서로 구분하거나 충분한 토수구를 확보하거나 진공방지기(역류방지기)를 설치해야 한다.

checkpoint

■ **빗물이용시설**

㉠ 집수시설 : 집수관, 루프드레인, 홈통받이 등 대상 집수면에 내리는 빗물을 모으기 위해 활용하는 시설을 말한다.
㉡ 초기빗물 처리시설 : 강우 초기 집수면으로부터 유출되는 오염도 높은 초기 빗물에 대한 처리시설을 말한다.
㉢ 저류시설 : 집수한 빗물을 활용 용도에 맞도록 적합한 용량으로 빗물을 저장하는 시설을 말한다. 저류시설은 대상지역의 여건에 따라 재질 및 형식을 달리하며, 구조적 안전성을 확보하도록 한다.
㉣ 수처리 시설 : 빗물의 사용용도에 적합한 목표수질을 유지하기 위해 활용하는 여과, 소독 등의 방법으로 처리하는 시설을 말한다.
㉤ 송수 · 배수시설 : 저장한 빗물을 활용처로 보내거나 안전상의 이유로 하천 및 공급 하수도로 방류하는 시설을 말한다.

■ **빗물관리시설**

빗물을 지표면 아래로 침투시키기 위하여 설치하는 빗물침투시설, 빗물을 모아두기 위하여 설치하는 빗물저류시설 및 빗물을 일정한 용도에 사용하기 위하여 설치하는 빗물이용시설 등 빗물과 관련된 모든 시설을 총칭하여 말한다.

2 급탕설비

(1) 급탕방식

① 개별식(국소식) 급탕

㉠ 필요한 개소에 탕비기를 설치하여 소요의 장소에 온수를 공급하는 방식으로 소규모 급탕에 적합하다.
㉡ 배관설비 거리가 짧고 배관 및 기기로부터 열손실이 적다.
㉢ 급탕개소가 적을 경우 시설비가 저렴하다.
㉣ 용도에 따라 필요한 개소에서 필요한 온도의 양을 비교적 간단히 얻을 수 있다.
㉤ 완공 후에도 급탕개소의 증설이 비교적 쉽다.
㉥ 주택 등에서는 난방 겸용의 온수보일러를 이용할 수 있다.

㉦ 급탕 개소마다 가열기의 설치공간이 필요하다.

㉧ **순간온수기** : 급탕관의 일부를 가스나 전기로 가열시켜 직접 온수를 얻는 방법으로 내구성과 효율이 우수하여 주택(소규모주택, 아파트)의 욕실, 부엌의 싱크, 이발소 등에 사용된다. 저탕조를 갖지 않고 기기 내의 배관 일부를 가열기에서 가열하여 탕을 얻는 방법이다.

㉨ **저탕형 탕비기** : 가열된 온수를 저탕조 내에 저장하는 방식으로서 열손실이 비교적 많지만 많은 온수를 일시에 필요로 하는 곳에 적합하여 기숙사, 여관 등에서 사용된다. 가열된 탕이 항상 저장되어 있으며 사용한 만큼의 탕이 볼탭이 달린 수조에서 공급된다.

㉩ **기수혼합식 탕비기**(증기취입식) : 보일러에서 생긴 증기를 급탕용의 물속에 직접 불어넣어서 온수를 얻는 방식으로 고압의 증기사용으로 인해 소음이 크므로 소음제거장치를 설치해야 한다.

② 중앙식 급탕방식

㉠ 지하실 등 일정한 장소에 급탕장치를 설치해 놓고 배관에 의해 필요한 각 사용 장소에 공급하는 방법으로 대규모 급탕에 적합하다.

㉡ 연료비가 적게 든다. (석탄 중유 가스 사용)

㉢ 열효율이 좋다.

㉣ 관리상 유리하다.

㉤ 총 열량을 작게 할 수 있다. (기구의 동시사용을 고려)

㉥ 배관에 의해 필요 개소에 어디든지 급탕할 수 있다.

㉦ 초기투자비(공사비)가 많이 든다.

㉧ 전문 기술자가 필요하다.

㉨ 배관 도중 열손실이 크다.

㉩ 시공 후 기구 증실에 따른 배관 변경 공사가 어렵다.

구분	직접가열식	간접가열식
가열장소	온수보일러	저탕조
보일러	급탕용 보일러와 난방용 보일러를 각각 설치	난방용 보일러로 급탕까지 가능
보일러내의 스케일	많이 낀다	거의 끼지 않는다
보일러내의 압력	중소규모 건물	대규모 건물
저탕조내의 가열코일	불필요	필요
열효율	유리	불리

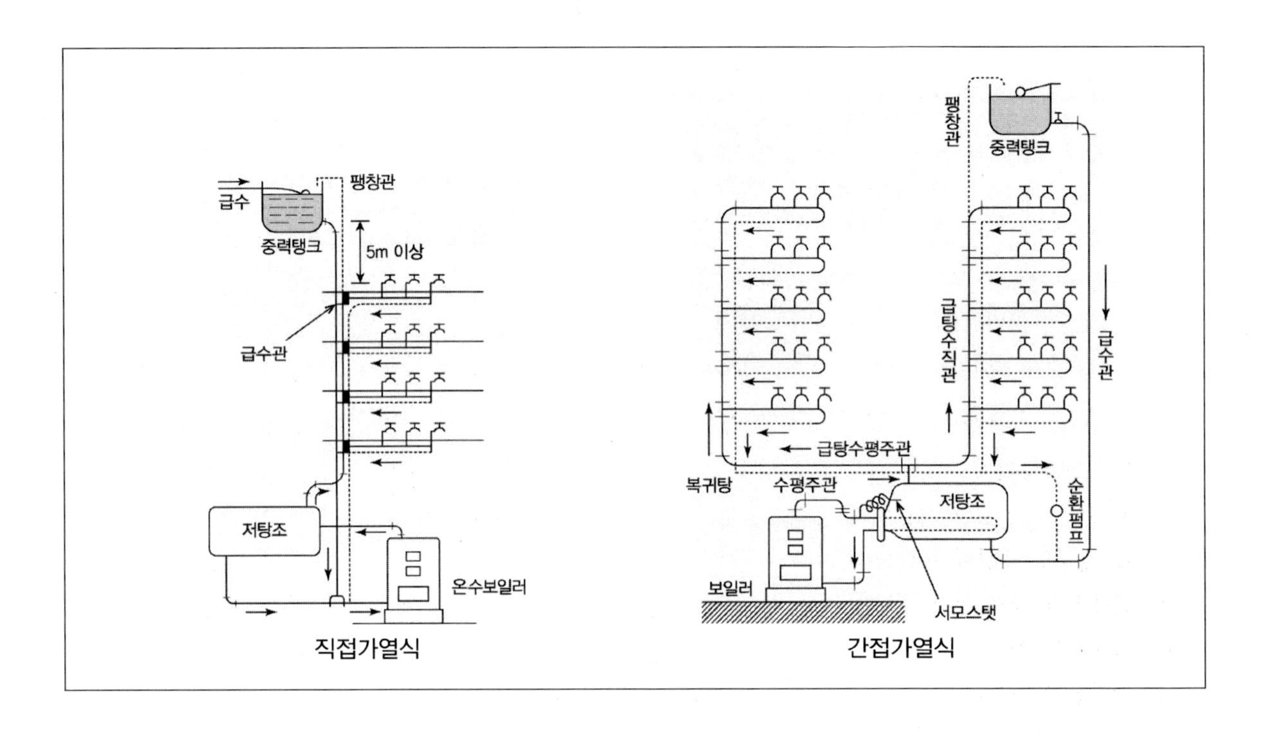

❸ 배수통기설비

(1) 트랩의 종류

① **트랩** … 배수관 속의 악취, 유독가스 및 벌레 등이 실내로 침투하는 것을 방지하기 위하여 배수계통의 일부에 봉수를 고이게 하는 기구이다. 봉수의 깊이는 트랩의 구경에 관계없이 50 ~ 100㎜가 일반적이다.

트랩	용도	특징
S트랩	대변기, 소변기, 세면기	• 사이펀 작용이 심하여 봉수파괴가 쉬움 • 배관이 바닥으로 이어짐
P트랩	위생 기구에 가장 많이 쓰임	• 통기관을 설치하면 봉수가 안정됨 • 배관이 벽체로 이어짐
U트랩	일명 가옥트랩, 메인트랩이라고 하며 하수가스 역류방지용	• 가옥배수 본관과 공공하수관 연결부위에 설치 • 배수관 최말단에 위치하여 유속을 저하시키는 단점이 있음
벨트랩	욕실 등 바닥배수에 이용	• 종 모양으로 다량의 물을 배수 • 찌꺼기를 회수하기 위해 설치
드럼트랩	싱크대에 이용	• 봉수가 안정 • 다량의 물을 배수

그리스트랩	호텔, 식당 등 주방바닥	• 주방 바닥 기름기 제거용 트랩 • 양식 등 기름이 많은 조리실에 이용
가솔린트랩	주유소, 세차장	휘발성분이 많은 가솔린을 트랩 수면 위에 띄워 통기관을 통해서 휘발시킴
샌드트랩	흙이 많은 곳	
석고트랩	병원 기공실	치과기공실, 정형외과 깁스실에서 배수시 사용
헤어트랩	이발소, 미장원	모발 제거용 트랩
런드리트랩	세탁소	단추, 끈 등 세탁 오물 제거용 트랩

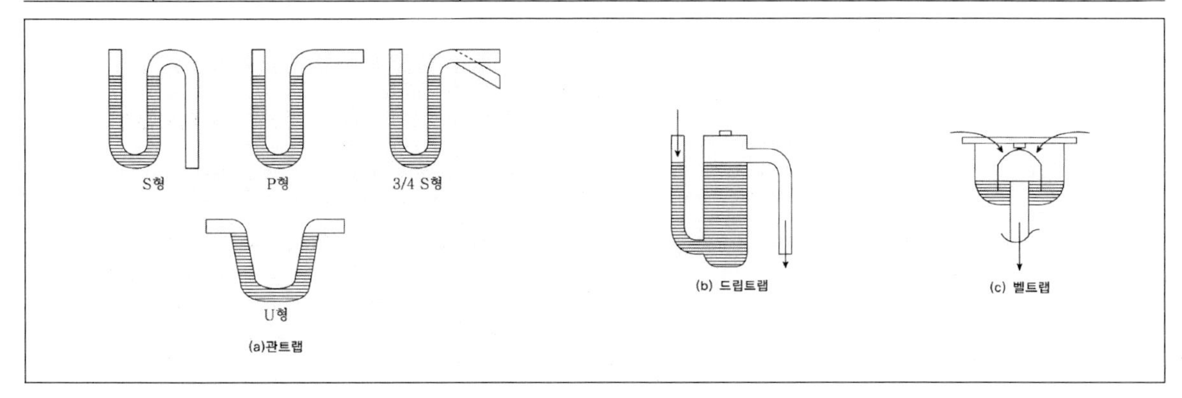

기출예제 01 2010 지방직

트랩(trap)에 관한 설명으로 옳지 않은 것은?

① 관(pipe) 트랩, 드럼(drum) 트랩, 가옥(house) 트랩 등이 있다.
② 봉수보호를 위해서는 봉수의 깊이가 200mm 이상일 필요가 있다.
③ 트랩은 구조가 간단하고 자기세정 작용을 할 수 있어야 한다.
④ 봉수파괴는 자기사이폰 작용, 감압에 의한 흡입 작용 등이 원인이다.

✱

봉수의 깊이는 트랩의 구경에 관계없이 50~100mm정도가 적합하다.

답 ②

② **조집기**(Interceptor), **특수용도의 배수용 트랩** … 배수 중에 혼입되어 있는 여러 가지 유해물질, 기타 불순물 등을 분리하기 위한 것으로서 배수계통의 기능장해 손상 등을 방지하고 액체상태의 배수만을 자연 유하에 의하여 배수시킬 목적으로 설치한다.

㉠ **그리스 조집기** : 지방분을 걸러내는 트랩, 호텔 주방바닥에 사용한다.
㉡ **가솔린 조집기** : 가솔린 유입 방지트랩, 세차장, 차고 등에 사용한다.
㉢ **샌드 조집기** : 진흙이나 모래를 걸러내는 트랩이다.
㉣ **헤어 조집기** : 이발소, 미장원에서 머리카락을 걸러내는 트랩이다.

㉤ **플라스터 조집기** : 병원의 치과, 외과의 깁스실에서 사용하는 트랩으로 금속재의 부스러기, 플라스터 등을 걸러낸다.

㉥ **런드리 조집기** : 세탁 불순물을 걸러내는 트랩이다.

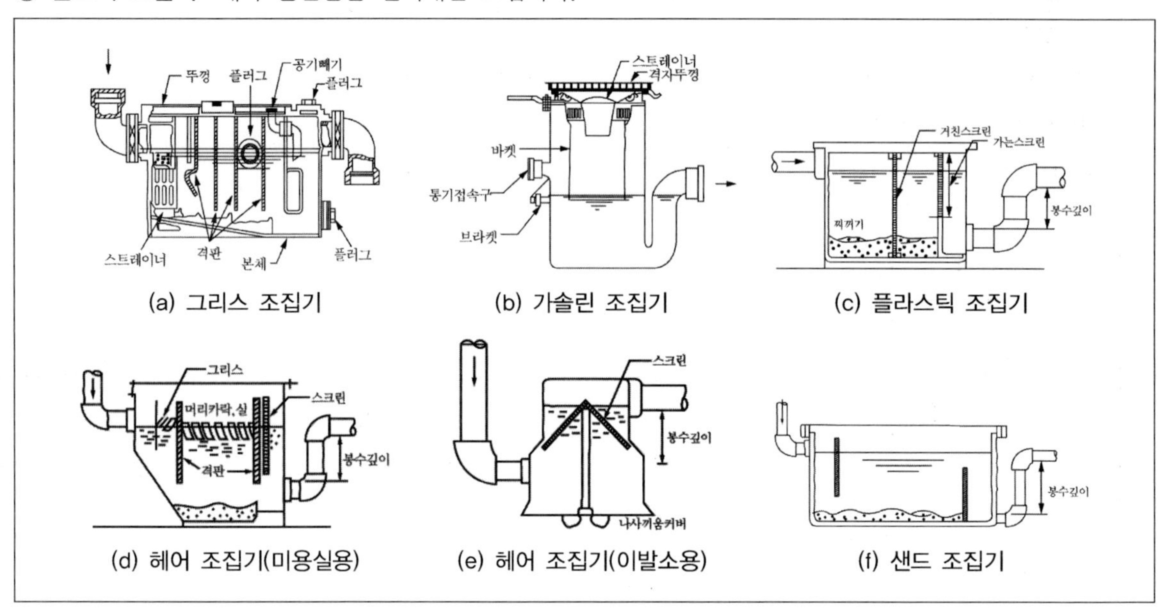

(a) 그리스 조집기 (b) 가솔린 조집기 (c) 플라스틱 조집기

(d) 헤어 조집기(미용실용) (e) 헤어 조집기(이발소용) (f) 샌드 조집기

(2) 트랩의 파괴와 대책

트랩파괴의 원인	방지책	원인
자기사이펀 작용	통기관 설치	만수된 물이 일시에 흐르게 되면 물이 배수관 쪽으로 흡인되어 봉수가 파괴되는 현상
감압에 의한 흡인작용 (유인 사이펀 작용)	통기관 설치	배수 수직주관 가까이 있는 트랩의 경우 다량의 물을 주관으로 배수될 때 진공상태가 되어 봉수가 흡입된다.
역압에 의한 분출작용	통기관 설치	배수 수직주관 가까이에 있는 트랩의 경우 바닥 횡주관에 물이 정체되어 있고 수직관에 다량의 물이 배수될 때 중간에 압력이 발생하여 봉수가 실내 쪽으로 분출하게 된다.
모세관 현상	거름망 설치	트랩 출구에 머리카락, 천조각 등이 걸렸을 경우 모세관 현상에 의해 봉수가 파괴된다.
증발	기름방울로 유막형성	사용빈도가 적거나 건물을 장기간 비울 시 봉수가 자연히 증발하는 현상이다.
자기운동량에 의한 관성작용	유속감소	스스로의 운동량에 의해 트랩의 봉수가 빠져나가는 현상이다.

| 기출예제 02 2011 국가직

봉수의 파괴원인과 그 대책으로 옳지 않은 것은?

① 모세관 현상 : 정기적으로 이물질 제거
② 자기사이펀 작용 : 트랩의 유출부분 단면적이 유입부분 단면적보다 큰 것을 사용
③ 역사이펀 작용 : 수직관의 낮은 부분에 통기관을 설치
④ 유도사이펀 작용 : 수직관 하부에 통기관을 설치하고 수직배수 관경을 충분히 크게 선정

✱

유도사이펀 작용에 대한 대책으로서 수직관 상부에 통기관을 설치한다.

답 ④

TIP

바람직하지 않은 트랩과 트랩의 파괴

㉠ 바람직하지 않은 트랩 : 가동부분이 있는 트랩, 격벽에 의한 트랩(트랩의 수봉 부분이 격판이나 격벽에 의해 만들어진 것), 수봉식이 아닌 트랩, 2중 트랩(트랩을 연속하여 설치하는 것으로 트랩 간 공기가 밀폐되어 배수기능이 저하될 수 있음), 비닐호스를 이용한 트랩 등은 매우 좋지 않은 방식이다.

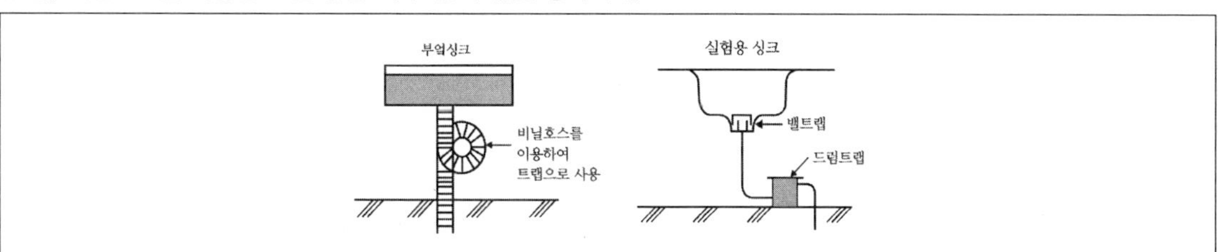

㉡ 트랩의 파괴

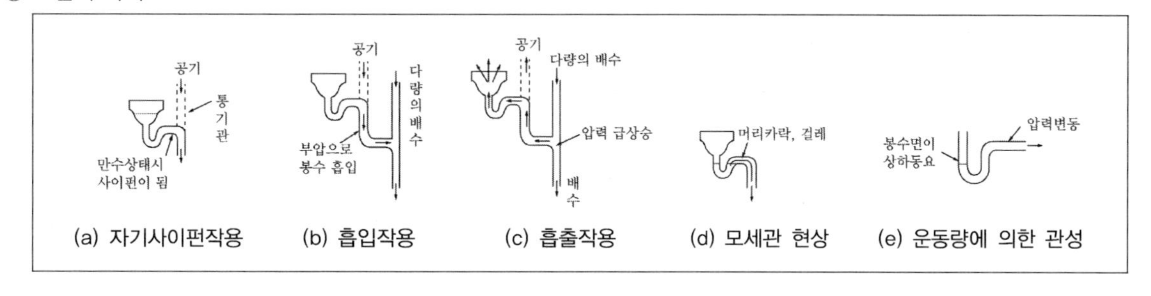

(a) 자기사이펀작용 (b) 흡입작용 (c) 흡출작용 (d) 모세관 현상 (e) 운동량에 의한 관성

(3) 통기관

① **통기관** … 트랩의 봉수를 보호하고 배수의 흐름을 원활하게 하며 신선한 공기를 유통시켜 관내 청결을 유지하기 위해 설치하는 설비이다.

② **통기관의 종류**

종류	특기사항	관경
각개 통기관	• 가장 이상적인 방법 • 각개 통기관과 동수구배선 • 설비비가 비쌈	접속하는 배수관경의 1/2이상 또는 32㎜이상
루프통기관 (회로통기관)	• 1개의 통기관이 2개 이상 기구보호 • 회로통기 1개당 설치기구 8개 이내 • 통기수직관 또는 신정통기관에 연결 • 통기수직관에서 7.5m이내 • 길이는 7.5m이내	접속하는 배수관경의 1/2이상 또는 40㎜이상
도피통기관	• 배수수직관과 배수수평관과의 연결 • 최하류 기구 바로 앞에 설치 • 회로통기관의 기구수가 많을 경우 통기를 도움	접속하는 배수관경의 1/2이상 또는 40㎜이상
결합통기관	• 배수수직관과 통기수직관을 연결 • 5개층마다 설치	50㎜이상
신정통기관	• 배수수직관의 상부에 설치 • 옥상에 개구 • 가장 단순하고 경제적	
습윤통기관	• 최상류 기구에 설치 • 배수관 + 통기관 역할	

기출예제 03 2013 국가직

통기관과 통기배관 시스템에 대한 설명으로 옳지 않은 것은?

① 환상통기관의 최대관경은 40mm이다.
② 도피통기관은 배수수평 지관의 하류에서 배수수직관과 가장 가까운 기구 배수관의 접속점 사이에 설치하여 환상통기관에 연결시킨다.
③ 결합통기관은 배수수직관과 통기수직관을 접속하는 관이다.
④ 각개통기 방식은 환상통기 방식에 비하여 통기 성능이 비교적 좋은 편이다.

*

루프통기관(회로통기관, 환상통기관)의 최소관경은 40mm이다.

답 ①

[통기관의 명칭과 배수관의 관계]

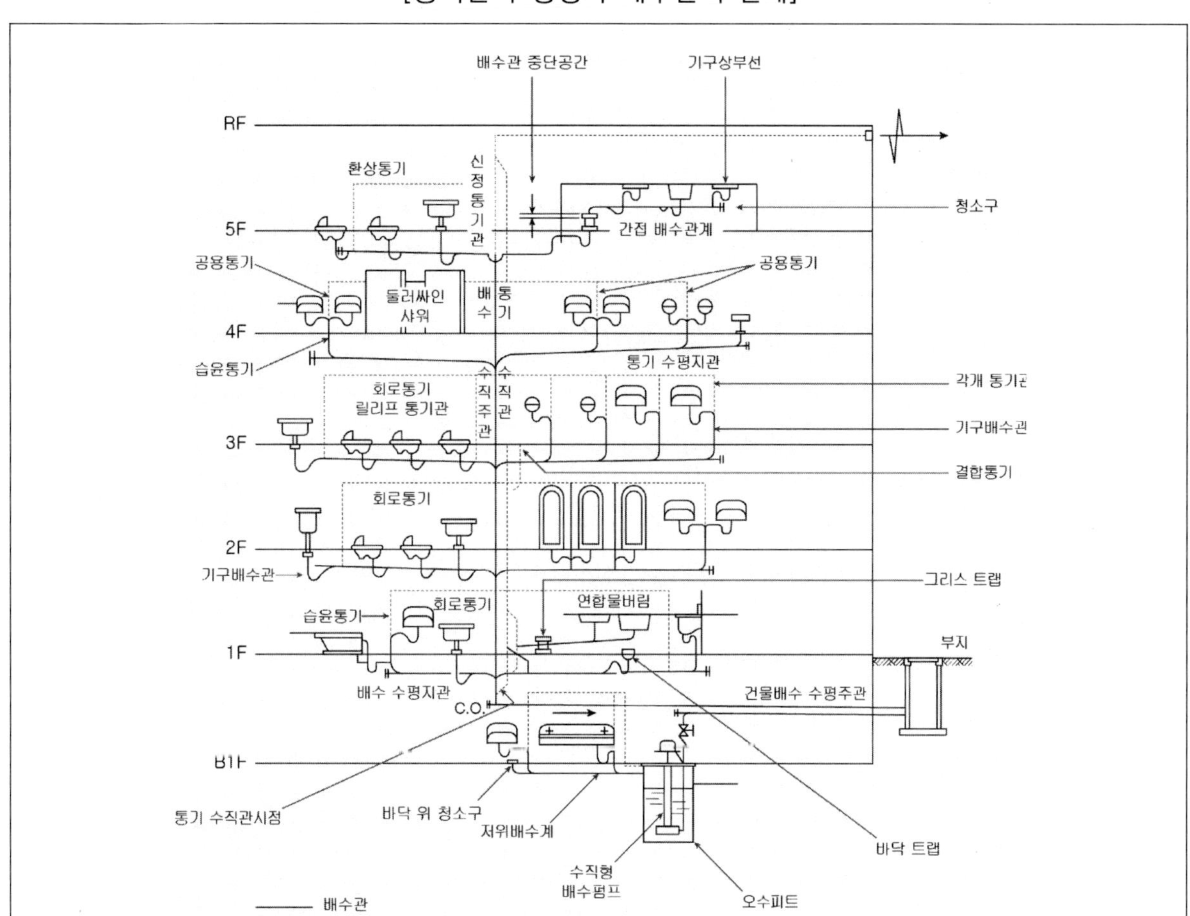

TIP

청소구 … 배수배관이 막혔을 때 이것을 점검수리하기 위하여 배관의 굴곡부나 분기점 등에 설치하는 것이다. 다음의 위치에 청소구를 반드시 설치해야 한다.

㉠ 가옥배수관과 대지하수관의 접속부
㉡ 배수수직관의 최하단부, 배수수평관의 최상단부
㉢ 가옥배수 수평주관의 기점
㉣ 배관이 45° 이상 각도로 구부러진 곳
㉤ 수평관의 관경이 100mm 이하인 경우 직선거리 15m 이내마다
㉥ 수평관의 관경이 100mm 이상인 경우 직선거리 30m 이내마다

❹ 오물정화설비

① **오물정화조의 정화순서** … 오물의 유입 → 부패조 → 산화조 → 소독조 → 방류

② **부패조**

㉠ 2개 이상의 부패조와 예비 여과조로 구성한다.

㉡ 제1, 제2 부패조와 예비 여과조의 용적비는 4 : 2 : 1 또는 4 : 2 : 2로 한다. 공기(산소)를 차단하여 혐기성균(10℃ ~ 15℃에서 활동이 가장 활발)으로 하여금 오물을 소화시킨다.

㉢ 오수 저유깊이는 1.2m 이상 3m 이내로 한다.

㉣ 부패조의 유효용량은 유입 오수량의 2일분 (48시간) 이상을 기준으로 한다.

③ **산화조**

㉠ 산소의 공급으로 호기성균에 의해 산화(분해) 처리시킨다.

㉡ 살수통의 밑면과 쇄석층의 윗면과의 거리는 10cm, 쇄석층의 두께는 90cm 이상 2m 이내 쇄석층 밑면과 정화조의 바닥과의 간격은 10cm 이상으로 한다. 배기관의 높이는 지상 3m 이상으로 한다.

㉢ 산화조는 살포여과상식으로 하고 배기관 및 송기구를 설치하여 통기설비를 한다.

㉣ 산화조의 밑면은 소독조를 향해 1/100 정도의 내림구배로 한다.

④ **소독조**

㉠ 산화조에서 나오는 오수를 멸균시킨다.

㉡ 소독액 차아염소산나트륨, 표백분

㉢ 약액조의 용량 : 25L이상 (10일분 이상)

❺ 소화설비

(1) 소방관련 기본용어

① 연소

㉠ **연소의 3요소** : 연소는 물질이 산소와 급격한 화학반응을 일으켜 열과 빛을 내는 강력한 산화반응현상이다. 연소가 발생하기 위해서는 연료(가연물), 열(점화원), 산소 등 3가지 조건이 모두 갖추어져야 한다. 연소는 다음의 표와 같이 분류된다.

기체	확산연소	가연성 가스가 공기(산소)중에 확산되어 연소범위에 도달했을 때 연소하는 현상으로 기체의 일반적 연소 형태
	예혼합 연소	연소되기 전에 미리 연소범위의 혼합가스를 만들어 연소하는 형태
액체	증발연소	액체 표면에서 가연성 증기가 발생하여 공기(산소)와 혼합하여 연소범위를 형성하게 되고, 점화원에 의해 연소하는 현상으로 액체연소의 가장 일반적 형태
	분무연소	점도가 높고 비휘발성인 액체의 경우 액체입자를 분무하여 연소하는 형태, 액적의 표면적을 넓게 하여 공기와의 접촉면을 크게 해서 연소하는 형태이다.
고체	표면연소	연소물 표면에서 산소와의 급격한 산화반응으로 빛과 열을 수반하는 연소반응, 가연성 가스 발생이나 열분해 없이 진행되는 연소반응으로 불꽃이 없는 것이 특징이다. (코크스, 목탄, 금속분 등)
	분해연소	고체 가연물이 가열됨에 따라 가연성 증기가 발생하여 공기와 가스의 혼합으로 연소범위를 형성하게 되어 연소하는 형태(목재, 종이, 석탄, 플라스틱 등)
	증발연소	고체 가연물이 가열되어 융해되며 가연성 증기가 발생, 공기와 혼합하여 연소하는 형태(황, 나프탈렌, 파라핀 등)
	자기연소	분자 내 산소를 함유하고 있는 고체 가연물이 외부 산소 공급원 없이 점화원에 의해 연소하는 형태(질산에스테르류, 셀룰로이드류, 니트로화합물 등의 폭발성물질)

㉡ **점화원** : 연소반응을 일으킬 수 있는 최소의 에너지(활성화 에너지)를 제공할 수 있는 물질

㉢ **활성화에너지** : 화학반응이 진행되기 위해서 필요한 최소한의 에너지

㉣ **미연소가스** : 아직 연소가 되지 않은 가스이고 다른 점화원이 있을 경우 후에 연소를 할 수 있는 가스이다. 폭발은 매우 빠른 반응을 통해서 급격하게 생성물 가스와 열 등이 방출되는 반응인데 이 때 반응물(가스)가 모두 연소될 수도 있지만 대부분은 그렇지 않은 경우가 많다. 이 때 반응하지 않고 남은 가스를 의미한다.

㉤ **훈소상태(燻燒狀態)** : 화재초기에 나타나는 현상으로 물질이 착화하여 불꽃없이 연기를 내면서 연소하다가 어느 정도 시간이 지나면서 발염될 때까지의 연소상태를 말한다.

ⓑ **미립자의 분류** : 미립자는 가스나 증기처럼 크기가 매우 작은 입자들을 말하며 다음과 같이 분류된다.

구분	성상	입자의 크기
흄	고체상태의 물질이 액체화된 다음 증기화되고 증기화된 물질의 응축 및 산화로 인하여 생기는 고체상의 미립자(금속 또는 중금속 등)	0.01~1μm
스모크	유기물의 불완전 연소에 의해 생긴 작은 입자	0.01~1μm
미스트	공기 중에 분산된 액체의 작은 입자(기름, 도료, 액상화학물질 등)	0.1~100μm
분진	공기 중에 분산된 고체의 작은 입자(연마, 파쇄, 폭발 등에 의해 발생된 광물, 곡물, 목재 등)로서 유해성 물질 중 입자의 크기가 가장 큼	0.01~500μm
가스	상온상압 상태에서 기체인 물질	분자상
증기	상온상압 상태에서 액체로부터 증발되는 기체	분자상

② **인화점, 연소점, 발화점**

㉠ **인화점**[Flash Point] : 가연성기체와 공기가 혼합된 상태에서 외부의 직접적인 점화원에 의해 불이 붙을 수 있는 가장 낮은 온도이다. 인화점은 연소범위 하한계에 도달되는 온도로서 액체가연물의 화재위험성 척도이며 이것이 낮을수록 위험하다.

㉡ **연소점**[Fire Point] : 연소상태에서 점화원을 제거하여도 자발적으로 연소가 지속되는 온도이다. 한번 발화된 후 연소를 지속시킬 수 있는 충분한 증기를 발생시킬 수 있는 최소온도이다. 즉, 자력에 의해 연소를 지속할 수 있는 최저온도이며 인화점보다 높다.

㉢ **발화점(착화점)**[Ignition Point] : 점화원을 가하지 않아도 스스로 착화될 수 있는 최저온도로, 외부에서 가해지는 열에너지에 의해 스스로 타기 시작하는 온도이다.

㉣ **온도가 높은 순서** : 발화점 > 연소점 > 인화점

③ **화재 및 위험물 분류**

㉠ **화재분류** : 화재는 다음 표와 같이 크게 5가지로 분류된다.

구분	화재종류	원형표식	적용대상물	소화기구
A급	일반화재	백색	종이, 섬유, 목재	포말소화기, 분말(ABC급)소화기, 물 소화기, 강화액 소화기, 산알칼리소화기
B급	유류화재	황색	제4류위험물, 유지	포말소화기, 분말(ABC급)소화기, 강화액소화기, 이산화탄소 소화기, 할론소화기
C급	전기화재	청색	발전기, 변압기	분말(ABC급)소화기, 강화액(분무)소화기, 이산화탄소소화기, 할론소화기
D급	금속화재	무색	금속분, 박	팽창질석, 팽창진주암, 건조사
E급	가스화재	황색	LPG, LNG	분말소화기, 이산화탄소소화기, 할론소화기

㉡ 위험물의 분류 : 위험물은 다음 표와 같이 크게 6가지로 분류된다.

구분	내용
제1류 위험물 (산화성 고체)	• 고체로서 산화력의 잠재적인 위험성 또는 충격에 대한 민감성을 판단하기 위하여 소방청장이 정하여 고시하는 시험에서 고시로 정하는 성질과 상태를 나타내는 것 • 대부분 무색결정이나 백색분말상이며 비중이 1보다 크고 물에 잘 녹는다. • 반응성이 풍부하여 열, 마찰, 분해를 촉진하는 약품과 접촉하여 산소를 발생한다. • 대부분 조해성을 가지므로 습기에 유의해야 한다.
제2류 위험물 (가연성 고체)	• 고체로서 화염에 의한 발화의 위험성 또는 인화의 위험성을 판단하기 위하여 고시로 정하는 시험에서 고시로 정하는 성질과 상태를 나타내는 것 • 비교적 낮은 온도에서 착화되기 쉬운 가연성물질이며 연소시 유독가스를 발생시키는 것도 있다. • 철분, 마그네슘, 금속분류 등은 물과 산의 접촉으로 발열하고 마찰 등으로 인해 착화가 되면 급격히 연소한다.
제3류 위험물 (자연발화성 물질 및 금수성물질)	• 고체 또는 액체로서 공기중에서 발화의 위험성이 있거나 물과 접촉하여 발화하거나 가연성 가스를 발생하는 위험성이 있는 것 • 대부분 무기물의 고체이며 물과 접촉하면 발열발화한다.
제4류 위험물 (인화성 액체)	• 액체로서 인화의 위험성이 있는 것 • 상온에서 액체이며 대부분 물보다 가볍고 물에 녹지 않는다. • 증기는 공기보다 무거우며 비교적 낮은 착화점을 가지고 있다. • 수인화물, 제1석유류, 제2석유류, 제3석유류, 제4석유류, 알코올류, 동식물류
제5류 위험물 (자기반응성 물질)	• 고체 또는 액체로서 폭발의 위험성 또는 가열분해의 격렬함을 판단하기 위해 고시로 정하는 시험에서 고시로 정하는 성질과 상태를 나타낸 것 • 가연성이면서 분자 내에 산소를 함유하고 있는 사기연소성 물질 • 연소속도가 매우 빠르며 공기 중에서 자연발화하기도 한다.
제6류 위험물 (산화성 액체)	• 액체로서 산화력의 잠재적인 위험성을 판단하기 위하여 고시로 정하는 시험에서 고시로 정하는 성질과 상태를 나타내는 것 • 산화성 액체로 비중이 1보다 크며 물에 잘 녹는다. • 불연성이지만 분자 내 산소를 많이 함유하고 있어 다른 물질의 연소를 돕는 조연성 물질이다. • 부식성이 매우 강하고 증기는 매우 독성이 강하며 가연물 및 분해를 촉진하는 약품과 접촉 시 분해폭발한다.

④ 화재 현상

㉠ **플래시오버**(flash over) : 어느 계(용기, 방, 차내 등) 중의 가연물의 대부분이 거의 동시에 착화온도에 도달하는 현상이다. 피난허용시간의 중요기준점으로서, 구획 내의 일부화재에서 전실화재로 전이가 된 단계이자 화재의 성장기에서 최성기로 전환되는 기준점이다.

㉡ **백드래프트**(back draft) : 연소에 필요한 산소가 부족하여 훈소상태에 있는 실내에 산소가 갑자기 다량 공급될 때 연소가스가 순간적으로 발화하는 현상이다. 지하실이나 폐쇄된 공간에서 화재가 발생한 경우에는 산소가 부족해지면서 불꽃이 보이지 않고 타들어 가는 훈소상태에 접어들며, 일산화탄소와 탄화된 입자, 연기 및 부유물을 포함한 가스가공간에 축적된다. 이러한 조건에서 건물 내부로 진입하기 위해 문을 열거나 창문을 부수게 되면 산소가 갑자기 공급되고 백드래프트 현상이 발생한다.

㉢ **역화현상**(Backfire) : 연료가 연소 시 연료의 분출속도가 연소속도보다 느릴 때 불꽃이 염공 속으로 빨려 들어가 혼합관 속에서 연소하는 현상이다.

(2) 소화방법의 종류

① **제거소화법** … 가연물을 연소구역으로부터 제거하는 방법 (예 산림 화재 시 불이 진행하는 방향을 앞질러 벌목하여 진화하는 방법)

② **질식소화법** … 산소를 공급하는 산소 공급원을 연소계로부터 차단시켜 연소에 필요한 산소의 양을 16% 이하로 하여 연소를 억제시켜 진화하는 방법 (예 무거운 불연성 기체(CO_2)로 가연물을 덮는 방법)

③ **냉각소화법** … 점화원을 냉각시킴으로써 가연물을 발화점(착화점) 이하로 낮추어 연소진행을 막는 소화방법 (예 물을 뿌려서 진화하는 방법)

④ **희석소화** … 가연성 가스의 산소농도, 가연물의 조성을 연소 한계점 이하로 소화하는 방법 (예 공기 중의 산소 농도를 CO_2가스로 희석하는 방법)

⑤ **부촉매소화법** … 가연물의 순조로운 연쇄반응이 진행되지 않도록 연소반응의 억제제인 부촉매약제를 사용하는 방법 (예 하론소화기를 사용하는 방법)

⑥ **유화소화법** … 소화약제를 방사하여 유류 표면에 유화층의 막을 형성시켜 공기의 접촉을 막아 소화하는 방법

(3) 소방시설의 분류

구분		소방용 설비의 종류
소방에 필요한 설비	소화설비	• 물, 그 밖의 소화약제를 사용하여 소화를 행하는 기구나 설비 • 소화기 및 간이 소화용구, 자동식 소화기 • 옥내소화전 설비 • 스프링클러 설비 및 간이스프링클러설비 • 물분무소화설비 · 포소화설비 · 이산화탄소 소화설비 · 할로겐화합물 소화설비 · 분말소화설비(물분무 등 소화설비) • 옥외소화전설비
	경보설비	• 화재발생 사실을 통보하는 기계, 기구 • 비상경보설비 • 비상발송설비 • 누전경보기 • 자동화재탐지설비(감지기, 수신기, 발신기 등) • 자동화재속보설비
	피난설비	• 화재가 발생할 경우 피난하기 위하여 사용하는 장치 • 피난기구(미끄럼대, 공기안전매트, 완강기, 피난교, 피난밧줄 등) • 인명구조기구(방열복, 공기호흡기 등) • 피난구유도등, 통로유도등, 유도표지, 비상조명등
소화용수설비		• 화재를 진압하거나 인명 구조 활동을 위하여 사용하는 설비 • 소화수조 · 저수지 기타 소화용수 설비 • 상수도 소화용수 설비

소화활동설비	• 화재를 진압하거나 인명구조활동을 위하여 사용하는 설비 • 제연설비 • 연결송수관설비 • 연결살수설비 • 비상콘센트설비 • 무선통신보조설비 • 연소방지설비

TIP

시각경보장치는 자동화재탐지설비에서 발하는 화재신호를 받아 청각장애인에게 점멸하는 형태로 경보하는 장치를 말한다. 이 장치는 청각장애인 뿐 아니라 음향으로 경보가 곤란한 공장이나 공연장 등 소음이 많이 발생하는 장소에 설치해 시각적으로 경보를 알리는 중요한 소방용품이다.

(4) 소화설비 종류와 방화대상

방화대상	물분무 소화설비	포소화설비	이산화탄소 소화설비	할로겐화합물 소화설비	분말 소화설비
비행기격납고		○			○
자동차수리, 정비공장		○	○	○	○
위험물저장 · 취급소, 주차장, 기계식 주차장 (20대 이상)	○	○	○	○	○
발전기실, 전기실, 통신기계실, 전산실			○	○	○

(5) 소화설비 설치기준

구분	연결송수관	옥외소화전	옥내소화전	스프링클러	드렌처
표준방수량(L/min)	800	350	130	80	80
방수압력(MPa)	0.35	0.25	0.17	0.1	0.1
수원의 수량(m^3) N : 동시개구수 () : 최대기구수	–	7N (2)	2.6N (5)	1.6N	1.6N
설치거리(m)	50	40	25	1.7 ~ 3.2	2.5

(6) 스프링클러의 종류

① **폐쇄형** … 폐쇄형 스프링클러헤드의 사용

㉠ **습식배관방식** : 가압된 물이 스프링클러 배관의 헤드까지 차 있어 화재 시에는 헤드의 개구와 동시에 자동적으로 살수되며 알람밸브가 이를 감지하여 경보를 울리고 스프링클러 펌프를 가동하여 헤드에 급수하게 된다.

㉡ **건식배관방식** : 스프링클러 배관에 물 대신 압축공기가 차 있어 화재의 열로 헤드가 열리면 배관내의 공기압이 저하되며 건식밸브가 이를 감지하여 경보를 울리고 스프링클러 펌프를 가동하여 헤드에 급수하게 된다. 이 방법은 화재 시 소화활동시간이 다소 지연되기는 하지만 물이 동결할 우려가 있는 한랭지에서 사용되고 있다.

㉢ **준비작동식**(프리액션밸브식)

- 강화액소화기 : 강화액은 무색 또는 황색으로 약간의 점성을 지닌 액체이며 연소의 연쇄를 단절하고 반응을 제어하는 효과를 통해 화재를 차단하고 재연을 저지하는 작용을 하는데 이러한 강화액을 담은 소화기이다.
- 분말소화기 : 인산암모늄 및 기타 방염성물질을 갖는 염류를 주성분으로 하는 것으로 열분해를 일으켜 억제효과 작용에 의한 소화원리를 이용한다. 내부에 질소가스가 충전돼 있어 손잡이를 작동하면 충전된 내부 질소의 압력으로 소화약제가 노즐을 통해 방출되게 된다.

TIP

드라이펜던트형헤드

- 헤드의 롱 니블 부분에 공기 등을 주입하여 놓은 펜던트 형태의 헤드를 말하며 준비작동식밸브나 건식밸브에서 하향식헤드를 설치해야할 때 '드라이펜던트' 헤드를 사용해야 한다.
- 건식, 준비작동식, 일제개방밸브에는 상향식 헤드를 사용해야 하고 하향형헤드를 사용해야 하는 경우에는 드라이펜던트형헤드를 설치해야한다.
- 건식설비에는 배관 내에 물이 없기 때문에 하향형헤드 설치 시 일단 작동되어 급수가 되면 하향형헤드내에 물이 들어가 배수를 시키더라도 물이 남아있게 되어 동파될 우려가 있기 때문에 드라이펜던트형헤드를 설치함으로서 동파를 방지할 수 있게 된다.

② **개방형** … 개방형 스프링클러 헤드의 사용

㉠ 스프링클러 헤드에 가용합금편이 없는 개방형 헤드를 사용하므로 화재감지기를 설치해야 하며 이 화재감지기가 화재를 감지하면 일체 개방밸브를 개방함과 동시에 경보를 울리고 스프링클러 펌프를 가동하여 헤드에 일체살수식으로 급수하게 된다. 이 방식은 무대부처럼 천정이 높아 화재 시에 결기류가 옆으로 흘러 폐쇄형 스프링클러 헤드로는 효과를 기대할 수 없는 경우에 사용된다. 천장이 높은 무대부를 비롯하여 공장, 창고, 준위험물 저장소 등 급격한 화재확산의 우려가 있는 곳에 채택하면 효과적이다.

[폐쇄형 헤드를 하나의 배관에 부착하는 살수헤드의 수]

배관구경[㎜]	32	40	50	65	80
살수헤드의 수	2개 이하	3개	4~5개	6개 이상 10개 이하	10개 이상 20개 이하

소화설비	방수압력(kg/㎠)	표준방수량(ℓ /min)	수평거리(m)
연결송수관	3.5	450	50
옥외소화전	2.5	350	40
옥내소화전	1.7	130	25
스프링클러	1.0	80	

TIP

스프링클러의 열감지부는 다양한 형태로 제작되어 시공된다.

퓨즈형	유리벌브형	플래시형

TIP

송수구 … 화재가 발생하였을 때, 소방 펌프차와 연결하여 소방차의 압력수를 건물 내 각 부분으로 보내는 데 쓰는 호스 접속구이다. 길을 걷다가 건물 주변을 살펴보면 다음과 같이 연결송수구라고 쓰인 설비를 쉽게 찾아볼 수 있다. 각 설비마다 적정송수압력이 표시되어 있으며 대규모의 건물일수록 송수구의 종류도 많아지고 요구되는 송수압력도 커지게 된다.

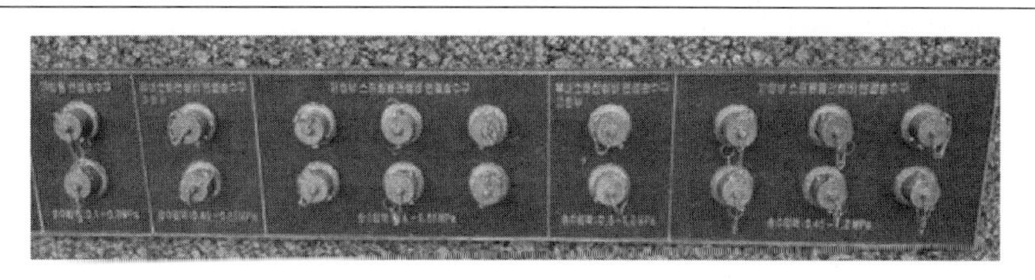

기출예제 04 2019 지방직

화재경보설비에 대한 설명으로 옳지 않은 것은?

① 감지기는 화재에 의해 발생하는 열, 연소 생성물을 이용해 자동적으로 화재의 발생을 감지하고, 이것을 수신기에 송신하는 역할을 한다.
② 감지기에는 열감지기와 연기감지기가 있다.
③ 수신기는 감지기에 연결되어 화재발생 시 화재등이 켜지고 경보음이 울리도록 한다.
④ 열감지기에는 주위 온도의 완만한 상승에는 작동하지 않고 급상승의 경우에만 작동하는 정온식과 실온이 일정 온도하면 작동하는 차동식이 있다.

✱ 실온이 일정 온도하면 작동하는 것은 정온식이며 급상승할 때 작동하는 것은 차동식이다.

답 ④

(7) 소방대상물

① **소방대상물** … 건축물, 차량, 선박(항구에 매어둔 선박만 해당함), 선박 건조 구조물, 산림, 그 밖의 인공 구조물 또는 물건

② **특정소방대상물** … 소방시설을 설치해야 하는 소방대상물로서 대통령령으로 정한 것

③ **소방안전관리대상물** … 소방안전관리자를 선임하거나 소방안전관리업무를 대행하게 해야 하는 소방안전관리대상물은 다음의 어느 하나에 해당하는 소방대상물을 말한다.

(1) 특정소방대상물 중 다음의 어느 하나에 해당하는 것으로서 아파트, 동·식물원, 철강 등 불연성 물품을 저장·취급하는 창고, 위험물 저장 및 처리 시설 중 위험물 제조소, 지하구를 제외한 것(이하 "특급 소방안전관리대상물"이라 함)

① 50층 이상(지하층을 포함)이거나 지상으로부터 높이가 200미터 이상인 특정소방대상물

② 30층 이상(지하층을 포함)이거나 지상으로부터 높이가 120미터 이상인 특정소방대상물에 해당하지 않는 특정소방대상물(아파트는 제외)

③ ②에 해당하지 않는 특정소방대상물로서 연면적이 20만제곱미터 이상인 특정소방대상물(아파트는 제외)

(2) 소방대상물 중 다음의 어느 하나에 해당하는 것으로서 아파트, 동·식물원, 철강 등 불연성 물품을 저장·취급하는 창고, 위험물 저장 및 처리 시설 중 위험물 제조소 등(이하 "1급 방화관리대상물"이라 함)

① 30층 이상(지하층은 제외)이거나 지상으로부터 높이가 120미터 이상인 아파트

② 연면적 1만 5천제곱미터 이상인 특정소방대상물(아파트는 제외)

③ ②에 해당하지 않는 특정소방대상물로서 층수가 11층 이상인 특정소방대상물(아파트는 제외)

④ 가연성 가스를 1천톤 이상 저장·취급하는 시설

(3) 소방대상물 중 위의 (1)과 (2)에 따른 소방대상물을 제외한 다음의 어느 하나에 해당하는 것(이하 "2급 방화관리대상물"이라 함)

① 스프링클러설비, 간이스프링클러설비 또는 물분무등소화설비(호스릴 방식만을 설치한 경우는 제외)를 설치하는 특정소방대상물

② 가스제조설비를 갖추고 도시가스사업허가를 받아야 하는 시설 또는 가연성가스를 100톤 이상 1천톤 미만 저장·취급하는 시설

③ 지하구

④ 공동주택

⑤ 보물 또는 국보로 지정된 목조건축물

TIP

소방관련 법규

㉠ 법/시행령/시행규칙

- 소방기본법 · 시행령 · 시행규칙
- 소방시설 설치 · 유지 및 안전관리에 관한 법률 · 시행령 · 시행규칙
- 소방시설공사업법 · 시행령 · 시행규칙
- 다중이용업소 안전관리에 관한 특별법 · 시행령 · 시행규칙
- 초고층 및 지하연계 복합건축물 재난관리 특별법

㉡ 기준/규칙/고시

- 화재안전기준(NFSC)
- 건축물의 피난 · 방화구조 등의 기준에 관한 규칙
- 건축물의 설비기준 등에 관한 규칙
- 발코니 등의 구조변경 절차 및 설치기준
- 자동방화셔터 및 방화문의 기준
- 소방시설 자체 점검 등에 관한 고시

6 가스설비

(1) LNG와 LPG

① LNG(액화천연가스)

㉠ 메탄을 주성분으로 하는 천연가스를 냉각하여 액화시킨 것이다.

㉡ 1기압 하, −162℃에서 액화하며 이 때 체적이 1/580～1/600으로 감소한다.

㉢ 공기보다 가볍기 때문에 누설이 된다고 해도 공기 중에 흡수되어 안정성이 높다.

㉣ 작은 용기에 담아서 사용할 수가 없고 반드시 대규모 저장시설을 갖추어 배관을 통해서 공급해야 한다.

② LPG(액화석유가스)

㉠ 석유정제과정에서 채취된 가스를 압축냉각해서 액화시킨 것이다.

㉡ 액화하면 체적이 1/250이 된다.

㉢ 주성분은 프로판, 프로필렌, 부탄, 부틸렌, 에탄, 에틸렌 등이다.

㉣ 무색무취이지만 프로판에 부탄을 배합해서 냄새를 만든다.

㉤ 발열량이 크지만 비중이 공기보다 크므로 인화폭발의 염려가 있어 배관설계와 기기 사용 시 특별한 주의가 요구된다. 연소 시 소요공기량이 많으며 LNG보다 공해가 심하다.

(2) 가스배관

① 배관재료로는 2인치 이하는 가스관(강관)을 사용하고 3인치 이상은 주철관을 사용한다.

② 수평배관은 100분의 정도의 구배를 주고 낮은 곳에는 수취기를 설치한다.

> **TIP**
>
> **가스배관의 매설깊이**
>
> ㉠ 차량이 통행하는 폭 8m 이상의 도로 : 120cm 이상
> ㉡ 폭 8m 이하의 도로 또는 공동주택 외의 부지 : 100cm 이상
> ㉢ 공동주택 등의 부지 내 : 60cm 이상
> ㉣ 유량표기는 도시가스의 경우 m^3/h, 액화석유가스일 때는 kg/h가 유리하다.
> ㉤ 가스미터기는 전기미터기에서 60cm 이상 떨어지도록 한다.
> ㉥ 가스용기는 옥외에 두고 2m 이내에 화기의 접근을 금하며 40℃ 이하로 보관한다.

(3) 가스계량기

① 가스계량기와 전기계량기 및 전기개폐기와의 거리는 60cm 이상

② 가스계량기 및 가스관의 이음부와 전력량계 및 개폐기의 이격거리는 60cm 이상

③ 가스계량기와 점멸기 및 접속기의 이격거리는 30cm 이상

④ 가스관의 이음부와 점멸기 및 접속기의 이격거리는 15cm 이상

⑤ 가스계량기와 전기점멸기와의 거리가 최소 30cm 이상이 되도록 한다.

7 배관용재료

(1) 배관의 재료별 분류

① 주철관
　㉠ 다른 관에 비해 내식성, 내구성, 내압성이 우수하다.
　㉡ 오배수관에 주로 사용한다.
　㉢ **접합방법** : 소켓접합, 플랜지접합, 메카니컬조인트, 빅토릭 조인트

② 강관
　㉠ 주철관에 비해 가볍고 인장강도가 크다.
　㉡ 충격에 강하고 굴곡성이 좋다.
　㉢ 관의 접합시공이 비교적 용이하다.
　㉣ 1MPa 이하의 증기, 물, 기름, 가스, 공기 등을 사용하는 배관에 쓰인다.
　㉤ **접합방법** : 나사접합, 플랜지접합, 용접접합

③ 연관(납관)

㉠ 굴곡성이 크고 유연하여 시공하기가 용이하다.

㉡ 산에는 강하나 알칼리에 약하다.

㉢ 가격이 비싸고 쉽게 변형된다.

④ 동관 및 황동관

㉠ 수명이 길고 가벼우며 마찰손실이 작다.

㉡ 염류, 산, 알칼리 등에 대하여 상당한 내식성을 갖고 있다.

㉢ 용도: 급수관, 급탕관, 난방관, 냉온수관

㉣ 접합방법 : 납땜접합, 압축접합, 용접접합

⑤ 경질염화 비닐관

㉠ 가격이 싸고 가벼우며 마찰손실이 작다.

㉡ 내식성도 풍부하나 충격과 열에 약하다.

㉢ 용도 : 급수관, 배수관, 통기관

㉣ 접합방법 : 냉간공법, 열간공법

⑥ 스테인레스 강관

㉠ 내식성이 우수하여 위생적이다.

㉡ 강관에 비해 기계적 성질이 우수하고 두께가 얇아 운반 · 시공이 쉽다.

㉢ 용도 : 급수관, 급탕관, 냉온수관

㉣ 접합방법 : 나사접합, 용접접합, 프레스접합

⑦ 콘크리트관, 도관

㉠ 주로 배수관으로 쓰임

㉡ 콘크리트관은 접합방법에 칼라, 키볼트, 심플렉스, 모르타르 조인트가 있다.

(2) 용도별 배관재질

구분	스테인레스관	동관	강관		주철관	PVC관
			백관	흑관		
급수관	O	O	△			O
급탕관	O	O	△			
오배수관					O	O
통기관			O			O
가스관			O			
소화관		△	O			
냉온수관	O	O	O			
냉각수관			O			
증기관			O	O		

종류	배관 식별색	종류	배관 식별색
물	청색	산	회자색
증기	진한 적색	알칼리	회자색
공기	백색	기름	진한 황적색
가스	황색	전기	엷은 황적색

[설비배관 색상표시]

| 기출예제 05 2011 국가직

위생 및 소화, 가스설비에서 배관 색채기호와 대상의 조합이 옳지 않은 것은?

① 물(W) : 청색

② 가스(G) : 진한 회색

③ 기름(O) : 진한 황적색

④ 증기(S) : 진한 적색

✱

가스는 황색으로 표시한다.

답 ②

(3) 밸브의 종류

① **슬루스밸브** … 게이트 밸브라고도 하며 마찰저항(국부저항 상당관길이)이 가장 작다. 급수 및 급탕용으로 가장 많이 사용되는 밸브이다.

② **글로브밸브** … 스톱밸브, 구형밸브라고도 하며 마찰저항(국부저항 상당관길이)이 가장 크다.

③ **앵글밸브** … 글로브 밸브의 일종으로 유체의 입구와 출구가 이루는 각이 90°가 되는 밸브이다.

TIP

지수밸브(Stop Valve) … 게이트밸브, 앵글밸브, 글로브밸브처럼 관의 개폐 및 유량을 조절하는 밸브들을 말한다.

④ **콕** … 원추형의 꼭지를 90° 회전하여 유로를 급속히 개폐하는 장치

⑤ **역지밸브** … 유체를 한 방향으로만 흐르게 하는 역류방지용 밸브로 수평관에만 사용할 수 있는 리프트형과 수평, 수직관 어디에서도 사용가능한 스윙형이 있다. 유량을 조절하는 기능은 없다.

⑥ **스트레이너** … 밸브류 앞에 설치하여 배관내의 흙, 모래, 쇠부스러기 등을 제거하기 위한 장치이다.

⑦ **버터플라이밸브** … 주로 저압공기와 수도용이며 밸브몸통이 유체 내에서 단순회전하므로 다른 밸브보다 구조가 간단하고 압력손실이 적으며 조작이 간편하다.

⑧ **공기빼기밸브** … 배관 내의 유체 속에 섞여 있던 공기가 유체에서 분리되어 굴곡배관이 높은 곳에 체류하면서 유체의 유량을 감소시키는데 이를 방지하기 위해 굴곡배관 상부에 공기빼기 밸브를 설치하여 분리된 공기와 기체를 자동적으로 빼내는데 사용된다.

⑨ **볼밸브** … 통로가 연결된 파이프와 같은 모양과 단면으로 되어 있는 중간에 위치한 둥근 볼의 회전에 의하여 유체를 조절하는 밸브이다.

⑩ **감압밸브** … 고압배관과 저압배관 사이에 설치하여 압력을 낮추어 일정하게 유지할 때 사용하는 것으로 다이어프램식, 벨로우즈식, 파이롯트식 등이 있다.

⑪ **안전밸브** … 증기, 압력수 등의 배관계에 있어 그 압력이 일정한도 이상으로 상승했을 때 과잉압력을 자동적으로 외부에 방출하여 안전을 유지하는 밸브로서 증기보일러, 압축공기탱크, 압력탱크 등에 설치한다.

⑫ **전동밸브** … 모터의 작동에 의해 자동으로 밸브를 조절개폐시킴으로써 각종 증기, 물, 오일 등의 온도, 압력, 유량 등을 자동제어하는데 사용된다.

⑬ **플러시밸브** … 대소변기의 세정에 주로 사용되며 한 번 누르면 밸브가 작동되어 0.07MPa이상의 수압으로 일정량의 물이 한꺼번에 나오며 서서히 자동으로 잠기는 밸브이다.

⑭ **전자밸브** … 온도조절기 또는 압력조절기 등에 의해 신호전류를 받아 전자식의 흡인력을 이용하여 자동적으로 밸브를 개폐시키는 것으로 증기, 물, 기름, 공기, 가스 등 광범위하게 사용되고 있다.

⑮ **플로트밸브** … 보일러의 급수탱크와 용기의 액면을 일정한 수위로 유지하기 위해 플로트를 수면에 띄워, 수위가 내려가면 플로트에 연결되어 있는 레버를 작동시켜서 밸브를 열어 급수를 한다. 또 일정한 수위로 되면 플로트도 부상하여 레버를 밀어내려 밸브가 닫히는 구조이며 일종의 자력식 조절밸브이다.

⑯ **방열기밸브** … 증기용, 온수용 두 가지가 있으며 증기난방용 디스크밸브를 이용한 스톱밸브형이다. 이 밸브로는 방열량 조절(온수의 경우)도 가능하다. 유체흐름방향에 따라 앵글형, 직선형, 코너형으로 분류된다.

기출예제 06 2008 국가직

유체의 흐름에 의한 마찰손실이 적어 물과 증기배관에 주로 사용되며 특히 증기배관의 수평관에서 드레인이 고이는 것을 막기에 적합한 밸브는?

① 글로브 밸브(globe valve)
② 슬루스 밸브(sluice valve)
③ 체크 밸브(check valve)
④ 앵글 밸브(angle valve)

*

슬루스 밸브에 관한 설명이다.

답 ②

(4) 배관의 부식

① 철의 부식은 물속의 용존산소와 염류에 의해 주로 발생하며 온도와 pH의 영향이 크다.

② 부식은 온도가 높고, pH가 낮을수록(산성일수록) 크게 된다.

③ **이종금속 사이의 부식** … 금속의 이온화 경향차에 의하여 서로 접촉되면 전류가 흐르면서 부식이 된다.

④ **전기적 작용에 의한 부식** … 외부전원으로부터 누설된 전류에 의해 발생한다.

⑤ **이온화에 의한 부식** … 금속의 이온화에 의해 산화부식이 발생한다.

⑥ **응력에 의한 부식** … 큰 외부하중이나 배관 내부의 큰 압력에 의해 부식이 발생할 수 있다.

⑦ **유속에 의한 부식** … 유속이 빠르면 부식의 진행속도가 빨라진다.

❽ 난방설비

(1) 난방방식의 종류

① **증기난방** … 보일러에서 생산된 증기를 방열기로 보내 증기의 응축잠열을 이용하는 난방방식이다.

㉠ 방열면적이 온수난방보다 작아도 된다.
㉡ 온수의 경우보다 가열(예열)시간 및 증기순환이 빠르다.
㉢ 열 운반능력이 크다.
㉣ 주관의 관경이 작아도 된다.
㉤ 설비비가 싸다.
㉥ 방열기의 방열량 제어가 힘들다.
㉦ 방열기의 표면온도가 높아 쾌적성은 온수난방보다 못하다.
㉧ 난방개시할 때 스팀햄머에 의한 소음을 발생시킬 경우가 있다.
㉨ 응축수배관이 부식되기 쉽다.
㉩ 증기트랩의 고장 및 응축수 처리에 배관 상 기술을 요한다.
㉪ **분류** : 배관환수방식 – 단관식, 복관식 / 응축수 환수방식 – 중력환수식, 기계환수식, 진공환수식 / 환수주관의 위치 – 습식환수, 건식환수

② **온수난방** … 현열을 이용한 난방으로, 보일러에서 가열된 온수를 복관식 또는 단관식의 배관을 통하여 방열기에 공급하여 난방하는 방식이다.

㉠ 난방부하의 변동에 따른 온도조절이 용이하다.
㉡ 현열을 이용한 난방이므로 쾌감도가 높다.
㉢ 방열기 표면온도가 낮으므로 표면에 부착한 먼지가 타서 냄새가 나는 일이 적다.
㉣ 보일러 취급이 용이하고 안전하다.
㉤ 예열시간은 길지만 잘 식지 않으므로 환수관의 동결 우려가 적다.
㉥ 증기난방에 비해서 방열면적과 배판의 관경이 커야 하므로 설비비가 약간 비싸다.
㉦ 공기의 정체에 따른 순환 저해 원인이 생기는 수가 있다.
㉧ 예열시간이 길어서 간헐운전에 부적합하다.
㉨ 열용량은 크나 열운반능력이 작다.
㉩ 방열량의 조절이 용이하다.
㉪ 소음이 적고 쾌감도가 높은 편이다.
㉫ **분류** : 온수의 온도 – 저온수난방, 고온수난방 / 순환방법 – 중력환수식, 강제순환식 / 배관방식 – 단관식, 복관식 / 온수의 공급방향 – 상향공급식, 하향공급식, 절충식

구분	증기	온수
표준방열량	650kcal/m²h	450kcal/m²h
방열기면적	작다	크다
이용열	잠열	현열
열용량	작다	크다
열운반능력	크다	작다
소음	크다	작다
예열시간	짧다	길다
관경	작다	크다
설치유지비	싸다	비싸다
쾌감도	나쁘다	좋다
온도조절(방열량조절)	어렵다	쉽다
열매온도	102℃ 증기	85 ~ 90℃ 100 ~ 150℃
고유설비	방열기트랩 (증기트랩, 열동트랩)	팽창탱크 (개방식 : 보통온수, 밀폐식 : 고온수)
공동설비	공기빼기 밸브, 방열기 밸브	

③ **복사난방** … 방을 구성하는 바닥, 천장 또는 벽체에 열원을 매설하고 온수를 공급하여 그 복사열로 방을 난방하는 방법이다.

㉠ 실내의 수직온도분포가 균등하고 쾌감도가 높다.
㉡ 방을 개방상태로 해도 난방효과가 높다.
㉢ 바닥의 이용도가 높다.
㉣ 대류가 적으므로 바닥면의 먼지가 상승하지 않는다.
㉤ 외기의 급변에 따른 방열량 조절이 곤란하다.
㉥ 시공이 어렵고 수리비, 설비비가 비싸다.
㉦ 매입배관이므로 고장요소를 발견할 수 없다.
㉧ 열손실을 막기 위한 단열층을 필요로 한다.
㉨ 바닥하중과 두께가 증가한다.

④ **온풍난방** … 온풍로로 가열한 공기를 직접 실내로 공급하는 난방방식이다. 증기 · 온수난방 방식에 비해 시스템 전체의 열용량이 적다.

㉠ 장치가 간단하며 설비비도 적게 든다.
㉡ 예열시간이 짧아 실온상승이 빠르다.
㉢ 온도 조절, 풍량 조절, 습도 조절, 환기도 가능하다.

㉣ 소음과 온풍로의 내구성이 문제가 된다.
㉤ 취출 온도차가 35 ~ 50℃나 되어 정밀한 온도제어가 곤란하다.
㉥ 쾌감도가 좋지 않다.

(2) 지역난방

① **지역난방의 정의** … 도시 혹은 일정 지역 내에 대규모 고효율의 열원플랜트를 설치하여 여기에서 생산된 열매(증기 또는 온수)를 지역 내의 각 주택 상가 사무실, 병원 등 수용가에 공급함으로써 효율적인 에너지 사용을 도모하는 난방방식을 말한다.

② 폐열을 이용한 에너지 이용률 증대 – 화력발전소 효율 35%를 열병합발전을 이용해 70 ~ 80%로 증대된다.

③ 대용량 기기의 사용에 따른 기기효율이 상승된다.

④ 연소폐기물의 집중화에 의한 대기오염 감소된다.

⑤ 연료저장 및 수송의 일원화로 도시재해 방지 및 비용이 절감된다.

⑥ 도시 미관 보호 및 공해방지를 통한 자연보호효과를 기대할 수 있다.

⑦ 인건비 및 연료비 절약 열원설비를 집중관리함으로 관리인원 감소 연료의 대량구매를 통한 비용이 절감된다.

⑧ 각 건물의 설비면적을 줄이고 유효면적을 넓힐 수 있다.

⑨ 초기시설 투자비가 많아진다.

⑩ 열원기기의 용량제어가 어렵다.

⑪ 배관에서의 열손실이 많다.

⑫ 고도의 숙련된 기술자가 필요하다.

(3) 보일러의 종류

① **주철제 보일러**

㉠ 주철을 주조 성형하며 1개의 섹션(쪽)을 각각 만들어 보일러 용량에 맞추어 약 5개내지 18개정도의 섹션을 조립하여 사용하는 저압 보일러이다.
㉡ 주물 제작으로 복잡한 구조 제작이 가능하고, 전열면적 크고 효율이 높아 주로 난방에 사용되며 증기보일러와 온수보일러가 있다.
㉢ 내식성 · 내열성이 우수하고, 섹션 증감 제작으로 용량 조절이 가능하다
㉣ 파열사고 시 피해가 적고, 조립식으로 반입 또는 해체가 용이하며 수명이 길다.
㉤ 인장강도 및 충격에 약하고, 고압 대용량에는 부적당하다. (사용압력은 증기용의 경우 내압 0.1MPa로 제한되며 온수용의 경우 수두 50m 이하로 제한된다.)

ⓑ 일반적으로 구조가 복잡하여 청소 및 검사가 곤란하다

ⓢ 열에 의한 부동팽창으로 균열이 생기기 쉽고, 열 충격에 약하다

② 노통 연관식 보일러

㉠ 횡형 보일러의 동체 내부에 지름이 큰 파형 노통과 연관군을 조합하여 설치한 내분식 구조의 보일러이다. 노통, 화실, 연관 등으로 구성되며 용기의 물 속에 설치된 연관을 통해 가열된 연소가스로 물을 가열하여 증기를 발생시킨다.

㉡ 부하의 변동에 대해 안정성이 있으며 보유수량이 많아 압력 변동이 작아서 생산부하에 신속히 대응할 수 있다.

㉢ 수면이 넓어 급수조절이 용이하며 사용압력은 0.4~1MPa 정도이다.

㉣ 노통(연소실)과 연관(연소가스관)이 동시에 있어 전열면적이 증가되므로 노통 보일러와 연관 보일러에 비해 효율이 가장 높다. (형체에 비해서 전열면적이 넓기 때문에 효율이 좋아 90% 이상(절탄기 부착)에 달한다.)

㉤ 간단한 구조로 되어 있어 설치와 취급이 쉽고 수처리가 쉽고 내부청소와 수리, 검사가 용이하다. (보일러 연관 교체 시 1본만 교체도 가능하므로 비용이 저렴하다.)

㉥ 수관보일러에 비해서는 저렴하나 주철제보일러보다는 비싸다.

㉦ 보유수량이 많아 초기 가동 시 증기 발생의 소요시간이 길며 보유수량이 많아 초기 가동 시 증기 발생의 소요시간이 길다.

㉧ 고압용(20kg/cm^2 이상) 보일러나 대용량(10T/H 이상)보일러에는 부적당하다.

③ 수관 보일러

㉠ 비교적 작은 직경의 드럼과 다수의 곡관인 수관으로 구성되어 있고, 수관 내에서 물을 직접 가열하여 증기를 발생시킨다.

㉡ 작은 수관이 강한 열을 받아 그 내부에서 다량의 증기를 발생하므로 내부에 증기가 정체하거나 관이 막히게 되면 과열되어 소손을 일으키게 된다. 따라서 수관 내면이 항상 물에 접하게 하여 충분한 열전달이 이루어질 수 있도록 해야 된다.

㉢ 물의 순환방법에 따라 자연순환식, 강제순환식, 관류식으로 구분된다.

㉣ 고온 및 고압의 증기를 필요로 하는 대형건물(호텔, 병원 등)에 적당하고 발생열량이 크며, 설치면적이 작다.

㉤ 지역난방의 대형 원심냉동기의 구동을 위한 증기터빈용으로 사용된다.

㉥ 전체 구조(직경이 적은 드럼과 수관군)가 전열면으로 효율이 매우 높다

㉦ 보유수량이 적어서 증기 발생 시간이 빠르며, 파열 시 피해가 적으나 전열면적이 크므로 부하변동에는 대응하기 어렵다.

㉧ 구조가 복잡하여 청소 및 수리 등 불편하며, 제작이 어렵고 고가이다.

㉨ 수관군에 스케일 생성이 우려되므로 급수처리가 매우 까다롭고 복잡하다.

④ 관류식 보일러

㉠ 보일러 물을 보일러 내부에서 순환시키지 않고 일방통행으로 수관에 물을 흐르게 하면서 예열, 가열, 증발, 과열이 행해지도록 한 보일러이다. 하나로 관만으로 구성되며, 드럼이 없는 구조이다.

㉡ 전열면적이 크므로 효율이 높으며, 고압으로 증기의 열량이 높고 보유수량이 적으므로 기동시간 및 기동부하가 작아 부하 측에 대응하기 쉽다.

㉢ 소형 내부구조가 복잡하여 청소 및 검사 수리가 어렵고, 양질의 급수 사용으로 완벽한 급수처리가 되어야 하며, 수관으로 일정한 급수의 유속 유지가 요구된다.

㉣ 보일러의 크기가 작아 보일러실의 면적이 작으며 소용량 및 저압보일러로서 빌딩 및 사무실에 적합하다.

㉤ 노통연관식이나 수관식 보일러에 비해 초기 투자비가 다소 저렴하다

㉥ 수처리가 복잡하고 소음이 크게 발생한다.

㉦ 보일러 수명이 5~10년으로 내구성이 떨어지고 고장 시 시간과 비용이 많이 들게 되며 기존보일러 부속(버너 등)을 활용할 수 없어 유지 보수에 비용 추가된다.

⑤ 입형 보일러

㉠ 저압보일러로서 전열면적을 증가시켜 효율을 높이기 위해 횡관 또는 연관 등을 설치하며 소규모의 패기지형으로 일반 가정용 보일러로 사용된다.

㉡ 설치면적이 작고 취급이 간단하며 가격이 저렴하다.

㉢ 효율이 다른 보일러에 비해 떨어진다.

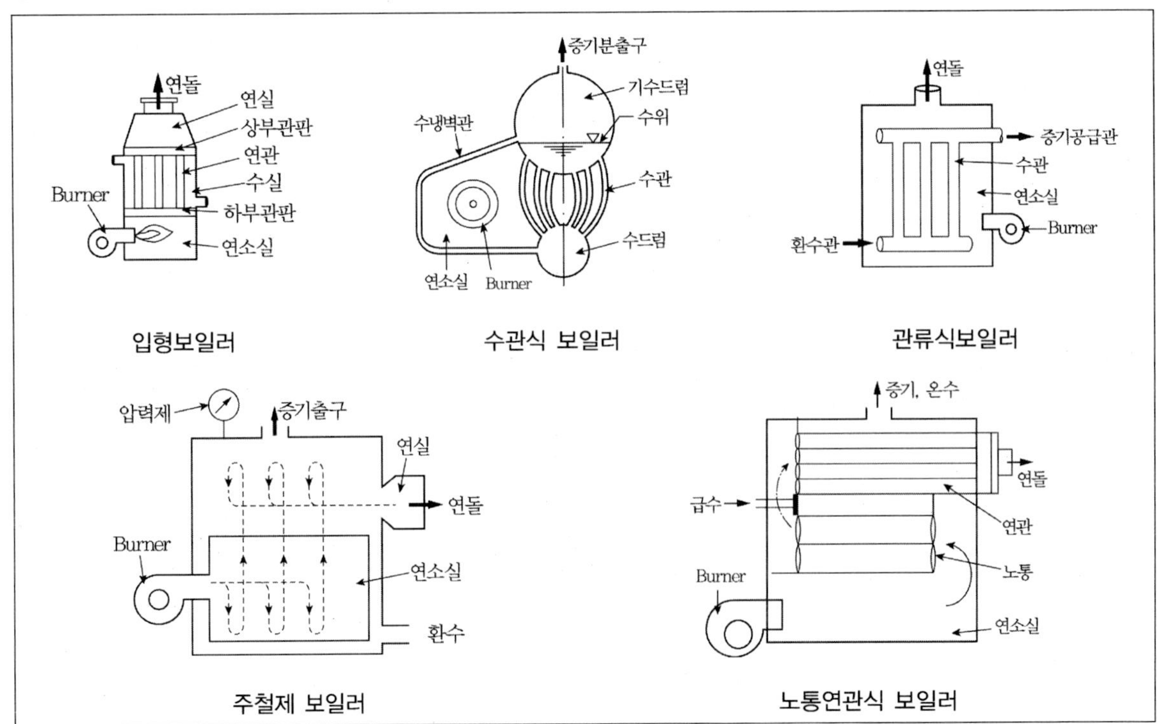

⑥ **전기 보일러**

㉠ 전기로 온수를 데우는 방식의 보일러로서 심야전력을 이용하여 가정급탕용으로 사용되기도 하고 태양열 이용 난방시스템의 보조열원으로도 사용된다.

㉡ 설치가 간단하며 초기비용이 적게 들고 온수의 온도가 일정하며 가스 중독 등의 위험으로부터 안전하다. (심야전기보일러는 초기비용이 비싸나 심야시간에 저렴한 전기로 물을 데워서 사용하므로 유지비가 적게 든다.)

㉢ 누전이나 정전으로 사용을 못하거나 누진세 적용으로 전기세가 많이 나올 수 있으므로 반드시 계약전력을 확인하고 그에 맞는 보일러를 선택해야 한다.

| 기출예제 07 2014 국가직

보일러에 대한 설명으로 옳지 않은 것은?

① 1보일러 마력은 1시간에 100℃의 물 15.65kg을 전부 증기로 증발시키는 능력을 말한다.
② 주철제 보일러는 반입이 용이하지 않지만, 내식성이 강하여 수명이 길다.
③ 수관보일러는 예열시간이 짧고 효율이 좋아서 병원이나 호텔 등의 대형건물 또는 지역난방에 사용된다.
④ 보일러의 설치 위치는 보일러 동체 최상부로부터 천장, 배관 또는 구조물까지 1.2m 이상의 거리를 확보하여야 한다.

✱ 주철제 보일러는 조립식이므로 용량을 쉽게 증가시킬 수 있으며 반입이 자유롭고 수명이 길다. 또한 주철제 보일러는 파열 사고 시 피해가 적고, 내식-내열성이 우수하며, 용량조절이 용이하지만, 인장 및 충격에 약하고, 균열이 생기기 쉬우며 고압-대용량에 부적합하다.

답 ②

(4) 보일러실

① 내화구조로 마감하고 보일러의 설치 위치는 보일러 동체 최상부로부터 천장, 배관 또는 구조물까지 1.2m 이상의 거리를 확보하여야 한다.

② 2개 이상의 출입구를 두되 그 중 1개는 보일러의 반출입이 용이한 크기여야 한다.

③ 보일러는 난방부하의 중심에 두며, 보일러실 외벽으로부터 벽까지의 거리는 0.45m 이상으로 한다.

④ 굴뚝의 위치는 보일러실 가까이에 두어야 한다.

9 공기조화설비

(1) 공기조화방식의 분류

열매의 종류에 따른 분류	종류	특징
전공기방식	단일덕트방식 이중덕트방식 멀티존유닛방식	• 실내의 공기오염이 적다. • 외기냉방이 가능하다. • 실내의 유효면적이 증가한다. • 실내에 배관으로 인한 누수의 우려가 없다. • 큰 덕트스페이스가 필요하다. • 팬의 동력이 크다. • 공조실이 넓어야 한다.
공기 – 수방식	각층유닛방식 유인유닛방식 팬코일유닛 – 덕트겸용방식 복사패널 덕트병용식	• 덕트스페이스가 작다. • 조닝이 용이하다. • 수동으로 각 실의 온도제어를 쉽게 할 수 있다. • 열운반동력이 전공기식에 비해 작다. • 실내공기가 쉽게 오염된다. • 실내배관의 누수가 우려된다. • 유닛의 방음, 방진에 유의해야 한다. • 유닛이 실내에 설치되므로 건축계획 상 지장을 줄 수 있다.
전수방식	팬코일유닛방식 복사냉난방방식	• 열운반동력이 작다. • 개별제어가 용이하다. • 덕트스페이스가 필요 없다. • 실내공기가 오염될 수 있다. • 신선한 외기인입이 불가능하다. • 실내배관의 누수가 우려된다. • 유닛의 방음, 방진에 유의해야 한다. • 유닛이 실내에 설치되므로 건축계획 상 지장을 줄 수 있다.
냉매방식	패키지 타입 에어컨 타입	• 온도조절기를 내장하고 있어 개별제어가 용이하다. • 부분별 운전이 가능하다.

(2) 각종 공조방식의 특징

① **정풍량방식** … 공조기에서 1개의 주덕트를 통하여 냉 · 온풍을 각 실로 보낼 때 송풍량은 항상 일정하며, 실내부하에 따라서 송풍온도만을 변화시켜 실내의 온습도를 조절하는 가장 기본적인 공조방식이다.

㉠ 실내에 송풍량이 가장 많이 취해져 외기의 취입이나 환기에 유리하다.

㉡ 외기냉방이 가능하고 설치비가 싸며 유지관리가 용이하다.

㉢ 큰 덕트가 필요해 천장 속에 충분한 덕트공간이 요구된다.

㉣ 각 실에서의 온습도 조절이 곤란하다.

② **가변풍량방식** … 각 실별로 또는 존별로 덕트 말단에 가변풍량유닛을 설치하여 송풍온도는 일정하게 유지하고 실내부하의 변동에 따라 송풍량만 변화시키는 방식이다.

㉠ 부하변동을 정확히 파악하여 실온을 유지하므로 에너지의 손실이 적다.
㉡ 각 실별 또는 존별로 온습도의 개별제어가 용이하다.
㉢ 전부하시 풍량이 감소되어 송풍기를 제어함으로써 동력을 절약할 수 있다.
㉣ 동시부하율을 고려하여 공조기 및 관련 설비 용량을 작게 할 수 있다.
㉤ 사용하지 않는 실의 송풍을 정지할 수 있다.
㉥ 변풍량유닛의 설치로 인해 설비비가 증가한다.
㉦ 부하가 작아지면 송풍량이 작아져 환기량의 확보가 어렵고 실내공기가 오염되기 쉽다.

③ **이중덕트방식** … 냉풍과 온풍을 각각의 덕트로 보낸 후 말단의 혼합상자에서 냉 · 온풍을 열부하에 알맞은 비율로 혼합해 각 실에 송풍하는 방식이다.

㉠ 냉 · 난방을 동시에 할 수 있으며 계절마다 냉 · 난방의 전환이 필요하지 않다.
㉡ 각 실별로 또는 존별로 온습도의 개별제어가 가능하다.
㉢ 복잡한 조닝에 적합하여 칸막이나 공사비의 증감에 따라 융통성 있는 계획이 가능하다.
㉣ 운전비가 많이 들며 혼합유닛으로 인해 설비비가 증가한다.
㉤ 덕트가 이중이므로 차지하는 면적이 넓다.
㉥ 공기혼합에 의한 혼합손실(에너지손실)이 크다.
㉦ 여름철에도 보일러의 운전이 필요하다.

④ **멀티존유닛방식** … 공조기 1대로 냉 · 온풍을 동시에 만들어 공조기 출구에서 각 존마다 필요한 냉 · 온풍을 혼합한 후 각각의 덕트로 송기하는 방식이다.

㉠ 각 존별로 온습도의 개별제어가 가능하다.
㉡ 배관이나 조절장치를 한 곳에 집중시킬 수 있다.
㉢ 에너지의 손실이 크다.
㉣ 덕트스페이스가 커진다.

⑤ **각층유닛방식** … 외기처리용 중앙공조기(1차공조기)가 있어 1차로 처리가 된 외기를 각 층에 설치한 각층 유닛(2차공조기)에 보내면 이곳에서 필요에 따라 가열 및 냉각을 하여 실내에 송풍하는 방식으로 외기처리 공조기와 각층유닛이 함께 설치된 방식이다.

㉠ 중앙공조기나 덕트가 작아도 된다.
㉡ 외기냉방이 가능하며 각 층마다 부분운전과 온습도 조절이 가능하다.
㉢ 덕트가 슬래브를 통과하지 않는다.
㉣ 공조기가 각 층에 분산되므로 유지관리가 어렵고 효율이 낮다.
㉤ 공조기수가 많아지며 시설비가 비싸고 유지관리비가 높다.
㉥ 각 층마다 공조기 설치공간이 요구되며 공조기에 의해 소음과 진동이 발생한다.

⑥ **유인유닛방식** … 중앙공조실에서 외기의 1차 공기를 실내에 설치된 유닛에 공급하여 실내의 2차 공기를 유인하여 혼합하는 방식으로 중간 규모 이상의 사무실, 호텔, 아파트, 병원 등에 적합하다.

㉠ 중앙공조기가 소형으로 되어 기계설치 스페이스가 작고 덕트스페이스도 작게 된다.

㉡ 각 실별로 제어가 가능하며 실내유닛에는 송풍기나 전동기 등의 구동기계가 없어 전기배선이 필요치 않다.

㉢ 부하변동에 대응하기가 용이하며 유닛에 동력장치가 불필요하다.

㉣ 유닛의 실내설치로 인한 건축계획상 지장이 있으며 노즐이 쉽게 막힌다.

㉤ 유닛의 가격이 비싸며 소음이 발생하고 유닛의 수량이 많아 유지관리가 어렵다.

⑦ **팬코일유닛방식** … 냉각과 가열코일, 그리고 송풍용 팬이 내장된 유닛에 중앙기계실에서 보낸 냉·온수를 이용하여 실내의 공기를 조화하는 방식이다.

㉠ 장래의 부하증가에 대해 팬코일유닛의 증설만으로 용이하게 대응할 수 있다.

㉡ 각 유닛의 개별제어가 가능하며 덕트가 불필요하고 동력비가 적게 든다.

㉢ 유닛이 실내에 설치되고 개구부 바로 아래에 위치하므로 건축계획상 지장을 줄 수 있다.

㉣ 다수의 유닛이 분산 설치되어 유지관리가 어렵다.

㉤ 소량의 송풍이 가능하므로 송풍능력이 약하며 고성능필터를 사용하기 어렵다.

㉥ 실내용 소형공조기이므로 고도의 공기처리가 불가능하다.

㉦ 설비비와 보수관리비가 고가이며 외기공급을 위한 별도의 설비가 요구된다.

| 기출예제 08 2007 국가직

팬 코일 유닛(fan coil unit) 공조방식의 장점이 아닌 것은?

① 각 유닛마다 조절할 수 있으므로 각 실 조절에 적합하다.
② 전 공기식(all air system)에 비해 덕트 면적이 작다.
③ 장래의 부하 증가에 대하여 팬 코일 유닛의 증설만으로 용이하게 계획할 수 있다.
④ 일반적으로 외기 공급을 위한 별도의 설비를 병용할 필요가 없다.

✱

팬코일유닛(Fan Coil Units) 방식 … 물-공기 방식의 공조방식 중 가장 많이 사용되는 것이며, 송풍기·냉온수 코일 및 공기정화기 등을 내장시킨 유닛을 실내에 설치하고 냉수 또는 온수를 공급해서 냉장된 코일 등의 작용으로 실내 공기를 냉각·가열해서 공조하는 방식으로 일반적으로 외기공급을 위한 별도의 설비를 병용할 필요가 있다.

답 ④

⑧ **복사패널 덕트병용방식** … 바닥, 천장, 벽면을 복사면으로 하여 실내 현열부하의 60%정도를 처리하도록 하며 나머지 부하는 중앙의 공조기로부터 덕트를 통해 공급되는 공기로 처리하는 방식이다.

㉠ 현열부하가 큰 경우 효과적이며 쾌감도가 높고 외기부족현상이 적다.

㉡ 냉방 시에 조명부하나 일사열 부하를 쉽게 처리할 수 있다.

㉢ 바닥에 기기를 배치하지 않아도 되므로 이용공간이 넓어진다.

㉣ 덕트스페이스와 열운반동력을 줄일 수 있다.

㉤ 건물의 축열효과를 기대할 수 있다.
㉥ 단열시공이 철저히 이루어져야 하며 시설비가 많이 든다.
㉦ 실의 평면 등을 변경할 때 융통성을 확보하가 어렵다.
㉧ 냉방 시에는 패널에 결로의 우려가 있으며 누수의 우려가 있고 풍량이 적다.

⑨ **패키지유닛방식** … 냉동기를 포함한 공기조화설비의 주요부분이 일체화된 방식으로 냉방만을 위한 유닛과 냉난방이 모두 가능한 히트펌프형 유닛이 있다.
㉠ 공장생산방식으로 생산되어 시공과 취급이 간단하며 설비비가 저렴하고 온도조절이 용이하다.
㉡ 유닛의 추가가 용이하며 기계실면적과 덕트스페이스가 작다.
㉢ 덕트가 길어지면 송풍이 곤란하며 소음이 크고 대규모인 경우 유지관리가 어렵다.

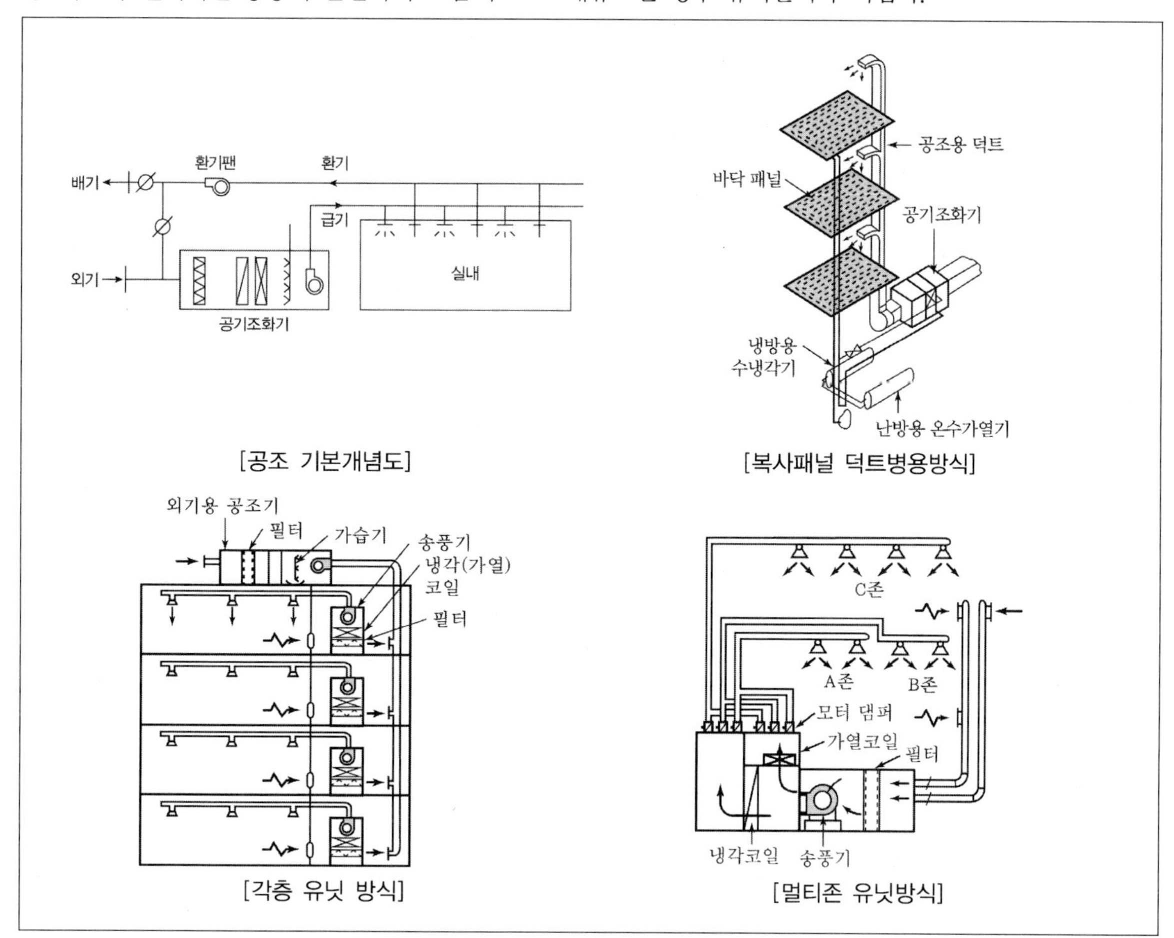

[공조 기본개념도]
[복사패널 덕트병용방식]
[각층 유닛 방식]
[멀티존 유닛방식]

㉣ **히트펌프**(Heat Pump) : 열은 고온부에서 저온부로 흐르는데 열이 반대방향으로 흐르게 하는 설비를 통칭하는 개념이다. 즉, '열을 저온부에서 고온부로 펌프로 끌어올리는 설비'이므로 히트펌프라는 이름이 붙은 것이다. 주로 EHP와 GHP방식을 사용한다.
- EHP는 Electric Heat Pump의 약자이며 GHP는 Gas Heat Pump의 약자이다.

• 두 종류는 사용하는 에너지원의 차이만 있고, 나머지는 동일하다.

기출예제 09 2019 서울시

공기조화 중 덕트 방식과 설명을 옳게 짝지은 것은?

〈보기 1〉

(가) 송풍량을 일정하게 하고 실내의 열 부하 변동에 따라 송풍온도를 변화시키는 방식으로 에너지 소비가 크다.
(나) 송풍온도를 일정하게 하고 실내 부하 변동에 따라 취출구 앞에서 송풍량을 변화시켜 제어하는 방식으로 에너지 절감 효과가 크다.
(다) 각 존의 부하 변동에 따라 냉 · 온풍을 공조기에서 혼합하여 각 실내로 송풍한다.
(라) 공조계통을 세분화하여 각 층마다 공조기를 배치한다.

〈보기 2〉

㉠ 정풍량 방식(CAV) ㉡ 변풍량 방식(VAV)
㉢ 멀티 존 유닛(Multi Zone Unit) 방식 ㉣ 각층 유닛 방식

① (가) – ㉢ ② (나) – ㉡
③ (다) – ㉣ ④ (라) – ㉠

✱

(가) 송풍량을 일정하게 하고 실내의 열 부하 변동에 따라 송풍온도를 변화시키는 방식으로 에너지 소비가 크다. → 정풍량 방식
(나) 송풍온도를 일정하게 하고 실내 부하 변동에 따라 취출구 앞에서 송풍량을 변화시켜 제어하는 방식으로 에너지 절감 효과가 크다. → 변풍량 방식
(다) 각 존의 부하 변동에 따라 냉 · 온풍을 공조기에서 혼합하여 각 실내로 송풍한다. → 멀티 존 유닛 방식
(라) 공조계통을 세분화하여 각 층마다 공조기를 배치한다. → 각층 유닛 방식

답 ②

TIP

시스템에어컨 … 1대의 실외기에 여러 대의 실내기를 사용하는 방식의 에어컨으로서 일반적으로 공간의 활용이 좋은 천장형을 사용한다. 백화점, 카페 등의 천장을 살펴보면 대부분 이 시스템에어컨을 사용하고 있다.

TIP

에어컨의 원리

액체가 증발할 때 주위에서 열을 빼앗는 증발열을 이용하는 것이다. 압축기에서 압축된 냉매가 팽창밸브를 거쳐 증발기에서 증발하여 주위의 열을 빼앗는 원리이다. 그리고 냉매로는 저온에서도 증발하기 쉬운 액체가 사용되며, 보통 프레온가스가 사용된다.

checkpoint

■ 공기조화기(공조기)

• 영어로는 A.H.U(Air Handling Unit)라고 한다. 디퓨저를 통해 실내에 새로운 공기를 불어넣어주고 공기를 순환시키는 기계이다.
• 일반적인 공조기의 구성은 다음과 같으며 주로 지하층 공조실에 위치한다.

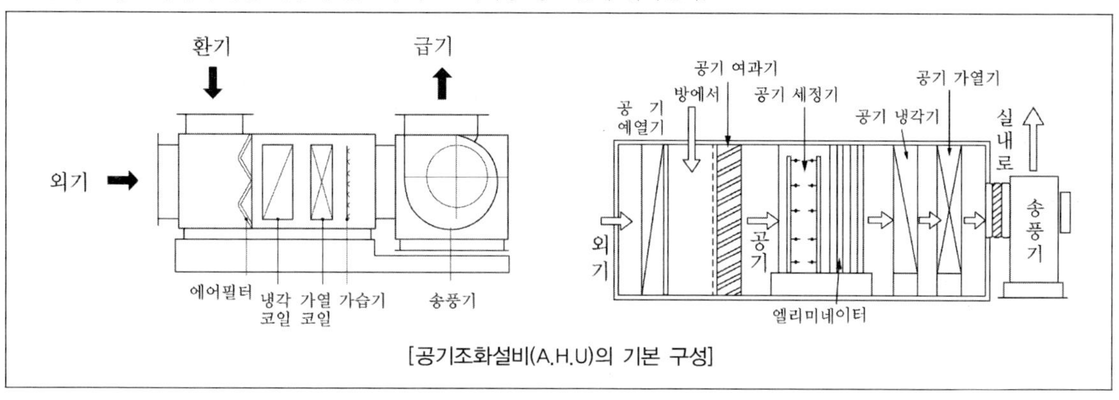

[공기조화설비(A.H.U)의 기본 구성]

■ 디퓨저

규모가 큰 건물의 각 층의 천장을 살펴보면 공기를 빨아들이는 원형 혹은 사각형의 디퓨저가 있다. 이 디퓨저(취출구)는 실내의 공기를 외부의 새 공기로 환기시켜주는 역할을 한다.

■ 공기조화설비 관련 도면에서 볼 수 있는 표기들

• OA(Outdoor air from outside) : 외부의 공기
• SA(Supply air to inside) : 실내로 공급하는 급기
• RA(Return air from inside) : 실내에서 공조기로 들어오는 환기
• EA(Exaust air to outside) : 환기를 통해 공조기로 들어온 오염된 공기를 실외로 배출하는 배기

[기계실 설비]

[공조실]

(3) 공조방식별 용도

전공기방식	중소규모의 건물 내부존, 극장의 관객석, 병원의 수술실, 공장의 클린룸에 사용
공기수방식	사무소, 병원, 호텔 등의 외부존에 사용
수방식	관, 주택 등 주거인원이 적고 틈새 바람에 의한 외기 도입이 가능한 건물에 사용
냉매방식	고장 시 다른 것에 영향이 없고 융통성(flexibility)이 풍부한 개별 공조방식으로 많은 풍량과 높은 정압이 요구되는 공장이나 극장과 같은 대형건물에 사용
정풍량방식	중대형사무소건물의 내부존, 극장이나 공장 등 단일대공간, 백화점
가변풍량방식	발열량 변화가 심한 내부존, 일사량변화가 심한 외부존, OA사무소건물
이중덕트방식	고급 사무소건물, 냉난방부하 분포가 복잡한 건물
각층유닛방식	대규모 사무소건물, 백화점과 같이 층마다 열부하특성이 크게 다른 건물
유인유닛방식	방이 많은 건물의 외부존, 사무실, 호텔, 병원 등
팬코일유닛방식	호텔의 객실, 병원의 입원실 및 사무실 (극장과 같은 대공간에는 부적당하며 유닛이 실내에 설치되므로 방송국 스튜디오에는 부적합하다. 팬코일유닛만으로는 외기인입이 불가능하므로 대부분 단일덕트방식과 병용하여 사용되고 있으며 이를 덕트병용 팬코일유닛방식이라 한다.)
패키지유닛방식	소규모건물, 점포빌딩 등 구분소유관리건물, 전산실 등 특수부분

checkpoint

■ **클린룸(청정실)**

- 공기 부유입자의 농도를 명시된 청정도 수준 한계 이내로 제어하여 오염제어가 행해지는 공간으로 필요에 따라 온도, 습도, 실내압, 조도, 소음 및 진동 등의 환경조성에 대해서도 제어 및 관리가 행해지는 공간이다.
- 클린룸의 등급은 1등급부터 9등급까지 있으며 특정입자 크기에서의 최대허용농도를 기준으로 판정한다.

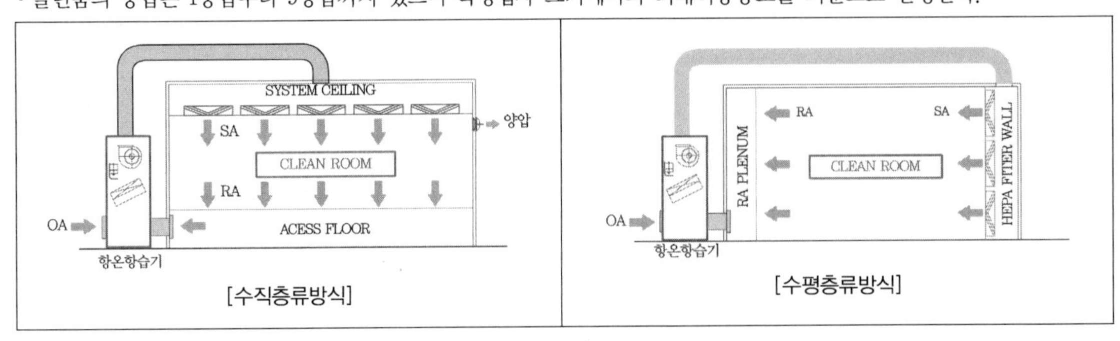

[수직층류방식] [수평층류방식]

	수직층류방식	수평층류방식	난류방식	클린튜브방식	터널방식
청정도(Class)	1 ~ 100	100	1000 ~ 10000	1	1 ~ 100
작업 중 청정도	작업자로부터의 영향은 적은 편이다.	상류발진이 하류에 영향을 미친다.	작업자로부터 영향이 큰 편이다.	작업자로부터 영향이 큰 편이다.	작업자로부터 영향은 적은 편이다.
초기투자비용	높다	보통	낮다	낮다	보통
운전비용	높다	보통	낮다	낮다	보통
보수	쉽다	어렵다	쉽다	어렵다	어렵다
유지관리	쉽다	쉽다	쉽다	어렵다	쉽다
확장성	어렵다	어렵다	가능하다	어렵다	쉽다
정밀제어	실 전체 제어를 위해 실내의 불균형이 약간 있다.	상류발진이 하류에 영향을 끼친다.	상당한 불균형이 있다.	고청정도가 유지된다.	작업부마다 고정밀도의 제어가 가능하다.

■ HEPA 필터

HEPA는 High Efficiency Particulate Air Filter의 약자로서 고성능입자필터이다. 방사성 물질을 취급하는 시설이나 클린 룸 등에 고도의 청정환경을 만들 때 미세입자를 고효율로 여과하기 위한 필터이다. 유리섬유나 아스베스트 섬유의 소재(두께 150~300mm 정도)를 접어서 통과 표면적을 크게 한 유닛형이 사용된다. 0.3μ 정도의 입자로 99.97% 이상의 여과율을 유지한다.

■ 항온항습기

실내의 공기(온습도)에 민감한 물건을 안정적으로 존치, 운용할 수 있도록 최적의 공기의 상태를 지속적으로 유지해주는 다기능초정밀공조기이다. 주로 초정밀제품공장의 클린룸, 박물관, 전시관의 수장고 등에서 주로 사용된다.

■ 드라이에이리어

지하실 외부에 흙막이벽을 쌓고 그 사이를 빈 공간으로 한 것으로 지하실의 통풍, 채광을 위한 것이다.

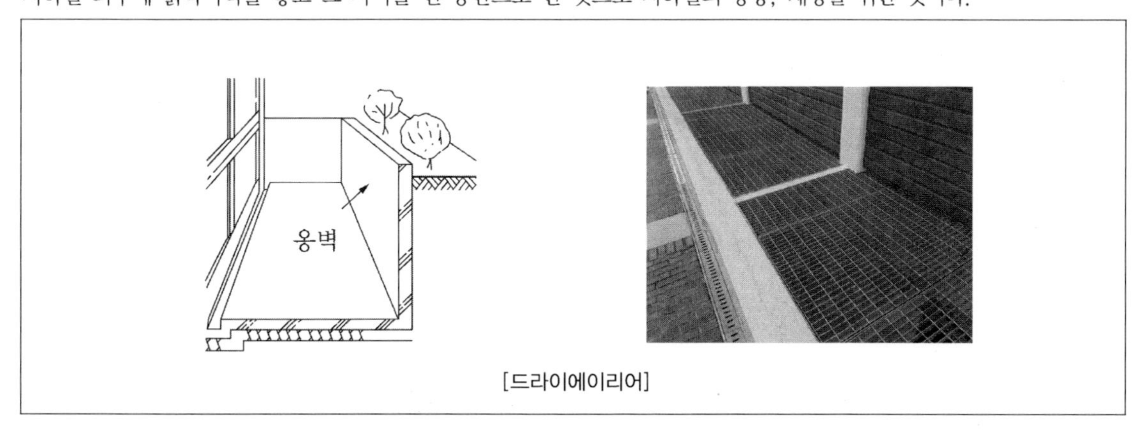

[드라이에이리어]

2008 국가직

클린룸에 대한 설명으로 옳지 않은 것은?

① 비정류방식은 기류의 난류로 인하여 오염입자가 실내에 순환할 우려가 있다.

② 클린룸 청정도의 기준은 $1ft^3$의 공기 중에 $0.5\mu m$ 크기의 입자수로 결정된다.

③ BCR(Biological Clean Room)은 식품공장, 약품공장, 수술실 등의 청정을 목적으로 한다.

④ 수직정류방식은 설치비가 가장 저렴하다.

④ 클린룸의 정류방식 중 수직정류방식은 설치비가 비싼 편이다.

※ 클린룸의 정류방식

구분	수직층류방식	수평층류방식	난류방식	클린튜브방식	터널방식
청정도(Class)	1~100	100	1,000~10,000	1	1~100
작업 중 청정도	작업자로부터의 영향은 적다.	상류발진이 하류에 영향을 미친다.	작업자로부터 영향이 있다.	작업자로부터 영향이 있다.	작업자로부터 영향은 적다.
초기 투자비용	상	중	하	하	중
운전비용	상	중	하	하	중
보수	쉬움	어려움	쉬움	어려움	어려움
유지관리	쉬움	쉬움	쉬움	어려움	쉬움
확장성	어려움	어려움	가능하다	어려움	쉬움
정밀제어	실 전체 제어를 위해 실내 불균형이 약간 있음	상류발진이 하류에 영향을 끼침	불균형 있음	고청정도 유지	작업부마다 고정밀도 제어가능

답 ④

(4) 공조설계

덕트 치수 결정법에는 등마찰법(정압법, 등마찰손실법), 등속법, 정압재취득법, 전압법 등이 있다.

① **등마찰법**(정압법, 등마찰손실법) … 덕트 1m 당 마찰손실과 동일한 값을 사용하여 덕트의 치수를 결정하는 것이며, 선도 또는 덕트 설계용으로 개발한 단순한 계산으로 간단히 덕트의 치수를 결정할 수 있으므로 널리 사용된다.

② **등속법** … 덕트 내의 풍속을 일정하게 유지할 수 있도록 덕트치수를 결정하는 방법이다.

③ **정압재취득법** … 급기덕트에서는 일반적으로 주 덕트에서 말단으로 감에 따라서 분기부를 지나면 차츰 덕트 내 풍속은 줄어든다. 베르누이의 정리에 의하여 풍속이 감소하면 그 동압의 차만큼 정압이 상승하기 때문에 이 정압 상승분을 다음 구간의 덕트의 압력손실에 이용하면 덕트의 각 분기부에서 정압이 거의 같아지고 토출풍량이 균형을 유지한다. 이와 같이 분기덕트를 따낸 다음의 주 덕트에서의 정압 상승분을 거기에 이어지는 덕트의 압력손실로 이용하는 방법을 정압재취득법이라고 한다.

④ **전압법** … 정압법에서는 덕트 내에서의 풍속변화에 따른 정압의 상승, 강하 등을 고려하지 않고 있기 때문에 급기덕트의 하류 측에서 정압 재취득에 의한 정압이 상승하여 상류측보다 하류 측에서의 토출풍량이 설계치보다 많아지는 경우가 있다. 이와 같은 불합리한 상태를 없애기 위하여 각 토출구에서의 전압이 같아지도록 덕트를 설계하는 방법이다.

⑩ 냉동 기타열원설비

(1) 압축식 냉동기와 흡수식 냉동기

① 압축식 냉동기

㉠ 압축기, 응축기, 팽창밸브, 증발기로 구성된다.

> • 압축기 : 냉매가스를 압축하여 고압이 되도록 한다.
> • 응축기 : 냉매가스를 냉각 · 액화하며 응축열을 냉각탑이나 실외기를 통하여 외부로 방출
> • 팽창밸브 : 냉매를 팽창하여 저압이 되도록 한다.
> • 증발기 : 주위로부터 휴열하여 냉매는 가스상태가 되며 주위는 열을 빼앗기므로 냉동 또는 냉각이 이루어진다.

㉡ 압축 → 응축 → 팽창 → 증발의 사이클을 가진다.

㉢ 액체냉매를 뚜껑이 열린 용기에 넣어 방열된 공간에 방치하면 액체냉매는 끓으면서 공간으로부터 열을 흡수하는 원리를 이용한다.

㉣ 흡수식에 비해 운전이 용이하고 낮은 온도의 냉수를 얻을 수 있다.

㉤ 흡수식에 비해 전력소비가 많은 단점이 있다.

② 흡수식 냉동기

㉠ 증발기, 흡수기, 재생기, 응축기로 구성된다.

㉡ 증발 → 흡수 → 재생 → 응축의 사이클을 가신다.

㉢ 낮은 압력에서는 물이 저온에서도 쉽게 증발하고, 이때 주위 열을 빼앗아 온도가 떨어지는 원리를 이용한 것이다.

㉣ 증발기에서 넘어온 수증기는 흡수기에서 수용액에 흡수되어 수용액은 점점 묽어지며 이 묽어진 수용액은 재생기로 넘어간다.

㉤ 압축식에 비해 전력소비가 적다. (도시가스를 주연료로 사용하므로)

㉥ 압축식에 비해 소음진동이 적다.

㉦ 냉각탑이 크며 낮은 온도의 냉수를 얻기가 곤란하다.

㉧ 여름에도 보일러를 가동해야 한다.

㉨ 냉매로는 물이 사용되고 흡수제로는 리튬브로마이드(LiBr)가 사용된다.

> • 증발기 : 6.5㎜Hg 정도로 낮은 압력인 증발기 내에서 물이 증발하며 냉수코일 내의 물로부터 열을 빼앗으므로 냉수가 얻어진다. 증발된 물, 즉 수증기는 흡수기로 넘어간다.
> • 흡수기 : 증발기에서 넘어온 수증기는 흡수기에서 수용액에 흡수되어 수용액은 점점 묽어진다. 묽어진 수용액은 발생기(재생기)로 넘어간다.
> • 발생기(재생기) : 흡수기에서 넘어온 묽은 수용액에 증기 등으로 열을 가하거나 연료를 연소시켜 직접 가열하면 물은 증발하여 수증기로 된 후 응축기로 넘어가고 나머지 진한 용액은 다시 흡수기로 내려간다.
> • 응축기 : 발생기에서 응축기로 넘어온 수증기는 냉각수에 의해 냉각되어 물로 응축된 후 다시 증발기로 넘어간다.

TIP

흡수기에서는 LiBr수용액이 증발기에서 들어오는 수증기를 연속적으로 흡수하여 증발기가 고도의 진공을 유지할 수 있게 하여 준다.

(2) 빙축열 시스템

① **빙축열 시스템의 정의**… 빙축열 시스템은 전력요금이 싸고 전력부하가 작은 야간(23:00~09:00)의 심야전력을 이용하여 얼음을 생성 저장하였다가 주간에 이 얼음을 녹여서 건물의 냉방에 활용하는 시스템으로서 주로 얼음의 융해열(335kJ/kg)을 이용한다.

② 주야 간의 전력불균형을 해소할 수 있다.

③ 적은 비용으로 쾌적한 환경을 조성할 수 있다.

④ 심야전력 이용으로 전력운전비가 감소된다.

⑤ 냉동기 및 열원설비 용량을 줄일 수 있다.

⑥ 수전설비 용량의 축소 및 계약전력이 감소된다.

⑦ 축열로 열공급이 안정되며 냉동기를 고효율로 운전할 수 있다.

⑧ 초기투자비가 비싸다.

⑨ 축열조 설치를 위한 면적이 필요하다.

(3) 열병합발전 시스템

① **열병합발전 시스템의 정의**… 고온의 증기로 터빈을 돌려 전기를 생산함과 동시에 물을 가열하여 그 온수로 난방을 하는 방식이다. 전기생산과 열의 공급, 즉 난방을 동시에 진행하여 종합적인 에너지 이용률을 높이는 발전이다.

② 발전 시 폐열 이용에 따른 에너지를 절감할 수 있다.

③ 에너지 소비량 감소에 따른 환경오염 물질의 발생이 감소된다.

④ 연료의 다원화에 따른 에너지 수긍계획의 합리화와 에너지 가격 저감효과가 있다.

⑤ 24시간 가동하므로 실내 온도에 변화가 없다.

⑥ 초기투자비가 비싸다.

⑦ 열병합발전소 주변지역의 민원이 발생할 수 있다.

⑪ 전기설비

(1) 전기 기본용어

- **전류(I)** : 전하의 흐름으로, 정량적으로는 단면을 통하여 단위 시간 당 흐르는 전하의 양이다.
- **전압(V)** : 일정한 전기장에서 단위 전하를 한 지점에서 다른 지점으로 이동하는 데 필요한 일(에너지)로 정의된다. (전류와 저항을 곱한 값이다.)
- **저항(R)** : 물체에 전류가 흐를 때 이 전류의 흐름을 방해하는 요소를 말한다. (단위는 옴(Ω) 1Ω=1V의 전압을 가한 때, 1A의 전류가 흐르는 도체의 저항)
- **전력(W)** : 단위시간 동안 전기장치에 공급되는 전기에너지로서 전압과 전류를 곱한 값이다. (1W는 1A(암페어)의 전류가 1V(볼트)의 전압이 걸린 곳을 흐를 때 소비되는 전력의 크기다.)
- **전력량** : 일정 시간 동안 전류가 행한 일 또는 공급되는 전기에너지의 총량이다. (1kW의 전력을 1시간 사용했을 때의 전력량은 1kWh라고 한다.)
- **직류** : 전지에서의 전류에서와 같이 항상 일정한 방향으로 흐르는 전류이다.
- **교류** : 시간에 따라 크기와 방향이 주기적으로 변하는 전류이다.
- **임피던스(Z), 리액턴스(X)** : 교류회로에서 전류가 흐르기 어려운 정도를 나타낸다.
- **피상전력** : 전원에서 공급되는 전체전력으로서 유효전력과 무효전력의 합이다. (단위는 VA)
- **유효전력** : 전원에서 부하로 실재 소비되는 전력이다. 일반적으로 단순히 전력이라고 불린다. 피상전력에 역률을 곱한 값이다. (단위는 W)
- **무효전력** : 일을 하지 않아도 부하에서 전력으로 소모되는 전력이다. (단위는 Var)

① **저압** … DC(직류)의 경우 750V 이하, AC(교류) 600V 이하

② **고압** … 저압을 초과하고 7,000V 이하의 전압

③ **특고압** … 7,000V를 넘는 전압

④ **전기사업용 전기설비** … 전기사업자가 전기사업에 사용하는 전기설비이다.

⑤ **일반용 전기설비** … 소규모의 전기설비로서 한정된 구역에서 전기를 사용하기 위하여 설치하는 전기설비이다. 전압이 600[V] 이하로서 용량 75kW 미만의 전력을 타인으로부터 수전하여 그 수전장소에서 그 전기를 사용하기 위한 전기설비이다.

⑥ **자가용 전기설비** … 전기사업용 전기설비 및 일반용 전기설비 외의 전기설비이다.

⑦ **전기수용설비** … 수전설비와 구내배전설비를 말한다.

⑧ **수전설비** … 타인이 전기설비 또는 구내발전설비로부터 전기를 공급받아 구내배전설비로 전기를 공급하기 위한 전기설비로서 수전지점으로부터 배전반까지의 설비이다.

⑨ **구내배전설비** … 수전설비의 배전반 이후에서부터 전기사용기기에 이르는 전선로 · 개폐기 · 차단기 · 분전함 ·

콘센트 · 제어반 · 스위치와 그 밖의 부속설비를 말한다.

TIP

전기설비의 설치기준

㉠ 주택의 전기설비용량 : 원칙적으로는 1세대당 3kW 이상으로 하나 전용면적이 60m²를 초과하면 3kW에 60m²를 초과하는 10m²마다 0.5kW를 더한 값으로 한다.

㉡ 옥외전선 : 지하에 매설하는 것을 원칙으로 하나 전용면적이 60m² 이하인 주택을 전체 세대수의 1/2 이상 건축하는 단지의 경우에는 폭 8m 이상의 도로에 가설하는 전선은 가공선으로 설치가 가능하다.

(2) 수전용량의 추정

$$\text{최대 수용전력}(VA) = \text{부하설비용량}(VA) \times \text{수용률}$$

① **수용률**(설비부하용량에 대한 최대수용전력의 비율) … 수용가가 보유하고 있는 전체 전기설비총용량(설비부하용량)에 대한 최대수용전력의 비율이다. 수용가를 100% 풀가동 할 수 있는 경우는 없다.(부하A와 B를 사용하면 부하C나 D는 사용을 하지 않는다.) 이런 경우 사용가능한 최대용량을 최대수용전력이라고 한다. 수용률이 70%라는 의미는 설비부하용량의 70%를 가동할 때가 이 수용가의 최대수용전력이라는 의미이다.

$$\text{수용률} = \frac{\text{최대수용전력}(kW)}{\text{부하설비용량}(kW)} \times 100$$

② **부등률**(합성최대수용전력에 대한 개개의 최대수용전력의 합의 비율) … 수용가A와 수용가B를 동시에 작동시켰을 때 합성최대수용전력은 수용가A, 수용가B를 각각으로 작동시켰을 때 각 최대수용전력의 합보다 항상 작거나 같다. 따라서 부등률은 1이상이 된다.

$$\text{부등률} = \frac{\text{각 부하의 최대수용전력의 합계}(kW)}{\text{합계부하의 최대수용전력}(kW)} \times 100$$

③ **부하율**(최대전력에 대한 평균사용전력의 비율) … 각 수용가는 고유의 최대전력사용량이 있다. 그리고 모든 수용가가 동시에 최대전력을 사용하지는 않는다. 만약, 모든 수용가가 동시에 최대전력을 사용하는 가상의 경우가 있다고 한다면, 최대전력량에 대한 수용가의 평균전력사용량의 비를 부하율이라고 한다.

$$\text{부하율} = \frac{\text{평균수용전력}(kW)}{\text{최대수용전력}(kW)} \times 100$$

TIP

접지의 종류

구분	용도
제1종 접지	• 고압용 또는 특별고압용 기계기구의 철대 및 금속재 외함 • 특별고압계기용 변성기의 2차측 전로
제2종 접지	• 고압 또는 특별고압을 저압으로 변성하는 변압기의 2차측 중성점 또는 1단자
제3종 접지	• 400V 이하의 저압용 기계기구의 철대 및 금속제 외함 • 고압계기용 변성기의 2차측 전로
특별 제3종 접지	• 400V를 초과하는 저압용 기계기구의 철대 및 금속재 외함

(3) 전기안전관리

① 전기안전관리자의 직무

㉠ 전기설비의 공사 · 유지 및 운용에 관한 업무와 이에 종사하는 자에 대한 안전교육

㉡ 전기설비의 안전관리를 위한 확인 · 점검 및 이에 대한 업무의 감독

㉢ 전기설비의 운전 · 조작 또는 이에 대한 업무의 감독

㉣ 전기설비의 안전관리에 관한 기록 및 그 기록의 보존

㉤ 공사계획의 인가신청 또는 신고에 필요한 서류의 검토

㉥ 다음에 해당하는 공사의 감리업무

- 비상용예비발전설비의 설치 · 변경공사로서 총공사비가 1억원 미만인 공사
- 전기수용설비의 증설 또는 변경공사로서 총공사비가 5천만원 미만인 공사

㉦ 기설비의 일상점검 · 정기점검 · 정밀점검의 절차, 방법 및 기준에 대한 안전관리규정의 작성

㉧ 전기재해의 발생을 예방하거나 그 피해를 줄이기 위하여 필요한 응급조치

② 전기안전관리자의 선임

안전관리 대상	안전관리자 자격기준	안전관리보조원 인력
모든 전기설비의 공사 · 유지 및 운용	전기 분야 기술사자격소지자, 전기기사 또는 전기기능장 자격소지자로서 실무경력 2년 이상인 사람	• 용량 50만킬로와트 이상은 전기 및 기계분야 각 2명 • 용량 10만킬로와트 이상 50만 킬로와트미만은 전기분야 2명, 기계분야 1명 • 용량 1만킬로와트 이상 10만 킬로와트 미만은 전기 및 기계 분야 각 1명
전압 10만볼트 미만 전기설비의 공사 · 유지 및 운용	전기산업기사 자격소지자로서 실무경력 4년 이상인 사람	
전압 10만볼트 미만으로서 전기설비용량 2천킬로와트 미만 전기설비의 공사 · 유지 및 운용	전기기사 또는 전기기능장 자격소지자로서 실무경력 1년 이상인 사람 또는 전기산업기사 자격소지자로서 실무경력 2년 이상인 사람	
전압 10만볼트 미만으로서 전기설비용량 1,500킬로와트 미만 전기설비의 공사 · 유지 및 운용	전기산업기사 이상 자격소지자	

(4) 배선

① 배선방식

㉠ **나뭇가지식** : 배전반에 나온 1개의 간선이 각 층의 분전반을 거치며 부하가 감소됨에 따라 점차로 간선 도체 굵기도 감소되므로 소규모 건물에 적당한 방식

㉡ **평행식** : 용량이 큰 부하, 또는 분산되어 있는 부하에 대하여 단독의 간선으로 배선되는 방식으로 배전반으로부터 각 층의 분전반까지 단독으로 배선되므로 전압 강하가 평균화되고 사고 발생 시 파급되는 범위가 좁지만 배선의 혼잡과 동시에 설비비가 많이 든다. 대규모 건물에 적합하다.

㉢ **나뭇가지 평행식** : 나뭇가지식과 평행식을 혼합한 배선방식

[분전반]

[비상용 발전기]

② 배선공사

㉠ **합성수지몰드공사** : 접속점이 없는 절연 전선을 사용하여 전선이 노출되지 않도록 하며, 전선을 합성수지 몰드안에 넣어 설치한다. 건조한 노출 장소에 설치할 수 있다.

㉡ **금속몰드공사** : 금속제 몰드 홈에 전선을 넣고 뚜껑을 덮어 배선하는 방법으로 건조한 노출장소 및 철근 콘크리트 건물의 기설 금속관 배선에서 증설배선하는 경우 이용한다.

㉢ **금속관공사** : 철근콘크리트조의 매입공사에 가장 많이 사용되며 습기나 수분이 있는 장소에 사용하는 경우 방습장치를 해야 하고 금속관에는 제3종 접지공사를 해야 한다.

㉣ **플로어덕트공사** : 콘크리트 바닥 속에 설치하여 커튼월 설치 시나 선풍기, 전화기 등의 이용에 편리하도록 한 옥내 배선방법이다.

㉤ **버스덕트공사** : 빌딩, 공장 등 비교적 큰 전류의 저압배전반 부근 및 간선에 이용된다.

TIP

액세스 플로어 … 전산실, 방재실이나 클린룸 등에 사용되는 이중 바닥재로서 콘크리트 슬래브와 바닥 마감 사이에 배선이나 배관을 하기 위한 공간을 둔 2중 바닥 45~60cm각의 바닥 패널과 그것을 지지하는 높이 조절 가능한 다발로 구성된다. 전산실의 바닥에 널리 쓰이고 있으며, 그 밖에 전기실 · 방송 스튜디오 등에서 사용된다.

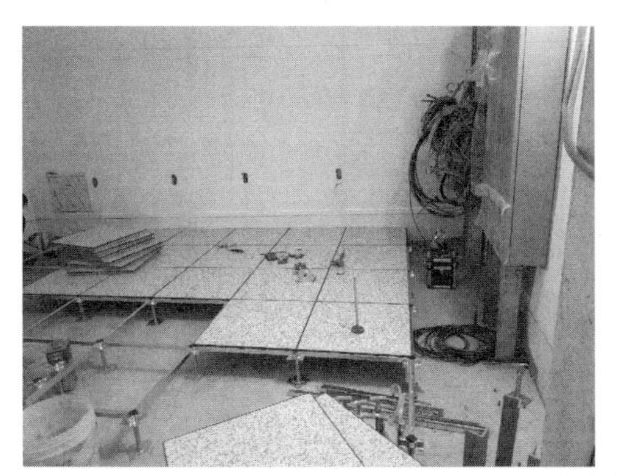

[엑세스플로어]

(5) 피뢰설비

① **피뢰설비의 구성** … 돌침부, 피뢰도선, 접지극으로 구성된다.

② 접지극은 각 인하 도선에 1개 이상 접속한다.

㉠ **공통접지** : 제1종, 제2종, 제3종 접지를 공통으로 하여 사용하는 접지방식이다.

㉡ **통합접지** : 빌딩이나 공장 기타 건물에는 보안용 접지, 정보통신 기기들을 위한 기능용 접지 또는 낙뢰로부터 보호하기 위한 접지 등 목적이 다른 접지가 이루어지는데 하나의 공용 접지시스템으로 신뢰와 편리성, 그리고 경제적인 시공을 하는 것을 목적으로 한 접지방식이다. 즉, 기능상 목적이 서로 다르거나 동일한 목적의 개별접지들을 전기적으로 서로 연결하여 구현한 접지시스템이다.

③ 낙뢰의 피해를 안전하게 보호할 수 있는 범위는 일반 건축물의 경우 60°, 위험물(화약류포함)을 저장한 건축물의 경우 45° 이하여야 한다.

④ 돌침은 건축물의 맨 윗부분으로부터 최소 25cm이상 돌출시켜야 한다.

⑤ 높이 20m 이상의 건축물 또는 낙뢰의 우려가 있는 건축물은 의무적으로 설치한다.

⑥ 측면 낙뢰방지설비는 높이 60m를 초과하는 건축물은 의무적으로 설치해야 한다.

⑦ 높이의 4/5지점부터 상단부까지 측면에 수뢰부를 설치해야 한다.

⑧ 위험물저장 및 처리시설의 경우 보호등급이 2급 이상이어야 한다.

⑨ 인하도선은 전기적 연속성이 보장되어야 하며 건축물 금속 구조체 상하단부 사이의 전기 저항값은 0.2옴 이하여야 한다.

보호등급	그림	사용해야 하는 곳
완전보호		• 피보호물을 연속된 망상도체나 금속판으로 싸는 방법이다. 어떠한 뇌격에 대해서도 완전히 보호되는 방식으로 피뢰의 실패가 있어서는 안 될 장소에 적용한다. • 관측소, 휴게소, 매점, 골프장의 독립휴게소에 사용한다.
증강보호		• 건축물 측면에 수평도체를 밀착시켜 설치하는 방법이다. • 뇌격을 받을 만한 곳에 수평도체를 배치하는 방식이다. • 중요건축물로서 케이지 방식의 채용이 어려운 건축물에 사용한다.
보통보호		• 금속재를 피보호물에서 돌출시켜 수뢰부로 하는 방법이다. • 피보호물 전체가 돌침의 보호각 속에 들어간다. • 철근 콘크리트 건축물로서 옥상에 난간이 있을 경우 사용한다.
간이보호		• 수평도체를 건축물과 이격시켜서 설치하는 방법이다. • 높이 20m 이하의 건물에 자주적인 피뢰설비를 시설할때 사용한다.

| 기출예제 11 2013 지방직

피뢰설비에 관한 설명으로 옳지 않은 것은?

① 돌침은 건축물의 맨 윗부분으로부터 25cm 이상 돌출시켜 설치하되, 건축물의 구조기준 등에 관한 규칙에 따른 설계 하중에 견딜 수 있는 구조이어야 한다.
② 피뢰설비는 한국산업표준이 정하는 피뢰레벨 등급에 적합해야 한다.
③ 피뢰설비의 재료는 최소 단면적이 피복이 없는 동선을 기준으로 수뢰부, 인하도선 및 접지극은 $50mm^2$ 이상이거나 이와 동등 이상의 성능을 갖추어야 한다.
④ 건축물의 설비기준 등에 관한 규칙에 따르면 지면상 10m 이상의 건축물에는 반드시 피뢰설비를 설치하도록 규정하고 있다.

✱

건축물의 설비기준 등에 관한 규칙에 따르면 지면상 20m 이상의 건축물에는 반드시 피뢰설비를 설치하도록 규정하고 있다.

답 ④

(6) 전동기와 발전기

① **전동기** … 전기적 에너지를 기계적 에너지로 변환하는 장치로서 플래밍의 왼손 법칙을 이용한다.

[전동기의 분류]

<table>
<tr><td rowspan="4">직류 전동기</td><td colspan="2">직류 타여자 전동기</td></tr>
<tr><td rowspan="3">직류 자여자 전동기</td><td>분권 전동기</td></tr>
<tr><td>직권 전동기</td></tr>
<tr><td>복권 전동기</td></tr>
<tr><td rowspan="4">교류 전동기</td><td rowspan="2">유도전동기</td><td>단상 유도 번동기</td></tr>
<tr><td>3상 유도 전동기</td></tr>
<tr><td colspan="2">동기 전동기</td></tr>
<tr><td colspan="2">정류자 전동기</td></tr>
</table>

㉠ **유도전동기** : 대부분의 교류전동기는 유도전동기, 또는 동기전동기로 볼 수 있다. 교류전동기의 대표적인 것으로서 유도 전동기의 고정자에 교류 전원을 투입하게 되면 고정자에서 발생하는 유기전압으로 인해 회전자에 기전력이 유도되어 맴돌이 전류가 발생하는데 이 전류가 회전자의 여자 전류가 되어 회전자를 여자시키게 된다. 이 때 여자된 회전자로 인해 회전 자계가 형성되어 플레밍의 왼손 법칙에 의한 토크를 얻는 원리를 적용한 전동기이다. 구조와 취급이 간단하고 기계적으로 견고하며 가격이 저렴하고 운전이 용이하여 건축설비에서 가장 널리 사용되고 있다. (3상 유도전동기가 가장 많이 쓰인다.)

㉡ **동기전동기** : 유도 전동기와는 달리 동기 전동기의 계자는 여자된 코일이나 영구자석을 통해 스스로 자계를 만든다는 큰 차이점이 있다. 그래서 유도 전동기처럼 회전자계를 만들 필요가 없어 효율과 출력밀도가 높고 정속회전이 가능하며 제어도 용이하다. 그러나 제작단가가 비싸며 온도의 변화에 민감한 단점이 있다.

㉢ **직류전동기** : 전자기유도현상을 응용한 것으로서, 직류전력으로 운전하는 전동기이다. 속도제어, 토크제어가 용이하나 생산비가 비싸며 크기가 크고 유지보수가 어렵다.

㉣ **정류자전동기** : 기동토크가 크고 속도조절이 용이하다. (회전수의 상승에 따라 역기전력이 발생하여 전류가 감소하므로 토크가 감소하면서 회전력이 증가하게 된다.) 고회전 영역에서는 정류자가 파괴되는 등의 사고가 발생할 수 있다.

<table>
<tr><td>유도전동기</td><td>• 회전자계를 만드는 여자전류가 전원 측으로부터 흐르는 관계로 역률이 나쁘다는 결점이 있다.
• 구조와 취급이 간단하여 건축설비에서 가장 널리 사용된다.</td></tr>
<tr><td>직권전동기</td><td>• 기동토크가 크고 부하에 따라서 자동적으로 속도를 증감한다.
• 중부하에서도 전력이 과대하지 않으며 주로 전기철도, 크레인 등에 사용된다.</td></tr>
<tr><td>분권전동기</td><td>• 부하에 의한 속도의 변화가 적고 계자조정에 의해 용이하게 상당히 광범위한 속도의 제어가 가능하다.
• 정속도 및 가감속도 전동기로 사용되며 권상기, 제지기, 제철용압연기 등에 사용된다.</td></tr>
<tr><td>동기전동기</td><td>• 회전자계를 만들 필요가 없어 효율과 출력밀도가 높고 정속회전이 가능하며 제어도 용이하다.
• 제작단가가 비싸며 온도의 변화에 민감한 단점이 있다.</td></tr>
</table>

TIP

단상과 3상

㉠ 단상이라고 하는 것은 선 2가닥을 말하고 3상은 선 3가닥을 말하는 것이다. 단상은 주로 전등 정도의 작은 전기를 얻는 데 사용하는데 주로 이전에 110V와 220V를 동시에 수용할 때 사용하였다. (일반 가정용은 주로 3상 3선식이다.)

㉡ 3상은 선 3가닥을 사용하는 방식으로 동력을 얻는데 사용하고 220V와 380V를 얻을 수 있다.

㉢ 단상은 보통 2가닥의 선을 생각해볼 수 있는데 거기에 중성선을 추가하여 3선식으로 사용하는 것이고 3상은 마찬가지로 3가닥의 선에 중성선이 추가되어 4선식으로 사용하는 방식이다. (추가된 중성선을 통하여 하나의 전압종류가 아닌 2가지의 전압을 얻을 수 있는 것이다.)

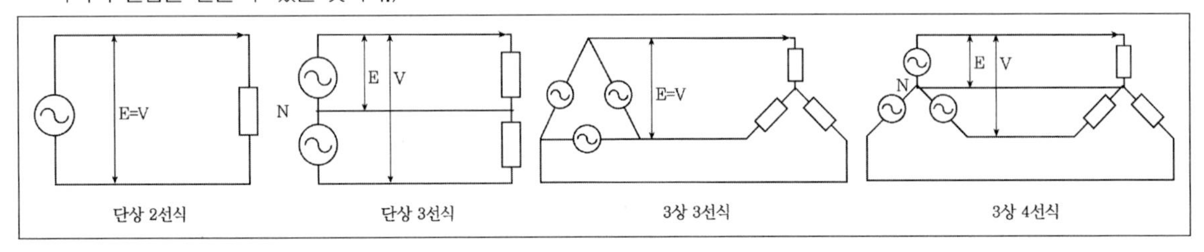

② **발전기** … 기계적 에너지를 전기적 에너지로 변환하는 것으로서 플레밍의 오른손 법칙을 이용한다.

㉠ 발전기는 전동기의 원리(플레밍의 왼손 법칙)와는 반대의 원리(플레밍의 오른손 법칙)에 의하여 전기에너지를 만들어내는 기기를 총칭한다.

㉡ 발전기는 발전의 과정에 따라 직류발전기, 유도 발전기, 동기발전기의 3가지로 대분되며 이들은 각각 수많은 종류로 세분된다.

㉢ 각 건물의 설비실에는 정전을 대비하여 비상용발전기가 설치되어 있다. [이는 비상용전력을 사용하는 전기설비(예 : 비상용조명등)에 대해서 전력을 공급한다.]

㉣ 비상용발전기는 비상조명등 및 유도등을 최소 20분 이상 유효하게 작동시킬 수 있어야 하며 다음의 소방대상물의 경우라면 그 부분에서 피난층에 이러는 부분의 유도등을 60분 이상 유효하게 작동시킬 수 있는 용량이어야 한다.

- 지하층을 제외한 층수가 11층 이상의 층
- 지하층 또는 무창층으로서 용도가 도매시장, 소매시장, 여객자동차터미널, 지하역사 또는 지하상가

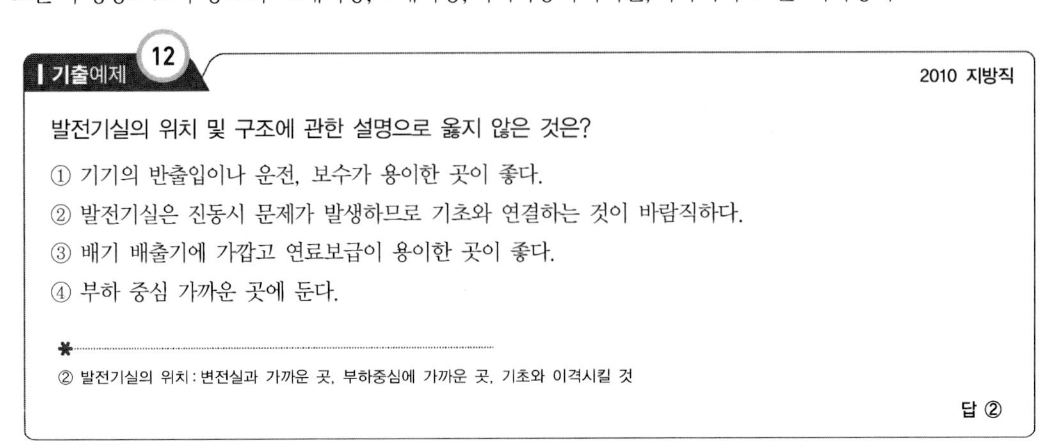
기출예제 12 2010 지방직

발전기실의 위치 및 구조에 관한 설명으로 옳지 않은 것은?

① 기기의 반출입이나 운전, 보수가 용이한 곳이 좋다.
② 발전기실은 진동시 문제가 발생하므로 기초와 연결하는 것이 바람직하다.
③ 배기 배출기에 가깝고 연료보급이 용이한 곳이 좋다.
④ 부하 중심 가까운 곳에 둔다.

✱ ② 발전기실의 위치 : 변전실과 가까운 곳, 부하중심에 가까운 곳, 기초와 이격시킬 것

답 ②

⑫ 통신보안설비

(1) 통신설비

① 네트워크 설비

㉠ LAN : 한정된 공간(Local Area)에서 네트워크를 구성한 것

㉡ WAN : 광대역(Wide Area)에 걸친 네트워크로서 서로 다른 LAN들이 결합된 집합체이다.

㉢ 서버 : 근거리통신망에서 집약적인 처리기능을 서비스하는 서브시스템이다. 통신망에 연결된 다른 컴퓨터들은 서버로부터 필요한 정보를 검색하여 받거나, 서버에 있는 프로그램에서 처리할 자료를 보내고 그 결과를 다시 받는다.

㉣ 클라이언트 : 서버와 연결되어 있는 컴퓨터들

㉤ 라우터 : 서로 다른 네트워크를 연결해주는 장치이다.

㉥ 게이트웨이 : 프로토콜이 서로 다른 통신망이 접속할 수 있게 해주는 장치(일종의 관문)로, 프로토콜 변환기이다.

㉦ 중계기(Repeater) : 신호를 받아 더 높은 수준에 더 높은 힘으로 방해가 되는 곳의 반대 쪽으로 재전송함으로써 신호가 더 먼 거리에 다다를 수 있게 도와 주는 기기

㉧ IP주소 : 인터넷 접속점에 하나의 인터넷(IP) 주소가 고정적으로 할당되는데 이 주소를 말한다.

㉨ 변조와 복조 : 아날로그 신호의 통신 회선인 전화선을 이용하여 디지털 통신 장비와 통신할 때 디지털 신호를 아날로그 신호로 변환시켜 주는 것을 변조(modulation)라고 하고, 그 반대의 경우를 복조(demodulation)라고 한다.

㉩ 모뎀 : 아날로그신호와 디지털신호를 변복조하는 장치이다.

㉪ 허브 : 여러 대의 컴퓨터들을 서로 묶어서 하나의 네트워크를 형성시켜주는 중개기이다.

㉫ 와이파이(Wi-Fi) : 무선 인터넷이 개방된 장소에서, 스마트폰이나 노트북 등을 통하여 초고속 무선 인터넷을 이용할 수 있는 설비. 무선 접속 장치(AP)가 설치된 곳을 중심으로 일정 거리 이내에서 이용할 수 있다.

② TV공청설비 … 1조의 안테나로 TV전파를 수신하여 증폭기를 통하거나 직접 TV수상기로 배분하는 시스템이다. 다음과 같은 장치로 구성된다.

㉠ 안테나

- 특정 영역대의 전자기파를 송신 혹은 수신하기 위한 변환장치이다.
- 라디오 주파수대의 전기 신호를 전자기파로 바꾸어 발신하거나 그 반대로 전자기파를 전기 신호로 바꾸는 역할을 한다.

㉡ 혼합기(Mixer) : 다른 안테나로 수신되거나 방향이 다른 전파를 간섭 없이 한 개의 전송선으로 모으는 장치로서 보통 U-V 믹서를 사용한다.

㉢ **컨버터**

• SHF로 수신된 신호를 UHF로 변환할 때 다운 컨버터를 사용한다.

• UHF 신호를 SHF로 변환하고자 할 때는 업 컨버터를 사용한다.

㉣ **증폭기**(Booster) : 수신점의 전계강도가 낮은 경우에 설치하고 배선, 분기기, 분배기, 직렬유닛에서의 감쇄신호레벨을 보상도록 한다.

㉤ **선로기기**

• 분기기 : 신호레벨이 강한 간선에서 필요한 세기의 신호로 분기하는 경우 사용한다.

• 분배기 : 입력된 신호를 균등하게 분할하여 임피던스 정합을 시키는 경우 사용한다.

• 직렬유닛 : 분기, 분배기능과 정합기능을 정리한 것으로서 유닛연결의 중간 또는 말단에 사용하여 TV수상기를 연결시 사용한다.

• 분파기 : 한 개의 입력신호를 주파수가 다른 신호로서 각 각 선별하여 주파수를 선택하는 경우 사용한다.

㉥ **전송선**

• 안테나로 수신된 전파를 각 기기에 연결하는 것으로 TV수상기까지 전달하는 것을 말한다.

• 전송선은 동축케이블을 사용하며 동축케이블의 일반특성은 제조자의 시방을 참조한다.

③ **방송음향설비**

㉠ **마이크** : 마이크로폰(Microphone), 줄여서 마이크(Mic.)는 소리 에너지를 전기 에너지로써 변환하는 장치로, 변환기(Transducer)의 일종이다. 오늘날 사용하는 대부분의 마이크는 자기 또는 전기를 이용하여 변환하는 방식을 취한다.

㉡ **스피커** : 마이크, Line입력과 앰프 등을 통해서 전달된 전기에너지를 다시 소리에너지로 변환시켜주는 장치이다.

㉢ **파워앰프** : 마이크, Line입력으로부터 입력된 미세한 전기에너지를 증폭시켜주는 장치이다.

㉣ **이펙터** : 마이크, Line입력으로부터 입력된 신호(전기에너지)에 다양한 변조를 가하여 다양한 음향효과를 발생시키는 장치이다.

㉤ **전원공급기** : 방송음향장비는 수많은 장치들이 연결되어 있는데 이것들에게 전원을 공급할 수 있는 대용량의 전원장치이다. (전원버튼을 누르면 여러개의 램프가 순차적으로 불이 들어온다.)

④ **인터폰 설비**

㉠ **인터폰** : 동일 건물에서 방과 방 사이의 통화를 위한 유선 전환 장치이며 다음과 같은 다양한 방식이 있다.

㉡ **모자식**(친자식) : 모기에서는 어느 가지나 호출통화를 할 수 있으나 자기는 모기하고만 통화가 가능한 방식으로서 사용빈도가 많은 곳에는 부적합하다.

㉢ **상호식** : 모자식에서 모기만을 조합하여 접속한 방식으로 상호간의 상대를 호출통화할 수 있다.

㉣ **복합식** : 상호식과 모자식을 복합한 방식이다.

㉤ **프레스토크식** : 말을 할 때 통화버튼(단추)을 누르고 들을 때 버튼을 놓고 통화하는 방식이다.

㉥ **동시통화식** : 전화와 같이 동시에 통화하는 형식이다.

(2) 보안설비

① CCTV(폐쇄회로 텔레비전)

㉠ 특정목적을 위하여 특정인들에게 제공되는 TV라는 뜻이며 이러한 목적에 따라 CCTV는 유무선으로 밖과 연결되지 않으므로 '폐쇄회로 TV'로 불리는 것이다. (반대말은 'Open-circuit Television', 곧 '개방회로 TV'인데, 우리가 말하는 보통 TV를 말하며, 불특정 다수에게 보여주는 TV를 뜻한다.)

㉡ 카메라와 이 카메라가 찍는 영상을 녹화해 줄 DVR(Digital video recorder), 카메라로부터 전달되는 영상을 볼 수 있는 모니터 등으로 구성된다.

② 출입통제시스템

㉠ 단순히 출입문을 막기 위한 수단으로 필요한 것이 아니라 업무의 특성과 필요에 따라 제한, 개방하여 사용자가 원하는 방법으로 조절 가능한 사무 환경을 조성하는 것을 목적으로 한다.

㉡ 카드나 지문인식, 안면인식 등 다양한 매체를 이용하여 소속인원과 외부인원을 구별, 시설과 소속인원을 보호하고 외부로부터 독립되어 업무 집중에 유리하도록 설계된 시스템이다.

③ 감지기

㉠ 적외선, 온도, 압력 등 다양한 매체를 이용하여 주변 환경의 변화를 인식하고 비상 시 신호를 보내어 비상상황임을 알려주는 장치이다.

㉡ 주로 도난방지, 출입통제, 화재경보 등을 위해 곳곳에 설치된다.

⑬ 승강운송설비

(1) 엘리베이터의 구성장치

① 권상기 … 회전력을 로프에 전달하는 기기

㉠ 제동기 : 전기적 제동기, 기계적 제동기

㉡ 감속기 : 기어식, 직류직결식

㉢ 균형추 : 권상기부하를 줄이고자 카의 반대측 로프에 장치함

② 승강카 … 승객 또는 화물을 운반하는 용기

③ 안전장치

㉠ 전자브레이크 : 전동기의 토크손실이 생겼을 때 엘리베이터를 정지시킨다.

㉡ 조속기 : 케이지가 과속했을 때 작동한다.

㉢ 비상정지버튼 : 케이지 안에 있는 것으로 비상시엔 급정지시킨다.

㉣ 종점스위치(스토핑스위치) : 최상층이나 최하층에서 케이지를 자동적으로 정지시킨다.

㉤ 리미트스위치(제한스위치) : 스토핑 스위치가 작동하지 않을 때 제2단의 작동으로 주회로를 차단한다.

ⓑ **도어 안전스위치** : 자동 엘리베이터에 있어서 닫히고 있는 문에 몸이 접촉되면 도로 문이 열린다.
ⓢ **완충기** : 비상 정지 장치가 작동하지 않아 케이지가 미끄러져 떨어지거나 초과부하로 브레이크가 듣지 않아 케이지가 미끄러져 떨어질 때 승강로 밑바닥으로 격돌하는 것을 방지한다.
ⓞ **리타이어랭 캠** : 카의 문과 승차장의 문을 동시에 개폐한다.

	직류 엘리베이터	교류 엘리베이터
기동토크	크다	작다
속도조정	변동 무	변동 유
승강기분	크다	작다
착상오차	1㎜이내	수mm
전효율	60 ~ 80%	40 ~ 60%
가격	교류의 1.5~2.0배	염가
속도	90m/min, 105m/min, 150m/min, 180m/min, 210m/min, 240m/min	30m/min, 45m/min, 60m/min

TIP

엘리베이터 조작방식
㉠ 카 스위치방식 : 시동 · 정지는 운전원이 조작반의 스타트 버튼을 조작함으로써 이루어지며, 정지에는 운전원의 판단으로써 이루어지는 수동착상 방식과 정지층 앞에서 핸들을 조작하여 자동적으로 착상하는 자동착상 방식이 있다.
㉡ 레코드 컨트롤방식 : 운전원은 승객이 내리고자 하는 목적층과 승강장으로부터의 호출신호를 보고 조작반의 목적층 단추를 누르면 목적층 순서로 자동적으로 정지하는 방식이다. 시동은 운전원의 스타트용 버튼으로 하며, 반전은 최단층에서 자동적으로 이루어진다.
㉢ 시그널 컨트롤방식 : 시동은 운전원이 조작반의 버튼조작으로 하며, 정지는 조작반의 목적층 단추를 누르는 것과 승강장으로부터의 호출신호로부터 층의 순서로 자동적으로 정지한다. 반전은 어느 층에서도 할 수 있는 최고 호출 자동반전 장치가 붙어 있다. 또한, 여러 대의 엘리베이터를 1뱅크로 한 뱅크운전의 경우, 엘리베이터 상호간을 효율적으로 운전시키기 위한 운전간격 등이 자동적으로 조정된다.
㉣ 승합 전자동식 : 승객 자신이 운전하는 전자동 엘리베이터로 목적층의 단추나 승강장으로부터의 호출 신호로 시동, 정지를 이루는 조작방식이다.

형식	800형	1,200형
스텝폭	약 600mm	약 1,000mm
속도	30m/min	30m/min
경사각도	30° 이하	30° 이하
공칭수송능력	6,000인/h	9,000인/h
설계수송능력	48,00인/h	7,200인/h

(2) 에스컬레이터

① 에스컬레이터의 특징

㉠ 수송능력이 엘리베이터의 약 10배로 단거리 대량수송에 적합하다.
㉡ 기다리는 시간이 없고 연속적으로 수송한다.
㉢ 점유면적이 작고 기계실이 필요 없으며 피트가 간단하다.
㉣ 건축에 걸리는 하중이 각 층에 분담된다.
㉤ 에스켈레이터의 이용 중에 주위를 볼 수 있어 백화점 등에서는 구매의욕을 불러 일으킨다.
㉥ 소비되는 전력량이 적고 전동기의 기동회수는 적으므로 전동기의 시동 시 흐르는 대전류에 의한 부하전류의 변화도 적으므로 건물 내의 전원설비의 부담이 작아진다.

② 에스컬레이터의 설치 시 주의사항

㉠ 보나 기둥에 하중이 균등하게 걸리도록 해야 한다.
㉡ 사람 흐름의 중심(예를 들어 현관의 중간)에 배치한다.
㉢ 에스컬레이터의 바닥면적을 적게 한다.
㉣ 승객의 시야를 넓게 한다.
㉤ 주행거리를 짧게 한다.
㉥ 경사도는 30도 이하로 한다.
㉦ 디딤바닥의 속도는 30m/min이하로 한다.
㉧ 양측난간의 상부가 디딤비닥과 동일한 속도로 운동하여야 한다.

TIP

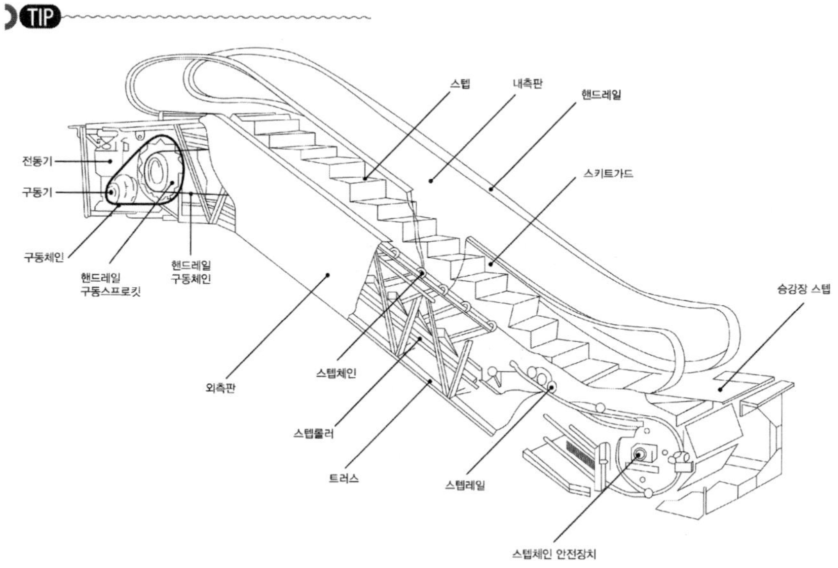

에스컬레이터의 안전장치

㉠ 삼각부 안내판 : 에스컬레이터 구동 중 건물천장과 에스컬레이터 헨드레일 사이에 생기는 공간에서 승객의 신체가 협착되는 것을 방지하기 위해 설치해 놓은 삼각형 모양의 보호판이다.

㉡ 구동체인 안전장치 : 구동체인이 늘어나거나 끊어지는 경우 에스컬레이터의 운행을 정지 또는 역주행을 방지하는 장치
㉢ 핸드레일 인입구 스위치 : 핸드레일인입구에 이물질이 끼이는 경우에 이를 감지하여 에스컬레이터의 운행을 정지시키는 장치
㉣ 콤스위치 : 스텝과 콤 사이에 이물질이 끼이는 경우 이를 감지하여 에스컬레이터를 정지시키는 장치
㉤ 스커트가드 안전스위치 : 스커트가드와 스텝 측면의 틈새에 이물질이 끼이는 경우 이를 감지하여 에스컬레이터를 정지시키는 장치
㉥ 스텝체인 안전장치 : 스텝체인이 늘어나거나 이상원인으로 감겨지는 경우 이를 감지하여 에스컬레이터를 정지시키는 장치

(3) 수평보행기(무빙워크)의 안전기준

① **경사도기준** … 12° 이하가 원칙이다. (단, 디딤면이 고무제품 등 미끄러지기 어려운 구조인 경우 15° 이하까지 완화할 수 있다.)

② 속도기준
㉠ 경사도가 8° 이하인 경우 50m/min 이하여야 한다.
㉡ 경사도가 8° 초과인 경우 40m/min 이하여야 한다.

③ 디딤판기준
㉠ 디딤면의 주행방향 길이는 제한하지 않는다.
㉡ 디딤면의 폭은 560mm 이상, 1,020mm 이하여야 한다.
㉢ 6° 이하의 경사각일 경우 광폭형으로 설치가 가능하다.

14 태양열 및 태양광 설비

(1) 태양열시스템

태양열시스템의 종류 … 태양열시스템은 설비형과 자연형으로 대분된다.

① **설비형**(액티브형) … 설비중심이므로 집열판, 순환펌프, 축열조, 보조보일러가 필요하며 시스템의 중심은 설비시스템이다. (시스템의 중심은 집열장치가 아님에 유의해야 한다.)

② **자연형**(페시브형) … 환경계획적 측면이 큰 것이며 직접획득형과 간접획득형(축열벽형, 분리획득형, 부착온실형, 자연대류형, 이중외피구조형)으로 나뉜다.
㉠ **직접획득형** : 집열창을 통하여 겨울철에 많은 양의 햇빛이 실내로 유입되도록 하여 얻어진 태양에너지를 바닥이나 실내 벽에 열에너지로서 저장하여 야간이나 흐린 날 난방에 이용할 수 있도록 한다. 일반건물에서 쉽게 적용되고 투과체가 다양한 기능을 갖지만 과열현상을 초래할 수 있다.
㉡ **간접획득형** : 태양에너지를 석벽, 벽돌벽 또는 물벽 등에 집열하여 열전도, 복사 및 대류와 같은 자연현상에 의하여 실내 난방효과를 얻을 수 있도록 한 것이다. 태양과 실내난방공간 사이에 집열창과 축열벽을 두어 주간에 집열된 태양열이 야간이나 흐린 날 서서히 방출되도록 하는 것이다.

- 축열벽방식 : 추운지방에서 유리하고 거주공간 내 온도변화가 적으나 조망이 결핍되기 쉽다.
- 부착온실방식 : 기존 재래식 건물에 적용하기 쉽고, 여유공간을 확보할 수 있으나 시공비가 높게 된다.
- 축열지붕방식 : 냉난방에 모두 효과적이고, 성능이 우수하나 지붕 위에 수조 등을 설치하므로 구조적 처리가 어렵고 다층건물에서는 활용이 제한된다.
- 자연대류방식 : 열손실이 가장 적으며 설치비용이 저렴하지만 설치위치가 제한되고 축열조가 필요하다.

㉢ **분리획득형** : 집열 및 축열부와 이용부를 격리시킨 형태이다. 이 방식은 실내와 단열되거나 떨어져 있는 부분에 태양에너지를 저장할 수 있는 집열부를 두어 실내 난방 필요시 독립된 대류작용에 의하여 그 효과를 얻을 수 있다. 즉, 태양열의 집열과 축열이 실내 난방공간과 분리되어 있어 난방효과가 독립적으로 나타날 수 있다는 점이 특징이다.

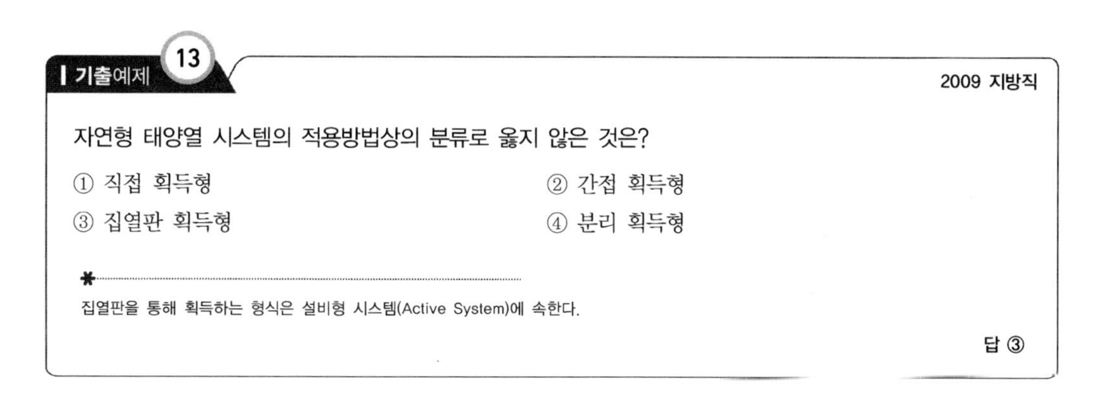

기출예제 13 2009 지방직

자연형 태양열 시스템의 적용방법상의 분류로 옳지 않은 것은?

① 직접 획득형 ② 간접 획득형
③ 집열판 획득형 ④ 분리 획득형

*

집열판을 통해 획득하는 형식은 설비형 시스템(Active System)에 속한다.

답 ③

(2) 태양광 시스템

① 태양광시스템은 프리즘 – 광덕트방식, 렌즈 – 광섬유방식, 반사거울 – 광섬유방식, 반사거울방식 등이 있다. 이들 시스템은 태양광을 채광하기 위하여 자동 추적하는 구동부를 갖추고 있으며 태양추적장치는 태양의 범위, 고도를 포착하여 태양의 위치에 관계없이 채광을 할 수 있다.

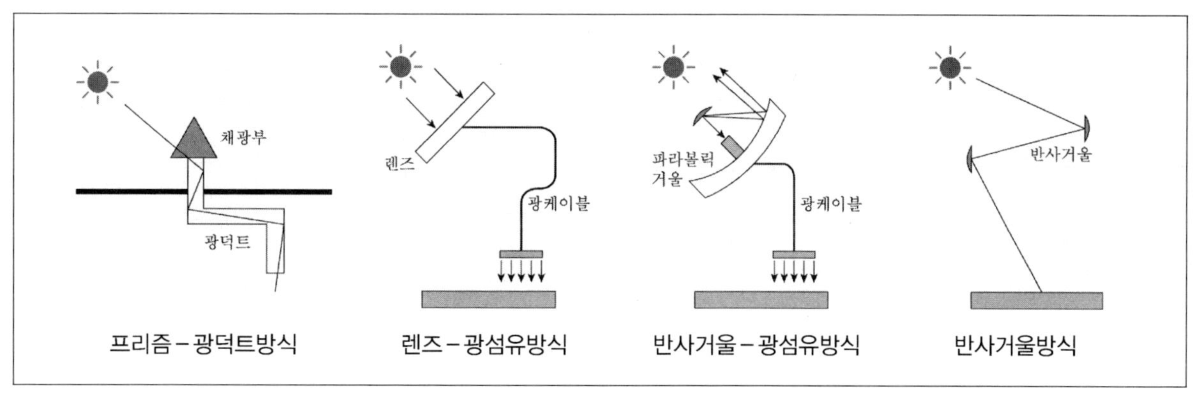

프리즘 – 광덕트방식 렌즈 – 광섬유방식 반사거울 – 광섬유방식 반사거울방식

구성부	채광부	• 비접속형 방식 : 프리즘 등을 통해 빛을 수동적으로 받음 • 접속형 방식 : 집광, 즉 거울 등을 이용하여 빛을 적극적으로 모음	프리즘, 거울, 렌즈 등으로 채광(집광)한다.
	추적장치	• Active형 • 1축방식(경사각추적) • 2축방식(방위각, 경사각추적)	렌즈형, 프리즘형, 파라볼릭형이 있다.
		Passive형(추적장치없음)	다면프리즘형, 돔형이 있다.
	전송부	• 프리즘형 광덕트방식 • 렌즈 – 광섬유방식 • 반사거울 – 광섬유방식 • 반사거울방식	광덕트, 광섬유, 거울 등을 통해서 빛을 전송한다.

(3) **태양에너지발전시스템**

태양에너지를 이용하여 발전을 하는 시스템을 말하며 태양열발전시스템과 태양광발전시스템으로 구분된다.

㉠ **태양열발전시스템** : 태양열을 모아서 거울을 통해 한 점(집열장치)으로 집중시켜 발생한 열에너지로 물을 끓여서 발생하는 증기로 증기터빈을 돌리는 방식으로 전기를 생산한다. 터빈을 돌릴 때 생기는 저온열과 집열 장치에 모이는 고온열을 축열장치에 저장해 두었다가 일몰 직후에 다시 한 번 더 터빈을 돌리는데 효율이 낮은 편이다.

㉡ **태양광발전시스템** : 햇빛을 직류 전기로 바꾸어 전력을 생산하는 발전 방법이다. 햇빛을 받으면 광전효과에 의해 전기를 발생하는 태양전지를 이용한 발전방식이다. 태양광 발전은 여러개의 태양 전지들이 붙어있는 태양광 패널을 이용한다. 재생가능 에너지에 대한 수요가 증가함에 따라, 태양 전지와 태양광 어레이의 생산도 크게 늘어나고 있는 추세이다.

⑮ 기계설비법

① 기계설비의 설계 및 시공기준 정립, 유지관리자 선임, 성능점검 의무화 등으로 기계설비산업의 발전을 위한 기반을 조성하고, 기계설비의 안전하고 효율적인 유지관리를 위해 필요한 사항을 정함으로써 국가경제의 발전과 국민의 안전 및 공공복리 증진에 이바지함으로 목적으로 한다.

② 연면적 1만m^2 이상인 건축물은 2023년까지 단계적으로 기계설비법에 따른 유지관리기준의 준수대상이 되며 기계설비 유지관리자는 관련교육을 의무적으로 이수해야 한다.

③ 선임해야 하는 기계설비유지관리자는 다음의 표와 같다. 기계설비유지관리자는 기계설비법에서 '기계설비유지관리 책임자(특급, 고급, 중급, 초급)자' 및 '기계설비유지관리 담당자' 총 5종으로 구분돼 있으며, 자격별 인정 기준도 세부적으로 정하고 있다.

선임기한	선임대상	선임자격
2021년 4월19일	연면적 6만m^2 이상 건축물(창고제외)	기계설비유지관리책임자(특급) 1명 + 기계설비유지관리 담당자 1명
	3000가구 이상 공동주택	
	연면적 3만m^2 이상 6만m^2 미만의 건축물(창고제외)	기계설비유지관리책임자(고급) 1명 + 기계설비유지관리 담당자 1명
	2,000가구 이상 3,000가구 미만인 공동주택	
2022년 4월19일	연면적 1만5천m^2 이상 3만m^2 미만인 건축물(창고제외)	기계설비유지관리 중급 1명
	1,000가구 이상 2,000가구 미만 공동주택	
2023년 4월19일	연면적 1만5천m^2 미만 건축물(창고제외)	기계설비유지관리 초급 1명
	500가구 이상 1,000가구 미만 공동주택	
	300가구 이상 500가구 미만 중앙집중식 난방방식(지역난방포함) 공동주택	

최근 기출문제 분석

2011 국가직

1 봉수의 파괴원인과 그 대책으로 옳지 않은 것은?

① 모세관 현상 : 정기적으로 이물질 제거

② 자기사이펀 작용 : 트랩의 유출부분 단면적이 유입부분 단면적보다 큰 것을 사용

③ 역사이펀 작용 : 수직관의 낮은 부분에 통기관을 설치

④ 유도사이펀 작용 : 수직관 하부에 통기관을 설치하고 수직배수 관경을 충분히 크게 선정

TIP 유도사이펀 작용에 대한 대책으로서 수직관 상부에 통기관을 설치한다.

2012 지방직

2 환기설비의 설계기준에 대한 설명으로 옳지 않은 것은?

① 환기는 자연환기와 기계환기로 대별되는데 자연환기가 보다 더 강력하다.

② 환기량은 환기 인자에 대한 실내의 허용 농도에 따라 다르다.

③ 자연환기는 풍력환기와 중력환기로 구분된다.

④ 기계환기에서 적당한 급배기구의 설치는 실내공기분포를 균일하게 한다.

TIP 기계환기는 동력을 사용하여 강제로 환기를 하는 것으로서 자연환기보다 더 강력하다.

Answer 1.④ 2.①

2019 서울시

3 **급수 방식과 그 특성을 옳게 짝지은 것은?**

〈보기 1〉

(가) 배관 부속품의 파손이 적고, 항상 일정한 수압으로 급수가 가능하다.
(나) 급수 설비가 간단하고 시설비가 저렴하다.
(다) 수조의 설치 위치에 제한을 받지 않고 미관상 좋다.

〈보기 2〉

㉠ 수도직결 방식 ㉡ 고가수조 방식 ㉢ 압력수조 방식

① (가) – ㉠
② (가) – ㉡
③ (나) – ㉢
④ (다) – ㉡

TIP (가) 배관 부속품의 파손이 적고, 항상 일정한 수압으로 급수가 가능하다. => 고가수조방식의 특성이다.
(나) 급수 설비가 간단하고 시설비가 저렴하다. => 수도직결방식의 특성이다.
(다) 수조의 설치 위치에 제한을 받지 않고 미관상 좋다. => 압력수조 방식의 특성이다.

2013 국가직

4 **스프링클러 설비시설에 대한 설명으로 옳지 않은 것은?**

① 화재의 열에 의해 스프링클러 헤드가 자동적으로 개구되어 방수하는 방식을 개방형 스프링클러 설비라 한다.
② 특수 가연물을 저장 취급하는 장소에 위치한 스프링클러 헤드 1개의 유효반경은 1.7m 이하로 한다.
③ 스프링클러 헤드의 방수 압력은 $1kg/cm^2$ 이상으로 한다.
④ 스프링클러 헤드의 방수량은 $80l/min$ 이상으로 한다.

TIP 폐쇄형 스프링클러에 관한 설명이다.

Answer 3.② 4.①

2011 지방직 (7급)

5 **자연형 태양열시스템 중 축열지붕방식에 대한 설명으로 옳은 것은?**

① 추운 지방에서 유리하고 거주공간 내 온도변화가 적지만 조망이 결핍되기 쉽다.

② 일반건물에서 쉽게 적용되고 투과체가 다양한 기능을 갖지만 과열현상이 초래된다.

③ 기존 재래식 건물에 적용하기 쉽고 점유공간을 확보할 수 있지만 시공비가 비싸다.

④ 냉난방에 모두 효과적이고 성능이 우수하지만 구조적 처리가 어렵고 다층건물에는 활용이 제한된다.

TIP 축열지붕방식은 지붕자체가 집열기 역할을 한다. 건물 높이에는 제한이 있으나 방위나 평면계획이 자유롭다. 지붕연못은 거리에서 외관상 눈에 나타나지 않는 장점이 있다. 그러나 구조적 처리가 어렵고 다층건물에는 활용이 제한된다.
① 추운 지방에서 유리하고 거주공간 내 온도변화가 적지만 조망이 결핍되기 쉬운 것은 축열벽 방식이다.
② 일반건물에서 쉽게 적용되고 투과체가 다양한 기능을 갖지만 과열현상이 초래되는 것은 직접획득방식이다.
③ 기존 재래식 건물에 적용하기 쉽고 점유공간을 확보할 수 있지만 시공비가 비싼 것은 부착온실방식이다.

2019 지방직

6 **공기조화 설비 중 습공기에 대한 설명으로 옳지 않은 것은?**

① 엔탈피는 현열과 잠열을 합한 열량이다.

② 비체적은 건조공기 1kg을 함유한 습공기의 용적이다.

③ 절대습도는 습공기의 수증기 분압과 그 온도 상태 포화공기의 수증기 분압과의 비를 백분율로 나타낸 것이다.

④ 비중량은 습공기 $1m^3$에 함유된 건조공기의 중량이다.

TIP 습공기의 수증기 분압과 그 온도 상태 포화공기의 수증기 분압과의 비를 백분율로 나타낸 것은 상대습도이다.

Answer 5.④ 6.③

2019 지방직

7 화재경보설비에 대한 설명으로 옳지 않은 것은?

① 감지기는 화재에 의해 발생하는 열, 연소 생성물을 이용하 자동적으로 화재의 발생을 감지하고, 이것을 수신기 송신하는 역할을 한다.

② 감지기에는 열감지기와 연기감지기가 있다.

③ 수신기는 감지기에 연결되어 화재발생 시 화재등이 켜지 경보음이 울리도록 한다.

④ 열감지기에는 주위 온도의 완만한 상승에는 작동하지 않으며 급상승의 경우에만 작동하는 정온식과 실온이 일정 온도하면 작동하는 차동식이 있다.

TIP 실온이 일정 온도하면 작동하는 것은 정온식이며 급상승할 때 작옹하는 것은 차동식이다.

※ 자동화재 탐지설비

㉠ 차동식 감지기 : 감지기 내의 장치가 주변의 온도상승으로 인한 열팽창률에 의해 팽창하여 파이프에 접속된 감압실의 접점을 동작시켜 작동되는 감지기로 부착높이가 15m이하인 곳에 적합하다.

㉡ 정온식 감지기 : 주위의 온도가 일정 온도 이상이 되었을 경우 바이메탈이 팽창하여 접점이 닫힘으로써 작동되는 감지기로 화기 및 열원기기를 취급하는 보일러실이나 주방등에 적합하다.

㉢ 보상식 감지기 : 차동식 감지기와 정온식 감지기의 기능을 합친 감지기

㉣ 이온화식 감지기 : 연기에 의해서 이온전류가 변화하는 현상을 이용하여 감지하는 방식

㉤ 광전식 감지기 : 감지기의 주위의 공기가 일정한 농도의 연기를 포함하게 되면 작동하는 것으로 연기에 의하여 광전소자의 수광량이 변화하는 것을 이용해서 작동하는 감지기

2020 국가직

8 급수펌프에 대한 설명으로 옳은 것은?

① 펌프의 진공에 의한 흡입 높이는 표준기압상태에서 이론상 12.33m이나 실제로는 9m 이내이다.

② 히트펌프는 고수위 또는 고압력 상태에 있는 액체를 저수위 또는 저압력의 곳으로 보내는 기계이다.

③ 원심식 펌프는 왕복식 펌프에 비해 고속운전에 적합하고 양수량 조정이 쉬워 고양정 펌프로 사용된다.

④ 왕복식 펌프는 케이싱 내의 회전자를 회전시켜 케이싱과 회전자 사이의 액체를 압송하는 방식의 펌프이다.

TIP ① 펌프의 진공에 의한 흡입 높이는 표준기압상태에서 이론상 10.33m이나 실제로는 흡입관 내의 마찰손실이나 물속에 함유된 공기 등에 의해 7m 이상은 흡상하지 않는다.

② 히트펌프는 열을 저온에서 고온으로 이동시키는 장치들을 펌프로 비유한 개념이다.

④ 케이싱 내의 회전자를 회전시켜 케이싱과 회전자 사이의 액체를 압송하는 방식의 펌프는 원심식펌프이다.

Answer 7.④ 8.③

2020 국가직

9 **전원설비에서 수변전설비의 용량 추정과 관련한 산식으로 옳지 않은 것은?**

① 수용률(%) $= \frac{\text{부하설비용량(kW)}}{\text{최대수용전력(kW)}} \times 100$

② 부등률(%) $= \frac{\text{각 부하의 최대수용전력의 합계(kW)}}{\text{합계 부하의 최대수용전력(kW)}} \times 100$

③ 부하율(%) $= \frac{\text{평균수용전력(kW)}}{\text{최대수용전력(kW)}} \times 100$

④ 부하설비용량 = 부하밀도(VA/m^2) × 연면적(m^2)

TIP 수용률(%) $= \frac{\text{최대수용전력(kW)}}{\text{부하설비용량(kW)}} \times 100$

Answer 9.①

출제 예상 문제

1 중수(中水)에 관한 설명 중 가장 옳지 않은 것은?

① 연수와 경수의 중간 수(水)를 칭하는 것이다.

② 중수원(中水源)으로는 주방배수, 청소용수, 빗물, 우물물, 하천수 등이 이용되고 있다.

③ 중수도 설치 대상은 「수도법 시행령」에 명시되어 있다.

④ 중수도 설치가 보편화되면 댐 및 수도건설 비용이 절감된다.

TIP 중수 … 물은 수질에 따라 음용수인 상수, 사용 후 버리는 물인 하수로 나눌 수 있다. 중수란 대소변기 외의 위생기기로부터 배출되는 비교적 오염이 적은 물을 재생처리하여 대소변기 세척, 청소용수, 살수용 등으로 사용하는 물을 말한다. 즉, 상수와 하수의 중간적 성격을 갖는 물이다. 이와 같이 중수를 사용하는 시스템을 중수시스템이라고 한다.

2 상수도와 지하수 등을 이용하여 건물 내·외부에 급수하는 급수 방식에 대한 설명으로 옳은 것은?

① 부스터방식은 저수조에 있는 물을 급수펌프만으로 건물 내의 소요 개소에 급수하는 방식으로 급수 사용량에 따라 가동하는 펌프의 개수가 다르다.

② 옥상탱크방식은 탱크의 수위에 따라 급수 압력이 변한다.

③ 압력탱크방식은 급수펌프에 들어오고 나가는 물의 양을 일정하게 조절하므로 압력탱크의 압력은 거의 일정하게 유지된다.

④ 수도직결방식은 물을 끌어오기 위한 양수펌프가 필요하여 정전 시 단수될 수 있다.

TIP 부스터방식은 급수펌프만으로 건물 내에 급수하는 방식이며 수질오염의 가능성이 적고 고가수조실이 불필요하며 정전 시 발전기로 급수가 가능하고 펌프용량이 압력제어에 의하므로 압력변동이 적다.

Answer 1.① 2.①

3 **급수관의 관경을 결정하는 방법으로 가장 옳지 않은 것은?**

① 기구 연결관의 관경에 의한 결정
② 균등표에 의한 관경 결정
③ 배수부 하단 위에 의한 관경 결정
④ 마찰저항선도에 의한 관경 결정

TIP 급수관의 관경을 결정하는 방법은 균등표에 의한 결정, 마찰저항선도에 의한 결정, 기구 연결관의 관경에 의한 결정, 기구 급수부 하단 위에 의한 관경 결정 등이 있다. (배수부 하단 위에 의한 관경 결정은 없다.)

4 **다음 중 수격작용의 방지대책으로서 적합하지 않은 것은?**

① 관 지름을 되도록 작게 하여 수압과 유속을 줄이고 밸브는 서서히 조작한다.
② 기구류 가까이에 공기실(에어챔버)를 설치한다.
③ 도피밸브나 서지탱크를 설치하여 축적된 에너지를 방출하거나 관내의 에너지를 흡수한다
④ 급수배관의 횡주관에 굴곡부가 생기지 않도록 한다.

TIP 관 지름을 되도록 크게 하여 수압과 유속을 줄이고 밸브는 서서히 조작한다.

5 **급탕 설비에 대한 설명으로 옳지 않은 것은?**

① 급탕 온도는 80℃를 기준으로 하며, 급탕량 부하를 산정할 경우 80Kcal/L로 보는 것이 보통이다.
② 급탕배관의 구배는 급구배로 하며, 관은 3~5cm 정도의 보온재를 감싸 준다.
③ 급탕배관의 수압시험은 피복 전에 실시하며, 실제로 사용하는 최고 압력의 2배 이상의 압력으로 10분 이상 유지될 수 있어야 한다.
④ ㄷ자형 배관을 피해야 하며 ㄷ자형 배관이 불가피 할 경우에는 공기 빼기 밸브를 설치한다. 급탕부하계산은 보통 급탕온도 60℃를 기준으로 리터당 60kcal로 본다.

TIP 급탕 온도는 60℃를 기준으로 하며, 급탕량 부하를 산정할 경우 60Kcal/L로 보는 것이 보통이다.

Answer 3.③ 4.① 5.①

6 중앙식 급탕방식은 직접가열식과 간접가열식이 있다. 다음의 표는 이 둘을 비교한 표이다. 표에 들어갈 말로 알맞은 것을 순서대로 나열한 것은?

구분	직접가열식	간접가열식
가열장소	㈎	㈏
보일러 내 스케일	자주 발생한다.	거의 발생하지 않는다.
적용 대상	중소규모 건물	대규모 건물
저탕조내의 가열코일	불필요	필요
열효율	㈐	㈑

	㈎	㈏	㈐	㈑
①	온수보일러	저탕조	불리	유리
②	저탕조	온수보일러	불리	유리
③	온수보일러	저탕조	유리	불리
④	저탕조	온수보일러	유리	불리

TIP

구분	직접가열식	간접가열식
가열장소	온수보일러	저탕조
보일러 내 스케일	자주 발생한다.	거의 발생하지 않는다.
적용 대상	중소규모 건물	대규모 건물
저탕조내의 가열코일	불필요	필요
열효율	유리	불리

7 통기관에 대한 설명으로 옳지 않은 것은?

① 배수관 계통의 환기를 도모하여 관내를 청결하게 유지한다.
② 사이펀 작용 및 배압에 의해서 트랩 봉수가 파괴되는 것을 방지한다.
③ 도피 통기관은 배수 수직관 상부에서 관경을 축소하지 않고 연장하여 대기 중에 개구한 통기관을 말한다.
④ 각개 통기방식은 기능적으로 가장 우수하고 이상적이다.

TIP 대기 중에 개구하는 형식은 신정통기관이다.

Answer 6.③ 7.③

8 **봉수의 파괴원인과 그 대책으로 옳지 않은 것은?**

① 모세관 현상 : 정기적으로 이물질 제거
② 자기사이펀 작용 : 트랩의 유출부분 단면적이 유입부분 단면적보다 큰 것을 사용
③ 역사이펀 작용 : 수직관의 낮은 부분에 통기관을 설치
④ 유도사이펀 작용 : 수직관 하부에 통기관을 설치하고 수직배수 관경을 충분히 크게 선정

TIP 유도사이펀 작용에 대한 대책으로서 수직관 상부에 통기관을 설치한다.

9 **트랩(trap)에 관한 설명으로 옳지 않은 것은?**

① 관(pipe) 트랩, 드럼(drum) 트랩, 가옥(house) 트랩 등이 있다.
② 봉수보호를 위해서는 봉수의 깊이가 200㎜ 이상일 필요가 있다.
③ 트랩은 구조가 간단하고 자기세정 작용을 할 수 있어야 한다.
④ 봉수파괴는 자기사이폰 작용, 감압에 의한 흡입 작용 등이 원인이다.

TIP 봉수의 깊이는 트랩의 구경에 관계없이 50～100㎜정도가 적합하다.

10 **오물정화설비에서 정화조의 구성과 내용에 관한 설명으로 옳지 않은 것은?**

① 부패조는 호기성균에 의해 분해시키며, 최소 2개 이상의 부패조와 예비여과조로 구성된다.
② 여과조는 오수 중의 부유물을 쇄석층에서 제거한다.
③ 산화조는 살수홈통에 공기를 공급하여 산화처리한다.
④ 소독조는 차아염소산나트륨[NaClO] 등의 소독제를 이용하여 세균을 소독한다.

TIP 부패조 … 단독 또는 다른 처리법과 조합시켜 오수 처리를 하는 탱크를 말하며, 오수 중의 부유물을 침전 분리하고, 침전한 오니를 탱크 바닥에 저류하여 혐기성 분해를 한다. 분뇨 정화조 등으로 많이 사용된다.

Answer 8.④ 9.② 10.①

11 다음은 오물정화설비에 관한 사항들이다. 이 중 바르지 않은 것은?

① 부패조의 유효용량은 유입오수량의 2일분 이상을 기준으로 한다.
② 산화조는 산소의 공급으로 호기성균에 의해 산화처리하는 곳이다.
③ 소독조는 산화조에서 나오는 오수를 멸균시키는 곳이다.
④ 오물정화조의 정화순서는 오물의 유입→산화조→부패조→소독조→방류 순이다.

TIP 오물정화조의 정화순서는 오물의 유입→부패조→산화조→소독조→방류 순이다.

12 스프링클러는 건물에서 화재의 확산을 방지하기 위한 필수적인 소방설비이다. 그 종류는 여러 가지가 있는데 이 중 다음 설명에 해당하는 스프링클러 설비는?

> 스프링클러에 감열부가 없는 설비방식으로 물의 분출구가 항상 열려있는 개방형 헤드를 사용하여 화재 감지 시 헤드가 설치된 방수구역 내에 동시에 살수하는 방식이다. 또한 사람이 수동으로 밸브를 개방하여 스프링클러가 설치된 모든 구역에 살수가 가능하다.

① 건식설비(Dry Pipe Sprinkler System)
② 습식설비(Wet Pipe Sprinkler System)
③ 준비작동식설비(Preaction System)
④ 일제살수식설비(Deluge System)

TIP 일제살수식설비 … 스프링클러에 감열부가 없는 설비방식으로 물의 분출구가 항상 열려있는 개방형 헤드를 사용하여 화재 감지 시 헤드가 설치된 방수구역 내에 동시에 살수하는 방식이다. 또한 사람이 수동으로 밸브를 개방하여 스프링클러가 설치된 모든 구역에 살수가 가능하다.

13 건축물의 소방에 필요한 소화설비의 종류가 아닌 것은?

① 자동화재경보 설비
② 스프링클러 설비
③ 드렌처(Drencher) 설비
④ 옥내소화전 설비

TIP 화재경보설비는 단지 화재발생을 신속하게 전달하기 위한 설비이다.

Answer 11.④ 12.④ 13.①

14 소화설비에 대한 설명으로 옳지 않은 것은?

① 옥내소화전 설비는 연면적 2,000m^2 이상인 소방대상물의 전층에 설치한다.
② 연결송수관 설비는 층수가 5층 이상으로서 연면적 6,000m^2 이상인 건물에 적용한다.
③ 스프링클러 헤드를 설치하는 천장, 반자, 선반 등의 각 부분으로부터 하나의 헤드까지의 수평거리는 2.1m 이하로 하며, 내화구조인 경우에는 2.3m로 한다.
④ 외벽, 창, 지붕 등에 수막을 형성하여 화재 연소를 방지하는 것은 드렌처(Drencher)이다.

TIP 연면적 3,000m^2 이상이거나 지하층, 무장층 또는 층수가 4층 이상인 것 중 바닥면적이 600m^2 이상인 층이 있는 것은 전층이다.

15 다음은 여러 가지 소화설비에 요구되는 최소 성능을 나타낸 표이다. 빈 칸에 들어갈 말로 알맞은 것을 순서대로 바르게 나열한 것은?

소화설비	방수압력(kg/cm^2)	표준방수량(l/min)	수평거리(m)
연결송수관	(가)	450	50
옥외소화전	2.5	350	(나)
옥내소화전	1.7	(다)	25
스프링클러	1.0	80	1.7~3.2

	(가)	(나)	(다)
①	5.0	45	110
②	3.5	40	130
③	3.2	35	180
④	4.0	20	150

TIP

소화설비	방수압력(kg/cm^2)	표준방수량(l/min)	수평거리(m)
연결송수관	3.5	450	50
옥외소화전	2.5	350	40
옥내소화전	1.7	130	25
스프링클러	1.0	80	1.7~3.2

Answer 14.① 15.②

16 다음은 가스연료로 주로 사용되는 LNG(액화천연가스)와 LPG(액화석유가스)에 대한 사항들이다. 이 중 바르지 않은 것은?

① LNG는 프로판을 주성분으로 하는 가스를 냉각하여 액화시킨 것이다.
② LNG는 공기보다 가볍기 때문에 누설이 된다고 해도 공기 중에 흡수되어 안정성이 높다.
③ LPG는 무색무취이지만 프로판에 부탄을 배합해서 냄새를 만든다.
④ LPG는 발열량이 크지만 비중이 공기보다 크므로 인화폭발의 염려가 있다.

TIP LNG는 메탄을 주성분으로 하는 천연가스를 냉각하여 액화시킨 것이다. LPG는 석유정제과정에서 채취된 가스를 압축냉각해서 액화시킨 것이며 주성분은 프로판, 프로필렌, 부탄, 부틸렌, 에탄, 에틸렌 등이다.

17 다음 중 가스배관 및 계량기에 관한 설명으로 바르지 않은 것은?

① 가스계량기는 동파의 위험이 있으므로 옥내에 설치하는 것을 원칙으로 한다.
② 가스계량기는 전기 개폐기에서 60cm 이상 떨어진 위치에 설치한다.
③ 가스 배관은 건물의 주요 구조부를 관통하지 않도록 한다.
④ 가스 배관 도중에 신축 흡수를 위한 이음을 한다.

TIP 가스계량기는 옥외에 설치하는 것을 원칙으로 한다.

18 다음 중 가스배관에 관한 설명으로 바르지 않은 것은?

① 배관재료로는 2인치 이하는 가스관(강관)을 사용하고 3인치 이상은 주철관을 사용한다.
② 차량이 통행하는 폭 8m 이상의 도로에 매설되는 가스배관의 매설깊이는 80cm 이상이어야 한다.
③ 수평배관은 100분의 1정도의 구배를 주고 낮은 곳에는 수취기를 설치한다.
④ 유량의 표기는 도시가스인 경우 m^3/h, 액화석유가스일 때는 kg/h가 유리하다.

TIP 차량이 통행하는 폭 8m 이상의 도로에 매설되는 가스배관의 매설깊이는 120cm 이상이어야 한다.

Answer 16.① 17.① 18.②

19 다음 중 가스설비에 사용되는 거버너(Governor)에 관한 설명으로 옳은 것은?

① 실내에서 발생되는 배기가스를 외부로 배출시키는 장치
② 연소가 원활히 이루어지도록 외부로부터 공기를 받아들이는 장치
③ 가스가 누설되거나 지진이 발생했을 때 가스 공급을 긴급히 차단하는 장치
④ 가스공급회사로부터 공급받은 가스를 건물에서 사용하기에 적합한 압력으로 조정하는 장치

TIP 거버너는 가스공급회사로부터 공급받은 가스를 건물에서 사용하기에 적합한 압력으로 조정하는 장치이다.

20 배관의 부속품에서 유체의 흐름을 한 방향으로만 흐르게 하고 반대 방향으로는 흐르지 못하게 하는 밸브는?

① 체크 밸브(check valve)
② 글로브 밸브(globe valve)
③ 슬루스 밸브(sluice valve)
④ 볼 밸브(ball valve)

TIP 체크 밸브(역지 밸브) … 배관의 부속품에서 유체의 흐름을 한 방향으로만 흐르게 하고 반대 방향으로는 흐르지 못하게 하는 밸브

21 다음 중 유체의 흐름에 의한 마찰손실이 적어 물과 증기배관에 주로 사용되며 특히 증기배관의 수평관에서 드레인이 고이는 것을 막기에 적합한 밸브는?

① 글로브 밸브(globe valve)
② 슬루스 밸브(sluice valve)
③ 체크 밸브(check valve)
④ 앵글 밸브(angle valve)

TIP 슬루스 밸브 … 유체의 흐름에 의한 마찰손실이 적어 물과 증기배관에 주로 사용되며 특히 증기배관의 수평관에서 드레인이 고이는 것을 막는 데 쓰인다.

Answer 19.④ 20.① 21.②

22 다음은 여러 가지 배관재료의 특성에 관한 사항들이다. 이 중 바르지 않은 것은?

① 주철관은 다른 재료로 구성된 관에 비해 내식성, 내구성, 내압성이 우수하다.
② 강관은 주철관에 비해 가볍고 인장강도가 크다.
③ 연관(납관)은 산에는 강하나 알칼리에 약하다.
④ 경질염화비닐관은 충격과 열에 강하나 유체의 마찰손실이 크게 발생한다.

TIP 경질염화비닐관은 유체의 마찰손실이 적게 발생하나 충격과 열에 취약하다.

23 일반적인 온수온돌 복사난방에 대한 설명으로 옳지 않는 것은?

① 실내의 온도분포가 균등하고 쾌감도가 높다.
② 평균온도가 낮기 때문에 동일 방열량에 대해 손실열량이 크다.
③ 구조체를 덥히게 되므로 예열시간이 길어져 일시적으로 쓰는 방에는 부적당하다.
④ 하자 발견 및 보수가 어렵다.

TIP 복사난방은 방이 개방상태에서도 난방효과가 있으며, 평균온도가 낮기 때문에 동일 방열량에 대해서 손실 열량이 비교적 적다.

24 다음은 여러 가지 난방방식에 대한 설명이다. 이 중 바르지 않은 것은?

① 온수난방은 현열을 이용한 난방이므로 쾌감도가 높다.
② 증기난방은 방열기의 방열량 제어가 용이하다.
③ 온수난방은 열용량은 크나 열운반능력이 작다.
④ 증기난방은 온수난방보다 예열시간이 짧고 순환이 빠르다.

TIP 증기난방은 방열기의 방열량 제어가 어려워 이에 대한 대책이 요구된다.

Answer 22.④ 23.② 24.②

25 다음 중 온풍난방에 대한 설명으로 바르지 않은 것은?

① 온풍로로 가열한 공기를 직접 실내로 공급하는 난방방식이다.
② 증기 · 온수난방 방식에 비해 시스템 전체의 열용량이 적다.
③ 취출 온도차가 35~50℃나 되어 정밀한 온도제어가 곤란하다.
④ 쾌감도가 우수하며 소음이 적다.

TIP 온풍난방은 쾌감도가 좋지 않으며 소음과 온풍로의 내구성이 문제가 된다.

26 다음은 여러 종류의 보일러에 대한 설명이다. 이 중 바르지 않은 것은?

① 주철제 보일러는 파열 사고 시 다른 재질의 보일러보다 피해가 적다.
② 노통 연관보일러는 현장공사가 거의 필요하지 않으며 수처리가 비교적 간단하다.
③ 관류보일러는 보유수량이 적기 때문에 시동시간이 짧고 수처리가 간단하다.
④ 수관보일러는 기동시간이 짧고 효율이 좋으나 다량의 증기를 필요로 한다.

TIP 관류보일러는 수처리가 복잡하며 소음이 문제가 된다.

27 다음의 보기에서 설명하고 있는 보일러의 종류는?

- 기동시간이 짧고 효율이 좋으며 고압의 증기를 필요로 하는 병원, 호텔 등에 적합하다.
- 고가이며 수처리가 복잡하며 다량의 증기를 필요로 한다.
- 지역난방의 대형 원심냉동기의 구동을 위한 증기터빈용으로 사용된다.

① 노통연관보일러
② 관류보일러
③ 수관보일러
④ 입형보일러

TIP 제시된 보기의 특성은 수관보일러에 관한 것들이다.

Answer 25.④ 26.③ 27.③

28 공기조화방식에 대한 설명으로 옳지 않은 것은?

① 2중 덕트 방식은 중앙식 공조기에서 냉·난방이 동시에 이루어지므로 계절에 따라 교체, 조닝할 필요가 없다.
② 패키지 유닛방식은 유닛을 각 실 및 존에 1대씩 설치하여 공조를 행하는 방식으로 일부는 덕트를 병용하는 경우도 있다.
③ 복사패널, 덕트 병용 방식은 실내에 유닛류를 설치하지 않으므로 바닥면적을 넓게 이용할 수 있으며, 현열부하가 큰 방송국 스튜디오에 적합하다.
④ 변풍량방식은 건축의 규모, 종별에 관계없이 가장 많이 사용되며, 타방식에 비하여 설비비가 저렴하다.

TIP 변풍량방식은 정풍량방식에 비해 설비비가 증가한다.

29 클린룸에 대한 설명으로 옳지 않은 것은?

① 비정류방식은 기류의 난류로 인하여 오염입자가 실내에 순환할 우려가 있다.
② 클린룸 청정도의 기준은 $1ft^3$의 공기 중에 0.5㎛ 크기의 입자수로 결정된다.
③ BCR(Biological Clean Room)은 식품공장, 약품공장, 수술실 등의 청정을 목적으로 한다.
④ 수직정류방식은 설치비가 가장 저렴하다.

TIP 클린룸의 정류방식 중 수직정류방식은 설치비가 비싼 편이다.

30 건물 종류별 공조설비의 적용이 적절하지 않은 것은?

① 임대사무실 건물 – 이중덕트방식(double duct system)
② 백화점 매장 – 유인유닛방식(induction unit system)
③ 호텔의 객실 – 팬코일유닛방식(fan coil unit system)
④ 극장 – 단일덕트방식(single duct system)

TIP ② 백화점 매장은 규모가 크므로 단일덕트방식이 적합하다. 유인유닛방식은 유닛의 실내설치로 인하여 건축계획상 지장이 있으며 소음이 발생하기 쉬우므로 방이 많은 건물의 외부존, 사무실, 호텔, 병원 등에 적합한 방식이다.

Answer 28.④ 29.④ 30.②

31 **팬 코일 유닛(fan coil unit) 공조방식의 장점이 아닌 것은?**

① 각 유닛마다 조절할 수 있으므로 각 실 조절에 적합하다.
② 전 공기식(all air system)에 비해 덕트 면적이 작다.
③ 장래의 부하 증가에 대하여 팬 코일 유닛의 증설만으로 용이하게 계획할 수 있다.
④ 일반적으로 외기 공급을 위한 별도의 설비를 병용할 필요가 없다.

TIP 팬코일유닛 방식(Fan Coil Units) … 물-공기 방식의 공조방식 중 가장 많이 사용되며, 송풍기 · 냉온수 코일 및 공기정화기 등을 내장시킨 유닛을 실내에 설치하고 냉수 또는 온수를 공급해서 냉장된 코일 등의 작용으로 실내 공기를 냉각 · 가열해서 공조하는 방식으로서 다음과 같은 특징을 갖는다.

- 일반적으로 외기공급을 위한 별도의 설비를 병용할 필요가 있다.
- 기존건물에 설치하기가 용이하고 각 유닛마다 조절할 수 있으므로 개별제어에 적합하다.
- 덕트 스페이스가 필요 없다.
- 부하증가 시 팬코일 유닛의 증설만으로 용이하게 계획될 수 있다.
- 각 실에 수배관이 필요하며 유닛이 실내에 설치되므로 실내 유효면적이 감소한다.
- 다수 유닛이 분산 설치되므로 보수관리가 곤란하다.
- 실내용 소형 공조기이므로 고도의 공기처리를 할 수 없다. (실내청정불량)

32 **다음의 공기조화방식에 대한 설명 중 옳은 것은?**

① 전공기방식은 중간기에 외기냉방은 불가능하나, 다른 방식에 비해 열매의 반송동력이 적게 든다.
② 공기 · 수방식은 각 실의 온도제어는 곤란하나, 관리 측면에서 유리하다.
③ 전수방식은 실내 공기가 오염되기 쉬우나 개별제어, 개별운전이 가능한 장점이 있다.
④ 전공기방식의 종류에는 단일덕트 방식, 팬코일유닛 방식 등이 있다.

TIP ① 전공기방식은 외기냉방이 가능하다.
② 공기 · 수방식은 수동으로 각 실의 온도제어를 쉽게 할 수 있다.
④ 팬코일유닛방식은 전수방식이다.

Answer 31.④ 32.③

33 다음과 같은 특징을 갖는 공기조화방식은?

- 냉온풍의 혼합으로 인한 혼합손실이 있어서 에너지 소비량이 많다.
- 부하특성이 다른 다수의 실이나 존에도 적용할 수 있다.
- 전공기방식의 특성이 있다.

① 유인 유닛방식
② 팬코일 유닛방식
③ 단일 덕트방식
④ 이중 덕트방식

TIP 보기의 내용은 이중 덕트방식에 관한 사항들이다.

34 흡수식 냉동기에 관한 설명으로 옳지 않은 것은?

① 열에너지가 아닌 기계적 에너지에 의해 냉동효과를 얻는다.
② 증발기, 흡수기, 재생기(발생기), 응축기 등으로 구성되어 있다.
③ 냉방용의 흡수식 냉동기는 물과 브롬화리튬의 혼합용액을 사용한다.
④ 2중효용 흡수식 냉동기는 단효용 흡수식 냉동기보다 에너지 절약적이다.

TIP 흡수식 냉동기는 냉매의 증발에 의한 열에너지에 의해 냉동효과를 얻고, 압축식 냉동기는 전기에 의한 기계적 에너지로 냉동효과를 얻는다.

35 다음 중 냉각탑에 관한 설명으로 바른 것은?

① 고압의 액체냉매를 증발시켜 냉동효과를 얻게 하는 설비이다.
② 증발기에서 나온 수증기를 냉각시켜 물이 되도록 하는 설비이다.
③ 대기 중에서 기체냉매를 냉각시켜 액체냉매로 응축하기 위한 설비이다.
④ 냉매를 응축시키는데 사용된 냉각수를 재사용하기 위해 냉각시키는 설비이다.

TIP 냉매를 응축시키는데 사용된 냉각수를 재사용하기 위해 냉각시키는 설비는 냉각탑이다.

Answer 33.④ 34.① 35.④

36 다음 중 압축식 냉동기와 흡수식 냉동기의 냉동사이클을 순서대로 바르게 나열한 것은?

	압축식 냉동기	흡수식 냉동기
①	압축→응축→팽창→증발	증발→흡수→재생→응축
②	응축→압축→팽창→증발	증발→재상→흡수→응축
③	팽창→응축→압축→증발	흡수→응축→재생→증발
④	증발→팽창→응축→압축	응축→재생→증발→흡수

TIP
- 압축식 냉동기 냉동사이클 : 압축→응축→팽창→증발
- 흡수식 냉동기 냉동사이클 : 증발→흡수→재생→응축

37 건축전기설비에서 변전설비용 기기에 해당하지 않는 것은?

① 변압기
② 차단기
③ 콘덴서
④ 발신기

TIP 발신기는 변전설비용 기기가 아닌 신호전송기기이다.

38 발전기실의 위치 및 구조에 관한 설명으로 옳지 않은 것은?

① 기기의 반출입이나 운전, 보수가 용이한 곳이 좋다.
② 발전기실은 진동 시 문제가 발생하므로 기초와 연결하는 것이 바람직하다.
③ 배기 배출기에 가깝고 연료보급이 용이한 곳이 좋다.
④ 부하 중심 가까운 곳에 둔다.

TIP 발전기실의 위치 … 변전실과 가까운 곳, 부하중심에 가까운 곳, 기초와 이격시킬 것

Answer 36.① 37.④ 38.②

39 피뢰설비에 관한 설명으로 옳지 않은 것은?

① 돌침은 건축물의 맨 윗부분으로부터 25cm 이상 돌출시켜 설치하되, 건축물의 구조기준 등에 관한 규칙에 따른 설계 하중에 견딜 수 있는 구조이어야 한다.

② 피뢰설비는 한국산업표준이 정하는 피뢰레벨 등급에 적합해야 한다.

③ 피뢰설비의 재료는 최소 단면적이 피복이 없는 동선을 기준으로 수뢰부, 인하도선 및 접지극은 $50mm^2$ 이상이거나 이와 동등 이상의 성능을 갖추어야 한다.

④ 건축물의 설비기준 등에 관한 규칙에 따르면 지면상 10m 이상의 건축물에는 반드시 피뢰설비를 설치하도록 규정하고 있다.

TIP 건축물에 설치하는 피뢰설비는 건축물에 접근하는 벼락(낙뢰)을 확실하게 흡인해서 안전하게 대지로 방류함으로써 건축물 및 내부의 사람이나 물건을 안전에서 지키기 위한 것으로 피뢰침은 수뢰부, 피뢰도선 및 접지극으로 이루어져 있다.

40 다음 중 간선의 배선방식 중 분전반에서 사고가 발생했을 때 그 파급범위가 가장 적은 것은?

① 루프식
② 평행식
③ 나뭇가지식
④ 나뭇가지 평행식

TIP 수어진 간선배선방식들 중 분전반에서 사고가 발생했을 때 그 파급범위가 가장 적은 것은 평행식이다.

41 220/380V 전원을 공급하는 빌딩 및 공장의 전등 및 동력용 간선으로 가장 많이 사용되는 배선방식은?

① 단상 2선식
② 단상 3선식
③ 3상 3선식
④ 3상 4선식

TIP 3상 4선식에 관한 설명이다.

Answer 39.④ 40.② 41.④

42 재1종 접지공사의 접지저항값은 최대 얼마 이하로 유지하여야 하는가?

① 10[Ω]　② 20[Ω]
③ 30[Ω]　④ 40[Ω]

TIP

구분	접지저항
제1종 접지공사	10Ω 이하
제2종 접지공사	5Ω 이하
제3종 접지공사	100Ω 이하
특별 제3종 접지공사	10Ω 이하

43 다음의 〈보기〉에 해당되는 접지의 종류는?

〈보기〉
- 400V 이하의 저압용 기계기구의 철대 및 금속제 외함에 시설하는 접지형식이다.
- 고압계기용 변성기의 2차측 전로에 시설하는 접지형식이다.

① 제1종 접지　② 제2종 접지
③ 제3종 접지　④ 특별 제3종 접지

TIP 〈보기〉의 내용은 제3종 접지에 관한 설명이다.

44 다음 중 피뢰시스템에 관한 설명으로 옳지 않은 것은?

① 피뢰시스템은 보호성능 정도에 따라 등급을 구분한다.
② 피뢰시스템의 등급은 Ⅰ, Ⅱ, Ⅲ의 3등급으로 구분된다.
③ 수뢰부시스템은 보호범위 산정방식(보호각, 회전구체법, 메시법)에 따라 설치한다.
④ 피보호건축물에 적용하는 피뢰시스템의 등급 및 보호에 관한 사항은 한국 산업표준의 낙뢰리스트 평가에 의한다.

TIP 피뢰시스템의 등급은 Ⅰ, Ⅱ, Ⅲ, Ⅳ의 4등급으로 구분된다.

Answer 42.① 43.③ 44.②

45 다음 설명에 알맞은 접지의 종류는?

> 기능상 목적이 서로 다르거나 동일한 목적의 개별접지들을 전기적으로 서로 연결하여 구현한 접지시스템을 말한다.

① 단독접지　　② 공통접지
③ 통합접지　　④ 종별접지

TIP 공통접지와 통합접지
㉠ 공통접지 : 제1종, 제2종, 제3종 접지를 공통으로 하여 사용하는 접지방식이다.
㉡ 통합접지 : 빌딩이나 공장 기타 건물에는 보안용 접지, 정보통신 기기들을 위한 기능용 접지 또는 낙뢰로부터 보호하기 위한 접지 등 목적이 다른 접지가 이루어지는데 하나의 공용 접지시스템으로 신뢰와 편리성, 그리고 경제적인 시공을 하는 것을 목적으로 한 접지방식이다. 즉, 기능상 목적이 서로 다르거나 동일한 목적의 개별접지들을 전기적으로 서로 연결하여 구현한 접지시스템이다.

46 다음 〈보기〉에서 설명하고 있는 전동기의 종류는?

> 〈보기〉
> 회전자계를 만드는 여자전류가 전원 측으로부터 흐르므로 역률이 나쁘다는 결점이 있다.
> 구조와 취급이 간단하여 건축설비에서 가장 널리 사용된다.

① 유도전동기　　② 직권전동기
③ 분권전동기　　④ 동기전동기

TIP 〈보기〉의 내용은 유도전동기에 대한 설명이다.

47 카(Car)가 최상층이나 최하층에서 정상 운행위치를 벗어나 그 이상으로 운행하는 것을 방지하는 엘리베이터 안전장치는?

① 완충기　　② 가이드레일
③ 리미트스위치　　④ 카운터웨이트

TIP 리미트스위치에 관한 설명이다.

Answer 45.③ 46.① 47.③

48 정보통신설비는 정보설비와 통신설비로 구분할 수 있다. 다음 중 통신설비에 속하지 않는 것은?

① 전화설비
② 인터폰설비
③ TV 공청설비
④ 전기시계설비

TIP

통신설비	• 음성통신설비 : 전화설비, 인터폰설비, 구내방송설비, 무선통신설비 • 영상통신설비 : TV공칭설비(케이블TV설비포함), 영상회의설비
정보설비	모자식 전기시계설비, 건축물 내 근거리통신망(LAN), 구내정보설비

49 다음 중 에스컬레이터의 안전장치에 속하지 않는 것은?

① 리타이어링 캡
② 비상정지스위치
③ 구동체인안전장치
④ 핸드레일인입안전장치

TIP 리타이어링 캠은 엘리베이터에서 승강기 문과 승강장의 문을 동시에 개폐하는 장치이다.

50 다음은 수평보행기(무빙워크)에 관한 사항들이다. 빈 칸에 들어갈 말로 알맞은 것을 순서대로 바르게 나열한 것은?

> • 수평보행기(무빙워크)의 경사도는 (가) 이하가 원칙이다. (단, 디딤면이 고무제품 등 미끄러지기 어려운 구조인 경우 (나) 이하까지 완화가 가능하다.)
> • 경사도가 8° 이하인 경우 (다) 이하여야 하며, (라) 이하의 경사각일 경우 광폭형으로 설치가 가능하다.

	(가)	(나)	(다)	(라)
①	12°	15°	50m/min	6°
②	15°	18°	40m/min	8°
③	12°	18°	30m/min	6°
④	15°	15°	30m/min	7°

TIP
• 수평보행기(무빙워크)의 경사도는 12° 이하가 원칙이다. (단, 디딤면이 고무제품 등 미끄러지기 어려운 구조인 경우 15° 이하까지 완화가 가능하다.)
• 경사도가 8° 이하인 경우 50m/min 이하여야 하며, 6° 이하의 경사각일 경우 광폭형으로 설치가 가능하다.

Answer 48.④ 49.① 50.①

51 자연형 태양열 시스템의 적용방법상의 분류로 옳지 않은 것은?

① 직접 획득형
② 간접 획득형
③ 집열판 획득형
④ 분리 획득형

TIP 집열판을 통해 획득하는 형식은 설비형 시스템(Active System)에 속한다.

52 태양열 시스템에 대한 설명으로 옳은 것은?

① 설비형 태양열 시스템의 중심이 되는 것은 집열장치이다.
② 설비형 태양열 시스템의 효율에 가장 큰 영향을 미치는 것은 축열기이다.
③ 자연형 태양열 시스템의 하나인 축열벽형(또는 트롬월형 : trombe wall system)은 직접획득형(direct gain system)의 하나이다.
④ 자연형 태양열 시스템의 필수적인 요소인 축열체의 주성분으로 가장 흔히 쓰이는 물질은 콘크리트나 벽돌 등의 조적조와 물이다.

TIP ① 설비형 태양열 시스템의 중심이 되는 것은 순환펌프이다.
② 설비형 시스템의 효율에 가장 큰 영향을 미치는 것은 집열기이다.
③ 자연형 태양열 시스템의 하나인 축열벽형은 간접획득형의 하나이다.

53 자연형 태양열시스템 중 축열지붕방식에 대한 설명으로 옳은 것은?

① 추운 지방에서 유리하고 거주공간 내 온도변화가 적지만 조망이 결핍되기 쉽다.
② 일반건물에서 쉽게 적용되고 투과체가 다양한 기능을 갖지만 과열현상이 초래된다.
③ 기존 재래식 건물에 적용하기 쉽고 점유공간을 확보할 수 있지만 시공비가 비싸다.
④ 냉난방에 모두 효과적이고 성능이 우수하지만 구조적 처리가 어렵고 다층건물에는 활용이 제한된다.

TIP 축열지붕방식은 지붕자체가 집열기 역할을 한다. 건물 높이에는 제한이 있으나 방위나 평면계획이 자유롭다. 지붕연못은 거리에서 외관상 눈에 나타나지 않는 장점이 있다. 그러나 구조적 처리가 어렵고 다층건물에는 활용이 제한된다.

Answer 51.③ 52.④ 53.④

건축법규

01 건축법총론

01 건축법총론

1 용어 정의

(1) 건축법 용어정의

① "대지(垈地)"란 「공간정보의 구축 및 관리 등에 관한 법률」에 따라 각 필지(筆地)로 나눈 토지를 말한다. 다만, 대통령령으로 정하는 토지는 둘 이상의 필지를 하나의 대지로 하거나 하나 이상의 필지의 일부를 하나의 대지로 할 수 있다.

② "건축물"이란 토지에 정착(定着)하는 공작물 중 지붕과 기둥 또는 벽이 있는 것과 이에 딸린 시설물, 지하나 고가(高架)의 공작물에 설치하는 사무소 · 공연장 · 점포 · 차고 · 창고, 그 밖에 대통령령으로 정하는 것을 말한다.

TIP

건축물에 딸린 시설물도 건축물로 보며 지하 또는 고가의 공작물에 설치되는 점포, 차고, 창고, 공연장, 사무소도 건축물로 본다.

③ "건축물의 용도"란 건축물의 종류를 유사한 구조, 이용 목적 및 형태별로 묶어 분류한 것을 말한다.

④ "건축설비"란 건축물에 설치하는 전기 · 전화 설비, 초고속 정보통신 설비, 지능형 홈네트워크 설비, 가스 · 급수 · 배수(配水) · 배수(排水) · 환기 · 난방 · 냉방 · 소화(消火) · 배연(排煙) 및 오물처리의 설비, 굴뚝, 승강기, 피뢰침, 국기 게양대, 공동시청 안테나, 유선방송 수신시설, 우편함, 저수조(貯水槽), 방범시설, 그 밖에 국토교통부령으로 정하는 설비를 말한다.

⑤ "지하층"이란 건축물의 바닥이 지표면 아래에 있는 층으로서 바닥에서 지표면까지 평균높이가 해당 층 높이의 2분의 1 이상인 것을 말한다.

⑥ "거실"이란 건축물 안에서 거주, 집무, 작업, 집회, 오락, 그 밖에 이와 유사한 목적을 위하여 사용되는 방을 말한다.

⑦ "주요구조부"란 내력벽(耐力壁), 기둥, 바닥, 보, 지붕틀 및 주계단(主階段)을 말한다. 다만, 사이 기둥, 최하층 바닥, 작은 보, 차양, 옥외 계단, 그 밖에 이와 유사한 것으로 건축물의 구조상 중요하지 아니한 부분은 제외한다.

⑧ "건축"이란 건축물을 신축 · 증축 · 개축 · 재축(再築)하거나 건축물을 이전하는 것을 말한다.

⑧의2 "결합건축"이란 제56조에 따른 용적률을 개별 대지마다 적용하지 아니하고, 2개 이상의 대지를 대상으로 통합적용하여 건축물을 건축하는 것을 말한다.

⑨ "대수선"이란 건축물의 기둥, 보, 내력벽, 주계단 등의 구조나 외부 형태를 수선 · 변경하거나 증설하는 것으로서 대통령령으로 정하는 것을 말한다.

⑩ "리모델링"이란 건축물의 노후화를 억제하거나 기능 향상 등을 위하여 대수선하거나 건축물의 일부를 증축 또는 개축하는 행위를 말한다.

⑪ "도로"란 보행과 자동차 통행이 가능한 너비 4미터 이상의 도로(지형적으로 자동차 통행이 불가능한 경우와 막다른 도로의 경우에는 대통령령으로 정하는 구조와 너비의 도로)로서 다음 각 목의 어느 하나에 해당하는 도로나 그 예정도로를 말한다.

가. 「국토의 계획 및 이용에 관한 법률」, 「도로법」, 「사도법」, 그 밖의 관계 법령에 따라 신설 또는 변경에 관한 고시가 된 도로

나. 건축허가 또는 신고 시에 특별시장 · 광역시장 · 특별자치시장 · 도지사 · 특별자치도지사(이하 "시 · 도지사"라 한다) 또는 시장 · 군수 · 구청장(자치구의 구청장을 말한다. 이하 같다)이 위치를 지정하여 공고한 도로

⑫ "건축주"란 건축물의 건축 · 대수선 · 용도변경, 건축설비의 설치 또는 공작물의 축조(이하 "건축물의 건축등"이라 한다) 에 관한 공사를 발주하거나 현장 관리인을 두어 스스로 그 공사를 하는 자를 말한다.

⑫의2 "제조업자"란 건축물의 건축 · 대수선 · 용도변경, 건축설비의 설치 또는 공작물의 축조 등에 필요한 건축자재를 제조하는 사람을 말한다.

⑫의3 "유통업자"란 건축물의 건축 · 대수선 · 용도변경, 건축설비의 설치 또는 공작물의 축조에 필요한 건축자재를 판매하거나 공사현장에 납품하는 사람을 말한다.

⑬ "설계자"란 자기의 책임(보조자의 도움을 받는 경우를 포함한다)으로 설계도서를 작성하고 그 설계도서에서 의도하는 바를 해설하며, 지도하고 자문에 응하는 자를 말한다.

⑭ "설계도서"란 건축물의 건축등에 관한 공사용 도면, 구조 계산서, 시방서(示方書), 그 밖에 국토교통부령으로 정하는 공사에 필요한 서류를 말한다.

⑮ "공사감리자"란 자기의 책임(보조자의 도움을 받는 경우를 포함한다)으로 이 법으로 정하는 바에 따라 건축물, 건축설비 또는 공작물이 설계도서의 내용대로 시공되는지를 확인하고, 품질관리 · 공사관리 · 안전관리 등에 대하여 지도 · 감독하는 자를 말한다.

⑯ "공사시공자"란 「건설산업기본법」 제2조 제4호에 따른 건설공사를 하는 자를 말한다.

⑯의2 "건축물의 유지 · 관리"란 건축물의 소유자나 관리자가 사용 승인된 건축물의 대지 · 구조 · 설비 및 용도 등을 지속적으로 유지하기 위하여 건축물이 멸실될 때까지 관리하는 행위를 말한다.

⑰ "관계전문기술자"란 건축물의 구조 · 설비 등 건축물과 관련된 전문기술자격을 보유하고 설계와 공사감리에 참여하여 설계자 및 공사감리자와 협력하는 자를 말한다.

⑱ "특별건축구역"이란 조화롭고 창의적인 건축물의 건축을 통하여 도시경관의 창출, 건설기술 수준향상 및 건축 관련 제도개선을 도모하기 위하여 이 법 또는 관계 법령에 따라 일부 규정을 적용하지 아니하거나 완화 또는 통합하여 적용할 수 있도록 특별히 지정하는 구역을 말한다.

⑲ "고층건축물"이란 층수가 30층 이상이거나 높이가 120미터 이상인 건축물을 말한다.

⑳ "실내건축"이란 건축물의 실내를 안전하고 쾌적하며 효율적으로 사용하기 위하여 내부 공간을 칸막이로 구획하거나 벽지, 천장재, 바닥재, 유리 등 대통령령으로 정하는 재료 또는 장식물을 설치하는 것을 말한다.

㉑ "부속구조물"이란 건축물의 안전 · 기능 · 환경 등을 향상시키기 위하여 건축물에 추가적으로 설치하는 환기시설물 등 대통령령으로 정하는 구조물을 말한다.

(2) 건축법 시행령 용어정의

① "신축"이란 건축물이 없는 대지(기존 건축물이 철거되거나 멸실된 대지를 포함한다)에 새로 건축물을 축조(築造)하는 것[부속건축물만 있는 대지에 새로 주된 건축물을 축조하는 것을 포함하되, 개축(改築) 또는 재축(再築)하는 것은 제외한다]을 말한다.

② "증축"이란 기존 건축물이 있는 대지에서 건축물의 건축면적, 연면적, 층수 또는 높이를 늘리는 것을 말한다.

③ "개축"이란 기존 건축물의 전부 또는 일부[내력벽 · 기둥 · 보 · 지붕틀(제16호에 따른 한옥의 경우에는 지붕틀의 범위에서 서까래는 제외한다) 중 셋 이상이 포함되는 경우를 말한다]를 철거하고 그 대지에 종전과 같은 규모의 범위에서 건축물을 다시 축조하는 것을 말한다.

④ "재축"이란 건축물이 천재지변이나 그 밖의 재해(災害)로 멸실된 경우 그 대지에 다음 각 목의 요건을 모두 갖추어 다시 축조하는 것을 말한다.

가. 연면적 합계는 종전 규모 이하로 할 것

나. 동(棟)수, 층수 및 높이는 다음의 어느 하나에 해당할 것

㉠ 동수, 층수 및 높이가 모두 종전 규모 이하일 것

㉡ 동수, 층수 또는 높이의 어느 하나가 종전 규모를 초과하는 경우에는 해당 동수, 층수 및 높이가 「건축법」(이하 "법"이라 한다), 이 영 또는 건축조례(이하 "법령등"이라 한다)에 모두 적합할 것

⑤ "이전법"이란 건축물의 주요구조부를 해체하지 아니하고 같은 대지의 다른 위치로 옮기는 것을 말한다.

⑥ "내수재료(耐水材料)법"란 인조석 · 콘크리트 등 내수성을 가진 재료로서 국토교통부령으로 정하는 재료를 말한다.

⑦ "내화구조(耐火構造)법"란 화재에 견딜 수 있는 성능을 가진 구조로서 국토교통부령으로 정하는 기준에 적합한 구조를 말한다.

⑧ "방화구조(防火構造)법"란 화염의 확산을 막을 수 있는 성능을 가진 구조로서 국토교통부령으로 정하는 기준에 적합한 구조를 말한다.

⑨ "난연재료(難燃材料)법"란 불에 잘 타지 아니하는 성능을 가진 재료로서 국토교통부령으로 정하는 기준에 적합한 재료를 말한다.

⑩ "불연재료(不燃材料)법"란 불에 타지 아니하는 성질을 가진 재료로서 국토교통부령으로 정하는 기준에 적합한 재료를 말한다.

⑪ "준불연재료법"란 불연재료에 준하는 성질을 가진 재료로서 국토교통부령으로 정하는 기준에 적합한 재료를 말한다.

⑫ "부속건축물법"이란 같은 대지에서 주된 건축물과 분리된 부속용도의 건축물로서 주된 건축물을 이용 또는 관리하는 데에 필요한 건축물을 말한다.

⑬ "부속용도법"란 건축물의 주된 용도의 기능에 필수적인 용도로서 다음 각 목의 어느 하나에 해당하는 용도를 말한다.

가. 건축물의 설비, 대피, 위생, 그 밖에 이와 비슷한 시설의 용도

나. 사무, 작업, 집회, 물품저장, 주차, 그 밖에 이와 비슷한 시설의 용도

다. 구내식당 · 직장어린이집 · 구내운동시설 등 종업원 후생복리시설, 구내소각시설, 그 밖에 이와 비슷한 시설의 용도. 이 경우 다음의 요건을 모두 갖춘 휴게음식점(별표 1 제3호의 제1종 근린생활시설 중 같은 호 나목에 따른 휴게음식점을 말한다)은 구내식당에 포함되는 것으로 본다.

㉠ 구내식당 내부에 설치할 것

㉡ 설치면적이 구내식당 전체 면적의 3분의 1 이하로서 50제곱미터 이하일 것

㉢ 다류(茶類)를 조리 · 판매하는 휴게음식점일 것

라. 관계 법령에서 주된 용도의 부수시설로 설치할 수 있게 규정하고 있는 시설, 그 밖에 국토교통부장관이 이와 유사하다고 인정하여 고시하는 시설의 용도

⑭ "발코니"란 건축물의 내부와 외부를 연결하는 완충공간으로서 전망이나 휴식 등의 목적으로 건축물 외벽에 접하여 부가적(附加的)으로 설치되는 공간을 말한다. 이 경우 주택에 설치되는 발코니로서 국토교통부장관이 정하는 기준에 적합한 발코니는 필요에 따라 거실 · 침실 · 창고 등의 용도로 사용할 수 있다.

⑮ "초고층 건축물"이란 층수가 50층 이상이거나 높이가 200미터 이상인 건축물을 말한다.

⑮의2 "준초고층 건축물"이란 고층건축물 중 초고층 건축물이 아닌 것을 말한다.

⑯ “한옥”이란 「한옥 등 건축자산의 진흥에 관한 법률」 제2조 제2호에 따른 한옥을 말한다.

⑰ “다중이용 건축물”이란 다음 각 목의 어느 하나에 해당하는 건축물을 말한다.

가. 다음의 어느 하나에 해당하는 용도로 쓰는 바닥면적의 합계가 5천제곱미터 이상인 건축물

㉠ 문화 및 집회시설(동물원 및 식물원은 제외한다)

㉡ 종교시설

㉢ 판매시설

㉣ 운수시설 중 여객용 시설

㉤ 의료시설 중 종합병원

㉥ 숙박시설 중 관광숙박시설

나. 16층 이상인 건축물

⑰의2 “준다중이용 건축물”이란 다중이용 건축물 외의 건축물로서 다음 각 목의 어느 하나에 해당하는 용도로 쓰는 바닥면적의 합계가 1천제곱미터 이상인 건축물을 말한다.

가. 문화 및 집회시설(동물원 및 식물원은 제외한다)

나. 종교시설

다. 판매시설

라. 운수시설 중 여객용 시설

마. 의료시설 중 종합병원

바. 교육연구시설

사. 노유자시설

아. 운동시설

자. 숙박시설 중 관광숙박시설

차. 위락시설

카. 관광 휴게시설

타. 장례시설

⑱ “특수구조 건축물”이란 다음 각 목의 어느 하나에 해당하는 건축물을 말한다.

가. 한쪽 끝은 고정되고 다른 끝은 지지(支持)되지 아니한 구조로 된 보 · 차양 등이 외벽(외벽이 없는 경우에는 외곽 기둥을 말한다)의 중심선으로부터 3미터 이상 돌출된 건축물

나. 기둥과 기둥 사이의 거리(기둥의 중심선 사이의 거리를 말하며, 기둥이 없는 경우에는 내력벽과 내력벽의 중심선 사이의 거리를 말한다. 이하 같다)가 20미터 이상인 건축물

다. 특수한 설계 · 시공 · 공법 등이 필요한 건축물로서 국토교통부장관이 정하여 고시하는 구조로 된 건축물

❷ 건축법 일반

(1) 법의 구성

① 법률, 시행령, 시행규칙

㉠ **법률** : 법률은 헌법 다음에 효력을 가지는 규정으로서 헌법상 정부와 국회 의원이 법률안을 제출할 수 있다. 정부에서는 각 중앙행정기관에서 해당업무에 관한 정책집행을 위해 법률안을 마련한다.

㉡ **시행령**(대통령령) : 법률의 시행을 위해 만들어지는 것으로 시행령이라고도 하며 각 중앙행정기관에서 대통령령안을 마련한다.

㉢ **시행규칙**(총리령, 부령) : 법률과 시행령의 시행을 위해 만들어지는 것으로 시행규칙이라고 하며 총리소속기관의 마련하는 것을 총리령, 각 중앙행정기관에서 마련하는 것을 부령이라고 한다.

② 지방자치법규

㉠ **조례** : 지방자치단체가 지방의회의 의결에 의하여 법령의 범위 내에서 자기 사무에 관하여 제정하는 법.

㉡ **규칙** : 지방자치 단체장이 법령 또는 조례의 위임한 범위 내에서, 또한 그 권한에 속하는 사무에 관하여 제정하는 명령.(=시행세칙)

③ 사무관리규정 시행규칙

㉠ **훈령** : 상급기관이 하급기관에 대하여 장기간에 걸쳐 그 권한의 행사를 일반적으로 지시하기 위하여 발하는 명령으로서 조문 형식 또는 시행문 형시에 의하여 작성하고, 누년 일련번호 사용

㉡ **지시** : 상급 기관이 직권 또는 하급 기관의 문의에 의하여 하급 기관에 개별적 · 구체적으로 발하는 명령으로서 시행문 형식에 의하여 작성하고, 연도 표시 일련번호 사용

㉢ **예규** : 행정사무의 통일을 기하기 위하여 반복적 행정사무의 처리기준을 제시하는 법규문서외의 문서로서 조문 형식 또는 시행문 형식에 의하여 작성하고, 누년 일련번호 사용

㉣ **일일명령** : 당직 · 출장 · 시간외 근무 · 휴가 등 일일업무에 관한 명령으로서 시행문 형식 또는 회보 형식 등에 의하여 작성하고, 연도별 일련번호를 사용

㉤ **고시** : 법령이 정하는 바에 따라 일정한 사항을 일반에게 알리기 위한 문서로서 연도표시 일련번호를 사용

㉥ **공고** : 법령에 정하지 아니한 경우로 일정한 사항을 일반에게 알리는 문서로서 연도표시 일련번호 사용

(2) 건축행위

① 「건축법」상 건축이라 함은 다음의 5가지 행위(신축, 증축, 재축, 개축, 이전)를 말한다. (대수선은 건축행위에 속하지 않는다.)

구분	행위요소	도해 (행위 전→행위 후)
신축	건축물이 없는 대지에 건축물 축조	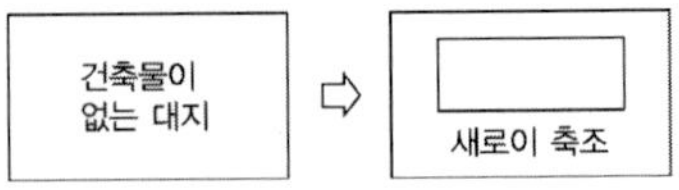 건축물이 없는 대지 ⇨ 새로이 축조
	기존 건축물의 전부를 철거(멸실)한 후 종전규모보다 크게 건축물축조	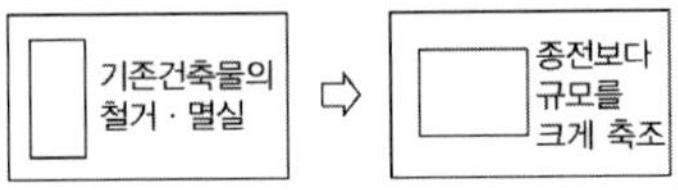 기존건축물의 철거 · 멸실 ⇨ 종전보다 규모를 크게 축조
	부속건축물만 있는 대지에 새로이 주된 건축물 축조	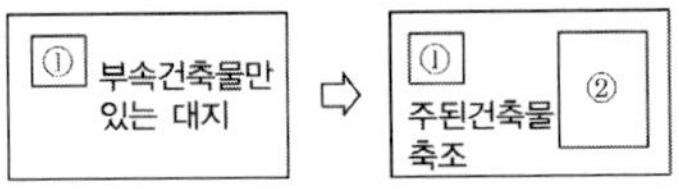 ① 부속건축물만 있는 대지 ⇨ ① ② 주된건축물 축조
증축	기존 건축물의 규모 증가	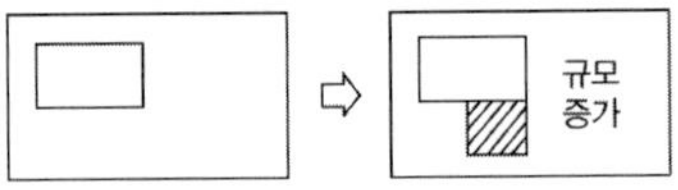 ⇨ 규모 증가
	기존 건축물의 일부를 철거(멸실) 한 후 종전규모보다 크게 건축물축조	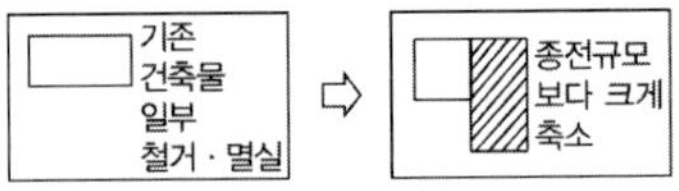 기존 건축물 일부 철거 · 멸실 ⇨ 종전규모 보다 크게 축소
	주된 건축물이 있는 대지에 새로이 부속건축물 축조	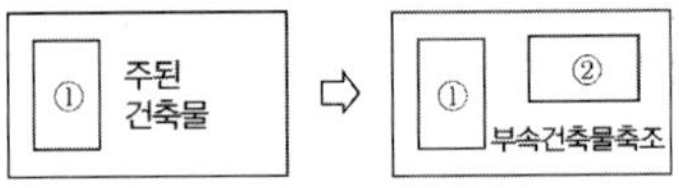 ① 주된 건축물 ⇨ ① ② 부속건축물축조
개축	기존건축물의 전부 또는 일부(내력벽 · 기둥 · 보 · 지붕틀 중 3 이상이 포함되는 경우에 한함)를 철거하고 당해 대지 안에 종전과 동일한 규모의 범위 안에서 건축물을 다시 축조	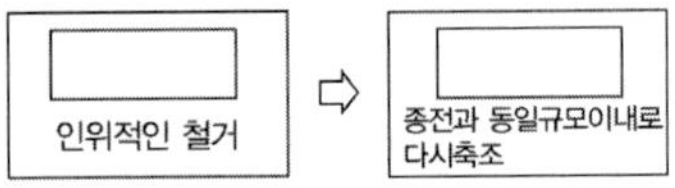 인위적인 철거 ⇨ 종전과 동일규모이내로 다시축조
재축	자연재해 로 인하여 건축물의 일부 또는 전부기 멸실된 경우 그 대지 안에 종전과 동일한 규모의 범위 안에서 다시 축조하는 행위	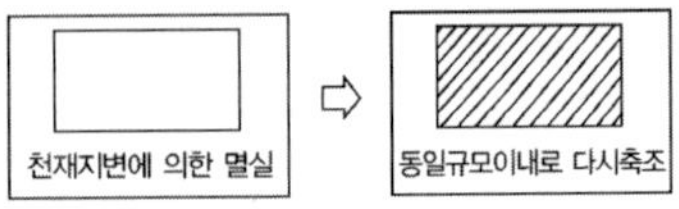 천재지변에 의한 멸실 ⇨ 동일규모이내로 다시축조
이전	기존 건축물의 주요 구조부를 해체하지 않고 동일 대지 내에서 건축물의 위치를 옮기는 행위	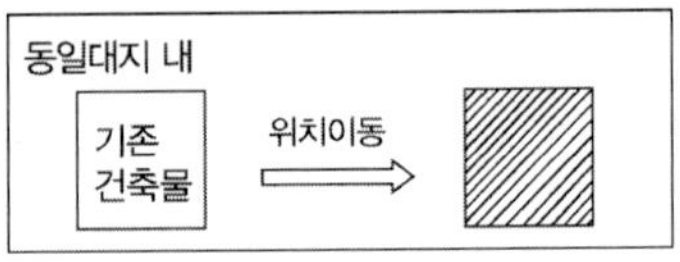 동일대지 내 기존 건축물 위치이동 ⇨

TIP

개축과 재축은 증축과 달리 종전과 동일규모 이내로 다시 축조하는 것이다. 개축은 대수선과 달리 내력벽, 기둥, 보, 지붕틀 중 3가지 이상이 포함되는 것이며 기둥, 보, 지붕틀을 증설 또는 해체하거나 3개 이상 수선 또는 변경하는 것은 대수선이다.

② 「건축법」의 적용 … 일정규모가 넘는 공작물에 대한 건축법 적용

높이 2m를 넘는	• 옹벽 · 담장	「건축법」 및 「국토의 계획 및 이용에 관한 법률」의 일부규정 적용
높이 4m를 넘는	• 광고탑 · 광고판	
높이 6m를 넘는	• 굴뚝 · 장식탑 · 기념탑 • 골프연습장 등의 운동시설을 위한 철탑 • 주거지역 · 상업지역에 설치하는 통신용철탑	
높이 5m를 넘는	• 태양에너지를 이용하는 발전설비와 그 밖에 이와 비슷한 것	
높이 8m를 넘는	• 고가수조	
높이 8m 이하	• 기계식주차장 및 철골조립식주차장으로서 외벽이 없는 것(단, 위험방지를 위한 난간 높이 제외)	
바닥면적 $30m^2$를 넘는	• 지하대피호	
건축조례로 정하는	• 제조시설 · 저장시설(시멘트사일로 포함) · 유희시설 • 건축물 구조에 심대한 영향을 줄 수 있는 중량물	

checkpoint

■ **리모델링**

건축물의 노후화억제 또는 기능향상 등을 위한 다음의 어느 하나에 해당하는 행위를 말한다.

① 대수선

② 법 제29조에 따른 시용검사일 또는 「건축법」 제22조에 따른 시용승인일부터 15년이 경과된 공동주택을 각 세대의 주거전용면적의 10분의 3 이내에서 증축하는 행위. 이 경우 공동주택의 기능향상 등을 위하여 공용부분에 대하여도 별도로 증축할 수 있다.

③ 위 ②에 따른 각 세대의 증축 가능 면적을 합산한 면적의 범위에서 기존세대수의 100분의 15 이내에서 세대수를 증가하는 증축 행위(이하 "세대수 증가형 리모델링"이라 한다). 다만, 수직으로 증축하는 행위(이하 "수직증축형 리모델링"이라 한다)는 다음 요건을 모두 충족하는 경우로 한정한다.

- 최대 3개층 이하로서 대통령령으로 정하는 범위(3개층을 말한다. 다만 수직으로 증축하는 행위의 대상이 되는 건축물의 기존 층수가 14층 이하인 경우에는 2개층을 말한다)에서 증축할 것
- 리모델링 대상 건축물의 구조도 보유 등 대통령령으로 정하는 요건(수직증축형 리모델링 대상 건축물 건축 당시의 구조도를 보유하고 있는 경우를 말한다)을 갖출 것

(3) 건폐율과 용적률

① **건폐율** … 대지면적에 대한 건축면적의 비율

② **용적률** … 대지면적에 대한 지상층 연면적의 비율

③ **연면적** … 하나의 건축물의 각 층의 바닥면적의 합계로 하되, 용적률의 산정에 있어서 "지하층의 면적, 지상층의 주차용(당해 건축물의 부속용도인 경우에 한한다)으로 사용되는 면적, 「주택건설기준 등에 관한 규정」 제2조제3호의 규정에 의한 주민공동시설의 면적"은 제외한다.

TIP

1인당 최소점유면적은 건축법령에서 규정하고 있지 않다.

용도	용도지역	세분 용도지역	용도지역 재세분	건폐율(%)	용적률(%)
도시지역	주거지역	전용주거지역	제1종 전용주거지역	50	50~100
			제2종 전용주거지역	50	50~150
		일반주거지역	제1종 일반주거지역	60	100~200
			제2종 일반주거지역	60	100~250
			제3종 일반주거지역	50	100~300
		준 주거지역	〈주거+상업기능〉	70	200~500
	상업지역	근린상업지역	인근지역 소매시장	70	200~900
		유통상업지역	도매시장	80	200~1100
		일반상업지역		80	200~1300
		중심상업지역	도심지의 백화점	90	200~1500
	공업지역	전용공업지역		70	150~300
		일반공업지역		70	150~350
		준 공업지역	〈공업+주거기능〉	70	150~400
	녹지지역	보전녹지지역	문화재가 존재	20	50~80
		생산녹지지역	도시외곽지역 농경지	20	50~100
		자연녹지지역	도시외곽 완만한 임야	20	50~100
관리지역	보전관리	(16지역)	준 보전산지	20	50~80
	생산관리			20	50~80
	계획관리			40	50~100
농림지역			농업진흥지역	20	50~80
자연환경보전지역		(5지역)	보전산지	20	50~80

TIP

용적률 산정 시 연면적에서 제외되는 대상
㉠ 지하층 면적
㉡ 지상층의 주차장(해당 건축물의 부속용도에 한함)으로 사용되는 면적
㉢ 초고층 및 준초고층 건축물의 피난안전구역
㉣ 건축물의 경사지붕 아래에 설치하는 대피공간의 면적

(4) 획지, 필지, 대지의 구분

① **획지** … 가구를 분할한 것

② **필지** … 단독주택지에 적용되는 개념으로 지적법에 의해 경계와 지목이 지정되는 토지

③ **대지** … 건축행위가 이루어지는 최소단위 (주택을 지을 수 있는 필지는 지목상 보통 '대'로 되어 있음)

TIP

경계선의 종류
㉠ 대지(소유)경계선 : 도로 · 대지와 도로 · 인접대지의 법적인 소유경계선을 말한다.
㉡ 도로 경계선 : 도로와 대지의 법적인 소유경계선을 말한다.
㉢ 건축선 : 대지 내 건축이 가능한 소유영역으로부터의 최소이격기준으로서, 건축물의 지상부분이 그 선을 넘어서 돌출하지 못하도록 하는 선을 말한다.
㉣ 건축지정선 : 가로경관의 연속적 형태를 유지하기 위해 건축물의 외벽면이 지정선의 수직면에 지정선 길이의 일정 비율 이상 접하도록 한 선을 말한다.
㉤ 벽년한계선 : 건축물의 특정층이 계획에서 정한 선의 수직면을 넘어 돌출할 수 없도록 한 선을 말한다.

(5) 대수선에 해당되는 경우

① 내력벽을 증설 또는 해체하거나 그 벽면적을 30m² 이상 수선 또는 변경하는 것

② 기둥을 증설 또는 해체하거나 3개 이상 수선 또는 변경하는 것

③ 보를 증설 또는 해체하거나 3개 이상 수선 또는 변경하는 것

④ 지붕틀을 증설 또는 해체하거나 3개 이상 수선 또는 변경하는 것

⑤ 방화벽 또는 방화구획을 위한 바닥 또는 벽을 증설 또는 해체하거나 수선 또는 변경하는 것

⑥ 주계단 · 피난계단 또는 특별피난계단을 증설 또는 해체하거나 수선 또는 변경하는 것

⑦ 다가구주택의 가구 간 경계벽 또는 다세대주택의 세대 간 경계벽을 증설 또는 해체하거나 수선 또는 변경하는 것

⑧ **신고대상 대수선** … 연면적 200m² 미만이고 3층 미만인 건축물

⑨ **허가대상 대수선** … 연면적 200m² 이상이고 3층 이상인 건축물

(6) 다중이용건축물

① 다음의 용도로 쓰이는 바닥면적의 합계가 5,000m^{2}이상인 건축물

㉠ 문화 및 집회시설(전시장 및 동ㆍ식물원 제외)

㉡ 판매시설, 운수시설, 종교시설, 종합병원

㉢ 관광숙박시설

② 16층 이상인 건축물

TIP

다중이용 건축물은 불특정다수가 이용하는 건물이므로 일반 건축물보다 적용되는 기준이 엄격하므로 불특정한 다수가 사용하는 건축물의 구조, 피난 및 소방사항의 검토, 건축물의 안전과 기능을 고려해야 한다.

분류	세분류	주택으로 쓰이는 1개동 연면적	주택의 층수
단독주택	단독		
	다중	330m^2 이하	3개층 이하
	다가구	660m^2 이하(지하층면적 제외)	3개층 이하(필로티층수 제외)
	공관		
공동주택	다세대	660m^2 이하(지하층면적 제외)	4개층 이하(필로티층수 제외)
	연립	660m^2 초과(지하층면적 제외)	4개층 이하(필로티층수 제외)
	아파트		5개층 이상(필로티층수 제외)
	기숙사		

TIP

다중주택을 제외한 주택의 면적산정 시 지하주차장의 면적은 제외된다.

checkpoint

■ **공구**

하나의 주택단지에서 대통령령으로 정하는 아래의 기준에 따라 둘 이상으로 구분되는 일단의 구역으로 착공신고 및 사용검사를 별도로 수행할 수 있는 구역을 말한다.

① 다음의 어느 하나에 해당하는 시설을 설치하거나 공간을 조성하여 6m 이상의 폭으로 공구 간 경계를 설정할 것

- 주택건설기준 등에 관한 규정 제 26조에 따른 주택단지 안의 도로
- 주택단지 안의 지상에 설치되는 부설주차장
- 주택단지 안의 옹벽 또는 축대
- 식재, 조경이 된 녹지
- 그 밖에 어린이놀이터 등 부대시설이나 복리시설로서 사업계획승인권자가 적합하다고 인정하는 시설

② 공구별 세대수는 300세대 이상으로 할 것

(7) 준다중 이용건축물

다중이용 건축물 외의 건축물로서 다음 어느 하나에 해당하는 용도로 쓰는 바닥면적의 합계가 1천제곱미터 이상인 건축물

① 문화 및 집회시설(동물원, 식물원 제외)

② 종합병원, 종교시설, 판매시설, 교육연구시설, 노유자시설, 운동시설, 위락시설, 관광휴게시설, 장례시설, 여객용 시설, 관광숙박시설

TIP

제1종 시설물과 제2종 시설물

구분	제1종 시설물	제2종 시설물
건축물	• 공동주택 외의 건축물로서 21층 이상 또는 연면적 5만m^2 이상의 건축물 • 연면적 3만m^2 이상의 철도역시설 및 관람장 • 연면적 1만m^2 이상의 지하도상가(지하보도면적을 포함)	• 16층 이상 20층 이하의 공동주택 • 1종 시설물에 해당하지 아니하는 공동주택 외의 건축물로서 16층 이상 또는 연면적 3만m^2 이상의 건축물 • 1종 시설물에 해당하지 아니하는 고속철도, 도시철도 및 광역철도 역시설 • 1종 시설물에 해당하지 않는 다중이용건축물 및 연면적 5천m^2 이상의 전시장 • 1종 시설물에 해당하지 않는 연면적 5천m^2 이상의 지하도상가(지하보도면적을 포함)
비고	• 위 표의 건축물에는 건축설비, 소방설비, 승강기설비 및 전기설비를 포함하지 아니한다. • 건축물의 연면적은 지하층을 포함한 동별로 계산한다. • 건축물 중 주상복합건축물은 공동주택 외의 건축물로 본다.	

❷ 건축물의 건축

(1) 주택법의 사업계획 승인대상

① 단독주택 20호

② 공동주택 중 아파트 20세대

③ 대지조성사업(10,000m^2 이상)

④ 도시형생활주택 30세대 이상(주택법에서 정하는 주상복합은 제외)

(2) 건축허가

① 특별시장 또는 광역시장의 허가대상

㉠ 21층 이상의 건물

㉡ 연면적 합계가 100,000m^2 이상인 건축물

㉢ 연면적의 3/10이상을 증축하여 층수가 21층 이상 또는 연면적의 합계가 100,000m^2 이상 되는 경우

② 특별자치도지사 또는 시장, 군수, 구청장의 허가대상

㉠ 건축물의 건축

㉡ 건축물의 대수선

③ 건축허가에 필요한 설계도서

㉠ 건축계획서 (개요, 도시계획사항, 건축물의 규모, 건축물의 용도별 면적, 주차장규모, 에너지절약계획서)

㉡ 배치도 및 평면도, 입면도, 단면도

㉢ 구조도 및 구조계산서

㉣ 시방서

㉤ 실내마감도

㉥ 소방설비도 및 건축설비도

㉦ 토지굴착 및 옹벽도

(3) 건축의 허가신청에 필요한 설계도서 세부사항

도서의 종류	도서의 축적	표시하여야 할 사항
건축계획서	임의	㉠ 개요(위치, 대지면적 등) ㉡ 지역 · 지구 및 도시계획 사항 ㉢ 건축물의 규모(건축면적, 연면적, 층수, 높이 등) ㉣ 건축물의 용도별 면적 ㉤ 주차장 규모 ㉥ 에너지절약계획서(해당건축물에 한한다) ㉦ 노인 및 장애인 등을 위한 편의시설 설치계획서
배치도	임의	㉠ 축적 및 방위 ㉡ 대지에 접한 도로의 길이 및 너비 ㉢ 대지의 종 · 횡 단면도 ㉣ 건축선 및 대지경계선으로부터 건축물까지의 거리 ㉤ 주차동선 및 옥외주차계획 ㉥ 공개공지 및 조경계획
평면도	임의	㉠ 1층 및 기준층 평면도 ㉡ 기둥 · 벽 · 창문 등의 위치 ㉢ 방화구획 및 방화문의 위치 ㉣ 복도 및 계단의 위치 ㉤ 승강기의 위치
입면도	임의	㉠ 2면 이상의 입면계획 ㉡ 외부마감재료
단면도	임의	㉠ 종 · 횡 단면도 ㉡ 건축물의 높이, 각층의 높이 및 반자높이
구조도 (구조안전확인대상 건축물)	임의	㉠ 구조내력 상 중요한 부분의 평면 및 단면 ㉡ 주요 구조부의 상세도면
구조계산서 (구조안전확인 또는 내진설계대상 건축물)	임의	㉠ 구조내력 상 주요한 부분의 응력 및 단면산정 과정 ㉡ 내진설계의 내용(지진에 대한 안전여부 확인대상 건축물)
시방서	임의	㉠ 시방내용(건설교통부장관이 작성한 표준시방서에 없는 공법인 경우에 한한다) ㉡ 흙막이 공법 및 도면
실내마감도	임의	벽 및 반자의 마감의 종류
소방설비도	임의	소방법에 의하여 소방관서 장의 동의를 얻어야하는 건축물의 해당 소방관련설비
건축설비도	임의	냉 · 난방설비, 위생설비, 환경설비, 전기설비, 통신설비, 승강설비 등 건축설비
토지굴착 및 옹벽도	임의	㉠ 지하매설구조물 현황 ㉡ 흙막이 구조 ㉢ 단면상세 ㉣ 옹벽구조

기출예제 01 2011 국가직 (7급)

건축 허가신청용 도서에 대한 설명으로 옳은 것은?

① 건축계획서, 배치도, 평면도, 입면도, 단면도, 구조도, 구조 계산서, 내역명세서 등이 필요하다.
② 배치도는 축척 및 방위, 대지에 접한 도로의 길이 및 너비, 대지의 종·횡단면도, 건축선 및 대지경계선으로부터 건축물까지의 거리, 주차동선 및 옥외주차계획, 공개공지 및 조경계획을 포함한다.
③ 구조계산서에는 구조내력상 주요한 부분의 응력 및 단면 산정 과정, 내진설계의 내용(지진에 대한 안전 여부 확인 대상건축물), 구조내력상 주요한 부분의 평면 및 단면이 필요하다.
④ 실내마감도는 벽 및 반자의 마감의 종류와 이를 지시하는 시방서가 필요하다.

*

① 내역명세서는 해당되지 않는다.
③ 구조내력상 주요한 부분의 평면 및 단면이 필요하다.
④ 이를 지시하는 시방서는 필요하지 않다.

답 ②

(4) 건축물의 용도분류

단독주택	단독주택, 다중주택, 다가구주택, 공관
공동주택	아파트, 연립주택, 다세대주택, 기숙사
근린생활시설	제1종 근린생활시설, 제2종 근린생활시설
문화 및 집회시설	공연장, 집회장, 관람장, 전시장, 동·식물원
종교시설	종교집회장, 종교집회장에 설치하는 봉안당
판매시설	도매시장, 소매시장, 상점
운수시설	여객자동차터미널, 철도시설, 공항 및 항만시설
의료시설	병원, 격리병원
교육연구시설	학교, 교육원, 직업훈련소, 학원, 연구소, 도서관
노유자시설	아동관련시설, 노인복지시설, 사회복지시설 및 근로복지시설
수련시설	생활권 및 자연권 수련시설, 유스호스텔, 야영장 시설
운동시설	체육관, 운동장 등
업무시설	공공업무시설, 일반업무시설
숙박시설	일반숙박시설 및 생활숙박시설, 관광숙박시설, 다중생활시설
위락시설	• 단란주점으로서 제2종 근린생활이 아닌 것 • 유흥주점 및 이와 유사한 것 • 유원시설업의 시설 및 기타 이와 유사한 것 • 카지노 영업소 • 무도장과 무도학원

공장	물품의 제조 · 가공 또는 수리에 계속적으로 이용되는 건축물로서 다른 용도로 분류되지 아니한 것
창고시설	창고, 하역장, 물류터미널, 집배송시설
위험물 저장 및 처리 시설	주유소 및 석유 판매소, 액화석유가스 충전소 · 판매소 · 저장소(기계식 세차설비 포함), 위험물 제조소 · 저장소 · 취급소, 액화가스 취급소 · 판매소, 유독물 보관 · 저장 · 판매시설, 고압가스 충전소 · 판매소 · 저장소, 도료류 판매소, 도시가스 제조시설, 화약류 저장소 등
자동차 관련 시설	주차장, 세차장, 폐차장, 매매장, 검사장, 정비공장, 운전학원, 정비학원, 차고 및 주기장
동 · 식물 관련 시설	축사, 가축시설, 도축장, 도계장, 작물재배사, 종묘배양시설, 화초 및 분재 등의 온실(과 유사한 것)
자원순환 관련 시설	하수 등 처리시설, 고물상, 폐기물재활용시설, 폐기물 처분시설, 폐기물감량화시설
교정 및 군사시설	교정시설, 갱생보호시설 등 범죄자의 갱생 · 보육 · 교육 · 보건 등의 용도로 쓰는 시설, 소년원 및 소년분류심사원, 국방 · 군사시설
방송통신시설	방송국, 전신전화국, 촬영소, 통신용시설, 데이터센터 등
발전시설	발전소로 사용되는 건축물 중 제1종 근린생활시설로 분류되지 않은 것
묘지 관련 시설	화장시설, 봉안당(종교시설에 해당하는 것 제외), 묘지와 자연장지에 부수되는 건축물, 동물화장시설, 동물건조장(乾燥葬)시설 및 동물 전용의 납골시설
관광휴게시설	야외음악당, 야외극장, 어린이회관, 관망탑, 휴게소, 공원 · 유원지 또는 관광지에 부수되는 시설
장례시설	장례식장, 동물 전용의 장례식장
야영장 시설	야영장 시설로서 관리동, 화장실, 샤워실, 대피소, 취사시설 등의 용도로 쓰는 바닥면적의 합계가 300제곱미터 미만인 것

용도	바닥면적합계	분류
슈퍼마켓	1000m^2 미만	1종 근린생활시설
일용품점	1000m^2 이상	판매시설
휴게 음식점	300m^2 미만	1종 근린생활시설
	300m^2 이상	2종 근린생활시설
동사무소	1000m^2 미만	1종 근린생활시설
방송국 등	1000m^2 이상	업무시설
고시원	500m^2 미만	2종 근린생활시설
	500m^2 이상	숙박시설
학원	500m^2 미만	2종 근린생활시설
	500m^2 이상	교육연구시설
단란주점	150m^2 미만	2종 근린생활시설
	150m^2 이상	위락시설

(5) 주의해야 할 용도분류

① **유스호스텔** … 수련시설

② **자동차학원** … 자동차 관련시설

③ **무도학원** … 위락시설

④ **독서실** … 2종 근린생활시설

⑤ **치과의원** … 1종 근린생활시설

⑥ **치과병원** … 의료시설

⑦ **동물병원** … 2종 근린생활시설

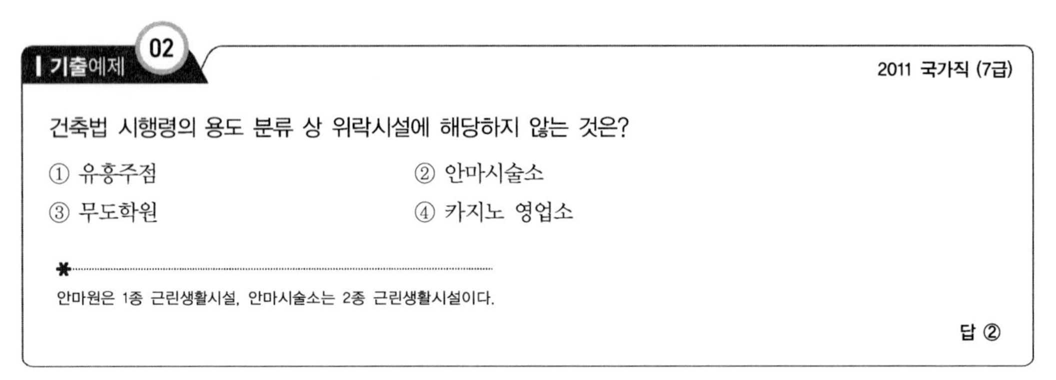

기출예제 02 2011 국가직 (7급)

건축법 시행령의 용도 분류 상 위락시설에 해당하지 않는 것은?

① 유흥주점 ② 안마시술소

③ 무도학원 ④ 카지노 영업소

*

안마원은 1종 근린생활시설, 안마시술소는 2종 근린생활시설이다.

답 ②

(6) 건축물의 용도변경절차

아래에 제시된 순서에서 위쪽으로부터 아래쪽으로 용도변경이 이루어지면 건축신고제를 따르며 (건축기준이 아래로 갈수록 약해지기 때문이다.) 그 반대의 경우 건축허가제를 따른다.

분류	시설군
자동차관련시설군	자동차 관련시설
산업시설군	운수시설, 창고시설, 공장, 위험물저장 및 처리시설, 분뇨 및 쓰레기 처리시설, 묘지관련시설
전기통신시설군	방송통신시설, 발전시설
문화집회시설군	문화 및 집회시설, 종교시설, 위락시설, 관광휴게시설
영업시설군	판매시설, 운동시설, 숙박시설
교육 및 복지시설군	의료시설, 교육연구시설, 노유자시설, 수련시설
근린생활시설	제1, 2종 근린생활시설
주거업무시설군	단독주택, 공동주택, 업무시설, 교정 및 군사시설
그 밖의 시설군	동·식물관련시설, 장례식장

③ 건축물의 구조와 재료

(1) 채광 및 환기에 관한 사항

① 채광을 위한 개구부 면적은 거실 바닥면적의 1/10 이상으로 한다.

② 환기를 위한 개구부 면적은 거실 바닥면적의 1/20 이상으로 해야 한다.

TIP

거실과 비거실

㉠ 거실
- 주거공간(침실, 거실, 부엌), 의료시설의 병실, 숙박시설의 객실, 학교의 교실
- 판매공간 등 일정이용 목적으로 지속적으로 사용하는 공간

㉡ 비거실
- 현관, 복도, 계단실, 변소, 욕실, 창고, 기계실 등과 같이 일시적으로 사용하는 공간

(2) 건축사가 아니어도 설계가 가능한 건축물

① 바닥면적 합계가 85m^2 미만인 증축, 개축, 재축

② 연면적이 200m^2 미만이고 층수가 3층 미만인 건축물의 대수선

③ 읍, 면 지역에서 건축하는 연면적 200m^2 이하의 창고와 400m^2 이하인 축사 및 작물재배사

④ 신고대상 가설건축물

(3) 구조안전 확인대상 건축물

① 구조 안전을 확인한 건축물 중 다음의 어느 하나에 해당하는 건축물의 건축주는 해당 건축물의 설계자로부터 구조 안전의 확인 서류를 받아 착공신고를 하는 때에 그 확인 서류를 허가권자에게 제출하여야 한다.(다만, 표준설계도서에 따라 건축하는 건축물은 제외한다.)

㉠ 층수가 2층(주요 구조부인 기둥과 보를 설치하는 건축물로서 그 기둥과 보가 목재인 목구조 건축물의 경우에는 3층) 이상인 건축물

㉡ 연면적 200m^2(목구조 건축물의 경우에는 500m^2) 이상인 건축물. 다만, 창고, 축사, 작물 재배사는 제외

㉢ 높이가 13m 이상인 건축물

㉣ 처마높이가 9m 이상인 건축물

㉤ 기둥과 기둥사이의 거리가 10m 이상인 건축물

㉥ 건축물의 용도 및 규모를 고려한 중요도가 높은 건축물로서 국토교통부령으로 정하는 건축물

㉦ 국가적 문화유산으로 보존할 가치가 있는 건축물로서 국토교통부령으로 정하는 것

㉧ 시행령 제2조 제18호 가목 및 다목의 건축물

ⓩ 별표 1 제1호의 단독주택 및 같은 표 제2호의 공동주택

② 구조기술사와의 협력의무대상 건축물

㉠ **건축구조기술사 협력의무대상 건축물**: 다음의 어느 하나에 해당하는 건축물의 설계자는 해당 건축물에 대한 구조의 안전을 확인하는 경우에는 건축구조기술사의 협력을 받아야 한다.

- 3층 이상의 필로티형식 건축물
- 6층 이상인 건축물
- 특수구조 건축물
- 다중이용건축물, 준다중이용건축물
- 지진구역 I 인 지역 내에 건축하는 건축물로서 중요도가 〈특〉에 해당하는 건축물
- 건축물의 용도 및 규모를 고려한 중요도가 높은 건축물로서 국토교통부령으로 정하는 건축물

㉡ **토목분야 기술사 또는 국토개발분야 지질지반기술사 협력**: 다음의 어느 하나에 해당하는 경우 건축물의 설계자, 공사감리자는 기술사의 협력을 받아야 한다.

- 깊이 10m 이상의 토지굴착공사
- 높이 5m 이상의 옹벽공사
- 지질조사
- 토공사의 설계 및 감리
- 흙막이벽, 옹벽설치 등에 관한 위해방지 및 기타사항

㉢ **건축전기설비기술사, 발송배전기술사, 건축기계설비기술사, 공조냉동기계기술사 협력 대상 건축물**

- 연면적 10,000m^2 이상 건축물(창고시설은 제외)
- 바닥면적의 합계가 500m^2 이상인 건축물 중 냉동냉장시설, 항온항습시설, 특수청정시설아파트 및 연립주택
- 목욕장, 실내 물놀이형시설 및 실내 수영장의 용도로 사용되는 바닥면적의 합계가 500m^2 이상인 건축물
- 기숙사, 의료시설, 유스호스텔, 숙박시설의 용도로 사용되는 바닥면적의 합계가 2,000m^2 이상인 건축물
- 판매시설, 연구소, 업무시설의 용도로 사용되는 바닥면적의 합계가 3,000m^2 이상인 건축물
- 문화 및 집회시설, 종교시설, 교육연구시설(연구소제외), 장례식장의 용도로 사용되는 바닥면적의 합계가 10,000m^2 이상인 건축물

③ 지진에 대한 안전여부 확인대상 건축물

㉠ 3층 이상 건축물

㉡ 연 면적 1000m^2 이상인 건축물(창고, 축사, 작물재배사 예외)

㉢ 국가적 문화유산으로 보존할 가치가 있는 연면적 합계 5000m^2 이상인 박물관, 기념관 등

④ 안전영향평가

㉠ **지하안전 영향평가 대상** : 다음의 하나에 해당하는 사업 중 굴착깊이가 20m 이상인 굴착공사, 터널공사(산악터널, 수저터널 제외)를 수반하는 사업

- 도시의 개발사업
- 산업입지 및 산업단지의 조성사업
- 에너지 개발사업
- 항만의 건설사업
- 도로의 건설사업
- 수자원의 개발사업
- 철도(도시철도를 포함한다)의 건설사업
- 공항의 건설사업
- 하천의 이용 및 개발 사업
- 관광단지의 개발사업
- 특정 지역의 개발사업
- 체육시설의 설치사업
- 폐기물 처리시설의 설치사업
- 국방 · 군사 시설의 설치사업
- 토석 · 모래 · 자갈 등의 채취사업
- 지하안전에 영향을 주는 시설로서 대통령령으로 정한 시설 설치사업

㉡ **소규모 지하안전영향평가 대상** : 굴착깊이가 10m 이상 20m 미만인 굴착공사를 수반하는 소규모 사업

㉢ **지반침하 위험도평가** : 지하시설물 및 주변지반에 대하여 안전관리 실태를 점검하고 지반침하의 우려가 있다고 판단되는 경우 실시하는 평가

㉣ **사후지하안전 영향조사** : 지하안전영향평가 대상사업을 착공한 후에 그 사업이 지하안전에 미치는 영향 조사

(4) 복도규정

구분	양 옆에 거실이 있는 복도	기타의 복도
유치원, 초등학교, 중학교, 고등학교	2.4m 이상	1.8m 이상
공동주택, 오피스텔	1.8m 이상	1.2m 이상
당해 층 거실의 바닥면적 합계가 $200m^2$ 이상인 경우	1.5m 이상 (의료시설의 복도는 1.8m 이상)	1.2m 이상

(5) 직통계단 설치 시 최대보행거리(거실로부터 직통계단까지의 거리)

① 일반적인 경우 … 30m 이하

② 16층 이상의 공동주택 … 40m 이하

③ 주요 구조부가 내화구조 또는 불연재료로 된 건축물(바닥면적 합계가 300m² 이상인 공연장, 집회장, 관람장 및 전시장 제외) … 50m 이하

④ 자동화 공장 … 75m

⑤ 무인화 공장인 … 100m

(6) 방화 및 내화, 난연 및 불연구조

① 방화구조 … 화염의 확산을 막을 수 있는 성능을 가진 구조로서 국토교통부령으로 정하는 기준에 적합한 구조이다.

② 내화구조 … 국토해양부령이 정하는 화재에 견딜 수 있는 성능을 가진 적합한 구조이다.

③ 난연구조 … 불에 잘 타지 않은 성능을 가진 재료를 사용한 구조

TIP

난연등급 분류표

분류	난연 등급	요구 성능	대표자재
불연 재료	1급	• 불에 타지 아니하는 성질을 가진 재료이다. • 가열시험 개시 후 20분간 가열로 내의 최고온도가 최종평형온도를 20K 초과 상승하지 않아야 한다(단, 20분 동안 평형에 도달하지 않으면 최종 1분간 평균온도를 최종평형온도로 한다). • 가열종료 후 시험체의 질량 감소율이 30% 이하여야 한다. • 가스유해성 시험 결과, 실험용 쥐의 평균행동정지 시간이 9분 이상이어야 한다.	콘크리트, 석재, 벽돌, 철강, 유리, 알루미늄, 그라스울, 두께 24㎜의 회반죽, 시멘트보드, 등
준불연 재료	2급	• 불연재료에 준하는 성질을 가진 재료이다. • 가열시험 개시 후 10분간 총방출열량이 8MJ/m² 이하이며, 10분간 최대 열방출률이 10초 이상 연속으로 200kW/m²를 초과하지 않으며, 10분간 가열 후 시험체를 관통하는 방화상 유해한 균열, 구멍 및 용융(복합자재의 경우 심재가 전부 용융, 소멸되는 것을 포함한다) 등이 없어야 한다. • 가스유해성 시험 결과, 실험용 쥐의 평균행동정지 시간이 9분 이상이어야 한다.	석고보드, 인조대리석, 목모시멘트판, 미네랄텍스 등
난연 재료	3급	• 불에 잘 타지 않는 성질을 가진 재료이다. • 가열시험 개시 후 5분간 총방출열량이 8MJ/m² 이하이며, 5분간 최대 열방출률이 10초 이상 연속으로 200kW/m²를 초과하지 않으며, 5분간 가열 후 시험체(복합자재인 경우 심재를 포함한다)를 관통하는 균열, 구멍 및 용융 등이 없어야 한다. • 가스유해성 시험 결과, 실험용 쥐의 평균행동정지 시간이 9분 이상이어야 한다. • 철판과 심재로 이루어진 복합자재의 경우 철판은 도장용융아연도금강판중 일반용으로서 전면도장의 횟수는 2회 이상, 도금량은 제곱미터당 180그램 이상이고, 철판 두께는 도금(鍍金) 후 도장(塗裝) 전을 기준으로 0.5밀리미터 이상이어야 한다.	난연건축자재 (난연합판, 난연우레탄, 난연플라스틱 등)

TIP

다음과 같은 경우는 난연재료 요구성능을 충족시키지 않아도 난연재료로 볼 수 있다.

㉠ 「건축물의 피난 · 방화구조 등의 기준에 의한 규칙」 제24조의2의 규정에 의한 복합자재로서 건축물의 실내에 접하는 부분에 12.5mm 이상의 방화석고보드로 마감한 경우

㉡ 한국산업규격 KS F 2257-1(건축 부재의 내화 시험 방법)에 따라 내화성능 시험한 결과 15분의 차염성능 및 이면온도가 120K 이상 상승하지 않는 재료로 마감하는 경우

④ **불연구조** … 난연 1급인 불연재료를 사용한 구조로 난연구조보다 내화성능이 우수하다.

⑤ **준불연구조** … 난연 2급인 재료를 말한다.

TIP

주요 구조부 내화성능 확보시간

<table>
<tr><th colspan="4">구분</th><th>내화시간</th></tr>
<tr><td rowspan="4">벽</td><td rowspan="3">외벽</td><td colspan="2">내력벽</td><td>1 시간~3 시간</td></tr>
<tr><td rowspan="2">비내력벽</td><td>연소 우려가 있는 부분</td><td>1 시간~1.5 시간</td></tr>
<tr><td>연소 우려가 없는 부분</td><td>0.5 시간</td></tr>
<tr><td colspan="3">내벽</td><td>1 시간~3 시간</td></tr>
<tr><td colspan="4">보 · 기둥</td><td>1 시간~3 시간</td></tr>
<tr><td colspan="4">바닥</td><td>1 시간~2 시간</td></tr>
<tr><td colspan="4">지붕틀</td><td>0.5시간~1시간</td></tr>
</table>

(7) 방재계획

① 다층계의 건물에서 계단은 가장 중요한 피난로가 되므로 알기 쉬운 위치에 균등하게 분산계획한다.

② 피난동선은 되도록 짧은 거리로 계획하고, 두 방향 이상의 피난 통로를 확보하는 것이 좋다.

③ 인명구조기구는 7층 이상인 관광호텔과 5층 이상인 병원에 설치해야 한다.

④ 건축물의 11층 이상의 층, 공동주택은 16층 이상의 층, 지하 3층 이하의 층으로부터 지상으로 통하는 직통계단은 특별피난계단으로 한다.

(8) 방화구획

① **지하층 및 3층 이상의 층** … 면적에 관계없이 층마다 구획한다.

② **10층 이하의 층** … 바닥면적 1,000m^2(3,000m^2) 이내마다 설치한다.

③ **11층 이상의 층에 있어서 방화구획기준**

㉠ **실내마감이 불연재료인 경우** : 바닥면적 500m^2(1,500m^2) 이내마다 설치한다.

㉡ **실내마감이 불연재료가 아닌 경우** : 바닥면적 200m^2(600m^2) 이내마다 설치한다.

TIP

위의 ( ) 안 숫자는 방화구획부분에 대하여 스프링클러 또는 이와 유사한 자동식 소화설비를 설치하는 경우의 구획면적이다. 즉, 스프링클러를 사용하게 되면 3배까지 규정을 완화시키는 것이다.

(9) 배연설비 – 배연설비의 설치대상

건축물의 용도	규모	설치장소
• 문화 및 집회시설, 종교시설, 판매시설, 운수시설, 의료시설 • 업무시설, 숙박시설, 위락시설, 관광휴게시설, 고시원 및 장례식장 • 교육시설 중 연구소, 아동관련시설 및 노인복지시설, 유스호스텔	6층 이상인 건축물	거실

(10) 건축물의 피난층

① 피난층이란 지상으로 직접 통할 수 있는 층이다.

② 피난층은 지형 상 조건에 따라 하나의 건축물에 2개 이상이 있을 수 있다.

③ 피난층외의 층에서 피난층 또는 지상으로 통하는 직통계단에 이르는 보행거리는 30m 이하가 되도록 설치하여야 한다.(단, 주요 구조부가 내화구조 또는 불연재료료 된 건축물의 경우 50m 이하이며 이 중 16층 이상 공동주택인 경우는 40m 이하이다.)

④ 초고층 건축물에는 지상층으로부터 최대 30개 층마다 직통계단과 직접 연결되는 피난안전구역을 설치해야 한다.

⑤ 피난계단, 특별피난계단을 추가로 설치하기 위해서는 5층 이상이어야 한다.

checkpoint

피난안전구역의 설치기준

① 영 제34조 제3항 및 제4항에 따라 설치하는 피난안전구역은 해당 건축물의 1개층을 대피공간으로 하며, 대피에 장애가 되지 아니하는 범위에서 기계실, 보일러실, 전기실 등 건축설비를 설치하기 위한 공간과 같은 층에 설치할 수 있다. 이 경우 피난안전구역은 건축설비가 설치되는 공간과 내화구조로 구획하여야 한다.

② 피난안전구역에 연결되는 특별피난계단은 피난안전구역을 거쳐서 상 · 하층으로 갈 수 있는 구조로 설치하여야 한다.

③ 피난안전구역의 구조 및 설비는 다음 각 호의 기준에 적합하여야 한다.

1. 피난안전구역의 바로 아래층 및 윗층은 「건축물의 설비기준 등에 관한 규칙」 제21조 제1항 제1호에 적합한 단열재를 설치할 것. 이 경우 아래층은 최상층에 있는 거실의 반자 또는 지붕 기준을 준용하고, 윗층은 최하층에 있는 거실의 바닥 기준을 준용할 것
2. 피난안전구역의 내부마감재료는 불연재료로 설치할 것
3. 건축물의 내부에서 피난안전구역으로 통하는 계단은 특별피난계단의 구조로 설치할 것
4. 비상용 승강기는 피난안전구역에서 승하차 할 수 있는 구조로 설치할 것
5. 피난안전구역에는 식수공급을 위한 급수전을 1개소 이상 설치하고 예비전원에 의한 조명설비를 설치할 것

6. 관리사무소 또는 방재센터 등과 긴급연락이 가능한 경보 및 통신시설을 설치할 것
7. 별표 1의2에서 정하는 기준에 따라 산정한 면적 이상일 것
8. 피난안전구역의 높이는 2.1미터 이상일 것
9. 「건축물의 설비기준 등에 관한 규칙」 제14조에 따른 배연설비를 설치할 것
10. 그 밖에 소방방재청장이 정하는 소방 등 재난관리를 위한 설비를 갖출 것

TIP

롯데월드타워의 피난안전구역

㉠ 고층 또는 초고층 빌딩(마천루) 등의 건물에 화재, 지진 등의 재난이 발생했을 때 건축물 내의 근무자, 거주자, 이용객이 대피할 수 있는 구역이다. (1층을 통해 외부로 나갈 수 없을 때 임시로 대피하는 곳이기도 하며 피난층으로도 부른다.)

㉡ 피난안전구역은 초고층 건축물 등의 관리주체에 따라 설치되는 기준은 다음과 같다.

- 50층 이상 초고층 건축물의 경우 지상층으로부터 최대 30개 층마다 1개씩 설치한다. 16층 이상 49층 이하인 복합건축물의 경우 기준에 따라 최소 1개씩 설치한다.
- 피난안전구역은 최저층부터 최고층까지의 직통계단과 반드시 연결되며 피난안전구역이 있는 층에는 모든 피난용, 비상용 엘리베이터가 정차한다.
- 피난안전구역 내부에는 화재안전기준에 따라 소화기, 소화전, 스프링클러, 방열복, 공기호흡기, 비상구 유도등, 비상조명등, 제연설비, 통신보조설비, 응급설비 등의 소방시설이 마련된다.

롯데월드타워는 123층, 높이 555m의 규모로서 화재가 발생했을 때 거주자가 신속히 피난할 수 있도록 피난안전구역을 설치하였다.

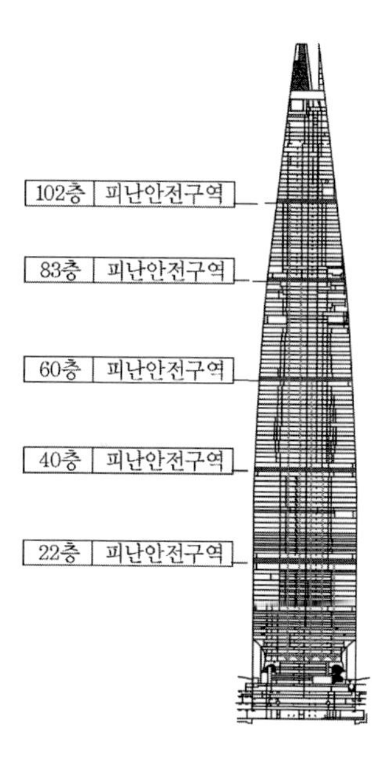

TIP

무창층 … 지상층 중 다음의 요건을 모두 갖춘 개구부의 면적의 합계가 해당 층의 바닥면적(「건축법 시행령」에 따라 산정된 면적을 말한다)의 30분의 1이하가 되는 층을 말한다.

㉠ 크기는 지름 50cm 이상의 원이 내접할 수 있는 크기일 것
㉡ 해당층의 바닥면으로부터 개구부 밑부분까지의 높이가 1.2m 이내일 것
㉢ 도로 또는 차량이 진입할 수 있는 빈터를 향할 것
㉣ 화재 시 건축물로부터 쉽게 피난할 수 있도록 창살이나 그 밖의 장애물이 설치되지 아니할 것
㉤ 내부 또는 외부에서 쉽게 부수거나 열 수 있을 것

(11) 건축법규에 따른 계단의 구조

① 높이가 3m를 넘는 계단에는 높이 3m 이내마다 너비 1.2m 이상의 계단참을 설치

② 돌음계단의 단너비는 그 좁은 너비의 끝부분으로부터 30cm의 위치에서 측정한다.

③ 초등학교 학생용 계단의 단높이는 16cm 이하, 단너비는 26cm 이상으로 한다.

④ 계단을 대체하여 설치하는 경사로는 1 : 8의 경사도를 넘지 않도록 한다.

기출예제 03 2019 서울시

〈보기〉에서 「건축법 시행령」에 따른 피난층 또는 지상으로 통하는 직통계단까지의 보행거리 적용기준 중 옳은 항목을 모두 고른 것은?

〈보기〉

㉠ 거실 각 부분으로부터 계단에 이르는 보행거리는 30미터 이하를 기준으로 한다.
㉡ 주요구조부가 내화구조 또는 불연재료인 건축물(지하층에 설치하는 것으로서 바닥면적의 합계가 300제곱미터 이상인 공연장 · 집회장 · 관람장 및 전시장은 제외)의 경우에는 보행거리를 50미터 이하로 산정한다.
㉢ 주요구조부가 내화구조 또는 불연재료인 건축물 중 16층 이상인 공동주택의 경우에는 보행거리를 40미터 이하로 산정한다.
㉣ 자동화 생산시설에 자동식 소화설비를 설치한 공장으로서 국토교통부령으로 정하는 공장의 경우에는 보행거리를 75미터 이하로 산정하며, 무인화 공장의 경우에는 100미터 이하로 산정한다.

① ㉠
② ㉡, ㉢
③ ㉠, ㉡, ㉣
④ ㉠, ㉡, ㉢, ㉣

✱ 제시된 보기의 사항들은 모두 현행 건축법 시행령에 부합되므로 모두 정답이 된다.

답 ④

⑿ 직통계단, 피난계단, 특별피난계단, 공개공간의 정의

① **직통계단** … 건축물에 피난층으로 직통으로 통하는 계단. (예를 들어 3층에서 1층으로 계단만 쭉 타고 내려와야 직통계단이다. 만약 3층에서 2층으로 내려와서 복도 쭉 지나서 다시 1층으로 내려가는 계단이 있거나 하면 안 된다.)

② **피난계단** … 5층 이상 또는 지하 2층 이하에 설치되는 직통계단은 피난계단으로 의무화시켜 놓았다. 피난계단이라 함은 일단 직통계단이어야 하며 불연재료로 마감하며 예비조명설치와 방화문설치 등 방화위험에 더 안전한 직통계단이다. 계단실 입구에 철재방화문이 설치되어있다.

③ **특별피난계단**

㉠ 기본 11층 이상 또는 지하 3층 이하의 층에 설치하는 계단은 특별피난계단으로 설치되어야 한다. 방화문을 한번 열면 공간이 있고 그 공간에서 또 방화문을 열어 계단실에 들어가게 된다. 피난계단보다 더 강화되어있다. 또는 방화문을 한번 열고 외부 발코니등을 통해 계단실을 출입하게 된다. (예외 : 갓복도식 공동주택, 바닥면적이 400m² 미만인 층)

㉡ 피난계단에 특별한 부속실이 하나 더 있는 계단을 말한다. 화재 시 열기나 연기를 완벽하게 차단하는 기능을 갖춘 계단이다. 방화문에서 한 번 걸러주고, 부속실에서 2차적으로 걸러주기 때문에 안전성이 그 만큼 높다.

④ **피난계단 및 특별피난계단의 추가설치** … 전시장, 동 · 식물원, 판매시설, 운수시설, 운동시설, 위락시설, 관광휴게시설(다중이용시설), 생활권수련시설 등의 경우 피난계단 및 특별피난계단을 다음의 면적만큼 추가 설치한다. (설치규모 = (5층 이상의 층으로 해당용도로 쓰이는 바닥면적의 합계 – $2000m^2$) / $2000m^2$)

⑤ **옥외피난계단** … 문화 및 집회시설 중 공연장, 위락시설 중 주점영업용도로 바닥면적의 합계가 $300m^2$ 이상인 것, 문화 및 집회시설 중 집회장의 용도로 바닥면적의 합계가 $1000m^2$ 이상인 것[공연장(극장, 영화관, 연예장, 음악당, 서커스장, 비디오물감상실, 비디오물소극장 등)이나 집회장(예식장, 공회당, 회의장, 마권장외발매소, 마권 전화투표소 등)처럼 사람들이 집중해 있는 시설이나, 피난상황의 움직임 및 판단의 명료성이 떨어질 것으로 예측되는 주점의 영업을 3층 이상의 층(피난층 제외)에 계획할 경우, 직통계단 외에 그 층으로부터 지상으로 통하는 옥외피난계단을 따로 설치하여야 한다.]

⑥ **공개공간** … 이것은 지하층에만 해당하는 것으로 사람이 많이 사용하는 지하층일 경우이다. 각 지하층에서 대피할 수 있도록 천장이 개방된 공간이 있어야 한다는 것이다. 천장이 개방돼 있다는 것은 건물 외부라고 보면 된다. 쉽게 말해 건물 안에서 계단을 찾아 다녀봤자 연기도 많고 하니 일단 건물외부로 나가 그곳에 외부계단을 이용해 대피한다는 목적이다. 사실 지하에 $3000m^2$(약 1000평)이나 되는 공연장/관람장 등은 거의 만들질 않는다.

⒀ 피난계단의 구조

① 건축물의 바깥쪽에 설치하는 피난계단의 유효너비는 0.9m 이상으로 한다.

② 계단실의 실외에 면하는 개구부들은 해당 건축물의 다른 부분에 설치하는 개구부 등으로부터 2m 이상 거리를 두고 설치해야 한다. 그러나 계단실의 실외에 면하는 강압유리의 붙박이창으로서 그 면적을 각각 $1m^2$ 이하의 창으로 설치한 경우에는 2m 안쪽이라도 개구부를 설치할 수 있다.

③ 건축물의 5층 이상 또는 지하 2층 이하의 층으로부터 피난층 또는 지상으로 통하는 직통계단은 피난계단 또는 특별피난계단으로 설치한다.

④ 건축물의 내부와 접하는 계단실의 창문 등(출입구를 제외한다)은 망이 들어 있는 유리의 붙박이창으로서 그 면적을 각각 $1m^2$ 이하로 한다.

⑤ 피난계단실의 실내재료는 내화재료가 아니라 '불연재료'여야 한다. (내화구조 불연재료임)

구분		갑종방화문	을종방화문	비고
특별피난계단	내부에서 노대(부속실)로의 출입문	O		
	노대 또는 부속실에서 계단출입문	O	O	
피난계단 내부에서 계단실 출입문		O		개정
방화구획		O		
방화벽 개구부		O		2.5m × 2.5m이하
방화지구 내 연소우려 있는 방화문		O		

구분	내화구조	불연재료	비고
피난안전구역	O	O(마감)	
계단실	O	O(마감)	
경계벽, 간막이벽	O		
방화벽	O		
방화지구 안의 지붕	O	O(내화구조 아닌 것은 불연재료)	
연면적 1000m^2 이상인 목조 (연소우려있는 부분)		O(지붕)	외벽 및 처마 밑 : 방화구조

(14) 방화문

① 글자 그대로 불에 견디는 특성을 지닌 문을 말하며 건물에 불이 났을 때 사람들이 대피할 수 있는 시간을 벌어주고 불이 옮겨 붙는 것을 차단하거나 옮겨 붙는 시간을 지연시키기 위해 만들어진 문이다.

② 방화문은 갑종방화문과 을종방화문으로 구분되며, 다음의 요구조건을 충족해야 한다.

㉠ 생산공장의 품질 관리 상태를 확인한 결과 국토교통부장관이 정하여 고시하는 기준에 적합할 것

㉡ 품질시험을 실시한 결과 다음 각 목의 구분에 따른 기준에 따른 성능을 확보할 것

• 갑종 방화문 : 다음의 성능을 모두 확보할 것

–비차열(非遮熱) 1시간 이상

–차열(遮熱) 30분 이상(영 제46조 제4항에 따라 아파트 발코니에 설치하는 대피공간의 갑종방화문만 해당한다)

• 을종 방화문 : 비차열 30분 이상의 성능을 확보할 것

TIP

"차열"이란 열의 전달과 화염의 확산을 차단하는 것이고, "비차열"이란 열의 전달은 차단하지 못해도 화염의 확산을 막을 수 있는 기능을 말한다.

③ 다음의 조건을 충족시킬 것

㉠ 갑종방화문

- 공구를 철재로 하고 그 양면에 각각 두께 0.5mm 이상의 철판을 붙인 것
- 철재로서 철판의 두께가 1.5mm 이상의 철판을 붙인 것
- 건설교통부장관이 고시하는 기준에 따라 건설교통부장관이 지정하는 자, 또는 한국 건설기술연구원장이 실시하는 품질시험에서 그 성능이 확인된 것

㉡ 을종방화문

- 철재로서 철판의 두께가 0.8mm 이상 1.5mm 미만인 것
- 철재 및 망이 들어있는 유리로 된 것
- 공구를 방화목재로 하고 옥내면에는 두께 1.2cm 이상의 석고판을, 옥외면에는 철판을 붙인 것
- 건설교통부장관이 고시하는 기준에 따라 건설교통부장관이 지정하는 자 또는 한국건설기술연구원장이 실시하는 품질시험에서 그 성능이 확인된 것

(15) 지하층 피난

① 지하층의 환기 및 탈출구 설치기준

바닥면적	설치 기준
바닥면적이 50m^2 이상인 층	직통계단 1개소와 피난층 또는 지상으로 통하는 비상탈출구 및 환기통 설치(단, 직통계단이 2개소 이상이면 제외)
지하층의 바닥면적이 30m^2 이상인 층	식수공급을 위한 급수전 1개소 이상 설치
바닥면적이 1000m^2 이상인 층	방화구획 각 부분마다 1개소 이상 피난계단 또는 특별피난계단 설치
거실의 바닥면적합계가 1000m^2 이상인 층	환기설비 설치

② 비상탈출구의 구조기준

비상탈출구	구조기준
비상탈출구의 크기	유효너비 0.75m 이상으로 하고, 유효높이는 1.5m 이상으로 할 것
비상탈출구의 구조	피난방향으로 열리도록 하고, 실내에서 항상 열 수 있는 구조로 하며, 내부 및 외부에는 비상탈출구 표시를 할 것
비상탈출구의 설치	출입구로부터 3m 이상 떨어진 곳에 설치할 것
지하층의 바닥으로부터 비상탈출구의 하단까지가 높이 1.2m 이상이 되는 경우	벽체에 발판의 너비가 20cm 이상인 사다리를 설치할 것
피난통로의 유효너비	0.75m 이상으로 하고, 피난통로의 실내에 접하는 부분의 마감과 그 바탕은 불연재료로 할 것

⒃ 옥상광장 및 헬리포트

① **옥상광장 설치대상** … 5층 이상의 건물로 종교시설, 판매시설, 위락시설 중 주점영업, 장례식장 등은 옥상광장을 설치해야 한다.

② **헬리포트 설치대상** … 11층 이상인 건축물로서 11층 이상인 층의 바닥면적의 합계가 10,000m^2 이상인 건축물의 옥상에는 헬리포트를 설치하거나 헬리콥터를 통하여 인명을 구조할 수 있는 공간을 확보해야 한다.

③ 대피공간의 조건

㉠ 대피공간의 면적은 지붕 수평투영면적의 10분의 1 이상일 것

㉡ 특별피난계단 또는 피난계단과 연결되도록 할 것

㉢ 출입구 · 창문을 제외한 부분은 해당 건축물의 다른 부분과 내화구조의 바닥 및 벽으로 구획할 것

㉣ 출입구는 유효너비 0.9m 이상으로 하고, 그 출입구에는 갑종방화문을 설치할 것

㉤ 내부마감재료는 불연재료로 할 것

㉥ 예비전원으로 작동하는 조명설비를 설치 할 것

㉦ 관리사무소 등과 긴급연락이 가능한 통신시설을 설치할 것

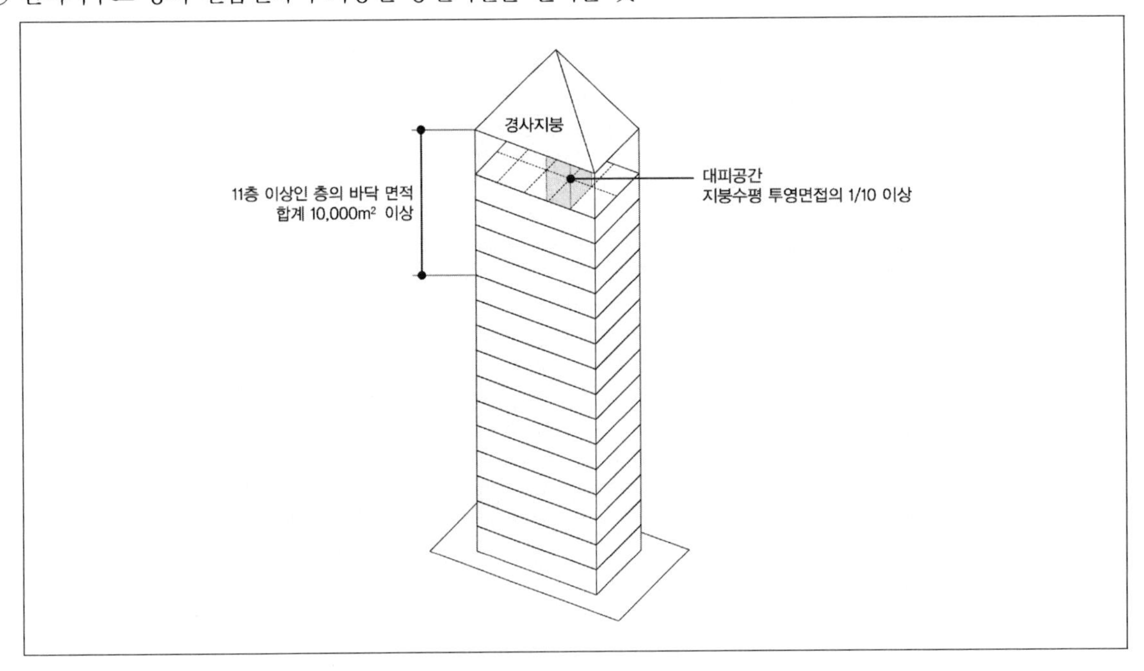

⒄ 경사로 설치대상 건축물

① 제1종 근린생활시설 중 동사무소, 경찰관사무소, 소방서, 우체국, 전신전화국, 방송국, 보건소, 공공도서관

② 지역의료보험조합 등 동일한 건축물 안에 당해 용도에 쓰이는 바닥면적의 합계가 1,000m^2 미만인 것.

③ 제1종 근린생활시설 중 마을 공회당, 마을 공동작업소, 변전소, 마을공동구판장, 정수장, 양수장, 대피소, 공중화장실

④ 연면적이 5,000m^2 이상인 판매 및 영업시설.

⑤ 교육 및 복지시설중 학교

⑥ 업무시설 중 국가 또는 지방자치단체의 청사와 외국공관의 건축물로서 제1종 근린생활시설에 해당하지 아니한 것

⑦ 비상용 승강기 설치

㉠ 승강기를 설치해야 하는 건축물은 6층 이상이며 연면적이 2,000m^2 이상이어야 한다.

㉡ 다음에 해당하는 건축물은 비상용 승강기를 설치해야 한다.

- 높이 31m를 넘는 각층의 바닥면적 중 최대바닥면적이 1,500m^2 이하인 건축물의 경우 : 1대 이상
- 높이 31m를 넘는 각 층의 바닥면적 중 최대바닥면적이 1,500m^2를 초과하는 건축물의 경우

: $\frac{A-1,500m^2}{3,000m^2}+1$ 대 이상

높이 31m를 넘는 각층의 바닥면적 중 최대바닥면적(Am^2)	설치대수	산정기준 (A면적은 31m를 넘는 층 중 최대바닥면적)
1,500m^2 이하	1대 이상	
1,500m^2 초과	1대 + 1,500m^2를 넘는 3,000m^2 이내마다 1대씩 가산	$\frac{A-1,500m^2}{3,000m^2}+1$

단, 다음의 경우는 예외로 한다.

–높이 31m를 넘는 각 층을 거실의 용도로 사용하는 건축물

–높이 31m를 넘는 각 층의 바닥면적 합계가 500m^2 이하인 건축물

–높이 31m를 넘는 층수가 4개층 이하로 각 층의 바닥면적의 합계가 200m^2 이내마다 방화구획으로 구획한 건축물(벽 및 반자가 실내에 접하는 부분의 마감을 불연재료로 한 경우에는 500m^2 이내)

- 피난층이 있는 승강장의 출입구로부터 도로 또는 공지에 이르는 거리는 30m 이하로 계획하여야 한다.
- 2대 이상의 비상용 승강기를 설치하는 경우에는 화재가 났을 때 소화에 지장이 없도록 일정한 간격을 두고 설치하여야 한다.
- 승강장의 바닥면적은 옥외에 승강장을 설치하는 경우를 제외하고 비상용승강기 1대에 대하여 6m^2 이상으로 한다.

비상용 승강기 승강장의 구조

㉠ 승강장은 피난층을 제외한 각 층의 내부와 연결될 수 있도록 하되, 그 출입구에는 갑종방화문을 사용한다.

㉡ 승강장의 창문, 출입구, 기타 개구부를 제외한 부분은 당해 건축물의 다른 부분과 내화구조의 바닥 및 벽으로 구획해야 한다.

㉢ 피난층이 있는 승강장의 출입구로부터 도로 또는 공지에 이르는 거리는 30m 이하여야 한다.

㉣ 벽 및 반자가 실내에 접하는 부분의 마감재료는 불연재료로 한다.

㉤ 채광이 되는 창문이 있거나 예비전원에 의한 조명설비를 해야 한다.

㉥ 승강장의 바닥면적은 비상용 승강기 1대에 6m^2 이상으로 해야 한다.

기출예제 04 2014 서울시 (7급)

고층건축물에서 비상용승강기는 피난계획 수립 시에 매우 중요한 고려사항이다. 층고가 1층은 4.5미터이고, 2층부터 20층까지 3.3미터이며, 각 층 바닥면적이 4,200m^{2}인 건축물에 비상용승강기를 설치하려고 한다. 다음 중에서 위 조건에 적합한 비상용승강기의 설치대수는?

① 1대 ② 2대

③ 3대 ④ 4대

⑤ 5대

안마원은 1종 근린생활시설, 안마시술소는 2종 근린생활시설이다.

비상용 승강기 설치기준

높이 31m를 넘는 각층의 바닥면적 중 최대바닥면적(Am^2)	설치대수	산정기준 (A면적은 31m를 넘는 층 중 최대바닥면적)
1,500m^2 이하	1대 이상	
1,500m^2 초과	1대 + 1,500m^{2}를 넘는 3,000m^2 이내마다 1대씩 가산	$\frac{A-1,500m^2}{3,000m^2}+1$

$\frac{4,200-1,500m^2}{3,000m^2}+1>2$이므로 3대를 설치해야 한다.

답 ②

⒅ 주요 구조부를 내화구조로 해야 하는 경우

해당 건축물	면적
문화 및 집회시설, 종교시설, 주점영업, 장례식장	관람석 또는 집회실의 바닥면적의 합계가 200m² 이상 (옥외관람석의 경우 1,000m²)
전시장, 동 · 식물원, 판매시설, 운수시설, 수련시설, 체육관 · 운동장, 위락시설, 창고시설, 위험물저장 및 처리시설, 자동차 관련 시설, 방송국 · 전신전화국 · 촬영소, 화장장, 관광휴게시설	그 용도로 쓰는 바닥면적의 합계가 500m² 이상
공장	그 용도로 쓰는 바닥면적의 합계가 2,000m² 이상
건축물의 2층이 단독주택 중 다중주택 및 다가구주택, 공동주택, 제1종 근린생활시설(의료의 용도 시설만 해당), 의료시설, 아동 관련 시설, 노인복지시설, 유스호스텔, 오피스텔, 숙박시설, 장례식장	그 용도로 쓰는 바닥면적의 합계가 400m² 이상
3층 이상인 건축물 및 지하층이 있는 건축물	
2층 이하인 건축물 및 지하층이 있는 건축물	지하층 부분만 해당

TIP

다음에 해당하는 건축물은 위의 규정이 적용되지 아니한다.

㉠ 연면적이 50m² 이하인 단층의 부속건축물로서 외벽 및 처마 밑면을 방화구조로 한 것과 무대의 바닥

㉡ 화재의 위험이 적은 공장

㉢ 3층 이상 및 지하층이 있는 건축물로 단독주택, 동물 및 식물 관련 시설, 발전시설(발전소의 부속용도시설은 제외), 교도소 · 감화원 또는 묘지 관련 시설(화장장은 제외)의 용도로 쓰는 건축물

㉣ 「건축법 시행령」 제56조(건축물의 내화구조) 제1항 제1호 및 제2호에 해당하는 용도로 쓰지 아니하는 건축물로서 그 지붕틀을 불연재료로 한 경우에는 그 지붕틀을 내화구조로 아니할 수 있다.

TIP

대규모 건축물의 방화벽

㉠ 연면적 1천m² 이상인 건축물은 방화벽으로 구획하되, 각 구획된 바닥면적의 합계는 1천m² 미만이어야 한다.

㉡ 연면적 1천m² 이상인 목조건축물의 구조는 방화구조로 하거나 불연재료로 해야 한다.

㉢ 다만, 주요구조부가 내화구조이거나 불연재료인 건축물이나 내부설비의 구조상 방화벽으로 구획할 수 없는 창고시설의 경우에는 그러하지 아니한다.

④ 건축설비기준

(1) 설비관계전문가 협력대상

다음에 해당되는 시설물의 설비에 관해서는 반드시 협력기술자(해당 분야 기술사)의 협력을 받아야 한다.

시설 용도	당해 용도 바닥면적 합계
냉동냉장시설 · 항온항습시설, 특수청정시설	500m^2
아파트 및 연립주택	–
목욕장, 물놀이형시설, 수영장	500m^2
기숙사, 의료시설, 유스호스텔, 숙박시설	2,000m^2
판매시설, 연구소, 업무시설	3,000m^2
문화 및 집회시설, 종교시설, 교육연구시설, 장례식장	10,000m^2

(2) 공동주택 및 다중이용시설의 환기설비기준

① 신축 또는 리모델링하는 다음 각 호의 어느 하나에 해당하는 주택 또는 건축물(이하 "신축공동주택 등"이라 한다)은 시간당 0.5회 이상의 환기가 이루어질 수 있도록 자연환기설비 또는 기계환기설비를 설치해야 한다.
   ㉠ 30세대 이상의 공동주택
   ㉡ 주택을 주택 외의 시설과 동일건축물로 건축하는 경우로서 주택이 30세대 이상인 건축물

② 신축공동주택 등에 자연환기설비를 설치하는 경우에는 자연환기설비가 ①에 따른 환기횟수를 충족하는지에 대하여 지방건축위원회의 심의를 받아야 한다. 다만, 신축공동주택등에 「산업표준화법」에 따른 한국산업표준(이하 "한국산업표준"이라 한다)의 자연환기설비 환기성능 시험방법(KSF 2921)에 따라 성능시험을 거친 자연환기설비를 자연환기설비 설치길이 이상으로 설치하는 경우는 제외한다.

③ 신축공동주택 등에 자연환기설비 또는 기계환기설비를 설치하는 경우에는 신축공동주택 등의 자연환기설비 설치기준 또는 신축공동주택 등의 기계환기설비의 설치기준에 적합하여야 한다.

④ 특별시장 · 광역시장 · 특별자치시장 · 특별자치도지사 또는 시장 · 군수 · 구청장(자치구의 구청장을 말하며, 이하 "허가권자"라 한다)은 30세대 미만인 공동주택과 주택을 주택 외의 시설과 동일 건축물로 건축하는 경우로서 주택이 30세대 미만인 건축물 및 단독주택에 대해 시간당 0.5회 이상의 환기가 이루어질 수 있도록 자연환기설비 또는 기계환기설비의 설치를 권장할 수 있다.

⑤ 다중이용시설을 신축하는 경우에 기계환기설비를 설치해야 하는 다중이용시설 및 각 시설의 필요 환기량과 설치해야 하는 기계환기설비의 구조 및 설치 시 요구조건은 다음과 같다.

시설유형	기계환기설비를 설치하여야 하는 경우
지하시설	• 모든 지하역사(출입통로 · 대합실 · 승강장 및 환승통로와 이에 딸린 시설을 포함한다) • 연면적 2,000m^2 이상인 지하도상가(지상건물에 딸린 지하층의 시설 및 연속되어 있는 둘 이상의 지하도상가의 연면적 합계가 2천m^2 이상인 경우를 포함한다)
문화 및 집회시설	• 연면적 2,000m^2 이상인 전시장(실내 전시장으로 한정한다) • 연면적 2,000m^2 이상인 혼인예식장 • 연면적 1,000m^2 이상인 공연장(실내 공연장으로 한정한다) • 관람석 용도로 쓰이는 바닥면적이 1,000m^2 이상인 체육시설 • 영화상영관
판매시설	• 대규모점포 • 연면적 300m^2 이상인 인터넷컴퓨터게임시설제공업의 영업시설
운수시설	• 항만시설 중 연면적 5,000m^2 이상인 대합실 • 여객자동차터미널 중 연면적 2,000m^2 이상인 대합실 • 철도시설 중 연면적 2,000m^2 이상인 대합실
공항시설법	공항시설 중 연면적 1,500m^2 이상인 여객터미널
의료시설	연면적이 2,000m^2 이상이거나 병상 수가 100개 이상인 의료기관
교육연구시설	• 연면적 3,000m^2 이상인 도서관 • 연면적 1,000m^2 이상인 학원
노유자시설	• 연면적 430m^2 이상인 어린이집 • 연면적 1,000m^2 이상인 노인요양시설
업무시설	연면적 3,000m^2 이상인 업무시설
자동차 관련 시설	연면적 2,000m^2 이상인 주차장(실내주차장으로 한정하며, 기계식주차장은 제외한다)
장례식장	면적 1,000m^2 이상인 장례식장(지하에 설치되는 경우로 한정한다)
그 밖의 시설	• 연면적 1,000m^2 이상인 목욕장업의 영업시설 • 연면적 500m^2 이상인 산후조리원 • 연면적 430m^2 이상인 실내 어린이놀이시설

구분		필요 환기량(m^3/인 · h)	비고
지하시설	지하역사	25 이상	
	지하도상가	36 이상	매장(상점) 기준
문화 및 집회시설		29 이상	
판매시설		29 이상	
운수시설		29 이상	
의료시설		36 이상	
교육연구시설		36 이상	
노유자시설		36 이상	
업무시설		29 이상	
자동차 관련 시설		27 이상	
장례식장		36 이상	
그 밖의 시설		25 이상	

- 다중이용시설의 기계환기설비 용량기준은 시설이용 인원 당 환기량을 원칙으로 산정한다.
- 연면적 또는 바닥면적을 산정할 때에는 실내공간에 설치된 시설이 차지하는 연면적 또는 바닥면적을 기준으로 산정한다.
- 필요 환기량은 예상 이용인원이 가장 높은 시간대를 기준으로 산정한다.
- 의료시설 중 수술실 등 특수 용도로 사용되는 실(室)의 경우에는 소관 중앙행정기관의 장이 달리 정할 수 있다.
- 자동차 관련 시설의 필요 환기량은 단위면적당 환기량(m^3/m^2 · h)으로 산정한다.
- 기계환기설비는 다중이용시설로 공급되는 공기의 분포를 최대한 균등하게 하여 실내 기류의 편차가 최소화될 수 있도록 한다.
- 공기공급체계 · 공기배출체계 또는 공기흡입구 · 배기구 등에 설치되는 송풍기는 외부의 기류로 인하여 송풍능력이 떨어지는 구조가 아닐 것
- 바깥공기를 공급하는 공기공급체계 또는 바깥공기가 도입되는 공기흡입구는 다음 각 목의 요건을 모두 갖춘 공기여과기 또는 집진기 등을 갖출 것

> 가. 입자형 · 가스형 오염물질을 제거 또는 여과하는 성능이 일정 수준 이상일 것
> 나. 여과장치 등의 청소 및 교환 등 유지관리가 쉬운 구조일 것
> 다. 공기여과기의 경우 한국산업표준(KS B 6141)에 따른 입자 포집률이 계수법으로 측정하여 60% 이상일 것

- 공기배출체계 및 배기구는 배출되는 공기가 공기공급체계 및 공기흡입구로 직접 들어가지 아니하는 위치에 설치할 것
- 기계환기설비를 구성하는 설비 · 기기 · 장치 및 제품 등의 효율과 성능 등을 판정하는데 있어 이 규칙에서 정하지 아니한 사항에 대하여는 해당항목에 대한 한국산업표준에 적합할 것

checkpoint

■ **신축공동주택 등의 자연환기설비 설치 기준**

- 신축공동주택등에 설치되는 자연환기설비의 설계 · 시공 및 성능평가방법은 다음 기준에 적합하여야 한다.
- 세대에 설치되는 자연환기설비는 세대 내의 모든 실에 바깥공기를 최대한 균일하게 공급할 수 있도록 설치되어야 한다.
- 세대의 환기량 조절을 위하여 자연환기설비는 환기량을 조절할 수 있는 체계를 갖추어야 하고, 최대개방 상태에서의 환기량을 기준으로 별표 1의5에 따른 설치길이 이상으로 설치되어야 한다.
- 자연환기설비는 순간적인 외부 바람 및 실내외 압력차의 증가로 인하여 발생할 수 있는 과도한 바깥공기의 유입 등 바깥공기의 변동에 의한 영향을 최소화할 수 있는 구조와 형태를 갖추어야 한다.
- 자연환기설비의 각 부분의 재료는 충분한 내구성 및 강도를 유지하여 작동되는 동안 구조 및 성능에 변형이 없어야 하며, 표면결로 및 바깥공기의 직접적인 유입으로 인하여 발생할 수 있는 불쾌감(콜드드래프트 등)을 방지할 수 있는 재료와 구조를 갖추어야 한다.
- 자연환기설비는 다음 각 목의 요건을 모두 갖춘 공기여과기를 갖춰야 한다.

가. 도입되는 바깥공기에 포함되어 있는 입자형 · 가스형 오염물질을 제거 또는 여과하는 성능이 일정 수준 이상일 것 나. 한국산업표준(KS B 6141)에 따른 입자 포집률이 질량법으로 측정하여 70퍼센트 이상일 것 다. 청소 또는 교환이 쉬운 구조일 것

- 자연환기설비를 구성하는 설비 · 기기 · 장치 및 제품 등의 효율과 성능 등을 판정함에 있어 이 규칙에서 정하지 아니한 사항에 대하여는 해당 항목에 대한 한국산업표준에 적합하여야 한다.
- 자연환기설비를 지속적으로 작동시키는 경우에도 대상 공간의 사용에 지장을 주지 아니하는 위치에 설치되어야 한다.
- 한국산업표준(KS B 2921)의 시험조건하에서 자연환기설비로 인하여 발생하는 소음은 대표길이 1미터(수직 또는 수평 하단)에서 측정하여 40dB 이하가 되어야 한다.
- 자연환기설비는 가능한 외부의 오염물질이 유입되지 않는 위치에 설치되어야 하고, 화재 등 유사시 안전에 대비할 수 있는 구조와 성능이 확보되어야 한다.
- 실내로 도입되는 바깥공기를 예열할 수 있는 기능을 갖는 자연환기설비는 최대한 에너지 절약적인 구조와 형태를 가져야 한다.
- 자연환기설비는 주요 부분의 정기적인 점검 및 정비 등 유지관리가 쉬운 체계로 구성하여야 하고, 제품의 사양 및 시방서에 유지관리 관련 내용을 명시하여야 하며, 유지관리 관련 내용이 수록된 사용자 설명서를 제시하여야 한다.
- 자연환기설비는 설치되는 실의 바닥부터 수직으로 1.2미터 이상의 높이에 설치하여야 하며, 2개 이상의 자연환기설비를 상하로 설치하는 경우 1미터 이상의 수직간격을 확보하여야 한다.

(3) 난방 및 냉방설비기준

① 개별난방 설비기준

- 공동주택과 오피스텔의 난방설비를 개별난방방식으로 하는 경우에는 다음의 기준에 적합하여야 한다.
- 보일러는 거실 외의 곳에 설치하되, 보일러를 설치하는 곳과 거실사이의 경계벽은 출입구를 제외하고는 내화구조의 벽으로 구획할 것
- 보일러실의 윗부분에는 그 면적이 $0.5m^2$ 이상인 환기창을 설치하고, 보일러실의 윗부분과 아랫부분에는 각각 지름 10cm 이상의 공기흡입구 및 배기구를 항상 열려있는 상태로 바깥공기에 접하도록 설치할 것. 다만, 전기보일러의 경우에는 그러하지 아니한다.
- 보일러실과 거실사이의 출입구는 그 출입구가 닫힌 경우에는 보일러가스가 거실에 들어갈 수 없는 구조로 할 것
- 기름보일러를 설치하는 경우에는 기름저장소를 보일러실 외의 다른 곳에 설치할 것
- 오피스텔의 경우에는 난방구획을 방화구획으로 구획할 것
- 보일러의 연도는 내화구조로서 공동연도로 설치할 것
- 가스보일러에 의한 난방설비를 설치하고 가스를 중앙집중공급방식으로 공급하는 경우에는 제1항의 규정에 불구하고 가스관계법령이 정하는 기준에 의하되, 오피스텔의 경우에는 난방구획마다 내화구조로 된 벽·바닥과 갑종방화문으로 된 출입문으로 구획하여야 한다.
- 허가권자는 개별 보일러를 설치하는 건축물의 경우 소방청장이 정하여 고시하는 기준에 따라 일산화탄소 경보기를 설치하도록 권장할 수 있다.

② 온돌설치기준

㉠ 온수온돌설치기준

- 온수온돌이란 보일러 또는 그 밖의 열원으로부터 생성된 온수를 바닥에 설치된 배관을 통하여 흐르게 하여 난방을 하는 방식을 말한다.
- 온수온돌은 바탕층, 단열층, 채움층, 배관층(방열관을 포함한다) 및 마감층 등으로 구성된다.

구분	내용
바탕층	온돌이 설치되는 건축물의 최하층 또는 중간층의 바닥
단열층	온수온돌의 배관층에서 방출되는 열이 바탕층 아래로 손실되는 것을 방지하기 위하여 배관층과 바탕층 사이에 단열재를 설치하는 층
채움층	온돌구조의 높이 조정, 차음성능 향상, 보조적인 단열기능 등을 위하여 배관층과 단열층 사이에 완충재 등을 설치하는 층
배관층	단열층 또는 채움층 위에 방열관을 설치하는 층
방열관	열을 발산하는 온수를 순환시키기 위하여 배관층에 설치하는 온수배관
마감층	배관층 위에 시멘트, 모르타르, 미장 등을 설치하거나 마루재, 장판 등 최종 마감재를 설치하는 층

- 단열층은 녹색건축물 조성 지원법에 따라 국토교통부장관이 고시하는 기준에 적합하여야 하며, 바닥난방을 위한 열이 바탕층 아래 및 측벽으로 손실되는 것을 막을 수 있도록 단열재를 방열관과 바탕층 사이에 설치하여야 한다. (다만, 바탕층의 축열을 직접 이용하는 심야전기이용 온돌(「한국전력공사법」에 따른 한국전력공사

의 심야전력이용기기 승인을 받은 것만 해당하며, 이하 "심야전기이용 온돌"이라 한다)의 경우에는 단열재를 바탕층 아래에 설치할 수 있다.)

- 배관층과 바탕층 사이의 열저항은 층간 바닥인 경우에는 해당 바닥에 요구되는 열관류저항의 60% 이상이어야 하고, 최하층 바닥인 경우에는 해당 바닥에 요구되는 열관류저항이 70% 이상이어야 한다. 다만, 심야전기이용 온돌의 경우에는 그러하지 아니하다.
- 단열재는 내열성 및 내구성이 있어야 하며 단열층 위의 적재하중과 고정하중에 버틸 수 있는 강도이거나 그러한 구조로 설치되어야 한다.
- 바탕층이 지면에 접하는 경우에는 바탕층 아래와 주변 벽면에 높이 10cm 이상의 방수처리를 하여야 하며, 단열재의 윗부분에 방습처리를 하여야 한다.
- 방열관은 잘 부식되지 아니하고 열에 견딜 수 있어야 하며, 바닥의 표면온도가 균일하도록 설치하여야 한다.
- 배관층은 방열관에서 방출된 열이 마감층 부위로 최대한 균일하게 전달될 수 있는 높이와 구조를 갖추어야 한다.
- 마감층은 수평이 되도록 설치하여야 하며, 바닥의 균열을 방지하기 위하여 충분하게 양생하거나 건조시켜 마감재의 뒤틀림이나 변형이 없도록 하여야 한다.
- 한국산업규격에 따른 조립식 온수온돌판을 사용하여 온수온돌을 시공하는 경우에는 위의 규정을 적용하지 아니한다.

ⓛ 구들온돌설치기준

- 구들온돌이란 연탄 또는 그 밖의 가연물질이 연소할 때 발생하는 연기와 연소열에 의하여 가열된 공기를 바닥 하부로 통과시켜 난방을 하는 방식을 말한다.
- 구들온돌은 아궁이, 온돌환기구, 공기흡입구, 고래, 굴뚝 및 굴뚝목 등으로 구성된다.

아궁	연탄이나 목재 등 가연물질의 연소를 통하여 열을 발생시키는 부위
온돌환기구	아궁이가 설치되는 공간에서 연탄 등 가연물질의 연소를 통하여 발생하는 가스를 원활하게 배출하기 위한 통로
공기흡입구	아궁이가 설치되는 공간에서 연탄 등 가연물질의 연소에 필요한 공기를 외부에서 공급받기 위한 통로
고래	아궁이에서 발생한 연소가스 및 가열된 공기가 굴뚝으로 배출되기 전에 구들 아래에서 최대한 균일하게 흐르도록 하기 위하여 설치된 통로
굴뚝	고래를 통하여 구들 아래를 통과한 연소가스 및 가열된 공기를 외부로 원활하게 배출하기 위한 장치
굴뚝목	고래에서 굴뚝으로 연결되는 입구 및 그 주변부

- 연탄아궁이가 있는 곳은 연탄가스를 원활하게 배출할 수 있도록 그 바닥면적의 10분의 1 이상에 해당하는 면적의 환기용 구멍 또는 환기설비를 설치하여야 하며, 외기에 접하는 벽체의 아랫부분에는 연탄의 연소를 촉진하기 위하여 지름 10cm 이상 20cm 이하의 공기흡입구를 설치하여야 한다.
- 고래바닥은 연탄가스를 원활하게 배출할 수 있도록 높이/수평거리가 1/5 이상이 되도록 하여야 한다.
- 부뚜막식 연탄아궁이에 고래로 연기를 유도하기 위하여 유도관을 설치하는 경우에는 20° 이상 45° 이하의 경사를 두어야 한다.

- 굴뚝의 단면적은 150cm^2 이상으로 하여야 하며, 굴뚝목의 단면적은 굴뚝의 단면적보다 크게 하여야 한다.
- 연탄식 구들온돌이 아닌 전통 방법에 의한 구들을 설치할 경우에는 위의 규정을 적용하지 아니한다.

③ 냉방설비기준

㉠ 다음에 해당하는 건축물 중 산업통상자원부장관이 국토교통부장관과 협의하여 고시하는 건축물에 중앙집중냉방설비를 설치하는 경우에는 산업통상자원부장관이 국토교통부장관과 협의하여 정하는 바에 따라 축냉식 또는 가스를 이용한 중앙집중냉방방식으로 하여야 한다.

시설 용도	당해 용도 바닥면적 합계
냉동냉장시설 · 항온항습시설, 특수청정시설	500m^2
아파트 및 연립주택	–
목욕장, 물놀이형시설, 수영장	500m^2
기숙사, 의료시설, 유스호스텔, 숙박시설	2,000m^2
판매시설, 연구소, 업무시설	3,000m^2
문화 및 집회시설, 종교시설, 교육연구시설, 장례식장	10,000m^2

㉡ 상업지역 및 주거지역에서 건축물에 설치하는 냉방시설 및 환기시설의 배기구와 배기장치의 설치는 다음 각 호의 기준에 모두 적합하여야 한다.

1. 배기구는 도로면으로부터 2미터 이상의 높이에 설치할 것
2. 배기장치에서 나오는 열기가 인근 건축물의 거주자나 보행자에게 직접 닿지 아니하도록 할 것
3. 건축물의 외벽에 배기구 또는 배기장치를 설치할 때에는 외벽 또는 다음 각 목의 기준에 적합한 지지대 등 보호장치와 분리되지 아니하도록 견고하게 연결하여 배기구 또는 배기장치가 떨어지는 것을 방지할 수 있도록 할 것
   가. 배기구 또는 배기장치를 지탱할 수 있는 구조일 것
   나. 부식을 방지할 수 있는 자재를 사용하거나 도장(塗裝)할 것

(4) 급수관 및 수도계량기 보호함 설치기준

① 주거용 건축물 급수관 지름(mm)

가구 또는 세대수	1	2 · 3	4 · 5	6~8	9~16	17 이상
급수관 지름의 최소기준	15	20	25	32	40	50

㉠ 가구 또는 세대의 구분이 불분명한 건축물에 있어서는 주거에 쓰이는 바닥면적의 합계에 따라 다음과 같이 가구수를 산정한다.

가. 바닥면적 85m^2 이하 : 1가구

나. 바닥면적 85m^2 초과 150m^2 이하 : 3가구

다. 바닥면적 150m^2 초과 300m^2 이하 : 5가구

라. 바닥면적 $300m^2$ 초과 $500m^2$ 이하 : 16가구

마. 바닥면적 $500m^2$ 초과 : 17가구

㉡ 가압설비 등을 설치하여 급수되는 각 기구에서의 압력이 1cm당 0.7kg 이상인 경우에는 위 표의 기준을 적용하지 아니 할 수 있다.

② **급수관의 단열재 두께 기준**

설치장소 \ 관경(mm, 외경)	외기온도(℃)	20 미만	20 이상 ~ 50 미만	50 이상 ~ 70 미만	70 이상 ~ 100 미만	100 이상
외기에 노출된 배관 또는 옥상 등 그밖에 동파가 우려되는 건축물의 부위	−10미만	200 (50)	50 (25)	25 (25)	25 (25)	25 (25)
	−5 미만 ~ −10	100 (50)	40 (25)	25 (25)	25 (25)	25 (25)
	0 미만 ~ −5	40 (25)	25 (25)	25 (25)	25 (25)	25 (25)
	0 이상 유지	20				

㉠ ( )은 기온강하에 따라 자동으로 작동하는 전기 발열선이 설치하는 경우 단열재의 두께를 완화할 수 있는 기준이다.

㉡ 단열재의 열전도율은 0.04kcal/m^2 · h · ℃ 이하인 것으로 한국산업표준제품을 사용할 것

㉢ 설계용 외기온도는 에너지 절약설계기준에 따를 것

③ **수도계량기 보호함 설치기준**(난방공간 내에 설치하는 것은 제외)

㉠ 수도계량기와 지수전 및 역지밸브를 지중 혹은 공동주택의 벽면 내부에 설치하는 경우에는 콘크리트 또는 합성수지제 등의 보호함에 넣어 보호할 것

㉡ 보호함 내 옆면 및 뒷면과 전면판에 각각 단열재를 부착할 것(단열재는 밀도가 높고 열전도율이 낮은 것으로 한국산업표준제품을 사용할 것)

㉢ 보호함의 배관입출구는 단열재 등으로 밀폐하여 냉기의 침입이 없도록 할 것

㉣ 보온용 단열재와 계량기 사이 공간을 유리섬유 등 보온재로 채울 것

㉤ 보호통과 벽체사이틈을 밀봉재 등으로 채워 냉기의 침투를 방지할 것

(5) 전기설비 설치공간 확보기준

수전전압	전력수전 용량	확보면적
특고압 또는 고압	100kW 이상	가로 2.8m, 세로 2.8m
저압	75kW 이상 150kW 미만	가로 2.5m, 세로 2.8m
	150kW 이상 200kW 미만	가로 2.8m, 세로 2.8m
	200kW 이상 300kW 미만	가로 2.8m, 세로 4.6m
	300kW 이상	가로 2.8m 이상, 세로 4.6m 이상

① 저압, 고압 및 특고압의 정의는 전기사업법 시행규칙에 따른다.

② 전기설비 설치공간은 배관, 맨홀 등을 땅속에 설치하는데 지장이 없고 전기사업자의 전기설비 설치, 보수, 점검 및 조작 등 유지관리가 용이한 장소이어야 한다.

③ 전기설비 설치공간은 해당 건축물 외부의 대지상에 확보하여야 한다. 다만, 외부 지상공간이 좁아서 그 공간 확보가 불가능한 경우에는 침수우려가 없고 습기가 차지 아니하는 건축물의 내부에 공간을 확보할 수 있다.

④ 수전전압이 저압이고 전력수전 용량이 300kW 이상인 경우 등 건축물의 전력수전 여건상 필요하다고 인정되는 경우에는 상기 표를 기준으로 건축주와 전기사업자가 협의하여 확보면적을 따로 정할 수 있다.

⑤ 수전전압이 저압이고 전력수전 용량이 150kW 미만이 경우로서 공중으로 전력을 공급받는 경우에는 전기설비 설치공간을 확보하지 않을 수 있다.

5 건축물의 규모

(1) 층고와 반자높이

① **층고**…방의 바닥구조체 윗면으로부터 위층 바닥구조체의 윗면까지의 높이로 한다. 다만, 한 방에서 층의 높이가 다른 부분이 있는 경우에는 그 각 부분 높이에 따른 면적에 따라 가중평균한 높이로 한다.

② **반자높이**…방의 바닥면으로부터 반자까지의 높이 (다만, 한 방에서 반자높이가 다른 부분이 있는 경우에는 그 각 부분의 반자면적에 따라 가중평균한 높이로 한다)

(2) 건축물의 허용오차

① 대지관련 건축기준의 허용오차

항목	허용되는 오차의 범위
건축선의 후퇴거리	3% 이내
인접대지 경계선과의 거리	3% 이내
인접건축물과의 거리	3% 이내
건폐율	0.5% 이내(건축면적 $5m^2$를 초과할 수 없다)
용적률	1% 이내(연면적 $30m^2$를 초과할 수 없다)

② 건축물관련 건축기준의 허용오차

항목	허용되는 오차의 범위
건축물 높이	2% 이내(1m를 초과할 수 없다)
평면길이	2% 이내(건축물 전체길이는 1m를 초과할 수 없고, 벽으로 구획된 각 실의 경우에는 10cm를 초과할 수 없다)
출구너비	2% 이내
반자높이	2% 이내
벽체두께	3% 이내
바닥판두께	3% 이내

6 공개공지 및 조경

공개공지란 쾌적한 지역 환경을 위해 업무시설 등의 다중이용시설 부지에 일반 시민이 자유롭게 이용할 수 있도록 설치하는 소규모 공공 휴식 공간이다.

(1) 공개공지의 설치

① 공개공지의 위치는 대지에 접한 도로 중 교통량이 적은 가장 좁은 도로변에 설치한다.

② 누구나 이용할 수 있는 곳임을 알기 쉽게 표지판을 1개소 이상 설치한다.

③ 상부가 개방된 구조로 지하철 연결통로에 접하는 지하 부분에도 설치가 가능하다.

④ 공개공지의 최소 폭은 5m로 한다.

⑤ 공개공지의 면적은 최소 $45m^2$ 이상으로 한다.

⑥ 공개공지 등의 면적은 대지면적의 100분의 10 이하의 범위에서 건축조례로 정한다. 이 경우 법 제42조에 따른 조경면적과 「매장문화재 보호 및 조사에 관한 법률 시행령」 제14조에 따른 매장문화재의 원형 보존 조치 면적을 공개공지등의 면적으로 할 수 있다.

(2) 공개공지 확보대상

다음의 용도 및 규모의 건축물은 일반이 사용할 수 있도록 소규모 휴식시설 등의 공개공지를 설치해야 한다.

<table>
<tr><th>대상지역</th><th>용도</th><th>규모</th></tr>
<tr><td rowspan="2">• 일반주거지역
• 준주거지역
• 상업지역
• 준공업지역
• 특별자치시장, 특별자치도지사 또는 시장, 군수, 구청장이 도시화의 가능성이 크거나 노후 산업단지의 정비가 필요하다고 인정하여 지정, 공고하는 지역</td><td>• 문화 및 집회시설
• 판매시설(농수산물 유통시설은 제외)
• 업무시설
• 숙박시설
• 종교시설
• 운수시설(여객용시설만 해당)</td><td>바닥면적의 합계 5,000m² 이상</td></tr>
<tr><td colspan="2">• 다중이 이용하는 시설로서 건축조례가 정하는 건축물</td></tr>
</table>

고층사무소 앞의 공개공지 … 고층건축물이 밀집한 도심에는 어느 정도 규모가 있는 공개공지가 여러 곳에 있으며 생태건축을 콘셉트로 하여 다양한 종류의 식물이 심어진다. 서울로(Seoullo)는 혁신적인 공개공지 디자인으로 평가받고 있다.

(3) 대지안의 조경

① 대자인의 조경대상

㉠ **조경면적을 확보해야 하는 대상** : 대지면적이 $200m^2$ 이상인 건축

㉡ **대지면적의 10% 이상 조경면적으로 해야 하는 경우** : 면적 $200m^2$ 이상 $300m^2$ 미만인 대지, 역시설, 공항시설, 공장 및 물류 연면적의 합계 $2,000m^2$ 이상인 경우

㉢ **대지면적의 5% 이상 조경면적으로 해야 하는 경우** : 공장 및 물류 용도로 연면적 합계 $1,500m^2$ 이상 $2,000m^2$ 미만인 경우

㉣ **옥상정원** : 조경기준면적의 50%를 초과할 수 없으며 옥상에 설치한 면적의 2/3에 해당하는 면적을 조경면적으로 산정한다.

② 대지면적이 200m^2 이상이면 조경의무대상이나 다음의 경우는 예외로 한다.

㉠ 자연녹지지역에 건축하는 건축물
㉡ 공장을 5,000m^2 미만인 대지에 건축하는 경우
㉢ 공장의 연면적 합계가 1,500m^2 미만인 경우
㉣ 공장을 산업단지 안에 건축하는 경우
㉤ 축사, 가설건축물
㉥ 연면적 합계가 1,500m^2 미만인 물류시설(주거지역 및 상업지역에 건축하는 것은 제외함)
㉦ 도시지역 및 지구단위계획구역 이외의 지역

checkpoint

■ **시행령 제27조(대지의 조경)**

① 법 제42조 제1항 단서에 따라 다음 각 호의 어느 하나에 해당하는 건축물에 대하여는 조경 등의 조치를 하지 아니할 수 있다.

1. 녹지지역에 건축하는 건축물
2. 면적 5천 제곱미터 미만인 대지에 건축하는 공장
3. 연면적의 합계가 1천 500제곱미터 미만인 공장
4. 「산업집적활성화 및 공장설립에 관한 법률」 제2조 제14호에 따른 산업단지의 공장
5. 대지에 염분이 함유되어 있는 경우 또는 건축물 용도의 특성상 조경 등의 조치를 하기가 곤란하거나 조경 등의 조치를 하는 것이 불합리한 경우로서 건축조례로 정하는 건축물
6. 축사
7. 법 제20조 제1항에 따른 가설건축물
8. 연면적의 합계가 1천 500제곱미터 미만인 물류시설(주거지역 또는 상업지역에 건축하는 것은 제외한다)로서 국토교통부령으로 정하는 것
9. 「국토의 계획 및 이용에 관한 법률」에 따라 지정된 자연환경보전지역 · 농림지역 또는 관리지역(지구단위계획구역으로 지정된 지역은 제외한다)의 건축물
10. 다음 각 목의 어느 하나에 해당하는 건축물 중 건축조례로 정하는 건축물
    가. 「관광진흥법」 제2조 제6호에 따른 관광지 또는 같은 조 제7호에 따른 관광단지에 설치하는 관광시설
    나. 「관광진흥법 시행령」 제2조 제1항 제3호 가목에 따른 전문휴양업의 시설 또는 같은 호 나목에 따른 종합휴양업의 시설
    다. 「국토의 계획 및 이용에 관한 법률 시행령」 제48조 제10호에 따른 관광 · 휴양형 지구단위계획구역에 설치하는 관광시설
    라. 「체육시설의 설치 · 이용에 관한 법률 시행령」 별표 1에 따른 골프장

② 법 제42조 제1항 단서에 따른 조경 등의 조치에 관한 기준은 다음 각 호와 같다. 다만, 건축조례로 다음 각 호의 기준보다 더 완화된 기준을 정한 경우에는 그 기준에 따른다.

1. 공장(제1항 제2호부터 제4호까지의 규정에 해당하는 공장은 제외한다) 및 물류시설(제1항 제8호에 해당하는 물류시설과 주거지역 또는 상업지역에 건축하는 물류시설은 제외한다)
    가. 연면적의 합계가 2천 제곱미터 이상인 경우 : 대지면적의 10퍼센트 이상
    나. 연면적의 합계가 1천500 제곱미터 이상 2천 제곱미터 미만인 경우 : 대지면적의 5퍼센트 이상
2. 「공항시설법」 제2조 제7호에 따른 공항시설 : 대지면적(활주로 · 유도로 · 계류장 · 착륙대 등 항공기의 이륙 및 착륙시설로 쓰는 면적은 제외한다)의 10퍼센트 이상

3. 「철도의 건설 및 철도시설 유지관리에 관한 법률」 제2조 제1호에 따른 철도 중 역시설 : 대지면적(선로 · 승강장 등 철도운행에 이용되는 시설의 면적은 제외한다)의 10% 이상

4. 그 밖에 면적 200m^2 이상 300제곱미터 미만인 대지에 건축하는 건축물 : 대지면적의 10% 이상

③ 건축물의 옥상에 법 제42조 제2항에 따라 국토교통부장관이 고시하는 기준에 따라 조경이나 그 밖에 필요한 조치를 하는 경우에는 옥상부분 조경면적의 3분의 2에 해당하는 면적을 법 제42조 제1항에 따른 대지의 조경면적으로 산정할 수 있다. 이 경우 조경면적으로 산정하는 면적은 법 제42조 제1항에 따른 조경면적의 100분의 50을 초과할 수 없다.

■ **제27조의2(공개 공지 등의 확보)**

① 법 제43조 제1항에 따라 다음 각 호의 어느 하나에 해당하는 건축물의 대지에는 공개 공지 또는 공개 공간(이하 이 조에서 "공개공지등"이라 한다)을 설치해야 한다. 이 경우 공개공지는 필로티의 구조로 설치할 수 있다.

1. 문화 및 집회시설, 종교시설, 판매시설(「농수산물 유통 및 가격안정에 관한 법률」에 따른 농수산물유통시설은 제외한다), 운수시설(여객용 시설만 해당한다), 업무시설 및 숙박시설로서 해당 용도로 쓰는 바닥면적의 합계가 5천 제곱미터 이상인 건축물
2. 그 밖에 다중이 이용하는 시설로서 건축조례로 정하는 건축물

② 공개공지등의 면적은 대지면적의 100분의 10 이하의 범위에서 건축조례로 정한다. 이 경우 법 제42조에 따른 조경면적과 「매장문화재 보호 및 조사에 관한 법률 시행령」 제14조 제1항 제1호에 따른 매장문화재의 원형 보존 조치 면적을 공개공지등의 면적으로 할 수 있다.

③ 제1항에 따라 공개공지등을 설치할 때에는 모든 사람들이 환경친화적으로 편리하게 이용할 수 있도록 긴 의자 또는 조경시설 등 건축조례로 정하는 시설을 설치해야 한다.

④ 제1항에 따른 건축물(제1항에 따른 건축물과 제1항에 해당되지 아니하는 건축물이 하나의 건축물로 복합된 경우를 포함한다)에 공개공지등을 설치하는 경우에는 법 제43조 제2항에 따라 다음 각 호의 범위에서 대지면적에 대한 공개공지등 면적 비율에 따라 법 제56조 및 제60조를 완화하여 적용한다. 다만, 다음 각 호의 범위에서 건축조례로 정한 기준이 완화 비율보다 큰 경우에는 해당 건축조례로 정하는 바에 따른다.

1. 법 제56조에 따른 용적률은 해당 지역에 적용하는 용적률의 1.2배 이하
2. 법 제60조에 따른 높이 제한은 해당 건축물에 적용하는 높이기준의 1.2배 이하

⑤ 제1항에 따른 공개공지등의 설치대상이 아닌 건축물(「주택법」 제15조 제1항에 따른 사업계획승인 대상인 공동주택 중 주택 외의 시설과 주택을 동일 건축물로 건축하는 것 외의 공동주택은 제외한다)의 대지에 법 제43조 제4항, 이 조 제2항 및 제3항에 적합한 공개 공지를 설치하는 경우에는 제4항을 준용한다.

⑥ 공개공지등에는 연간 60일 이내의 기간 동안 건축조례로 정하는 바에 따라 주민들을 위한 문화행사를 열거나 판촉활동을 할 수 있다. 다만, 울타리를 설치하는 등 공중이 해당 공개공지등을 이용하는데 지장을 주는 행위를 해서는 아니 된다.

⑦ 법 제43조 제4항에 따라 제한되는 행위는 다음 각 호와 같다.

1. 공개공지등의 일정 공간을 점유하여 영업을 하는 행위
2. 공개공지등의 이용에 방해가 되는 행위로서 다음 각 목의 행위
   가. 공개공지등에 제3항에 따른 시설 외의 시설물을 설치하는 행위
   나. 공개공지등에 물건을 쌓아 놓는 행위
3. 울타리나 담장 등의 시설을 설치하거나 출입구를 폐쇄하는 등 공개공지등의 출입을 차단하는 행위
4. 공개공지등과 그에 설치된 편의시설을 훼손하는 행위
5. 그 밖에 제1호부터 제4호까지의 행위와 유사한 행위로서 건축조례로 정하는 행위

7 주차장 법규

(1) 주차장 관련법규 주요사항

① 주차장의 종류

㉠ **노상주차장** : 도로의 노면 또는 교통광장(교차점 광장만 해당됨)의 일정구역에 설치된 주차장

㉡ **노외주차장** : 노상주차장의 설치장소 이외의 곳에 설치된 주차장(즉, 도로의 노면 및 교통광장 외의 장소에 설치된 주차장)

㉢ **부설주차장** : 건축물, 골프연습장, 기타 주차수요를 유발하는 시설에 부대하여 설치되는 주차장

㉣ **기계식주차장** : 기계식주차장치를 설치한 노외주차장 및 부설주차장

② **주차전용건축물** … 건축물의 연면적 중 주차장으로 사용되는 부분이 95% 이상인 건축물을 의미하나 제1, 2종 근린생활시설, 문화 및 집회시설, 종교시설, 판매시설, 운수시설, 운동시설, 업무시설, 자동차관련시설은 연면적 중 70% 이상인 경우 주차전용건축물이라고 한다.

주차장이외 부분의 용도	주차장면적 비율	비고
일반용도	연면적 중 95% 이상	특별시장, 광역시장, 특별자치도지사 또는 시장은 조례로 기타 용도의 구역별 제한이 가능함
제1종 및 제2종 근린생활시설 자동차 관련시설 문화 및 집회시설 판매시설 종교시설 운수시설 운동시설 업무시설	연면적 중 70% 이상	

checkpoint

주차전용 건축물의 건폐율, 용적률 등의 제한은 아래 범위 안에서 지방자치단체의 조례로 정한다.

- 건폐율 : 90% 이하
- 용적률 : 1,500% 이하
- 대지면적 최소한도 : 45m^2 이상
- 높이제한 : 다음 구분에 따른 비율이하로 하되, 대지가 2이상의 도로에 접할 경우에는 가장 넓은 도로를 기준으로 가목 또는 나목의 규정을 적용한다.

가. 대지가 폭 12m 미만 도로에 접할 경우 : 건축물의 각 부분의 높이는 그 부분으로부터 대지에 접한 도로의 반대쪽 경계선까지의 수평거리의 3배

나. 대지가 폭 12m 이상 도로에 접할 경우 : 건축물의 각 부분의 높이는 그 부분으로부터 대지에 접한 도로의 반대쪽 경계선까지의 수평거리의 36/도로의 폭 배. 다만, 배율이 1.8배 미만인 경우에는 1.8배로 한다.

③ 장애인 전용주차구획

㉠ **노상주차장** : 아래의 기준에 따라 장애인 전용주차구획을 설치하여야 한다.

- 주차대수 규모가 20대 이상 50대 미만인 경우 : 한 면 이상
- 주차대수 규모가 50대 이상인 경우 : 주차대수의 2%부터 4%까지의 범위에서 장애인의 주차수요를 고려하여 해당 지방자치단체의 조례로 정하는 비율 이상으로 설치해야 한다.

㉡ **노외주차장** : 주차대수 규모가 50대 이상인 경우 1면 이상 설치

TIP

장애인전용 주차구역 의무설치 대상시설이 아닌 곳

㉠ 제1종 근린생활시설 : 수퍼마켓 · 일용품 등의 소매점, 이용원 · 미용원 · 일반목욕장

㉡ *대피소, 공중화장실

㉢ 숙박시설 : 일반숙박시설(호텔, 여관)

※ *표는 장애인전용 주차구역을 만들지 않아도 된다. 수퍼마켓, 일용품 등의 소매점, 이용원, 미용원, 일반목욕장 등은 장애인전용 주차구역 권장 설치대상이지 의무 설치대상이 아니다.

④ 노상주차장 설치금지구역

㉠ 주간선도로

㉡ 너비 6m 미만의 도로

㉢ 종단경사도가 4%를 초과하는 도로 (단, 종단경사도가 6% 이하의 도로로 보도와 차도가 구별되어 있고 차도의 너비가 13m 이상인 도로에 설치하는 경우)

㉣ 고속도로 및 자동차 전용도로 또는 고가도로

㉤ 도로교통법상 주정차금지장소에 해당하는 경우

⑤ 노외주차장 설치구역

㉠ 하천구역 및 공유수면

㉡ 토지의 형질변경없이 주차장의 설치가 가능한 지역

㉢ 주차장의 설치를 목적으로 토지의 형질변경 허가를 받은 지역

㉣ 특별시장, 광역시장, 시장, 군수 또는 구청장이 설치가 필요하다고 인정하는 지역

⑥ 노외주차장의 출입구를 설치할 수 없는 곳

㉠ 종단구배가 10%를 초과하는 도로

㉡ 너비 4m 미만의 도로

㉢ 횡단보도에서 5m 이내의 도로

㉣ 새마을 유아원, 유치원, 초등학교, 특수학교, 장애인복지시설 및 아동전용시설 등의 출입구로부터 20m 이내의 도로

⑦ 주요사항

㉠ 주차대수 400대를 초과하는 규모는 노외주차장의 출구와 입구를 각각 따로 설치한다.

㉡ 입구의 폭은 3.5m 이상이어야 하고 차로의 높이는 2.3m 이상이어야 하며, 주차부분의 높이는 2.1m 이상이어야 한다. 주차규모가 50대 이상인 경우 출구와 입구를 분리하거나 폭 5.5m 이상의 출입구를 설치해야 한다.

㉢ 노외주차장은 본래 녹지지역이 아닌 곳에 설치하는 곳이 원칙이다.

기출예제 05 2010 국가직

노외주차장의 차로에 관한 기준내용으로 옳지 않은 것은?

① 경사로의 종단경사도는 직선부분에서는 17퍼센트를, 곡선 부분에서는 14퍼센트를 초과하여서는 아니 된다.

② 주차대수규모가 50대 이상인 경우의 경사로는 너비 6미터 이상인 2차선의 차로를 확보하거나 진입차로와 진출차로를 분리하여야 한다.

③ 경사로의 노면은 이를 거친 면으로 하여야 한다.

④ 높이는 주차바닥면으로부터 3미터 이상으로 하여야 한다.

*

노외주차장 차고의 높이는 주차바닥면으로부터 2.3m 이상으로 하여야 한다.

답 ④

(2) 자주식 주차방식의 특징

① 주차대수가 많을 경우 입구와 출구를 분리한다.

② 자주식 주차는 기계식 주차방식에 비해 경비가 적게 든다.

③ 수직 이동에 필요한 경사로의 점유면적이 크게 든다는 것이다.

④ 출구는 도로에서 2m 이상 후퇴한 곳이어야 하며 차로 중심 1.4m 높이에서 직각으로 좌우 60° 이상의 범위가 보여야 한다.

⑤ 공원, 초등학교, 유치원의 출입구로부터 20m 이상 떨어진 곳이어야 한다.

⑥ 도로의 교차점, 또는 모퉁이에서 5m 이상 떨어진 곳이어야 한다.

⑦ 경사로의 구배는 1/6이하여야 한다.

(3) 노외주차장 설치에 대한 계획기준

① 설치대상지역

㉠ 노외주차장을 설치하는 지역은 녹지지역이 아닌 지역이어야 한다. 다만, 자연녹지지역으로서 다음 각 목의 어느 하나에 해당하는 지역의 경우에는 그러하지 아니하다.

㉡ 하천구역 및 공유수면으로서 주차장이 설치되어도 해당 하천 및 공유수면의 관리에 지장을 주지 아니하는 지역

㉢ 토지의 형질변경 없이 주차장 설치가 가능한 지역

㉣ 주차장 설치를 목적으로 토지의 형질변경 허가를 받은 지역

㉤ 특별시장 · 광역시장, 시장 · 군수 또는 구청장이 특히 주차장의 설치가 필요하다고 인정하는 지역

② 노외주차장의 입구와 출구를 설치할 수 없는 곳

㉠ 횡단보도(육교 및 지하횡단보도를 포함한다)로부터 5m 이내에 있는 도로의 부분

㉡ 너비 4m 미만의 도로(주차대수 200대 이상인 경우에는 너비 10m 미만의 도로)

㉢ 종단 기울기가 10%를 초과하는 도로

㉣ 유아원, 유치원, 초등학교, 특수학교, 노인복지시설, 장애인복지시설 및 아동전용시설 등의 출입구로부터 20m 이내에 있는 도로의 부분

③ 장애인 전용주차구획 설치

특별시장, 광역시장, 시장, 군수, 구청장이 설치하는 노외주차장에는 주차대수 50대마다 1면의 장애인 전용주차구획을 설치해야 한다.

TIP

장애인 주차구획영역은 다음과 같이 청색으로 표시가 되며 일반주차구획보다 면적이 넓다.

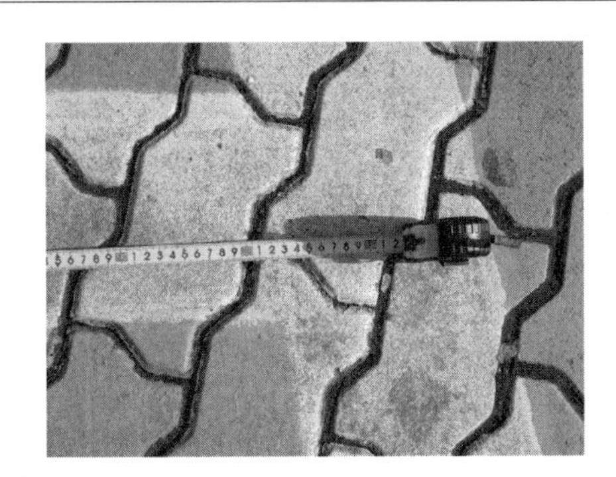

[장애인 주차구획]

기출예제 06 2009 지방직

노외주차장의 출구 및 입구(노외주차장의 차로의 노면이 도로의 노면에 접하는 부분)의 설치 장소로 옳지 않은 것은?

① 주차대수 200대 이상인 경우 너비 12m 미만의 도로에 설치하여서는 아니 된다.
② 초등학교의 출입구로부터 20m 이내의 도로의 부분에 설치하여서는 아니 된다.
③ 종단 구배가 10%를 초과하는 도로에 설치하여서는 아니 된다.
④ 횡단보도에서 5m 이내의 도로의 부분에 설치하여서는 아니 된다.

*

주차대수 200대 이상인 경우 너비 10m 미만의 도로에 설치하여서는 아니 된다.

답 ①

(4) 노외주차장의 구조 및 설비기준

① 출입구

㉠ 노외주차장의 입구와 출구는 자동차의 회전을 용이하게 하기 위해 필요한 때는 차로와 도로가 접하는 부분의 각지를 곡선형으로 해야 한다.

㉡ 출구로부터 2m 후퇴한 차로의 중심선상 1.4m의 높이에서 도로의 중심선 직각으로 향한 좌우측 각 60도의 범위 안에서 당해 도로를 통행하는 자의 존재를 확인할 수 있어야 한다.

㉢ 노외주차장의 출입구의 너비는 3.5m 이상으로 해야 한다.

㉣ 주차대수 규모가 50대 이상인 경우에는 출구와 입구를 분리하거나 너비 5.5m 이상의 출입구를 설치하여 소통이 원활하도록 해야 한다.

㉤ 주차대수 400대를 초과하는 규모의 경우에는 출구와 입구를 각각 따로 설치하는 것이 원칙이다.

② 노외주차장 진입로의 차로폭 확보

직선인 경우		곡선인 경우	
종단구배 17% 이하		종단구배 14% 이하	
1차로	2차로	1차로	2차로
3.3m 이상	6.0m 이상	3.6m 이상	6.5m 이상

③ 차로의 구조기준

㉠ 주차부분의 장, 단변 중 1변 이상이 차로에 접해야 한다.

㉡ 차로의 폭은 주차형식에 따라 다음 표에 의한 기준이상으로 해야 한다.

주차형식	차로의 폭	
	출입구가 2개 이상인 경우	출입구가 1개 이상인 경우
평행주차	3.3m	5.0m
45°대향주차	3.5m	5.0m
교차주차		
60°대향주차	4.5m	5.5m
직각주차	6.0m	6.0m

④ 주차단위 구획기준

주차형식	구분	주차구획
평행주차형식의 경우	경형	1.7m × 4.5m 이상
	일반형	2.0m × 6.0m 이상
	보도와 차도의 구분이 없는 주거지역의 도로	2.0m × 5.0m 이상
평행주차형식 외의 경우	경형	2.0m × 3.6m 이상
	일반형	2.5m × 5.0m 이상
	확장형	2.6m × 5.2m 이상
	장애인 전용	3.3m × 5.0m 이상
	이륜자동차 전용	1.0m × 2.3m 이상

TIP

확장형 주차단위 구획

- 기존 주차단위구획의 협소함으로 인한 불편을 해소하기 위해 주차단위구획 최소크기를 확장한 것이다.
- 노외주차장에는 확장형 주차단위구획을 총주차단위구획수의 30% 이상 설치해야 한다. (단, 평행주차형식의 주차단위 구획 수에 대해서는 예외이다.)
- 환경친화적 자동차의 전용주차구획을 총주차대수의 100분의 5 이상 설치해야 한다. (단, 시장, 군수 또는 구청장이 지역별 주거환경을 고려하여 필요하다고 인정하는 경우에는 시,군 또는 자치구의 조례로 환경친화적 자동차의 전용주차구획의 의무치 비율을 100분의 5보다 상향할 수 있다.)

⑤ 지하식 노외주차장

㉠ 지하식 노외주차장의 곡선 부분은 자동차가 6m 이상의 내변 반경으로 회전할 수 있도록 하여야 한다. 또한 곡선형 경사로의 차로너비는 1차로의 경우 3.6m 이상, 2차로의 경우 6.5m 이상으로 하며 종단경사도는 14% 이하여야 한다.

㉡ 주차로의 폭 및 종단구배

- 직선부 : 폭 3.3m 이상(왕복도로 : 6m 이상), 구배 17%(1/6) 이하
- 곡선부 : 폭 3.6m 이상(왕복도로 : 6.5m 이상), 구배 14%(1/7) 이하
- 굴곡부 : 폭 5m 이상(내변반경), 구배 8%(1/12) 이하 (시작 및 끝부분)

⑥ 노외주차장내 주차부분의 높이

노외주차장의 주차부분의 높이는 주차바닥면으로부터 2.1m 이상이어야 한다.

⑦ 노외주차장 내부공간의 환기

실내 일산화탄소(CO)의 농도는 차량이용이 빈번한 전 · 후 8시간의 평균치가 50ppm 이하가 되도록 한다. (다중이용시설 : 25ppm 이하)

⑧ 경보장치

자동차 출입 또는 도로교통의 안전확보를 위한 필요경보장치를 설치해야 한다.

(5) 기계식 주차장

① 기계식 주차 장치를 설치한 노외주차장이나 부설주차장이다.

② 기계를 작동해 자동차를 입고, 출고하는 방식으로서 다양한 유형이 있으며 주로 도심과 같은 지가가 높은 곳에서 적용되는 방식이다.

③ 좁은 공간에 여러 대의 주차가 가능하며 도난방지가 용이하다.

④ 입출차 시간이 상당히 오래 걸리며 관리보수비용이 크다.

⑤ SUV 이상 급의 차를 수용하지 못하는 기계식 주차장이 많다.

반자주식 주차장 … 지상의 진출 입구에서 주차층까지 카리프트로 이동하여 자주식으로 주차하는 방식으로서 자주식으로 설치하기엔 진출입구가 공간이 충분하지 않거나 경사로의 확보가 용이하지 않을 경우 적용된다.

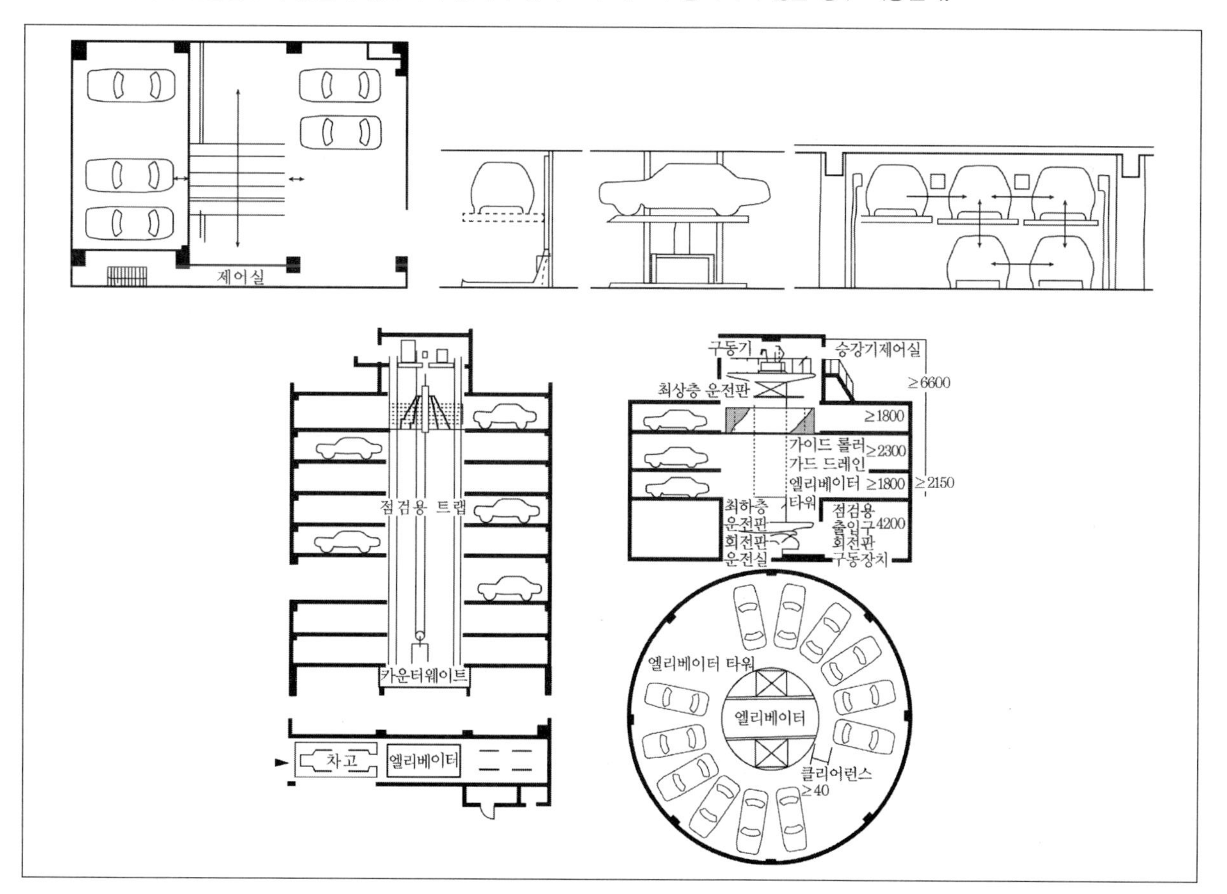

(6) 주차장 추락방지시설의 조건

① 2층 이상의 건축물의 주차장은 다음의 기준들을 만족하는 추락방지 안전시설을 필히 설치해야 한다.

- 추락방지시설은 주차공간 및 경사로의 외벽면 등 차량의 오작동으로 인한 추락사고를 효과적으로 방지할 수 있는 곳에 설치하여야 한다.
- 추락방지시설의 설계 시에는 건축물의 구조기준 등에 관한 규칙을 준용하여 구조기준 및 구조계산에 따라 그 구조의 안전을 확인하여야 한다.
- 차량 충돌로 인한 추락방지시설의 변형으로 외벽 마무리재가 파손되어 낙하되지 않도록 추락방지시설을 설치할 경우에는 외벽 마무리재와의 간격을 적절히 확보하는 등 2차 피해 방지를 위한 조치를 취하여야 한다.
- 범용안전시설은 다음 각 호의 충돌조건에 견딜 수 있는 구조로 설계되어야 하며, 부재의 소성변형 등을 생각하여 충격력을 충분히 흡수할 수 있도록 하여야 한다.

> ※ 충돌조건
> 1. 충격력 : 250kN 이상
> 2. 충돌위치 : 바닥면으로부터 높이 60cm 이상
> 3. 충격력의 분포 폭 : 자동차의 범퍼 폭 160cm 이상

- 방호울타리를 건축물식 주차장에 추락방지시설로 설치할 경우 바닥면과의 체결부 등 변경이 필요한 부분에 대해서는 해당 건축물의 여건을 감안하여 위에 제시된 충돌조건에 견딜 수 있도록 별도의 설계를 거쳐 시공하여야 한다.
- 추락방지시설을 설치할 때에는 용접 혹은 볼트 체결 등의 방법을 이용하여 주차장 건물을 지탱하는 기둥 및 보 등과 단단히 고정시켜야 한다.
- 추락방지시설의 재질은 한국공업규격(KS)에서 정하는 SS400 이상(인장강도 400MPa 이상, 항복강도 245MPa 이상)의 재질을 사용하여야 한다.
- 추락방지시설은 2t 차량이 시속 20km의 주행속도로 정면충돌하는 경우 견딜 수 있는 구조물로 설치되어야 한다.

② 기타 안전시설의 설치기준은 다음을 따른다.

기둥정착형	• 추락방지 부재를 주차장의 양쪽 기둥을 이용하여 설치하는 경우로서 설치가 용이하고 추락방지 성능도 우수하다. • 추락방지시설의 중간 부분에 2.5m 이하의 간격으로 보조지지대를 설치한다. • 사각강재 2개로 구성된 추락방지 부재를 서로 용접하고 주차장의 양쪽 기둥에 단단히 고정시킨다. • 추락방지 부재는 1m간격으로 용접하고 추락방지 부재와 철재 기둥은 용접한다. • 추락방지 부재와 보조지지대는 M18 이상의 볼트를 이용하여 추락방지 부재 1개당 최소 4군데 이상 체결한다.
바닥정착형	• 추락방지 부재를 주차장의 철재 보에 용접하여 설치한 여러 개의 지지대에 체결한 경우로서 추락방지 성능이 우수하다. • 바닥보에 1.8m 이하의 간격으로 지지대를 설치하고 지지대는 철재 보에 용접하여 단단히 고정시킨다. • 추락방지 부재과 바닥 보에 설치한 지지대 사이는 M18 이상의 볼트를 이용하여 추락방지 부재 1개당 최소 4군데 이상 체결한다. • 추락방지시설의 부재는 지지대와 지지대 사이에서 1m 이상의 길이로 용접한다.
독립형	• 위의 2가지 형식의 안전시설을 적용하기 곤란한 경우에 한하여 제한적으로 설치할 수 있는 형식이다. • 추락방지시설을 각각의 주차구획마다 개별적으로 설치하는 경우로서 바닥과의 체결이 견고하지 않으면 추락방지 성능이 저하될 수 있으므로 바닥에 단단히 고정해야한다. • 추락방지시설 설치 시 주차장의 바닥면과 직접적으로 체결하지 아니하고 건물을 지탱하는 철재 보에 체결하여 견고하게 고정시킨다. • 추락방지시설 제작 시 양쪽 모서리 곡면부분은 용접하여 연결하지 않고 해당 부재를 구부려서 제작하여야 힌다.

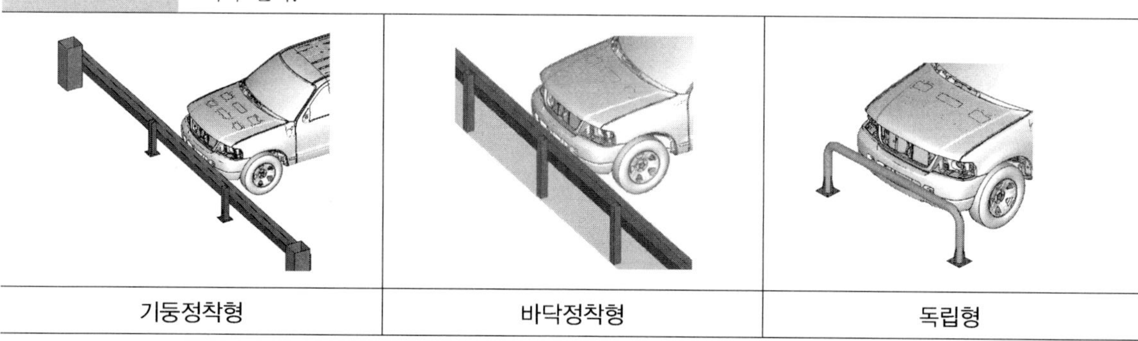

기둥정착형	바닥정착형	독립형

(7) 부설주차장 설치기준

주요시설	설치기준
위락시설	$100m^2$ 당 1대
문화 및 집회시설(관람장 제외) 종교시설 판매시설 운수시설 의료시설(정신병원, 요양병원 및 격리병원 제외) 운동시설(골프장, 골프연습장, 옥외수영장 제외) 업무시설(외국공관 및 오피스텔은 제외) 방송통신시설 중 방송국 장례식장	$150m^2$ 당 1대
숙박시설, 근린생활시설(제1종, 제2종)	$200m^2$ 당 1대
단독주택	• 시설면적 $50m^2$ 초과 $150m^2$ 이하 : 1대 • 시설면적 $150m^2$ 초과 시 : $1+\frac{(\text{시설면적}-150m^2)}{100m^2}$
다가구주택, 공동주택(기숙사 제외), 오피스텔	주택건설기준 등에 관한 규정
골프장 골프연습장 옥외수영장 관람장	1홀당 10대 1타석당 1대 15인당 1대 100인당 1대
수련시설, 발전시설, 공장(아파트형 제외)	$350m^2$ 당 1대
창고시설	$400m^2$ 당 1대
학생용 기숙사	$400m^2$ 당 1대
그 밖의 건축물	$300m^2$ 당 1대

TIP

부설주차장 설치의무 면제

도시지역에서 차량통행이 금지된 장소가 아닌 경우, 주차대수 30대 이하 규모인 시설물은 부설주차장 설치의무를 면제받을 수 있다.

(8) 주차장 수급실태 조사

① 실태조사의 주기는 3년이다.

② 사각형 또는 삼각형 형태로 조사구역을 설정하되 조사구역 바깥 경계선의 최대거리가 300m를 넘지 않도록 한다.

③ 각 조사구역은 건축법에 따른 도로를 경계로 한다.

④ 아파트단지와 단독주택단지가 혼재된 지역의 경우에는 주차시설수급의 적정성, 지역적 특성을 고려하여 조사구역을 설정한다.

7 장애인 · 노인 · 임산부 등의 편의증진보장에 관한 법률

(1) 장애인 등의 통행이 가능한 접근로

① 휠체어사용자가 통행할 수 있도록 접근로의 유효폭은 1.2m 이상이어야 한다.

② 휠체어사용자가 다른 휠체어 또는 유모차 등과 교행할 수 있도록 50m마다 1.5m×1.5m 이상의 교행구역을 설치할 수 있다.

③ 경사진 접근로가 연속될 경우에는 휠체어 사용자가 휴식할 수 있도록 30m마다 1.5m×1.5m 이상의 수평면으로 된 참을 설치할 수 있다.

④ 접근로의 기울기는 1/18 이하로 하여야 한다. 단, 지형 상 곤란한 경우 1/12까지 완화할 수 있다.

⑤ 대지 내를 연결하는 주접근로에 단차가 있을 경우 그 높이 차이는 2cm 이하로 해야 한다.

(2) 경계

① 접근로와 차도의 경계부분에는 연석 · 울타리 기타 차도와 분리할 수 있는 공작물을 설치해야 한다. 다만, 차도와 구별하기 위한 공작물을 설치하기 곤란한 경우에는 시각장애인이 감지할 수 있도록 바닥재의 질감을 달리해야 한다.

② 연석의 높이는 6cm 이상 15cm 이하로 할 수 있으며, 색상과 질감은 접근로의 바닥재와 다르게 설치할 수 있다.

③ 장애인 등이 빠질 위험이 있는 곳에는 덮개를 설치하되 그 표면은 접근로와 동일한 높이가 되도록 하고 덮개에 격자구멍 또는 틈새가 있는 경우에는 그 간격이 2cm 이하가 돼야 한다.

④ 가로수는 지면에서 2.1m까지 가지치기를 해야 한다.

(3) 장애인전용주차구역

① 장애인전용주차구역에서 건축물의 출입구 또는 장애인용 승강설비에 이르는 통로는 장애인이 통행할 수 있도록 가급적 높이 차이를 없애고 그 유효폭은 1.2m 이상으로 해야 한다.

② 장애인전용주차구역의 크기는 주차대수 1대에 대하여 폭 3.3m 이상, 길이 5m 이상으로 해야 한다. 단, 평행주차형식인 경우에는 주차대수 1대에 대하여 폭 2m 이상, 길이 6m 이상으로 해야 한다.

③ 주차공간의 바닥면은 장애인 등의 승하차에 지장을 주는 높이차이가 없어야 하며 기울기는 50분의 1 이하로 할 수 있다.

④ 주차장은 차에서 내려 주차통로를 거치지 않고 보도로 직접 연결되도록 계획한다.

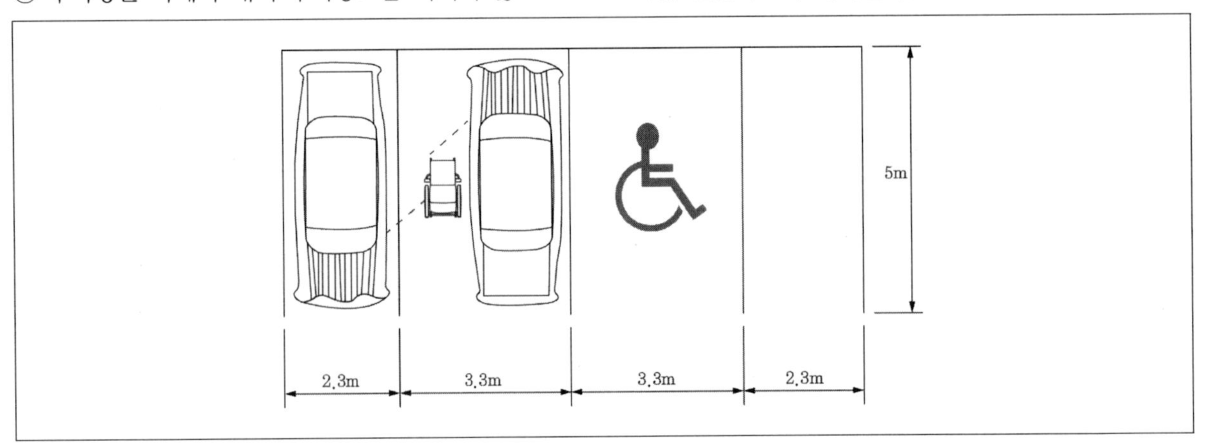

(4) 출입구

① 건축물의 주 출입구와 통로의 높이 차이는 2cm 이하가 되도록 해야 한다.

② 출입구(문)은 아래의 그림과 같이 그 통과유효폭을 0.9m 이상으로 해야 하며 출입구(문)의 전면유효거리는 1.2m 이상으로 해야 한다. 다만, 연속된 출입문의 경우 문의 개폐에 소요되는 공간은 유효거리에 포함하지 아니한다.

③ 자동문이 아닌 경우 아래의 그림과 같이 출입문 옆에 0.6m 이상의 활동공간을 확보하여야 한다.

④ 출입문은 회전문을 제외한 다른 형태의 문을 설치해야 한다.

⑤ 미닫이문은 가벼운 재질로 하며 턱이 있는 문지방이나 홈을 설치해서는 안 된다.

⑥ 출입문의 손잡이는 중앙지점이 바닥면으로부터 0.8m와 0.9m사이에 위치하도록 설치해야 하며 그 형태는 레버형이나 수평 또는 수직막대형으로 할 수 있다.

⑦ 건축물 안의 공중의 이용을 주목적으로 하는 사무실 등의 출입문 옆 벽면의 1.5m 높이에는 방이름을 표기한 점자표지판을 부착해야 한다.

⑧ 건축물 주출입구의 0.3m 전면에는 문의 폭만큼 점형블록을 설치하거나 시각장애인이 감지할 수 있도록 바닥재의 질감을 달리해야 한다.

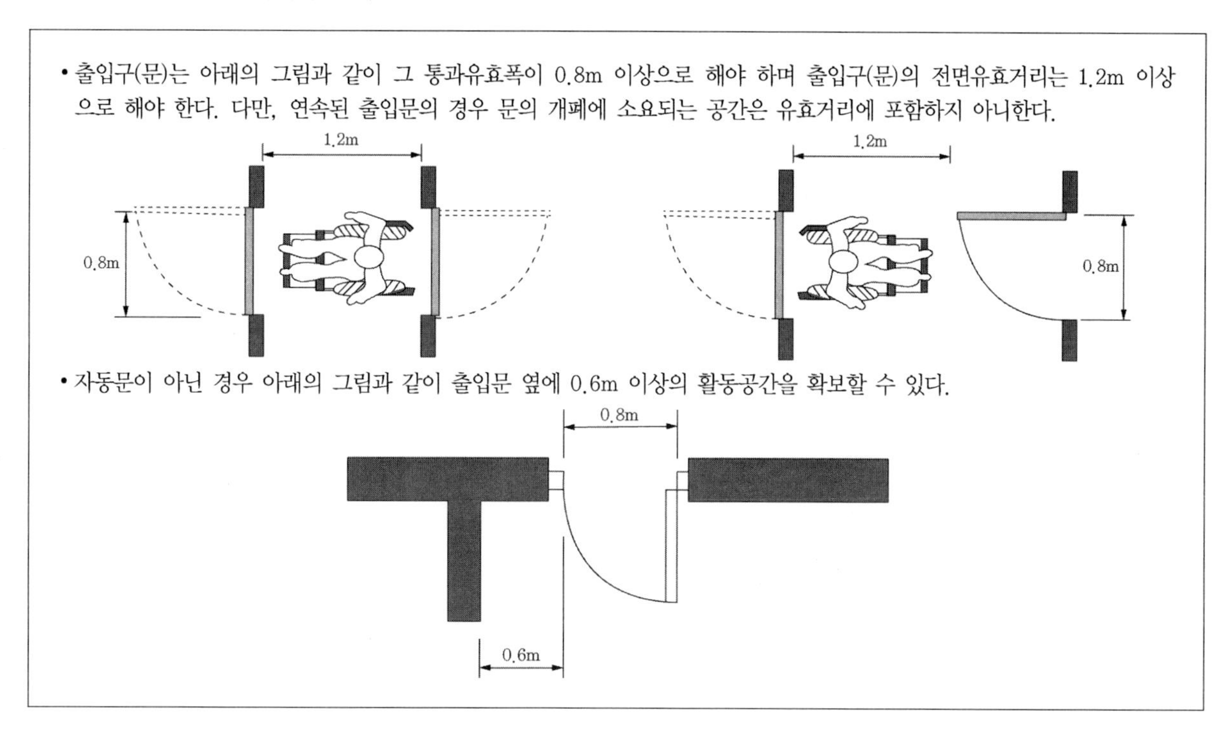

• 출입구(문)는 아래의 그림과 같이 그 통과유효폭이 0.8m 이상으로 해야 하며 출입구(문)의 전면유효거리는 1.2m 이상으로 해야 한다. 다만, 연속된 출입문의 경우 문의 개폐에 소요되는 공간은 유효거리에 포함하지 아니한다.

• 자동문이 아닌 경우 아래의 그림과 같이 출입문 옆에 0.6m 이상의 활동공간을 확보할 수 있다.

(5) 통로

① 복도의 유효폭은 1.2m 이상으로 하되 복도의 양옆에 거실이 있는 경우는 1.5m 이상으로 할 수 있다.

② 손잡이의 양끝부분 및 굴절부분에는 점자표지판을 부착해야 한다.

③ 통로의 바닥면으로부터 높이 0.6m에서 2.1m 이내의 벽면으로부터 돌출된 물체의 돌출폭은 0.1m 이하로 할 수 있다.

④ 통로의 바닥면으로부터 높이 0.6m에서 2.1m 이내의 독립기둥이나 받침대에 부착된 설치물의 돌출폭은 0.3m 이하로 할 수 있다.

⑤ 통로상부는 바닥면으로부터 2.1m 이상의 유효높이를 확보해야 한다. 다만 유효높이가 2.1m 이내에 장애물이 있는 경우에는 바닥면으로부터 높이 0.6m 이하에 접근방지용 난간 또는 보호벽을 설치해야 한다.

• 통로상부는 바닥면으로부터 2.1m 이상의 유효높이를 확보해야 한다. 다만 유효높이 2.1m 이내에 장애물이 있는 경우에는 바닥면으로부터 높이 0.6m 이하에 접근방지용 난간 또는 보호벽을 설치해야 한다.

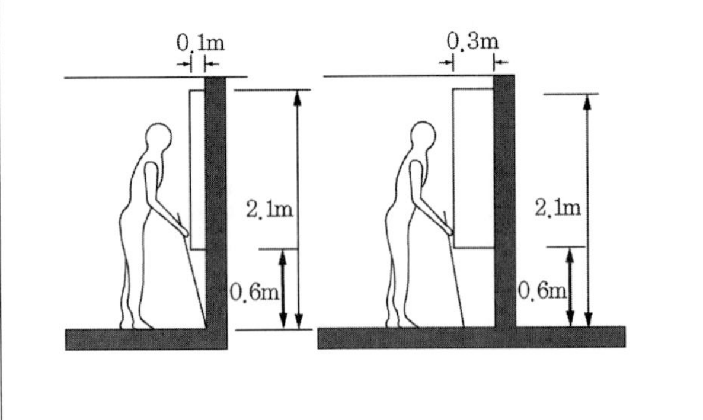

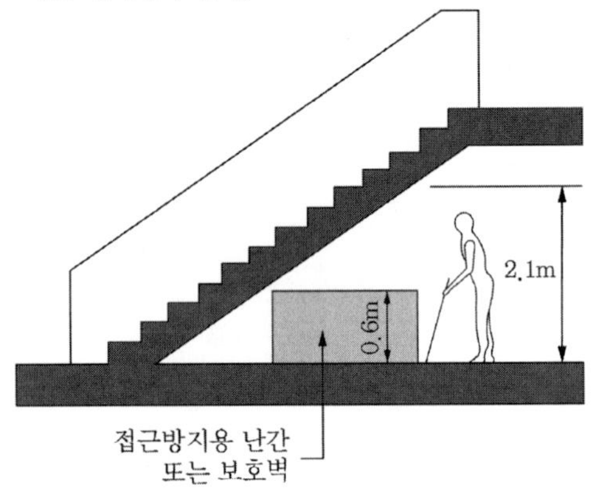

(6) 계단

① 바닥면으로부터 높이 1.8m 이내마다 휴식을 취할 수 있도록 수평면으로 된 참을 설치할 수 있다.

② 계단에는 반드시 챌면을 설치해야 한다.

③ 계단의 양 측면에는 손잡이를 연속해서 설치해야 한다. 단, 방화문 등의 설치로 손잡이를 연속하여 설치할 수 없는 경우 방화문 등의 설치에 소요되는 부분에 한하여 손잡이를 설치하지 아니할 수 있다.

④ 디딤판의 끝부분에 발끝이나 목발의 끝이 걸리지 않도록 챌면의 기울기는 디딤판의 수평면으로부터 60°이상으로 해야 하며 계단코는 3cm 이상 돌출되어서는 아니 된다.

• 디딤판의 끝부분에 발끝이나 목발의 끝이 걸리지 않도록 챌면의 기울기는 디딤판의 수평면으로부터 60° 이상으로 해야 하며 계단코는 3cm 이상 돌출되어서는 아니 된다.

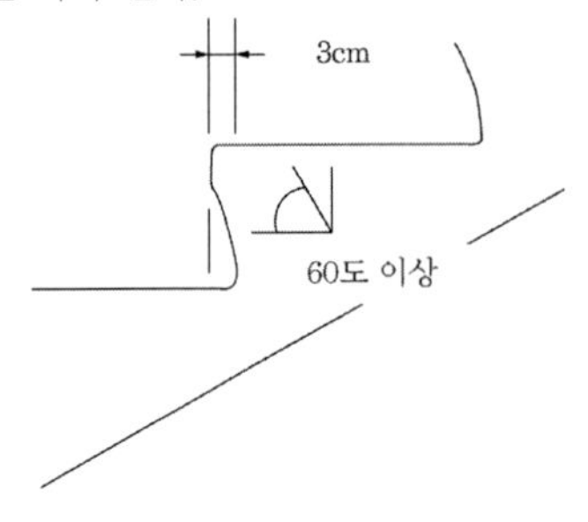

(7) 승강기

① 승강기의 전면에는 1.4m×1.4m 이상의 활동공간을 확보해야 한다.

② 승강장바닥과 승강기 바닥의 틈은 3cm 이하로 해야 한다.

③ 승강기 내부의 유효바닥면적은 폭 1.1m 이상, 깊이 1.35m 이상으로 해야 한다. 단, 신축하는 건물의 경우 폭을 1.6m 이상으로 해야 한다.

④ 출입문의 통과유효폭은 0.8m 이상으로 하되, 신축한 건물의 경우 출입문의 통과유효폭을 0.9m 이상으로 할 수 있다.

⑤ 호출버튼, 조작반, 통화장치 등 승강기의 안팎에 설치되는 모든 스위치의 높이는 바닥면으로부터 0.8m 이상 1.2m 이하로 설치해야 한다. (단, 스위치수가 많아 1.2m 이내에 설치하는 것이 곤란할 경우 1.4m 이하까지 완화할 수 있다.)

⑥ 승강기 내부의 휠체어 사용자용 조작반은 진입방향 우측면에 가로형으로 설치하고, 높이는 바닥면으로부터 0.85m 내외로 하여야 하며, 수평손잡이와 겹치지 않도록 하여야 한다. (단, 승강기의 유효바닥면적이 1.4m×1.4m 이상인 경우에는 진입방향 좌측면에 설치할 수 있다.) 조작반, 통화장치 등에는 점자표지판을 부착해야 한다.

(8) 장애인용 에스컬레이터

① 유효폭은 0.8m 이상으로 해야 한다.

② 속도는 분당 30m 이내로 해야 한다.

③ 휠체어 사용자가 승·하강할 수 있도록 에스컬레이터의 디딤판은 3매 이상 수평상태로 이용할 수 있게 한다.

④ 디딤판 시작과 끝부분의 바닥판은 얇게 할 수 있다.

⑤ 에스컬레이터 양끝부분에는 수평이동손잡이를 1.2m 이상 설치해야 한다.

⑥ 수평이동손잡이 전면에는 1m 이상의 수평고정손잡이를 설치할 수 있으며 수평고정손잡이에는 층수·위치 등을 나타내는 점자표지판을 부착해야 한다.

(9) 경사로

① 경사로의 유효폭은 1.2m 이상으로 해야 한다. 단, 건축물을 증축, 개축, 재축, 이전, 대수선 또는 용도변경하는 경우로서 1.2m 이상의 유효폭을 확보하기 어려운 경우 0.9m까지 완화할 수 있다.

② 바닥면으로부터 높이 0.75m 이내마다 휴식을 취할 수 있도록 수평면으로 된 참을 설치해야 한다.

③ 경사로의 시작과 끝, 굴절부분 및 참에는 1.5m×1.5m 이상의 활동공간을 확보해야 한다.

④ 경사로의 기울기는 1/12이하로 해야 한다.

TIP

다음의 요건을 모두 충족하면 경사로의 기울기를 8분의 1까지 완화할 수 있다.
㉠ 신축이 아닌 기존시설에 설치되는 경사로일 것
㉡ 높이가 1m 이하인 경사로로서 시설의 구조 등의 이유로 기울기를 1/12 이하로 설치하기 어려울 것
㉢ 시설관리자 등으로부터 상시보조서비스가 제공될 것

⑽ 침실

① 가벼운 장애자용 침대는 한쪽을 벽면에 붙이는 것이 시중에 효율적인 배치이다.

② 침대의 높이는 바닥면으로부터 0.4m 이상 0.45m 이하로 해야 하며 그 측면에는 1.2m 이상의 활동공간을 확보해야 한다.

⑾ 침실화장실

① 일반사항

㉠ 장애인등의 이용이 가능한 화장실은 장애인등의 접근이 가능한 통로에 연결하여 설치하여야 한다.
㉡ 장애인용 변기와 세면대는 출입구(문)와 가까운 위치에 설치하여야 한다.
㉢ 화장실의 바닥면에는 높이 차이를 두어서는 아니되며, 바닥표면은 물에 젖어도 미끄러지지 아니하는 재질로 마감하여야 한다.
㉣ 화장실(장애인용 변기 · 세면대가 설치된 화장실이 일반 화장실과 별도로 설치된 경우에는 일반 화장실을 말한다)의 0.3m 전면에는 점형블록을 설치하거나 시각장애인이 감지할 수 있도록 바닥재의 질감 등을 달리하여야 한다.
㉤ 화장실(장애인용 변기 · 세면대가 설치된 화장실이 일반 화장실과 별도로 설치된 경우에는 일반 화장실을 말한다)의 출입구(문)옆 벽면의 1.5m 높이에는 남자용과 여자용을 구별할 수 있는 점자표지판을 부착하고, 출입구(문)의 통과유효폭은 0.9m 이상으로 하여야 한다.
㉥ 세정장치 · 수도꼭지 등은 광감지식 · 누름버튼식 · 레버식 등 사용하기 쉬운 형태로 설치하여야 한다.
㉦ 장애인복지시설은 시각장애인이 화장실(장애인용 변기 · 세면대가 설치된 화장실이 일반 화장실과 별도로 설치된 경우에는 일반 화장실을 말한다)의 위치를 쉽게 알 수 있도록 하기 위하여 안내표시와 함께 음성유도장치를 설치하여야 한다.

② 대변기

㉠ 건물을 신축하는 경우에는 대변기의 유효바닥면적이 폭 1.6m 이상, 깊이 2.0m 이상이 되도록 설치하여야 하며, 대변기의 좌측 또는 우측에는 휠체어의 측면접근을 위하여 유효폭 0.75m 이상의 활동공간을 확보하여야 한다. 이 경우 대변기의 전면에는 휠체어가 회전할 수 있도록 1.4m×1.4m 이상의 활동공간을 확보하여야 한다.
㉡ 신축이 아닌 기존시설에 설치하는 경우로서 시설의 구조 등의 이유로 (가)의 기준에 따라 설치하기가 어려운 경우에 한하여 유효바닥면적이 폭 1.0m 이상, 깊이 1.8m 이상이 되도록 설치하여야 한다.

㉢ 출입문의 통과유효폭은 0.9m 이상으로 하여야 한다.
㉣ 출입문의 형태는 자동문, 미닫이문 또는 접이문 등으로 할 수 있으며, 여닫이문을 설치하는 경우에는 바깥쪽으로 개폐되도록 하여야 한다. 다만, 휠체어사용자를 위하여 충분한 활동공간을 확보한 경우에는 안쪽으로 개폐되도록 할 수 있다.
㉤ 대변기는 등받이가 있는 양변기형태로 하되, 바닥부착형으로 하는 경우에는 변기 전면의 트랩부분에 휠체어의 발판이 닿지 아니하는 형태로 하여야 한다.
㉥ 대변기의 좌대의 높이는 바닥면으로부터 0.4m 이상 0.45m 이하로 하여야 한다.
㉦ 대변기의 양옆에는 아래의 그림과 같이 수평 및 수직손잡이를 설치하되, 수평손잡이는 양쪽에 모두 설치하여야 하며, 수직손잡이는 한쪽에만 설치할 수 있다.
㉧ 대변기의 수평손잡이는 바닥면으로부터 0.6m 이상 0.7m 이하의 높이에 설치하되, 한쪽 손잡이는 변기 중심에서 0.4m 이내의 지점에 고정하여 설치하여야 하며, 다른쪽 손잡이는 0.6m 내외의 길이로 회전식으로 설치하여야 한다. 이 경우 손잡이간의 간격은 0.7m 내외로 할 수 있다.
㉨ 대변기의 수직손잡이의 길이는 0.9m 이상으로 하되, 손잡이의 제일 아랫부분이 바닥면으로부터 0.6m 내외의 높이에 오도록 벽에 고정하여 설치하여야 한다. 다만, 손잡이의 안전성 등 부득이한 사유로 벽에 설치하는 것이 곤란한 경우에는 바닥에 고정하여 설치하되, 손잡이의 아랫부분이 휠체어의 이동에 방해가 되지 아니하도록 하여야 한다.
㉩ 장애인등의 이용편의를 위하여 대변기의 수평손잡이와 수직손잡이는 이를 연결하여 설치할 수 있다. 이 경우 수직손잡이의 제일 아랫부분의 높이는 연결되는 수평손잡이의 높이로 한다.
㉪ 화장실의 크기가 2m×2m 이상인 경우에는 천장에 부착된 사다리형태의 손잡이를 설치할 수 있다.
㉫ 화장실 내에서의 비상사태에 대비하여 비상용 벨은 대변기 가까운 곳에 바닥면으로부터 0.6m와 0.9m 사이의 높이에 설치하되, 바닥면으로부터 0.2m 내외의 높이에서도 이용이 가능하도록 하여야 한다.

③ 소변기
㉠ 소변기는 바닥부착형으로 할 수 있다.
㉡ 소변기의 양옆에는 수평 및 수직손잡이를 설치하여야 한다.
㉢ 소변기의 수평손잡이의 높이는 바닥면으로부터 0.8m 이상 0.9m 이하, 길이는 벽면으로부터 0.55m 내외, 좌우 손잡이의 간격은 0.6m 내외로 하여야 한다.
㉣ 소변기의 수직손잡이의 높이는 바닥면으로부터 1.1m 이상 1.2m 이하, 돌출폭은 벽면으로부터 0.25m 내외로 하여야 하며, 하단부가 휠체어의 이동에 방해가 되지 아니하도록 하여야 한다.

④ 세면대
㉠ 휠체어사용자용 세면대의 상단높이는 바닥면으로부터 0.85m, 하단 높이는 0.65m 이상으로 하여야 한다.
㉡ 세면대의 하부는 무릎 및 휠체어의 발판이 들어갈 수 있도록 하여야 한다.
㉢ 목발사용자 등 보행곤란자를 위하여 세면대의 양옆에는 수평손잡이를 설치할 수 있다.
㉣ 수도꼭지는 냉·온수의 구분을 점자로 표시하여야 한다.

㉤ 휠체어사용자용 세면대의 거울은 아래의 그림과 같이 세로길이 0.65m 이상, 하단 높이는 바닥면으로부터 0.9m 내외로 설치할 수 있으며, 거울상단부분은 15° 정도 앞으로 경사지게 하거나 전면거울을 설치할 수 있다.

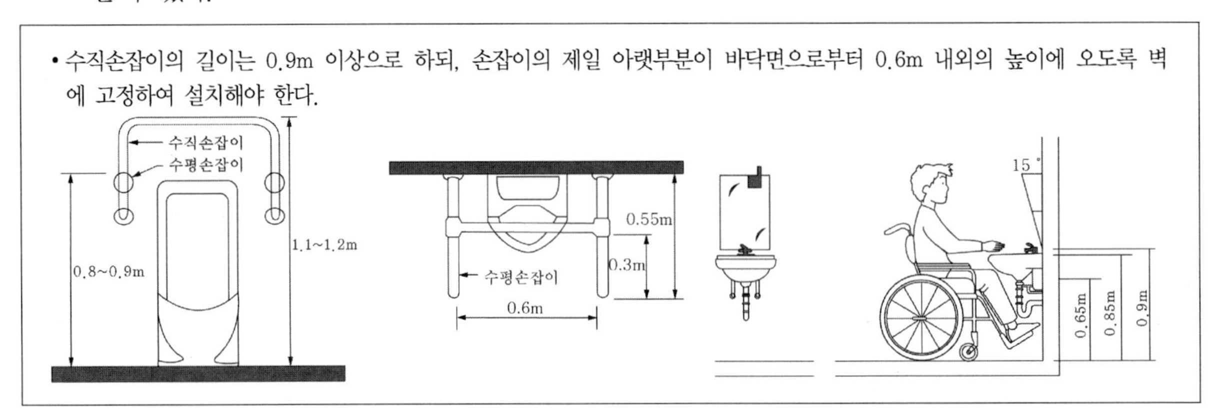

• 수직손잡이의 길이는 0.9m 이상으로 하되, 손잡이의 제일 아랫부분이 바닥면으로부터 0.6m 내외의 높이에 오도록 벽에 고정하여 설치해야 한다.

(12) 열람석과 관람석

① 휠체어 사용자를 위한 관람석의 유효바닥면적은 1석당 폭 0.9m 이상, 깊이 1.3m 이상으로 해야 한다.

② 열람석 상단까지의 높이는 바닥면으로부터 0.7m 이상 0.9m 이하로 해야 한다.

③ 열람석의 하부에는 무릎 및 휠체어의 발판이 들어갈 수 있도록 바닥면으로부터 높이 0.65m 이상, 깊이 0.45m 이상의 공간을 확보해야 한다.

(13) 시설물의 설치

편의시설 \ 대상시설	매개시설			내부시설			위생시설					안내시설			기타시설				
	주출입구 접근로	장애인 전용 주차구역	주출입구 높이차이 제거	출입구(문)	복도	계단 또는 승강기	화장실			욕실	샤워실·탈의실	점자블록	유도 및 안내설비	경보 및 피난설비	객실·침실	관람석·열람석	접수대·작업대	매표소·판매기·음료대	임산부 등을 위한 휴게시설
							대변기	소변기	세면대										
아파트	의무	의무	의무	의무	의무	의무	권장	권장	권장	권장	권장	권장		의무	권장				
연립주택[1]	의무	의무	의무	의무	의무	권장	권장	권장	권장	권장	권장	권장		의무	권장				
다세대 주택[2]	의무	의무	의무	의무	의무	권장	권장	권장	권장	권장	권장	권장		의무	권장				
기숙사[3]	의무	의무	의무	의무	의무	권장	의무	권장	의무	권장	권장	권장		의무	의무				

1) 세대 수가 10세대 이상만 해당

2) 세대 수가 10세대 이상만 해당

3) 기숙사가 2동 이상의 건축물로 이루어져 있는 경우 장애인용 침실이 설치된 동에만 적용한다. 다만, 장애인용 침실수는 전체 건축물을 기준으로 산정하며, 일반 침실의 경우 출입구(문)는 권장사항임

⒁ 노인복지

종류	시설	목적
노인주거 복지시설	양로시설	노인을 입소시켜 급식과 그 밖에 일상생활에 필요한 편의를 제공하는 시설현황 파악
	노인공동 생활가정	노인들에게 가정과 같은 주거여건과 급식, 그 밖에 일상생활에 필요한 편의를 제공하는 시설현황 파악
	노인복지주택	노인에게 주거시설을 분양 또는 임대하여 주거의 편의·생활지도·상담 및 안전관리 등 일상생활에 필요한 편의를 제공하는 시설현황 파악
노인의료 복지시설	노인요양시설	치매·중풍 등 노인성 질환 등으로 심신에 상당한 장애가 발생하여 도움을 필요로 하는 노인을 입소시켜 급식·요양과 그 밖에 일상생활에 필요한 편의를 제공하는 시설현황
	노인요양 공동생활가정	치매·중풍 등 노인성 질환 등으로 심신에 상당한 장애가 발생하여 도움을 필요로 하는 노인에게 가정과 같은 주거여건과 급식·요양, 그 밖에 일상생활에 필요한 편의를 제공하는 시설현황 파악
노인여가 복지시설	노인복지관	노인의 교양·취미생활 및 사회참여활동 등에 대한 각종 정보와 서비스를 제공하고, 건강증진 및 질병예방과 소득보장·재가복지, 그 밖에 노인의 복지증진에 필요한 서비스를 제공하는 시설현황 파악
	경로당	지역노인들이 자율적으로 친목도모· 취미활동·공동작업장 운영 및 각종 정보교환과 기타 여가활동을 할 수 있도록 하는 장소를 제공하는 시설현황 파악
	노인교실	노인들에 대하여 사회활동 참여욕구를 충족시키기 위하여 건전한 취미생활·노인건강유지·소득보장 기타 일상생활과 관련한 학습프로그램을 제공하는 시설현황 파악
재가노인 복지시설	방문요양서비스	가정에서 일상생활을 영위하고 있는 노인으로서 신체적·정신적 장애로 어려움을 겪고 있는 노인에게 필요한 각종 편의를 제공하여 지역사회 안에서 건전하고 안정된 노후를 영위하도록 하는 서비스를 제공하는 시설현황 파악
	주야간보호서비스	부득이한 사유로 가족의 보호를 받을 수 없는 심신이 허약한 노인과 장애노인을 주간 또는 야간 동안 보호시설에 입소시켜 필요한 각종 편의를 제공하여 이들의 생활안정과 심신기능의 유지·향상을 도모하고, 그 가족의 신체적·정신적 부담을 덜어주기 위한 서비스를 제공하는 시설현황 파악
	단기보호서비스	부득이한 사유로 가족의 보호를 받을 수 없어 일시적으로 보호가 필요한 심신이 허약한 노인과 장애노인을 보호시설에 단기간 입소시켜 보호함으로써 노인 및 노인가정의 복지증진을 도모하기 위한 서비스를 제공하는 시설현황 파악
	방문목욕서비스	목욕장비를 갖추고 재가노인을 방문하여 목욕을 제공하는 서비스 현황 파악
	재가노인지원서비스	그 밖에 재가노인에게 제공하는 서비스로서 상담·교육 및 각종 서비스 현황 파악
노인보호 전문기관	노인보호 전문기관	시도지사가 노인보호전문기관을 지정·운영, 노인학대 신고, 상담, 보호, 예방 및 홍보, 24시간 신고·상담용 긴급전화(1577-1389) 운영하는 현황 파악
노인일자리 지원기관	노인일자리 지원기관	지역사회 등에서 노인일자리의 개발·지원, 창업·육성 및 노인에 의한 재화의 생산·판매 등을 직접 담당하는 노인일자리전담기관 운영하는 현황 파악

① 노인주거복지시설 기준

㉠ **시설의 규모** : 노인주거복지시설은 다음 각 호의 구분에 따른 인원이 입소할 수 있는 시설을 갖추어야 한다.

- 양로시설 : 입소정원 10명 이상(입소정원 1명당 연면적 15.9m^2 이상의 공간을 확보하여야 한다)
- 노인공동생활가정 : 입소정원 5명 이상 9명 이하(입소정원 1명당 연면적 15.9m^2 이상의 공간을 확보하여야 한다)
- 노인복지주택 : 30세대 이상

㉡ 노인주거복지시설의 설비기준

- 양로시설

구분	내용
침실	• 독신용 · 합숙용 · 동거용 침실을 둘 수 있다. • 남녀공용인 시설의 경우에는 합숙용 침실을 남실 및 여실로 각각 구분하여야 한다. • 입소자 1명당 침실면적은 5.0m^2 이상이어야 한다. • 합숙용침실 1실의 정원은 4명 이하이어야 한다. • 합숙용침실에는 입소자의 생활용품을 각자 별도로 보관할 수 있는 보관시설을 설치하여야 한다. • 채광 · 조명 및 방습설비를 갖추어야 한다.
식당 및 조리실	• 조리실바닥은 내수재료로서 세정 및 배수에 편리한 구조로 하여야 한다.
세면장 및 샤워실(목욕실)	• 바닥은 미끄럽지 아니하여야 한다. • 욕조를 설치하는 경우에는 욕조에 노인의 전신이 잠기지 아니하는 깊이로 하고 욕조의 출입이 자유롭도록 최소한 1개 이상의 보조봉과 수직의 손잡이 기둥을 설치하여야 한다. • 급탕을 자동온도조절장치로 하는 경우에는 물의 최고 온도는 섭씨 40도 이상이 되지 아니하도록 하여야 한다.
프로그램실	• 자유로이 이용할 수 있는 적당한 문화시설과 오락기구를 갖추어 두어야 한다.
체력단련실	• 입소 노인들이 기본적인 체력을 유지할 수 있는데 필요한 적절한 운동기구를 갖추어야 한다.
의료 및 간호사실	• 진료 및 간호에 필요한 상용의약품 · 위생재료 또는 의료기구를 갖추어야 한다.
경사로	• 침실이 2층 이상인 경우 경사로를 설치하여야 한다. 다만, 「승강기시설 안전관리법」에 따른 승객용 엘리베이터를 설치한 경우에는 경사로를 설치하지 아니할 수 있다.
그 밖의 시설	• 복도 · 화장실 그 밖의 필요한 곳에 야간 상용등을 설치하여야 한다. • 계단의 경사는 완만하여야 하며, 난간을 설치하여야 한다. • 바닥은 부드럽고 미끄럽지 아니한 바닥재를 사용하여야 한다.

• 노인공동생활가정

구분	내용
침실	• 독신용 · 동거용 · 합숙용 침실을 둘 수 있다. • 남녀공용인 시설의 경우에는 합숙용 침실을 남실 및 여실로 각각 구분하여야 한다. • 입소자 1명당 침실면적은 $5.0m^2$ 이상이어야 한다. • 합숙용침실 1실의 정원은 4명 이하이어야 한다. • 합숙용침실에는 입소자의 생활용품을 각자 별도로 보관할 수 있는 보관시설을 설치하여야 한다. • 채광 · 조명 및 방습설비를 갖추어야 한다.
식당 및 조리실	• 조리실바닥은 내수재료로서 세정 및 배수에 편리한 구조로 하여야 한다.
세면장 및 샤워실 (목욕실)	• 바닥은 미끄럽지 아니하여야 한다. • 욕조를 설치하는 경우에는 욕조에 노인의 전신이 잠기지 아니하는 깊이로 하고 욕조의 출입이 자유롭도록 최소한 1개 이상의 보조봉과 수직의 손잡이 기둥을 설치하여야 한다. • 급탕을 자동온도조절장치로 하는 경우에는 물의 최고 온도는 섭씨 40° 이상이 되지 아니하도록 하여야 한다.
경사로	• 침실이 2층 이상인 경우 경사로를 설치하여야 한다. 다만, 「승강기시설 안전관리법」에 따른 승객용 엘리베이터를 설치한 경우에는 경사로를 설치하지 아니할 수 있다.
그 밖의 시설	• 복도 · 화장실 그 밖의 필요한 곳에 야간 상용등을 설치하여야 한다. • 계단의 경사는 완만하여야 하며, 난간을 설치하여야 한다. • 바닥은 부드럽고 미끄럽지 아니한 바닥재를 사용하여야 한다.

• 노인복지주택

구분	내용
침실	• 독신용 · 동거용 침실의 면적은 $20m^2$ 이상이어야 한다. • 취사할 수 있는 설비를 갖추어야 한다. • 목욕실, 화장실 등 입소자의 생활편의를 위한 설비를 갖추어야 한다. • 채광 · 조명 및 방습설비를 갖추어야 한다.
프로그램실	• 자유로이 이용할 수 있는 적당한 문화시설과 오락기구를 갖추어 두어야 한다.
체력단련실	• 입소 노인들이 기본 체력을 유지하기 위해 필요한 적절한 운동기구를 갖추어야 한다.
의료 및 간호사실	• 진료 및 간호에 필요한 상용의약품 · 위생재료 또는 의료기구를 갖추어야 한다.
경보장치	• 타인의 도움이 필요할 때 경보가 울릴 수 있도록 거실, 화장실, 욕실, 복도 등 필요한 곳에 설치하여야 한다.
경사로	• 침실이 2층 이상인 경우 경사로를 설치하여야 한다. 다만, 「승강기시설 안전관리법」에 따른 승객용 엘리베이터를 설치한 경우에는 경사로를 설치하지 아니할 수 있다.

TIP

노인주거복지시설 요약표

<table>
<tr><th colspan="2">구분
시설별</th><th>침실</th><th>사무실</th><th>요양보호사 및 자원봉사자실</th><th>의료 및 간호사실</th><th>체력단련실 및 프로그램실</th><th>식당 및 조리실</th><th>비상재해대비시설</th><th>화장실</th><th>세면장 및 샤워실(목욕실)</th><th>세탁장 및 세탁물건조장</th></tr>
<tr><td rowspan="2">양로시설</td><td>입소자 30명 이상</td><td>○</td><td>○</td><td>○</td><td>○</td><td>○</td><td>○</td><td>○</td><td>○</td><td>○</td><td>○</td></tr>
<tr><td>입소자 30명 미만 10명 이상</td><td>○</td><td colspan="2">○</td><td>○</td><td>○</td><td>○</td><td>○</td><td>○</td><td colspan="2">○</td></tr>
<tr><td colspan="2">노인공동생활가정</td><td>○</td><td colspan="3">○</td><td>–</td><td>○</td><td>○</td><td>○</td><td colspan="2">○</td></tr>
<tr><td colspan="2">노인복지주택</td><td colspan="10">침실 1, 관리실 1(사무실 · 숙직실 포함), 식당 및 조리실 1, 체력단련실 및 프로그램실 1, 의료 및 간호사실 1, 식료품점 또는 매점 1, 비상재해대비시설 1, 경보장치 1</td></tr>
</table>

② 노인의료복지시설 기준

㉠ 시설의 규모 : 노인의료복지시설은 다음의 구분에 따른 인원이 입소할 수 있는 시설을 갖춰야 한다.

- 노인요양시설 : 입소정원 10명 이상(입소정원 1명당 연면적 $23.6m^2$ 이상의 공간을 확보해야 한다). 다만, 노인요양시설 안에 치매전담실을 두는 경우에는 치매전담실 1실당 정원을 16명 이하로 한다.
- 노인요양공동생활가정 : 입소정원 5명 이상 9명 이하(입소정원 1명당 연면적 $20.5m^2$ 이상의 공간을 확보해야 한다)

㉡ 시설의 구조 및 설비

- 시설의 구조 및 설비는 일조 · 채광 · 환기 등 입소자의 보건위생과 재해방지 등을 충분히 고려해야 한다.
- 복도 · 화장실 · 침실 등 입소자가 통상 이용하는 설비는 휠체어 등이 이동 가능한 공간을 확보해야 하며 문턱제거, 손잡이시설 부착, 바닥 미끄럼 방지 등 노인의 활동에 편리한 구조를 갖춰야 한다.
- 「화재예방, 소방시설 설치 · 유지 및 안전관리에 관한 법률」이 정하는 바에 따라 소화용 기구를 비치하고 비상구를 설치해야 한다. 다만, 입소자 10명 미만인 시설의 경우에는 소화용 기구를 갖추는 등 시설의 실정에 맞게 비상재해에 대비해야 한다.
- 입소자가 건강한 생활을 영위하는데 도움이 되는 도서관, 스포츠 · 레크리에이션 시설 등 적정한 문화 · 체육부대시설을 설치하되, 지역사회와 시설간의 상호교류 촉진을 통한 사회와의 유대감 증진을 위하여 입소자가 이용하는데 지장을 주지 않는 범위에서 외부에 개방하여 운영할 수 있다.

TIP

노인의료복지시설의 발코니 건축계획

- 노인복지시설의 발코니는 노인들이 외부환경과 접촉할 수 있는 공간이다.
- 바닥면은 미끄럼 방지재료로 계획한다.
- 단조로울 수 있는 주거공간에서 입면디자인 요소가 될 수 있다.
- 일반집합주거보다 큰 면적으로 계획하고 평상시에는 취미생활을 위한 공간으로 적합하며 비상시 안전한 곳으로 대피할 수 있는 통로의 역할을 한다.
- 노인들의 안전을 위하여 거주공간 내 발코니를 설치하는 것이 바람직하다.

TIP

노인주거복지시설기준 요약표

<table>
<tr><th colspan="2">구분
시설별</th><th>침실</th><th>사무실</th><th>요양보호시설</th><th>자원봉사자실</th><th>의료 및 간호사실</th><th>물리(작업)치료실</th><th>프로그램실</th><th>식당 및 조리실</th><th>비상재해대비시설</th><th>화장실</th><th>세면장 및 샤워실</th><th>세탁장 및 세탁물건조장</th></tr>
<tr><td rowspan="2">노인요양시설</td><td>입소자 30명 이상</td><td>○</td><td>○</td><td>○</td><td>○</td><td>○</td><td>○</td><td>○</td><td>○</td><td>○</td><td>○</td><td>○</td><td>○</td></tr>
<tr><td>입소자 30명 미만 10명 이상</td><td>○</td><td colspan="3">○</td><td>○</td><td>○</td><td>○</td><td>○</td><td></td><td>○</td><td colspan="2">○</td></tr>
<tr><td colspan="2">노인요양공동생활가정</td><td>○</td><td colspan="4">○</td><td colspan="2">○</td><td>○</td><td>○</td><td colspan="3">○</td></tr>
</table>

㉢ 설비기준

<table>
<tr><th>구분</th><th>내용</th></tr>
<tr><td>침실</td><td>• 독신용 · 합숙용 · 동거용 침실을 둘 수 있다.
• 남녀공용인 시설의 경우에는 합숙용 침실을 남실 및 여실로 각각 구분해야 한다.
• 입소자 1명당 침실면적은 6.6m^2 이상이어야 한다. 다만, 치매전담실은 다음과 같이 구분하여 침실면적의 기준을 달리해야 한다.
－가형 : 1인실 9.9m^2 이상, 2인실 16.5m^2 이상, 3인실 23.1m^2 이상, 4인실 29.7m^2 이상
－나형 : 1인실 9.9m^2 이상(다인실의 경우에는 입소자 1명당 6.6m^2 이상이어야 한다)
• 합숙용 침실 1실의 정원은 4명 이하여야 한다.
• 합숙용 침실에는 입소자의 생활용품을 각자 별도로 보관할 수 있는 보관시설을 설치해야 한다.
• 적당한 난방 및 통풍장치를 갖춰야 한다.
• 채광 · 조명 및 방습설비를 갖춰야 한다.
• 노인질환의 종류 및 정도에 따른 특별침실을 입소정원의 5% 이내의 범위에서 두어야 한다.
• 침실바닥 면적의 7분의 1 이상의 면적을 창으로 하여 직접 바깥 공기에 접하도록 하며, 열고 닫을 수 있도록 한다.
• 노인들이 자유롭게 침대에 오르내릴 수 있어야 한다.
• 안전설비를 갖춰야 한다.
• 공동주택에 설치되는 노인요양공동생활가정의 침실은 1층에 두어야 한다.</td></tr>
<tr><td>식당 및 조리실</td><td>조리실 바닥재는 내수 소재이고, 조리실은 세정 및 배수에 편리한 구조여야 한다.</td></tr>
<tr><td>세면장 및 목욕실</td><td>• 바닥재는 미끄럽지 않은 소재여야 한다.
• 욕조를 설치하는 경우에는 욕조에 노인의 전신이 잠기지 않는 깊이로 하고, 욕조 출입이 편리하도록 최소한 1개 이상의 보조봉과 수직의 손잡이 기둥을 설치해야 한다.
• 급탕을 자동 온도조절 장치로 하는 경우에는 물의 최고 온도는 섭씨 40° 이상이 되지 않도록 해야 한다.</td></tr>
<tr><td>프로그램실</td><td>• 자유롭게 이용할 수 있는 적당한 문화시설과 오락기구를 갖춰야 한다.</td></tr>
</table>

물리(작업) 치료실	• 기능회복 또는 기능감퇴를 방지하기 위한 훈련 등에 지장이 없는 면적과 필요한 시설 및 장비를 갖춰야 한다.
의료 및 간호사실	• 진료 및 간호에 필요한 상용의약품 · 위생재료 또는 의료기구를 갖춰야 한다.
그 밖의 시설	• 복도, 화장실, 그 밖의 필요한 곳에 야간 상용등을 설치해야 한다. • 계단의 경사는 완만해야 하며, 치매노인의 낙상을 방지하기 위하여 계단의 출입구에 출입문을 설치하고, 그 출입문에 잠금장치를 갖추되, 화재 등 비상시에 자동으로 열릴 수 있도록 해야 한다. • 바닥재는 부드럽고 미끄럽지 않은 소재여야 한다. • 주방 등 화재 위험이 있는 곳에는 치매노인이 임의로 출입할 수 없도록 잠금장치를 설치해야 한다. • 배회환자의 실종 등을 예방할 수 있도록 외부 출입구에 잠금장치를 갖추되, 화재 등 비상시에 자동으로 열릴 수 있도록 해야 한다.
경사로	• 침실이 2층 이상에 있는 경우 경사로를 설치해야 한다. 다만, 「승강기시설 안전관리법」에 따른 승객용 엘리베이터를 설치한 경우에는 경사로를 설치하지 않을 수 있다.

⒂ 에너지절약계획서 제출 예외대상

① 단독주택

② 문화 및 집회시설 중 동 · 식물원

③ 다음 각 호 중 하나에 해당되는 위락시설, 공장시설, 창고시설, 위험물저장 및 처리시설, 자동차관련시설, 동식물관련시설, 분뇨 및 쓰레기처리시설, 교정 및 군사시설, 방송통신시설, 발전시설, 묘지관련시설, 관광휴게시설

> 1. 냉 · 난방설비를 설치하지 아니한 경우
> 2. 냉난방설비를 한 경우 냉난방 열원을 공급하는 대상의 연면적 합계가 500m² 미만인 경우 (연면적의 합계는 다음 각 호에 따라 계산한다.)
>
> ㉠ 같은 대지에 모든 바닥면적을 합하여 계산한다.
> ㉡ 주거와 비주거는 구분하여 계산한다.
> ㉢ 증축이나 용도변경, 건축물대장의 기재내용을 변경하는 경우 이 기준을 해당 부분에만 적용할 수 있다.
> ㉣ 연면적의 합계 500m² 미만으로 허가를 받거나 신고한 후 건축법에 따라 허가와 신고사항을 변경하는 경우에는 당초 허가 또는 신고 면적에 변경되는 면적을 합하여 계산한다.
> ㉤ 제2조제3항에 따라 열손실방지 등의 에너지이용합리화를 위한 조치를 하지 않아도 되는 건축물 또는 공간, 주차장, 기계실 면적은 제외한다.

④ 주택법에 따라 사업계획 승인을 받아 건설하는 주택으로서 주택건설기준 등에 관한 규정에 따라 에너지절약형 친환경주택의 건설기준에 적합한 건축물

⑤ 국토교통부장관이 에너지 절약계획서를 첨부할 필요가 없다고 정하여 고시하는 건축물

⑥ 한옥 또는 건축자산으로 인정받은 경우

02 국토의 계획 및 이용에 관한 법률

국토의 이용 · 개발과 보전을 위한 계획의 수립 및 집행 등에 필요한 사항을 정하여 공공복리를 증진시키고 국민의 삶의 질을 향상시키는 것을 목적으로 한다.

❶ 용어 정의

① **광역도시계획** … 광역계획권의 장기발전방향을 제시하는 계획을 말한다.

② **도시 · 군계획** … 특별시 · 광역시 · 특별자치시 · 특별자치도 · 시 또는 군(광역시의 관할 구역에 있는 군은 제외한다. 이하 같다)의 관할 구역에 대하여 수립하는 공간구조와 발전방향에 대한 계획으로서 도시 · 군기본계획과 도시 · 군관리계획으로 구분한다.

③ **도시 · 군기본계획** … 특별시 · 광역시 · 특별자치시 · 특별자치도 · 시 또는 군의 관할 구역에 대하여 기본적인 공간구조와 장기발전방향을 제시하는 종합계획으로서 도시 · 군관리계획 수립의 지침이 되는 계획을 말한다.

④ **도시 · 군관리계획** … 특별시 · 광역시 · 특별자치시 · 특별자치도 · 시 또는 군의 개발 · 정비 및 보전을 위하여 수립하는 토지 이용, 교통, 환경, 경관, 안전, 산업, 정보통신, 보건, 복지, 안보, 문화 등에 관한 다음의 계획을 말한다.
   - ㉠ 용도지역 · 용도지구의 지정 또는 변경에 관한 계획
   - ㉡ 개발제한구역, 도시자연공원구역, 시가화조정구역(市街化調整區域), 수산자원보호구역의 지정 또는 변경에 관한 계획
   - ㉢ 기반시설의 설치 · 정비 또는 개량에 관한 계획
   - ㉣ 도시개발사업이나 정비사업에 관한 계획
   - ㉤ 지구단위계획구역의 지정 또는 변경에 관한 계획과 지구단위계획
   - ㉥ 입지규제최소구역의 지정 또는 변경에 관한 계획과 입지규제최소구역계획

⑤ **지구단위계획** … 도시 · 군계획 수립 대상지역의 일부에 대하여 토지 이용을 합리화하고 그 기능을 증진시키며 미관을 개선하고 양호한 환경을 확보하며, 그 지역을 체계적 · 계획적으로 관리하기 위하여 수립하는 도시 · 군관리계획을 말한다.

⑥ **입지규제최소구역계획** … 입지규제최소구역에서의 토지의 이용 및 건축물의 용도 · 건폐율 · 용적률 · 높이 등의 제한에 관한 사항 등 입지규제최소구역의 관리에 필요한 사항을 정하기 위하여 수립하는 도시 · 군관리계획을 말한다.

⑦ **기반시설** … 다음의 시설로서 대통령령으로 정하는 시설을 말한다.
㉠ 도로 · 철도 · 항만 · 공항 · 주차장 등 교통시설
㉡ 광장 · 공원 · 녹지 등 공간시설
㉢ 유통업무설비, 수도 · 전기 · 가스공급설비, 방송 · 통신시설, 공동구 등 유통 · 공급시설
㉣ 학교 · 공공청사 · 문화시설 및 공공필요성이 인정되는 체육시설 등 공공 · 문화체육시설
㉤ 하천 · 유수지(遊水池) · 방화설비 등 방재시설
㉥ 장사시설 등 보건위생시설
㉦ 하수도, 폐기물처리 및 재활용시설, 빗물저장 및 이용시설 등 환경기초시설

⑧ **도시 · 군계획시설** … 기반시설 중 도시 · 군관리계획으로 결정된 시설을 말한다.

⑨ **광역시설** … 기반시설 중 광역적인 정비체계가 필요한 다음의 시설로서 대통령령으로 정하는 시설을 말한다.
㉠ 둘 이상의 특별시 · 광역시 · 특별자치시 · 특별자치도 · 시 또는 군의 관할 구역에 걸쳐 있는 시설
㉡ 둘 이상의 특별시 · 광역시 · 특별자치시 · 특별자치도 · 시 또는 군이 공동으로 이용하는 시설

⑩ **공동구** … 전기 · 가스 · 수도 등의 공급설비, 통신시설, 하수도시설 등 지하매설물을 공동 수용함으로써 미관의 개선, 도로구조의 보전 및 교통의 원활한 소통을 위하여 지하에 설치하는 시설물을 말한다.

⑪ **도시 · 군계획시설사업** … 도시 · 군계획시설을 설치 · 정비 또는 개량하는 사업을 말한다.

⑫ **도시 · 군계획사업** … 도시 · 군관리계획을 시행하기 위한 다음의 사업을 말한다.
㉠ 도시 · 군계획시설사업
㉡ 「도시개발법」에 따른 도시개발사업
㉢ 「도시 및 주거환경정비법」에 따른 정비사업

⑬ **도시 · 군계획사업시행자** … 도시 · 군계획사업을 하는 자를 말한다.

⑭ **공공시설** … 도로 · 공원 · 철도 · 수도, 그 밖에 대통령령으로 정하는 공공용 시설을 말한다.

⑮ **국가계획** … 중앙행정기관이 법률에 따라 수립하거나 국가의 정책적인 목적을 이루기 위하여 수립하는 계획 중 제19조 제1항 제1호부터 제9호까지에 규정된 사항이나 도시 · 군관리계획으로 결정하여야 할 사항이 포함된 계획을 말한다.

⑯ **용도지역** … 토지의 이용 및 건축물의 용도, 건폐율(「건축법」 제55조의 건폐율을 말한다. 이하 같다), 용적률(「건축법」 제56조의 용적률을 말한다. 이하 같다), 높이 등을 제한함으로써 토지를 경제적 · 효율적으로 이용하고 공공복리의 증진을 도모하기 위하여 서로 중복되지 아니하게 도시 · 군관리계획으로 결정하는 지역을 말한다.

⑰ **용도지구** … 토지의 이용 및 건축물의 용도 · 건폐율 · 용적률 · 높이 등에 대한 용도지역의 제한을 강화하거나 완화하여 적용함으로써 용도지역의 기능을 증진시키고 경관 · 안전 등을 도모하기 위하여 도시 · 군관리계획으로 결정하는 지역을 말한다.

⑱ **용도구역** … 토지의 이용 및 건축물의 용도 · 건폐율 · 용적률 · 높이 등에 대한 용도지역 및 용도지구의 제한을 강화하거나 완화하여 따로 정함으로써 시가지의 무질서한 확산방지, 계획적이고 단계적인 토지이용의 도모, 토지이용의 종합적 조정 · 관리 등을 위하여 도시 · 군관리계획으로 결정하는 지역을 말한다.

⑲ **개발밀도관리구역** … 개발로 인하여 기반시설이 부족할 것으로 예상되나 기반시설을 설치하기 곤란한 지역을 대상으로 건폐율이나 용적률을 강화하여 적용하기 위하여 제66조에 따라 지정하는 구역을 말한다.

⑳ **기반시설부담구역** … 개발밀도관리구역 외의 지역으로서 개발로 인하여 도로, 공원, 녹지 등 대통령령으로 정하는 기반시설의 설치가 필요한 지역을 대상으로 기반시설을 설치하거나 그에 필요한 용지를 확보하게 하기 위하여 제67조에 따라 지정 · 고시하는 구역을 말한다.

㉑ **기반시설설치비용** … 단독주택 및 숙박시설 등 대통령령으로 정하는 시설의 신 · 증축 행위로 인하여 유발되는 기반시설을 설치하거나 그에 필요한 용지를 확보하기 위하여 제69조에 따라 부과 · 징수하는 금액을 말한다.

㉒ **특별건축구역** … 조화롭고 창의적인 건축물의 건축을 통하여 도시경관의 창출, 건설기술 수준의 향상 및 건축관련 제도개선을 도모하기 위하여 이 법 또는 관계법령에 따라 일부규정을 적용하지 아니하거나 완화 또는 통합하여 적용할 수 있도록 특별히 지정하는 구역을 말한다.

2 도시계획

① 광역도시계획

㉠ 광역계획권의 장기발전방향을 제시하는 계획이다.

㉡ 광역도시계획의 수립권자

수립권자		구분
시장 · 군수 시 · 도지사	관할 시장, 군수 공동으로 수립	• 광역계획권이 같은 도의 관할구역에 속하여 있는 경우
	관할 시 · 도지사 공동으로 수립	• 광역계획권이 2 이상의 시 · 도의 관할구역에 걸쳐있는 경우
관할 도지사		• 광역계획권을 지정한 날부터 3년이 지날 때까지 관할시장 또는 군수로부터 광역도시계획의 승인신청이 없는 경우 • 시장 또는 군수가 협의를 거쳐 요청하는 경우
국토교통부 장관		• 국가계획과 관련된 광역도시계획의 수립이 필요한 경우 • 광역계획권을 지정한 날로부터 3년이 지날 때까지 관할 시 · 도지사로부터 광역도시계획에 대하여 승인신청이 없는 경우
국토교통부 장관과 시 · 도지사가 공동		• 시 · 도지사의 요청이 있는 경우 • 그 밖에 필요하다고 인정하는 경우
도지사와 시장 또는 군수가 공동		• 시장 또는 군수가 요청하는 경우 • 그 밖에 필요하다고 인정하는 경우

[광역도시계획의 수립 및 승인절차]

구분	절차	관계
광역도시계획수립 국토교통부장관 시 · 도지사 시장 · 군수	기초조사	전문기관의뢰 자료제출요청
	▼ 공청회	주민, 관계전문가
	▼ 의견청취	해당지방의회, 시장 · 군수
광역도시계획승인 국토교통부장관 도지사	▼ 협의	관계 행정기관장
	▼ 도시계획위원회 심의	도시계획위원회
	▼ 승인	
	▼ 공고 및 열람	시 · 도지사, 시장 · 군수

② 도시 · 군 계획

㉠ 도시 · 군계획은 특별시 · 광역시 · 특별자치시 · 특별자치도 · 시 또는 군의 관할 구역에서 수립되는 다른 법률에 따른 토지의 이용 · 개발 및 보전에 관한 계획의 기본이 된다.

㉡ 광역도시계획 및 도시 · 군계획은 국가계획에 부합되어야 하며, 광역도시계획 또는 도시 · 군계획의 내용이 국가계획의 내용과 다를 때에는 국가계획의 내용이 우선한다. 이 경우 국가계획을 수립하려는 중앙행정기관의 장은 미리 지방자치단체의 장의 의견을 듣고 충분히 협의하여야 한다.

㉢ 광역도시계획이 수립되어 있는 지역에 대하여 수립하는 도시 · 군기본계획은 그 광역도시계획에 부합되어야 하며, 도시 · 군기본계획의 내용이 광역도시계획의 내용과 다를 때에는 광역도시계획의 내용이 우선한다.

㉣ 특별시장 · 광역시장 · 특별자치시장 · 특별자치도지사 · 시장 또는 군수(광역시의 관할 구역에 있는 군의 군수는 제외한다.)가 관할 구역에 대하여 다른 법률에 따른 환경 · 교통 · 수도 · 하수도 · 주택 등에 관한 부문별 계획을 수립할 때에는 도시 · 군기본계획의 내용에 부합되게 하여야 한다.

③ 도시 · 군 기본계획

㉠ 특별시 · 광역시 · 특별자치시 · 특별자치도 · 시 또는 군의 관할 구역에 대하여 기본적인 공간구조와 장기발전방향을 제시하는 종합계획으로서 도시 · 군관리계획 수립의 지침이 되는 계획을 말한다.

ⓛ 수립권자는 특별시장 · 광역시장 · 특별자치시장 · 특별자치도지사 · 시장 또는 군수로서 관할 구역에 대하여 도시 · 군기본계획을 수립하여야 한다. (다만, 시 또는 군의 위치, 인구의 규모, 인구감소율 등을 고려하여 대통령령으로 정하는 시 또는 군은 도시 · 군기본계획을 수립하지 아니할 수 있다.)

ⓒ 특별시장 · 광역시장 · 특별자치시장 · 특별자치도지사 · 시장 또는 군수는 지역여건상 필요하다고 인정되면 인접한 특별시 · 광역시 · 특별자치시 · 특별자치도 · 시 또는 군의 관할 구역 전부 또는 일부를 포함하여 도시 · 군기본계획을 수립할 수 있다.

ⓔ 특별시장 · 광역시장 · 특별자치시장 · 특별자치도지사 · 시장 또는 군수는 인접한 특별시 · 광역시 · 특별자치시 · 특별자치도 · 시 또는 군의 관할 구역을 포함하여 도시 · 군기본계획을 수립하려면 미리 그 특별시장 · 광역시장 · 특별자치시장 · 특별자치도지사 · 시장 또는 군수와 협의하여야 한다.

TIP

다음의 경우 도시 · 군 기본계획을 수립하지 않을 수 있다.

㉠ 수도권에 속하지 않으며 광역시와 경계를 같이하지 아니한 시 · 군 중 인구가 10만명 이하인 경우

ⓛ 관할구역 전부에 대해 광역도시계획이 수립되어 있는 시 · 군 중 도시 · 군기본계획의 내용이 모두 포함되어 있는 경우

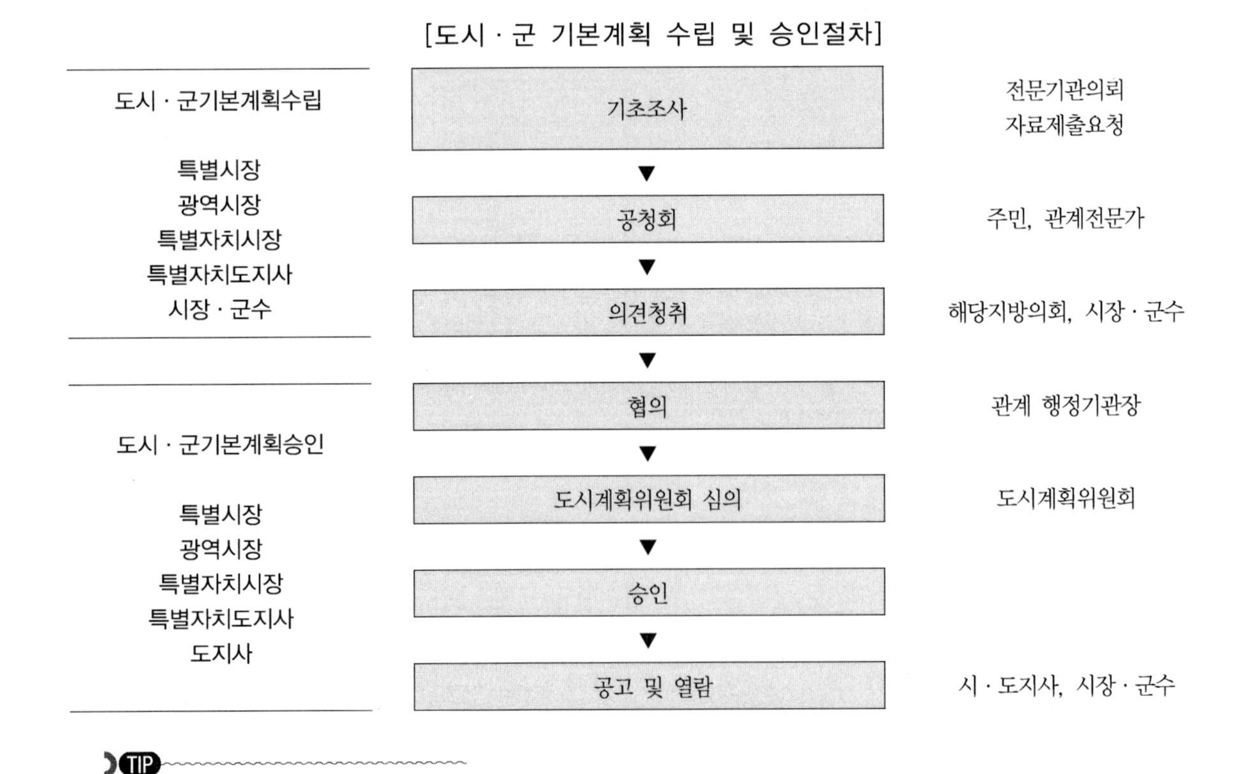

TIP

도시군기본계획은 광역도시계획의 수립 및 승인 절차와 동일하나 수립권자가 다르다.

④ 도시 · 군 관리계획

㉠ **정의** : 특별시 · 광역시 · 특별자치시 · 특별자치도 · 시 또는 군의 개발 · 정비 및 보전을 위하여 수립하는 토지 이용, 교통, 환경, 경관, 안전, 산업, 정보통신, 보건, 복지, 안보, 문화 등에 관한 다음의 계획을 말한다.

- 용도지역 · 용도지구의 지정 또는 변경에 관한 계획
- 개발제한구역, 도시자연공원구역, 시가화조정구역(市街化調整區域), 수산자원보호구역의 지정 또는 변경에 관한 계획
- 기반시설의 설치 · 정비 또는 개량에 관한 계획
- 도시개발사업이나 정비사업에 관한 계획
- 지구단위계획구역의 지정 또는 변경에 관한 계획과 지구단위계획
- 입지규제최소구역의 지정 또는 변경에 관한 계획과 입지규제최소구역계획

㉡ 입안권자는 특별시장 · 광역시장 · 특별자치시(세종시)장 · 특별자치도(제주도)지사 · 시장 또는 군수이다. (다만, 국토교통부장관, 시 · 도지사, 시장 또는 군수는 도시 · 군관리계획을 조속히 입안하여야 할 필요가 있다고 인정되면 광역도시계획이나 도시 · 군기본계획을 수립할 때에 도시 · 군관리계획을 함께 입안할 수 있다.)

㉢ 인접한 특별시 · 광역시 · 특별자치시 · 특별자치도 · 시 또는 군의 관할 구역에 대한 도시 · 군관리계획은 관계 특별시장 · 광역시장 · 특별자치시장 · 특별자치도지사 · 시장 또는 군수가 협의하여 공동으로 입안하거나 입안할 자를 정한다.

㉣ 공동입안 협의가 성립되지 아니하는 경우 도시 · 군관리계획을 입안하려는 구역이 같은 도의 관할 구역에 속할 때에는 관할 도지사가, 둘 이상의 시 · 도의 관할 구역에 걸쳐 있을 때에는 국토교통부장관이 입안할 자를 지정한다.

㉤ 국토교통부장관은 ㉠이나 ㉡에도 불구하고 다음의 어느 하나에 해당하는 경우에는 직접 또는 관계 중앙행정기관의 장의 요청에 의하여 도시 · 군관리계획을 입안할 수 있다. 이 경우 국토교통부장관은 관할 시 · 도지사 및 시장 · 군수의 의견을 들어야 한다.

- 국가계획과 관련된 경우
- 둘 이상의 시 · 도에 걸쳐 지정되는 용도지역 · 용도지구 또는 용도구역과 둘 이상의 시 · 도에 걸쳐 이루어지는 사업의 계획 중 도시 · 군관리계획으로 결정하여야 할 사항이 있는 경우
- 특별시장 · 광역시장 · 특별자치시장 · 특별자치도지사 · 시장 또는 군수가 제138조에 따른 기한까지 국토교통부장관의 도시 · 군관리계획 조정 요구에 따라 도시 · 군관리계획을 정비하지 아니하는 경우

㉥ 도지사는 다음의 어느 하나의 경우에는 직접 또는 시장이나 군수의 요청에 의하여 도시 · 군관리계획을 입안할 수 있다. 이 경우 도지사는 관계 시장 또는 군수의 의견을 들어야 한다.

- 둘 이상의 시 · 군에 걸쳐 지정되는 용도지역 · 용도지구 또는 용도구역과 둘 이상의 시 · 군에 걸쳐 이루어지는 사업의 계획 중 도시 · 군관리계획으로 결정하여야 할 사항이 포함되어 있는 경우
- 도지사가 직접 수립하는 사업의 계획으로서 도시 · 군관리계획으로 결정하여야 할 사항이 포함되어 있는 경우

㉦ 도시 · 군관리계획의 결정권자는 원칙적으로 시 · 도지사, 대도시의 시장(지구단위계획은 시장 · 군수)이나 다음의 경우 국토교통부 장관이 결정권자가 된다.

- 국토교통부장관이 입안한 도시 · 군관리계획
- 개발제한구역의 지정 및 변경에 관한 도시 · 군관리계획
- 국가계획과 관련된 시가화조정구역의 지정 및 변경에 관한 도시 · 군관리계획
- 수산자원보호구역의 지정 및 변경에 관한 도시 · 군관리계획

[도시 · 군 관리계획 입안 및 결정절차]

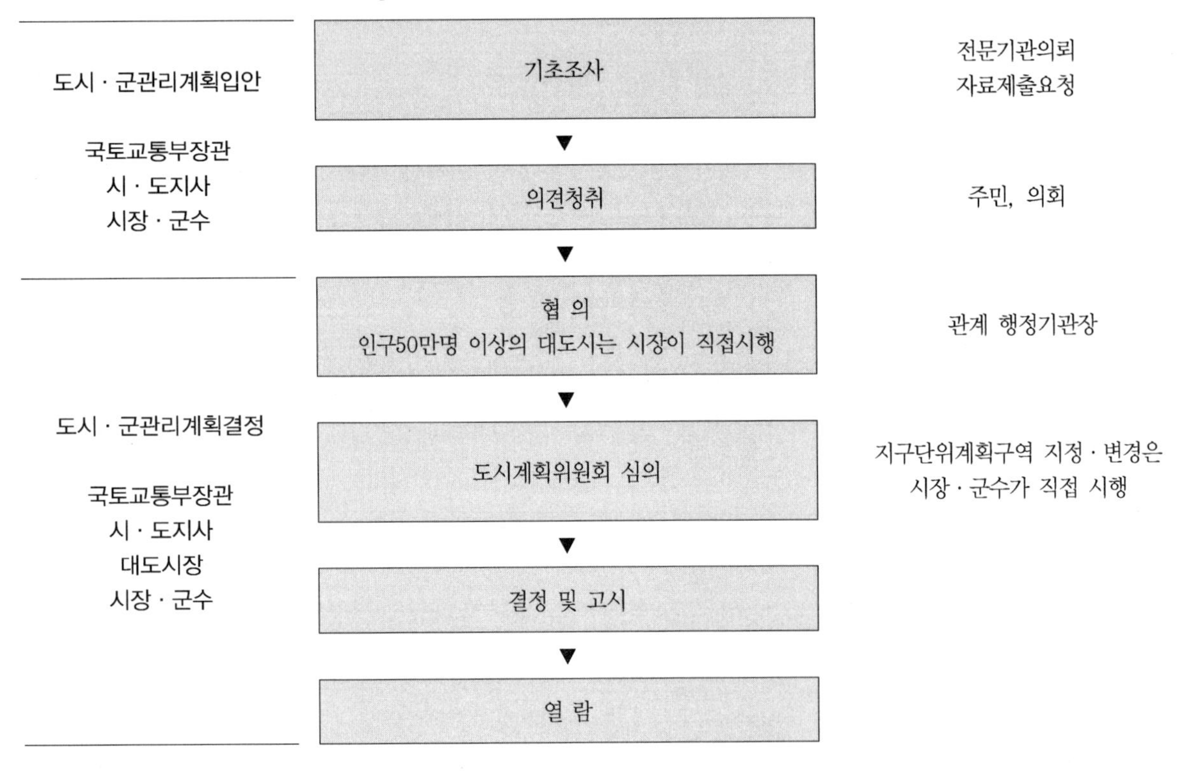

TIP

도시계획안 수립(입안)권자와 승인권자

수립 (입안) 권자	광역도시계획	국토교통부장관, 시 · 도지사, 시장 · 군수
	도시군기본계획	특별시장, 광역시장, 특별자치시장, 특별자치도지사, 시장 · 군수
	도시군관리계획	국토교통부장관, 시 · 도지사, 시장 · 군수
승인 권자	광역도시계획	국토교통부장관, 도지사
	도시군기본계획	특별시장, 광역시장, 특별자치시장, 특별자치도지사, 도지사
	도시군관리계획	국토교통부장관, 시 · 도지사, 대도시장, 시장 · 군수

❸ 용도지역 / 용도지구 / 용도구역

전 국토를 종합적이고 체계적으로 관리할 수 있는 수단으로서 용도지역, 지구, 구역제를 운영하고 있다. 도시지역, 관리지역, 농림지역, 자연환경보전지역으로 4등분하는 용도지역제와 그것만으로 부족하여 그 용도지역 위에 입지별 특성에 따라 미관지구, 경관지구, 보존지구, 고도지구 등으로 덮어씌우는 용도지구제가 있다.

구분	용도지역	용도지구	용도구역
성격	토지를 경제적, 효율적으로 이용하고 공공복리의 증진을 도모	용도지역의 기능을 증진시키고 경관, 안전 등을 도모	시가지의 무질서한 확산방지, 계획적이고 단계적인 토지이용의 도모, 토지이용의 종합적 조정, 관리
종류	• 도시지역(주거, 상업, 공업, 녹지지역) • 관리지역(보전관리, 생산관리, 계획관리지역) • 농림지역/자연환경보전지역	• 경관/고도/방화/방재/보호/취락/개발진흥지구 • 특정용도제한지구 • 복합용도지구 등	• 개발제한구역 • 시가화조정구역 • 수산자원보호구역
비고	중복지정 불가	중복지정 가능	

TIP

용도지역만으로 도시공간을 제대로 관리하기에는 한계가 있다. 예측하지 못하는 문제에 대한 대안으로 용도지구제를 운영하고 있다. 용도지역 위에 필요한 용도지구를 추가로 지정한다. 용도지역은 중복 지정할 수 없지만 용도지구는 중복 지정도 가능하다. 용도지구제를 운영하는 목적은 토지의 이용 및 건축물의 용도, 건폐율, 용적률, 높이 등에 대한 용도지역의 제한을 강화 또는 완화하여 적용함으로써 용도지역의 기능을 증진시키고 미관, 경관, 안전 등을 도모하기 위함이다.

① 용도지역

㉠ 주거지역

• 전용주거지역 : 양호한 주거환경을 보호

– 제1종 전용주거지역 : 단독주택 중심의 양호한 주거환경을 보호하기 위하여 필요한 지역

– 제2종 전용주거지역 : 공동주택 중심의 양호한 주거환경을 보호하기 위하여 필요한 지역

• 일반주거지역 : 편리한 주거환경을 보호

– 제1종 일반주거지역 : 저층주택을 중심으로 편리한 주거환경을 조성하기 위하여 필요한 지역

– 제2종 일반주거지역 : 중층주택을 중심으로 편리한 주거환경을 조성하기 위하여 필요한 지역

– 제3종 일반주거지역 : 중고층주택을 중심으로 편리한 주거환경을 조성하기 위하여 필요한 지역

• 준주거지역 : 주거기능을 위주로 이를 지원하는 일부 상업기능 및 업무기능을 보완하기 위하여 필요한 지역

checkpoint

주거지역 분류에 대한 이해

- 제1종 전용주거지역 : 2층 규모의 저층 단독주택으로 형성된 지역으로서 건축물의 규모나 용도를 극히 제한함으로써 가장 쾌적한 주거환경을 목표로 지정한 지역이 제1종 전용주거지역이다. 단독주택과 연면적 1,000m^2 미만의 근린생활시설은 건축이 가능하다. 다가구주택과 연립주택 및 다세대주택, 1,000m^2 미만의 종교집회장, 초등학교, 중학교 및 고등학교, 노유자시설 등은 도시계획조례가 정할 경우에만 건축이 가능하다.
- 제2종 전용주거지역 : 아파트 중에서 중 · 저층의 매우 쾌적한 단지를 조성하기 위해 지정한다. 제1종 전용주거지역이 저층 단독주택 위주라면 제2종 전용주거지역은 쾌적한 공동주택단지를 목표로 한다.
- 제1종 일반주거지역 : 4층 이하(주택법 시행령에 따른 단지형 다세대주택인 경우에는 5층 이하를 말하며 해당 단지형 다세대주택의 1층 바닥면적의 1/2 이상을 필로티 구조로 하여 주차장으로 사용하고 나머지 부분을 주택 외의 용도로 쓰는 경우에는 해당 층을 층수에서 제외한다.)만 건립할 수 있기 때문에 대규모 건축물의 건축은 불가능하다. 저층주택을 중심으로 편리한 주거환경을 조성할 목적으로 지정했기에 아파트는 건축할 수 없다. 전용주거지역보다는 건축할 수 있는 건축물의 용도나 규모가 다소 나은 편이다. 너비 15m도로변에는 판매시설도 가능하고, 옥외철탑이 설치된 골프연습장을 제외한 운동시설, 바닥면적의 합계가 3,000m^2 미만인 오피스텔은 도시계획조례가 정하면 건축이 가능하다.
- 제2종 일반주거지역 : 제1종과 제3종 일반주거지역의 중간단계로 15층 이하의 중층건축물이 입지할 수 있는 지역이다. 단독 및 공동주택은 물론이고 제1종 근린생활시설, 종교시설, 초등학교 및 중학교, 고등학교, 노유자시설을 건축할 수 있다. 도시계획조례가 정할 경우에는 판매시설, 의료시설, 공장, 창고시설, 교정 및 군사시설, 방송통신시설 등을 건축할 수 있다.
- 제3종 일반주거지역 : 고층건축물의 건축이 가능한 지역이다. 층수제한이 없기에 입지여건이 하락하는 데까지의 높이로 건축할 수 있다. 물론 건폐율이나 용적률, 도로에 의한 높이제한, 일조에 의한 높이제한 기준에 적합해야 하기 때문에 무제한 높이로 건축할 수 있는 것은 아니다.

※ 일반주거지역 안에서 건축할 수 있는 건축물

<table>
<tr><th>주거지역</th><th>건축할 수 있는 건축물</th></tr>
<tr><td>제1종
일반주거지역</td><td>• 단독주택
• 공동주택(아파트 제외)
• 제1종 근린생활시설
• 유치원, 초등학교, 중학교, 고등학교
• 노유자시설</td></tr>
<tr><td>제2종
일반주거지역</td><td rowspan="2">• 단독주택
• 공동주택(아파트포함)
• 제1종 근린생활시설
• 유치원, 초등학교, 중학교, 고등학교
• 노유자시설
• 종교시설</td></tr>
<tr><td>제3종
일반주거지역</td></tr>
</table>

- 준주거지역 : 주거지역과 상업지역의 중간단계로 볼 수 있다. 상업활동과 주거가 동시에 병존하는 지역이며 용적률은 다른 주거지역보다 높다.

㉡ 상업지역

- 중심상업지역 : 도심 · 부도심의 상업기능 및 업무기능의 확충을 위하여 필요한 지역
- 일반상업지역 : 일반적인 상업기능 및 업무기능을 담당하게 하기 위하여 필요한 지역
- 근린상업지역 : 근린지역에서의 일용품 및 서비스의 공급을 위하여 필요한 지역
- 유통상업지역 : 도시 내 및 지역간 유통기능의 증진을 위하여 필요한 지역

㉢ 공업지역

- 전용공업지역 : 주로 중화학공업, 공해성 공업 등을 수용하기 위하여 필요한 지역
- 일반공업지역 : 환경을 저해하지 아니하는 공업의 배치를 위하여 필요한 지역
- 준공업지역 : 경공업 그 밖의 공업을 수용하되, 주거기능 · 상업기능 및 업무기능의 보완이 필요한 지역

㉣ 녹지지역

- 보전녹지지역 : 도시의 자연환경 · 경관 · 산림 및 녹지공간을 보전할 필요가 있는 지역
- 생산녹지지역 : 주로 농업적 생산을 위하여 개발을 유보할 필요가 있는 지역
- 자연녹지지역 : 도시의 녹지공간의 확보, 도시확산의 방지, 장래 도시용지의 공급 등을 위하여 보전할 필요가 있는 지역으로서 불가피한 경우에 한하여 녹지공간의 보전을 해하지 않는 수준에서 제한적인 개발이 허용되는 지역

㉤ 관리지역

- 생산관리지역 : 농림 · 임업 · 어업생산 등을 위하여 관리가 필요하나 주변의 용도지역과의 관계 등을 고려할 경우 농림지역으로 지정하여 관리하기 곤란한 지역
- 보전관리지역 : 자연환경보호, 산림보호, 수질오염방지, 녹지확보 및 생태보전 등을 위해 보전이 필요하나 주변의 용도지역과의 관계 등을 고려할 때 자연환경보전지역으로 지정하여 관리하기가 곤란한 지역
- 계획관리지역 : 도시지역으로 편입이 예상되는 지역 또는 자연환경을 고려하여 제한적인 이용 · 개발을 하려는 지역으로서 계획적 · 체계적 관리가 필요한 지역

<table>
<tr><th>용도</th><th>용도지역</th><th>세분 용도지역</th><th>용도지역 재세분</th><th>건폐율(%)</th><th>용적률(%)</th></tr>
<tr><td rowspan="10">도시지역</td><td rowspan="6">주거지역</td><td rowspan="2">전용주거지역</td><td>제1종 전용주거지역</td><td>50</td><td>50~100</td></tr>
<tr><td>제2종 전용주거지역</td><td>50</td><td>50~150</td></tr>
<tr><td rowspan="3">일반주거지역</td><td>제1종 일반주거지역</td><td>60</td><td>100~200</td></tr>
<tr><td>제2종 일반주거지역</td><td>60</td><td>100~250</td></tr>
<tr><td>제3종 일반주거지역</td><td>50</td><td>100~300</td></tr>
<tr><td>준 주거지역</td><td>〈주거+상업기능〉</td><td>70</td><td>200~500</td></tr>
<tr><td rowspan="4">상업지역</td><td>근린상업지역</td><td>인근지역 소매시장</td><td>70</td><td>200~900</td></tr>
<tr><td>유통상업지역</td><td>도매시장</td><td>80</td><td>200~1100</td></tr>
<tr><td>일반상업지역</td><td></td><td>80</td><td>200~1300</td></tr>
<tr><td>중심상업지역</td><td>도심지의 백화점</td><td>90</td><td>200~1500</td></tr>
</table>

	공업지역	전용공업지역		70	150~300
		일반공업지역		70	150~350
		준 공업지역	〈공업+주거기능〉	70	150~400
	녹지지역	보전녹지지역	문화재가 존재	20	50~80
		생산녹지지역	도시외곽지역 농경지	20	50~100
		자연녹지지역	도시외곽 완만한 임야	20	50~100
관리지역	보전관리	(16지역)	준 보전산지	20	50~80
	생산관리			20	50~80
	계획관리			40	50~100
농 림 지 역			농업진흥지역	20	50~80
자연환경보전지역		(5지역)	보전산지	20	50~80

ⓑ 용도지역별 건폐율 및 용적률의 특별규정 적용지역

특별규정 적용지역	용도지역	건폐율	용적률
자연취락지구	녹지 · 관리 · 농림 · 자연환경보전지역	60% 이하	
개발진흥지구(비 도시지역)	도시지역외의 지역에 개발목적 지정	40% 이하	100% 이하
수산자원보호구역	자연환경보전지역	40% 이하	80% 이하
자연공원 및 공원보호구역	자연환경보전지역	60% 이하	100% 이하
농공단지	농림지역의 공업단지	60% 이하	150% 이하
공업지역안의 국가산업단지 및 지방산업단지	도시지역내의 공업단지	80% 이하	
도시계획시설 중 유원지 · 공원		건설교통부령	
건폐율 및 용적률의 한도		80% 이하	200% 이하

② 용도지구

㉠ 경관지구

- 자연경관지구 : 산지 · 구릉지 등 자연경관을 보호하거나 유지하기 위하여 필요한 지구
- 시가지경관지구 : 지역 내 주거지, 중심지 등 시가지의 경관을 보호 또는 유지하거나 형성하기 위하여 필요한 지구
- 특화경관지구 : 지역 내 주요 수계의 수변 또는 문화적 보존가치가 큰 건축물 주변의 경관 등 특별한 경관을 보호 또는 유지하거나 형성하기 위하여 필요한 지구

㉡ 방재지구

- 시가지방재지구 : 건축물 · 인구가 밀집되어 있는 지역으로서 시설 개선 등을 통하여 재해 예방이 필요한 지구
- 자연방재지구 : 토지의 이용도가 낮은 해안변, 하천변, 급경사지 주변 등의 지역으로서 건축 제한 등을 통하여 재해 예방이 필요한 지구

㉢ **보호지구**

- 역사문화환경보호지구 : 문화재 · 전통사찰 등 역사 · 문화적으로 보존가치가 큰 시설 및 지역의 보호와 보존을 위하여 필요한 지구
- 중요시설물보호지구 : 중요시설물(제1항에 따른 시설물을 말한다. 이하 같다)의 보호와 기능의 유지 및 증진 등을 위하여 필요한 지구
- 생태계보호지구 : 야생동식물서식처 등 생태적으로 보존가치가 큰 지역의 보호와 보존을 위하여 필요한 지구

㉣ **취락지구**

- 자연취락지구 : 녹지지역 · 관리지역 · 농림지역 또는 자연환경보전지역안의 취락을 정비하기 위하여 필요한 지구
- 집단취락지구 : 개발제한구역안의 취락을 정비하기 위하여 필요한 지구

㉤ **개발진흥지구**

- 주거개발진흥지구 : 주거기능을 중심으로 개발 · 정비할 필요가 있는 지구
- 산업 · 유통개발진흥지구 : 공업기능 및 유통 · 물류기능을 중심으로 개발 · 정비할 필요가 있는 지구
- 관광 · 휴양개발진흥지구 : 관광 · 휴양기능을 중심으로 개발 · 정비할 필요가 있는 지구
- 복합개발진흥지구 : 주거기능, 공업기능, 유통 · 물류기능 및 관광 · 휴양기능 중 2개 이상의 기능을 중심으로 개발 · 정비할 필요가 있는 지구
- 특정개발진흥지구 : 주거기능, 공업기능, 유통 · 물류기능 및 관광 · 휴양기능 외의 기능을 중심으로 특정한 목적을 위하여 개발 · 정비할 필요가 있는 지구

TIP

용도지구와 용도지역의 지정은 서로 독립적이다.

③ **용도구역**

㉠ **입지규제최소구역** : 도시지역에서 복합적인 토지이용을 증진시켜 도시 정비를 촉진하고 지역 거점을 육성할 필요가 있다고 인정되는 지역을 대상으로 지정하는 용도구역

㉡ **개발제한구역** : 도시의 경관을 정비하고 환경을 보전하기 위해서 설정된 녹지대로 그린벨트(greenbelt)라고도 하는데, 생산녹지와 차단녹지로 구분되며 건축물의 신축 · 증축, 용도변경, 토지의 형질변경 및 토지분할 등의 행위가 제한된다.

㉢ **시가화조정구역** : 도시지역과 그 주변지역의 무질서한 시가화를 방지하고 계획적이고 단계적인 개발을 유도하기 위하여 5년 이상 20년 이내로 기간을 정하여 시가화를 유보하는 지역

㉣ **도시자연공원구역** : 도시의 자연환경 및 경관을 보호하고 도시민에게 건전한 여가 · 휴식공간을 제공하기 위하여 도시지역 안의 식생이 양호한 산지의 개발을 제한하기 위하여 「국토의 계획 및 이용에 관한 법률」에 의해 지정되는 구역

㉤ **수산자원보호구역** : 산자원을 보호 · 육성하기 위하여 필요한 공유수면이나 그에 인접한 토지에 대해 설정한 구역

❹ 지구단위계획

도시계획을 수립하는 지역 가운데 일부지역의 토지이용을 보다 합리화하고 그 기능을 증진시키며 미관의 개선 및 양호한 환경을 확보하는 등, 당해 지역을 체계적 · 계획적으로 관리하기 위하여 수립하는 도시관리계획에 대한 세부적인 계획이다.

① 도시계획과 건축계획이라는 두 가지 유사제도를 통합하여 도입된 제도로서 도시차원에서의 3차원적 접근을 위주로 하여 계획한다.

② 도시계획 수립 대상지역의 일부에 대해 토지이용을 합리화하고 그 기능을 증진시키며 미관을 개선하고 양호한 환경을 확보하며, 해당 지역을 체계적, 계획적으로 관리하기 위해 수립하는 도시군관리계획이다.

③ 구역 내에서 필요한 경우에는 특정부분을 별도의 구역으로 지정하여 계획의 상세 정도를 따로 정할 수 있다.

④ 수립권자는 국토교통부장관, 시 · 도지사 또는 시장 · 군수이며 수립절차는 도시 · 군관리계획으로 결정한다.

> **TIP**
> 지구단위계획구역의 지정권자도 국토교통부장관, 시 · 도지사 또는 시장 · 군수이지만 지정절차도 도시 · 군관리계획으로 결정한다.

⑤ 지구단위계획구역 안에서 대지의 일부를 공공시설 부지로 제공하고 건축할 경우, 용적률은 완화받을 수 있으나 건폐율은 완화받을 수 없다.

⑥ 국토교통부장관 및 시 · 도지사, 시장 또는 군수는 제도시 · 군관리계획을 입안할 때에는 주민의 의견을 들어야 하며, 그 의견이 타당하다고 인정되면 도시 · 군관리계획안에 반영하여야 한다.

⑦ 지구단위계획구역 제안을 주민들이 할 수 있으나 입안의 주체가 되는 것이 아니며 제안이 받아들여지면 입안 절차가 이루어지게 된다. (제안의 타당성이 있다고 할지라도 이것을 시장이나 도지사가 의무적으로 반영해야 하는 것이라고 볼 수는 없다.)

⑧ 지구단위계획에는 기반시설의 배치와 규모, 건축물의 용도제한, 건축물의 건폐율 · 용적률, 건축물 높이의 최고한도 또는 최저한도 등의 내용이 포함되어야 하며, 다음 사항을 고려하여 수립한다.
   ㉠ 도시의 정비 · 관리 · 보전 · 개발 등 지구단위계획구역의 지정 목적
   ㉡ 주거 · 산업 · 유통 · 관광휴양 · 복합 등 지구단위계획구역의 중심기능
   ㉢ 해당 용도지역의 특성
   ㉣ 지역 공동체의 활성화
   ㉤ 안전하고 지속가능한 생활권의 조성
   ㉥ 해당 지역 및 인근 지역의 토지 이용을 고려한 토지이용계획과 건축계획의 조화

| 기출예제 07

2008 국가직 (7급)

지구단위계획에 대한 설명 중 옳지 않은 것은?

① 지구단위계획은 도시계획 수립대상지역 안의 일부에 대하여 토지이용을 합리화하고 도시의 기능과 미관을 증진시키는 계획이다.

② 도시계획과 건축계획의 중간단계에 해당한다.

③ 지구단위계획구역 및 지구단위계획은 도시관리계획으로 결정한다.

④ 지구단위계획에서는 건폐율, 용적률에 대한 규정을 다루지는 않으며, 지구 전체의 건축선, 건물형태 등 지구 전체와 관련된 내용을 주로 규정한다.

*

지구단위계획에서는 건폐율, 용적률을 다룬다.

답 ④

⑨ 지구단위계획에서 시 · 도 도시계획위원회와 시 · 도 건축위원회가 공동으로 심의하여 결정해야하는 사항은 다음과 같다.

㉠ 건축물 높이의 최고한도 또는 최저한도에 대한 사항

㉡ 건축물의 배치, 형태, 색채 또는 건축선에 대한 계획

㉢ 경관계획에 대한 사항

[지구단위계획의 수립 및 결정절차]

절차	주체
기초조사	구청장
▼	
기본구상 및 계획안 작성	구청장
▼	
시 · 구 합동보고회(필요시)	
▼	
지구단위계획(안) 수립	
▼	
주민의견청취 14일 이상	관계 행정기관의 장과 협의
▼	
구 도시계획위원회 자문	
▼	
지구단위계획의 입안	
▼	
결정 신청	구청장 → 서울시장
▼	
도시건축공동위원회 심의	서울시장
▼	
지구단위계획 결정 및 고시	서울시장
▼	
일반 열람	구청장

03 도시 및 주거환경정비법

❶ 목적

도시기능의 회복이 필요하거나 주거환경이 불량한 지역을 계획적으로 정비하고 노후·불량건축물을 효율적으로 개량하기 위하여 필요한 사항을 규정함으로써 도시환경을 개선하고 주거생활의 질을 높이는데 이바지함을 목적으로 하는 법이다.

❷ 용어정의

① **정비구역** … 정비사업을 계획적으로 시행하기 위하여 「도시정비법」 제4조(정비계획의 수립 및 정비구역의 지정)의 규정에 의하여 지정·고시된 구역을 말한다.

TIP

「도시 및 주거환경정비법」을 줄여서 「도시정비법」 또는 「도정법」이라 한다.

② **정비사업** … 이 법에서 정한 절차에 따라 도시기능을 회복하기 위하여 정비구역 또는 가로구역(街路區域 : 정비구역이 아닌 대통령령으로 정하는 구역을 말하며, 바목의 사업으로 한정한다)에서 정비기반시설을 정비하거나 주택 등 건축물을 개량하거나 건설하는 다음의 사업을 말한다. 다만, 다목의 경우에는 정비구역이 아닌 구역에서 시행하는 주택재건축 사업을 포함한다.

가. 주거환경개선사업 : 도시저소득주민이 집단으로 거주하는 지역으로서 정비기반시설이 극히 열악하고 노후·불량건축물이 과도하게 밀집한 지역에서 주거환경을 개선하기 위하여 시행하는 사업
나. 주택재개발사업 : 정비기반시설이 열악하고 노후·불량건축물이 밀집한 지역에서 주거환경을 개선하기 위하여 시행하는 사업
다. 주택재건축사업 : 정비기반시설은 양호하나 노후·불량건축물이 밀집한 지역에서 주거환경을 개선하기 위하여 시행하는 사업
라. 도시환경정비사업 : 상업지역·공업지역 등으로서 토지의 효율적 이용과 도심 또는 부도심 등 도시기능의 회복이나 상권활성화 등이 필요한 지역에서 도시환경을 개선하기 위하여 시행하는 사업
마. 주거환경관리사업 : 단독주택 및 다세대주택 등이 밀집한 지역에서 정비기반시설과 공동이용시설의 확충을 통하여 주거환경을 보전·정비·개량하기 위하여 시행하는 사업
바. 가로주택정비사업 : 노후·불량건축물이 밀집한 가로구역에서 종전의 가로를 유지하면서 소규모로 주거환경을 개선하기 위하여 시행하는 사업

TIP

가로주택정비사업은 정비사업 기본계획의 수립·정비계획·정비구역에 관한 규정을 적용하지 않는다.

③ **노후 · 불량건축물** … 다음의 어느 하나에 해당하는 건축물을 말한다.

가. 건축물이 훼손되거나 일부가 멸실되어 붕괴 그 밖의 안전사고의 우려가 있는 건축물
나. 내진성능이 확보되지 아니한 건축물 중 중대한 기능적 결함 또는 부실 설계 · 시공으로 인한 구조적 결함 등이 있는 건축물로서 대통령령으로 정하는 건축물
다. 다음의 요건에 해당하는 건축물로서 대통령령으로 정하는 바에 따라 특별시 · 광역시 · 특별자치시 · 도 · 특별자치도 또는 「지방자치법」 제175조에 따른 서울특별시 · 광역시 및 특별자치시를 제외한 인구 50만 이상 대도시(이하 "대도시"라 한다)의 조례(이하 "시 · 도조례"라 한다)로 정하는 건축물
  1) 주변 토지의 이용상황 등에 비추어 주거환경이 불량한 곳에 소재할 것
  2) 건축물을 철거하고 새로운 건축물을 건설하는 경우 그에 소요되는 비용에 비하여 효용의 현저한 증가가 예상될 것
라. 도시미관을 저해하거나 노후화로 인하여 구조적 결함 등이 있는 건축물로서 대통령령으로 정하는 바에 따라 시 · 도조례로 정하는 건축물

④ **정비기반시설** … 도로 · 상하수도 · 공원 · 공용주차장 · 공동구(「국토의 계획 및 이용에 관한 법률」 제2조 제9호의 규정에 의한 공동구를 말한다. 이하 같다) 그 밖에 주민의 생활에 필요한 열 · 가스 등의 공급시설로서 대통령령이 정하는 시설을 말한다.

⑤ **공동이용시설** … 주민이 공동으로 사용하는 놀이터 · 마을회관 · 공동작업장 그 밖에 대통령령이 정하는 시설을 말한다.

⑥ **대지** … 정비사업에 의하여 조성된 토지를 말한다.

⑦ **주택단지** … 주택 및 부대 · 복리시설을 건설하거나 대지로 조성되는 일단의 토지로서 다음 각 목의 어느 하나에 해당하는 일단의 토지를 말한다.

가. 사업계획승인을 받아 주택과 부대 · 복리시설을 건설한 일단의 토지
나. 가목에 따른 일단의 토지 중 도시 · 군계획시설인 도로나 그 밖에 이와 유사한 시설로 분리되어 각각 관리되고 있는 각각의 토지
다. 가목에 따른 일단의 토지 2 이상이 공동으로 관리되고 있는 경우 그 전체 토지
라. 도정법 제41조(주택재건축사업의 범위에 관한 특례)에 따라 분할된 토지 또는 분할되어 나가는 토지
마. 건축허가를 얻어 아파트 또는 연립주택을 건설한 일단의 토지

⑧ **사업시행자** … 정비사업을 시행하는 자
  ㉠ 정비사업을 추진하는 자로서 토지등소유자의 동의와 결의를 얻어 사업시행에 필요한 토지등소유자의 다양한 의견을 조율하고 합리적으로 결정을 할 수 있도록 하는 역할을 수행한다.
  ㉡ 관할관청으로부터 사업시행인가와 관리처분계획인가, 착공신고 사용검사 등 사업에 필요한 모든 인허가의 실질적인 행위주체이다.

⑨ **토지등소유자** … 다음의 하나에 해당되는 자를 말한다.

가. 주거환경개선사업, 주택재개발사업, 도시환경정비사업 또는 주거환경관리사업의 경우에는 정비구역 안에 소재한 토지 또는 건축물의 소유자 또는 그 지상권자
나. 주택재건축사업의 경우에는 다음의 하나에 해당하는 자
 1) 정비구역 안에 소재한 건축물 및 그 부속토지의 소유자
 2) 정비구역이 아닌 구역 안에 소재한 대통령령이 정하는 주택 및 그 부속토지의 소유자와 부대·복리시설 및 그 부속토지의 소유자
다. 가로주택정비사업의 경우에는 가로구역에 있는 토지 또는 건축물의 소유자 또는 그 지상권자

⑩ **조합설립추진위원회** … 조합을 설립하려는 경우에는 정비구역 지정·고시 후 다음의 사항에 대하여 토지등소유자 과반수의 동의를 받아 조합설립을 위한 추진위원회를 구성하여 시장·군수 등의 승인(인가)을 받아야 한다.

⑪ **조합** … 시장·군수 등, 토지주택공사 등 또는 지정개발자가 아닌 자가 정비사업을 시행하려는 경우에는 토지등소유자로 구성된 조합을 설립하여야 한다. (추진위원회와 달리 조합은 법인이다.)

정비사업 추진절차

기본계획수립	구청장이 계획을 수립
▼	
정비구역지정	정비구역 시성 선 예성구역으로 지정
▼	
추진위원회 구성승인	토지 등 소유자 1/2이상 동의해야 구성
▼	
조합설립인가	토지 등 소유자 3/4이상 동의해야 인가 시공사 선정(재개발,도시환경)
▼	
각종 심의	사업시행을 위한 분야별 심의
▼	
사업시행인가	정관 등이 정하는 바에 따른 동의절차 시공사 선정(재건축)
▼	
관리처분계획인가	토지 등 소유자 분양신청 기간 내 분양신청
▼	
철거/착공/분양	조합원/일반분양, 동호수추첨
▼	
공사완료(준공)	준공 정산
▼	
조합청산 및 해산	청산금 지급, 청산서류 이관

04 주택법

❶ 용어정의

① **주택** … 세대(世帶)의 구성원이 장기간 독립된 주거생활을 할 수 있는 구조로 된 건축물의 전부 또는 일부 및 그 부속토지

② **단독주택** … 1세대가 하나의 건축물 안에서 독립된 주거생활을 할 수 있는 구조로 된 주택

③ **준주택** … 주택 외의 건축물과 그 부속토지로서 주거시설로 이용가능한 시설 등

④ **공동주택** … 건축물의 벽 · 복도 · 계단이나 그 밖의 설비 등의 전부 또는 일부를 공동으로 사용하는 각 세대가 하나의 건축물 안에서 각각 독립된 주거생활을 할 수 있는 구조로 된 주택

⑤ **의무관리대상 공동주택** … 해당 공동주택을 전문적으로 관리하는 자를 두고 자치 의결기구를 의무적으로 구성하여야 하는 등 일정한 의무가 부과되는 공동주택으로서, 다음 각 목 중 어느 하나에 해당하는 공동주택을 말한다.

> 가. 300세대 이상의 공동주택
> 나. 150세대 이상으로서 승강기가 설치된 공동주택
> 다. 150세대 이상으로서 중앙집중식 난방방식(지역난방방식을 포함한다)의 공동주택
> 라. 「건축법」 제11조에 따른 건축허가를 받아 주택 외의 시설과 주택을 동일 건축물로 건축한 건축물로서 주택이 150세대 이상인 건축물
> 마. 가목부터 라목까지에 해당하지 아니하는 공동주택 중 입주자등이 대통령령으로 정하는 기준에 따라 동의하여 정하는 공동주택

⑥ **세대구분형 공동주택** … 공동주택의 주택 내부 공간의 일부를 세대별로 구분하여 생활이 가능한 구조로 하되, 그 구분된 공간 일부에 대하여 구분소유를 할 수 없는 주택

⑦ **국민주택** … 국민주택기금으로부터 자금을 지원받아 건설되거나 개량되는 주택으로서 주거의 용도로만 쓰이는 면적(이하 "주거전용면적"이라 한다)이 1호(戶) 또는 1세대당 85제곱미터 이하인 주택이며 국민주택규모란 1세대당 85m^2 이하인 것을 말한다.

> 가. 국가 · 지방자치단체, 「한국토지주택공사법」에 따른 한국토지주택공사(이하 "한국토지주택공사"라 한다) 또는 「지방공기업법」 제49조에 따라 주택사업을 목적으로 설립된 지방공사(이하 "지방공사"라 한다)가 건설하는 주택
> 나. 국가 · 지방자치단체의 재정 또는 「주택도시기금법」에 따른 주택도시기금(이하 "주택도시기금"이라 한다)으로부터 자금을 지원받아 건설되거나 개량되는 주택

⑧ **민영주택** … 국민주택을 제외한 주택

⑨ **민간건설 중형국민주택** … 국민주택 중 국가 · 지방자치단체 · 한국토지주택공사 또는 지방공사 외의 사업주체가 건설하는 주거전용면적이 $60m^2$ 초과 $85m^2$ 이하의 주택

⑩ **도시형 생활주택** … '국토의 계획 및이용에 관한 법률'에서 정한 도시지역에서만 건축할 수 있고 기반시설이 부족하여 난개발이 우려되는 비도시지역은 해당되지 않으며, 1세대당 주거 전용면적 $85m^2$ 이하인 국민주택 규모의 300세대 미만으로 구성된다. 서민과 1-2인 가구의 주거 안정을 위하여 2009년 5월부터 시행된 주거 형태로서 단지형 연립주택, 단지형 다세대주택, 원룸형 3종류가 있음.

⑪ **토지임대부 분양주택** … 토지의 소유권은 제15조에 따른 사업계획의 승인을 받아 토지임대부 분양주택 건설사업을 시행하는 자가 가지고, 건축물 및 복리시설(福利施設) 등에 대한 소유권[건축물의 전유부분(專有部分)에 대한 구분소유권은 이를 분양받은 자가 가지고, 건축물의 공용부분 · 부속건물 및 복리시설은 분양받은 자들이 공유한다]은 주택을 분양받은 자가 가지는 주택

⑫ **주택단지** … 주택건설사업계획 또는 대지조성사업계획의 승인을 받아 주택과 그 부대시설 및 복리시설(福利施設)을 건설하거나 대지를 조성하는 데 사용되는 일단(一團)의 토지이다. 다만, 다음 각 목의 시설로 분리된 토지는 각각 별개의 주택단지로 본다.

가. 철도 · 고속도로 · 자동차전용도로
나. 폭 20m 이상인 일반도로
다. 폭 8m 이상인 도시계획예정도로
라. 가목부터 다목까지의 시설에 준하는 것으로서 대통령령으로 정하는 시설

⑬ **혼합주택단지** … 분양을 목적으로 한 공동주택과 임대주택이 함께 있는 주택단지

⑭ **사업주체** … 주택건설사업계획 또는 대지조성사업계획의 승인을 받아 그 사업을 시행하는 다음 각 목의 자

가. 국가 · 지방자치단체
나. 한국토지주택공사 또는 지방공사
다. 주택법에 따라 주택건설사업 또는 대지조성사업을 시행하는 자

⑮ **주택조합** … 많은 수의 구성원이 제15조에 따른 사업계획의 승인을 받아 주택을 마련하거나 리모델링하기 위하여 결성하는 조합

가. 지역주택조합 : 다음 구분에 따른 지역에 거주하는 주민이 주택을 마련하기 위하여 설립한 조합
나. 직장주택조합 : 같은 직장의 근로자가 주택을 마련하기 위하여 설립한 조합
다. 리모델링주택조합 : 공동주택의 소유자가 그 주택을 리모델링하기 위하여 설립한 조합

⑯ **공공택지** … 공공사업에 의하여 개발 · 조성되는 공동주택이 건설되는 용지

⑰ **공구** … 하나의 주택단지에서 대통령령으로 정하는 기준에 따라 둘 이상으로 구분되는 일단의 구역으로, 착공신고 및 사용검사를 별도로 수행할 수 있는 구역

⑱ **기반시설** … 국토의 계획 및 이용에 관한 법률 제2조 제6호에 따른 기반시설

⑲ **기간시설** … 도로 · 상하수도 · 전기시설 · 가스시설 · 통신시설 · 지역난방시설

⑳ **간선시설** … 도로 · 상하수도 · 전기시설 · 가스시설 · 통신시설 및 지역난방시설 등 주택단지(둘 이상의 주택단지를 동시에 개발하는 경우에는 각각의 주택단지를 말한다) 안의 기간시설(基幹施設)을 그 주택단지 밖에 있는 같은 종류의 기간시설에 연결시키는 시설

㉑ **부대시설** … 주택에 딸린 다음 각 목의 시설 또는 설비

가. 주차장, 관리사무소, 담장 및 주택단지 안의 도로 나. 「건축법」 제2조 제1항 제4호에 따른 건축설비 다. 가목 및 나목의 시설 · 설비에 준하는 것으로서 대통령령으로 정하는 시설 또는 설비

㉒ **복리시설** … 주택단지의 입주자 등의 생활복리를 위한 다음 각 목의 공동시설

가. 어린이놀이터, 근린생활시설, 유치원, 주민운동시설 및 경로당 나. 그 밖에 입주자 등의 생활복리를 위하여 대통령령으로 정하는 공동시설

㉓ **리모델링** … 건축물의 노후화 억제 또는 기능 향상 등을 위한 다음 각 목의 어느 하나에 해당하는 행위

가. 대수선 나. 사용검사일, 도는 사용승인일로부터 15년이 경과된 공동주택을 각 세대의 주거전용면적의 10분의 3 이내에서 증축하는 행위 (이 경우 공동주택의 기능향상 등을 위하여 공용부분 에 대하여도 별도로 증축할 수 있다.) 다. '나'에 따른 각 세대의 증축 가능 면적을 합산한 면적의 범위 에서 기존 세대수의 100분의 15 이내에서 세대수를 증가하는 증축 행위

㉔ **에너지절약형 친환경주택** … 저에너지 건물 조성기술 등 대통령령으로 정하는 기술을 이용하여 에너지 사용량을 절감하거나 이산화탄소 배출량을 저감할 수 있도록 건설된 주택을 말하며, 그 종류와 범위는 대통령령으로 정한다.

㉕ **건강친화형 주택** … 건강하고 쾌적한 실내환경의 조성을 위하여 실내공기의 오염물질 등을 최소화할 수 있도록 대통령령으로 정하는 기준에 따라 건설된 주택을 말한다.

㉖ **장수명 주택** … 구조적으로 오랫동안 유지 · 관리될 수 있는 내구성을 갖추고, 입주자의 필요에 따라 내부 구조를 쉽게 변경할 수 있는 가변성과 수리 용이성 등이 우수한 주택을 말한다.

㉗ **입주자** … 공동주택의 소유자 또는 그 소유자를 대리하는 배우자 및 직계존비속

㉘ **사용자** … 공동주택을 임차하여 사용하는 사람(임대주택의 임차인은 제외한다) ("입주자등"이란 입주자와 사용자를 말한다.)

㉙ **관리주체** … 공동주택을 관리하는 다음 각 목의 자

> 가. 제6조 제1항에 따른 자치관리기구의 대표자인 공동주택의 관리사무소장
> 나. 제13조 제1항에 따라 관리업무를 인계하기 전의 사업주체
> 다. 주택관리업자
> 라. 임대사업자
> 마. 「민간임대주택에 관한 특별법」 제2조 제11호에 따른 주택임대관리업자(시설물 유지 · 보수 · 개량 및 그 밖의 주택관리 업무를 수행하는 경우에 한정한다)

㉚ **주택관리업** … 동주택을 안전하고 효율적으로 관리하기 위하여 입주자등으로부터 의무관리대상 공동주택의 관리를 위탁받아 관리하는 업

㉛ **장기수선계획** … 공동주택을 오랫동안 안전하고 효율적으로 사용하기 위하여 필요한 주요 시설의 교체 및 보수 등에 관하여 수립하는 장기계획을 말한다.

최근 기출문제 분석

2012 지방직

1 장애인을 위한 접근로 기준에 대한 설명으로 옳지 않은 것은?

① 접근로의 기울기는 1/18 이하로 해야 한다. 다만 지형상 곤란한 경우에는 1/12까지 완화할 수 있다.

② 경사진 접근로가 연속될 경우에는 휠체어 사용자가 휴식할 수 있도록 30m 마다 1.4m× 1.4m 이상의 수평면으로 된 참을 설치할 수 있다.

③ 연석의 높이는 6cm 이상 15cm 이하로 할 수 있으며, 색상은 접근로의 바닥재 색상과 달리 설치할 수 있다.

④ 휠체어 사용자가 다른 휠체어 또는 유모차 등과 교행할 수 있도록 50m 마다 1.5m× 1.5m 이상의 교행구역을 설치할 수 있다.

TIP 경사진 접근로가 연속일 경우 참은 30m마다 1.5m x 1.5m의 수평참 구간을 설치할 수 있다.

2013 국가직

2 주차장의 차량동선 계획 시 고려해야 할 사항에 해당하지 않는 것은?

① 노외주차장의 출입구는 육교나 횡단보도에서 10m 이내의 도로 부분에 설치하여서는 안 된다.

② 주차대수가 50대 이상의 주차장에는 출구와 입구를 분리하거나 너비 5.5m 이상의 출입구를 설치하여 소통이 원활하도록 하여야 한다.

③ 해당 출구로부터 2m를 후퇴한 노외주차장의 차로 중심선상 1.4m의 높이에서 도로의 중심선에 직각으로 향한 왼쪽, 오른쪽 각각 60°의 범위에서 해당 도로를 통행하는 자를 확인할 수 있도록 하여야 한다.

④ 경사로의 종단 경사도는 직선 부분에서는 17%를, 곡선부분에서는 14%를 초과하지 말아야 한다.

TIP 노외주차장의 입구와 출구를 설치할 수 없는 곳
- 육교 및 지하 횡단보도를 포함한 횡단보도에서 5m 이내의 도로부분
- 종단구배 10%를 초과하는 도로
- 새마을 유치원, 초등학교, 특수학교, 노인복지시설, 심신장애자 복지시설 및 아동전용시설 등의 출입구로부터 20m 이내의 도로부분
- 폭 4m 미만의 도로 (예외: 주차대수 200대 이상인 경우에는 폭 10m 미만의 도로에는 설치할 수 없다.)

Answer 1.② 2.①

2015 서울시

3 다음 중 「건축법 시행령」에서 정한 대수선의 범위에 해당하는 것은?

① 보를 해체하거나 두 개 이상 수선 또는 변경하는 것

② 내력벽의 일부분(가로 9m×높이 3m)을 변경하는 것

③ 미관지구에서 건축물의 외부형태를 변경하는 것

④ 건축물의 외벽에 사용하는 마감재료를 증설 또는 해체하거나 벽면적 $20m^2$ 이상 수선 또는 변경하는 것

TIP 대수선에 해당되는 경우

- 내력벽을 증설 또는 해체하거나 그 벽면적을 $30m^2$ 이상 수선 또는 변경하는 것
- 기둥을 증설 또는 해체하거나 3개 이상 수선 또는 변경하는 것
- 보를 증설 또는 해체하거나 3개 이상 수선 또는 변경하는 것
- 지붕틀을 증설 또는 해체하거나 3개 이상 수선 또는 변경하는 것
- 방화벽 또는 방화구획을 위한 바닥 또는 벽을 증설 또는 해체하거나 수선 또는 변경하는 것
- 주계단 · 피난계단 또는 특별피난계단을 증설 또는 해체하거나 수선 또는 변경하는 것
- 미관지구에서 건축물의 외부형태(담장을 포함)를 변경하는 것
- 다가구주택의 가구 간 경계벽 또는 다세대주택의 세대 간 경계벽을 증설 또는 해체하거나 수선 또는 변경하는 것

2013 국가직

4 특별피난계단에 설치하는 배연설비에 대한 설명으로 옳지 않은 것은?

① 배연구가 외기에 접하지 아니하는 경우에는 배연기를 설치해야 한다.

② 배연구는 평상 시 닫힌 상태를 유지하고, 열린 경우에는 배연에 의한 기류로 인해 닫히지 않도록 해야 한다.

③ 배연구에 설치하는 자동개방장치는 열 혹은 연기감지기에 의해서 작동되는 것으로, 수동으로는 열고 닫을 수 없도록 해야 한다.

④ 배연기에는 예비전원을 설치해야 한다.

TIP 배연구에 설치하는 자동개방장치는 수동으로도 열고 닫을 수 있도록 해야 한다.

Answer 3.③ 4.③

2016 국가직

5 주택법령상 도시형 생활주택에 대한 설명으로 옳은 것은?

① 도시형 생활주택이란 도시지역에 건설하는 400세대 이하의 국민주택규모에 해당하는 주택을 말한다.

② 단지형 연립주택, 단지형 다세대주택, 원룸형 주택으로 구분된다.

③ 원룸형 주택은 경우에 따라 세대별로 독립된 욕실을 설치하지 않고 단지 공용공간에 공동욕실을 설치할 수 있다.

④ 필요성이 낮은 부대 · 복리시설은 의무설치대상에서 제외하고 분양가상한제를 적용한다.

TIP 도시형생활주택: 서민과 1~2인 가구의 주거 안정을 위하여 2009년 5월부터 시행된 주거 형태로서 단지형 연립주택, 단지형 다세대주택, 원룸형 3종류가 있으며, 국민주택 규모의 300세대 미만으로 구성된다.

① 도시형 생활주택이란 도시지역에 건설하는 300세대 미만의 국민주택규모에 해당하는 주택을 말한다.

③ 원룸형 주택은 경우에 따라 세대별로 독립된 주거가 가능하도록 욕실과 부엌을 설치해야 한다.

④ 공동주택(아파트 · 연립주택 · 다세대주택)에 해당하지만, 주택법에서 규정한 감리 대상에서 제외되고 분양가상한제도 적용받지 않으며, 어린이놀이터와 관리사무소 등 부대시설 및 복리시설, 외부소음과 배치, 조경 등의 건설기준도 적용받지 않는다.

2017 지방직

6 건축 바닥면적 산정 시 바닥면적에 포함되는 것은?

① 옥상에 설치하는 물탱크 면적

② 평지붕일 때 층 높이가 1.8m인 다락 면적

③ 정화조 면적

④ 공동주택 지상층 기계실 면적

TIP 평지붕일 때 층 높이가 1.8m인 다락 면적은 바닥면적에 포함된다.

바닥면적: 건축면적과 달리 하나의 건축물 각 층의 외벽 또는 외곽기둥의 중심선으로 둘러싸인 수평투영면적이다.

바닥면적 산정 시 제외되는 부분은 다음과 같다.

- 승강기탑, 계단탑, 장식탑, 건축물 내외에 설치하는 설비덕트, 굴뚝, 더스트슈트, 층고 1.5m(경사진 형태인 경우 1.8m) 이하인 다락 등
- 옥상, 옥외 또는 지하에 설치하는 물탱크, 기름탱크, 냉각탑, 정화조, 도시가스정압기 등의 설치를 위한 구조물
- 공동주택의 지상층에 설치한 기계실, 전기실, 어린이놀이터, 조경시설, 생활폐기물 보관함
- 다중이용업소의 비상구에 연결하는 폭 1.5m 이하의 옥외피난계단
- 리모델링 시 외벽에 부가하여 마감재 등을 설치하는 부분

Answer 5.② 6.②

2012 지방직

7 지구단위계획에서 시·도 도시계획위원회와 시·도 건축위원회가 공동으로 심의하여 결정해야 하는 사항으로 옳지 않은 것은?

① 건축물 높이의 최고한도 또는 최저한도에 대한 사항

② 건축물의 건폐율과 용적률

③ 건축물의 배치, 형태, 색채 또는 건축선에 대한 계획

④ 경관계획에 대한 사항

TIP 지구단위계획에서 시·도 도시계획위원회와 시·도 건축위원회가 공동으로 심의하여 결정해야 하는 사항
- 건축물 높이의 최고한도 또는 최저한도에 대한 사항
- 건축물의 배치, 형태, 색채 또는 건축선에 대한 계획
- 경관계획에 대한 사항

2019 국가직

8 건축법령상 건축신고 대상이 아닌 것은?

① 바닥면적의 합계가 100m²인 개축

② 내력벽의 면적을 30m² 이상 수선하는 것

③ 공업지역에서 건축하는 연면적 400m²인 2층 공장

④ 기둥을 세 개 이상 수선하는 것

TIP 바닥면적의 합계가 85m² 이내의 증축·개축 또는 재축이 건축신고 대상에 속한다.

2020 지방직

9 「건축법 시행령」상 면적 등의 산정방법에 대한 설명으로 옳지 않은 것은?

① 층고는 방의 바닥구조체 아랫면으로부터 위층 바닥구조체의 아랫면까지의 높이로 한다.

② 처마높이는 지표면으로부터 건축물의 지붕틀 또는 이와 비슷한 수평재를 지지하는 벽·깔도리 또는 기둥의 상단까지의 높이로 한다.

③ 지하주차장의 경사로는 건축면적에 산입하지 아니한다.

④ 해당 건축물의 부속용도인 경우 지상층의 주차용으로 쓰는 면적은 용적율 산정 시 제외한다.

TIP 층고:방의 바닥구조체 윗면으로부터 위층 바닥구조체의 윗면까지의 높이로 한다.(다만, 한 방에서 층의 높이가 다른 부분이 있는 경우에는 그 각 부분 높이에 따른 면적에 따라 가중평균한 높이로 한다.)

Answer 7.② 8.① 9.①

2020 지방직

10 「건축물의 피난·방화구조 등의 기준에 관한 규칙」상 특별피난계단의 구조에 대한 설명으로 옳은 것만을 모두 고르면?

> ㉠ 계단실에는 예비전원에 의한 조명설비를 할 것
> ㉡ 계단실의 실내에 접하는 부분의 마감은 난연재료로 할 것
> ㉢ 계단은 내화구조로 하고 피난층 또는 지상까지 직접 연결되도록 할 것
> ㉣ 출입구의 유효너비는 0.9m 이상으로 하고 피난의 방향으로 열 수 있을 것
> ㉤ 건축물의 내부와 접하는 계단실의 창문등(출입구를 제외한다)은 망이 들어 있는 유리의 붙박이창으로서 그 면적을 각각 1제곱미터 이하로 할 것

① ㉠, ㉡, ㉤
② ㉠, ㉢, ㉣
③ ㉠, ㉢, ㉣, ㉤
④ ㉡, ㉢, ㉣, ㉤

TIP 계단실 및 부속실의 실내에 접하는 부분(바닥 및 반자 등 실내에 면한 모든 부분을 말한다)의 마감(마감을 위한 바탕을 포함한다)은 불연재료로 할 것
계단실의 노대 또는 부속실에 접하는 창문등(출입구를 제외한다)은 망이 들어 있는 유리의 붙박이창으로서 그 면적을 각각 1제곱미터 이하로 할 것

2018 제1회 지방직

11 주차장법 시행규칙 상 노외주차장의 출구 및 입구의 적합한 위치에 대한 설명으로 옳은 것만을 모두 고르면?

> ㉠ 횡단보도, 육교 및 지하횡단보도로부터 10m에 있는 도로의 부분
> ㉡ 교차로의 가장자리나 도로의 모퉁이로부터 10m에 있는 도로의 부분
> ㉢ 유아원, 유치원, 초등학교, 특수학교, 노인복지시설, 장애인복지시설 및 아동전용시설 등의 출입구로부터 10미터에 있는 도로의 부분
> ㉣ 너비가 10m, 종단 기울기가 5%인 도로

① ㉠, ㉢
② ㉢, ㉣
③ ㉠, ㉡, ㉣
④ ㉠, ㉡, ㉢, ㉣

Answer 10.② 11.③

TIP 노외주차장 출입구의 설치금지장소

- 도로교통법에 의해 정차 · 주차가 금지되는 도로의 부분
- 횡단보도(육교 및 지하횡단보도를 포함)에서 5m 이내의 도로부분
- 너비 4m 미만의 도로(단, 주차대수 200대 이상인 경우에는 너비 6m 미만의 도로에는 설치할 수 없다.)
- 종단구배 10%를 초과하는 도로
- 유아원, 유치원, 초등학교, 특수학교, 노인복지시설, 장애인 복지시설 및 아동전용시설 등의 출입구로부터 20m 이내의 도로부분

2018 서울시

12 지구단위계획에 대한 설명으로 가장 옳은 것은?

① 지구단위계획은 「건축법」에 근거한다.

② 지구단위계획은 토지이용의 합리화와 체계적인 관리를 목적으로 한다.

③ 지구단위계획은 모든 도시계획 수립 대상 지역에 대한관리계획이다.

④ 지구단위계획구역은 도시관리계획으로 관리하기 어려운 지역을 대상으로 한다.

TIP ① 지구단위계획은 「국토의 계획 및 이용에 관한 법률」에 근거한다.
③ 지구단위계획구역은 도시계획 수립 대상지역의 일부에 대한 것이다.
④ 지구단위계획구역은 토지 이용을 합리화하고 그 기능을 증진시키며 미관을 개선하고 양호한 환경을 확보하며, 그 지역을 체계적 · 계획적으로 관리하기 위하여 수립하는 도시관리계획으로 결정, 고시한 구역을 말한다.

2018 서울시

13 경주 및 포항 지진 이후 내진설계에 대한 국민들의 관심이 증가하고 있다. 건축물을 건축하거나 대수선하는 경우 착공 신고 시에 건축주가 설계자로부터 구조안전 확인서류를 받아 허가권자에게 제출해야하는 대상 건축물이 아닌 것은?

① 층수가 2층(주요구조부인 기둥과 보를 설치하는 건축물로서 그 기둥과 보가 목재인 목구조 건축물의 경우에는 3층) 이상인 건축물

② 연면적이 $200m^2$(목구조 건축물의 경우에는 $500m^2$) 이상인 건축물

③ 높이가 13m 이상인 건축물

④ 기둥과 기둥 사이의 거리가 10m 이하인 건축물

TIP 기둥과 기둥 사이의 거리가 10m 이상인 건축물이 해당된다.

Answer 12.② 13.④

출제 예상 문제

1 공동주택에 대한 설명으로 옳지 않은 것은?

① 연립주택은 주택으로 쓰이는 1개동의 바닥면적(지하주차장 면적제외)의 합계가 660m²를 초과하고, 층수가 4개층 이하인 주택을 말한다.
② 아파트는 주택으로 쓰이는 층수가 5개층 이상인 주택을 말한다.
③ 공동주택의 중복도에는 채광 및 통풍이 원활하도록 50m 이내마다 1개소 이상 외기에 면하는 개구부를 설치하여야 한다.
④ '공동주택'이란 건축물의 벽 · 복도 · 계단이나 그 밖의 설비 등의 전부 또는 일부를 공동으로 사용하는 각 세대가 하나의 건축물 안에서 각각 독립된 주거생활을 할 수 있는 구조로 된 주택을 말한다.

TIP 중복도에는 채광 및 통풍이 원활하도록 40m 이내마다 1개소 이상 외기에 면하는 개구부를 설치해야 한다.

2 건축법 시행령의 용도 분류 상 위락시설에 해당하지 않는 것은?

① 유흥주점
② 안마시술소
③ 무도학원
④ 카지노 영업소

TIP 안마원은 1종 근린생활시설, 안마시술소는 2종 근린생활시설이다.
※ 주의해야 할 용도분류
㉠ 유스호스텔 : 수련시설
㉡ 자동차학원 : 자동차 관련시설
㉢ 무도학원 : 위락시설
㉣ 독서실 : 2종 근린생활시설
㉤ 치과의원 : 1종 근린생활시설
㉥ 치과병원 : 의료시설
㉦ 동물병원 : 2종 근린생활시설

Answer 1.③ 2.②

3 **건축법과 소음 · 진동관리법 및 관련 법규 등에서 규정하고 있는 공동주택 건축 시 소음과 관련하여 반드시 고려할 필요가 없는 것은?**

① 아파트 외벽체의 재료별 두께
② 철도 및 고속도로에서의 이격거리에 따른 방음벽 설치 여부
③ 소음배출시설이 있는 공장으로부터 이격거리에 따른 수림대 설치 여부
④ 세대 간 경계벽체의 재료별 두께

TIP 아파트 외벽체의 재료별 두께는 공동주택 건축 시 소음과 관련하여 반드시 고려할 사항에 속하지는 않는다.

4 **주차계획에 관한 내용으로 옳지 않은 것은?**

① 보행자 진입로와 차량 진입로는 통행이 주로 이루어지는 주도로에 둔다.
② 차량 출입구는 전면도로의 종단구배가 10%를 초과하는 곳에 설치해서는 안 된다.
③ 차량 출입구의 너비는 주차대수가 50대 이상인 경우 5.5m 이상, 50대 미만인 경우에는 3.5m 이상으로 한다.
④ 주차장의 경사로는 구배가 직선부 17%(1/6) 이하, 곡선부 14% 이하로 하고, 경사로의 시작과 끝 부분은 구배를 1/12 이내로 완화한다.

TIP 차량진입로는 보행자 통행량이 적은 곳에 두는 것이 좋다.

5 **노외주차장의 출구 및 입구(노외주차장의 차로의 노면이 도로의 노면에 접하는 부분)의 설치 장소로 옳지 않은 것은?**

① 주차대수 200대 이상인 경우 너비 12m 미만의 도로에 설치하여서는 아니 된다.
② 초등학교의 출입구로부터 20m 이내의 도로의 부분에 설치하여서는 아니 된다.
③ 종단 구배가 10%를 초과하는 도로에 설치하여서는 아니 된다.
④ 횡단보도에서 5m 이내의 도로의 부분에 설치하여서는 아니 된다.

TIP 주차대수 200대 이상인 경우 너비 10m 미만의 도로에 설치하여서는 아니 된다.

Answer 3.① 4.① 5.①

6 **노외주차장 출입구 설치계획에 대한 설명으로 옳지 않은 것은?**

① 주차장과 연결되는 도로가 2개 이상인 경우에는 자동차 교통에 미치는 영향이 적은 도로에 출입구를 설치하는 것이 원칙이다.
② 주차대수 400대를 초과하는 규모의 경우에는 출구와 입구를 각각 따로 설치하는 것이 원칙이다.
③ 종단구배가 10%를 초과하는 도로에 주차장 출입구를 설치하여서는 안 된다.
④ 횡단보도에서 5m 이내의 도로의 부분에 주차장 출입구가 위치하도록 하는 것이 원칙이다.

TIP 노외주차장의 출입구의 너비는 3.5m 이상으로 해야 하며 주차대수 규모가 50대 이상인 경우에는 출구와 입구를 분리하거나 너비 5.5m 이상의 출입구를 설치하여 소통이 원활하도록 해야 한다.

7 **노상주차장의 설치기준에 대한 설명으로 옳지 않은 것은?**

① 주간선도로에는 설치가 불가하나, 분리대나 그 밖에 도로의 부분으로서 도로교통에 크게 지장을 주지 않는 부분은 예외로 한다.
② 주차대수 규모가 20대 이상인 경우에는 장애인 전용 주차 구획을 1면 이상 설치해야 한다.
③ 너비 8m 미만의 도로에 설치해서는 안 된다.
④ 종단경사도가 6% 이하의 도로로서 보도와 차도의 구별이 되어있고 그 차도의 너비가 13m 이상인 도로에는 설치가능하다.

TIP 너비는 8m가 아니라 6m가 돼야 한다.

Answer 6.④ 7.③

8 신속하고 안전한 주차 진출입을 유도하기 위해 주차장법 시행규칙을 개정(2012. 7. 2.)하여 주차구획의 넓이를 확장하였다. ㉠, ㉡에 들어갈 내용으로 바르게 짝지은 것은?

> • 주차장의 주차구획에 있어 평행주차형식 외의 경우, 확장형 주차단위구획의 너비는 (㉠) 이상이어야 한다.
> • 노외주차장에는 확장형 주차단위구획을 주차단위구획총수(평행주차형식의 주차단위구획수는 제외한다)의(㉡) 이상 설치하여야 한다.

	㉠	㉡
①	2.3m	40%
②	2.4m	35%
③	2.5m	30%
④	2.6m	25%

TIP 주차장의 주차구획에 있어 평행주차형식 외의 경우, 확장형 주차단위구획의 너비는 2.5m 이상이어야 한다. 노외주차장에는 확장형 주차단위구획을 주차단위구획총수(평행주차형식의 주차단위구획수는 제외한다)의 30% 이상 설치하여야 한다.

9 법령에 의해 보장되어야 할 휠체어 장애인 등의 통행을 위한 보도 및 접근로의 최소 유효 폭은?

① 80cm 이상 ② 90cm 이상
③ 120cm 이상 ④ 150cm 이상

TIP 유효폭은 1.2m 이상이어야 한다.

10 복원된 청계천 변에 장애인, 노인, 임산부 등의 편의를 위해 설치한 경사진 보행로의 적정 기울기는 완화 규정을 적용하지 않을 경우, 원칙적으로 얼마 이하로 하여야 가장 적절한가?

① 1/8 ② 1/12
③ 1/16 ④ 1/18

TIP 보도 등의 기울기는 1/18 이하로 해야 한다. 다만, 지형상 곤란한 경우에는 1/12까지 완화할 수 있다.

Answer 8.③ 9.③ 10.④

11 「장애인 · 노인 · 임산부 등의 편의증진 보장에 관한 법률」의 내용에 관한 다음 설명 중 옳은 것은?

① 법률상 장애인 등은 일상생활을 영위할 때 이동 및 정보에의 접근 등에 불편을 느끼는 자를 말한다.

② 장애인 시설은 전용시설로 자유로이 접근할 수 있도록 계획되어야 한다.

③ 사유건물에는 장애인전용주차구역을 별도로 설치할 필요가 없다.

④ 장애인 편의시설의 설치기준은 지방자치단체 조례로 정한다.

TIP ② 장애인 전용주차장을 제외하고 장애인 시설은 일반인들도 자유로이 접근할 수 있도록 계획되어야 한다.
③ 사유건물의 시설주는 장애인전용주차구역을 설치해야 한다.
④ 장애인 편의시설의 설치기준은 법률이 정하는 바에 의한다.
※ 시설주는 장애인 등이 공공건물 및 공중이용시설을 이용함에 있어 가능한 최단거리로 이동할 수 있도록 편의시설을 설치해야 한다.

12 장애인을 고려한 대변기의 설치에 관한 국내기준으로 옳지 않은 것은?

① 건물신축의 경우 대변기의 칸막이는 유효바닥면적이 폭 1.4m 이상, 깊이 1.8m 이상이 되도록 설치하여야 한다.

② 출입문의 통과유효 폭은 0.8m 이상으로 해야 한다.

③ 대변기 옆 수평 손잡이는 바닥면으로부터 0.8m 이상 0.9m 이하의 높이에 설치한다.

④ 출입문에는 화장실 사용여부를 시각적으로 알 수 있는 설비 및 잠금장치를 갖추어야 한다.

TIP 장애인 대변기의 설치높이는 뚜껑이 없는 상태에서 휠체어의 앉은 면 높이와 동일한 40cm ~ 45cm높이로 한다.

Answer 11.① 12.③

13 장애인 시설계획에 대한 설명 중 옳지 않은 것은?

① 주출입구의 문은 휠체어가 통과할 수 있는 최소폭이 70cm이므로 가능하면 75cm 이상이 바람직하다.

② 복도는 턱이나 바닥면의 단차가 없어야 한다. 5㎜ 이상의 단차는 노인, 보행장애인 등이 걸려 넘어질 수 있다.

③ 내부경사로의 기울기는 1/12 이하로 한다. 1/12 ~ 1/18의 범위를 초과하는 완만한 이동경사는 오히려 이동거리를 길게 하여 불편을 초래할 수 있다.

④ 내부경사로 양 측면에는 높이 5 ~ 10cm의 휠체어 추락 방지턱을 설치한다.

TIP 장애인을 위한 휠체어 출입을 원활하게 하기 위하여 주출입구의 폭을 90cm 이상으로 한다.

14 노인의료복지시설 계획에 대한 설명으로 옳지 않은 것은?

① 침실 창은 침실바닥면적의 1/10 이상으로 하고, 직접 바깥 공기에 접하도록 하며 개폐가 가능하여야 한다.

② 목욕실의 급탕을 자동 온도조절장치로 하는 경우에는 물의 최고온도가 40℃ 이상 되지 않도록 한다.

③ 침실의 면적은 입소자 1인당 $6.6m^2$ 이상이어야 하며, 합숙용 침실의 정원은 4인 이하여야 한다.

④ 화장실에 욕조를 설치하는 경우에는 욕조에 노인의 전신이 잠기지 않는 깊이로 한다.

TIP 침실바닥면적의 $\frac{1}{7}$ 이상의 면적을 창으로 하여 직접 바깥 공기에 접하도록 함 (개폐가 가능해야 함)

Answer 13.① 14.①

01 건축가 및 작품 색인

02 아시아 건축사

03 범죄예방 건축기준 고시

04 소방시설별 적용대상 기준

05 특정소방대상물

06 건축 행정

07 2022. 2. 26. 1회 서울특별시 시행

08 2022. 4. 2. 인사혁신처 시행

09 2022. 6. 18. 제1회 지방직 시행

부록

01 건축가 및 작품 색인

그로피우스(Gropius. W.)

- 독일 출신의 건축가로서 어린 시절 부족한 디자인감각과 표현(스케치 등)능력에 좌절하였으나 이를 극복하고자 많은 노력을 하였고 그 결과 건축에 관한 통찰력을 가지면서 근대건축의 거장이 된 인물로 유명하다.
- 피터 베렌스의 지도를 받은 후 독립하여 다양한 건축활동을 하였다.
- 바우하우스[1])를 설립하여 기능을 반영한 형태라는 근대적인 원칙과 노동자 계층을 위한 환경을 제공하기 위한 헌신적 활동을 하였다.
- 주요 작품으로는 (구두를 만드는)파구스 공장, 바우하우스 건물, 하버드대학의 그레듀에이트 센터 등이 있다.

바우하우스(Bauhaus)

김수근

- 한국의 현대 문화예술사를 새롭게 쓴 건축가라는 평이 있을 만큼 한국 근현대 건축에 지대한 영향을 미친 건축가이다.
- 김중업과 함께 대한민국 현대 건축 1세대로 평가받으며, 한국건축사에서 중대한 영향을 끼친 건축가이다.
- 잠실종합운동장의 설계 총 책임자로서 주경기장을 직접 설계를 하였고 서울법원 종합청사와 같은 여러 관공서 건물도 설계를 하였다.
- 한국의 대표 건축잡지인 Space(공간)를 발간하기도 하고 지하의 문화공간을 개방하여 여러 가지 문화 공연을 후원하기도 하였다.

---

1) 바우하우스(Bauhaus): 독일어로 "건축의 집"을 의미한다. 1919년부터 1933년까지 독일에서 그로피우스에 의해 설립·운영된 학교로, 미술과 공예, 사진, 건축 등과 관련된 종합적인 내용을 교육하였다. 바우하우스의 양식은 현대식 건축과 디자인에 큰 영향을 주게 되었다. 교육의 최종 목표는 건축을 중심으로 모든 미술 분야를 통합하는 데 있었다.

• 규모가 큰 프로젝트를 총괄적으로 맡아서 진행하였으며 다양한 종교건축물들도 설계하였다.

• 주요 작품으로는 서울 올림픽주경기장, 경동교회, 국립부여박물관, 공간건축사옥 등이 있다.

김중업

• 한국 근현대건축사의 시초라고 불릴 만큼 한국 근현대 건축사에서 중요한 인물이다. (안양시에는 김중업 건축박물관이 있다.)

• 르 코르뷔지에 건축사무소에서 근무한 경험은 그에게 많은 영향을 미쳤고, 이는 그의 작품들을 살펴보면 쉽게 알 수 있다.

• 주요 작품으로는 올림픽공원의 평화의 문, 명보극장, 서강대학교 본관, 아리움, 드라마센터, 주한프랑스대사관 등이 있다.

노먼 포스터(Norman Foste)

• 영국출신의 건축가로서 최신 기술과 재료를 새로운 유형의 건축디자인에 결합시킨 하이테크 건축을 추구하였다.

• 애플(Apple)사의 신축사옥을 설계하였으며 주요작품으로는 런던시청, 30세인트메리엑스, 허스트본부, 독일새 국회의사당, 세인스베리 시각예술센터, 홍콩 상하이 은행 등이 있다.

런던시청사(좌)와 홍콩 상하이 은행(우)

다니엘 리베스킨트(Daniel Libeskind)

• 해체주의적 성향이 강한 건축가로서 유대계 폴란드인이다.(이는 유대인 박물관을 설계한 동기로 추측된다.)

• 그의 작품들은 질서와 무질서의 양상을 동시에 드러내고 있으며, 기하학적 섬세함과 날카로운 사선으로 강렬한 인상을 남기는 작품들이 다수이다.

• 주요 작품으로는 유대인 박물관, 부산 해운대의 I-Park 등이 있다.

라파엘 비뇰리(Rafael Vinoly)

- 우루과이 출신의 건축가이며, 그의 작품들은 기하학적 우아함과 하이테크적 성향이 짙다.
- 주요 작품으로는 서울의 종로타워, 도쿄국제포럼, 클리브랜드 미술관 등이 있다.

도쿄국제포럼(좌)와 종로타워(우)

렌조 피아노(Renzo Piano)

- 이탈리아 출신의 건축가로서 프리츠커상을 수상하였다.
- 금속과 유리, 특수소재 등을 사용하여 세련되고 독창적인 디자인을 연출하였으며, 기계설비 등을 과감히 외부로 드러내 거는 등의 하이테크 건축양식을 추구하였다.
- 주요 작품으로는 프랑스 파리의 퐁피두센터, 영국 런던의 더 샤드와 센트럴 세인트 자일스 등이 있다.

퐁피두센터 (Centre Pompidou)

렘 콜하스(Rem Koolhaas)

- 본래 저널리스트로 활동하다가 뒤늦게 건축에 심취하여 이론과 작품 양쪽에서 두각을 나타낸 건축가이다.
- 건축이론에 정통하며 다양한 연구활동을 하였고 하이테크적인 건축가로서 다양한 디자인실험을 하였다.
- 대표작으로는 중국 중앙TV 사옥, 달라바 저택 등이 있다.

리처드 로저스(Richard Rogers)

- 영국 출신의 건축가로서 기능주의적이고 모더니즘 성향의 하이테크건축을 추구하였다.
- 도시의 건축물과 주변 환경과의 관련성을 강조하였고 이를 작품에 반영하였다.
- 주요 작품으로는 퐁피두센터, 로이드빌딩, 마드리스 바라하스 국제공항, 레든홀빌딩, 웨일스 의사당, 밀레니엄 돔 등이 있다.

퐁피두센터(좌)와 로이드빌딩(우)

리처드 마이어(Richard Meier)

- 미국의 유명한 현대건축가로서 프리츠커상을 수상하였다.
- 설계한 건축물들이 대부분이 순백색을 띄고 있어 백색의 건축가라고 불리기도 한다.
- 주요작품으로는 게티센터, 프랑크푸르트 수공예박물관, 강릉시 경포대의 씨마크호텔 등이 있다.

리처드 버크민스터 풀러(Richard Buckminster Fuller)

- 미국의 발명가이자 건축가로서 공업생산을 예측한 메카닉한 주택을 설계하였다.
- "동적으로 최대한의 능률을 지니게 하는 설계"라는 의미의 "다이맥시온(Dymaxion)"이라는 이름을 붙이기도 했다.
- 현대 공업사회에 입각한 지오데식 돔과 텐세그리티(Tensegrity, 장력구조공법)으로 유명하다.

르 코르뷔지에(Le Corbusier)

- 근대건축의 원형을 결정하고 그 철학적 방향을 제시하였다는 평가를 받는 건축가이다.
- 모더니즘 건축의 거장으로서 "형태는 기능을 따른다."는 기능주의에 충실한 건축을 하였다.
- 모듈러의 개념을 건축에 도입하여 합리주의적인 건축을 추구하였으며 건축적 비례의 척도로 황금비를 주로 사용하였다.
- 근대건축 5원칙(필로티, 자유로운 입면, 자유로운 평면, 띠 수평창, 옥상정원)의 개념을 제시하였다.
- 주요 작품으로는 사보아 저택, 마르세유 집합주택, 스타인 저택, 롱샹교회, 마르세유 집합주거 등이 있다.

마리오 살바도리(Mario salvadori)

- 20세기의 가장 저명한 건축구조공학자 중 한 명으로서 건축구조분야에서 괄목할 여러 가지 업적을 남겼다.
- 건축물을 인간의 신체에 비유하기도 하였으며 도시, 토목분야에서도 수많은 업적을 남겼으며 그의 연구자료는 현대 구조공학에서 주요한 역할을 하고 있다.
- "왜 건물은 지진에 무너지지 않을까?"라는 도서로 유명하다.

마이클 그레이브스(Michael Graves)

- '뉴욕파이브'의 멤버로서 신고전주의적인 양식 내에서 르 꼬르뷔제가 이전에 제안하였던 '합리적 스타일'을 재해석하였다.
- 고전적인 박공지붕과 벽체, 추상적인 기둥 등의 형태를 추상화해 내고 색채의 사용을 강조하면서 광범위하게 퍼진 절충주의를 발전시켰다.
- 건축의 필수적인 부분으로 유머를 사용하며 따라서 그의 작품은 모더니즘에 반하는 성향이 강하였다.
- 주요작품으로는 포틀랜드시 청사, 댄버 중앙도서관, 팀 디즈니빌딩, 디즈니월드 스완 앤 돌핀 리조트 등이 있다.

미스 반 데어 로에(Mies van der Rohe)

- 독일에서는 바우하우스의 학장으로, 미국에서는 일리노이 공과대학교의 학장으로 재직하면서 많은 업적을 남긴 모더니즘 건축의 대가이다.
- "더 적은 것이 더 많은 것이다(Less is More)."라는 말로서 모더니즘의 특성을 압축하여 표현하였다.
- 콘크리트, 강철, 유리를 건축재료로 사용하여 고층 건축물들을 설계하였다. 콘크리트와 철은 건물의 뼈이고, 유리는 뼈를 감싸는 외피로서의 기능을 하였다.
- 주요 작품으로는 투겐트하트(Tugendhat) 저택, 바르셀로나 파빌리온, 시그램빌딩, 크라운 홀, 슈투트가르트의 바이젠호프 주택단지, 유리 마천루 계획안 등이 있다.

베르나르 추미(Bernard Tschumi)

- 스위스 출생으로 해체주의적 성향이 강한 건축가이다.
- 철골과 경량구조체를 주로 사용하여 파격적인 디자인을 고안하였다.
- 주요 작품으로는 라빌레뜨 공원, 아크로폴리스 뮤지엄이 있다.

산티아고 갈라트라바

- 건축과 토목, 그 외 다양한 분야의 공학기술을 건축물에 적용하는 하이테크적인 건축가이다.
- 그의 작품들을 살펴보면 토목구조물과 같은 건축물들이 다수를 이룬다.
- 주요작품으로는 리에주 기요망역사, 알리미요 다리 등이 있다.

승효상

- 건축과 관련한 다양한 사회활동을 하는 건축가로서 주목할만한 건축작품들을 남기고 있다.
- 그의 작품에서는 기능적이거나 호화로운 면보다는 순박하고 순수함이 느껴진다. "빈자의 미학" 등 건축과 관련된 다양한 주제의 강연을 통해 건축에 대한 사회적인 관심을 이끌어 내었다는 평을 받고 있다.
- 작품 중에는 약간의 불편함을 의도적으로 도입한 것들이 있는데 이는 편리함 속에 내재된 문제를 약간의 불편함으로 해결해보고자 하는 그의 건축철학이 반영된 것이다.
- 주요 작품으로는 수졸당[2], 퇴촌주택, 대전대학교 30주년 기념관, 쇳대박물관 등이 있다.

2) 나의 문화유산 답사기의 저자인 유홍준씨의 저택으로서 "졸렬함을 지키는 집"이라는 독특한 의미를 갖는다.

아이엠 페이(I.M.Pei)

- 중국출신의 건축가로서 프리츠커상을 수상하였다.
- 콘크리트나 유리를 씌운 날카롭고 기하학적인 구조적 형상을 특징으로 한다.
- 주요작품으로는 프랑스 파리의 루브르 박물관(Le Grande Louvre) 피라미드, 홍콩 중국은행타워(Bank of China Tower) 등이 있다.

루브르 박물관의 피라미드

안도 다다오 (Ando Tadao)

- 일본출신의 세계적 건축가로서 전문적인 건축을 배우지 않고, 독학과 경험으로 건축을 공부하여 건축철학을 완성하였다.
- 르 코르뷔지에의 작품에 흥미를 느껴 건축에 심취하기 시작하였으며 여러 건축작품들을 보면서 노출콘크리트 고유의 매력에 빠지게 되어 이를 건축작품에 도입하였다.
- 건축작품들의 컨셉은 자연과의 조화를 중요시하며 자연속에 있으면서 자연을 건축 내부로 끌어들이는 시도가 보인다.
- 주요 작품으로는 빛의 교회, 물의 교회, 제주도의 지니어스 로사이 등이 있다.

안토니오 가우디(Antoni Gaudi)

- 스페인 카탈루냐(바르셀로나가 속한 지역)출신의 건축가로서 아르누보 건축의 대가이다.
- 고전주의적 건축에서 탈피하여 자연물에서 영감을 얻어 이를 건축디자인에 반영하였다.
- 건축작품에서는 공통적으로 아르누보 스타일의 자연적 고전미가 돋보인다.
- 스페인 바로셀로나에 역사적인 작품들을 남겼으며 이는 바르셀로나의 세계적 문화유산이자 수많은 이들이 찾아오게 만드는 훌륭한 관광자원의 역할을 하고 있다.

- 주요 작품으로는 성가족성당(Sagrada Familia), 구엘 공원(Park Guell) 등이 있다.

성가족성당(좌), 구엘저택(우상), 구엘공원(우하)

알도 로시(Aldo Rossi)

- 이탈리아 출신의 건축가로서 프리츠커상을 수상하였다.
- 신합리주의 건축양식의 대표적인 건축가로서 모더니즘의 합리성과 기술에 바탕을 두어 새로운 건축디자인을 시도하였다.
- 주요 작품으로는 밀라노의 갈라라테제 아파트군, 산 카탈도 국립묘지 등이 있다.

유 걸

- 서울시청 신청사를 설계한 것으로 주목을 받았던 건축가로서 건축 사무소 아이아크의 공동대표로 활동하고 있다.
- 대표작으로는 서울시청 신청사, 강남 밀알학교, 강변교회, 배제대학교 기숙사, 인천세계도시축전 기념관 등이 있다.

이은영

- 독일 쾰른에서 활동하는 건축가로서 20년이 넘는 시간 동안 독일에서 건축만을 해왔던 건축가이다.
- 독일 슈투트가르트 시내에 위치한 중앙도서관을 설계하였는데 이 도서관의 입면 상단부에는 “도서관”이라는 한글이 새겨져 있다.

자하 하디드(Zaha Hadid)

- 이라크 출신의 건축가로서 여성건축가로서는 최초로 프리츠커상을 수상하였다.
- 평면과 입체적 구성 측면에서는 기존의 상식적인 방법에서 탈피하여 추상적인 경향을 보인다.
- 요소의 재결집과 축으로의 수렴, 추상적 조각물의 조합 등을 통해 '모호함(ambiguity)'을 극명하게 드러내는 경향을 보인다.
- 작품들은 비정형적이면서 파격적이고 몽상적인 분위기와 해체주의적인 특성이 있다.
- 주요작품으로는 동대문 디자인 플라자(DDP), 광저우 오페라 하우스, 비트라 소방서 등이 있다.

장 누벨(Jean Nouvel)

- 프랑스를 대표하는 세계적 건축가로서, 변화하는 입면의 도입 등 혁신적인 시도를 하였으며 도시의 랜드마크적인 건축물들을 주로 디자인하였다.
- 주요작품으로는 파리의 아랍문화원, 바르셀로나의 아그바타워, 서울의 리움 등이 있다.

아랍문화원(좌)과 아그바타워(우)

정기용

- 건축에 관한 영화 "말하는 건축가"에서 이야기를 이끄는 주역할을 한 건축가로서 무엇보다 건축가의 역할에 대해 강조하며, 건물은 화려한 외관보다 건물을 사용하는 사람을 향한 철학을 강조하였다.
- "건축가가 한 일은 본래 거기 있었던 사람들의 요구를 공간으로 번역한 것이지 그 땅에 없던 무엇인가를 창조한 것이 아니다"라는 말을 남겼다.
- 대표작으로는 무주 프로젝트, 기적의 도서관, 박경리 문학의 집, 노무현 전 대통령 봉하마을 사저, 지평선 고등학교 등이 있다.

제임스 스터링(James Stirling)

- 영국 출신의 건축가로서 프리츠커상을 수상하였다.
- 사선의 도입으로 건물 전체가 역동적으로 표현되었고, 명확한 기능의 배분이 이루어졌다.
- 탈근대주의적(포스트모던), 브루탈리즘 성향의 건축가로서 근대건축을 상징하는 추상적인 요소와 전통적인 구성주의적인 요소를 결합하여 사용하는 경향을 보이며 가공하지 않은 재료를 그대로 사용하거나 노출콘크리트를 광범위하게 사용하였다.
- 주요 작품으로는 슈투트가르트 미술관, 레스터 대학의 엔지니어링동이 있다.

조민석

- 다수의 수상 경력을 가지고 있는 그는 신건축국제도시주거공모전에 당선됐고, 뉴욕 건축연맹에서 주관하는 미국 젊은건축가상(뉴욕건축가연맹)을 수상하였다.
- 그의 작품 중 부티크 모나코는 세계 최우수 초고층 건축상 톱5 작품에 최종 선정이 되었고, 2010년엔 여의도에 위치한 에스트레뉴 타워로 다시 지명되었다. 현재 다수의 국제심포지움 및 강의에 참여하고 있으며 서울시의 주요 건축사업의 설계를 맡고 있다.
- 대표작으로는 에스트레뉴 타워, 상하이 엑스포 한국관, 부띠크 모나코 등이 있다.

조성룡

- 한국 최고의 현대건축 20에 가장 많은 작품이 뽑힌 건축가이기도 하다. 두 번의 건축문화대상 대통령상, 서울시문화상, 김수근건축상 등을 수상했다.
- 한국의 모더니즘 건축을 이끈 인물로 평가받고 있으며 현재도 건축계에서 꾸준히 활동을 하고 있다.
- 미스 반 데어 로에의 한국인 제자였던 김종성과 함께 여러 프로젝트를 맡았으며 서울건축학교의 교장을 역임하였다.
- 대표작으로는 선유도 공원, 소마미술관, 이응노의 집 등이 있다.

찰스 젱크스(Charles Jencks)

- 포스트모더니즘 성향의 비평가이자 디자이너이며 세계적인 건축사가로서 공공건축을 2가지로 나누어 설명을 하였다. (건립 직후 많은 이들의 사랑과 관심을 받는 건축물과 건립 직후 비난을 받지만 시간이 지나면서 점차 사랑과 관심을 받는 건축물로 분류하였다.)
- 미노루 야마사키가 설계한 프루이트이고 아파트 단지가 여러 가지 문제를 일으키자 폭파 철거되는 순간을 두고 '모더니즘의 종말'이라고 하였다.

크리스토퍼 알렉산더(Christopher Alexander)

- 건축의 전반적이고 광범위한 분야에 걸쳐 253개의 형태언어를 제시한 건축이론가이자 사상가이다.
- 그의 저서 '패턴랭귀지'에서는 랭귀지의 구성요소로 건축설계의 문제에 대한 해답을 주는 253개의 패턴이 소개되고 있다.

토요 이토(Ito Toyo)

- 일본 출신의 건축가로서 다양한 구조적 실험을 하였으며 여러 가지 아이디어를 창안하여 독특한 입면과 실내공간을 연출하였다.
- 주요 작품으로는 센다이 미디어테크, 요코하마 바람의 탑, 타마 예술대학 등이 있다.

프랭크로이드 라이트(Frank Lloyd Wright)

- 루이스 설리번의 후계자로서 시카고파를 지도하면서 미국 건축의 절충양식을 타파하는 데에 공헌하였다.
- 동양과 서양의 건축을 융합시켰을 뿐만 아니라, 유럽의 카피에 불과했던 미국의 건축이 독자적인 양식을 갖추고 이후 현대건축으로 나아가는 길을 보여주었다.
- 1911년 위스콘신에 자택 〈탈리어센 이스트〉과 1938년에는 애리조나에 〈탈리어센 웨스트〉을 세워 이 두 곳에서 제자와 기거를 함께 하면서 새 건축가의 양성에 힘썼다.
- 건축에서는 미국의 풍토와 자연에 근거한 자연과 건물의 조화를 추구하였으며 유기적건축을 특징으로 한다.

피터 베렌스(Peter Behrens)

- 독일공작연맹에서 주도적 역할을 하였던 인물로서 기능에 충실한 건축을 추구하였다.
- 대량생산과 근대화를 반영한 작품인 AEG 터빈공장이 대표작이다.

피터 아이젠만(Peter Eisenman)

- '뉴욕 파이브'를 주도하였던 피터 아이젠만은 1932년 뉴욕에서 출생한 이론파 건축가이다. 뉴욕에서 건축도시연구소(IAUS)를 개설하여 연구소소장으로 재직하면서 세계 건축계의 이론적 흐름을 주도하는 다양한 건축적 논쟁과 담론을 담은 「대립 Oppositions」이라는 기관지를 발행하였다.
- 또한 정방형 평면을 바탕으로 둔 다양한 주택을 건축적으로 실험한 「House Ⅰ, Ⅱ, Ⅲ, Ⅳ」 등의 실험주택과 건축적 이론을 꾸준하게 발표하였다.
- 주요작품으로는 웩스너 시각예술센터, 오하이오 주립대학 등이 있다.

피터 춤토르(Peter Zumthor)

- 건축물이 들어서게 되는 곳의 자연적 조건을 강조하는 지역주의 건축가로서 미니멀리즘을 추구하는 건축가이다.
- 작품을 살펴보면 화려하지는 않으나 주변 환경과 하나로 통합됨을 추구하는 느낌이 강하며 주변의 자연재료를 사용하여 외피를 구성한 작품들이 많다.
- 주요작품으로는 발스 온천장, 성 베네딕트 교회 등이 있다.

프랭크 오언 게리(Frank Owen Gehry)

- 캐나다 출신의 건축가로서 컴퓨터를 사용하여 구상한 파격적인 디지털 건축양식으로 유명하며 프리츠커상을 수상하였다.
- 해체주의적 건축양식을 추구하며 디지털건축설계 프로그램을 사용하여 비정형건축의 전형을 보여주는 건축가이다.
- 주요 작품으로는 스페인 빌바오의 구겐하임 미술관, 월트디즈니 콘서트홀 등이 있으며 이들 작품은 해체주의적 성향이 두드러진다.
- 컴퓨터를 사용하여 다양한 곡면형상을 표현하였으며 스스로 게리테크놀로지라는 회사를 설립하고 디자인 소프트웨어들을 개발하기도 하였다.

사조별 주요 건축가

건축 사조	주요 건축가
르네상스	브루넬레스키, 알베르티, 미켈로쪼, 브라만테, 미켈란젤로, 안드레아 팔라디오
신고전주의	르두, 블레, 안드레아 팔라디오, 수플로, 존 내쉬, 쉉켈
낭만주의	비올레 르 뒥, 어거스트 퓨긴, 존 내쉬
절충주의	앙리 라브루스테, 찰스 가르니에, 가트너
수공예운동	존러스킨, 윌리엄 모리스, 필립 웨브, 발터 크레인
아르누보	앙리 반 데 벨데, 빅터 오르타, 안토니오 가우디, 헥토르 기마르, 맥킨토시
세제션	오토 바그너, 아돌프 루스, 요셉 마리아 올브리히
시카고파	윌리엄 바론 제니, 루이스 설리반, 홀리비어드, 프랭크 오언 게리
독일공작연맹	무테시우스, 발터 그로피우스, 피터 베렌스
바우하우스	발터 그로피우스, 미스 반데어로에, 한스 마이어
국제주의	르 꼬르뷔지에, 발터 그로피우스, 미스 반데어로에, 프랭크 로이드 라이트
Team X	카를로, 칸딜리스, 우즈, 스미손 부부, 알도 반 아크, 바케마
아키그램	피터쿡, 론 헤론
형태주의	에로 샤리넨, 필립 존슨, 에드워드 듀렐 스톤, 폴 루돌프
브루탈리즘	르 꼬르뷔지에, 스미손 부부, 루이스 칸, 제임스 스터링
포스트 모던	로버트 벤츄리, 찰스 무어, 마이클 그레이브스, 로버트 스턴
레이트 모던	노먼 포스터, 리차드 로저스, 시저 펠리, 케빈 로쉬
해체주의	베르나르 츄미, 피터 아이젠만, 프랭크 오언 게리, 자하 하디드, 다니엘 리베스킨트

건축가의 주요 작품

건축가	주요 작품
I.M 페이	쑤저우 박물관, 그랑루브르, 내셔널갤러리 동관, 국립 대기연구 센터, 마이어슨 심포니 센터
고든 번샤프트	바이네케 희귀서적 및 원고도서관, 레버하우스, 매뉴팩처스 하노버 트러스트, 허시혼 미술관 및 조각공원, 내셔널 커머셜 뱅크
고트프리트 뵘	그리스도 부활 성당, 울름중앙도서관, 네피게스 순례 교회
글렌머컷	심프슨 리 하우스, 아서 앤드 이본 보이드 교육센터, 매그니 하우스, 보왈리 방문객 안내 센터
노먼 포스터	30세인트메리엑스, 허스트본부, 독일 새 국회의사당, 세인스베리 시각예술센터, 홍콩 상해 은행
단게 겐조	히로시마 평화기념관, 성모마리아 성당, 국립도쿄 올림픽 실내경기장, 도쿄시청, 쿠웨이트 국제공항터미널, 고트프리트 뵘, 네피게스 순례교회, 그리스도 부활교구 교회와 청년센터, 페크 & 클로펜 부르크, 울름 공공도서관, 취블린 AG본부, 극장이 있는 시민회관
라파엘 모네오	국립로마미술관, 오드리 존스 벡 빌딩, 쿠르사알 공회당과 회의장, 프라도 미술관 증축, 필라르 앤드 호안 미로 재단, 천사 성모 성당
라파엘 비뇰리	동경국제포럼, 종로타워
렌조 피아노	뉴욕 타임스 빌딩, IBM순회전시관, 간사이국제공항, 퐁피두센터
렘쿨하스	맥코믹 트리뷴 캠퍼스 센터, 시애틀 중앙도서관, 프라다 소호, 네덜란드 무용극장, 보르도 하우스
로버트 벤추리	네셔널 갤러리 세인스베리 윙, 바나 벤투리 하우스, 카달로그 전시장, 시애틀미술관, 예일대학교 의과대학 앤리언 의학연구 및 교육센터
루이스 바라간	힐라르니 하우스(핑크), 틀랄판 예배당, 로스 클루베스, 로스 아르볼레다스, 바라간 하우스
루이스 칸	킴벨 미술관, 솔크 생물학 연구소, 리처드 의학 연구소
르 꼬르뷔지에	빌라 사부아, 마르세유 집합주택, 라투레트 수도원, 롱샹성당
리처드 로저스	퐁피두센터, 마드리스 바라하스 국제공항, 로이드빌딩, 레든홀빌딩, 웨일스 의사당, 밀레니엄돔
리처드마이어	게티센터, 스미스하우스, 장식미술 박물관, 하이 미술관, 아라 파치스 박물관, 아테니움
마리아 보타	라바 산 비탈레, 메디치 원형주택, 교보빌딩
마키 후미히코	나선, 힐사이드 테라스 콤플렉스, 국립 근대 미술관, 샘폭스 디자인 시각예술학교, 도쿄 메트로폴리탄 체육관, 시마네의 고대 이즈모 박물관
미스 반데어로에	바르셀로나 파빌리온, 판스워스주택, 시그램빌딩
발터 그로피우스	데사우 바우하우스교사, 아테네 미국대사관
베르나르 츄미	라 빌레뜨 공원
세지마 가즈요	신현대미술관, 21세기현대미술관, 톨레도미술관, 롤렉스 교육센터, 촐페라인 경영-디자인학교
스베레 펜	헤드마르크 성당박물관, 외위크루스트 센터, 노르웨이 빙하박물관
안도다다오	포트워스 근대미술관, 나오시마현대미술관, 퓰리쳐 미술재단, 롯코 산 예배당, 빛의 교회
알도로시	산 카탈도 공동 영묘, 본네판텐 박물관, 테아트로 델 몬도, 파냐노 올로나 초등학교, 갈라라테세 주택, 일 팔라초 호텔
알바 알토	MIT기숙사, 바이퓨리 시립도서관, 헬싱키 문화회관

알바로 시자	보아노바 찻집, 수영장, 세랄베스 현대미술관, 산타마리아 교회와 교구센터, 포르투 대학교 건축학부, 보르헤스 이르망 은행, 이베레카마르구재단
에두아르두 소투 드모라	브라가 경기장, 부르구 타워, 파울라 레구 박물관
오스카 니에메르	성 프란체스코 성당, 라틴아메리카 기념관, 니테로이 현대미술관, 국회의사당, 이타마라티 궁전, 브라질리아 메트로폴리탄 성당
왕 슈	닝보 역사 박물관, 닝보 광역성 박물관, 세라믹 하우스
요른 웃존	시드니 오페라 하우스, 쿠웨이트국회의사당, 칸펠리스
자크 에르조그 & 피에르 드 뫼롱	베이징 국가 경기장, 드 영 미술관, 테이트모던, 괴츠미술관
자하하디드	비트라소방서, 로젠탈 기념 현대미술센터, 피에노 과학센터, 베르기젤 스키점프, BMW공장 중앙빌딩
장 누벨	아그바 타워, 아랍연구소, 구스리극장, 케 브랑리 박물관, 카르티에 재단
제임스 스털링	슈투트가르트 청사, 노이에 슈타츠갈레리
케빈 로치	포드재단본부, 부이그 SA지주회사, 콜럼버스 기사단 본부, 메트로폴리탄 미술관, 캘리포니아 오클랜드 박물관, 뉴욕 세계박람회 IBM전시관
크리스티앙 드 포잠박	시테 드 라 뮈지크, 파리오페라 발레 학교, 넥서스2,크레디 리오네 타워, 룩셈부르크 필하모닉, 프랑스대사관
톰 메인	샌프란시스코 연방빌딩, 캘트런스 제7지구 본부, 다이아몬드 랜치고교, 웨인 모스 미국법원, 6번가 주택
파울루 멘데스 다 호샤	브라질 조각미술관, 포르마 가구 전시장, 파울리스타누 체육클럽, 엑스포70 브라질관, 국립 상파울루 박물관
페터 춤토르	팔스 온천탕(규암과 콘크리트로 구성), 쾰른 대교구 콜룸바 미술관, 성베네딕트예배당, 클라우스 수사 야외 예배당(112개의 통나무로 구성), 브레겐츠 미술관, 스위스사운드박스, 춤토르 스튜디오
프랭크 로이드 라이트	구겐하임 미술관, 낙수장, 로비하우스, 탈리아신
프랭크 오언게리	빌바오 구겐하임 미술관, 디즈니 음악홀
피터 아이젠만	웩스너 시각예술센터, IBA 집합주택
필립존슨	글라스하우스, 윌리엄스타워, AT&T본부(소니빌딩)
한스 홀라인	휠카니아, 압타이베르크 박물관, 프랑크푸르트 근대미술관, 오스트리아 대사관, 게네랄리 미디어 타워, 레티조명가게

프리츠커상 수상 건축가

년도	역대 수상자들	국적	주요 작품들
1979	필립존슨	미국	글라스하우스, 윌리엄스타워, AT&T본부(소니빌딩)
1980	루이스 바라한	멕시코	힐라르디 하우스(핑크), 틀랄판 예배당, 로스 클루베스, 로스 아르볼레다스, 바라간 하우스
1981	제임스 스털링	영국	슈투트가르트 청사, 노이에 슈타츠갈레리
1982	케빈 로치	미국	포드재단본부, 부이그 SA지주회사, 콜럼버스 기사단 본부, 메트로폴리탄 미술관, 캘리포니아 오클랜드 박물관, 뉴욕 세계박람회 IBM전시관
1983	I.M.페이	미국	쑤저우 박물관, 그랑루브르, 내셔널갤러리 동관, 국립 대기연구 센터, 마이어슨 심포니 센터
1984	리처드마이어	미국	게티센터, 스미스하우스, 장식미술 박물관, 하이 미술관, 아라 파치스 박물관, 아테니움
1985	한스홀라인	오스트리아	빌카니아, 압타이베르크 박물관, 프랑크푸르트 근대미술관, 오스트리아 대사관, 게네랄리 미디어타워, 레티조명가게
1986	고트프리트 뵘	독일	그리스도 부활 성당, 울름중앙도서관, 네피게스 순례 교회
1987	단게 겐조	일본	히로시마 평화기념관, 성모마리아 성당, 국립도쿄 올림픽 실내경기장, 도쿄시청, 쿠웨이트 국제공항터미널, 고트프리트 뵘, 네피게스 순례교회, 그리스도 부활교구 교회와 청년센터, 페크 & 클로펜 부르크, 울름 공공도서관, 취블린 AG본부, 극장이 있는 시민회관
1988	오스카 니에메르	브라질	성 프란체스코 성당, 라틴아메리카 기념관, 니테로이 현대미술관, 국회의사당, 이타마라티 궁전, 브라질리아 메트로폴리탄 성당
1989	프랭크 게리	미국	바이네케 희귀서적 및 원고도서관, 레버하우스, 매뉴팩처스 하노버 트러스트, 허시혼 미술관 및 조각공원, 내셔널 커머셜 뱅크
1990	알도로시	이탈리아	산 카탈도 공동 영묘, 본네판텐 박물관, 테아트로 델 몬도, 파냐노 올로나 초등학교, 갈라라테세 주택, 일 팔라초 호텔
1991	로버트 벤추리	미국	네셔널 갤러리 세인스베리 윙, 바나 벤투리 하우스, 카달로그 전시장, 시애틀 미술관, 예일대학교 의과대학 앤리언 의학연구 및 교육센터
1992	알바로 시자	포르투갈	보아노바 찻집, 수영장, 세랄베스 현대미술관, 산타마리아 교회와 교구센터, 포르투 대학교 건축학부, 보르헤스 이르망 은행, 이베레카마르구재단
1993	마키 후미히코	일본	나선, 힐사이드 테라스 콤플렉스, 국립 근대 미술관, 샘폭스 디자인 시각예술학교, 도쿄 메트로폴리탄 체육관, 시마네의 고대 이즈모 박물관
1994	크리스티앙 드 포잠박	프랑스	시테 드 라 뮈지크, 파리오페라 발레 학교, 넥서스2, 크레디 리오네 타워, 룩셈부르크 필하모닉, 프랑스대사관
1995	안도다다오	일본	포트워스 근대미술관, 나오시마현대미술관, 퓰리쳐 미술재단, 롯코 산 예배당, 빛의 교회
1996	라파엘 모네오	스페인	국립로마미술관, 오드리 존스 벡 빌딩, 쿠르사알 공회당과 회의장, 프라도 미술관 증축, 필라르 앤드 호안 미로 재단, 천사 성모 성당
1997	스베레 펜	노르웨이	헤드마르크 성당박물관, 외위크루스트 센터, 노르웨이 빙하박물관

1998	렌조 피아노	이탈리아	뉴욕 타임스 빌딩, IBM순회전시관, 간사이국제공항, 퐁피두센터
1999	노먼 포스터	영국	30세인트메리엑스, 허스트본부, 독일 새 국회의사당, 세인스베리 시각예술센터
2000	렘쿨하스	네덜란드	맥코믹 트리뷴 캠퍼스 센터, 시애틀 중앙도서관, 프라다 소호, 네덜란드 무용극장, 보르도 하우스
2001	자크 에르조그, 피에르 드 뫼롱	스위스	베이징 국가 경기장, 드 영 미술관, 테이트모던, 괴츠미술관
2002	글렌머컷	호주	심프슨 리 하우스, 아서 앤드 이본 보이드 교육센터, 매그니 하우스, 보왈리 방문객 안내 센터
2003	요른 웃존	덴마크	시드니 오페라 하우스, 쿠웨이트국회의사당, 칸펠리스
2004	자하하디드	이라크	비트라소방서, 로젠탈 기념 현대미술센터, 피에노 과학센터, 베르기젤 스키점프, BMW공장 중앙빌딩
2005	톰 메인	미국	샌프란시스코 연방빌딩, 캘트런스 제7지구 본부, 다이아몬드 랜치고교, 웨인모스 미국법원, 6번가 주택
2006	파울루 멘데스 다호샤	브라질	브라질 조각미술관, 포르마 가구 전시장, 파울리스타누 체육클럽, 엑스포70 브라질관, 국립 상파울루 박물관
2007	리처드 로저스	영국	퐁피두센터, 마드리스 바라하스 국제공항, 로이드빌딩, 레든홀빌딩, 웨일스 의사당, 밀레니엄돔
2008	장누벨	프랑스	아그바 타워, 아랍연구소, 구스리극장, 케 브랑리 박물관, 카르티에 재단
2009	페터춤토르	스위스	팔스 온천탕(규암과 콘크리트로 구성) ,쾰른 대교구 콜룸바 미술관, 성베네딕트예배당, 클라우스 수사 야외 예배당(112개의 통나무로 구성), 브레겐츠 미술관, 스위스사운드박스, 춤토르 스튜디오
2010	세지마 가즈요	일본	신현대미술관, 21세기현대미술관, 톨레도미술관, 롤렉스 교육센터, 촐페라인 경영-디자인학교
2011	에두아르두 소투 드모라	포르투갈	브라가 경기장, 부르구 타워, 파울라 레구 박물관
2012	왕 슈	중국	닝보 역사 박물관, 닝보 광역성 박물관, 세라믹 하우스, 쑤저우대학 원정학원 도서관, 화차오 빌딩
2013	토요 이토	일본	센다이 미디어테크, 토즈 오모테산도 빌딩, 바람의 타워
2014	반 시게루	일본	커튼월 하우스, 엑스포 2000 일본관, 퐁피두 메츠센터
2015	프라이 오토	독일	뮌헨 올림픽 경기장 지붕, 몬트리올 박람회 서독관
2016	알레한드로 아라베나	칠레	칸타 몬로이 저택, 빌라 베르데, 콘스티투시온 문화센터, 칠레 가톨릭대학 이노베이션 센터
2017	RCR 건축[3]	스페인	슬라주 미술관, 로우 하우스, 움직이는 레스토랑
2018	발크리시나 도시	인도	아란야 커뮤니티 하우징, 인도학 협회 건물, CEPT 센터

3) RCR건축은 라파엘 아란다, 카르메 피헴, 라몬 빌랄타 3인의 이니셜을 딴 이름이다.

부록

02 아시아 건축사

1. 중국의 건축

① 시대적 배경

- 황화강과 양자강 유역에서 발생하여 발전한 중국계의 예술은 동쪽으로 한국, 일본에 지대한 영향을 주었고 북으로는 몽골, 남으로는 동남아시아 전역에 영향을 주었다.
- 한(漢)나라 시대에 이르러 서방에도 영향을 주기 시작했으며 여기에는 불교가 지대한 역할을 하였다.
- 페르시아를 비롯하여 동로마에 이르기까지 중국의 예술은 매우 먼 지역까지 영향을 미쳤다.

② 건축적 성격

- 진나라시대에 황제의 권한은 절대적이었으며 이를 말해주듯 이 시기에는 화려하고 웅장한 건축물들이 상당수 지어졌다.
- 다른 지역과 달리 독특하게도 궁전건축이 종교건축보다 우선시 되어 각종 신들이나 조상을 모시는 사당, 불교사찰 등이 궁전건축의 형식에 따라 지어졌다.
- 중국건축평면의 기본형은 사합원으로서 사각형 중정을 중신에 두고 사각형의 네 변을 따라서 동서남북방향으로 공간을 추가하여 장방형으로 길다란 평면형을 구성하는 형식이다.
- 궁전건축, 종교건축, 귀족저택 등은 남북방향으로 긴 부지 위에 지어졌으며 남쪽의 중앙에 대문을 두고 그 양쪽으로 협문을 두었고 북쪽의 중앙에 정전을 배치하였다.
- 중요한 건축물이 하나의 건물로 크게 지어지는 형식보다는 궁전, 정자, 누각과 같은 여러 건물들이 연계하여 조화로운 군집을 이루면서 장엄함을 과시하는 형식으로 지어졌다.
- 건축의 평면 형식은 건물 용도와 상관없이 좌우대칭적 성향이 짙었다. 이러한 구조는 부지 내 건축물의 배치와 건물 내 공간 배치에 있어서도 마찬가지였다 .
- 대부분의 중국건축은 목재와 전돌을 이용하여 지어졌고 흙, 석재, 금속재료도 사용하였다.
- 중국의 목구조형식은 대량식구조와 천두식구조로 대별되는데 북부지역에서는 대량식구조가 주를 이루는 반면 남부지역에서는 천두식구조가 주를 이룬다.
- 중국건축의 외관을 결정하는 주요소는 지붕으로서 실재 건축에서 차지하는 비중이 매우 컸다.
- 장식문양은 주로 동식물에서 모티프를 얻었는데 동물은 용, 봉황, 호랑이, 새, 물고기가 주를 이룬다. (장식문양의 형상은 시기별로 조금씩 차이를 보인다. 가령 주나라 시대의 장식문양은 엄격하고 힘찬 느낌을 갖고 있었으나 한나라 시대에는 여전히 장식문양이 힘찬 느낌을 잃지 않으면서도 유연해지고 화려한 세련미를 갖게 되었다.)

- 대부분의 중국건축물은 목재가 주재료이므로 목재의 균열과 옹이를 가리고 목재를 보호하며 미적인 효과를 얻기 위해 외관과 내부 장식을 빈틈없이 채색하였다.
- 음양오행의 원리를 이용하여 황, 적, 청, 흑, 백의 5가지 색을 건축장식의 주요색채로 사용하였다. 황색은 황제의 색으로 일반인들은 이 색을 미세한 부분에만 사용할 수 있었고 함부로 사용할 수 없었다. 적색은 행운과 풍요로움을 상징하는 색으로 중국건축에서 가장 많이 사용되었다. 청색은 초목이 돋아다는 봄을 상징하고 평화의 의미를 담고 있어 자주 사용되었다. 흑색은 윤곽선을 그리는 경우에만 사용되었으며 백색은 거의 사용을 하지 않았다.
- 중국의 건축문화를 대표하는 건축물로는 자금성, 만리장성, 북경의 천단, 불궁사 석가탑, 객가, 사합원 등이 있다.
- 청나라 시대에는 명의 선진건축문화를 그대로 수용하여 명시대처럼 청시대에도 큰 목재가 부족해지는 문제가 발생하자 목조건축에 작은 목재들을 이어서 쓰는 합목구조가 일반화되고 건축의 규모는 작아지게 된다.
- 청나라 시대에는 궁전건물에는 등급이 부여되었는데 그 중 자금성의 태화전은 당시 최고 등급의 건축물로 3층의 백색기단 위에 정면 11칸으로 지어졌고 2중의 지붕처마를 가지고 있으며 정문인 태화문을 통해 진입할 수 있었다.

TIP

대량식구조, 천두식구조

- **대량식구조** : 기둥에 세워지고 보가 놓이고 그 위에 대공이 세워지고 다시 보가 놓이면서 도리로 연결되는 기둥에 보에 의해 구성이 되는 구조(우리나라 대부분의 한옥구조물은 이러한 방식을 취하고 있다.)
- **천두식구조** : 굵은 기둥과 가는 횡부재로 구성이 되는 구조로서 시기가 흐를수록 대량식구조로 점점 변모되어 갔다.

TIP

탑파건축

사리를 봉안하는 탑으로서 중국의 석탑은 대체로 매우 높고 웅장하다. 이는 당시 중국의 건축기술의 높은 수준을 보여주고 있는 대표적인 건축물이다. 특히 수나라, 당나라 시대에는 대규모의 사찰이 여러 차례에 걸쳐 건축이 되었고 사찰 안에 탑을 세우는 것이 유행일 정도로 많은 탑들이 세워졌는데 석탑은 높고 크게 지어졌으며 전탑은 목탑의 형식을 모방하여 낮고 작게 건축되었다.

TIP

정원은 본래 정방이 있는 주택 본채 앞에 있는 공간인 정과 뒤에 있는 공간인 원을 칭하는 용어의 합성어로 대개 정에는 돌이나 전을 바닥에 깔고 수목을 심지 않으며 원에는 화초, 채소, 수목 등을 심고 연못, 정자, 곡선형 다리인 홍교 등을 만들거나 자연석을 쌓아올려 만든 작은 인공산인 가산을 만들기도 하였다.

checkpoint

■ **영조법식**

- 송나라시대의 건축기술을 집대성한 책으로서 주로 궁전이나 관서 등의 건축재료, 적산기준, 설계 및 건축시공기준을 규정한 것이다.
- 총 34권에 이르며 다양한 삽화가 수록되었고 상세한 기술은 중국건축사에서 이 책을 바이블로 꼽는 이유이다.
- 당시의 건축기술의 성과를 계통적으로 정리한 것으로 매우 체계적이며 현존하는 고대중국의 가장 완벽한 건축학 문헌으로 꼽힌다.
- 중앙 관서 이외에도 모든 민간 건축의 기준이 됨과 동시에 각 지방에까지도 지대한 영향을 미쳤다.

2. 일본의 건축

- 일본의 산간지역에는 초목이 매우 잘 자라 오래전부터 양질의 목재가 많이 생산되어 섬세한 치목의 목조건축이 발달하였다.
- 일본 고유의 신사건축과 외래 종교인 불교의 사찰건축에서 많은 영향을 받아 궁전과 주택 등과 같은 여러 종류의 건축의 성립되었다.
- 내부적으로는 전란이 빈번하였으나 사방이 해양으로 둘러싸여 있어 고대부터 외세의 침략을 받지 않아서 건축 유적의 보존상태가 매우 좋은 편이다.
- 고대로부터 한반도의 문화적 영향을 받아 이를 건축양식에 반영하였으나 시기가 흐를수록 점점 일본 고유의 건축양식을 구축해 나갔다.
- 중국의 건축물에는 나무가 그려진 반면에 일본의 건축물에는 전통적으로 그러한 그림을 찾기가 어렵다.
- 전반적으로 무덥고 습한 기후 때문에 개방적 형태를 취하고 있으며 좌우비대칭적인 건물의 배치 등 독특한 특색을 갖게 되었다.

TIP

"중국에서 한국을 거쳐 일본으로 갈수록 건물의 중심축이 사라지는 느낌을 받는다."(핀란드 여성건축가 마라 사르비마키와의 인터뷰 중)

- 전통적인 가옥은 통풍이 잘 되도록 다소 높게 지어졌다. 건축물 재료로는 여름에 시원하고 겨울에 따뜻하며, 지진이 일어날 경우를 대비하여 유연성이 있는 목재가 주종을 이루었다.
- 중국이 의자를 사용하는 입식성향의 주거라면 일본은 바닥을 깔고 앉는 좌식성향의 주거로 볼 수 있다.
- 건축물의 구조재가 외부로 노출되어 구조체 외에 장식재의 역할을 하며 가볍고 산뜻한 느낌을 준다.
- 일본의 전통건축물 중에는 사원건축, 신사건축이 대표적인 건축물로 꼽히는데 이는 이러한 건축물들이 최고의 건축기술들이 적용이 되었고, 다양한 장식기법들이 가미되었기 때문이다.

- 16세기에 봉건군주가 일본사회를 지배하게 되자 많은 성이 건축되었다. 이들은 군사적인 방어를 목적으로 세워졌으나 군주의 저택으로도 사용되었다. 이 성들 중에 몇몇은 오늘날까지도 남아있다.
- 대표적인 건축물로는 오사카의 히메지성, 호류지 사찰, 니조성 등이 있다.

TIP

히메지성 … 일본 성곽 건축 최전성기의 양식과 구조를 가장 잘 보존하고 있는 성으로서, 천수각의 우아한 모습 때문에 일명 백로성(白鷺城)으로도 유명하다.

TIP

다다미 … 일본식 주택에서 판에 돗자리를 붙인, 방바닥에 까는 재료이다. 속에 짚을 5cm 두께로 넣고 위에 돗자리를 씌워 꿰맨 것으로 직사각형의 형태를 띠고 있다. 장방형과 정방형 2가지가 있으며 일본 특유의 실내공간 분위기를 연출해낸다. (일본에서는 "타타미"로 부른다.)

	중국	한국	일본
주요색상	적색, 주황색, 금색, 청색	녹색, 적색, 흰색, 남색	백색, 회색, 적색, 녹색
배치형상	좌우 대칭	절충형	좌우 비대칭
특징	장대함과 웅장함	자연과의 조화	절제된 화려함

3. 몽골의 건축

- 13세기 초반 징기스칸이 중국 북방의 유목민인 몽골족의 왕으로 즉위하면서 남진하여 금나라를 정복하고 이어 남송을 정복하면서 분열되어 있던 중국을 원나라로 통일하게 되었는데 이 시기에는 서방과의 교류가 매우 활발하게 이루어졌다.
- 몽골족은 초원과 사막에서 초목을 찾아 생활하여 몽골어로 게르(Ger)라 불리는 몽골포를 주요한 주거로 사용하는 민족이었다. 이러한 몽골족이 원을 세워 금을 정복하면서 금의 건축문화를 수용하고 남하하여 남송을 정복하면서 남송의 건축문화를 수용하여 독자적인 건축양식을 만들었다.
- 원시대의 건축문화는 금의 북방형과 남송의 남방형 건축양식이 명시대의 건축양식으로 전환되는 과도기적인 특징을 갖는다.
- 당시대 및 송, 금시대의 목조건축기술을 계승하여 발전시켰는데 이 시기에 시도된 새로운 건축형식은 공간이 대칭형으로 만들어지는 것을 회피하기 위해 기둥 배치에 변화를 주는 것이었다.
- 종교를 통치수단으로 활용하기 위해 불교를 국교로 승인하였고 유교, 도교, 기독교 등의 종교도 유지시킨 결과 건축을 비롯한 예술문화가 그 전통을 그대로 이어나갈 수 있었다.

- **궁성** : 남북방향으로 길게 뻗어 있는 태액지를 기준으로 동쪽으로 대내와 후원, 서쪽으로 용복궁과 흥성궁이 있었다. 대내는 대도의 남성벽 중앙에 있는 장벽으로 둘러싸인 공간으로 일곽의 남쪽 중앙에 숭천문이 있으며 그 동쪽에 성공문, 서쪽에 운종문이 있고 동벽 남쪽에는 동화문, 서벽 남쪽에는 서화문, 북벽 중앙에는 후재문이 있었다. 흥성궁은 후궁과 환관이 거처하는 곳이었다.
- 모든 전들은 목부에 채색이 적용되었고 유리기와가 사용되었다.
- **도관**(道觀) : 도사가 생활하는 도장이자 여러 묘들이 있는 참배의 공간이었다.
- 티베트의 불교인 라마교가 전래되어 라마탑이 건축이 되기도 하였다.

4. 인도 건축

- 인도의 역사는 광활한 지역에 걸쳐 다양한 민족과 문화가 복잡하게 얽혀진 채로 이어져 왔기 때문에 건축의 역사를 한 눈에 파악하기가 쉽지 않다.
- 단일국가로 통일된 시기가 거의 없고 다양한 국가들로 분열되어 존재해 왔으므로 인도건축도 고대로부터 하나의 양식으로 통일된 적이 없고 여러 갈래로 분파되어 발전해 왔다.
- 건축재료는 대나무나 목재로부터 점차 벽돌과 돌로 변화되어 왔다.
- 건축은 지극히 종교적인 성격을 띠고 있으며 사원건축에는 다양한 무늬와 조각상이 끝없이 장식되어 있는데 이는 강렬한 신앙심의 표현으로 해석된다.
- 종교건축이 주를 이루며 크게 힌두교건축과 불교건축으로 대분된다.
- 힌두교의 건축양식은 건축의 구성재와 장식이 복잡해지고 규모가 확장되어가는 형식으로 발전해 나갔다.
- 힌두교 건축의 유구를 관찰해보면 인도 본토 내에서 크게 3가지 유형으로 구분되는데 북인도 건축양식(인도 아리아 양식), 중인도 건축양식(찰루키아 양식), 남인도 건축양식(드라비다 양식)은 형상에서 뚜렷한 차이를 보인다.
- 불교건축의 대표적 건축으로 스투파(Stupa, 탑파)를 들 수 있는데 이는 본래 석가모니의 무덤이었다.
- 대표적인 건축물로는 타지마할, 사르나트의 다메크 탑, 비하라, 차이티아, 아잔타석굴 등이 있다.

TIP

비하라(Vihara)는 좁은 의미로는 승방을 뜻하고 넓은 의미로는 석굴 형식으로 된 사원을 말한다. 또한 차이티아(Chaitya)는 부처의 사리 또는 불상을 모시는 공간을 말한다.

5. 티베트 건축

- 티베트의 예술은 거의 전부 라마교의 것이라고 봐도 무리가 없을 정도이므로 라마교는 티베트의 건축적 특성을 결정하였다.
- 티베트의 탑은 대부분 사원의 부속물로 건축이 되었으며 불사리를 안치하는 경우 외에도 사원을 알리거나 불상을 안치하기 위해 세워지기도 하였다.
- 대표적인 건축물들은 라마교를 위한 사원들로서 재료는 진흙과 벽돌, 그리고 돌을 쌓아올렸는데 매우 가파른 경사진 벽을 만들었다. 지붕은 모두 수평이고 벽면에는 각 층마다 사각형의 창이 나 있다.
- 티베트 사원의 층수는 건물의 크기에 비례하며 다층형 건물은 대부분 경사지에 건립되어 전면과 후면의 층수가 다르다.
- 라싸의 포탈라 궁은 세계건축문화유산에서 손에 꼽을 만큼 아름다운 모습과 경이로움을 가지고 있는데 동서로 400m이고, 남북으로 350m의 규모이며 13층에 이르고 벽들의 두께는 평균 3m나 되며 궁전의 최하단부의 벽은 그 두께가 무려 5m에 이를 만큼 장엄한 건축물이다.
- 방이 수천 개에 이르며 내부가 금은보석으로 화려하게 장식이 되어 있다.

TIP

포탈라는 "관음보살의 화산"을 상징하는데 "포타"는 범어로 "배", "라"는 "항구"를 뜻하며 인더스 강 어귀의 항구 이름으로 쓰였다고 한다. 포탈라 궁은 중국의 침략으로 14대 달라이 라마가 인도로 망명할 때까지 달라이 라마의 주요 거주지였으며 현재는 박물관으로 사용되고 있다.

6. 캄보디아의 건축

- 대표적인 건축물로는 앙코르와트 사원과 앙코르 톰을 꼽을 수 있는데 이들은 매우 긴 독특한 해자(垓字, 적의 침입을 막기 위해 성 밖을 둘러 파서 못으로 만든 곳)를 갖고 있었다.
- **앙코르 톰** : 사방에 해자를 둔 성곽으로 해자 외부 둘레가 약 3.3km에 달하며 입구는 동쪽에 2개소가 있으며 서쪽, 남쪽, 북쪽에 각각 1개소가 있다. 이 다리의 난간은 용의 형상이고 그 용이 아홉 개의 머리를 치켜들어 난간의 엄지기둥 역할을 하고 있다.
- **앙코르와트 사원** : 앙코르 톰의 정남방향으로 약 2km정도 떨어진 곳에 위치한 사원으로 사방이 긴 해자(가로 1.5km, 세로 1.2km)로 둘러싸여 있다. 건물은 장방형으로 가로 850m, 세로 1,050m라는 거대한 규모이며 벽에 새겨진 수많은 부조조각들은 당시 앙코르인들의 역사와 삶을 그대로 보여주고 있다. 이 사원은 12세기에 크메르족이 지은 사원으로, 세계 7대 불가사의의 하나로 꼽힐 정도로 세계적 유산가치가 있으며 오랜 역사에도 불구하고 그 원형을 잘 보존하고 있는데 건물의 독특한 부조들과 함께 사원을 뒤덮고 있는 거대한 나무줄기들이 펼쳐내는 장관은 수많은 관광객들을 끌어들이고 있다.

7. 인도네시아 건축

- 대표적인 건축물로는 보로 부두르를 꼽을 수 있는데 이는 6단의 피라미드형 단을 올리고 그 위에 3단의 원형 단을 겹쳐 올린 후 마지막으로 그 정상의 중앙에 대탑을 얹은 구조로 이루어져 있다.
- 특이하게도 보로 부두르의 문화유산적 가치는 건축양식이나 수법의 측면보다는 오히려 조각에 있으며 이는 불교사 연구의 자료로 매우 가치가 높게 평가받고 있다.

부록

03 범죄예방 건축기준 고시

제1장 총칙

제1조(목적)

이 기준은 「건축법」 제53조의2 및 「건축법 시행령」 제61조의2에 따라 범죄를 예방하고 안전한 생활환경을 조성하기 위하여 건축물, 건축설비 및 대지에 대한 범죄예방 기준을 정함을 목적으로 한다.

제2조(용어의 정의)

이 기준에서 사용하는 용어의 정의는 다음과 같다.

1. "자연적 감시"란 도로 등 공공 공간에 대하여 시각적인 접근과 노출이 최대화되도록 건축물의 배치, 조경, 조명 등을 통하여 감시를 강화하는 것을 말한다.
2. "접근통제"란 출입문, 담장, 울타리, 조경, 안내판, 방범시설 등(이하 "접근통제시설"이라 한다)을 설치하여 외부인의 진 · 출입을 통제하는 것을 말한다.
3. "영역성 확보"란 공간배치와 시설물 설치를 통해 공적공간과 사적공간의 소유권 및 관리와 책임 범위를 명확히 하는 것을 말한다.
4. "활동의 활성화"란 일정한 지역에 대한 자연적 감시를 강화하기 위하여 대상 공간 이용을 활성화 시킬 수 있는 시설물 및 공간 계획을 하는 것을 말한다.
5. "건축주"란 「건축법」 제2조 제1항 제12호에 따른 건축주를 말한다.
6. "설계자"란 「건축법」 제2조 제1항 제13호에 따른 설계자를 말한다.

제3조(적용대상)

이 기준을 적용하여야 하는 건축물은 다음 각 호의 어느 하나에 해당하는 건축물을 말한다.

1. 「건축법 시행령」(이하 "영"이라 한다) 별표 1 제2호의 공동주택(다세대주택, 연립주택, 아파트)
2. 영 별표 1 제3호 가목의 제1종 근린생활시설(일용품 판매점)
3. 영 별표 1 제4호 거목의 제2종 근린생활시설(다중생활시설)
4. 영 별표 1 제5호의 문화 및 집회시설(동 · 식물원을 제외한다)
5. 영 별표 1 제10호의 교육연구시설(연구소, 도서관을 제외한다.)
6. 영 별표 1 제11호의 노유자시설
7. 영 별표 1 제12호의 수련시설

8. 영 별표 1 제14호 나목2)의 업무시설(오피스텔)
9. 영 별표 1 제15호 다목의 숙박시설(다중생활시설)
10. 영 별표 1 제1호의 단독주택(다가구주택)

제2장 범죄예방 공통기준

제4조(접근통제의 기준)

① 보행로는 자연적 감시가 강화되도록 계획되어야 한다. 다만, 구역적 특성상 자연적 감시 기준을 적용하기 어려운 경우에는 영상정보처리기기, 반사경 등 자연적 감시를 대체할 수 있는 시설을 설치하여야 한다.

② 대지 및 건축물의 출입구는 접근통제시설을 설치하여 자연적으로 통제하고, 경계 부분을 인지할 수 있도록 하여야 한다.

③ 건축물의 외벽에 범죄자의 침입을 용이하게 하는 시설은 설치하지 않아야 한다.

제5조(영역성 확보의 기준)

① 공적(公的) 공간과 사적(私的) 공간의 위계(位階)를 명확하게 인지할 수 있도록 설계하여야 한다.

② 공간의 경계 부분은 바닥에 단(段)을 두거나 바닥의 재료나 색채를 달리하거나 공간 구분을 명확하게 인지할 수 있도록 안내판, 보도, 담장 등을 설치하여야 한다.

제6조(활동의 활성화 기준)

① 외부 공간에 설치하는 운동시설, 휴게시설, 놀이터 등의 시설(이하 "외부시설"이라 한다)은 상호 연계하여 이용할 수 있도록 계획하여야 한다.

② 지역 공동체(커뮤니티)가 증진되도록 지역 특성에 맞는 적정한 외부시설을 선정하여 배치하여야 한다.

제7조(조경 기준)

① 수목은 사각지대나 고립지대가 발생하지 않도록 식재하여야 한다.

② 건축물과 일정한 거리를 두고 수목을 식재하여 창문을 가리거나 나무를 타고 건축물 내부로 범죄자가 침입할 수 없도록 하여야 한다.

제8조(조명 기준)

① 출입구, 대지경계로부터 건축물 출입구까지 이르는 진입로 및 표지판에는 충분한 조명시설을 계획하여야 한다.

② 보행자의 통행이 많은 구역은 사물의 식별이 쉽도록 적정하게 조명을 설치하여야 한다.

③ 조명은 색채의 표현과 구분이 가능한 것을 사용해야 하며, 빛이 제공되는 범위와 각도를 조정하여 눈부심 현상을 줄여야 한다.

제9조(영상정보처리기기 안내판의 설치)

① 이 기준에 따라 영상정보처리기기를 설치하는 경우에는 「개인정보보호법」 제25조 제4항에 따라 안내판을 설치하여야 한다.

② 제1항에 따른 안내판은 주·야간에 쉽게 식별할 수 있도록 계획하여야 한다.

제3장 건축물의 용도별 범죄예방 기준

제10조(100세대 이상 아파트에 대한 기준)

① 대지의 출입구는 다음 각 호의 사항을 고려하여 계획하여야 한다.
  1. 출입구는 영역의 위계(位階)가 명확하도록 계획하여야 한다.
  2. 출입구는 자연적 감시가 쉬운 곳에 설치하며, 출입구 수는 효율적인 관리가 가능한 범위에서 적정하게 계획하여야 한다.
  3. 조명은 출입구와 출입구 주변에 연속적으로 설치하여야 한다.

② 담장은 다음 각 호에 따라 계획하여야 한다.
  1. 사각지대 또는 고립지대가 생기지 않도록 계획하여야 한다.
  2. 자연적 감시를 위하여 투시형으로 계획하여야 한다.
  3. 울타리용 조경수를 설치하는 경우에는 수고 1미터에서 1.5미터 이내인 밀생 수종을 일정한 간격으로 식재하여야 한다.

③ 부대시설 및 복리시설은 다음 각 호와 같이 계획하여야 한다.
  1. 부대시설 및 복리시설은 주민 활동을 고려하여 접근과 자연적 감시가 용이한 곳에 설치하여야 한다.
  2. 어린이놀이터는 사람의 통행이 많은 곳이나 건축물의 출입구 주변 또는 각 세대에서 조망할 수 있는 곳에 배치하고, 주변에 경비실을 설치하거나 영상정보처리기기를 설치하여야 한다.

④ 경비실 등은 다음 각 호와 같이 계획하여야 한다.
1. 경비실은 필요한 각 방향으로 조망이 가능한 구조로 계획하여야 한다.
2. 경비실 주변의 조경 등은 시야를 차단하지 않도록 계획하여야 한다.
3. 경비실 또는 관리사무소에 고립지역을 상시 관망할 수 있는 영상정보처리기기 시스템을 설치하여야 한다.
4. 경비실 · 관리사무소 또는 단지 공용공간에 무인 택배보관함의 설치를 권장한다.

⑤ 주차장은 다음 각 호와 같이 계획하여야 한다.
1. 주차구역은 사각지대가 생기지 않도록 하여야 한다.
2. 주차장 내부 감시를 위한 영상정보처리기기 및 조명은 「주차장법 시행규칙」에 따른다.
3. 차로와 통로 및 출입구의 기둥 또는 벽에는 경비실 또는 관리사무소와 연결된 비상벨을 25미터 이내 마다 설치하고, 비상벨을 설치한 기둥(벽)의 도색을 차별화하여 시각적으로 명확하게 인지될 수 있도록 하여야 한다.
4. 여성전용 주차구획은 출입구 인접지역에 설치를 권장한다.

⑥ 조경은 주거 침입에 이용되지 않도록 식재하여야 한다.

⑦ 건축물의 출입구는 다음 각 호와 같이 계획하여야 한다.
1. 출입구는 접근통제시설을 설치하여 접근통제가 용이하도록 계획하여야 한다.
2. 출입구는 자연적 감시를 할 수 있도록 하되, 여건상 불가피한 경우 반사경 등 대체 시설을 설치하여야 한다.
3. 출입구에는 주변보다 밝은 조명을 설치하여 야간에 식별이 용이하도록 하여야 한다.
4. 출입구에는 영상정보처리기기 설치를 권장한다.

⑧ 세대 현관문 및 창문은 다음 각 호와 같이 계획하여야 한다.
1. 세대 창문에는 별표 1 제1호의 기준에 적합한 침입 방어 성능을 갖춘 제품과 잠금장치를 설치하여야 한다.
2. 세대 현관문은 별표 1 제2호의 기준에 적합한 침입 방어 성능을 갖춘 제품과 도어체인을 설치하되, 우유투입구 등 외부 침입에 이용될 수 있는 장치의 설치는 금지한다.

⑨ 승강기 · 복도 및 계단 등은 다음 각 호와 같이 계획하여야 한다.
1. 지하층(주차장과 연결된 경우에 한한다) 및 1층 승강장, 옥상 출입구, 승강기 내부에는 영상정보처리기기를 설치하여야 한다.
2. 계단실에는 외부공간에서 자연적 감시가 가능하도록 창호를 설치하고, 계단실에 영상정보처리기기를 1개소 이상 설치하여야 한다.

⑩ 건축물의 외벽은 침입에 이용될 수 있는 요소가 최소화되도록 계획하고, 외벽에 수직 배관이나 냉난방 설비 등을 설치하는 경우에는 지표면에서 지상 2층으로 또는 옥상에서 최상층으로 배관 등을 타고 오르거나 내려올 수 없는 구조로 하여야 한다.

⑪ 건축물의 측면이나 뒷면, 정원, 사각지대 및 주차장에는 사물을 식별할 수 있는 적정한 조명을 설치하되, 여건상 불가피한 경우 반사경 등 대체 시설을 설치하여야 한다.

⑫ 전기 · 가스 · 수도 등 검침용 기기는 세대 외부에 설치한다. 다만, 외부에서 사용량을 검침할 수 있는 경우에는 그러하지 아니한다.

⑬ 세대 창문에 방범시설을 설치하는 경우에는 화재 발생 시 피난에 용이한 개폐가 가능한 구조로 설치하는 것을 권장한다.

제11조(다가구주택, 다세대주택, 연립주택, 100세대 미만의 아파트, 오피스텔 등에 관한 사항)

다가구주택, 다세대주택, 연립주택, 아파트(100세대 미만) 및 오피스텔은 다음의 범죄예방 기준에 적합하도록 하여야 한다.

1. 세대 창호재는 별표 1의 제1호의 기준에 적합한 침입 방어성능을 갖춘 제품을 사용한다.
2. 세대 출입문은 별표 1의 제2호의 기준에 적합한 침입 방어 성능을 갖춘 제품의 설치를 권장한다.
3. 건축물 출입구는 자연적 감시를 위하여 가급적 도로 또는 통행로에서 볼 수 있는 위치에 계획하되, 부득이 도로나 통행로에서 보이지 않는 위치에 설치하는 경우에 반사경, 거울 등의 대체시설 설치를 권장한다.
4. 건축물의 외벽은 침입에 이용될 수 있는 요소가 최소화되도록 계획하고, 외벽에 수직 배관이나 냉난방 설비 등을 설치하는 경우에는 지표면에서 지상 2층으로 또는 옥상에서 최상층으로 배관 등을 타고 오르거나 내려올 수 없는 구조로 하여야 한다.
5. 건축물의 측면이나 뒤면, 출입문, 정원, 사각지대 및 주차장에는 사물을 식별할 수 있는 적정한 조명 또는 반사경을 설치한다.
6. 전기 · 가스 · 수도 등 검침용 기기는 세대 외부에 설치하는 것을 권장한다. 다만, 외부에서 사용량을 검침할 수 있는 경우에는 그러하지 아니한다.
7. 담장은 사각지대 또는 고립지대가 생기지 않도록 계획하여야 한다.
8. 주차구역은 사각지대가 생기지 않도록 하고, 주차장 내부 감시를 위한 영상정보처리기기 및 조명은 「주차장법 시행규칙」에 따른다.
9. 건축물의 출입구, 지하층(주차장과 연결된 경우에 한한다), 1층 승강장, 옥상 출입구, 승강기 내부에는 영상정보처리기기 설치를 권장한다.
10. 계단실에는 외부공간에서 자연적 감시가 가능하도록 창호 설치를 권장한다.
11. 세대 창문에 방범시설을 설치하는 경우에는 화재 발생 시 피난에 용이한 개폐가 가능한 구조로 설치하는 것을 권장한다.
12. 단독주택(다가구주택을 제외한다)은 제1호부터 제11호까지의 규정 적용을 권장한다.

제12조(문화 및 집회시설 · 교육연구시설 · 노유자시설 · 수련시설에 대한 기준)

① 출입구 등은 다음 각 호와 같이 계획하여야 한다.

1. 출입구는 자연적 감시를 고려하고 사각지대가 형성되지 않도록 계획하여야 한다.
2. 출입문, 창문 및 셔터는 별표 1의 기준에 적합한 침입 방어 성능을 갖춘 제품을 설치하여야 한다. 다만, 건축물의 로비 등에 설치하는 유리출입문은 제외한다.

② 주차장의 계획에 대하여는 제10조 제5항을 준용한다.

③ 차도와 보행로가 함께 있는 보행로에는 보행자등을 설치하여야 한다.

제13조(일용품 소매점에 대한 기준)

① 영 별표 1 제3호의 제1종 근린생활시설 중 24시간 일용품을 판매하는 소매점에 대하여 적용한다.

② 출입문 또는 창문은 내부 또는 외부로의 시선을 감소시키는 필름이나 광고물 등을 부착하지 않도록 권장한다.

③ 출입구 및 카운터 주변에 영상정보처리기기를 설치하여야 한다.

④ 카운터는 배치계획상 불가피한 경우를 제외하고 외부에서 상시 볼 수 있는 위치에 배치하고 경비실, 관리사무소, 관할 경찰서 등과 직접 연결된 비상연락시설을 설치하여야 한다.

제14조(다중생활시설에 대한 기준)

① 출입구에는 출입자 통제 시스템이나 경비실을 설치하여 허가받지 않은 출입자를 통제하여야 한다.

② 건축물의 출입구에 영상정보처리기기를 설치한다.

③ 다른 용도와 복합으로 건축하는 경우에는 다른 용도로부터의 출입을 통제할 수 있도록 전용출입구의 설치를 권장한다. 다만, 오피스텔과 복합으로 건축하는 경우 오피스텔 건축기준(국토교통부고시)에 따른다.

제15조(재검토기한)

국토교통부장관은 「훈령 · 예규 등의 발령 및 관리에 관한 규정」(대통령 훈령 제334호)에 따라 이 고시에 대하여 2021년 7월 1일 기준으로 매3년이 되는 시점(매 3년째의 6월 30일까지를 말한다)마다 그 타당성을 검토하여 개선 등의 조치를 하여야 한다.

부칙<제2021-930호, 2021. 7. 01.>

제1조(시행일)

이 고시는 공포한 날부터 시행한다.

제2조(적용례)

이 기준은 시행 후 「건축법」 제11조에 따라 건축허가를 신청하거나 「건축법」 제14조에 따라 건축신고를 하는 경우 또는 「주택법」 제15조에 따라 주택사업계획의 승인을 신청하는 경우부터 적용한다. 다만, 「건축법」 제4조의2에 따른 건축위원회의 심의 대상인 경우에는 「건축법」 제4조의2에 따른 건축위원회의 심의를 신청하는 경우부터 적용한다.

(별표1)

건축물 창호의 침입 방어 성능기준

1. 창문의 침입 방어 성능기준은 다음과 같다.
   가. KS F 2637(문, 창, 셔터의 침입저항 시험 방법 – 동하중 재하시험)에 따라 연질체 충격원을 300mm 높이에서 낙하하여, 시험체가 완전히 열리거나, 10mm 이상의 공간이 발생하지 않아야 하고, 시험체의 부품 또는 잠금장치가 분리되지 않도록 하여야 한다.
   나. KS F 2638(문, 창, 셔터의 침입저항 시험 방법 – 정하중 재하시험)에 따라 하중점 F1(1kN으로 재하)는 변형량 10mm 이하, 하중점 F2(1.5kN으로 재하)는 변형량20mm 이하, 하중점 F3(1.5kN으로 재하)는 변형량 15mm 이하이여야 한다.
2. 출입문의 침입 방어 성능기준은 다음과 같다.
   가. KS F 2637(문, 창, 셔터의 침입저항 시험 방법 – 동하중 재하시험)에 따라 강성체 충격원을 165mm, 연질체 충격원을 800mm 높이에서 낙하하여, 시험체가 완전히 열리거나, 10mm 이상의 공간이 발생하지 않아야 하고, 시험체의 부품 또는 잠금장치가 분리되지 않도록 하여야 한다.
   나. KS F 2638(문, 창, 셔터의 침입저항 시험 방법 – 정하중 재하시험)에 따라 하중점 F1(3kN으로 재하)는 변형량 10mm 이하, 하중점 F2(3kN으로 재하) 변형량 20mm 이하, 하중점 F3(3kN으로 재하)는 변형량 10mm 이하이여야 한다.
3. 셔터의 침입 방어 성능기준은 다음과 같다.
   가. KS F 2637(문, 창, 셔터의 침입저항 시험 방법 – 동하중 재하시험)에 따라 강성체 충격원을 165mm이, 연질체 충격원을 800mm 높이에서 낙하하여, 시험체가 완전히 열리거나 시험체에 10mm 이상의 공간이 발생하지 않아야 하며, 시험체의 부품 또는 잠금장치가 분리되지 않도록 하여야 한다.

비고

1. 건축물 창호의 침입 방어 성능기준의 증명은 다음과 같다
   가. 「국가표준기본법」 제23조에 따른 시험·검사기관의 시험 성적서
   나. 「산업표준화법」 제15조에 따라 한국산업표준에 적합함을 인증받거나 같은 법 제27조에 따라 단체표준인증을 받은 제품의 인증서

부록

04 소방시설별 적용대상 기준

소방시설별 적용대상 기준

종류	소방시설	소방시설의 적용 대상기준
소화설비	소화기구	수동식소화기 또는 간이소화용구 : 연면적 33m² 이상 자동식소화기 : 아파트
	옥내소화전설비	아파트는 호스릴옥내소화전설비를 설치할 수 있다. 연면적 3,000m² 이상이거나 지하층 · 무창층 또는 층수가 4층 이상인 경우 중 바닥면적이 600m² 이상인 층이 있는 것은 전 층
	스프링클러설비	층수가 11층 이상인 층 아파트 리모델링 시 연면적 층고가 변경되지 아니한 경우 아파트의 사용검사 당시 소방시설 적요기준을 적용함.
	옥외소화전설비	지상 1층 및 2층의 바닥면적의 합계가 9,000m² 이상
경보설비	비상경보설비	연면적 400m² 이상이거나 지하층 또는 무창층의 바닥면적이 150m² 이상인 경우
	비상방송설비	연면적 3,500m² 이상인 경우 지하층을 제외한 층수가 11층 이상인 경우 지하층의 층수가 3개층 이상인 경우
	누전경보기	계약전류용량이 100(A)를 초과하는 특정소방대상물
	자동화재탐지설비	공동주택으로서 연면적 1,000m² 이상인 경우
	단독경보형 감지기	연면적 1,000m² 미만의 아파트
피난설비	피난기구	피난기구는 특정소방물의 모든 층에 설치해야 한다.(단, 피난층 · 지상1층 · 지상2층 및 층수가 11층 이상의 층에는 그러하지 아니하다.)
	피난구유도등 통로유도등 유도표지	특정소방대상물에 설치해야 함
	비상조명등	지하층을 포함하는 층수가 5층 이상인 건축물로서 연면적 3,000m² 이상인 경우 위에 해당하지 아니하는 특정소방대상물로서 그 지하층 또는 무창층의 바닥면적이 450m² 이상인 경우에는 그 지하층 또는 무창층
소화용수설비	상수도 소화용수설비	연면적 5,000m² 이상인 경우

소화활동 설비	제연설비	특정소방대상물(갓복도형 아파트를 제외한다.)에 부설된 특별피난계단 또는 비상용 승강기의 승강장
	연결송수관설비	① 층수가 5층 이상으로서 연면적 6,000m² 이상인 경우 ② 위의 ①에 해당하지 아니하는 특정소방대상물로서 지하층을 포함하는 층수가 7층 이상인 경우 ③ 위 ① 및 ②에 해당하지 아니하는 특정소방대상물로서 지하층의 층수가 3개층 이상이고 지하층의 바닥면적의 합계가 1,000m² 이상인 경우
	연결살수설비	지하층으로서 바닥면적의 합계가 150m² 이상인 경우 (단, 국민주택규모 이하인 아파트와 지하층[대피시설로만 사용하는 것에 한한다.]에 있어서는 700m² 이상인 경우)
	비상콘센트설비	지하층을 포함하는 층수가 11층 이상인 특정소방대상물의 경우에는 11층 이상의 층
	무선통신보조설비	지하층의 바닥면적의 합계가 3,000m² 이상인 경우 또는 지하층의 층수가 3개층 이상이고 지하층의 바닥면적의 합계가 1,000m² 이상인 경우는 지하층의 전 층

부록

05 특정소방대상물

연번	구분	특정소방대상물
1	공동 주택	가. 아파트 등 : 주택으로 쓰이는 층수가 5층 이상인 주택 나. 기숙사 : 학교 또는 공장 등의 학생이나 종업원 등을 위하여 쓰는 것으로서 공동취사 등을 할 수 있는 구조를 갖추되, 독립된 주거의 형태를 갖추지 않은 것(「교육기본법」 제27조 제2항에 따른 학생복지주택을 포함함)
2	근린생활 시설	가. 수퍼마켓과 일용품(식품, 잡화, 의류, 완구, 서적, 건축자재, 의약품, 의료기기 등) 등의 소매점으로서 같은 건축물(하나의 대지에 두 동 이상의 건축물이 있는 경우에는 이를 같은 건축물로 봄. 이하 같음)에 해당 용도로 쓰는 바닥면적의 합계가 1,000m^2 미만인 것 나. 휴게음식점, 제과점, 일반음식점, 기원, 노래연습장 및 단란주점(단란주점은 같은 건축물에 해당 용도로 쓰는 바닥면적의 합계가 150m^2 미만인 것만 해당한다.) 다. 이용원, 미용원, 목욕장 및 세탁소(공장이 부설된 것과 「대기환경보전법」, 「물환경보전법」 또는 「소음 · 진동관리법」에 따른 배출시설의 설치허가 또는 신고의 대상이 되는 것은 제외함) 라. 의원, 치과의원, 한의원, 침술원, 접골원(接骨院), 조산원, 산후조리원 및 안마원(「의료법」 제82조 제4항에 따른 안마시술소를 포함함) 마. 탁구장, 테니스장, 체육도장, 체력단련장, 에어로빅장, 볼링장, 당구장, 실내낚시터, 골프연습장, 물놀이형 시설(「관광진흥법」 제33조에 따른 안전성검사의 대상이 되는 물놀이형 시설을 말함. 이하 같음), 그 밖에 이와 비슷한 것으로서 같은 건축물에 해당 용도로 쓰는 바닥면적의 합계가 500m^2 미만인 것 바. 공연장(극장, 영화상영관, 연예장, 음악당, 서커스장, 「영화 및 비디오물의 진흥에 관한 법률」 제2조 제16호 가목에 따른 비디오물감상실업의 시설, 「영화 및 비디오물의 진흥에 관한 법률」 제2조 제16호 나목에 따른 비디오물소극장업의 시설, 그 밖에 이와 비슷한 것을 말함. 이하 같음) 또는 종교집회장[교회, 성당, 사찰, 기도원, 수도원, 수녀원, 제실(祭室), 사당, 그 밖에 이와 비슷한 것을 말함. 이하 같음]으로서 같은 건축물에 해당 용도로 쓰는 바닥면적의 합계가 300m^2 미만인 것 사. 금융업소, 사무소, 부동산중개사무소, 결혼상담소 등 소개업소, 출판사, 서점, 그 밖에 이와 비슷한 것으로서 같은 건축물에 해당 용도로 쓰는 바닥면적의 합계가 500m^2 미만인 것 아. 제조업소, 수리점, 그 밖에 이와 비슷한 것으로서 같은 건축물에 해당 용도로 쓰는 바닥면적의 합계가 500m^2 미만이고, 「대기환경보전법」, 「물환경보전법」 또는 「소음 · 진동관리법」에 따른 배출시설의 설치허가 또는 신고의 대상이 아닌 것 자. 「게임산업진흥에 관한 법률」 제2조 제6호의2에 따른 청소년게임제공업 및 일반게임제공업의 시설, 「게임산업진흥에 관한 법률」 제2조 제7호에 따른 인터넷컴퓨터게임시설제공업의 시설 및 같은 조 제8호에 따른 복합유통게임제공업의 시설로서 같은 건축물에 해당 용도로 쓰는 바닥면적의 합계가 500m^2 미만인 것 차. 사진관, 표구점, 학원(같은 건축물에 해당 용도로 쓰는 바닥면적의 합계가 500m^2 미만인 것만 해당되며, 자동차학원 및 무도학원은 제외함), 독서실, 고시원(「다중이용업소의 안전관리에 관한 특별법」에 따른 다중이용업 중 고시원업의 시설로서 독립된 주거의 형태를 갖추지 않은 것으로서 같은 건축물에 해당 용도로 쓰는 바닥면적의 합계가 500m^2 미만인 것을 말함), 장의사, 동물병원, 총포판매사, 그 밖에 이와 비슷한 것 카. 의약품 판매소, 의료기기 판매소 및 자동차영업소로서 같은 건축물에 해당 용도로 쓰는 바닥면적의 합계가 1,000m^2 미만인 것

3	문화 및 집회시설	가. 공연장으로서 근린생활시설에 해당하지 않는 것 나. 집회장 : 예식장, 공회당, 회의장, 마권(馬券) 장외 발매소, 마권 전화투표소 및 그 밖에 이와 비슷한 것으로서 근린생활시설에 해당하지 않는 것 다. 관람장 : 경마장, 경륜장, 경정장, 자동차 경기장, 그 밖에 이와 비슷한 것과 체육관 및 운동장으로서 관람석의 바닥면적의 합계가 1,000m^2 이상인 것 라. 전시장 : 박물관, 미술관, 과학관, 문화관, 체험관, 기념관, 산업전시장, 박람회장, 그 밖에 이와 비슷한 것 마. 동 · 식물원 : 동물원, 식물원, 수족관, 그 밖에 이와 비슷한 것
4	종교시설	가. 종교집회장으로서 근린생활시설에 해당하지 않는 것 나. 가목의 종교집회장에 설치하는 봉안당(奉安堂)
5	판매시설	가. 도매시장 : 「농수산물 유통 및 가격안정에 관한 법률」 제2조 제2호에 따른 농수산물도매시장, 같은 조 제5호에 따른 농수산물공판장, 그 밖에 이와 비슷한 것(그 안에 있는 근린생활시설을 포함) 나. 소매시장 : 시장, 「유통산업발전법」 제2조 제3호에 따른 대규모점포 및 그 밖에 이와 비슷한 것(그 안에 있는 근린생활시설을 포함) 다. 전통시장 : 「전통시장 및 상점가 육성을 위한 특별법」 제2조 제1호에 따른 전통시장(그 안에 있는 근린생활시설을 포함하며, 노점형시장은 제외한다.) 라. 상점 : 다음의 어느 하나에 해당하는 것(그 안에 있는 근린생활시설을 포함) 1) 제2호 가목에 해당하는 용도로서 같은 건축물에 해당 용도로 쓰는 바닥면적 합계가 1,000m^2 이상인 것 2) 제2호 자목에 해당하는 용도로서 같은 건축물에 해당 용도로 쓰는 바닥면적 합계가 500m^2 이상인 것
6	운수시설	가. 여객자동차터미널 나. 철도 및 도시철도 시설(정비창 등 관련시설을 포함) 다. 공항시설(항공관제탑을 포함) 라. 항만시설 및 종합여객시설
7	의료시설	가. 병원 : 종합병원, 병원, 치과병원, 한방병원, 요양병원 나. 격리병원 : 전염병원, 마약진료소, 그 밖에 이와 비슷한 것 다. 정신의료기관 라. 「장애인복지법」 제58조 제1항 제4호에 따른 장애인 의료 재활시설
8	교육연구시설	가. 학교 1) 초등학교, 중학교, 고등학교, 특수학교, 그 밖에 이에 준하는 학교 : 「학교시설사업 촉진법」 제2조 제1호 나목의 교사(校舍)(교실 · 도서실 등 교수 · 학습활동에 직접 또는 간접적으로 필요한 시설물을 말하되, 병설유치원으로 사용되는 부분은 제외. 이하 같음), 체육관, 「학교급식법」 제6조에 따른 급식시설, 합숙소(학교의 운동부, 기능선수 등이 집단으로 숙식하는 장소를 말함. 이하 같음) 2) 대학, 대학교, 그 밖에 이에 준하는 각종 학교 : 교사 및 합숙소 나. 교육원(연수원, 그 밖에 이와 비슷한 것을 포함) 다. 직업훈련소 라. 학원(근린생활시설에 해당하는 것과 자동차운전학원 · 정비학원 및 무도학원은 제외) 마. 연구소(연구소에 준하는 시험소와 계량계측소를 포함) 바. 도서관

9	노유자 시설	가. 노인 관련 시설 : 「노인복지법」에 따른 노인주거복지시설, 노인의료복지시설, 노인여가복지시설, 주·야간보호서비스나 단기보호서비스를 제공하는 재가노인복지시설(「노인장기요양보험법」에 따른 재가장기요양기관을 포함), 노인보호전문기관, 노인일자리지원기관, 학대피해노인전용쉼터, 그 밖에 이와 비슷한 것 나. 아동 관련 시설 : 「아동복지법」에 따른 아동복지시설, 「영유아보육법」에 따른 어린이집, 「유아교육법」에 따른 유치원(제8호 가목 1)에 따른 학교의 교사 중 병설유치원으로 사용되는 부분을 포함한다), 그 밖에 이와 비슷한 것 다. 장애인 관련 시설 : 「장애인복지법」에 따른 장애인 거주시설, 장애인 지역사회재활시설(장애인 심부름센터, 한국수어통역센터, 점자도서 및 녹음서 출판시설 등 장애인이 직접 그 시설 자체를 이용하는 것을 주된 목적으로 하지 않는 시설은 제외), 장애인 직업재활시설, 그 밖에 이와 비슷한 것 라. 정신질환자 관련 시설 : 「정신건강증진 및 정신질환자 복지서비스 지원에 관한 법률」에 따른 정신재활시설(생산품판매시설은 제외), 정신요양시설, 그 밖에 이와 비슷한 것 마. 노숙인 관련 시설 : 「노숙인 등의 복지 및 자립지원에 관한 법률」 제2조 제2호에 따른 노숙인복지시설(노숙인일시보호시설, 노숙인자활시설, 노숙인재활시설, 노숙인요양시설 및 쪽방상담소만 해당), 노숙인종합지원센터 및 그 밖에 이와 비슷한 것 바. 가목부터 마목까지에서 규정한 것 외에 「사회복지사업법」에 따른 사회복지시설 중 결핵환자 또는 한센인 요양시설 등 다른 용도로 분류되지 않는 것
10	수련시설	가. 생활권 수련시설 : 「청소년활동 진흥법」에 따른 청소년수련관, 청소년문화의집, 청소년특화시설, 그 밖에 이와 비슷한 것 나. 자연권 수련시설 : 「청소년활동 진흥법」에 따른 청소년수련원, 청소년야영장, 그 밖에 이와 비슷한 것 다. 「청소년활동 진흥법」에 따른 유스호스텔
11	운동시설	가. 탁구장, 체육도장, 테니스장, 체력단련장, 에어로빅장, 볼링장, 당구장, 실내낚시터, 골프연습장, 물놀이형 시설, 그 밖에 이와 비슷한 것으로서 근린생활시설에 해당하지 않는 것 나. 체육관으로서 관람석이 없거나 관람석의 바닥면적이 1,000m^2 미만인 것 다. 운동장 : 육상장, 구기장, 볼링장, 수영장, 스케이트장, 롤러스케이트장, 승마장, 사격장, 궁도장, 골프장 등과 이에 딸린 건축물로서 관람석이 없거나 관람석의 바닥면적이 1,000m^2 미만인 것
12	업무시설	가. 공공업무시설 : 국가 또는 지방자치단체의 청사와 외국공관의 건축물로서 근린생활시설에 해당하지 않는 것 나. 일반업무시설 : 금융업소, 사무소, 신문사, 오피스텔(업무를 주로 하며, 분양하거나 임대하는 구획 중 일부의 구획에서 숙식을 할 수 있도록 한 건축물로서 국토교통부장관이 고시하는 기준에 적합한 것을 말함), 그 밖에 이와 비슷한 것으로서 근린생활시설에 해당하지 않는 것 다. 주민자치센터(동사무소), 경찰서, 지구대, 파출소, 소방서, 119안전센터, 우체국, 보건소, 공공도서관, 국민건강보험공단, 그 밖에 이와 비슷한 용도로 사용하는 것 라. 마을회관, 마을공동작업소, 마을공동구판장, 그 밖에 이와 유사한 용도로 사용되는 것 마. 변전소, 양수장, 정수장, 대피소, 공중화장실, 그 밖에 이와 유사한 용도로 사용되는 것
13	숙박시설	가. 일반형 숙박시설(「공중위생관리법 시행령」 제4조 제1호 가목에 따른 숙박업의 시설) 나. 생활형 숙박시설(「공중위생관리법 시행령」 제4조 제1호 나목에 따른 숙박업의 시설) 다. 고시원(근린생활시설에 해당하지 않는 것을 말함) 라. 그 밖에 가목부터 다목까지의 시설과 비슷한 것

14	위락시설	가. 단란주점으로서 근린생활시설에 해당하지 않는 것 나. 유흥주점이나 그 밖에 이와 비슷한 것 다. 「관광진흥법」에 따른 유원시설업의 시설, 그 밖에 이와 비슷한 시설(근린생활시설에 해당하는 것은 제외) 라. 무도장 및 무도학원 마. 카지노영업소
15	공장	물품의 제조 · 가공[세탁 · 염색 · 도장(塗裝) · 표백 · 재봉 · 건조 · 인쇄 등을 포함] 또는 수리에 계속적으로 이용되는 건축물로서 근린생활시설, 위험물 저장 및 처리 시설, 항공기 및 자동차 관련 시설, 분뇨 및 쓰레기 처리시설, 묘지 관련 시설 등으로 따로 분류되지 않는 것
16	창고시설	(위험물 저장 및 처리 시설 또는 그 부속용도에 해당하는 것은 제외) 가. 창고(물품저장시설로서 냉장 · 냉동 창고를 포함) 나. 하역장 다. 「물류시설의 개발 및 운영에 관한 법률」에 따른 물류터미널 라. 「유통산업발전법」 제2조 제15호에 따른 집배송시설
17	위험물 저장 및 처리시설	가. 위험물 제조소 등 나. 가스시설 : 산소 또는 가연성 가스를 제조 · 저장 또는 취급하는 시설 중 지상에 노출된 산소 또는 가연성 가스 탱크의 저장용량의 합계가 100톤 이상이거나 저장용량이 30톤 이상인 탱크가 있는 가스시설로서 다음의 어느 하나에 해당하는 것 1) 가스 제조시설 가) 「고압가스 안전관리법」 제4조 제1항에 따른 고압가스의 제조허가를 받아야 하는 시설 나) 「도시가스사업법」 제3조에 따른 도시가스사업허가를 받아야 하는 시설 2) 가스 저장시설 가) 「고압가스 안전관리법」 제4조 제3항에 따른 고압가스 저장소의 설치허가를 받아야 하는 시설 나) 「액화석유가스의 안전관리 및 사업법」 제8조 제1항에 따른 액화석유가스 저장소의 설치 허가를 받아야 하는 시설 3) 가스 취급시설 「액화석유가스의 안전관리 및 사업법」 제5조에 따른 액화석유가스 충전사업 또는 액화석유가스 집단공급사업의 허가를 받아야 하는 시설
18	항공기 및 자동차 관련 시설	(건설기계 관련 시설을 포함) 가. 항공기격납고 나. 차고, 주차용 건축물, 철골 조립식 주차시설(바닥면이 조립식이 아닌 것을 포함) 및 기계장치에 의한 주차시설 다. 세차장 라. 폐차장 마. 자동차 검사장 바. 자동차 매매장 사. 자동차 정비공장 아. 운전학원 · 정비학원 자. 다음의 건축물을 제외한 건축물의 내부(「건축법 시행령」 제119조 제1항 제3호 다목에 따른 필로티와 건축물 지하를 포함)에 설치된 주차장 1) 「건축법 시행령」 별표 1 제1호에 따른 단독주택 2) 「건축법 시행령」 별표 1 제2호에 따른 공동주택 중 50세대 미만인 연립주택 또는 50세대 미만인 다세대주택 차. 「여객자동차 운수사업법」, 「화물자동차 운수사업법」 및 「건설기계관리법」에 따른 차고 및 주기장(駐機場)

19	동물 및 식물 관련 시설	가. 축사(부화장(孵化場)을 포함) 나. 가축시설 : 가축용 운동시설, 인공수정센터, 관리사(管理舍), 가축용 창고, 가축시장, 동물검역소, 실험동물 사육시설, 그 밖에 이와 비슷한 것 다. 도축장 라. 도계장 마. 작물 재배사(再拜社) 바. 종묘배양시설 사. 화초 및 분재 등의 온실 아. 식물과 관련된 마목부터 사목까지의 시설과 비슷한 것(동 · 식물원은 제외)
20	자원순환 관련 시설	가. 하수 등 처리시설 나. 고물상 다. 폐기물재활용시설 라. 폐기물처분시설 마. 폐기물감량화시설
21	교정 및 군사시설	가. 보호감호소, 교도소, 구치소 및 그 지소 나. 보호관찰소, 갱생보호시설, 그 밖에 범죄자의 갱생 · 보호 · 교육 · 보건 등의 용도로 쓰는 시설 다. 치료감호시설 라. 소년원 및 소년분류심사원 마. 「출입국관리법」 제52조 제2항에 따른 보호시설 바. 「경찰관 직무집행법」 제9조에 따른 유치장 사. 국방 · 군사시설(「국방 · 군사시설 사업에 관한 법률」 제2조 제1호 가목부터 마목까지의 시설을 말함)
22	방송통신 시설	가. 방송국(방송프로그램 제작시설 및 송신 · 수신 · 중계시설을 포함) 나. 전신전화국 다. 촬영소 라. 통신용 시설 마. 그 밖에 가목부터 라목까지의 시설과 비슷한 것
23	발전시설	가. 원자력발전소 나. 화력발전소 다. 수력발전소(조력발전소를 포함) 라. 풍력발전소 마. 전기저장시설[20킬로와트시(kWh)를 초과하는 리튬 · 나트륨 · 레독스플로우 계열의 이차전지를 이용한 전기저장장치의 시설을 말함. 이하 같다] 바. 그 밖에 가목부터 마목까지의 시설과 비슷한 것(집단에너지 공급시설을 포함)
24	묘지관련 시설	가. 화장시설 나. 봉안당(제4호 나목의 봉안당은 제외함) 다. 묘지와 자연장지에 부수되는 건축물 라. 동물화장시설, 동물건조장(乾燥葬)시설 및 동물 전용의 납골시설
25	관광 휴게시설	가. 야외음악당 나. 야외극장 다. 어린이회관 라. 관망탑 마. 휴게소 바. 공원 · 유원지 또는 관광지에 부수되는 건축물

26	장례시설	가. 장례식장[의료시설의 부수시설(「의료법」 제36조 제1호에 따른 의료기관의 종류에 따른 시설을 말함)은 제외] 나. 동물 전용의 장례식장
27	지하가	지하의 인공구조물 안에 설치되어 있는 상점, 사무실, 그 밖에 이와 비슷한 시설이 연속하여 지하도에 면하여 설치된 것과 그 지하도를 합한 것 가. 지하상가 나. 터널 : 차량(궤도차량용은 제외) 등의 통행을 목적으로 지하, 해저 또는 산을 뚫어서 만든 것
28	지하구	가. 전력 · 통신용의 전선이나 가스 · 냉난방용의 배관 또는 이와 비슷한 것을 집합수용하기 위하여 설치한 지하 인공구조물로서 사람이 점검 또는 보수를 하기 위하여 출입이 가능한 것 중 다음의 어느 하나에 해당하는 것 1) 전력 또는 통신사업용 지하 인공구조물로서 전력구(케이블 접속부가 없는 경우에는 제외한다) 또는 통신구 방식으로 설치된 것 2) 1)외의 지하 인공구조물로서 폭이 1.8m 이상이고 높이가 2m 이상이며 길이가 50m 이상인 것 나. 「국토의 계획 및 이용에 관한 법률」 제2조 제9호에 따른 공동구
29	문화재	「문화재보호법」에 따라 문화재로 지정된 건축물
30	복합 건축물	가. 하나의 건축물이 위의 제1호부터 제27호까지의 것 중 둘 이상의 용도로 사용되는 것. 다만, 다음의 어느 하나에 해당하는 경우에는 복합건축물로 보지 않는다. 1) 관계 법령에서 주된 용도의 부수시설로서 그 설치를 의무화하고 있는 용도 또는 시설 2) 규제「주택법」 제35조 제1항 제3호 및 제4호에 따라 주택 안에 부대시설 또는 복리시설이 설치되는 특정소방대상물 3) 건축물의 주된 용도의 기능에 필수적인 용도로서 다음의 어느 하나에 해당하는 용도 가) 건축물의 설비, 대피 또는 위생을 위한 용도, 그 밖에 이와 비슷한 용도 나) 사무, 작업, 집회, 물품저장 또는 주차를 위한 용도, 그 밖에 이와 비슷한 용도 다) 구내식당, 구내세탁소, 구내운동시설 등 종업원후생복리시설(기숙사는 제외) 또는 구내소각시설의 용도, 그 밖에 이와 비슷한 용도 나. 하나의 건축물이 근린생활시설, 판매시설, 업무시설, 숙박시설 또는 위락시설의 용도와 주택의 용도로 함께 사용되는 것

비고

1. 내화구조로 된 하나의 특정소방대상물이 개구부(건축물에서 채광 · 환기 · 통풍 · 출입 등을 위하여 만든 창이나 출입구를 말함)가 없는 내화구조의 바닥과 벽으로 구획되어 있는 경우에는 그 구획된 부분을 각각 별개의 특정소방대상물로 본다.
2. 둘 이상의 특정소방대상물이 다음 각 목의 어느 하나에 해당되는 구조의 복도 또는 통로(이하 이 표에서 "연결통로"라 한다)로 연결된 경우에는 이를 하나의 소방대상물로 본다.
   가. 내화구조로 된 연결통로가 다음의 어느 하나에 해당되는 경우
      1) 벽이 없는 구조로서 그 길이가 6m 이하인 경우
      2) 벽이 있는 구조로서 그 길이가 10m 이하인 경우. 다만, 벽 높이가 바닥에서 천장까지의 높이의 2분의 1 이상인 경우에는 벽이 있는 구조로 보고, 벽 높이가 바닥에서 천장까지의 높이의 2분의 1 미만인 경우에는 벽이 없는 구조로 본다.
   나. 내화구조가 아닌 연결통로로 연결된 경우
   다. 컨베이어로 연결되거나 플랜트설비의 배관 등으로 연결되어 있는 경우
   라. 지하보도, 지하상가, 지하가로 연결된 경우
   마. 방화셔터 또는 갑종 방화문이 설치되지 않은 피트로 연결된 경우
   바. 지하구로 연결된 경우

3. 제2호에도 불구하고 연결통로 또는 지하구와 소방대상물의 양쪽에 다음 각 목의 어느 하나에 적합한 경우에는 각각 별개의 소방대상물로 본다.
   가. 화재 시 경보설비 또는 자동소화설비의 작동과 연동하여 자동으로 닫히는 방화셔터 또는 갑종 방화문이 설치된 경우
   나. 화재 시 자동으로 방수되는 방식의 드렌처설비 또는 개방형 스프링클러헤드가 설치된 경우
4. 위 제1호부터 제30호까지의 특정소방대상물의 지하층이 지하가와 연결되어 있는 경우 해당 지하층의 부분을 지하가로 본다. 다만, 다음 지하가와 연결되는 지하층에 지하층 또는 지하가에 설치된 방화문이 자동폐쇄장치 · 자동화재탐지설비 또는 자동소화설비와 연동하여 닫히는 구조이거나 그 윗부분에 드렌처설비가 설치된 경우에는 지하가로 보지 않는다.

부록

06 건축 행정

1. 법령의 체계

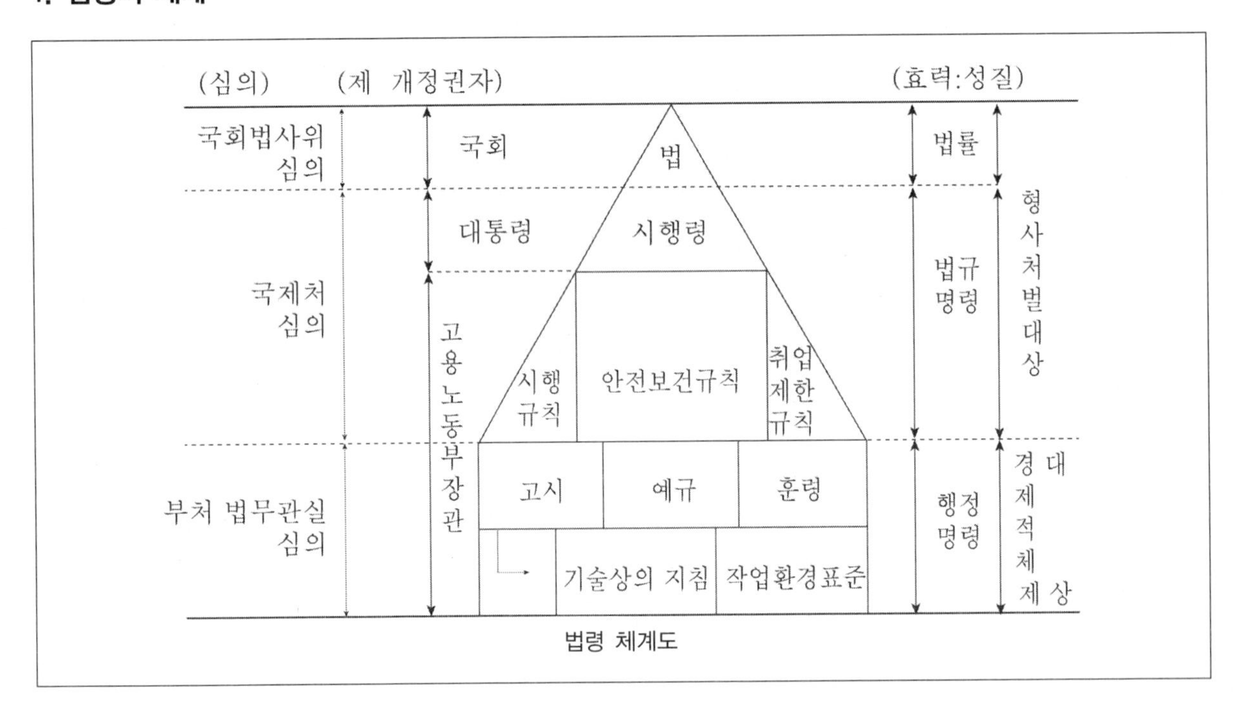

법령 체계도

2. 법령의 종류

1. 헌법

- 모든 국가의 법의 체계적 기초로서 국가의 조직. 구성 및 작용에 관한 기본법
- 국민투표에 의하여 제정된다.
- 다른 법률이나 명령으로도 변경할 수 없는 국가 최고의 법규
- 모든 법령은 이 헌법에 의해서 제정되며 효력이 발생한다.

2. 법률(000법)

- 사회생활을 유지하기 위하여 지배적인 규범
- 국회의원들에 의해 제정된다.
- 헌법이 정하는 절차에 따라 국회의 의결을 거쳐 제정하고 대통령이 이를 공포
- 일반적으로 국민의 권리와 의무를 거쳐 규정하여 활동을 보장, 제한함

3. 행정기관이 제정하는 명령

- **대통령령**(000법 시행령) : 법률을 시행하기 위하여 필요한 사항에 관하여 제정하는 명령으로 국무회의에서 의결하고 대통령이 공포
- **총리령 · 부령**(000법 시행규칙) : 국무총리 또는 행정 각 부의 장관이 그의 소관 사무에 관하여 법률이나 대통령의 위임 또는 직권으로 제정하는 명령

4. 지방자치법규(규칙, 조례)

- **조례**(00시 00조례) : 지방자치단체가 지방의회의 의결에 의하여 법령의 범위 내에서 자기 사무에 관하여 제정하는 법
- **규칙** : 지방자치 단체장이 법령 또는 조례의 위임한 범위 내에서, 또한 그 권한에 속하는 사무에 관하여 제정하는 명령(=시행세칙)

5. 훈령 · 고시 · 지시 · 예규

- 대통령령인 사무관리규정 제7조 및 사무관리규정 시행규칙 제3조의 규정에 따라 만듦.
- **훈령** : 상급기관이 하급기관에 대하여 장기간에 걸쳐 그 권한의 행사를 일반적으로 지시하기 위하여 발하는 명령으로서 조문 형식 또는 시행문 형식에 의하여 작성하고, 누년 일련번호 사용
- **지시** : 상급 기관이 직권 또는 하급 기관의 문의에 의하여 하급 기관에 개별적 · 구체적으로 발하는 명령으로서 시행문 형식에 의하여 작성하고, 연도 표시 일련번호 사용
- **예규** : 행정사무의 통일을 기하기 위하여 반복적 행정사무의 처리기준을 제시하는 법규문서외의 문서로서 조문 형식 또는 시행문 형식에 의하여 작성하고, 누년 일련번호 사용
- **일일명령** : 당직 · 출장 · 시간외 근무 · 휴가 등 일일업무에 관한 명령으로서 시행문 형식 또는 회보 형식 등에 의하여 작성하고, 연도별 일련번호를 사용
- **고시** : 법령이 정하는 바에 따라 일정한 사항을 일반에게 알리기 위한 문서로서 연도표시 일련번호를 사용
- **공고** : 법령에 정하지 아니한 경우로 일정한 사항을 일반에게 알리는 문서로서 연도표시 일련번호 사용

• 지침 : 내부적으로 일을 처리함에 있어서 기준이 되는 규정

TIP

조리는 상식, 일반사회의 일반적인 통념, 거래관행 등을 의미한다.

TIP

기술상의 지침 및 작업환경표준은 안전작업을 위한 기술적인 지침을 규범형식으로 작성한 기술상의 지침과 작업장내의 유해(불량한) 환경요소 제거를 위한 모델을 규정한 작업환경표준이 마련되어 있으며 이는 고시의 범주에 포함되는 것으로 볼 수 있으나 법률적 위임근거에 따라 마련된 규정이 아니므로 강제적 효력은 없고 지도권고적 성격을 띤다.

checkpoint

■ **훈령과 예규, 지시의 차이**

• 훈령 : 행정청에 주어진 재량이나 판단 여지가 있는 사안에 대한 기준을 정하거나 불확정 개념을 해석하거나 법령이 결여된 부분을 메울 때 사용

• 예규 : 행정 실무에서 예규 외에 편람, 매뉴얼이라는 용어도 많이 사용됨. 성격상 예규라고 볼 수 있음에도 예규로서 관리되지 않음.

• 지시 : 개별적 · 구체적 사안에 관한 것. (사무관리규정 시행규칙 제3조)

우리나라 법령의 체계는 최고규범인 「헌법」을 정점으로 그 헌법이념을 구현하기 위하여 국회에서 의결하는 법률을 중심으로 하면서 헌법이념과 법률의 입법취지에 따라 법률을 효과적으로 시행하기 위하여 그 위임사항과 집행에 관하여 필요한 사항을 정하는 대통령령과 총리령, 부령 등의 행정상의 입법으로 체계화되어 있다.

또한 「헌법」상의 자치입법권에 따라 법령의 범위 안에서 지방자치사무에 관하여 제정하는 지방자치단체의 자치법규도 전체적인 국법체계의 한 부분을 이루고 있다.

이와 같이 법령의 종류는 많지만, 법이 사회질서를 유지하기 위한 규범으로서 통일된 국가의사를 표현하는 것으로 보편적으로 타당한 것이어야 하는 이상 많은 종류의 법령은 통일된 법체계로서의 질서가 있어야 하며, 상호간에 상충이 생겨서는 안 된다.

법령이 법규범으로서의 존재 근거를 어디로부터 받았는가에 따라 법령상호 간의 위계체계를 형성할 수 있다. 따라서 주권자인 국민이 직접 인정한 법규범이기 때문에 최고의 규범은 「헌법」이 된다. 이 「헌법」에 따라 다른 모든 법형식이 인정된 까닭에 「헌법」 외의 모든 다른 법 형식은 「헌법」에 종속하는 것이므로 「헌법」보다는 하위의 지위에 있게 된다.

「헌법」 다음의 지위에는 법률이 있는데, 법률은 「헌법」에서 법률로 정하도록 위임한 사항과 국민의 권리 · 의무에 관한 사항에 관하여 규정하며, 「헌법」상의 정규(좁은 의미의) 입법기관인 국회의 의결을 거쳐야 하는 것으로, 그 지위는 「헌법」의 다음이 된다.

대통령령은 법률에서 위임된 사항과 법률을 집행하기 위하여 필요한 사항만을 규정할 수 있게 되어 있으므로 대통령령의 지위가 법률보다 높을 수는 없다. 총리령과 부령 역시 법률이나 대통령령에서 위임된 사항과 그 집행을 위하여 만들어질 수 있는 것이므로, 총리령과 부령의 지위는 대통령령 다음이 된다.

한편, 헌법기관이 제정하는 국회규칙, 법원규칙, 헌법재판소규칙과 중앙선거관리위원회규칙 등도 각각 법률의 규정에 벗어나지 아니하는 범위 안에서 일정한 사항을 규정할 수 있게 되어 있으므로 그 지위는 법률보다 높을 수 없다는 점에서 대통령령의 지위와 유사하다고 볼 수 있다.

그리고 훈령, 예규, 고시 등과 같은 행정규칙과 조례·규칙과 같은 자치법규도 그 위임법령과의 관계에 있어서는 하위의 법령에 해당하게 된다. 국제조약과 국제법규는 국내법 체계로 수용됨으로써 구체적으로 관련 국내법과 상하위적인 위계를 형성한다.

이와 같은 위계 관념에 따르면, 법형식간의 위계체계는 헌법, 법률, 대통령령, 총리령 · 부령(총리령과 부령은 같은 지위에 있는 것으로 일반적으로 이해되고 있음)의 순이 된다. 이 순서에 따라 어느 것이 상위법 또는 하위법인지가 정하여지며, 하위법의 내용이 상위법과 저촉되는 경우에는 「상위법 우선의 원칙」에 의하여 법령은 관념적으로 통일된 체계를 형성하게 된다.

우리 「헌법」은 법률에 대한 헌법재판소의 위헌심사권과 명령, 규칙, 처분에 대한 대법원의 위헌 · 위법심사권을 명시하고 있다(「헌법」 제107조 및 제111조). 이러한 규범통제제도는 하위규범이 상위규범에 위반되지 아니하도록 함으로써 「헌법」을 정점으로 하는 국법체계의 통일성과 일관성을 기하기 위한 것이다.

법제실무의 측면에서 보면, 이러한 법령의 위계체계에 관한 인식은 법령으로 규정하고자 하는 내용을 어떤 법 형식에 담아야 하는가를 판단하는 기준이 된다. 예를 들면, 대통령령에 규정되어 있는 내용에 대한 특례를 규정하여야 하는 경우에는 특례가 되는 내용을 최소한 대통령령 이상의 법 형식에 담아야 한다는 것이다.

특례가 되는 내용을 대통령령보다 하위의 법형식인 부령 등에 규정하는 경우에는 하위의 법형식인 부령은 상위의 법형식인 대통령령보다 우선 적용될 수 없기 때문에 비록 그러한 부령 등으로 특례를 규정하였다고 하더라도 부령에 규정된 특례가 효력을 가질 수 없다.

checkpoint

■ **사무전결처리규정**

행정업무의 효율적 운영에 관한 규정에 따라 각 직급별 사무의 결정권한을 합리적으로 배분하고 그 결정절차를 명확히 정함으로써 사무집행상의 권한과 책임의 소재를 명백히 하고 행정사무의 신속하고 능률적인 처리를 위한 사무전결처리에 관한 사항을 규정한 것이다. (아래의 표는 사무전결처리를 위한 전결규정의 예시이다.)

단위업무	세부사항	기안 및 전결권자					구청장 결재	협조처
		담당자(업무분담자)	팀장	과장	국장	부구청장		
13. 예산	1. 예비비 사용 방침		기안			○		기획예산 과장
	2. 포괄예산 사용방침							기획예산 과장
	가. 1천만 원 이상	기안				○		
	나. 1천만 원 미만	기안			○			
	3. 예산의 이용·전용·이월 사용방침	기안				○		기획예산 과장
	4. 예산의 변경 사용 결정	기안			○			기획예산 과장
	5. 예산편성(간주처리 포함), 이체 요구	기안			○			기획예산 과장
	6. 예산배정(재배정)요구	기안		○				기획예산 과장
	7. 보조금 및 교부금(세) 신청	기안			○			기획예산 과장
	8. 낙찰차액 사용 결정							기획예산 과장
	가. 5천만 원 이상	기안				○		
	나. 5천만 원 미만	기안			○			
	9. 기금운용계획안 수립	기안		○				기획예산 과장
	10. 공단사업 이관(위탁 및 대행)	기안					○	기획예산 과장

3. 건축관련 법령

[주요 법규]

건축법
국토의 계획 및 이용에 관한 법
주차장법
주택법
장애인 · 노인 · 임산부 등의 편의증진보장에 관한 법
건설산업기본법
건설기술진흥법
도시 및 주거환경정비법
수도권정비계획법
도시교통정비 촉진법
교통약자의 이동편의 증진법
화재예방, 소방시설 설치 · 유지 및 안전관리에 관한 법

[주요 법규 관련법]

건축물의 분양에 관한 법
건축사법
경관법
공중화장실 등에 관한 법
공항시설법
녹색건축물 조성 지원법
도시공원 및 녹지 등에 관한 법
문화예술진흥법
산업집적활성화 및 공장설립에 관한 법
산지관리법
실내공기질 관리법
영유아보육법
의료법
자연재해대책법
자연환경보전법
체육시설의 설치 · 이용에 관한 법
택지개발촉진법
하수도법
학교보건법
학교시설사업 촉진법
학교안전사고 예방 및 보상에 관한 법
환경영향평가법

[특별법규]

다중이용업소의 안전관리에 관한 특별법
도시재정비 촉진을 위한 특별법

[규칙, 규정]

건축물의 구조기준 등에 관한 규칙
건축물의 설비기준 등에 관한 규칙
건축물의 피난방화구조 등의 기준에 관한 규칙
고효율 에너지기자재 보급촉진에 관한 규정
녹색건축 인증에 관한 규칙
장애물 없는 생활환경 인증에 관한 규칙
주택건설기준 등에 관한 규정
지능형건축물의 인증에 관한 규칙

[고시, 기준]

건강친화형 주택 건설기준
건축관련 통합기준
건축물 마감재료의 난연성능 및 화재 확산 방지구조 기준
건축물 에너지효율등급 인증 및 제로에너지건축물 인증 기준
건축물의 냉방설비에 대한 설치 및 설계기준
건축물의 에너지절약설계기준
고층건축물의 화재안전기준
공동주택 결로 방지를 위한 설계기준
공동주택 등을 띄어 건설하여야 하는 공장업종 고시
공동주택 바닥충격음 차단구조 인정 및 관리기준
기존다중이용업소 건축물의 구조상 비상구를 설치할 수 없는 경우에 관한 고시
내화구조의 인정 및 관리기준
녹색건축 인증기준
다중생활시설 건축기준
발코니 등의 구조변경절차 및 설치기준
범죄예방 건축기준 고시
벽체의 차음구조 인정 및 관리기준
실내건축의 구조 · 시공방법 등에 관한 기준
에너지절약형 친환경주택의 건설기준
오피스텔 건축기준
자동방화셔터 및 방화문의 기준
장수명 주택 건설 · 인증기준
조경기준
주택의 설계도서 작성기준
지능형 건축물 인증기준

4. 건축허가 세부사항 (절차순)

절차	세부절차	세부사항
현장조사	입지 선정	도로접도 여부, 건축허가 제한지구 인지 여부, 유해시설, 토지형질변경, 보차도 점용, 상하수도 가능여부, 문화재, 국방, 환경보전(수질환경 보호지역 등)용도지역 내 건축가능 여부
설계도서	건축사(허가대상)	건축법 제8조, 건축법 시행령 제8조
	건축주(신고대상)	건축법 제9조, 건축법 시행령 제11조, 건축법 시행규칙 제9조
구비서류	건축법 시행규칙 제6조	토지등기부등본, 토지이용계획확인원, 기본설계도서
신축허가 신청	관계기관 협의	건축법 제6조 및 제8조, 통합고시 건축법 시행령 제7조
	공장 설립허가	의제처리
	개발행위허가	국토의 이용 및 계획에 관한 법률 제58조 국토계획 및 이용에 관한 법 시행령 제54조 국토계획 및 이용에 관한 시행규칙 제10조
	도시계획사업 시행자 지정 및 실시계획인가	국토의 이용 및 계획에 관한 법률 국토의 이용 및 계획에 관한 시행규칙 제14조
	산지전용허가 및 신고	산지관리법, 산지관리법 시행령, 산지관리법 시행규칙
	장애인등 설치기준	사도개설 허가 사도법, 사도법 시행령, 사도법 시행규칙
	농지전용 허가 또는 협의	농지법, 농지법 시행령, 농지법 시행규칙
	도로의 점용허가	도로법, 도로법 시행령, 도로법 시행규칙
	접도구역 안에서의 건축물 · 공작물 설치허가	도로법, 도로법 시행령, 도로법 시행규칙
	하천점용 등의 허가	하천법, 하천법 시행령, 하천법 시행규칙
	배수설비설치 신고	하수도법, 하수도법시행령, 하수도법 시행규칙
	오수처리시설 및 정화조의 설치신고	오수 · 분뇨 및 축산폐수의 처리에 관한 법률
	상수도 공급신청	수도법, 수도법 시행령, 수도법 시행규칙
신청절차	건축법 제8조	건축법시행규칙 제6조의 구비서류 특별시장, 광역시장, 도지사 허가대상 : 21층 이상이거나 연면적 100,000m^2 이상인 건축물(공장제외)(증축해당) 도지사 승인대상 : 자연환경 또는 수질보호를 위하여 도지사가 지정, 공고하는 구역 안에 건축하는 3층 이상 또는 연면적 1,000m^2 이상의 건축물로서 위락시설, 숙박시설, 공동주택, 일반음식점, 일반업무시설

검토사항	허가권자 확인사항	국토의 계획 및 이용에 관한 법률 개발제한구역의 지정 및 관리에 관한 특별조치법 농지법, 군사시설보호법, 해군기지법, 군용항공기지법 자연공원법, 수도군정비계획법, 택지개발촉진법, 도시공원법 항공법, 학교보건법, 산림법, 도로법, 주차장법, 환경정책법기본법, 자연환경보전법, 수도법, 환경 · 도시, 재해 등에 관한 법령, 문화재보호법 제20조(국가지정문화재) 전통사찰보존법 제6조의 2(전통사찰보존구역 주변지역의 보호)
	건축허가 시 의제처리사항	가설건축물축조신고, 공작물 축조신고 개발행위허가 도시계획시행자지정 및 실시계획 인가 보전임지전용허가, 산림형질변경허가 사도개설허가, 농지전용협의, 도로점용허가, 하천점용허가 접도구역 안에서 건축물 설치허가 배수설비설치신고, 정화조설치신고, 상수도공급신청
건축허가	건축법 제8조	건축허가서 교부
착공준비	용도-건설업자 선정대상	건설산업기본법상 다중이용건축물 건산법 시행령 제36조 : 학교, 학원, 유치원, 유흥주점, 숙박시설, 관광시설
	규모-건설업자 선정대상	주거용으로서 연면적 661m^{2}를 초과 주거용 외로서 연면적 495m^{2}를 초과하는 건축
	비산먼지발생신고 공사개시일 3일전	연면적 1,000m^2 이상 건축공사 등 1,000m^2 이상 토공사 등
	철거 · 멸실신고	기존 건축물을 철거할 경우
	산재(고용) 보험가입 (근로복지공단)	직영공사일지라도 연면적 330m^2 이상인 건축공사는 가입
	관계전문가 협력	전력 기술 관리법 제14조의 2(전기기술사)
	관계전문 기술사 협력 (기계설비기술사)	연면적 10,000m^2 이상 건축물(창고 제외), 냉동냉장시설, 항온항습시설, 특수청정시설로서 500m^2 이상
	토목분야 기술자격자	깊이 10m 이상 토지굴착공사 높이 5m 이상 옹벽공사
	전기통신설비 기술기준	접지설비, 구내통신설비, 선로설비 및 통신공동구 등에 대한 기술기준 (정부통신부고시 제2003-3호)
착공신고	착공 전 제출 감리자, 시공자	건축법 제16조 계약서(설계, 감리, 공사) 현장 기술자배치, 품질관리계획서, 안전관리계획서
공사중	감리 중간보고	건축법 제21조 제5항 관계전문기술사-감리보고서 확인

사용승인 전 준비사항	구내통신설비사용	정보통신공사업 제36조(체신청)
	액화가스 완성검사 각종 부담금 납부	액화석유가스의 안전 및 사업관리법 시행규칙 제49조 광역교통시설부담금, 하수도원인자부담금
	관계전문 기술사 확인	연면적 10,000m^2 이상 건축물(창고제외), 냉동냉장시설, 항온항습시설, 특수청정시설로서 500m^2 이상
	소방시설물 준공	소방법 제8조
	개발행위 준공검사	국토의 계획 및 이용에 관한 법률 제62조
	승강기 완공검사	승강기 제조 및 관리에 관한 법률
	배수설비설치 준공준비	하수도법 제24조
	사용승인 시 의제처리	접합공사 시 감리자 확인하여 감리완료보고서 기타사항에 적법여부 기재
	오수처리시설 또는 정화조의 준공검사	오수·분뇨 및 축산폐수의 처리에 관한법률 제12조
	지적공부 변동사항의 등록 신청	지적법 제3조
사용승인 신청	공사완료 후 7일 이내에 신고	건축법 제18조
현장조사	업무대행건축사 실시	건축법 제23조 제1항
사용승인서 교부		사용승인서 교부

5. 건축허가 신청용 도서

도서의 종류	도서축적	표시하여야 할 사항
건축계획서	임의	1. 개요(위치, 대지면적 등) 2. 지역 · 지구 및 도시계획 사항 3. 건축물의 규모(건축면적, 연면적, 층수, 높이 등) 4. 건축물의 용도별 면적 5. 주차장 규모 6. 에너지절약계획서(해당건축물에 한한다) 7. 노인 및 장애인 등을 위한 편의시설 설치계획서
배치도	임의	1. 축적 및 방위 2. 대지에 접한 도로의 길이 및 너비 3. 대지의 종 · 횡 단면도 4. 건축선 및 대지경계선으로부터 건축물까지의 거리 5. 주차동선 및 옥외주차계획 6. 공개공지 및 조경계획
평면도	임의	1. 1층 및 기준층 평면도 2. 기둥 · 벽 · 창문등의 위치 3. 방화구획 및 방화문의 위치 4. 복도 및 계단의 위치 5. 승강기의 위치
입면도	임의	1. 2면이상의 입면계획 2. 외부마감재료
단면도	임의	1. 종 · 횡 단면도 2. 건축물의 높이, 각층의 높이 및 반자높이
구조도 (구조안전확인대상건축물)	임의	1. 구조내력상 중요한 부분의 평면 및 단면 2. 주요구조부의 상세도면
구조계산서 (구조안전확인 또는 내진설계 대상 건축물)	임의	1. 구조내력상 주요한 부분의 응력 및 단면산정 과정 2. 내진설계의 내용(지진에 대한 안전여부 확인대상 건축물)
시방서	임의	1. 시방내용(건설교통부장관이 작성한 표준시방서에 없는 공법인 경우에 한한다) 2. 흙막이 공법 및 도면
실내마감도	임의	벽 및 반자의 마감의 종류
소방설비도	임의	소방법에 의하여 소방관서의 장의 동의를 얻어야하는 건축물의 해당 소방관련설비
건축설비도	임의	냉 · 난방설비, 위생설비, 환경설비, 전기설비, 통신설비, 승강설비등 건축설비
토지굴착 및 옹벽도	임의	1. 지하매설구조물 현황 2. 흙막이 구조 3. 단면상세 4. 옹벽구조

부록

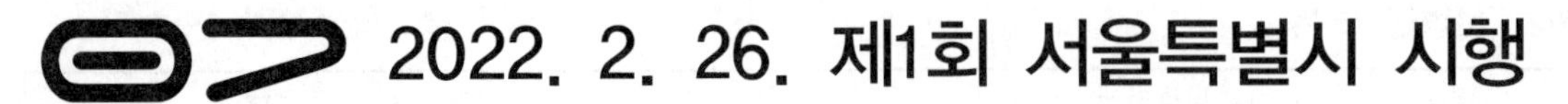

07 2022. 2. 26. 제1회 서울특별시 시행

1 **유니버설 디자인의 7대 원칙에 해당하지 않는 것은?**

① 공평한 사용(Equitable Use)

② 사용상의 융통성 (Flexibility in Use)

③ 오류에 대한 포용력(Tolerance for Error)

④ 안전한 사용(Safe Use)

TIP 유니버설 디자인의 7대원칙
- 공평한 사용
- 사용상의 융통성
- 간단하고 직관적인 사용
- 정보이용의 용이
- 오류에 대한 포용력
- 적은 물리적 노력
- 접근과 사용을 위한 충분한 공간

2 **학교 건축계획에 대한 설명으로 가장 옳지 않은 것은?**

① 초등학교 배치계획은 학년단위로 구획하는 것이 원칙이며, 저학년 교실은 저층에 두는 것이 좋다.

② 특별교실은 교과교육내용에 따라 융통성, 보편성, 학생 이동 시 소음 등을 고려하여 배치한다.

③ 관리부문은 전체 중심 위치에 배치하며 학생들의 동선을 차단하지 않도록 한다.

④ 교사배치계획은 폐쇄형보다 분산병렬형으로 하는 것이 토지이용 측면에서 효율적이다.

TIP 토지이용측면에서는 폐쇄형이 분산병렬형보다 효율적이다.

Answer 1.④ 2.④

3 〈보기〉에서 체육시설 계획 시 가동수납식 관람석의 특징으로 옳은 것을 모두 고른 것은?

> ㉠ 경기장 바닥면에 설치가 용이하다.
> ㉡ 피난에 대비한 직통계단의 설치와 관람석 등으로부터 출구에 대한 법규 사항을 고려할 필요가 없다.
> ㉢ 벽의 1면에만 설치가 가능하다.
> ㉣ 좁은 경기장 코트의 충분한 면적을 확보하고 관람석에서 경기와 일체감을 유도하는 것이 가능하다.

① ㉠, ㉢
② ㉠, ㉣
③ ㉠, ㉢, ㉣
④ ㉡, ㉢, ㉣

TIP 수납식 관람석이라고 하더라도 피난에 대비한 직통계단의 설치와 관람석 등으로부터 출구에 대한 법규 사항을 고려해야만 한다.
관람석시스템은 의자를 고정구조체에 정착시키는 고정식, 필요시 조립하고 사용 후 해체하여 보관하는 조립식, 기 조립된 관람석으로 수납공간에 보관하다가 필요시 인출하여 사용하는 수납식시스템이 있다.
㉠ 수납식관람석
- 여러 개의 단으로 구성되어 필요에 따라 관람석을 펼쳐서 다단의 관람석을 구성하는 방식으로 수납한 후에는 관람석 공간을 활용할 수 있어 한정된 공간을 다목적으로 활용할 수 있다.
- 한 단씩 순서에 따라 수납, 인출이 되며 최소한의 공간을 최대한 사용한다.
- 자유로운 배치가 가능하며, 여러 가지의 의자형과 색상으로 선택의 폭이 넓다.
- 자동(시스템 내장모터 내장)작동과 수동작동이 가능하다.

㉡ 조립식관람석
- 여러 개의 단으로 구성되며, 평지는 물론 지형에 관계없이 설치가 가능하다. 기존 콘크리트구조의 관람석에 비해 경제적이며 심플한 이미지창출과 신속한 시공이 장점이다.
- 조립식스탠드는 손쉽게 조립해체가 되며 재설치 사용이 가능하다.
- 필요시 관객들의 근접관람이 가능한 배치를 할 수 있다.

4 배설물 정화조에 대한 설명으로 가장 옳지 않은 것은?

① 배설물 정화조의 정화성능은 일반적으로 BOD와 BOD제거율로 나타낸다.
② 산화조에서는 혐기성균을 작용시켜 산화한다.
③ 부패조에서는 오수분해 및 침전작용을 한다.
④ 부패탱크방식에서 오물은 부패조, 산화조, 소독조의 순서를 거치면서 정화된다.

TIP 산화조에서는 호기성균을 작용시켜 산화한다.

Answer 3.③ 4.②

5 **지구단위계획에 대한 설명으로 가장 옳지 않은 것은?**

① 지구단위계획은 도시계획 수립 대상지역의 일부에 대하여 토지 이용을 합리화하고 그 기능을 증진시키며 미관 개선 등을 위하여 수립하는 계획이다.
② 지구단위계획구역 및 지구단위계획은 도시관리계획으로 결정한다.
③ 지구단위계획은 건축물의 건폐율 또는 용적률, 건축물 높이의 최고한도 또는 최저한도 내용을 포함한다.
④ 지구단위계획은 건축법에 근거한다.

TIP 지구단위계획은 국토의 계획 및 이용에 관한 법률에 근거한다.

6 **단열에 대한 설명으로 가장 옳지 않은 것은?**

① 벽체의 축열성능을 이용하여 단열을 유도하는 방법을 용량형 단열이라고 한다.
② 열교는 단열된 벽체가 바닥 · 지붕 또는 창문 등에 의해 단절되는 부분에서 생기기 쉽다.
③ 내단열의 경우 외단열보다 실온변동이 작으며 표면 결로 발생의 위험이 적다.
④ 기포성 단열재를 통해 공기층을 형성하여 단열을 유도하는 방법을 저항형 단열이라고 한다.

TIP 단열의 경우 외단열보다 실온변동이 크며 표면 결로 발생의 위험이 크다.

7 **16세기 르네상스를 대표하는 건축가 중 한 사람인 안드레아 팔라디오의 작품으로 가장 옳은 것은?**

① 빌라 로톤다
② 캄피돌리오 광장
③ 피렌체 대성당(두오모)
④ 라 뚜레트 수도원

TIP ② 캄피돌리오 광장 : 미켈란젤로
③ 피렌체 대성당(두오모) : 브루넬레스키
④ 라 뚜레트 수도원 : 르 코르뷔지에

Answer 5.④ 6.③ 7.①

8 예산 수덕사 대웅전에 대한 설명으로 가장 옳지 않은 것은?

① 전형적인 주심포 양식 건물이다.
② 우리나라에서 가장 오래된 목조 건물이다.
③ 고려시대의 사찰이다.
④ 앞면 3칸, 옆면 4칸의 단층건물이다.

TIP 우리나라에서 가장 오래된 목조 건물은 봉정사 극락전이다.

9 「건축물의 피난 · 방화구조 등의 기준에 관한 규칙」상 학교 계단의 설치기준으로 가장 옳지 않은 것은?

① 중 · 고등학교 계단의 단높이는 18cm 이하로 한다.
② 초등학교 계단의 단높이는 18cm 이하로 한다.
③ 중 · 고등학교 계단의 단너비는 26cm 이상으로 한다.
④ 초등학교 계단의 단너비는 26cm 이상으로 한다.

TIP 초등학교 계단의 단높이는 16cm 이하로 한다.

10 업무시설 코어계획 시 코어의 역할 및 효용성으로 가장 옳지 않은 것은?

① 공용부분을 집약시켜 유효 임대 면적을 증가시키는 역할
② 건물의 단열성과 기밀성을 향상시키는 역할
③ 기둥 이외의 2차적 내력 구조체로서의 역할
④ 파이프, 덕트 등 설비요소의 설치공간으로서의 역할

TIP 코어 자체는 건물의 단열성과 기밀성을 향상시키는 역할과는 거리가 멀다.

Answer 8.② 9.② 10.②

11 **병원 건축계획에 대한 설명으로 가장 옳지 않은 것은?**

① 수술실은 외래진료부와 병동부와의 접근성을 고려하여 배치하고 이를 위해 통과 동선으로 계획한다.
② 외래진료부는 외부환자 접근이 유리한 곳에 위치시키며 외래진료와 대기, 간단한 처치 등을 고려하여 계획한다.
③ 병동부는 환자가 입원하여 24시간 간호가 이루어지는 곳으로 간호단위를 고려하여 계획한다.
④ 병원계획에서는 의료기술 발전에 따른 성장과 미래 변화에 대응할 수 있도록 공간의 확장 변형, 설비변경이 가능하도록 계획하여야 한다.

TIP 수술실은 절대로 통과교통이 발생해서는 안 되며 수술실 위치는 중앙재료 멸균실에 수직적으로 또는 수평적으로 근접이 쉬운 장소이어야 한다. (수술실은 일반적으로 외래진료부와 병동부 중간에 배치한다.)

12 **「주차장법 시행규칙」상 노외주차장 설치에 대한 계획기준과 구조 · 설비기준에 대한 설명으로 가장 옳지 않은 것은?**

① 노외주차장의 출입구 너비는 주차대수 규모가 50대이상인 경우에는 출구와 입구를 분리하거나 너비 3.5미터 이상의 출입구를 설치하여 소통이 원활하도록 하여야 한다.
② 지하식 노외주차장의 경사로의 종단경사도는 직선부분에서는 17퍼센트를 초과하여서는 아니 되며 곡선부분에서는 14퍼센트를 초과하여서는 아니 된다.
③ 지하식 노외주차장 차로의 높이는 주차바닥면으로부터 2.3미터 이상으로 하여야 한다.
④ 경사진 곳에 노외주차장을 설치하는 경우에는 미끄럼 방지시설 및 미끄럼 주의 안내표지 설치 등 안전대책을 마련해야 한다.

TIP 노외주차장의 출입구 너비는 주차대수 규모가 50대이상인 경우에는 출구와 입구를 분리하거나 너비 5.5미터 이상의 출입구를 설치하여 소통이 원활하도록 하여야 한다.

Answer 11.① 12.①

13 〈보기〉에서 옳은 것을 모두 고른 것은?

㉠ 하워드(E. Howard)의 내일의 전원도시 이론은 산업화에 따른 근대공업 도시에 대한 대안으로 제시되었다. 또한 농촌과 도시의 장점만을 골라 결합한 제안으로 런던 교외 도시 레치워스의 모델이 되었다.
㉡ 페리(C. A. Perry)의 근린주구 이론은 한 개의 초등학교를 중심으로 한 인구 규모를 단위로 삼고 주구 내 통과교통을 방지하는 교통계획을 제안하였다.
㉢ 라이트(H. Wright) 와 스타인(C. S. Stein) 의 래드번 설계의 주된 특징은 자동차와 보행자의 분리이며 쿨데삭으로 계획되었다.

① ㉠, ㉡
② ㉠, ㉢
③ ㉡, ㉢
④ ㉠, ㉡, ㉢

TIP
- 1898년에 영국의 에버니저 하워드 경이 제창한 도시 계획 방안으로서 "전원 속에 건설된 도시"라는 뜻이다. 영국 산업혁명의 결과로 도시들이 걷잡을 수 없이 팽창했으며 슬럼이 생겨나고 생활환경이 매우 조악해졌다. 사회일각에서 이를 우려하여 도시관리 및 계획에 대해 새롭게 생각하기 시작했다. 이에 에버네저 하워드는 그의 여러 저서를 통해 새로운 도시개념을 피력하였고 이를 전원도시(가든시티)라고 칭하였다.
- 근린주구는 1929년 페리에 의해 제시된 개념으로서 적절한 도시 계획에 의하여 거주자의 문화적인 일상생활과 사회적 생활을 확보할 수 있는 이상적 주택지의 단위를 말한다.
- 래드번은 H.Wright(라이트)와 C.Stein(스타인)에 의해 제시된 시스템이었는데, 12~20ha의 대가구(super-block)를 채택하여 격자형 도로가 가지는 도로율 증가, 통과교통 및 단조로운 외부공간형성을 방지하였다. 따라서 제시된 보기의 내용은 모두 옳은 것이다.

14 공동주택의 건축계획적 분류에 대한 설명으로 가장 옳지 않은 것은?

① 편복도형 아파트는 공용복도로 인하여 사생활 침해가 발생할 우려가 있다.
② 계단실형 아파트는 복도를 통하지 않고 단위주호에 접근할 수 있는 장점은 있지만 중간에 위치한 주택은 직접 외기에 접할 수 있는 개구부를 2면에 설치할 수 없다는 단점이 있다.
③ 중복도형 아파트는 대지에 대한 이용도가 높으나 일반적으로 채광과 통풍이 양호하지 않다.
④ 홀집중형 아파트는 좁은 대지에 주거를 집약할 수 있으나 통풍이 불리해질 수 있다.

TIP 중간에 위치한 주택은 직접 외기에 접할 수 있는 개구부를 2면에 설치할 수 없다는 단점이 있는 형식은 홀집중형과 중복도형이다.

Answer 13.④ 14.②

15 「건축법 시행령」 제2조에 명시된 특수구조 건축물에 대한 설명 중 〈보기〉의 ㉠, ㉡에 들어갈 값을 옳게 짝지은 것은?

> ㈎ 한쪽 끝은 고정되고 다른 끝은 지지(支持)되지 아니한 구조로 된 보 · 차양 등이 외벽(외벽이 없는 경우에는 외곽 기둥을 말한다)의 중심선으로부터 (㉠)미터 이상 돌출된 건축물
> ㈏ 기둥과 기둥 사이의 거리(기둥의 중심선 사이의 거리를 말하며, 기둥이 없는 경우에는 내력벽과 내력벽의 중심선 사이의 거리를 말한다)가 (㉡)미터 이상인 건축물
> ㈐ 특수한 설계 · 시공 · 공법 등이 필요한 건축물로서 국토교통부장관이 정하여 고시하는 구조로 된 건축물

	㉠	㉡		㉠	㉡
①	3	10	②	3	20
③	5	10	④	5	20

TIP 「건축법 시행령」 제2조는 건축법 상의 용어를 정의한 조항이다. 그 중 특수구조건축물은 다음에 해당되는 건축물을 말한다.
㈎ 한쪽 끝은 고정되고 다른 끝은 지지(支持)되지 아니한 구조로 된 보 · 차양 등이 외벽(외벽이 없는 경우에는 외곽 기둥을 말한다)의 중심선으로부터 3미터 이상 돌출된 건축물
㈏ 기둥과 기둥 사이의 거리(기둥의 중심선 사이의 거리를 말하며, 기둥이 없는 경우에는 내력벽과 내력벽의 중심선 사이의 거리를 말한다)가 20미터 이상인 건축물
㈐ 특수한 설계 · 시공 · 공법 등이 필요한 건축물로서 국토교통부장관이 정하여 고시하는 구조로 된 건축물

16 급배수 및 위생설비 등에 대한 설명으로 가장 옳지 않은 것은?

① 급수 · 급탕설비는 양호한 수질과 수압을 확보하기 위한 설비시스템이 요구되며 일단 공급된 물은 역류되지 않아야 한다.
② 가스설비는 가스의 공급설비와 이를 연소시키기 위한 설비이다.
③ 배수와 통기설비 설치 시 악취나 해충이 실내에 침입하는 것을 방지하기 위해 트랩이 사용된다.
④ 소화설비는 화재 시 물과 소화약제를 분출하는 설비로 「건축법」의 규정에 맞춰 용량 및 규격을 결정하여야 한다.

TIP 소화설비는 화재 시 물과 소화약제를 분출하는 설비로 「화재안전기준」의 규정에 맞춰 용량 및 규격을 결정하여야 한다.

Answer 15.② 16.④

17 「주차장법 시행령」상 시설면적이 동일할 경우 부설주차장의 주차대수를 가장 많이 설치하여야 하는 시설은?

① 위락시설

② 판매시설

③ 제2종 근린생활시설

④ 방송통신시설 중 데이터센터

TIP

주요시설	설치기준
위락시설	$100m^2$당 1대
문화 및 집회시설(관람장 제외) 종교시설 판매시설 운수시설 의료시설(정신병원, 요양병원 및 격리병원 제외) 운동시설(골프장, 골프연습장, 옥외수영장 제외) 업무시설(외국공관 및 오피스텔은 제외) 방송통신시설 중 방송국 장례식장	$150m^2$당 1대
숙박시설, 근린생활시설(제1종, 제2종)	$200m^2$당 1대
단독주택	시설면적 $50m^2$초과 $150m^2$이하: 1대 시설면적 $150m^2$초과 시: $1+\frac{(시설면적-150m^2)}{100m^2}$
다가구주택, 공동주택(기숙사 제외), 오피스텔	주택건설기준 등에 관한 규정
골프장 골프연습장 옥외수영장 관람장	1홀당 10대 1타석당 1대 15인당 1대 100인당 1대
수련시설, 발전시설, 공장(아파트형 제외)	$350m^2$당 1대
창고시설	$400m^2$당 1대
학생용 기숙사	$400m^2$당 1대
그 밖의 건축물	$300m^2$당 1대

Answer 17.①

18 「건축법 시행령」 제27조의 2(공개 공지 등의 확보)에 명시된 공개 공지에 대한 설명으로 가장 옳지 않은 것은?

① 공개 공지는 필로티의 구조로 설치할 수 있다.

② 공개공지 등의 면적은 대지면적의 100분의 10 이하의 범위에서 건축조례로 정한다.

③ 공개공지 등에는 연간 60일 이내의 기간 동안 건축조례로 정하는 바에 따라 주민들을 위한 문화행사를 열거나 판촉활동을 할 수 있다.

④ 문화 및 집회시설, 종교시설, 농수산물유통시설, 업무시설 및 숙박시설로서 해당 용도로 쓰는 바닥면적의 합계가 3천 제곱미터 이상인 건축물에는 공개공지 등을 설치해야 한다.

TIP 공개공지 확보대상

다음의 용도 및 규모의 건축물은 일반이 사용할 수 있도록 소규모 휴식시설 등의 공개공지를 설치해야 한다.

<table>
<tr><th>대상지역</th><th>용도</th><th>규모</th></tr>
<tr><td rowspan="2">• 일반주거지역
• 준주거지역
• 상업지역
• 준공업지역
• 특별자치시장, 특별자치도지사, 시장, 군수, 구청장이 도시화의 가능성이 크다고 인정하여 지정, 공고하는 지역</td><td>• 문화 및 집회시설
• 판매시설(농수산물 유통시설은 제외)
• 업무시설
• 숙박시설
• 종교시설
• 운수시설(여객용 시설만 해당)</td><td>연면적의 합계 5000m^2 이상</td></tr>
<tr><td colspan="2">• 다중이 이용하는 시설로서 건축조례가 정하는 건축물</td></tr>
</table>

19 건축설계 도서에 포함되는 도면은 배치도, 평면도, 단면도, 상세도 등이 있다. 배치도에 표현되는 정보로 가장 옳지 않은 것은?

① 대지 내 건물들 간의 간격 및 부지경계선과 건물 외곽선과의 거리

② 대지에 접하거나 대지를 통과하는 모든 도로

③ 건물 계단실 형태와 계단참의 높이

④ 건물 주변 수목들의 위치와 조경부분

TIP 건물 계단실 형태와 계단참의 높이는 계단상세도에 나타나있다.

Answer 18.④ 19.③

20 <보기>에서 설명하는 수법의 명칭은?

> 우리나라 전통목조건축에서 사용되는 기법으로 건물 중앙에서 양쪽 모퉁이로 갈수록 기둥의 높이를 조금씩 높이는 수법을 뜻한다. 같은 높이로 기둥을 세우면 건물 양쪽이 처진 것처럼 보이는 착시현상을 교정하는 방법 중 하나이다.

① 후림

② 조로

③ 귀솟음

④ 안쏠림

TIP 보기에서 설명하고 있는 것은 귀솟음에 관한 것들이다.

※ 한옥의 착시효과

- 후림 : 평면에서 처마의 안쪽으로 휘어 들어오는 것
- **조로** : 입면에서 처마의 양끝이 들려 올라가는 것
- 귀솟음(우주) : 건물의 귀기둥을 중간 평주(平柱)보다 높게 한 것
- **오금**(안쏠림) : 귀기둥을 안쪽으로 기울어지게 한 것

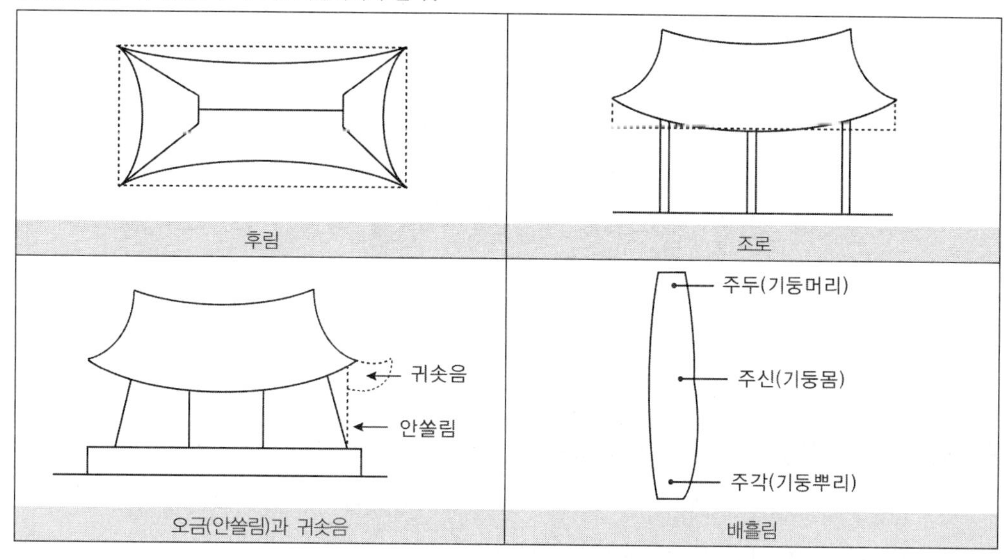

Answer 20.③

부록

08 2022. 4. 2. 인사혁신처 시행

1 「노인복지법」상 노인복지시설 중 노인주거복지시설이 아닌 것은?

① 양로시설 ② 노인공동생활가정
③ 노인복지주택 ④ 노인요양시설ㅎ

TIP 노인복지시설 중 하나로 다음과 같이 여러 가지가 있다.
- 양로시설 : 노인을 입소시켜 급식과 그 밖의 일상생활에 필요한 편의를 제공하는 시설.
- 노인공동생활가정 : 노인에게 가정과 같은 주거여건과 급식, 그 밖의 일상생활에 필요한 편의를 제공하는 시설.
- 노인복지주택 : 노인에게 주거시설을 분양 또는 임대하여 주거의 편의 · 생활지도 · 상담 및 안전관리 등 일상생활에 필요한 편의를 제공하는 시설을 말한다.
- 노인복지법상 노인복지시설의 종류는 다음과 같다. 노인요양시설은 노인의료복지시설에 속한다.

구분	내용
노인주거 복지시설	양로시설 노인공동생활가정 실비양로시설과 실비노인복지주택 유료양로시설과 유료노인복지주택
노인의료 복지시설	노인요양시설, 노인전문병원 실비노인요양시설, 유료노인 요양시설 노인전문요양시설, 유료노인 전문요양시설
노인여가 복지시설	노인복지회관, 경로당, 노인교실, 노인휴양소
재가노인 복지시설	가정봉사원 파견시설 주간보호시설, 단기보호시설

2 학교건축 학습공간계획에 있어서 열린교실 계획방법으로 옳지 않은 것은?

① 일반교실과 오픈스페이스를 하나의 기본 유닛(unit)으로 계획한다.
② 저 · 중 · 고학년별로 그루핑하여 계획한다.
③ 모든 학습과 활동이 일반교실 내에서 긴밀하게 이루어지도록 계획한다.
④ 개방형 또는 가변형 칸막이(movable partition)를 계획한다.

TIP 모든 학습과 활동이 일반교실 내에서 긴밀하게 이루어지는 것은 종합교실형이며 이는 열린교실과는 반대되는 개념이다.

Answer 1.④ 2.③

3 「장애인 · 노인 · 임산부 등의 편의증진 보장에 관한 법률 시행규칙」상 장애인을 위한 편의시설에 대한 설명으로 옳지 않은 것은?

① 장애인 출입문의 전면 유효거리는 1.2m 이상으로 하여야 한다.

② 접근로의 기울기는 18분의1 이하이어야 하며, 다만 지형상 곤란한 경우에는 12분의1까지 완화할 수 있다.

③ 건물을 신축하는 경우, 장애인용 화장실의 대변기 전면에는 1.4m × 1.4m 이상의 활동공간을 확보하여야 한다.

④ 장애인용 승강기의 승강장바닥과 승강기바닥의 틈은 2cm이하이어야 하며, 승강장 전면의 활동공간은 1.2m × 1.2m 이상 확보하여야 한다.

TIP 장애인용 승강기의 승강장바닥과 승강기바닥의 틈은 3cm 이하이어야 하며, 승강장 전면의 활동공간은 1.4m × 1.4m 이상 확보하여야 한다.

4 (가)에 해당하는 주거단지 계획 용어는?

> • ((가))은/는 자동차 통과교통을 막아 주거단지의 안전을 높이기 위한 도로 형식으로 도로의 끝을 막다른 길로 하고 자동차가 회차할 수 있는 공간을 제공한다.
> • 미국 뉴저지의 래드번(Radburn) 근린주구 설계(1928년)는 ((가))이/가 적용되었으며, 자동차 통과교통을 막고 보행자는 녹지에 마련된 보행자 전용통로로 학교나 상점에 갈 수 있게 한 보차분리 시스템이다.

① 슈퍼블록(super block)
② 본엘프(Woonerf)
③ 쿨데삭(Cul-de-sac)
④ 커뮤니티(community)

TIP **쿨데삭**(Cul-de-sac) : 자동차 통과교통을 막아 주거단지의 안전을 높이기 위한 도로 형식으로 도로의 끝을 막다른 길로 하고 자동차가 회차할 수 있는 공간을 제공한다. 미국 뉴저지의 래드번(Radburn) 근린주구 설계(1928년)에 적용되었으며, 자동차 통과교통을 막고 보행자는 녹지에 마련된 보행자 전용통로로 학교나 상점에 갈 수 있게 한 보차분리 시스템이다.

본엘프(Woonerf) : 1960년대 말 네덜란드 델프트시의 신거주지 설계에서 본엘프 지구를 설정하면서 보차공존도로를 처음 채택하였다. 기존의 도로에서와 같이 차량과 보행자를 분리하는 것이 아니라 보행자와 주민의 도로이용과 도로에서의 활동만 침해하지 않는 범위에서 자동차의 이용을 인정하는 것이다. 보도와 차도를 엄격하게 분리하지 않고 차량의 감소를 유도할 수 있는 여러가지 물리적인 시설기법들을 적용한 본엘프는 도로교통법에서 법적 지위를 보장받고 1980년대까지 약 1,500개 이상의 주거지역에 적용되었다.

Answer 3.④ 4.③

5 **주택법령상 도시형 생활주택에 대한 설명으로 옳은 것은?**

① 도시형 생활주택이란 500세대 미만의 국민주택규모에 해당하는 주택을 말한다.

② 소형주택의 경우 세대별로 독립된 주거가 가능하도록 욕실 및 부엌을 설치하면 지하층에 세대를 설치할 수 있다.

③ 단지형 연립주택의 경우 건축위원회의 심의를 받은 경우에는 주택으로 쓰는 층수를 10개 층까지 건축할 수 있다.

④ 소형주택과 주거전용면적이 85제곱미터를 초과하는 주택 1세대를 함께 건축하는 경우에 이 둘을 하나의 건축물에 건축할 수 있다.

TIP ① 도시형 생활주택이란 300세대 미만의 국민주택규모에 해당하는 주택을 말한다.
② 소형주택의 경우 지하층에는 세대를 설치할 수 없다.
③ 단지형 연립주택의 경우 건축위원회의 심의를 받은 경우에는 주택으로 쓰는 층수를 5개 층까지 건축할 수 있다.

> 도시형 생활주택
> 제10조(도시형 생활주택)
> ① 법 제2조 제20호에서 "대통령령으로 정하는 주택"이란 「국토의 계획 및 이용에 관한 법률」 제36조 제1항 제1호에 따른 도시지역에 건설하는 다음 각 호의 주택을 말한다. 〈개정 2022. 2. 11.〉
> 1. 소형 주택 : 다음 각 목의 요건을 모두 갖춘 공동주택
> 가. 세대별 주거전용면적은 60제곱미터 이하일 것
> 나. 세대별로 독립된 주거가 가능하도록 욕실 및 부엌을 설치할 것
> 다. 주거전용면적이 30제곱미터 미만인 경우에는 욕실 및 보일러실을 제외한 부분을 하나의 공간으로 구성할 것
> 라. 주거전용면적이 30제곱미터 이상인 경우에는 욕실 및 보일러실을 제외한 부분을 세 개 이하의 침실(각각의 면적이 7제곱미터 이상인 것을 말한다. 이하 이 목에서 같다)과 그 밖의 공간으로 구성할 수 있으며, 침실이 두 개 이상인 세대수는 소형 주택 전체 세대수(제2항 단서에 따라 소형 주택과 함께 건축하는 그 밖의 주택의 세대수를 포함한다)의 3분의 1을 초과하지 않을 것
> 마. 지하층에는 세대를 설치하지 아니할 것
> 2. 단지형 연립주택 : 소형 주택이 아닌 연립주택. 다만, 「건축법」 제5조제2항에 따라 같은 법 제4조에 따른 건축위원회의 심의를 받은 경우에는 주택으로 쓰는 층수를 5개층까지 건축할 수 있다.
> 3. 단지형 다세대주택 : 원룸형 주택이 아닌 다세대주택. 다만, 「건축법」 제5조제2항에 따라 같은 법 제4조에 따른 건축위원회의 심의를 받은 경우에는 주택으로 쓰는 층수를 5개층까지 건축할 수 있다.
> ② 하나의 건축물에는 도시형 생활주택과 그 밖의 주택을 함께 건축할 수 없다. 다만, 다음 각 호의 어느 하나에 해당하는 경우는 예외로 한다. 〈개정 2021. 10. 14., 2022. 2. 11.〉
> 1. 소형 주택과 주거전용면적이 85제곱미터를 초과하는 주택 1세대를 함께 건축하는 경우
> 2. 「국토의 계획 및 이용에 관한 법률 시행령」 제30조 제1항 제1호 다목에 따른 준주거지역 또는 같은 항 제2호에 따른 상업지역에서 소형 주택과 도시형 생활주택 외의 주택을 함께 건축하는 경우
> ③ 하나의 건축물에는 단지형 연립주택 또는 단지형 다세대주택과 소형 주택을 함께 건축할 수 없다. 〈개정 2022. 2. 11.〉

Answer 5.④

6 도서관의 건축계획에 대한 설명으로 옳지 않은 것은?

① 도서관의 현대적 기능은 교육 및 연구시설을 넘어 지역사회와 연계된 공공문화 활동의 중심체 역할을 하므로 이러한 특징을 건축계획에 반영할 수 있어야 한다.
② 도서관은 이용자 안전을 보장하고 도서보관이 용이하도록 접근에 대한 강한 통제와 감시가 확보되어야 한다.
③ 도서관은 이용자와 관리자, 자료의 동선이 교차되지 않도록 배치하는 것이 바람직하다.
④ 도서관 공간구성에서 중심 부분은 열람실 및 서고이며 미래의 확장 수요에 건축적으로 대응할 수 있어야 한다.

TIP 도서관은 이용자들이 보다 많은 도서를 접할 수 있도록 계획되어야 한다.

7 건물에서 공조방식의 결정요인에 대한 설명으로 옳지 않은 것은?

① 건물 설계방법이나 공조 설비계획에서 이루어지는 에너지 절약
② 각 존(zone)마다 실내의 온 · 습도 조건을 고려하여 제어하는 개별제어
③ 공조구역별 공조계통과 내 · 외부 존(zone)을 통합하는 조닝(zoning)
④ 설비비, 운전비, 보수관리비, 시간 외 운전, 설비의 변경 등의 요인

TIP 공조계획 시 내부존과 외부존을 구분해서 계획을 해야 한다. 내부존은 온도가 균일하게 유지되지만 외부존은 외기의 영향을 받기 쉽기 때문에 이러한 차이를 고려하여 공조를 계획해야 한다.

8 아트리움의 장점이 아닌 것은?

① 천창을 통한 시각적 개방감을 줄 수 있다.
② 외기로부터 보호되어 외부공간보다 쾌적한 온열환경을 제공할 수 있다.
③ 화재 등 재난 방재에 유리하다.
④ 휴식공간, 라운지, 실내정원, 전시, 공연 등 다양한 기능적 공간으로 활용할 수 있다.

TIP 아트리움은 화재 등 재난방지에 있어 불리하다.
- 아트리움 내 혹은 인접해 있는 공간에서 화재가 발생하게 되면 아트리움을 통해서 단시간에 다른 영역으로 화재가 퍼질 수 있으며 건물 내의 잔류인원에게 피해를 줄 수 있다.
- 일반적인 건축물에 설치되는 기존의 감지기로는 천장이 매우 높은 아트리움의 특성 상 정상적인 연기감지기의 작동이 어렵게 된다. 또한 아트리움 공간 내의 미적효과 증대를 위해 장식재료 등이 도입되어 화재하중이 증가하는 문제도 있다.

Answer 6.② 7.③ 8.③

9 **먼셀 색채계에 따른 색채(color)의 속성에 대한 설명으로 옳지 않은 것은?**

① 기본색(primary color)은 원색으로서 적색(red), 황색(yellow), 청색(blue)을 말하며, 기본색이 혼합하여 이루어진 2차색(secondary color) 중 녹색(green)은 황색(yellow)과 청색(blue)을 혼합한 것이다.

② 오렌지색(orange)과 자주색(violet)은 상호 보색(complimentary color)관계이다.

③ 먼셀 색입체(Munsell color solid)에서 명도(value)는 흑색, 회색, 백색의 차례로 배치되며, 흑색은 0, 백색은 10으로 표기된다.

④ 채도(chroma)는 색의 선명도를 나타낸 것으로서 먼셀 색입체(Munsell color solid)에서 중심축과 직각의 수평방향으로 표시된다.

TIP 보색은 색상환상에서 서로 가장 멀리 떨어져 있는 관계인 한 쌍의 색, 즉 서로 마주보고 있는 색들의 관계를 말한다. 오렌지색의 보색은 청색계열이다.

10 **배관 속에 흐르는 물질의 종류와 배관 식별색을 바르게 연결한 것은? (단, KS A 0503 : 2020 배관계의 식별표시를 따른다)**

① 증기(S) – 어두운 빨강

② 물(W) – 하양

③ 가스(G) – 연한 주황

④ 공기(A) – 초록

TIP

종류	식별색	종류	식별색
물	청색	산	회자색
증기	진한 적색	알칼리	회자색
공기	백색	기름	진한 황적색
가스	황색	전기	엷은 황적색

Answer 9.② 10.①

11 18세기 말 조선시대에 대두되었던 신진 학자들의 실학정신이 성곽 축조에 반영된 사례는?

① 풍납토성
② 부소산성
③ 남한산성
④ 수원화성

TIP 수원화성은 18세기 말 조선시대에 대두되었던 신진 학자들의 실학정신이 잘 반영된 건축물이다. 풍납토성과 부소산성은 백제가 건립한 성곽이며 남한산성은 조선시대에 건립된 산성이다.

12 공연장 무대와 객석의 평면 형식과 그에 대한 특징을 바르게 연결한 것은?

㉠ 무대 및 객석 크기, 모양, 배열 등의 형태는 작품과 환경에 따라 변화가 가능하다.
㉡ 사방(360°)에 둘러싸인 객석의 중심에 무대가 자리하고 있는 형식이다.
㉢ 연기자가 일정 방향으로만 관객을 대하고 관객들은 무대의 정면만을 바라볼 수 있다.
㉣ 관객의 시선이 3 방향(정면, 좌측면, 우측면)에서 형성될 수 있다.

① ㉠ – 아레나 타입
② ㉡ – 오픈스테이지 타입
③ ㉢ – 프로시니엄 타입
④ ㉣ – 가변형 타입

TIP
- 무대 및 객석 크기, 모양, 배열 등의 형태는 작품과 환경에 따라 변화가 가능한 타입은 가변형타입이다.
- 사방(360°)에 둘러싸인 객석의 중심에 무대가 자리하고 있는 형식은 아레나타입이다.
- 연기자가 일정 방향으로만 관객을 대하고 관객들은 무대의 정면만을 바라볼 수 있는 타입은 프로시니엄 타입이다.
- 관객의 시선이 3방향(정면, 좌측면, 우측면)에서 형성될 수 있는 것은 오픈스테이지타입이다.

13 건축조형원리에 대한 설명으로 옳지 않은 것은?

① '축'은 공간 내 두 점으로 성립되고, 형태와 공간을 배열하는 데 중심이 되는 선을 말한다.
② '리듬'은 서로 다른 형태 또는 공간이 반복패턴을 이루지 않고, 모티프의 특성을 활용하는 것을 말한다.
③ '대칭'은 하나의 선(축) 또는 점을 중심으로 동일한 형태와 공간이 나누어지는 것을 말한다.
④ '비례'는 부분과 부분 또는 부분과 전체와의 수량적 관계를 말한다.

TIP 리듬'은 서로 다른 형태 또는 공간이 반복패턴을 이루어 모티프의 특성을 활용하는 것을 말한다.

Answer 11.④ 12.③ 13.②

14 트랩(trap)의 봉수파괴 원인이 아닌 것은?

① 위생기구의 배수에 의한 사이펀작용
② 이물질에 의한 모세관현상
③ 장기간 미사용에 의한 증발
④ 낮은 기온에 의한 동결

TIP 낮은 기온에 의한 동결은 트랩의 봉수파괴 원인으로 보기는 어렵다.

15 건물들이 가로에 면하여 나란히 연속하여 입지한 경우, 바람이 가로에 빠르게 흐르는 현상은?

① 벤투리 효과(Venturi effect)
② 통로효과(channel effect)
③ 차압효과(pressure connection effect)
④ 피라미드 효과(pyramid effect)

TIP
- **통로효과**: 건물들이 가로에 면하여 나란히 연속하여 입지한 경우, 바람이 가로에 빠르게 흐르는 현상
- **벤투리효과**: 굵기가 다른 관에 유체를 통과시킬 때, 넓은 관보다 좁은 관에서 유체의 속도가 빨라지는 대신에 압력은 낮아지게 되는 현상

16 BIM(Building Information Modeling)에 대한 설명으로 옳지 않은 것은?

① 신속한 의사결정을 가능하게 하여 중복작업 및 공사 지연을 감소시킬 수 있다.
② 복잡한 곡면형태를 가진 비정형 건축의 경우 물량산출이 불가능하다.
③ 시공 시 필요한 상세 정보를 공장에서 제작할 수 있는 데이터로 변환해 제공할 수 있다.
④ 시공 시 부재 간의 충돌을 사전에 확인하고 시공품질을 향상시킬 수 있다.

TIP BIM은 관련 기술의 발전으로 복잡한 곡면형태를 가진 비정형 건축의 경우도 물량산출이 가능하다.

Answer 14.④ 15.② 16.②

17 「건축물의 피난·방화구조 등의 기준에 관한 규칙」상 연면적 $200m^2$를 초과하는 건물에 설치하는 계단의 설치기준으로 옳지 않은 것은?

① 높이가 3m를 넘는 계단에는 높이 3m 이내마다 유효너비 150cm 이상의 계단참을 설치할 것
② 높이가 1m를 넘는 계단 및 계단참의 양옆에는 난간(벽 또는 이에 대치되는 것을 포함한다)을 설치할 것
③ 너비가 3m를 넘는 계단에는 계단의 중간에 너비 3m 이내마다 난간을 설치하되, 계단의 단높이가 15cm 이하이고 계단의 단너비가 30cm 이상인 경우에는 그러하지 아니함
④ 계단의 유효높이(계단의 바닥 마감면부터 상부 구조체의 하부 마감면까지의 연직방향의 높이를 말한다)는 2.1m 이상으로 할 것

TIP 높이가 3m를 넘는 계단에는 높이 3m 이내마다 유효너비 120cm 이상의 계단참을 설치할 것

18 주거단지 근린생활권에 대한 설명으로 옳지 않은 것은?

① 인보구는 어린이 놀이터가 중심이 되는 단위이며 아파트의 경우 3 ~ 4층, 1 ~ 2동의 규모이다.
② 근린분구는 일상 소비생활에 필요한 공동시설이 운영 가능한 단위이며 소비시설, 유치원, 후생시설 등을 설치한다.
③ 근린주구는 약 200ha의 면적에 초등학교를 중심으로 한 단위를 말하며 경찰서, 전화국 등의 공공시설이 포함된다.
④ 주거단지의 생활권 체계는 인보구, 근린분구, 근린주구 순으로 위계가 형성된다.

TIP 근린주구의 면적은 약 100ha정도이며 경찰서, 전화국이 포함되는 규모는 아니다.

구분	인보구	근린분구	근린주구	근린지구
규모	0.5 ~ 2.5ha(최대 6ha)	15 ~ 25ha	100ha	400ha
반경	100m전후	150 ~ 250m	400 ~ 500m	1,000m
가구수	20 ~ 40호	400 ~ 500호	1,600 ~ 2,000호	20,000호
인구	100 ~200명	2,000 ~ 2,500명	8,000 ~ 10,000명	100,000명
중심시설	유아놀이터, 어린이놀이터, 구멍가게, 공동세탁장 등	유치원, 어린이공원, 근린상점(잡화, 음식점, 쌀가게 등), 미용소, 진료소, 노인정, 독서실, 파출소, 버스정거장 등	초등학교, 도서관, 동사무소, 우체국, 소방서, 병원, 근린상가, 운동장 등	도시생활의 대부분의 시설
상호관계	친분유지의 최소단위	주민 간 면식이 가능한 최소생활권	보행으로 중심부와 연결이 가능한 범위이자 도시계획종합계획에 따른 최소단위	

Answer 17.① 18.③

19 한국의 대표적인 현대건축가와 그 설계 작품을 바르게 연결한 것은?

① 김수근 – 자유센터
② 류춘수 – 수졸당
③ 승효상 – 주한 프랑스 대사관
④ 김중업 – 상암 월드컵 경기장

TIP
- 김수근 – 자유센터
- 류춘수 – 상암 월드컵 경기장
- 승효상 – 수졸당
- 김중업 – 주한 프랑스 대사관

20 범죄예방 환경설계(CPTED)에 대한 설명으로 옳지 않은 것은?

① 범죄예방을 위한 전략으로 영역성 강화, 자연적 접근, 활동성 증대, 유지관리의 4개의 전략을 제시하고 있다.
② 공적공간과 사적공간의 경계부분은 바닥에 단을 두거나 바닥의 재료 또는 색채를 다르게 하여 공간구분을 명확하게 인지할 수 있도록 한다.
③ 오스카 뉴먼(O. Newman)이 제시한 '방어공간(Defensible Space)'이론은 범죄예방 환경설계의 발전에 기여하였다.
④ 범죄예방 환경설계는 잠재적 범죄가 발생할 수 있는 환경요소의 다각적인 상황을 변화시키거나 개조함으로써 범죄를 예방하는 설계기법을 의미한다.

TIP CPTED는 자연적 감시, 자연적 접근 통제, 영역감이라는 세 가지 기본원리와 활용성 증대, 유지관리라는 두 가지 부가원리를 바탕으로 이뤄진다. CPTED 원리는 범죄예방을 위해 다양한 도시계획이나 설계 전략으로 전환되어 적용될 수 있다. 이러한 전략은 다음과 같은 카테고리로 나누어 볼 수 있다.
① 분명한 시야선 확보
② 적합한 조명의 사용
③ 고립지역의 개선
④ 사각지대의 개선
⑤ 대지의 복합적 사용 증진
⑥ 활동 인자
⑦ 영역성 강화
⑧ 정확한 표시로 정보 제공
⑨ 공간 설계

Answer 19.① 20.①

부록

09 2022. 6. 18. 제1회 지방직 시행

1 루이스 헨리 설리반(Louis Henry Sullivan)에 대한 설명으로 옳은 것만을 모두 고르면?

> ㉠ "형태는 기능을 따른다(Form follows function)."라는 명제를 주장하였다.
> ㉡ 구성주의 이론을 전개하였다.
> ㉢ 홈 인슈어런스 빌딩을 설계하였다.
> ㉣ 프랭크 로이드 라이트의 스승이다.

① ㉠, ㉡
② ㉠, ㉣
③ ㉡, ㉢
④ ㉠, ㉢, ㉣

TIP 루이스 헨리 설리반은 기능주의적 건축을 추구하였으며 이는 그 당시 러시아를 중심으로 전개된 사조인 구성주의와 연관 짓기에는 무리가 있다.
홈 인슈어런스 빌딩은 1883년 건축가 윌리엄 르 베런 제니가 설계하였다.

Answer 1.②

2 다음에서 설명하는 공기조화 방식에 해당하는 것으로만 묶은 것은?

> • 온도 및 습도 등을 제어하기 쉽고 실내의 기류 분포가 좋다.
> • 실내에 설치되는 기기가 없어 실의 유효 면적이 증가한다.
> • 외기냉방 및 배열회수가 용이하다.
> • 덕트 스페이스가 크고, 공조 기계실을 위한 큰 면적이 필요하다.

① 패키지유닛방식, 룸에어컨
② CAV방식, VAV방식, 이중덕트방식
③ 팬코일유닛방식, 유인유닛방식
④ 인덕션유닛방식, 복사냉난방방식

TIP 보기에 나열된 사항들은 공조방식 중 전공기방식의 특징이다.

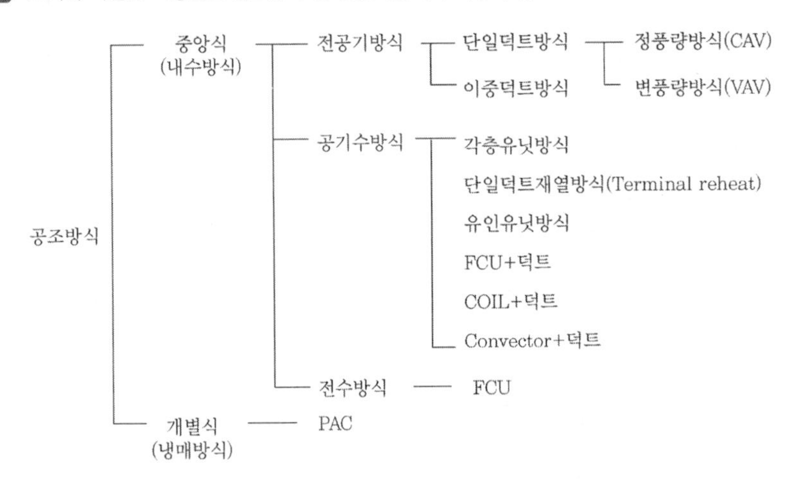

Answer 2.②

3 화장실 바닥 배수에 주로 사용하는 트랩은?

① U형 트랩
② 드럼 트랩
③ 벨 트랩
④ 샌드 트랩

TIP

트랩	용도	특징
S트랩	대변기, 소변기, 세면기	사이펀 작용이 심하여 봉수파괴가 쉽다. 배관이 바닥으로 이어진다.
P트랩	위생 기구에 가장 많이 쓰임	통기관을 설치하면 봉수가 안정된다. 배관이 벽체로 이어진다.
U트랩	일명 가옥트랩, 메인트랩이라고 하며 하수가스 역류방지용	가옥배수 본관과 공공하수관 연결부위에 설치한다. 배수관 최말단에 위치하여 유속을 저하시키는 단점이 있다.
벨트랩	욕실 등 바닥배수에 이용	종 모양으로 다량의 물을 배수한다. 찌꺼기를 회수하기 위해 설치
드럼트랩	싱크대에 이용	봉수가 안정된다. 다량의 물을 배수한다.
그리스트랩	호텔, 식당 등 주방바닥	주방 바닥 기름기 제거용 트랩이다. 양식 등 기름이 많은 조리실에 이용된다.
가솔린트랩	주유소, 세차장	휘발성분이 많은 가솔린을 트랩 수면 위에 띄워 토익관을 통해서 휘발시킨다.
샌드트랩	흙이 많은 곳	
석고트랩	병원 기공실	치과기공실, 정형외과 기브스실에서 배수시 사용
헤어트랩	이발소, 미장원	모발 제거용 트랩
런드리트랩	세탁소	단추, 끈 등 세탁 오물 제거용 트랩

Answer 3.③

4 **건축물의 급수방식에 대한 설명으로 옳지 않은 것은?**

① 고가수조방식은 상수도에서 받은 물을 저수탱크에 저장한 뒤, 펌프로 건물 옥상 등에 끌어올린 후 공급하는 방식이다.

② 초고층 건물에서는 과대한 수압으로 인한 수격작용이나, 저층부와 상층부의 불균등한 수압 차 문제를 해소하기 위해 급수조닝을 할 필요가 있다.

③ 수도직결방식은 일반주택이나 소규모 건물에서 많이 사용하는 방식으로 상수도 본관에서 인입관을 분기하여 급수하는 방식이다.

④ 부스터 방식은 수도 본관에서 물을 받아 물받이 탱크에 저수한 다음 급수펌프로 압력탱크에 물을 보내면 압력탱크에서는 공기를 압축 가압하여 급수하는 방식이다.

TIP
- 부스터방식 : 수도본관으로부터 물을 일단 저수조에 저수한 후 급수펌프 만으로 건물내에 급수하는 방식으로 부스터 펌프 여러 대를 병렬로 연결하고 배관내의 압력을 감지하여 펌프를 운전하는 방식이다.
- 압력탱크방식 : 수도 본관에서 물을 받아 물받이 탱크에 저수한 다음 급수펌프로 압력탱크에 물을 보내면 압력탱크에서는 공기를 압축 가압하여 급수하는 방식

5 **건축의 과정에 대한 설명으로 옳은 것은?**

① 기초조사 – 실시설계 – 기본계획 – 기본설계의 순으로 진행된다.

② 기본계획은 구체적인 형태의 기본을 결정하는 단계로 기본설계도서를 작성한다.

③ 기초조사는 설계도면에 표시할 수 없는 각종 건축, 기계, 전기, 기타 사항 등을 글이나 도표로 작성하는 과정이다.

④ 실시설계는 공사에 필요한 사항을 상세도면 등으로 명시하는 작업단계이다.

TIP ① 기초조사 – 기본계획 – 기본설계 – 실시설계의 순으로 진행된다.
② 기본설계는 구체적인 형태의 기본을 결정하는 단계로 기본설계도서를 작성한다.
③ 기본계획은 설계도면에 표시할 수 없는 각종 건축, 기계, 전기, 기타 사항 등을 글이나 도표로 작성하는 과정이다.

Answer 4.④ 5.④

6 주거 건축계획에 대한 설명으로 옳은 것만을 모두 고르면?

> ㉠ 공동주택 단면형식 중 단위주거의 복층형은 프라이버시가 좋으므로 소규모 주택일수록 경제적이다.
> ㉡ 공동주택 접근형식 중 편복도형은 각 세대의 주거환경을 균질하게 할 수 있다.
> ㉢ 쿨데삭(cul-de-sac)은 통과교통이 없어 보행자의 안전성 확보에 유리하다.
> ㉣ 근린 생활권 중 인보구는 어린이놀이터가 중심이 되는 단위이다.

① ㉠, ㉡
② ㉢, ㉣
③ ㉠, ㉡, ㉢
④ ㉡, ㉢, ㉣

TIP ㉠ 공동주택 단면형식 중 단위주거의 복층형은 프라이버시가 좋으나 소규모 주택일수록 비경제적이다.

7 건축법령상 용어의 정의로 옳지 않은 것은?

① "초고층 건축물"이란 층수가 50층 이상이거나 높이가 200미터 이상인 건축물을 말한다.
② "주요구조부"란 기초, 내력벽, 기둥, 보, 지붕틀 및 주계단을 말한다.
③ "고층건축물"이란 층수가 30층 이상이거나 높이가 120미터 이상인 건축물을 말한다.
④ "거실"이란 건축물 안에서 거주, 집무, 작업, 집회, 오락, 그 밖에 이와 유사한 목적을 위하여 사용되는 방을 말한다.

TIP 기초는 주요구조부에 속하지 않는다.
"주요구조부"란 내력벽(耐力壁), 기둥, 바닥, 보, 지붕틀 및 주계단(主階段)을 말한다. 다만, 사이 기둥, 최하층 바닥, 작은 보, 차양, 옥외 계단, 그 밖에 이와 유사한 것으로 건축물의 구조상 중요하지 아니한 부분은 제외한다.

Answer 6.④ 7.②

8 고대 건축에 대한 설명으로 옳지 않은 것은?

① 인슐라(Insula)는 1층에 상점이 있는 중정 형태의 로마 시대 서민주택이다.
② 로마의 컴포지트 오더는 이오니아식과 코린트식 오더를 복합한 양식으로 화려한 건물에 많이 사용되었다.
③ 조세르왕의 단형 피라미드는 마스타바라고도 부르며 쿠푸왕의 피라미드보다 후기에 만들어졌다.
④ 우르의 지구라트는 신에게 제사를 지내는 신전의 기능과 천문관측의 기능을 동시에 가지고 있었으며, 평면은 사각형이고 각 모서리가 동서남북으로 배치되었다.

TIP "마스터바 – 단형피라미드 – 굴절형 피라미드 – 일반형 피라미드(쿠푸왕의 피라미드)"순의 변천단계를 거쳤다.

9 우리나라 전통 목조 가구식 건축에 대한 설명으로 옳은 것은?

① 정면(도리 방향) 5칸, 측면(보 방향) 3칸인 평면구성일 경우에는 칸 수가 24칸이다.
② 고주는 외곽기둥으로 사용되며, 평주와 우주는 내부기둥으로 사용된다.
③ 오량가는 종단면상에 보가 3줄, 도리가 2줄로 걸리는 가구형식이다.
④ 장방형의 건물은 일반적으로 정면(도리 방향) 중앙에 정칸을 두고 그 좌우에는 협칸을 둔다.

TIP

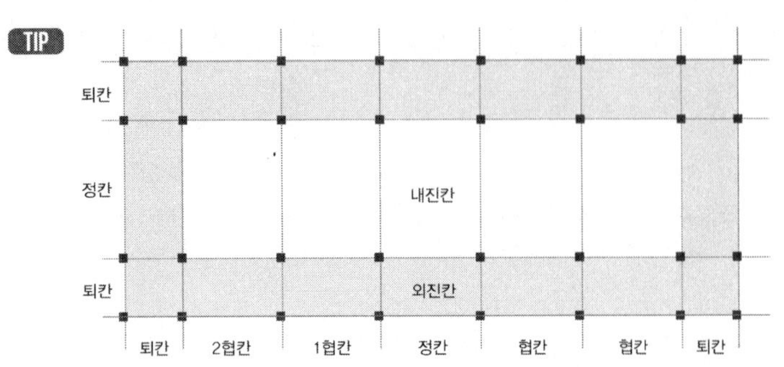

① 정면(도리 방향) 5칸, 측면(보 방향) 3칸인 평면구성일 경우에는 칸 수가 15칸이다.
② 고주는 내부기둥으로 사용되며, 평주와 우주는 외부기둥으로 사용된다.
③ 오량가는 살림집 안채와 일반건물, 작은 대웅전 등에서 많이 사용하는 가구법이다. 종단면상에 도리가 다섯 줄로 걸리는 가구형식을 말한다.

Answer 8.③ 9.④

10 소화설비 중 스프링클러에 대한 설명으로 옳지 않은 것은?

① 스프링클러헤드와 소방대상물 각 부분에서의 수평거리(R)는 내화구조건축물의 경우 2.3m이며, 스프링클러를 정방형으로 배치한다면 스프링클러헤드 간의 설치간격은 $\sqrt{3}$ R로 나타낼 수 있다.

② 개방형은 천장이 높은 무대부를 비롯하여 공장, 창고에 채택하면 효과적이다.

③ 스프링클러헤드의 방수압력은 1kg/cm^2 이상이고, 방수량은 80ℓ /min 이상이 되어야 한다.

④ 병원의 입원실에는 조기반응형 스프링클러헤드를 설치하여야 한다.

TIP 스프링클러헤드와 소방대상물 각 부분에서의 수평거리(R)는 내화구조건축물의 경우 2.3m이며, 스프링클러를 정방형으로 배치한다면 스프링클러헤드 간의 설치간격은 $\sqrt{2}$ R로 나타낼 수 있다.

11 「주차장법 시행규칙」상 노외주차장의 출구 및 입구가 설치될 수 없는 경우는?

① 유치원 출입구로부터 24미터 이격된 도로의 부분

② 종단 기울기가 8퍼센트인 도로

③ 건널목의 가장자리로부터 6미터 이격된 도로의 부분

④ 횡단보도로부터 10미터 이격된 도로의 부분

TIP 노외주차장의 출입구를 설치할 수 없는 곳

- 종단구배가 10%를 초과하는 도로
- 너비 4m 미만의 도로
- 횡단보도(육교 및 지하횡단보도를 포함한다)로부터 5m 이내에 있는 도로의 부분
- 새마을 유아원, 유치원, 초등학교, 특수학교, 장애인복지시설 및 아동전용시설 등의 출입구로부터 20m 이내의 도로
- 주차대수 400대를 초과하는 규모는 노외주차장의 출구와 입구를 각각 따로 설치한다.
- 출입구의 폭은 3.5m 이상이어야 하며 차로의 높이는 2.3m 이상이어야 하며 주차부분의 높이는 2.1m 이상이어야 한다. 주차규모가 50대 이상인 경우 출구와 입구를 분리하거나 폭 5.5m 이상의 출입구를 설치해야 한다.
- 노외주차장은 본래 녹지지역이 아닌 곳에 설치하는 곳이 원칙이다.

Answer 10.① 11.③

12 병원 건축계획에 대한 설명으로 옳은 것만을 모두 고르면?

> ㉠ 「의료법 시행규칙」상 입원실은 내화구조인 경우에는 지하층에 설치할 수 있다.
> ㉡ 종합병원은 생산녹지지역 및 자연녹지지역에서 건축이 가능하다.
> ㉢ 간호사 근무실(nurse station)은 병실군의 중앙에 배치하여야 한다.
> ㉣ 「의료법 시행규칙」상 병상이 300개 이상인 종합병원은 입원실 병상 수의 100분의 3 이상을 중환자실 병상으로 만들어야 한다.

① ㉠, ㉡　　② ㉠, ㉢
③ ㉡, ㉢　　④ ㉢, ㉣

TIP ㉠ 「의료법 시행규칙」상 입원실은 3층 이상, 지하층에는 설치할 수 없다. 그러나 내화구조인 경우에는 3층 이상에 설치할 수 있다.
㉣ 「의료법 시행규칙」상 병상이 300개 이상인 종합병원은 입원실 병상 수의 100분의 5 이상을 중환자실 병상으로 만들어야 한다.

13 호텔 건축계획에 대한 설명으로 옳지 않은 것은?

① 기준층 기둥 간격은 객실 단위 폭(침실 폭 + 각 실 입구 통로 폭 + 반침 폭)의 두 배로 한다.
② 연면적에 대한 숙박부의 면적비는 평균적으로 리조트호텔보다 시티호텔이 크다.
③ 프런트 오피스는 호텔의 기능적 분류상 관리부분에 속한다.
④ 호텔 연회장의 회의실 1인당 소요 면적은 $1.8m^2$/인이다.

TIP 기준층 기둥 간격은 객실 단위 폭(침실 폭 + 각 실 입구 통로 폭 + 반침 폭)의 두 배로 한다.

14 지상 15층 사무소 건축물에서 아침 출근 시간에 10분간 엘리베이터 이용자의 최대 인원수가 62명일 때, 일주시간이 5분인 10인승 엘리베이터의 최소 필요 대수는? (단, 10인승 엘리베이터 1대의 평균 수송 인원은 8명으로 한다)

① 3대　　② 4대
③ 7대　　④ 8대

TIP 5분간 최대이용자수는 31명이며 1대 1회 왕복시간 5분이이라는 조건 하에 10인승 엘리베이터 설치시 필요대수는 엘리베이터 1대의 5분간 수송능력이 10인이므로 31인 수송 시 필요한 대수: 31인/10인 =3.1이므로 최소 4대가 필요하게 된다.

Answer 12.③ 13.① 14.②

15 **극장 건축계획에 대한 설명으로 옳은 것은?**

① 객석의 단면형식 중 단층형이 복층형보다 음향효과 측면에서 유리하다.
② 각 객석에서 무대 전면이 모두 보여야 하므로 수평시각은 클수록 이상적이다.
③ 공연장의 출구는 2개 이상 설치하며, 관람석 출입구는 관람객의 편의를 위하여 안여닫이 방식으로 한다.
④ 연극 등을 감상하는 경우 연기자의 표정을 읽을 수 있는 가시 한계(생리적 한도)는 22m이다.

TIP ② 관객이 객석에서 무대를 볼 때 적당한 수평시각이 필요하며, 각 객석에서 무대전면을 볼 때 시각이 작을수록 이상적이다.
③ 관람석 출입구는 화재 발생 시 신속한 대피를 위하여 밖여닫이로 해야 한다.
④ 연극 등을 감상하는 경우 연기자의 표정을 읽을 수 있는 가시 한계(생리적 한도)는 15 m이다.

16 **「주택법 시행령」상 준주택에 해당하지 않는 것은? (단, 건축물의 종류 및 범위는 「건축법 시행령」에 따른다)**

① 다중주택
② 다중생활시설
③ 기숙사
④ 오피스텔

TIP 다중주택은 단독주택으로 분류된다.
준주택 : 주택 외의 건축물과 그 부속토지로서 주거시설로 이용가능한 시설 등으로서 기숙사, 다중생활시설, 노인복지주택, 오피스텔이 이에 속한다.

> 다중생활시설
> 다중이용업소의 안전관리에 관한 다중이용업 중 고시원업의 시설로서 다음 각 호의 기준에 적합한 구조이어야 한다.
> - 각 실별 취사시설 및 욕조 설치는 설치하지 말 것(단, 샤워부스는 가능)
> - 다중생활시설(공용시설 제외)을 지하층에 두지 말 것
> - 각 실별로 학습자가 공부할 수 있는 시설(책상 등)을 갖출 것
> - 시설내 공용시설(세탁실, 휴게실, 취사시설 등)을 설치할 것
> - 2층 이상의 층으로서 바닥으로부터 높이 1.2미터 이하 부분에 여닫을 수 있는 창문(0.5제곱미터 이상)이 있는 경우 그 부분에 높이 1.2미터이상의 난간이나 이와 유사한 추락방지를 위한 안전시설을 설치할 것
> - 복도 최소폭은 편복도 1.2미터이상, 중복도 1.5미터이상으로 할 것
> - 실간 소음방지를 위하여 「건축물의 피난 · 방화구조 등의 기준에 관한 규칙」 제19조에 따른 경계벽 구조 등의 기준과 「소음방지를 위한 층간 바닥충격음 차단 구조기준」에 적합할 것
> - 범죄를 예방하고 안전한 생활환경 조성을 위하여 「범죄예방 건축기준」에 적합할 것

Answer 15.① 16.①

17 다음과 같은 조건을 가진 어떤 학교 미술실의 이용률[%]과 순수율[%]은?

> 1주간 평균 수업시간은 50시간이다. 미술실이 사용되는 수업시간은 1주에 총 30시간이다. 그 중 9시간은 미술 이외 다른 과목 수업에서 사용한다.

	이용률	순수율
①	42	60
②	60	42
③	60	70
④	70	60

TIP 1주간 평균수업시간이 50시간, 미술실이 사용되는 1주간 수업시간이 30시간이므로 이용률은 30/50=0.6이므로 60%가 된다. 미술실이 1주일동안 사용되는 시간이 30시간이며 이 중 9시간을 제외한 21시간이 미술교과를 위해 사용되므로 순수율은 21/30=0.7이므로 70%이다.

이용률 : $\frac{\text{교실이 사용되고 있는 시간}}{\text{1주간의 평균수업시간}} \times 100\%$

순수율 : $\frac{\text{일정한 교과를 위해 사용되는 시간}}{\text{교실이 사용되고 있는 시간}} \times 100\%$

18 열교에 대한 설명으로 옳지 않은 것은?

① 열의 손실이라는 측면에서 냉교라고도 한다.

② 난방을 통해 실내온도를 노점온도 이하로 유지하면 열교를 방지할 수 있다.

③ 중공벽 내의 연결 철물이 통과하는 구조체에서 발생하기 쉽다.

④ 내단열 공법 시 슬래브가 외벽과 만나는 곳에서 발생하기 쉽다.

TIP 난방을 통해 실내온도를 노점온도 이하로 유지하면 결로가 발생하기 쉽고 열교가 유발될 수 있다.

Answer 17.③ 18.②

19 다음 설명에 해당하는 사회심리적 요인은?

> • 어떤 물건 또는 장소를 개인화하고 상징화함으로써 자신과 다른 사람을 구분하는 심리적 경계이다.
> • 개인이나 집단이 어떤 장소를 소유하거나 지배하기 위한 환경장치이다.
> • 침해당하면 소유한 사람들은 방어적인 반응을 보인다.
> • 오스카 뉴먼(Oscar Newman)은 이 개념을 이용해 방어적 공간(defensible space)을 주장했다.

① 영역성
② 과밀
③ 프라이버시
④ 개인공간

TIP 보기에 제시된 사항들은 영역성에 관한 내용들이다.
※ 방어공간의 영역성 … 인간이 물리적 경계를 정해 자기영역을 확보하고 유지하는 행동을 의미하며 어떤 물건 또는 장소를 개인화, 상징화하여 자신과 다른 사람을 구분하는 심리학적 경계이다. 동물과 사람 모두에게 적용되며 범죄예방을 위한 공간설계에 적용될 수 있는 개념이다.

20 음환경에 대한 설명으로 옳지 않은 것은?

① 다공성 흡음재는 중 · 고주파 흡음에 유리하고 판(막)진동 흡음재는 저주파 흡음에 유리하다.
② 잔향시간이란 실내에 일정 세기의 음을 발생시킨 후 그 음이 중지된 때로부터 실내의 평균에너지 밀도가 최초값보다 60dB 감쇠하는 데 소요되는 시간을 말한다.
③ 동일 면적의 공간에서 층고를 낮추면 잔향시간은 늘어난다.
④ 공기의 점성저항에 의한 음의 감쇠는 잔향시간에 영향을 준다.

TIP 동일 면적의 공간에서 층고를 낮추게 되면 실의 체적이 감소되어 잔향시간이 줄어들게 된다.

Answer 19.① 20.③

기출문제로 자격증 시험 준비하자!

건강운동관리사, 스포츠지도사, 손해사정사, 손해평가사,
농산물품질관리사, 수산물품질관리사, 관광통역안내사, 국내여행안내사, 보세사, 사회조사분석사